Vektoren und Tensoren als universelle Sprache in Physik und Technik 2

Wolfgang Werner

Vektoren und Tensoren als universelle Sprache in Physik und Technik 2

Tensoren in Mathematik und Physik

2., korrigierte, aktualisierte und erweiterte Auflage

Springer Vieweg

Wolfgang Werner
Berlin, Deutschland

ISBN 978-3-658-49784-2 ISBN 978-3-658-49785-9 (eBook)
https://doi.org/10.1007/978-3-658-49785-9

Die Deutsche Nationalbibliothek verzeichnet diese Publikation in der Deutschen Nationalbibliografie; detaillierte bibliografische Daten sind im Internet über https://portal.dnb.de abrufbar.

Planung/Lektorat: Alexander Grün
Springer Vieweg ist ein Imprint der eingetragenen Gesellschaft Springer Fachmedien Wiesbaden GmbH und ist ein Teil von Springer Nature.
Die Anschrift der Gesellschaft ist: Abraham-Lincoln-Str. 46, 65189 Wiesbaden, Germany

Vorwort zur zweiten Auflage

Die kritische Durchsicht beider Bände des Gesamtwerks im Abstand von mehreren Jahren führte neben der Korrektur von unvermeidbaren Schreibfehlern auch zu stilistischen Glättungen, indem der Text an vielen Stellen prägnanter gefasst und sprachlich präzisiert wurde. Die inhaltliche Darstellung wurde durch zusätzliche Aspekte und aktuelle Entwicklungen ergänzt. Alle Formeln und Berechnungen wurden überprüft und gelegentliche, zu knappe Darstellungen durch Hinweise oder Erweiterungen im Rechengang leichter verständlich gemacht. Gleichzeitig wurde das typographische Erscheinungsbild in ansprechender Weise durch farbige Akzente gestaltet.

Die zweite Auflage bietet die Gelegenheit, das Gesamtwerk im Ganzen durch zusätzliche Querverweise auf Formeln und Abschnitte sowie eine größere Anzahl von Literaturzitaten besser zu überblicken, wodurch dem Leser oder der Leserin der Zugang und das Verständnis erleichtert oder das Thema stärker verdeutlicht werden soll.

Wichtige Zahlenwerte und bestimmte wesentliche Sachverhalte wurden als nummerierte Kernaussagen kenntlich gemacht, die im Sachverzeichnis unter diesen Stichwörtern aufgeführt sind.

Trotz der umfangreichen Überarbeitung blieben Anspruch und Zielsetzung beider Bände unverändert, um den angesprochenen Zielgruppen in Studium und beruflicher Praxis ein Werk an die Hand zu geben, das die Tensorrechnung in Grundlagen und Anwendungen in ausführlicher Weise darlegt.

Dem Springer-Verlag und seinem Lektor Dr. GRÜN danke ich für die Möglichkeit, eine zweite Auflage beider Bände zu veröffentlichen. Danken möchte ich auch Frau SAGLIO vom Lektorat für die Betreuung dieses Buchprojektes.

Vorwort zur ersten Auflage

Nach Entwicklung der mathematischen Grundlagen im ersten Band setzt der vorliegende zweite Band mit grundlegenden physikalischen Fachgebieten fort, in denen die Begriffsbildungen der Vektoren und Tensoren für die adäquate Beschreibung physikalischer Phänomene die unverzichtbaren Beschreibungsmittel darstellen.

Auch dieser Band verfolgt wie der erste die Absicht einer klaren und ausführlichen Darstellung der Zusammenhänge, die aus den zugrunde liegenden Naturgesetzen entwickelt werden. Dieser Anwendungsteil enthält viele Zitate der einschlägigen Literatur, um den Leser auf weitere und mitunter ausführlichere Darstellungen eines bestimmten Sachverhaltes hinzuweisen oder um längere Ableitungen abzukürzen oder zu vermeiden.

Die Bedeutung der Tensorrechnung wird durch Anwendungen in wesentlichen Gebieten der Physik veranschaulicht, wobei die grundlegenden Gleichungen der einzelnen Fachgebiete angegeben oder entwickelt werden, um einen klaren Einblick in die Gesetzmäßigkeiten zu gewinnen. Dabei ist die Darstellung weder umfassend noch erschöpfend und kann auch wegen fehlender experimenteller Grundlagen und weitergehender Zusammenhänge und Gesetze kein Lehrbuch der Physik ersetzen, sondern soll den Leser motivieren und seine Neugier wecken, um Themenbereiche, die ihn besonders interessieren, zu erweitern und zu vertiefen. Wie bereits im Vorwort des ersten Bandes ausgeführt, wird in inhaltlicher Hinsicht keine Originalität angestrebt, da die verschiedenen Themengebiete in Fachbüchern in großer Ausführlichkeit präsentiert werden, auf die in der zitierten Literatur verwiesen wird.

Die Hoffnung des Autors besteht auch bei diesem Band darin, dass die Darstellung Eingang in die wissenschaftliche Literatur findet und bei vielen auf Interesse stößt. Sollte sich dieses Ziel erfüllen, dann ist die Absicht des Autors vollständig erreicht.

Das Buch wurde geschrieben in Erinnerung an die Denkweise der Vorlesungen von Ludwig HANNAKAM (1923-1987), der von 1961 bis zu seinem Tode den Lehrstuhl der Theoretischen Elektrotechnik an der Technischen Universität Berlin innehatte. HANNAKAM war ein brillanter theoretischer Wissenschaftler, der bei Generationen von Studenten eine bleibende Erinnerung hinterläßt, einerseits wegen seiner exzellenten Darstellung der schwierigen Materie, die er bedauerlicherweise nicht in einem Buch veröffentlichte sondern nur in Vorlesungsskripten hinterlassen hat, andererseits, weil für Verständnis der Zusammenhänge und das Bestehen von Klausuren und Prüfungen in erheblichem Maße Ausdauer und Fleiß erforderlich waren.

Fachlichen Rat erhielt ich von meinem eng befreundeten Kollegen Professor Dr. Joachim MEISSNER, der über viele Jahre hinweg als zuverlässiger und stets bereiter Gesprächspartner die Entstehung beider Auflagen begleitete.

Dem Springer-Verlag, insbesondere Dr. GRÜN und Frau SAGLIO, danke ich für die Möglichkeit, diese zweite Auflage zu veröffentlichen.

Mein großer Dank geht auch beim zweiten Band an meine Frau Nelly, ohne deren langjährige Geduld und Nachsicht die vorliegende zweite Auflage nicht zum Abschluss hätte gebracht werden können.

Inhaltsverzeichnis

Kapitel 1

Einführung

Der zweite Band des Gesamtwerks, dem die gleichen Grundsätze wie dem ersten Band zugrunde liegen, ist den Anwendungen und dem Auftreten von Vektoren und Tensoren in Mathematik und Physik gewidmet. Dabei wird gleichzeitig ein Weg durch die Entwicklungsgeschichte der Physik verfolgt, auf dem die menschliche Erkenntnis ein immer größeres Verständnis der Zusammenhänge erreichte. Um dem Leser eine konsistente Darstellung zu bieten, wird bei jedem Einzelthema ein von den grundlegenden Gesetzen ausgehender, die wesentlichen Zusammenhänge und Gleichungen erörternder Überblick gegeben, der in harmonischer Weise die Tensoren umfasst.

Bei der großen Zahl physikalischer Fachgebiete entspricht die getroffene Auswahl der behandelten Themen der Neigung des Autors, die Feldtheorie zu betonen. Dadurch und auch durch die Beschränkung auf einen akzeptablen Umfang können weitere Themen wie Thermodynamik, statistische Physik oder Quantentheorie nicht behandelt werden.

Bei Darstellung der einzelnen Sachgebiete und der Entwicklung von Formeln und Gesetzmäßigkeiten wird häufig auf Gleichungen des ersten Bandes als Referenz verwiesen, in dem die mathematischen Grundlagen erörtert werden.

Seit den Anfängen der mathematisch gestützten Naturwissenschaft durch Galilei und Newton gewann man immer tiefere Einblicke in die physikalischen Zusammenhänge, wobei es nicht ausblieb, dass frühere Ergebnisse und Einsichten im Licht neuer Erkenntnisse das Attribut einer uneingeschränkten Gültigkeit verloren, aber innerhalb der festgestellten Grenzen ihrer Anwendungsbereiche weiterhin Bestand haben konnten.

W. Werner, *Vektoren und Tensoren als universelle Sprache in Physik und Technik 2*,
https://doi.org/10.1007/978-3-658-49785-9_1

Der grundlegende Unterschied zwischen Mathematik und physikalisch-technischen und erst recht anderen Wissenschaften besteht in den **Prinzipien des Erkenntnisgewinns**.

Die **Mathematik** untersucht Eigenschaften und Beziehungen von axiomatisch begründeten Strukturen mit logischen Methoden, die erst nach **gesicherten Beweisen** allgemeine Gültigkeit für eine unendliche Zahl von speziellen Fällen besitzen. Als ein grundlegendes Beispiel sei der Satz des PYTHAGORAS genannt, der im ebenen, rechtwinkligen Dreieck für unendlich viele, ganzzahlige pythagoräische Tripel und darüber hinaus im Bereich der reellen Zahlen gültig ist. Was in der Mathematik einmal unter gegebenen Voraussetzungen unumstößlich bewiesen wurde, hat **universelle Bedeutung** und trägt damit den Charakter einer „ewigen Wahrheit"!

Dagegen stützen sich die physikalisch-technischen Wissenschaften auf einen mitunter recht umfangreichen **Erfahrungsschatz wiederholbarer experimenteller Ergebnisse**, die aber nie als Beweise sondern nur als **Hinweise** auf die in der Natur existierenden Phänomene betrachtet werden können. Auch wenn man auf Grund langer und vielfältiger Erfahrungen von einem als **Naturgesetz** bezeichneten Zusammenhang überzeugt war, das sich noch nie als ungültig erwiesen hatte, kann ein einziges Gegenbeispiel in bisher nicht untersuchten Situationen als **Falsifikation** eine „gesicherte" Theorie in Frage stellen und eine Erweiterung oder Neukonzeption erforderlich machen, die man bei grundsätzlichen Änderungen auch als **Wende** oder **Paradigmenwechsel** bezeichnet. Dabei vollzieht sich ein solcher Wechsel im Verständnis der Naturerscheinungen meist erst in Jahrzehnten, wenn entweder die Kritiker schließlich überzeugt wurden oder eine jüngere Forschergeneration von Anfang an mit der neuen Betrachtung vertraut ist.

In den Naturwissenschaften ist das schon häufiger geschehen wie die spektakulären Beispiele der Erde als Scheibe, der Erde als Mittelpunkt des Kosmos, der Planetenbahnen auf Epizykeln oder Äthertheorie und Quantenmechanik bezeugen. Dazu gehört ebenso die Entthronung des Menschen durch Charles DARWIN als religiös begründete Krone der Schöpfung und als ein von der Tierwelt getrenntes Lebewesen, was bei Siegmund FREUD zu einem von ihm als **Kränkung der Menschheit** geprägten Begriff für umstürzende wissenschaftliche Entdeckungen bezeichnet wurde. Die Erweiterung der NEWTON'schen Mechanik zur Relativitätstheorie durch EINSTEIN ist ein weiterer Fall, der in zwei Kapiteln erörtert wird.

Das erste Anwendungskapitel ist mathematischer Natur und behandelt die differentialgeometrische Darstellung der **Flächentheorie**, aus der später die Tensorrechnung hervorgegangen ist. Die Verallgemeinerung zu höherdimensionalen Räumen führt auf den **RIEMANN'schen Krümmungstensor**, der die Grundlage für die Feldgleichungen der Allgemeinen Relativitätstheorie bildet.

Die weiteren Kapitel sind physikalischen Sachgebieten gewidmet. Hierbei werden die grundlegenden Gleichungen (NEWTON, COULOMB, MAXWELL) als gegeben betrachtet, die das Ergebnis fundamentaler Experimente in der Entwicklung und im Aufbau der Physik darstellen.

In zwei Kapiteln werden nach Darlegung der mechanischen Grundbegriffe und wesentlicher Sätze die **Tensoren der Mechanik** für Trägheit sowie für Spannung und Verformung behandelt und an Hand konkreter Beispiele verdeutlicht.

Das folgende Anwendungsgebiet behandelt die **Elektrodynamik**. Auf der Grundlage der MAXWELL'schen Gleichungen werden Energie- und Kraftbeziehungen sowie die Spannungstensoren im elektrischen und magnetischen Feld abgeleitet. Die Berechnung von stationären Feldern ist Gegenstand der Potentialtheorie, die Behandlung von instationären Feldern mit Hilfe elektrodynamischer Potentiale führt auf retardierte Potentiale und zugehörige Feldstärken.

Bei Anwendung der Elektrodynamik auf **anisotrope Kristalle und Ferrite** werden Interferenz, Polarisation, Kristalloptik, Doppelbrechung und FARADAY-Drehung erörtert. Die Eigenschaften des Kernspins von Atomen führen auf Kernspin-Spektroskopie und Magnetresonanztomographie.

Das anschließende Kapitel ist der **Speziellen Relativitätstheorie** als ein Kerngebiet der modernen Physik gewidmet, deren charakteristische Kennzeichen die LORENTZ-Transformation, die vierdimensionale Raumzeit und die Verallgemeinerung physikalischer Größen zu Vierervektoren sind.

Das folgende Kapitel behandelt die **relativistische Kinematik** mit den Vierervektoren für Ortsvektor, Geschwindigkeit und Beschleunigung und als Anwendungsbeispiel die Aberration.

In der **relativistischen Elektrodynamik** werden die Vierereigenschaften ebener Wellen und als Anwendungen der DOPPLER-Effekt und bewegte Punktladungen untersucht. Eine vereinheitlichte Darstellung des elektromagnetischen Feldes wird dadurch erreicht, dass man die Feldgrößen in einem **Feldtensor** zusammenfassen kann.

Die **relativistische Dynamik** verallgemeinert fundamentale physikalische Begriffe zu Vierergrößen der Raumzeit und führt den **Energie-Impuls-Tensor** zur Darstellung der Kraftwirkungen im elektromagnetischen Feld ein. Aus den Verknüpfungen der Vierergrößen resultiert eine Reihe grundlegender Beziehungen und Erkenntnisse der modernen Physik wie die von EINSTEIN gefundene Äquivalenz von Masse und Energie, das Gesetz der Energiequantisierung und der Welle-Teilchen-Dualismus.

Als Abschluss der physikalischen Fachgebiete wird die **Allgemeine Relativitätstheorie** behandelt, bei deren mathematischer Beschreibung Differentialgeometrie und Tensorrechnung die Voraussetzung bilden. Den Ausgangspunkt bilden NEWTONs Gravitationsgesetz und EINSTEINs Äquivalenzprinzip. Nach Darlegung der klassischen und modernen Tests zur Bestätigung der Theorie werden die tensoriellen Feldgleichungen der Relativitätstheorie formuliert, mit denen die SCHWARZSCHILD-Lösung, die Periheldrehung des Merkur und die Lichtablenkung durch die Sonne berechnet werden.

Da die Allgemeine Relativitätstheorie von Anfang an die Bereiche von **Astronomie** und **Kosmologie** berührte, ist das letzte Kapitel der historischen Entwicklung und dem modernen Stand dieser Gebiete gewidmet.

Durch **Verweise im Text** und zahlreiche **Zitate** werden Zusammenhänge hergestellt und weiterführende Erläuterungen in der am Ende der einzelnen Kapitel zitierten Fachliteratur angegeben. Wegen der großen Aktualität der physikalischen Entwicklung und der Erkenntnisse in Astronomie und Astrophysik wurde auch auf eine größere Anzahl von Artikeln in Wissenschaftszeitschriften verwiesen, die fundierte und detaillierte Quellen mit Beiträgen führender Wissenschaftler darstellen, die allerdings meist rein verbaler Natur sind. In den **Literaturangaben** der einzelnen Kapitel sind Bücher alphabetisch nach Autoren und Zeitschriftenartikel chronologisch geordnet.

Verschiedene Erläuterungen oder Daten wurden auch aus Webseiten des Internets herangezogen. Wegen des aktuellen und schnell ergänzbaren, aber mitunter auch flüchtigen Charakters solcher Seiten werden bis auf einige Bildnachweise dazu keine Quellenangaben gemacht, sondern der Leser wird gebeten, selbst gemäß Interesse und Wissensdrang entsprechende Suchanfragen durchzuführen.

Damit dem Leser der schnelle Zugang zu einem bestimmten Themengebiet erleichtert wird, existieren verschiedene **Verzeichnisse**. Neben dem Inhaltsverzeichnis und dem kategoriegestützten Sachverzeichnis befinden sich am Bandende auch Verzeichnisse der Abbildungen sowie von Personen, personenbezogenen Begriffen und Nobelpreisträgern.

Um einen fachbezogenen Überblick zu geben, sind im **Gesamtverzeichnis der Bücher** am Bandende die im Gesamtwerk zitierten Fach- und Sachbücher sowie einige weitere nach Themengebieten jeweils alphabetisch aufgeführt, in denen der Leser zusätzliche und ausführlichere Aspekte der behandelten Sachgebiete finden kann.

Kapitel 2

Flächentheorie und Krümmungstensor

Zusammenfassung

Der Gegenstand dieses Kapitels ist mathematischer Natur und behandelt die von Carl Friedrich GAUSS sowie von Gaspard MONGE und der französischen Schule begründete, differentialgeometrische Darstellung der Flächentheorie, aus der die Tensorrechnung später hervorgegangen ist. Die Verallgemeinerung gekrümmter Flächen zu höherdimensionalen, sog. RIEMANN'schen Räumen, führt auf den RIEMANN'schen Krümmungstensor, der in EINSTEINs Allgemeiner Relativitätstheorie eine wichtige Rolle spielt.

2.1 Grundzüge der Flächentheorie

2.1.1 Parameterdarstellung von Flächen und GAUSS'sche Koordinaten

Eine Fläche im Raum kann durch zwei unabhängige **Parameter** u^1 und u^2 eindeutig bestimmt werden, die **GAUSS'sche Koordinaten** heißen. Der Ortsvektor (14.4, Bd. I) der **Flächenpunkte** hängt bei dieser Beschreibung nur von diesen beiden Parametern ab.

$$\boxed{\boldsymbol{r} = \boldsymbol{r}(u^1, u^2) = x^1(u^1, u^2)\,\mathbf{e}_1 + x^2(u^1, u^2)\,\mathbf{e}_2 + x^3(u^1, u^2)\,\mathbf{e}_3} \tag{2.1}$$

W. Werner, *Vektoren und Tensoren als universelle Sprache in Physik und Technik 2*,
https://doi.org/10.1007/978-3-658-49785-9_2

Die Linien u^k = const. heißen **Koordinaten-** oder **Parameterlinien**, die auf der Fläche ein Netz zweier, normalerweise nichtorthogonaler Kurvenscharen definieren.

Als Beispiel wird die positive Oberfläche der Einheitshalbkugel in Parameterdarstellung betrachtet, [20, S. 271],

$$\begin{aligned} x &= x^1 = u^1 \\ y &= x^2 = u^2 \\ z &= x^3 = +\sqrt{1-(u^1)^2-(u^2)^2} \qquad \text{mit} \quad (u^1)^2+(u^2)^2 \leqslant 1 \end{aligned}$$

die einen Punkt P der Ebene $z = 0$

$$\boldsymbol{r}(P) = \boldsymbol{r}\big(x^1, x^2, 0\big)$$

in den Raumpunkt Q abgebildet.

$$\boldsymbol{r}(Q) = \boldsymbol{r}\big(x^1, x^2, x^3\big) = \boldsymbol{r}\big[u^1, u^2, +\sqrt{1-(u^1)^2-(u^2)^2}\,\big] = \boldsymbol{r}\big(u^1, u^2\big)$$

Auf der Oberfläche der Halbkugel wird durch die Koordinaten u^1, u^2 ein **nichtorthogonales Koordinatennetz** von Parameterlinien $u^1 =$ const. und $u^2 =$ const. erzeugt und jeder Punkt der Halbkugelfläche wird eindeutig durch den Schnittpunkt je einer Kurve der beiden Scharen identifiziert.

Die **Gauss'sche Flächentheorie** stützt sich stark auf die Theorie der Raumkurven im *Abschnitt 5.6.6 (Bd. I)*. In der Flächentheorie wird vom funktionalen Zusammenhang $\underline{\mathbf{x}}^{\#}\big(\underline{\mathbf{u}}^{\#}\big)$ zwischen den Größen $\underline{\mathbf{x}}^{\#}$ und $\underline{\mathbf{u}}^{\#}$ abgesehen und die geometrischen Eigenschaften werden gemäß

$$\boxed{\boldsymbol{r}\left(u^1, u^2\right) \quad \rightarrow \quad \mathbf{g}_1\left(u^1, u^2\right) = \frac{\partial \boldsymbol{r}}{\partial u^1}, \quad \mathbf{g}_2\left(u^1, u^2\right) = \frac{\partial \boldsymbol{r}}{\partial u^2}} \tag{2.2}$$

als **innere Geometrie der Fläche** allein aus den auf ihr existierenden Koordinaten u^1, u^2 und den Tangentenvektoren $\mathbf{g}_1, \mathbf{g}_2$ der Koordinatenlinien sowie deren Ableitungen entwickelt. Dabei stellen die Parameter u^1, u^2 ggf. nur fortlaufende Nummerierungen ohne geometrische Interpretation dar.

2.1.2 Abbildung von Flächen, Kartographie

Gegeben seien zwei Flächen F_u und F_w mit eigenen Gauss'schen Koordinaten, für die die Ortsvektoren zu den Flächenpunkten lauten

$$\boldsymbol{r} = \boldsymbol{r}\big(u^1, u^2\big) \qquad \text{und} \qquad \hat{\boldsymbol{r}} = \hat{\boldsymbol{r}}\big(w^1, w^2\big)$$

Werden die Punkte der Flächen F_u und F_w durch eine Funktion einander zugeordnet, von der man fordert, dass sie wenigstens stückweise umkehrbar eindeutig ist und eine nichtverschwindende Funktionaldeterminante besitzt,

$$\underline{\mathbf{w}}^{\#} = \underline{\mathbf{w}}^{\#}(\underline{\mathbf{u}}^{\#}) \qquad \text{mit} \qquad \det \underline{\mathbf{F}}\left(\underline{w}^{\#}/\underline{u}^{\#}\right) \neq 0$$

dann liegt eine **zulässige Abbildung** vor. In einzelnen Punkten kann die Zulässigkeit der Abbildung versagen, wie in den Polen einer Kugel.

Das Problem konkreter Abbildungen dieser Art zwischen Kugel und Ebene trat historisch zuerst in der **Kartographie** bei der Erstellung von **Land- und Seekarten** auf und war ein wesentlicher Ausgangspunkt für die Entwicklung der Differentialgeometrie.

Von besonderem Interesse für Landvermessung und Seefahrt sind solche Abbildungen, bei denen Längen-, Winkel- oder Flächentreue gefordert wird, so dass dadurch eine **Invarianz bestimmter geometrischer Eigenschaften** besteht.

Für die Abbildung der Oberfläche der Erdkugel in die Ebene, die nicht ohne **Verzerrung** möglich ist, existiert keine längentreue Abbildung, so dass solche Landkarten nur näherungsweise für kleine Gebiete wie Stadtpläne aber nicht im strengen Sinn erstellt werden können.

Dagegen sind **winkeltreue** oder **konforme Abbildungen** möglich durch stereographische oder MERCATOR-Projektion sowie **flächentreue Abbildungen** nach BONNE (1511), SANSON (um 1640) und LAMBERT (1772), [8, S. 247f.].

Fast alle Seekarten sind MERCATOR-Karten, die nach **Gerhard MERCATOR** (1512-1594) benannt sind, der eigentlich Gheert Cremer hieß und aus Flandern stammte.

Mit seiner winkeltreuen Weltkarte von 1569 begründete er die moderne Kartographie, die durch einen Hinweis im Titel zum Gebrauch in der Seefahrt dienen sollte. Sie beruht auf der nach ihm benannten **MERCATOR-Projektion**, bei der die Erdkugel auf einen Zylinder abgebildet wird, der die Erde am Äquator berührt, wodurch die Verzerrungen zu den im Unendlichen liegenden Polen hin immer größer werden. [13, S. 70, 84]. Da die Meridiane auf dem Zylinder zum Äquator senkrechte, parallele Geraden bilden, schneidet in der Seefahrt ein fester Kompasskurs alle Meridiane als sog. **Loxodrome** unter dem gleichen Winkel, so dass der Kurs in der MERCATOR-Karte als gerade Linie erscheint, [1, S. 5]. Damit erreichte MERCATOR sein eigentliches Ziel, den Seeleuten bei der Navigation auf dem hohen Meer ein einfaches Verfahren zu bieten, bei dem allerdings nicht auf dem kürzesten Weg eines Großkreises, also einer **Orthodrome**, gesegelt wurde.

Die früheren aufwendigen Berechnungen für Kurse auf Großkreisen, die bei kontinentweiten Schiffsfahrten oder Flügen mehr als tausend Kilometer kürzer sein können mit entsprechenden Einsparungen an Zeit, Treibstoff und CO_2-Emission, sind heutzutage durch Bordrechner, Positionsbestimmung mit Navigations-Satelliten (GPS) *(Abschnitt 5.5.6.2)* und weitere Navigationshilfen ersetzt worden, obwohl klassische Techniken mit Sextant, Astronavigation und Seekarten als Rückfallebene in kritischen Situationen für eine sichere Schifffahrt von Bedeutung sind.

Eine schon seit längerem geäußerte Kritik an den nichtflächentreuen MERCATOR-Karten, dass äquatornahe Kontinente wie Afrika oder Südamerika gegenüber nördlich liegenden Bereichen wie Europa oder Grönland viel zu klein erscheinen, führte in jüngster Zeit aus afrikanischer Sicht dazu, die MERCATOR-Karte als *„eine visuelle Ungerechtigkeit in der Tradition kolonialer Vorurteile“* zu bezeichnen. Die afrikanische Union fordert eine Korrektur und schlägt die **Equal Earth Map** als Weltkarte vor, die 2018 von drei Kartographen entwickelt wurde. Diese Karte ist durch andere Projektionen beeinflusst, behält die relativen Flächengrößen von Kontinenten und Ozeanen bei und berücksichtigt auch weitere Eigenschaften wie nach außen gewölbte Koordinatennetze, die den bisherigen Sehgewohnheiten von Menschen bei der Betrachtung von Weltkarten entsprechen, [22].

2.1.3 Eigenschaften der Flächennormalen

In einem krummlinigen Koordinatensystem $\underline{\mathbf{x}}^{\#}(\underline{\mathbf{u}}^{\#})$ wird die Koordinatenfläche $u^3 = \text{const.}$ mit $du^3 = 0$ betrachtet, die im festen Punkt $P = P(\boldsymbol{r})$ die Tangentialebene $T(P)$ besitzt.

Die folgenden Überlegungen werden auf die drei Vektoren des **Vektortripels** oder **begleitenden Trihedrons** im Punkte P gestützt, das aus den Tangentenvektoren $\mathbf{g}_1, \mathbf{g}_2$ der Koordinatenlinien u^1, u^2 und dem Normaleneinheitsvektor $\boldsymbol{f}$ der Tangentialebene besteht. Im Gegensatz zum begleitenden Dreibein der Raumkurven ist ein Trihedron nicht orthonormiert und weist nur zum Teil orthogonale Vektoren auf.

Das **gerichtete Flächenelement** der Koordinatenfläche u^3 = const. wird nach *Abschnitt 14.6.3 (Bd. I)* berechnet. Der **Normaleneinheitsvektor** $\boldsymbol{f}$ des Elementes, der mit dem Vektor $\boldsymbol{n}^3$ übereinstimmt, hat nach (14.29, Bd. I) die Richtung von $\mathbf{g}^3$. Er bestimmt mit **Determinante** g und **Diskriminante** D^I nach (14.16/14.28, Bd. I) die **Funktion** ψ.

$$d\boldsymbol{a}^{12} = \mathbf{g}_1 \times \mathbf{g}_2 \, du^1 \, du^2 = \frac{\mathbf{g}_1 \times \mathbf{g}_2}{|\,\mathbf{g}_1 \times \mathbf{g}_2\,|} \, |\,\mathbf{g}_1 \times \mathbf{g}_2\,| \, du^1 \, du^2 = \boldsymbol{n}^3 \, da^{12}$$

$$\boxed{\boldsymbol{f} \equiv \boldsymbol{n}^3 = \frac{\mathbf{g}_1 \times \mathbf{g}_2}{|\,\mathbf{g}_1 \times \mathbf{g}_2\,|} = \frac{\langle\, \mathbf{g}_1, \mathbf{g}_2, \mathbf{g}_3 \,\rangle \, \mathbf{g}^3}{|\,\mathbf{g}_1 \times \mathbf{g}_2\,|} = \frac{\sqrt{g}}{\sqrt{D^I}} \, \mathbf{g}^3 = \psi \, \mathbf{g}^3} \tag{2.3}$$

Da der Vektor $\boldsymbol{f}$ auf beiden Tangenten $\mathbf{g}_1$ und $\mathbf{g}_2$ senkrecht steht, gelten für $i = 1,2$ und $j = 1,2,3$ die Ableitungsformeln

$$\mathbf{g}_i \cdot \boldsymbol{f} = 0 \quad \rightarrow \quad \frac{\partial \mathbf{g}_i}{\partial u_j} \cdot \boldsymbol{f} + \mathbf{g}_i \cdot \frac{\partial \boldsymbol{f}}{\partial u_j} = \mathbf{g}_{i,j} \cdot \boldsymbol{f} + \mathbf{g}_i \cdot \boldsymbol{f}_{,j} = 0 \tag{2.4a}$$

Für $i = 3$ verschwindet das Skalarprodukt dagegen nicht, und man erhält

$$\mathbf{g}_3 \cdot \boldsymbol{f} = \psi \quad \rightarrow \quad \frac{\partial \mathbf{g}_3}{\partial u_j} \cdot \boldsymbol{f} + \mathbf{g}_3 \cdot \frac{\partial \boldsymbol{f}}{\partial u_j} = \mathbf{g}_{3,j} \cdot \boldsymbol{f} + \mathbf{g}_3 \cdot \boldsymbol{f}_{,j} = \psi_{,j} \tag{2.4b}$$

Die Skalarprodukte von $\boldsymbol{f}$ mit den Basisvektorableitungen $\mathbf{g}_{i,j}$ werden zu einer symmetrischen **Matrix** $\underline{\mathbf{B}}$ zusammengefasst, die durch die symmetrischen, vektoriellen Elemente der **H-Matrix** nach (16.21, Bd. I) bestimmt werden. Für ein Element von $\underline{\mathbf{B}}$ gilt

$$b_{ij} = \mathbf{g}_{i,j} \cdot \boldsymbol{f} = \boldsymbol{H}_{ij} \cdot \boldsymbol{f} = \boldsymbol{H}_{ji} \cdot \boldsymbol{f} = \mathbf{g}_{j,i} \cdot \boldsymbol{f} = b_{ji} \tag{2.5}$$

Die Spalten der **B**-Matrix kann man nach (16.9, Bd. I) durch CHRISTOFFEL-Symbole ausdrücken, die nach (16.25, Bd. I) durch die Metrikkoeffizienten bestimmt sind.

$$\underline{\mathbf{b}}_{\#j} = \underline{\underline{\mathbf{g}}}_{\#,j} \cdot \boldsymbol{f} = \underline{\boldsymbol{\Gamma}}^{\cdot\#}_{\#j} \, \underline{\underline{\mathbf{g}}}_{\#} \cdot \boldsymbol{f} = \underline{\boldsymbol{\Gamma}}^{\cdot\#}_{\#j} \begin{pmatrix} 0 \\ 0 \\ \psi \end{pmatrix} = \psi \begin{pmatrix} \Gamma^{\,3}_{1j} \\ \Gamma^{\,3}_{2j} \\ \Gamma^{\,3}_{3j} \end{pmatrix}$$

Mit Umwandlung des Spatproduktes nach (5.8, Bd. I) folgt,

$$\boldsymbol{f} \cdot \mathbf{g}_{i,j} = \frac{(\mathbf{g}_1 \times \mathbf{g}_2) \cdot \mathbf{g}_{i,j}}{|\,\mathbf{g}_1 \times \mathbf{g}_2\,|} = \frac{\mathbf{g}_1 \cdot (\mathbf{g}_2 \times \mathbf{g}_{i,j})}{|\,\mathbf{g}_1 \times \mathbf{g}_2\,|} = \frac{\langle\, \mathbf{g}_1, \mathbf{g}_2, \mathbf{g}_{i,j} \,\rangle}{|\,\mathbf{g}_1 \times \mathbf{g}_2\,|}$$

so dass sich die Elemente b_{ij} aus Determinante g, Diskriminante D^I und CHRISTOFFEL-Symbolen zusammensetzen.

$$b_{ij} = \mathbf{g}_{i,j} \cdot \boldsymbol{f} = \frac{\langle \mathbf{g}_1, \mathbf{g}_2, \mathbf{g}_{i,j} \rangle}{|\mathbf{g}_1 \times \mathbf{g}_2|} = \frac{\langle \mathbf{g}_1, \mathbf{g}_2, \boldsymbol{H}_{ij} \rangle}{\sqrt{g_{11}\, g_{22} - (g_{12})^2}} = \frac{\sqrt{g}}{\sqrt{D^I}}\, \Gamma_{ij}^{\;3} = \psi\, \Gamma_{ij}^{\;3} \tag{2.6}$$

Die Matrix $\underline{\mathbf{B}}$ wird in zwei Darstellungen angegeben. In der ersten, formalen Darstellung ist die Matrix unterteilt, um den Hauptminor $\underline{\mathbf{B}}_{\sharp\sharp}$ hervorzuheben, der in (2.12) betrachtet wird. In der zweiten Darstellung tritt die Matrix des Tensors Grad $\mathbf{g}^3$ nach (17.43, Bd. I) auf.

$$\begin{aligned}
\underline{\mathbf{B}}_{\#\#} = \left(\underline{\mathbf{B}}_{\#\#}\right)^{\mathrm{T}} &= \begin{pmatrix} \mathbf{g}_{1,1} \cdot \boldsymbol{f} & \mathbf{g}_{1,2} \cdot \boldsymbol{f} & \vdots & \mathbf{g}_{1,3} \cdot \boldsymbol{f} \\ \mathbf{g}_{1,2} \cdot \boldsymbol{f} & \mathbf{g}_{2,2} \cdot \boldsymbol{f} & \vdots & \mathbf{g}_{2,3} \cdot \boldsymbol{f} \\ \cdots\cdots & \cdots\cdots & \cdot & \cdots\cdots \\ \mathbf{g}_{1,3} \cdot \boldsymbol{f} & \mathbf{g}_{2,3} \cdot \boldsymbol{f} & \vdots & \mathbf{g}_{3,3} \cdot \boldsymbol{f} \end{pmatrix} \\
&= \psi\, \underline{\boldsymbol{\Gamma}}_{\#\#}^{\;3} = \frac{\sqrt{g}}{\sqrt{EG - F^2}} \begin{pmatrix} \Gamma_{11}^{\;3} & \Gamma_{12}^{\;3} & \Gamma_{13}^{\;3} \\ \Gamma_{12}^{\;3} & \Gamma_{22}^{\;3} & \Gamma_{23}^{\;3} \\ \Gamma_{13}^{\;3} & \Gamma_{23}^{\;3} & \Gamma_{33}^{\;3} \end{pmatrix}
\end{aligned} \tag{2.7}$$

2.1.4 Totales Differential des Wegelementes

Das **Wegelement** ist nach (14.8, Bd. I) das totale Differential des Ortsvektors $\boldsymbol{r}$,

$$d\boldsymbol{r} = \frac{\partial \boldsymbol{r}}{\partial u^1}\, du^1 + \frac{\partial \boldsymbol{r}}{\partial u^2}\, du^2 + \frac{\partial \boldsymbol{r}}{\partial u^3}\, du^3 = \mathbf{g}_1\, du^1 + \mathbf{g}_2\, du^2 + \mathbf{g}_3\, du^3$$

dessen zweite Ableitung lautet

$$\begin{aligned}
d^2\boldsymbol{r} &= d\left[\mathbf{g}_1\, du^1\right] + d\left[\mathbf{g}_2\, du^2\right] + d\left[\mathbf{g}_3\, du^3\right] \\
&= \left[d\mathbf{g}_1\, du^1 + \mathbf{g}_1\, d^2u^1\right] + \left[d\mathbf{g}_2\, du^2 + \mathbf{g}_2\, d^2u^2\right] + \left[d\mathbf{g}_3\, du^3 + \mathbf{g}_3\, d^2u^3\right]
\end{aligned}$$

Mit den totalen Differentialen der Tangentenvektoren nach (16.16, Bd. I)

$$d\mathbf{g}_i = \frac{\partial \mathbf{g}_i}{\partial u^1}\,du^1 + \frac{\partial \mathbf{g}_i}{\partial u^2}\,du^2 + \frac{\partial \mathbf{g}_i}{\partial u^3}\,du^3 = \mathbf{g}_{i,1}\,du^1 + \mathbf{g}_{i,2}\,du^2 + \mathbf{g}_{i,3}\,du^3$$

und der Symmetriebeziehung (16.5, Bd. I) erhält man die Darstellung

$$\begin{aligned} d^2\boldsymbol{r} = \; & \mathbf{g}_{1,1}\,du^1\,du^1 + \mathbf{g}_{1,2}\,du^1\,du^2 + \mathbf{g}_{1,3}\,du^1\,du^3 \\ + \; & \mathbf{g}_{1,2}\,du^2\,du^1 + \mathbf{g}_{2,2}\,du^2\,du^2 + \mathbf{g}_{2,3}\,du^2\,du^3 \\ + \; & \mathbf{g}_{1,3}\,du^3\,du^1 + \mathbf{g}_{2,3}\,du^3\,du^2 + \mathbf{g}_{3,3}\,du^3\,du^3 \\ + \; & \mathbf{g}_1\,d^2u^1 + \mathbf{g}_2\,d^2u^2 + \mathbf{g}_3\,d^2u^3 \end{aligned}$$

Mit der **H**-Matrix (16.21, Bd. I) lautet das **zweite Differential des Ortsvektors**

$$d^2\boldsymbol{r} = \left(\underline{d\mathbf{u}}^{\#}\right)^{\mathrm{T}} \underline{\underline{\mathbf{H}}}_{\#\#}\,\underline{d\mathbf{u}}^{\#} + \left(\underline{d^2\mathbf{u}}^{\#}\right)^{\mathrm{T}} \underline{\underline{\mathbf{g}}}_{\#} \tag{2.8}$$

2.1.5 Grundformen der Flächentheorie

Die Koordinatenfläche $u^3 = \text{const.}$ mit $du^3 = 0$ wird jetzt nur noch als gekrümmte Fläche im Raum mit den beiden Parametern u^1 und u^2 angesehen, ohne ihre Herkunft aus einem krummlinigen Koordinatensystem $\underline{\mathbf{x}}^{\#}\left(\underline{\mathbf{u}}^{\#}\right)$ zu betonen. Für diese Fläche lautet die **erste Grundform** G^I **der Flächentheorie** nach (14.12) bzw. (14.14, Bd. I) als invariantes Betragsquadrat des Wegelementes

$$\begin{aligned} d\boldsymbol{r}\cdot d\boldsymbol{r} = \; G^I &= g_{11}\left(du^1\right)^2 + 2\,g_{12}\,du^1\,du^2 + g_{22}\left(du^2\right)^2 \\ &= E\left(du^1\right)^2 + 2\,F\,du^1\,du^2 + G\left(du^2\right)^2 \; > \; 0 \end{aligned} \tag{2.9}$$

Da das Wegelement in der Fläche liegt und die Flächennormale darauf senkrecht steht, ist ihr Skalarprodukt Null

$$d\boldsymbol{r}\cdot\boldsymbol{f} = \left(\mathbf{g}_1\,du^1 + \mathbf{g}_2\,du^2\right)\cdot\boldsymbol{f} = 0$$

und für das Differential gilt

$$d\left(d\boldsymbol{r}\cdot\boldsymbol{f}\right) = d^2\boldsymbol{r}\cdot\boldsymbol{f} + d\boldsymbol{r}\cdot d\boldsymbol{f} = 0 \tag{2.10}$$

Setzt man für $d^2\boldsymbol{r}$ die Darstellung (2.8) für die Fläche ein, dann verbleiben wegen $du^3 = 0$ und der Orthogonalität zu $\boldsymbol{f}$ nur drei Glieder.

$$\begin{aligned} d^2\boldsymbol{r}\cdot\boldsymbol{f} &= -\,d\boldsymbol{r}\cdot d\boldsymbol{f} \\ &= \mathbf{g}_{1,1}\cdot\boldsymbol{f}\,\left(du^1\right)^2 + 2\,\mathbf{g}_{1,2}\cdot\boldsymbol{f}\,du^1\,du^2 + \mathbf{g}_{2,2}\cdot\boldsymbol{f}\,\left(du^2\right)^2 \end{aligned}$$

Mit den Elementen (2.6) der **B**-Matrix entsteht dadurch die **zweite Grundform G^{II} der Flächentheorie** als Skalarprodukt aus Wegelement und totalem Differential der Flächennormalen.

Die Koeffizienten $b_{\mu\nu}$ heißen **zweite Fundamentalgrößen der Fläche**, für die man in der Literatur auch die Bezeichnungen L, M, N findet. Die zweite Grundform lautet damit

$$\boxed{\begin{aligned} -\,d\boldsymbol{r}\cdot d\boldsymbol{f} \,=\, G^{II} &= b_{11}\,(du^1)^2 + 2\,b_{12}\,du^1\,du^2 + b_{22}\,(du^2)^2 \\ &= L\,(du^1)^2 + 2\,M\,du^1\,du^2 + N\,(du^2)^2 \end{aligned}} \tag{2.11}$$

Bei festem Richtungssinn des Vektors der Flächennormalen ist das Skalarprodukt $d\boldsymbol{r}\cdot(-\,d\boldsymbol{f})$ invariant gegenüber Koordinatentransformationen. Der 2×2-Hauptminor der **B-Matrix** (2.7) wird für die Fläche mit $\underline{\mathbf{B}}_{\sharp\sharp}$ bezeichnet und der dabei auftretende **Laufindex** $\sharp$ wird im *Abschnitt 2.2.4* näher erläutert.

$$\boxed{\underline{\mathbf{B}}_{\sharp\sharp} = \begin{pmatrix} b_{11} & b_{12} \\ b_{12} & b_{22} \end{pmatrix} = \begin{pmatrix} L & M \\ M & N \end{pmatrix} = \left(\underline{\mathbf{b}}_{\sharp 1}\,,\,\underline{\mathbf{b}}_{\sharp 2}\right)} \tag{2.12}$$

Die Matrix $\underline{\mathbf{B}}_{\sharp\sharp}$ enthält die kovarianten Komponenten eines symmetrischen Tensors 2. Stufe, der auch **Haupttensor** oder **zweiter Fundamentaltensor** genannt wird.

Nach (2.6) sind die symmetrischen Elemente b_{ij} der Matrix $\underline{\mathbf{B}}_{\sharp\sharp}$ vollständig durch die metrischen Koeffizienten g_{ij} der ersten Grundform der Flächentheorie bestimmt, was im *Abschnitt 2.1.10* im **Theorema egregium** zum Ausdruck kommt!

2.1.6 Normalschnitte und Normalkrümmung

Der Vektor der Flächennormale $\boldsymbol{f}$ und der Einheitsvektor $\boldsymbol{t}$ einer beliebig liegenden Tangente der Fläche

$$\boldsymbol{t} = \frac{d\boldsymbol{r}}{ds} = \frac{du^1}{ds}\,\mathbf{g}_1 + \frac{du^2}{ds}\,\mathbf{g}_2 \qquad \text{mit} \qquad \boldsymbol{t}\cdot\boldsymbol{f} = 0$$

spannen im Punkt P eine Ebene auf, die die Fläche schneidet. Ein solcher Flächenschnitt heißt **Normalschnitt**, der eine ebene Raumkurve, die **Normalschnittkurve**, in der Fläche erzeugt, (*Abbildung 2.1*).

Die Schnittebene des Normalschnittes stellt nach *Abschnitt 5.6.6 (Bd. I)* in diesem Fall gleichzeitig die **Schmiegungsebene** dieser Raumkurve dar, deren **Hauptnormalenvektor** $\boldsymbol{n}$ parallel oder antiparallel zum Normalenvektor $\boldsymbol{f}$ verläuft. Dreht man die Schmiegungsebene um die Fluchtlinie des Tangentenvektors $\boldsymbol{t}$, (*Abbildung 2.2*), dann entstehen **schiefe Flächenschnitte**, die bei jedem Winkel γ, den die Vektoren $\boldsymbol{n}$ und $\boldsymbol{f}$ bilden, eine andere ebene Raumkurve mit zugehöriger Krümmung $\kappa(\gamma)$ im Punkte P erzeugen. Nach (5.51, Bd. I) gilt für die Krümmung κ von Raumkurven

$$\kappa\,\boldsymbol{n} = \frac{d\boldsymbol{t}}{ds} = \frac{d^2\boldsymbol{r}}{ds^2} = \boldsymbol{r}_{ss}$$

Die Multiplikation mit der Flächennormalen $\boldsymbol{f}$ führt mit (2.10) zum Ausdruck

$$\kappa(\gamma)\,\boldsymbol{n}\cdot\boldsymbol{f} = \kappa(\gamma)\cos\gamma = \kappa_n = \frac{d^2\boldsymbol{r}}{ds^2}\cdot\boldsymbol{f} = \frac{d^2\boldsymbol{r}\cdot\boldsymbol{f}}{|\,d\boldsymbol{r}^2\,|} = \frac{-\,d\boldsymbol{r}\cdot d\boldsymbol{f}}{d\boldsymbol{r}\cdot d\boldsymbol{r}}$$

Diese Beziehung definiert die **Normalkrümmung** κ_n und den **Normalkrümmungsradius** R_n der Fläche, die von der Richtung $\boldsymbol{t}$ der Tangente im betrachteten Raumpunkt P abhängen.

Die Normalkrümmung ergibt sich mit (14.14, Bd. I) und (2.11) als Quotient aus zweiter und erster Grundform der Flächentheorie und ihre Darstellung lautet damit, die man auch mit den reellen Größen E, F, G und L, M, N schreiben kann.

$$\boxed{\kappa_n = \kappa(\gamma)\,\cos\gamma = \frac{1}{R_n} = \frac{b_{11}\,(du^1)^2 + 2\,b_{12}\,du^1\,du^2 + b_{22}\,(du^2)^2}{g_{11}\,(du^1)^2 + 2\,g_{12}\,du^1\,du^2 + g_{22}\,(du^2)^2} = \frac{G^{II}}{G^{I}}} \tag{2.13}$$

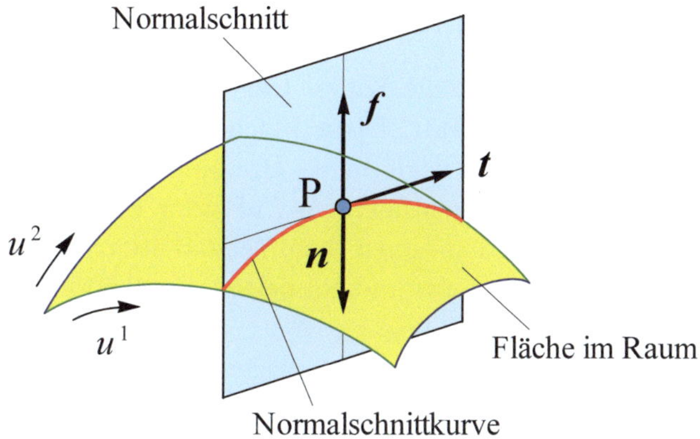

ABB. 2.1: Erzeugung einer ebenen Raumkurve durch Normalschnitt mit der Fläche

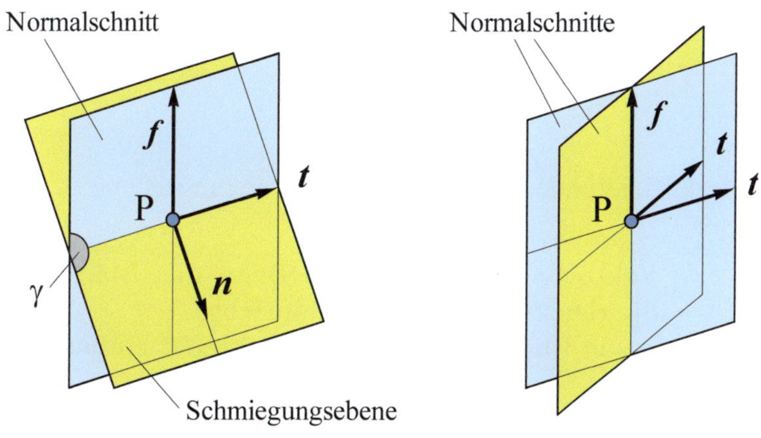

ABB. 2.2: Verschiedene Flächenschnitte im Punkt P der Koordinatenfläche

Im Punkt P der Fläche haben die Koeffizienten g_{ik} und b_{ik} feste Werte und bei gewählter Tangentenrichtung $\boldsymbol{t}$ liegt das Verhältnis von du^1 zu du^2 ebenfalls fest, so dass der Quotient G^{II}/G^{I} und damit die Normalkrümmung κ_n einen wohlbestimmten Wert besitzt. Bei Änderung des Winkels γ bzw. der Neigung der Schmiegungsebene wie in *Abbildung 2.3* bleibt daher das Produkt $\kappa(\gamma)\cos\gamma$ konstant, so dass sich die Krümmung $\kappa(\gamma)$ der entstehenden Schnittkurven mit steigendem γ entsprechend ändert.

Da die erste Grundform G^{I} nach (2.9) stets positiv ist, wird das Vorzeichen der Normalkrümmung κ_n durch G^{II} bestimmt.

2.1.7 Geodätische Krümmung und geodätische Linien

Die gekrümmte Fläche möge eine Kurve tragen, die **Flächenkurve** heißt und durch den Punkt P verläuft. Diese Flächenkurve, die eine Raumkurve darstellt, besitzt in P das begleitende Dreibein aus den Einheitsvektoren $\boldsymbol{t}, \boldsymbol{n}, \boldsymbol{b}$. In P hat die Tangentialebene $T(P)$ der Fläche den Normaleneinheitsvektor $\boldsymbol{f}$ und außerdem einen dazu senkrechten, in $T(P)$ liegenden Einheitsvektor $\boldsymbol{s}$, der in der von $\boldsymbol{n}$ und $\boldsymbol{b}$ aufgespannten und zu $\boldsymbol{t}$ senkrechten Normalebene der Flächenkurve liegt.

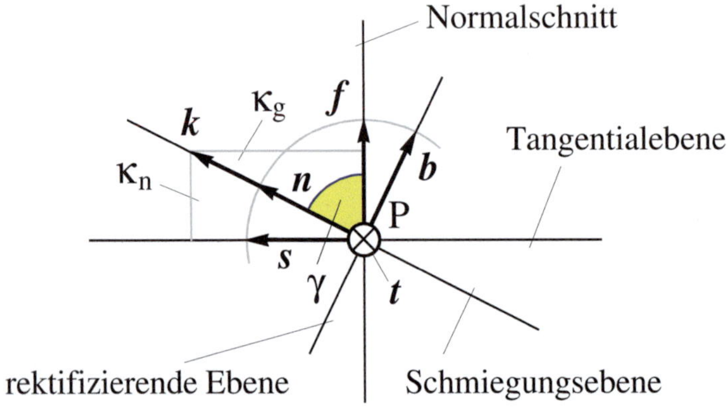

ABB. 2.3: Vektoren in der Normalebene der Flächenkurve, die der Zeichenebene entspricht, sowie Ebenen, die darauf senkrecht stehen

Für die Flächenkurve definiert man den **Krümmungsvektor $\boldsymbol{k}$**, der in die Hauptnormalenrichtung $\boldsymbol{n}$ zeigt und der in der Normalebene in die Richtungen $\boldsymbol{f}$ und $\boldsymbol{s}$ zerlegt wird.

$$\boldsymbol{k} = \kappa\,\boldsymbol{n} = \frac{d\boldsymbol{t}}{ds} = \boldsymbol{r}_{ss} = \kappa_n\,\boldsymbol{f} + \kappa_g\,\boldsymbol{s}$$

$$|\,\boldsymbol{k}\,| = \kappa = \sqrt{\kappa_n^2 + \kappa_g^2}$$

Der Einheitsvektor $\boldsymbol{s}$ kann als Kreuzprodukt dargestellt werden

$$\boldsymbol{s} = \boldsymbol{f} \times \boldsymbol{t} = \boldsymbol{f} \times \boldsymbol{r}_s$$

und durch Skalarproduktbildung erhält man die Komponenten von $\boldsymbol{k}$.

$$\boldsymbol{k}\cdot\boldsymbol{f} = \kappa\,\boldsymbol{n}\cdot\boldsymbol{f} = \kappa\,\cos\gamma = \kappa_n$$

$$\boldsymbol{k}\cdot\boldsymbol{s} = \kappa\,\boldsymbol{n}\cdot\boldsymbol{s} = \kappa\,\boldsymbol{n}\cdot(\boldsymbol{f}\times\boldsymbol{t}) = \kappa\,\langle\,\boldsymbol{n},\boldsymbol{f},\boldsymbol{t}\,\rangle = \kappa\,\sin\gamma = \kappa_g$$

κ_n ist die Normalkrümmung nach (2.13) und κ_g heißt **geodätische Krümmung**, für die sich zeigen läßt, dass sie nur von den Koeffizienten der ersten Grundform abhängt, [8, S. 189].

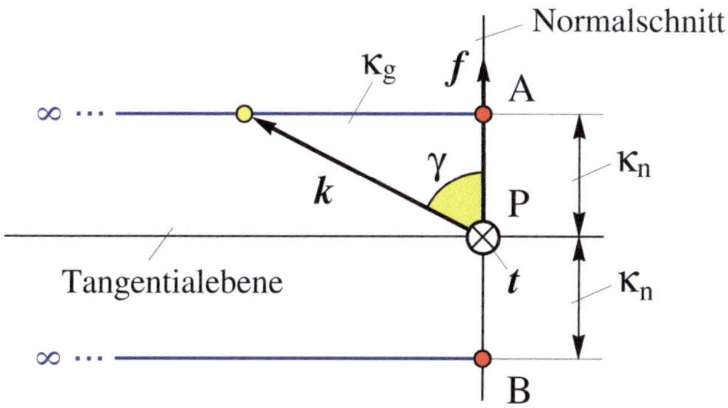

ABB. 2.4: Ortskurve des Krümmungsvektors bei variierendem Winkel γ

$$\kappa_g = \kappa\,\sin\gamma = \kappa\,\langle\,\boldsymbol{t},\boldsymbol{n},\boldsymbol{f}\,\rangle = \langle\,\boldsymbol{r}_s,\boldsymbol{r}_{ss},\boldsymbol{f}\,\rangle \tag{2.14}$$

Normalschnitte erzeugen ebene Flächenkurven, deren Schmiegungsebenen auf der Tangentialebene der Fläche senkrecht stehen und bei denen die Vektoren $\boldsymbol{k},\boldsymbol{n}$ und $\boldsymbol{f}$ kollinear sind. Bei einem **Normalschnitt** gilt für den Krümmungsvektor $\boldsymbol{k}$, der in der *Abbildung 2.4* zum Punkt A oder B zeigt, damit der folgende Sonderfall.

$$\boldsymbol{k}\times\boldsymbol{f} = \kappa\,\boldsymbol{n}\times\boldsymbol{f} = \kappa\sin\gamma\,\boldsymbol{t} = \kappa_g\,\boldsymbol{t} = 0 \quad\rightarrow\quad \kappa_g = 0 \tag{2.15}$$

Flächenkurven mit verschwindender geodätischer Krümmung $\kappa_g = 0$ heißen **geodätische Linien**, bei denen in jedem Kurvenpunkt die Tangentialebene der Fläche und die rektifizierende Ebene zusammenfallen.

Die geodätische Linie wird bei Abwicklung der Torse ihrer Tangentialebene in eine Gerade gestreckt, woran man erkennt, dass sie auf der gekrümmten Fläche die **kürzeste Verbindung** zweier Punkte darstellt.

Dreht man im Punkte P den Normalschnitt wie in der rechten Darstellung der *Abbildung 2.2* um den Normalenvektor $\boldsymbol{f}$, dann existiert zu jeder Tangentenrichtung $\boldsymbol{t}$ eine zugehörige geodätische Linie.

2.1.8 Klassifizierung von Flächen

Verschiedene **Richtungen in der Tangentialebene**, werden durch das Verhältnis λ der Differentiale der beiden GAUSS'schen Koordinaten bestimmt.

$$\boxed{\lambda = \frac{du^2}{du^1}} \tag{2.16}$$

Gesucht werden diejenigen Richtungen, bei denen nach (2.13) die zweite Grundform und damit die **Normalkrümmung gleich Null** wird. Aus dem Nullsetzen des Zählers G^{II} erhält man die Differentialgleichung

$$\kappa_n = 0 \quad \rightarrow \quad \left(\frac{du^2}{du^1}\right)^2 + 2\,\frac{b_{12}}{b_{22}}\,\frac{du^2}{du^1} + \frac{b_{11}}{b_{22}} = \lambda^2 + 2\,\frac{b_{12}}{b_{22}}\,\lambda + \frac{b_{11}}{b_{22}} = 0$$

Diese quadratische Gleichung in λ hat für $b_{22} \neq 0$ folgende Lösungen.

$$\lambda_{1,2} = \frac{1}{b_{22}}\left(-\,b_{12} \pm \sqrt{(b_{12})^2 - b_{11}b_{22}}\,\right) = \frac{1}{b_{22}}\left(-\,b_{12} \pm \sqrt{-\,D^{II}}\,\right)$$

Beide Lösungen definieren zwei ggf. auch komplexe Tangentenrichtungen für die Normalkrümmung Null, die **Asymptotenrichtungen** heißen.

Für Punkte, in denen die Koeffizienten b_{ik} nicht verschwinden, entscheidet die **Diskriminante der zweiten Grundform**.

$$\boxed{D^{II} = b_{11}b_{22} - (b_{12})^2 = LN - M^2 \;\lesseqgtr\; 0} \tag{2.17}$$

Die zweite Grundform legt die **Klassifizierung von Flächen** fest.

- $\boldsymbol{D^{II} < 0}$

  Es existieren zwei reelle Lösungen $\lambda_1 \neq \lambda_2$, die die beiden Asymptotenrichtungen der Krümmung Null festlegen.

  In gegenüberliegenden Sektoren der Asymptotenlinien hat die Normalkrümmung positives bzw. negatives Vorzeichen, so dass eine **Sattelfläche** vorliegt. Der Punkt P heißt **hyperbolischer Flächenpunkt** oder **Sattelpunkt**, dessen Tangentialebene die Fläche in den Asymptotenlinien schneidet.

- $\boldsymbol{D^{II} > 0}$

  Es existieren keine reellen λ-Lösungen und damit keine reellen Asymptotenrichtungen der Krümmung Null, da die Grundform G^{II} keine reelle Nullstelle besitzt.

  Die Normalkrümmung hat für alle Richtungen das gleiche Vorzeichen. Der Punkt P heißt **elliptischer Flächenpunkt**, in dem die Fläche nur auf einer Seite der Tangentialebene liegt.

- $\boldsymbol{D^{II} = 0}$

  Es existiert eine reelle Doppelwurzel und damit nur eine **Asymptotenrichtung** mit der Krümmung Null.

  Der Punkt P heißt **parabolischer Flächenpunkt**. Die Fläche liegt auf einer Seite der Tangentialebene und berührt sie in der Asymptotenlinie.

Im **Sonderfall**, dass erste und zweite Grundform zueinander proportional sind, ist die Normalkrümmung unabhängig von λ und hat damit in jeder Tangentenrichtung den gleichen Wert κ_0.

$$\kappa_n = \frac{G^{II}}{G^{I}} = \kappa_0 \neq \kappa_n(\lambda) \qquad \rightarrow \qquad \frac{b_{11}}{g_{11}} = \frac{b_{12}}{g_{12}} = \frac{b_{22}}{g_{22}} = \kappa_0$$

Ein solcher Punkt heißt **Nabelpunkt** der Fläche. Bei Ebene und Kugel sind alle Punkte parabolische bzw. elliptische Nabelpunkte.

2.1.9 Hauptkrümmungen einer Fläche

Die Richtungen λ nach (2.16), in denen die Normalkrümmung

$$\kappa_n = \frac{b_{11} + 2\,b_{12}\lambda + b_{22}\lambda^2}{g_{11} + 2\,g_{12}\lambda + g_{22}\lambda^2} = \frac{(b_{11} + b_{12}\lambda) + \lambda\,(b_{12} + b_{22}\lambda)}{(g_{11} + g_{12}\lambda) + \lambda\,(g_{12} + g_{22}\lambda)} = \frac{G^{II}}{G^{I}}$$

ihre **Extremwerte** κ_{E} annimmt, heißen **Hauptkrümmungsrichtungen**, die durch Nullsetzen der Ableitung ermittelt werden, [8, S. 157].

$$\frac{d\kappa_n}{d\lambda} = \frac{1}{(G^I)^2}\left[\frac{dG^{II}}{d\lambda}\,G^I - \frac{dG^I}{d\lambda}\,G^{II}\right] = 0$$

Wegen $G^I > 0$ führt die Klammer auf einen Ausdruck, bei dem sich einige Glieder aufheben.

$$\begin{aligned}(b_{12} + b_{22}\lambda)\,\big[\,(g_{11} + g_{12}\lambda) + \cancel{\lambda\,(g_{12} + g_{22}\lambda)}\,\big]\\ -\ (g_{12} + g_{22}\lambda)\,\big[\,(b_{11} + b_{12}\lambda) + \cancel{\lambda\,(b_{12} + b_{22}\lambda)}\,\big] = 0\end{aligned}$$

Mit den reellen Größen g_{ik}, b_{ik} und den Koeffizienten

$$p = g_{12}\,b_{22} - g_{22}\,b_{12} = \begin{vmatrix} g_{12} & g_{22} \\ b_{12} & b_{22} \end{vmatrix}$$

$$q = g_{11}\,b_{22} - g_{22}\,b_{11} = \begin{vmatrix} g_{11} & g_{22} \\ b_{11} & b_{22} \end{vmatrix}$$

$$r = g_{11}\,b_{12} - g_{12}\,b_{11} = \begin{vmatrix} g_{11} & g_{12} \\ b_{11} & b_{12} \end{vmatrix}$$

erhält man daraus eine quadratische Gleichung, die man in Determinantenform angeben kann. Ihre Lösungen $\lambda_{1,2}$ bestimmen die Hauptkrümmungsrichtungen, in denen die Extremwerte $\kappa_{\mathrm{E}} = \kappa_{1,2}$ der Normalkrümmung liegen.

$$\boxed{p\,\lambda^2 + q\,\lambda + r = p\,(\lambda - \lambda_1)(\lambda - \lambda_2) = \begin{vmatrix} \lambda^2 & -\lambda & 1 \\ g_{11} & g_{12} & g_{22} \\ b_{11} & b_{12} & b_{22} \end{vmatrix} = 0} \qquad (2.18)$$

Da die Werte p, q, r reell sind, gilt nach dem **Wurzelsatz von Vieta**, dass die beiden Lösungen $\lambda_{1,2}$ entweder reell oder konjugiert komplex sind.

$$\lambda_1 + \lambda_2 = -\frac{q}{p}$$
$$\lambda_1 \lambda_2 = \frac{r}{p}$$

Den Charakter der Lösungen erkennt man anhand der beiden Hilfsgrößen,

$$A = g_{22}\,\lambda_1 + g_{12}$$
$$B = g_{22}\,\lambda_2 + g_{12}$$

deren Summe und Produkt ebenfalls reell sind.

$$A + B = g_{22}\,(\lambda_1 + \lambda_2) + 2\,g_{12}$$
$$AB = g_{22}\left[\,g_{22}\,\lambda_1\,\lambda_2 + g_{12}\,(\lambda_1 + \lambda_2) + g_{11}\,\right] - \left(\,g_{11}\,g_{22} - (g_{12})^2\,\right)$$

Setzt man im Produkt die λ-Lösungen nach dem Wurzelsatz ein, dann folgt mit der Diskriminante D^I der ersten Grundform nach (14.15, Bd. I)

$$AB = \frac{g_{22}}{p}\left[\,g_{11}\,p - g_{12}\,q + g_{22}\,r\,\right] - D^I$$

Beim Einsetzen der Größen p, q, r folgt, dass die Klammer Null ist. Da die Diskriminante stets positiv ist, gilt

$$-AB = D^I = \left(\,g_{11}\,g_{22} - (g_{12})^2\,\right) > 0$$

Die Hilfsgrößen A, B erfüllen die quadratische Gleichung,

$$X^2 - (A + B)\,X + AB = 0$$
$$X_{1,2} = \frac{1}{2}(A + B) \pm \sqrt{\frac{1}{4}(A + B)^2 + D^I}$$

die zwei reelle Lösungen von verschiedenem Vorzeichen besitzt.

Die Fallunterscheidung zeigt, dass dann auch die beiden λ-Lösungen der Hauptkrümmungsrichtungen reell und verschieden sind. Ihre Vorzeichen können gleich oder verschieden sein, wobei eine Lösung auch Null sein kann, wenn deren Richtung mit $\mathbf{g}_1$ oder $\mathbf{g}_2$ übereinstimmt.

Nach (2.13) sind daraufhin auch die beiden Extremwerte $\kappa_{\mathrm{E}} = \kappa_{1,2}(\lambda_{1,2})$ reell und verschieden.

In jedem Punkt der Fläche existieren also stets zwei **Hauptkrümmungslinien**, auf denen die Normalkrümmung ihre Extremwerte κ_{E} annimmt. Diese beiden Richtungen **stehen senkrecht aufeinander**. Das sieht man an der eckigen Klammer des Produktes AB, die den Wert Null hat, wenn man die beiden λ-Werte $\lambda_1 = du^2/du^1$ und $\lambda_2 = d\breve{u}^2/d\breve{u}^1$ der Hauptkrümmungsrichtungen einsetzt und mit den Nennerdifferentialen multipliziert. Nach (14.27, Bd. I) folgt dann die Orthogonalität beider Richtungen in der Tangentialebene, bei der die Matrix $\underline{\underline{\mathbf{G}}}_{\#}$ von der Ordnung (2×2) ist.

$$\big[\, g_{11} + g_{12}\,(\lambda_1 + \lambda_2) + g_{22}\,\lambda_1\,\lambda_2 \,\big]\, du^1\, d\breve{u}^1 = 0$$

$$\begin{aligned} & g_{11}\, du^1 d\breve{u}^1 + g_{12}\,(\, du^1 d\breve{u}^2 + d\breve{u}^1 du^2\,) + g_{22}\, du^2 d\breve{u}^2 \\ & \quad = \big(\underline{du}^{\#}\big)^{\mathrm{T}}\, \underline{\underline{\mathbf{g}}}_{\#} \cdot \big(\underline{\underline{\mathbf{g}}}_{\#}\big)^{\mathrm{T}}\, \underline{d\breve{u}}^{\#} = \big(\underline{du}^{\#}\big)^{\mathrm{T}}\, \underline{\underline{\mathbf{G}}}_{\#}\, \underline{d\breve{u}}^{\#} = d\boldsymbol{r} \cdot d\breve{\boldsymbol{r}} = 0 \end{aligned}$$

Auf der Fläche kann man die Gauss'schen Koordinaten u^1, u^2 auch speziell so wählen, dass sie mit den Hauptkrümmungslinien zusammenfallen und ein **orthogonales Koordinatennetz** bilden. In diesem Fall erfüllen die Koordinatenlinien die Bestimmungsgleichung (2.18), die mit (2.16) lautet

$$p\,(du^2)^2 + q\, du^1 du^2 + r\,(du^1)^2 = 0$$

Setzt man nacheinander die Charakterisierung $du^1 = 0$ und $du^2 = 0$ der beiden Koordinatenlinien ein, dann müssen die Koeffizienten p und r gleichzeitig verschwinden, wodurch ein homogenes Gleichungssystem für die Variablen g_{12} und b_{12} entsteht.

$$\begin{aligned} p &= g_{12}\, b_{22} - g_{22}\, b_{12} = 0 \\ r &= g_{11}\, b_{12} - g_{12}\, b_{11} = 0 \end{aligned} \qquad \rightarrow \qquad \begin{pmatrix} b_{22} & -\,g_{22} \\ -\,b_{11} & g_{11} \end{pmatrix} \begin{pmatrix} g_{12} \\ b_{12} \end{pmatrix} = 0$$

Da die Determinante der Koeffizientenmatrix $\Delta = g_{11}\, b_{22} - g_{22}\, b_{11}$ außer in Nabelpunkten nicht verschwindet, hat das homogene Gleichungssystem in regulären Flächenpunkten nur die triviale Lösung

$$\boxed{g_{12} = F = 0} \qquad \boxed{b_{12} = M = 0} \tag{2.19}$$

als **Bedingung für die Orthogonalität der Koordinatenlinien**.

Zur Bestimmung der **Extremwerte** $\kappa_\mathrm{E} = \kappa_{1,2}$ der Normalkrümmung, die **Hauptkrümmungen** heißen, wird die Beziehung (2.13) für κ_n umgestellt und λ nach (2.16) eingesetzt.

$$\big[b_{22} - g_{22}\,\kappa_n(\lambda)\big]\,\lambda^2 + 2\,\big[b_{12} - g_{12}\,\kappa_n(\lambda)\big]\,\lambda + \big[b_{11} - g_{11}\,\kappa_n(\lambda)\big] = 0$$

Die Ableitung nach λ, bei der man berücksichtigt, dass im Fall des Extremums $d\kappa_\mathrm{E}/d\lambda = 0$ gilt, führt auf folgende Beziehung,

$$\big(b_{22} - g_{22}\,\kappa_\mathrm{E}\big)\,\lambda + \big(b_{12} - g_{12}\,\kappa_\mathrm{E}\big) = C\,\lambda + B = 0$$

die in die umgestellte Ausgangsgleichung für κ_n eingesetzt wird mit dem Ergebnis

$$\big(b_{12} - g_{12}\,\kappa_\mathrm{E}\big)\,\lambda + \big(b_{11} - g_{11}\,\kappa_\mathrm{E}\big) = B\,\lambda + A = 0$$

Damit das homogene System beider Gleichungen

$$\begin{pmatrix} C & B \\ B & A \end{pmatrix} \begin{pmatrix} \lambda \\ 1 \end{pmatrix} = \begin{pmatrix} 0 \\ 0 \end{pmatrix}$$

eine Lösung besitzt, muss seine Koeffizientendeterminante Null sein, was auf eine quadratische Gleichung für κ_E führt,

$$\begin{aligned} & AC - B^2 = \big(b_{11} - g_{11}\,\kappa_\mathrm{E}\big)\,\big(b_{22} - g_{22}\,\kappa_\mathrm{E}\big) - \big(b_{12} - g_{12}\,\kappa_\mathrm{E}\big)^2 = 0 \\ & \big[\,g_{11}\,g_{22} - (g_{12})^2\,\big]\,\kappa_\mathrm{E,}^2 \\ & \qquad - \big[\,g_{11}\,b_{22} - 2\,g_{12}\,b_{12} + g_{22}\,b_{11}\,\big]\,\kappa_\mathrm{E} + \big[\,b_{11}\,b_{22} - (b_{12})^2\,\big] = 0 \end{aligned}$$

in denen die Diskriminanten D^I und D^{II} der beiden Grundformen auftreten.

$$D^I\kappa_\mathrm{E}^2 - D^*\kappa_\mathrm{E} + D^{II} = 0 \qquad \rightarrow \qquad \kappa_\mathrm{E}^2 - \frac{D^*}{D^I}\,\kappa_\mathrm{E} + \frac{D^{II}}{D^I} = 0$$

Nach dem **Wurzelsatz von Vieta** gilt für die quadratische Gleichung

$$\begin{aligned} 0 = (\kappa_\mathrm{E} - \kappa_1)(\kappa_\mathrm{E} - \kappa_2) &= \kappa_\mathrm{E}^2 - (\kappa_1 + \kappa_2)\kappa_\mathrm{E} + \kappa_1\kappa_2 \\ &= \kappa_\mathrm{E}^2 - 2H\,\kappa_\mathrm{E} + K \end{aligned}$$

Man erhält daraus die **GAUSS'sche Krümmung** K als Produkt und die **mittlere Krümmung** H als arithmetisches Mittel der beiden Hauptkrümmungen $\kappa_{1,2}$ im betrachteten Punkt der Koordinatenfläche.

$$\boxed{K = \kappa_1 \kappa_2 = \frac{D^{II}}{D^{I}} = \frac{b_{11}\, b_{22} - (b_{12})^2}{g_{11}\, g_{22} - (g_{12})^2} = \frac{LN - M^2}{EG - F^2}}$$

$$\boxed{H = \frac{1}{2}(\kappa_1 + \kappa_2) = \frac{1}{2}\frac{D^{*}}{D^{I}} = \frac{1}{2}\frac{g_{11}\, b_{22} - 2\, g_{12}\, b_{12} + g_{22}\, b_{11}}{g_{11}\, g_{22} - (g_{12})^2}} \tag{2.20}$$

Nach der Klassifizierung der Flächen in *Abschnitt 2.1.8* ergibt sich folgende **Fallunterscheidung durch die GAUSS'sche Krümmung**.

$$\boxed{\left.\begin{array}{lll} K > 0 & \rightarrow & \text{elliptischer} \\ K = 0 & \rightarrow & \text{parabolischer} \\ K < 0 & \rightarrow & \text{hyperbolischer} \end{array}\right\} \text{Flächenpunkt}} \tag{2.21}$$

Die folgende Größe ist stets positiv,

$$H^2 - K = \frac{1}{4}(\kappa_1 + \kappa_2)^2 - \kappa_1 \kappa_2 = \frac{1}{4}(\kappa_1 - \kappa_2)^2 \geqslant 0$$

so dass die Hauptkrümmungen als Lösung der quadratischen Gleichung

$$\kappa_{1,2} = H \pm \sqrt{H^2 - K} \geqslant 0$$

reelle, positive und normalerweise verschiedene Werte aufweisen.

Beide Größen K und H sind **Invarianten der Fläche**, da sie nur von der Gestalt der Fläche und ihrer durch die Koeffizienten g_{ik} bestimmten Metrik aber nicht von der analytischen Darstellung im dreidimensionalen Raum abhängen. Zähler und Nenner enthalten nur Skalarprodukte, die bei Koordinatentransformationen erhalten bleiben.

2.1.10 Theorema egregium von Gauss

Die Bezeichnung **Theorema egregium** als herausragendes Theorem wurde von Gauss 1827 für folgenden Satz gewählt, der eine besonders bemerkenswerte Eigenschaft der Flächentheorie ausdrückt.

> **Die Gauss'sche Krümmung einer Fläche wird bestimmt durch die Koeffizienten der ersten Grundform der Fläche und deren Ableitungen** (2.22)

Der Normalenvektor $\boldsymbol{f}$ und auch die Einbettung der Fläche in den umgebenden Raum wurden bei der Herleitung des Krümmungsmaßes der Fläche zwar verwendet, traten im Ergebnis aber nicht auf. Nach Aussage des Theorems kann man allein durch Messungen in der Fläche selbst feststellen, ob die Fläche gekrümmt ist oder nicht, ohne auf den umgebenden Raum zurückzugreifen!

Man erkennt das daran, dass die Koeffizienten b_{ik} der zweiten Grundform nach (2.6) durch die g_{ik} der ersten Grundform ausgedrückt werden. Größen, die allein von den Koeffizienten g_{ik} abhängen, bestimmen die **innere Geometrie der Fläche** und heißen **geodätische Größen**.

Zur Berechnung der Krümmung ersetzt man in (2.20) die Koeffizienten b_{ik} und stellt die Spatprodukte als Gram'sche Determinanten nach (5.13, Bd. I) dar. Die Skalarprodukte werden durch die L-Symbole (16.22, Bd. I) ersetzt und der Additionssatz (3.48, Bd. I) angewendet.

$$K = \frac{b_{11}\, b_{22} - (b_{12})^2}{g_{11}\, g_{22} - (g_{12})^2} = \frac{\langle \mathbf{g}_1, \mathbf{g}_2, \mathbf{g}_{1,1} \rangle \langle \mathbf{g}_1, \mathbf{g}_2, \mathbf{g}_{2,2} \rangle - \langle \mathbf{g}_1, \mathbf{g}_2, \mathbf{g}_{1,2} \rangle^2}{[\, g_{11}\, g_{22} - (g_{12})^2 \,]^2}$$

$$= \frac{\begin{vmatrix} g_{11} & g_{12} & \mathbf{g}_1 \cdot \mathbf{g}_{2,2} \\ g_{12} & g_{22} & \mathbf{g}_2 \cdot \mathbf{g}_{2,2} \\ \mathbf{g}_1 \cdot \mathbf{g}_{1,1} & \mathbf{g}_2 \cdot \mathbf{g}_{1,1} & \mathbf{g}_{1,1} \cdot \mathbf{g}_{2,2} \end{vmatrix} - \begin{vmatrix} g_{11} & g_{12} & \mathbf{g}_1 \cdot \mathbf{g}_{1,2} \\ g_{12} & g_{22} & \mathbf{g}_2 \cdot \mathbf{g}_{1,2} \\ \mathbf{g}_1 \cdot \mathbf{g}_{1,2} & \mathbf{g}_2 \cdot \mathbf{g}_{1,2} & \mathbf{g}_{1,2} \cdot \mathbf{g}_{1,2} \end{vmatrix}}{[\, g_{11}\, g_{22} - (g_{12})^2 \,]^2}$$

$$= \frac{\begin{vmatrix} g_{11} & g_{12} & L_{221} \\ g_{12} & g_{22} & L_{222} \\ L_{111} & L_{112} & \mathbf{g}_{1,1} \cdot \mathbf{g}_{2,2} - (\mathbf{g}_{1,2})^2 \end{vmatrix} - \begin{vmatrix} g_{11} & g_{12} & L_{121} \\ g_{12} & g_{22} & L_{122} \\ L_{121} & L_{122} & 0 \end{vmatrix}}{[\, g_{11}\, g_{22} - (g_{12})^2 \,]^2}$$

Die Determinanten kann man noch anders darstellen, wenn man die L-Symbole durch die Ableitungen $g_{ij,k}$ für die auftretenden Indexkombinationen ausdrückt.

$$2L_{111} = g_{11,1} \qquad 2L_{121} = g_{11,2} \qquad 2L_{112} = 2g_{12,1} - g_{11,2}$$

$$2L_{122} = g_{22,1} \qquad 2L_{222} = g_{22,2} \qquad 2L_{221} = 2g_{12,2} - g_{22,1}$$

Das Element (3,3) der ersten Determinante kann man unter Berücksichtigung der Symmetrie- und Permutationsbeziehung (16.5, Bd. I) folgendermaßen darstellen.

$$\begin{aligned} & g_{12,1,2} - \frac{1}{2}\left(g_{11,2,2} + g_{22,1,1}\right) \\ &= \frac{\partial}{\partial u^2}\left(L_{112} + \cancel{L_{211}}\right) - \left(\cancel{\frac{\partial}{\partial u^2} L_{121}} + \frac{\partial}{\partial u^1} L_{212}\right) \\ &= \left(\mathbf{g}_{1,1,2} \cdot \mathbf{g}_2 + \mathbf{g}_{1,1} \cdot \mathbf{g}_{2,2}\right) - \left(\mathbf{g}_{1,2,1} \cdot \mathbf{g}_2 + \mathbf{g}_{1,2} \cdot \mathbf{g}_{2,1}\right) \\ &= \mathbf{g}_{1,1} \cdot \mathbf{g}_{2,2} - \left(\mathbf{g}_{1,2}\right)^2 \end{aligned}$$

Damit erhält man die **Krümmung** in der von BALTZER angegebenen Darstellung, die auch als **GAUSS'sche Gleichung** bezeichnet wird, [2, S. 111], [8, S. 180], und in der nur noch die für die Koordinatenfläche relevanten Größen der ersten Grundform, also die Metrikkoeffizienten g_{ik} sowie deren erste und zweite Ableitungen, auftreten.

$$K = \frac{1}{[\,g_{11}\,g_{22} - (g_{12})^2\,]^2} \times \\ \times \left[\begin{vmatrix} g_{11} & g_{12} & g_{12,2} - \frac{1}{2} g_{22,1} \\ g_{12} & g_{22} & \frac{1}{2} g_{22,2} \\ \frac{1}{2} g_{11,1} & g_{12,1} - \frac{1}{2} g_{11,2} & -\frac{1}{2} g_{11,2,2} + g_{12,1,2} - \frac{1}{2} g_{22,1,1} \end{vmatrix} - \begin{vmatrix} g_{11} & g_{12} & \frac{1}{2} g_{11,2} \\ g_{12} & g_{22} & \frac{1}{2} g_{22,1} \\ \frac{1}{2} g_{11,2} & \frac{1}{2} g_{22,1} & 0 \end{vmatrix} \right] \tag{2.23}$$

Mit den GAUSS'schen Größen E, F, G erhält man die Krümmung als **Formel von BRIOSCHI**.

$$K = \frac{1}{EG - F^2} \times$$
$$\times \left[\begin{vmatrix} E & F & F_v - \frac{1}{2} G_u \\ F & G & \frac{1}{2} G_v \\ \frac{1}{2} E_u & F_u - \frac{1}{2} E_v & -\frac{1}{2} E_{vv} + F_{uv} - \frac{1}{2} G_{uu} \end{vmatrix} - \begin{vmatrix} E & F & \frac{1}{2} E_v \\ F & G & \frac{1}{2} G_u \\ \frac{1}{2} E_v & \frac{1}{2} G_u & 0 \end{vmatrix} \right] \tag{2.24}$$

Im speziellen Fall orthogonaler Koordinatensysteme vereinfacht sich der Ausdruck (2.23) wegen $g_{12} = 0$ nach (2.19), so dass man nach Entwicklung der Determinanten die folgende Beziehung erhält.

$$\begin{aligned} \left(2\, g_{11}\, g_{22}\right)^2 K_{\text{ortho}} = \quad & g_{11} \left[\frac{\partial g_{11}}{\partial u^2} \frac{\partial g_{22}}{\partial u^2} + \left(\frac{\partial g_{22}}{\partial u^1} \right)^2 \right] \\ & + g_{22} \left[\frac{\partial g_{11}}{\partial u^1} \frac{\partial g_{22}}{\partial u^1} + \left(\frac{\partial g_{11}}{\partial u^2} \right)^2 \right] \\ & - 2\, g_{11}\, g_{22} \left[\frac{\partial^2 g_{11}}{(\partial u^2)^2} + \frac{\partial^2 g_{22}}{(\partial u^1)^2} \right] \end{aligned}$$

Die **GAUSS'sche Krümmung für orthogonale Systeme** wird noch in **kanonischer Form** dargestellt, bei der die Metrikkoeffizienten durch die metrischen Faktoren $h_k = \sqrt{g_{kk}}$ nach (18.3, Bd. I) ersetzt werden, die dort definiert wurden.

$$\begin{aligned} K_{\text{ortho}} &= -\frac{1}{\sqrt{g_{11}\, g_{22}}} \left\{ \frac{\partial}{\partial u^1} \left[\frac{1}{\sqrt{g_{11}}} \frac{\partial \sqrt{g_{22}}}{\partial u^1} \right] + \frac{\partial}{\partial u^2} \left[\frac{1}{\sqrt{g_{22}}} \frac{\partial \sqrt{g_{11}}}{\partial u^2} \right] \right\} \\ &= -\frac{1}{h_1 h_2} \left\{ \frac{\partial}{\partial u^1} \left[\frac{1}{h_1} \frac{\partial h_2}{\partial u^1} \right] + \frac{\partial}{\partial u^2} \left[\frac{1}{h_2} \frac{\partial h_1}{\partial u^2} \right] \right\} \end{aligned} \tag{2.25}$$

2.1.11 Bedeutung des Theorema egregium

Da die GAUSS'sche Krümmung, die man auch als **Krümmungsmaß** bezeichnet, nur durch die Koeffizienten der ersten Grundform und ihre Ableitungen bestimmt wird, stellt diese Krümmungsgröße ein Kriterium für die

Metrik und damit eine Bewertung der Raumstruktur dar, im vorliegenden Fall also der zweidimensionalen Flächenstruktur.

Alle Eigenschaften, die nur von der ersten Grundform abhängen, definieren die **innere Geometrie einer Fläche**. Verschiedene Flächen, deren Metrik übereinstimmt, bieten bei Untersuchungen und Messungen auf der Fläche keinen Unterschied, obwohl sie vom einbettenden Raum aus, sozusagen von außen gesehen, eine sehr unterschiedliche geometrische Gestalt besitzen können wie beim Beispiel von Ebene, Zylinder und Kegel.

Alle Änderungen der Struktur eines betrachteten Raumes, z.B. eine Formänderung der Fläche, bei der die metrischen Koeffizienten der ersten Grundform und damit die Metrik insgesamt erhalten bleiben, lassen daher auch die GAUSS'sche Krümmung unverändert. Bei allen Abbildungen von Flächen mit **dehnungsloser Deformation**, die als **Verbiegungen** oder **Abwicklungen** bezeichnet werden und bei denen die Längen von Kurven und die Winkel zwischen ihnen unverändert bleiben, können also nur **längen- und winkeltreue Verformungen** auftreten. Da hierbei die Krümmung gleich bleibt, weisen diese Flächen eine **Biegungsinvarianz** auf.

Eine besondere Klasse von Flächen erhält man dadurch, dass man eine Gerade stetig im Raum bewegt, wodurch eine **Regelfläche** erzeugt wird. Dabei durchläuft ein fester Punkt auf der erzeugenden Geraden eine Raumkurve, die **Leitlinie** oder **Direktrix** heißt, und die Richtung der Geraden kann sich in jedem Punkt der Leitlinie ändern. Einzelne, beliebig auf der Geraden verteilte Punkte erzeugen bei der Bewegung eine aus der Leitlinie hervorgehende Schar von Raumkurven, die in ihrer Gesamtheit die ganze Regelfläche definieren.

Als Beispiel kann man sich die Regelfläche vorstellen, die die Gerade durch die Flügelspitzen eines Flugzeuges auf seiner Bahn durch den Raum erzeugt. Mathematische Beispiele für Regelflächen stellen Kegelmäntel und Schraubenflächen sowie das einschalige Hyperboloid und das hyperbolische Paraboloid dar.

Besondere Regelflächen sind die in eine Ebene **abwickelbaren Flächen**, bei denen bei fester Stellung der erzeugenden Geraden in allen Geradenpunkten die Tangentialebenen der Fläche zueinander parallel sind. Die so definierten Flächen heißen **Torsen**, wozu die Zylinder- und Kegelflächen sowie die **Tangentenflächen von Raumkurven** gehören. Letztere werden durch Geraden erzeugt, die die Richtung der Tangenten der durchlaufenen

Raumkurve haben und die die Hüllflächen ihrer Schmiegungsebenen darstellen, was am Ende von *Abschnitt 5.6.6 (Bd. I)* erwähnt wurde und dort den *Abbildungen 5.10* und *5.11* entnommen werden kann.

Torsen haben die gleiche innere Geometrie wie Ebenen und können in eine solche dehnungslos und längentreu abgewickelt werden. Sie weisen daher das gleiche **Krümmungsmaß Null** der Ebene auf, da nach (2.20) eine der Hauptkrümmungen wegen der geradlinigen Erzeugenden verschwindet, was $K = 0$ zur Folge hat.

Wir sind von klein auf daran gewöhnt, Gegenstände mit gekrümmten Oberflächen als räumliche Gebilde unserer Umwelt wahrzunehmen und damit deren Krümmung als **äußere** oder **extrinsische Eigenschaft** der Einbettung dieser Objekte in den umgebenden dreidimensionalen Raum zu erfassen und zu beurteilen. Unsere Bewertung von gekrümmten Flächen erfolgt also von einem „erhöhten", d.h. höherdimensionalen Standpunkt aus. In besonderen Situationen können Anschauung und Bewertung allerdings versagen, wie die antike Vorstellung der Erde als Scheibe und nicht als Kugel sowie das geozentrische Weltbild des Claudius PTOLEMÄUS zeigen.

Das **Theorema egregium**, das *vortreffliche, herausragende Theorem* von GAUSS, hat deshalb so große Bedeutung, weil es dadurch möglich wurde, die **Krümmung** einer Fläche als **innere** oder **intrinsische Eigenschaft** zu ermitteln, die durch Messung von Größen in der Fläche selbst erfolgen kann ohne Rückgriff auf den umgebenden, höherdimensionalen Raum, in den diese Fläche eingebettet ist.

Durch Messung bestimmter geodätischer Größen können wichtige Aussagen über den Charakter einer Fläche getroffen werden, denn man kann z.B. an Hand der Winkelsumme σ im Dreieck entscheiden, ob eine Torse mit $\sigma = \pi$ oder ein Kugelstück mit $\sigma > \pi$ vorliegt. Trotzdem bestimmt die innere Geometrie die Gestalt einer Fläche nicht vollständig, da man bei Feststellung von $\sigma = \pi$ und der Krümmung $K = 0$ nicht entscheiden kann, ob bei aufeinander abwickelbaren Flächen eine Ebene oder eine andere Torse vorliegt.

Das Theorema egregium stellte einen Wendepunkt in der Entwicklung der Geometrie dar, da dadurch das Augenmerk auf **invariante Eigenschaften** gelenkt wurde, die erhalten bleiben, wenn man eine Fläche verbiegt oder abwickelt, ohne sie zu dehnen, zu stauchen oder zu zerreißen.

Die konsequente Fortführung dieser Erkenntnisse und neuen Ideen resultierte im **„Erlanger Programm“** von **Felix Klein** (1849-1925) im Jahre 1872, das er bei seinem Eintritt in die Universität Erlangen als wissenschaftliches Arbeitsgebiet vorstellte. Darin betrachtete er die Geometrie als **Invariantentheorie** von Transformationsgruppen, untersuchte die Gruppe der projektiven Abbildungen und ihre Untergruppen und entwickelte den Zusammenhang mit der **nichteuklidischen Geometrie** von Nikolai Lobatschewski.

Die Arbeiten von Gauss wurden fortgeführt von **Bernhard Riemann** (1826-1866), der Geometrie und Krümmung von Flächen unabhängig von ihrer Einbettung verallgemeinerte und auf höherdimensionale Räume, sog. **Mannigfaltigkeiten**, übertrug. Solche Räume werden als **Punktmengen** betrachtet, deren Punkte durch n-Tupel reeller Zahlen, die Koordinaten dieser Punkte, bestimmt sind und für die allgemeine Transformationsgesetze definiert werden. Die Gesamtheit aller Punkte stellt eine n-dimensionale Mannigfaltigkeit dar, die man **Riemann'schen Raum** nennt. Riemann schuf mit diesen Vorstellungen und Entwicklungen die mathematischen Grundlagen für die heute nach ihm benannte **Riemann'sche Geometrie** und den **Tensorkalkül**, der dann von **Ricci** und **Levi-Civita** entwickelt wurde.

In der Physik des 20. Jahrhunderts bilden die mathematischen Methoden der Differentialgeometrie und des Tensorkalküls die mathematische Grundlage der **Allgemeinen Relativitätstheorie** von **Albert Einstein** (1879-1955), in der die Eigenschaften einer mehrdimensionalen Mannigfaltigkeit mit indefiniter Metrik, der vierdimensionalen Raumzeit, untersucht werden und bei der der **Krümmungstensor** als Verallgemeinerung der Gauss'schen Krümmung eine wesentliche Rolle spielt.

2.1.12 Landesvermessung durch Triangulation

Seitdem der Mensch sesshaft ist, besteht in den Gesellschaften die Notwendigkeit, die Flächen des bewohnten und genutzten Gebietes aufzuteilen und abzumessen, was in den Ländern der Frühzeit zur Geometrie, der Erdmessung, und in Staatswesen der Neuzeit zur **Geodäsie** führte.

Die klassische Methode der Landesvermessung zur Bestimmung der Größe war die **Triangulation**, die bereits von Gemma Frisius 1533 beschrieben und von Willebrord Snell van Royen genauer ausgearbeitet wurde, der damit 1615 Südholland vermaß und einen recht genauen Wert für den Erdradius ermittelte, [13, S. 28], [14, S. 232], [18, S. 50].

Das erste langfristige Projekt einer systematisch durchgeführten Triangulation als nationale Aufgabe war die Landesvermessung Frankreichs im Auftrag von Louis XIV. Sie wurde von Jean PICARD in den Jahren 1669/70 zwischen Paris und Amiens im Norden begonnen, die auf dem gleichen Meridian liegen und etwa 120 km voneinander entfernt sind, und 1679/81 im Westen des Landes fortgeführt. Ab 1683 dehnte der aus Italien stammende **Jean-Dominique CASSINI** (1625-1712) die Vermessung auf das ganze Land aus. Das Projekt nahm mit erheblichen Unterbrechungen Jahrzehnte in Anspruch und beschäftigte insgesamt vier CASSINI-Generationen. Die erste vollständige CASSINI-Karte lag erst 1744 vor, eine detailliertere Fassung wurde als Privatunternehmen bis 1793 fertiggestellt und danach als nationale Karte bis 1818 herausgegeben, [14, S. 234], [18, S. 63, 72].

Im Zusammenhang mit der Landesvermessung standen auch zwei mehrjährige Expeditionen, die ab 1735 von der Pariser Akademie der Wissenschaften in das spanische Vizekönigreich Peru, heute Ecuador, und unter der Leitung von Pierre Louis de MAUPERTUIS nach Lappland entsandt wurden. Die Expeditionen hatten die Aufgabe, durch Gradmessung von Meridianbögen am Äquator und in Polnähe zu entscheiden, ob die Erde an den Polen wie ein Apfel abgeplattet sei, wie NEWTON vermutete, oder eine langgezogene Eigestalt besitzt wie CASSINI behauptete. MAUPERTUIS bestätigte im Jahre 1737 NEWTONs Annahme der Abplattung, [13, S. 32],

Aus den Ergebnissen folgte auch die Definition einer neuen Längeneinheit mit dem Namen **Meter**, die nicht aus traditionellen und örtlich stark variierenden, körperlichen Längenmaßen wie Elle, Fuß oder Schritt abgeleitet wurde, sondern in Anlehnung an den Erdumfang dem zehnmillionsten Teil der Entfernung zwischen Nordpol und Äquator auf dem Meridian durch Paris entsprach. Der Viertelkreis des Meridianbogens war daher per definitionem 10 000 km lang. Damit wurde auch die **Seemeile** definiert, die dem Bogen einer Winkelminute des Meridians glich und daher eine Länge von 1852 m besaß. Der französische Nationalkonvent setzte 1793 das Längenmaß Meter fest und ließ 1795 als ersten Prototyp ein **Urmeter** in Messing gießen. Nach Abschluss einer Expedition zur Überprüfung der Meridianlänge wurde 1799 ein zweites definitives Urmeter als Endmaß aus Platin hergestellt.

Die CASSINI'schen Landesvermessungen hatten Auswirkungen auf Messungen in deutschen Ländern. **Carl Friedrich GAUSS** (1777-1855) führte als Direktor der Sternwarte in Göttingen die langfristige Aufgabe der Triangulation des Königreichs Hannover durch, bei der er auch Untersuchungen zur Raumgeometrie vornehmen wollte. Bei Beginn seiner Messungen äußerte er bereits den Wunsch nach internationaler Zusammenarbeit und der Verknüpfung benachbarter Dreiecksnetze.

Bei der **Triangulation** wird die zu vermessende Fläche in ein **Netz von Dreiecken** zerlegt. Beim Anfangsdreieck geht man aus von einer durch Messstäbe, Messlatten und Messketten genau bekannten, geradlinigen Strecke am Boden, der **Basislinie** c, und misst von ihren Endpunkten die beiden Winkel α und β zu einem markanten Punkt im Gelände wie ein Kirchturm oder eine Bergkuppe oder auch zu speziell angelegten geodätischen Festpunkten. Für freie Sichtlinien müssen zur zielfernrohrgestützten Peilung ggf. Schneisen angelegt werden, aber man vermeidet mit diesem visuellen Verfahren das aufwendige Ablaufen und ungenaue Messen am Boden in unwegsamem oder unebenem Gelände. Die Dreiecksfläche S wird dann folgendermaßen berechnet.

$$\boxed{S = \frac{1}{2}c^2\,\frac{\sin\alpha\sin\beta}{\sin(\alpha+\beta)} = \frac{1}{2}c^2\,\frac{\tan\alpha\tan\beta}{\tan\alpha+\tan\beta}} \tag{2.26}$$

Die dem Winkel α gegenüberliegende Seite a des Dreiecks lautet nach dem **Sinussatz**,

$$a = \sin\alpha\,\frac{c}{\sin(\pi-\alpha-\beta)} = c\,\frac{\sin\alpha}{\sin(\alpha+\beta)}$$

die als Basislinie für das anschließende Dreieck dient.

Ein besonderes Anliegen von GAUSS bei seinen geodätischen Untersuchungen, die sich mit beschwerlichen und zeitraubenden Arbeiten zum Anlegen von Schneisen im Gelände, vielfachen Winkelmessungen zur Korrektur unvermeidlicher Messfehler, umfangreichen Auswertungen und ausgleichenden Berechnungen von 1821 bis 1825 und als Landesvermessung von 1828 bis 1844 erstreckten, war die Messung der Winkelsumme in Dreiecken.

Beim größten vermessenen Dreick zwischen den Bergen Hoher Hagen bei Göttingen, Brocken im Harz und Großer Inselsberg im Thüringer Wald mit Seitenlängen von 69, 106 und 84 km war die Abweichung der Winkelsumme vom Wert π zu gering und blieb innerhalb der Fehlergrenzen, so dass sich kein Hinweis auf eine Abweichung der Flächenstruktur von der euklidischen Geometrie ergab, [3, S. 283], [18, S. 137, 143], [21, S. 69].

2.2 RIEMANN'scher Krümmungstensor

Bei geometrischen Größen wie Orts- und Abstandsvektor und in physikalischen Bereichen wie Mechanik und Elektrodynamik wird der Raum als der gewohnte dreidimensionale euklidische Raum $\mathbb{R}^3$ betrachtet. Bei der Untersuchung von gekrümmten Flächen in der Differentialgeometrie und für die Relativitätstheorie ist es dagegen notwendig, eine **Verallgemeinerung des Raumbegriffs** vorzunehmen.

2.2.1 Euklidische Räume

Wesentliche **Kennzeichen des dreidimensionalen euklidischen Raumes** $\mathbb{R}^3$ bestehen in der Wahl eines orthogonalen kartesischen Koordinatensystems, der Existenz von Vektoren und der Definition des Skalarproduktes.

Die Gerade ist die kürzeste Verbindung zweier Punkte und der Abstand von Punkten wird durch den **Satz des PYTHAGORAS** bestimmt. Die **Metrik des Raumes** wird durch die **positiv definite quadratische Differentialform** des Wegelementes definiert.

In **kartesischen Systemen** $\underline{\mathbf{x}}^{\#}$ gilt,

$$d\boldsymbol{r} \cdot d\boldsymbol{r} = d\boldsymbol{r}^2 = |\, d\boldsymbol{r}\,|^2 = ds^2 = \sum_{i=1}^{3} \sum_{k=1}^{3} \delta_{ik}\, dx^i\, dx^k = \sum_{p=1}^{3} (dx^p)^2 \; > \; 0$$

so dass das **Wegelement** die **kanonische Form** der Wurzel aus einer Summe von Quadraten besitzt.

Im Falle **krummliniger Koordinatensysteme** $\underline{\mathbf{u}}^{\#}$ lautet die positiv definite Form gemäß (14.12, Bd. I) allgemeiner

$$\boxed{d\boldsymbol{r}^2 = ds^2 = \sum_{i=1}^{3} \sum_{k=1}^{3} g_{ik}\, du^i\, du^k \; > \; 0} \tag{2.27}$$

Die symmetrischen Metrikkoeffizienten g_{ik} sind Funktionen der Koordinaten u^k und damit ortsabhängig und stellen die kovarianten Komponenten des **metrischen Fundamentaltensors** $\mathscr{G}(\boldsymbol{r})$ (14.25, Bd. I) dar, mit denen alle geometrischen Eigenschaften wie Längen, Winkel, Flächen- und Volumenelemente im euklidischen Raum ermittelt werden können. In orthogonalen

Koordinatensystemen haben die Metrikmatrizen Diagonalform (18.4, Bd. I), die im kartesischen Fall in Einheitsmatrizen übergehen und dann örtlich konstant sind.

Enthält die allgemeine quadratische Differentialform auch negative Glieder, dann nennt man die **Form indefinit** und den Raum **pseudo-euklidisch**. Dieser Fall tritt bei der vierdimensionalen Raumzeit der Relativitätstheorie auf und wird im *Kapitel 7* bei der Fallunterscheidung (7.35) behandelt.

Vektoren sind „geradlinige“ oder **affine Größen** des euklidischen Raumes $\mathbb{R}^3$. Auch die Basisvektoren in krummlinigen Koordinatensystemen werden als affin betrachtet, die sich lediglich von Punkt zu Punkt in ihrer Richtung ändern. Beispiele dafür stellen die Grundvektoren in den vertrauten Polar- und Kugelkoordinaten dar, die als Einheitsvektoren zwar stets die gleiche Länge haben, deren Richtung dagegen ortsabhängig ist.

2.2.2 RIEMANN'sche Räume

Im Gegensatz zum euklidischen Raum stellt jede gekrümmte Fläche einen **zweidimensionalen RIEMANN'schen Raum** $\mathbb{V}^2$ dar, der das einzige unmittelbar anschauliche Beispiel für einen **nichteuklidischen Raum** ist.

Im dreidimensionalen euklidischen Raum $\mathbb{R}^3$, in dem ein krummliniges Koordinatensystem $\underline{\mathbf{u}}^{\#}$ definiert ist, kann man eine gekrümmte Fläche wie im *Abschnitt 2.1.2* dadurch gewinnen, dass man die Koordinatenfläche S betrachtet, für die $u_3 = \text{const.}$ gilt.

Im RIEMANN'schen Raum der gekrümmten Fläche sind im Gegensatz zum euklidischen Raum **keine Vektoren definierbar**, da sie sich als geradlinige oder affine Größen nicht an die Krümmung der Fläche „anschmiegen“ können. Ein Vektor in einem Punkt der Fläche ragt aus dieser in den umgebenden dreidimensionalen euklidischen Raum der Einbettung hinaus.

In den einzelnen Punkten eines RIEMANN'schen Raumes können Vektoren immer nur in den (euklidischen) **Tangentialebenen** dieser Punkte oder bei höherdimensionalen Räumen in sog. **affinen Tangentialräumen** liegen, so dass man sie auch **lokale Vektoren** nennen kann. Wird im weiteren Verlauf von Vektoren des RIEMANN'schen Raumes gesprochen, dann bedeutet das stets, dass sich die Vektoren in diesen zugeordneten Tangentialräumen befinden, in denen eine euklidische Metrik gilt.

In dieser speziellen Vektorinterpretation liegt auch der Grund, dass in vielen Darstellungen die Tensorrechnung nicht aus dem Vektorbegriff mit Basisvektoren sondern aus den Komponenten der tensoriellen Größen entwickelt wird, wenn eine Verallgemeinerung zu nichteuklidischen RIEMANN'schen Räumen durchgeführt werden soll. In der vorliegenden Behandlung des Themas steht dagegen die ingenieurmäßige Betrachtung auf der Basis von Vektoren im euklidischem Raum im Vordergrund. Dadurch war es auch von vornherein klar, dass die **kovarianten Ableitungen** in den *Abschnitten 17.2.3* und *17.2.8 (Bd. I)* Tensorgrößen darstellen.

Um in RIEMANN'schen Räumen Längen von Kurven messen zu können, wird ein **symmetrischer Fundamentaltensor** mit den kovarianten Komponenten g_{ik} eingeführt, der eine **RIEMANN'sche Metrik** nach dem Vorbild der euklidischen Metrik definiert.

Das Quadrat von **Bogen- oder Wegelement** hat dann die folgende Gestalt, wobei die Koordinaten von einem Parameter t abhängen.

$$ds^2 = \sum_{i=1}^{n} \sum_{k=1}^{n} g_{ik} \, du^i \, du^k = \sum_{i=1}^{n} \sum_{k=1}^{n} g_{ik} \frac{du^i}{dt} \frac{du^k}{dt} dt^2 \tag{2.28}$$

Hierbei wurde gleichzeitig die Verallgemeinerung von der zweidimensionalen gekrümmten Fläche zum **RIEMANN'schen Raum** $\mathbb{V}^n$ mit **beliebiger Dimension** n durchgeführt.

Die kürzeste Entfernung zweier Punkte, die im euklidischen Raum eine Gerade ist, wird im RIEMANN'schen Raum durch eine Kurve gebildet, die man als **geodätische Linie** oder **Geodätische** bezeichnet, [12, S. 377], und deren Länge durch Integration des Bogenelementes ds ermittelt wird. Im *Abschnitt 2.3.4* werden geodätische Linien näher untersucht.

2.2.3 Flächeneinbettung und Tangentialebene

Die gekrümmte Fläche S ist als nichteuklidischer, RIEMANN'scher Raum $\mathbb{V}^2$ eingebettet in den euklidischen Raum $\mathbb{R}^3$, aus dessen Eigenschaften Beziehungen für die Fläche entwickelt werden. Um zu Aussagen zu kommen, obwohl in der gekrümmten Fläche keine Vektoren definiert werden können, wird jedem Punkt P des RIEMANN'schen Raumes die **Tangentialebene** $T(P)$ und damit ein **euklidischer Raum** $\mathbb{R}^2$ **zugeordnet**. In diesem zugeordneten Tangentialraum sind dann wieder Basisvektoren $\mathbf{g}_k$ und mit ihnen beliebige Vektoren definierbar, die allerdings nur in diesem Punkt lokale Bedeutung haben und nicht im ganzen Raum $\mathbb{V}^2$ Gültigkeit besitzen.

Die Untersuchung findet also unter Beteiligung von drei verschiedenen Räumen statt.

- **euklidischer Raum** $\mathbb{R}^3$
  mit kartesischen oder krummlinigen Koordinatensystemen,
  in denen Basis- und andere Vektoren definiert sind
- **Riemann'scher Raum** $\mathbb{V}^2$
  eingebettet in den euklidischen Raum $\mathbb{R}^3$,
  in der gekrümmten Fläche S sind keine Vektoren definierbar
- **euklidischer Tangentialraum** $\mathbb{R}^2$
  abhängig vom Punkt P enthält jede Tangentialebene $T(P)$
  des $\mathbb{V}^2$ ihre eigenen reziproken Basisvektoren

2.2.4 Basisvektoren und Metrik der Fläche

Die kovarianten Basisvektoren $\mathbf{g}_1$ und $\mathbf{g}_2$ des Raumes $\mathbb{R}^3$ sind im Punkte P als Tangentenvektoren der Gauss'schen Koordinaten u_1 und u_2 gleichzeitig die **kovarianten Basisvektoren in der Tangentialebene** $T(P)$, die zur Unterscheidung mit $\mathbf{s}_1$ und $\mathbf{s}_2$ bezeichnet werden. Im Punkte P existieren also zwei **identische, kovariante Trihedra** aus den Vektoren $\mathbf{g}_1, \mathbf{g}_2, \boldsymbol{f}$ bzw. $\mathbf{s}_1, \mathbf{s}_2, \boldsymbol{f}$. In der Ebene $T(P)$ mit dem **Normaleneinheitsvektor** $\boldsymbol{f}$ gelten damit die Identitäten

$$\mathbf{g}_\mu\,(u^1, u^2) = \frac{\partial \boldsymbol{r}}{\partial u^\mu} \equiv \mathbf{s}_\mu\,(u^1, u^2) \qquad \text{für} \quad \mu = 1, 2$$

$$\boxed{\underline{\underline{\mathbf{g}}}_\sharp = \begin{pmatrix} \mathbf{g}_1 \\ \mathbf{g}_2 \end{pmatrix} \equiv \underline{\underline{\mathbf{s}}}_\sharp = \begin{pmatrix} \mathbf{s}_1 \\ \mathbf{s}_2 \end{pmatrix}} \tag{2.29}$$

Bei Matrixschreibweise wird neben dem formalen **Laufsymbol** (#) **für die Indizes 1, 2, 3** des Raumes $\mathbb{R}^3$ ein **zweites Laufsymbol** (♯) **für die Indizes 1, 2** der Tangentialebene $T(P)$ verwendet. Der bei Indexschreibweise in der Literatur übliche Gebrauch von **lateinischen Indizes** im ersten Fall und von **griechischen Indizes** im zweiten wird auch hier gemacht. In der vierdimensionalen Raumzeit der im *Kapitel 7* behandelten Relativitätstheorie werden griechische Indizes der Laufweite $0, 1, 2, 3$ für die Koordinaten t, x, y, z verwendet.

Die Elemente der kovarianten Matrix $\underline{\mathbf{S}}_\sharp$ sind wegen (2.29) durch den Metriktensor des $\mathbb{R}^3$ bzw. die erste Grundform nach (14.13, Bd. I) bekannt,

$$\underline{\mathbf{S}}_\sharp = \underline{\underline{\mathbf{s}}}_\sharp \cdot \left(\underline{\underline{\mathbf{s}}}_\sharp\right)^{\mathrm{T}} = \begin{pmatrix} s_{11} & s_{12} \\ s_{12} & s_{22} \end{pmatrix} \equiv \begin{pmatrix} g_{11} & g_{12} \\ g_{12} & g_{22} \end{pmatrix} = \begin{pmatrix} E & F \\ F & G \end{pmatrix}$$

wodurch die **Metrik des Raumes** $\mathbb{R}^2$ im Punkte P bestimmt ist.

$$dr^2 = ds^2 = \sum_{\mu=1}^{2} \sum_{\nu=1}^{2} s_{\mu\nu}\, du^\mu\, du^\nu > 0 \tag{2.30}$$

Da das **reziproke Trihedron** der Tangentialebene den gleichen Normaleneinheitsvektor $\boldsymbol{f}$ hat, liegen die **kontravarianten Basisvektoren** $\mathbf{s}^1, \mathbf{s}^2$ auch in $T(P)$.

Sind der dritte kovariante Basisvektor $\mathbf{g}_3$ des Raumes $\mathbb{R}^3$ und $\boldsymbol{f}$ nicht kollinear, dann liegen die beiden kontravarianten Basisvektoren $\mathbf{g}^1, \mathbf{g}^2$ nicht in der Ebene $T(P)$, so dass sie nicht mit $\mathbf{s}^1, \mathbf{s}^2$ von $T(P)$ identifiziert werden können.

Die ko- und kontravarianten Basisvektoren $\underline{\underline{\mathbf{s}}}_\sharp$ und $\underline{\underline{\mathbf{s}}}^\sharp$ müssen die **Reziprozitätsbedingung** des euklidischen Raumes $\mathbb{R}^2$ in P erfüllen.

$$\underline{\underline{\mathbf{s}}}_\sharp \cdot \left(\underline{\underline{\mathbf{s}}}^\sharp\right)^{\mathrm{T}} = \underline{\underline{\mathbf{s}}}^\sharp \cdot \left(\underline{\underline{\mathbf{s}}}_\sharp\right)^{\mathrm{T}} = \underline{\mathbf{E}} \tag{2.31}$$

Die Elemente der kontravarianten Matrix $\underline{\mathbf{S}}^\sharp$ erhält man durch Matrixinversion von $\underline{\mathbf{S}}_\sharp$ nach (3.23, Bd. I), wobei als Determinante die Diskriminante D^I der ersten Grundform auftritt.

$$\underline{\mathbf{S}}^\sharp = \begin{pmatrix} s^{11} & s^{12} \\ s^{12} & s^{22} \end{pmatrix} = \left(\underline{\mathbf{S}}_\sharp\right)^{-1} = \begin{pmatrix} s_{11} & s_{12} \\ s_{12} & s_{22} \end{pmatrix}^{-1} = \frac{1}{\det \underline{\mathbf{S}}_\sharp} \begin{pmatrix} g_{22} & -g_{12} \\ -g_{12} & g_{11} \end{pmatrix}$$

$$\det \underline{\mathbf{S}}_\sharp = s_{11}\, s_{22} - (s_{12})^2 = g_{11}\, g_{22} - (g_{12})^2 = EG - F^2 = D^I > 0$$

Die **symmetrischen Metrikmatrizen** der Tangentialebene $T(P)$ lauten

$$\underline{\mathbf{S}}_\sharp = \begin{pmatrix} s_{11} & s_{12} \\ s_{12} & s_{22} \end{pmatrix} = \begin{pmatrix} E & F \\ F & G \end{pmatrix}$$

$$\underline{\mathbf{S}}^\sharp = \begin{pmatrix} s^{11} & s^{12} \\ s^{12} & s^{22} \end{pmatrix} = \frac{1}{EG - F^2} \begin{pmatrix} G & -F \\ -F & E \end{pmatrix} = \left(\underline{\mathbf{S}}_\sharp\right)^{-1} \tag{2.32}$$

Sie haben Eigenschaften, die denen der Metrikmatrizen $\underline{G}_{\#}$ und $\underline{G}^{\#}$ des euklidischen Raumes $\mathbb{R}^3$ entsprechen.

$$\boxed{\underline{\underline{s}}_\sharp = \underline{S}_\sharp \underline{\underline{s}}^\sharp} \qquad \boxed{\underline{\underline{s}}^\sharp = \underline{S}^\sharp \underline{\underline{s}}_\sharp} \qquad \boxed{\underline{S}_\sharp \cdot \underline{S}^\sharp = \underline{S}^\sharp \cdot \underline{S}_\sharp = \underline{E}} \tag{2.33}$$

2.2.5 Ableitungsformeln von Gauss

Die Ableitungen der kovarianten Basisvektoren werden in Richtung der Vektoren der Tangentialebene und ihrer Normalen zerlegt und man macht folgenden Ansatz mit zu bestimmenden Koeffizienten $\Lambda_{\mu\nu}$ und $a_{\mu\nu}$ für die Indizes $\mu, \nu = 1, 2$, der (16.11, Bd. I) entspricht.

$$\mathbf{s}_{\mu\,,\,\nu} = \frac{\partial \mathbf{s}_\mu}{\partial u^\nu} = \frac{\partial^2 \boldsymbol{r}}{\partial u^\mu \, \partial u^\nu} = \Lambda_{\mu\nu}^{\ 1}\, \mathbf{s}_1 + \Lambda_{\mu\nu}^{\ 2}\, \mathbf{s}_2 + a_{\mu\nu}\, \boldsymbol{f} = \mathbf{s}_{\nu\,,\,\mu} \tag{2.34}$$

Skalarmultiplikation mit dem Normalenvektor $\boldsymbol{f}$ führt mit (2.6) zu

$$\mathbf{s}_{\mu\,,\,\nu} \cdot \boldsymbol{f} = a_{\mu\nu} \ \equiv \ \mathbf{g}_{\mu\,,\,\nu} \cdot \boldsymbol{f} = b_{\mu\nu} = \psi\, \Gamma_{\mu\nu}^{\ 3}$$

und Skalarmultiplikation mit den $\mathbf{s}_\mu$-Vektoren ergibt folgendes Gleichungssystem.

$$\begin{pmatrix} \mathbf{s}_{1\,,\,\nu} \\ \mathbf{s}_{2\,,\,\nu} \end{pmatrix} \cdot \begin{pmatrix} \mathbf{s}_1 \, , \, \mathbf{s}_2 \end{pmatrix} = \begin{pmatrix} \mathbf{s}_{1\,,\,\nu} \cdot \mathbf{s}_1 & \mathbf{s}_{1\,,\,\nu} \cdot \mathbf{s}_2 \\ \mathbf{s}_{2\,,\,\nu} \cdot \mathbf{s}_1 & \mathbf{s}_{2\,,\,\nu} \cdot \mathbf{s}_2 \end{pmatrix}$$

$$= \begin{pmatrix} \Lambda_{1\,\nu}^{\ 1} & \Lambda_{1\,\nu}^{\ 2} \\ \Lambda_{2\,\nu}^{\ 1} & \Lambda_{2\,\nu}^{\ 2} \end{pmatrix} \begin{pmatrix} s_{11} & s_{12} \\ s_{12} & s_{22} \end{pmatrix} = \underline{\Lambda}_{\sharp\,\nu}^{\cdot\,\sharp}\, \underline{S}_\sharp$$

Mit (2.33) und (2.29) erhält man die Λ-Koeffizienten,

$$\underline{\Lambda}_{\sharp\,\nu}^{\cdot\,\sharp} = \begin{pmatrix} \mathbf{s}_{1\,,\,\nu} \\ \mathbf{s}_{2\,,\,\nu} \end{pmatrix} \cdot \left(\underline{\underline{s}}_\sharp\right)^{\mathrm{T}} \underline{S}^\sharp \ \equiv \ \underline{\underline{g}}_{\sharp\,,\,\nu} \cdot \left(\underline{\underline{g}}_\sharp\right)^{\mathrm{T}} \underline{G}^\sharp = \underline{\underline{g}}_{\sharp\,,\,\nu} \cdot \left(\underline{\underline{g}}^\sharp\right)^{\mathrm{T}} = \underline{\boldsymbol{\Gamma}}_{\sharp\,\nu}^{\cdot\,\sharp}$$

die den **Christoffel-Symbolen** für die Indizes 1, 2 des einbettenden Raumes bzw. nach (16.28, Bd. I) dem ebenen System **des Tangentialraumes** $\mathbb{R}^2$ entsprechen.

Sie lauten mit den Größen der ersten Grundform und den L-Symbolen nach (16.22, Bd. I)

$$\underline{\mathbf{\Lambda}}_{\sharp\nu}^{\cdot\sharp} = \underline{\mathbf{\Gamma}}_{\sharp\nu}^{\cdot\sharp} = \frac{1}{g_{11}g_{22}-g_{12}^2}\begin{pmatrix} \mathbf{g}_{1,\nu}\cdot\mathbf{g}_1 & \mathbf{g}_{1,\nu}\cdot\mathbf{g}_2 \\ \mathbf{g}_{2,\nu}\cdot\mathbf{g}_1 & \mathbf{g}_{2,\nu}\cdot\mathbf{g}_2 \end{pmatrix}\begin{pmatrix} g_{22} & -g_{12} \\ -g_{12} & g_{11} \end{pmatrix}$$

$$= \frac{1}{EG-F^2}\begin{pmatrix} L_{1\nu1} & L_{1\nu2} \\ L_{2\nu1} & L_{2\nu2} \end{pmatrix}\begin{pmatrix} G & -F \\ -F & E \end{pmatrix} \tag{2.35}$$

Mit den Ableitungen der Metrikkoeffizienten

$$\begin{aligned} (\mathbf{g}_1\cdot\mathbf{g}_1)_{,1} &= E_{,1} = 2L_{111} & \qquad (\mathbf{g}_1\cdot\mathbf{g}_2)_{,1} &= F_{,1} = L_{112}+L_{121} \\ (\mathbf{g}_1\cdot\mathbf{g}_1)_{,2} &= E_{,2} = 2L_{121} & \qquad (\mathbf{g}_1\cdot\mathbf{g}_2)_{,2} &= F_{,2} = L_{122}+L_{221} \\ (\mathbf{g}_2\cdot\mathbf{g}_2)_{,1} &= G_{,1} = 2L_{122} \\ (\mathbf{g}_2\cdot\mathbf{g}_2)_{,2} &= G_{,2} = 2L_{222} \end{aligned}$$

erhält man in der kürzeren GAUSS'schen Darstellungsweise mit Buchstaben die **CHRISTOFFEL-Blockmatrix der Tangentialebene**.

$$\boxed{\begin{aligned} \underline{\mathbf{\Gamma}}_{\sharp(\sharp)}^{\cdot\sharp} = \frac{1}{2(EG-F^2)} & \\ \Bigg\| & \begin{pmatrix} GE_{,1}-F(2F_{,1}-E_{,2}) & -FE_{,1}+E(2F_{,1}-E_{,2}) \\ GE_{,2}-FG_{,1} & EG_{,1}-FE_{,2} \end{pmatrix}, \\ & \begin{pmatrix} GE_{,2}-FG_{,1} & EG_{,1}-FE_{,2} \\ -FG_{,2}+G(2F_{,2}-G_{,1}) & EG_{,2}-F(2F_{,2}-G_{,1}) \end{pmatrix} \Bigg\| \end{aligned}} \tag{2.36}$$

Werden die orthogonalen Hauptkrümmungsrichtungen als GAUSS'sche Koordinaten gewählt, dann vereinfachen sich wegen $F = 0$ nach (2.19) die CHRISTOFFEL-Symbole und deren Blockmatrix hat folgende Gestalt.

$$\underline{\mathbf{\Gamma}}_{\sharp(\sharp)}^{\cdot\sharp} = \frac{1}{2}\left\| \begin{pmatrix} E_{,1}/E & -E_{,2}/G \\ E_{,2}/E & G_{,1}/G \end{pmatrix}, \begin{pmatrix} E_{,2}/E & G_{,1}/G \\ -G_{,1}/E & G_{,2}/G \end{pmatrix} \right\|$$

Die **Ableitungsformeln von Gauss** lauten für die Basisvektoren der Tangentialebene $T(P)$ damit

$$\boxed{\underline{\underline{\mathbf{s}}}_{\sharp,\nu} = \begin{pmatrix} \mathbf{s}_{1,\nu} \\ \mathbf{s}_{2,\nu} \end{pmatrix} = \underline{\boldsymbol{\Gamma}}_{\sharp\nu}^{\cdot\sharp} \begin{pmatrix} \mathbf{s}_1 \\ \mathbf{s}_2 \end{pmatrix} + \begin{pmatrix} b_{1\nu} \\ b_{2\nu} \end{pmatrix} \boldsymbol{f} = \underline{\boldsymbol{\Gamma}}_{\sharp\nu}^{\cdot\sharp}\, \underline{\underline{\mathbf{s}}}_{\sharp} + \underline{\mathbf{b}}_{\sharp\nu}\, \boldsymbol{f}} \tag{2.37}$$

Wegen der Indexsymmetrie sind das mit (2.12) folgende drei Gleichungen.

$$\begin{aligned} \mathbf{s}_{1,1} &= \Gamma_{1\,1}^{\,1}\, \mathbf{s}_1 + \Gamma_{1\,1}^{\,2}\, \mathbf{s}_2 + L\, \boldsymbol{f} \\ \mathbf{s}_{1,2} = \mathbf{s}_{2,1} &= \Gamma_{1\,2}^{\,1}\, \mathbf{s}_1 + \Gamma_{1\,2}^{\,2}\, \mathbf{s}_2 + M\, \boldsymbol{f} \\ \mathbf{s}_{2,2} &= \Gamma_{2\,2}^{\,1}\, \mathbf{s}_1 + \Gamma_{2\,2}^{\,2}\, \mathbf{s}_2 + N\, \boldsymbol{f} \end{aligned}$$

In der Tangentialebene $T(P)$ als euklidischem Raum $\mathbb{R}^2$ gelten also mit den $\mathbf{s}$-Vektoren äquivalente Beziehungen wie im euklidischen Raum $\mathbb{R}^3$, so dass der gesamte Tensorformalismus entsprechend angewendet werden kann. Man hat lediglich den einen formalen Laufindex ($\#$) durch den anderen ($\sharp$) bzw. lateinische durch griechische Indizes zu ersetzen!

Stellt man die Formeln von Gauss um, dann erhält man folgende Beziehung.

$$\underline{\underline{\mathbf{s}}}_{\sharp,\nu} - \underline{\boldsymbol{\Gamma}}_{\sharp\nu}^{\cdot\sharp}\, \underline{\underline{\mathbf{s}}}_{\sharp} = \underline{\mathbf{b}}_{\sharp\nu}\, \boldsymbol{f}$$

Im Vergleich mit (17.18, Bd. I) entspricht der Aufbau der linken Seite formal der *kovarianten Ableitung*, die allerdings nur für die Komponenten von Vektoren jedoch nicht für Vektoren selbst definiert ist!

2.2.6 Ableitungsformeln von Weingarten

Die Ableitungen des Einheitsvektors $\boldsymbol{f}$ der Tangentialebene $T(P)$ stehen senkrecht auf diesem Vektor, so dass gilt

$$\boldsymbol{f} \cdot \boldsymbol{f} = 1 \quad \rightarrow \quad \boldsymbol{f} \cdot \frac{d\boldsymbol{f}}{\partial u^\ell} = \boldsymbol{f} \cdot \boldsymbol{f}_{,\ell} = 0 \qquad (\ell = 1, 2, 3)$$

Die Vektoren der Ableitungen liegen daher in der Tangentialebene und die beiden ersten werden in Richtung der Flächentangenten $\mathbf{s}_1$ und $\mathbf{s}_2$ mit einer zu bestimmenden Matrix $\underline{\mathbf{C}}$ zerlegt.

$$\underline{\underline{\mathbf{f}}}_{,\sharp} = \begin{pmatrix} \boldsymbol{f}_{,1} \\ \boldsymbol{f}_{,2} \end{pmatrix} = \begin{pmatrix} c_{11} & c_{12} \\ c_{21} & c_{22} \end{pmatrix} \begin{pmatrix} \mathbf{s}_1 \\ \mathbf{s}_2 \end{pmatrix} = \underline{\mathbf{C}}\, \underline{\underline{\mathbf{s}}}_{\sharp} \tag{2.38}$$

In der Tangentialebene mit $\mathbf{s}_\mu \cdot \boldsymbol{f} = 0$ folgt gemäß der Beziehungen (2.4a) und (2.5),

$$\mathbf{s}_\mu \cdot \boldsymbol{f}_{,\lambda} = -\,\mathbf{s}_{\mu,\lambda} \cdot \boldsymbol{f} = -\,b_{\mu\lambda} = -\,b_{\lambda\mu}$$

woraus das folgende Gleichungssystem entsteht, in dem auch die kürzere und übersichtlichere GAUSS'sche Darstellungsweise mit Buchstaben nach (14.13, Bd. I) und (2.12) an Stelle der Koeffizienten $s_{\mu\nu}$ und $b_{\mu\nu}$ verwendet wird.

$$\begin{pmatrix} \mathbf{s}_1 \cdot \boldsymbol{f}_{,1} & \mathbf{s}_2 \cdot \boldsymbol{f}_{,1} \\ \mathbf{s}_1 \cdot \boldsymbol{f}_{,2} & \mathbf{s}_2 \cdot \boldsymbol{f}_{,2} \end{pmatrix} = -\,\underline{\mathbf{B}}_{\sharp\sharp} = \underline{\underline{\mathbf{f}}}_{,\sharp} \cdot \left(\underline{\underline{\mathbf{s}}}_{\sharp}\right)^{\mathrm{T}} = \underline{\mathbf{C}}\,\underline{\underline{\mathbf{s}}}_{\sharp} \cdot \left(\underline{\underline{\mathbf{s}}}_{\sharp}\right)^{\mathrm{T}} = \underline{\mathbf{C}}\,\underline{\mathbf{S}}_{\sharp}$$

$$= -\begin{pmatrix} b_{11} & b_{12} \\ b_{12} & b_{22} \end{pmatrix} = \begin{pmatrix} c_{11} & c_{12} \\ c_{21} & c_{22} \end{pmatrix} \begin{pmatrix} s_{11} & s_{12} \\ s_{12} & s_{22} \end{pmatrix}$$

$$= -\begin{pmatrix} L & M \\ M & N \end{pmatrix} = \begin{pmatrix} c_{11} & c_{12} \\ c_{21} & c_{22} \end{pmatrix} \begin{pmatrix} E & F \\ F & G \end{pmatrix}$$

Die Auflösung nach $\underline{\mathbf{C}}$ führt mit (2.32) und (2.38) auf die **Ableitungsformeln von WEINGARTEN** für den Normalenvektor $\boldsymbol{f}$ der Tangentialebene.

$$\boxed{\underline{\underline{\mathbf{f}}}_{,\sharp} = \underline{\mathbf{C}}\,\underline{\underline{\mathbf{s}}}_{\sharp} = -\,\underline{\mathbf{B}}_{\sharp\sharp}\,\underline{\mathbf{S}}^{\sharp}\,\underline{\underline{\mathbf{s}}}_{\sharp}} \qquad \boxed{\underline{\mathbf{C}}\,\underline{\mathbf{S}}_{\sharp} = -\,\underline{\mathbf{B}}_{\sharp\sharp}}$$

$$\boxed{\begin{pmatrix} \boldsymbol{f}_{,1} \\ \boldsymbol{f}_{,2} \end{pmatrix} = \frac{1}{EG - F^2} \begin{pmatrix} FM - GL & FL - EM \\ FN - GM & FM - EN \end{pmatrix} \begin{pmatrix} \mathbf{s}_1 \\ \mathbf{s}_2 \end{pmatrix}} \tag{2.39}$$

Wählt man als GAUSS'sche Koordinaten die orthogonalen Hauptkrümmungsrichtungen, dann vereinfachen sich wegen $F = M = 0$ nach (2.19) die Ableitungsformeln, bei denen dann auch die Kopplung aufgehoben ist.

$$\begin{pmatrix} \boldsymbol{f}_{,1} \\ \boldsymbol{f}_{,2} \end{pmatrix} = -\,\frac{1}{EG} \begin{pmatrix} GL & 0 \\ 0 & EN \end{pmatrix} \begin{pmatrix} \mathbf{s}_1 \\ \mathbf{s}_2 \end{pmatrix} = -\begin{pmatrix} L/E & 0 \\ 0 & N/G \end{pmatrix} \begin{pmatrix} \mathbf{s}_1 \\ \mathbf{s}_2 \end{pmatrix}$$

Die **Ableitungsformeln von GAUSS und WEINGARTEN** der Flächentheorie bilden zusammen das flächentheoretische **Analogon der FRENET'schen Formeln** der Kurventheorie.

2.2.7 Integrabilitätsbedingungen, Formeln von MAINARDI-CODAZZI

Im Gegensatz zur Kurventheorie im *Abschnitt 5.6.6 (Bd. I)*, bei der durch Vorgabe der Funktionen von Krümmung und Torsion stets eine Raumkurve eindeutig definiert wird, führt die beliebige Vorgabe der Funktionen $g_{\mu\nu}$ und $b_{\mu\nu}$ bzw. von E, F, G und L, M, N normalerweise nicht zu einer Fläche, die diese Funktionen als Koeffizienten der ersten und zweiten Grundform besitzen. In der Flächentheorie müssen vielmehr zusätzlich gewisse Bedingungen zur Bestimmung der Vektorfunktionen $\mathbf{s}_1, \mathbf{s}_2, \boldsymbol{f}$ durch Integration der partiellen Differentialgleichungen (2.37) und (2.39) erfüllt sein, damit tatsächlich eine Fläche definiert wird. Diese **Integrabilitätsbedingungen der Ableitungsformeln** ergänzen dann das System der Grundformen zum **vollständigen Invariantensystem der Flächentheorie**.

Die Bedingungen bestehen in der Forderung der **Gleichheit der gemischten Ableitungen**. Das bedeutet, dass die gemischten zweiten Ableitungen der Basisvektoren $\mathbf{s}_1, \mathbf{s}_2$ übereinstimmen müssen, die die dritten Ableitungen des Ortsvektors $\boldsymbol{r}$ darstellen. Aus den acht Gleichungen für die Fläche resultieren tatsächlich nur zwei nichttriviale Beziehungen, in denen jeweils $\nu = 1$ und $\lambda = 2$ gilt.

$$\left(\underline{\underline{\mathbf{s}}}_{\sharp\,,\nu}\right)_{,\lambda} = \left(\underline{\underline{\mathbf{s}}}_{\sharp\,,\lambda}\right)_{,\nu} \quad \rightarrow \quad \begin{cases} \left(\mathbf{s}_{1\,,1}\right)_{,2} = \left(\mathbf{s}_{1\,,2}\right)_{,1} \\ \left(\mathbf{s}_{2\,,1}\right)_{,2} = \left(\mathbf{s}_{2\,,2}\right)_{,1} \end{cases} \tag{2.40}$$

Die GAUSS'sche Gleichung (2.37) wird abgeleitet

$$\left(\underline{\underline{\mathbf{s}}}_{\sharp\,,\nu}\right)_{,\lambda} = \left(\underline{\mathbf{\Gamma}}_{\sharp\nu}^{\cdot\,\sharp}\right)_{,\lambda} \underline{\underline{\mathbf{s}}}_{\sharp} + \underline{\mathbf{\Gamma}}_{\sharp\nu}^{\cdot\,\sharp}\, \underline{\underline{\mathbf{s}}}_{\sharp\,,\lambda} + \underline{\mathbf{b}}_{\sharp\nu\,,\lambda} \boldsymbol{f} + \underline{\mathbf{b}}_{\sharp\nu} \boldsymbol{f}_{,\lambda}$$

und dann im zweiten Glied wieder eingesetzt. Der letzte Summand wird mit (2.38) umgeformt,

$$\underline{\mathbf{b}}_{\sharp\nu} \boldsymbol{f}_{,\lambda} = \begin{pmatrix} b_{1\nu} \\ b_{2\nu} \end{pmatrix} \begin{pmatrix} c_{\lambda 1} & c_{\lambda 2} \end{pmatrix} \begin{pmatrix} \mathbf{s}_1 \\ \mathbf{s}_2 \end{pmatrix} = \underline{\mathbf{b}}_{\sharp\nu} \left(\underline{\mathbf{c}}_{\lambda\sharp}\right)^{\mathrm{T}} \underline{\mathbf{s}}_{\sharp}$$

wodurch man für die zweite Ableitung folgenden Ausdruck erhält.

$$\begin{aligned} \left(\underline{\underline{\mathbf{s}}}_{\sharp\,,\nu}\right)_{,\lambda} = {} & \left[\left(\underline{\mathbf{\Gamma}}_{\sharp\nu}^{\cdot\,\sharp}\right)_{,\lambda} + \underline{\mathbf{\Gamma}}_{\sharp\nu}^{\cdot\,\sharp}\, \underline{\mathbf{\Gamma}}_{\sharp\lambda}^{\cdot\,\sharp} + \underline{\mathbf{b}}_{\sharp\nu} \left(\underline{\mathbf{c}}_{\lambda\sharp}\right)^{\mathrm{T}} \right] \underline{\underline{\mathbf{s}}}_{\sharp} \\ & + \left[\underline{\mathbf{\Gamma}}_{\sharp\nu}^{\cdot\,\sharp}\, \underline{\mathbf{b}}_{\sharp\lambda} + \underline{\mathbf{b}}_{\sharp\nu\,,\lambda} \right] \boldsymbol{f} \end{aligned}$$

Die **Differenz der zweiten Ableitungen**, die Null sein soll, lautet dann

$$\begin{aligned}
&\left(\underline{\underline{\mathbf{s}}}_{\sharp,\nu}\right)_{,\lambda} - \left(\underline{\underline{\mathbf{s}}}_{\sharp,\lambda}\right)_{,\nu} \\
&= \Big[\left(\underline{\boldsymbol{\Gamma}}_{\sharp\nu}^{\cdot\,\sharp}\right)_{,\lambda} - \left(\underline{\boldsymbol{\Gamma}}_{\sharp\lambda}^{\cdot\,\sharp}\right)_{,\nu} + \underline{\boldsymbol{\Gamma}}_{\sharp\nu}^{\cdot\,\sharp}\,\underline{\boldsymbol{\Gamma}}_{\sharp\lambda}^{\cdot\,\sharp} - \underline{\boldsymbol{\Gamma}}_{\sharp\lambda}^{\cdot\,\sharp}\,\underline{\boldsymbol{\Gamma}}_{\sharp\nu}^{\cdot\,\sharp} \\
&\qquad + \underline{\mathbf{b}}_{\sharp\nu}\left(\underline{\mathbf{c}}_{\lambda\sharp}\right)^{\mathrm{T}} - \underline{\mathbf{b}}_{\sharp\lambda}\left(\underline{\mathbf{c}}_{\nu\sharp}\right)^{\mathrm{T}}\Big]\,\underline{\underline{\mathbf{s}}}_{\sharp} \\
&\quad + \Big[\,\underline{\mathbf{b}}_{\sharp\nu,\lambda} - \underline{\mathbf{b}}_{\sharp\lambda,\nu} + \underline{\boldsymbol{\Gamma}}_{\sharp\nu}^{\cdot\,\sharp}\,\underline{\mathbf{b}}_{\sharp\lambda} - \underline{\boldsymbol{\Gamma}}_{\sharp\lambda}^{\cdot\,\sharp}\,\underline{\mathbf{b}}_{\sharp\nu}\Big]\,\boldsymbol{f} = \underline{\mathbf{0}}
\end{aligned} \tag{2.41}$$

Damit dieser Ausdruck verschwindet, muss jede Vektorkomponente, also die Größen in den eckigen Klammern, einzeln Null sein. Bei den Berechnungen sind die CHRISTOFFEL-Symbole zur besseren Übersicht so angegeben wie sie entstehen ohne Zusammenfassung und Indextausch auf Grund ihrer Symmetrieeigenschaften.

Aus der Forderung nach dem Verschwinden des Koeffizienten von $\boldsymbol{f}$ erhält man als Ergebnis die **Formeln von MAINARDI-CODAZZI**. Nach (17.18, Bd. I) kann man sie als **Symmetriebeziehung der kovarianten Ableitungen** für die Spalten der **B**-Matrix (2.12) deuten.

$$\underline{\mathbf{b}}_{\sharp\nu}\big|_{\lambda} - \underline{\mathbf{b}}_{\sharp\lambda}\big|_{\nu} = \left(\underline{\mathbf{b}}_{\sharp\nu,\lambda} - \underline{\boldsymbol{\Gamma}}_{\sharp\lambda}^{\cdot\,\sharp}\,\underline{\mathbf{b}}_{\sharp\nu}\right) - \left(\underline{\mathbf{b}}_{\sharp\lambda,\nu} - \underline{\boldsymbol{\Gamma}}_{\sharp\nu}^{\cdot\,\sharp}\,\underline{\mathbf{b}}_{\sharp\lambda}\right) = \underline{\mathbf{0}} \tag{2.42}$$

Daraus erhält man für $\nu = 1$ und $\lambda = 2$ gemäß (2.40) die Beziehungen

$$\begin{aligned}
b_{11,2} - b_{12,1} &= \Gamma_{1\,2}^{\,1}\, b_{11} + \left(\Gamma_{1\,2}^{\,2} - \Gamma_{1\,1}^{\,1}\right) b_{12} - \Gamma_{1\,1}^{\,2}\, b_{22} \\
b_{21,2} - b_{22,1} &= \Gamma_{2\,2}^{\,1}\, b_{11} + \left(\Gamma_{2\,2}^{\,2} - \Gamma_{2\,1}^{\,1}\right) b_{12} - \Gamma_{2\,1}^{\,2}\, b_{22}
\end{aligned}$$

2.2.8 Krümmungstensor im $\mathbb{V}^2$

Bevor die Koeffizienten der Basisvektoren $\mathbf{s}_1$ und $\mathbf{s}_2$ in (2.41) näher untersucht werden, wird für den Ausdruck aus CHRISTOFFEL-Symbolen eine **Definition** als Abkürzung eingeführt, bei der für ein Element gilt

$$R^{\sigma}{}_{\mu\,\lambda\nu} = \left(\Gamma_{\mu\nu}^{\,\sigma}\right)_{,\lambda} - \left(\Gamma_{\mu\lambda}^{\,\sigma}\right)_{,\nu} + \sum_{p=1}^{2}\left[\Gamma_{\mu\nu}^{\,p}\,\Gamma_{p\lambda}^{\,\sigma} - \Gamma_{\mu\lambda}^{\,p}\,\Gamma_{p\nu}^{\,\sigma}\right]$$

Die Indizes μ und σ bedeuten bei den CHRISTOFFEL-Symbolen auf der rechten Seite gemäß (16.10) Zeile und Spalte, auf der linken Seite dagegen Spalte (hinterer Index) und Zeile (vorderer Index), so dass für die zugehörige

Matrix $\underline{\mathbf{R}}$ eine **Transponierung** resultiert! Die Definition lautet daher in Matrixform in Übereinstimmung mit den gemischten Tensorkomponenten in (9.16, Bd. I), [8, S. 176], [16, S. 83, 84].

$$\boxed{\left(\underline{\mathbf{R}}^{\sharp}{}_{\cdot\sharp\,\lambda\nu}\right)^{\mathrm{T}} = \left(\underline{\boldsymbol{\Gamma}}^{\cdot\sharp}_{\sharp\nu}\right)_{,\lambda} - \left(\underline{\boldsymbol{\Gamma}}^{\cdot\sharp}_{\sharp\lambda}\right)_{,\nu} + \underline{\boldsymbol{\Gamma}}^{\cdot\sharp}_{\sharp\nu}\,\underline{\boldsymbol{\Gamma}}^{\cdot\sharp}_{\sharp\lambda} - \underline{\boldsymbol{\Gamma}}^{\cdot\sharp}_{\sharp\lambda}\,\underline{\boldsymbol{\Gamma}}^{\cdot\sharp}_{\sharp\nu}} \tag{2.43}$$

Die **R**-Matrix besitzt vierfach indizierte Elemente und bildet die gemischten Komponenten eines Tensors 4. Stufe, den man als **Riemann-Christoffel'schen Krümmungstensor** oder einfach als **Krümmungstensor** $\mathscr{R}$ bezeichnet.

In der Blockmatrix des Tensors für $p = 4$ und $n = 2$ mit insgesamt 16 Elementen gemäß (3.63, Bd. I) kennzeichnen die Indizes λ und ν die einzelnen Untermatrizen.

Im einzelnen erhält man für die Elemente der Tensormatrix gemäß den Forderungen (2.40) für $\nu = 1$ und $\lambda = 2$ folgende Ergebnisse.

$$R^{1}{}_{121} = \left(\Gamma^{1}_{11}\right)_{,2} - \left(\Gamma^{1}_{12}\right)_{,1} + \Gamma^{1}_{11}\,\Gamma^{1}_{12} + \Gamma^{2}_{11}\,\Gamma^{1}_{22} - \Gamma^{1}_{12}\,\Gamma^{1}_{11} - \Gamma^{2}_{12}\,\Gamma^{1}_{21}$$

$$R^{1}{}_{221} = \left(\Gamma^{1}_{21}\right)_{,2} - \left(\Gamma^{1}_{22}\right)_{,1} + \Gamma^{1}_{21}\,\Gamma^{1}_{12} + \Gamma^{2}_{21}\,\Gamma^{1}_{22} - \Gamma^{1}_{22}\,\Gamma^{1}_{11} - \Gamma^{2}_{22}\,\Gamma^{1}_{21}$$

$$R^{2}{}_{121} = \left(\Gamma^{2}_{11}\right)_{,2} - \left(\Gamma^{2}_{12}\right)_{,1} + \Gamma^{1}_{11}\,\Gamma^{2}_{12} + \Gamma^{2}_{11}\,\Gamma^{2}_{22} - \Gamma^{1}_{12}\,\Gamma^{2}_{11} - \Gamma^{2}_{12}\,\Gamma^{2}_{21}$$

$$R^{2}{}_{221} = \left(\Gamma^{2}_{21}\right)_{,2} - \left(\Gamma^{2}_{22}\right)_{,1} + \Gamma^{1}_{21}\,\Gamma^{2}_{12} + \Gamma^{2}_{21}\,\Gamma^{2}_{22} - \Gamma^{1}_{22}\,\Gamma^{2}_{11} - \Gamma^{2}_{22}\,\Gamma^{2}_{21}$$

Die rein kovarianten Tensorkomponenten berechnet man daraus durch Multiplikation mit der symmetrischen kovarianten Metrikmatrix $\underline{\mathbf{S}}_{\sharp}$. Das entspricht nach (11.11, Bd. I) der Überschiebung des Krümmungstensors $\mathscr{R}$ mit dem zweistufigen Metriktensor der Fläche. Den Krümmungstensor selbst erhält man mit der Blockmatrix $\underline{\mathbf{R}}_{\sharp\sharp(\sharp\sharp)}$ und der Anwendung des vec-Operators gemäß der Darstellung in Gleichung (3.69, Bd. I).

$$\boxed{\underline{\mathbf{R}}_{\sharp\sharp\,\lambda\nu} = \underline{\mathbf{S}}_{\sharp}\,\underline{\mathbf{R}}^{\sharp}{}_{\cdot\sharp\,\lambda\nu} = \left[\left(\underline{\mathbf{R}}^{\sharp}{}_{\cdot\sharp\,\lambda\nu}\right)^{\mathrm{T}}\underline{\mathbf{S}}_{\sharp}\right]^{\mathrm{T}}} \tag{2.44}$$

$$\boxed{\mathscr{R} = \left\{\underline{\mathrm{vec}}\left\langle\left(\underline{\underline{\mathbf{s}}}^{\sharp}\right)^{\mathrm{T}} \circ \left\|\begin{matrix}\underline{\mathbf{R}}_{\sharp\sharp 11} & \underline{\mathbf{R}}_{\sharp\sharp 12}\\ \underline{\mathbf{R}}_{\sharp\sharp 21} & \underline{\mathbf{R}}_{\sharp\sharp 22}\end{matrix}\right\| \circ \underline{\underline{\mathbf{s}}}^{\sharp}\right\rangle\right\}^{\mathrm{T}} \underline{\mathrm{vec}}\left[\underline{\underline{\mathbf{s}}}^{\sharp}\left(\underline{\underline{\mathbf{s}}}^{\sharp}\right)^{\mathrm{T}}\right]}$$

Auf Grund der Definition (2.43) gilt **Schiefsymmetrie** bezüglich der Ableitungsindizes,

$$\boxed{\underline{\mathbf{R}}^{\sharp}{}_{\cdot\sharp\,\lambda\nu} = -\underline{\mathbf{R}}^{\sharp}{}_{\cdot\sharp\,\nu\lambda}} \qquad \boxed{\underline{\mathbf{R}}^{\sharp}{}_{\cdot\sharp\,\lambda\lambda} = \underline{\mathbf{0}}} \tag{2.45}$$

die sich auf die Matrizen $\underline{\mathbf{R}}_{\sharp\sharp\lambda\nu}$ und die Blockmatrix $\underline{\mathbf{R}}_{\sharp\sharp(\sharp\sharp)}$ des Krümmungstensors $\mathscr{R}$ überträgt.

In der Differenz der zweiten Ableitungen (2.41) kann die Forderung nach dem Verschwinden der Koeffizienten von $\underline{\underline{\mathbf{s}}}_{\sharp}$ mit der Matrix des Krümmungstensors (2.43) ausgedrückt werden.

$$\left(\underline{\mathbf{R}}^{\sharp}{}_{\cdot\sharp\,\lambda\nu}\right)^{\mathrm{T}} = \underline{\mathbf{b}}_{\sharp\lambda}\left(\underline{\mathbf{c}}_{\nu\sharp}\right)^{\mathrm{T}} - \underline{\mathbf{b}}_{\sharp\nu}\left(\underline{\mathbf{c}}_{\lambda\sharp}\right)^{\mathrm{T}}$$

Nach der Formel von WEINGARTEN (2.39) und wegen der Symmetrie von **S**- und **B**-Matrix folgt,

$$\begin{aligned}
\underline{\mathbf{C}}\,\underline{\mathbf{S}}_{\sharp} &= -\underline{\mathbf{B}}_{\sharp\sharp}\\
\underline{\mathbf{S}}_{\sharp}\,\underline{\mathbf{C}}^{\mathrm{T}} &= \underline{\mathbf{S}}_{\sharp}\left(\underline{\mathbf{c}}_{1\sharp}\,,\,\underline{\mathbf{c}}_{2\sharp}\right)\\
&= -\underline{\mathbf{B}}_{\sharp\sharp} = -\left(\underline{\mathbf{b}}_{\sharp 1}\,,\,\underline{\mathbf{b}}_{\sharp 2}\right) = -\left(\underline{\mathbf{B}}_{\sharp\sharp}\right)^{\mathrm{T}} = -\left(\underline{\mathbf{b}}_{1\sharp}\,,\,\underline{\mathbf{b}}_{2\sharp}\right)\\
\underline{\mathbf{S}}_{\sharp}\,\underline{\mathbf{c}}_{\nu\sharp} &= -\underline{\mathbf{b}}_{\nu\sharp} = -\underline{\mathbf{b}}_{\sharp\nu}
\end{aligned}$$

wodurch man die kovariante Matrix des Krümmungstensors in zwei Versionen angeben kann.

$$\underline{\mathbf{R}}_{\sharp\sharp\,\lambda\nu} = \underline{\mathbf{S}}_{\sharp}\,\underline{\mathbf{R}}^{\sharp}{}_{\cdot\sharp\,\lambda\nu} = +\underline{\mathbf{S}}_{\sharp}\,\underline{\mathbf{c}}_{\nu\sharp}\left(\underline{\mathbf{b}}_{\sharp\lambda}\right)^{\mathrm{T}} - \underline{\mathbf{S}}_{\sharp}\,\underline{\mathbf{c}}_{\lambda\sharp}\left(\underline{\mathbf{b}}_{\sharp\nu}\right)^{\mathrm{T}}$$

$$\boxed{\begin{aligned}
\underline{\mathbf{R}}_{\sharp\sharp\,\lambda\nu} &= \underline{\mathbf{b}}_{\lambda\sharp}\left(\underline{\mathbf{b}}_{\sharp\nu}\right)^{\mathrm{T}} - \underline{\mathbf{b}}_{\nu\sharp}\left(\underline{\mathbf{b}}_{\sharp\lambda}\right)^{\mathrm{T}}\\
&= \underline{\mathbf{b}}_{\sharp\lambda}\left(\underline{\mathbf{b}}_{\nu\sharp}\right)^{\mathrm{T}} - \underline{\mathbf{b}}_{\sharp\nu}\left(\underline{\mathbf{b}}_{\lambda\sharp}\right)^{\mathrm{T}}
\end{aligned}} \tag{2.46}$$

Wegen der Symmetrie der **B**-Matrix kann man die Indexpaare $(\sharp\,\sharp)$ und $(\lambda\,\nu)$ vertauschen und auf Grund von (2.45) ergeben sich folgende **(Schief-) Symmetrieeigenschaften** für die kovarianten Komponenten.

$$\boxed{\underline{\mathbf{R}}_{\sharp\sharp\,\lambda\nu} = \underline{\mathbf{R}}_{\lambda\nu\,\sharp\sharp} = -\underline{\mathbf{R}}_{\sharp\sharp\,\nu\lambda} = -\underline{\mathbf{R}}_{\nu\lambda\,\sharp\sharp}} \qquad \boxed{\underline{\mathbf{R}}_{\sharp\sharp\,\lambda\lambda} = \underline{\mathbf{R}}_{\lambda\lambda\,\sharp\sharp} = \underline{\mathbf{0}}} \tag{2.47}$$

Die zweite Beziehung bedeutet dabei, dass sowohl die Hauptdiagonalblöcke als auch die Hauptdiagonalelemente der Untermatrizen Null sind.

Für $\nu = 1$ und $\lambda = 2$ lautet die Matrix nach (2.46),

$$\begin{aligned}\underline{\mathbf{R}}_{\sharp\sharp\,21} &= \underline{\mathbf{b}}_{2\sharp}\left(\underline{\mathbf{b}}_{\sharp 1}\right)^{\mathrm{T}} - \underline{\mathbf{b}}_{1\sharp}\left(\underline{\mathbf{b}}_{\sharp 2}\right)^{\mathrm{T}} \\ &= \begin{pmatrix} M \\ N \end{pmatrix} (L\ M) - \begin{pmatrix} L \\ M \end{pmatrix} (M\ N) = (LN - M^2) \begin{pmatrix} 0 & -1 \\ 1 & 0 \end{pmatrix}\end{aligned}$$

so dass nur ein einziges wesentliches Tensorelement $R_{\text{✡}}$ für die gekrümmte Fläche existiert. Da dieses Element dem GAUSS'schen Krümmungsmaß K nach (2.20) proportional ist, hat der **Krümmungstensor seinen Namen** erhalten.

$$\boxed{R_{\text{✡}} = R_{12\,12} = R_{21\,21} = -\,R_{12\,21} = -\,R_{21\,12} = K(EG - F^2) = LN - M^2} \tag{2.48}$$

Die **kovariante Blockmatrix des Krümmungstensors** der RIEMANN'schen Fläche weist folgende Gestalt auf, bei der die Indizes der Ableitungen, die die einzelnen Untermatrizen bezeichnen, in Klammern stehen.

$$\boxed{\underline{\mathbf{R}}_{\sharp\sharp(\sharp\sharp)} = R_{\text{✡}} \left\| \begin{matrix} \begin{pmatrix} 0 & 0 \\ 0 & 0 \end{pmatrix} & \begin{pmatrix} 0 & 1 \\ -1 & 0 \end{pmatrix} \\ \begin{pmatrix} 0 & -1 \\ 1 & 0 \end{pmatrix} & \begin{pmatrix} 0 & 0 \\ 0 & 0 \end{pmatrix} \end{matrix} \right\|} \tag{2.49}$$

Nach dem Theorema egregium (2.22) und (2.23) hängen die Krümmung K und daher auch der Krümmungstensor $\mathscr{R}$ nur von der ersten Grundform und ihren Ableitungen ab, die damit geodätische Größen der inneren Eigenschaften der Fläche sind.

2.2.9 Fundamentalsatz der Flächentheorie

Das Formenproblem der Flächentheorie besteht in der Frage, ob man eine Fläche aus den Koeffizienten der beiden Grundformen eindeutig bestimmen kann.

Der Fundamentalsatz, der diese Frage beantwortet, wurde 1867 von BONNET bewiesen. Den Beweis dieses Satzes findet man in [4, S. 175] und [10, S. 104] mit der folgenden Aussage.

> **Durch die Vorgabe von Metrik- und Haupttensor, deren Elemente g_{ik} und b_{ik} neben Stetigkeits- und Differenzierbarkeitsbedingungen die Gleichungen von GAUSS und MAINARDI-CODAZZI erfüllen müssen, wird eine Fläche eindeutig definiert, die die gegebenen Grundformen besitzt** (2.50)

Die Bestimmung einer Fläche aus der Vorgabe dieser beiden symmetrischen Tensoren, deren Elemente die zusätzlichen Bedingungen erfüllen, ist in geschlossener Form noch schwieriger als die Ermittlung von Raumkurven aus der Vorgabe von Krümmung und Torsion, was im *Abschnitt 5.6.6 (Bd. I)* als Fundamentalsatz der Kurventheorie bezeichnet wurde.

2.2.10 Dreidimensionaler Krümmungstensor aus zweifacher kovarianter Ableitung

Die zweifachen kovarianten Ableitungen eines Vektors $\boldsymbol{v}$ wurden für den dreidimensionalen euklidischen Raum $\mathbb{R}^3$ in (17.29, Bd. I) angegeben. Beim Vertauschen der Ableitungsindizes zeigt sich, dass im allgemeinen Fall die **zweiten kovarianten Ableitungen nichtkommutativ** sind. Vertauscht man nämlich die Indizes und bildet die Differenz, dann heben sich die partiellen Ableitungen auf und es bleiben folgende vier Summanden übrig.

$$\underline{\mathbf{v}}^{\#}\big|_{\ell}\big|_{m} - \underline{\mathbf{v}}^{\#}\big|_{m}\big|_{\ell}$$
$$= - \Big[\big(\underline{\mathbf{\Gamma}}^{\cdot\#}_{\#m}\big)_{,\ell} - \big(\underline{\mathbf{\Gamma}}^{\cdot\#}_{\#\ell}\big)_{,m} + \underline{\mathbf{\Gamma}}^{\cdot\#}_{\#m}\,\underline{\mathbf{\Gamma}}^{\cdot\#}_{\#\ell} - \underline{\mathbf{\Gamma}}^{\cdot\#}_{\#\ell}\,\underline{\mathbf{\Gamma}}^{\cdot\#}_{\#m} \Big]^{\mathrm{T}} \underline{\mathbf{v}}^{\#}$$

$$\underline{\mathbf{v}}_{\#}\big|_{\ell}\big|_{m} - \underline{\mathbf{v}}_{\#}\big|_{m}\big|_{\ell}$$
$$= + \Big[\big(\underline{\mathbf{\Gamma}}^{\cdot\#}_{\#m}\big)_{,\ell} - \big(\underline{\mathbf{\Gamma}}^{\cdot\#}_{\#\ell}\big)_{,m} + \underline{\mathbf{\Gamma}}^{\cdot\#}_{\#m}\,\underline{\mathbf{\Gamma}}^{\cdot\#}_{\#\ell} - \underline{\mathbf{\Gamma}}^{\cdot\#}_{\#\ell}\,\underline{\mathbf{\Gamma}}^{\cdot\#}_{\#m} \Big] \underline{\mathbf{v}}_{\#}$$

In Verallgemeinerung der Beziehung (2.43) wird der **vierstufige RIEMANN'sche Krümmungstensor $\mathscr{R}$ für den dreidimensionalen Raum** entsprechend definiert, der für $p = 4$ und $n = 3$ nach (3.64, Bd. I) 81 Elemente besitzt. Die rein kovariante Form erreicht man durch Überschiebung.

$$\left(\underline{\mathbf{R}}^{\#}_{\cdot\# \,\ell m}\right)^{\mathrm{T}} = \left(\underline{\mathbf{\Gamma}}^{\cdot\#}_{\#m}\right)_{,\ell} - \left(\underline{\mathbf{\Gamma}}^{\cdot\#}_{\#\ell}\right)_{,m} + \underline{\mathbf{\Gamma}}^{\cdot\#}_{\#m}\,\underline{\mathbf{\Gamma}}^{\cdot\#}_{\#\ell} - \underline{\mathbf{\Gamma}}^{\cdot\#}_{\#\ell}\,\underline{\mathbf{\Gamma}}^{\cdot\#}_{\#m}$$

$$\underline{\mathbf{R}}_{\#\# \,\ell m} = -\underline{\mathbf{R}}_{\#\# \,m\ell} = \underline{\mathbf{G}}_{\#}\,\underline{\mathbf{R}}^{\#}_{\cdot\# \,\ell m} = \left[\left(\underline{\mathbf{R}}^{\#}_{\cdot\# \,\ell m}\right)^{\mathrm{T}}\underline{\mathbf{G}}_{\#}\right]^{\mathrm{T}} \tag{2.51}$$

Das **allgemeine Element des Krümmungstensors**, das man auch in Determinantenform schreiben kann, lautet folgendermaßen.

$$R^{i}_{\ k\,\ell m} = \left(\Gamma^{\,i}_{km}\right)_{,\ell} - \left(\Gamma^{\,i}_{k\ell}\right)_{,m} + \sum_{p=1}^{3}\left[\Gamma^{\,p}_{km}\,\Gamma^{\,i}_{p\ell} - \Gamma^{\,p}_{k\ell}\,\Gamma^{\,i}_{pm}\right] \tag{2.52a}$$

$$R^{i}_{\ k\,\ell m} = \begin{vmatrix} \dfrac{\partial}{\partial u^{\ell}} & \dfrac{\partial}{\partial u^{m}} \\ \Gamma^{\,i}_{k\ell} & \Gamma^{\,i}_{km} \end{vmatrix} + \sum_{p=1}^{3}\begin{vmatrix} \Gamma^{\,p}_{km} & \Gamma^{\,p}_{k\ell} \\ \Gamma^{\,i}_{pm} & \Gamma^{\,i}_{p\ell} \end{vmatrix} \tag{2.52b}$$

Setzt man die CHRISTOFFEL-Symbole nach (16.25, Bd. I) ein, dann werden die Elemente des Krümmungstensors $\mathscr{R}$ gebildet aus den Koeffizienten g_{ik} des Metriktensors $\mathscr{G}$ sowie ihren Ableitungen bis zur 2. Ordnung.

Die Differenzen der zweiten kovarianten Ableitungen eines Vektors nach (17.29, Bd. I) werden in neuer Interpretation durch den Krümmungstensor ausgedrückt.

$$\underline{\mathbf{v}}^{\#}\big|_{\ell}\big|_{m} - \underline{\mathbf{v}}^{\#}\big|_{m}\big|_{\ell} = -\,\underline{\mathbf{R}}^{\#}_{\cdot\# \,\ell m}\,\underline{\mathbf{v}}^{\#}$$

$$\underline{\mathbf{v}}_{\#}\big|_{\ell}\big|_{m} - \underline{\mathbf{v}}_{\#}\big|_{m}\big|_{\ell} = +\left(\underline{\mathbf{R}}^{\#}_{\cdot\# \,\ell m}\right)^{\mathrm{T}}\underline{\mathbf{v}}_{\#} \tag{2.53}$$

Auf gleichartige Weise erhält man auch beim Tensor 2. Stufe durch Bildung der Differenz der zweiten kovarianten Ableitungen nach (17.33, Bd. I) Darstellungen mit dem Krümmungstensor, von denen aber nur ein Ergebnis exemplarisch angegeben wird.

$$\underline{\mathbf{T}}^{\#\#}\big|_{\ell}\big|_{m} - \underline{\mathbf{T}}^{\#\#}\big|_{m}\big|_{\ell} = -\left(\underline{\mathbf{R}}^{\#}_{\cdot\#\,\ell m}\right)^{\mathrm{T}} \underline{\mathbf{T}}^{\#\#} - \underline{\mathbf{T}}^{\#\#}\,\underline{\mathbf{R}}^{\#}_{\cdot\#\,\ell m} \tag{2.54}$$

Die Beziehungen der Differenzen der kovarianten Ableitungen von Vektor und Tensor werden **Identitäten von RICCI** genannt, [8, S. 275].

2.2.11 Symmetrieeigenschaften des Krümmungstensors

Die Elemente des Krümmungstensors nach (2.52a) erfüllen die folgenden **symmetrischen und zyklischen Eigenschaften** für die drei rechts stehenden kovarianten Indizes, was man durch Einsetzen bestätigt.

$$\begin{aligned} R^{i}_{\ k\,\ell m} &= -R^{i}_{\ k\,m\ell} & \qquad R^{i}_{\ k\,\ell m} + R^{i}_{\ \ell\,mk} + R^{i}_{\ m\,k\ell} &= 0 \\ R_{ik\,\ell m} &= -R_{ik\,m\ell} & \qquad R_{ik\,\ell m} + R_{i\ell\,mk} + R_{im\,k\ell} &= 0 \end{aligned} \tag{2.55}$$

Die kovarianten Ableitungen der Elemente des Krümmungstensors erfüllen Beziehungen, die **Identitäten von BIANCHI** heißen, bei denen die drei rechts stehenden Indizes zyklisch vertauscht werden. Der Beweis, der hier nicht durchgeführt wird, ist in [8, S. 276] und [16, S. 87] zu finden.

$$\begin{aligned} R^{i}_{\ k\,\ell m}\big|_{s} + R^{i}_{\ k\,ms}\big|_{\ell} + R^{i}_{\ k\,s\ell}\big|_{m} &= 0 \\ R_{ik\,\ell m}\big|_{s} + R_{ik\,ms}\big|_{\ell} + R_{ik\,s\ell}\big|_{m} &= 0 \end{aligned} \tag{2.56}$$

Zur Untersuchung weiterer Symmetrieeigenschaften wird das allgemeine, rein kovariante Tensorelement betrachtet, das man nach dem Transformationsgesetz der Tensorkomponenten in *Tabelle 9.1 (Bd. I)* bzw. durch **Überschiebung** aus (2.52a) erhält.

$$\begin{aligned} R_{ik\,\ell m} = \sum_{p=1}^{3} g_{ip}\, R^{p}_{\ k\,\ell m} = &\sum_{p=1}^{3} g_{ip} \left(\Gamma^{\,p}_{km}\right)_{,\ell} - \sum_{p=1}^{3} g_{ip} \left(\Gamma^{\,p}_{k\ell}\right)_{,m} \\ &+ \sum_{q=1}^{3} \left[\Gamma^{\,q}_{km} \sum_{p=1}^{3} g_{ip}\, \Gamma^{\,p}_{q\ell} - \Gamma^{\,q}_{k\ell} \sum_{p=1}^{3} g_{ip}\, \Gamma^{\,p}_{qm}\right] \end{aligned}$$

Die erste Einfachsumme kann man mit den Eigenschaften (16.22, Bd. I) und (16.24, Bd. I) der L-Symbole ausdrücken,

$$\begin{aligned}
\frac{\partial}{\partial u^\ell} \mathrm{L}_{kmi} = \left(\mathrm{L}_{kmi}\right)_{,\ell} &= \frac{\partial}{\partial u^\ell} \sum\nolimits_p g_{ip} \Gamma^{\,p}_{km} \\
&= \sum\nolimits_p g_{ip\,,\ell} \Gamma^{\,p}_{km} + \sum\nolimits_p g_{ip} \left(\Gamma^{\,p}_{km}\right)_{,\ell} \\
&= \sum\nolimits_p \left[\mathrm{L}_{i\ell p} + \mathrm{L}_{p\ell i}\right] \Gamma^{\,p}_{km} + \sum\nolimits_p g_{ip} \left(\Gamma^{\,p}_{km}\right)_{,\ell}
\end{aligned}$$

und in die Doppelsummen von $R_{ik\,\ell m}$ werden L-Symbole eingesetzt.

$$\sum\nolimits_q \left[\Gamma^{\,q}_{km} \sum\nolimits_p g_{ip} \Gamma^{\,p}_{q\ell} - \Gamma^{\,q}_{k\ell} \sum\nolimits_p g_{ip} \Gamma^{\,p}_{qm}\right] = \sum\nolimits_q \left[\Gamma^{\,q}_{km} \mathrm{L}_{q\ell i} - \Gamma^{\,q}_{k\ell} \mathrm{L}_{qmi}\right]$$

Mit Indexwechsel von q nach p in der letzten Summendarstellung erhält man das Tensorelement, das sich wegen gleicher Glieder vereinfacht

$$\begin{aligned}
R_{ik\,\ell m} = &+\left(\mathrm{L}_{kmi}\right)_{,\ell} - \sum\nolimits_p \left[\mathrm{L}_{i\ell p} + \mathrm{L}_{p\ell i}\right] \Gamma^{\,p}_{km} \\
&- \left(\mathrm{L}_{k\ell i}\right)_{,m} + \sum\nolimits_p \left[\mathrm{L}_{imp} + \mathrm{L}_{pmi}\right] \Gamma^{\,p}_{k\ell} \\
&+ \sum\nolimits_p \left[\mathrm{L}_{p\ell i} \Gamma^{\,p}_{km} - \mathrm{L}_{pmi} \Gamma^{\,p}_{k\ell}\right]
\end{aligned}$$

mit dem Ergebnis

$$\boxed{R_{ik\,\ell m} = \left(\mathrm{L}_{kmi}\right)_{,\ell} - \left(\mathrm{L}_{k\ell i}\right)_{,m} + \sum\nolimits_p \left[\mathrm{L}_{imp} \Gamma^{\,p}_{k\ell} - \mathrm{L}_{i\ell p} \Gamma^{\,p}_{km}\right]} \tag{2.57}$$

Die Differenz der L-Symbole lautet nach (16.25, Bd. I),

$$\begin{aligned}
2\left(\mathrm{L}_{kmi}\right)_{,\ell} - 2\left(\mathrm{L}_{k\ell i}\right)_{,m} = &+ \left(g_{ki\,,m} + g_{mi\,,k} - g_{km\,,i}\right)_{,\ell} \\
&- \left(g_{ki\,,\ell} + g_{\ell i\,,k} - g_{k\ell\,,i}\right)_{,m}
\end{aligned}$$

bei der sich wegen der Symmetrie der Metrikkoeffizienten und ihrer partiellen Ableitungen

$$\left.\begin{aligned} g_{ik} &= g_{ki} \\ g_{ik\,,\ell} &= g_{ki\,,\ell} \end{aligned}\right\} \quad g_{ik\,,\ell\,,m} = g_{ki\,,\ell\,,m} = g_{ik\,,m\,,\ell} = g_{ki\,,m\,,\ell}$$

die beiden ersten Klammerglieder auf der rechten Seite gegeneinander aufheben.

Die Einfachsumme in (2.57) wird nach (16.24, Bd. I) in eine Doppelsumme über L-Symbole verwandelt, so dass das Tensorelement schließlich lautet

$$R_{ik\,\ell m} = \frac{1}{2}\left(g_{mi\,,k} - g_{km\,,i}\right)_{,\ell} - \frac{1}{2}\left(g_{\ell i\,,k} - g_{k\ell\,,i}\right)_{,m} + \sum_{p=1}^{3}\sum_{r=1}^{3} g^{pr}\left[\mathrm{L}_{imp}\mathrm{L}_{k\ell r} - \mathrm{L}_{i\ell p}\mathrm{L}_{kmr}\right]$$

Hieran läßt sich die Vertauschbarkeit der beiden Indexpaare (ik) und (ℓm) wegen der Symmetriebeziehungen von Metrikkoeffizienten und L-Symbolen erkennen und weil in der Doppelsumme jede Kombination der Laufindizes p und r auftritt.

Damit weist der Krümmungstensor im dreidimensionalen Raum die gleichen **Symmetrieeigenschaften** auf wie im Raum $\mathbb{V}^2$ nach (2.47), die hier aber auf andere Weise hergeleitet wurden.

$$\underline{\mathbf{R}}_{\#\#\,\ell m} = -\underline{\mathbf{R}}_{\#\#\,m\ell} \qquad \underline{\mathbf{R}}_{\#\#\,\ell\ell} = \underline{\mathbf{0}}$$

$$R_{ik\,\ell m} = R_{\ell m\,ik} = -R_{ki\,\ell m} = -R_{ik\,m\ell} \tag{2.58}$$

Von allen Tensorelementen sind daher nur jene von Null verschieden, für die sowohl $i \neq k$ als auch $\ell \neq m$ gilt. Jeder Tausch der Indizes im ersten oder zweiten Indexpaar führt zum Vorzeichenwechsel des Tensorelementes. Auf Grund dieser Symmetrieeigenschaften beträgt die **Anzahl der unabhängigen Elemente** $R_{ik\,\ell m}$ des Krümmungstensors im n-dimensionalen Raum folgenden Wert N, [12, S. 492], [20, S. 364].

$$N = \frac{1}{12}\,n^2(n^2-1) \tag{2.59}$$

Der Krümmungstensor hat daher im zweidimensionalen Raum nur eine, im dreidimensionalen nur sechs und im vierdimensionalen Raum nur 20 wesentliche Komponenten.

Im dreidimensionalen Fall bilden die sechs Komponenten

$$\begin{array}{lll} R_{12\,12} = A & R_{12\,13} = B & R_{12\,23} = C \\ R_{13\,13} = U & R_{13\,23} = V & R_{23\,23} = W \end{array}$$

folgende **kovariante Blockmatrix des Krümmungstensors**.

$$\underline{\mathbf{R}}_{\#\#(\#\#)} = \left\| \begin{array}{ccc} \begin{pmatrix} 0 & 0 & 0 \\ 0 & 0 & 0 \\ 0 & 0 & 0 \end{pmatrix} & \begin{pmatrix} 0 & A & B \\ -A & 0 & C \\ -B & -C & 0 \end{pmatrix} & \begin{pmatrix} 0 & B & U \\ -B & 0 & V \\ -U & -V & 0 \end{pmatrix} \\ \begin{pmatrix} 0 & -A & -B \\ A & 0 & -C \\ B & C & 0 \end{pmatrix} & \begin{pmatrix} 0 & 0 & 0 \\ 0 & 0 & 0 \\ 0 & 0 & 0 \end{pmatrix} & \begin{pmatrix} 0 & C & V \\ -C & 0 & W \\ -V & -W & 0 \end{pmatrix} \\ \begin{pmatrix} 0 & -B & -U \\ B & 0 & -V \\ U & V & 0 \end{pmatrix} & \begin{pmatrix} 0 & -C & -V \\ C & 0 & -W \\ V & W & 0 \end{pmatrix} & \begin{pmatrix} 0 & 0 & 0 \\ 0 & 0 & 0 \\ 0 & 0 & 0 \end{pmatrix} \end{array} \right\| \tag{2.60}$$

2.2.12 Bedeutung des Krümmungstensors und n-dimensionale Verallgemeinerung, Krümmung des Raumes

Der euklidische Raum ist dadurch gekennzeichnet, dass in ihm ein kartesisches Koordinatensystem eingeführt werden kann. In einem solchen System sind nach *Abschnitt 16.5.1 (Bd. I)* alle CHRISTOFFEL-Symbole Null, so dass damit auch der Krümmungstensor $\mathscr{R}$ nach (2.51) verschwindet. Liegt ein krummliniges Koordinatensystem vor, dann kann man durch eine nichtlineare Koordinatentransformation zu einem kartesischen System übergehen. Als Folge gilt, dass der **Krümmungstensor identisch verschwindet**, also in euklidischen Räumen den **Nulltensor** bildet.

Am Beispiel der orthogonalen Zylinderkoordinaten wird die Berechnung der Matrix $\underline{\mathbf{R}}_{\#\#(\#\#)}$ durchgeführt, um sich von dieser Aussage zu überzeugen.

Von den 18 L-Symbolen, die nach (16.24) mit (18.59) und (18.62) aus Bd. I berechnet werden, sind alle Null bis auf $L_{122} = \rho$ und $L_{221} = -\rho$. Die sechs kovarianten Komponenten des Krümmungstensors, die nach der Darstellung (2.57) bestimmt werden, sind alle Null, so dass die Blockmatrix (2.60) nur Nullelemente enthält und der Krümmungstensor $\mathscr{R}$ des dreidimensionalen euklidischen Raumes tatsächlich verschwindet.

Die bisherige Beschränkung auf zwei bzw. drei räumliche Koordinaten kann problemlos auf Räume mit n Dimensionen erweitert werden. Auch für den **n-dimensionalen Krümmungstensor** $\mathscr{R} = \mathscr{R}^{(n)}$ des RIEMANN'schen Raumes $\mathbb{V}^n$ sind die Definition der Tensorkomponenten (2.51) sowie die Symmetrieeigenschaften aus *Abschnitt 2.2.11* in entsprechender Weise gültig.

$$R^{\sigma}_{\ \mu\,\nu\,\tau} = \left(\Gamma^{\ \sigma}_{\mu\,\tau}\right)_{,\nu} - \left(\Gamma^{\ \sigma}_{\mu\,\nu}\right)_{,\tau} + \sum_{\lambda=1}^{n}\left[\Gamma^{\ \lambda}_{\mu\,\tau}\,\Gamma^{\ \sigma}_{\lambda\,\nu} - \Gamma^{\ \lambda}_{\mu\,\nu}\,\Gamma^{\ \sigma}_{\lambda\,\tau}\right] \tag{2.61}$$

Um dieser Verallgemeinerung Rechnung zu tragen, werden im Folgenden die Summationen nur formal mit dem Laufindex ohne Angabe der Laufweite bezeichnet.

Ein **flacher, nicht gekrümmter Raum** wird dadurch definiert, dass man Koordinaten finden kann, für die die **Metrik** die **kanonische Form** von (pseudo-) euklidischen Räumen nach *Abschnitt 2.2.1* hat,

$$ds^2 = \sum_{p=1}^{n} \varepsilon_p\,(dx^p)^2 \qquad\qquad (\varepsilon_p = \pm 1)$$

in dem der Krümmungstensor verschwindet.

Die Krümmung als innere Eigenschaft eines Raumes wurde am Beispiel der Fläche durch die Größe K bzw. die Koeffizienten g_{ik} bestimmt ohne den Bezug auf den umgebenden oder einbettenden Raum.

Das Ergebnis (2.49) für die gekrümmte Fläche zeigt, dass der **Krümmungstensor im RIEMANN'schen Raum $\mathbb{V}^2$ von Null verschieden** ist, was für höherdimensionale Räume verallgemeinert wird.

Man definiert die Krümmung des Raumes durch die Existenz des Krümmungstensors, der daher eine zentrale Stellung für die Raumgeometrie einnimmt.

$$\boxed{\mathscr{R} \equiv 0 \quad \text{im nicht gekrümmten euklidischen Raum } \mathbb{R}^n}$$
$$\boxed{\mathscr{R} \neq 0 \quad \text{in gekrümmten RIEMANN'schen Räumen } \mathbb{V}^n} \tag{2.62}$$

Wenn eine Metrik gegeben ist, bei der nicht direkt ersichtlich ist, welche Art von Raum beschrieben wird, dann kann man den Krümmungstensor berechnen, was durchaus nicht einfach sein muss, um zu prüfen, ob ein flacher oder ein gekrümmter Raum vorliegt.

Ein weiterer Unterschied besteht bei der kovarianten Ableitung, die eine Verallgemeinerung der partiellen Ableitung von Vektor- und Tensorkomponenten darstellt und die das tensorielle Transformationsgesetz erfüllt, wie im *Abschnitt 17.2.1 (Bd. I)* und durch die Kovarianzmatrizen (17.23, Bd. I) dargelegt wird. Im Gegensatz zu gemischten partiellen sind gemäß (2.53) und (2.54) die **doppelten kovarianten Ableitungen in RIEMANN'schen Räumen nichtkommutativ**, da dort der Krümmungstensor von Null verschieden ist.

2.2.13 RICCI-Tensor und Krümmungsskalar

Die **Verjüngung** der gemischten Komponenten $R^i{}_{k\,\ell m}$ des Krümmungstensors $\mathscr{R}$ nach dem **ersten** und **letzten Index** erzeugt durch das Skalarprodukt der Basisvektoren ein KRONECKER-Symbol, wodurch eine Summation entfällt.

$$\mathscr{R} = \sum_i \sum_k \sum_\ell \sum_m R^i{}_{k\,\ell m} \overset{\downarrow}{\mathbf{g}_i}\, \mathbf{g}^k \mathbf{g}^\ell \overset{\downarrow}{\mathbf{g}^m}$$

Durch diese Verjüngung wird der zweistufigen **RICCI-Tensor** $\overset{\vee}{\mathscr{R}}$, definiert, der mit einem $\vee$-Zeichen versehen wird, [6, S. 297].

$$\overset{\vee}{\mathscr{R}} = \sum_k \sum_\ell \underbrace{\sum_i R^i{}_{k\,\ell i}}_{=\overset{\vee}{R}_{k\ell}} \mathbf{g}^k \mathbf{g}^\ell = \sum_k \sum_\ell \overset{\vee}{R}_{k\ell}\; \mathbf{g}^k \mathbf{g}^\ell$$

Der RICCI-Tensor ist **symmetrisch**, denn wegen der Symmetriebeziehung $g^{ik} = g^{ki}$ der metrischen Koeffizienten sowie der Eigenschaften (2.58)

$$R_{pk\,\ell i} = R_{\ell i\,pk} = R_{i\ell\,kp} = -R_{\ell i\,kp}$$

folgt gemäß (11.12, Bd. I)

$$\begin{aligned}\check{R}_{k\ell} &= \sum\nolimits_i R^i{}_{k\,\ell i} = \sum\nolimits_i \sum\nolimits_p g^{ip} R_{pk\,\ell i} \\ &= \sum\nolimits_i \sum\nolimits_p g^{pi} R_{i\ell\,kp} = \sum\nolimits_p R^p{}_{\ell\,kp} = \check{R}_{\ell k}\end{aligned}$$

Die **Verjüngung** des Krümmungstensors nach dem **ersten** und **dritten Index** hat wegen (2.55) einen **Vorzeichenwechsel** des RICCI-Tensors zur Folge.

$$\sum\nolimits_i R^i{}_{k\,im} = -\sum\nolimits_i R^i{}_{kmi} = -\check{R}_{km}$$

Die **Verjüngung** nach dem **ersten** und **zweiten Index** führt auf die Gleichheit der Summen, die für alle ℓ und m gegeben sein muss, wodurch sich die Summanden einzeln entsprechen müssen. Wegen des Vorzeichenwechsels müssen sie einzeln Null sein, so dass sich insgesamt der **Nulltensor** ergibt, dessen sämtliche Elemente verschwinden.

$$\sum\nolimits_i R^i{}_{i\,\ell m} = \sum\nolimits_i \sum\nolimits_p g^{ip} R_{pi\,\ell m} = -\sum\nolimits_i \sum\nolimits_p g^{pi} R_{ip\,\ell m} = -\sum\nolimits_p R^p{}_{p\,\ell m}$$

Damit gilt für die kovarianten Komponenten des RICCI-Tensors,

$$\boxed{\check{R}_{k\ell} = \check{R}_{\ell k} = \sum\nolimits_i R^i{}_{k\,\ell i} = -\sum\nolimits_i R^i{}_{k\,i\ell}} \tag{2.63}$$

der eine symmetrische Matrix $\underline{\check{\mathbf{R}}}_{\#\#}$ aber wegen (11.2, Bd. I) eine unsymmetrischer Matrix $\underline{\check{\mathbf{R}}}{}_{\#}^{\#}$ der gemischten Komponenten hat.

$$\underline{\check{\mathbf{R}}}_{\#\#}\, \underline{\mathbf{G}}^{\#} = \underline{\check{\mathbf{R}}}{}_{\#}^{\cdot\#} = \left(\underline{\check{\mathbf{R}}}{}^{\#}_{\cdot\#}\right)^{\mathrm{T}} = \underline{\check{\mathbf{R}}}{}_{\#}^{\#}$$

$$\boxed{\check{\mathscr{R}} = \left(\underline{\underline{\mathbf{g}}}^{\#}\right)^{\mathrm{T}} \underline{\check{\mathbf{R}}}_{\#\#}\, \underline{\underline{\mathbf{g}}}^{\#} = \left(\underline{\underline{\mathbf{g}}}^{\#}\right)^{\mathrm{T}} \underline{\check{\mathbf{R}}}{}_{\#}^{\#}\, \underline{\underline{\mathbf{g}}}_{\#}} \tag{2.64}$$

Die Verjüngung des RICCI-Tensors führt gemäß *Abschnitt 10.2.2 (Bd. I)* auf den **Krümmungsskalar** $\overset{\circ}{R}$ als Spur der gemischten Tensormatrix.

$$\begin{aligned}\overset{\circ}{R} &= \left(\underline{\underline{\mathbf{g}}}^{\#}\right)^{\mathrm{T}} \cdot \left[\, \underline{\overset{\vee}{\mathbf{R}}}_{\#\#}\, \underline{\underline{\mathbf{g}}}^{\#} \,\right] = \left[\underline{\mathrm{vec}}\left(\underline{\overset{\vee}{\mathbf{R}}}_{\#\#}\right)\right]^{\mathrm{T}} \underline{\mathrm{vec}}\left(\underline{\mathbf{G}}^{\#}\right) \\ &= \left(\underline{\underline{\mathbf{g}}}^{\#}\right)^{\mathrm{T}} \cdot \left[\, \underline{\overset{\vee}{\mathbf{R}}}{}^{\#}_{\#}\, \underline{\underline{\mathbf{g}}}_{\#} \,\right] = \left[\underline{\mathrm{vec}}\left(\underline{\overset{\vee}{\mathbf{R}}}{}^{\#}_{\#}\right)\right]^{\mathrm{T}} \underline{\mathrm{vec}}\left(\underline{\mathbf{E}}\right)\end{aligned}$$

$$\boxed{\overset{\circ}{R} = \sum\nolimits_k \sum\nolimits_\ell g^{k\ell}\, \overset{\vee}{R}_{k\ell} = \mathrm{sp}\left(\underline{\overset{\vee}{\mathbf{R}}}_{\#\#}\, \underline{\mathbf{G}}^{\#}\right) = \mathrm{sp}\, \underline{\overset{\vee}{\mathbf{R}}}{}^{\#}_{\#}} \tag{2.65}$$

2.2.14 BIANCHI-Identität und EINSTEIN-Tensor

Die zweite Identität von BIANCHI (2.56) erfährt eine Verjüngung, indem mit den symmetrischen Metrikkoeffizienten g^{im} und $g^{k\ell}$ multipliziert und über alle vier Indizes summiert wird, wobei man das gesuchte Ergebnis durch die richtige Reihenfolge der Summationen und durch Indextausch nach (2.58) erreicht.

$$\begin{aligned}&\sum\nolimits_k \sum\nolimits_\ell g^{k\ell} \sum\nolimits_m \sum\nolimits_i g^{mi}\, R_{ik\,\ell m}\big|_s \\ &\quad + \sum\nolimits_k \sum\nolimits_\ell g^{k\ell} \sum\nolimits_m \sum\nolimits_i g^{mi}\, R_{ik\,ms}\big|_\ell \\ &\qquad + \sum\nolimits_i \sum\nolimits_m g^{im} \sum\nolimits_\ell \sum\nolimits_k g^{\ell k} \underbrace{R_{ik\,s\ell}\big|_m}_{=-R_{ki\,s\ell}|_m} = 0\end{aligned}$$

Die innerste Summation hebt jeweils den ersten Index des Krümmungstensors.

$$\begin{aligned}&\sum\nolimits_k \sum\nolimits_\ell g^{k\ell} \sum\nolimits_m R^m{}_{k\,\ell m}\big|_s \\ &\quad + \sum\nolimits_k \sum\nolimits_\ell g^{k\ell} \sum\nolimits_m R^m{}_{k\,ms}\big|_\ell \\ &\qquad - \sum\nolimits_i \sum\nolimits_m g^{im} \sum\nolimits_\ell R^\ell{}_{i\,s\ell}\big|_m = 0\end{aligned}$$

Die innere Summation führt nach (2.63) auf die Elemente des RICCI-Tensors.

$$\sum\nolimits_k \sum\nolimits_\ell g^{k\ell}\, \overset{\vee}{R}_{k\ell}\big|_s - \sum\nolimits_k \sum\nolimits_\ell g^{k\ell}\, \overset{\vee}{R}_{ks}\big|_\ell - \sum\nolimits_i \sum\nolimits_m g^{im}\, \overset{\vee}{R}_{is}\big|_m = 0$$

Die beiden rechten Doppelsummen sind nach Umbenennung der Laufindizes identisch. Mit (2.65) und nach Hebung des Index erhält man

$$\overset{\circ}{R}\,\big|_{s} - 2\sum\nolimits_{\ell} \overset{\vee}{R}{}^{\ell}{}_{s}\big|_{\ell} = 0$$

Da man den Krümmungsskalar auch als Summe schreiben kann,

$$\overset{\circ}{R}\,\big|_{s} = \sum\nolimits_{\ell} \delta_{s}^{\ell}\, \overset{\circ}{R}\,\big|_{\ell}$$

erhält man die folgende Darstellung von kovarianten Ableitungen.

$$\sum\nolimits_{\ell} \Big[\, \overset{\vee}{R}{}^{\ell}{}_{s} - \frac{1}{2}\,\delta_{s}^{\ell}\, \overset{\circ}{R} \,\Big]\Big|_{\ell} = \sum\nolimits_{\ell} \overset{\vee}{E}{}^{\ell}{}_{s}\Big|_{\ell} = 0 \qquad \forall\, s$$

Die Größen in der eckigen Klammer stellen gemischte Komponenten eines zweistufigen Tensors dar, der **EINSTEIN-Tensor** $\overset{\vee}{\mathscr{E}}$ heißt und wie $\overset{\vee}{\mathscr{R}}$ **symmetrisch** ist, [6, S. 297]. Er wird gebildet aus einer Kombination von RICCI-Tensor, Metriktensor und Krümmungsskalar und erhält zur Unterscheidung vom Einheitstensor, der hier gemäß (11.6, Bd. I) mit $\mathscr{G}$ bezeichnet wird, ebenfalls ein $\vee$-Zeichen.

$$\boxed{\overset{\vee}{\mathscr{E}} = \overset{\vee}{\mathscr{R}} - \frac{1}{2}\,\overset{\circ}{R}\,\mathscr{G}} \tag{2.66}$$

Die Matrixdarstellungen der gemischten und kovarianten Komponenten des EINSTEIN-Tensors lauten

$$\overset{\vee}{\underline{\mathbf{E}}}{}^{\#}{}_{\cdot\#} = \overset{\vee}{\underline{\mathbf{R}}}{}^{\#}{}_{\cdot\#} - \frac{1}{2}\,\overset{\circ}{R}\,\underline{\mathbf{E}}$$

$$\overset{\vee}{\underline{\mathbf{E}}}_{\#\#} = \underline{\mathbf{G}}_{\#}\,\overset{\vee}{\underline{\mathbf{E}}}{}^{\#}{}_{\cdot\#} = \overset{\vee}{\underline{\mathbf{R}}}_{\#\#} - \frac{1}{2}\,\overset{\circ}{R}\,\underline{\mathbf{G}}_{\#}$$

Mit den Komponenten des EINSTEIN-Tensors lautet die obige Summe

$$\sum\nolimits_{\ell} \Big[\, \overset{\vee}{R}{}^{\ell}{}_{s} - \frac{1}{2}\,\delta_{s}^{\ell}\, \overset{\circ}{R} \,\Big]\Big|_{\ell} = \overset{\vee}{E}{}^{1}{}_{s}|_{1} + \overset{\vee}{E}{}^{2}{}_{s}|_{2} + \ldots + \overset{\vee}{E}{}^{n}{}_{s}|_{n} = 0$$

Dieser Ausdruck entspricht nach (17.55, Bd. I) der s-ten Vektorkomponente der Divergenz des Tensors $\overset{\vee}{\mathscr{E}}$. Da alle s Komponenten verschwinden, ist die **Divergenz des EINSTEIN-Tensors identisch Null**.

$$\boxed{\operatorname{div}\overset{\vee}{\mathscr{E}} = \boldsymbol{\nabla}\cdot\overset{\vee}{\mathscr{E}} = \mathbf{0}} \tag{2.67}$$

Durch Verjüngung des EINSTEIN-Tensors erhält man mit (2.65) und *Abschnitt 11.4.3 (Bd. I)* im n-dimensionalen Raum als skalare Invariante den **EINSTEIN-Skalar** $\overset{\circ}{E}$.

$$\overset{\circ}{E} = \left(\underline{\underline{\mathbf{g}}}^{\#}\right)^{\mathrm{T}} \cdot \left[\, \overset{\vee}{\underline{\underline{\mathbf{R}}}}_{\#\#}\, \underline{\underline{\mathbf{g}}}^{\#}\,\right] - \frac{1}{2}\, \overset{\circ}{R}\, \underbrace{\left(\underline{\underline{\mathbf{g}}}^{\#}\right)^{\mathrm{T}} \cdot \left[\underline{\underline{\mathbf{G}}}_{\#}\underline{\underline{\mathbf{g}}}^{\#}\,\right]}_{=\,\mathrm{sp}\left(\underline{\underline{\mathbf{G}}}_{\#}\underline{\underline{\mathbf{G}}}^{\#}\right)=\,n} = \overset{\circ}{R} - \frac{1}{2}\, \overset{\circ}{R}\, n$$

$$\boxed{\overset{\circ}{E} = -\,\frac{1}{2}\, \overset{\circ}{R}\, (n-2)} \tag{2.68}$$

2.2.15 Größen der Räume $\mathbb{V}^2$ und $\mathbb{V}^3$

Im Fall der **gekrümmten Fläche**, also des RIEMANN'schen Raumes $\mathbb{V}^2$, ergeben sich mit der **S**-Matrix (2.32) sowie den Elementen des Krümmungstensors (2.48/ 2.49) folgende Werte für RICCI-Tensor und Krümmungsskalar.

$$\begin{aligned}\overset{\vee}{R}_{k\ell} &= \sum_{i=1}^{2} R^{i}{}_{k\;\ell i} = \sum_{i=1}^{2}\sum_{p=1}^{2} s^{ip}\, R_{pk\;\ell i}\\ &= s^{11} R_{1k\;\ell 1} + s^{12} R_{2k\;\ell 1} + s^{21} R_{1k\;\ell 2} + s^{22} R_{2k\;\ell 2}\end{aligned}$$

$$\frac{\overset{\vee}{R}_{11}}{E} = \frac{\overset{\vee}{R}_{12}}{F} = \frac{\overset{\vee}{R}_{22}}{G} = -\,\frac{K}{R_{\text{✡}}} = -\,\frac{1}{EG-F^2}$$

$$\overset{\circ}{R} = \mathrm{sp}\left(\, \overset{\vee}{\underline{\underline{\mathbf{R}}}}_{\#\#}\, \underline{\underline{\mathbf{S}}}^{\sharp}\right) = -\,2\,\frac{K}{R_{\text{✡}}} = -\,\frac{2}{EG-F^2}$$

Als Beispiel für eine gekrümmte Fläche wird die **Kugeloberfläche** vom Radius R betrachtet. Bei Kugelkoordinaten ist die Zählung $r,\ \vartheta,\ \varphi \mathrel{\hat{=}} 1,\ 2,\ 3$, so dass sich die Berechnung auf die beiden Winkel bezieht. Mit den metrischen Faktoren (18.64, Bd. I) und der Determinante $g = (h_1 h_2 h_3)^2 = h^2$ folgt

$$EG - F^2 = g_{22}\, g_{33} - g_{23}^2 = (h_2\, h_3)^2 = \left(R^2 \sin\vartheta\right)^2$$

$$\psi = \frac{\sqrt{g}}{\sqrt{EG-F^2}} = h_1 = 1$$

$$R_{\text{\ding{86}}} = LN - M^2 = \begin{vmatrix} L & M \\ M & N \end{vmatrix} = \begin{vmatrix} b_{22} & b_{23} \\ b_{23} & b_{33} \end{vmatrix}$$

$$= \begin{vmatrix} \Gamma^{\,1}_{2\,2} & \Gamma^{\,1}_{2\,3} \\ \Gamma^{\,1}_{2\,3} & \Gamma^{\,1}_{3\,3} \end{vmatrix} = \begin{vmatrix} \Gamma^{\,r}_{\vartheta\,\vartheta} & \Gamma^{\,r}_{\vartheta\,\varphi} \\ \Gamma^{\,r}_{\vartheta\,\varphi} & \Gamma^{\,r}_{\varphi\,\varphi} \end{vmatrix} = \begin{vmatrix} -R & 0 \\ 0 & -R\sin^2\vartheta \end{vmatrix}$$

$$= \big(R\sin\vartheta\big)^2$$

Damit ergibt sich ein konstanter positiver Wert der **GAUSS'schen Krümmung für die Kugel**,

$$K = \frac{R_{\text{\ding{86}}}}{EG - F^2} = \frac{LN - M^2}{EG - F^2} = \frac{\big(R\sin\vartheta\big)^2}{\big(R^2\sin\vartheta\big)^2} = \frac{1}{R^2}$$

die die einfachste gekrümmte Fläche mit dieser Eigenschaft ist.

Im **dreidimensionalen RIEMANN'schen Raum** $\mathbb{V}^3$ hat der symmetrische RICCI-Tensor mit den Metrikkoeffizienten g^{ik} und den Abkürzungen beim Krümmungstensor (2.60) die folgenden sechs unabhängigen Werte, die nicht mehr so einfach ausfallen wie im $\mathbb{V}^2$.

$$\overset{\vee}{R}_{11} = -\,g^{22}A - 2g^{23}B - g^{33}U$$

$$\overset{\vee}{R}_{22} = -\,g^{11}A + 2g^{13}C - g^{33}W$$

$$\overset{\vee}{R}_{33} = -\,g^{11}U - 2g^{12}V - g^{22}W$$

$$\overset{\vee}{R}_{12} = \overset{\vee}{R}_{21} = +\,g^{12}A + g^{13}B - g^{23}C - g^{33}V$$

$$\overset{\vee}{R}_{13} = \overset{\vee}{R}_{31} = +\,g^{12}B + g^{13}U + g^{22}C + g^{23}V$$

$$\overset{\vee}{R}_{23} = \overset{\vee}{R}_{32} = -\,g^{11}B + g^{13}V - g^{12}C + g^{23}W$$

Für den Krümmungsskalar erhält man folgenden Ausdruck, wenn man wieder zu den einzelnen Elementen zurückkehrt.

$$\begin{aligned}\overset{\circ}{R} = &-2R_{1212}\left[\,g^{11}g^{22} - \left(g^{12}\right)^2\,\right] + 4R_{1213}\left[\,g^{12}g^{13} - g^{11}g^{23}\,\right] \\ &-2R_{1313}\left[\,g^{11}g^{33} - \left(g^{13}\right)^2\,\right] + 4R_{1223}\left[\,g^{13}g^{22} - g^{12}g^{23}\,\right] \\ &-2R_{2323}\left[\,g^{22}g^{33} - \left(g^{23}\right)^2\,\right] + 4R_{1323}\left[\,g^{13}g^{23} - g^{12}g^{33}\,\right]\end{aligned}$$

2.3 Parallelverschiebung von Vektoren

2.3.1 Flächenvektor

Ein Vektorfeld $\boldsymbol{a}(\boldsymbol{r})$ sei im euklidischen Raum $\mathbb{R}^3$ dadurch definiert, dass der Vektor $\boldsymbol{a}(P)$ in allen Punkten P der gekrümmten Fläche S, also des RIEMANN'schen Raumes $\mathbb{V}^2$, in dessen Tangentialebene $T(P)$ liegt, so dass seine Komponente a^3 in $\mathbf{g}_3$-Richtung Null ist. Ein solcher Vektor, der damit in der von $\mathbf{s}_1$ und $\mathbf{s}_2$ aufgespannten Tangentialebene liegt, heißt **Flächenvektor** von S und wird mit $\tilde{\boldsymbol{a}}$ bezeichnet.

$$\tilde{\boldsymbol{a}}(P) = \left(\underline{\tilde{\mathbf{a}}}^{\sharp}\right)^{\mathrm{T}} \underline{\underline{\mathbf{s}}}_{\sharp} = \left(\underline{\tilde{\mathbf{a}}}_{\sharp}\right)^{\mathrm{T}} \underline{\underline{\mathbf{s}}}^{\sharp}$$

Seine kontravarianten Komponenten $\tilde{a}^1, \tilde{a}^2$, die in $\mathbf{s}_1$- und $\mathbf{s}_2$-Richtung weisen, sind gemäß (2.29) mit denen von $\boldsymbol{a}(P)$ in $\mathbf{g}_1$- und $\mathbf{g}_2$-Richtung des $\mathbb{R}^3$ identisch.

$$\boldsymbol{a}(P) = a^1\,\mathbf{g}_1 + a^2\,\mathbf{g}_2 \;\equiv\; a^1\,\mathbf{s}_1 + a^2\,\mathbf{s}_2 = \tilde{a}^1\,\mathbf{s}_1 + \tilde{a}^2\,\mathbf{s}_2 = \tilde{\boldsymbol{a}}(P)$$

Die kovarianten Komponenten $\tilde{a}_1, \tilde{a}_2$ des Flächenvektors ermittelt man durch Anwendung von (2.33), woraus folgende Transformationen resultieren.

$$\boxed{\underline{\tilde{\mathbf{a}}}^{\sharp} = \underline{\mathbf{S}}^{\sharp}\,\underline{\tilde{\mathbf{a}}}_{\sharp}} \qquad \boxed{\underline{\tilde{\mathbf{a}}}_{\sharp} = \underline{\mathbf{S}}_{\sharp}\,\underline{\tilde{\mathbf{a}}}^{\sharp}} \tag{2.69}$$

In der Tangentialebene des zweidimensionalen RIEMANN'schen Raumes werden nach den Beziehungen (2.33) und (2.69) Basisvektoren und Fächenvektorkomponenten kontragredient mit den Metrikmatrizen $\underline{\mathbf{S}}_{\sharp}$ und $\underline{\mathbf{S}}^{\sharp}$ transformiert.

Die verschiedenen Matrixtabellen im ersten Band, die für Umrechnungen im Raum $\mathbb{R}^3$ abgeleitet wurden, können in sinngemäßer Weise also auch für die Tangentialebene $T(P)$ des Raumes $\mathbb{V}^2$ verwendet werden.

In entsprechender Weise kann man auch **Flächentensoren** in der Tangentialebene definieren, deren Tensorkomponenten durch 2×2-Matrizen gebildet werden.

2.3.2 Parallelverschiebung von Vektoren im euklidischen Raum

Für die gekrümmte Fläche und generell in RIEMANN'schen Räumen ist bisher die Aufgabe ungeklärt, wie man einen **richtungsmäßigen Vergleich von Vektoren** vornehmen kann, die als lokale Vektoren in verschiedenen

Punkten gebunden sind. Solange keine klare Definition dafür vorliegt, kann auch kein Differentiationsprozess durchgeführt werden, bei dem ja gerade Vektoren infinitesimal benachbarter Orte im Grenzübergang miteinander in Beziehung gesetzt werden.

Um zu einer Lösung zu kommen, wird zunächst die entsprechende Situation im euklidischen Raum betrachtet, [6, S. 195].

Zur Durchführung eines Vektorvergleichs betrachtet man die Verschiebung eines Vektors von einem Punkt zu einem anderen. Das geschieht durch eine Parallelverschiebung entlang einer Geraden, die die kürzeste Verbindung der beiden Punkte darstellt und wobei der Winkel zwischen Vektor und Gerade konstant bleibt.

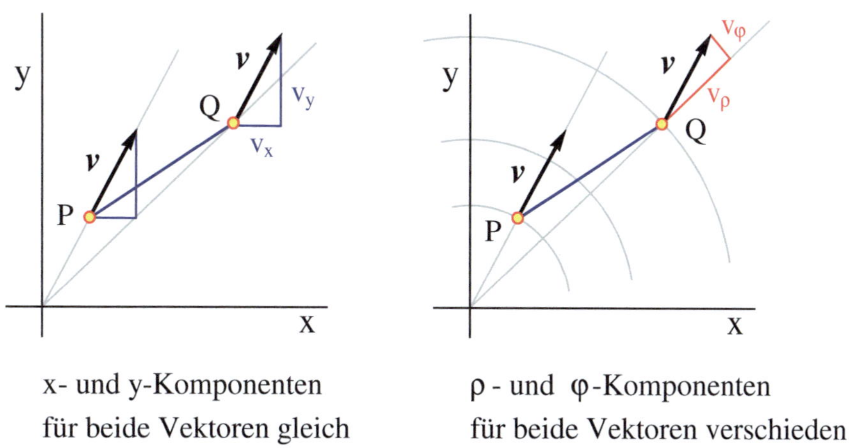

Abb. 2.5: Parallelverschiebung im euklidischen Raum

In einem geradlinigen oder kartesischen Koordinatensystem ist ein solcher Vergleich immer möglich, denn ein Vektor $\boldsymbol{v}$ ist nach dem Paralleltransport zum anderen Ort unverändert, da seine geradlinigen bzw. kartesischen Komponenten wegen der in jedem Raumpunkt gleichgerichteten Basisvektoren ihre Größen beibehalten haben.

Liegen krummlinige Koordinaten vor, dann ändern sich beim Paralleltransport zwischen beliebigen Punkten im allgemeinen die Komponenten des Vektors, denn sie werden durch die ortsabhängigen Basisvektoren bestimmt.

Da der Vektor selbst bei der Verschiebung aber unverändert bleibt, ist sein Zuwachs und damit sein **totales Differential** $d\boldsymbol{v}$ **Null**.

$$\boldsymbol{v} = \text{const.} \quad \rightarrow \quad d\boldsymbol{v} = \mathbf{0} \tag{2.70}$$

Für zwei infinitesimal benachbarte Punkte lauten totales und absolutes Differential nach (17.26) und (17.50, Bd. I)

$$d\boldsymbol{v} = d\boldsymbol{r} \cdot \operatorname{Grad} \boldsymbol{v} = \left(\underline{\underline{\mathbf{g}}}^{\#}\right)^{\mathrm{T}} \underline{\mathbf{V}}^{\#}|_{\#}\, \underline{\mathbf{du}}^{\#} = \left(\underline{\underline{\mathbf{g}}}^{\#}\right)^{\mathrm{T}} \underline{\mathrm{D}\mathbf{v}}^{\#} = \mathbf{0}$$

$$d\boldsymbol{v} = \underline{\mathbf{0}} \quad \rightarrow \quad \underline{\mathrm{D}\mathbf{v}}^{\#} = \underline{\mathbf{0}}$$

Das **absolute Differential** $\underline{\mathrm{D}\mathbf{v}}^{\#}$ muss **für jede einzelne Komponente verschwinden** und mit (17.28, Bd. I) folgt,

$$\mathrm{D}v^k = \sum\nolimits_p v^k\big|_p\, du^p = \underbrace{\sum\nolimits_p v^k{}_{,p}\, du^p}_{=\,dv^k} + \sum\nolimits_p \sum\nolimits_q \Gamma_{qp}^{\,k}\, v^q\, du^p = 0$$

so dass die **Summe der kovarianten Ableitungen Null** sein muss. Für die totalen Differentiale der kontravarianten Vektorkomponenten gilt dann folgende Formel für die **infinitesimale Parallelverschiebung eines Vektors im euklidischen Raum**.

$$\boxed{\underline{\mathrm{D}\mathbf{v}}^{\#} = \underline{\mathbf{0}} \quad \rightarrow \quad \mathrm{D}v^k = \sum\nolimits_{p=1}^{3} v^k\big|_p\, du^p = 0} \tag{2.71}$$

$$\boxed{dv^k = d\boldsymbol{r} \cdot \operatorname{grad} v^k = \sum\nolimits_{p=1}^{3} v^k{}_{,p}\, du^p = -\sum\nolimits_{p=1}^{3} \sum\nolimits_{q=1}^{3} \Gamma_{qp}^{\,k}\, v^q\, du^p}$$

Im Sonderfall der geradlinigen oder kartesischen Koordinaten sind nach Gleichung (16.27, Bd. I) alle CHRISTOFFEL-Symbole Null, so dass dann die Summe dv^k der partiellen Ableitungen verschwindet.

2.3.3 Parallelverschiebung von Vektoren im RIEMANN'schen Raum

Im **RIEMANN'schen Raum** ist eine Parallelverschiebung nach euklidischem Vorbild unmöglich. Am Beispiel der gekrümmten Fläche des Raumes $\mathbb{V}^2$ ist das sofort offensichtlich, da Flächenvektoren in unterschiedlichen

Flächenpunkten als lokale Vektoren normalerweise nicht parallel zueinander sind.

Die **Verallgemeinerung des Parallelbegriffs** und die **Parallelverschiebung von Vektoren** wurden von LEVI-CIVITA im Jahre 1917 eingeführt, [8, S. 279], [11, S. 59].

Die Idee der Parallelverschiebung eines Vektors auf einer gekrümmten Fläche S geht aus von zwei auf ihr liegenden Punkten P und Q, die durch eine beliebige **Flächenkurve** C miteinander verbunden werden. Entlang dieser Kurve C werden in allen Kurvenpunkten die Tangentialebenen an S konstruiert. Sie ergeben insgesamt als Hüllfläche der Tangentenebenen eine Raumfläche in Form einer **Torse**, die die Fläche S längs der Kurve C berührt. Die Parallelverschiebung des Flächenvektors in P wird dann dadurch definiert, dass man die Torse in eine Ebene abwickelt, den Vektor von P euklidisch nach Q verschiebt und die Torse anschließend wieder in ihre alte Gestalt zurückverwandelt. Die beiden in P und Q vorliegenden Flächenvektoren von S werden dann als **„parallel im Sinne von LEVI-CIVITA“** definiert.

Als anschauliches Beispiel einer solchen Parallelverschiebung, [8, S. 287], wird in *Abbildung 2.6* auf der Kugeloberfläche vom Radius R der Tangentenvektor $\boldsymbol{t}$ eines Breitenkreises B betrachtet, der einen Flächenvektor darstellt. Die Parallelverschiebung von $\boldsymbol{t}$ erfolgt vom Punkt P bei $\varphi = 0$ über den gesamten Breitenkreis zurück nach P.

Die Torse des Breitenkreises ist ein Kegelmantel mit der Spitze in A, der die Kugeloberfläche in B tangential berührt und den man in die Ebene abwickelt. In der euklidischen Ebene der Torsenabwicklung ist der Vektor $\boldsymbol{t}(2\pi)$ zum Vektor $\boldsymbol{t}(0)$ parallel, aber er bildet einen Winkel mit dem Flächenvektor $\boldsymbol{t}^*$ der Kugel.

Wie man der Abbildung entnimmt, gelten folgende Beziehungen, wobei der Umfang U_B des Breitenkreises die gleiche Länge wie die Bogenlänge s der Mantelperipherie hat.

$$r = R\sin\vartheta \qquad U_B = 2\pi\, r = s = \ell\,(2\pi - \delta)$$

$$\frac{r}{\ell} = \cos\vartheta \qquad \delta = 2\pi\,(1 - \cos\vartheta)$$

Nach der Parallelverschiebung schließen die Vektoren $\boldsymbol{t}(2\pi)$ und der Tangentenvektor $\boldsymbol{t}^*$ des Breitenkreises den Winkel δ ein, der von ϑ und damit von der Wahl der Verschiebungskurve abhängt.

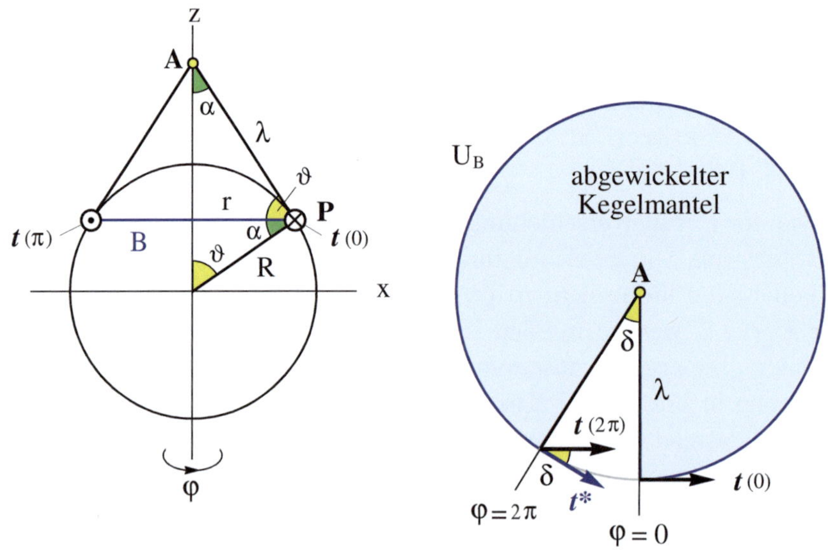

Abb. 2.6: Kugel mit berührendem Kegelmantel

Für den Winkel $\vartheta = \pi/2$ rückt der Punkt A nach Unendlich, so dass der Kegelmantel zum Zylinder entartet. Der Breitenkreis wird zum Großkreis, wodurch für $\delta \rightarrow 2\pi$ ursprünglicher und verschobener Vektor zusammenfallen.

Die Vorstellung der Parallelverschiebung kann man mit *Abbildung 2.7* formelmäßig verdeutlichen.

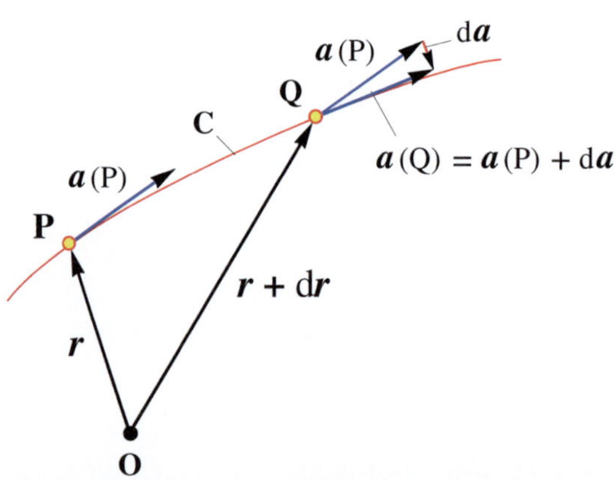

Abb. 2.7: Flächenvektoren im Riemann'schen Raum $\mathbb{V}^2$ im Schnitt durch die Fläche

Ein Flächenvektor $\boldsymbol{a}(P) = \boldsymbol{a}(\boldsymbol{r})$ im Raum $\mathbb{R}^2$, der im euklidischen Sinne an einen benachbarten Punkt Q parallel verschoben wird, ragt aus der Fläche in den umgebenden Einbettungsraum hinaus und stellt keinen Flächenvektor im Punkt Q des $\mathbb{V}^2$ dar, da er dort nicht in dessen Tangentialebene liegt. Bei differentiell benachbarten Punkten P und Q gilt,

$$\boldsymbol{a}(Q) = \boldsymbol{a}(\boldsymbol{r} + d\boldsymbol{r}) = \boldsymbol{a}(P) + d\boldsymbol{a} = \boldsymbol{a}(\boldsymbol{r}) + d\boldsymbol{a}$$

woraus dann nach LEVI-CIVITA gemäß (2.70) ein verschwindendes Differential $d\boldsymbol{a}$ folgt.

$$\boldsymbol{a}(\boldsymbol{r} + d\boldsymbol{r}) - \boldsymbol{a}(\boldsymbol{r}) = d\boldsymbol{a} = \boldsymbol{0}$$

Damit geht der Flächenvektor $\boldsymbol{a}(P)$ **„durch Parallelverschiebung auf der Fläche“** in den Flächenvektor $\boldsymbol{a}(Q)$ über.

Besitzen die Punkte P und Q einen beliebigen Abstand voneinander, dann geschieht die Parallelverschiebung durch eine Kette von aufeinander folgenden differentiellen Schritten der geschilderten Art.

Aus der Sicht des nichteuklidischen Raumes der gekrümmten Fläche bleibt der Vektor bei der Parallelverschiebung unverändert und weist damit ein verschwindendes totales Differential auf, was als **lineare Übertragung** bezeichnet wird, [9, S. 429]. Für einen Flächenvektor des Raumes $\mathbb{V}^2$ gilt also

$$\boldsymbol{a} = \text{const.} \quad \rightarrow \quad d\boldsymbol{a} = \left(\underline{\underline{\mathrm{s}}}_{\sharp}\right)^{\mathrm{T}} \underline{\mathrm{Da}}^{\sharp} = \boldsymbol{0}$$

Daraus erhält man eine Beziehung für die absoluten Differentiale der kontravarianten Komponenten bei **infinitesimaler Parallelverschiebung von Vektoren im RIEMANN'schen Raum**, die der Formel (2.71) des euklidischen Raumes entspricht.

Diese Definition, die zunächst für Flächenvektoren des Raumes $\mathbb{V}^2$ entwickelt wurde, wird dann in äquivalenter Form auf Vektoren $\boldsymbol{a}$ in Räumen beliebiger Dimension verallgemeinert, so dass folgende Beziehungen der **Differentiale bei der Parallelverschiebung in RIEMANN'schen Räumen** $\mathbb{V}^n$ erfüllt werden müssen, wobei $\Gamma_{qp}^{\,k} = \Gamma_{pq}^{\,k}$ nach (16.11) gilt.

$$\boxed{\underline{\mathrm{Da}}^{\#} = \underline{0} \quad \rightarrow \quad \mathrm{D}a^k = \sum\nolimits_{p=1}^{n} a^k\big|_p \, du^p = 0}$$
$$\boxed{da^k = \sum\nolimits_{p=1}^{n} a^k_{\ ,p} \, du^p = -\sum\nolimits_{p=1}^{n} \sum\nolimits_{q=1}^{n} \Gamma_{qp}^{\,k} \, a^q \, du^p} \tag{2.72}$$

Zur Veranschaulichung wird in *Abbildung 2.8* ein Flächenvektor $\boldsymbol{a}$ betrachtet, der in der dargestellten Tangentialebene des Punktes P jede Richtung des ebenen Vektorbüschels für $0 \leqslant \alpha \leqslant 2\pi$ innerhalb des Kreises K annehmen kann.

Bei der Parallelverschiebung entlang einer Kurve auf der gekrümmten Fläche bleibt der Winkel zwischen dem Flächenvektor $\boldsymbol{a}$ und dem Tangentenvektor $\boldsymbol{t}$ beim Durchlaufen der Kurve konstant. Verschiebt man den Vektor parallel von P unter Beibehaltung der Winkel α und β auf verschiedenen Konturen A und B nach Q, so sind die beiden Ergebnisvektoren $\boldsymbol{a}_A$ und $\boldsymbol{a}_B$ im Normalfall nicht identisch. Aus dem anfänglichen Vektorbüschel entstehen als Ergebnis der beiden Verschiebungen zwei kreisförmige ebene Vektorbüschel in der Tangentialebene des Punktes Q, die gegeneinander gedreht sind.

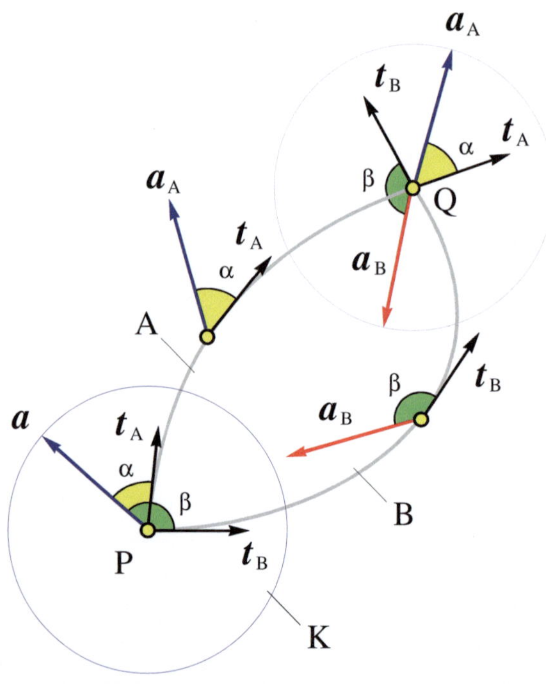

Abb. 2.8: Parallelverschiebung eines Flächenvektors auf verschiedenen Konturen von P nach Q, *a* in blau auf A, *a* in rot auf B, bei gleichbleibenden Winkeln α und β

Euklidische und nichteuklidische Parallelverschiebung weisen einen wesentlichen Unterschied auf. Für den parallel verschobenen Vektor im zweiten Fall ist entscheidend, welche Kontur zwischen den Punkten P und Q durchlaufen wird, wodurch das Ergebnis der **nichteuklidischen Parallelverschiebung vom Weg abhängig** ist!

2.3.4 Parallelverschiebung auf geodätischen Linien

Gesucht wird die **Bahnkurve der linearen Übertragung bei konstantem Tangentenvektor**. Dadurch werden nur Kurven bei der Parallelverschiebung zugelassen, die der Bedingung genügen, dass der Tangentenvektor $\boldsymbol{t}$ auf der Bahn **keine Richtungsänderung** erfährt.

$$\boldsymbol{t} = \frac{d\boldsymbol{r}}{ds} = \text{const.} \qquad \to \qquad \frac{d\boldsymbol{t}}{ds} = \mathbf{0}$$

Im euklidischen Raum bedeutet die Bedingung des konstanten Tangentenvektors, dass die durchlaufene Bahn eine Gerade ist.

Der Unterschied zur *Abbildung 5.10, (Bd. I)* liegt darin, dass die Änderung des Tangentenvektors dort aus der Sicht des euklidischen Raumes $\mathbb{R}^3$ und damit für die Kurve im $\mathbb{V}^2$ von außerhalb beurteilt wird, was $d\boldsymbol{t}/ds \neq \mathbf{0}$ zur Folge hat. Im RIEMANN'schen Raum der *Abbildung 2.7* liegen die Tangentenvektoren wegen der Parallelverschiebung zwar in der Fläche, aber sie weisen seitliche Abweichungen und dadurch ein $d\boldsymbol{t}/ds \neq \mathbf{0}$ auf.

Zur Bestimmung der gesuchten Bahnkurve geht man aus vom Wegelement und seinen Differentialen bei (2.8), also dem zweiten Differential des Ortsvektors, der die Änderung des Tangentenvektors darstellt.

$$\begin{aligned}
d\boldsymbol{r} &= \left(\underline{d\mathbf{u}^\sharp}\right)^{\mathrm{T}} \underline{\underline{\mathbf{s}}}_\sharp \\
d^2\boldsymbol{r} &= \left(\underline{d^2\mathbf{u}^\sharp}\right)^{\mathrm{T}} \underline{\underline{\mathbf{s}}}_\sharp + \left(\underline{d\mathbf{u}^\sharp}\right)^{\mathrm{T}} \underline{\underline{\mathbf{H}}}_{\sharp\sharp}\, \underline{d\mathbf{u}^\sharp} \\
\frac{d\boldsymbol{t}}{ds} = \frac{d^2\boldsymbol{r}}{ds^2} &= \left(\frac{\underline{d^2\mathbf{u}^\sharp}}{ds^2}\right)^{\mathrm{T}} \underline{\underline{\mathbf{s}}}_\sharp + \left(\frac{\underline{d\mathbf{u}^\sharp}}{ds}\right)^{\mathrm{T}} \underline{\underline{\mathbf{H}}}_{\sharp\sharp} \left(\frac{\underline{d\mathbf{u}^\sharp}}{ds}\right)^{\mathrm{T}} = \mathbf{0}
\end{aligned}$$

Das Element der $\underline{\underline{\mathbf{H}}}$-Matrix aus (2.5)

$$\boldsymbol{H}_{\mu\nu} = \mathbf{s}_{\mu\,,\,\nu} = \sum\nolimits_\lambda \Gamma_{\mu\,\nu}^{\;\lambda}\, \mathbf{s}_\lambda$$

liegt in der Fläche. Die Auflösung in Elemente führt auf die Zerlegung des Vektors $\boldsymbol{dt}/ds$ in Komponenten, die für jedes λ einzeln Null sein müssen.

$$\frac{d\boldsymbol{t}}{ds} = \sum\nolimits_\lambda \frac{d^2u^\lambda}{ds^2}\, \mathrm{s}_\lambda + \sum\nolimits_\lambda \sum\nolimits_\mu \sum\nolimits_\nu \frac{du^\mu}{ds}\, \Gamma_{\mu\nu}^{\ \lambda}\, \frac{du^\nu}{ds}\, \mathrm{s}_\lambda \; = \; \mathbf{0}$$

Die Definition der Parallelverschiebung ging zwar aus von der zweidimensionalen gekrümmten Fläche, aber die **Verallgemeinerung für den n-dimensionalen RIEMANN'schen Raum** erfolgt problemlos durch Summation der in p, i, k umbenannten Indizes von 1 bis n.

Die gesuchten **Bahnkurven der linearen Übertragung** von Vektoren $\boldsymbol{v}$ im RIEMANN'schen Raum $\mathbb{V}^n$ bei konstantem Tangentenvektor müssen das folgende **System von gekoppelten Differentialgleichungen** erfüllen.

$$\boxed{\frac{d^2u^p}{ds^2} + \sum\nolimits_i \sum\nolimits_k \Gamma_{ik}^{\ p}\, \frac{du^i}{ds}\, \frac{du^k}{ds} = 0 \qquad (p, i, k = 1, .., n)} \tag{2.73}$$

Die auf diese Weise definierten Bahnkurven heißen **geodätische Linien des Raumes** $\mathbb{V}^n$ und die lineare Übertragung der Parallelverschiebung entlang dieser Kurven wird als **geodätische Übertragung** bezeichnet, [9, S. 435].

In euklidischen Räumen $\mathbb{R}^n$ in denen kartesische Koordinatensysteme existieren, verschwinden nach (16.27, Bd. I) alle CHRISTOFFEL-Symbole, wodurch (2.73) in eine Geradengleichung übergeht.

Da die Parallelverschiebung mit konstanten Vektoren

$$\boldsymbol{v} = \text{const.} \qquad \text{und} \qquad \boldsymbol{t} = \text{const.}$$

erfolgt, bleibt dabei auch deren Skalarprodukt konstant, so dass Vektor und Tangente ebenso wie im euklidischen Fall einen **konstanten Winkel entlang der geodätischen Linie** bilden, [7, S. 119].

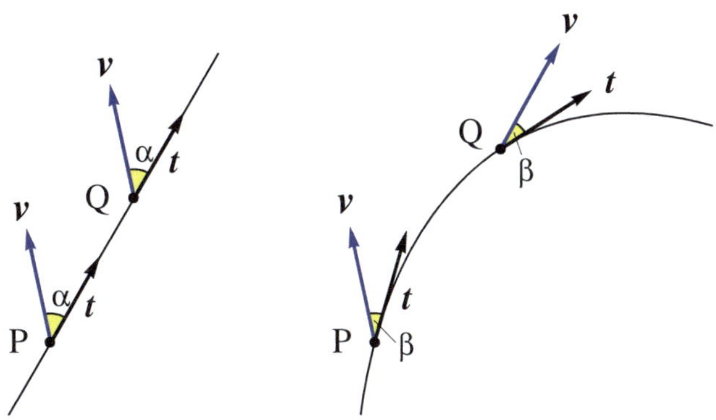

ABB. 2.9: Parallelverschiebung auf geodätischen Linien im euklidischen und RIEMANN'schen Raum

Das gekoppelte System (2.73) der Bahnkurven ist **nichtlinear**. Im zweidimensionalen Fall gilt mit abkürzenden Bezeichnungen für die Ableitungen der GAUSS'schen Koordinaten

$$\varphi(s) = \frac{du^1}{ds}\,, \quad \varphi'(s) = \frac{d\varphi}{ds} \qquad \text{und} \qquad \psi(s) = \frac{du^2}{ds}\,, \quad \psi'(s) = \frac{d\psi}{ds}$$

$$\varphi' + \Gamma^{1}_{1\,1}\,\varphi^2 + 2\,\Gamma^{1}_{1\,2}\,\varphi\,\psi + \Gamma^{1}_{2\,2}\,\psi^2 = 0$$

$$\psi' + \Gamma^{2}_{1\,1}\,\varphi^2 + 2\,\Gamma^{2}_{1\,2}\,\varphi\,\psi + \Gamma^{2}_{2\,2}\,\psi^2 = 0$$

Unter wenig einschränkenden Voraussetzungen existiert für das nichtlineare, gekoppelte System von Differentialgleichungen eine eindeutige Lösung, wenn im Punkte P_0 die Werte und Richtungen

$$u^p(P_0) = u^p_0\,, \qquad \frac{du^p}{ds}\,(P_0) = \left(u^p\right)'_0$$

gegeben sind, [5, S. 120ff.], [15, II, S. 136]. Allerdings kann man dieses Differentialgleichungssystem nur in besonderen, einfachen Fällen geschlossen integrieren z.B. bei Großkreisen auf Kugeln oder Schraubenlinien auf Zylindern.

2.3.5 Minimaleigenschaft der geodätischen Linien

Die **kürzesten Verbindungen zweier Punkte** auf gekrümmten Flächen und allgemein in RIEMANN'schen Räumen werden als **geodätische Linien** oder **Geodäten** bezeichnet.

Die Suche nach dem kürzesten Weg stellt als Problem der **Variationsrechnung** das Auffinden des minimalen Kurvenverlaufs zwischen zwei Punkten dar, das folgendermaßen gelöst wird, [17, S. 153].

Das Element der Bogenlänge (2.28) ist die Wurzel aus der Metrik,

$$
\begin{aligned}
ds &= \sqrt{\sum_i \sum_k g_{ik}\, du^i\, du^k} \\
&= \underbrace{\sqrt{\sum_i \sum_k g_{ik}\, \frac{du^i}{ds}\, \frac{du^k}{ds}}}_{=F(\,..\,)}\; ds
\end{aligned}
$$

wobei die metrischen Koeffizienten in der Parameterdarstellung

$$g_{ik} = f\left[u^1(s), .., u^n(s)\right]$$

vom Ort abhängig sind. Der Wurzelausdruck stellt eine Funktion $F(\,..\,)$ dar, die insgesamt Eins ist! Sie hängt zwar von den Koordinaten und ihren Ableitungen aber nicht unmittelbar von s ab.

$$ds = F\left(u^1, .., u^n, \frac{du^1}{ds}, .., \frac{du^n}{ds}\right) ds \;=\; 1 \cdot ds$$

Die Bogenlänge s einer Kontur, die beliebig zwischen den festen Punkten P und Q verläuft, wird beschrieben durch das Funktional

$$J = s = \int_P^Q ds \tag{2.74}$$

Damit die Bogenlänge ein Minimum annimmt, muss die **Variation des Funktionals** aller konkurrierenden Konturen Null sein.

$$\delta J = \delta \int_P^Q ds = \delta \int_P^Q F\left(u^1, \cdots, u^n, \frac{du^1}{ds}, \cdots, \frac{du^n}{ds}\right) ds \;= 0$$

Man erreicht das durch Erfüllung der **Euler'schen Gleichungen**, die folgendermaßen lauten, wobei zur Abkürzung $\varphi^p = du^p/ds$ gesetzt wird, [15, IV, S. 170], [19, S. 170].

$$\frac{\partial F}{\partial u^p} - \frac{d}{ds}\left(\frac{\partial F}{\partial \varphi^p}\right) = 0 \qquad\qquad (p = 1, .., n)$$

Die Ableitungen ergeben,

$$\frac{\partial F}{\partial u^p} = \frac{1}{2F} \sum_i \sum_k \frac{\partial g_{ik}}{\partial u^p} \frac{du^i}{ds} \frac{du^k}{ds}$$

$$\frac{\partial F}{\partial \varphi^p} = \frac{1}{2F} \sum_k \varphi^k \underbrace{\sum_i g_{ik} \frac{\partial \varphi^i}{\partial \varphi^p}}_{= g_{pk} = g_{kp}} + \frac{1}{2F} \sum_i \varphi^i \underbrace{\sum_k g_{ik} \frac{\partial \varphi^k}{\partial \varphi^p}}_{= g_{ip}}$$

$$= \frac{1}{F} \sum_i g_{ip} \frac{du^i}{ds}$$

$$\frac{d}{ds}\left(\frac{\partial F}{\partial \varphi^p}\right) = \frac{1}{F} \sum_i g_{ip} \frac{d^2u^i}{ds^2} + \frac{1}{F} \sum_i \left(\sum_k \frac{\partial g_{ip}}{\partial u^k} \frac{du^k}{ds} \right) \frac{du^i}{ds}$$

in denen anschließend $F(\,..\,) = 1$ gesetzt wird. Damit folgt aus den EULER'schen Gleichungen die notwendige Bedingung

$$\sum_i g_{ip} \frac{d^2u^i}{ds^2} + \sum_i \sum_k \left(g_{ip\,,\,k} - \frac{1}{2} g_{ik\,,\,p} \right) \frac{du^i}{ds} \frac{du^k}{ds} = 0$$

Für die Ableitungen der metrischen Koeffizienten besteht folgende Gleichheit der Doppelsummen, die aber nicht für die Elemente selbst gilt, was bei ausführlicher Schreibweise offensichtlich ist.

$$\sum_i \sum_k g_{ip\,,\,k} = \frac{1}{2} \sum_i \sum_k \left(g_{ip\,,\,k} + g_{kp\,,\,i} \right)$$

In der Bedingungsgleichung erscheint in der Klammer der Doppelsumme dann der folgende Ausdruck, der nach (16.25, Bd. I) ein L-Symbol darstellt.

$$\frac{1}{2} \left(g_{ip\,,\,k} + g_{kp\,,\,i} - g_{ik\,,\,p} \right) = \mathrm{L}_{i\,k\,p}$$

Multiplikation mit den kontravarianten metrischen Koeffizienten g^{pm} und Summation über p führt mit (16.24, Bd. I) auf

$$\sum_i \underbrace{\sum_p g_{ip}\, g^{pm}}_{= \delta_i^m} \frac{d^2u^i}{ds^2} + \sum_i \sum_k \underbrace{\sum_p g^{pm}\, \mathrm{L}_{i\,k\,p}}_{= \Gamma_{i\,k}^{\,m}} \frac{du^i}{ds} \frac{du^k}{ds} = 0$$

und nach Umbenennung von m in p folgt daraus

$$\boxed{\frac{d^2u^p}{ds^2} + \sum_i \sum_k \Gamma_{i\,k}^{\,p} \frac{du^i}{ds} \frac{du^k}{ds} = 0 \qquad (p, i, k = 1, .., n)} \tag{2.75}$$

Damit hat man auf dem Weg eines Variationsproblems das Differentialgleichungssystem (2.73) bestätigt.

> **Geodätische Linien stellen die Bahnkurven der linearen Übertragung bei konstantem Tangentenvektor dar und sind gleichzeitig die kürzesten Verbindungen zwischen zwei Punkten im RIEMANN'schen Raum** (2.76)

Auf geodätischen Linien ist die **geodätische Krümmung** (2.14) **Null**.

$$\kappa_g = \langle \boldsymbol{r}_s, \boldsymbol{r}_{ss}, \boldsymbol{f} \rangle = 0$$

Der Beweis wird hier nicht dargelegt, ist aber in [8, S. 196] zu finden.

2.3.6 Geometrische Deutung des Krümmungstensors

Bei der Parallelverschiebung eines Vektors $\boldsymbol{v}$ vom Punkt P zum Punkt Q erfährt dessen k-te Komponente nach (17.28, Bd. I) folgenden Zuwachs.

$$\Delta v^k = \int_P^Q dv^k = \int_P^Q \sum_p v^k_{\ ,p}\, du^p = \int_P^Q d\boldsymbol{r} \cdot \operatorname{grad} v^k$$

Verschiebt man den Vektor auf einer geschlossenen Kontur C, bei der der Endpunkt Q mit dem Ausgangspunkt P zusammenfällt, dann ist der Zuwachs des Vektors **im euklidischen Fall Null**, da dessen Komponenten wieder ihre Ausgangswerte annehmen. Das Umlaufintegral ist dann nach dem Sonderfall (19.12, Bd. I) des STOKES'schen Satzes Null, [6, S. 197].

$$\Delta v^k = \oint_C dv^k = \oint_C d\boldsymbol{r} \cdot \operatorname{grad} v^k = \oint_C d\boldsymbol{r} \cdot \boldsymbol{w} = \oint_C \sum_p w_p\, du^p = 0$$

Sowohl in euklidischen als auch in RIEMANN'schen Räumen gilt bei Parallelverschiebung nach (2.71) bzw. (2.72) folgende Darstellung,

$$\Delta v^k = \oint_C dv^k = \oint_C \sum_p v^k_{\ ,p}\, du^p = -\oint_C \sum_p \sum_q \Gamma_{pq}^{\ k}\, v^q\, du^p$$

wobei das Integral nur im euklidischen Fall verschwindet, da man dann ein kartesisches Koordinatensystem wählen kann, in dem die CHRISTOFFEL-Symbole Null sind.

Im **RIEMANN'schen Fall** wird dieses Konturintegral nach dem STOKES'-schen Satz (19.5, Bd. I) in ein Flächenintegral umgewandelt.

$$\oint_C \boldsymbol{w} \cdot d\boldsymbol{r} = \iint_a \operatorname{rot} \boldsymbol{w} \cdot d\boldsymbol{a}$$

Nach dem Einsetzen von Wegelement $d\boldsymbol{r}$ (14.8, Bd. I), Rotation (17.58, Bd. I) und Flächenelement (14.31, Bd. I) lautet der STOKES'sche Satz für den Vektor $\boldsymbol{w}$ nach Ausführung der Skalarprodukte in Komponentendarstellung für zyklische Werte i, j, k

$$\begin{aligned}
\Delta v^k = \oint_C \sum_p w_p \, du^p &= \iint_a \Big[\sum_k \big(\operatorname{rot} \boldsymbol{w}\big)^k \mathbf{g}_k \Big] \cdot \Big[\sum_r \mathbf{g}^r \, da_r \Big] \\
&= \iint_a \Big[\sum_k \sum_i \sum_j \varepsilon^{ijk} \, w_{j\,,i} \, da_k \\
&= \iint_a \sum_k \sum_i \sum_j w_{j\,,i} \underbrace{\varepsilon^{ijk} \sqrt{g}}_{= \pm 1 \text{ nach (11.41, Bd. I)}} du^i \, du^j \\
&= \iint_a \Big[\big(w_{2\,,1} - w_{1\,,2}\big) \, du^1 \, du^2 \\
&\qquad + \big(w_{3\,,2} - w_{2\,,3}\big) \, du^2 \, du^3 \\
&\qquad\quad + \big(w_{1\,,3} - w_{3\,,1}\big) \, du^3 \, du^1 \Big]
\end{aligned}$$

Mit den Vektorkomponenten von $\boldsymbol{w}$

$$\boldsymbol{w}(k) = \operatorname{grad} v^k \quad \rightarrow \quad w_j(k) = v^k{}_{,j} = -\sum_\ell \Gamma^{\ k}_{j\ell} \, v^\ell$$

erhält man die Ableitung,

$$\begin{aligned}
w_{j\,,i} &= -\sum_p \Big[\Big(\Gamma^{\ k}_{pj}\Big)_{,i} v^p + \Gamma^{\ k}_{pj} \, v^p{}_{,i} \Big] \\
&= -\sum_p \Big(\Gamma^{\ k}_{pj}\Big)_{,i} v^p + \sum_p \sum_q \Gamma^{\ k}_{pj} \Gamma^{\ p}_{iq} \, v^q
\end{aligned}$$

bei der man die Indizes der Doppelsummen und der CHRISTOFFEL-Symbole vertauscht.

$$w_{j\,,i} = -\sum_p \Big(\Gamma^{\ k}_{pj}\Big)_{,i} v^p + \sum_p \sum_q \Gamma^{\ q}_{pi} \Gamma^{\ k}_{qj} \, v^p$$

Für die Differenz zweier Ableitungen ergibt sich dann folgende Darstellung, bei der in der geschweiften Klammer der **Krümmungstensor** (2.52a) entsteht.

$$
\begin{aligned}
-\Delta_{ij} &= -\left(w_{j\,,i} - w_{i\,,j}\right) \\
&= \sum\nolimits_p \left\{ \left(\Gamma^{\,k}_{p\,j}\right)_{,i} - \left(\Gamma^{\,k}_{p\,i}\right)_{,j} + \sum\nolimits_q \left[\Gamma^{\,q}_{p\,j}\,\Gamma^{\,k}_{q\,i} - \Gamma^{\,q}_{p\,i}\,\Gamma^{\,k}_{q\,j} \right] \right\} v^p \\
&= \sum\nolimits_p R^{\,k}_{\;p\,i\,j}\, v^p
\end{aligned}
$$

Die Zusammenfassung der Ergebnisse führt zu folgendem Ausdruck für den Zuwachs bei Parallelverschiebung.

$$
\begin{aligned}
\Delta v^k &= \oint_C dv^k = \iint_a \sum\nolimits_p w_p\, du^p \\
&= \iint_a \left[\Delta_{12}\, du^1\, du^2 + \Delta_{23}\, du^2\, du^3 + \Delta_{31}\, du^3\, du^1 \right] \\
&= -\sum\nolimits_p \left\{ \iint_a \left[R^{\,k}_{\;p\,1\,2}\, du^1\, du^2 \right.\right. \\
&\qquad\qquad + R^{\,k}_{\;p\,2\,3}\, du^2\, du^3 \\
&\qquad\qquad\qquad \left.\left. + R^{\,k}_{\;p\,3\,1}\, du^3\, du^1 \right] \right\} v^p
\end{aligned}
$$

Im gekrümmten RIEMANN'schen Raum wird ein Vektor beim Umfahren eines Flächenstückes und damit bei Rückkehr zum Ausgangspunkt in einen anderen Vektor verwandelt, da der Zuwachs Δv^k seiner Komponenten nicht von Null verschieden ist. Die Größe des Zuwachses im umlaufenen Bereich wird durch den Krümmungstensor $\mathscr{R}$ bestimmt, der ein **Maß für die Raumkrümmung** darstellt und damit die Abweichung von der Flachheit des euklidischen Raumes beschreibt.

In *Abbildung 2.10* umfährt der Vektor $\boldsymbol{v}$ ein Flächenstück vom Punkt P über die Kontur C_1 nach Q und über die Kontur C_2 nach P zurück, wobei der Winkel zwischen Vektor und Tangente erst α und dann β beträgt. Dabei kann man verfolgen, welche Abweichung zwischen Anfangs- und Endvektor auftritt. Ein Unterschied ist auch dann vorhanden, wenn die Konturen in Q keinen Knick aufweisen! Bei Variation der Konturen zwischen P und Q oder über einen anderen Punkt Q^* treten andere Abweichungen auf, so dass der

Paralleltransport von Vektoren grundsätzlich vom Weg abhängig ist.

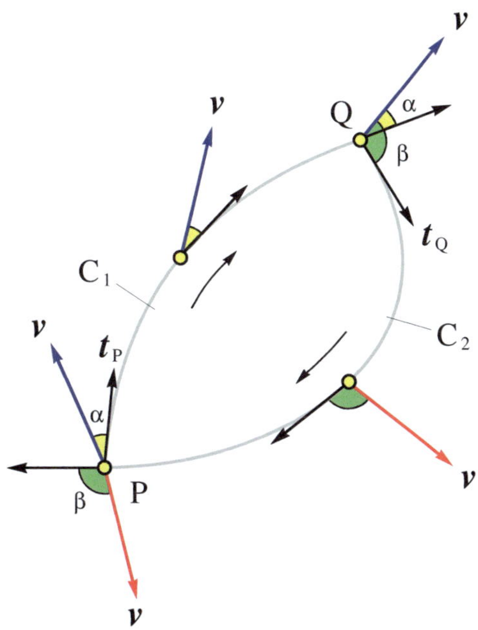

ABB. 2.10: Parallelverschiebung eines Vektors auf einem geschlossenen Weg aus zwei Konturen von P nach Q und zurück zu P

2.4 Höherdimensionale Räume

2.4.1 Das Einbettungsproblem

Die Einbettung einer gekrümmten Fläche in den dreidimensionalen Raum kann man verallgemeinern, indem man einen RIEMANN'schen Raum der Dimension n in den euklidischen Raum der Dimension N einbettet, [7, S. 184].

$$n < N \quad \rightarrow \quad \mathbb{V}^n \subset \mathbb{R}^N$$

Zur Beantwortung der Frage nach der Größe der Dimension $N(n)$ müssen die N Koordinatenfunktionen des $\mathbb{R}^N$

$$x^1(u^1, \ldots, u^n), \ \ldots \ , x^N(u^1, \ldots, u^n)$$

als Funktionen der n Koordinaten des $\mathbb{V}^n$ so bestimmt werden, dass die durch die Metriken (2.27) und (2.28) definierten Bogenelemente ds im euklidischen Raum $\mathbb{R}^N$

$$ds^2 = \sum_{k=1}^{N} (dx^k)^2 = \sum_{k=1}^{N} \Big(\sum_{p=1}^{n} \frac{\partial x^k}{\partial u^p} du^p \Big)\Big(\sum_{q=1}^{n} \frac{\partial x^k}{\partial u^q} du^q \Big)$$
$$= \sum_{p=1}^{n} \sum_{q=1}^{n} \Big(\sum_{k=1}^{N} \frac{\partial x^k}{\partial u^p} \frac{\partial x^k}{\partial u^q} \Big) du^p \, du^q$$

und im RIEMANN'schen Raum $\mathbb{V}^n$ übereinstimmen.

$$ds^2 = \sum_{p=1}^{n} \sum_{q=1}^{n} g_{pq} \, du^p \, du^q$$

Die Gleichsetzung der Bogenelemente liefert die Differentialgleichungen der Koordinatenfunktionen, die abhängig sind von den metrischen Koeffizienten des Raumes $\mathbb{V}^n$.

$$\sum_{k=1}^{N} \frac{\partial x^k}{\partial u^p} \frac{\partial x^k}{\partial u^q} = g_{pq} \qquad (p, q = 1, \ldots, n)$$

Wegen der Symmetrie $g_{pq} = g_{qp}$ der Koeffizienten stehen damit

$$m = \frac{1}{2} n(n+1) = \binom{n+1}{2} < n^2$$

Differentialgleichungen für die Bestimmung der N Koordinatenfunktionen $\underline{\mathbf{x}}^{\#}(\underline{\mathbf{u}}^{\#})$ zur Verfügung. Bei einer eindeutigen Lösung der Differentialgleichungen für physikalische Systeme ist die Einbettung eines n-dimensionalen RIEMANN'schen Raumes in einen N-dimensionalen euklidischen Raum nur möglich, wenn folgende Ungleichung gilt.

$$\boxed{N \geqslant m = \frac{1}{2} n(n+1)} \tag{2.77}$$

Damit wird das geläufige Beispiel der „Fläche im Raum" als Einbettung des zweidimensionalen RIEMANN'schen Raumes $\mathbb{V}^2$ in den dreidimensionalen euklidischen Raum $\mathbb{R}^3$ bestätigt.

Dagegen kann der dreidimensionale RIEMANN'sche Raum $\mathbb{V}^3$ nicht in einen vierdimensionalen Raum sondern erst in einen sechsdimensionalen euklidischen Raum $\mathbb{R}^6$ eingebettet werden!

2.4.2 Verallgemeinerung bei höheren Dimensionen

Die Betrachtungen in diesem Kapitel können problemlos von zwei bzw. drei auf eine höhere Zahl von Dimensionen verallgemeinert werden, worauf bereits im *Abschnitt 2.2.12* hingewiesen wurde. Die Darstellungen von Krümmungstensor, geodätischen Linien und anderen Beziehungen gelten weiter bis auf den formalen Unterschied, dass die Indizes dann einen größeren Wertebereich durchlaufen.

In der physikalischen Anwendung ist der Fall von vier Dimensionen von großer Bedeutung, der in der **Raumzeit der Relativitätstheorie** mit den Koordinaten (t, x, y, z) sowie bei **Vierervektoren** und entsprechenden Tensoren auftritt, was vom *Kapitel 7* an ausführlich behandelt wird.

Wie bereits im *Abschnitt 2.2.4* angedeutet, werden Zählweise und Summationen durch verschiedene Indizes unterschieden. Für die räumlichen Koordinaten x, y, z und ihre Zählwerte 1,2,3 verwendet man in der Literatur üblicherweise **lateinische**, für die Raumzeit und deren Werte 0,1,2,3 dagegen **griechische Indizes**.

Allerdings ist dieser Unterschied in der Indexschreibweise nur auf Grund der weitverbreiteten Summationskonvention erforderlich, bei der sonst keine klare Übersicht über die unterdrückte Indexlaufweite bestünde! In der vorliegenden Darstellung sind trotz des etwas höheren Platzbedarfs stets alle Summationen ausgeführt, wodurch nie ein Zweifel über Bedeutung und Laufweite der auftretenden Indizes aufkommen kann!

Literaturangaben

[1] **Betz**, Albert:
Konforme Abbildung
Springer Verlag, Berlin, Göttigen, Heidelberg, 2. Aufl. (1964)

[2] **Blaschke**, Wilhelm:
Vorlesungen über Differentialgeometrie,
Elementare Differentialgeometrie
Springer Verlag, Berlin, 5. Aufl. (1973)

[3] **Born**, Max:
Die Relativitätstheorie Einsteins
Springer Verlag, Berlin, Heidelberg, New York, 5. Aufl. (1969)

[4] **Duschek**, Adalbert / **Mayer**, Walther:
Lehrbuch der Differentialgeometrie,
Kurven und Flächen im euklidischen Raum
B.G. Teubner Verlag, Leipzig und Berlin (1930)

[5] **Kamke**, Erich:
Differentialgleichungen reeller Funktionen
Akademische Verlagsgesellschaft Geest & Portig, Leipzig, 2. Aufl. (1950)

[6] **Kästner**, Siegfried:
Vektoren, Tensoren, Spinoren
Akademie-Verlag, Berlin (1960)

[7] **Klingbeil**, Eberhard:
Tensorrechnung für Ingenieure
Bibliographisches Institut, Mannheim (1966)

[8] **Kreyszig**, Erwin:
Differentialgeometrie
Akademische Verlagsgesellschaft Geest & Portig, Leipzig (1957)

[9] **Lagally**, Max / **Franz**, Walter:
Vorlesungen über Vektorrechnung
Akademische Verlagsgesellschaft Geest & Portig, Leipzig (1959)

[10] **Laugwitz**, Detlef:
Differentialgeometrie
B.G. Teubner Verlagsgesellschaft, Stuttgart (1960)

[11] **Levi-Civita**, Tullio:
Fragen der klassischen und relativistischen Mechanik
Springer-Verlag Technik, Berlin Heidelberg New York (1973)

[12] **Raschewski**, Petr K.:
Riemannsche Geometrie und Tensoranalysis
Verlag Harri Deutsch, Thun und Frankfurt/Main, 2. Aufl. (1995)

[13] **Rowińska**, Paulina:
Mapmatics
Aufbau Verlage (2024)

[14] **Seidel**, Wolfgang:
Sternstunden der Kartografie
Malik National Geographic (2017)

[15] **Smirnow**, Wladimir I.:
Lehrgang der höheren Mathematik, I-IV
VEB Deutscher Verlag der Wissenschaften, Berlin, 6. Aufl. (1964/68)

[16] **Synge**, J. L. / **Schild**, Alfred:
Tensor Calculus
Dover Publications, New York (1978)

[17] **Teichmann**, Horst:
Physikalische Anwendungen der Vektor- und Tensorrechnung
Bibliographisches Institut, Mannheim (1973)

[18] **Torge**, Wolfgang:
Geschichte der Geodäsie in Deutschland
Walter de Gruyter, Berlin New York, 2. Aufl. (2009)

[19] **Werner**, Wolfgang:
Hamiltonsche Mechanik und Quantenmechanik
Springer Vieweg, Wiesbaden (2023)

[20] **Wrede**, Robert C.:
Introduction to Vector- and Tensor Analysis
Dover Publications, New York (1972)

[21] **Wussing**, Hans:
Carl Friedrich Gauss
BSB B.G.Teubner Verlagsgesellschaft, Leipzig (1974)

[22] **Der Tagesspiegel**:
Älteste Desinformationskampagne
Tsp 6.9.2025

Kapitel 3

Trägheitstensor der Mechanik

Zusammenfassung

Ausgehend vom NEWTON'schen Bewegungsgesetz werden die mechanischen Grundbegriffe, die Bewegung starrer Körper und der Trägheitstensor behandelt und an Hand konkreter Beispiele verdeutlicht.

3.1 Grundgesetze der Dynamik

Die **Dynamik**, die mitunter auch **Kinetik** genannt wird, ist die **Lehre von der Bewegung von Körpern** infolge von **Kräften**, die auf sie einwirken, (gr.: *dynamis*, Kraft; *kinesis*, Bewegung). Damit sind alle Größen, die die Bewegung beschreiben, Zeitfunktionen, ohne das immer speziell zu kennzeichnen.

Im Gegensatz dazu bedeutet die **Kinematik** die Lehre von den Ortsveränderungen von Körpern als geometrische Beschreibung in zeitlicher und räumlicher Darstellung als Teil der Differentialgeometrie der Raumkurven.

Die Grundlage der Dynamik bilden drei **Axiome**, [11, S. 2], die **Isaac NEWTON** (1643-1727) in seinem 1687 veröffentlichten Buch „*Philosophiae naturalis principia mathematica*" an den Anfang seiner Mechanik stellte. Dieses Buch, das meist nur kurz als **„Principia"** bezeichnet wird, ist als eins der bedeutendsten Werke der Wissenschaft der erste echte Text der theoretischen Physik, der alle Ergebnisse mit mathmatischen Methoden darstellt, die von NEWTON selbst entwickelt wurden, [15, S. 157], [16, S. 260].

W. Werner, *Vektoren und Tensoren als universelle Sprache in Physik und Technik 2*,
https://doi.org/10.1007/978-3-658-49785-9_3

3.1.1 NEWTON'sches Bewegungsgesetz

Der **Impuls $\boldsymbol{p}$**, bei NEWTON die Bewegungsgröße (*quantitas motus*), stellt einen Vektor dar, der als Produkt aus der Masse m eines Körpers und seiner Geschwindigkeit $\boldsymbol{v}$ definiert ist. Die Einheit des Impulses ist **Ns**.

$$\boxed{\boldsymbol{p} = m\,\boldsymbol{v} = m\,\frac{d\boldsymbol{r}}{dt} = m\,\dot{\boldsymbol{r}}} \tag{3.1}$$

Nach dem 2. NEWTON'schen Gesetz (*lex secunda*), [20, S. 12, mit kritischer Bewertung], erfolgt die zeitliche Änderung des Impulses durch eine am **Massenpunkt** m angreifende **Kraft $\boldsymbol{F}$**, die für zeitlich konstante Masse der **Beschleunigung $\boldsymbol{a}$** proportional ist. Dieses Gesetz wird in der Technischen Mechanik auch **Impulssatz** genannt.

$$\boxed{\boldsymbol{F} = \frac{d\boldsymbol{p}}{dt} = \dot{\boldsymbol{p}} = \frac{d}{dt}\left(m\,\boldsymbol{v}\right) = m\,\frac{d\boldsymbol{v}}{dt} = m\,\frac{d\dot{\boldsymbol{r}}}{dt} = m\,\ddot{\boldsymbol{r}} = m\,\boldsymbol{a}} \tag{3.2}$$

Dieses Gesetz in der EULER'schen Interpretation und Fassung von 1752, [16, S. 298], [20, S. 22], heißt **Bewegungsgesetz** oder **Grundgesetz der Dynamik**, das das NEWTON'sche **Aktionsprinzip** darstellt. Die Einheit der Kraft ist $\mathbf{N} = \mathbf{kg\,m/s^2}$.

Auf das 1. NEWTON'sche Gesetz (*lex prima*), das **Trägheitsgesetz**, das bereits GALILEI formulierte, wird in *Abschnitt 7.1.1* eingegangen.

Da im dynamischen Grundgesetz nur die Beschleunigung $\boldsymbol{a}$ als Änderung der Geschwindigkeit auftritt, hat das Bewegungsgesetz in allen mit konstanter Geschwindigkeit gegeneinander **geradlinig gleichförmig bewegten Bezugsystemen** die gleiche Form. Die Gesamtheit dieser unbeschleunigten Bezugsysteme heißt **Gruppe der Inertialsysteme**, (lat.: *inertia*, Trägheit).

Der Begriff der **Masse**, den man als Substanzmenge oder Quantität der Materie (*quantitas materiae*) verstehen kann, bedeutet nach dem Bewegungsgesetz ein **Maß für den Kraftaufwand** und damit für den **Widerstand von Körpern gegen Änderung ihres Bewegungszustandes**. Auf Grund dieser Trägheit wird die Größe m als **träge Masse** bezeichnet, [10, Kap. 6].

Bei punktförmig oder kontinuierlich verteilten Massen der **Massendichte** ρ, die ortsabhängig sein kann, gilt das Bewegungsgesetz in der Form,

$$\boldsymbol{F}_{\Sigma} = \boldsymbol{F}^{(a)} = \sum\nolimits_k \boldsymbol{F}_k = \frac{d^2}{dt^2}\left(m_{\text{ges}}\,\boldsymbol{r}_{\text{S}}\right) = m_{\text{ges}}\,\ddot{\boldsymbol{r}}_{\text{S}}$$

wobei die Gesamtmasse m_{ges} durch Summation oder Integration über das Volumen ermittelt wird.

$$m_{\text{ges}} = \sum\nolimits_k m_k \qquad \text{bzw.} \qquad m_{\text{ges}} = \int_m dm = \iiint_v \rho\, dv$$

Alle **äußeren Kräfte**, die zur Gesamtbeschleunigung führen, greifen als resultierende, vektorielle Summe $\boldsymbol{F}_\Sigma = \boldsymbol{F}^{(a)}$ an der Gesamtmasse an, die im **Massenmittelpunkt** oder **Schwerpunkt** S vereinigt gedacht wird, der den folgenden Ortsvektor hat.

$$\boldsymbol{r}_S = \frac{1}{m_{\text{ges}}} \sum\nolimits_k \boldsymbol{r}_k m_k \qquad \text{bzw.} \qquad \boldsymbol{r}_S = \frac{1}{m_{\text{ges}}} \int_m \boldsymbol{r}_k\, dm \tag{3.3}$$

In dieser erweiterten Betrachtungsweise wird das Bewegungsgesetz auch als **Schwerpunktssatz** bezeichnet.

Die Anwendung des 3. NEWTON'schen Gesetzes (*lex tertia*), das auch als **Gegenwirkungsprinzip** oder NEWTON'sches **Reaktionsprinzip** bezeichnet wird (*actio* = *reactio*), auf mehrere Einzelmassen führt auf den **Impulssatz**, bei dem die zeitliche Änderung des Gesamtimpulses der Summe der äußeren Kräfte entspricht, [23, I, S. 74]. Beim Fehlen äußerer Kräfte ist der Gesamtimpuls konstant, so dass für ein solches Massensystem, speziell auch beim **Stoß** mit nur zwei Massen, die **Erhaltung des Impulses** gilt.

$$\boxed{\frac{d\boldsymbol{p}_\Sigma}{dt} = \boldsymbol{F}^{(a)}} \quad \rightarrow \quad \boxed{\boldsymbol{p}_\Sigma = \text{const.} \quad \text{für} \quad \boldsymbol{F}^{(a)} = 0} \tag{3.4}$$

3.1.2 Arbeit und Energie

In einem Kraftfeld führt die skalare Multiplikation der Kraft mit dem Wegelement auf das Element der Arbeit und auf seine zeitliche Ableitung.

$$dW = \boldsymbol{F} \cdot d\boldsymbol{r} = m\,\ddot{\boldsymbol{r}} \cdot \dot{\boldsymbol{r}}\, dt = \frac{d}{dt}\left(\frac{m}{2}\dot{\boldsymbol{r}}^2\right) dt = d\left(\frac{m}{2}v^2\right) = dE_{\text{kin}}$$

$$\frac{dW}{dt} = \boldsymbol{F} \cdot \frac{d\boldsymbol{r}}{dt} = \boldsymbol{F} \cdot \boldsymbol{v} = \frac{dE_{\text{kin}}}{dt}$$

Für eine Masse m, die sich mit v bewegt, heißt folgende Größe **kinetische Energie**.

$$\boxed{E_{\text{kin}} = \frac{m}{2}\dot{\boldsymbol{r}}^2 = \frac{m}{2}v^2} \quad \rightarrow \quad \boxed{2\,E_{\text{kin}} = m\boldsymbol{v} \cdot \boldsymbol{v} = \boldsymbol{p} \cdot \boldsymbol{v}} \tag{3.5}$$

Sie wurde von Gottfried Wilhelm LEIBNIZ (1646-1716) als „lebendige Kraft" (*vis viva*) eingeführt, [3, S. 44], [5, S. 3], [17, S. 248], [18, S. 38], [20, S. 69].

Das **Wegintegral der Kraft**, d.h. die am Massenpunkt verrichtete **Arbeit**,

$$W = \int_P^Q \boldsymbol{F} \cdot d\boldsymbol{r} = \int_P^Q dE_{\text{kin}} = E_{\text{kin}}(Q) - E_{\text{kin}}(P) = \Delta E_{\text{kin}} \qquad (3.6)$$

entspricht der **Änderung der kinetischen Energie** dieser Masse auf dem Weg von P nach Q.

In der Technischen Mechanik wird dieses Ergebnis als **Arbeitssatz** bezeichnet. Arbeit und Energie entsprechen sich daher und haben die Einheit $\mathbf{Nm} = \mathbf{kg\,m^2/s^2} = \mathbf{J}$.

3.1.3 Konservative Felder

Konservative, wirbelfreie Felder, die bereits im *Abschnitt 19.2.3 (Bd. I)* betrachtet wurden, stellen physikalische Systeme von besonderem Interesse dar, die vor allem in Mechanik und Elektrostatik auftreten.

In konservativen Feldern kann der Feldvektor $\boldsymbol{F}$ der **Kraft als negativer Gradient einer skalaren Ortsfunktion** W_{Pot} dargestellt werden. Die Funktion W_{Pot} heißt nach Joseph Louis LAGRANGE (1736-1813) **potentielle Energie** (1773), oder **Potentialfunktion**, [3, S. 45], [23, S. 31].

$$\boxed{\boldsymbol{F} = -\operatorname{grad} W_{\text{Pot}} \quad \leftrightarrow \quad \operatorname{rot} \boldsymbol{F} = \mathbf{0}} \qquad (3.7)$$

Im Wegintegral der Kraft stellt der **Integrand** $dW = \boldsymbol{F} \cdot d\boldsymbol{r}$ in solchen Feldern ein **vollständiges Differential** dar, so dass der durchlaufene Weg keinen Einfluss hat und die vom Feld aufgebrachte **Arbeit** nur eine Funktion der potentiellen Energie in den Endpunkten, also der **Energiedifferenz**, ist.

$$\begin{aligned} W_{\text{Feld}} &= \int_P^Q \boldsymbol{F} \cdot d\boldsymbol{r} = -\int_P^Q d\boldsymbol{r} \cdot \operatorname{grad} W_{\text{Pot}} = -\int_P^Q dW_{\text{Pot}} \\ &= W_{\text{Pot}}(P) - W_{\text{Pot}}(Q) = \Delta W \end{aligned} \qquad (3.8)$$

Da die potentielle Energie wegen der Gradientenbildung nur bis auf eine additive Konstante bestimmt ist, setzt man als **Energienullpunkt** den Bezugswert $W_{\text{Pot}}(\infty) = 0$ fest.

Das Vorzeichen des Gradienten ist so gewählt, dass bei parallelen Vektoren von Wegelement $d\boldsymbol{r}$ und Kraft $\boldsymbol{F}$, die an einer Masse m angreift, die **vom Feld verrichtete Arbeit positiv** wird. Um die Masse vom Punkt P in den Energienullpunkt mit $\boldsymbol{r} \to \infty$ zu bringen, ist dann folgende positive Feldarbeit erforderlich.

$$\boxed{W_{\text{Feld}} = \int_P^\infty \boldsymbol{F} \cdot d\boldsymbol{r} = W_{\text{Pot}}(P) = \Delta W > 0} \tag{3.9}$$

Die Energiedifferenz ΔW gegenüber dem Energienullpunkt entspricht der Arbeit des Feldes und im Punkte P besitzt die Masse m die potentielle Energie oder das **Arbeitsvermögen** $W_{\text{Pot}}(P)$.

Umgekehrt ist eine **negative, mechanische Arbeit**

$$W_{\text{mech}}(P) = -W_{\text{Feld}}$$

von gleichem Betrag ΔW aufzuwenden, um die Masse m aus dem Unendlichen **gegen die Feldkräfte** zum Punkt P zu bringen, die durch die aufgewendete Arbeit die potentielle Energie $W_{\text{Pot}}(P)$ gewinnt.

Verknüpft man die Energiedifferenzen aus Arbeitssatz (3.6) und potentieller Energie (3.8), so folgt

$$W_{\text{Feld}} = \Delta W = W_{\text{Pot}}(P) - W_{\text{Pot}}(Q) = E_{\text{kin}}(Q) - E_{\text{kin}}(P) = \Delta E_{\text{kin}}$$

Da in den beliebigen Raumpunkten P und Q die Summe aus potentieller und kinetischer Energie jeweils den gleichen Wert aufweist, bedeutet das im Ergebnis die **Konstanz der Gesamtenergie in konservativen Feldern**,[1] was man auch als **Erhaltungssatz der mechanischen Energie** oder als **Energiesatz** bezeichnet.

$$\boxed{W_{\text{ges}} = W_{\text{Pot}} + E_{\text{kin}} = \text{const.}} \qquad \boxed{\frac{d}{dt}\left(W_{\text{Pot}} + E_{\text{kin}}\right) = 0} \tag{3.10}$$

In die Klasse der konservativen Kräfte fallen alle **Zentralkräfte** $\boldsymbol{F} \sim \boldsymbol{r}$, die in Richtung des Abstandsvektors wirken und **Zentralfelder** erzeugen.

[1]Häufige **Energiebezeichnungen** in der Literatur: $E_{\text{kin}} \mathrel{\hat{=}} T$, $W_{\text{pot}} \mathrel{\hat{=}} U, V$, $W_{\text{ges}} \mathrel{\hat{=}} E$

Da man sie nach (17.88, Bd. I) als negativen Gradienten eines Potentials ausdrücken kann, werden sie auch als **Potentialfelder** bezeichnet.

$$\boldsymbol{F} = \psi(r)\,\frac{\boldsymbol{r}}{r} = -\,\mathrm{grad}\,\phi(r) \tag{3.11}$$

Wichtige Beispiele von Zentralkräften sind **Coulomb-Kraft** und **Gravitationskraft**, die in den *Kapiteln 5* und *11* behandelt werden. Speziell die Frage der Vorzeichen von Arbeit und potentieller Energie wird im *Abschnitt 11.1.2* genauer untersucht.

3.1.4 Allgemeines Prinzip der Energieerhaltung

Solange Vorgänge in der Mechanik ohne Temperaturänderungen verlaufen, bleibt die Summe aus potentieller und kinetischer Energie nach (3.10) konstant. Die gleiche Aussage gilt in der Elektrodynamik nach (5.38) auch für elektrische und magnetische Energie.

Unter dieser Voraussetzung enthält der Erhaltungssatz der mechanischen Energie auch die Aussage, dass ein Körper, an dem mechanische Arbeit verrichtet wurde, die gleiche Arbeit dadurch wieder abgeben kann, indem er in den ursprünglichen Zustand zurückkehrt, was man als **reversiblen Prozess** bezeichnet. Wegen unvermeidlicher Energieverluste durch Reibung und damit einhergehende Wärmeentwicklung stellt diese Situation nur den idealen Grenzfall dar, so dass alle **realen Prozesse irreversibel** ablaufen.

Die Einbeziehung von **Wärme** oder **thermischer Energie**, die ein Körper aus seiner Umgebung aufnimmt oder an sie abgibt, bewirkt eine Erhöhung oder Verminderung der mechanischen Energie seiner Moleküle und damit seiner inneren Energie, so dass der Energieerhaltungsatz zu einer grundsätzlichen Aussage verallgemeinert werden kann.

Die Erweiterung der mechanischen Energieerhaltung zu einem allgemeingültigen Prinzip und damit zu einem in allen Bereichen der Physik geltenden **Grundgesetz der Erhaltung der Energie** wurde 1842 zuerst vom deutschen Arzt **Julius Robert Mayer** (1814-1878) theoretisch und 1842/50 vom englischen Physiker **James Prescott Joule** (1818-1889) auf experimentellem Wege nachgewiesen.

Unabhängig veröffentlichte **Hermann von Helmholtz** (1821-1894) im Jahre 1847 eine mathematisch begründete Darstellung der Zusammenhänge von Energie, Bewegung und Wärme.

Dieses physikalische Gesetz, das als **erster Hauptsatz der Thermodynamik** bezeichnet wird, [9, S. 360], besagt, dass in einem abgeschlossenen System, in dem sich beliebige Vorgänge mechanischer, thermischer, elektrischer oder chemischer Art abspielen, die enthaltene Gesamtenergie unverändert bleibt. Die Energie kann nur ihre Form ändern aber nicht ihren Betrag.

Nach diesem Hauptsatz ist keine Konstruktion eines Systems möglich, das mechanische Arbeit abgibt, ohne dabei einen gleichwertigen Energiebetrag zu verbrauchen oder anderweitig aufzunehmen. Man drückt das auch dadurch aus, dass keine Energie aus dem Nichts erzeugt werden kann und dass daher ein **Perpetuum mobile erster Art unmöglich** ist.

3.1.5 Drehmoment und Drehimpuls

Die Kraft $\boldsymbol{F}$ auf eine Masse m außerhalb des Ursprungs eines Koordinatensystems wird zerlegt in zwei Anteile, die zum Ortsvektor $\boldsymbol{r}$ parallel bzw. senkrecht sind.

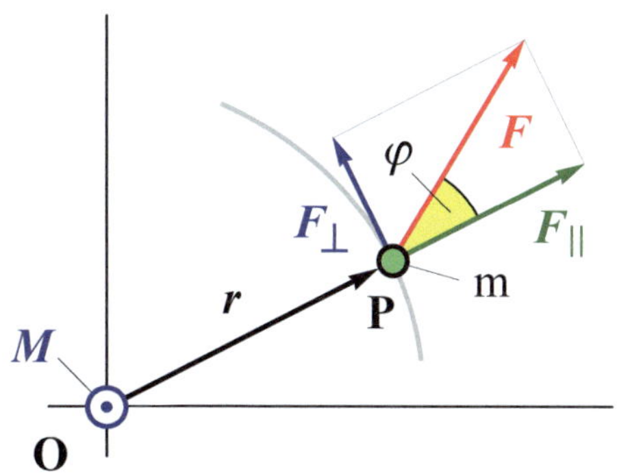

ABB. 3.1: Kraft und Drehmoment an einem Massenpunkt

Der parallele Anteil $\boldsymbol{F}_{||}$ der Kraft verschiebt die Masse auf der Fluchtlinie und verrichtet die **Arbeit**

$$W = \boldsymbol{r} \cdot \boldsymbol{F} = r\,F\cos\varphi = r\,F_{||}$$

Der senkrechte Anteil $\boldsymbol{F}_{\perp}$ der Kraft dreht die Masse auf einer Kreisbahn vom Radius $|\,\boldsymbol{r}\,| = r$ um das Zentrum O mit einem **Drehmoment** $\boldsymbol{M}$, dessen Vektor im Sinne einer Rechtsschraube senkrecht auf der Kreisbahn steht.

$$\boldsymbol{M} = \boldsymbol{r} \times \boldsymbol{F} = r\,F\sin\varphi\,\mathbf{e}_m = r\,F_{\perp}\,\mathbf{e}_m = M\,\mathbf{e}_m$$

Die vektorielle Multiplikation von Ortsvektor $\boldsymbol{r}$ und Impuls $m\boldsymbol{v}$ definiert eine Größe, die **Drehimpuls $\boldsymbol{L}$** oder **Drall** heißt.

$$\boxed{\boldsymbol{L} = \boldsymbol{r} \times \boldsymbol{p} = m\,\boldsymbol{r} \times \boldsymbol{v} = m\,\boldsymbol{r} \times \dot{\boldsymbol{r}}} \tag{3.12}$$

Auch hier muss bei verteilten Massen über die Massenelemente integriert werden und $\boldsymbol{r}$ entspricht dann wieder dem Ortsvektor $\boldsymbol{r}_S$ des Schwerpunktes.

Greifen Kräfte an einem Massenpunkt oder an einem starren Körper an, dann besagt der **Drehimpulssatz** oder auch **Drallsatz**, dass das Drehmoment, das diese äußeren Kräfte erzeugen, der zeitlichen Ableitung des Drehimpulses gleich ist.

$$\boxed{\boldsymbol{M} = \boldsymbol{r} \times \boldsymbol{F}^{(a)} = m\,\boldsymbol{r} \times \ddot{\boldsymbol{r}} = \boldsymbol{r} \times \frac{d\boldsymbol{p}}{dt} = \frac{d}{dt}(\boldsymbol{r} \times \boldsymbol{p}) = \frac{d\boldsymbol{L}}{dt}} \tag{3.13}$$

Beim Fehlen äußerer Kräfte oder im Falle einer Zentralkraft verschwindet das Drehmoment, so dass in Zentralfeldern der Drehimpuls $\boldsymbol{L}$ zeitlich konstant ist, was als **Erhaltungssatz des Drehimpulses** bezeichnet wird.

$$\boxed{\boldsymbol{L} = \text{const.} \qquad \text{für} \quad \boldsymbol{F}^{(a)} = 0 \quad \text{oder} \quad \boldsymbol{F} \sim \boldsymbol{r}} \tag{3.14}$$

> Für abgeschlossene Systeme sind die **Erhaltungssätze** von **Energie, Impuls und Drehimpuls** Eckpfeiler der Physik, deren Gültigkeit immer wieder bestätigt werden konnte (3.15)

Die **freie Bewegung starrer Körper** mit sechs Freiheitsgraden wird bestimmt durch Schwerpunktsatz (3.2) und Drehimpulssatz (3.13),

$$\boxed{\boldsymbol{F} = \frac{d\boldsymbol{p}}{dt}} \qquad \boxed{\boldsymbol{M} = \frac{d\boldsymbol{L}}{dt}} \tag{3.16}$$

die zur vollständigen Beschreibung des Bewegungszustandes ausreichen.

3.1.6 Virialsatz

In Systemen aus bewegten Einzelmassen, bei denen ständig Umwandlungen zwischen potentieller und kinetischer Energie stattfinden, macht der Virialsatz eine Aussage über die **Zeitmittelwerte** mechanischer Größen sowie die Beiträge von potentieller und kinetischer Energie zur Gesamtenergie. Im Gegensatz zu den bisherigen und allen weiteren Beziehungen ist dieser Satz also von **statistischer Natur**.

Betrachtet wird die Einzelgröße G_i sowie der zeitliche Mittelwert ihrer Ableitung bei konstanter Masse.

$$G_i = \boldsymbol{r}_i \cdot \boldsymbol{p}_i = m_i \, \boldsymbol{r}_i \cdot \dot{\boldsymbol{r}}_i$$

$$\frac{dG_i}{dt} = \dot{\boldsymbol{r}}_i \cdot \boldsymbol{p}_i + \boldsymbol{r}_i \cdot \dot{\boldsymbol{p}}_i = m_i \, \dot{\boldsymbol{r}}_i^2 + m_i \, \boldsymbol{r}_i \cdot \ddot{\boldsymbol{r}}_i$$

$$\left\langle \frac{dG_i}{dt} \right\rangle = \frac{1}{T} \int_0^T \frac{dG_i}{dt} \, dt = \frac{1}{T} \left[G_i(T) - G_i(0) \right]$$

Der Mittelwert ist Null sowohl für periodische Bewegungen bei Integration über die Periodenlänge T als auch bei Bewegungen in endlichen Raumbereichen mit beschränktem Klammerwert im Grenzübergang $T \to \infty$. Damit erhält man für die verbleibenden Mittelwerte folgende Aussage, wenn man die einzelnen Summanden als Energien interpretiert, die auch bei Summation über i gültig bleibt.

$$\boxed{\langle m_i \, \dot{\boldsymbol{r}}_i^2 \rangle = \langle \, 2 \, E_{\mathrm{kin}_i} \, \rangle = - \langle m_i \, \boldsymbol{r}_i \cdot \ddot{\boldsymbol{r}}_i \rangle = - \langle \boldsymbol{r}_i \cdot \boldsymbol{F}_i \rangle = - \langle W_i \rangle}$$
$$\boxed{2 \, \langle E_{\mathrm{kin}} \rangle = \sum\nolimits_i \langle m_i \, \dot{\boldsymbol{r}}_i^2 \rangle = - \sum\nolimits_i \langle \boldsymbol{r}_i \cdot \boldsymbol{F}_i \rangle = - \langle W \rangle} \qquad (3.17)$$

Der Mittelwert $\langle \boldsymbol{r} \cdot \boldsymbol{F} \rangle$, der eine Arbeit darstellt, wurde von dem deutschen Thermodynamiker **Rudolf Clausius** (1822-1888) eingeführt und **Virial der Bewegung** (lat. *vis*, Kraft, Pl. *vires*) genannt.

Die Beziehung der zeitlichen Mittelwerte wurde 1870 von Clausius als **Virialsatz** abgeleitet, der eine statistische Aussage macht über Systeme mit vielen Einzelteilen, z.B. in der **kinetischen Gastheorie** oder bei **Sternhaufen** in der Astronomie, [5, S. 76], [18, S. 71], [21, S. 31, 36, 287], [23, I, S. 37].

In konservativen Zentralfeldern mit abstandsabhängiger Potentialfunktion $\phi(r)$ in Form einer Potenzfunktion gilt mit (17.88, Bd. I)

$$\begin{aligned} W_{\text{pot}} &= \phi(r) = \phi_0 \, r^n \\ \boldsymbol{F} &= -\operatorname{grad}\phi(r) = -\frac{n}{r^2}\,\phi(r)\,\boldsymbol{r} \\ \langle \boldsymbol{r}\cdot\boldsymbol{F}\rangle &= -n\langle\,\phi(r)\,\rangle = -n\langle\,W_{\text{pot}}\,\rangle = -2\,\langle\,E_{\text{kin}}\,\rangle \end{aligned}$$

Für die wichtigen Sonderfälle von COULOMB- und Gravitationsfeld, bei denen $n = -1$ gilt, macht der Virialsatz die Aussage

$$\langle\,W_{\text{pot}}\,\rangle = -2\,\langle\,E_{\text{kin}}\,\rangle \tag{3.18}$$

Für Bewegungen, die im Endlichen bleiben, ist im zeitlichen Mittel die potentielle Energie dem Betrage nach doppelt so groß wie die kinetische. Das gilt z.B. für die Erde bei ihrem Umlauf um die Sonne.

Aus dem Energieerhaltungssatz (3.10) folgt damit für das Zeitmittel der Gesamtenergie

$$\begin{aligned} \langle\,W_{\text{ges}}\,\rangle &= \langle\,W_{\text{pot}} + E_{\text{kin}}\,\rangle = \text{const.} \\ &= \langle\,W_{\text{pot}}\,\rangle + \langle\,E_{\text{kin}}\,\rangle = \frac{1}{2}\langle\,W_{\text{pot}}\,\rangle = -\langle\,E_{\text{kin}}\,\rangle \end{aligned}$$

Für Sterne bedeutet das, dass die Gravitationsenergie (W_{pot}) doppelt so groß ist wie die thermische Energie, die der kinetischen E_{kin} ihrer Elementarteilchen entspricht, wodurch man deren Innentemperatur abschätzen kann.

Als **Beispiel** wird der **Mondabstand** d von der Erde näherungsweise bestimmt.

Der Umlauf für einen siderischen Monat, bei dem der Mond die gleiche Stellung vor dem Fixsternhintergrund hat, beträgt $T = 27.32$ Tage. Daraus ergibt sich die Kreisfrequenz für den Mond.

$$\omega_m = \frac{2\pi}{T} = \frac{2\pi}{27.32\cdot 24\cdot 60\cdot 60\ \text{s}} = \frac{2\pi}{2\,360\,448\ \text{s}} = 2.662\cdot 10^{-6}\,\frac{1}{\text{s}} \tag{3.19}$$

Die kinetische Energie des Mondes bezüglich der Erde mit den Massen m und M_E entspricht etwa der Rotationsenergie auf einer Kreisbahn vom Radius d, bei der die Tangentialgeschwindigkeit nach (5.44, Bd.I) gegeben ist.

$$E_{\text{kin}} = E_{\text{rot}} = \frac{m}{2}\,v^2 = \frac{m}{2}\,(d\,\omega_m)^2$$

Die potentielle Energie des Mondes im Gravitatsionspotential ϕ_E der Erde ergibt sich nach *Abschnitt 11.1.2* und den dort angegebenen Zahlenwerten.

$$W_{\text{pot}}(d) = m\,\phi_E(d) = -\,m\,\frac{GM_E}{d} = -\,2\,E_{\text{kin}}$$

Aus beiden Beziehungen erhält man ohne Mittelwertbildung nach (3.18) den Mittelpunktsabstand der beiden Himmelskörper,

$$d = \sqrt[3]{\frac{GM_E}{\omega_m^2}} = \sqrt[3]{\frac{gR_E^2}{\omega_m^2}}$$

der auf folgenden Wert führt.

$$d = \sqrt[3]{\frac{9.81 \cdot (6378 \cdot 10^3)^2}{(2.662 \cdot 10^6)^2}}\ \text{m} = 383\,315\ \text{km}$$

3.1.7 Bewegung im Zentralfeld, Kepler-Problem

Gesucht ist die Bahnkurve einer kleinen Probemasse m im Zentralfeld der Masse M im sonst leeren Raum, was ein **2-Körper-Problem** darstellt.

In der Himmelsmechanik entspricht dieses Problem dem Umlauf eines Planeten um die Sonne, was Johannes Kepler 1609 hauptsächlich am **Mars** als **elliptische Bahnkurve** mit der Sonne in einem **Brennpunkt** erkannte und das als **1. Kepler'sches Gesetz** bezeichnet wird.

Der Abstandsvektor $\boldsymbol{r}$ weist von der Masse M zum Punkt P der Probemasse m. Mit dem Newton'schen **Grundgesetz der Dynamik** (3.2) und dem **Gravitationsgesetz** (11.1) lautet das Bewegungsgesetz von m,

$$m\,\ddot{\boldsymbol{r}} = \boldsymbol{F} = -\,m\,\frac{GM}{r^2}\,\frac{\boldsymbol{r}}{r} \sim -\,\boldsymbol{r} \qquad \rightarrow \qquad \boldsymbol{r} \uparrow\downarrow \ddot{\boldsymbol{r}}$$

dem man entnimmt, dass Abstandsvektor und Beschleunigungsvektor antiparallel sind.

Für Geschwindigkeit $\dot{\boldsymbol{r}}$ und Beschleunigung $\ddot{\boldsymbol{r}}$ als Bewegungsgrößen der Masse m in P gelten folgende Beziehungen, wobei der Tangenteneinheitsvektor $\boldsymbol{t}$ der Bahnkurve nach (5.35, Bd. I) auf seiner Ableitung senkrecht steht.

$$\frac{d\boldsymbol{r}}{dt} = \dot{\boldsymbol{r}} = \dot{r}\,\boldsymbol{t}\,, \qquad \frac{d\dot{\boldsymbol{r}}}{dt} = \ddot{\boldsymbol{r}} = \ddot{r}\,\boldsymbol{t} + \dot{r}\,\frac{d\boldsymbol{t}}{dt}\,, \qquad \boldsymbol{t} \cdot \frac{d\boldsymbol{t}}{dt} = 0$$

Die Relation der Vektoren ist in *Abbildung 3.2* dargestellt. Durch Kreuzproduktbildung mit $\boldsymbol{r}$ folgt aus dem Bewegungsgesetz die Beziehung,

$$\boldsymbol{r} \times \ddot{\boldsymbol{r}} = -\frac{GM}{r^3} \underbrace{\boldsymbol{r} \times \boldsymbol{r}}_{=0} = 0 = \frac{d}{dt}\left(\boldsymbol{r} \times \dot{\boldsymbol{r}}\right) = \underbrace{\dot{\boldsymbol{r}} \times \dot{\boldsymbol{r}}}_{=0} + \boldsymbol{r} \times \ddot{\boldsymbol{r}}$$

die man integrieren kann, wobei man den konstanten Vektor $\boldsymbol{C}$ erhält, der dem Drehimpuls (3.12) proportional ist.

$$\boxed{\boldsymbol{r} \times \frac{d\boldsymbol{r}}{dt} = \boldsymbol{r} \times \dot{\boldsymbol{r}} = \boldsymbol{C} = \frac{\boldsymbol{L}}{m} = \text{const.}} \tag{3.20}$$

Da die beiden Spatprodukte Null sind,

$$\boldsymbol{r} \cdot \boldsymbol{C} = 0\,, \qquad \dot{\boldsymbol{r}} \cdot \boldsymbol{C} = 0$$

erfolgt die Bewegung von m in einer Ebene senkrecht zum Vektor $\boldsymbol{C}$.

In Zentralfeldern sind die Bahnkurven von Massen stets ebene Raumkurven (3.21)

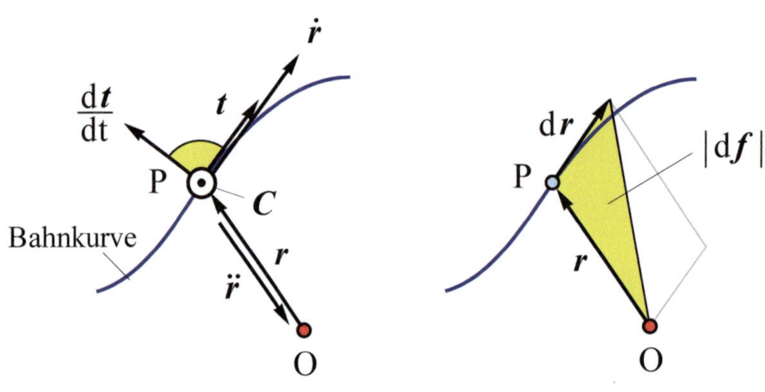

ABB. 3.2: Vektoren beim KEPLER-Problem

Der Betrag des Vektors $\boldsymbol{r} \times d\boldsymbol{r} = 2\,d\boldsymbol{f}$ entspricht dem Flächeninhalt des Parallelogramms im rechten Teil der Abbildung. Seine Ableitung ist zeitlich konstant und heißt **Flächengeschwindigkeit**.

$$\frac{d\boldsymbol{f}}{dt} = \frac{1}{2}\boldsymbol{r} \times \frac{d\boldsymbol{r}}{dt} = \frac{1}{2}\boldsymbol{C} = \text{const.}$$

Der Abstandsvektor $\boldsymbol{r}$ überstreicht daher in gleichen Zeitintervallen gleich große Flächen, was als **Flächensatz** oder **2. Kepler'sches Gesetz** bezeichnet wird.

Das Drehmoment (3.13) ist nach (3.20) Null,

$$\boldsymbol{M} = \boldsymbol{r} \times \boldsymbol{F} = m\,\boldsymbol{r} \times \ddot{\boldsymbol{r}} = \frac{d\boldsymbol{L}}{dt} = m\,\frac{d\boldsymbol{C}}{dt} = 0$$

so dass der Flächensatz als Drallsatz (3.13) die **Erhaltung des Drehimpulses** bedeutet.

Mit der Ableitung

$$\frac{d}{dt}\big(\boldsymbol{r} \cdot \boldsymbol{r}\big) = 2\,\boldsymbol{r} \cdot \frac{d\boldsymbol{r}}{dt} = \frac{d}{dt}\,r^2 = 2\,r\,\frac{dr}{dt}$$

erhält man folgende integrierbare Darstellung.

$$\begin{aligned}
\ddot{\boldsymbol{r}} \times \boldsymbol{C} &= -\,\frac{GM}{r^3}\,\boldsymbol{r} \times \boldsymbol{C} = -\,\frac{GM}{r^3}\,\big[\boldsymbol{r} \times (\boldsymbol{r} \times \dot{\boldsymbol{r}})\big] \\
&= -\,\frac{GM}{r^3}\left[\boldsymbol{r}\left(\boldsymbol{r} \cdot \frac{d\boldsymbol{r}}{dt}\right) - \frac{d\boldsymbol{r}}{dt}\,(\boldsymbol{r} \cdot \boldsymbol{r})\right] \\
&= +\,GM\left[\frac{1}{r}\,\frac{d\boldsymbol{r}}{dt} - \frac{1}{r^2}\,\frac{dr}{dt}\,\boldsymbol{r}\right] \\
\ddot{\boldsymbol{r}} \times \boldsymbol{C} &= \frac{d}{dt}\Big(\dot{\boldsymbol{r}} \times \boldsymbol{C}\Big) = GM\,\frac{d}{dt}\Big(\frac{\boldsymbol{r}}{r}\Big)
\end{aligned}$$

Bei der Integration besteht die vektorielle Integrationskonstante aus dem dimensionslosen Betrag ε und dem Einheitsvektor $\boldsymbol{e}$.

$$\frac{\boldsymbol{r}}{r} + \varepsilon\,\boldsymbol{e} = \frac{1}{GM}\,\dot{\boldsymbol{r}} \times \boldsymbol{C}$$

Durch skalare Multiplikation mit $\boldsymbol{r}$, Anwendung des Flächensatzes und Einführung der **Abkürzungen** $\varphi = \measuredangle(\boldsymbol{r},\,\boldsymbol{e})$ und $p = \text{const.}$ erhält man

$$\begin{aligned}
&\frac{\boldsymbol{r} \cdot \boldsymbol{r}}{r} + \varepsilon\,\boldsymbol{r} \cdot \boldsymbol{e} = r + \varepsilon\,r\cos\big(\boldsymbol{r},\,\boldsymbol{e}\big) = r\,\big(1 + \varepsilon\cos\varphi\big) \\
&\qquad = \frac{1}{GM}\,\boldsymbol{r} \cdot \big(\dot{\boldsymbol{r}} \times \boldsymbol{C}\big) = \frac{1}{GM}\,\big(\boldsymbol{r} \times \dot{\boldsymbol{r}}\big) \cdot \boldsymbol{C} = \frac{C^2}{GM} = p > 0
\end{aligned}$$

Als Bahnkurve der Probemasse m im Gravitationsfeld von M ergibt sich die **Polardarstellung der Kegelschnitte**, bei dem sich die Masse M in einem Brennpunkt befindet.

$$\boxed{r(\varphi) = \frac{p}{1 + \varepsilon \cos\varphi}} \qquad \boxed{p = \frac{C^2}{GM} = a\,(1 - \varepsilon^2)} \tag{3.22}$$

Die Kegelschnitte werden klassifiziert durch den Wert der **numerischen Exzentrizität** ε und den **Brennpunktsabstand** p, der senkrecht auf der durch die Brennpunkte verlaufenden Symmetrieachse steht wie in *Abbildung 11.9.*

$$\begin{array}{llllll} \varepsilon = 0 & \text{Kreis} & 0 < \varepsilon < 1 & \text{Ellipse} & (p_E = +p) \\ \varepsilon = 1 & \text{Parabel} & 1 < \varepsilon < \infty & \text{Hyperbel} & (p_H = -p) \end{array} \tag{3.23}$$

Alle **Planeten** durchlaufen im Sonnensystem **elliptische Bahnkurven** nach dem 1. KEPLER'schen Gesetz, sog. **KEPLER-Ellipsen**, mit Werten für ε in der Nähe von Null, die nahezu kreisförmig sind.

Bei verschwindender Integrationskonstante $C = 0$ und damit $p = 0$ entarten die Bahnkurven der Probemasse m zu Geraden durch das Gravitationszentrum, in dem die Masse M konzentriert ist.

Nach dem Flächensatz überstreicht der Radiusvektor zwischen den Massen M und m bei einem vollständigem Umlauf in der Zeit T die Ellipsenfläche mit den Halbachsen a und b als integrierte Summe der (halben!) Parallelogrammflächen.

$$\pi\, ab = \frac{1}{2} \int_T |\, \boldsymbol{r} \times \dot{\boldsymbol{r}}\,|\, dt = \frac{1}{2}\, C\, T$$

Für elliptische Bahnkurven gilt,

$$p = \frac{C^2}{GM} = \frac{b^2}{a} \quad \to \quad b = \sqrt{pa} = C\sqrt{\frac{a}{GM}} \tag{3.24}$$

woraus der **Zusammenhang zwischen Umlaufzeit und großer Halbachse** folgt,

$$T = 2\pi\, a\, \frac{b}{C} = 2\pi\, a \sqrt{\frac{a}{GM}} \quad \to \quad \boxed{\frac{T^2}{a^3} = \frac{4\pi^2}{GM} = \text{const.}} \tag{3.25}$$

der das **3. KEPLER'sche Gesetz** darstellt.

Für zwei verschiedene Planeten gilt damit

$$\left(\frac{T_1}{T_2}\right)^2 = \left(\frac{a_1}{a_2}\right)^3 \tag{3.26}$$

Der Quotient (3.25) heißt **KEPLER-Konstante**, die mit den Größen aus (11.2) und *Abschnitt 11.1.2* folgende Werte aufweist für Planeten im Sonnensystem sowie künstliche Satelliten, die die Erde umlaufen.

$$\frac{T^2}{a^3} = \begin{cases} 2.976 \cdot 10^{-19}\,\mathrm{s^2/m^3} & \text{Sonnensystem} \\ 9.898 \cdot 10^{-14}\,\mathrm{s^2/m^3} & \text{Erdsystem} \end{cases} \tag{3.27}$$

Bei nahezu kreisförmigen Umlaufbahnen mit dem Radius $r = a \approx b$, bei denen die Masse M im Zentrum konzentriert ist, gilt näherungsweise,

$$v_{\text{Bahn}} = \frac{2\pi\, a}{T} = \frac{C}{b} \quad \rightarrow \quad \boxed{v_{\text{Bahn}}(r) \approx \sqrt{\frac{GM}{r}} \sim \frac{1}{\sqrt{r}}} \tag{3.28}$$

so dass die Bahngeschwindigkeiten von Planeten und Satelliten mit wachsendem Abstand nach einem reziproken Wurzelgesetz abnehmen, das eine **KEPLER-Kurve** darstellt, [21, S. 36, 425].

Für die **Erde** mit sehr geringer Exzentrizität von $\varepsilon = 0.017$ ergeben sich mit dem mittleren Erdbahnradius a_E, der **astronomische Einheit (AE)** heißt,

$$a_E = 1\,\mathrm{AE} = 1.496 \cdot 10^{11}\,\mathrm{m} \approx 150\,\mathrm{Mio.\,km} \tag{3.29}$$

und der **jährlichen Umlaufzeit** um die Sonne (Revolution)

$$T = 365\,\mathrm{d} \times 24\,\mathrm{h} \times 60\,\mathrm{min} \times 60\,\mathrm{s} = 31\,536\,000\,\mathrm{s}$$

folgende Werte für **Bahn- und Flächengeschwindigkeit**.

$$v_E = \frac{2\pi}{T}\, a_E = 29.81\,\frac{\mathrm{km}}{\mathrm{s}} \approx 30\,\frac{\mathrm{km}}{\mathrm{s}}$$

$$C_E = \frac{2\pi}{T}\, a_E^2 = 4.459 \cdot 10^{15}\,\frac{\mathrm{m^2}}{\mathrm{s}}$$

Bei **Bahnbestimmungen** von Planeten und Satelliten wird häufig die Variable ζ des **reziproken Abstands** zwischen Sonne oder Erde in einem Brennpunkt und dem Orbit benutzt, die die folgende **inhomogene, lineare Differentialgleichung** erfüllt.

$$\boxed{\zeta(\varphi) = \frac{1}{r(\varphi)} = \frac{1}{p}\left(1 + \varepsilon\cos\varphi\right)} \quad \rightarrow \quad \boxed{\frac{d^2\zeta}{d\varphi^2} + \zeta = \frac{1}{p} = \frac{GM}{C^2}} \tag{3.30}$$

3.1.7.1 Zweiter Lösungsweg

Um den Einfluss der bei (3.22) als Integrationskonstante eingeführten Exzentrizität ε zu ermitteln, wird die Integration noch auf eine zweite Art durchgeführt.

Stellt man für die ebene Bahnkurve gemäß (3.21) in der Ebene $z = 0$ den Ortsvektor und seine Ableitung in Polarkoordinaten (r, φ) dar, dann folgt aus dem Flächensatz (3.20)

$$\begin{aligned}
\boldsymbol{C} &= \boldsymbol{r} \times \dot{\boldsymbol{r}} = \boldsymbol{r} \times \boldsymbol{v} = \text{const.} \\
&= r\,\mathbf{e}_r \times \big(\dot{r}\,\mathbf{e}_r + r\,\dot{\mathbf{e}}_r\big) \\
&= r\,\mathbf{e}_r \times \underbrace{\big(\dot{r}\,\mathbf{e}_r + r\,\dot{\varphi}\,\mathbf{e}_\varphi\big)}_{=\boldsymbol{v}} = r^2\dot{\varphi}\,\mathbf{e}_z = C\,\mathbf{e}_z \\
v^2 &= \dot{r}^2 + r^2\dot{\varphi}^2 \\
r^2\dot{\varphi} &= C \\
r^2\dot{\varphi}^2 &= \frac{C^2}{r^2}
\end{aligned}$$

Aus dem Energiesatz (3.10) für konservative Kraftfelder erhält man mit der potentiellen Energie im Gravitationsfeld (11.7) eine konstante Gesamtenergie.

$$\begin{aligned}
W_{\text{ges}} &= E_{\text{kin}} + W_{\text{Pot}} = \frac{m}{2}\,v^2 - m\,\frac{GM}{r} = \text{const.} \\
2\,\frac{W_{\text{ges}}}{m} &= \dot{r}^2 + r^2\dot{\varphi}^2 - 2\,\frac{GM}{r} = \text{const.}
\end{aligned}$$

Aus Flächen- und Energiesatz bildet man folgende Beziehungen.

$$\begin{aligned}
\dot{r} &= \frac{dr}{dt} = \frac{dr}{d\varphi}\,\frac{d\varphi}{dt} = \dot{\varphi}\,\frac{dr}{d\varphi} = \frac{C}{r^2}\,\frac{dr}{d\varphi} \\
v^2 &= \dot{r}^2 + r^2\dot{\varphi}^2 = C^2\left(\frac{1}{r^2}\,\frac{dr}{d\varphi}\right)^2 + \frac{C^2}{r^2} = 2\,\frac{W_{\text{ges}}}{m} + 2\,\frac{GM}{r}
\end{aligned}$$

Mit der reziproken Abstandskoordinate ζ und Trennung der Differentiale folgt

$$\zeta = \frac{1}{r} \quad \rightarrow \quad d\zeta = -\frac{1}{r^2}\,dr = -\zeta^2\,dr$$

$$d\varphi^2 = \left(2\,\frac{W_{\text{ges}}}{m} + 2\,GM\zeta - C^2\zeta^2\right)^{-1} C^2\,d\zeta^2$$

Zur Darstellung mit Quadraten wird die Klammer erweitert, wobei der Brennpunktsabstand p in (3.22) und (3.24) definiert ist.

$$\frac{p}{C} = \frac{C}{GM}$$

$$\left(\ldots\right) = \left[2\,\frac{W_{\text{ges}}}{m} + \left(\frac{GM}{C}\right)^2\right] - \left[C^2\zeta^2 - 2\,GM\,\zeta + \left(\frac{GM}{C}\right)^2\right]$$

$$= \Bigg[\underbrace{2\,\frac{W_{\text{ges}}}{m} + \left(\frac{GM}{C}\right)^2}_{=\alpha^2}\Bigg] - \Bigg[\underbrace{C\zeta - \frac{GM}{C}}_{=\eta}\Bigg]^2 = \alpha^2 - \eta^2$$

$$\eta = C\left(\zeta - \frac{1}{p}\right) \quad \rightarrow \quad d\eta = C\,d\zeta$$

Die Integration wird mit einer geeigneten Konstanten k ausgeführt.

$$d\varphi = \frac{d\eta}{\sqrt{\alpha^2 - \eta^2}} \quad \rightarrow \quad \varphi = \arcsin\frac{\eta}{\alpha} - \left(k + \frac{\pi}{2}\right)$$

$$\eta = \alpha\sin\left(\varphi + k + \frac{\pi}{2}\right) = \alpha\cos\left(\varphi + k\right)$$

Für die Integrationskonstante $k = 0$ liegt der extremale Wert $\eta = \eta_{max}$ bei $\varphi = 0$. Nach Rückeinsetzen der Substitutionen und Abkürzungen erhält man die Bahnkurven in der Ebene $z = 0$ wie in (3.22) in Form von Kegelschnitten.

$$\eta = \frac{C}{r} - \frac{C}{p} = \alpha\cos\varphi \quad \rightarrow \quad \frac{p}{r} - 1 = \underbrace{\frac{\alpha\,p}{C}}_{=\varepsilon}\cos\varphi$$

$$r(\varphi) = \frac{p}{1 + \varepsilon\cos\varphi}$$

Die numerische Exzentrizität ist für elliptische Bahnkurven kleiner als Eins,

$$\varepsilon^2 = \left(\frac{p}{C}\right)^2 \alpha^2 = 1 + \underbrace{\frac{2}{m}\left(\frac{C}{GM}\right)^2}_{=h>0} W_{\text{ges}} = 1 - h\,|\,W_{\text{ges}}\,| \;<\; 1$$

so dass die Gesamtenergie W_{ges} negativ gezählt werden muss. Mit steigendem Betrag der Energie wird ε kleiner und die Ellipsen immer kreisförmiger. Beim kritischen Wert

$$|\,W_{\text{ges}}\,| = \frac{1}{h} = \frac{m}{2}\left(\frac{GM}{C}\right)^2$$

ist ε Null. Nach dem Energiesatz sind die Werte der Gesamtenergie im beliebigen Bahnpunkt (r, v) und im Anfangszustand (r_0, v_0) gleich.

$$W_{\text{ges}} = \frac{m}{2}\,v^2 - m\,\frac{GM}{r} = \frac{m}{2}\,v_0^2 - \frac{m}{2}\left(2\,\frac{GM}{r_0}\right) = \text{const.} \;<\; 0$$

Elliptische und damit gebundene Bahnkurven ergeben sich bei Planeten und Satelliten bei negativer Zählung der Gesamtenergie, wenn also die Anfangsgeschwindigkeit kleiner als die **kritische Geschwindigkeit** ist.

$$v_0^2 \;<\; v_{\text{krit}}^2 \qquad \rightarrow \qquad \boxed{v_{\text{krit}} = \sqrt{2\,\frac{GM}{r_0}}} \tag{3.31}$$

Für Erde und Sonne erhält man mit den im *Abschnitt 11.1.2* angegebenen Werten für Masse und Radius die folgenden kritischen Geschwindigkeiten, die auch die **Fluchtgeschwindigkeiten** aus den jeweiligen Gravitationsfeldern in Abhängigkeit vom Anfangsabstand r_0 darstellen.

$$\begin{aligned} v_{\text{krit}_E} &= \sqrt{\frac{2\,GM_E}{R_E}}\sqrt{\frac{R_E}{r_0}} = 11.18\,\frac{\text{km}}{\text{s}} \cdot \sqrt{\frac{R_E}{r_0}} \\ v_{\text{krit}_\odot} &= \sqrt{\frac{2\,GM_\odot}{R_\odot}}\sqrt{\frac{R_\odot}{r_0}} = 617.43\,\frac{\text{km}}{\text{s}} \cdot \sqrt{\frac{R_\odot}{r_0}} \end{aligned} \tag{3.32}$$

Gilt für die Gesamtenergie $W_{\text{ges}} \geqslant 0$ und damit $v_0 \geqslant v_{\text{krit}}$, dann sind die Bahnkurven wegen $\varepsilon \geqslant 1$ Parabeln oder Hyperbeln, die von Kometen oder Asteroiden einmalig durchlaufen werden.

3.2 Starre Körper

3.2.1 Bewegung eines starren Körpers

Ein starrer Körper ist dadurch definiert, dass die Abstände seiner Massenelemente untereinander unveränderlich sind und seine Gestalt auch unter Krafteinwirkung erhalten bleibt.

Bei einem starrer Körper, der sich in einem raumfesten System mit dem Bezugspunkt O nicht nur rein translatorisch bewegt, kann die Bewegung eines Körperpunktes P gegenüber einem anderen Punkt Q als eine **momentane Drehung** aufgefasst werden, die um eine durch Q gehende zeitveränderliche Achse mit variabler Winkelgeschwindigkeit $\vec{\boldsymbol{\omega}}$ erfolgt, [3, S. 258].

Für den Ortsvektor des Punktes P gilt

$$\boldsymbol{r} = \boldsymbol{r}_Q + \boldsymbol{u}$$

und seine momentane Geschwindigkeit lautet mit (5.45, Bd. I)

$$\boldsymbol{v} = \frac{d\boldsymbol{r}}{dt} = \frac{d\boldsymbol{r}_Q}{dt} + \frac{d\boldsymbol{u}}{dt} = \boldsymbol{v}_Q + \vec{\boldsymbol{\omega}} \times \boldsymbol{u} = \boldsymbol{v}_Q + \frac{d\varphi}{dt}\,\mathbf{e}_\omega \times \boldsymbol{u}$$

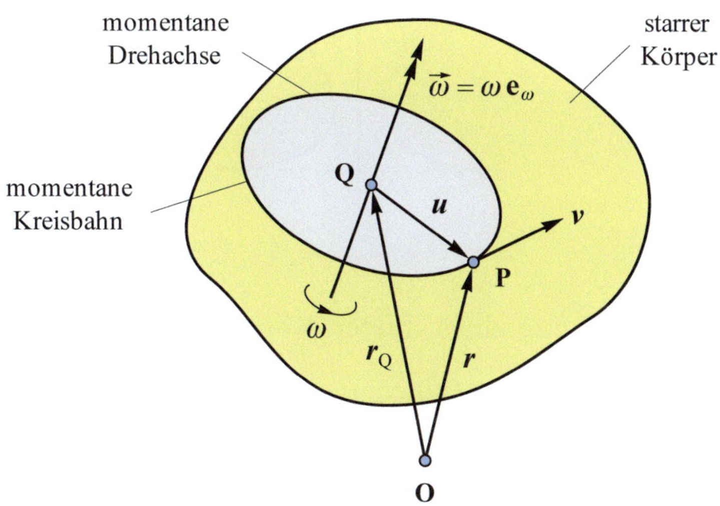

Abb. 3.3: Momentane Drehung eines starren Körpers

Multipliziert man diese Gleichung mit dem Zeitelement dt, so erhält man das **Euler'sche Theorem**, das besagt, dass sich infinitesimale Lageänderungen starrer Körper zusammensetzen aus einer Translation und der Drehung um eine Momentanachse, [19, S. 229].

$$\boxed{\boldsymbol{v} = \boldsymbol{v}_Q + \vec{\boldsymbol{\omega}} \times \boldsymbol{u}} \qquad \boxed{d\boldsymbol{r} = d\boldsymbol{r}_Q + \mathbf{e}_\omega \times \boldsymbol{u}\, d\varphi} \tag{3.33}$$

3.2.2 Rotation starrer Körper und Massenträgheitsmoment

Ein starrer Körper drehe sich mit konstanter Winkelgeschwindigkeit ω um eine Achse, die auch durch den Körper und insbesondere durch den Schwerpunkt gehen kann.

Die Drehbewegung wird dabei durch den **Rotationsvektor**

$$\vec{\boldsymbol{\omega}} = \omega\, \mathbf{e}_\omega \qquad \text{mit} \qquad |\, \vec{\boldsymbol{\omega}} \,| = \omega = \text{const.}$$

gekennzeichnet.

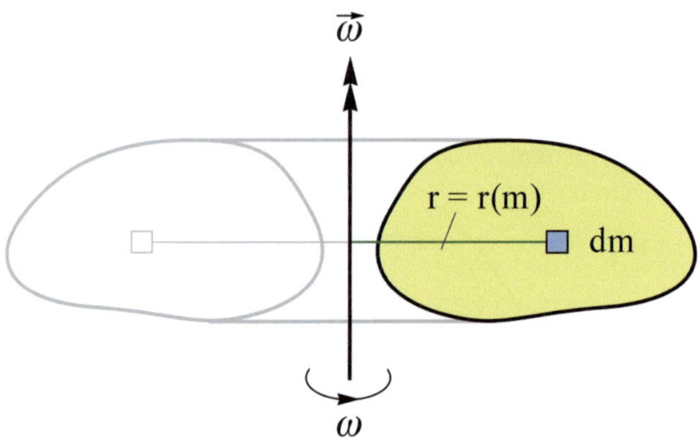

Abb. 3.4: Drehung eines starren Körpers um eine Achse

Die kinetische Energie der Drehbewegung wird nach (3.5) berechnet und für ein Massenelement dm, das den **senkrechten Abstand** r von der Drehachse hat, gilt dann mit der Bahngeschwindigkeit (5.44, Bd. I)

$$dE_{\text{kin}} = dE_{\text{rot}} = \frac{1}{2}\, v^2\, dm = \frac{1}{2}\, \omega^2\, r^2\, dm$$

Die Integration über alle Massenelemente, wobei $dm = dm(r) = \rho(r)\, dv$ gilt,

$$E_{\text{rot}} = \frac{1}{2}\,\omega^2 \int_m r^2\, dm = \frac{1}{2}\,\omega^2 \iiint_v \rho\, r^2\, dv$$

führt auf das stets positive **Massenträgheitsmoment** Θ bezüglich der Drehachse A, das häufig nur Trägheitsmoment genannt wird.

$$\boxed{\Theta = \Theta_A = \int_m r^2\, dm = \iiint_v \rho\, r^2\, dv \;>\; 0} \qquad (3.34)$$

Das Massenträgheitsmoment ändert sich nicht, wenn der Körper parallel zur Drehachse verschoben wird, da dabei die senkrechten Abstände aller Massenelemente unverändert bleiben.

Die **Rotationsenergie** eines Körpers, der mit der Winkelgeschwindigkeit ω um eine Achse rotiert, lautet mit dem Massenträgheitsmoment Θ bezüglich dieser Achse

$$\boxed{E_{\text{rot}} = \frac{1}{2}\,\Theta\,\omega^2 = \frac{1}{2}\,\Theta\,\dot{\varphi}^2} \qquad (3.35)$$

Im Vergleich mit der translatorischen kinetischen Energie E_{kin} nach (3.5) entsprechen sich in beiden Beziehungen

- ✶ **Masse** und **Massenträgheitsmoment**
- ✶ **Geschwindigkeit** und **Winkelgeschwindigkeit** (3.36)

Ist das Massenträgheitsmoment Θ_S eines starren Körpers der Masse m bezüglich einer **Achse durch den Schwerpunkt** S bekannt, dann lautet das Trägheitsmoment bezüglich einer im Abstand a parallelen Drehachse A nach dem **Satz von Steiner**, der in *Abschnitt 3.2.4* bewiesen wird

$$\boxed{\Theta_A(a) = \Theta_S + m\,a^2} \qquad \boxed{\Theta_S = \Theta_{A_{\min}} = \Theta_A(0)} \qquad (3.37)$$

Von allen Trägheitsmomenten um parallele Achsen ist dasjenige bezüglich der Achse durch den Schwerpunkt am kleinsten!

In einem kartesischen Koordinatensystem existieren drei Massenträgheitsmomente $\Theta_{xx}, \Theta_{yy}, \Theta_{zz}$ bezüglich der drei Koordinatenachsen, die in Abhängigkeit von Massenverteilung und Lage des Körpers normalerweise unterschiedliche Werte aufweisen.

3.2.3 Trägheitstensor des starren Körpers

Jedes Massenelement dm eines starren Körpers, der von äußeren Kräften und Momenten bewegt wird, erfährt nach (3.12) einen Beitrag zum Drehimpuls, bei dem die Bahngeschwindigkeit $\boldsymbol{v}$ durch die Winkelgeschwindigkeit $\vec{\boldsymbol{\omega}}$ um die momentane Drehachse nach (5.45, Bd. I) ausgedrückt wird. Dabei muss man für den gesamten starren Körper über alle Massenelemente integrieren.

$$d\boldsymbol{L} = \boldsymbol{r} \times \boldsymbol{v}\, dm = \boldsymbol{r} \times \big(\vec{\boldsymbol{\omega}} \times \boldsymbol{r}\big)\, dm = \boldsymbol{w}\, dm \tag{3.38}$$

Zunächst wird das doppelte Kreuzprodukt untersucht, das nach (11.50, Bd. I) durch eine **planare Dyade** dargestellt wird.

$$\boldsymbol{w} = \boldsymbol{r} \times \big(\vec{\boldsymbol{\omega}} \times \boldsymbol{r}\big) = \vec{\boldsymbol{\omega}}\big(\boldsymbol{r} \cdot \boldsymbol{r}\big) - \boldsymbol{r}\big(\vec{\boldsymbol{\omega}} \cdot \boldsymbol{r}\big) = \big[\vec{\boldsymbol{\omega}}\,\boldsymbol{r} - \boldsymbol{r}\,\vec{\boldsymbol{\omega}}\big] \cdot \boldsymbol{r} = \mathscr{D}_a \cdot \boldsymbol{r}$$

Legt man **kartesische Kordinaten** zugrunde, dann erhält man mit

$$\boldsymbol{r} = \underline{\mathbf{x}}^{\mathrm{T}} \underline{\underline{\mathbf{e}}} = \underline{\underline{\mathbf{e}}}^{\mathrm{T}} \underline{\mathbf{x}} = \big(x, y, z\big)\, \underline{\underline{\mathbf{e}}}$$

$$\text{und} \qquad \vec{\boldsymbol{\omega}} = \underline{\boldsymbol{\omega}}^{\mathrm{T}}\, \underline{\underline{\mathbf{e}}} = \underline{\underline{\mathbf{e}}}^{\mathrm{T}} \underline{\boldsymbol{\omega}} = \big(\omega_x, \omega_y, \omega_z\big)\, \underline{\underline{\mathbf{e}}}$$

die **Dyade** $\mathscr{D}_a$ als **alternierenden Tensor** 2. Stufe mit folgender Gestalt.

$$\mathscr{D}_a = \big[\vec{\boldsymbol{\omega}}\,\boldsymbol{r} - \boldsymbol{r}\,\vec{\boldsymbol{\omega}}\big] = \underline{\underline{\mathbf{e}}}^{\mathrm{T}} \big[\underline{\boldsymbol{\omega}}\, \underline{\mathbf{x}}^{\mathrm{T}} - \underline{\mathbf{x}}\, \underline{\boldsymbol{\omega}}^{\mathrm{T}}\big]\, \underline{\underline{\mathbf{e}}} = \underline{\underline{\mathbf{e}}}^{\mathrm{T}} \underline{\mathbf{D}}_a\, \underline{\underline{\mathbf{e}}}$$

$$\mathscr{D}_a = \underline{\underline{\mathbf{e}}}^{\mathrm{T}} \begin{pmatrix} 0 & y\,\omega_x - x\,\omega_y & z\,\omega_x - x\,\omega_z \\ x\,\omega_y - y\,\omega_x & 0 & z\,\omega_y - y\,\omega_z \\ x\,\omega_z - z\,\omega_x & y\,\omega_z - z\,\omega_y & 0 \end{pmatrix} \underline{\underline{\mathbf{e}}}$$

Führt man das Skalarprodukt aus Dyade und Ortsvektor aus, dann findet man folgenden Ausdruck für den Vektor $\boldsymbol{w}$,

$$\begin{aligned} \boldsymbol{w} = \mathscr{D}_a \cdot \boldsymbol{r} &= \underline{\underline{\mathbf{e}}}^{\mathrm{T}}\, \underline{\mathbf{D}}_a\, \underline{\underline{\mathbf{e}}} \cdot \underline{\underline{\mathbf{e}}}^{\mathrm{T}} \underline{\mathbf{x}} = \underline{\underline{\mathbf{e}}}^{\mathrm{T}}\, \underline{\mathbf{D}}_a\, \underline{\mathbf{x}} = \underline{\underline{\mathbf{e}}}^{\mathrm{T}} \underline{\mathbf{w}} \\ &= \big[\ (y^2 + z^2)\,\omega_x \quad -xy\,\omega_y \quad -xz\,\omega_z\ \big]\, \mathbf{e}_x \\ &+ \big[\ -xy\,\omega_x \quad +(x^2 + z^2)\,\omega_y \quad -yz\,\omega_z\ \big]\, \mathbf{e}_y \\ &+ \big[\ -xz\,\omega_x \quad -yz\,\omega_y \quad +(x^2 + y^2)\,\omega_z\ \big]\, \mathbf{e}_z \end{aligned}$$

dessen Komponenten man als Matrizenprodukt darstellen kann.

$$\boxed{\underline{\mathbf{w}} = \begin{pmatrix} w_x \\ w_y \\ w_z \end{pmatrix} = \begin{pmatrix} y^2 + z^2 & -xy & -xz \\ -xy & x^2 + z^2 & -yz \\ -xz & -yz & x^2 + y^2 \end{pmatrix} \begin{pmatrix} \omega_x \\ \omega_y \\ \omega_z \end{pmatrix} = \underline{\mathbf{S}}\, \underline{\boldsymbol{\omega}}} \tag{3.39}$$

Der Vektor $\boldsymbol{w}$ stellt sich damit als Produkt aus einem **symmetrischen Tensor** $\mathscr{S}$ und der Winkelgeschwindigkeit $\vec{\omega}$ dar,

$$\boldsymbol{w} = \underline{\underline{\mathbf{e}}}^{\mathrm{T}}\,\underline{\mathbf{w}} = \underline{\underline{\mathbf{e}}}^{\mathrm{T}}\,\underline{\underline{\mathbf{S}}}\,\underline{\boldsymbol{\omega}} = \underline{\underline{\mathbf{e}}}^{\mathrm{T}}\,\underline{\underline{\mathbf{S}}}\,\underline{\underline{\mathbf{e}}}\cdot\underline{\underline{\mathbf{e}}}^{\mathrm{T}}\underline{\boldsymbol{\omega}} = \mathscr{S}\cdot\vec{\omega}$$

so dass neben dem doppelten Kreuzprodukt zwei Skalarproduktdarstellungen mit einem Tensor existieren.

$$\boxed{\frac{d\boldsymbol{L}}{dm} = \boldsymbol{w} = \boldsymbol{r}\times\left(\vec{\omega}\times\boldsymbol{r}\right) = \mathscr{D}_a\cdot\boldsymbol{r} = \mathscr{S}\cdot\vec{\omega}} \tag{3.40}$$

Im ersten Tensorprodukt lassen sich die Komponenten von $\boldsymbol{r}$ wegen der nichtlinearen Glieder und der Kopplung nicht isolieren, aber im zweiten hängen die Komponenten von $\boldsymbol{w}$ linear von den Komponenten des Rotationsvektors $\vec{\omega}$ ab. Damit liegt eine affine Abbildung wie in (8.5) oder (9.3, Bd. I) vor, die durch den symmetrischen Tensor $\mathscr{S}$ vermittelt wird.

Um den Drehimpuls zu berechnen, muss der Vektor $\boldsymbol{w}$ über alle Massenelemente integriert werden, wobei sich wegen der eingeprägten Winkelgeschwindigkeit $\vec{\omega} \neq f(m)$ folgende Darstellungen als Vektor- bzw. Matrixgleichung ergeben.

$$\boldsymbol{L} = \underline{\underline{\mathbf{e}}}^{\mathrm{T}}\,\underline{\mathbf{L}} = \int_m \boldsymbol{w}\,dm = \underline{\underline{\mathbf{e}}}^{\mathrm{T}}\int_m \underline{\mathbf{w}}\,dm$$

$$\underline{\mathbf{L}} = \int_m \underline{\mathbf{w}}\,dm = \left[\int_m \underline{\underline{\mathbf{S}}}\,dm\right]\underline{\boldsymbol{\omega}}$$

Führt man die Integration komponentenweise mit der symmetrischen Matrix $\underline{\underline{\mathbf{S}}}$ aus, so entstehen sechs Integrale, die als Dreifachintegrale über die Masse m des starren Körpers erstreckt werden müssen und die folgende Bedeutung haben.

- **Axiale Massenträgheitsmomente** $\Theta_{xx}, \Theta_{yy}, \Theta_{zz}$
- **Deviationsmomente** $\Theta_{xy}, \Theta_{yz}, \Theta_{xz}$

(3.41)

$$\begin{aligned}\Theta_{xx} &= \int_m (y^2+z^2)\,dm \geqslant 0 \\ \Theta_{yy} &= \int_m (x^2+z^2)\,dm \geqslant 0 \\ \Theta_{zz} &= \int_m (x^2+y^2)\,dm \geqslant 0\end{aligned} \qquad \begin{aligned}\Theta_{xy} &= -\int_m xy\,dm \\ \Theta_{xz} &= -\int_m xz\,dm \\ \Theta_{yz} &= -\int_m yz\,dm\end{aligned} \tag{3.42}$$

Alle Integrationen sind als Dreifachintegrale über die positive Dichte ρ mit dem Massenelement $dm = \rho(x,y,z)\,dxdydz$ auszuführen, so dass die Massenträgheitsmomente stets größer als Null sind.

Die Deviationsmomente beschreiben die *Abweichung* des starren Körpers von der Symmetrie und berücksichtigen damit seine Lage im Koordinatensystem. Hat der starre Körper eine Symmetrieebene, durch die man eine Koordinatenfläche legen kann, z.B. $z = 0$, so verschwinden die entsprechenden Deviationsmomente $\Theta_{xz} = \Theta_{yz} = 0$, da sich die Beiträge der in z symmetrisch liegenden Massenelemente bei der Integration aufheben.

Die Gesamtheit aller Trägheitsmomente bildet die kartesische **Tensormatrix** $\underline{\boldsymbol{\Theta}}$ des **symmetrischen Trägheitstensors** $\overset{\vee}{\boldsymbol{\Theta}}$.

$$\overset{\vee}{\boldsymbol{\Theta}} = \underline{\underline{\mathbf{e}}}^{\mathrm{T}}\,\underline{\boldsymbol{\Theta}}\,\underline{\underline{\mathbf{e}}} = \underline{\underline{\mathbf{e}}}^{\mathrm{T}} \begin{pmatrix} \Theta_{xx} & \Theta_{xy} & \Theta_{xz} \\ \Theta_{xy} & \Theta_{yy} & \Theta_{yz} \\ \Theta_{xz} & \Theta_{yz} & \Theta_{zz} \end{pmatrix} \underline{\underline{\mathbf{e}}} \tag{3.43}$$

Drehimpuls oder **Drall** hängen als Tensor- und Matrixgleichung auf einfache Weise mit der Winkelgeschwindigkeit zusammen.

$$\boldsymbol{L} = \overset{\vee}{\boldsymbol{\Theta}} \cdot \vec{\omega} \qquad \underline{\mathbf{L}} = \underline{\boldsymbol{\Theta}}\,\underline{\omega} \tag{3.44}$$

Der Vergleich der kinetischen Energieen für Translation (3.5) und Rotation (3.35) kann erweitert werden auf lineare Beziehungen der Vektoren.

- ✶ **dynamische Vektoren der Impulsgrößen** — $\boldsymbol{p}$ und $\boldsymbol{L}$
- ✶ **kinematische Vektoren der Geschwindigkeitsgrößen** — $\boldsymbol{v}$ und $\vec{\omega}$

(3.45)

Dabei entspricht die translatorische Vektorbeziehung (3.1) für den Impuls der rotatorischen Beziehung für den Drehimpuls,

$$\boldsymbol{p} = m\,\boldsymbol{v} \qquad \leftrightarrow \qquad \boldsymbol{L} = \overset{\vee}{\boldsymbol{\Theta}} \cdot \vec{\boldsymbol{\omega}} \tag{3.46}$$

bei der an die Stelle der skalaren trägen Masse m der Tensor $\overset{\vee}{\boldsymbol{\Theta}}$ der Trägheitsmomente tritt. [3, S. 285].

Bei den obigen Berechnungen wurde ein kartesisches Bezugssystem zugrunde gelegt, dessen Orientierung und relative Lage zum starren Körper nicht näher definiert war. Für jede wählbare Koordinatenlage fallen die Integrationen (3.42) und damit die Werte der einzelnen Trägheitsmomente anders aus, so dass in jedem Bezugssystem der Trägheitstensor eine eigene Trägheitsmatrix besitzt!

Mit den Tabellen 9.1 und 9.2 im ersten Band kann die kartesische Tensormatrix $\underline{\boldsymbol{\Theta}}$ auf andere orthogonale oder reziproke Komponenten umgerechnet werden und in einem nach Wahl gedrehten kartesischen Koordinatensystem mit der zugehörigen orthogonalen Matrix $\underline{\mathbf{A}}$ der Drehung lautet die neue Trägheitsmatrix

$$\underline{\hat{\boldsymbol{\Theta}}} = \underline{\mathbf{A}}\,\underline{\boldsymbol{\Theta}}\,\underline{\mathbf{A}}^{\mathrm{T}}$$

Für die **Rotationsenergie** kann man folgende Beziehung aufstellen,

$$dE_{\mathrm{rot}} = \frac{1}{2}\,v^2\,dm = \frac{1}{2}\,\boldsymbol{v}\cdot\boldsymbol{v}\,dm = \frac{1}{2}\,(\vec{\boldsymbol{\omega}} \times \boldsymbol{r}) \cdot (\vec{\boldsymbol{\omega}} \times \boldsymbol{r})\,dm$$

die nach Umformung des Spatproduktes nach (5.8, Bd. I) mit (3.38) auf den Ausdruck führt

$$dE_{\mathrm{rot}} = \frac{1}{2}\,\vec{\boldsymbol{\omega}} \cdot \big[\boldsymbol{r} \times (\vec{\boldsymbol{\omega}} \times \boldsymbol{r})\big]\,dm = \frac{1}{2}\,\vec{\boldsymbol{\omega}} \cdot \boldsymbol{w}\,dm = \frac{1}{2}\,\vec{\boldsymbol{\omega}} \cdot d\boldsymbol{L}$$

Nach Integration über alle Massenelemente erhält man die Rotationsenergie nach (3.44) als Skalarprodukt aus Winkelgeschwindigkeit und Drehimpuls oder als doppeltes Skalarprodukt mit dem Trägheitstensor.

$$\boxed{E_{\mathrm{rot}} = \frac{1}{2}\,\vec{\boldsymbol{\omega}} \cdot \boldsymbol{L} = \frac{1}{2}\,\vec{\boldsymbol{\omega}} \cdot \overset{\vee}{\boldsymbol{\Theta}} \cdot \vec{\boldsymbol{\omega}}} \qquad \boxed{2\,E_{\mathrm{rot}} = \underline{\boldsymbol{\omega}}^{\mathrm{T}}\,\underline{\mathbf{L}} = \underline{\boldsymbol{\omega}}^{\mathrm{T}}\,\underline{\boldsymbol{\Theta}}\,\underline{\boldsymbol{\omega}}} \tag{3.47}$$

3.2.4 Hauptträgheitssystem des starren Körpers

Hat man ein bestimmtes kartesisches Koordinatensystem gewählt und die zum Trägheitstensor $\overset{\vee}{\boldsymbol{\Theta}}$ gehörige symmetrische Matrix $\underline{\boldsymbol{\Theta}}$ bestimmt, dann überführt eine **Hauptachsentransformation** nach *Kapitel 12 (Bd. I)* diese Matrix in Diagonalform $\underline{\boldsymbol{\Theta}}_{\mathrm{HA}}$, bei der alle Deviationsmomente im **Hauptachsensystem** ξ, η, ζ Null werden. Diese Transformation entspricht der räumlichen Drehung des kartesischen Systems mit einer orthogonalen Matrix $\underline{\mathbf{A}}$ bei festgehaltenem Koordinatenursprung.

Die Elemente der Diagonalmatrix $\underline{\boldsymbol{\Theta}}_{\mathrm{HA}}$ sind die reellen **Eigenwerte** von $\underline{\boldsymbol{\Theta}}$, die die positiven **Hauptträgheitsmomente** $\Theta_\xi, \Theta_\eta, \Theta_\zeta$ darstellen.

Die **Eigenvektoren** der Matrix $\underline{\boldsymbol{\Theta}}$ definieren die Spalten bzw. Zeilen der bei der Hauptachsentransformation auftretenden orthogonalen Matrizen $\underline{\mathbf{X}}$ bzw. $\underline{\mathbf{A}}$. Durch Kongruenztransformation wird die Tensormatrix mit diesen Matrizen in Diagonalform überführt und die kartesischen Basisvektoren des Ausgangssystems in das Hauptachsensystem umgerechnet, das die orthogonalen **Hauptträgheitsachsen** bestimmt.

$$\underline{\boldsymbol{\Theta}}_{\mathrm{HA}} = \underline{\mathbf{X}}^{\mathrm{T}} \underline{\boldsymbol{\Theta}}\, \underline{\mathbf{X}} = \underline{\mathbf{A}}\, \underline{\boldsymbol{\Theta}}\, \underline{\mathbf{A}}^{\mathrm{T}} = \begin{pmatrix} \Theta_\xi & 0 & 0 \\ 0 & \Theta_\eta & 0 \\ 0 & 0 & \Theta_\zeta \end{pmatrix}$$

$$\underline{\underline{\mathbf{e}}}_{\mathrm{HA}} = \underline{\mathbf{X}}^{\mathrm{T}} \underline{\underline{\mathbf{e}}} = \underline{\mathbf{A}}\, \underline{\underline{\mathbf{e}}}$$

Besitzt der starre Körper eine **Symmetrieebene**, dann stellt eine beliebige dazu senkrechte Achse eine Hauptträgheitsachse dar, [19, S. 249].

Kennt man den **Schwerpunkt** S des starren Körpers entweder aus Symmetriegründen oder indem man ihn rechnerisch bestimmt hat, dann ist es besonders günstig, die Hauptträgheitsachsen mit ihrem Ursprung in den Schwerpunkt zu verschieben.

Im **Hauptachsenystem des Schwerpunktes** $\hat{\xi}, \hat{\eta}, \hat{\zeta}$ erhält man mit den Achsenabständen a_k besondere **Hauptträgheitsmomente**, die man nach dem **Satz von Steiner** bestimmt, der im nächsten Abschnitt abgeleitet wird.

$$\underline{\widehat{\boldsymbol{\Theta}}} = \underline{\boldsymbol{\Theta}}_{\mathrm{HA_S}} \qquad \text{mit} \qquad \widehat{\Theta}_k = \Theta_k - m\, a_k^2 \qquad (k = \xi, \eta, \zeta)$$

Bei dieser besonderen Koordinatenwahl nennt man den Tensor dann **Hauptträgheitstensor**, obwohl sich das nur auf die Matrix seiner Komponenten bezieht, da der Tensor als physikalische Größe invariant ist. Im Schwerpunktsystem besitzt die Tensormatrix auf ihrer Diagonale die kleinsten Werte $\widehat{\Theta}_\xi, \widehat{\Theta}_\eta, \widehat{\Theta}_\zeta$ der Massenträgheitsmomente, die alle positiv sind.

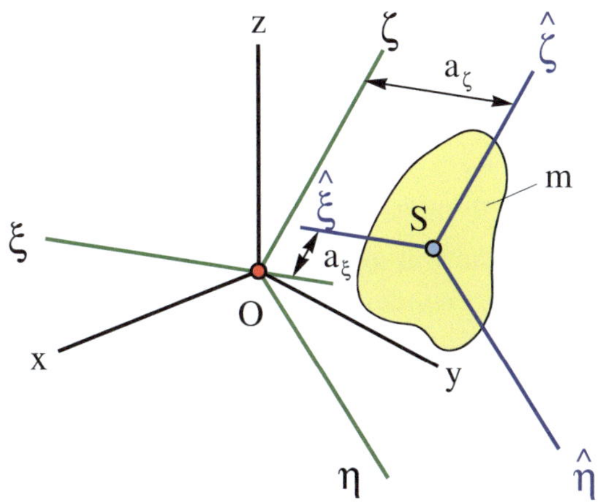

Abb. 3.5: Koordinatensysteme in Bezug auf den starren Körper

Die Tensorfläche des starren Körpers ist gemäß *Abschnitt 12.5 (Bd. I)* wegen der positiven Hauptträgheitsmomente stets ein Ellipsoid, das im Hauptachsensystem des Schwerpunktes **Hauptträgheitsellipsoid** genannt wird und folgende Gleichung besitzt.

$$\frac{\hat{\xi}^2}{1/\hat{\Theta}_\xi} + \frac{\hat{\eta}^2}{1/\hat{\Theta}_\eta} + \frac{\hat{\zeta}^2}{1/\hat{\Theta}_\zeta} = \hat{\Theta}_\xi\,\hat{\xi}^2 + \hat{\Theta}_\eta\,\hat{\eta}^2 + \hat{\Theta}_\zeta\,\hat{\zeta}^2 = 1$$

Nach (3.47) stellt es eine **Fläche konstanter Rotationsenergie** dar und seine Achsen weisen in Richtung der **Hauptträgheitsachsen**.

Sind zwei Trägheitsmomente des starren Körpers gleich, dann ergibt sich für die Tensorfläche ein Rotationsellipsoid und, wenn alle drei gleich sind, eine Kugel. Der starre Körper selbst muss diese Rotationseigenschaften natürlich nicht aufweisen, was durch den Quader mit quadratischem Querschnitt, das Flügelrad mit ungerader Zahl von Speichen oder den Würfel im *Abschnitt 3.3* demonstriert wird.

Im Hauptachsenystem des Schwerpunktes lautet die Matrix des **Drehimpulses**

$$\underline{\widehat{\mathbf{L}}} = \begin{pmatrix} \widehat{L}_\xi \\ \widehat{L}_\eta \\ \widehat{L}_\zeta \end{pmatrix} = \begin{pmatrix} \widehat{\Theta}_\xi & 0 & 0 \\ 0 & \widehat{\Theta}_\eta & 0 \\ 0 & 0 & \widehat{\Theta}_\zeta \end{pmatrix} \begin{pmatrix} \hat{\omega}_\xi \\ \hat{\omega}_\eta \\ \hat{\omega}_\zeta \end{pmatrix} = \underline{\widehat{\boldsymbol{\Theta}}}\, \underline{\hat{\boldsymbol{\omega}}}$$

und die **Rotationsenergie** nimmt die besonders einfache Form einer Summe von Quadraten an.

$$2\, E_{\text{rot}} = \widehat{L}_\xi\, \hat{\omega}_\xi + \widehat{L}_\eta\, \hat{\omega}_\eta + \widehat{L}_\zeta\, \hat{\omega}_\zeta = \underline{\widehat{\boldsymbol{\Theta}}}_\xi\, \hat{\omega}_\xi^2 + \underline{\widehat{\boldsymbol{\Theta}}}_\eta\, \hat{\omega}_\eta^2 + \underline{\widehat{\boldsymbol{\Theta}}}_\zeta\, \hat{\omega}_\zeta^2$$

Die Zuordnung der Richtungen der Vektoren für Drehimpuls $\boldsymbol{L}$ und Winkelgeschwindigkeit $\vec{\boldsymbol{\omega}}$ wird besonders anschaulich dargestellt durch die POINSOT'sche Konstruktion aus *Abschnitt 12.5.3 (Bd. I)*, bei der $\boldsymbol{L}$ und $\vec{\boldsymbol{\omega}}$ nur in Richtung der Hauptachsen zueinander parallel sind.

Wirken keine äußeren Momente auf einen starren Körper ein, dessen Form und Masse sich zeitlich nicht ändern, so folgert man nach (3.13) und (3.44),

$$\boldsymbol{M} = 0 = \frac{d\boldsymbol{L}}{dt} = \frac{d}{dt}\big(\overset{\vee}{\boldsymbol{\Theta}} \cdot \vec{\boldsymbol{\omega}}\big) = \underbrace{\frac{d\overset{\vee}{\boldsymbol{\Theta}}}{dt}}_{=0} \cdot \vec{\boldsymbol{\omega}} + \overset{\vee}{\boldsymbol{\Theta}} \cdot \frac{d\vec{\boldsymbol{\omega}}}{dt} = \overset{\vee}{\boldsymbol{\Theta}} \cdot \frac{d\vec{\boldsymbol{\omega}}}{dt}$$

dass dann Drehimpuls $\boldsymbol{L}$ und Winkelgeschwindigkeit $\vec{\boldsymbol{\omega}}$ zeitlich konstant sind.

Ein Körper, der um eine Hauptachse rotiert, befindet sich in einem stabilen Gleichgewichtszustand, wenn die Drehung entweder um die Achse mit dem größten oder mit dem kleinsten Trägheitsmoment erfolgt. Die Drehung um die Achse mit dem Zwischenwert der Trägheitsmomente führt dagegen zu einem labilen Gleichgewichtszustand und Torkelbewegungen, [3, S. 309], [12, S. 75].

Aus der letzten Beziehung ergibt sich bei zeitabhängigem Trägheitsmoment $\overset{\vee}{\boldsymbol{\Theta}}(t)$, wenn weiterhin keine äußeren Momente wirken, die folgende Proportionalität.

$$\frac{d}{dt}\big(\overset{\vee}{\boldsymbol{\Theta}} \cdot \vec{\boldsymbol{\omega}}\big) = 0 \qquad \rightarrow \qquad \vec{\boldsymbol{\omega}}(t) \sim \frac{1}{\overset{\vee}{\boldsymbol{\Theta}}(t)}$$

Dieser reziproke Zusammenhang begründet die Erscheinung, dass Eiskunstläufer bei Pirouetten ihre Drehgeschwindigkeit steigern, indem sie ihr Trägheitsmoment durch Anziehen der Arme verringern.

3.2.5 Satz von Steiner

Der Satz war schon Huygens (1673) und Euler (1765) bekannt, wird aber üblicherweise nach **Jakob Steiner** (1796-1863) benannt, [19, S. 104, 249].

Der Satz von Steiner (3.37) sagt aus, wie sich das Massenträgheitsmoment Θ_A eines starren Körpers der Masse m bezüglich einer beliebigen Achse A durch das Trägheitsmoment Θ_S um eine dazu parallele Achse durch den Schwerpunkt S bestimmen läßt.

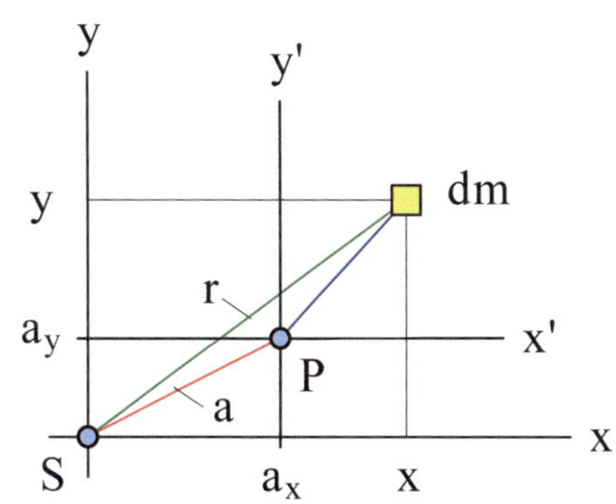

Abb. 3.6: Verschiebung der Achsen beim Satz von Steiner in der Ebene z = const.

Berechnet werden die Massenträgheitsmomente in *Abbildung 3.6* bezüglich zweier Drehachsen, bei der diejenige durch den Schwerpunkt S gleichzeitig die z-Achse darstellt und die andere dazu parallele Achse durch einen beliebigen Punkt P verläuft.

Für Koordinaten und Trägheitsmomente bezüglich des Schwerpunktes gelten nach (3.3) mit $\boldsymbol{r}_S = \boldsymbol{0}$ die Beziehungen

$$m\,x_S = \int_m x\,dm = 0\,, \qquad m\,y_S = \int_m y\,dm = 0\,, \qquad m\,z_S = \int_m z\,dm = 0$$

$$\Theta_{zz_S} = \int_m \left(x^2 + y^2\right) dm\,, \quad \Theta_{xy_S} = -\int_m xy\,dm$$

Das Massenträgheitsmoment bezüglich des Punktes P lautet,

$$\Theta_{zz_P} = \int_m \left[(x-a_x)^2 + (y-a_y)^2 \right] dm$$
$$= \int_m (x^2+y^2)\, dm + (a_x^2+a_y^2) \underbrace{\int_m dm}_{=m} - 2\,a_x \underbrace{\int_m x\, dm}_{=0} - 2\,a_y \underbrace{\int_m y\, dm}_{=0}$$

$$\boxed{\Theta_{zz_P} = \Theta_{zz_S} + m\,(a_x^2+a_y^2) = \Theta_{zz_S} + m\,a^2} \tag{3.48}$$

was der Beziehung (3.37) entspricht.

Für das zugehörige Deviationsmoment erhält man

$$\Theta_{xy_P} = -\int_m (x-a_x)(y-a_y)\, dm$$
$$= -\int_m xy\, dm \;-\; a_x\, a_y \int_m dm \;+\; a_y \int_m x\, dm \;+\; a_x \int_m y\, dm$$

$$\boxed{\Theta_{xy_P} = \Theta_{xy_S} - m\, a_x\, a_y} \tag{3.49}$$

Entsprechende Beziehungen gelten für die anderen Trägheitsmomente.

3.2.6 Trägheitsmoment um eine beliebig gerichtete Achse

Für einen starren Körper seien die Momente des Trägheitstensors in einem bestimmten kartesischen Koordinatenystem bekannt. Gesucht ist das Trägheitsmoment um eine Achse durch den Ursprung des Systems, um die der starre Körper mit der Winkelgeschwindigkeit ω rotiert.

Im kartesischen System schließen der Vektor $\boldsymbol{r}$ zu einem Massenelement und der Rotationsvektor $\vec{\boldsymbol{\omega}}$, der Drehachse und Winkelgeschwindigkeit definiert, den Winkel ψ ein. Die Vektoren haben die Komponenten

$$\boldsymbol{r} = \underline{\mathbf{x}}^{\mathrm{T}} \underline{\underline{\mathbf{e}}} = (x, y, z)\, \underline{\underline{\mathbf{e}}}$$
$$\vec{\boldsymbol{\omega}} = \omega\, \mathbf{e}_\omega = \underline{\boldsymbol{\omega}}^{\mathrm{T}}\, \underline{\underline{\mathbf{e}}} = (\omega_x, \omega_y, \omega_z)\, \underline{\underline{\mathbf{e}}} = \omega\, (\cos\alpha, \cos\beta, \cos\gamma)\, \underline{\underline{\mathbf{e}}}$$

und ihr Kreuzprodukt lautet mit der Matrix (6.2, Bd. I)

$$\begin{aligned}\boldsymbol{r} \times \vec{\boldsymbol{\omega}} &= r\,\omega\,\sin\psi\,\mathbf{e}_\perp = \underline{\mathbf{x}}^{\mathrm{T}}\underline{\underline{\mathbf{e}}} \times \underline{\underline{\mathbf{e}}}^{\mathrm{T}}\underline{\boldsymbol{\omega}} = \underline{\mathbf{x}}^{\mathrm{T}}\,\underline{\underline{\boldsymbol{\Gamma}}}\,\underline{\boldsymbol{\omega}} \\ &= (y\,\omega_z - z\,\omega_y)\,\mathbf{e}_x + (z\,\omega_x - x\,\omega_z)\,\mathbf{e}_y + (x\,\omega_y - y\,\omega_x)\,\mathbf{e}_z\end{aligned}$$

$$\begin{aligned}|\,\boldsymbol{r} \times \vec{\boldsymbol{\omega}}\,|^2 = \omega^2\left(r\sin\psi\right)^2 &= \left(y^2+z^2\right)\omega_x^2 + \left(x^2+z^2\right)\omega_y^2 + \left(x^2+y^2\right)\omega_z^2 \\ &\quad - 2\,xy\,\omega_x\,\omega_y - 2\,xz\,\omega_x\,\omega_z - 2\,yz\,\omega_y\,\omega_z\end{aligned}$$

Das Trägheitsmoment um die Drehachse des Vektors $\vec{\boldsymbol{\omega}}$, von der das Massenelement den senkrechten Abstand $r\sin\psi$ hat, wird auf folgende Weise aus den kartesischen Trägheitsmomenten berechnet.

$$\Theta_\omega = \int_m \left(r\sin\psi\right)^2 dm$$

$$\begin{aligned}\Theta_\omega = \left(\frac{\omega_x}{\omega}\right)^2 \int_m \left(y^2+z^2\right) dm &+ \left(\frac{\omega_y}{\omega}\right)^2 \int_m \left(x^2+z^2\right) dm + \left(\frac{\omega_z}{\omega}\right)^2 \int_m \left(x^2+y^2\right) dm \\ - 2\,\frac{\omega_x\omega_y}{\omega^2}\int_m xy\,dm &- 2\,\frac{\omega_x\omega_z}{\omega^2}\int_m xz\,dm - 2\,\frac{\omega_y\omega_z}{\omega^2}\int_m yz\,dm\end{aligned}$$

Das Trägheitsmoment Θ_ω um eine beliebige Achse kann berechnet werden, wenn der Trägheitstensor in Bezug auf das kartesische System bekannt ist.

$$\boxed{\begin{aligned}\Theta_\omega = \Theta_{xx}\,\cos^2\alpha + \Theta_{yy}\,\cos^2\beta + \Theta_{zz}\,\cos^2\gamma \\ - 2\,\Theta_{xy}\,\cos\alpha\,\cos\beta - 2\,\Theta_{xz}\,\cos\alpha\,\cos\gamma - 2\,\Theta_{yz}\,\cos\beta\,\cos\gamma\end{aligned}} \tag{3.50}$$

Bei einem gegebenen starren Körper ist es empfehlenswert, durch Ausnutzung von Symmetrien eine günstige Wahl für das kartesische Koordinatensystem zu treffen, damit der Integrationsaufwand für die sechs Trägheitsmomente möglichst gering ausfällt und, wenn möglich, variable Integrationsgrenzen bei den Mehrfachintegralen vermieden werden. Das Trägheitsmoment bezüglich einer beliebigen Richtung $\mathbf{e}_\omega$ im Raum kann dann leicht mit (3.50) und dem Satz von STEINER ermittelt werden.

3.3 Beispiele für Trägheitstensoren

3.3.1 Trägheitsmomente der Kugel

Legt man den Ursprung des Koordinatensystems in das Zentrum, dann gilt für die Kugel vom Radius R mit homogener Massendichte ρ_0 aus Symmetriegründen nach (3.42)

$$\Theta = \Theta_{xx} = \Theta_{yy} = \Theta_{zz}$$

Die Addition liefert mit (18.65, Bd. I)

$$3\,\Theta = 2\int\limits_m \left(x^2 + y^2 + z^2\right) dm = 2\rho_0 \int\limits_0^{2\pi}\int\limits_0^{\pi}\int\limits_0^{R} r^4 \sin\vartheta\, dr\, d\vartheta\, d\varphi = 2\rho_0\, 4\pi\, \frac{R^5}{5}$$

$$\Theta = \underbrace{\rho_0\, \frac{4\pi}{3}\, R^3}_{=m}\, \frac{2R^2}{5} = m\, \frac{2}{5}\, R^2$$

Die Tensormatrix lautet

$$\underline{\boldsymbol{\Theta}} = \Theta\, \underline{\mathbf{E}}$$

und als Hauptträgheitsachsen kann man drei beliebige zueinander orthogonale Achsen wählen.

3.3.2 Trägheitsmomente einer Kreisscheibe

Das Koordinatensystem liege im Schwerpunkt einer homogenen Kreisscheibe der Massendichte ρ_0 vom Radius R und der Dicke h und ihre Rotationsachse weise in z-Richtung.

Das Trägheitsmoment bezüglich der x-Achse lautet in Zylinderkoordinaten mit $y = \rho \sin\varphi$ und $dv = \rho\, d\rho\, d\varphi\, dz$

$$\Theta_{xx} = \int\limits_m \left(y^2 + z^2\right) dm = \rho_0 \int\limits_m \left(y^2 + z^2\right) dv$$

$$= \rho_0 \int\limits_0^{R}\int\limits_0^{2\pi}\int\limits_{-h/2}^{h/2} \rho^2 \sin^2\varphi\, \rho\, d\rho\, d\varphi\, dz \; + \; \rho_0 \int\limits_0^{R}\int\limits_0^{2\pi}\int\limits_{-h/2}^{h/2} z^2\, \rho\, d\rho\, d\varphi\, dz$$

$$= \rho_0\, \frac{R^4}{4}\, \pi\, h + \rho_0\, \frac{R^2}{2}\, 2\pi\, \frac{h^3}{12} = \underbrace{\rho_0\, \pi R^2\, h}_{=m} \left[\frac{R^2}{4} + \frac{h^2}{12}\right]$$

Aus Symmetriegründen sind die Trägheitsmomente bezüglich x- und y-Achse gleich.

$$\Theta_{xx} = \Theta_{yy} = \frac{m}{12} \left[3R^2 + h^2 \right]$$

Für die z-Achse erhält man

$$\Theta_{zz} = \int_m \left(x^2 + y^2\right) dm = \rho_0 \int_0^R \int_0^{2\pi} \int_{-h/2}^{h/2} \rho^3 \, d\rho \, d\varphi \, dz = \rho_0 \, \frac{R^4}{4} \, 2\pi \, h = \frac{m}{2} \, R^2$$

Für $h = R\sqrt{3}$ sind alle drei Trägheitsmomente gleich groß, so dass das Trägheitsellipsoid zur Kugel wird. Bei kleineren h-Werten ist das Rotationsellipsoid langgestreckt, bei größeren abgeplattet.

3.3.3 Trägheitsmomente eines Flügelrades

Das Koordinatensystem liege im Schwerpunkt des symmetrisch aufgebauten Flügelrades vom Radius R und der Dicke h.

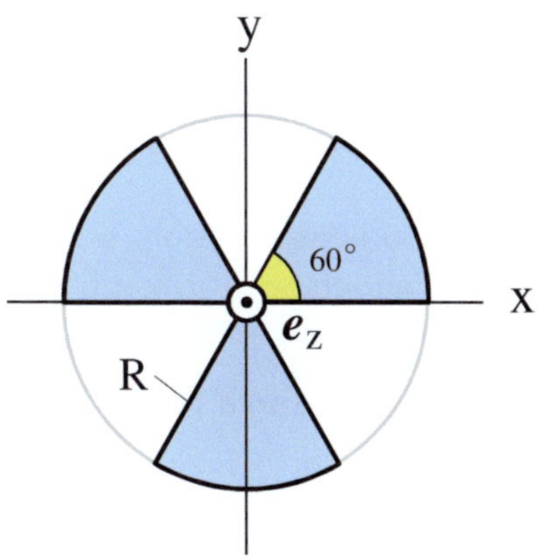

ABB. 3.7: Geometrie des Flügelrades

Abweichend vom letzten Beispiel der Kreisscheibe gilt für die Integration in φ-Richtung

$$J = \int_\alpha^\beta \sin^2 \varphi \, d\varphi = \frac{1}{2} \left[\, (\beta - \alpha) - \cos(\beta + \alpha) \sin(\beta - \alpha) \, \right]$$

Für die Winkelwerte $\alpha = 0,\, 120°,\, 240°$ und $\beta = 60°\, 180°,\, 300°$ bezüglich der x-Achse und $\alpha = 30,\, 150°,\, 270°$ und $\beta = 90°\, 210°,\, 330°$ bezüglich der y-Achse heben sich die Winkelfunktionen auf und es ergibt sich

$$3J = \frac{\pi}{2}$$

Die weiteren Integrationen sind äquivalent zur Kreisscheibe und für die Trägheitsmomente erhält man

$$\Theta_{xx} = \Theta_{yy} = \rho_0\,\frac{R^4}{4}\,\frac{\pi}{2}\,h + \rho_0\,\frac{R^2}{2}\,\pi\,\frac{h^3}{12} = \frac{m}{24}\left[\,3R^2 + h^2\,\right]$$

Bezüglich der z-Achse erhält man bei Integration über φ den Wert π, so dass folgt

$$\Theta_{zz} = \rho_0\,\frac{R^4}{4}\,\pi\,h = \frac{m}{4}\,R^2$$

Auch in diesem Fall sind für $h = R\sqrt{3}$ alle drei Trägheitsmomente gleich groß, so dass das Trägheitsellipsoid zur Kugel wird.

3.3.4 Trägheitsmomente des Quaders

Ein Quader mit homogener Massendichte ρ_0 befindet sich im 1. Oktanten und seine Kanten mit den Seitenlängen a, b, c liegen an den Koordinatenachsen an.

Die Trägheitsmomente erhält man durch folgende Integrationen.

$$\begin{aligned}
\Theta_{xx} &= \int\limits_m \left(y^2 + z^2\right) dm = \rho_0 \int\limits_0^a dx \int\limits_0^b\int\limits_0^c \left(y^2 + z^2\right) dy\, dz \\
&= \rho_0\, a \left[\,\int\limits_0^b y^2\, dy \int\limits_0^c dz + \int\limits_0^b dy \int\limits_0^c z^2\, dz\right] = \underbrace{\rho_0\, abc}_{=m}\, \frac{b^2 + c^2}{3} = \frac{m}{12}\, 4\left(b^2 + c^2\right)
\end{aligned}$$

$$\Theta_{xy} = -\int\limits_m xy\, dm = -\,\rho_0 \int\limits_0^a x\, dx \int\limits_0^b y\, dy \int\limits_0^c dz = -\,\rho_0\, abc\,\frac{ab}{4} = -\,\frac{m}{12}\, 3\, ab$$

Mit entsprechenden Integrationen für die restlichen Trägheitsmomente ergibt sich die **Trägheitsmatrix** für das zugrundegelegte Koordinatensystem.

$$\underline{\mathbf{\Theta}} = \frac{m}{12}\begin{pmatrix} 4\,(b^2+c^2) & -\,3\,ab & -\,3\,ac \\ -\,3\,ab & 4\,(a^2+c^2) & -\,3\,bc \\ -\,3\,ac & -\,3\,bc & 4\,(a^2+b^2) \end{pmatrix}$$

Legt man den Ursprung des Koordinatensystems in den **Schwerpunkt** mit den Koordinaten $(a/2,\, b/2,\, c/2)$, dann erhält man die **Hauptträgheitsmomente**, indem man den Satz von STEINER anwendet.

$$\begin{aligned} \widehat{\Theta}_\xi &= \Theta_{xx_S} = \Theta_{xx} - m\,a_x^2 \\ &= \frac{m}{12}\,4\left(b^2+c^2\right) - m\left[\left(\frac{b}{2}\right)^2 + \left(\frac{c}{2}\right)^2\right] = \frac{m}{12}\left(b^2+c^2\right) \end{aligned}$$

Die Deviationsmomente müssen in diesem Fall verschwinden.

$$\begin{aligned} \widehat{\Theta}_{xy} &= \Theta_{xy_S} = \Theta_{xy} + m\,\frac{a}{2}\,\frac{b}{2} = -\,\frac{m}{12}\,3\,ab + \frac{m}{4}\,ab = 0 \\ &= -\,\rho \int\limits_{-a/2}^{a/2} x\,dx \int\limits_{-b/2}^{b/2} y\,dy \int\limits_{-c/2}^{c/2} dz = 0 \end{aligned}$$

Der **Hauptträgheitstensor** besitzt damit die diagonale Tensormatrix

$$\underline{\widehat{\mathbf{\Theta}}} = \frac{m}{12}\begin{pmatrix} b^2+c^2 & 0 & 0 \\ 0 & a^2+c^2 & 0 \\ 0 & 0 & a^2+b^2 \end{pmatrix}$$

3.3.5 Trägheitsmomente des Doppelkeils

3.3.5.1 Homogener Doppelkeil

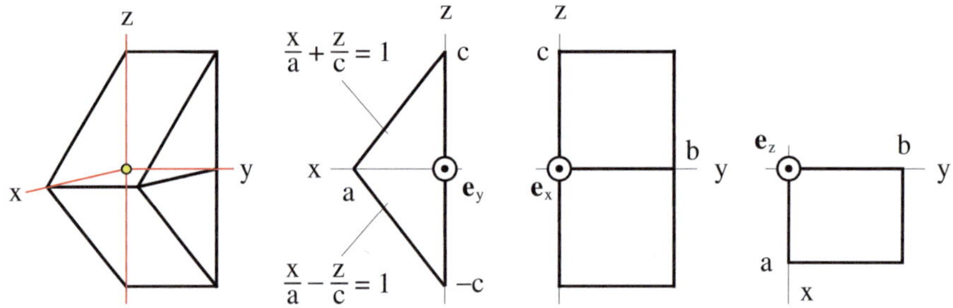

ABB. 3.8: Ansicht und Darstellung des Doppelkeils

Der homogene Doppelkeil gemäß *Abbildung 3.8* hat die Massendichte ρ_0. Für Masse und obere schräge Kante gelten die Beziehungen

$$m = m_{\text{hom}} = \rho_0\, abc$$

$$z(x) = c\left(1 - \frac{x}{a}\right)$$

Die Trägheitdsmomente werden im dargestellten kartesischen Koordinatensystem berechnet, das seinen Ursprung nicht im Schwerpunkt des Körpers hat. Da die Ebene $z = 0$ mit der Symmetrieebene des Körpers zusammenfällt, ist nur das Deviationsmoment Θ_{xy} von Null verschieden.

Der **Schwerpunkt** des Körpers liegt aus Symmetriegründen bei

$$y_S = \frac{b}{2}, \quad z_S = 0$$

sowie bei

$$m\, x_S = \rho_0 \int_0^a \int_0^b \int_{-c(1-x/a)}^{c(1-x/a)} x\, dx\, dy\, dz = 2\,\rho_0\, bc \underbrace{\int_0^a \left(1 - \frac{x}{a}\right) x\, dx}_{=a^2/6} = \frac{m}{3}\, a$$

$$x_S = \frac{a}{3}$$

Die **Trägheitsmomente** bezüglich der Koordinatenachsen lauten

$$\Theta_{xx} = \rho_0 \int_0^a \int_0^b \int_{-c(1-x/a)}^{c(1-x/a)} \left(y^2 + z^2\right) dx\, dy\, dz$$

$$= 2\,\rho_0\,\frac{b^3}{3} \int_0^a \int_0^{z(x)} dz\, dx \;+\; 2\,\rho_0\, b \int_0^a \int_0^{z(x)} z^2\, dz\, dx$$

$$= 2\,\rho_0\,\frac{b^3}{3}\, c \underbrace{\int_0^a \left(1 - \frac{x}{a}\right) dx}_{=a/2} + 2\,\rho_0\, b\,\frac{c^3}{3} \underbrace{\int_0^a \left(1 - \frac{x}{a}\right)^3 dx}_{=a/4}$$

$$= \frac{m}{6}\left(2\,b^2 + c^2\right)$$

$$\Theta_{yy} = \rho_0 \int_0^a \int_0^b \int_{-c(1-x/a)}^{c(1-x/a)} \left(x^2 + z^2\right) dx\, dy\, dz$$

$$= 2\,\rho_0\, bc \underbrace{\int_0^a \left(1 - \frac{x}{a}\right) x^2\, dx}_{=a^3/12} + 2\,\rho_0\, b\,\frac{c^3}{3} \underbrace{\int_0^a \left(1 - \frac{x}{a}\right)^3 dx}_{=a/4}$$

$$= \frac{m}{6}\left(a^2 + c^2\right)$$

$$\Theta_{zz} = \rho_0 \int_0^a \int_0^b \int_{-c(1-x/a)}^{c(1-x/a)} \left(x^2 + y^2\right) dx\, dy\, dz$$

$$= 2\,\rho_0\, bc \underbrace{\int_0^a \left(1 - \frac{x}{a}\right) x^2\, dx}_{=a^3/12} + 2\,\rho_0\,\frac{b^3}{3}\, c \underbrace{\int_0^a \left(1 - \frac{x}{a}\right) dx}_{=a/2}$$

$$= \frac{m}{6}\left(a^2 + 2\,b^2\right)$$

Das einzige Deviationsmoment hat folgenden Wert.

$$\begin{aligned}
\Theta_{xy} &= -\,2\,\rho_0 \int\limits_0^a \int\limits_0^b \int\limits_{-c(1-x/a)}^{c(1-x/a)} x y \, dx \, dy \, dz \\
&= -\,2\,\rho_0 \,\frac{b^2}{2}\, c \underbrace{\int\limits_0^a \left(1 - \frac{x}{a}\right) x \, dx}_{=\,a^2/6} \\
&= -\,\frac{m}{6}\, ab
\end{aligned}$$

Die **Matrix des Trägheitstensors** für das zugrunde liegende Koordinatensystems lautet damit

$$\underline{\boldsymbol{\Theta}} = \frac{m}{6} \begin{pmatrix} 2b^2 + c^2 & -ab & 0 \\ -ab & c^2 + a^2 & 0 \\ 0 & 0 & a^2 + 2b^2 \end{pmatrix}$$

Legt man den Ursprung des Koordinatensystems in den **Schwerpunkt**, dann erhält man die **Hauptträgheitsmomente** nach dem Satz von STEINER

$$\begin{aligned}
\widehat{\Theta}_\xi &= \widehat{\Theta}_{xx} = \Theta_{xx_S} = \Theta_{xx} - m\,a_x^2 \\
&= \frac{m}{6}\left(2\,b^2 + c^2\right) - m\left(\frac{b}{2}\right)^2 = \frac{m}{36}\left(3\,b^2 + 6\,c^2\right)
\end{aligned}$$

$$\begin{aligned}
\widehat{\Theta}_\eta &= \widehat{\Theta}_{yy} = \Theta_{yy_S} = \Theta_{yy} - m\,a_y^2 \\
&= \frac{m}{6}\left(a^2 + c^2\right) - m\left(\frac{a}{3}\right)^2 = \frac{m}{36}\left(2\,a^2 + 6\,c^2\right)
\end{aligned}$$

$$\begin{aligned}
\widehat{\Theta}_\zeta &= \widehat{\Theta}_{zz} = \Theta_{zz_S} = \Theta_{zz} - m\,a_z^2 \\
&= \frac{m}{6}\left(a^2 + 2\,b^2\right) - m\left[\left(\frac{a}{3}\right)^2 + \left(\frac{b}{2}\right)^2\right] = \frac{m}{36}\left(2\,a^2 + 3\,b^2\right)
\end{aligned}$$

und ein verschwindendes Deviationsmoment.

$$\widehat{\Theta}_{xy} = \Theta_{xy} + m\,a_x\,a_y = -\,\frac{m}{6}\,ab + m\,\frac{b}{2}\,\frac{a}{3} = 0$$

Der **Hauptträgheitstensor** des Schwerpunktsystems besitzt damit die diagonale Tensormatrix

$$\underline{\widehat{\boldsymbol{\Theta}}} = \frac{m}{36}\begin{pmatrix} 3b^2+6c^2 & 0 & 0 \\ 0 & 6c^2+2a^2 & 0 \\ 0 & 0 & 2a^2+3b^2 \end{pmatrix}$$

3.3.5.2 Inhomogener Doppelkeil

Der inhomogene Doppelkeil hat im unteren Teil die k-fache Massendichte wie im oberen und seine Masse ergibt sich in diesem Fall zu

$$m^* = \frac{k+1}{2}\,\rho_0\,abc = \frac{k+1}{2}\,m_{\text{hom}}$$

Der **Schwerpunkt** liegt bei

$$m^* x_S = \rho_0 \int_0^a\int_0^b\int_0^{z(x)} x\,dx\,dy\,dz + k\,\rho_0 \int_0^a\int_0^b\int_{-z(x)}^{0} x\,dx\,dy\,dz$$

$$= \rho_0\,bc\int_0^a\left(1-\frac{x}{a}\right)x\,dx + k\,\rho_0\,bc\int_0^a\left(1-\frac{x}{a}\right)x\,dx = m^*\,\frac{a}{3}$$

$$m^* z_S = \rho_0 \int_0^a\int_0^b\int_0^{z(x)} z\,dx\,dy\,dz + k\,\rho_0 \int_0^a\int_0^b\int_{-z(x)}^{0} z\,dx\,dy\,dz$$

$$= \rho_0\,b\,\frac{c^2}{2}\underbrace{\int_0^a\left(1-\frac{x}{a}\right)^2 dx}_{=a/3} - k\,\rho_0\,b\,\frac{c^2}{2}\int_0^a\left(1-\frac{x}{a}\right)^2 dx = -\,m^*\,\frac{c}{3}\,\frac{k-1}{k+1}$$

$$x_S = \frac{a}{3}\,, \qquad y_S = 0\,, \qquad z_S = -\,\frac{c}{3}\,\frac{k-1}{k+1}$$

Die **Trägheitsmomente** bezüglich der Koordinatenachsen lauten

$$\begin{aligned}\Theta_{xx} &= \rho_0 \int_0^a \int_0^b \int_0^{z(x)} \left(y^2 + z^2\right) dx\, dy\, dz + k\, \rho_0 \int_0^a \int_0^b \int_{-z(x)}^{0} \left(y^2 + z^2\right) dx\, dy\, dz \\ &= (1+k)\, \rho_0\, \frac{b^3}{3}\, c \int_0^a \left(1 - \frac{x}{a}\right) dx \; + \; (1+k)\, \rho_0\, b\, \frac{c^3}{3} \int_0^a \left(1 - \frac{x}{a}\right)^3 dx \\ &= \frac{m^*}{6} \left(2\, b^2 + c^2\right)\end{aligned}$$

$$\begin{aligned}\Theta_{yy} &= \rho_0 \int_0^a \int_0^b \int_0^{z(x)} \left(x^2 + z^2\right) dx\, dy\, dz + k\, \rho_0 \int_0^a \int_0^b \int_{-z(x)}^{0} \left(x^2 + z^2\right) dx\, dy\, dz \\ &= (1+k)\, \rho_0\, bc \int_0^a \left(1 - \frac{x}{a}\right) x^2\, dx \; + \; (1+k)\, \rho_0\, b\, \frac{c^3}{3} \int_0^a \left(1 - \frac{x}{a}\right)^3 dx \\ &= \frac{m^*}{6} \left(a^2 + c^2\right)\end{aligned}$$

$$\begin{aligned}\Theta_{zz} &= \rho_0 \int_0^a \int_0^b \int_0^{z(x)} \left(x^2 + y^2\right) dx\, dy\, dz + k\, \rho_0 \int_0^a \int_0^b \int_{-z(x)}^{0} \left(x^2 + y^2\right) dx\, dy\, dz \\ &= (1+k)\, \rho_0\, bc \int_0^a \left(1 - \frac{x}{a}\right) x^2\, dx \; + (1+k)\, \rho_0\, \frac{b^3}{3}\, c \int_0^a \left(1 - \frac{x}{a}\right) dx \\ &= \frac{m^*}{6} \left(a^2 + 2\, b^2\right)\end{aligned}$$

Wenn man den Ursprung des Koordinatensystems in den Schwerpunkt legt, um nur den Hauptträgheitstensor zu berechnen, dann entfällt die Berechnung der Deviationsmomente, da sie Null sind.

Nach dem Satz von STEINER lauten die **Hauptträgheitsmomente** dann

$$\widehat{\Theta}_\xi = \widehat{\Theta}_{xx} = \Theta_{xx_S} = \Theta_{xx} - m^* \left(\frac{b}{2}\right)^2 = \frac{m^*}{12}\left(b^2 + 2\,c^2\right)$$

$$\widehat{\Theta}_\eta = \widehat{\Theta}_{yy} = \Theta_{yy_S} = \Theta_{yy} - m^* \left(\frac{a}{3}\right)^2 = \frac{m^*}{36}\left(2\,a^2 + 6\,c^2\right)$$

$$\widehat{\Theta}_\zeta = \widehat{\Theta}_{zz} = \Theta_{zz_S} = \Theta_{zz} - m^* \left[\left(\frac{a}{3}\right)^2 + \left(\frac{b}{2}\right)^2\right] = \frac{m^*}{36}\left(2\,a^2 + 3\,b^2\right)$$

Der **Hauptträgheitstensor** des Schwerpunktsystems besitzt damit folgende diagonale Tensormatrix.

$$\underline{\widehat{\boldsymbol{\Theta}}} = \frac{m^*}{36}\begin{pmatrix} 3b^2 + 6c^2 & 0 & 0 \\ 0 & 6c^2 + 2a^2 & 0 \\ 0 & 0 & 2a^2 + 3b^2 \end{pmatrix}$$

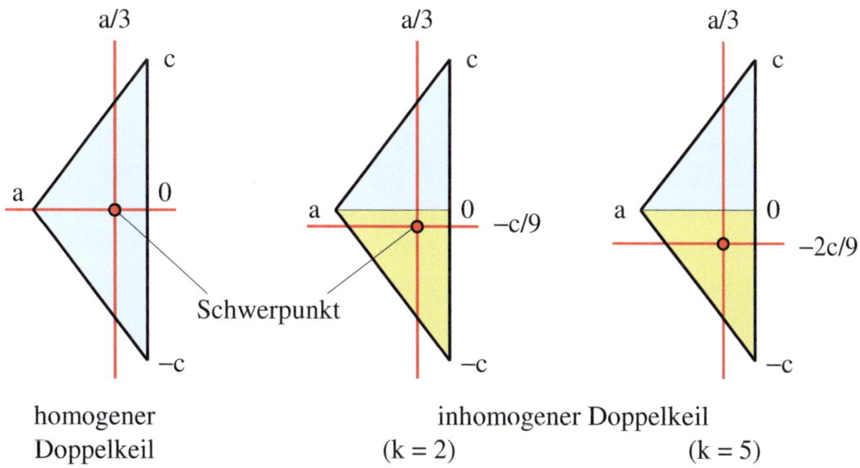

ABB. 3.9: Lage des Schwerpunktes bei Seitenansicht der beiden Doppelkeile

Der Bezug auf die Masse des Doppelkeils führt dazu, dass die normierten Trägheitsmomente bzw. Trägheitsmatrizen identische Werte haben, da der Faktor k darin nicht auftritt. Die normierten Werte sind also reine Geometriegrößen.

$$\frac{\underline{\widehat{\boldsymbol{\Theta}}}_{\text{hom}}}{m} = \frac{\underline{\widehat{\boldsymbol{\Theta}}}_{\text{inhom}}}{m^*}$$

Die variable Masse wirkt sich jedoch auf die Lage des Schwerpunktes aus, der gemäß *Abbildung 3.9* auf der z-Achse bei wachsendem k zu negativeren Werten rückt, wodurch sich auch der Ursprung des Hauptachsensystems entsprechend verlagert.

3.3.6 Bemerkungen zur Integration

Die Berechnung von Schwerpunkten und Trägheitsmomenten zur Ermittlung der Trägheitsmatrizen bedeutet selbst bei relativ einfachen starren Körpern einen gewissen, teilweise sogar erheblichen **Integrationsaufwand**, der mitunter die zugrunde liegende physikalische Fragestellung in den Hintergrund treten lassen kann.

Bei ortsabhängiger Massendichte und komplexer Geometrie, die stückweise Integration und variable Integrationsgrenzen zur Beschreibung des Körpers erforderlich machen, kann der Rechenaufwand stark ansteigen oder auf Integrale führen, die nicht mehr geschlossen sondern nur mit Näherungsverfahren oder Reihenentwicklungen mit gliedweiser Integration lösbar sind oder sogar numerische Verfahren notwendig machen.

Um auftretende bestimmte Integrale zu lösen, kann man ausführliche und umfangreiche **Integraltafeln** wie [1], [6], [7], [8], [13] und für elliptische Integrale [4] zu Rate ziehen, um die Berechnungen abzukürzen, zu ermöglichen oder zu überprüfen. Drei interessante Bücher über die Methoden und „Tricks“ zur Lösung bestimmter Integrale sind [2], [14], [22].

Literaturangaben

[1] **Apelblat**, Alexander:
Tables of Integrals and Series
Verlag Harri Deutsch, Thun und Frankfurt am Main (1996)

[2] **Boros**, George / **Moll**, Victor H.:
Irresistible Integrals
Cambridge University Press (2004)

[3] **Budó**, Agoston:
Theoretische Mechanik
VEB Deutscher Verlag der Wissenschaften, Berlin, 6. Aufl. (1971)

[4] **Byrd**, Paul F. / **Friedman**, Morris D.:
Handbook of Elliptic Integrals for Engineers and Physicists
Springer-Verlag, Berlin Göttingen Heidelberg (1954)

[5] **Goldstein**, Herbert:
Klassische Mechanik
Akademische Verlagsgesellschaft, Wiesbaden, 5. Aufl. (1978)

[6] **Gradshteyn**, I. S. / **Ryzhik**, I. M.:
Table of Integrals, Series, and Products
Academic Press, New York (1980)

[7] **Gröbner**, Wolfgang / **Hofreiter**, Nikolaus::
Integraltafel, Bestimmte Integrale
Springer Verlag, Wien, 3. Aufl. (1966)

[8] **Gröbner**, Wolfgang, **Hofreiter**, Nikolaus::
Integraltafel, Unbestimmte Integrale
Springer Verlag, Wien New York, 5. Aufl. (1975)

[9] **Höfling**, Oskar:
Physik
Ferd. Dümmlers Verlag, 15. Aufl. (1990)

[10] **Jammer**, Max:
Der Begriff der Masse in der Physik
Wissenschaftliche Buchgesellschaft, Darmstadt (1964)

[11] **Kuypers**, Friedhelm:
Klassische Mechanik
Wiley-VCH Verlag, Weinheim, 9. Aufl. (2010)

[12] **Lüders**, K. / **Pohl**, R. O.:
Pohls Einführung in die Physik, Mechanik, Akustik und Wärmelehre
Springer-Verlag, Berlin Heidelberg, 19. Aufl. (2004)

[13] **Meyer zur Capellen**, Walther:
Integraltafeln
Springer Verlag, Berlin, Göttingen, Heidelberg (1950)

[14] **Nahin**, Paul J.:
Inside Interesting Integrals
Springer Science+Business Media New York (2015)

[15] **Samueli**, Jean-Jacques / **Boudenot**, Jean-Claude:
Trente livres de mathématiques qui ont changé le monde
Ellipses Edition Marketing S.A. Paris (2006)

[16] **Simonyi**, Károly:
Kulturgeschichte der Physik
Verlag Harri Deutsch, Frankfurt am Main, 3. Aufl. (2004)

[17] **Sommerfeld**, Arnold:
Vorlesungen über theoretische Physik III, Elektrodynamik
Akademische Verlagsgesellschaft Geest & Portig, 4. Aufl. (1964)

[18] **Stephani**, Hans / **Kluge**, Gerhard:
Grundlagen der theoretischen Mechanik
VEB Deutscher Verlag der Wissenschaften, Berlin (1980)

[19] **Szabó**, István:
Einführung in die Technische Mechanik
Springer Verlag, Berlin, Göttingen, Heidelberg, 6. Aufl. (1963)

[20] **Szabó**, István:
Geschichte der mechanischen Prinzipien
Birkhäuser Verlag, Basel und Stuttgart (1977)

[21] **Unsöld**, Albrecht / **Baschek**, Bodo:
Der neue Kosmos
Springer-Verlag, Berlin Heidelberg, New York, 7. Aufl. (2002)

[22] **Vălean**, Cornel Ioan:
(Almost) Impossible Integrals, Sums ans Series
Springer Nature, Switzerland (2019)

[23] **Volz**, Helmut:
Einführung in die Theoretische Mechanik, I/II
Akademische Verlagsgesellschaft, Frankfurt am Main (1971/72)

Kapitel 4

Spannungs- und Deformationstensoren der Mechanik

Zusammenfassung

Der Einfluss von Kräften ruft in Körpern einen Spannungszustand hervor und führt zu Verformungen, die durch mehrere Tensoren beschrieben werden. Verschiedene Beispiele veranschaulichen die Zusammenhänge.

4.1 Deformierbare Körper

Die Vorstellung des starren Körpers, der unter der Einwirkung von Kräften und Momenten nur seine Position im Raum aber nicht seine Gestalt ändert, muss im Hinblick auf technische Anwendungen wie bei Balken oder Tragwerken für die Aufnahme von Belastungen zum deformierbaren Körper mit veränderlicher Form erweitert werden.

Von großem Interesse sind **elastische Verformungen**, die bei Krafteinwirkungen auftreten und mit diesen auch wieder verschwinden, wodurch ein Körper seine ursprüngliche Gestalt zurückgewinnt, so dass bei Bauwerken und anderen Objekten das prinzipielle statische Gleichgewicht nicht beeinträchtigt wird.

W. Werner, *Vektoren und Tensoren als universelle Sprache in Physik und Technik 2*,
https://doi.org/10.1007/978-3-658-49785-9_4

Die **Elastizitätstheorie** untersucht Deformationen oder Verzerrungen eines Körpers, also Verschiebungen seiner einzelnen Massenelemente gegeneinander, wenn Kräfte oder Spannungen auf ihn einwirken.

Für die technisch interessanten Materialien gilt dabei in einem gewissen Belastungsbereich ein **linear-elastischer Zusammenhang** zwischen Verformung und Kraft bzw. Spannung, der nach **Robert Hooke** (1635-1703) als **Hooke'sches Gesetz** (1678) bezeichnet wird, [5, S. 355].

4.2 Spannungszustand und Spannungstensor

4.2.1 Spannung und Spannungszustand

Wirken auf einen Körper äußere Kräfte und Momente ein, so treten bei deren Weiterleitung innerhalb des Körpers **innere Kräfte** als Reaktionen auf, die Spannungen und Deformationen des Materials hervorrufen. Zur Bestimmung der Spannungen wendet man das **Schnittprinzip von Euler** an, [3, S. 29, 69]. Dazu wird durch den Körper ein gedachter Schnitt gelegt, wodurch die inneren Kräfte in der **Schnittfläche** zu äußeren Kräften werden, die gerade nach Betrag und Richtung so groß sind, dass das vorherige Gleichgewicht erhalten bleibt. Die Schnittkräfte variieren dabei von Punkt zu Punkt und mit der Winkelstellung bzw. Normalenrichtung der Schnittfläche. Senkrecht zur Schnittfläche wirkt die **Längskraft**, in der Fläche die **Querkraft**.

Greift an einem Flächenelement $d\boldsymbol{a} = \boldsymbol{n}\,da$ eine Kraft $d\boldsymbol{F}$ an, dann definiert man den **Spannungsvektor** $\boldsymbol{s}$ als Differentialquotienten von Kraft und Fläche.

$$\boxed{\boldsymbol{s} = \frac{d\boldsymbol{F}}{da}} \qquad \boxed{d\boldsymbol{F} = \boldsymbol{s}\,da} \tag{4.1}$$

Kraft und Spannung wirken also in die gleiche Richtung und für die Kraft ist das gesamte Flächenelement da und keine Projektion ausschlaggebend!

Da Spannungsvektor $\boldsymbol{s}$ und Flächenelement $d\boldsymbol{a}$ einen beliebigen Winkel einschließen können, wird die Spannung zerlegt in eine zur Schnittfläche senkrechte **Normalspannung** σ, die Zug für $\sigma > 0$ oder Druck für $\sigma < 0$ bewirkt, und eine in der Schnittfläche tangential wirkende **Schubspannung** τ, die eine Scherbeanspruchung des Materials mit Winkeländerungen zur Folge hat.

Normal- und Schubspannungen haben die Dimension $\mathbf{Pa} = \mathbf{N/m^2}$.

$$\boxed{\boldsymbol{s} = \sigma\,\boldsymbol{n} + \tau\,\boldsymbol{t}} \qquad \boxed{|\,\boldsymbol{n}\,| = |\,\boldsymbol{t}\,| = 1} \tag{4.2}$$

Die **tangentiale Schubspannung** wird in zwei orthogonale Richtungen zerlegt, so dass eine **doppelte Indizierung** notwendig wird.

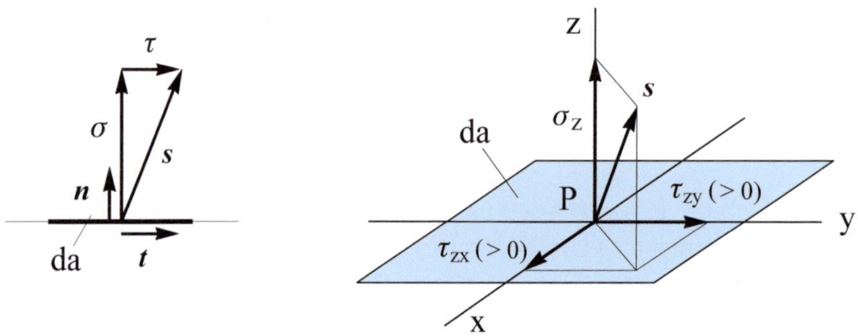

Abb. 4.1: Spannungen am Flächenelement

Bezogen auf ein Koordinatensystem geben der Index der Normalspannung und der erste Index der Schubspannung die Normalenrichtung des Flächenelementes an, während der zweite Index der Schubspannung die Richtung der Spannung bezeichnet gemäß *Abbildung 4.2*, [3, S. 70].

$$\tau_{xy} \mathrel{\hat{=}} \text{Schubspannung in der Ebene } x = \text{const. in } y\text{-Richtung}$$

Dabei gilt folgende Vorzeichenregelung.

> **Schubspannungen sind positiv, wenn**
> **Flächennormale und Spannungskomponente zugleich** (4.3)
> **in positive oder negative Koordinatenrichtung weisen**

Zur Ermittlung der Beanspruchung von Bauelementen sind die in ihrem Inneren übertragenen Kräfte von Bedeutung. Erst wenn man in allen Körperpunkten den Spannungsvektor für jede beliebige Orientierung des Flächenelementes angeben kann, ist der **allgemeine Spannungszustand** innerhalb des Körpers bekannt.

Schneidet man aus einem belasteten Körper ein quaderförmiges Volumenelement heraus, dann wirken auf seinen Seiten sechs Normalspannungen senkrecht nach außen und zwölf Schubspannungen tangential in den Flächen.

In *Abbildung 4.2* sind auf den nicht sichtbaren Flächen die entsprechenden, positiven Spannungen entgegengesetzt gerichtet wie das in *Abbildung 4.3* dargestellt ist.

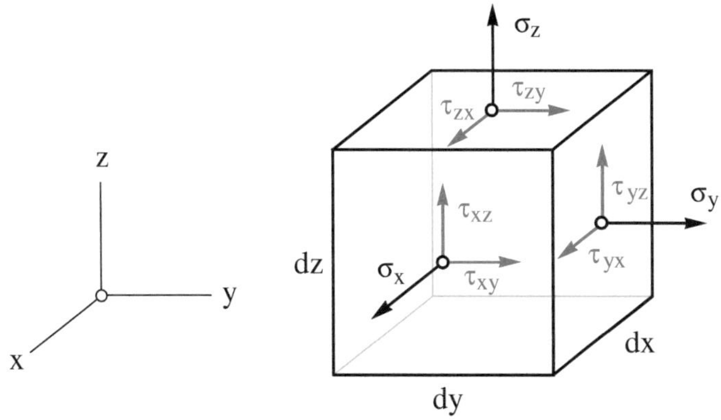

ABB. 4.2: Positive Normal- und Schubspannungen am Volumenelement

Kennt man alle auftretenden Spannungen und damit den Spannungszustand in einem Punkt, dann kann man die Spannungen für jede beliebige Schnittebene durch den Körper berechnen, was für den zweidimensionalen Fall noch durchgeführt wird.

4.2.2 Spannungstensor

Wenn sich ein Körper im Gleichgewicht befinden und daher nicht bewegen soll, dann müssen die Normalspannungen in gegenüberliegenden Flächen des Schnittquaders gleich groß und entgegengesetzt gerichtet sein und sich dadurch aufheben.

Damit keine Drehung des Körpers auftritt, müssen alle Momente Null sein. Das Momentengleichgewicht um die drei Quaderachsen führt auf den Satz über die **Gleichheit der einander zugeordneten Schubspannungen**.

$$\boxed{\tau_{xy} = \tau_{yx}\ , \qquad \tau_{xz} = \tau_{zx}\ , \qquad \tau_{yz} = \tau_{zy}} \tag{4.4}$$

Normal- und Schubspannungen bilden in jedem Punkt eines Körpers die kartesischen Komponenten des **symmetrischen Spannungstensors** $\mathscr{S}_{Sp}$, [4, S. 143].

$$\mathscr{S}_{Sp} = \underline{\underline{\mathbf{e}}}^{\mathrm{T}} \, \underline{\underline{\mathbf{Sp}}} \, \underline{\underline{\mathbf{e}}} = \underline{\underline{\mathbf{e}}}^{\mathrm{T}} \begin{pmatrix} \sigma_x & \tau_{xy} & \tau_{xz} \\ \tau_{xy} & \sigma_y & \tau_{yz} \\ \tau_{xz} & \tau_{yz} & \sigma_z \end{pmatrix} \underline{\underline{\mathbf{e}}} \tag{4.5}$$

Der **Spannungvektor** $\boldsymbol{s}$ kann dann für jede Orientierung eines Flächenelementes $d\boldsymbol{a} = \boldsymbol{n}\, da$ und damit in einem Körperpunkt P in jeder beliebigen Schnittebene als Tensorprodukt oder Matrixgleichung dargestellt werden.

$$\boldsymbol{s} = \mathscr{S}_{Sp} \cdot \boldsymbol{n} \qquad \underline{\mathbf{s}} = \underline{\underline{\mathbf{Sp}}} \; \underline{\mathbf{n}} \tag{4.6}$$

Mit dem **Einheitsvektor** $\boldsymbol{n}$ in kartesischer Darstellung

$$\boldsymbol{n} = \underline{\mathbf{n}}^{\mathrm{T}} \underline{\underline{\mathbf{e}}} = n_x \, \mathbf{e}_x + n_y \, \mathbf{e}_y + n_z \, \mathbf{e}_z = \cos\alpha \, \mathbf{e}_x + \cos\beta \, \mathbf{e}_y + \cos\gamma \, \mathbf{e}_z \tag{4.7}$$

erhält man die Komponenten des Spannungvektors in Gestalt der **Cauchy'schen Gleichungen**.

$$\begin{aligned} s_x &= \sigma_x \, n_x + \tau_{xy} \, n_y + \tau_{xz} \, n_z = \sigma_x \, \cos\alpha + \tau_{xy} \, \cos\beta + \tau_{xz} \, \cos\gamma \\ s_y &= \tau_{xy} \, n_x + \sigma_y \, n_y + \tau_{yz} \, n_z = \tau_{xy} \, \cos\alpha + \sigma_y \, \cos\beta + \tau_{yz} \, \cos\gamma \\ s_z &= \tau_{xz} \, n_x + \tau_{yz} \, n_y + \sigma_z \, n_z = \tau_{xz} \, \cos\alpha + \tau_{yz} \, \cos\beta + \sigma_z \, \cos\gamma \end{aligned}$$

4.2.3 Kraft als Tensorfluss

Die Verknüpfung von (4.1) und (4.6) führt nach (19.2, Bd. I) auf die Darstellung der Kraft als Tensorfluss, die durch den Spannungsvektor auf ein gerichtetes Flächenelement ausgeübt wird.

$$d\boldsymbol{F} = \boldsymbol{s}\, da = \mathscr{S}_{Sp} \cdot \boldsymbol{n}\, da = \mathscr{S}_{Sp} \cdot d\boldsymbol{a} \tag{4.8}$$

Nach Integration erhält man die Gesamtkraft, die die einwirkenden Spannungen erzeugen.

$$\boldsymbol{F} = \iint_a \mathscr{S}_{Sp} \cdot d\boldsymbol{a} \tag{4.9}$$

Insgesamt ergibt sich daher der Vektor der Kraft als Tensorfluss des Spannungstensors durch die betrachtete Fläche.

4.2.4 Hauptachsentransformation

Durch Hauptachsentransformation kann die symmetrische Matrix $\underline{\mathbf{Sp}}$ des Spannungstensors auf Diagonalform gebracht werden, bei der im Hauptachsenystem ξ, η, ζ **alle Schubspannungen Null** werden.

$$\boxed{\underline{\mathbf{Sp}}_{\mathrm{HA}} = \mathrm{Diag}\left(\sigma_\xi,\, \sigma_\eta,\, \sigma_\zeta\right)} \tag{4.10}$$

Die Diagonalelemente der Matrix $\underline{\mathbf{Sp}}_{\mathrm{HA}}$ und damit ihre Eigenwerte sind die **Hauptnormalspannungen** $\sigma_\xi, \sigma_\eta, \sigma_\zeta$, die im Vergleich mit den Normalspannungen beliebiger Richtungen **extremale Werte** annehmen und einen Elementarquader in allen drei Hauptachsenrichtungen nur auf Zug oder Druck beanspruchen. Weiter unten wird gezeigt, wie man die Richtungen und Werte der **Hauptschubspannungen** ermitteln kann.

Sind in einem Flächenelement mit der Normalen $\boldsymbol{n}$ beide tangentialen Schubspannungen $\tau_{n\alpha}$ und $\tau_{n\beta}$ Null, dann ist die Richtung $\boldsymbol{n}$ **Hauptachse**.

Die dem Betrage nach größten Spannungen in einem Körper sind bei Entwurf und Bemessung von Bauelementen von besonderer Bedeutung, da sie die **maximalen Materialbeanspruchungen** auf Zug, Druck und Scherung bzw. Torsion darstellen, nach denen alle Konstruktionen für Funktionsfähigkeit und Sicherheit gegen Versagen oder Bruch ausgelegt werden müssen.

4.2.5 Hydrostatischer Spannungszustand

Flüssigkeiten werden dadurch charakterisiert, dass ihre Teilchen oder Elemente sehr leicht gegeneinander verschieblich sind, so dass sie sich problemlos der Gestalt von Behältern und Grenzflächen anpassen, dass sie aber einer Verringerung ihres Volumens einen enormen Widerstand entgegensetzen, [3, S. 394].

Zwischen den Teilchen einer **idealen Flüssigkeit** werden **keine Schubspannungen** und daher **keine inneren Reibungen** übertragen, sondern es wird nur ein überall gleicher **isotroper Flüssigkeitsdruck** p in Richtung der negativen Normale eines Flächenelementes ausgeübt. Aus (4.6) und (4.9) folgt dann mit dem Einheitstensor $\mathscr{E}$ für die Kraft auf das Flächenelement

$$d\boldsymbol{F}_{\mathrm{idFl}} = \boldsymbol{s}\,da = -\,p\,\boldsymbol{n}\,da = -\,p\,d\boldsymbol{a} = -\,p\,\mathscr{E}\cdot d\boldsymbol{a} = \mathscr{S}_{\mathrm{idFl}}\cdot d\boldsymbol{a}$$

Der **Tensor des hydrostatischen Spannungszustandes** hat daher folgende Gestalt.

$$\boxed{\mathscr{S}_{\mathrm{idFl}} = -\,p\,\mathscr{E}} \qquad \boxed{\underline{\mathbf{S}}_{\mathrm{idFl}} = -\ \mathrm{Diag}\,(\,p\,)} \tag{4.11}$$

4.2.6 Ebener Spannungszustand und MOHR'scher Spannungskreis

Die Ebene eines dünnen Flächenstückes, auf dessen Oberfläche weder Normalspannungen senkrecht noch Schubspannungen tangential einwirken, wird als **spannungsfreie Ebene** bezeichnet. In Punkten eines Körpers mit dieser Eigenschaft liegt ein **ebener Spannungszustand** vor. In dünnen Platten, die nur am Rand belastet sind, existieren im ganzen Körper näherungsweise ebene Spannungszustände, [4, S. 148].

Wirken auf die Kanten eines rechteckigen Elements nur in einer Richtung Kräfte ein, spricht man vom **einachsigen Spannungszustand**, bei Kräften auf allen vier Seiten vom **zweiachsigen Spannungszustand**, [3, S. 90].

Legt man das Koordinatensystem so, dass die z-Achse die Normale eines solchen Flächenelementes ist, die wegen verschwindender Schubspannungen gleichzeitig die Hauptachse ζ darstellt, dann existieren nur drei Spannungen und die restlichen Spannungen sind Null.

$$\sigma_x\,,\ \sigma_y\,,\ \tau_{xy}\ \neq\ 0\,, \qquad \sigma_z\ =\ \tau_{xz}\ =\ \tau_{yz}\ =\ 0$$

Für den ebenen Fall ist die Hauptachsentransformation eine Drehung um die z-Achse mit einem bestimmten Winkel φ und man erhält durch Kongruenztransformation mit der orthogonalen Transformationsmatrix $\underline{\mathbf{A}}$ nach (12.13, Bd. I) bzw. $\underline{\mathbf{A}}_{\varphi}$ nach (6.38, Bd. I) die Matrix des **ebenen Haupt-**

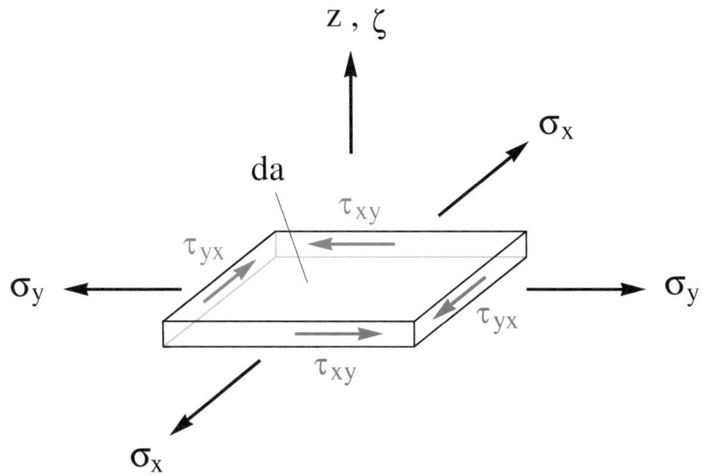

Abb. 4.3: Spannungen am Element beim ebenen Spannungszustand

spannungstensors mit den beiden Eigenwerten auf der Diagonalen.

$$\boxed{\underline{\mathbf{Sp}} = \begin{pmatrix} \sigma_x & \tau_{xy} & 0 \\ \tau_{xy} & \sigma_y & 0 \\ 0 & 0 & 0 \end{pmatrix}} \rightarrow \boxed{\underline{\mathbf{Sp}}_{\mathrm{HA}} = \underline{\mathbf{A}}\,\underline{\mathbf{Sp}}\,\underline{\mathbf{A}}^{\mathrm{T}} = \begin{pmatrix} \sigma_\xi & 0 & 0 \\ 0 & \sigma_\eta & 0 \\ 0 & 0 & 0 \end{pmatrix}} \tag{4.12}$$

Um die Spannungen zu bestimmen, die unter einem gegebenen Winkel φ gegenüber den kartesischen Richtungen herrschen, hat man zwei Möglichkeiten.

Entweder transformiert man die Tensormatrix $\underline{\mathbf{Sp}}$ mit der Matrix $\underline{\mathbf{A}}_\varphi$ kongruent wie angegeben oder man geht nach dem in der Mechanik üblichen **Euler'schen Schnittprinzip** vor.

Dazu schneidet man aus der spannungsfreien Platte ein dreieckiges Prisma heraus, (*Abbildung 4.4*), wobei der Winkel φ im Dreieck das gedrehte Koordinatensystem (p, q) festlegt, und bestimmt die Kräfte in diesen Richtungen.

Auf die Seiten da_x, da_y und da des Prismas wirken die Normalspannungen σ_x, σ_y und σ_p sowie die (positiven) Schubspannungen τ_{xy}, τ_{yx} und τ_{pq} ein, die Kräfte in den Richtungen x, y bzw. p, q erzeugen.

Aus der Forderung, dass sich im Gleichgewicht die am Prisma angreifenden Kräfte aufheben müssen, folgt mit

$$da_x = da \cos\varphi \qquad \text{und} \qquad da_y = da \sin\varphi$$

für die Normalspannung in p-Richtung

$$\sigma_p \, da - \sigma_x \cos\varphi \, da_x - \sigma_y \sin\varphi \, da_y - \tau_{xy} \sin\varphi \, da_x - \tau_{yx} \cos\varphi \, da_y = 0$$
$$\sigma_p = \sigma(\varphi) = \sigma_x \cos^2\varphi + \sigma_y \sin^2\varphi + 2\,\tau_{xy} \sin\varphi \cos\varphi$$

und für die Schubspannung in q-Richtung,

$$\tau_{pq} \, da + \sigma_x \sin\varphi \, da_x - \sigma_y \cos\varphi \, da_y - \tau_{xy} \cos\varphi \, da_x + \tau_{yx} \sin\varphi \, da_y = 0$$
$$\tau_{pq} = \tau(\varphi) = -(\sigma_x - \sigma_y) \sin\varphi \cos\varphi + \tau_{xy} (\cos^2\varphi - \sin^2\varphi)$$

woraus man die winkelabhängigen Spannungen erhält.

$$\boxed{\sigma(\varphi) = \frac{1}{2}(\sigma_x + \sigma_y) + \frac{1}{2}(\sigma_x - \sigma_y) \cos 2\varphi + \tau_{xy} \sin 2\varphi}$$
$$\boxed{\tau(\varphi) = -\frac{1}{2}(\sigma_x - \sigma_y) \sin 2\varphi + \tau_{xy} \cos 2\varphi} \qquad (4.13)$$

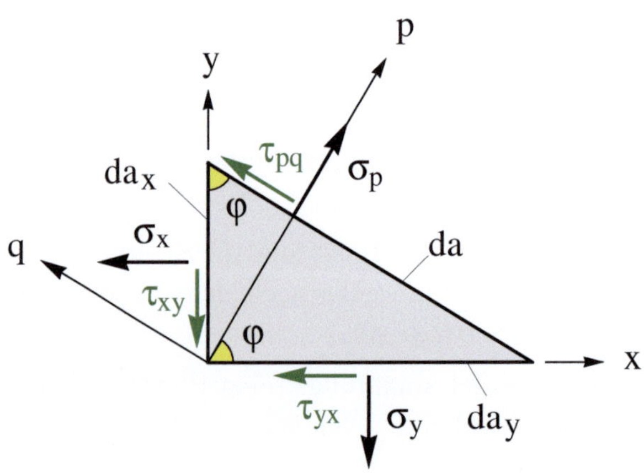

Abb. 4.4: Positiv gerichtete Spannungen am Dreieckprisma

Bei Kenntnis der Spannungen σ_x, σ_y und τ_{xy} ist der ebene Spannungszustand vollständig bestimmt, so dass für jeden Schnitt unter beliebigem Winkel φ die zugehörigen Normal- und Schubspannungen $\sigma(\varphi)$ und $\tau(\varphi)$ berechnet werden können. Das äquivalente Ergebnis wurde auch bei der Hauptachsentransformation im *Abschnitt 12.2.7 (Bd. I)* mit der Gleichung (12.16, Bd. I) erzielt.

Durch Quadrieren und Addieren der Beziehungen (4.13) erhält man die Kreisgleichung des **MOHR'schen Spannungskreises**, die im Jahre 1882 von Otto MOHR angegeben wurde, [3, S. 91], [4, S. 149].

$$\begin{aligned} \left[\sigma(\varphi) - \frac{1}{2}(\sigma_x + \sigma_y)\right]^2 + \tau^2(\varphi) &= \left[\sigma(\varphi) - \sigma_M\right]^2 + \tau^2(\varphi) \\ &= \left[\frac{1}{2}(\sigma_x - \sigma_y)\right]^2 + \tau_{xy}^2 = R^2 \end{aligned} \tag{4.14}$$

Aus den gegebenen Spannungen wird der Kreis der *Abbildung 4.5* konstruiert, indem die Werte σ_x und σ_y auf der σ-Achse abgetragen und für $\tau(\varphi = 0)$ ein positives τ_{xy} bei σ_x nach unten und für $\tau(\varphi = \pi/2)$ bei σ_y nach oben aufgetragen werden. Die Verbindung der beiden Punkte ist ein Kreisdurchmesser $2R$, der die σ-Achse im Kreismittelpunkt bei $\sigma_M = (\sigma_x + \sigma_y)/2$ schneidet.

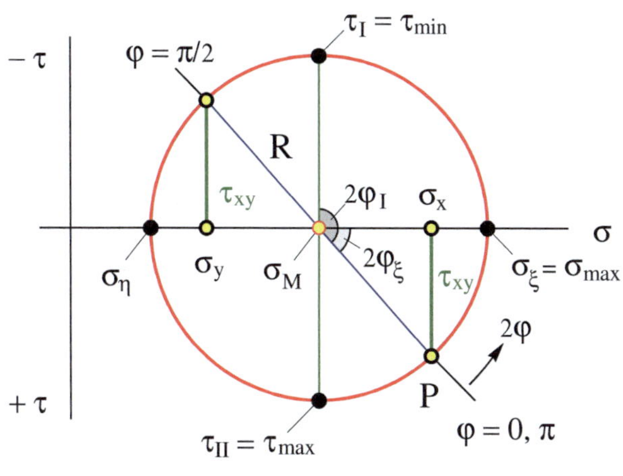

ABB. 4.5: Konstruktion des MOHR'schen Spannungskreises

Vom Punkt P ausgehend wird der Spannungskreis mit steigendem Winkel φ bzw. 2φ in mathematisch positiver Richtung durchlaufen. Je nach den Werten von σ_x und σ_y kann der Kreis die τ-Achse berühren, schneiden und rechts oder links von ihr liegen.

Durch Ableiten und Nullsetzen der beiden Beziehungen (4.13) erhält man die Hauptachsenrichtungen (ξ, η) der Hauptnormalspannungen bzw. die Richtungen (I, II) der Hauptschubspannungen.

$$\frac{d\sigma}{d\varphi} = 0 \quad \rightarrow \quad \tan 2\varphi_\xi = + \frac{2\,\tau_{xy}}{\sigma_x - \sigma_y} \qquad \rightarrow \quad \varphi_\eta = \varphi_\xi + \frac{\pi}{2}$$

$$\frac{d\tau}{d\varphi} = 0 \quad \rightarrow \quad \tan 2\varphi_I = - \frac{\sigma_x - \sigma_y}{2\,\tau_{xy}} = - \cot 2\varphi_\xi \quad \rightarrow \quad \varphi_{II} = \varphi_I + \frac{\pi}{2}$$

Die Richtungen ξ, η und I, II sind jeweils orthogonal und weisen wegen

$$- \cot 2\varphi_\xi = \tan 2\Big(\varphi_\xi + \frac{\pi}{4}\Big) \quad \rightarrow \quad \varphi_I = \varphi_\xi + \frac{\pi}{4}$$

gegeneinander einen Winkel von $\pi/4$ auf.

Mit den ermittelten Winkelwerten $\varphi_{\xi,\eta}$ und $\varphi_{I,II}$ werden die Extremwerte der Spannungen berechnet, indem man die Funktionen $\sin 2\varphi$ und $\cos 2\varphi$ durch die beiden Werte von $\tan 2\varphi$ ausdrückt und in (4.13) einsetzt.

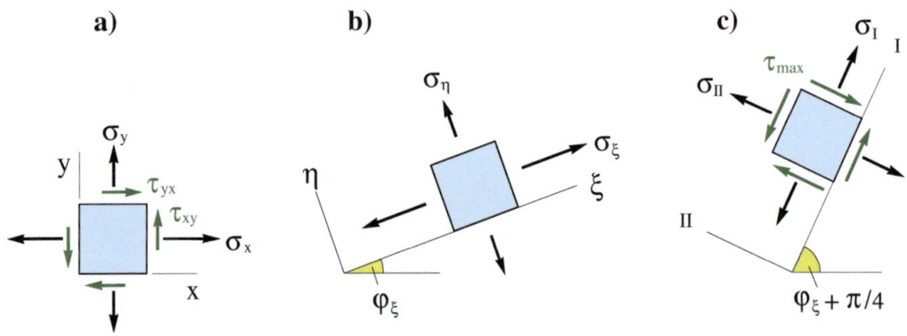

Abb. 4.6: Ebener zweiachsiger Spannungszustand
a) im kartesischen System,
b) im Hauptachsensystem
c) im Hauptschubspannungssystem

Im Hauptachsensystem (ξ, η) sind die Schubspannungen Null und die **Hauptnormalspannungen** haben die Werte

$$\boxed{\sigma_{\xi,\eta} = \frac{\sigma_x + \sigma_y}{2} \pm \sqrt{\left(\frac{\sigma_x - \sigma_y}{2}\right)^2 + \tau_{xy}^2} = \sigma_M \pm R \qquad \text{bei} \qquad \tau_{\xi,\eta} = 0} \tag{4.15}$$

Die **Hauptschubspannungen** haben folgende Werte, aber in diesen Richtungen verschwinden die Normalspannungen normalerweise nicht.

$$\boxed{\tau_{I,II} = \pm\sqrt{\left(\frac{\sigma_x - \sigma_y}{2}\right)^2 + \tau_{xy}^2} = \pm R \qquad \text{mit} \qquad \sigma_{I,II} = \frac{\sigma_x + \sigma_y}{2}} \tag{4.16}$$

4.2.7 Darstellung von drei ebenen Sonderfällen

4.2.7.1 Einachsiger Spannungszustand

Wirken Zug oder Druck als Hauptnormalspannung nur in einer Richtung, also in einer Achse, dann berührt der MOHR'sche Kreis die τ-Achse.

Unter dem Winkel $\varphi = \pi/4$ treten die Hauptschubspannungen mit der halben Größe der Normalspannungen auf.

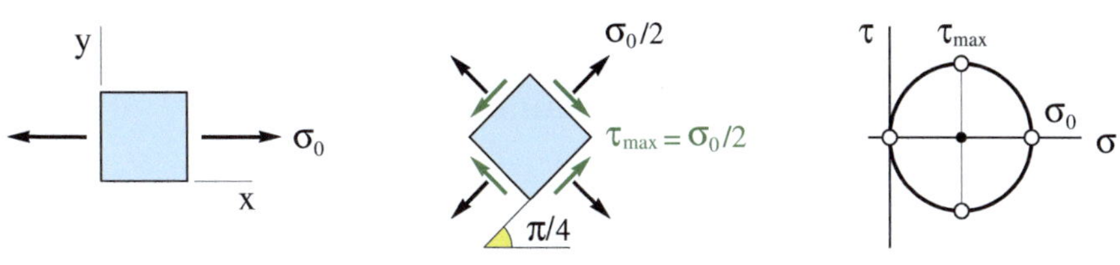

ABB. 4.7: **Einachsiger Spannungszustand**

4.2.7.2 Zweiachsiger Spannungszustand bei Zug und Druck gleicher Größe

Wirken Zug und Druck gleicher Größe als Hauptnormalspannungen σ_0 in orthogonalen Richtungen, dann fällt der Mittelpunkt des MOHR'schen Kreises mit dem Koordinatenursprung zusammen. Unter dem Winkel $\varphi = \pi/4$ tritt reiner Schub mit Hauptschubspannungen in gleicher Größe wie die Hauptnormalspannungen auf.

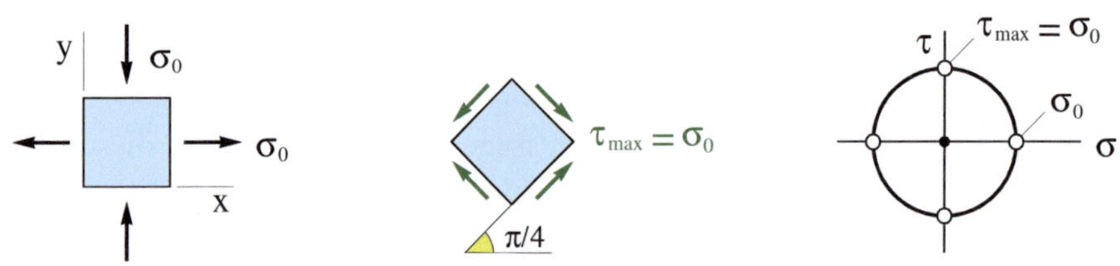

Abb. 4.8: Zweiachsiger Spannungszustand

4.2.7.3 Hydrostatischer Spannungszustand

Wirken Zug oder Druck gleicher Größe als Hauptnormalspannungen in orthogonalen Richtungen, dann entartet der Mohr'sche Kreis zum Punkt. Dieser Spannungszustand ist stets schubspannungsfrei und bei jedem Winkel φ sind die Normalspannungen wie bei Wasserdruck gleich groß.

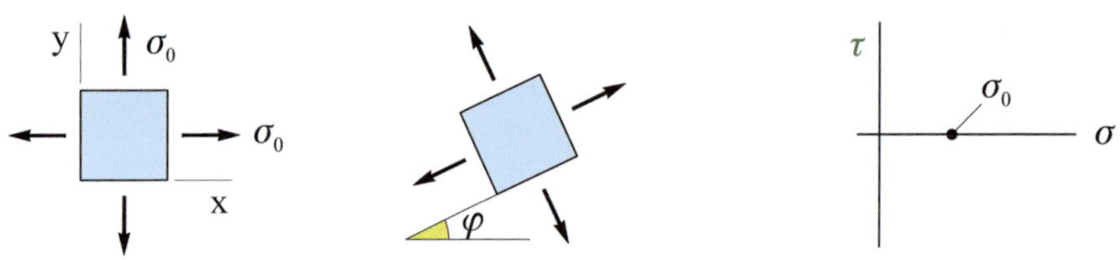

Abb. 4.9: Hydrostatischer Spannungszustand

4.3 Tensoren der Verformung

4.3.1 Dehnung, Stauchung, Dilatation

Verzerrungen eines deformierbaren Körpers, die durch **Längenänderungen** auf Grund von **Normalspannungen** hervorgerufen werden, heißen Dehnungen oder Stauchungen oder als Oberbegriff **Dilatationen**.

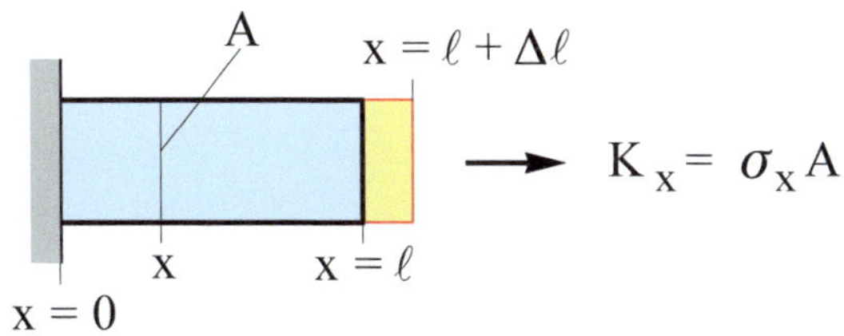

ABB. 4.10: Dehnung durch Normalspannung

Im eindimensionalen Fall wird ein Stab von konstantem Querschnitt A durch Zug mit der Normalspannung σ_x um einen kleinen Wert $\Delta\ell$ linear verlängert. Die relative Längenänderung heißt **Dehnung** ε_x, die nach dem **HOOKE'schen Gesetz** (1660, 1678), [3, S. 85], [5, S. 356], linear von der eingeprägten Spannung σ_x abhängt. Bei negativen Werten heißt sie **Stauchung**.

Der Proportionalitätsfaktor ist der 1802 von Thomas YOUNG eingeführte **Elastizitätsmodul** E, [5, S. 390].

$$\boxed{\varepsilon_x = \frac{\Delta\ell}{\ell} = \frac{\sigma_x}{E}} \qquad \boxed{|\,\varepsilon_x\,| \ll 1} \tag{4.17}$$

Die lineare Verschiebung u des Querschnitts an der Stelle x beträgt

$$u(x) = \frac{\sigma_x}{E}\,x = \varepsilon_x\,x \qquad \rightarrow \qquad \boxed{\varepsilon_x = \frac{\partial u}{\partial x}} \tag{4.18}$$

Mit der Dehnung in einer Richtung gehen wegen der Volumenkonstanz des Materials **Kontraktionen** in den beiden dazu senkrechten Richtungen einher, die im elastischen Bereich der Normalspannung proportional sind. Für diese Dehnungen gilt mit der POISSON'schen **Querkontraktionszahl** ν

$$\boxed{\varepsilon_y = \varepsilon_z = -\,\nu\,\varepsilon_x = -\,\nu\,\frac{\sigma_x}{E}} \tag{4.19}$$

Da bei diesen Dehnungen keine Schubspannungen auftreten, sind alle drei Richtungen **Hauptachsen**, die deshalb mit (ξ, η, ζ) bezeichnet werden.

Im dreidimensionalen Fall kann man die Verschiebungen (du, dv, dw), die die Normalspannungen σ_ξ, σ_η und σ_ζ in den drei Achsenrichtungen an einem Element eines homogenen Körpers erzeugen, jeweils überlagern.

Die Dehnungen lauten in ξ-Richtung auf Grund der Spannungen in den drei Richtungen

$$\varepsilon_\xi^{(\xi)} = \frac{\sigma_\xi}{E}, \qquad \varepsilon_\xi^{(\eta)} = -\nu\,\frac{\sigma_\eta}{E}, \qquad \varepsilon_\xi^{(\zeta)} = -\nu\,\frac{\sigma_\zeta}{E}$$

$$\varepsilon_\xi = \varepsilon_\xi^{(\xi)} + \varepsilon_\xi^{(\eta)} + \varepsilon_\xi^{(\zeta)}$$

und entsprechend in η- und ζ-Richtung.

Das **allgemeine Hooke'sche Gesetz** für homogene Körper folgt durch Überlagerung, das die **Hauptdilatationen** in Abhängigkeit von den **Hauptnormalspannungen** in Richtung der Hauptachsen darstellt.

$$\boxed{\begin{aligned} E\,\varepsilon_\xi &= \sigma_\xi - \nu\,(\sigma_\eta + \sigma_\zeta) \\ E\,\varepsilon_\eta &= \sigma_\eta - \nu\,(\sigma_\xi + \sigma_\zeta) \\ E\,\varepsilon_\zeta &= \sigma_\zeta - \nu\,(\sigma_\xi + \sigma_\eta) \end{aligned}} \qquad \boxed{\begin{aligned} \varepsilon_\xi &= \frac{\partial u}{\partial \xi} = u_\xi \\ \varepsilon_\eta &= \frac{\partial v}{\partial \eta} = v_\eta \\ \varepsilon_\zeta &= \frac{\partial w}{\partial \zeta} = w_\zeta \end{aligned}} \tag{4.20}$$

Die **Mittelwerte** $\bar{\sigma}$ und $\bar{\varepsilon}$ der Hauptnormalspannungen und Hauptdilatationen erhält man aus den invarianten Spuren der Matrizen von Spannungstensor und dem später eingeführten Verzerrungstensor.

$$\boxed{3\,\bar{\sigma} = \sigma_\xi + \sigma_\eta + \sigma_\zeta = \text{sp}\,\underline{\mathbf{Sp}}} \qquad \boxed{3\,\bar{\varepsilon} = \varepsilon_\xi + \varepsilon_\eta + \varepsilon_\zeta = \text{sp}\,\underline{\mathbf{V}}} \tag{4.21}$$

Die Addition der drei HOOKE'schen Gleichungen (4.20) ergibt folgenden Zusammenhang zwischen den Mittelwerten.

$$\boxed{\frac{\bar{\sigma}}{E} = \frac{\bar{\varepsilon}}{1-2\nu}} \tag{4.22}$$

Durch Ergänzung der ersten der Gleichungen (4.20) und entsprechend bei den anderen,

$$E\,\varepsilon_\xi = \sigma_\xi + \nu\,\sigma_\xi - \nu\,(\sigma_\xi + \sigma_\eta + \sigma_\zeta) = (1+\nu)\,\sigma_\xi - 3\,\nu\,\bar{\sigma}$$

kann man das HOOKE'sche Gesetz als Matrixgleichung für die Diagonalmatrizen von **Spannungstensor** $\mathscr{S}_{Sp}$ nach (4.6) und **Verzerrungstensor** $\mathscr{V}$ formulieren, [4, S. 145].

$$\underbrace{\begin{pmatrix} \varepsilon_\xi & 0 & 0 \\ 0 & \varepsilon_\eta & 0 \\ 0 & 0 & \varepsilon_\zeta \end{pmatrix}}_{=\underline{\mathbf{V}}_{\mathrm{HA}}} = \frac{1+\nu}{E} \underbrace{\begin{pmatrix} \sigma_\xi & 0 & 0 \\ 0 & \sigma_\eta & 0 \\ 0 & 0 & \sigma_\zeta \end{pmatrix}}_{=\underline{\mathbf{Sp}}_{\mathrm{HA}}} - 3\,\nu\,\frac{\bar{\sigma}}{E}\,\underline{\underline{\mathbf{E}}}$$

$$\underline{\mathbf{V}}_{\mathrm{HA}} = \frac{1+\nu}{E}\,\underline{\mathbf{Sp}}_{\mathrm{HA}} - 3\,\nu\,\frac{\bar{\sigma}}{E}\,\underline{\underline{\mathbf{E}}}$$

Damit erhält man die beiden Tensorgleichungen des HOOKE'schen Gesetzes, das in beliebigen Koordinatensystemen gültig ist.

$$\boxed{\mathscr{V} = \frac{1+\nu}{E}\,\mathscr{S}_{Sp} - 3\,\nu\,\frac{\bar{\sigma}}{E}\,\mathscr{E}} \qquad \boxed{\mathscr{S}_{Sp} = \frac{E}{1+\nu}\left[\mathscr{V} + 3\,\bar{\varepsilon}\,\frac{\nu}{1-2\nu}\,\mathscr{E}\right]} \tag{4.23}$$

Für die Tensormatrizen gilt die allgemeine Spektralverschiebung nach *Abschnitt 12.3.3 (Bd. I)* mit unterschiedlichen Eigenwerten

$$\boxed{\lambda_{Sp} = \sigma_{\xi,\eta,\zeta} \quad \rightarrow \quad \lambda_V = \varepsilon_{\xi,\eta,\zeta} = \frac{1+\nu}{E}\,\sigma_{\xi,\eta,\zeta} - 3\,\nu\,\frac{\bar{\sigma}}{E}} \tag{4.24}$$

aber mit identischen Eigenvektoren, so dass Spannungs- und Verzerrungstensor das **gleiche Hauptachsensystem** besitzen.

4.3.2 Gleitung, Scherung

Verzerrungen eines deformierbaren Körpers, die durch **Winkeländerungen** auf Grund von **Schubspannungen** hervorgerufen werden, heißen Gleitungen oder Scherungen.

Im eindimensionalen Fall wird der quadratische Querschnitt eines Stabes, der in z-Richtung weist, durch kleine, in den Längsflächen wirkende Schubspannungen in einen Rhombus mit unveränderten Kantenlängen verformt.

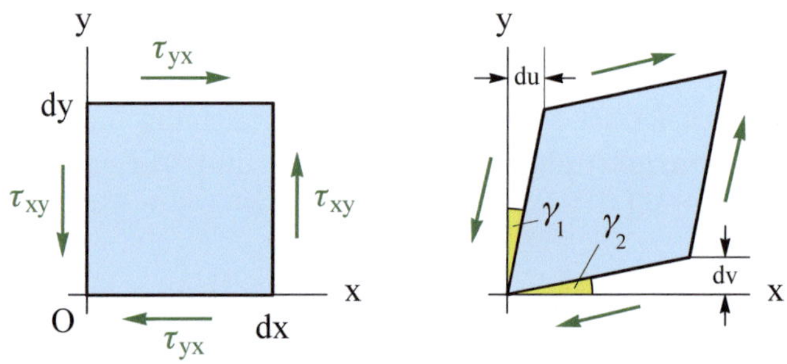

ABB. 4.11: Eindimensionale Scherung eines Stabes durch Schubspannungen

In der xy-Ebene ändert sich der rechte Winkel um den **Gleitwinkel**

$$\boxed{\gamma_{xy} = \gamma_1 + \gamma_2 = \frac{\tau_{xy}}{G} \ll 1} \tag{4.25}$$

Dieser Zusammenhang gilt in Analogie zum HOOKE'schen Gesetz und der von DE SAINT-VENANT 1837 eingeführte Proportionalitätsfaktor ist der **Schubmodul** G, [3, S. 89].

Da nur kleine Winkeländerungen in Betracht gezogen werden, gilt für die Gleitwinkel näherungsweise

$$\gamma_{xy} = \gamma_1 + \gamma_2 \approx \tan\gamma_1 + \tan\gamma_2 \quad \rightarrow \quad \boxed{\gamma_{xy} = \frac{\partial u}{\partial y} + \frac{\partial v}{\partial x}} \tag{4.26}$$

Im dreidimensionalen Fall erzeugen die verschiedenen Schubspannungen mit (4.4) folgende Gleitwinkel

$$\boxed{\gamma_{xy} = \gamma_{yx} = \frac{\tau_{xy}}{G}\,, \qquad \gamma_{xz} = \gamma_{zx} = \frac{\tau_{xz}}{G}\,, \qquad \gamma_{yz} = \gamma_{zy} = \frac{\tau_{xy}}{G}} \tag{4.27}$$

4.3.3 Beziehung zwischen den elastischen Konstanten

Belastet man ein dünnes quadratisches Elementwie in *Abbildung 4.3* in einer Seitenrichtung mit einer Zugspannung und in der anderen mit einer gleich großen Druckspannung, dann liegt ein **zweiachsiger, ebener Spannungszustand** wie in *Abbildung 4.8* vor, der das Quadrat in ein Rechteck verformt, (*Abbildung 4.12*). Die Kanten des Quadrats bilden die Hauptachsen ξ und η,

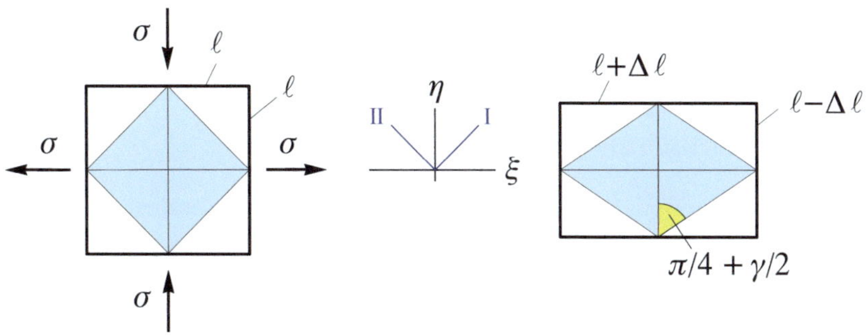

ABB. 4.12: Verformung beim zweiachsigen Spannungzustand

Mit den Spannungen

$$\sigma_\xi = -\sigma_\eta = \sigma = \tau_{\max}$$

gilt für Dehnungen und Gleitwinkel am Rhombus innerhalb des Rechtecks nach HOOKE'schem Gesetz (4.20) und Additionstheorem des Tangens,

$$\varepsilon_\xi = -\varepsilon_\eta = \frac{\Delta\ell}{\ell} = (1+\nu)\,\frac{\sigma}{E}$$

$$\gamma_{I,II} = \gamma = \frac{\tau_{\max}}{G} = \frac{\sigma}{G}$$

$$\tan\left(\frac{\pi}{4} + \frac{\gamma}{2}\right) = \frac{1+\Delta\ell/\ell}{1-\Delta\ell/\ell} = \frac{1+\varepsilon_\xi}{1-\varepsilon_\xi}$$

$$= \frac{1+\tan\gamma/2}{1-\tan\gamma/2} \approx \frac{1+\gamma/2}{1-\gamma/2}$$

Aus dem Vergleich folgt der **Zusammenhang der drei elastischen Konstanten**, [3, S. 93].

$$\gamma = 2\,\varepsilon_\xi \quad \rightarrow \quad \boxed{E = 2\,(1+\nu)\,G} \tag{4.28}$$

Die Zahlenwerte der drei Größen E, G und ν werden für technisch interessante Materialien durch Methoden der **Werkstoffprüfung** wie **Zug- und Dehnungsversuche** ermittelt.

4.3.4 Verschiebungs-, Verzerrungs- und Deformationstensor

Belastet man einen deformierbaren Körper, dann verändert er durch die Krafteinwirkung seine Gestalt und seine Massenelemente erfahren relative Verschiebungen zueinander.

In *Abbildung 4.13* gelangt der Körperpunkt P durch eine Krafteinwirkung in den Punkt P', aber der Punkt Q erreicht nicht den Punkt Q', wie es beim starren Körper der Fall wäre, sondern er wird durch die Verformung des Materials in den Punkt R verrückt.

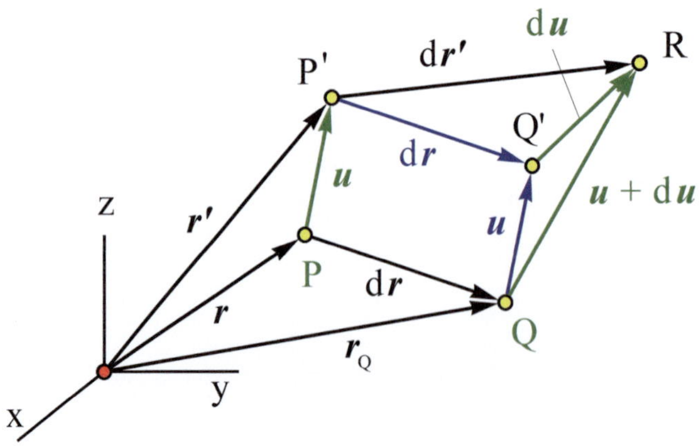

Abb. 4.13: Vektoren bei der Deformation eines Körpers

Bezogen auf ein raumfestes kartesisches Koodinatensystem besitzt der **Verschiebungsvektor $\boldsymbol{u}$** die drei von Punkt zu Punkt verschiedenen Komponenten u, v und w.

$$\boldsymbol{u} = \boldsymbol{u}(\boldsymbol{r}) = u(x,y,z)\,\mathbf{e}_x + v(x,y,z)\,\mathbf{e}_y + w(x,y,z)\,\mathbf{e}_z = \underline{\mathbf{u}}^{\mathrm{T}}\underline{\underline{\mathbf{e}}} \tag{4.29}$$

Das Vektorfeld $\boldsymbol{u}(\boldsymbol{r})$ beschreibt die Lageänderung aller Körperpunkte. Da dessen Komponenten (u, v, w) beliebige stetige Ortsfunktionen darstellen, kann der Verschiebungsvektor $\boldsymbol{u}$ bzw. sein Differential $d\boldsymbol{u}$ abhängig von Belastung oder Materialbeanspruchung äußerst verwickelte Lageänderungen und Deformationen beschreiben, die auch Plastizität und Fließvorgänge umfassen können. In der vorliegenden Untersuchung werden jedoch nur kleine elastische Verschiebungen gemäß den Beschränkungen betrachtet, die nach den Ungleichungen (4.17) und (4.25) im Rahmen des HOOKE'schen Gesetzes auftreten können.

Zur Beschreibung des Punktes R gibt es verschiedene Möglichkeiten.

$$\boldsymbol{r}_R = \boldsymbol{r}' + d\boldsymbol{r}' = \boldsymbol{r}_Q + \boldsymbol{u} + d\boldsymbol{u} = \boldsymbol{r} + d\boldsymbol{r} + \boldsymbol{u} + d\boldsymbol{u}$$

Mit den Differentialen als formale Skalarprodukte aus Zeilenvektoren und kartesischen Basisvektoren

$$d\boldsymbol{r} = \underline{d\mathbf{x}}^{\mathrm{T}}\underline{\underline{\mathbf{e}}} = (dx, dy, dz)\,\underline{\underline{\mathbf{e}}}$$

$$d\boldsymbol{u} = \underline{d\mathbf{u}}^{\mathrm{T}}\underline{\underline{\mathbf{e}}} = (du, dv, dw)\,\underline{\underline{\mathbf{e}}}$$

erhält man für den Ortsvektor des Punktes R in der rechts stehenden Darstellung die folgende Matrixschreibweise.

$$\boldsymbol{r}_R = \underline{\mathbf{x}}^{\mathrm{T}}\underline{\underline{\mathbf{e}}} + \underline{d\mathbf{x}}^{\mathrm{T}}\underline{\underline{\mathbf{e}}} + \underline{\mathbf{u}}^{\mathrm{T}}\underline{\underline{\mathbf{e}}} + \underline{d\mathbf{u}}^{\mathrm{T}}\underline{\underline{\mathbf{e}}}$$

Die **Verschiebung** in den Punkt R wird durch Differentiale oder Wegelemente beschrieben. Mit Vektorgradient und vollständigem Differential nach (17.39) und (17.50, Bd. I) und dem Einheitstensor $\mathscr{E}$ gilt

$$d\boldsymbol{r}' = d\boldsymbol{r} + d\boldsymbol{u} = d\boldsymbol{r} + d\boldsymbol{r} \cdot \operatorname{Grad}\boldsymbol{u} = d\boldsymbol{r} \cdot \left(\mathscr{E} + \operatorname{Grad}\boldsymbol{u}\right) \tag{4.30}$$

Nach *Abschnitt 17.3.2 (Bd. I)* ist der Vektorgradient ein Tensor 2. Stufe, dessen kartesische Komponenten gemäß (18.53, Bd. I) durch die Funktionalmatrix der Verschiebungen nach den Koordinaten ausgedrückt werden, wodurch der **Verschiebungstensor** Grad $\boldsymbol{u}$ definiert wird.

$$\text{Grad}\,\boldsymbol{u} = \boldsymbol{\nabla u} = \underline{\underline{\mathbf{e}}}^{\mathrm{T}} \begin{pmatrix} \nabla_x \boldsymbol{u} \\ \nabla_y \boldsymbol{u} \\ \nabla_z \boldsymbol{u} \end{pmatrix} = \underline{\underline{\mathbf{e}}}^{\mathrm{T}} \, \underline{\mathbf{F}}^{\mathrm{T}} \left(\underline{u}^{\#} / \underline{x}^{\#} \right) \underline{\underline{\mathbf{e}}} = \underline{\underline{\mathbf{e}}}^{\mathrm{T}} \begin{pmatrix} \dfrac{\partial u}{\partial x} & \dfrac{\partial v}{\partial x} & \dfrac{\partial w}{\partial x} \\ \dfrac{\partial u}{\partial y} & \dfrac{\partial v}{\partial y} & \dfrac{\partial w}{\partial y} \\ \dfrac{\partial u}{\partial z} & \dfrac{\partial v}{\partial z} & \dfrac{\partial w}{\partial z} \end{pmatrix} \underline{\underline{\mathbf{e}}}$$

Das Differential des Verschiebungsvektors $\boldsymbol{u}$ ist das Skalarprodukt von Wegelement und Vektorgradient.

$$d\boldsymbol{u} = d\boldsymbol{r} \cdot \text{Grad}\,\boldsymbol{u} = \underline{d\mathbf{x}}^{\mathrm{T}} \, \underline{\mathbf{F}}^{\mathrm{T}} \left(\underline{u}^{\#} / \underline{x}^{\#} \right) \underline{\underline{\mathbf{e}}}$$

Durch Addition einer geeigneten Null kann die Funktionalmatrix in einen symmetrischen und einen alternierenden Anteil zerlegt werden.

$$\begin{aligned} \underline{\mathbf{F}}^{\mathrm{T}} \left(\underline{u}^{\#} / \underline{x}^{\#} \right) &= \frac{1}{2} \left[\underline{\mathbf{F}}^{\mathrm{T}} \left(\underline{u}^{\#} / \underline{x}^{\#} \right) + \underline{\mathbf{F}} \left(\underline{u}^{\#} / \underline{x}^{\#} \right) \right] \\ &\quad + \frac{1}{2} \left[\underline{\mathbf{F}}^{\mathrm{T}} \left(\underline{u}^{\#} / \underline{x}^{\#} \right) - \underline{\mathbf{F}} \left(\underline{u}^{\#} / \underline{x}^{\#} \right) \right] \\ &= \underline{\mathbf{V}} + \underline{\mathbf{A}} \end{aligned}$$

$$\begin{aligned} d\boldsymbol{r}' &= \underline{d\mathbf{x}}^{\mathrm{T}} \left[\underline{\mathbf{E}} + \underline{\mathbf{V}} \right] \underline{\underline{\mathbf{e}}} + \underline{d\mathbf{x}}^{\mathrm{T}} \, \underline{\mathbf{A}} \, \underline{\underline{\mathbf{e}}} \\ &= d\boldsymbol{r} \cdot \left[\mathscr{E} + \mathscr{V} \right] + d\boldsymbol{r} \cdot \mathscr{A} \end{aligned}$$

Der **symmetrische Anteil** besteht aus Einheitsmatrix $\underline{\mathbf{E}}$ und Matrix $\underline{\mathbf{V}}$ des **Verzerrungstensors** $\mathscr{V}$, der auch Dehnungs- oder Dilatationstensor genannt wird, [1, S. 332]. Dieser Tensor enthält Dehnungen und Gleitwinkel für die drei räumlichen Richtungen gemäß (4.18) und (4.26).

$$\underline{\mathbf{V}} = \frac{1}{2} \begin{pmatrix} 2\dfrac{\partial u}{\partial x} & \dfrac{\partial u}{\partial y} + \dfrac{\partial v}{\partial x} & \dfrac{\partial u}{\partial z} + \dfrac{\partial w}{\partial x} \\ \dfrac{\partial u}{\partial y} + \dfrac{\partial v}{\partial x} & 2\dfrac{\partial v}{\partial y} & \dfrac{\partial v}{\partial z} + \dfrac{\partial w}{\partial y} \\ \dfrac{\partial u}{\partial z} + \dfrac{\partial w}{\partial x} & \dfrac{\partial v}{\partial z} + \dfrac{\partial w}{\partial y} & 2\dfrac{\partial w}{\partial z} \end{pmatrix}$$

$$\mathscr{V} = \underline{\underline{\mathbf{e}}}^{\mathrm{T}} \begin{pmatrix} \varepsilon_x & \frac{\gamma_{xy}}{2} & \frac{\gamma_{xz}}{2} \\ \frac{\gamma_{xy}}{2} & \varepsilon_y & \frac{\gamma_{yz}}{2} \\ \frac{\gamma_{xz}}{2} & \frac{\gamma_{yz}}{2} & \varepsilon_z \end{pmatrix} \underline{\underline{\mathbf{e}}} \tag{4.31}$$

Die reellen Eigenwerte des symmetrischen Verzerrungstensors, die sich nach Hauptachsentransformation als Elemente der Diagonalmatrix ergeben,

$$\mathscr{V} = \underline{\underline{\mathbf{e}}}^{\mathrm{T}}_{\mathrm{HA}} \mathrm{Diag}\left(\varepsilon_\xi, \varepsilon_\eta, \varepsilon_\zeta\right) \underline{\underline{\mathbf{e}}}_{\mathrm{HA}}$$

sind die **Hauptdilatationen**, die nach (4.17) alle klein gegen Eins sind.

Die Tensorflächen nach (12.33, Bd. I) des symmetrischen Verzerrungstensors

$$\boldsymbol{r} \cdot \mathscr{V} \cdot \boldsymbol{r} = C = \mathrm{const.}$$

heißen **Dehnungsflächen** oder auch **Dilatationsflächen**, deren Charakter von den Eigenwerten der Tensormatrix abhängt, [1, S. 332].

Nach (12.18, Bd. I) ist die Spur der Matrix die Summe der Eigenwerte und damit der Hauptdilatationen, die schon in (4.21) auftrat.

$$\mathrm{sp}\,\underline{\mathbf{V}} = \varepsilon_\xi + \varepsilon_\eta + \varepsilon_\zeta = 3\,\bar{\varepsilon}$$

+ Haben alle Eigenwerte das gleiche Vorzeichen, dann ist die Tensorfläche bei Dehnungen mit $C > 0$ oder Stauchungen mit $C < 0$ ein **Ellipsoid**.

Für positives C ist bei einem negativen Eigenwert die Tensorfläche ein einschaliges, bei zwei negativen Eigenwerten ein zweischaliges **Hyperboloid**.

Der **alternierende Anteil** mit Tensor $\mathscr{A}$ und Matrix $\underline{\mathbf{A}}$ kann ebenfalls physikalisch gedeutet werden,

$$d\boldsymbol{r} \cdot \mathscr{A} = \underline{d\mathbf{x}}^{\mathrm{T}} \underline{\mathbf{A}}\,\underline{\underline{\mathbf{e}}} = \frac{1}{2}\underline{d\mathbf{x}}^{\mathrm{T}} \begin{pmatrix} 0 & \frac{\partial v}{\partial x} - \frac{\partial u}{\partial y} & \frac{\partial w}{\partial x} - \frac{\partial u}{\partial z} \\ \frac{\partial u}{\partial y} - \frac{\partial v}{\partial x} & 0 & \frac{\partial w}{\partial y} - \frac{\partial v}{\partial z} \\ \frac{\partial u}{\partial z} - \frac{\partial w}{\partial x} & \frac{\partial v}{\partial z} - \frac{\partial w}{\partial y} & 0 \end{pmatrix} \underline{\underline{\mathbf{e}}}$$

Bei Ausführung der Matrixmultiplikation erhält man aus dem Vergleich von Kreuzprodukt (7.23, Bd. I) und Rotation (18.46, Bd. I) eine Darstellung, die nach (5.45, Bd. I) einer **momentanen Drehung** entspricht, [2, S. 172].

$$\boxed{d\boldsymbol{r} \cdot \mathscr{A} = \frac{1}{2} \operatorname{rot} \boldsymbol{u} \times d\boldsymbol{r} = \vec{\boldsymbol{\omega}} \times d\boldsymbol{r}}$$

$$\boxed{2\,\vec{\boldsymbol{\omega}} = \left(\frac{\partial w}{\partial y} - \frac{\partial v}{\partial z}\right)\mathbf{e}_x + \left(\frac{\partial u}{\partial z} - \frac{\partial w}{\partial x}\right)\mathbf{e}_y + \left(\frac{\partial v}{\partial x} - \frac{\partial u}{\partial y}\right)\mathbf{e}_z} \tag{4.32}$$

Die Drehung wird beschrieben durch den Rotationsvektor $\vec{\boldsymbol{\omega}}$, der zugleich die Winkelgeschwindigkeit $|\,\vec{\boldsymbol{\omega}}\,| = \omega$ und die Drehachse im Raum bestimmt.

Infinitesimale Verschiebungen (4.30) der Massenelemente von deformierbaren Körpern bestehen nach dem **Satz von Helmholtz**, [1, S. 333], aus drei Anteilen, einer gewöhnlichen **Translation**, einer **Rotation** und einer **Deformation**.

$$\boxed{d\boldsymbol{r}' = d\boldsymbol{r} \cdot \left(\mathscr{E} + \mathscr{A} + \mathscr{V}\right) = d\boldsymbol{r} + \vec{\boldsymbol{\omega}} \times d\boldsymbol{r} + d\boldsymbol{r} \cdot \mathscr{V}} \tag{4.33}$$

Nach dem EULER'schen Theorem (3.33) sind beim starren Körper nur die beiden ersten Anteile vorhanden. Der Satz von HELMHOLTZ erweitert dieses Theorem um den dritten Anteil, der zusätzlich bei linear-elastisch deformierbaren Körpern auftritt.

Einen weiteren Tensor kann man aus den Beziehungen (4.30) und (4.33) bilden, wenn man die symmetrischen Anteile zusammenfasst.

$$d\boldsymbol{r}_{\text{sym}} = d\boldsymbol{r} \cdot \left(\mathscr{E} + \mathscr{V}\right) = d\boldsymbol{r} \cdot \mathscr{D}_{\text{f}}$$

wobei der **Deformationstensor** mit symmetrischer Matrix entsteht, [2, S. 171], [4, S. 370].

$$\boxed{\mathscr{D}_{\text{f}} = \underline{\underline{\mathrm{e}}}^{\mathrm{T}}\, \underline{\mathbf{D}_{\mathbf{f}}}\, \underline{\underline{\mathrm{e}}} = \underline{\underline{\mathrm{e}}}^{\mathrm{T}} \begin{pmatrix} 1+\varepsilon_x & \dfrac{\gamma_{xy}}{2} & \dfrac{\gamma_{xz}}{2} \\ \dfrac{\gamma_{xy}}{2} & 1+\varepsilon_y & \dfrac{\gamma_{yz}}{2} \\ \dfrac{\gamma_{xz}}{2} & \dfrac{\gamma_{yz}}{2} & 1+\varepsilon_z \end{pmatrix} \underline{\underline{\mathrm{e}}}} \tag{4.34}$$

Nach (12.23, Bd. I) bewirkt die Addition in der Hauptdiagonale eine Spektralverschiebung, so dass alle Eigenwerte des Deformationstensors gegenüber denen des Verzerrungstensors um Eins verschoben sind und wegen der kleinen ε-Werte (4.17) daher grundsätzlich größer als Null ausfallen.

$$\boxed{\lambda_V = \varepsilon_{\xi,\eta,\zeta} \quad \rightarrow \quad \lambda_{Df} = 1 + \lambda_V = 1 + \varepsilon_{\xi,\eta,\zeta} > 0} \tag{4.35}$$

Die Tensorfläche des Deformationstensors mit drei positiven Eigenwerten ist deshalb stets ein Ellipsoid, das **Deformationsellipsoid**.

Da die Matrizen von Verzerrungs- und Deformationstensor nach (12.24, Bd. I) die gleichen Eigenvektoren besitzen, haben Dehnungs- bzw. Dilatationsfläche und Deformationsellipsoid auch das **gleiche Hauptachsensystem**.

Bei Spannung und Verformung eines isotropen Körpers im linear-elastischen Bereich, der dem HOOKE'schen Gesetz gehorcht, kann man als Ergebnis vier Tensoren und zugehörige Matrizen unterscheiden, von denen bis auf Grad $\boldsymbol{u}$ alle symmetrisch sind.

- **Spannungstensor** $\mathscr{S}_{Sp}$ mit $\underline{\mathbf{Sp}} = \underline{\mathbf{Sp}}^{\mathrm{T}}$
- **Verschiebungstensor** Grad$\boldsymbol{u}$ mit $\underline{\mathbf{F}}^{\mathrm{T}}(\underline{u}^{\#}/\underline{x}^{\#})$
- **Verzerrungstensor** $\mathscr{V}$ mit $\underline{\mathbf{V}} = \underline{\mathbf{V}}^{\mathrm{T}}$
- **Deformationstensor** $\mathscr{D}_f$ mit $\underline{\mathbf{D_f}} = \underline{\mathbf{D_f}}^{\mathrm{T}}$

(4.36)

Dabei werden die letzten beiden Matrizen aus der Funktionalmatrix gebildet.

$$\underline{\mathbf{V}} = \frac{1}{2}\left[\,\underline{\mathbf{F}}^{\mathrm{T}}\left(\underline{u}^{\#}/\underline{x}^{\#}\right) + \underline{\mathbf{F}}\left(\underline{u}^{\#}/\underline{x}^{\#}\right)\right]$$

$$\underline{\mathbf{D_f}} = \frac{1}{2}\left[\,\underline{\mathbf{F}}^{\mathrm{T}}\left(\underline{u}^{\#}/\underline{x}^{\#}\right) + \underline{\mathbf{F}}\left(\underline{u}^{\#}/\underline{x}^{\#}\right)\right] + \underline{\mathbf{E}}$$

Die drei symmetrischen Tensoren $\mathscr{S}_{Sp}, \mathscr{V}, \mathscr{D}_f$ besitzen nach (4.24) und (4.35) zwar unterschiedliche Eigenwerte, aber sie weisen alle das gleiche Hauptachsensystem auf!

4.3.5 Kugeltensor und Deviator

Wenn man das Volumenelement

$$V = \ell_x \, \ell_y \, \ell_z$$

in alle Richtungen dehnt, dann gilt für **kleine Deformationen** in erster Näherung die Beziehung

$$\begin{aligned} \widehat{V} &= \ell_x \, (1 + \varepsilon_x) \, \ell_y \, (1 + \varepsilon_y) \, \ell_z \, (1 + \varepsilon_z) \\ &\approx \ell_x \, \ell_y \, \ell_z \, (1 + \varepsilon_x + \varepsilon_y + \varepsilon_z) \; = \; V \, (1 + 3 \, \bar{\varepsilon}) \end{aligned}$$

Die relative Volumenänderung oder **Volumendilatation** ergibt sich zu

$$\chi = \frac{\hat{V} - V}{V} = 3 \, \bar{\varepsilon} = \mathrm{sp} \, \underline{\mathbf{V}}$$

Aus dem Vergleich von (4.18) und (18.45, Bd. I) folgt für χ,

$$\boxed{\chi = \mathrm{sp} \, \underline{\mathbf{V}} = \varepsilon_x + \varepsilon_y + \varepsilon_z = \frac{\partial u}{\partial x} + \frac{\partial v}{\partial y} + \frac{\partial w}{\partial z} = \mathrm{div} \, \boldsymbol{u}} \tag{4.37}$$

so dass man eine **kleine Volumenänderung** durch die **Divergenz des Verschiebungsvektors** $\boldsymbol{u}$ ausdrücken kann. Ist die Divergenz bei einem Körper dagegen Null, dann ändert sich das Volumen nicht, so dass daher die **Bedingung der Inkompressibilität** lautet

$$\chi = \mathrm{div} \, \boldsymbol{u} = 0$$

Weiterhin folgt mit (4.22) und (4.28) für die Volumendilatation

$$\boxed{\chi = 3 \, \bar{\varepsilon} = 3 \, (1 - 2 \, \nu) \, \frac{\bar{\sigma}}{E} = \frac{3 \, (1 - 2 \, \nu)}{2 \, (1 + \nu)} \, \frac{\bar{\sigma}}{G}} \tag{4.38}$$

Da sowohl bei Zug wie auch bei Druck $\bar{\sigma}$ und χ gleiches Vorzeichen haben, erhält man aus $1 - 2 \, \nu > 0$ folgende Wertebereiche für die elastischen Konstanten.

$$\boxed{0 < \nu < \frac{1}{2}} \quad \rightarrow \quad \boxed{2 < \frac{E}{G} < 3} \tag{4.39}$$

Aus (4.38) erhält man den **Kompressionsmodul** K, [2, S. 196].

$$K = \frac{\bar{\sigma}}{\chi} = \frac{E}{3\,(1-2\,\nu)} = \frac{2\,(1+\nu)}{3\,(1-2\,\nu)}\,G \tag{4.40}$$

Werkstoffe mit $K \to \infty$ für $\chi \to 0$ bzw. $\nu \to 1/2$ heißen **inkompressibel**.

Anhand der Mittelwerte (4.21) kann man die Tensoren für Spannung und Verzerrung in zwei Anteile zerlegen, die man in ihrer Wirkung physikalisch unterschiedlich deuten kann.

$$\begin{aligned} \mathscr{S}_{Sp} &= \bar{\sigma}\,\mathscr{E} + \mathscr{S}_{Sp_\mathrm{D}} = \mathscr{S}_{Sp_\mathrm{K}} + \mathscr{S}_{Sp_\mathrm{D}} \\ \mathscr{V} &= \bar{\varepsilon}\,\mathscr{E} + \mathscr{V}_\mathrm{D} = \mathscr{V}_\mathrm{K} + \mathscr{V}_\mathrm{D} \end{aligned} \tag{4.41}$$

Die zugehörigen symmetrischen Tensormatrizen werden jeweils in zwei Matrizen aufgeteilt, die unterschiedliche Auswirkungen auf die Deformation eines Körpers zur Folge haben.

$$\underline{\mathbf{Sp}} = \begin{pmatrix} \sigma_x & \tau_{xy} & \tau_{xz} \\ \tau_{xy} & \sigma_y & \tau_{yz} \\ \tau_{xz} & \tau_{yz} & \sigma_z \end{pmatrix} = \begin{pmatrix} \bar{\sigma} & 0 & 0 \\ 0 & \bar{\sigma} & 0 \\ 0 & 0 & \bar{\sigma} \end{pmatrix} + \begin{pmatrix} \sigma_x - \bar{\sigma} & \tau_{xy} & \tau_{xz} \\ \tau_{xy} & \sigma_y - \bar{\sigma} & \tau_{yz} \\ \tau_{xz} & \tau_{yz} & \sigma_z - \bar{\sigma} \end{pmatrix}$$

$$\underline{\mathbf{V}} = \begin{pmatrix} \varepsilon_x & \frac{\gamma_{xy}}{2} & \frac{\gamma_{xz}}{2} \\ \frac{\gamma_{xy}}{2} & \varepsilon_y & \frac{\gamma_{yz}}{2} \\ \frac{\gamma_{xz}}{2} & \frac{\gamma_{yz}}{2} & \varepsilon_z \end{pmatrix} = \begin{pmatrix} \bar{\varepsilon} & 0 & 0 \\ 0 & \bar{\varepsilon} & 0 \\ 0 & 0 & \bar{\varepsilon} \end{pmatrix} + \begin{pmatrix} \varepsilon_x - \bar{\varepsilon} & \frac{\gamma_{xy}}{2} & \frac{\gamma_{xz}}{2} \\ \frac{\gamma_{xy}}{2} & \varepsilon_y - \bar{\varepsilon} & \frac{\gamma_{yz}}{2} \\ \frac{\gamma_{xz}}{2} & \frac{\gamma_{yz}}{2} & \varepsilon_z - \bar{\varepsilon} \end{pmatrix}$$

Die ersten der Einheitsmatrix proportionalen Anteile, sind die Matrizen von **Kugeltensoren**, die einen **hydrostatischen Spannungszustand** mit gleichen Normalspannungen und Dilatationen in allen drei Raumrichtungen beschreiben und wegen fehlender Schubspannungen keine Winkeländerungen oder Scherungen hervorrufen. Für die Deformation bedeutet das eine reine Volumenänderung in elastischer Form, bei der Dehnungen oder Stauchungen bei Wahrung der Gestalt des Körpers stattfinden.

Physikalisch bedeutet das:

Ein Kugeltensor bewirkt eine gestalttreue Volumenänderung als Deformation des Körpers (4.42)

Die zweiten Anteile, deren Spur Null ist, stellen gemäß (12.28, Bd. I) Matrizen von **Deviatoren** dar, die die *Abweichung* von den ersten Anteilen beschreiben. Da mit der Spur auch die Divergenz des Verschiebungsvektors verschwindet, ergänzen sich die Dehnungen in der Summe zu Null und es treten keine Volumenänderungen auf, [2, S. 176].

Physikalisch bedeutet das:

Ein Deviator bewirkt eine volumentreue Gestaltänderung als Deformation des Körpers (4.43)

4.4 Beispiele und Ergänzungen zu Spannung und Dehnung

4.4.1 Materialblock zwischen starrer Begrenzung

Zwischen starren, unverschieblichen Wänden befindet sich ein Block aus einem deformierbaren Material, der nach *Abbildung 4.14* unter einem Druck steht. Die Aufgabe wird als ebenes Problem behandelt, da die z-Richtung nicht betrachtet wird.

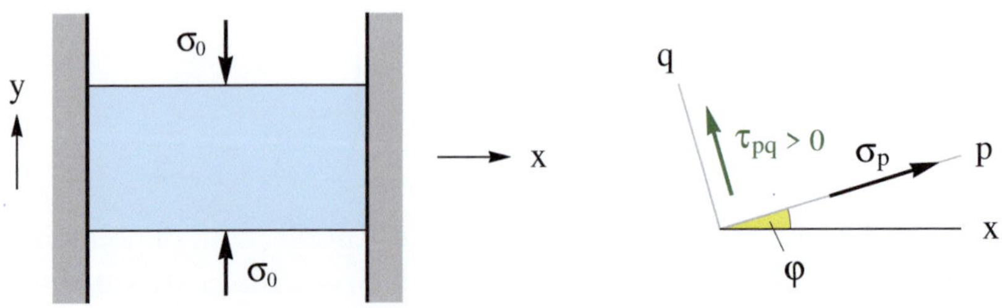

Abb. 4.14: Aufgabenstellung und gedrehtes Koordinatensystem (p, q)

Die Richtungen x und y bilden Hauptachsen, da sie schubspannungsfrei sind.

Der Block hat in y-Richtung die Dicke ℓ und ist belastet mit der Druckspannung

$$\sigma_y = -\,\sigma_0 \,<\, 0$$

In x-Richtung kann wegen der starren Wände keine Dehnung auftreten, so dass nach dem HOOKE'schen Gesetz (4.20) folgt,

$$E\,\varepsilon_x = \sigma_x - \nu\,\sigma_y = 0$$

woraus sich die Druckspannung

$$\sigma_x = \nu\,\sigma_y = -\,\nu\,\sigma_0 \,<\, 0$$

und in y-Richtung wegen des ν-Bereichs (4.39) eine Stauchung ergibt.

$$E\,\varepsilon_y = \sigma_y - \nu\,\sigma_x = \sigma_y - \nu^2\,\sigma_y = -\,(1-\nu^2)\,\sigma_0 \,<\, 0$$

Im Koordinatensystem p, q, das um den Winkel φ gedreht ist, erhält man mit (12.16, Bd. I) oder (4.13) die Normalspannungen als Druck zu

$$\begin{aligned}
\sigma_p = \sigma(\varphi) &= -\,\sigma_0\,(\sin^2\varphi + \nu\,\cos^2\varphi)\\
&= -\,\sigma_0\left[\,\nu + (1-\nu)\,\sin^2\varphi\,\right] \,<\, 0\\
\sigma_q = \sigma\big(\varphi + \frac{\pi}{2}\big) &= -\,\sigma_0\,(\cos^2\varphi + \nu\,\sin^2\varphi)\\
&= -\,\sigma_0\left[\,\nu + (1-\nu)\,\cos^2\varphi\,\right] \,<\, 0
\end{aligned}$$

Mit diesen orthogonalen Normalspannungen kann man nach (4.20) die Stauchungen für Schnitte unter beliebigem Winkel berechnen.

$$\begin{aligned}
E\,\varepsilon_p &= \sigma_p - \nu\,\sigma_q = -\,\sigma_0\,(1-\nu^2)\,\sin^2\varphi \,<\, 0\\
E\,\varepsilon_q &= \sigma_q - \nu\,\sigma_p = -\,\sigma_0\,(1-\nu^2)\,\cos^2\varphi \,<\, 0
\end{aligned}$$

Für die Schubspannungen erhält man

$$\tau_{pq} = \tau(\varphi) = -\,\frac{1}{2}\,\sigma_0\,(1-\nu)\,\sin 2\varphi$$

mit dem betragsmäßig maximalen Wert

$$\tau_{\max} = \mp\,\frac{1}{2}\,\sigma_0\,(1-\nu) \qquad \text{bei} \qquad \varphi = \pm\,\frac{\pi}{4}$$

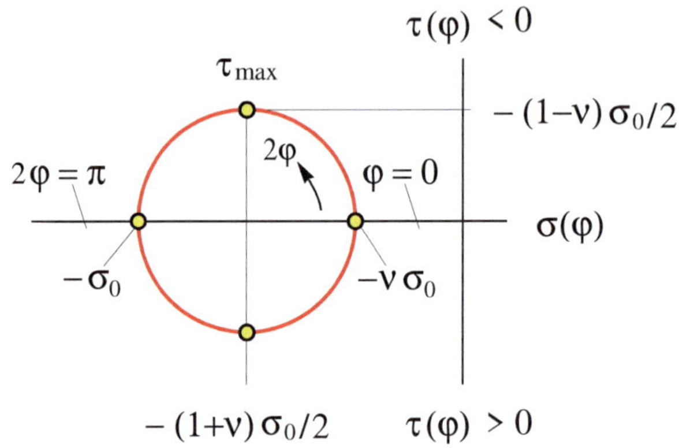

ABB. 4.15: MOHR'scher Spannungskreis

Der MOHR'sche Spannungskreis liegt wegen der Druckspannungen links von der Ordinate. Die Schubspannungen wechseln bei $\varphi = 0,\ \pi/2$ das Vorzeichen.

Bezüglich der Koordinaten p und q und gemäß der Vorzeichenregel aus *Abschnitt 4.2.1* hat der Schub die in *Abbildung 4.16* dargestellten Richtungen und weist auf gegenüberliegenden Seiten des Elements in entgegengesetzte Richtung.

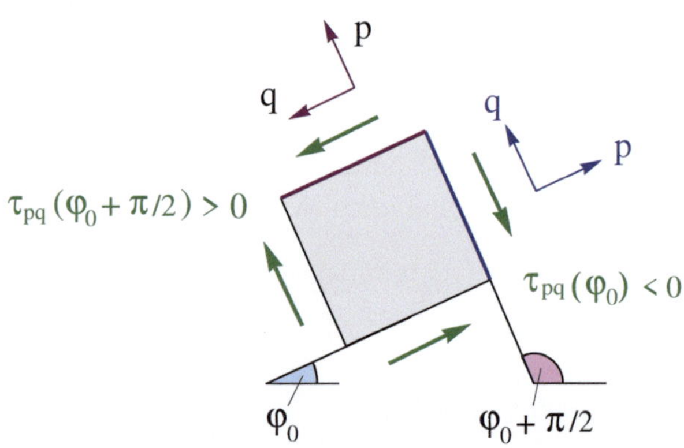

ABB. 4.16: Volumenelement im gedrehten System

Der deformierbare Materialblock sei aus Stahl, für den konkrete Zahlenangaben gemacht werden.

Stahl als einer der wichtigsten Werkstoffe des Ingenieurwesens, [6], hat folgende Standardwerte für die **elastischen Konstanten**, wobei auf Grund der großen Vielfalt von Stahlsorten und Legierungen auch abweichende Werte gemäß gesuchter Eigenschaften und experimenteller Untersuchungen auftreten.

- **Elastizitätsmodul** $E = 2.1 \cdot 10^5$ MPa $= 210$ GPa
- **Schubmodul** $G = 8 \cdot 10^4$ MPa $= 80$ GPa
- **Querkontraktionszahl** $\nu = 0.3$ (4.44)

Dabei gilt für Drücke und Spannungen die Äquivalenz folgender Einheiten mit der abgeleiteten Einheit **bar** für den Druck.

$$1\,\text{MPa} = 1\,\frac{\text{N}}{\text{mm}^2} = 10^6\,\frac{\text{N}}{\text{m}^2} = 10\,\text{bar}$$

Für den Wert $\nu = 0.3$ haben Normal- und Schubspannungen bei verschiedenen Winkeln φ ungefähr die in *Abbildung 4.17* dargestellten, maßstäblichen Größen.

Bei einer Druckspannung von $\sigma_0 = 100$ N/mm^2 ergeben sich folgende Werte für Spannungen und Dehnung.

$$\sigma_x = -\,\nu\,\sigma_0 = -\,30\ \text{N/mm}^2$$

$$\tau_{\text{max}} = \frac{1}{2}\,\sigma_0\,(1-\nu) = 35\ \text{N/mm}^2$$

$$\varepsilon_y = -\,(1-\nu^2)\,\frac{\sigma_0}{E} = -\,433 \cdot 10^{-6}$$

Bei einer Blockdicke von $\ell = 1\,\text{m}$ beträgt die Stauchung $\Delta\ell = 0.433\,\text{mm}$.

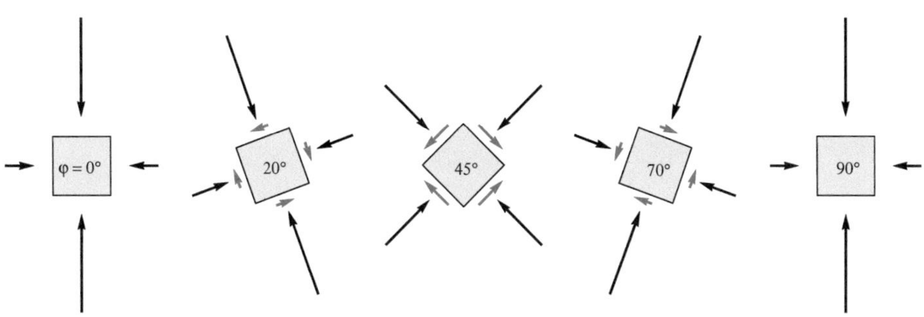

ABB. 4.17: Normal- und Schubspannungen bei verschiedenen Drehwinkeln

4.4.2 Quadratischer Stab in starrer Passung

Ein Quader von quadratischem Querschnitt a^2 und Höhe h befindet sich in einer starren Passung und wird auf der Oberseite mit einer Kraft F belastet. Die Änderung der Höhe ist gesucht.

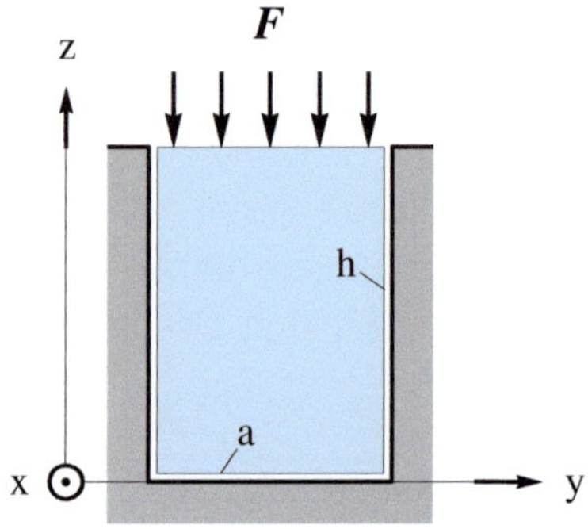

Abb. 4.18: Quadratischer Stab in starrer Passung

Für den räumlichen Spannungszustand gilt zunächst die Druckspannung

$$\sigma_z = -\frac{F}{a^2} < 0$$

Da in x- und y-Richtung keine Dehnungen möglich sind, folgt aus (4.20)

$$E\,\varepsilon_x = \sigma_x - \nu\,(\sigma_y + \sigma_z) = 0$$

$$E\,\varepsilon_y = \sigma_y - \nu\,(\sigma_x + \sigma_z) = 0$$

Aus diesen Gleichungen erhält man die Druckspannungen,

$$\sigma_x = \sigma_y = \frac{\nu}{1-\nu}\,\sigma_z < 0$$

die Stauchung

$$E\,\varepsilon_z = \sigma_z - \nu\,(\sigma_x + \sigma_y) = \left[1 - \frac{2\nu^2}{1-\nu}\right]\sigma_z = \frac{1-\nu-2\nu^2}{1-\nu}\,\sigma_z$$

$$\varepsilon_z = \frac{1}{E}\,\frac{(1+\nu)(1-2\nu)}{1-\nu}\,\sigma_z < 0$$

sowie die Höhenänderung

$$\Delta h = -\frac{(1+\nu)(1-2\nu)}{1-\nu}\,\frac{F}{a^2\,E}$$

4.4.3 Quader mit zwei Druckspannungen

Ein Quader wird in x- und y-Richtung mit den Druckspannungen σ_x und σ_y belastet. Die Spannungen sollen gerade so groß sein, dass in diesen Richtungen keine Stauchungen auftreten.

Es liegt ein räumlicher Spannungszustand vor und nach dem HOOKE'schen Gesetz folgt für die Stauchungen in den drei Richtungen

$$\begin{aligned} E\,\varepsilon_x &= \sigma_x - \nu\,\sigma_y \\ E\,\varepsilon_y &= \sigma_y - \nu\,\sigma_x \\ E\,\varepsilon_z &= -\,\nu\,(\sigma_x + \sigma_y) \end{aligned}$$

Man kann die Stauchungen in x- und y-Richtung nicht einfach Null setzen, weil das zu einem Widerspruch führt.

Dagegen folgt aus der Gleichheit der Stauchungen $\varepsilon_x = \varepsilon_y$

$$\sigma_x - \nu\,\sigma_y = \sigma_y - \nu\,\sigma_x \quad \rightarrow \quad (1+\nu)\,\sigma_x = (1+\nu)\,\sigma_y$$

die Gleichheit der beiden Druckspannungen,

$$\sigma_x = \sigma_y = -\,\sigma_0$$

die zu folgender Dehnung in z-Richtung führt.

$$E\,\varepsilon_z = 2\,\nu\,\sigma_0$$

4.4.4 Spannungs- und Verzerrungstensor in Zylinderkoordinaten

Dargestellt ist ein zylindrisches Volumenelement mit den auftretenden Normal- und Schubspannungen.

Der Spannungstensor hat folgende Darstellungen in verschiedenen Koodinatensystemen mit den Matrizen $\underline{\mathbf{Sp}}$ und $\underline{\mathbf{Sp}}_{\text{HA}}$ nach (4.5) bzw. (4.10).

$$\mathscr{S}_{Sp} = \underline{\underline{\mathbf{e}}}^{\text{T}}\,\underline{\mathbf{Sp}}\,\underline{\underline{\mathbf{e}}} = \underline{\underline{\mathbf{e}}}_{\text{HA}}^{\text{T}}\,\underline{\mathbf{Sp}}_{\text{HA}}\,\underline{\underline{\mathbf{e}}}_{\text{HA}} = \underline{\underline{\mathbf{c}}}_{\text{Zyl}}^{\text{T}}\,\underline{\mathbf{Sp}}_{\text{Zyl}}\,\underline{\underline{\mathbf{c}}}_{\text{Zyl}}$$

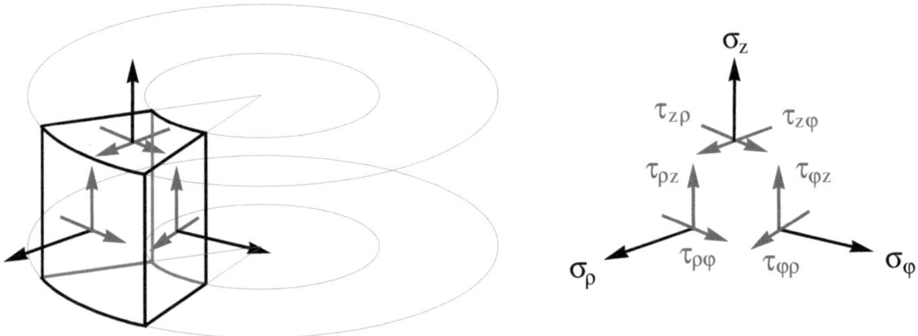

ABB. 4.19: Normal- und Schubspannungen am Zylinderelement

Die Komponentenmatrix erhält man nach (18.16, Bd, I) in Zylinderkoordinaten durch Kongruenztransformation mit der Matrix $\underline{\mathbf{A}}_\varphi$ der ebenen Drehung nach (6.38, Bd. I)

$$\underline{\mathbf{Sp}}_{\text{Zyl}} = \underline{\mathbf{A}}_\varphi\,\underline{\mathbf{Sp}}\,\underline{\mathbf{A}}_\varphi^{\mathrm{T}} = \begin{pmatrix} \sigma_\rho & \tau_{\rho\varphi} & \tau_{\rho z} \\ \tau_{\rho\varphi} & \sigma_\varphi & \tau_{\varphi z} \\ \tau_{\rho z} & \tau_{\varphi z} & \sigma_z \end{pmatrix} \qquad \text{mit} \qquad \underline{\underline{\mathbf{c}}}_{\text{Zyl}} = \underline{\mathbf{A}}_\varphi\,\underline{\underline{\mathbf{e}}}$$

Die verschiedenen Spannungen erfüllen folgende Beziehungen, wobei σ_ρ und $\tau_{\rho\varphi}$ mit den Ergebnissen (4.13) beim ebenen Spannungszustand übereinstimmen.

$$\sigma_\rho(\varphi) = \sigma_x\,\cos^2\varphi + \sigma_y\,\sin^2\varphi + \tau_{xy}\,\sin 2\varphi$$

$$\sigma_\varphi(\varphi) = \sigma_x\,\sin^2\varphi + \sigma_y\,\cos^2\varphi - \tau_{xy}\,\sin 2\varphi$$

$$\tau_{\rho\varphi}(\varphi) = \tau_{\varphi\rho} = \tau_{xy}\,\cos 2\varphi - \frac{1}{2}\,(\sigma_x - \sigma_y)\,\sin 2\varphi$$

$$\tau_{\rho z}(\varphi) = \tau_{z\rho} = +\,\tau_{xz}\,\cos\varphi + \tau_{yz}\,\sin\varphi$$

$$\tau_{\varphi z}(\varphi) = \tau_{z\varphi} = -\,\tau_{xz}\,\sin\varphi + \tau_{yz}\,\cos\varphi$$

Der Verzerrungstensor (4.31) hat nach (4.23) in Zylinderkoordinaten folgende Komponenten.

$$\underline{\mathbf{V}}_{\text{Zyl}} = \frac{1+\nu}{E}\,\underline{\mathbf{Sp}}_{\text{Zyl}} - 3\,\nu\,\frac{\bar{\sigma}}{E}\,\underline{\mathbf{E}}$$

$$\frac{1}{2}\begin{pmatrix} 2\,\varepsilon_\rho & \gamma_{\rho\varphi} & \gamma_{\rho z} \\ \gamma_{\rho\varphi} & 2\,\varepsilon_\varphi & \gamma_{\varphi z} \\ \gamma_{\rho z} & \gamma_{\varphi z} & 2\,\varepsilon_z \end{pmatrix} = \frac{1+\nu}{E}\begin{pmatrix} \sigma_\rho & \tau_{\rho\varphi} & \tau_{\rho z} \\ \tau_{\rho\varphi} & \sigma_\varphi & \tau_{\varphi z} \\ \tau_{\rho z} & \tau_{\varphi z} & \sigma_z \end{pmatrix} - 3\,\nu\,\frac{\bar{\sigma}}{E}\begin{pmatrix} 1 & 0 & 0 \\ 0 & 1 & 0 \\ 0 & 0 & 1 \end{pmatrix}$$

4.4.5 Zylindrischer Stempel mit Wasserdruck

a) Die Belastung eines kreiszylindrischen Stempels erfolgt in axialer Richtung durch eine Druckspannung σ_F und in radialer Richtung durch den Wasserdruck σ_W

Gesucht sind die Verzerrungen und das Spannungsverhältnis, bei dem keine Dilatationen des Stempels auftreten

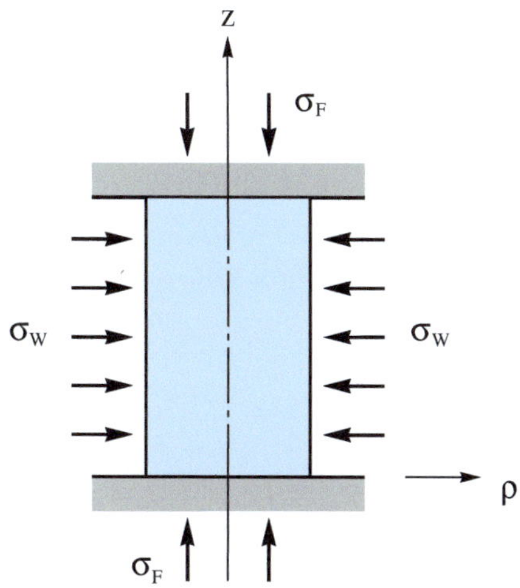

Abb. 4.20: Normalspannungen am zylindrischen Stempel

Das zylindrische Koordinatensystem ist ein Hauptachsensystem und für den Verzerrungstensor gilt nach (4.23) im vorliegenden Fall,

$$\underline{\mathbf{V}}_{\text{Zyl}} = \text{Diag}\left(\varepsilon_\rho, 0, \varepsilon_z\right) = \frac{1+\nu}{E}\begin{pmatrix} -\sigma_W & 0 & 0 \\ 0 & 0 & 0 \\ 0 & 0 & -\sigma_F \end{pmatrix} + \frac{3\nu}{E}\left(\sigma_W + \sigma_F\right)\underline{\mathbf{E}}$$

woraus sich die Dilatationen ergeben.

$$\varepsilon_\rho = \frac{3\nu}{E}\left(\sigma_W + \sigma_F\right) - \frac{1+\nu}{E}\sigma_W = \frac{1}{E}\left[3\nu\,\sigma_F - (1-2\nu)\,\sigma_W\right]$$

$$\varepsilon_z = \frac{3\nu}{E}\left(\sigma_W + \sigma_F\right) - \frac{1+\nu}{E}\sigma_F = \frac{1}{E}\left[3\nu\,\sigma_W - (1-2\nu)\,\sigma_F\right]$$

Die Gleichheit der Dilatationen

$$\varepsilon_\rho = \varepsilon_z \quad \rightarrow \quad 3\,\nu\,\sigma_F - (1 - 2\,\nu)\,\sigma_W = 3\,\nu\,\sigma_W - (1 - 2\,\nu)\,\sigma_F$$

tritt auf bei Gleichheit der Normalspannungen.

$$\sigma_\rho = -\,\sigma_W = \sigma_z = -\,\sigma_F$$

b) Die Belastung des Stempels sei in axialer Richtung eine Zugspannung, deren Größe dem Wasserdruck in radialer Richtung entspricht

Gesucht sind die Dilatationen des Stempels

Der Spannungstensor ist in diesem Fall ein Deviator, dessen Spur Null ist, so dass beim Verzerrungstensor der zweite Anteil entfällt.
Mit den Spannungen $\sigma_F = |\,\sigma_W\,| = \sigma_0$ gilt

$$\underline{\mathbf{V}}_{\mathrm{Zyl}} = \mathrm{Diag}\left(\,\varepsilon_\rho, 0, \varepsilon_z\,\right) = \frac{1+\nu}{E}\begin{pmatrix} -\,\sigma_0 & 0 & 0 \\ 0 & 0 & 0 \\ 0 & 0 & \sigma_0 \end{pmatrix}$$

Die betragsmäßig gleich großen Dilatationen ergeben sich zu

$$\varepsilon_\rho = -\,\varepsilon_z = -\,\frac{1+\nu}{E}\,\sigma_0$$

Ein Beispiel für den Fall b) stellt die mechanische Beanspruchung dielektrischen Materials im elektrischen Feld am Ende von *Abschnitt 5.3.2* dar.

4.4.6 Spannungen in dünnwandigen Rohren

In einem kreiszylindrischen Rohr, das durch Deckelflächen abgeschlossen ist, herrscht ein Innendruck p_0, so dass in der Rohrwand Spannungen auftreten.

In einem Wandstück des Rohres der Dicke d führt das Kräftegleichgewicht gemäß (4.1) in ρ-Richtung bei kleinen Winkeln φ auf

$$\sigma_\rho\,2\varphi\,R\,\Delta z = 2\,\sigma_\varphi\,d\,\Delta z\,\sin\varphi \approx \sigma_\varphi\,2\varphi\,d\,\Delta z \quad \rightarrow \quad \sigma_\varphi = \sigma_\rho\,\frac{R}{d} = p_0\,\frac{R}{d}$$

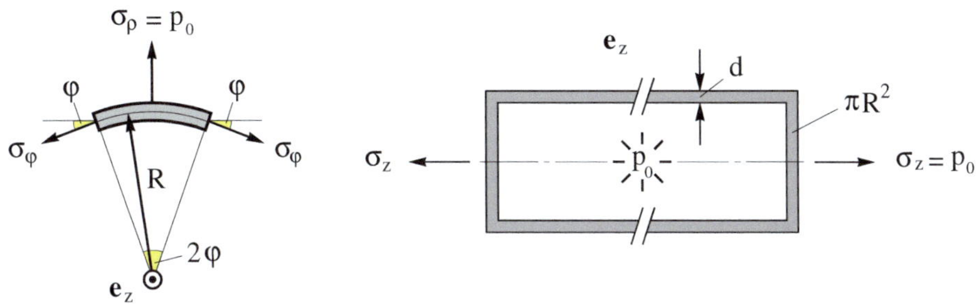

Abb. 4.21: Spannungen in der Wand des Zylinders

Im kreisringförmigen Querschnitt der Rohrwand herrscht in z-Richtung folgende Kraft, die durch den Druck auf die Deckel hervorgerufen wird.

$$F_z = \sigma_z \, 2\pi R \, d = p_0 \, 2\pi R \, d = p_0 \, \pi R^2 \quad \rightarrow \quad \sigma_z = p_0 \, \frac{R}{2d}$$

Die **Wandspannungen** des zylindrischen Rohres haben damit die folgenden Größen.

$$\begin{aligned} \sigma_\rho &= p_0 && \text{in radialer Richtung} \\ \sigma_\varphi &= 2\sigma_z = p_0 \, \frac{R}{d} && \text{in den tangentialen Richtungen} \end{aligned} \qquad (4.45)$$

Für dünnwandige Rohre im mittleren Rohrbereich in einiger Entfernung von den Deckelflächen gilt näherungsweise, dass die **Tangentialspannung** σ_φ **doppelt so groß wie die Längsspannung** σ_z ist.

> Dieses Verhältnis von 2 : 1 der beiden Tangentialspannungen ist der Grund dafür, dass Röhren, Kessel und auch Bockwürste stets **in Längsrichtung aufplatzen** und nie in Querrichtung! (4.46)

In Zylinderkoordinaten haben der Spannungsvektor $\boldsymbol{s}$ und der Normalenvektor $\boldsymbol{n}$ eines beliebigen Flächenschnittes im Wandinneren des Rohres folgende Komponenten, wobei der Vektor $\boldsymbol{n}$ mit den zylindrischen Einheitsvektoren die drei Winkel α, β und γ bildet und die entsprechenden Richtungscosinus besitzt.

$$\boldsymbol{s} = \underline{\mathbf{s}}^{\mathrm{T}} \, \underline{\underline{\mathbf{c}}}_{\mathrm{Zyl}} = s_\rho \, \mathbf{e}_\rho + s_\varphi \, \mathbf{e}_\varphi + s_z \, \mathbf{e}_z$$

$$\boldsymbol{n} = \underline{\mathbf{n}}^{\mathrm{T}} \, \underline{\underline{\mathbf{c}}}_{\mathrm{Zyl}} = n_\rho \, \mathbf{e}_\rho + n_\varphi \, \mathbf{e}_\varphi + n_z \, \mathbf{e}_z = \cos\alpha \, \mathbf{e}_\rho + \cos\beta \, \mathbf{e}_\varphi + \cos\gamma \, \mathbf{e}_z$$

Die zylindrischen Koordinaten bilden die Hauptachsen, in denen keine Schubspannungen auftreten, so dass die Matrix der Tensorgleichung (4.6) Diagonalform annimmt.

$$\underline{\mathbf{s}} = \underline{\underline{\mathbf{Sp}}}\,\underline{\mathbf{n}} = \begin{pmatrix} s_\rho \\ s_\varphi \\ s_z \end{pmatrix} = \begin{pmatrix} \sigma_\rho & 0 & 0 \\ 0 & \sigma_\varphi & 0 \\ 0 & 0 & \sigma_z \end{pmatrix} \begin{pmatrix} \cos\alpha \\ \cos\beta \\ \cos\gamma \end{pmatrix} = \begin{pmatrix} \sigma_\rho \cos\alpha \\ \sigma_\varphi \cos\beta \\ \sigma_z \cos\gamma \end{pmatrix}$$

Werden **Rohre aus Stahlbändern** wendelartig verschweißt, dann sind die Spannungen von Interesse, die in der gegen die Rohrachse geneigten Schweißnaht als Beanspruchung auftreten, (*Abbildung 4.22*).

Das Koordinatensystem $\underline{\underline{\hat{\mathbf{c}}}}$ der Schweißnaht mit den Koordinaten (ρ, p, q) entsteht dadurch, dass man das Zylindersystem $\underline{\underline{\mathbf{c}}}_{\mathrm{Zyl}}$ um die ρ-Achse um den Winkel χ dreht.

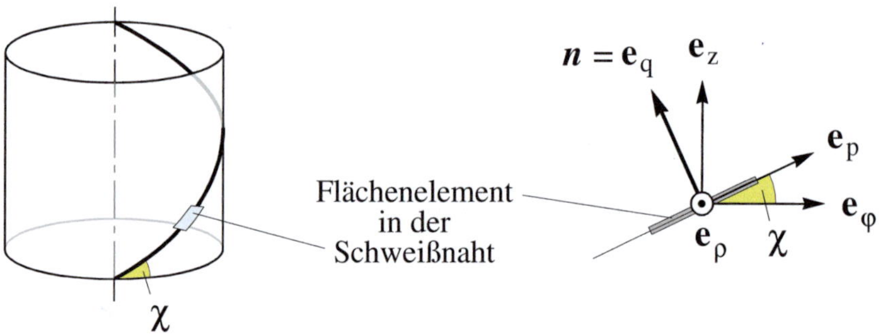

ABB. 4.22: Schweißnaht im Rohr und zugehörige Koordinatensysteme

Die Umrechnung der Einheitsvektoren und der Matrix des Spannungstensors erfolgen nach den Beziehungen (18.11) und (18.16, Bd. I) mit der orthogonalen Matrix $\underline{\mathbf{A}}_\chi$ der räumlichen Drehung in *Abschnitt 6.9.5 (Bd. I)*.

$$\underline{\underline{\hat{\mathbf{c}}}} = \begin{pmatrix} \mathbf{e}_\rho \\ \mathbf{e}_p \\ \mathbf{e}_q \end{pmatrix} = \underline{\mathbf{A}}_\chi \underline{\underline{\mathbf{c}}}_{\mathrm{Zyl}} = \begin{pmatrix} 1 & 0 & 0 \\ 0 & \cos\chi & \sin\chi \\ 0 & -\sin\chi & \cos\chi \end{pmatrix} \begin{pmatrix} \mathbf{e}_\rho \\ \mathbf{e}_\varphi \\ \mathbf{e}_z \end{pmatrix}$$

$$\underline{\widehat{\mathbf{Sp}}} = \underline{\underline{\mathbf{A}}}_\chi \, \underline{\underline{\mathbf{Sp}}} \, \underline{\underline{\mathbf{A}}}_\chi^{\mathrm{T}} = \underline{\underline{\mathbf{A}}}_\chi \begin{pmatrix} \sigma_\rho & 0 & 0 \\ 0 & \sigma_\varphi & 0 \\ 0 & 0 & \sigma_z \end{pmatrix} \underline{\underline{\mathbf{A}}}_\chi^{\mathrm{T}} = \begin{pmatrix} \sigma_\rho & 0 & 0 \\ 0 & \sigma_p & \tau_{pq} \\ 0 & \tau_{pq} & \sigma_q \end{pmatrix}$$

Die Ausführung der Matrixmultiplikation ergibt mit den Wandspannungen (4.45) die **Spannungen in der Schweißnaht**.

$$\sigma_p = \sigma_\varphi \cos^2\chi + \sigma_z \sin^2\chi = p_0 \, \frac{R}{2d} \left[1 + \cos^2\chi\right]$$

$$\sigma_q = \sigma_\varphi \sin^2\chi + \sigma_z \cos^2\chi = p_0 \, \frac{R}{2d} \left[1 + \sin^2\chi\right]$$

$$\tau_{pq} = -\left(\sigma_\varphi - \sigma_z\right) \sin\chi\cos\chi = -\,p_0 \, \frac{R}{2d} \, \sin\chi\cos\chi$$

Der Normalenvektor $\boldsymbol{n}$ des Flächenelementes in der Schweißnaht hat gemäß Abbildung folgende Winkel gegen die Koordinatenrichtungen $(\rho,\, \varphi, z)$, mit denen man auch den Spannungsvektor bestimmt.

$$\alpha = \frac{\pi}{2}\,, \qquad \beta = \chi + \frac{\pi}{2}\,, \qquad \gamma = \chi$$

$$\rightarrow \quad \boldsymbol{n} = \underline{\mathbf{n}}^{\mathrm{T}} \, \underline{\underline{\hat{\mathbf{c}}}} = \mathbf{e}_q = -\,\sin\chi\,\mathbf{e}_\varphi + \cos\chi\,\mathbf{e}_z$$

$$\boldsymbol{s} = \underline{\mathbf{s}}^{\mathrm{T}} \, \underline{\mathbf{e}} = -\,\sigma_\varphi \sin\chi\,\mathbf{e}_\varphi + \sigma_z \cos\chi\,\mathbf{e}_z$$

Damit kann der Spannungsvektor im gedrehten System $\underline{\underline{\hat{\mathbf{c}}}}$ auf zwei verschiedene Weisen berechnet werden.

$$\underline{\hat{\mathbf{s}}} = \underline{\widehat{\mathbf{Sp}}} \, \underline{\mathbf{n}} = \begin{pmatrix} \sigma_\rho & 0 & 0 \\ 0 & \sigma_p & \tau_{pq} \\ 0 & \tau_{pq} & \sigma_q \end{pmatrix} \begin{pmatrix} 0 \\ 0 \\ 1 \end{pmatrix} = \begin{pmatrix} 0 \\ \tau_{pq} \\ \sigma_q \end{pmatrix} = \begin{pmatrix} s_\rho \\ s_p \\ s_q \end{pmatrix}$$

$$\underline{\hat{\mathbf{s}}} = \underline{\underline{\mathbf{A}}}_\chi \, \underline{\mathbf{s}} = \underline{\underline{\mathbf{A}}}_\chi \begin{pmatrix} s_\rho \\ s_\varphi \\ s_z \end{pmatrix} = \begin{pmatrix} 1 & 0 & 0 \\ 0 & \cos\chi & \sin\chi \\ 0 & -\sin\chi & \cos\chi \end{pmatrix} \begin{pmatrix} 0 \\ -\,\sigma_\varphi \sin\chi \\ \sigma_z \cos\chi \end{pmatrix}$$

$$= \begin{pmatrix} 0 \\ (\sigma_z - \sigma_\varphi)\sin\chi\cos\chi \\ \sigma_\varphi \sin^2\chi + \sigma_z \cos^2\chi \end{pmatrix} = \underbrace{p_0 \, \frac{R}{4d}}_{=\sigma^*} \begin{pmatrix} 0 \\ -\sin 2\chi \\ 2\,(1 + \sin^2\chi) \end{pmatrix} = \begin{pmatrix} s_\rho \\ s_p \\ s_q \end{pmatrix}$$

Die Beanspruchung der Schweißnaht ist unter Schubspannung

$$\text{am größten für} \quad \chi = \frac{\pi}{4} \qquad \text{mit} \quad |\, s_{p_{\max}} \,| = |\, \tau_{pq_{\max}} \,| = p_0 \, \frac{R}{4d} = \sigma^*$$

Die Normalspannung steigt mit χ monoton an und hat die Werte

$$\frac{s_q}{\sigma^*} = \frac{\sigma_q}{\sigma^*} = 2\,(1 + \sin^2 \chi)$$

$$\frac{s_q}{\sigma^*} = 2,\ 3,\ 4 \qquad \text{für} \quad \chi = 0\,,\ \frac{\pi}{4},\ \frac{\pi}{2}$$

Verschweißt man die Bänder unter 45°, dann ist die auftretende Normalspannung dreimal so groß wie die maximale Schubspannung.

$$\sigma_q \left(\frac{\pi}{4}\right) = 3\,p_0 \, \frac{R}{4d} = 3\,|\, \tau_{pq_{\max}} \,| = 3\,\sigma^*$$

Literaturangaben

[1] **Budó**, Agoston:
Theoretische Mechanik
VEB Deutscher Verlag der Wissenschaften, Berlin, 6. Aufl. (1971)

[2] **Stephani**, Hans / **Kluge**, Gerhard:
Grundlagen der theoretischen Mechanik
VEB Deutscher Verlag der Wissenschaften, Berlin (1980)

[3] **Szabó**, István:
Einführung in die Technische Mechanik
Springer Verlag, Berlin, Göttingen, Heidelberg, 6. Aufl. (1963)

[4] **Szabó**, István:
Höhere Technische Mechanik
Springer Verlag, Berlin, Heidelberg, New York, 5. Aufl. (1977)

[5] **Szabó**, István:
Geschichte der mechanischen Prinzipien
Birkhäuser Verlag, Basel und Stuttgart (1977)

Spektrum der Wissenschaft

[6] **Neumann**, Peter:
Stahl: Ein traditioneller Werkstoff mit hohem Innovationspotential
SdW **11**, 96 (1995)

Kapitel 5

Grundgleichungen der Elektrodynamik

Zusammenfassung

Die Elektrodynamik geht aus von den MAXWELL'schen Gleichungen, untersucht Energie- und Kraftbeziehungen sowie die MAXWELL'schen Spannungstensoren, die durch Hauptachsentransformation diagonalisiert werden.

Einen Kernpunkt der MAXWELL'schen Theorie bilden elektromagnetische Wellen und ihre Ausbreitungsgrößen.

Mit Hilfe der elektrodynamischen Potentiale, aus denen man die Feldvektoren durch Differentiation gewinnt, werden die Feldgleichungen im stationären Fall der Potentialtheorie mit verschiedenen Methoden sowie im instationären Fall mit Hilfe retardierter Potentiale gelöst.

5.1 MAXWELL'sche Gleichungen

5.1.1 Ruhende Medien

Die Quelle der elektrischen und magnetischen Phänomene sind orts- und zeitabhängige elektrische Ladungsdichten und Stromdichten, wobei letztere durch bewegte Ladungen hervorgerufen werden.

Die **MAXWELL'sche Theorie** ist makroskopisch, indem sie ein Kontinuum von Quellendichten und Feldern unterstellt und den mikroskopischen Aufbau

W. Werner, *Vektoren und Tensoren als universelle Sprache in Physik und Technik 2*,
https://doi.org/10.1007/978-3-658-49785-9_5

der Materie aus Atomen und Elektronen als unwesentlich für die phänomenologische Betrachtung ignoriert.

Die Fülle früher experimenteller Ergebnisse und mathematischer Beschreibungen durch Forscher wie COULOMB, VOLTA, OERSTED, AMPERE sowie besonders **Michael FARADAY** (1791-1867) auf den Gebieten der elektrischen und magnetischen Erscheinungen ergänzte **James Clerk MAXWELL** (1831-1879) durch die Einführung des **Verschiebungsstromes** und fasste sie in genialer Weise zu einem System konsistenter Gleichungen[1] [2] zusammen.

Die **MAXWELL'schen Gleichungen** beschreiben elektrische und magnetische Felder und bilden die theoretische Grundlage für **elektromagnetische Wellen**, die sich im materiefreien, leeren Raum des Vakuums ausbreiten und Energie übertragen können, die aber erst in den Jahren 1887/88 von **Heinrich Rudolph HERTZ** (1857-1894), [17], experimentell nachgewiesen wurden. Diese Gleichungen erklären auch das Licht als elektromagnetische Strahlung und vereinen damit Optik und Elektrodynamik. Die Ableitung der einzelnen elektromagnetischen Gesetze aus grundlegenden Experimenten findet eine gute Darstellung im Buch von KRAUS, [24].

Die MAXWELL'schen Gleichungen stellen ein **lineares System gekoppelter partieller Differentialgleichungen** dar, das die elektrischen und magnetischen, orts- und zeitabhängigen Feldvektoren mit ihren **Wechselwirkungen** beschreibt. In diesen Gleichungen sind die **Feldstärkefunktionen** $\boldsymbol{E}$ und $\boldsymbol{H}$ als Feldvektoren des elektrischen und magnetischen Feldes mit den **Flussdichtefunktionen** der **dielektrischen Verschiebung** $\boldsymbol{D}$ und der **magnetischen Induktion** $\boldsymbol{B}$ verknüpft. Die zugehörigen Flüsse werden mit Ψ_e und Ψ_m bezeichnet.

Diese vier vektoriellen Feldfunktionen und die Quellenfunktionen von **Ladungsdichte** $\rho(\boldsymbol{r}, t)$ und **Stromdichte** $\boldsymbol{J}(\boldsymbol{r}, t)$ sind im allgemeinen Fall abhängig von den räumlichen Koordinaten $\boldsymbol{r}(x, y, z)$ und der Zeit t und werden aus physikalischen Gründen als stetige Funktionen mit stetigen Ableitungen angenommen, die nur auf bestimmten Randgebieten unstetig sein können, z.B. auf Flächen, die Materialwechsel, Ladungen oder Ströme aufweisen.

[1] MAXWELL, A Dynamical Theory of the Electromagnetic Field, 1864

[2] MAXWELL, Treatise on Electricity and Magnetism, 1873

Die MAXWELL'schen Gleichungen beschreiben die **Quellen und Wirbel** elektromagnetischer Felder und verknüpfen die Feldvektoren miteinander. Die Gleichungen werden in differentieller und integraler Form angegeben, wobei der Übergang von der einen in die andere Form unter Anwendung der Sätze von GAUSS und STOKES erfolgt.

5.1.1.1 Induktionsgesetz von FARADAY

$$\boxed{\operatorname{rot} \boldsymbol{E} = -\frac{\partial \boldsymbol{B}}{\partial t}} \qquad \boxed{\oint_C \boldsymbol{E} \cdot d\boldsymbol{r} = -\frac{\partial}{\partial t} \iint_a \boldsymbol{B} \cdot d\boldsymbol{a}} \tag{5.1}$$

Die Wirbel des elektrischen Feldes werden gebildet durch die zeitliche Änderung der magnetischen Induktion mit der Richtungszuordnung gemäß dem negativen Vorzeichen.

5.1.1.2 Durchflutungsgesetz von AMPERE und MAXWELLs Ergänzung

$$\boxed{\operatorname{rot} \boldsymbol{H} = \boldsymbol{J} + \frac{\partial \boldsymbol{D}}{\partial t}} \qquad \boxed{\oint_C \boldsymbol{H} \cdot d\boldsymbol{r} = \iint_a \left(\boldsymbol{J} + \frac{\partial \boldsymbol{D}}{\partial t}\right) \cdot d\boldsymbol{a}} \tag{5.2}$$

Die Wirbel des magnetischen Feldes werden gebildet durch die **Dichten des Leitungsstromes *J*** und des von MAXWELL eingeführten **Verschiebungsstromes $\partial \boldsymbol{D}/\partial t$**, der den Kernpunkt der MAXWELL'schen Theorie bildet.

5.1.1.3 GAUSS'sche Gesetze über die Quellen

Die beiden weiteren MAXWELL'schen Gleichungen machen Aussagen über die Quellen der Felder, wobei es zwar elektrische Ladungen (ρ, Q) aber keine isolierten magnetischen Quellen, sog. Monopole, gibt.

$$\begin{aligned} &\boxed{\operatorname{div} \boldsymbol{D} = \rho} \qquad \boxed{\Psi_e = \oint\!\!\!\!\oint_a \boldsymbol{D} \cdot d\boldsymbol{a} = \iiint_v \rho \, dv = Q} \\ &\boxed{\operatorname{div} \boldsymbol{B} = 0} \qquad \boxed{\Psi_m = \oint\!\!\!\!\oint_a \boldsymbol{B} \cdot d\boldsymbol{a} = 0} \end{aligned} \tag{5.3}$$

Die Divergenzfreiheit von $\boldsymbol{B}$ ist eine Folge des Induktionsgesetzes und ergibt sich durch Divergenzbildung nach (17.71, Bd. I) bei Vertauschung von zeitlicher und räumlicher Ableitung.

5.1.1.4 Kontinuitätsgleichung

Divergenzbildung des Durchflutungsgesetzes und Einsetzen von (5.3) führt auf die Kontinuitätsgleichung, die damit die mathematische Formulierung der **Ladungserhaltung** darstellt und implizit in den MAXWELL'schen Gleichungen enthalten ist.

$$\boxed{\operatorname{div}\boldsymbol{J} = -\frac{\partial\rho}{\partial t}} \qquad \boxed{\oint\!\!\!\!\oint_a \boldsymbol{J}\cdot d\boldsymbol{a} = -\frac{\partial}{\partial t}\iiint_v \rho\, dv = -\frac{\partial Q}{\partial t}} \tag{5.4}$$

Die Stromdichte, die durch die Oberfläche eines Volumens nach außen tritt, wird durch die Abnahme der darin enthaltenen Ladung gedeckt.

Die vier MAXWELL'schen Gleichungen (5.1), (5.2) und (5.3) besitzen allgemeine Gültigkeit für den Fall ruhender Medien aus beliebigem Material.

In [62, Kap. 2.7] wird eine interessante und einleuchtende Überlegung angestellt, wie man aus Symmetriebedingungen und minimalen theoretischen Annahmen und experimentellen Erfahrungen zu einer **heuristischen Ableitung** der MAXWELL'schen Gleichungen gelangen kann.

5.1.2 Bewegte Medien

In einem ruhenden System S mit der Induktion $\boldsymbol{B}(\boldsymbol{r}\,,t)$ und dem magnetischen Fluss $\Psi_m(\boldsymbol{r}\,,t)$ lautet das FARADAY'sche Induktionsgesetz in integraler Form für eine bewegte Leiterschleife der Kontur C

$$\oint_C \widehat{\boldsymbol{E}}\cdot d\boldsymbol{r} = -\frac{d}{dt}\iint_a \boldsymbol{B}\cdot d\boldsymbol{a} = -\frac{d\Psi_m}{dt}$$

Dabei ist $\widehat{\boldsymbol{E}}(\boldsymbol{r}\,,t)$ die im bewegten System $\widehat{S}$ gemessene elektrische Feldstärke. Die Zeitableitung d/dt erfasst die gesamte Änderung des Flusses auf Grund der zeitlichen Änderung der divergenzfreien Induktion sowie der Bewegung der Leiterschleife und nach (19.5, Bd. I) und (19.28, Bd. I) gilt

$$\boxed{\oint_C \widehat{\boldsymbol{E}}\cdot d\boldsymbol{r} = -\iint_a \frac{\partial\boldsymbol{B}}{\partial t}\cdot d\boldsymbol{a} + \oint_C (\boldsymbol{v}\times\boldsymbol{B})\cdot d\boldsymbol{r}} \tag{5.5}$$

Dafür kann man in differentieller Form schreiben

$$\operatorname{rot} \widehat{\boldsymbol{E}} - \operatorname{rot}\left(\boldsymbol{v} \times \boldsymbol{B}\right) = -\frac{\partial \boldsymbol{B}}{\partial t} = \operatorname{rot} \boldsymbol{E}$$

Nach entsprechender Rechnung für das Durchflutungsgesetz im quellenfreien Raum folgt der Zusammenhang der bewegten Feldgrößen $\widehat{\boldsymbol{E}}$ und $\widehat{\boldsymbol{B}}$ mit den im ruhenden System gemessenen Feldgrößen $\boldsymbol{E}$ und $\boldsymbol{B}$.

$$\boxed{\widehat{\boldsymbol{E}} = \boldsymbol{E} + \boldsymbol{v} \times \boldsymbol{B}} \qquad \boxed{\widehat{\boldsymbol{B}} = \boldsymbol{B} - \frac{1}{c^2}\boldsymbol{v} \times \boldsymbol{E}} \tag{5.6}$$

5.1.3 Lösbarkeit der MAXWELL'schen Gleichungen, Materialgleichungen

Im elektromagnetischen Feld existieren fünf Vektoren und ein Skalar, nämlich $\boldsymbol{E}, \boldsymbol{D}, \boldsymbol{H}, \boldsymbol{B}, \boldsymbol{J}$ und ρ, so dass für die Lösung konkreter Probleme im allgemeinen Fall 16 skalare Ortsfunktionen der Komponenten zu ermitteln sind, für die mit (5.1), (5.2) und (5.3) acht Gleichungen zur Verfügung stehen. Da die Divergenzfreiheit von $\boldsymbol{B}$ aus dem Induktionsgesetz folgt, reduzieren sie sich auf lediglich sieben Gleichungen.

Für die eindeutige Lösung elektromagnetischer Feldprobleme werden daher weitere neun Gleichungen benötigt!

Man gewinnt sie durch materialabhängige Relationen, die **konstitutiven Beziehungen**, die zwischen den Flussdichten und den Feldstärken bestehen.

$$\boldsymbol{D} = \boldsymbol{D}(\boldsymbol{E}), \qquad \boldsymbol{B} = \boldsymbol{B}(\boldsymbol{H}), \qquad \boldsymbol{J} = \boldsymbol{J}(\boldsymbol{E})$$

Der einfachste Fall liegt dann vor, wenn alle drei vektoriellen Beziehungen durch **lineare Materialgleichungen** beschrieben werden,

$$\boxed{\boldsymbol{D} = \varepsilon\, \boldsymbol{E}} \qquad \boxed{\boldsymbol{B} = \mu\, \boldsymbol{H}} \qquad \boxed{\boldsymbol{J} = \kappa\, \boldsymbol{E}} \tag{5.7}$$

bei denen die linearen Materialien oder Medien nur skalare, homogene und isotrope **Materialkonstanten** aufweisen.

Die vermittelnden Größen zwischen den Feldvektoren lauten

- **Dielektrizitätskonstante** ε (Permittivität)
- **Permeabilitätskonstante** μ (Permeabilität)
- **Leitfähigkeit** κ (Konduktivität)

Die magnetischen und elektrischen **Feldkonstanten des Vakuums** haben folgende Werte,

$$\boxed{\begin{aligned} \mu_0 &= 4\pi \cdot 10^{-7}\ \mathrm{Vs/Am} \\ \varepsilon_0 &= 8.854 \cdot 10^{-12}\ \mathrm{As/Vm} \approx \frac{1}{36\pi} \cdot 10^{-9}\ \mathrm{As/Vm} \end{aligned}} \tag{5.8}$$

die mit der **Lichtgeschwindigkeit im Vakuum** verknüpft sind (s. a. (7.5)).

$$\boxed{c = \frac{1}{\sqrt{\mu_0\,\varepsilon_0}} = 299\ 792\ 458\ \mathrm{m/s} \approx 3 \cdot 10^8\ \mathrm{m/s}} \tag{5.9}$$

Beliebige Materialien werden durch die dimensionslosen **relativen Werte** ε_r und μ_r von Permittivität und Permeabilität charakterisiert, wobei bis auf die ferromagnetischen Medien, die im *Abschnitt 6.4.3* betrachtet werden, $\mu_r \approx 1$ gilt.

$$\boxed{\mu = \mu_r\,\mu_0} \qquad \boxed{\varepsilon = \varepsilon_r\,\varepsilon_0} \tag{5.10}$$

Die dritte Beziehung in (5.7) beschreibt die **Leitungsstromdichte** $\boldsymbol{J}$, die in Leitern durch den Einfluss eines elektrischen Feldes $\boldsymbol{E}$ hervorgerufen wird und die das von Georg Simon OHM gefundene **OHM'sche Gesetz** (1827) in differentieller Form darstellt.

Neben der Leitungsstromdichte existiert die **Konvektionsstromdichte**, die bei der Bewegung freier Ladungsträger mit der Geschwindigkeit $\boldsymbol{v}$ auftritt wie in Elektronenröhren oder bei Elektronen und Löchern in Halbleitern. Damit nimmt die **Kontinuitätsgleichung** (5.4) eine zweite Form an.

$$\boxed{\boldsymbol{J} = \rho\,\boldsymbol{v}} \quad \rightarrow \quad \boxed{\frac{\partial\rho}{\partial t} + \operatorname{div}\left(\rho\,\boldsymbol{v}\right) = 0} \tag{5.11}$$

Die **Leitfähigkeit** κ überstreicht bei der Vielfalt der Materialien einen enormen Wertebereich von weit über 20 Zehnerpotenzen, was bei keiner anderen physikalischen Größe der Fall ist und erst durch das **Bändermodell der Festkörperphysik** verständlich wurde.

Das **Vakuum** ist nichtleitend, es hat also die Leitfähigkeit $\kappa = 0$. Bei Materialien werden die Grenzen des Leitfähigkeitsbereiches eingenommen von **Quarzglas** (SiO_2) als bestem Isolator mit $\kappa \approx 10^{-18}$ S/m und von **Silber** als bestem metallischen Leiter mit $\kappa \approx 60 \cdot 10^6$ S/m. Bei genügend niedrigen Temperaturen können **Supraleiter** noch weit höhere Leitfähigkeiten aufweisen als Metalle.

Es existiert eine Vielzahl physikalisch interessanter oder technisch wichtiger Materialien, bei denen die linearen Beziehungen (5.7) nicht gelten und die Flussgrößen keine einfache Proportionalität zu den Feldstärken aufweisen.

- **Inhomogene Medien** mit ortsabhängigen Materialfunktionen $\varepsilon(x, y, z)$, $\mu(x, y, z)$ oder $\kappa(x, y, z)$
- **Anisotrope Medien** (Kristalle), bei denen $\underline{\boldsymbol{\varepsilon}}$ und $\underline{\boldsymbol{\mu}}$ symmetrische Tensoren bedeuten und die Feldvektoren nur in den Hauptachsenrichtungen zueinander parallel sind
- **Ferroelektrische** und **ferromagnetische Medien**, bei denen die Beziehungen $\boldsymbol{D}\,(\boldsymbol{E})$ und $\boldsymbol{B}\,(\boldsymbol{H})$ nichtlinear, mehrdeutig und von der Vorgeschichte (Hysterese) abhängig sind
- **Gyromagnetische Medien** (Ferrite), bei denen bei konstanter Vormagnetisierung die Wechselkomponenten von Induktion und magnetischer Feldstärke durch einen schiefsymmetrischen Permeabilitätstensor $\underline{\boldsymbol{\mu}}$ verknüpft sind

Die Untersuchung der dielektrischen, magnetischen und optischen Eigenschaften dieser verschiedenen Materialien, die auch häufig eine ausgeprägte **Frequenzabhängigkeit** zeigen, ist Gegenstand von Kristallographie, Festkörperphysik, nichtlinearer Optik und anderer physikalischer Fachgebiete. Einigen dieser Themen ist das *Kapitel 6* gewidmet.

5.1.4 Eigenschaften der Feldvektoren

5.1.4.1 Paarbildung von Vektoren

In elektromagnetischen Feldern, bei denen die MAXWELL'schen Gleichungen in allgemeiner Form gelten, werden in den Ingenieurwissenschaften und im Technikalltag die Feldstärken $\boldsymbol{E}$ und $\boldsymbol{H}$ und die Flussdichten $\boldsymbol{D}$ und $\boldsymbol{B}$ als einander entsprechende Größen oder Vektorpaare betrachtet, für die äquivalente Beziehungen der auftretenden Felder bestehen.

Eine alternative Sichtweise für die Paarbildung wurde vom theoretischen Physiker **Arnold SOMMERFELD** (1868-1951) begründet, wonach die Vektoren $\boldsymbol{E}$ und $\boldsymbol{B}$ als **Intensitätsgrößen** die Ursache und die Vektoren $\boldsymbol{D}$ und $\boldsymbol{H}$ als **Quantitäts-** oder **Erregungsgrößen** deren Wirkung bilden, [54, III, S. 11, 26, 204].

Diese Ansicht der zusammengehörigen Paare wird gestützt durch die Darstellung der LORENTZ-Kraft (5.18) in elektromagnetischen Feldern, die Definition der elektrodynamischen Potentiale im *Abschnitt 5.6.1* sowie die Tensoren der relativistischen Elektrodynamik, auf die im *Kapitel 9* eingegangen wird.

SOMMERFELD betont weiterhin, dass es bei diesen Vektorpaaren sinnvoller wäre, an Stelle der Permeabilität μ den Reziprokwert $\mu^* = 1/\mu$ und die Gleichung $\boldsymbol{H} = \mu^* \boldsymbol{B}$ zu verwenden, wodurch manche Gleichungen wie (5.42) oder (5.115) ein äquivalentes Aussehen bekämen. Zu seinem Bedauern musste er aber dem allgemeinen Gebrauch gemäß (5.7) folgen, [54, III, S. 20].

5.1.4.2 Randbedingungen an Grenzflächen

Um das Verhalten der Feldvektoren beim Übergang über eine Grenzfläche zweier Medien zu untersuchen, die unterschiedliche, aber örtlich konstante Werte der Materialgrößen ε, μ, κ in den Teilräumen aufweisen, werden die MAXWELL'schen Gleichungen auf einen Zylinder bzw. einen rechteckigen Umlauf im Grenzbereich angewendet, die beide so klein sind, dass man die Werte der Vektoren in diesen Gebieten in jedem Medium als konstant betrachten kann. Im Grenzübergang $h \to 0$ liefern der Zylindermantel bzw. die Seitenlinien des Umlaufs keine Beiträge.

In *Abbildung 5.1* links weist die Normale $\boldsymbol{n}$ der Grenzfläche a vom Medium 1 zum Medium 2 und in einem Flächenpunkt gilt für die orthogonalen Einheitsvektoren $\boldsymbol{t} = \boldsymbol{b} \times \boldsymbol{n}$.

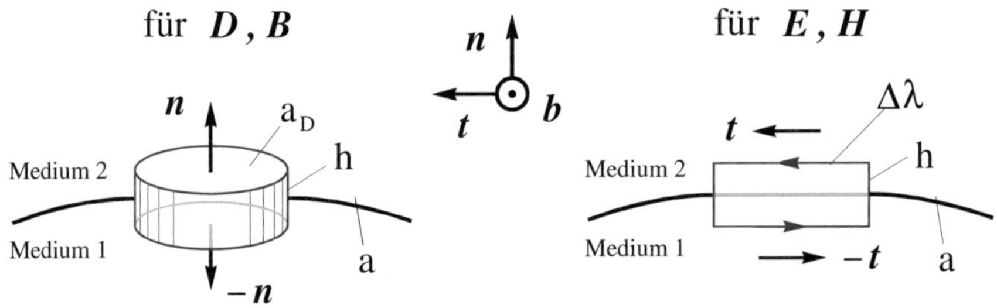

ABB. 5.1: Volumen und Umlauf an der Grenzfläche zweier Medien

Die Divergenzbeziehungen (5.3) und deren Integrationen über die Oberfläche des Zylinders ergeben im Grenzübergang $h \to 0$ die **Randbedingungen für die Normalkomponenten** der dielektrischen Verschiebung und der magnetischen Induktion.

Im elektrischen Fall ist ggf. eine **Flächenladung** σ auf a zu berücksichtigen, die man erhält, falls eine im Zylinder eingeschlossene Ladung Q existiert, die man auf die Deckelfläche a_D bezieht.

$$\sigma = \lim_{\substack{Q \to 0 \\ a_D \to 0}} \frac{Q}{a_D}$$

$$\begin{aligned} \oint\!\!\!\oint_{Zyl} \boldsymbol{D} \cdot d\boldsymbol{a} = Q \quad &\to \quad \boxed{\boldsymbol{n} \cdot \big(\boldsymbol{D}_2 - \boldsymbol{D}_1\big) = \sigma} \\ \oint\!\!\!\oint_{Zyl} \boldsymbol{B} \cdot d\boldsymbol{a} = 0 \quad &\to \quad \boxed{\boldsymbol{n} \cdot \big(\boldsymbol{B}_2 - \boldsymbol{B}_1\big) = 0} \end{aligned} \tag{5.12}$$

Die Integration der MAXWELL'schen Gleichungen (5.1) und (5.2) über die Rechteckkontur C bzw. das Gebiet ihrer Fläche $G = h\,\Delta\ell$ führen bei Anwendung des Mittelwertsatzes auf folgende Beziehungen.

$$\oint_C \boldsymbol{E} \cdot d\boldsymbol{r} + \frac{\partial}{\partial t} \iint_G \boldsymbol{B} \cdot d\boldsymbol{a}_G = 0$$

$$\oint_C \boldsymbol{H} \cdot d\boldsymbol{r} - \frac{\partial}{\partial t} \iint_G \boldsymbol{D} \cdot d\boldsymbol{a}_G = \iint_G \boldsymbol{J} \cdot d\boldsymbol{a}_G$$

$$\boldsymbol{t} \cdot \big(\boldsymbol{E}_2 - \boldsymbol{E}_1\big)\, \Delta\ell + \frac{\partial}{\partial t}\big(\boldsymbol{B} \cdot \boldsymbol{b}\big)\, h\, \Delta\ell = 0$$

$$\boldsymbol{t} \cdot \big(\boldsymbol{H}_2 - \boldsymbol{H}_1\big)\, \Delta\ell - \frac{\partial}{\partial t}\big(\boldsymbol{D} \cdot \boldsymbol{b}\big)\, h\, \Delta\ell = h\, \boldsymbol{J} \cdot \boldsymbol{b}\, \Delta\ell$$

Im Grenzübergang $h \to 0$ entfallen die entsprechenden Summanden. Den Tangentenvektor $\boldsymbol{t}$ ersetzt man durch das Kreuzprodukt der Vektoren $\boldsymbol{b}$ und $\boldsymbol{n}$ und formt das Spatprodukt um.

$$\boldsymbol{t} \cdot \boldsymbol{E} = (\boldsymbol{b} \times \boldsymbol{n}) \cdot \boldsymbol{E} = \boldsymbol{b} \cdot (\boldsymbol{n} \times \boldsymbol{E})$$

Diese Beziehung muss für jeden Vektor $\boldsymbol{b}$ gelten, da die Orientierung der Rechteckfläche beliebig ist, so dass er entfallen kann.

Existiert ein in der Grenzfläche fließender **Strombelag**,

$$\boldsymbol{K} = \lim_{\substack{h \to 0 \\ \boldsymbol{J} \to \infty}} h\boldsymbol{J}$$

dann lauten die **Randbedingungen für die Tangentialkomponenten** der elektrischen und magnetischen Feldstärke

$$\boxed{\boldsymbol{n} \times \big(\boldsymbol{E}_2 - \boldsymbol{E}_1\big) = 0} \qquad \boxed{\boldsymbol{n} \times \big(\boldsymbol{H}_2 - \boldsymbol{H}_1\big) = \boldsymbol{K}} \tag{5.13}$$

In elektromagnetischen Feldern werden die **Quellen** durch die Unstetigkeiten der Normalkomponenten, die **Wirbel** durch die Unstetigkeiten der Tangentialkomponenten der Feldvektoren gebildet.

Im **Normalfall**, wenn weder Flächenladung σ noch Strombelag $\boldsymbol{K}$ in der Grenzfläche vorhanden sind, gelten folgende **Randbedingungen**.

- ★ **Stetigkeit der Normalkomponenten der Flussgrößen $\boldsymbol{D}$ und $\boldsymbol{B}$**
- ★ **Stetigkeit der Tangentialkomponenten der Feldstärken $\boldsymbol{E}$ und $\boldsymbol{H}$**

(5.14)

5.1.4.3 Brechung der Feldlinien

Beim Durchgang durch die Grenzfläche zweier Medien erleiden die **Feldlinien einen Knick**. Misst man die Winkel α der Feldlinien gegen die Flächennormale $\boldsymbol{n}$, dann erhält man bei Division der Tangential- durch die Normalkomponenten die **Brechungsgesetze der Feldlinien** für $\boldsymbol{E}$ und $\boldsymbol{H}$.

$$\boxed{\frac{\tan\alpha_2}{\tan\alpha_1} = \frac{\varepsilon_2}{\varepsilon_1}} \quad \boxed{\frac{\tan\alpha_2}{\tan\alpha_1} = \frac{\kappa_2}{\kappa_1}} \qquad \boxed{\frac{\tan\alpha_2}{\tan\alpha_1} = \frac{\mu_2}{\mu_1}} \tag{5.15}$$

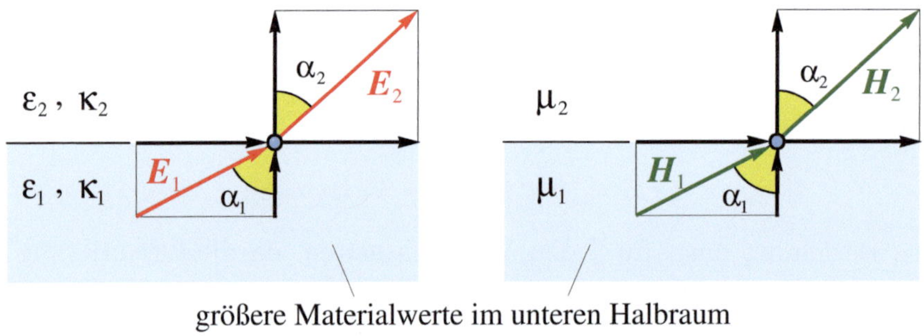

ABB. 5.2: Brechung der Feldlinien am Materialsprung, beide Bilder gelten auch bei umgekehrter Pfeilrichtung der Feldstärken

Grenzfälle

Das Innere eines Leiters mit $\kappa_1 \to \infty$ ist feldfrei und die elektrische Feldstärke steht wegen der fehlenden Tangentialkomponente senkrecht auf der Leiteroberfläche, so dass $\alpha_2 \to 0$ gilt.

Das gleiche Feldbild erhält man im dielektrischen Grenzfall für $\varepsilon_1 \to \infty$, das daher demjenigen mit einer leitenden Grenzfläche entspricht.

Im permeablen Grenzfall mit $\mu_1 \to \infty$ ergibt sich ein äquivalentes Feldbild, bei dem die magnetische Feldstärke auf der Grenzfläche senkrecht steht.

5.2 Kräfte, Felder, Energie

5.2.1 LORENTZ-Kraft

Die **Kraft** $\boldsymbol{F}_e$, die eine **Probeladung** q **im elektrischen Feld** einer positiven Ladung Q erfährt, wird durch das **COULOMB'sche Gesetz** (1785) beschrieben und weist in Richtung $\boldsymbol{r}$ der Verbindungslinie von Q nach q. Dabei wird das durch die Ladung Q erzeugte **Zentralfeld der elektrischen Feldstärke** $\boldsymbol{E} = \boldsymbol{F}_e/q$ als Quotient aus angreifender Kraft und Probeladung gekennzeichnet. Bei verteilter Ladungsdichte ρ im Raum anstelle einer konzentrierten Ladung Q muss über die Quellenverteilung integriert werden.

Das Gesetz wird zwar nach **Charles Augustin de COULOMB** (1736-1806) benannt, aber Joseph PRIESTLEY (1733-1804) hat es bereits 1767 formuliert und begründet, [49, S. 329].

Die **konservative COULOMB-Kraft** erhält man mit den Beziehungen für den Abstandsvektor $\boldsymbol{r} = \boldsymbol{r}_q - \boldsymbol{r}_Q$ nach (17.82/17.89, Bd. I) als negativen Gradienten des **Potentials** $V(r)$ mit dem **Bezugswert** $V(\infty) = 0$.

$$\boxed{\begin{aligned} \boldsymbol{F}_e &= q\,\boldsymbol{E} = q\,\frac{Q}{4\pi\varepsilon\,r^2}\,\frac{\boldsymbol{r}}{r} = -\,q\;\mathrm{grad}\left(\frac{Q}{4\pi\varepsilon}\,\frac{1}{r}\right) = -\,q\;\mathrm{grad}\,V(r) \\ &= q\iiint_v \frac{\rho}{4\pi\varepsilon}\,\frac{\boldsymbol{r}}{r^3}\,dv = \iiint_v \boldsymbol{f}_e\,dv \end{aligned}} \tag{5.16}$$

Für das Verhalten elektrischer Ladungen gelten folgende Gesetze.

$$\begin{aligned} &\bigstar\ \textbf{Ladungen gleichen Vorzeichens stoßen einander ab} \\ &\bigstar\ \textbf{Ladungen verschiedenen Vorzeichens ziehen sich an} \end{aligned} \tag{5.17}$$

Die **Arbeit**, die das elektrostatische Feld der Ladung $+Q$ bei der Abstoßung der Probeladung $+q$ vom Punkt $P(r)$ nach Unendlich verrichtet, lautet

$$\begin{aligned} W_{\mathrm{Feld}}(r) &= q\int_P^\infty \boldsymbol{E}\cdot d\boldsymbol{r} = q\int_P^\infty \left(\frac{Q}{4\pi\varepsilon\,r^2}\,\frac{\boldsymbol{r}}{r}\right)\cdot d\boldsymbol{r} = -\,q\,\frac{Q}{4\pi\varepsilon}\int_P^\infty d\left(\frac{1}{r}\right) \\ &= q\,\frac{Q}{4\pi\varepsilon}\,\frac{1}{r} = q\,V(r) = W_{\mathrm{Pot}}(r)\ >\ 0 \end{aligned}$$

Die Arbeit, die das Feld verrichtet, die **Feldarbeit**, ist wie in (3.9) positiv, bestimmt das Potential $V(r)$ im Aufpunkt P und stellt die **potentielle Energie** der Ladung q im Feld von $+Q$ dar. Damit ist das Potential ein Maß für das Arbeitsvermögen des Feldes an der Ladung q.

Umgekehrt muss man eine betragsmäßig gleich große, aber negative mechanische Arbeit **gegen die abstoßenden Feldkräfte** der Ladung $+Q$ aufwenden, um die Probeladung $+q$ von Unendlich zum Punkt $P(r)$ zu bringen.

$$W_{\text{mech}}(r) = q \int_{\infty}^{P} \boldsymbol{E} \cdot d\boldsymbol{r} = -q \frac{Q}{4\pi\varepsilon} \frac{1}{r} = -q\, V(r) \;=\; -W_{\text{Feld}}(r) < 0$$

Die **Kraft $\boldsymbol{F}_m$**, die **im magnetischen Feld $\boldsymbol{B}$** auf eine Leitungs- oder Konvektionsstromdichte $\boldsymbol{J}$ ausgeübt wird, steht senkrecht auf diesen beiden Vektoren und lautet

$$\boldsymbol{F}_m = \iiint_v \boldsymbol{J} \times \boldsymbol{B}\, dv = \iiint_v \rho\, \boldsymbol{v} \times \boldsymbol{B}\, dv = \iiint_v \boldsymbol{f}_m\, dv$$

Hierbei ist der Geschwindigkeitsvektor $\boldsymbol{v}$ zu unterscheiden vom Volumen v, über das gemäß Quellenverteilung integriert werden muss!

Insgesamt lautet damit die von **Hendrik Antoon Lorentz** (1853 - 1928) eingeführte **Lorentz-Kraft** auf eine einzelne Ladung Q,

$$\boxed{\boldsymbol{F}_L = \boldsymbol{F}_e + \boldsymbol{F}_m = Q\left(\boldsymbol{E} + \boldsymbol{v} \times \boldsymbol{B}\right)} \tag{5.18}$$

deren Einheit $\mathbf{N} = \mathbf{kg\,m/s^2} = \mathbf{J/m} = \mathbf{Ws/m}$ ist.

Die auf ein Volumen bezogene **Lorentz-Kraftdichte** der Einheit $\mathrm{N/m^3}$ weist nur dort Werte auf, wo Ladungs- oder Stromdichten existieren.

$$\boxed{\boldsymbol{f}_L = \boldsymbol{f}_e + \boldsymbol{f}_m = \rho\,\boldsymbol{E} + \boldsymbol{J} \times \boldsymbol{B} = \rho\left(\boldsymbol{E} + \boldsymbol{v} \times \boldsymbol{B}\right)} \tag{5.19}$$

Die Arbeit, die ein elektrisches Feld an einer bewegten Ladung Q auf dem Weg $d\boldsymbol{r} = \boldsymbol{v}\, dt$ verrichtet, die **Feldarbeit**, hat den Wert

$$\boxed{dW_e = \boldsymbol{F}_e \cdot d\boldsymbol{r} = Q\,\boldsymbol{E} \cdot \boldsymbol{v}\, dt \quad \to \quad W_e = \int_C \boldsymbol{F}_e \cdot d\boldsymbol{r}} \tag{5.20}$$

Im magnetischen Feld hat der Zuwachs der Arbeit an der Ladung dagegen den Wert Null, da das Spatprodukt verschwindet, so dass auch keine Energieänderung auftritt!

$$\boxed{dW_m = \boldsymbol{F}_m \cdot d\boldsymbol{r} = Q\,\big(\boldsymbol{v}\times\boldsymbol{B}\big)\cdot\boldsymbol{v}\,dt = 0 \quad\rightarrow\quad \frac{dW_m}{dt} = 0} \tag{5.21}$$

Für die Feldarbeit gilt

> **Elektrische Felder verrichten Arbeit,**
> **magnetische Felder dagegen nicht!** (5.22)

Auf die Arbeit im elektrischen Feld wird im *Abschnitt 11.1.2* noch genauer eingegangen.

Am Ausdruck für die LORENTZ-Kraft erkennt man, dass im elektromagnetischen Feld die messbaren **Wirkungen** durch die Vektoren der elektrischen Feldstärke $\boldsymbol{E}$ und der magnetischen Induktion $\boldsymbol{B}$ verursacht werden. Das sind gerade die Größen, die SOMMERFELD als **Intensitätsgrößen** des Feldes bezeichnet!

5.2.2 Einfache statische Felder

Betrachtet werden die einfachsten Feldkonfigurationen im statischen Fall. Die Berechnung erfolgt auf direktem Weg und die Ergebnisse kann man mit der Reihenentwicklung des reziproken Abstands der nach **Adrien-Marie LEGENDRE** (1752-1833) genannten LEGENDRE-Polynome (17.86, Bd. I) vergleichen.

5.2.2.1 Punktladung

Eine Punktladung Q, die sich im Ursprung befindet, erzeugt nach COULOMB ein **Zentralfeld**, dessen Potential V und Feldstärke $\boldsymbol{E}$ in (5.16) bereits angegeben wurden.

$$\boxed{V(r) = \frac{Q}{4\pi\varepsilon\, r}} \qquad \boxed{\boldsymbol{E}(r) = -\operatorname{grad} V(r) = \frac{Q}{4\pi\varepsilon\, r^2}\,\frac{\boldsymbol{r}}{r}} \tag{5.23}$$

5.2.2.2 Elektrischer Dipol

Zwei Punktladungen $+Q$ und $-Q$, die sich gemäß *Abbildung 5.3* in geringem Abstand voneinander befinden, erzeugen das folgende Potential im Aufpunkt P.

$$V(\boldsymbol{r}) = \frac{Q}{4\pi\varepsilon}\left[\frac{1}{|\boldsymbol{r}_+|} - \frac{1}{|\boldsymbol{r}|}\right] = \frac{Q}{4\pi\varepsilon}\left[\frac{1}{|\boldsymbol{r} - d\boldsymbol{r}|} - \frac{1}{r}\right]$$

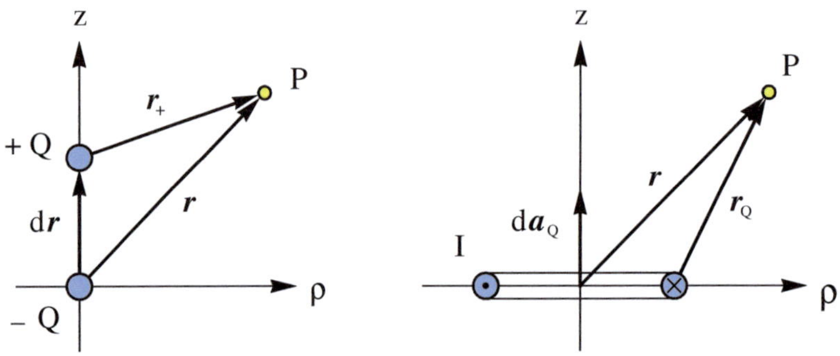

ABB. 5.3: Feld von Punktladungen und Kreisstrom

Nach (13.16, Bd. I) erhält man für das Potential in P in erster Näherung mit der differentiellen Größe $(-d\boldsymbol{r})$

$$V(\boldsymbol{r}) = \frac{Q}{4\pi\varepsilon}\,(-d\boldsymbol{r})\cdot \operatorname{grad}\left(\frac{1}{r}\right) = \frac{Q\,d\boldsymbol{r}}{4\pi\varepsilon}\cdot\frac{\boldsymbol{r}}{r^3}$$

Man erhält den **elektrischen Dipol** im Grenzübergang beliebig wachsender Ladungsgröße und verschwindendem Ladungsabstand, für den **Dipolmoment** und **Dipolpotential** folgendermaßen lauten.

$$\boxed{\boldsymbol{m}_e = \lim_{\substack{Q\to\infty \\ |d\boldsymbol{r}|\to 0}} Q\,d\boldsymbol{r}} \qquad \boxed{V_D(\boldsymbol{r}) = \frac{1}{4\pi\varepsilon}\frac{\boldsymbol{m}_e\cdot\boldsymbol{r}}{r^3}} \qquad (5.24)$$

Die Feldstärke des Dipolfeldes berechnet man aus

$$\boldsymbol{E}_D = -\operatorname{grad}_P V_D = -\frac{1}{4\pi\varepsilon}\operatorname{grad}_P\left(\frac{\boldsymbol{m}_e\cdot\boldsymbol{r}}{r^3}\right)$$

Da die Ableitungen einer Quellengröße nach den Koordinaten von P Null sind, erhält man mit den Beziehungen (17.62, 17.63) und (17.92, Bd. I) den Ausdruck für die **Feldstärke des elektrischen Dipols**.

$$\boxed{\boldsymbol{E}_D(\boldsymbol{r}) = \frac{1}{4\pi\varepsilon\, r^3}\left[3\left(\boldsymbol{m}_e\cdot\frac{\boldsymbol{r}}{r}\right)\frac{\boldsymbol{r}}{r} - \boldsymbol{m}_e\right]} \tag{5.25}$$

Für $\boldsymbol{m}_e = m_e\,\mathbf{e}_z = m_e\,(\cos\vartheta\,\mathbf{e}_r - \sin\vartheta\,\mathbf{e}_\vartheta)$ erhält man Potential und Feldstärke in **Kugelkoordinaten** und nach (17.86, Bd. I) als LEGENDRE-Polynom.

$$V_D(r,\vartheta) = \frac{m_e}{4\pi\varepsilon}\,\frac{\cos\vartheta}{r^2} = \frac{m_e}{4\pi\varepsilon\, r^2}\,\mathrm{P}_1(\cos\vartheta)$$

$$\boldsymbol{E}_D(r,\vartheta) = \frac{m_e}{4\pi\varepsilon\, r^3}\left(2\cos\vartheta\,\mathbf{e}_r + \sin\vartheta\,\mathbf{e}_\vartheta\right)$$

Damit kann man das rotationssymmetrische **Feldbild des Dipols** in einer Azimutebene $\varphi = \text{const.}$ berechnen und in *Abbildung 5.4* darstellen.

Die Äquipotentiallinien erhält man mit $V_0 = m_e/(4\pi\varepsilon a^2)$ für verschiedene V_D-Werte.

$$\frac{r(\vartheta)}{a} = \sqrt{\frac{\cos\vartheta}{V_D/V_0}}$$

Die Feldlinien ergeben sich aus (17.10, Bd. I)

$$d\boldsymbol{r}\times\boldsymbol{E} = \left(E_\vartheta\, dr - r\,E_r\, d\vartheta\right)\mathbf{e}_\varphi = 0$$

$$\frac{dr}{r} = \frac{E_r}{E_\vartheta}\,d\vartheta = 2\cot\vartheta\, d\vartheta = 0$$

mit dem Ergebnis nach Integration für verschiedene C-Werte.

$$\frac{r(\vartheta)}{a} = C\sin^2\vartheta$$

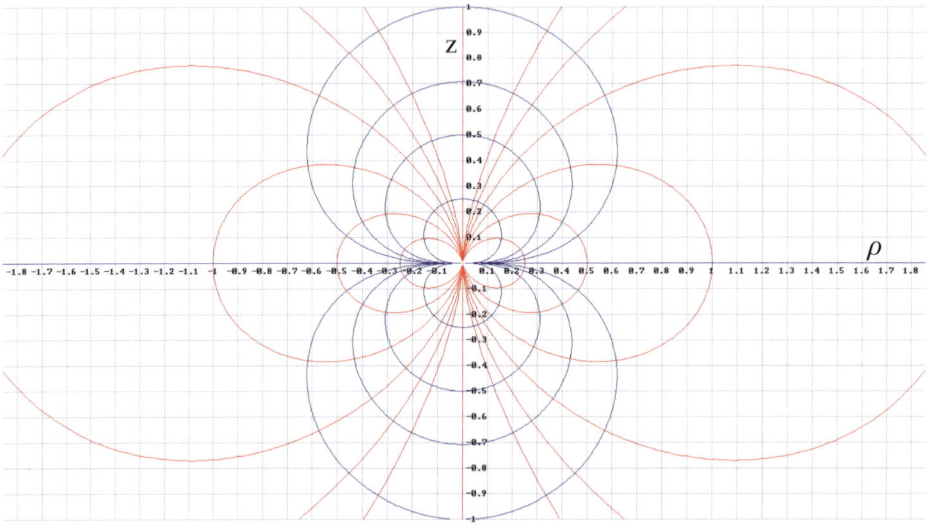

ABB. 5.4: Feldbild des elektrischen Dipols $\boldsymbol{m} = m\,\mathbf{e}_z$
Äquipotentiallinien in blau
Feldlinien in rot

5.2.2.3 Magnetischer Dipol

Eine kreisförmige Stromschleife vom Radius a nach *Abbildung 5.3*, durch die der Strom I fließt, erzeugt ein divergenzfreies Magnetfeld, das nach dem HELMHOLTZ-Theorem in *Abschnitt 17.6 (Bd. I)* durch ein Vektorpotential dargestellt werden kann, das die vektorielle POISSON-Gleichung (17.78, Bd. I) erfüllen muss.

$$\operatorname{div}\boldsymbol{B} = 0 \;\;\rightarrow\;\; \boldsymbol{B} = \operatorname{rot}\boldsymbol{A} \;\;\Rightarrow\;\; \boldsymbol{\Delta A}(\boldsymbol{r}) = -\,\boldsymbol{J}(\boldsymbol{r})$$

Im Vorgriff auf die allgemeinere Gleichung (5.85) und ihre Lösung im statischen Fall (5.93) erhält man für das Vektorpotential der Stromschleife mit dem Wegelement $\boldsymbol{ds}_Q$ ein Konturintegral, das nach dem STOKES'schen Satz (19.13, Bd. I) in ein Flächenintegral über die Kreisfläche umgewandelt wird.

$$\boldsymbol{A}(\boldsymbol{r}) = \frac{\mu I}{4\pi}\oint_C \frac{\boldsymbol{ds}_Q}{r} = -\,\frac{\mu I}{4\pi}\iint_a \operatorname{grad}_Q\frac{1}{r}\times \boldsymbol{da}_Q = -\,\frac{\mu I}{4\pi}\iint_a \frac{\boldsymbol{r}}{r^3}\times \boldsymbol{da}_Q$$

Im Grenzübergang steigender Stromstärke und schrumpfender Kreisfläche erhält man den magnetischen Dipol, für den **Dipolmoment** und **Vektorpotential** folgendermaßen lauten.

$$\boxed{\boldsymbol{m}_m = \lim_{\substack{I \to \infty \\ |d\boldsymbol{a}_Q| \to 0}} \iint_a I\, d\boldsymbol{a}_Q} \qquad \boxed{\boldsymbol{A}_m(\boldsymbol{r}) = \frac{\mu}{4\pi} \frac{\boldsymbol{m}_m \times \boldsymbol{r}}{r^3}} \tag{5.26}$$

Die magnetische Induktion berechnet man aus

$$\boldsymbol{B}_m = \operatorname{rot}_P \boldsymbol{A}_m = \frac{\mu}{4\pi} \operatorname{rot}_P \left(\frac{\boldsymbol{m}_m \times \boldsymbol{r}}{r^3} \right)$$

Auf ähnliche Weise wie beim elektrischen Dipol erhält man mit den Beziehungen (17.67, 17.68) und (17.92, Bd. I) den Ausdruck für die **Induktion des magnetischen Dipols** mit entsprechender Kugelkoordinatendarstellung und einem äquivalenten Feldbild wie dort.

$$\boxed{\boldsymbol{B}_m(\boldsymbol{r}) = \frac{\mu}{4\pi\, r^3} \left[3 \left(\boldsymbol{m}_m \cdot \frac{\boldsymbol{r}}{r} \right) \frac{\boldsymbol{r}}{r} - \boldsymbol{m}_m \right]} \tag{5.27}$$

Die Feldlinien für $\boldsymbol{B}_m$ entsprechen denen für $\boldsymbol{E}_D$ des elektrischen Dipols und die Äquipotentiallinien werden gebildet durch konstante Werte des magnetischen Skalarpotentials V_m.

$$\boldsymbol{B}_m(\boldsymbol{r}) = \mu \boldsymbol{H}_m(\boldsymbol{r}) = -\,\mu \operatorname{grad}_P V_m = -\frac{\mu}{4\pi} \operatorname{grad}_P \left(\frac{\boldsymbol{m}_m \cdot \boldsymbol{r}}{r^3} \right)$$

Ein magnetischer Dipol $\boldsymbol{m}_m$, der sich in einem Magnetfeld $\boldsymbol{B}$ befindet, erfährt ein **Drehmoment** $\boldsymbol{M}$, das auf beiden Vektoren senkrecht steht und das versucht, den Dipol in die Richtung von $\boldsymbol{B}$ zu drehen, [24, S. 307].

$$\boxed{\boldsymbol{M} = \boldsymbol{m}_m \times \boldsymbol{B}} \tag{5.28}$$

5.2.2.4 Quadrupolfeld

Eine einfache Konfiguration mit verschwindender Gesamtladung als Ausgangspunkt für einen Quadrupol ist die gestreckte Anordnung in *Abbildung 5.5*, die eine Näherung für zwei benachbarte, entgegengesetzt gerichtete elektrische Dipole $\boldsymbol{m}_e$ bildet.

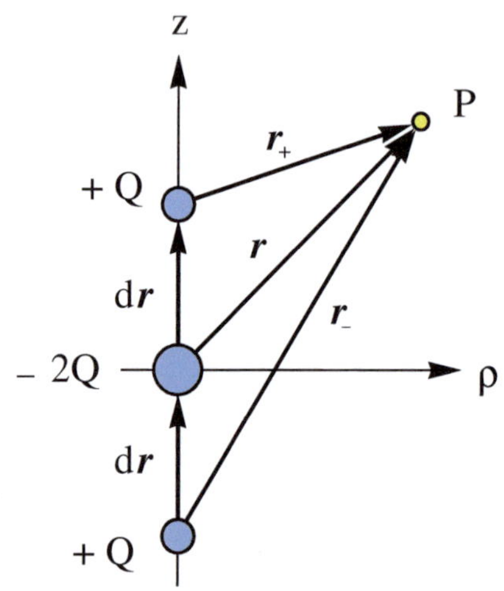

ABB. 5.5: Ladungskonstellation für den Quadrupol

Das Potential im Aufpunkt P lautet

$$V(\boldsymbol{r}) = \frac{Q}{4\pi\varepsilon}\left[\frac{1}{|\boldsymbol{r}_+|} - \frac{2}{|\boldsymbol{r}|} + \frac{1}{|\boldsymbol{r}_-|}\right]$$

$$= \frac{Q}{4\pi\varepsilon}\left[\frac{1}{|\boldsymbol{r} - d\boldsymbol{r}|} - \frac{1}{r} + \frac{1}{|\boldsymbol{r} + d\boldsymbol{r}|} - \frac{1}{r}\right]$$

Bei Anwendung der TAYLOR'schen Formel (13.16, Bd. I)

$$V(\boldsymbol{r}) = \frac{Q}{4\pi\varepsilon}\Big[(-d\boldsymbol{r})\cdot \operatorname{grad}\left(\frac{1}{r}\right) + d\boldsymbol{r}\cdot \operatorname{grad}\left(\frac{1}{r}\right) + \frac{1}{2}(-d\boldsymbol{r})\cdot \mathscr{T}^{(\partial)}\left(\frac{1}{r}\right)\cdot(-d\boldsymbol{r}) + \frac{1}{2}\,d\boldsymbol{r}\cdot \mathscr{T}^{(\partial)}\left(\frac{1}{r}\right)\cdot d\boldsymbol{r}\Big]$$

heben sich die beiden ersten Glieder auf, so dass in erster Näherung für das Potential nur der Ausdruck mit dem Ableitungstensor übrigbleibt.

$$V(\boldsymbol{r}) = \frac{Q}{4\pi\varepsilon}\,d\boldsymbol{r}\cdot \mathscr{T}^{(\partial)}\left(\frac{1}{r}\right)\cdot d\boldsymbol{r} = \frac{Q}{4\pi\varepsilon}\,\underline{d\mathbf{x}}^{\mathrm{T}}\,\underline{\mathbf{T}}^{(\partial)}_{\#\#}\left(\frac{1}{r}\right)\underline{d\mathbf{x}}$$

Im Grenzübergang beliebig wachsender Ladung Q bei verschwindendem Abstand $d\boldsymbol{r} \to 0$ und damit der Differentiale $dz_i, dz_k \to 0$ erhält man das **Quadrupolmoment** als Tensorkomponente.

Für den im Beispiel betrachteten gestreckten Quadrupol in z-Richtung gilt

$$\lim_{\substack{m_e \to \infty \\ dz_k \to 0}} \Big[\lim_{\substack{Q \to \infty \\ dz_i \to 0}} \big(2\, Q\, dz_i \big) \Big] dz_k = \lim_{\substack{m_e \to \infty \\ dz_k \to 0}} 2\, m_e\, dz_k = m_Q \tag{5.29}$$

Die Tensormatrix des reziproken Abstands, die in (17.98, Bd. I) angegeben ist, reduziert sich auf ein einziges Glied.

$$V_Q(\boldsymbol{r}) = \frac{m_Q}{4\pi\varepsilon\, r^3} \frac{1}{2} \left[3 \left(\frac{z}{r} \right)^2 - 1 \right]$$

In Kugelkooerdinaten mit dem LEGENDRE-Polynom nach (17.86, Bd. I) lauten **Quadrupolpotential** und **Quadrupolfeldstärke**

$$V_Q(\boldsymbol{r}) = \frac{m_Q}{4\pi\varepsilon\, r^3} \frac{3\, \cos^2 \vartheta - 1}{2} = \frac{m_Q}{4\pi\varepsilon\, r^3} \mathrm{P}_2(\cos\vartheta)$$

$$\boldsymbol{E}_Q(\boldsymbol{r}) = \frac{m_Q}{4\pi\varepsilon} \frac{3}{r^4} \left[\mathrm{P}_2(\cos\vartheta)\, \mathbf{e}_r + \frac{1}{2} \sin 2\vartheta\, \mathbf{e}_\vartheta \right] \tag{5.30}$$

5.2.2.5 Axiale Dipole höherer Ordnung, Multipole

Ein z-gerichteter Dipol 1. Ordnung $\boldsymbol{m}_e = \boldsymbol{m}_1 = m_1\, \mathbf{e}_z$ im Ursprung hat nach (5.24) im Punkt P das Potential

$$V_1(\boldsymbol{r}) = V_D(\boldsymbol{r}) = \frac{m_1}{4\pi\varepsilon} \frac{\mathbf{e}_z \cdot \boldsymbol{r}}{r^3} = \frac{m_1}{4\pi\varepsilon} \frac{z}{r^3} = -\frac{m_1}{4\pi\varepsilon} \frac{\partial}{\partial z} \left(\frac{1}{r} \right)$$

Der Quadrupol der *Abbildung 5.5* kann als axialer Dipol 2. Ordnung angesehen werden, bei dem zwei Dipole 1. Ordnung aber entgegengesetzten Vorzeichens auf der z-Achse im Abstand dz angeordnet sind.

Das Potential im Punkt P lautet

$$\begin{aligned} V_2(\boldsymbol{r}) &= V_1(\boldsymbol{r}_+) - V_1(\boldsymbol{r}) = V_1(\boldsymbol{r} - \mathbf{e}_z\, dz) - V_1(\boldsymbol{r}) \\ &= V_1(\boldsymbol{r}) - \frac{\partial V_1}{\partial z}\, dz - V_1(\boldsymbol{r}) = -\frac{\partial V_1}{\partial z}\, dz \end{aligned}$$

Bei Erweiterung mit 2 und nach Grenzübergang

$$\lim_{\substack{m_1 \to \infty \\ dz \to 0}} 2\, m_1\, dz = m_2$$

erhält man die Potentialfunktion

$$V_2(\boldsymbol{r}) = + \frac{m_2}{4\pi\varepsilon} \frac{1}{2} \frac{\partial^2}{\partial z^2} \left(\frac{1}{r}\right)$$

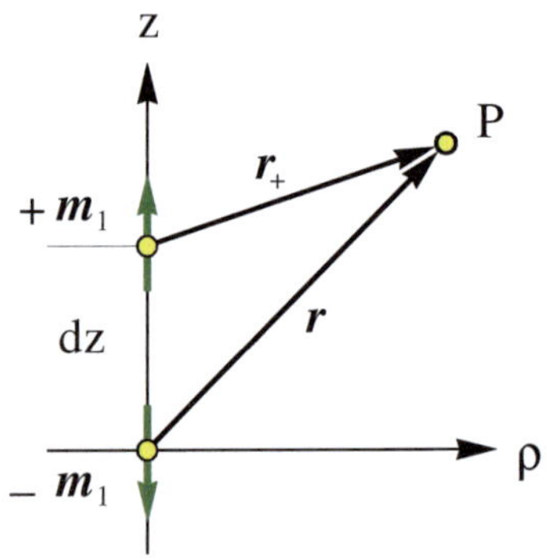

ABB. 5.6: Axialer Dipol zweiter Ordnung

Bei entsprechender Fortführung wird der axiale Dipol n-ter Ordnung, der **Multipol**, aus zwei entgegengesetzt gerichteten Dipolen $(n-1)$-ter Ordnung, Erweiterung mit n und Grenzübergang gebildet.

$$m_n = \lim_{\substack{m_{n-1} \to \infty \\ dz \to 0}} n\, m_{n-1}\, dz$$

Man kann die **Ableitungen des reziproken Abstandes** durch **LEGENDRE-Polynome** ausdrücken.

$$\boxed{\frac{(-1)^n}{n!} \frac{\partial^n}{\partial z^n} \left(\frac{1}{r}\right) = \frac{\mathrm{P}_n(\cos\vartheta)}{r^{n+1}}} \tag{5.31}$$

Das **Multipol-Potential** des axialen Dipols n-ter Ordnung lautet

$$\boxed{V_n(\boldsymbol{r}) = \frac{m_n}{4\pi\varepsilon} \frac{1}{r^{n+1}} \mathrm{P}_n(\cos\vartheta)} \tag{5.32}$$

und die **Multipol-Feldstärke** ergibt sich nach (18.66) zu

$$\boldsymbol{E}_n(\boldsymbol{r}) = -\operatorname{grad} V_n(\boldsymbol{r}) = -\frac{\partial V_n}{\partial r}\,\mathbf{e}_r - \frac{1}{r}\frac{\partial V_n}{\partial \vartheta}\,\mathbf{e}_\vartheta$$

$$\boxed{\boldsymbol{E}_n(\boldsymbol{r}) = \frac{m_n}{4\pi\varepsilon} \frac{1}{r^{n+2}} \left[(n+1)\,\mathrm{P}_n(\cos\vartheta)\,\mathbf{e}_r - \frac{d\mathrm{P}_n(\cos\vartheta)}{d\vartheta}\,\mathbf{e}_\vartheta \right]} \tag{5.33}$$

5.2.3 Energiefluss und POYNTING-Vektor

Die MAXWELL'schen Gleichungen bilden zusammen mit den Materialgleichungen ein System partieller Differentialgleichungen, das den Zustand des elektromagnetischen Feldes eindeutig zu bestimmen gestattet. Ihre technisch wichtige Bedeutung erhalten diese Ergebnisse auch dadurch, dass die Wirkungen der elektromagnetischen Erscheinungen als mechanische Energie oder Kraft in Erscheinung treten, die man messen, nutzen und mathematisch ausdrücken kann.

Aus der Mechanik ist der Zusammenhang bekannt zwischen den Dichten von Leistung ($\mathring{p}$), Energie (w) und Kraft ($\boldsymbol{f}$) bei einer Partikel, die sich mit der Geschwindigkeit $\boldsymbol{v}$ bewegt. Die **Leistungsdichte** erhält zur Unterscheidung vom Impuls als **Ornament** einen **kleinen Kreis**.

$$\mathring{p} = \frac{dw}{dt} = \frac{d\boldsymbol{r}}{dt} \cdot \boldsymbol{f} = \boldsymbol{v} \cdot \boldsymbol{f}$$

Im elektromagnetischen Feld folgen die mechanischen Eigenschaften aus der LORENTZ-Kraft.

$$\begin{aligned} \mathring{p}_{\text{mech}} &= \frac{dw_{\text{mech}}}{dt} = \boldsymbol{v} \cdot \boldsymbol{f_L} \\ &= \boldsymbol{v} \cdot (\rho \boldsymbol{E} + \boldsymbol{J} \times \boldsymbol{B}) = \rho \boldsymbol{v} \cdot \boldsymbol{E} + \rho \underbrace{\boldsymbol{v} \cdot (\boldsymbol{v} \times \boldsymbol{B})}_{=0} \end{aligned}$$

Die mechanische Leistungsdichte entspricht in diesem Fall der **Verlustleistungsdichte** $\mathring{p}_V$, die durch **JOULE'sche Wärme** im Volumen verloren geht, da das elektrische Feld an den Ladungen Arbeit verrichtet.

$$\boxed{\mathring{p}_V = \mathring{p}_{\text{mech}} = \frac{dw_{\text{mech}}}{dt} = \rho \boldsymbol{v} \cdot \boldsymbol{E} = \boldsymbol{J} \cdot \boldsymbol{E} = \kappa \boldsymbol{E}^2} \qquad (5.34)$$

Zur weiteren Untersuchung multipliziert man die MAXWELL'sche Gleichung (5.1) skalar mit $\boldsymbol{H}$, (5.2) mit $\boldsymbol{E}$ und bildet deren Differenz. Mit der Divergenzbeziehung (17.65, Bd. I) erhält man in dem am häufigsten auftretenden Fall linearer Materialien den folgenden Ausdruck, in dem alle Glieder **Leistungsdichten** mit der Einheit W/m^3 darstellen.

$$\begin{aligned} -\operatorname{div}(\boldsymbol{E} \times \boldsymbol{H}) = \boldsymbol{E} \cdot \operatorname{rot} \boldsymbol{H} - \boldsymbol{H} \cdot \operatorname{rot} \boldsymbol{E} &= \boldsymbol{J} \cdot \boldsymbol{E} + \boldsymbol{E} \cdot \frac{\partial \boldsymbol{D}}{\partial t} + \boldsymbol{H} \cdot \frac{\partial \boldsymbol{B}}{\partial t} \\ &= \kappa \boldsymbol{E}^2 + \frac{\partial}{\partial t} \left[\frac{1}{2} \varepsilon \boldsymbol{E}^2 + \frac{1}{2} \mu \boldsymbol{H}^2 \right] \end{aligned}$$

Auf der rechten Seite stehen die Verlustleistungsdichte und die Zeitableitungen der **elektrischen und magnetischen Energiedichten** w_e und w_m.

$$w_e = \frac{1}{2}\boldsymbol{E}\cdot\boldsymbol{D} = \frac{1}{2}\varepsilon\,\boldsymbol{E}^2 \qquad w_m = \frac{1}{2}\boldsymbol{H}\cdot\boldsymbol{B} = \frac{1}{2}\mu\,\boldsymbol{H}^2 = \frac{1}{2\mu}\boldsymbol{B}^2 \tag{5.35}$$

Das Kreuzprodukt der Feldstärken heißt **Poynting-Vektor** nach **John Henry Poynting** (1852-1914).

$$\boldsymbol{S} = \boldsymbol{E}\times\boldsymbol{H} \tag{5.36}$$

Dieser Vektor beschreibt die durch eine Fläche tretende Leistung als eine **Flächenleistungsdichte** und damit den **Energiefluss im Feld** als Energiedichte mal Geschwindigkeit bzw. als Energie pro Fläche und Zeit mit der Dimension in äquivalenten Darstellungen.

$$\frac{\mathrm{V}}{m}\cdot\frac{\mathrm{A}}{m} = \frac{\mathrm{W}}{m^2} = \frac{\mathrm{Ws}}{m^3}\cdot\frac{\mathrm{m}}{s} = \frac{\mathrm{Ws}}{m^2\cdot s}$$

Den Betrag des Poynting-Vektors bezeichnet man als **Intensität** und seine Divergenz entspricht der **Strahlungsleistungsdichte** $\mathring{p}_{\text{Str}}$.

Die Zusammenfassung der Ergebnisse führt zu folgender **Bilanzgleichung der Leistungsdichten**.

$$-\frac{dw_{\text{Feld}}}{dt} = -\frac{d}{dt}\left[w_e + w_m\right] = \boldsymbol{J}\cdot\boldsymbol{E} + \operatorname{div}\boldsymbol{S} = \mathring{p}_V + \mathring{p}_{\text{Str}} \tag{5.37}$$

Integriert man diese Beziehung über ein Volumen v, dann erhält man unter Anwendung des Gauss'schen Satzes (19.3, Bd. I) die folgende Bilanzgleichung der Leistung, die 1884 von John Henry Poynting und Oliver Heaviside angegeben wurde und die als **Energieerhaltungssatz des elektromagnetischen Feldes** oder auch als **Poynting'scher Satz** bezeichnet wird.

$$-\frac{dW_{\text{Feld}}}{dt} = -\frac{d}{dt}\left[W_e + W_m\right] = P_V + P_{\text{Str}} = \iiint_v \mathring{p}_V\,dv + \oint\!\!\oint_a \boldsymbol{S}\cdot d\boldsymbol{a} \tag{5.38}$$

Diese Leistungsbilanz besagt, dass die zeitliche Abnahme der im Volumen gespeicherten **Gesamtenergie des Feldes**, die aus elektrischer und magnetischer Energie besteht, verursacht wird durch die **Verlustleistung** P_V als **JOULE'sche Wärme** im Volumen und durch den Leistungsfluss bzw. die **Strahlungsleistung** P_{Str}, die aus dem Volumen über die umrandende Fläche nach außen abgegeben wird.

Die folgende Darstellung der zeitlichen Abnahme von Energiedichte und Energie

$$\boxed{\operatorname{div}\boldsymbol{S} + \boldsymbol{J}\cdot\boldsymbol{E} = -\,\frac{dw_{\text{Feld}}}{dt}} \qquad \boxed{\oint\!\!\!\oint_a \boldsymbol{S}\cdot d\boldsymbol{a} + P_V = -\,\frac{dW_{\text{Feld}}}{dt} = -\,P_{\text{Feld}}} \tag{5.39}$$

kann man direkt mit der **Kontinuitätsgleichung** $\operatorname{div}\boldsymbol{J} = -\,\partial\rho/\partial t$ nach (5.4) vergleichen, bei der die Abnahme der Ladung im Volumen durch die Stromdichte gedeckt wird, die über die umrandende Fläche nach außen tritt. Dabei erscheint die **Stromdichte als Ladungsfluss im Feld** mit der Dimension $\text{A/m}^2 = \text{As/m}^3\cdot\text{m/s}$ einer Ladungsdichte mal Geschwindigkeit.

Für ein bestimmtes Volumen besagt die Bilanzgleichung (5.38), dass sich die Leistungen bzw. die Energien von Feld, Verlust und Strahlung zu Null ergänzen.

$$\begin{aligned} P_{\text{Feld}} + P_V + P_{\text{Str}} &= 0 \\ (P_{\text{Feld}} + P_V + P_{\text{Str}})\,\Delta t = W_{\text{Feld}} + W_V + W_{\text{Str}} &= 0 \end{aligned} \tag{5.40}$$

5.2.4 Kraftdichte des Feldes

Man kann die Kraftdichte (5.19) des elektromagnetischen Feldes allein durch die beiden Feldvektoren $\boldsymbol{E}$ und $\boldsymbol{B}$ darstellen, die nach *Abschnitt 5.1.4* die SOMMERFELD'schen Intensitätsgrößen bilden. Dazu werden Ladung ρ und Stromdichte $\boldsymbol{J}$ durch die MAXWELL'schen Gleichungen ausdrückt.

$$\begin{aligned} \boldsymbol{f}_L &= \rho\,\boldsymbol{E} + \boldsymbol{J}\times\boldsymbol{B} \\ &= \boldsymbol{E}\operatorname{div}(\varepsilon\,\boldsymbol{E}) + \left[\operatorname{rot}\left(\frac{1}{\mu}\boldsymbol{B}\right) - \varepsilon\,\frac{\partial\boldsymbol{E}}{\partial t}\right]\times\boldsymbol{B} \\ &= \varepsilon\,\boldsymbol{E}\operatorname{div}\boldsymbol{E} + \boldsymbol{E}\left(\boldsymbol{E}\cdot\operatorname{grad}\varepsilon\right) \\ &\qquad - \frac{1}{\mu}\boldsymbol{B}\times\operatorname{rot}\boldsymbol{B} + \boldsymbol{B}\times\left(\boldsymbol{B}\times\operatorname{grad}\frac{1}{\mu}\right) - \varepsilon\,\frac{\partial\boldsymbol{E}}{\partial t}\times\boldsymbol{B} \end{aligned}$$

Für den Hauptanwendungsfall linearer Medien mit homogenen, örtlich konstanten Materialgrößen ε und μ fallen die Gradienten fort. Mit den Ergänzungen $\operatorname{div}\boldsymbol{B} = 0$ des divergenzfreien, magnetischen Feldes und der Ableitung des Kreuzproduktes

$$\frac{\partial}{\partial t}\left[\boldsymbol{E}\times\boldsymbol{B}\right] = \frac{\partial \boldsymbol{E}}{\partial t}\times\boldsymbol{B} + \boldsymbol{E}\times\frac{\partial \boldsymbol{B}}{\partial t}$$

folgt,

$$\begin{aligned}\boldsymbol{f}_L = \varepsilon\,\boldsymbol{E}\operatorname{div}\boldsymbol{E} + \varepsilon\,\boldsymbol{E}\times\frac{\partial \boldsymbol{B}}{\partial t} + \frac{1}{\mu}\boldsymbol{B}\operatorname{div}\boldsymbol{B} - \frac{1}{\mu}\boldsymbol{B}\times\operatorname{rot}\boldsymbol{B}\\ - \varepsilon\,\frac{\partial \boldsymbol{E}}{\partial t}\times\boldsymbol{B} - \varepsilon\,\boldsymbol{E}\times\frac{\partial \boldsymbol{B}}{\partial t}\end{aligned}$$

aus der sich die **symmetrische Form der Kraftdichte** ergibt, [57, S. 96f.].

$$\boxed{\begin{aligned}\boldsymbol{f}_L = {} & \varepsilon\left[\boldsymbol{E}\operatorname{div}\boldsymbol{E} - \boldsymbol{E}\times\operatorname{rot}\boldsymbol{E}\right]\\ & + \frac{1}{\mu}\left[\boldsymbol{B}\operatorname{div}\boldsymbol{B} - \boldsymbol{B}\times\operatorname{rot}\boldsymbol{B}\right] - \varepsilon\,\frac{\partial}{\partial t}\left[\boldsymbol{E}\times\boldsymbol{B}\right]\end{aligned}} \tag{5.41}$$

5.3 MAXWELL'scher Spannungstensor

5.3.1 Darstellung von Spannungstensor, Kraftdichte und Kraft

Nach FARADAY existieren im elektromagnetischen Feld keine unmittelbar wirkenden Fernkräfte, sondern alle **Kraftwirkungen** werden durch einen **Spannungszustand** des vom Feld erfüllten Raumes in kontinuierlicher Art von Punkt zu Punkt übertragen, so wie man das aus der Mechanik bei der Schallausbreitung und von elastischen Körpern kennt. MAXWELL zeigte, dass man die auftretenden Kräfte aus Spannungen ermitteln kann, die man über die Begrenzung eines Raumgebietes integriert.

Allerdings verwendete MAXWELL in seinen Abhandlungen [3] noch kartesische Komponentenform und HAMILTON'sche Quaternionen, denn erst ab 1881/84

[3] s. Fußnoten in Abschnitt 5.1.1

wurde die **moderne Darstellung mit Vektoren** von **Josiah Willard GIBBS** (1839-1903) eingeführt und seit 1882 umfassend von **Oliver HEAVISIDE** (1850-1925) zur Beschreibung der Elektrodynamik eingesetzt, [10, S. 136, 150, 162], [37, Kap. 9].

Gemäß der Vektorbeziehung (17.63, Bd. I) gilt für die elektrische Feldstärke

$$\frac{1}{2}\,\text{grad}\,(\boldsymbol{E}\cdot\boldsymbol{E}) = (\boldsymbol{E}\cdot\text{grad}\,)\boldsymbol{E} + \boldsymbol{E}\times\text{rot}\,\boldsymbol{E}$$

und damit für die erste eckige Klammer von (5.41)

$$\boldsymbol{Q}_e = \boldsymbol{E}\,\text{div}\,\boldsymbol{E} - \boldsymbol{E}\times\text{rot}\,\boldsymbol{E} = (\boldsymbol{E}\cdot\text{grad}\,)\,\boldsymbol{E} - \frac{1}{2}\,\text{grad}\,(\boldsymbol{E}^2) + \boldsymbol{E}\,\text{div}\,\boldsymbol{E}$$

Mit den Operatoren ($\boldsymbol{E}\cdot$ grad) und div aus *Abschnitt 18.5.1 (Bd. I)* erhält man die kartesischen Komponenten des Vektors $\boldsymbol{Q}_e$.

$$\begin{aligned}
\boldsymbol{Q}_e = \; & \left[E_x\frac{\partial E_x}{\partial x} + E_y\frac{\partial E_x}{\partial y} + E_z\frac{\partial E_x}{\partial z} - \frac{\partial}{\partial x}\left(\frac{1}{2}E^2\right)\right]\mathbf{e}_x \\
& + \left[E_x\frac{\partial E_x}{\partial x} + E_x\frac{\partial E_y}{\partial y} + E_x\frac{\partial E_z}{\partial z}\right]\mathbf{e}_x \\
& + \left[E_x\frac{\partial E_y}{\partial x} + E_y\frac{\partial E_y}{\partial y} + E_z\frac{\partial E_y}{\partial z} - \frac{\partial}{\partial y}\left(\frac{1}{2}E^2\right)\right]\mathbf{e}_y \\
& + \left[E_y\frac{\partial E_x}{\partial x} + E_y\frac{\partial E_y}{\partial y} + E_y\frac{\partial E_z}{\partial z}\right]\mathbf{e}_y \\
& + \left[E_x\frac{\partial E_z}{\partial x} + E_y\frac{\partial E_z}{\partial y} + E_z\frac{\partial E_z}{\partial z} - \frac{\partial}{\partial z}\left(\frac{1}{2}E^2\right)\right]\mathbf{e}_z \\
& + \left[E_z\frac{\partial E_x}{\partial x} + E_z\frac{\partial E_y}{\partial y} + E_z\frac{\partial E_z}{\partial z}\right]\mathbf{e}_z
\end{aligned}$$

Fasst man nach der Produktregel jeweils zwei Differentiale zusammen, dann läßt sich dieser Vektor folgendermaßen darstellen,

$$\begin{aligned}
\boldsymbol{Q}_e = \; & \left[\frac{\partial}{\partial x}\left(E_x^2 - \frac{1}{2}E^2\right) + \frac{\partial(E_x\,E_y)}{\partial y} + \frac{\partial(E_x\,E_z)}{\partial z}\right]\mathbf{e}_x \\
& + \left[\frac{\partial(E_x\,E_y)}{\partial x} + \frac{\partial}{\partial y}\left(E_y^2 - \frac{1}{2}E^2\right) + \frac{\partial(E_y\,E_z)}{\partial z}\right]\mathbf{e}_y \\
& + \left[\frac{\partial(E_x\,E_z)}{\partial x} + \frac{\partial(E_y\,E_z)}{\partial y} + \frac{\partial}{\partial z}\left(E_z^2 - \frac{1}{2}E^2\right)\right]\mathbf{e}_z
\end{aligned}$$

den man nach (18.50a, Bd. I) als **Divergenz eines symmetrischen Tensors 2. Stufe** deuten kann. Ein äquivalentes Ergebnis erhält man für die magnetische Induktion und den Vektor $\boldsymbol{Q}_m$ in der zweiten eckigen Klammer von (5.41), so dass sich die folgenden Beziehungen ergeben.

$$\boxed{\operatorname{div} \mathscr{T}^{\,e} = \varepsilon\, \boldsymbol{Q}_e = \varepsilon \big[\, \boldsymbol{E} \operatorname{div} \boldsymbol{E} - \boldsymbol{E} \times \operatorname{rot} \boldsymbol{E} \,\big]}$$
$$\boxed{\operatorname{div} \mathscr{T}^{\,m} = \frac{1}{\mu}\, \boldsymbol{Q}_m = \frac{1}{\mu} \big[\, \boldsymbol{B} \operatorname{div} \boldsymbol{B} - \boldsymbol{B} \times \operatorname{rot} \boldsymbol{B} \,\big]} \tag{5.42}$$

Beide Divergenzbeziehungen werden durch die Feldvektoren $\boldsymbol{E}$ und $\boldsymbol{B}$ erzeugt, die ihrerseits ihren Ursprung in den Quellen ρ und $\boldsymbol{J}$ des elektromagnetischen Feldes haben.

Die Tensoren $\mathscr{T}^e$ und $\mathscr{T}^m$ stellen die elektrischen und magnetischen Anteile des **symmetrischen MAXWELL'schen Spannungstensors** $\mathscr{T}^{\,\mathrm{M}}$ der Einheit $\mathrm{N/m^2} = \mathrm{Ws/m^3}$ für mechanische Spannung bzw. Energiedichte dar,

$$\boxed{\mathscr{T}^{\,\mathrm{M}} = \mathscr{T}^{\,e} + \mathscr{T}^{\,m} = \underline{\underline{\mathbf{e}}}^{\mathrm{T}} \left(\underline{\mathbf{T}}^{\,e} + \underline{\mathbf{T}}^{\,m} \right) \underline{\underline{\mathbf{e}}} = \underline{\underline{\mathbf{e}}}^{\mathrm{T}}\, \underline{\mathbf{T}}^{\mathrm{M}}\, \underline{\underline{\mathbf{e}}}} \tag{5.43}$$

deren kartesischen Komponentenmatrizen lauten, [48, S. 72],

$$\boxed{\underline{\mathbf{T}}^{\,e} = \varepsilon \begin{pmatrix} E_x^2 - E^2/2 & E_x\, E_y & E_x\, E_z \\ E_x\, E_y & E_y^2 - E^2/2 & E_y\, E_z \\ E_x\, E_z & E_y\, E_z & E_z^2 - E^2/2 \end{pmatrix}}$$
$$\boxed{\underline{\mathbf{T}}^{\,m} = \frac{1}{\mu} \begin{pmatrix} B_x^2 - B^2/2 & B_x\, B_y & B_x\, B_z \\ B_x\, B_y & B_y^2 - B^2/2 & B_y\, B_z \\ B_x\, B_z & B_y\, B_z & B_z^2 - B^2/2 \end{pmatrix}} \tag{5.44}$$

Mit den Beträgen der Feldvektoren und den Energiedichten (5.35)

$$\boldsymbol{E}^2 = E^2 = E_x^2 + E_y^2 + E_z^2 = \frac{2}{\varepsilon}\, w_e$$
$$\boldsymbol{B}^2 = B^2 = B_x^2 + B_y^2 + B_z^2 = 2\mu\, w_m$$

ergeben sich die Determinanten und Spuren der Tensormatrizen.

$$\det \underline{\mathbf{T}}^{e} = \left(\frac{1}{2}\,\varepsilon\, E^2\right)^3 = w_e^3 \qquad \operatorname{sp} \underline{\mathbf{T}}^{e} = -\,\frac{1}{2}\,\varepsilon\, E^2 = -\,w_e$$

$$\text{und} \tag{5.45}$$

$$\det \underline{\mathbf{T}}^{m} = \left(\frac{1}{2\mu}\, B^2\right)^3 = w_m^3 \qquad \operatorname{sp} \underline{\mathbf{T}}^{m} = -\,\frac{1}{2\mu}\, B^2 = -\,w_m$$

Neben den Gleichungen (5.19) und (5.41) erhält man für die **Kraftdichte des elektromagnetischen Feldes** in linearen Medien eine weitere Darstellung mit MAXWELL'schem Spannungstensor $\mathscr{T}^{\,\mathrm{M}}$ und POYNTING-Vektor $\boldsymbol{S}$.

$$\boxed{\boldsymbol{f}_L = \rho\,\boldsymbol{E} + \boldsymbol{J} \times \boldsymbol{B} = \operatorname{div} \mathscr{T}^{\,\mathrm{M}} - \mu\varepsilon\,\frac{\partial \boldsymbol{S}}{\partial t}} \tag{5.46}$$

Das Volumenintegral der Kraftdichte führt unter Berücksichtigung des Divergenz-Theorems für Tensoren (19.11, Bd. I) und der Symmetriebeziehung (11.3, Bd. I) auf die Darstellung der **LORENTZ-Kraft** auf Ladungen und Ströme im umfassten Volumen, die sich aus einem Anteil des Spannungstensors und einem Strahlungsanteil zusammensetzt.

$$\boxed{\boldsymbol{F}_L = \iiint_v \boldsymbol{f}_L\,dv = \oint\!\!\!\oint_a \mathscr{T}^{\,\mathrm{M}} \cdot d\boldsymbol{a} - \mu\varepsilon\,\frac{\partial}{\partial t} \iiint_v \boldsymbol{S}\,dv} \tag{5.47}$$

Das zu integrierende Volumen muss nicht mit der Ausdehnung der Quellen übereinstimmen, sondern kann geeignet größer bis zur unendlichen Hülle gewählt werden.

Wenn das zweite Integral der rechten Seite z.B. in statischen Feldern entfällt, dann wird die Kraft auf Grund der Quellenverteilung gemäß dem ersten Integral vollständig durch die Randwerte des Spannungstensors auf der Oberfläche des umfassten Volumens bestimmt.

5.3.2 Spannungstensor im elektrostatischen Feld

Als spezieller Anwendungsfall wird der MAXWELL'sche Spannungstensor im elektrostatischen Feld mit $\mathscr{T}^{\,\mathrm{M}} \equiv \mathscr{T}^{\,e}$ betrachtet, wodurch in der LORENTZ-Kraft (5.47) das zweite Integral der rechten Seite entfällt und der Tensor nach

(4.6) durch den Spannungsvektor ausgedrückt wird.

$$\boldsymbol{F}_e = \oiint_a \mathscr{T}^{\,e} \cdot d\boldsymbol{a} = \oiint_a \mathscr{T}^{\,e} \cdot \boldsymbol{n}\, da = \oiint_a \boldsymbol{s}\, da \tag{5.48}$$

Entsprechend der Beziehung (4.9) wird die Kraft als Tensorfluss durch die in diesem Fall geschlossene Fläche berechnet.

Mit dem symmetrischen Tensor $\mathscr{T}^{\,e}$ in kartesischer Darstellung und dem Einheitsvektor $\boldsymbol{n}$ nach (4.7) lautet der **Spannungsvektor**

$$\begin{aligned} \boldsymbol{s} = \mathscr{T}^{\,e} \cdot \boldsymbol{n} &= \mathscr{T}^{\,e} \cdot (n_x \mathbf{e}_x + n_y \mathbf{e}_y + n_z \mathbf{e}_z) \\ &= \underline{\underline{\mathbf{e}}}^{\mathrm{T}}\, \underline{\mathbf{T}}^{\,e}\, \underline{\underline{\mathbf{e}}} \cdot \underline{\underline{\mathbf{e}}}^{\mathrm{T}}\, \underline{\underline{\mathbf{n}}} = \underline{\underline{\mathbf{e}}}^{\mathrm{T}}\, \underline{\mathbf{T}}^{\,e}\, \underline{\underline{\mathbf{n}}} \end{aligned}$$

$$\begin{aligned} \boldsymbol{s} = \; & \left[T^{e}_{xx}\, n_x + T^{e}_{xy}\, n_y + T^{e}_{xz}\, n_z \right] \mathbf{e}_x \\ + & \left[T^{e}_{xy}\, n_x + T^{e}_{yy}\, n_y + T^{e}_{yz}\, n_z \right] \mathbf{e}_y \\ + & \left[T^{e}_{xz}\, n_x + T^{e}_{yz}\, n_y + T^{e}_{zz}\, n_z \right] \mathbf{e}_z \end{aligned} \tag{5.49}$$

Setzt man hier die Tensorkomponenten aus (5.44) ein, dann kann der Spannungsvektor auch durch die Feldstärke ausgedrückt werden.

$$\boldsymbol{s} = \mathscr{T}^{\,e} \cdot \boldsymbol{n} = \varepsilon \left(\boldsymbol{E} \cdot \boldsymbol{n} \right) \boldsymbol{E} - \frac{1}{2}\, \varepsilon\, E^2\, \boldsymbol{n} = \varepsilon \left[\left(\boldsymbol{E} \cdot \boldsymbol{n} \right) \boldsymbol{E} - \frac{1}{2} \left(\boldsymbol{E} \cdot \boldsymbol{E} \right) \boldsymbol{n} \right] \tag{5.50}$$

Die **Hauptachsentransformation des Spannungstensors** überführt dessen symmetrische Matrix $\underline{\mathbf{T}}^{\,e}$ (5.44) gemäß *Abschnitt 12.2 (Bd. I)* in die Diagonalmatrix $\underline{\mathbf{T}}^{\,e}_{\mathrm{HA}}$ des Hauptachsensystems $(\xi,\, \eta,\, \zeta)$, deren Diagonalelemente die Eigenwerte der Matrix $\underline{\mathbf{T}}^{\,e}$ als Nullstellen des charakteristischen Polynoms bzw. der Säkulargleichung (12.8, Bd. I) sind, [57, S. 101].

Nach algebraischer Auflösung erhält man aus der Säkulargleichung

$$\det\left(\underline{\mathbf{T}}^{\,e} - \lambda\, \underline{\mathbf{E}} \right) = -\frac{1}{8} \left[2\lambda - \varepsilon\, E^2 \right] \left[2\lambda + \varepsilon\, E^2 \right]^2 = 0$$

einen **einfachen** und einen **zweifachen Eigenwert** von gleichem Betrag.

$$\begin{aligned} \lambda_\xi &= T^{e}_{\xi\xi} = +\frac{1}{2}\, \varepsilon\, E^2 = +\, w_e = +\, \Lambda \\ \lambda_\eta &= \lambda_\zeta = T^{e}_{\eta\eta} = T^{e}_{\zeta\zeta} = -\frac{1}{2}\, \varepsilon\, E^2 = -\, w_e = -\, \Lambda \end{aligned}$$

Die diagonale Tensormatrix im Hauptachsensystem $(\xi,\ \eta,\ \zeta)$ sowie ihre Determinante lauten damit

$$\boxed{\underline{\mathbf{T}}^{e}_{\mathrm{HA}} = \mathrm{Diag}\left(\lambda_k\right) = \Lambda \begin{pmatrix} 1 & 0 & 0 \\ 0 & -1 & 0 \\ 0 & 0 & -1 \end{pmatrix}} \tag{5.51}$$

$$\boxed{\det \underline{\mathbf{T}}^{e}_{\mathrm{HA}} = \det \underline{\mathbf{T}}^{e} = \Lambda^3 = w_e^3 = \left(\frac{1}{2}\,\varepsilon\,E^2\right)^3}$$

Die **Tensorfläche** ist wegen der beiden gleich großen, negativen Eigenwerte ein **zweischaliges Rotationshyperboloid** um die ξ-Achse, dessen Asymptotenkegel wegen der gleich großen Eigenwertbeträge einen Öffnungswinkel von 90° besitzt.

$$\frac{\xi^2}{1/\Lambda} - \frac{\eta^2}{1/\Lambda} - \frac{\zeta^2}{1/\Lambda} = 1 \quad \rightarrow \quad \xi^2 = \eta^2 + \zeta^2 + \frac{1}{\Lambda}$$

Als **Eigenrichtung** beim **einfachen Eigenwert** erhält man nach Lösung des homogenen Gleichungssystems gemäß *Abschnitt 12.2.5 (Bd. I)*

$$\left(\underline{\mathbf{T}}^{e} - \lambda_\xi\,\underline{\mathbf{E}}\right)\underline{\mathbf{a}}_\xi$$

$$= \varepsilon \begin{pmatrix} E_x^2 - E^2 & E_x\,E_y & E_x\,E_z \\ E_x\,E_y & E_y^2 - E^2 & E_y\,E_z \\ E_x\,E_z & E_y\,E_z & E_z^2 - E^2 \end{pmatrix} \begin{pmatrix} a_{\xi_1} \\ a_{\xi_2} \\ 1 \end{pmatrix} = \underline{\mathbf{0}}$$

den Eigenvektor $\boldsymbol{a}_\xi = \underline{\mathbf{a}}_\xi^{\mathrm{T}}\,\underline{\underline{\mathbf{e}}}$ mit den Komponenten

$$\underline{\mathbf{a}}_\xi = \begin{pmatrix} E_x/E_z \\ E_y/E_z \\ 1 \end{pmatrix} \qquad \text{bzw. normiert} \qquad \underline{\mathbf{a}}_\xi^* = \frac{1}{E}\begin{pmatrix} E_x \\ E_y \\ E_z \end{pmatrix}$$

Beim **zweifachen Eigenwert** entstehen aus der Matrixgleichung

$$\left(\underline{\mathbf{T}}^{e} - \lambda_{\eta,\zeta}\,\underline{\mathbf{E}}\right)\underline{\mathbf{a}}_{\eta,\zeta}$$

$$= \varepsilon \begin{pmatrix} E_x^2 & E_x\,E_y & E_x\,E_z \\ E_x\,E_y & E_y^2 & E_y\,E_z \\ E_x\,E_z & E_y\,E_z & E_z^2 \end{pmatrix} \begin{pmatrix} x_a \\ x_b \\ x_c \end{pmatrix} = \underline{\mathbf{0}}$$

drei identische Beziehungen,

$$\left.\begin{aligned} E_x^2\, x_a + E_x\, E_y\, x_b + E_x\, E_z\, x_c &= 0 \\ E_x\, E_y\, x_a + E_y^2\, x_b + E_y\, E_z\, x_c &= 0 \\ E_x\, E_z\, x_a + E_y\, E_z\, x_b + E_z^2\, x_c &= 0 \end{aligned}\right\} \quad \rightarrow \quad x_c = -\frac{E_x}{E_z}\, x_a - \frac{E_y}{E_z}\, x_b$$

aus denen man durch linear unabhängige Wahl der Variablen x_a und x_b gemäß

$$\begin{pmatrix} x_a \\ x_b \end{pmatrix} = \begin{pmatrix} 1 \\ 0 \end{pmatrix} \qquad \text{und} \qquad \begin{pmatrix} x_a \\ x_b \end{pmatrix} = \begin{pmatrix} 0 \\ 1 \end{pmatrix}$$

die Größe x_c und daraus die beiden Eigenvektoren $\boldsymbol{a}_\eta = \underline{\mathbf{a}}_\eta^{\mathrm{T}}\, \underline{\underline{\mathbf{e}}}$ und $\boldsymbol{a}_\zeta = \underline{\mathbf{a}}_\zeta^{\mathrm{T}}\, \underline{\underline{\mathbf{e}}}$ bestimmt, die jedoch nicht zueinander orthogonal sind.

$$\underline{\mathbf{a}}_\eta = \begin{pmatrix} 1 \\ 0 \\ -E_x/E_z \end{pmatrix} \qquad \text{bzw. normiert} \qquad \underline{\mathbf{a}}_\eta^* = \frac{1}{\sqrt{E_x^2 + E_z^2}} \begin{pmatrix} E_z \\ 0 \\ -E_x \end{pmatrix}$$

$$\underline{\mathbf{a}}_\zeta = \begin{pmatrix} 0 \\ 1 \\ -E_y/E_z \end{pmatrix} \qquad \text{bzw. normiert} \qquad \underline{\mathbf{a}}_\zeta^* = \frac{1}{\sqrt{E_y^2 + E_z^2}} \begin{pmatrix} 0 \\ E_z \\ -E_y \end{pmatrix}$$

Beim zweifachen Eigenwert spannen die beiden Eigenvektoren $\boldsymbol{a}_\eta$ und $\boldsymbol{a}_\zeta$ eine **Eigenebene** auf, die zu $\boldsymbol{a}_\xi$ orthogonal ist.

Die Zusammenfassung der drei Eigenwerte ergibt die **Modalmatrix** $\underline{\underline{\mathbf{X}}}$, die ebenfalls nichtorthogonal ist, so dass die Diagonalisierung der Tensormatrix nach Berechnung der inversen Modalmatrix durch **Ähnlichkeitstransformation** erfolgen muss.

$$\underline{\underline{\mathbf{X}}} = \left(\underline{\mathbf{a}}_\xi,\, \underline{\mathbf{a}}_\eta,\, \underline{\mathbf{a}}_\zeta\right) = \begin{pmatrix} E_x/E_z & 1 & 0 \\ E_y/E_z & 0 & 1 \\ 1 & -E_x/E_z & -E_y/E_z \end{pmatrix}$$

$$\det \underline{\underline{\mathbf{X}}} = \left(E/E_z\right)^2$$

$$\underline{\underline{\mathbf{X}}}^{-1}\, \underline{\underline{\mathbf{T}}}^e\, \underline{\underline{\mathbf{X}}} = \underline{\underline{\mathbf{T}}}_{\mathrm{HA}}^e = \mathrm{Diag}\left(\lambda_k\right)$$

Um ein orthogonales Hauptachsensystem zu ermitteln, das gleichzeitig ein Rechtssystem bildet, bestimmt man per Kreuzprodukt den Vektor $\boldsymbol{c}_\zeta$ in der Eigenebene,

$$\boldsymbol{c}_\zeta = \boldsymbol{a}_\xi \times \boldsymbol{a}_\eta = \underline{\mathbf{a}}_\xi^{\mathrm{T}}\, \underline{\underline{\mathbf{e}}} \times \underline{\underline{\mathbf{e}}}^{\mathrm{T}}\, \underline{\mathbf{a}}_\eta = \underline{\mathbf{a}}_\xi^{\mathrm{T}}\, \underline{\underline{\mathbf{\Gamma}}}\, \underline{\mathbf{a}}_\eta$$

wobei mit der $\mathbf{\Gamma}$-Matrix nach (6.2, Bd. I) für dessen Komponenten gilt

$$\underline{\mathbf{c}}_\zeta = \frac{1}{E_z^2}\begin{pmatrix} -E_x E_y \\ E_x^2 + E_z^2 \\ -E_y E_z \end{pmatrix} \quad \text{bzw. normiert} \quad \underline{\mathbf{c}}_\zeta^* = \frac{1}{E\sqrt{E_x^2 + E_z^2}}\begin{pmatrix} -E_x E_y \\ E_x^2 + E_z^2 \\ -E_y E_z \end{pmatrix}$$

Fasst man die drei normierten Eigenvektoren, die dann gleichzeitig die Einheitsvektoren der Hauptbasis bilden, zur **orthogonalen Modalmatrix** $\underline{\mathbf{X}}^*$ zusammen,

$$\underline{\mathbf{X}}^* = \left(\underline{\mathbf{a}}_\xi^*,\, \underline{\mathbf{a}}_\eta^*,\, \underline{\mathbf{c}}_\zeta^*\right) = \underline{\mathbf{A}}^{\mathrm{T}} \qquad \text{mit} \qquad \det \underline{\mathbf{X}}^* = \det \underline{\mathbf{A}} = 1$$

dann kann die Diagonalisierung von $\underline{\mathbf{T}}^e$ als **Kongruenztransformation** durchgeführt werden, ohne dass man die inverse Matrix berechnen muss.

$$\left(\underline{\mathbf{X}}^*\right)^{\mathrm{T}}\, \underline{\mathbf{T}}^e\, \underline{\mathbf{X}}^* = \underline{\mathbf{T}}_{\mathrm{HA}}^e = \mathrm{Diag}\left(\lambda_k\right)$$

Die **orthogonale Transformationsmatrix** $\underline{\mathbf{A}}$ der Diagonalisierung hat folgende Gestalt,

$$\boxed{\begin{aligned} \underline{\mathbf{A}} &= (\underline{\mathbf{X}}^*)^{\mathrm{T}} \\ &= \frac{1}{E\sqrt{E_x^2 + E_z^2}}\begin{pmatrix} E_x\sqrt{E_x^2 + E_z^2} & E_y\sqrt{E_x^2 + E_z^2} & E_z\sqrt{E_x^2 + E_z^2} \\ E_z E & 0 & -E_x E \\ -E_x E_y & E_x^2 + E_z^2 & -E_y E_z \end{pmatrix} \end{aligned}} \tag{5.52}$$

mit der die Umrechnung auf die Einheitsvektoren des Hauptachsensystems durchgeführt wird.

$$\underline{\underline{\mathbf{e}}}_{\mathrm{HA}} = \begin{pmatrix} \mathbf{e}_\xi \\ \mathbf{e}_\eta \\ \mathbf{e}_\zeta \end{pmatrix} = \underline{\mathbf{A}} \begin{pmatrix} \mathbf{e}_x \\ \mathbf{e}_y \\ \mathbf{e}_z \end{pmatrix} = \underline{\mathbf{A}}\, \underline{\underline{\mathbf{e}}}$$

In jedem Raumpunkt ist die Richtung der Hauptachse des einfachen Eigenwertes identisch mit der Richtung der elektrischen Feldstärke, die gleichzeitig die Tangente der Feldlinien bildet.

$$\mathbf{e}_\xi = \boldsymbol{a}_\xi^* = \left(\underline{\mathbf{a}}_\xi^*\right)^{\mathrm{T}} \underline{\underline{\mathbf{e}}} = \frac{E_x}{E}\,\mathbf{e}_x + \frac{E_y}{E}\,\mathbf{e}_y + \frac{E_z}{E}\,\mathbf{e}_z = \frac{\boldsymbol{E}}{|\,\boldsymbol{E}\,|}$$

Die beiden anderen Hauptachsen zum zweifachen Eigenwert liegen in der Eigenebene. Sie sind zu $\mathbf{e}_\xi$ und damit zur Feldstärke orthogonal und bilden ein Rechtssystem von Einheitsvektoren.

$$\mathbf{e}_\eta = \boldsymbol{a}_\eta^* \perp \boldsymbol{E} \quad \text{und} \quad \mathbf{e}_\zeta = \boldsymbol{c}_\zeta^* \perp \boldsymbol{E} \qquad \text{mit} \qquad \mathbf{e}_\xi \perp \mathbf{e}_\eta \perp \mathbf{e}_\zeta$$

Der Normaleneinheitsvektor $\boldsymbol{n}$ eines beliebigen Flächenelementes kann zerlegt werden in einen Anteil in Richtung der Hauptachse ξ bzw. der Feldstärke $\boldsymbol{E} = |\,\boldsymbol{E}\,|\,\mathbf{e}_\xi$ und in einen Anteil senkrecht dazu.

$$\boldsymbol{n} = n_\xi\,\mathbf{e}_\xi + \left(n_\eta\,\mathbf{e}_\eta + n_\zeta\,\mathbf{e}_\zeta\right) = \boldsymbol{n}_{||} + \boldsymbol{n}_\perp$$

$$\boldsymbol{n}^2 = n_\xi^2 + n_\eta^2 + n_\zeta^2 = \cos^2\alpha + \cos^2\beta + \cos^2\gamma = 1$$

Der **Spannungsvektor** lautet im Hauptachsensystem mit (5.51)

$$\begin{aligned} \boldsymbol{s} = \mathscr{T}^{\,e} \cdot \boldsymbol{n} &= \left[\,\mathbf{e}_\xi\,T^e_{\xi\xi}\,\mathbf{e}_\xi + \mathbf{e}_\eta\,T^e_{\eta\eta}\,\mathbf{e}_\eta + \mathbf{e}_\zeta\,T^e_{\zeta\zeta}\,\mathbf{e}_\zeta\,\right] \cdot \left[\,n_\xi\,\mathbf{e}_\xi + n_\eta\,\mathbf{e}_\eta + n_\zeta\,\mathbf{e}_\zeta\,\right] \\ &= \Lambda\left[\,n_\xi\,\mathbf{e}_\xi - n_\eta\,\mathbf{e}_\eta - n_\zeta\,\mathbf{e}_\zeta\,\right] \\ &= \Lambda\left[\,\boldsymbol{n}_{||} - \boldsymbol{n}_\perp\,\right] \end{aligned}$$

und sein Betrag hat den Wert,

$$|\,\boldsymbol{s}\,| = \Lambda = \frac{1}{2}\,\varepsilon\,E^2 = \frac{1}{2}\,ED = w_e$$

der der **Energiedichte** im elektrischen Feld entspricht.

An den Vektorbeziehungen erkennt man, dass die drei Vektoren $\boldsymbol{E}$, $\boldsymbol{n}$ und $\boldsymbol{s}$ in einer Ebene liegen und damit komplanar sind. Die Feldstärke $\boldsymbol{E}$ liegt in dieser Ebene zwischen den Vektoren $\boldsymbol{n}$ und $\boldsymbol{s}$ und halbiert den Winkel, den beide bilden, denn für die Tangenten gilt

$$\tan\alpha_{\boldsymbol{n}} = \frac{|\,\boldsymbol{n}_\perp\,|}{|\,\boldsymbol{n}_{||}\,|} = \tan\alpha_{\boldsymbol{s}} = \frac{|-\Lambda\,\boldsymbol{n}_\perp\,|}{|\,\Lambda\,\boldsymbol{n}_{||}\,|} \qquad \rightarrow \qquad \alpha_{\boldsymbol{n}} = \alpha_{\boldsymbol{s}} = \alpha$$

Variiert man in *Abbildung 5.7* den Winkel α, dann erkennt man folgende Spannungsverhältnisse im dielektrischen Material.

Auf ein Volumenelement überträgt das Feld in Richtung der Feldstärke bei $\alpha = 0$ eine Zugspannung und senkrecht zur Feldstärke für $\alpha = \pi/2$ eine Druckspannung, so dass eine Flußröhre in Längsrichtung gedehnt und in Querrichtung gestaucht wird.

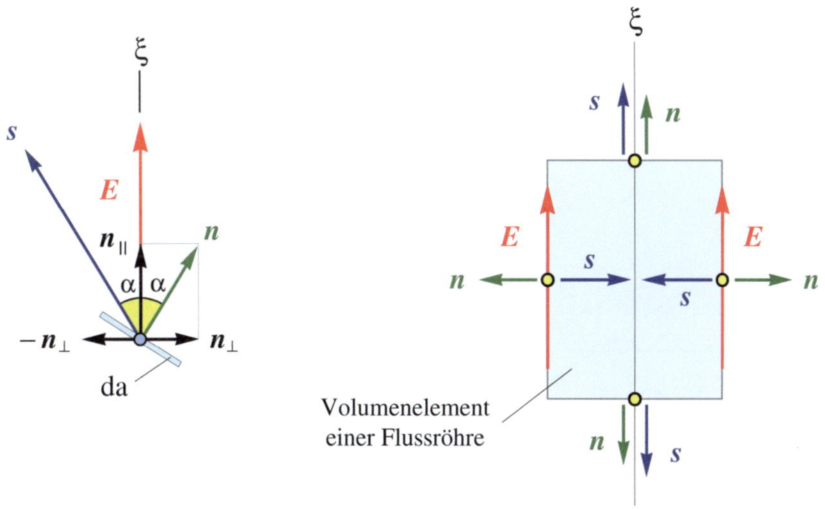

ABB. 5.7: Feldstärke, Flächennormale und Spannungsvektor im elektrostatischen Feld

Weist ein Flächenelement eine Neigung von $\alpha = \pi/4$ gegen die Feldstärke auf, dann liegt der Spannungsvektor in dieser Fläche und erzeugt im Material reine Schubspannungen.

Völlig analoge Überlegungen gelten für den MAXWELL'schen Spannungstensor im magnetostatischen Feld $\mathscr{T}_{\mathrm{M}} \equiv \mathscr{T}^{\,m}$, die deshalb nicht wiederholt werden.

5.3.3 Kraft zwischen Punktladungen

Nach dem COULOMB'schen Gesetz wirkt in der *Abbildung 5.8* auf die Punktladung Q^*, die sich im Feld $\boldsymbol{E}_Q$ der Punktladung Q im Abstand $2a$ befindet, folgende abstoßende Kraft in negativer z-Richtung.

$$\boldsymbol{F} = Q^* \boldsymbol{E}_Q = -\frac{1}{4\pi\varepsilon}\,\frac{Q\,Q^*}{(2a)^2}\,\mathbf{e}_z \tag{5.53}$$

Diese auf Q^* ausgeübte Kraft wird mit Hilfe des Spannungstensors berechnet, indem man den Spannungsvektor, der sich aus dem resultierenden Feld beider Punktladungen ergibt, nach (5.48) über die Oberfläche eines geeigneten Volumens integriert, das Q^* enthält.

$$\boldsymbol{F} = \oiint_a \mathscr{T} \cdot \boldsymbol{n}\, da = \oiint_a \boldsymbol{s}\, da$$

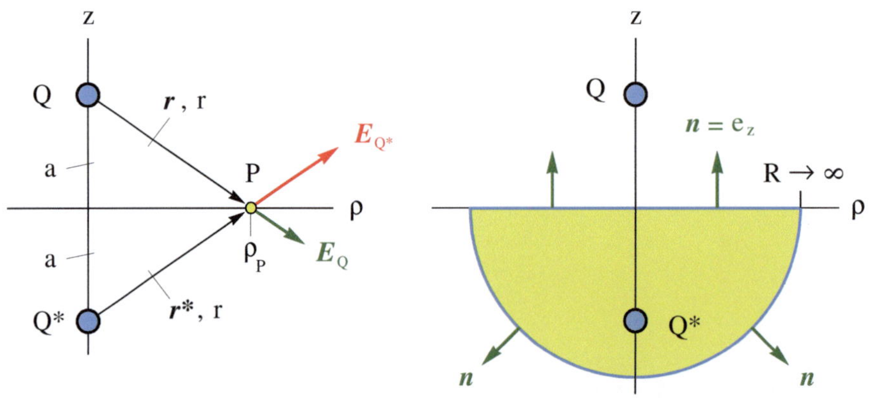

Abb. 5.8: Feld der Punktladungen und Integrationsgebiet

Mathematisch einfach wird die Integration, wenn man die Ladungen wie im Bild symmetrisch auf die z-Achse legt und den unteren Halbraum mit nach außen weisender Normale als Integrationsgebiet wählt. Da die Feldstärke im Unendlichen verschwindet, liefert nur die Integration über die Symmetrieebene $z = 0$ einen Beitrag. Das Ergebnis ist die Kraft auf die Punktladung Q^* im unteren Halbraum.

$$F_z = \int_0^{2\pi}\int_0^{\infty} s_z\, \rho\, d\rho\, d\varphi$$

Das Gesamtfeld hat in der Ebene $z = 0$ mit den gleich großen Abständen $r = r^* = \sqrt{\rho^2 + a^2}$ nach dem Coulomb'schen Gesetz die resultierende elektrische Feldstärke

$$\begin{aligned}
\boldsymbol{E}(z=0) = \boldsymbol{E}_Q + \boldsymbol{E}_{Q^*} &= \frac{Q}{4\pi\varepsilon\, r^2}\,\frac{\rho\,\mathbf{e}_\rho - a\,\mathbf{e_z}}{r} + \frac{Q^*}{4\pi\varepsilon\, r^2}\,\frac{\rho\,\mathbf{e}_\rho + a\,\mathbf{e_z}}{r} \\
&= \frac{\rho\,(Q+Q^*)}{4\pi\varepsilon\, r^3}\,\mathbf{e}_\rho - \frac{a\,(Q-Q^*)}{4\pi\varepsilon\, r^3}\,\mathbf{e}_z \\
&= E_\rho\,\mathbf{e}_\rho + E_z\,\mathbf{e}_z
\end{aligned}$$

Der Spannungsvektor (5.49) reduziert sich in der Ebene $z = 0$ wegen $\boldsymbol{n} = \mathbf{e}_z$ auf drei Glieder, die nach (5.44) und (5.50) aus der Feldstärke berechnet werden.

$$\begin{aligned}
\boldsymbol{s} &= T^e_{xz}\,\mathbf{e}_x + T^e_{yz}\,\mathbf{e}_y + T^e_{zz}\,\mathbf{e}_z \\
&= \varepsilon\left[\, E_x E_z\,\mathbf{e}_x + E_y E_z\,\mathbf{e}_y + (E_z^2 - E^2/2)\,\mathbf{e}_z \,\right] \\
&= \varepsilon\left[\, \big(E_\rho \cos\varphi\,\mathbf{e}_x + E_\rho \sin\varphi\,\mathbf{e}_y\big)\, E_z + (E_z^2 - E^2/2)\,\mathbf{e}_z \,\right]
\end{aligned}$$

Da E_ρ und E_z nicht von φ abhängen, liefern die beiden ersten Summanden bei der Integration über φ von 0 bis 2π keinen Beitrag.

Die dritte Spannungskomponente $s_z = \varepsilon\,(E_z^2 - E^2/2) = \varepsilon\,(E_z^2 - E_\rho^2)/2$ führt bei der Integration über die Ebene $z = 0$ auf folgende Integrale.

$$\begin{aligned}
F_z = &+ 2\pi\,\frac{\varepsilon}{2}\left(\frac{Q-Q^*}{4\pi\varepsilon}\right)^2 a^2 \underbrace{\int_0^\infty \frac{\rho\,d\rho}{(\rho^2+a^2)^3}}_{=1/4a^4} \\
&- 2\pi\,\frac{\varepsilon}{2}\left(\frac{Q+Q^*}{4\pi\varepsilon}\right)^2 \underbrace{\int_0^\infty \frac{\rho^3\,d\rho}{(\rho^2+a^2)^3}}_{=1/4a^2}
\end{aligned}$$

Damit erhält man für die Kraft auf Q^* das Ergebnis wie im COULOMB'schen Gesetz (5.53).

$$\boldsymbol{F} = -\,\frac{1}{4\pi\varepsilon}\,\frac{Q\,Q^*}{(2a)^2}\,\mathbf{e}_z$$

Bei Vorzeichenwechsel einer der beiden Ladungen dreht sich die Richtung der Kraft um.

Die Kraft auf die Ladung Q im Feld der Ladung Q* ist nach dem dritten NEWTON'schen Gesetz entgegengesetzt gerichtet. Bei der entsprechenden Berechnung ergibt sich der Vorzeichenwechsel dadurch, dass in diesem Fall im oberen Halbraum in der Ebene $z = 0$ mit $\boldsymbol{n} = -\mathbf{e}_z$ integriert wird.

5.3.4 Kraft durch dielektrischen Halbraum

In *Abbildung 5.9* trennt die Ebene $z = 0$ die Halbräume mit den Dielektrizitätskonstanten ε_1 und ε_2. Im oberen Halbraum befindet sich eine Punktladung Q im Abstand a von der Grenzfläche.

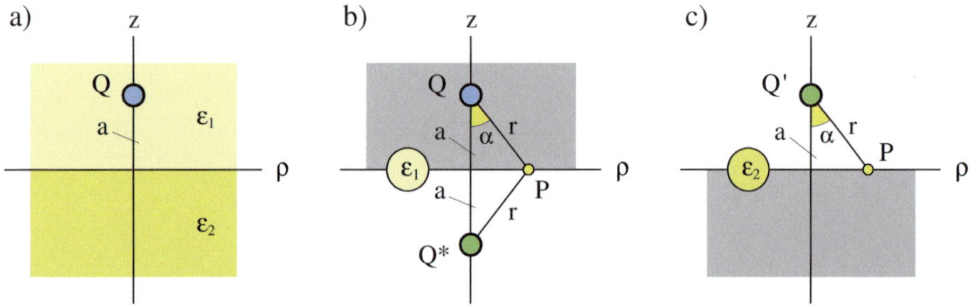

ABB. 5.9: Dielektrische Halbräume
a) Originalanordnung
b) Ersatzbild für den oberen Halbraum
c) Ersatzbild für den unteren Halbraum

Das elektrostatische Feld wird mit Hilfe der dargestellten Ersatzbilder für jeden Halbraum getrennt berechnet, wobei man **Ersatzladungen** nur im nichtbetrachteten Halbraum ansetzten darf, um die Ladungskonfiguration nicht zu verändern und keine Singularitäten zu erzeugen.

Die Erfüllung der Randbedingungen (5.12) und (5.13) an der Grenzfläche bedeutet,

$$D_z^{(b)}(P) = -\frac{Q}{4\pi}\frac{\cos\alpha}{r^2} + \frac{Q^*}{4\pi}\frac{\cos\alpha}{r^2} = D_z^{(c)}(P) = -\frac{Q'}{4\pi}\frac{\cos\alpha}{r^2}$$

$$\rightarrow \quad Q - Q^* = Q'$$

$$E_\rho^{(b)}(P) = \frac{Q}{4\pi\varepsilon_1}\frac{\sin\alpha}{r^2} + \frac{Q^*}{4\pi\varepsilon_1}\frac{\sin\alpha}{r^2} = E_\rho^{(c)}(P) = \frac{Q'}{4\pi\varepsilon_2}\frac{\sin\alpha}{r^2}$$

$$\rightarrow \quad Q + Q^* = \frac{\varepsilon_1}{\varepsilon_2}Q'$$

aus denen die Ersatzladungen bestimmt werden, [27, S. 96], [62, S. 171].

$$Q^* = \frac{\varepsilon_1 - \varepsilon_2}{\varepsilon_1 + \varepsilon_2}\,Q\,, \qquad Q' = \frac{2\,\varepsilon_2}{\varepsilon_1 + \varepsilon_2}\,Q$$

Im unteren Halbraum sind die Feldlinien geradlinig, die strahlenförmig von Q' ausgehen. Im oberen Halbraum sind sie gekrümmt, da sie von zwei Ladungen herrühren, wobei die Art der Krümmung vom Vorzeichen der Ersatzladung Q^* abhängt.

Die Kraft, die die Ladung Q durch den unteren dielektrischen Halbraum erfährt, ergibt sich aus dem Ersatzbild b) zu

$$\boldsymbol{F} = Q\,\boldsymbol{E}_{Q^*} = \frac{1}{4\pi\varepsilon_1}\frac{QQ^*}{(2a)^2} = \frac{Q^2}{4\pi\varepsilon_1}\frac{\varepsilon_1 - \varepsilon_2}{\varepsilon_1 + \varepsilon_2}\frac{1}{(2a)^2}\,\mathbf{e}_z$$

Mit dem Spannungstensor erfolgt die Berechnung der Kraft auf die Ladung Q wie in der Aufgabe des vorigen Abschnitts. Mit dem Ersatzbild für den oberen Halbraum und der Integration der Spannungen über diesen Bereich, wobei in der Ebene $z = 0$ die Normale $\boldsymbol{n} = -\,\mathbf{e}_z$ gilt, erhält man als Ergebnis für die z-gerichtete Kraft auf Q

$$\begin{aligned} F_z &= -\,\frac{\pi\varepsilon_1}{(4\pi\varepsilon_1)^2}\,\frac{1}{4a^2}\left[\,(Q - Q^*)^2 - (Q + Q^*)^2\,\right] \\ &= \frac{Q^2}{4\pi\varepsilon_1}\,\frac{\varepsilon_1 - \varepsilon_2}{\varepsilon_1 + \varepsilon_2}\,\frac{1}{(2a)^2} \end{aligned}$$

Für $\varepsilon_2 > \varepsilon_1$ zieht der untere Halbraum mit $F_z < 0$ die Ladung Q an, für $\varepsilon_2 < \varepsilon_1$ stößt er sie mit $F_z > 0$ ab.

Im Fall des homogenen Vollraumes mit $\varepsilon_1 = \varepsilon_2$ lauten die Ersatzladungen erwartungsgemäß $Q^* = 0$ und $Q' = Q$ mit verschwindender Kraft auf Q.

Im Grenzfall $\varepsilon_2 \to \infty$ gilt für die Ersatzladung $Q^* = -\,Q$, die als **Spiegelladung** erscheint. Die elektrische Feldstärke mündet dann senkrecht auf der Grenze der beiden Halbräume, die damit eine Äquipotentialfläche darstellt und bei der der untere Halbraum feldfrei ist. Das Feldbild im oberen Halbraum entspricht dem Feld einer Punktladung vor einer leitenden Ebene, wie das bei (5.15) als Grenzfall beschrieben wurde.

5.3.5 Kraft zwischen Linienströmen

Zwei parallele, unendlich lange Leiter im Abstand $2a$ führen nach *Abbildung 5.10* in z-Richtung Linienströme unterschiedlicher Größe. Die Kraft, die die

Leiter aufeinander ausüben, wird ähnlich ermittelt, wie bei den Punktladungen, indem man den Spannungsvektor, der sich aus der resultierenden Induktion beider Linienströme ergibt, über die Oberfläche eines geeigneten Volumens integriert. Da es sich hierbei um ein ebenes Problem handelt, entartet das Volumen zu einer Fläche mit einer sie umrandenden Kontur in der Ebene.

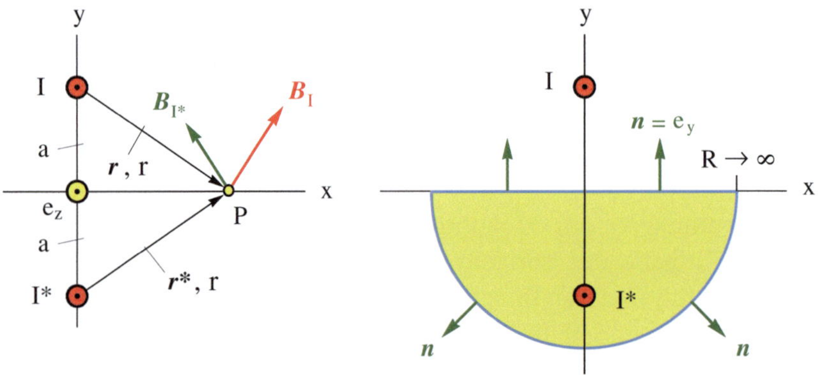

ABB. 5.10: Ebenes Feld von Linienströmen und Integrationsgebiet

Für den Beitrag der Kraft gilt nach (4.1),

$$d\boldsymbol{F} = \boldsymbol{s}\, da = \boldsymbol{s}\, dx\, dz$$

der im ebenen Problem pro Längeneinheit ℓ der z-Richtung berechnet wird.

$$d\boldsymbol{F}_\ell = \frac{d\boldsymbol{F}}{dz} = \boldsymbol{s}\, dx$$

$$\boldsymbol{F}_\ell = \oint_C \boldsymbol{s}\, dx = \oint_C \mathscr{T}^m \cdot \boldsymbol{n}\, dx$$

Die Kontur C ist die Umrandung der unteren Halbebene. Da die Induktion im Unendlichen verschwindet, muss man nur über die Symmetrielinie $x = 0$ integrieren.

Das Gesamtfeld hat mit den Abständen $r = r^* = \sqrt{x^2 + a^2}$ auf der Symmetrielinie nach dem BIOT-SAVART'schen Gesetz (5.115) die resultierende magnetische Induktion

$$\boldsymbol{B} = \boldsymbol{B}_I + \boldsymbol{B}_{I*} = \frac{\mu\, I}{2\pi\, r^2}\,(\mathbf{e}_z \times \boldsymbol{r}) + \frac{\mu\, I^*}{2\pi r^2}\,(\mathbf{e}_z \times \boldsymbol{r}^*)$$

Mit den Kreuzprodukten

$$\mathbf{e}_z \times \boldsymbol{r} = \mathbf{e}_z \times (+\,x\,\mathbf{e}_x - a\,\mathbf{e}_y) = +\,a\,\mathbf{e}_x + x\,\mathbf{e}_y$$
$$\mathbf{e}_z \times \boldsymbol{r}^* = \mathbf{e}_z \times (+\,x\,\mathbf{e}_x + a\,\mathbf{e}_y) = -\,a\,\mathbf{e}_x + x\,\mathbf{e}_y$$

erhält man die Induktion zu

$$\boldsymbol{B} = \frac{\mu}{2\pi\, r^2}\left[\,a\left(I - I^*\right)\mathbf{e}_x + x\left(I + I^*\right)\mathbf{e}_y\,\right] = B_x\,\mathbf{e}_x + B_y\,\mathbf{e}_y$$

Da das Problem eben ist, gilt $B_z = 0$, so dass alle Tensorkomponenten, die im Index ein z enthalten, Null sind.

Der Spannungsvektor nach (5.49) reduziert sich wegen $\boldsymbol{n} = \mathbf{e}_y$ auf zwei Glieder, die aus der Induktion berechnet werden.

$$\boldsymbol{s} = T^m_{xy}\,\mathbf{e}_x + T^m_{yy}\,\mathbf{e}_y = \frac{1}{\mu}\,B_x\,B_y\,\mathbf{e}_x + \frac{1}{2\mu}\left(\,B_y^2 - B_x^2\,\right)\mathbf{e}_y$$

Die Integration des Spannungsvektors über die x-Achse ergibt folgende Integrale

$$B_x\,B_y \quad\rightarrow\quad \int_{-\infty}^{\infty} \frac{ax\,dx}{(x^2+a^2)^2} = 0 \qquad \text{(Integrand ungerade)}$$

$$B_x^2 \quad\rightarrow\quad \int_{-\infty}^{\infty} \frac{a^2\,dx}{(x^2+a^2)^2} = \frac{\pi}{2a}$$

$$B_y^2 \quad\rightarrow\quad \int_{-\infty}^{\infty} \frac{x^2\,dx}{(x^2+a^2)^2} = \frac{\pi}{2a}$$

Damit erhält man die Kraft pro Längeneinheit auf den Leiter mit dem Strom I^* im Feld des Leiters mit I.

$$\boldsymbol{F}_\ell = \frac{1}{2\mu}\left(\frac{\mu}{2\pi}\right)^2\frac{\pi}{2a}\Big[\left(I + I^*\right)^2 - \left(I - I^*\right)^2\Big]\,\mathbf{e}_y$$

$$\boldsymbol{F}_\ell = \frac{\mu}{2\pi}\,\frac{II^*}{2a}\,\mathbf{e}_y$$

Die Kraft auf den Leiter mit dem Strom I ist entgegengesetzt gerichtet, da in diesem Fall über die obere Halbebene integriert werden muss.

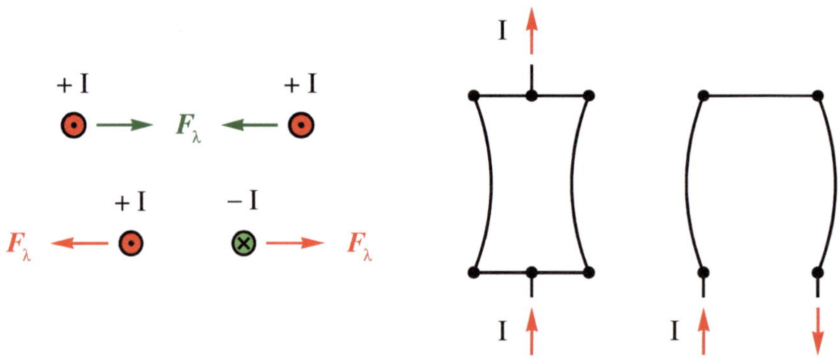

ABB. 5.11: Kräfte zwischen parallelen Leitern

Als Ergebnis erhält man folgende Aussagen.

- ✶ **Leiter mit gleichsinnig parallel fließenden Strömen ziehen sich an**
- ✶ **Leiter mit gegensinnig parallel fließenden Strömen stoßen sich ab** (5.54)

5.4 Impulse und Erhaltungssätze des elektromagnetischen Feldes

5.4.1 Linearer Impuls

Nach dem NEWTON'schen Grundgesetz der Dynamik (3.2) ist die LORENTZ-Kraft (5.18), die im elektromagnetischen Feld durch die Quellenverteilung aus vorhandenen Ladungen und Strömen hervorgerufen wird, die Zeitableitung des **mechanischen Impulses**.

$$\boldsymbol{F}_L = \boldsymbol{F}_{\text{mech}} = \frac{d\boldsymbol{p}_{\text{mech}}}{dt} = \iiint_v \big(\rho\,\boldsymbol{E} + \boldsymbol{J} \times \boldsymbol{B}\big)\,dv$$

In der Darstellung (5.47) der LORENTZ-Kraft

$$\boldsymbol{F}_L = \iiint_v \boldsymbol{f}_L\,dv = \oint\!\!\oint_a \mathscr{T}^{\,\mathrm{M}} \cdot d\boldsymbol{a} - \mu\varepsilon\,\frac{\partial}{\partial t}\iiint_v \boldsymbol{S}\,dv$$

kann man im Volumenintegral der rechten Seite den Integranden als Kreuzprodukt der Flussdichten ausdrücken und als **Impulsdichte $\boldsymbol{q}_{\text{Str}}$ des elektromagnetischen Feldes** interpretieren, die durch die Strahlung des POYNTING-Vektors hervorgerufen wird.

$$\mu\varepsilon\,\boldsymbol{S} = \big(\varepsilon\boldsymbol{E}\big) \times \big(\mu\boldsymbol{H}\big) = \boldsymbol{D} \times \boldsymbol{B} = \boldsymbol{q}_{\text{Str}} = \frac{d\boldsymbol{p}_{\text{Str}}}{dv} \tag{5.55}$$

Die Impulsdichte mit der Einheit $\mathrm{Ns/m^3} = \mathrm{s^2/m^2} \cdot \mathrm{W/m^2}$ ist der Impuls pro Volumen und entsprechend dem mechanischen Impuls $\boldsymbol{p}_{\text{mech}}$ der LORENTZ-Kraft existiert ein **elektromagnetischer Impuls $\boldsymbol{p}_{\text{Str}}$ der Strahlung**.

$$\boldsymbol{p}_{\text{Str}} = \iiint_v \boldsymbol{q}_{\text{Str}}\,dv = \mu\varepsilon \iiint_v \boldsymbol{S}\,dv = \varepsilon \iiint_v \boldsymbol{E} \times \boldsymbol{B}\,dv \tag{5.56}$$

Die **Kraftdichte** entspricht der Zeitableitung der Impulsdichte, so dass für Strahlungs- und mechanische Kraftdichte gilt

$$\boxed{\boldsymbol{f}_{\text{Str}} = \frac{d\boldsymbol{q}_{\text{Str}}}{dt} = \mu\varepsilon\,\frac{d\boldsymbol{S}}{dt}}$$
$$\boxed{\boldsymbol{f}_{\mathrm{L}} = \boldsymbol{f}_{\text{mech}} = \frac{d\boldsymbol{q}_{\text{mech}}}{dt} = \rho\,\boldsymbol{E} + \boldsymbol{J} \times \boldsymbol{B} = \operatorname{div}\mathscr{T}^{\,\mathrm{M}} - \frac{d\boldsymbol{q}_{\text{Str}}}{dt}} \tag{5.57}$$

Deren Summe ergibt die Kraftdichte des Feldes.

$$\boldsymbol{f}_{\text{Feld}} = \boldsymbol{f}_{\text{mech}} + \boldsymbol{f}_{\text{Str}} = \operatorname{div} \mathscr{T}^{\,\text{M}}$$

Bei Integration über ein Volumen v erhält man die **Gesamtkraft im elektromagnetischen Feld** als zeitliche Änderung des Feldimpulses und gemäß (4.8) als Integration der Randwerte des Spannungsvektors über die Oberfläche des umfassten Volumens, [48, S. 932], [62, S. 514].

$$\boldsymbol{F}_{\text{Feld}} = \frac{d\boldsymbol{p}_{\text{Feld}}}{dt} = \frac{d}{dt}\left[\boldsymbol{p}_{\text{mech}} + \boldsymbol{p}_{\text{Str}}\right] = \oiint_a \mathscr{T}^{\,\text{M}} \cdot d\boldsymbol{a} = \oiint_a \boldsymbol{s}\, da \tag{5.58}$$

Diese Bilanzgleichung wird als **Impulserhaltungssatz des elektromagnetischen Feldes** bezeichnet, die das vektorielle Analogon zur Leistungsbilanz (5.38) darstellt.

$$-\frac{dW_{\text{Feld}}}{dt} = \iiint_v \mathring{p}_V\, dv + \oiint_a \boldsymbol{S} \cdot d\boldsymbol{a} \qquad \frac{d\boldsymbol{p}_{\text{Feld}}}{dt} = \oiint_a \mathscr{T}^{\,\text{M}} \cdot d\boldsymbol{a} \tag{5.59}$$

Selbst in einem Raumgebiet ohne Quellen, in dem LORENTZ-Kraft $\boldsymbol{F}_{\text{L}}$ und damit mechanischer Impuls $\boldsymbol{p}_{\text{mech}}$ Null sind, besitzt das elektromagnetische Feld noch den Impuls $\boldsymbol{p}_{\text{Str}}$, der durch das Zusammenwirken der Feldvektoren hervorgerufen wird. Im **quellenlosen Volumen** lautet der Impuls dann

$$\boldsymbol{p}_{\text{Feld}} \equiv \boldsymbol{p}_{\text{Str}} = \mu\varepsilon \iiint_v \boldsymbol{S}\, dv = \varepsilon \iiint_v \boldsymbol{E} \times \boldsymbol{B}\, dv$$

★ **Das elektromagnetische Feld ist Träger eines Impulses!** (5.60)

Das Prinzip der Impulserhaltung ist nur für den Gesamtimpuls des Feldes gültig, wenn neben dem mechanischen Impuls der Quellenverteilung auch der Impuls des elektromagnetischen Strahlungsfeldes berücksichtigt wird!

Im **unbegrenzten Raum** R_∞ ist das Flächenintegral in (5.58) über die unendlich ferne Hülle für statische Felder Null, in denen die Feldvektoren wie $1/r^2$ abnehmen, so dass dann der Gesamtimpuls zeitlich konstant ist.

$$\frac{d\boldsymbol{p}_{\text{Feld}}}{dt} = \frac{d}{dt}\left[\boldsymbol{p}_{\text{mech}} + \boldsymbol{p}_{\text{Str}}\right] = 0 \quad \rightarrow \quad \boldsymbol{p}_{\text{Feld}} = \text{const.} \tag{5.61}$$

5.4.2 Drehimpuls

Da die Kreuzprodukte von $\dot{\boldsymbol{r}}$ mit Impuls und Impulsdichte verschwinden,

$$\dot{\boldsymbol{r}} \times \boldsymbol{p} = m\,\dot{\boldsymbol{r}} \times \dot{\boldsymbol{r}} = 0$$

$$\dot{\boldsymbol{r}} \times \frac{d\boldsymbol{p}_{\mathrm{Str}}}{dv} = \dot{\boldsymbol{r}} \times \boldsymbol{q}_{\mathrm{Str}} = m\,\dot{\boldsymbol{r}} \times \frac{d}{dv}\dot{\boldsymbol{r}} = 0$$

erhält man nach (5.57) und dem speziellen Kreuzprodukt (18.56, Bd. I) für die Dichten der Größen folgende Beziehung.

$$\begin{aligned}\frac{d\boldsymbol{M}}{dv} = \boldsymbol{r} \times \boldsymbol{f}_{\mathrm{mech}} = \frac{d}{dv}\left(\frac{d\boldsymbol{L}_{\mathrm{mech}}}{dt}\right) &= \boldsymbol{r} \times \operatorname{div} \mathscr{T}^{\,\mathrm{M}} - \boldsymbol{r} \times \frac{d\boldsymbol{q}_{\mathrm{Str}}}{dt} \\ &= -\operatorname{div}\left(\mathscr{T}^{\,\mathrm{M}} \times \boldsymbol{r}\right) - \frac{d}{dt}\left(\boldsymbol{r} \times \boldsymbol{q}_{\mathrm{Str}}\right)\end{aligned}$$

Die Integration über ein bestimmtes Volumen führt mit dem GAUSS'schen Satz (19.3, Bd. I) auf Drehmoment und Zeitableitung der Drehimpulse.

$$\boldsymbol{M}_{\mathrm{mech}} = \frac{d\boldsymbol{L}_{\mathrm{mech}}}{dt} = -\oint\!\!\oint_a \left(\mathscr{T}^{\,\mathrm{M}} \times \boldsymbol{r}\right) \cdot d\boldsymbol{a} - \frac{d}{dt}\underbrace{\iiint_v \left(\boldsymbol{r} \times \boldsymbol{q}_{\mathrm{Str}}\right) dv}_{=\,\boldsymbol{L}_{\mathrm{Str}}}$$

Damit erhält man eine zu (5.58) äquivalente Bilanzgleichung, die den **Drehimpulserhaltungssatz des elektromagnetischen Feldes** darstellt.

$$\boxed{\boldsymbol{M}_{\mathrm{Feld}} = \frac{d\boldsymbol{L}_{\mathrm{Feld}}}{dt} = \frac{d}{dt}\left[\boldsymbol{L}_{\mathrm{mech}} + \boldsymbol{L}_{\mathrm{Str}}\right] = -\oint\!\!\oint_a \left(\mathscr{T}^{\,\mathrm{M}} \times \boldsymbol{r}\right) \cdot d\boldsymbol{a}} \qquad (5.62)$$

Im unendlichen Raum gilt wie beim Impuls unter den dortigen Voraussetzungen ein konstanter Drehimpuls.

$$\boldsymbol{L}_{\mathrm{Feld}} = \boldsymbol{L}_{\mathrm{mech}} + \boldsymbol{L}_{\mathrm{Str}} = \text{const.} \qquad (\text{im Raum } \mathrm{R}_\infty)$$

5.4.3 Erhaltungssätze der Elektrodynamik

Die grundlegenden physikalischen Größen **Ladung, Energie, Impuls und Drehimpuls** sind Erhaltungsgrößen, die weder erzeugt noch vernichtet werden sondern nur eine Umwandlung erfahren können.

Die im elektromagnetischen Feld geltenden Erhaltungssätze verknüpfen die zeitliche Änderung einer Größe in einem Raumpunkt mit dem Transport der zugehörigen Flussgröße im Raum. Die Erhaltungssätze werden in ihrer mathematischen Formulierung differentiell und für abgeschlossene Bereiche in Integralform zusammenfassend dargestellt.

- **Erhaltung der Ladung, Kontinuitätsgleichung** (Gl. 5.4)

$$\frac{\partial \rho}{\partial t} + \operatorname{div} \boldsymbol{J} = 0 \quad \leftrightarrow \quad -\frac{\partial}{\partial t} \iiint_v \rho \, dv = \oiint_a \boldsymbol{J} \cdot d\boldsymbol{a} = \oiint_a \rho \boldsymbol{v} \cdot d\boldsymbol{a}$$

Die zeitliche Abnahme der Ladung in einem Volumen entspricht dem Stromfluss durch dessen Oberfläche nach außen.

- **Erhaltung der Energie** (Gln. 5.37/5.38)

$$\frac{\partial w_{\text{Feld}}}{\partial t} + \operatorname{div} \boldsymbol{S} + \boldsymbol{J} \cdot \boldsymbol{E} = 0 \quad \leftrightarrow \quad -\frac{dW_{\text{Feld}}}{dt} = P_V + \oiint_a \boldsymbol{S} \cdot d\boldsymbol{a}$$

Die zeitliche Abnahme der Energie in einem Volumen entspricht der Summe aus der inneren Verlustleistung und dem Leistungsfluss durch dessen Oberfläche nach außen.

- **Erhaltung des Impulses** (Gln. 5.57/5.58)

$$\frac{d\boldsymbol{q}_{\text{Feld}}}{dt} = \frac{d}{dt}\left(\frac{d\boldsymbol{p}_{\text{Feld}}}{dv}\right) = \frac{d}{dt}\left(\boldsymbol{q}_{\text{mech}} + \boldsymbol{q}_{\text{Str}}\right) = \operatorname{div} \mathscr{T}^{\,\mathrm{M}}$$

$$\leftrightarrow \quad \boldsymbol{F}_{\text{Feld}} = \frac{d\boldsymbol{p}_{\text{Feld}}}{dt} = \frac{d}{dt}\left(\boldsymbol{p}_{\text{mech}} + \boldsymbol{p}_{\text{Str}}\right)$$

$$= \frac{d\boldsymbol{p}_{\text{mech}}}{dt} + \mu\varepsilon \, \frac{\partial}{\partial t} \iiint_v \boldsymbol{S} \, dv = \oiint_a \mathscr{T}^{\,\mathrm{M}} \cdot d\boldsymbol{a}$$

Die zeitliche Zunahme von mechanischem und Strahlungsimpuls in einem Volumen entspricht der Kraft auf die Oberfläche dieses Volumens.

- **Erhaltung des Drehimpulses** (Gl. 5.62)

$$\boldsymbol{M}_{\text{Feld}} = \frac{d\boldsymbol{L}_{\text{Feld}}}{dt} = \frac{d}{dt}\left[\boldsymbol{L}_{\text{mech}} + \boldsymbol{L}_{\text{Str}}\right] = -\oiint_a \left(\mathscr{T}^{\,\mathrm{M}} \times \boldsymbol{r}\right) \cdot d\boldsymbol{a}$$

Die zeitliche Zunahme von mechanischem und Strahlungsdrehimpuls in einem Volumen entspricht dem Drehmoment auf die Oberfläche dieses Volumens.

5.5 Elektromagnetische Wellen

5.5.1 Aufstellung der Differentialgleichungen

Im homogenen Raum mit konstanten Werten der Materialgrößen ε, μ und κ wird die Rotation der MAXWELL'schen Gleichungen (5.1) und (5.2) gebildet und ineinander eingesetzt. Die auftretende doppelte Rotation wird durch den Vektor-LAPLACE-Operator (17.75, Bd. I) ausgedrückt.

$$\begin{aligned} \operatorname{rot}\operatorname{rot}\boldsymbol{E} &= \operatorname{grad}\operatorname{div}\boldsymbol{E} - \Delta\boldsymbol{E} \\ &= -\,\mu\,\frac{\partial}{\partial t}\operatorname{rot}\boldsymbol{H} = -\,\mu\,\frac{\partial}{\partial t}\left(\kappa\boldsymbol{E} + \varepsilon\,\frac{\partial \boldsymbol{E}}{\partial t}\right) \end{aligned}$$

$$\begin{aligned} \operatorname{rot}\operatorname{rot}\boldsymbol{H} &= \operatorname{grad}\operatorname{div}\boldsymbol{H} - \Delta\boldsymbol{H} \\ &= \operatorname{rot}\left(\kappa\boldsymbol{E} + \varepsilon\,\frac{\partial \boldsymbol{E}}{\partial t}\right) = -\left(\mu\kappa + \mu\varepsilon\,\frac{\partial}{\partial t}\right)\frac{\partial \boldsymbol{H}}{\partial t} \end{aligned}$$

Die allgemeine Form der Differentialgleichungen der orts- und zeitabhängigen Feldstärken $\boldsymbol{E}(\boldsymbol{r},t)$ und $\boldsymbol{H}(\boldsymbol{r},t)$, die man als **Telegrafengleichungen** bezeichnet, lautet folgendermaßen.

$$\boxed{\begin{aligned} \Delta\boldsymbol{E} - \operatorname{grad}\operatorname{div}\boldsymbol{E} &= \mu\kappa\,\frac{\partial \boldsymbol{E}}{\partial t} + \mu\varepsilon\,\frac{\partial^2 \boldsymbol{E}}{\partial t^2} \\ \Delta\boldsymbol{H} &= \mu\kappa\,\frac{\partial \boldsymbol{H}}{\partial t} + \mu\varepsilon\,\frac{\partial^2 \boldsymbol{H}}{\partial t^2} \end{aligned}} \tag{5.63}$$

Hier treten neben den räumlichen Differentialquotienten sowohl die erste Zeitableitung auf, die wegen der Leitfähigkeit κ eine **Dämpfung** bewirkt, als auch die zweite Zeitableitung, die eine **Schwingung** beschreibt.

Zur kürzeren Schreibweise wird der Differentialoperator $\square$ (Quad) eingeführt, der nach dem Mathematiker **Jean le Rond D'ALEMBERT** (1717-1783) als **D'ALEMBERT-Operator** oder **Operator der Wellenausbreitung** bezeichnet wird und der den LAPLACE-Operator und die zweite zeitliche Ableitung zusammenfasst.

$$\boxed{\square = \Delta - \mu\varepsilon\,\frac{\partial^2}{\partial t^2} = \frac{\partial^2}{\partial x^2} + \frac{\partial^2}{\partial y^2} + \frac{\partial^2}{\partial z^2} - \mu\varepsilon\,\frac{\partial^2}{\partial t^2}} \tag{5.64}$$

Im Folgenden werden **Wellen in nichtleitenden, quellenfreien Medien** mit $\kappa = 0$, also speziell auch im Vakuum, betrachtet, die frei sind von Ladungen ρ und Stromdichten $\boldsymbol{J}$, wodurch neben dem magnetischen auch das elektrische Feld divergenzfrei wird. Damit reduzieren sich die Telegrafengleichungen auf die dämpfungsfreie und für beide Feldstärken gleiche Form von **vektoriellen Wellengleichungen**.

$$\Box \boldsymbol{E} = \boldsymbol{\Delta E} - \mu\varepsilon \frac{\partial^2 \boldsymbol{E}}{\partial t^2} = 0$$

$$\Box \boldsymbol{H} = \boldsymbol{\Delta H} - \mu\varepsilon \frac{\partial^2 \boldsymbol{H}}{\partial t^2} = 0 \qquad (5.65)$$

Die übliche **Wahl für die Zeitabhängigkeit** sind periodische, monochromatische, sinusförmige Funktionen, die man in komplexer Form mit dem **Zeitfaktor** $\mathrm{e}^{j\omega t}$ als harmonische Funktionen ansetzt, und aus denen man durch FOURIER-Synthese jede denkbare Kurvenform erzeugen kann. Für die elektrische Feldstärke folgt dann eine Darstellung, bei der die Zusammenfassung von reellem Vektor und Phasenglied als **komplexe Amplitude** oder **Phasor** $\boldsymbol{E}(\boldsymbol{r})$ bezeichnet wird.

Zeitfunktion → $\boldsymbol{E}(\boldsymbol{r}, t) = \boldsymbol{E}_0(\boldsymbol{r}) \cos(\omega t + \varphi) = \mathrm{Re}\left\{\boldsymbol{E}_0(\boldsymbol{r})\, \mathrm{e}^{j\varphi} \mathrm{e}^{j\omega t}\right\}$

Phasor → $\boldsymbol{E}(\boldsymbol{r}) = \boldsymbol{E}_0(\boldsymbol{r})\, \mathrm{e}^{j\varphi}$

(5.66)

$$\begin{aligned} \Box\left[\boldsymbol{E}(\boldsymbol{r}, t)\right] &= \Box\left[\mathrm{Re}\left\{\boldsymbol{E}(\boldsymbol{r})\, \mathrm{e}^{j\omega t}\right\}\right] \\ &= \mathrm{Re}\left\{\Box\left[\boldsymbol{E}(\boldsymbol{r})\, \mathrm{e}^{j\omega t}\right]\right\} \\ &= \mathrm{Re}\left\{\left[\boldsymbol{\Delta E}(\boldsymbol{r}) + \omega^2 \mu\varepsilon\, \boldsymbol{E}(\boldsymbol{r})\right] \mathrm{e}^{j\omega t}\right\} = 0 \end{aligned}$$

Die zeitfreien, nur noch ortsabhängigen komplexen Amplituden der Feldstärkevektoren müssen dann die **HELMHOLTZ-Gleichung** erfüllen.

$$\boldsymbol{\Delta E}(\boldsymbol{r}) + \omega^2 \mu\varepsilon\, \boldsymbol{E}(\boldsymbol{r}) = 0$$

$$\boldsymbol{\Delta H}(\boldsymbol{r}) + \omega^2 \mu\varepsilon\, \boldsymbol{H}(\boldsymbol{r}) = 0 \qquad (5.67)$$

Nach Lösung dieser Differentialgleichungen, die in [16] ausführlich dargestellt wird, erhält man die reellen, physikalisch messbaren Feldstärken $\boldsymbol{E}(\boldsymbol{r},t)$ und $\boldsymbol{H}(\boldsymbol{r},t)$ nach Multiplikation der komplexen Größen $\boldsymbol{E}(\boldsymbol{r})$ und $\boldsymbol{H}(\boldsymbol{r})$ mit dem Zeitfaktor $\mathrm{e}^{j\omega t}$ und anschließender Realteilbildung.

Da die beiden vektoriellen Differentialgleichungen unabhängig voneinander gelten, müssen aus den möglichen Lösungen für $\boldsymbol{E}$ und $\boldsymbol{H}$ diejenigen ausgewählt werden, die zusätzlich die MAXWELL'schen Gleichungen erfüllen! Für ebene Wellen ist das relativ leicht möglich, aber für beliebige Wellenformen ist der mathematische Weg einfacher durchführbar mit Hilfe der elektrodynamischen Potentiale, die im nächsten Abschnitt behandelt werden.

5.5.2 Ebene Wellen im nichtleitenden Medium

Die einfachste Lösung der Wellengleichung stellt die **ebene harmonische, monochromatische Welle** mit fester **Kreisfrequenz** $\omega = 2\pi f$ dar, bei der der elektrische Feldstärkevektor $\boldsymbol{E}(\boldsymbol{r},t)$ der Welle nur von z und t abhängt. Die Feldstärke wird durch folgende **Wellenfunktion** dargestellt, wobei der konstante Vektor $\boldsymbol{E}_0$ die Amplitude bestimmt, dessen Richtung im Raum durch (5.76) festgelegt wird.

$$\boxed{\begin{aligned}\boldsymbol{E}(z,t) &= \mathrm{Re}\left\{\boldsymbol{E}(z)\,\mathrm{e}^{j\omega t}\right\} = \mathrm{Re}\left\{\boldsymbol{E}_0\,\mathrm{e}^{j(\omega t - k_z z)}\right\}\\ &= \boldsymbol{E}_0 \cos\left(\omega t - k_z z\right) = \boldsymbol{E}_0 \cos\left(2\pi\,\frac{t}{T} - 2\pi\,\frac{z}{\lambda_z}\right)\end{aligned}} \tag{5.68}$$

Die komplexe Amplitude dieser Feldstärke erfüllt wegen (17.76/18.48, Bd. I) die HELMHOLTZ-Gleichung.

$$\boldsymbol{\Delta}\boldsymbol{E}(\boldsymbol{r}) = \boldsymbol{\Delta}\left(\boldsymbol{E}_0\,\mathrm{e}^{-jk_z z}\right) = \boldsymbol{E}_0\,\Delta\left(\mathrm{e}^{-jk_z z}\right) = -\,k_z^2\,\boldsymbol{E}(\boldsymbol{r}) = -\,\omega^2\mu\varepsilon\,\boldsymbol{E}(\boldsymbol{r})$$

Ein entsprechender Ansatz gilt für die magnetische Feldstärke $\boldsymbol{H}(\boldsymbol{r},t)$.

Die orts- und zeitabhängige Wellenfunktion besitzt die **Periodendauer** T und die **Wellenlänge** λ_z in z-Richtung und weist bei Vielfachen dieser Größen gleiche Werte auf. Die Größe k_z heißt **Wellenzahl** der z-Richtung für das isotrope Medium, das durch μ und ε charakterisiert wird.

$$\boxed{k_z = \frac{2\pi}{\lambda_z} = \omega\,\sqrt{\mu\varepsilon} = 2\pi f\,\sqrt{\mu\varepsilon}} \tag{5.69}$$

Die **Phasenfunktion** als Argument der Wellenfunktion

$$\phi = \omega t - k_z z = \frac{2\pi}{T} t - \frac{2\pi}{\lambda_z} z \tag{5.70}$$

hat gleiche Werte in einer **Phasenfront** $\phi = \phi_0 = \text{const.}$

Bei fester Zeit t entspricht die Phasenfront einer unendlich ausgedehnten, transversalen **Wellenfront** oder Wellenebene $z = \text{const.}$ mit gleichen Feldstärkevektoren. Alle Punkte sind **phasengleich** und die Front bewegt sich wegen

$$d\phi_0 = \frac{\partial \phi}{\partial t} dt + \frac{\partial \phi}{\partial z} dz = \omega dt - k_z dz = 0$$

mit der **Phasengeschwindigkeit**

$$v_{Ph} = \frac{dz}{dt} = \frac{\omega}{k_z} = \frac{\lambda_z}{T} = \lambda_z f = \frac{1}{\sqrt{\mu\varepsilon}} \qquad \rightarrow \qquad \omega = \frac{2\pi}{\lambda_z} v_{Ph} = k_z v_{Ph}$$

mit zunehmender Zeit **in positive z-Richtung**.

Bei elektromagnetischen Wellen ist stets die **Frequenz die eingeprägte Größe**, die die sendende Quelle vorgibt und die überall den **gleichen Wert** aufweist, während die Wellenlänge sich in jedem Medium anpasst und abhängig von μ und ε andere Werte aufweist.

Der Quotient der Phasengeschwindigkeiten im Vakuum und im Medium heißt speziell im optischen Bereich **Brechungsindex** oder **Brechzahl** n. Bei Verwendung der relativen Werte (5.10) bezeichnet man die mittlere Beziehung als **MAXWELL'sche Relation**,

$$\boxed{n = \frac{c}{v_{Ph}}} \qquad \boxed{n = \sqrt{\mu_r \varepsilon_r} \approx \sqrt{\varepsilon_r}} \qquad \boxed{n = n(\lambda)} \tag{5.71}$$

die aber nur für niedrige Frequenzen und daher nicht im optischen Bereich gültig ist. Der Brechungsindex von Materialien ist keine Konstante sondern frequenzabhängig, so dass **Dispersion** mit $v_{Ph} = v_{Ph}(f)$ auftritt!

Aus historischen und messtechnischen Gründen in technischer Optik und Glasindustrie wird der Brechungsindex $n(\lambda)$ als Funktion der Wellenlänge und nicht der Frequenz angegeben und in den interessierenden λ-Bereichen durch SELLMEIER-Reihen approximiert, [45, S. 179].

Die **monochromatische ebene Welle**, die sich in Richtung des Einheitsvektors $\boldsymbol{n}$ ausbreitet, besitzt den **Wellenvektor** $\boldsymbol{k}$ als Verallgemeinerung von (5.69).

$$\boxed{\boldsymbol{k} = |\,\boldsymbol{k}\,|\;\boldsymbol{n} = k\,\boldsymbol{n} = \omega\sqrt{\mu\varepsilon}\;\boldsymbol{n} = k_x\,\mathbf{e}_x + k_y\,\mathbf{e}_y + k_z\,\mathbf{e}_z} \tag{5.72}$$

$$k = \omega\sqrt{\mu\varepsilon} = \frac{2\pi}{\lambda} = \sqrt{k_x^2 + k_y^2 + k_z^2} = \sqrt{\left(\frac{2\pi}{\lambda_x}\right)^2 + \left(\frac{2\pi}{\lambda_y}\right)^2 + \left(\frac{2\pi}{\lambda_z}\right)^2}$$

Die **allgemeine Phasenfunktion** einer ebenen Welle lautet

$$\boxed{\phi = \omega t - \boldsymbol{k}\cdot\boldsymbol{r}} \tag{5.73}$$

$$\phi = \omega t - \big(k_x\,x + k_y\,y + k_z\,z\big) = \omega t - \left(\frac{2\pi}{\lambda_x}\,x + \frac{2\pi}{\lambda_y}\,y + \frac{2\pi}{\lambda_z}\,z\right)$$

Sie erzeugt Phasenfronten der elektromagnetischen Welle, die orthogonal zum Wellenvektor $\boldsymbol{k}$ sind und die sich mit der **Phasengeschwindigkeit** v_{Ph} in $\boldsymbol{k}$-Richtung ausbreiten. Die Größe k_0 ist die **Wellenzahl des Vakuums**.

$$\boxed{v_{Ph} = \frac{\omega}{k} = \frac{\lambda}{T} = \frac{1}{\sqrt{\mu\varepsilon}}} \qquad \boxed{v_{Ph}\Big|_{\text{Vakuum}} \equiv c = \frac{\omega}{k_0} = \lambda_0 f = \frac{1}{\sqrt{\mu_0\varepsilon_0}}} \tag{5.74}$$

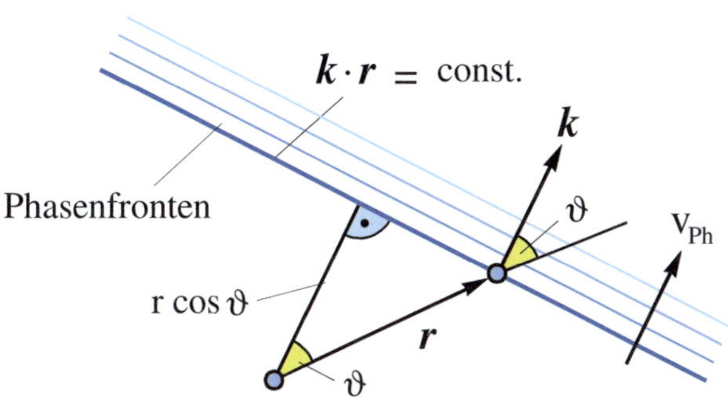

Abb. 5.12: Phasenfront einer ebenen Welle

Die Phasengeschwindigkeit einer ebenen elektromagnetischen Welle im Vakuum entspricht der **Lichtgeschwindigkeit** c nach (5.9)!

Dieses von Rudolf Kohlrausch und Wilhelm Weber 1856 experimentell auf Grund rein elektrischer Messungen gefundene Ergebnis führte Maxwell zu dem Schluss, dass **Licht eine Form von elektromagnetischer Strahlung** darstellt, wodurch die bisher getrennten physikalischen Bereiche von Optik und Elektrodynamik ihre Vereinigung erfuhren.

5.5.3 Feldvektoren der ebenen Wellen

Den Zusammenhang zwischen $\boldsymbol{E}$ und $\boldsymbol{H}$ erhält man aus deren Divergenzfreiheit und den Rotationen der beiden ersten Maxwell'schen Gleichungen unter Anwendung von (17.64/17.67, Bd. I) auf (5.68). Für

$$\boldsymbol{E}(\boldsymbol{r},t) = \boldsymbol{E}_0\,\mathrm{e}^{j(\omega t - \boldsymbol{k}\cdot\boldsymbol{r})} \qquad \text{und} \qquad \boldsymbol{H}(\boldsymbol{r},t) = \boldsymbol{H}_0\,\mathrm{e}^{j(\omega t - \boldsymbol{k}\cdot\boldsymbol{r})}$$

folgen mit der Ableitung

$$\operatorname{grad}\,\mathrm{e}^{j(\omega t - \boldsymbol{k}\cdot\boldsymbol{r})} = -\,j\boldsymbol{k}\,\mathrm{e}^{j(\omega t - \boldsymbol{k}\cdot\boldsymbol{r})}$$

die Beziehungen für eine ebene Welle in $\boldsymbol{k}$-Richtung,

$$\boxed{\begin{aligned}
\operatorname{div}\boldsymbol{E}(\boldsymbol{r},t) &= -\,j\boldsymbol{k}\cdot\boldsymbol{E}(\boldsymbol{r},t) = 0\\
\operatorname{div}\boldsymbol{H}(\boldsymbol{r},t) &= -\,j\boldsymbol{k}\cdot\boldsymbol{H}(\boldsymbol{r},t) = 0\\
\operatorname{rot}\boldsymbol{E}(\boldsymbol{r},t) &= -\,j\boldsymbol{k}\times\boldsymbol{E}(\boldsymbol{r},t) = -\,\mu\,\frac{\partial\boldsymbol{H}(\boldsymbol{r},t)}{\partial t} = -\,j\omega\mu\,\boldsymbol{H}(\boldsymbol{r},t)\\
\operatorname{rot}\boldsymbol{H}(\boldsymbol{r},t) &= -\,j\boldsymbol{k}\times\boldsymbol{H}(\boldsymbol{r},t) = +\,\varepsilon\,\frac{\partial\boldsymbol{E}(\boldsymbol{r},t)}{\partial t} = +\,j\omega\varepsilon\,\boldsymbol{E}(\boldsymbol{r},t)
\end{aligned}} \tag{5.75}$$

aus denen die **Orthogonalitätsbedingungen** hervorgehen, wonach die drei Vektoren jeweils aufeinander senkrecht stehen.

$$\boxed{\boldsymbol{k}\cdot\boldsymbol{E} = 0} \qquad \boxed{\boldsymbol{k}\cdot\boldsymbol{H} = 0} \qquad \boxed{\boldsymbol{E}\cdot\boldsymbol{H} = 0} \tag{5.76}$$

Da die beiden Feldstärken $\boldsymbol{E}$ und $\boldsymbol{H}$ zur Ausbreitungsrichtung $\boldsymbol{k}$ orthogonal sind und daher in der Wellenfront oder Transversalebene liegen, bezeichnet man die Wellen des elektromagnetischen Feldes in nichtleitenden Medien als **Transversalwellen**.

Für die Kreuzprodukte aus Wellenvektor und Feldgrößen erhält man aus (5.75) mit (5.72) die Beziehungen

$$\begin{aligned} \boldsymbol{k} \times \boldsymbol{E} &= \omega \boldsymbol{B} & &\rightarrow & \boldsymbol{n} \times \boldsymbol{E} &= v_{Ph}\,\boldsymbol{B} \\ \boldsymbol{k} \times \boldsymbol{B} &= -\,\omega\mu\varepsilon\,\boldsymbol{E} & &\rightarrow & \boldsymbol{n} \times \boldsymbol{B} &= -\,\frac{1}{v_{Ph}}\,\boldsymbol{E} \end{aligned} \tag{5.77}$$

Der **Poynting-Vektor** (5.36) als Kreuzprodukt der Feldstärken, beschreibt den Leistungsfluss der Welle im Feld, der in $\boldsymbol{k}$-Richtung weist.

$$\boxed{\boldsymbol{S} = \boldsymbol{E} \times \boldsymbol{H} = \frac{|\,\boldsymbol{E}\,|^2}{\omega\mu}\,\boldsymbol{k} = \sqrt{\frac{\varepsilon}{\mu}}\;|\,\boldsymbol{E}\,|^2\,\boldsymbol{n} = \frac{|\,\boldsymbol{H}\,|^2}{\omega\varepsilon}\,\boldsymbol{k} = \sqrt{\frac{\mu}{\varepsilon}}\;|\,\boldsymbol{H}\,|^2\,\boldsymbol{n}} \tag{5.78}$$

Die drei Vektoren $\boldsymbol{E}, \boldsymbol{H}, \boldsymbol{S}$ bzw. $\boldsymbol{E}, \boldsymbol{H}, \boldsymbol{k}$ bilden in dieser Reihenfolge daher ein **Rechtssystem**.

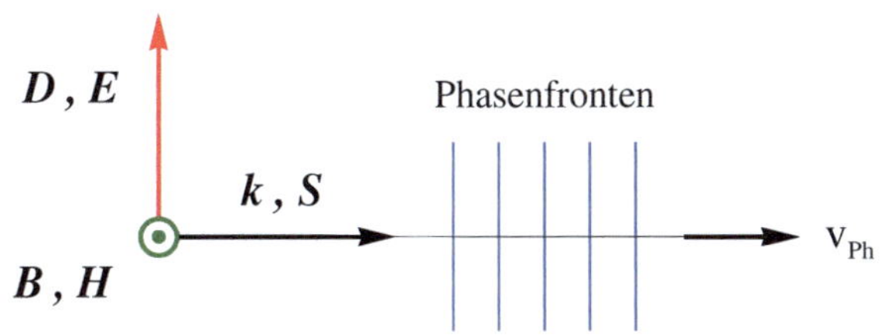

Abb. 5.13: Vektoren der ebenen Welle

Aus dem Poynting-Vektor erhält man als Quotient der Feldstärkebeträge den **Wellenwiderstand des Mediums**, der für das Vakuum einen charakteristischen Wert hat.

$$\boxed{Z = \frac{|\,\boldsymbol{E}\,|}{|\,\boldsymbol{H}\,|} = \sqrt{\frac{\mu}{\varepsilon}}} \quad \rightarrow \quad Z_0 = \sqrt{\frac{\mu_0}{\varepsilon_0}} \approx 377\ \Omega \approx 120\pi\ \Omega \tag{5.79}$$

5.5.4 Leistungstransport von Wellen

Aus den Feldstärken von Wellen mit harmonischer Zeitabhängigkeit nach (5.66) erhält man für den zeitlichen Mittelwert des Poynting-Vektors ein

Ergebnis, das dem Realteil des Kreuzproduktes der Phasoren entspricht.

$$\begin{aligned}
\langle \boldsymbol{S} \rangle &= \frac{1}{T} \int_T \boldsymbol{E}_0(\boldsymbol{r}) \cos(\omega t + \varphi) \times \boldsymbol{H}_0(\boldsymbol{r}) \cos(\omega t + \psi)\, dt \\
&= \frac{1}{2T}\, \boldsymbol{E}_0 \times \boldsymbol{H}_0 \left[\int_T \cos(\varphi - \psi)\, dt + \int_T \cos(2\omega t + \varphi + \psi)\, dt \right] \\
&= \frac{1}{2}\, \boldsymbol{E}_0 \times \boldsymbol{H}_0 \cos(\varphi - \psi) \\
&= \frac{1}{2} \operatorname{Re}\{\boldsymbol{E}(\boldsymbol{r}) \times \boldsymbol{H}^*(\boldsymbol{r})\}
\end{aligned}$$

Damit gilt für die **Wirkleistung** p_W pro Flächeneinheit einer Welle

$$p_W = \langle \boldsymbol{S} \rangle = \frac{1}{2}\, \boldsymbol{E}_0 \times \boldsymbol{H}_0 \cos(\varphi - \psi) = \frac{1}{2} \operatorname{Re}\{\boldsymbol{E}(\boldsymbol{r}) \times \boldsymbol{H}^*(\boldsymbol{r})\} \tag{5.80}$$

5.5.5 Kritik ebener Wellen

Ebene Wellen sind mathematisch als elementare Lösungen zwar einfach zu beschreiben, aber sie sind physikalisch nicht realisierbar!

Ebene Wellen sind **Idealisierungen**, denn einerseits sind ihre Wellenfronten räumlich unendlich ausgedehnt und andererseits stellen sie als monochromatische Wellenzüge unendlich andauernde Sinussignale fester Frequenz dar.

5.5.6 Wellen auf Leitern und im Freiraum

5.5.6.1 Kupfergestützte Systeme

Zur Übertragung von Signalen und Nachrichten über große Entfernungen werden seit langer Zeit Leitungen verwendet.

Frühe Beispiele mit **Zweidraht-Leitungen** sind die mastgestützten Telegrafenverbindungen zwischen Berlin und Frankfurt/M. bzw. Köln (1848/49) und das erste funktionsfähige transatlantische **Seekabel** zwischen Irland und Neufundland (1866) sowie der Aufbau öffentlicher Telefonnetze um das Jahr 1880, bei denen die Anschlüsse als **Freileitungen** ausgeführt wurden. Auch heute ist noch ein großer Teil der Teilnehmeranschlussleitungen als Ausläufer im Telefonnetz meist als Erdkabel mit einer Länge von wenigen 100 m mit **symmetrischen Doppeladern** ausgeführt.

Die Entwicklung von **Trägerfrequenzsystemen** als ein hierarchisch gestaffeltes Frequenzmultiplexverfahren bis maximal 60 MHz für den Weitverkehr in Fernsprechnetzen machte den Einsatz neuer **Kabeltypen** erforderlich. Ab 1950 setzte man Kabel mit 24 sternverseilten Doppeladern (12 Sternvierer) ein und seit den 1970er Jahren flächendeckend breitbandige Kabel mit bis zu 12 **Koaxialkabeln**.

Eine detaillierte Beschreibung der Fernsprech-Übertragungstechnik und ihrer Bauelemente aus historischer Sicht bis in die 1990er Jahre findet man in [4, I, S. 360, II, S. 1373] und [13].

Seit Mitte der 1980er Jahre wurde ein Koaxialkabelnetz für das **Kabelfernsehen** aufgebaut und in der Erde verlegt, wodurch die Störungen des Fernsehfunks durch Mehrwegeempfang und die Antennenwälder auf den Hausdächern der Städte beseitigt wurden.

Koaxialkabel mit konzentrischen, metallischen Innen- und Außenleitern führen im zylindrischen Hohlraum elektromagnetische **TEM-Wellen** (transversal elektro-magnetisch), bei denen die Feldvektoren $\boldsymbol{E}$ und $\boldsymbol{H}$ keine Komponenten in axialer Ausbreitungsrichtung aufweisen.

Hohlleiter sind metallische Röhren von rechteckigem oder kreisförmigem, manchmal auch mit elliptischem Querschnitt, bei denen die z-Achse die Ausbreitungsrichtung darstellt. Im Innenraum sind transversal elektrische **TE-Wellen** mit $E_z = 0$ sowie transversal magnetische **TM-Wellen** mit $H_z = 0$ ausbreitungsfähig. Durch die an die gewählte Übertragungsfrequenz angepasste Geometrie, besondere Formen der Erregung der Hohlleiter und andere Maßnahmen wie Wandschlitze versucht man, von den prinzipiell ausbreitungsfähigen Wellentypen oder **Moden** nur die Grundmode oder eine einzelne Mode anzuregen, der die zu übertragende Information durch geeignete Modulationsverfahren aufgeprägt wird. Für Anwendungen im hochfrequenten GHz-Bereich werden Hohlleiter auf kurzen Distanzen bei Richt- und Satellitenfunk und für Radaranwendungen zwischen Sender/Empfänger und Antenne eingesetzt.

Die Berechnung der **Felder in Wellenleitern** und die Darstellung der Feldbilder von Moden in Koaxialkabeln und Hohlleitern werden in vielen Büchern der Elektrodynamik wie [7], [9], [24], [27], [57] behandelt.

5.5.6.2 Funksysteme

Auf Grund der Erfindungen des Radios durch Guglielmo Marconi, des Antennenkreises durch Ferdinand Braun und vieler weiterer Bauelemente, Verbesserungen und Methoden konnte ein regelmäßiger **Rundfunk** ab 1920 in den USA und ab 1923 in Deutschland ausgestrahlt werden, *(Abschnitt 5.9)*.

Erste Fernsehübertragungen fanden in Deutschland bereits 1935 und als mediales Ereignis 1936 zur Olympiade in Berlin statt. Nach Gründung der ARD 1950 begann der Regelbetrieb des **Fernsehfunks** in den frühen 1950er Jahren mit der Ausstrahlung von Fernsehprogrammen sowohl in der Bundesrepublik als auch in der DDR. Im Jahre 1963 begann der Sendebetrieb des ZDF und ab 1964 boten die ARD-Sender zusätzlich regionale dritte Programme an, so dass von da an eine steigende Verbreitung von Endgeräten bis zur Vollversorgung stattfand.

Eine Alternative zur kabelgestützten Übertragung bietet der **Richtfunk**, bei dem ein dünner hochfrequenter Funkstrahl Distanzen im meist einstelligen km-Bereich überbrückt. Solche Systeme, die kurzfristig einzurichten und kostengünstiger als Standleitungen sind, werden vielfach von Mobilfunknetzbetreibern und kommerziellen Unternehmen zwischen Standorten mit Sichtverbindung eingesetzt.

Die kontinentweite Ausstrahlung von zahlreichen Rundfunk- und Fernsehsendungen erfolgt über **geostationäre Satelliten**, die sich in einem **Orbit** in etwa 36 000 km Höhe über dem Äquator befinden. Entsprechend der **Ausleuchtungszone** („Footprint") der Satelliten können in vielen Ländern fremdsprachige Programme empfangen werden.

Bei der **mobilen Satellitenkommunikation** wird über ein Satellitentelefon eine Verbindung zu einem Nachrichtensatelliten aufgebaut, der sich als eine Möglichkeit auf einer geostationären Bahn befinden kann. Andere Systeme verwenden mehrere Satelliten in niedrigen Umlaufbahnen wie das weltweite **Iridium-System** mit 66 Satelliten in einer Höhe von 780 km auf sechs Umlaufbahnen, das auch in den Polarregionen eine unterbrechungsfreie Kommunikation ermöglicht. Da die Satelliten über dem Horizont auf- und untergehen, findet bei längeren Telefonaten oder Datenübertragungen ein vom Nutzer unbemerkter Satellitenwechsel statt.

Unter den satellitengestützten Ortungsverfahren, die als **Global Navigation Satellite System (GNSS)** bezeichnet werden, hat sich seit Jahren das **Global Positioning System (GPS)** als das bekannteste und weltweit wichtigste Verfahren etabliert, das in Navigationssystemen weitverbreitet genutzt wird.

Das ursprünglich in den 1970er Jahren vom US-Verteidigungsministerium zur Positionsbestimmung und Navigation im militärischen Bereich entwickelte Satellitennavigationssystem GPS wurde im Jahr 2000 mit geringerer Qualität auch zivilen Nutzern zur Verfügung gestellt.

Bei diesem System umkreisen 24 aktive und 8 Ersatzsatelliten die Erde in 20 200 km Höhe auf sechs verschiedenen, genau bekannten Umlaufbahnen. Da sie sich nicht auf geostätionären Bahnen befinden, gehen sie auf und unter wie Sterne. Die Satelliten tragen präzise gehende **Atomuhren** und senden ständig Zeitsignale und ihre Bahnparameter. Terrestrische GPS-Empfänger in Navigationsgeräten können aus den Bahndaten und den Differenzen der Signallaufzeiten von mindestens vier Satelliten nicht nur die eigene Position, sondern auch die Geschwindigkeit und Bewegungsrichtung des Empfängers metergenau berechnen, die dann auf einer digitalen Landkarte angezeigt werden können, [5, S. 37].

Ein weiteres Navigationssystem ist **Galileo**, das als Gemeinschaftsprojekt von der Europäischen Union (EU) und der Europäischen Weltraumorganisation (ESA) durchgeführt wurde, ist seit Ende 2016 in Betrieb.

Bei diesem System befinden sich 24 aktive und 6 Reservesatelliten in einer Höhe von 23 200 km auf drei gegen den Äquator geneigten Bahnebenen. Anstelle der notwendigen vier Satelliten sind an den meisten Stellen der Erdoberfläche sechs bis acht Satelliten sichtbar, so dass normalerweise eine zentimetergenaue Positionsbestimmung möglich ist, wodurch Galileo konkurrierenden Navigationssystemen überlegen ist, [5, S. 13, 33].

Ein seit 2023 weltweit verfügbares Satellitennetzwerk ist das vom US-Raumfahrtunternehmen SpaceX betriebene **Starlink-System**, das Internetzugänge bereitstellt, die besonders geringe Paketumlaufzeit als Maß für die Geschwindigkeit im Netz haben, und das die Abdeckung von Regionen bietet, in denen zuvor keine oder eine nicht ausreichende Internetverbindung zur Verfügung stand.

Spektakulär ist die enorme Anzahl der Satelliten von etwa 8000 (Mitte 2025), die um etwa 20 000 genehmigte und über weitere 22 000 beantragte Betriebslizenzen vergrößert werden soll. Die Bahnhöhen der Satelliten liegen z.Zt. bei etwa 550 km, aber beim weiteren Ausbau sind auch niedriger- sowie höherliegende Bahnen zwischen 320 und 620 km geplant.

Die meisten aktiven Starlink-Satelliten sind mit **Optischem Richtfunk** ausgerüstet, durch den die Satelliten untereinander Daten im freien Weltraum über Tausende von Kilometern austauschen können, um beliebige terrestrische Entfernungen ohne Bodenkontakt zu überbrücken.

Starlink verwendet Frequenzen, die sich für Up- und Downlink sowie Steuerungsaufgaben im Bereich von 10 bis 30 GHz befinden.

5.5.6.3 Glasfasersysteme

Moderne terrestrische Kommunikationsnetze verwenden anstelle der früheren Kupferleitungen und Koaxialkabel **Glasfasern** für die Signalübertragung, die seit Mitte der 1980er Jahre zunächst im Weitverkehr und später in flächendeckender Weise und als Metronetze in Ballungsgebieten verlegt wurden, [43].

Die Realisierung von **optischen Übertragungssystemen** wurde ermöglicht durch die Entwicklung von sehr reinem und bei Wellenlängen im Infrarot dämpfungsarmem **Quarzglas** (SiO_2) durch **Charles Kao** (1966), wofür er 2009 den **Nobelpreis für Physik** erhielt, [67].

Das infrarote Licht wird in der Glasfaser als elektromagnetische Welle in Abhängigkeit von Anwendung und Entfernung bei Wellenlängen von 850, 1310 oder 1550 nm bzw. bei Frequenzen von 353, 229 oder 194 THz übertragen. Der Glasfaserausbau hält unvermindert an und wird in den Bereich der Wohneinheiten verlängert („Fiber to the Home“), um den breitbandigen Anschluss für Fernsehversorgung und Internetzugang zu ermöglichen. Für den weltweiten breitbandigen Datenverkehr wurde eine große Anzahl von **Seekabelstrecken** verlegt.

Die günstigste Wellenlänge bei **Lichtwellenleitern** aus reinem Quarzglas liegt bei 1550 nm im nahen Infrarot, bei der Glasfasern nur noch eine Dämpfung von 0.2 dB/km haben, so dass nach einem Kilometer Faserlänge noch etwa 96% der eingespeisten Intensität vorhanden ist. Damit sind verstärkerlose Übertragungsstrecken bis zu 200 km möglich, was für den Einsatz innerhalb der meisten Länder ausreichend ist. Für diese optimale Wellenlänge wurden in etwa 20 Jahren frequenzstabile, abstimmbare Halbleiterlaser sowie Empfangsdioden aus Mischkristallen (InGaAsP, InGaAs) entwickelt.

Glasfasern, die mit $125\,\mu m^{\varnothing}$ etwas dicker als ein Haar sind, werden mit entsprechender Ummantelung für breitbandige Kommunikationssysteme im Weitverkehr so ausgelegt, dass nur die Grundmode ausbreitungsfähig ist. Solche **Monomodefasern** besitzen im dotierten Kernbereich von etwa $10\,\mu m^{\varnothing}$

einen optimierten radialen Brechzahlverlauf, ein **Brechzahlprofil**, zur Führung des Infrarotlichtes sowie zur Minimierung der **chromatischen Dispersion**, die eine Verbreiterung der Übertragungsimpulse bewirkt, da sich unterschiedliche Frequenzanteile des Signals verschieden schnell in der Faser fortpflanzen und dadurch die Übertragungsbandbreite begrenzen.

Die heutige **Übertragungstechnik** mit Lichtwellenleitern ist ausschließlich **digital**. Dazu werden analoge Ausgangssignale wie Sprache oder Musik in (0-1)-Bitfolgen umgewandelt, mit vielen anderen Bitströmen zusammengefasst **(Multiplex)** und nach elektro-optischer Umsetzung als taktgestützte Lichtsignale übertragen. Am Empfangsort erfolgt elektro-optische Rückwandlung mit Verstärkung und aus diesem physikalisch analogen Datenstrom müssen nach Taktrückgewinnung und (0-1)-Schwellwertentscheidung die Bitfolgen erkannt, vereinzelt (Demultiplex) und in analoge Signale rückgewandelt werden. Zur sicheren Erkennung dürfen sich die Lichtimpulse auf dem analogen Übertragungsweg selbst bei Übertragungsbitraten im höheren Gbit/s-Bereich durch Dispersion nur in engen Grenzen verformen.

Im optischen Weitverkehr, speziell bei Seekabelstrecken, werden Erbium-dotierte **Faserverstärker** eingesetzt, die das einlaufende optische Signal mit Hilfe eines lokalen Pumplasers in einem breiten Wellenlängenbereich verstärken, so dass die Wandlung in ein elektrisches Signal mit Taktrückgewinnung, Signalregeneration, Verstärkung und Rückwandlung in ein optisches Signal vermieden werden kann, [47, Kap. 7.1.2], [64]. In den Seekabeln sind neben den Glasfasern für die Informationsübertragung deshalb noch elektrische Leitungen zur Speisung der Pumplaser erforderlich.

Die Steigerung der Übertragungskapazität wird durch optisches **Wellenlängenmultiplex** erreicht, indem man Lichtsignale mit verschiedenen, dicht benachbarten Wellenlängen bzw. Frequenzen durch optische Koppelelemente bündelt, gemeinsam in eine Glasfaser einspeist und überträgt und am Empfangsort durch frequenzselektive Bauelemente wie Beugungsgitter oder integriert-optische Komponenten der Photonik wieder vereinzelt. Je nach Frequenzabstand der in genormte Raster eingeteilten Kanäle können durch abstimmbare Laser im Wellenlängenbereich um 1550 nm theoretisch mehrere hundert Kanäle mit Signalen von jeweils bis zu 40 Gbit/s und damit Übertragungskapazitäten im Tbit/s-Bereich auf einer einzigen Glasfaser realisiert werden. Eine weitere Steigerung erreicht man dadurch, dass die verlegten Kabel eine größere Anzahl von Einzelglasfasern enthalten. Diese Technik bildet im Weitverkehr das Rückgrat der modernen terrestrischen Kommunikation und Übertragungsleistung, die sich in einer stetigen Volumensteigerung befindet. In den heutigen Netzen wird die Übertragung der Information weitgehend in Datenpaketen nach dem **Internetprotokoll** durchgeführt.

Der hohe Aufwand der **Digitaltechnik** zur Durchführung der vielfältigen Anforderungen und Funktionen hat sich durch die enormen Fortschritte und Erfolge der Mikroelektronik zum heutigen konventionellen Standard entwickelt. Die digitale Technik bietet als besondere **Vorteile** gegenüber analogen Verfahren eine größere Störsicherheit, umfangreiche Methoden der Modulation, Codierung und Verschlüsselung und der Erkennung und Korrektur von Bitfehlern sowie vielseitige Möglichkeiten der Bearbeitung und Speicherung von Bitfolgen.

Ein Problem im heutigen Weitverkehr mit seinen gewaltigen Multiplex-Übertragungsbitraten besteht in der **Vulnerabilität** von solchen Systemen. Bei technischen Ausfällen oder agressiven Zerstörungen durch Sabotage bei verdeckten Aktivitäten insbesondere bei Seekabelstrecken ist die Reichweite der Beeinträchtigung erheblich und Reparatur und Wiederaufnahme des Betriebs langwierig und kostspielig.

Bei terrestrischen Systemen kann man als Sicherheitsvorkehrung Mehrwegeübertragung wie mehrfache Glasfasereinleitungen für Hochhäuser und Industrieanlagen oder Richtfunkstrecken vorsehen oder sogar ständige Überwachung in sensiblen oder militärischen Bereichen einsetzen.

5.5.6.4 Mobilfunk

Einen großen Anteil der modernen Kommunikation nimmt der **Mobilfunk** ein, [30]. Nach frühen Anfängen mit analoger Übertragung der 1. Generation (1G) mit A-, B- und C-Netz (1958-2000), wurde der europäische, digitale **Mobilfunkstandard GSM** (Global System for Mobile Communications) entwickelt, der 1992 in Europa als 2. Generation (2G) und später weltweit eingeführt wurde. In Deutschland wurde dieser Standard als D-Netz (900 MHz) und E-Netz (1800 MHz) von privaten Betreibern bereitgestellt.

Kennzeichen aller Mobilfunksysteme ist der mobile Netzzugang der Teilnehmer über tragbare Telefon-Endgeräte (*Handy*), die durch den Fortschritt der Elektronik- und Mikroprozessortechnik zu leistungsstarken Rechnern mit breitbandigem Internetzugang (*Smartphone*) weiterentwickelt wurden.

Mobilfunknetze bestehen aus Funkzellen mit voneinander abweichenden Übertragungsfrequenzen. Da jede Zelle nur eine bestimmte Anzahl gleichzeitiger Verbindungen bedienen kann, werden durch Funknetzplanung die Zellengrößen nach örtlicher Lage und Inanspruchnahme (Land, Stadt, Flughafen, Autobahn, Arena etc.) festgelegt. Teilnehmer mit betriebsbereitem Endgerät werden automatisch in ihrer Aufenthaltszelle im Netz durch ständige Kontrollsignale lokalisiert **(Roaming)** und bemerken während aktiver Verbindung bei Bewegung im Netzbereich einen Zellenwechsel nicht **(Handover)**.

Der eigentliche mobile Funkverkehr findet nur in den Funkzellen bei der Kommunikation zwischen Endgeräten und Basisstationen auf Funkmasten statt. Von dort erfolgt der weitere Signaltransport über Richtfunk oder Glasfaserverbindungen zu weiteren Netzknoten, die auch die Übergabe zu nationalen oder internationalen Telefonsystemen oder ins Internet ermöglichen.

Auf Grund der weiten Verbreitung von Smartphones und Tabletcomputern mit berührungsempfindlichen Bildschirmen und dem dadurch immer weiter steigenden mobilen Datenverkehr durch Internetzugang und (Bewegt-) Bildübertragung wurden in kürzeren Abständen neue **Systemgenerationen** mit höheren Datenübertragungsraten entwickelt: ab 2001 **UMTS** (Universal Mobile Telecommunications System, 3G) für mobiles Internet mit bis zu 42 Mbit/s und ab 2010 **LTE** (Long Term Evolution, 4G) für Breitbandmobilfunk mit maximal 1 GBit/s. Der Standard **5G** der fünften Generation, der Datenraten bis zu 20 Gbit/s ermöglicht, ist abgeschlossen und freigegeben und die Frequenzvergabe an Netzbetreiber erfolgte in einem Versteigerungsverfahren. Bis 2022 wurden in Deutschland Autobahnen und Bundesstraßen mit dieser Technik versorgt. Die sechste Generation **6G** ist seit Anfang 2025 der nächste Mobilfunkstandard, dessen Ziel es ist, Datentransferraten von bis zu 400 Gbit/s zu erreichen.

Trotz dieser schnellen technischen Entwicklung besteht noch immer eine ungleichmäßige Versorgung unseres Landes mit mobilen Funkdiensten und Internetzugang, da in ländlichen Gebieten oft nur niedrige Bitraten verfügbar sind oder sogar Funklöcher existieren. Dieser Zustand ist für den Privatsektor ärgerlich, bildet aber für kleine und mittlere Unternehmen eine ernste Behinderung ihrer wirtschaftlichen Aktivitäten und ist daher gerade in strukturschwachen Gebieten ein großes Hindernis für die Wirtschaftskraft des Landes. Diese unzumutbare Situation wurde von den politisch Verantwortlichen inzwischen als Problem erkannt und soll in einer umfangreichen Digitalisierungskampagne behoben werden. Zwischenzeitlich versuchen allerdings verschiedene Unternehmen und Großkonzerne eigene 5G-Netze für ihre Geschäftsbereiche aufzubauen.

5.6 Elektrodynamische Potentiale

5.6.1 Definition der Potentiale

Die Lösung der MAXWELL'schen Gleichungen unter Einschluss der Materialgleichungen wird häufig durch die Verwendung von Hilfsfunktionen, sog. **Potentialfunktionen**, erleichtert, aus denen man die physikalisch relevanten Feldvektoren $\boldsymbol{E}(\boldsymbol{r},t)$ und $\boldsymbol{B}(\boldsymbol{r},t)$ durch Differentiation gewinnt und die in der relativistischen Elektrodynamik noch besondere Bedeutung erlangen.

Da das magnetische Feld quellenfrei ist, kann die magnetische Induktion nach (17.71, Bd. I) als Rotation eines Vektorfeldes dargestellt werden.

$$\operatorname{div}\boldsymbol{B} = 0 \qquad \rightarrow \qquad \boldsymbol{B} = \operatorname{rot}\boldsymbol{A}$$

Dieses orts- und zeitabhängige Vektorfeld $\boldsymbol{A}(\boldsymbol{r},t)$ heißt **magnetisches Vektorpotential**.

Setzt man diese Beziehung in (5.1) ein, so erhält man unter Vertauschung von räumlicher und zeitlicher Differentiation und wegen (17.70, Bd. I) folgende Darstellung,

$$\operatorname{rot}\boldsymbol{E} + \frac{\partial \boldsymbol{B}}{\partial t} = \operatorname{rot}\left(\boldsymbol{E} + \frac{\partial \boldsymbol{A}}{\partial t}\right) = 0 = -\operatorname{rot}\operatorname{grad}\varphi$$

durch die ein orts- und zeitabhängiges **skalares Potential** $\varphi(\boldsymbol{r},t)$ eingeführt wird. Damit lauten elektrische Feldstärke und magnetische Induktion in Abhängigkeit von den **elektrodynamischen Potentialen** $\boldsymbol{A}$ **und** φ

$$\boxed{\boldsymbol{E} = -\operatorname{grad}\varphi - \frac{\partial \boldsymbol{A}}{\partial t}} \qquad \boxed{\boldsymbol{B} = \operatorname{rot}\boldsymbol{A}} \tag{5.81}$$

Im stationären Fall wird die elektrische Feldstärke $\boldsymbol{E} = -\operatorname{grad}\varphi$ nur durch das elektrostatische Potential dargestellt, das häufig auch mit $V(\boldsymbol{r}) \equiv \varphi(\boldsymbol{r})$ bezeichnet wird.

5.6.2 Differentialgleichungen der Potentiale

Die beiden elektrodynamischen Potentiale $\boldsymbol{A}$ und φ werden in die MAXWELL'schen Gleichungen für das nichtleitende Vakuum mit $\kappa = 0$, μ_0 und

ε_0 eingesetzt und die doppelte Rotation wird durch den Vektor-LAPLACE-Operator (17.75, Bd. I) ausgedrückt.

$$\begin{aligned}\operatorname{rot}\boldsymbol{B} &= \operatorname{rot}\operatorname{rot}\boldsymbol{A} = \operatorname{grad}\operatorname{div}\boldsymbol{A} - \boldsymbol{\Delta}\boldsymbol{A}\\ &= \mu_0\,\boldsymbol{J} + \mu_0\,\varepsilon_0\,\frac{\partial \boldsymbol{E}}{\partial t}\\ &= \mu_0\,\boldsymbol{J} - \mu_0\,\varepsilon_0\left(\operatorname{grad}\frac{\partial\varphi}{\partial t} + \frac{\partial^2\boldsymbol{A}}{\partial t^2}\right)\end{aligned}$$

$$\boldsymbol{\Delta}\boldsymbol{A} - \mu_0\,\varepsilon_0\,\frac{\partial^2\boldsymbol{A}}{\partial t^2} - \operatorname{grad}\left(\operatorname{div}\boldsymbol{A} + \mu_0\,\varepsilon_0\,\frac{\partial\varphi}{\partial t}\right) = -\,\mu_0\,\boldsymbol{J}$$

Durch Divergenzbildung der elektrischen Feldstärke und mit geeigneter Ergänzung folgt

$$\operatorname{div}\boldsymbol{E} = -\operatorname{div}\left(\operatorname{grad}\varphi + \frac{\partial\boldsymbol{A}}{\partial t}\right) = -\,\Delta\varphi - \frac{\partial}{\partial t}\left(\operatorname{div}\boldsymbol{A}\right) = \frac{\rho}{\varepsilon_0}$$

$$\Delta\varphi - \mu_0\,\varepsilon_0\,\frac{\partial^2\varphi}{\partial t^2} + \frac{\partial}{\partial t}\left(\operatorname{div}\boldsymbol{A} + \mu_0\,\varepsilon_0\,\frac{\partial\varphi}{\partial t}\right) = -\,\frac{\rho}{\varepsilon_0}$$

Die **Differentialgleichungen der elektrodynamischen Potentiale** können mit dem D'ALEMBERT-Operator (5.64) kompakter geschrieben werden.

$$\Box\,\varphi + \frac{\partial}{\partial t}\left(\operatorname{div}\boldsymbol{A} + \mu_0\,\varepsilon_0\,\frac{\partial\varphi}{\partial t}\right) = -\,\frac{\rho}{\varepsilon_0}$$

$$\Box\,\boldsymbol{A} - \operatorname{grad}\left(\operatorname{div}\boldsymbol{A} + \mu_0\,\varepsilon_0\,\frac{\partial\varphi}{\partial t}\right) = -\,\mu_0\,\boldsymbol{J} \tag{5.82}$$

5.6.3 Eichung

Zusammen mit den Potentialen $\boldsymbol{A}$ und φ sind auch die Funktionen

$$\widetilde{\boldsymbol{A}} = \boldsymbol{A} + \operatorname{grad}\chi \qquad \text{und} \qquad \widetilde{\varphi} = \varphi - \frac{\partial\chi}{\partial t}$$

gültige Potentiale, da die beiden Feldvektoren $\boldsymbol{E}$ und $\boldsymbol{B}$ durch die Funktion χ keine Änderung erfahren, was sich beim Einsetzen in (5.81) erweist.

Diese Potentialbeziehungen nennt man **Eichtransformation**, die durch die wählbare **Eichfunktion** $\chi(\boldsymbol{r}, t)$ bestimmt wird. Da χ keinen Einfluss auf die MAXWELL'schen Gleichungen hat, stellen beide Feldvektoren $\boldsymbol{E}$ und $\boldsymbol{B}$ **eichinvariante Vektorfelder** dar, so dass eine **Eichinvarianz** vorliegt.

Da die Potentiale $\boldsymbol{A}$ und φ nur als Hilfsfunktionen zur Berechnung der Feldvektoren durch Differentiation dienen aber keine eigene physikalische Relevanz haben, kann die Lösung der Differentialgleichungen (5.82) durch geeignete Wahl der Eichfunktion χ erleichtert werden. Die Wahl erfolgt dabei allerdings indirekt, indem man über die Quellen des Vektorpotentials verfügt. Für die Divergenz von $\boldsymbol{A}$ haben sich zwei Festlegungen zur mathematischen Vereinfachung bei konkreten Aufgabenstellungen bewährt.

- **COULOMB-Eichung**

  In magnetostatischen Feldern mit $\partial/\partial t = 0$ und in quasistationären Feldern mit langsamer zeitlicher Änderung fordert man,

$$\boxed{\operatorname{div} \boldsymbol{A} = 0} \tag{5.83}$$

  wodurch in (5.82) die Klammern entfallen und der D'ALEMBERT-Operator zum einfachen LAPLACE-Operator wird.

- **LORENZ-Eichung**

  In beliebigen zeitabhängigen, elektromagnetischen Feldern fordert man,

$$\boxed{\operatorname{div} \boldsymbol{A} + \mu_0 \, \varepsilon_0 \, \frac{\partial \varphi}{\partial t} = 0} \tag{5.84}$$

  so dass in (5.82) die Klammern in gleicher Weise entfallen.

Die LORENZ-Eichung, die auch LORENZ-Konvention genannt wird, wurde in dieser Form von dem dänischen Physiker **Ludvig V. LORENZ** (1829-1891) bereits 1867 angegeben, [18, S. 279], [62, S. 507, 789]. In vielen Büchern wird sie dagegen fälschlicherweise H. A. LORENTZ zugeschrieben!

In allgemeiner Form hat **Hermann WEYL** (1885-1955) die Frage der Eichung in metrischen Räumen untersucht und die Symmetrien der Naturgesetze, sog. **Eichsymmetrien**, untersucht, bei denen bestimmte Größen frei gewählt, d.h. *geeicht*, werden können. [59, S. 121].

Bereits 1918 hatte die Mathematikerin **Emmy NOETHER** (1882-1935) in ihrer Habilitationsschrift die heute sog. **NOETHER-Theoreme** formuliert, bei denen in mathematischer Form die Prinzipien von Symmetrien, Erhaltungssätzen und Variationsprinzipien verknüpft werden, die die theoretische Physik prägen, [66].

Mit der LORENZ-Eichung gehen aus den Differentialgleichungen (5.82) die beiden **inhomogenen Wellengleichungen der elektrodynamischen Potentiale $\boldsymbol{A}(\boldsymbol{r},t)$ und $\varphi(\boldsymbol{r},t)$** in äquivalenter mathematischer Form hervor, die für vorgegebene Quellenverteilungen $\rho(\boldsymbol{r},t)$ und $\boldsymbol{J}(\boldsymbol{r},t)$ zu lösen sind.

$$\boxed{\Box\,\varphi = \Delta\varphi - \mu_0\,\varepsilon_0\,\frac{\partial^2\varphi}{\partial t^2} = -\,\frac{\rho}{\varepsilon_0}}$$
$$\boxed{\Box\boldsymbol{A} = \boldsymbol{\Delta A} - \mu_0\,\varepsilon_0\,\frac{\partial^2\boldsymbol{A}}{\partial t^2} = -\,\mu_0\,\boldsymbol{J}} \tag{5.85}$$

Die **LORENZ-Eichung** bewirkt bei der Lösung von konkreten Aufgabenstellungen im elektromagnetischen Feld zwei wesentliche **mathematische Vorteile**!

- Die Eichung führt zu einer **Entkopplung der beiden Potentialgleichungen** für $\boldsymbol{A}$ und φ
- An Stelle der sechs räumlichen Komponenten der Feldvektoren $\boldsymbol{E}$ und $\boldsymbol{H}$ sind **nur noch vier skalare Potentialfunktionen** für den Skalar φ und den Vektor $\boldsymbol{A}$ zu bestimmen (5.86)

Allerdings muss man im D'ALEMBERT-Operator den Vektor-LAPLACE-Operator $\boldsymbol{\Delta A}$ gemäß der Vektorbeziehung (17.75, Bd. I) einsetzen, was nur in kartesischen Koordinaten gemäß (18.49, Bd. I) zu entkoppelten, inhomogenen Wellengleichungen für die drei Komponenten A_x, A_y, A_z führt, in krummlinigen Koordinatensystemen dagegen verwickeltere Differentialgleichungen bedeutet, [35, S. 136].

Die beiden Quellenfunktionen ρ und $\boldsymbol{J}$, die die Inhomogenitäten der Wellengleichungen (5.85) darstellen, sind nicht unabhängig voneinander, da sie die Kontinuitätsgleichung (5.4) erfüllen müssen!

Bildet man aber mit

$$\begin{aligned}\operatorname{div}\left(\Box\boldsymbol{A}\right) &= \operatorname{div}\left(\operatorname{grad}\operatorname{div}\boldsymbol{A} - \operatorname{rot}\operatorname{rot}\boldsymbol{A} - \mu_0\,\varepsilon_0\,\frac{\partial^2\boldsymbol{A}}{\partial t^2}\right)\\ &= \Delta\left(\operatorname{div}\boldsymbol{A}\right) - \mu_0\,\varepsilon_0\,\frac{\partial^2}{\partial t^2}\left(\operatorname{div}\boldsymbol{A}\right)\\ &= \Box\left(\operatorname{div}\boldsymbol{A}\right)\end{aligned}$$

und mit Vertauschung der Orts- und Zeitdifferentiale bei φ folgenden Ausdruck, in den man (5.84) und (5.85) einsetzt,

$$\begin{aligned}\Box\underbrace{\left(\operatorname{div}\boldsymbol{A} + \mu_0\,\varepsilon_0\,\frac{\partial\varphi}{\partial t}\right)}_{=0} = 0 &= \operatorname{div}\left(\Box\boldsymbol{A}\right) + \mu_0\,\varepsilon_0\,\frac{\partial}{\partial t}\left(\Box\,\varphi\right)\\ &= -\mu_0\left(\operatorname{div}\boldsymbol{J} + \frac{\partial\rho}{\partial t}\right)\end{aligned}$$

dann erkennt man, dass die LORENZ-Eichung die **Erfüllung der Kontinuitätsgleichung** nach sich zieht, so dass beide Beziehungen miteinander verträglich sind!

5.7 Statischer Fall der Wellengleichungen, Potentialtheorie

Im statischen Fall mit $\partial/\partial t = 0$ gehen aus der skalaren Gleichung (5.85) bei beliebiger Konstante ε entweder die inhomogene **POISSON-Gleichung** im ladungserfüllten Raum oder die homogene **LAPLACE-Gleichung** in ladungsfreien Gebieten hervor. Die Lösung beider Gleichungen ist Gegenstand der **Potentialtheorie**, [20], [32], [61].

$$\boxed{\Delta\varphi = -\frac{\rho}{\varepsilon}} \qquad \boxed{\Delta\varphi = 0} \tag{5.87a}$$

Die zweite Gleichung (5.85) führt auf die Vektordifferentialgleichungen,

$$\boxed{\boldsymbol{\Delta A} = -\mu\,\boldsymbol{J}} \qquad \boxed{\boldsymbol{\Delta A} = 0} \tag{5.87b}$$

die nur im kartesischen Fall in drei Einzelgleichungen für die Komponenten zerfallen. Bei anderen Koordinatensystemen sind die Gleichungen gekoppelt und daher schwieriger zu lösen. Im weiteren Verlauf werden nur die skalaren Differentialgleichungen betrachtet.

5.7.1 Lösung der POISSON-Gleichung

Die Lösung der POISSON-Gleichung erreicht man, indem man den GREEN'schen Satz (19.16, Bd. I), der die **Fundamentalformel der Potentialtheorie** darstellt,

$$\iiint_v \left[\,\varphi\,\Delta\psi - \psi\,\Delta\varphi\,\right] dv \;=\; \oiint_a \left[\,\varphi\,\mathrm{grad}\,\psi - \psi\,\mathrm{grad}\,\varphi\,\right] \cdot d\boldsymbol{a}$$

anwendet auf das gesuchte skalare Potential φ und den reziproken Abstand $\psi = 1/r = 1/\,|\,\boldsymbol{r}_P - \boldsymbol{r}_Q\,|$ mit dem Abstandsvektor $\boldsymbol{r}$ nach (17.82, Bd. I), um das Verschwinden des LAPLACE-Operators $\Delta\psi$ nach (17.97, Bd. I) auszunutzen.

Wenn der Aufpunkt P wie in *Abbildung 5.14* im Volumen v oder auf dessen Hüllfläche mit nach außen weisender Normalen $\boldsymbol{n}$ liegt, dann muss bei der Integration, die alle Quellpunkte $\boldsymbol{r}_Q$ durchläuft, die Singularitätsstelle $r = 0$ der Funktion ψ durch eine kleine Kugel oder Halbkugel vom Radius r_0 ausgeschlossen werden, damit die Voraussetzungen des GREEN'schen Satzes im verbleibenden Volumen $v - v_0$ erfüllt werden, [21, S. 91], [48, S. 104], [51, II, S. 519], [57, S. 166].

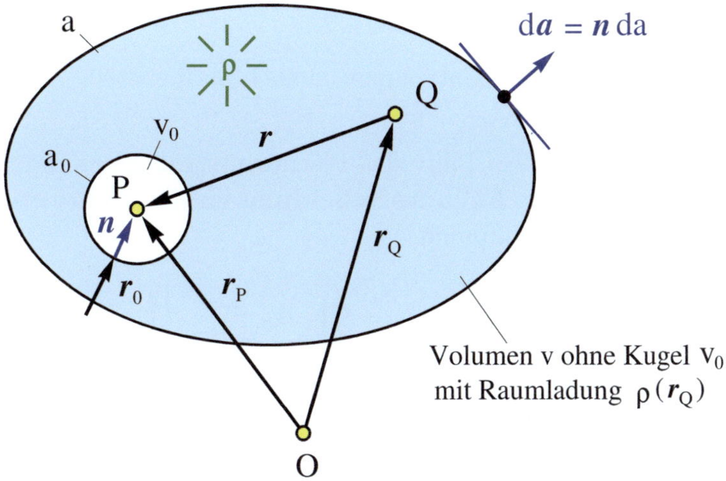

ABB. 5.14: Volumen für die Lösung der POISSON'schen Gleichung

Jedes einzelne Ladungselement liefert einen Beitrag zur Potentialfunktion im festen Aufpunkt P, was durch Integration über alle Quellpunkte Q im Volumen v erfasst wird. Dabei gilt auf den Hüllflächen von v mit den Normalen $\boldsymbol{n}$ bzw. $\boldsymbol{r}/r$ nach *Abschnitt 19.2.7 (Bd. I)*

$$\begin{aligned} &\text{auf } a: \quad \operatorname{grad}_Q\Big(\frac{1}{r}\Big)\cdot d\boldsymbol{a} = \boldsymbol{n}\cdot\operatorname{grad}_Q\Big(\frac{1}{r}\Big)\,da = \frac{\partial}{\partial n}\Big(\frac{1}{r}\Big)\,da \\ &\text{auf } a_0: \quad \operatorname{grad}_Q\Big(\frac{1}{r}\Big)\cdot d\boldsymbol{a} = \frac{\boldsymbol{r}}{r}\operatorname{grad}_Q\Big(\frac{1}{r}\Big)\,da = \frac{\boldsymbol{r}}{r}\cdot\frac{\boldsymbol{r}}{r^3}\,da = \frac{1}{r^2}\,da \end{aligned} \tag{5.88}$$

Der GREEN'sche Satz lautet für den Aufpunkt P in v, bei dem die Flächenintegration über beide Begrenzungsflächen erstreckt werden muss,

$$\begin{aligned} \iiint\limits_{v-v_0} \frac{1}{r}\,\Delta\varphi\,dv \;=\; & \oiint_a \left[\frac{1}{r}\frac{\partial\varphi}{\partial n}\bigg|_a - \varphi\,\frac{\partial}{\partial n}\Big(\frac{1}{r}\Big)\bigg|_a\right] da \\ & + \oiint_{a_0}\left[\frac{1}{r}\frac{\partial\varphi}{\partial r}\bigg|_{a_0} - \frac{\varphi}{r^2}\bigg|_{a_0}\right] da \end{aligned}$$

Im Grenzübergang liefert das Volumenintegral über die Ausschlusskugel mit $\Delta\varphi = -\,\rho/\varepsilon$ gemäß POISSON-Gleichung und Mittelwertsatz keinen Beitrag,

$$-\,\varepsilon \lim_{r_0\to 0}\iiint_{v_0}\frac{\Delta\varphi}{r}\,dv = \lim_{r_0\to\infty}\iiint_{v_0}\frac{\rho}{r}\,dv = \lim_{r_0\to 0}\left[\overline{\Big(\frac{\rho}{r_0}\Big)}\,\frac{4\pi}{3}\,r_0^3\right] = 0$$

so dass das Integral im Gesamtvolumen v auch an der Stelle des Aufpunktes P konvergiert.

Im Grenzübergang $r_0 \to 0$ führt das Flächenintegral über die Oberfläche der (Halb-)Kugel auf eine **Fallunterscheidung** für den Wert der gesuchten Potentialfunktion φ im Aufpunkt P.

$$\begin{aligned} \lim_{r_0\to 0}\oiint_{a_0}\sim\,da &= \lim_{r_0\to 0}\left[\frac{1}{r_0}\,\overline{\frac{\partial\varphi}{\partial r}}\oiint_{a_0}da - \frac{\overline{\varphi}}{r_0^2}\oiint_{a_0}da\right] \\ &= \lim_{r_0\to 0}\left[4\pi\,r_0\,\overline{\frac{\partial\varphi}{\partial r}} - \frac{1}{r_0^2}\,\overline{\varphi}\,4\pi\,r_0^2\right] \\ &= \begin{cases} -\,4\pi\,\varphi(\boldsymbol{r}_P) & \text{für } \boldsymbol{r}_P \text{ innerhalb von } v \\ -\,2\pi\,\varphi(\boldsymbol{r}_P) & \text{für } \boldsymbol{r}_P \text{ auf } a \\ 0 & \text{für } \boldsymbol{r}_P \text{ außerhalb von } v \end{cases} \end{aligned}$$

Zusammengefasst lautet die **Lösung der Poisson-Gleichung**, wenn der Punkt P im Volumen v liegt,

$$\varphi(\boldsymbol{r}_P) = \frac{1}{4\pi\varepsilon}\iiint_v \frac{\rho(\boldsymbol{r}_Q)}{r}\,dv + \frac{1}{4\pi}\oiint_a \left[\frac{1}{r}\frac{\partial\varphi}{\partial n}\bigg|_a - \varphi\frac{\partial}{\partial n}\left(\frac{1}{r}\right)\bigg|_a\right] da \tag{5.89}$$

Das Potential $\varphi(\boldsymbol{r}_P)$ im Inneren eines Volumens wird bestimmt durch die darin enthaltenen Ladungen sowie die Randwerte des Potentials und seiner Ableitung auf der begrenzenden Hüllfläche. Formal stellt die Beziehung eine **inhomogene Fredholm'sche Integrodifferentialgleichung** für die unbekannte Funktion φ in mehreren Variablen dar. Man kann daher die Randwerte nicht beliebig vorgeben und damit dann das Potential $\varphi(\boldsymbol{r}_P)$ bestimmen!

Durch Widerspruchsbeweis zeigt man die **Eindeutigkeit der Lösung** der Poisson-Gleichung, wenn man *entweder* das Potential *oder* seine Ableitung auf der Hüllfläche als Randwerte vorgibt, [27, S. 131, 140].

Die Vorgabe von einer der beiden Randbedingungen für Potential oder deren Ableitung ist hinreichend! (5.90)

Eine durch mathematische Methoden oder einen physikalisch sinnvollen, heuristischen Probeansatz aufgefundene Potentialfunktion, die der Quellenvorgabe entspricht und die Randbedingungen der Aufgabenstellung erfüllt, stellt dann die einzig gültige Lösung dar!

Konkrete Probleme treten aber selten in dieser allgemeinen Form sondern normalerweise in bestimmten Sonderfällen auf, die Arnold Sommerfeld in **Summations- und Randwertprobleme** unterteilt, [54, S. 36, 48], und die weiter unten näher betrachtet werden.

5.7.2 Eigenschaften harmonischer Funktionen

Funktionen, die einschließlich ihrer ersten und zweiten Ableitungen in einem Gebiet stetig sind und die **Laplace-Gleichung** $\Delta\varphi = 0$ erfüllen, heißen **harmonische Funktionen**.

Im raumladungsfreien Raum mit $\rho = 0$ erhält man aus (5.89) als **Lösung der Laplace-Gleichung** die folgende Darstellung der harmonischen Potentialfunktion φ.

$$\boxed{\varphi(\boldsymbol{r}_P) = \frac{1}{4\pi} \oiint_a \left[\frac{1}{r} \frac{\partial \varphi}{\partial n} - \varphi \frac{\partial}{\partial n} \left(\frac{1}{r} \right) \right] da} \tag{5.91}$$

Das Potential im Inneren eines ladungsfreien Volumens v läßt sich durch seine Randwerte auf der Hüllfläche ausdrücken.

Auch diese Darstellung ist als **Integralgleichung** für die unbekannte Funktion $\varphi(\boldsymbol{r}_P)$ zu verstehen, die man nicht dadurch im Punkt P berechnen kann, dass man die Randwerte von Funktion und Ableitung beliebig vorgibt.

Wendet man den GREEN'schen Satz (19.16, Bd. I) auf die harmonische Funktion φ und die konstante Funktion $\psi = 1$ an, dann folgt nach (19.17, Bd. I)

$$\boxed{\oiint_a \frac{\partial \varphi}{\partial n}\, da = 0} \tag{5.92}$$

Das Integral der Randwerte der Normalableitung einer harmonischen Funktion φ über die Hüllfläche a eines Volumens v ist Null.

Bei einer raumladungsfreien Kugel vom Radius R mit dem Mittelpunkt M als Aufpunkt gilt mit (5.88) für die nach außen weisende Normale der Oberfläche

$$\boldsymbol{n} = -\frac{\boldsymbol{r}}{r} \quad \rightarrow \quad \operatorname{grad}_Q \left(\frac{1}{r} \right) \cdot d\boldsymbol{a} = -\frac{\boldsymbol{r}}{r} \cdot \frac{\boldsymbol{r}}{r^3}\, da = -\frac{1}{r^2}\, da$$

Aus (5.91) erhält man mit (5.92)

$$\varphi(\boldsymbol{r}_M) = \frac{1}{4\pi R^2} \oiint_a \varphi\, da = \langle\, \varphi_a \,\rangle$$

Das Potential im Mittelpunkt einer Kugel entspricht dem Mittelwert $\langle\, \varphi_a \,\rangle$ der Potentialwerte auf der Kugeloberfläche, was als **GAUSS'scher Mittelwertsatz für die Kugel** bezeichnet wird.

Als Folge davon kann man zeigen, [20, S. 223], [21, S. 168], [27, S. 133]. [32, S. 176], [51, II, S. 522], dass das Potential als harmonische Funktion in einem Volumen sowohl **Minimum** als auch **Maximum** nur **auf der Hüllfläche** annehmen kann. Daraus folgt, dass eine harmonische Funktion φ, die auf der Hüllfläche konstante Randwerte besitzt, im Inneren konstant sein muss.

5.7.3 Summationsprobleme

Summationsprobleme ergeben sich, wenn **Ladungs- oder Stromdichten** allein im Raum vorliegen. Dazu wird das Volumen v, das die Quellen enthält, für die Integration auf den gesamten Raum v_∞ ausgedehnt, wobei das Flächenintegral in (5.89) über die unendlich ferne Hülle zu Null wird, wenn die Potentialfunktion φ der im Endlichen liegenden Ladungsgrößen wenigstens wie $1/r$ verschwindet, um den **Bezugswert** $V(\infty) = 0$ anzunehmen.

Damit erhält man die Lösung der POISSON-Gleichung (5.87a) für den Gesamtraum als **Integrationsaufgabe**, bei der die Integration nur über die Gebiete erstreckt wird, wo die Ladungsdichte $\rho(\boldsymbol{r}_Q)$ von Null verschieden ist.

Auf die gleiche Weise wie für das skalare Potential φ findet man die Lösungen der vektoriellen POISSON-Gleichung (5.87b) für die einzelnen kartesischen Komponenten des Vektorpotentials, die man anschließend zum Vektor $\boldsymbol{A}$ zusammensetzt. In der vektoriellen Form hat die angegebene Lösung in beliebigen Koordinatensystemen Gültigkeit.

Für Summationsprobleme erhält man damit die **statischen Lösungen der POISSON-Gleichungen im Gesamtraum** durch folgende Integraldarstellungen für die Potentiale φ und $\boldsymbol{A}$, bei denen $r = |\boldsymbol{r}_P - \boldsymbol{r}_Q|$ den Betrag des Abstandsvektors zwischen Aufpunkt P und Quellpunkt Q bedeutet.

$$\boxed{\varphi(\boldsymbol{r}_P) = \frac{1}{4\pi\varepsilon} \iiint_{v_Q} \frac{1}{r}\, \rho(\boldsymbol{r}_Q)\, dv_Q}$$

$$\boxed{\boldsymbol{A}(\boldsymbol{r}_P) = \frac{\mu}{4\pi} \iiint_{v_Q} \frac{1}{r}\, \boldsymbol{J}(\boldsymbol{r}_Q)\, dv_Q} \qquad (5.93)$$

Bei der Integration des Vektorpotentials ist nach der Methode von *Abschnitt 5.7 (Bd. I)* vorzugehen.

Im Falle des skalaren Potentials φ kann für elementare Raum-, Flächen- und Linienladungen $\rho\, dv$, $\sigma\, da$, $\lambda\, d\ell \mathrel{\hat{=}} dq$ durch entsprechend viele Integrationen das Potential im gesamten Raum berechnet werden.

Damit ist die **Potentialbestimmung** im Prinzip **durch Quadratur** gelöst, [12, II, S. 18], [51, I, S. 228], [58, S. 17], wie es NEWTON mathematisch ausdrückte, wenn man das Lösungsintegral formal gefunden hat.

Dabei kann die Integration allerdings erhebliche Schwierigkeiten bereiten, die bereits bei kreisringförmigen Linienladungen auf elliptische Integrale führt, [61, II, S. 20]. In vielen Fällen läßt sich das Ergebnis nur näherungsweise oder numerisch erreichen, worauf die Hinweise im *Abschnitt 3.3.6* abzielen.

Ist nur das Fernfeld in größerer Entfernung von den Quellen von Interesse, dann kann nach Reihenentwicklung von $1/r$ (17.86, Bd. I) eine gliedweise Integration ggf. einfacher ausgeführt werden.

Für eine konzentrierte **Punktladung** Q vereinfacht sich das POISSON-Integral und man erhält wie in (5.23) das **elektrostatische Potential im COULOMB-Feld**, aus dem durch Gradientenbildung die **elektrische Feldstärke** hervorgeht. Bei mehreren Ladungen erhält man die Größen des Feldes durch (vektorielle) Überlagerung. Beide Funktionen weisen charakteristische Abhängigkeiten vom Abstand r zwischen Quelle und Aufpunkt auf.

$$\boxed{\varphi(\boldsymbol{r}_P) \equiv V(\boldsymbol{r}_P) = \frac{Q}{4\pi\varepsilon\, r} \sim \frac{1}{r}}$$
$$\boxed{\boldsymbol{E}(\boldsymbol{r}_P) = -\operatorname{grad} V(\boldsymbol{r}_P) = \frac{Q}{4\pi\varepsilon}\frac{\boldsymbol{r}}{r^3} \sim \frac{1}{r^2}} \tag{5.94}$$

5.7.4 Randwertprobleme

Randwertprobleme liegen in zwei verschiedenen Fällen vor.

Der *erste Fall* behandelt Quellenverteilungen vor leitenden, dielektrischen oder permeablen Grenzflächen. Bei Aufgabenstellungen mit einfacher Geometrie wie Ebenen oder Kugeloberflächen kann man die **Spiegelungsmethode** anwenden, [18, S. 69], [48, S. 286], [61, II, S. 36], bei der die Randbedingungen nach (5.12/5.13) auf der Grenzfläche durch Einbringen von ein oder mehreren Spiegelladungen oder Spiegelströmen als Ersatzgrößen erfüllt werden. In dem Teilraum, in dem die Lösung gesucht wird, muss die Quellenverteilung aus physikalischen Gründen natürlich dem Original entsprechen, um keine zusätzlichen Quellen oder Singularitäten zu erzeugen. Die Lösung selbst erfolgt dann in den einzelnen Teilräumen nach der **Summationsmethode** durch Überlagerung bzw. Berechnung der Integrale nach (5.93). Ein ähnliches Beispiel mit Ersatzladungen wurde im *Abschnitt 5.3.4* behandelt.

Der *zweite Fall* liegt vor, wenn keine Ladungsgrößen existieren sondern die Felderregung durch Potentialvorgaben erfolgt. In diesem Fall geht die POISSON-Gleichung in die **LAPLACE-Gleichung** $\Delta\varphi = 0$ über, die eine elliptische partielle Differentialgleichung 2. Ordnung darstellt, [60, S. 47], und deren Lösungen harmonische Funktionen sind.

Das Feld wird dadurch erzeugt, dass man auf einer Hüllfläche a, die sich auch ins Unendliche erstrecken kann, Randwerte vorgibt und dann gemäß (5.91) das Potential innerhalb des interessierenden Raumgebietes bestimmt.

Dabei unterscheidet man die folgenden drei Fälle.

- ✶ **DIRICHLET'sches Randwertproblem**
  Bestimmung des Potentials $\varphi(\boldsymbol{r}_P)$ im Raumgebiet, wenn dessen Randwerte $\varphi(\boldsymbol{r}_a)$ auf der Hüllfläche gegeben sind

- ✶ **NEUMANN'sches Randwertproblem**
  Bestimmung des Potentials $\varphi(\boldsymbol{r}_P)$ im Raumgebiet, wenn als Randwerte die Ableitung $(\partial\varphi/\partial n)_a$ und damit die Normalkomponente der elektrischen Feldstärke auf der Hüllfläche gegeben ist

- ✶ **Gemischtes Randwertproblem**
  Bestimmung des Potentials $\varphi(\boldsymbol{r}_P)$ im Raumgebiet, wenn auf einem Teil der Hüllfläche das Potential und auf dem restlichen Teil seine Ableitung gegeben ist

(5.95)

Die Behandlung des gemischten Randwertproblems ist schwieriger als die der beiden ersten Probleme, aber Lösungen dafür kann man in [53] finden.

Sind die Hüllflächen, auf denen die Randwerte vorgegeben sind, die Koordinatenflächen eines Koordinatensystems, dann kann man die Lösung der LAPLACE-Gleichung für das Potential φ oder eine Komponente des Vektorpotentials $\boldsymbol{A}$ in vielen Fällen durch Trennung oder Separation der Variablen erreichen.

5.7.5 Lösung von Randwertproblemen durch Separation

Im dreidimensionalen Raum existieren elf orthogonale Koordinatensysteme, in denen die LAPLACE-Gleichung $\Delta\varphi = 0$ durch **Separation der Variablen** gelöst werden kann, [35], [36, I, S. 655]. Dazu macht man für die gesuchte Potentialfunktion $\varphi(\boldsymbol{r})$ der drei räumlichen Koordinatenrichtungen den folgenden **Produktansatz** nach **Daniel Bernoulli** (1701-1784),

$$\boxed{\varphi(u,v,w) = U(u)\,V(v)\,W(w)} \tag{5.96}$$

der die partielle Differentialgleichung in drei gewöhnliche Differentialgleichungen 2. Ordnung für die Faktorfunktionen überführt, die jeweils nur von einer einzigen Koordinate abhängen.

Der einfachste Fall liegt für **kartesische Koordinaten** vor, an dem das grundsätzliche Vorgehen erläutert wird.

$$\varphi(x,y,z) = X(x)\,Y(y)\,Z(z)$$

Dividiert man die Laplace-Gleichung (18.48, Bd. I) durch die gesuchte Funktion in Produktform, dann entstehen drei Summanden. Da jeder Summand nur von einer einzigen Variablen abhängt, muss er konstant sein, was sich bei partiellem Ableiten bestätigt. Für die drei Glieder benötigt man zwei positive, ganzzahlige **Separationskonstanten** m und n, die man meist quadratisch ansetzt. Dabei kann man die Konstanten m, n, p den Summanden auch anders zuordnen.

$$\frac{\Delta\varphi}{\varphi} = \underbrace{\frac{1}{X(x)}\,\frac{d^2X}{dx^2}}_{=\,-\,m^2} + \underbrace{\frac{1}{Y(y)}\,\frac{d^2Y}{dy^2}}_{=\,-\,n^2} + \underbrace{\frac{1}{Z(z)}\,\frac{d^2Z}{dz^2}}_{=\,p^2\,=\,m^2+n^2} = 0$$

Gewöhnliche Differentialgleichungen 2. Ordnung besitzen jeweils zwei linear unabhängige Lösungsfunktionen, die von der zugehörigen Separationskonstante abhängen, [36, I, Kap.5]. Für die Faktoren X, Y und Z lauten Null-Lösung und allgemeine Lösungen mit unbestimmten Koeffizienten

$$\frac{d^2X}{dx^2} + m^2X = 0 \quad \to \quad \begin{cases} X_0(x) &= A_0 + B_0x \\ X_m(x) &= A_m \sin mx + B_m \cos mx \end{cases}$$

$$\frac{d^2Z}{dz^2} - p^2Z = 0 \quad \to \quad \begin{cases} Z_0(z) &= E_0 + F_0z \\ Z_p(z) &= E_p \sinh pz + F_p \cosh pz \\ &= E'_p\,\mathrm{e}^{+pz} + F'_p\,\mathrm{e}^{-pz} \end{cases}$$

In anderen separierbaren Koordinatensystemen fallen die einzelnen Summanden und damit die Differentialgleichungen z.T. erheblich verwickelter aus, [27, Kap.3.7, 3.8], [33], [35], was im nächsten Abschnitt exemplarisch gezeigt wird. Die Lösungen der auftretenden Differentialgleichungen führen dabei auf wichtige Funktionen der mathematischen Physik wie BESSEL-, Kugel-, MATHIEU- und Sphäroid-Funktionen. Diese und viele weitere Funktionen mit ihren Eigenschaften sind zusammengestellt im klassischen Werk von Abramowitz/Stegun, [1], sowie in folgenden Büchern, [19], [31], [41], [56].

Zur **Lösung des allgemeinen Randwertproblems** wird die Teilfunktion $U(u)$ des Produktansatzes (5.96) bei endlichem Intervall für u und daher ganzzahliger Separationskonstante m durch Summation aller möglichen Lösungen mit unbestimmten Konstanten dargestellt.

$$U(u) = \sum_{m=0}^{\infty} U_m(u) = \sum_{m=0}^{\infty} \left[A_m \, U_m^{(1)}(u) + B_m \, U_m^{(2)}(u) \right]$$

Bei unendlichem Bereich für u muss über die dann reelle Separationskonstante m integriert werden.

Die Gesamtlösung eines vorgelegten Randwertproblems wird durch eine Doppelsumme dargestellt.

$$\varphi(u,v,w) = \sum_m \sum_n U_m(u) \, V_n(v) \, W_p(w) \qquad \left[p = p\,(m,n) \right]$$

Die verschiedenen Konstanten $A_0, A_m, B_0, B_m, \ldots$ des Ansatzes werden bestimmt aus der Vorgabe der Potentialfunktion sowie deren Beschränktheit und Verschwinden auf bestimmten Koordinatenflächen (**homogene Randbedingungen**) oder der Erfüllung von Symmetrieeigenschaften.

Wesentlich ist weiterhin, dass in bestimmten Koordinatenrichtungen als Lösungen **orthogonale Funktionensysteme** auftreten wie im Beispiel in x-Richtung mit $\sin mx$ und $\cos mx$. Durch geeignete Multiplikation kann man **Orthogonalintegrale** erzeugen, wodurch die Summen bis auf ein einziges Glied Null sind, so dass die Konstanten bestimmt werden können. Das ist das gleiche Verfahren, das aus der Theorie der **FOURIER-Entwicklung** und der Bestimmung ihrer Koeffizienten bekannt ist.

Als einfaches **kartesisches Beispiel** wird ein Quader im ersten Oktanten mit den Abmessungen a, b, c in den drei räumlichen Richtungen betrachtet, der auf seiner Unterseite das gegebene Potential $\varphi(x,y,0) = V_0(x,y)$ aufweist und dessen andere Flächen das Potential $V = 0$ besitzen. Die Erfüllung der homogenen Randbedingungen auf den fünf potentialfreien Quaderflächen führt auf den Ansatz für die Potentialfunktion im Innenraum, bei der die Null-Lösungen und die Kosinusfunktionen cos(..) und cosh(..) nicht auftreten können.

$$\varphi(x,y,z) = \sum_{m=1}^{\infty}\sum_{n=1}^{\infty} A_{mn} \sin\left(m\,\frac{\pi x}{a}\right) \sin\left(n\,\frac{\pi y}{b}\right) \sinh p(c-z)$$

Die Multiplikation der Vorgabefunktion $\varphi(x,y,0) = V_0(x,y)$ mit geänderten Lösungsfunktionen, die m^* und n^* als Separationskonstanten enthalten, und anschließende Integration über die Quaderfläche $z = 0$ führt auf Orthogonalintegrale (s. 12.13), wodurch die **Konstanten A_{mn} durch Quadratur**, d.h. Integration, bestimmt werden und das Potentialproblem für den Innenraum gelöst ist.

$$\int_0^a\int_0^b V_0(x,y) \sin\left(m^*\,\frac{\pi x}{a}\right) \sin\left(n^*\,\frac{\pi y}{b}\right) dx\,dy$$

$$= \sum_{m=1}^{\infty}\sum_{n=1}^{\infty} A_{mn} \sinh pc \;\times$$

$$\times \underbrace{\int_0^a \sin\left(m\,\frac{\pi x}{a}\right)\sin\left(m^*\,\frac{\pi x}{a}\right) dx}_{=(a/2)\,\delta_{mm^*}} \; \underbrace{\int_0^b \sin\left(n\,\frac{\pi y}{b}\right)\sin\left(n^*\,\frac{\pi y}{b}\right) dy}_{=(b/2)\,\delta_{nn^*}}$$

$$= A_{m^*n^*}\,\frac{ab}{4}\,\sinh pc$$

$$\rightarrow \quad A_{mn} = \frac{4}{ab\sinh pc}\int_0^a\int_0^b V_0(x,y) \sin\left(m\,\frac{\pi x}{a}\right) \sin\left(n\,\frac{\pi y}{b}\right) dx\,dy$$

In anderen Fällen kann man die auf einer Koordinatenfläche des Koordinatensystems vorgegebene Randwert- oder Quellenfunktion durch eine entsprechende Summe über die Lösungsfunktionen des Produktansatzes darstellen (**Orthogonalentwicklung**), so dass man einen Koeffizientenvergleich durchführen kann.

Bei Randwertvorgaben des Potentials $\varphi \neq 0$ auf mehreren Koordinatenflächen des Quaders muss man das Randwertproblem entsprechend oft durchführen und die einzelnen Teillösungen überlagern. Das ist deshalb möglich, da die Differentialgleichungen linear sind und das **Superpositionsprinzip** erfüllen.

Die **Lösung eines Randwertproblems** ist **eindeutig** und liegt dann vor, wenn das Potential im interessierenden Raumgebiet endlich bleibt, die Randbedingungen erfüllt und den physikalischen Symmetrien genügt.
Beispiele zu Randwertproblemen im Raum findet man in vielen Büchern z.B. in [2], [6], [11], [18], [27], [34], [40], [48].

5.7.6 Randwertprobleme in Kugelkoordinaten

Zur weiteren Erläuterung soll das Beispiel der **Kugelkoordinaten** dienen, bei der die LAPLACE-Gleichung (18.67, Bd. I) folgende Gestalt hat.

$$\Delta\varphi = \frac{1}{r^2}\frac{\partial}{\partial r}\left(r^2\frac{\partial\varphi}{\partial r}\right) + \frac{1}{r^2\sin\vartheta}\frac{\partial}{\partial\vartheta}\left(\sin\vartheta\,\frac{\partial\varphi}{\partial\vartheta}\right) + \frac{1}{r^2\sin^2\vartheta}\frac{\partial^2\varphi}{\partial\phi^2} = 0$$

Mit dem Produktansatz $\varphi(r,\vartheta,\phi) = R(r)\,\Theta(\vartheta)\,\Phi(\phi)$ und nach Multiplikation mit dem Quotienten $r^2\sin^2\vartheta/(R\,\Theta\,\Phi)$ erhält man die separierbare Darstellung mit positiven, ganzzahligen Separationskonstanten m und n.

$$\underbrace{\frac{\sin^2\vartheta}{R}\frac{d}{dr}\left(r^2\frac{dR}{dr}\right) + \frac{\sin\vartheta}{\Theta}\frac{d}{d\vartheta}\left(\sin\vartheta\,\frac{d\Theta}{d\vartheta}\right)}_{=+m^2} + \underbrace{\frac{1}{\Phi}\frac{d^2\Phi}{d\phi^2}}_{=-m^2} = 0$$

Für den ersten Anteil folgt weiter

$$\underbrace{\frac{1}{R}\frac{d}{dr}\left(r^2\frac{dR}{dr}\right)}_{=+n(n+1)} + \underbrace{\frac{1}{\Theta\,\sin\vartheta}\frac{d}{d\vartheta}\left(\sin\vartheta\,\frac{d\Theta}{d\vartheta}\right) - \frac{m^2}{\sin^2\vartheta}}_{=-n(n+1)} = 0 \qquad (5.97)$$

In r-Richtung wird die Differentialgleichung durch Potenzen der radialen Koordinate gelöst.

$$\frac{d}{dr}\left(r^2\frac{dR}{dr}\right) - n(n+1)\,R(r) = 0 \qquad \to \qquad R_n(r) = A_n\,r^n + \frac{B_n}{r^{n+1}}$$

In ϑ-Richtung erhält man als Lösung **zugeordnete Kugelfunktionen** als Verallgemeinerung der LEGENDRE-Polynome.

$$\frac{1}{\sin\vartheta}\frac{d}{d\vartheta}\left(\sin\vartheta\,\frac{d\Theta}{d\vartheta}\right) + \left[n(n+1) - \frac{m^2}{\sin^2\vartheta}\right]\Theta(\vartheta) = 0$$

$$\to \qquad \Theta_{nm}(\vartheta) = C_{nm}\,\mathrm{P}_n^m(\cos\vartheta) + D_{nm}\,\mathrm{Q}_n^m(\cos\vartheta)$$

Die zweite Kugelfunktion wird auf der Rotationsachse Unendlich,

$$\mathrm{Q}_n^m(\pm 1) = \infty \qquad \text{für} \qquad \vartheta = 0,\, \pi$$

so dass Q_n^m daher als Lösungsfunktion nicht auftreten kann, wenn die Achse zum betrachteten Gebiet gehört.

In ϕ-Richtung ergeben sich harmonische Funktionen als periodische Lösungen.

$$\frac{d^2\Phi}{d\phi^2} + m^2\,\Phi(\phi) = 0 \qquad \rightarrow \qquad \Phi_m(\varphi) = E_m \sin m\phi + F_m \cos m\phi$$

Als **spezieller Fall** sei auf der Kugeloberfläche $r = a$ als Randbedingung die Funktion $F_a(\vartheta, \phi)$ vorgegeben. Dann wird in der LAPLACE-Gleichung zunächst die R-Lösung wie in (5.97) mit dem Ansatz $\varphi(r, \vartheta, \phi) = R(r)\, Y(\vartheta, \phi)$ separiert. Die in (ϑ, ϕ) verbleibende Differentialgleichung

$$\frac{1}{\sin\vartheta}\,\frac{\partial}{\partial\vartheta}\left(\sin\vartheta\,\frac{\partial Y_n}{\partial\vartheta}\right) + \frac{1}{\sin^2\vartheta}\,\frac{\partial^2 Y_n}{\partial\phi^2} + n(n+1)\,Y_n(\vartheta, \phi) = 0$$

wird durch den Ansatz $Y_n = \Theta(\vartheta)\Phi(\phi)$ weiter separiert, wobei die Konstante m für Φ eingeführt wird. Da die Rotationsachse eingeschlossen ist, treten nur die ersten zugeordneten Kugelfunktionen $\mathrm{P}_n^m(\cos\vartheta)$ auf. Die Differentialgleichung wird durch die beiden **Kugelflächenfunktionen** , [29, S. 72], [36, II, S. 1264], gelöst.

$$\boxed{\begin{aligned} Y_{nm}^c(\vartheta, \phi) &= \cos m\phi\ \mathrm{P}_n^m(\cos\vartheta) \\ Y_{nm}^s(\vartheta, \phi) &= \sin m\phi\ \mathrm{P}_n^m(\cos\vartheta) \end{aligned}} \qquad (m \leqslant n) \tag{5.98}$$

Nach der **RODRIGUES-Darstellung** der Kugelfunktionen in der **FERRERS'-schen Form** mit $\mu = \cos\vartheta$ und ganzen Zahlen für Ordnung m und Grad $n \geqslant m$, [19, S. 114], [36, II, S. 1325], [52, S. 80],

$$\mathrm{P}_n^m(\mu) = (1-\mu^2)^{m/2}\,\frac{d^m}{d\mu^m}\,\mathrm{P}_n(\mu) = \frac{(1-\mu^2)^{m/2}}{2^n\, n!}\,\frac{d^{n+m}}{d\mu^{n+m}}\,\left(\mu^2 - 1\right)^n$$

werden die **zugeordneten LEGENDRE-Polynome** $\mathrm{P}_n^m(\cos\vartheta)$ berechnet, die für $m > n$ Null sind.

Die einfachsten Kugelfunktionen lauten, wenn man die cos-Potenzen durch Vielfache des Winkels darstellt

$$\mathrm{P}_0^0(\cos\vartheta) = \mathrm{P}_0(\cos\vartheta) = 1$$
$$\mathrm{P}_n^0(\cos\vartheta) = \mathrm{P}_n(\cos\vartheta)$$

$$\begin{aligned}
\mathrm{P}_1(\cos\vartheta) &= \cos\vartheta & \mathrm{P}_1^1(\cos\vartheta) &= \sin\vartheta \\
4\,\mathrm{P}_2(\cos\vartheta) &= 1 + 3\cos 2\vartheta & 2\,\mathrm{P}_2^1(\cos\vartheta) &= 3\sin 2\vartheta \\
& & 2\,\mathrm{P}_2^2(\cos\vartheta) &= 3\,(1-\cos 2\vartheta) \\
8\,\mathrm{P}_3(\cos\vartheta) &= 3\cos\vartheta + 5\cos 3\vartheta & 8\,\mathrm{P}_3^1(\cos\vartheta) &= 3\,(\sin\vartheta + 5\sin 3\vartheta) \\
& & 4\,\mathrm{P}_3^2(\cos\vartheta) &= 15\,(\cos\vartheta - \cos 3\vartheta) \\
& & 4\,\mathrm{P}_3^3(\cos\vartheta) &= 15\,(3\sin\vartheta - \sin 3\vartheta)
\end{aligned} \tag{5.99}$$

In der Literatur werden die zugeordneten LEGENDRE-Polynome auch oft mit einem von HOBSON eingeführten Faktor $(-1)^m$ definiert.

Die Lösung für den Innenraum der Kugel, in dem wegen der Singularität bei $r = 0$ keine negativen Potenzen der R-Lösung auftreten können, lautet

$$\begin{aligned}
\varphi(r,\vartheta,\phi) &= \sum_{n=0}^{\infty} R_n(r)\,Y_n(\vartheta,\phi) \\
&= \sum_{n=0}^{\infty}\sum_{m=0}^{n} C_{nm}\,r^n\,Y_{nm}(\vartheta,\phi)
\end{aligned}$$

In der **Orthogonalentwicklung** der Randwertfunktion $F_a(\vartheta,\phi)$ nach **Kugelflächenfunktionen**

$$\varphi(a,\vartheta,\phi) = F_a(\vartheta,\phi) = \sum_{n=0}^{\infty}\sum_{m=0}^{n} a^n\,C_{nm}\,Y_{nm}(\vartheta,\phi)$$

$$\boxed{F_a(\vartheta,\phi) = \sum_{n=0}^{\infty}\sum_{m=0}^{n}\left[A_{nm}Y_{nm}^c(\vartheta,\phi) + B_{nm}Y_{nm}^s(\vartheta,\phi)\right]} \tag{5.100}$$

werden die Konstanten A_{nm} und B_{nm} des Lösungsansatzes durch geeignete Multiplikation, Integration über die Kugeloberfläche und die Orthogonaleigenschaften der Kugelflächenfunktionen bestimmt. Ein besonderes Anwendungsbeispiel wird dazu im *Abschnitt 12.7.4* behandelt.

Auf der Kugeloberfläche bestimmen die Werte von m und n die Anzahl der **Knotenlinien**, auf denen die Kugelflächenfunktionen (5.98) Null sind.

Für $m = 0$ ist $Y^c_{n0}(\vartheta) = \mathrm{P}_n(\cos\vartheta)$ unabhängig von ϕ und bildet auf der Kugeloberfläche zwischen den Polen insgesamt $n+1$ abwechselnd positive und negative Zonen, so dass die einfachen LEGENDRE-Polynome auch **zonale Kugelfunktionen** heißen.

Für $n \geqslant m > 0$ sind die Kugelflächenfunktionen $Y^c_{nm}(\vartheta,\phi)$ und $Y^s_{nm}(\vartheta,\phi)$ ihren Nullstellen entsprechend auf $2m$ Meridianen und $n-m$ Breitenkreisen Null. Diese Knotenlinien bilden auf der Kugeloberfläche an den Polen Bogendreiecke und sonst Bogenvierecke, sog. **Tesserae**, in denen die Funktionswerte abwechselnd positiv und negativ sind und in einer (ϑ-ϕ)-Ebene ein Schachbrettmuster bilden. Man nennt sie deshalb **tesserale Kugelfunktionen**.

Im Sonderfall $n = m$ entarten die Tesserae zu $2m$ Bogenzweiecken, die durch Meridiane begrenzt werden, so dass die Funktionen dann **sektorielle Kugelfunktionen** heißen, [28, S. 171], [44, I, S. 24, 68], [57, S. 402].

5.7.7 Summations- und Randwertprobleme in der Ebene

Bei ebenen Problemen mit $\partial/\partial z = 0$ stellt die **unendlich lange Linienladung** λ die elementare Quelle des Feldes dar, die die Ladung $dQ = \lambda\, dz$ in z-Richtung aufweist, woraus man beliebige Ladungsanordnungen durch Summation überlagern kann.

Da sich die Linienladung λ bis ins Unendliche erstreckt, kann man das Potential nicht mit (5.93) ermitteln. Da das ebene Feld rotationssysmmetrisch mit radialer Feldstärke ist, gilt nach (19.7) für den dielektrischen Fluss,

$$\Psi = \oint\limits_C \boldsymbol{D}\cdot d\boldsymbol{s} = \varepsilon \int\limits_0^{2\pi} E_0\,\rho\, d\varphi = 2\pi\varepsilon\,\rho\, E_0 = \lambda$$

aus dem sich die **Feldstärke** und durch Integration das **Potential der Linienladung** ergeben, das am Radius $\rho = \rho_0$ den **Bezugswert** $V(\rho_0) = 0$ annimmt.

$$\boxed{\boldsymbol{E}(\rho) = E_0\,\mathbf{e}_\rho = \frac{\lambda}{2\pi\varepsilon}\,\frac{1}{\rho}\,\mathbf{e}_\rho} \qquad \boxed{V(\rho) = -\,\frac{\lambda}{2\pi\varepsilon}\,\ln\frac{\rho}{\rho_0}} \tag{5.101}$$

Bei **ebenen Randwertproblemen** sind die Potentialwerte auf Konturen vorgegeben. Als eine Lösungsmöglichkeit kann man die zweidimensionale LAPLACE-Gleichung für die beiden krummlinigen Koordinaten u, v der Ebene entsprechend separieren, wobei nur eine Separationskonstante auftritt.

Wirksamer und auch weitreichender ist allerdings der Einsatz der **Funktionentheorie** und die Darstellung mit komplexen Funktionen, [15], [26], [38], [39].

Eine differenzierbare und damit **analytische Funktion** $P(z)$ der komplexen Variablen $z = x + j\,y$ mit Realteil P_r und Imaginärteil P_i

$$\boxed{P(z) = P_r(x,y) + j\,P_i(x,y)} \tag{5.102}$$

erfüllt die **CAUCHY-RIEMANN'schen Differentialgleichungen**.

$$\boxed{\frac{\partial P_r}{\partial x} = \frac{\partial P_i}{\partial y}\,, \qquad \frac{\partial P_r}{\partial y} = -\,\frac{\partial P_i}{\partial x}} \tag{5.103}$$

Durch erneutes Ableiten und gegenseitiges Einsetzen zeigt man, dass sowohl der Realteil als auch der Imaginärteil die ebene LAPLACE-Gleichung erfüllen und damit harmonisch sind.

$$\boxed{\Delta P_r = \frac{\partial^2 P_r}{\partial x^2} + \frac{\partial^2 P_r}{\partial y^2} = 0} \qquad \boxed{\Delta P_i = \frac{\partial^2 P_i}{\partial x^2} + \frac{\partial^2 P_i}{\partial y^2} = 0} \tag{5.104}$$

Die Division der CAUCHY-RIEMANN'schen Differentialgleichungen

$$\frac{\partial P_r/\partial x}{\partial P_r/\partial y} = -\,\frac{\partial P_i/\partial y}{\partial P_i/\partial x}$$

läßt erkennen, dass die Kurven $P_r(x,y) = \text{const.}$ und $P_i(x,y) = \text{const.}$ in der komplexen z-Ebene **orthogonale Trajektorien** darstellen, [51, II, S. 34].

Physikalisch kann man die Funktion $P(z)$ als **komplexes Potential** deuten und im elektrostatischen Fall

- den Realteil $P_r(x,y) = V(x,y)$ als **Potentialfunktion**
- den Imaginärteil $P_i(x,y) = -\,\Psi(x,y)/\varepsilon$ als **Flussfunktion**

ansehen, die zusammen ein Netz orthogonaler Scharen von **Äquipotential-** und **Feldlinien** in der komplexen Ebene bilden.

Die **komplexe elektrische Feldstärke** ist der zweidimensionale Gradient der Potentialfunktion. Durch Einsetzen der CAUCHY-RIEMANN'schen Differentialgleichungen kann die Feldstärke als konjugiert komplexe Ableitung des komplexen Potentials dargestellt werden, die durch Überstreichen gekennzeichnet wird.

$$\begin{aligned} E = E_x + j\,E_y \quad &= -\frac{\partial V}{\partial x} - j\,\frac{\partial V}{\partial y} &&= -\frac{\partial P_r}{\partial x} - j\,\frac{\partial P_r}{\partial y} \\ &= -\frac{\partial P_r}{\partial x} + j\,\frac{\partial P_i}{\partial x} &&= -\frac{\partial P_i}{\partial y} - j\,\frac{\partial P_r}{\partial y} \\ &= -\frac{\partial}{\partial x}\big(P_r - j\,P_i\big) &&= -j\,\frac{\partial}{\partial y}\big(P_r - j\,P_i\big) \end{aligned}$$

$$\boxed{E(z) = E_x(x,y) + j\,E_y(x,y) = -\frac{\partial \overline{P}}{\partial x} = -j\,\frac{\partial \overline{P}}{\partial y} = -\overline{\left(\frac{dP}{dz}\right)} = -\frac{d\overline{P}}{d\overline{z}}} \tag{5.105}$$

Die Vielfalt komplexer Funktionen mit ihren zugehörigen orthogonalen Kurvenscharen sowie die **Methode der konformen Abbildung** auch komplizierter Gebiete auf (Halb-)Ebene oder Kreis ermöglicht die Untersuchung und Lösung einer Fülle ebener Randwertaufgaben, die weit über die begrenzte Anzahl der separierbaren räumlichen Koordinatensysteme hinausgeht.

Beispiele zu Randwertproblemen in der Ebene und zu konformen Abbildungen findet man neben [11], [18], [26], [48] auch speziell in [3], [22], [23], [35].

5.7.8 Methode der GREEN'schen Funktion

Innerhalb eines ladungsfreien Volumens v gilt nach (5.91) für die harmonische Funktion φ

$$\varphi(\boldsymbol{r}_P) = \frac{1}{4\pi} \oiint_a \left[\frac{1}{r}\,\frac{\partial \varphi}{\partial n} - \varphi\,\frac{\partial}{\partial n}\left(\frac{1}{r}\right) \right] da$$

Setzt man bei der Herleitung im *Abschnitt* (5.7.1) anstelle der im Aufpunkt P singulären Funktion $\psi = 1/r$ eine im Volumen v überall reguläre

Funktion g ein, dann muss der Punkt P nicht durch eine Kugel ausgeschlossen werden, so dass dann gilt

$$0 = \frac{1}{4\pi} \oiint_a \left[g \frac{\partial \varphi}{\partial n} - \varphi \frac{\partial g}{\partial n} \right] da \qquad \forall \; P(\boldsymbol{r}_P) \in v$$

Dabei kann man über die harmonische Funktion g in konkreten Problemstellungen geeignet verfügen.

Die Subtraktion beider Beziehungen führt auf eine im Vergleich mit (5.91) erweiterte Darstellung für das Potential φ im Aufpunkt P.

$$\varphi(\boldsymbol{r}_P) = \frac{1}{4\pi} \oiint_a \left(\frac{1}{r} - g\right) \frac{\partial \varphi}{\partial n} \, da \; - \; \frac{1}{4\pi} \oiint_a \varphi \frac{\partial}{\partial n}\left(\frac{1}{r} - g\right) da \tag{5.106}$$

Die im Integranden auftretende harmonische Funktion

$$G(\boldsymbol{r}_P, \boldsymbol{r}_Q) = \frac{1}{r} - g = \frac{1}{|\,\boldsymbol{r}_P \; - \; \boldsymbol{r}_Q\,|} \; - g(\boldsymbol{r}_P, \boldsymbol{r}_Q) = G(\boldsymbol{r}_Q, \boldsymbol{r}_P) \tag{5.107}$$

heißt **GREEN'sche Funktion**, [20, S. 236, 246], [51, II, S. 535], [51, IV, S. 488f., 564], die bis auf den Punkt $r = 0$ die LAPLACE-Gleichung $\Delta G = 0$ innerhalb des Volumens v erfüllt und von der man zeigen kann, dass sie symmetrisch ist.

Im Aufpunkt $P(\boldsymbol{r}_P)$ hat G einen **Pol**, der dem Verhalten einer Punktladung entspricht. Da es sich bei der Darstellung (5.106) um ein Flächenintegral handelt, befindet sich der variable Punkt Q bei der Integration auf der Hüllfläche mit $\boldsymbol{r}_Q = \boldsymbol{r}_a$.

Da nach (5.90) bereits eine Art der Randbedingungen hinreichend ist, kann man über den Anteil g der GREEN'schen Funktion so verfügen, dass einer der beiden Summanden im Integral (5.106) auf der Randfläche zu Null wird.

Im Fall des **DIRICHLET'schen Randwertproblems** wird eine **GREEN'sche Funktion 1. Art** $G_1 = 1/r - g_1$ gesucht, die bis auf den Aufpunkt überall in v harmonisch ist und die homogene Randbedingung $G_1 = 0$ auf der Hüllfläche aufweist.

$$\text{auf Hüllfläche } a: \qquad G_1(\boldsymbol{r}_P, \boldsymbol{r}_a) = \frac{1}{|\,\boldsymbol{r}_P - \boldsymbol{r}_a\,|} - g_1(\boldsymbol{r}_a) = 0$$

$$\text{im Volumen } v: \qquad \Delta G_1(\boldsymbol{r}_P, \boldsymbol{r}_Q) = \Delta\left(\frac{1}{r}\right) - \Delta g_1 = 0 \qquad (r \neq 0)$$

Die Funktion g_1 muss also auf der Hüllfläche die Werte des reziproken Abstandes kompensieren.

Das gesuchte Potential im Volumen v wird dann gelöst durch das Integral,

$$\varphi(\boldsymbol{r}_P) = -\frac{1}{4\pi} \oiint_a \varphi(\boldsymbol{r}_a)\, \frac{\partial G_1(\boldsymbol{r}_P, \boldsymbol{r}_Q)}{\partial n_Q}\bigg|_a da \tag{5.108}$$

bei dem die Differentiation nach den Koordinaten des Punktes Q und die Integration über die Randpunkte des Volumens erfolgt, auf dem die Werte des Potentials vorgegeben sind.

Ist also die GREEN'sche Funktion bekannt, dann läßt sich das Potential innerhalb des Volumens bei Vorgabe beliebiger Randwertfunktionen durch Integration über die Hüllfläche berechnen.

Die Bestimmung der GREEN'schen Funktion erfordert zwar ebenfalls die Lösung eines Randwertproblems, das aber wegen der homogenen Randbedingung einfacher ausfällt. Zu ermitteln ist bei diesem Zusatzproblem das Potential $G_1(\boldsymbol{r}_P, \boldsymbol{r}_Q)$ innerhalb des gegebenen Volumens mit leitender Hüllfläche, auf der $G_1(\boldsymbol{r}_P, \boldsymbol{r}_a) = 0$ gilt. Der die LAPLACE-Gleichung $\Delta g_1 = 0$ erfüllende Anteil g_1 von G_1 kompensiert dabei in allen Punkten der Hüllfläche das Potential einer Punktladung $4\pi\varepsilon$, die sich im Punkt P befindet.

Die GREEN'sche Funktion ist damit an das gegebene Volumen gebunden und charakteristisch für dessen Geometrie. Für Halbraum und Kugel sind die GREEN'schen Funktionen 1. Art relativ einfach aus Spiegelungsverfahren zu ermitteln, so dass sie in der Literatur verschiedentlich angegeben werden.

Im Fall des **NEUMANN'schen Randwertproblems** wird eine **GREEN'sche Funktion 2. Art** $G_2 = 1/r - g_2$ gesucht. Ihre Ableitung kann auf der Hüllfläche aber keine homogene Randbedingung erfüllen, denn wegen (5.92) und nach [51, IV, S. 494] würde für die harmonische Funktion G_2 ein Widerspruch entstehen.

$$\oiint_a \frac{\partial G_2}{\partial n}\bigg|_a da = \underbrace{\oiint_a \frac{\partial}{\partial n}\left(\frac{1}{r}\right) da}_{=\,-4\pi} - \underbrace{\oiint_a \frac{\partial g_2}{\partial n}\, da}_{=\,0} = -4\pi \neq 0$$

Der einfachste Fall liegt vor bei konstanten Randwerten der Ableitung und mit dem Flächeninhalt A der Hüllfläche ist die Konstante bestimmt.

$$\left.\frac{\partial G_2}{\partial n}\right|_a = C = \text{const.} \quad \rightarrow \quad \oiint_a \left.\frac{\partial G_2}{\partial n}\right|_a da = C \oiint_a da = CA = -\,4\pi$$

Da nach *Abschnitt 5.7.2* die extremalen Werte des harmonischen Potentials auf der Hüllfläche liegen, gilt dann für das zweite Integral in (5.106) bei einem mittleren Randwert $\langle\varphi_a\rangle$ des Potentials

$$-\frac{1}{4\pi}\oiint_a \varphi(\boldsymbol{r}_a)\left.\frac{\partial G_2}{\partial n}\right|_a da = -\,\frac{C}{4\pi}\oiint_a \varphi_a\, da = \frac{1}{A}\langle\,\varphi_a\,\rangle \oiint_a da = \langle\,\varphi_a\,\rangle$$

Damit erhält man die Lösung des NEUMANN'schen Randwertproblems, das nur bis auf eine Konstante bestimmt ist, die aber keinen Einfluss auf die durch Differentiation zu gewinnende Feldstärke hat.

$$\varphi(\boldsymbol{r}_P) = \langle\,\varphi_a\,\rangle + \frac{1}{4\pi}\oiint_a G_2(\boldsymbol{r}_P, \boldsymbol{r}_a)\left.\frac{\partial \varphi}{\partial n}\right|_a da \tag{5.109}$$

Allerdings treten NEUMANN-Randbedingungen normalerweise nicht in der Elektrostatik auf, [62, S. 252], denn auf einer leitenden Fläche ist die Ableitung des Potentials gemäß der Randbedingung (5.12) einer **Flächenladung** σ proportional,

$$\frac{\partial \varphi}{\partial n} = \boldsymbol{n}\cdot \operatorname{grad}\varphi = -\,\boldsymbol{n}\cdot\boldsymbol{E} = -\,E_n = \frac{\sigma}{\varepsilon}$$

die man nicht beliebig vorgeben kann, da sie sich durch Influenz im Leiter nach dem existierenden Feld verteilt.

5.8 Allgemeiner instationärer Fall der Wellengleichungen

Im **instationären, zeitveränderlichen Fall** mit $\rho(t)$ und $\boldsymbol{J}(t)$ werden die inhomogenen Wellengleichungen (5.85) der elektrodynamischen Potentiale in einer erweiterten Integrationsmethode gelöst, die auf **Gustav Robert KIRCHHOFF** (1824-1887) zurückgeht, [57, S. 424]. Diese direkte Herleitung ist langwierig und kann durch die folgende **heuristische Betrachtung** abgekürzt werden, [14, S. 531], [54, S. 135].

Im zeitveränderlichen Fall ist für das Feld im Aufpunkt P nicht der Zustand der Quelle ρ zur aktuellen Zeit t_P maßgebend sondern zu einem früheren, zurückliegenden und damit **retardierten Zeitpunkt** $t_{\text{ret}} = t_P - t_\ell$, da ja die Wirkung der Quelle erst nach Überbrückung der Entfernung r zwischen Quellpunkt Q und Aufpunkt P mit der Ausbreitungsgeschwindigkeit v des Mediums und daher mit der Laufzeitverzögerung $t_\ell = r/v$ im Punkt P eintreten kann, [42, S. 244].

Bei Beschränkung auf das Vakuum gilt für Ausbreitungsgeschwindigkeit und **Retardierung**

$$\boxed{c = \frac{1}{\sqrt{\mu_0\,\varepsilon_0}}} \qquad \boxed{t_{\text{ret}} = t - t_\ell = t - \frac{r}{c} = t - r\sqrt{\mu_0\,\varepsilon_0}} \tag{5.110}$$

5.8.1 Lösung durch retardierte Potentiale

Die Lösung für das Problem der Laufzeit im zeitveränderlichen Fall der inhomogenen Wellengleichungen ist durch die folgenden Integraldarstellungen der Potentiale φ und $\boldsymbol{A}$ gegeben, die dann **retardierte Potentiale** heißen.

$$\boxed{\varphi(\boldsymbol{r}_P, t) = \frac{1}{4\pi\varepsilon_0}\iiint_v \frac{1}{r}\,\rho\left(\boldsymbol{r}_Q, t - \frac{r}{c}\right) dv_Q = \frac{1}{4\pi\varepsilon_0}\iiint_v \frac{[\rho]}{r}\, dv_Q}$$
$$\boxed{\boldsymbol{A}(\boldsymbol{r}_P, t) = \frac{\mu_0}{4\pi}\iiint_v \frac{1}{r}\,\boldsymbol{J}\left(\boldsymbol{r}_Q, t - \frac{r}{c}\right) dv_Q = \frac{\mu_0}{4\pi}\iiint_v \frac{[\boldsymbol{J}]}{r}\, dv_Q} \tag{5.111}$$

Zur **Abkürzung der Schreibweise** wird die Retardierung der Quellenfunktionen durch eine eckige Klammer oder auch durch Indizierung angezeigt, wobei $r = r(t_{\text{ret}})$ einzusetzen ist, [54, S. 234].

$$[\rho] = [\rho]_{\text{ret}} = \rho\left(\boldsymbol{r}_Q, t_{\text{ret}}\right) = \rho\left(\boldsymbol{r}_Q, t - \frac{r}{c}\right)$$
$$[\boldsymbol{J}] = [\boldsymbol{J}]_{\text{ret}} = \boldsymbol{J}\left(\boldsymbol{r}_Q, t_{\text{ret}}\right) = \boldsymbol{J}\left(\boldsymbol{r}_Q, t - \frac{r}{c}\right)$$

Der plausible aber nur **heuristische Ansatz** zur Retardierung der Quellenfunktionen wird durch den Nachweis bestätigt, dass die retardierten Potentiale die Wellengleichungen (5.85) erfüllen, die dann wegen der Eindeutigkeit tatsächlich die Lösungen darstellen!

Dazu trennt man im Gesamtraum v_∞ ähnlich wie in *Abbildung 5.14* eine kleine Kugel vom Volumen v_0 um den Aufpunkt P ab. Bildet man den LAPLACE-Operator des skalaren Potentials φ in P, wobei man nach dessen Koordinaten ableiten muss, so gilt mit φ_0 in v_0 und φ_a in $v_a = v_\infty - v_0$

$$\Delta\varphi \equiv \Delta_P\,\varphi = \Delta_P\,\varphi_0 + \Delta_P\,\varphi_a$$

Im Grenzübergang $r_0 \to 0$ tritt in v_0 keine Retardierung auf, so dass in P die unverzögerte Quelle mit $t_{\text{ret}} \equiv t$ vorliegt.

$$\lim_{r_0 \to 0} \Delta_P\,\varphi_0 = -\frac{\rho\,(\boldsymbol{r}_Q, t)}{\varepsilon_0}$$

Im Außenraum v_a der Kugel um P gilt nach (5.111)

$$\Delta_P\,\varphi_a = \frac{1}{4\pi\varepsilon_0}\iiint_{v_a} \Delta_P \underbrace{\left[\frac{1}{r}\,\rho\left(\boldsymbol{r}_Q\,,\,t - \frac{r}{c}\right)\right]}_{=\,w(r)} dv_Q$$

Die Differentiation nach den Koordinaten von P wirkt auf den Abstand r zwischen P und Q in radialer Richtung. Der LAPLACE-Operator des Integranden kann daher für die Funktion $w(r)$ in Kugelkoordinaten nach (17.95, Bd. I) berechnet werden.

$$\Delta_P\,w(r) = \frac{d^2w}{dr^2} + \frac{2}{r}\,\frac{dw}{dr} = \frac{1}{r}\,\frac{d^2}{dr^2}\big[\,r\,w(r)\,\big] = \frac{1}{r}\,\frac{d^2}{dr^2}\,\rho(r)$$

Mit den folgenden Ableitungen

$$dt_{\text{ret}} = d\left(t - \frac{r}{c}\right) = dt$$

$$\frac{\partial}{\partial r} = \frac{\partial t_{\text{ret}}}{\partial r}\,\frac{\partial}{\partial t_{\text{ret}}} = -\,\frac{1}{c}\,\frac{\partial}{\partial t_{\text{ret}}} = -\,\frac{1}{c}\,\frac{\partial}{\partial t}$$

$$\frac{\partial^2}{\partial r^2} = \frac{1}{c^2}\,\frac{\partial^2}{\partial t^2} = \mu_0\,\varepsilon_0\,\frac{\partial^2}{\partial t^2}$$

erhält man für den LAPLACE-Operator im Außenraum

$$\Delta_P\,\varphi_a = \frac{1}{4\pi\varepsilon_0}\iiint_{v_a} \frac{1}{r}\,\frac{\partial^2}{\partial r^2}\left[\rho\left(\boldsymbol{r}_Q\,,\,t - \frac{r}{c}\right)\right] dv_Q$$

$$= \frac{1}{4\pi\varepsilon_0}\iiint_{v_a} \frac{1}{r\,c^2}\,\frac{\partial^2}{\partial t^2}\left[\rho\left(\boldsymbol{r}_Q\,,\,t - \frac{r}{c}\right)\right] dv_Q$$

Die zeitliche Differentiation kann man vor das Integral ziehen, da sie von der räumlichen Integration unabhängig ist.

$$\Delta_P\,\varphi_a = \frac{1}{c^2}\,\frac{\partial^2}{\partial t^2}\left[\frac{1}{4\pi\varepsilon_0}\iiint_{v_a}\frac{[\rho]}{r}\,dv_Q\right]$$
$$= \mu_0\,\varepsilon_0\,\frac{\partial^2}{\partial t^2}\,\varphi_a\left(\boldsymbol{r}_P,\,t\right)$$

Im Grenzübergang $r_0 \to 0$ geht v_a in den Gesamtraum v_∞ über und für das Potential ergibt sich wegen $\varphi_a \to \varphi$ die Wellengleichung (5.85).

$$\Delta\varphi\left(\boldsymbol{r}_P,\,t\right) = \lim_{r_0\to 0}\left(\Delta\varphi_a + \Delta\varphi_0\right) = \mu_0\,\varepsilon_0\,\frac{\partial^2\varphi}{\partial t^2} - \frac{\rho(\boldsymbol{r}_Q)}{\varepsilon_0}$$

$$\Box\,\varphi\left(\boldsymbol{r}_P,\,t\right) = \Delta\varphi - \mu_0\,\varepsilon_0\,\frac{\partial^2\varphi}{\partial t^2} = -\,\frac{\rho(\boldsymbol{r}_Q)}{\varepsilon_0}$$

Auf die gleiche Weise kann man die LAPLACE-Ausdrücke der einzelnen kartesischen Komponenten des Vektorpotentials berechnen.

Damit ist der Nachweis erbracht, dass die retardierten Potentiale φ und $\boldsymbol{A}$ nach (5.111) im instationären Fall die inhomogenen Wellengleichungen (5.85) erfüllen.

5.8.2 Ausstrahlungsbedingung

Während in statischen Feldern die Lösungsfunktion durch Vorgabe der Quellen und das Verschwinden im Unendlichen eindeutig ist, liegt beim Strahlungsfeld ein komplizierterer Fall vor, denn hier können im unendlichen Raum noch beliebig viele weitere Funktionen hinzutreten, die die Randbedingungen erfüllen, [63, S. 17].

Das Verschwinden der Lösung im Unendlichen reicht nicht aus, sondern muss durch eine schärfere Bedingung ersetzt werden. Sie besagt, dass Quellen, die im Endlichen liegen, zwar Energie ins Unendliche abstrahlen, dass aber von dort keine Strahlung zurückkehren darf! Physikalisch sind also nur fortschreitende Wellen, aber weder rücklaufende noch stehende Wellen zugelassen.

Bei harmonischen Funktionen mit dem Zeitfaktor $e^{j\omega t}$ bedeutet e^{+jkr}/r eine einlaufende Kugelwelle, die nicht auftreten darf.

Dagegen stellt

$$w(r) = \frac{e^{-jkr}}{r}$$

eine **auslaufende Kugelwelle** dar, für die im Unendlichen gilt

$$\boxed{\lim_{r \to \infty} r \left[\frac{\partial}{\partial r} + jk \right] w = 0} \qquad (5.112)$$

Diesen Grenzwert, den man dann für jede mögliche Wellenfunktion fordert, bezeichnet man als allgemeine **SOMMERFELD'sche Ausstrahlungsbedingung**, [55, S. 171].

Die Ausstrahlungsbedingung wird **nicht von ebenen Wellen erfüllt**, die zwar mathematisch einfach zu beschreiben aber physikalisch nicht möglich sind, da die Anteile ihrer Strahlung als Überlagerung von ein- und auslaufenden Wellen aus dem Unendlichen kommen und dahin auch wieder entschwinden. Dagegen ist die ebene Welle eine gute Näherung für kleine Raumwinkelausschnitte bei Kugelwellen, bei denen die Phasenfronten in großer Entfernung von der Quelle von Ebenen nicht zu unterscheiden sind.

Eine übliche Methode der experimentellen Optik ist die gezielte Beeinflussung und Formung von Wellen- oder Phasenfronten durch gekrümmte Grenzflächen von Gläsern als Linsen oder Spiegeln zur Führung von **Lichtstrahlen** oder zur **Fokussierung** bei Abbildungen. Lichtstrahlen mit ebenen Wellenfronten können trotz ihrer eng begrenzten Querschnitte erfolgreich mit den Methoden der ebenen Wellen behandelt werden.

Seit den 1990er Jahren wird die Formung oder Glättung von Phasenfronten in astronomischen Teleskopen eingesetzt und als **aktive** und **adaptive Optik** bezeichnet, um durch Korrektur der Wellenfronten Störungen durch mechanische Einflüsse und Luftturbulenzen zu kompensieren (*s. Abschnitt 12.4.1*).

5.8.3 Berechnung der Feldvektoren

Um die Feldvektoren zu ermitteln, muss man die retardierten Potentiale in die definierenden Beziehungen (5.81) einsetzen, wobei deren Differentialoperatoren nach den Koordinaten des Punktes P zu bilden sind, so dass man sie unter die Integrale ziehen kann.

Da der Abstand r sowohl im Argument der retardierten Quellenfunktionen als auch separat im Nenner auftritt, sind die Beziehungen (17.62/17.67, Bd. I) anzuwenden, wobei Ableitungen mittelbarer Funktionen der retardierten Zeit (5.110) auftreten

$$\frac{\partial}{\partial x_P}\,\mathbf{e}_x = \frac{\partial r}{\partial x_P}\,\frac{\partial t_r}{\partial r}\,\frac{\partial}{\partial t_r}\,\mathbf{e}_x = \frac{x_P - x_Q}{r}\,\mathbf{e}_x\left(-\frac{1}{c}\right)\frac{\partial}{\partial t} \tag{5.113}$$

und entsprechend für die beiden anderen räumlichen Richtungen y_P und z_P. Nach Zusammfassung aller drei Komponenten erhält man für den Gradienten

$$\begin{aligned}\mathrm{grad}_P\Big[\frac{1}{r}\,\rho\,(\boldsymbol{r}_Q,t_r)\Big] &= \frac{1}{r}\,\mathrm{grad}_P\big[\,\rho\,(\boldsymbol{r}_Q,t_r)\,\big] + \rho\,(\boldsymbol{r}_Q,t_r)\,\mathrm{grad}_P\,\frac{1}{r}\\ &= -\,\frac{1}{c\,r}\,\frac{\partial\rho\,(\boldsymbol{r}_Q,t_r)}{\partial t}\,\frac{\boldsymbol{r}}{r} + \rho\,(\boldsymbol{r}_Q,t_r)\,\mathrm{grad}_P\,\frac{1}{r}\end{aligned}$$

und für die Rotation

$$\mathrm{rot}_P\Big[\frac{1}{r}\,\boldsymbol{J}\,\big(\boldsymbol{r}_Q,t_r\big)\Big] = \frac{1}{r}\,\mathrm{rot}_P\big[\,\boldsymbol{J}\,\big(\boldsymbol{r}_Q,t_r\big)\,\big] - \boldsymbol{J}\big(\boldsymbol{r}_Q,t_r\big)\times\mathrm{grad}_P\,\frac{1}{r}$$

Im kartesischen Fall gilt mit (18.46, Bd. I), (5.113) und (7.22, Bd. I)

$$\begin{aligned}\mathrm{rot}_P\big[\,\boldsymbol{J}\,\big(\boldsymbol{r}_Q,t_r\big)\,\big] &= \begin{vmatrix}\mathbf{e}_x & \mathbf{e}_y & \mathbf{e}_z\\ \dfrac{\partial}{\partial x_P} & \dfrac{\partial}{\partial y_P} & \dfrac{\partial}{\partial z_P}\\ J_x & J_y & J_z\end{vmatrix} = -\,\frac{1}{c}\begin{vmatrix}\mathbf{e}_x & \mathbf{e}_y & \mathbf{e}_z\\ \dfrac{\partial r}{\partial x_P} & \dfrac{\partial r}{\partial y_P} & \dfrac{\partial r}{\partial z_P}\\ \dfrac{\partial J_x}{\partial t} & \dfrac{\partial J_y}{\partial t} & \dfrac{\partial J_z}{\partial t}\end{vmatrix}\\ &= -\,\frac{1}{c}\,\mathrm{grad}_P\,r\times\frac{\partial\boldsymbol{J}\big(\boldsymbol{r}_Q,t_r\big)}{\partial t}\end{aligned}$$

und damit insgesamt

$$\mathrm{rot}_P\Big[\frac{1}{r}\,\boldsymbol{J}\,\big(\boldsymbol{r}_Q,t_r\big)\Big] = \frac{1}{c\,r}\,\frac{\partial\boldsymbol{J}\big(\boldsymbol{r}_Q,t_r\big)}{\partial t}\times\mathrm{grad}_P\,r - \boldsymbol{J}\,\big(\boldsymbol{r}_Q,t_r\big)\times\mathrm{grad}_P\,\frac{1}{r}$$

Mit den Gradienten des Abstandsvektors (17.87/17.89, Bd. I) erhält man aus (5.111) die Darstellung der Feldvektoren für den instationären Fall, die als **JEFIMENKO-Gleichungen** bezeichnet werden, [62, S. 727].

$$\boxed{\boldsymbol{E}(\boldsymbol{r}_P,\, t) = \frac{1}{4\pi\varepsilon_0} \iiint_v \left[\left(\frac{1}{c\,r} \frac{\partial [\rho]}{\partial t} + \frac{[\rho]}{r^2} \right) \frac{\boldsymbol{r}}{r} - \frac{1}{c^2 r} \frac{\partial [\boldsymbol{J}]}{\partial t} \right] dv_Q}$$

$$\boxed{\boldsymbol{B}(\boldsymbol{r}_P,\, t) = \frac{\mu_0}{4\pi} \iiint_v \left[\frac{1}{c\,r} \frac{\partial [\boldsymbol{J}]}{\partial t} + \frac{[\boldsymbol{J}]}{r^2} \right] \times \frac{\boldsymbol{r}}{r}\, dv_Q} \qquad (5.114)$$

5.8.4 Statischer Sonderfall

Im Fall statischer elektrischer und magnetischer Felder entfallen Zeitableitung und Retardierung, so dass die Integrale der Feldvektoren die einfache Gestalt des **COULOMB'schen Gesetzes** für Raumladungen bzw. des **BIOT-SAVART'schen Gesetzes** für Stromdichten annehmen.

$$\boxed{\boldsymbol{E}(\boldsymbol{r}_P) = \frac{1}{4\pi\varepsilon_0} \iiint_v \rho(\boldsymbol{r}_Q)\, \frac{\boldsymbol{r}}{r^3}\, dv_Q}$$

$$\boxed{\boldsymbol{B}(\boldsymbol{r}_P) = \frac{\mu_0}{4\pi} \iiint_v \boldsymbol{J}(\boldsymbol{r}_Q) \times \frac{\boldsymbol{r}}{r^3}\, dv_Q} \qquad (5.115)$$

Aus diesem Grund werden die Darstellungen (5.114) auch als JEFIMENKO-Verallgemeinerungen der beiden statischen Gesetze bezeichnet.

Die beiden statischen Feldvektoren kann man aus den Potentialen (5.93) auf direkte Weise berechnen,

$$\boldsymbol{E} = -\operatorname{grad}_P \varphi\,, \qquad \boldsymbol{B} = \operatorname{rot}_P \boldsymbol{A}$$

indem man in gleicher Weise vorgeht wie im letzten Abschnitt bei der Ableitung der JEFIMENKO-Beziehungen.

5.8.5 HERTZ'scher Dipol

Der HERTZ'sche Dipol ist das einfachste Element zur Erzeugung von elektromagnetischer Strahlung. Man kann ihn darstellen wie in *Abbildung 5.3* durch zwei zeitabhängige Ladungen $\pm Q(t)$ oder als Stromelement $I(t)$ in einem dünnen Leiter, dessen Dipollänge $\ell \ll r$ klein gegen den Aufpunktsabstand ist, [25, S. 37, 166].

Mit harmonisch variierender Ladung lauten Dipolmoment und Zeitableitung des z-gerichteten HERTZ'schen Dipols

$$
\begin{aligned}
Q(t) &= Q_0 \sin \omega t \\
\boldsymbol{m}(t) &= m(t)\, \mathbf{e}_z = Q(t)\, dz\, \mathbf{e}_z \\
\frac{d\boldsymbol{m}}{dt} &= \frac{dQ}{dt}\, dz\, \mathbf{e}_z = I(t)\, dz\, \mathbf{e}_z \\
&= Q_0\, \omega\, dz\, \cos \omega t\, \mathbf{e}_z = I_0\, dz\, \cos \omega t\, \mathbf{e}_z
\end{aligned}
$$

Setzt man das retardierte Stromelement $\left[\boldsymbol{J}\right] dv_Q = I(t - r/c)\, dz\, \mathbf{e}_z$ in das Vektorpotential (5.111) ein, dann erhält man mit der Wellenzahl und den Dipolgrößen

$$
\begin{aligned}
k &= \omega / c = \omega \sqrt{\mu_0 \varepsilon_0} \\
I_0 &= Q_0\, \omega \\
m_0 &= Q_0\, \ell = \frac{I_0\, \ell}{\omega}
\end{aligned}
$$

wegen $\ell \ll r$ nach Vorziehen von r und Integration über z das retardierte Vektorpotential, das den Charakter einer Welle wie in *Abschnitt 5.5.2* hat.

$$
\boldsymbol{A}\left(\boldsymbol{r}_P,\, t\right) = \mu_0\, \frac{I_0\, \ell}{4\pi}\, \frac{\cos\left(\omega t - kr\right)}{r}\, \mathbf{e}_z
$$

Die z-Richtung wird in **Kugelkoordinaten** dargestellt,

$$
\boldsymbol{A} = A_z\, \mathbf{e}_z = A_z \cos\vartheta\, \mathbf{e}_r - A_z \sin\vartheta\, \mathbf{e}_\vartheta = A_r\, \mathbf{e}_r + A_\vartheta\, \mathbf{e}_\vartheta
$$

in denen die magnetische Feldstärke nach (5.81) oder (5.114) lautet

$$
\begin{aligned}
\boldsymbol{H} = \frac{1}{\mu_0} \operatorname{rot} \boldsymbol{A} &= \frac{1}{\mu_0}\, \frac{1}{r} \left[\frac{\partial}{\partial r} \left(r\, A_\vartheta\right) - \frac{\partial A_r}{\partial \vartheta} \right] \mathbf{e}_\varphi \\
&= \frac{I_0\, \ell}{4\pi} \left[\cos\left(\omega t - kr\right) - kr\, \sin\left(\omega t - kr\right) \right] \frac{\sin\vartheta}{r^2}\, \mathbf{e}_\varphi
\end{aligned}
$$

Da die elektrische Feldstärke wegen des Auftretens zweier Quellen mit (5.114) schwieriger zu berechnen ist, wird sie direkt aus der MAXWELL'schen Gleichung (5.2) mit anschließender Integration gewonnen.

$$\begin{aligned}
\varepsilon_0 \frac{\partial \boldsymbol{E}}{\partial t} &= \operatorname{rot} \boldsymbol{H} \\
&= \frac{1}{r \sin\vartheta} \frac{\partial}{\partial \vartheta} \big(H_\varphi \sin\vartheta\big)\, \mathbf{e}_r - \frac{1}{r} \frac{\partial}{\partial r} \big(r\, H_\varphi\big)\, \mathbf{e}_\vartheta \\
&= \frac{I_0\, \ell}{4\pi} \Big[\cos\big(\omega t - kr\big) - kr \sin\big(\omega t - kr\big)\Big] \frac{2\cos\vartheta}{r^3}\, \mathbf{e}_r \\
&\quad + \frac{I_0\, \ell}{4\pi} \Big[\big(1 - (kr)^2\big) \cos\big(\omega t - kr\big) - kr \sin\big(\omega t - kr\big)\Big] \frac{\sin\vartheta}{r^3}\, \mathbf{e}_\vartheta
\end{aligned}$$

$$\begin{aligned}
\boldsymbol{E} &= \frac{1}{\varepsilon_0} \int \operatorname{rot} \boldsymbol{H}\, dt \\
&= \frac{I_0\, \ell}{4\pi} \frac{1}{\omega \varepsilon_0} \Big[\sin\big(\omega t - kr\big) + kr \cos\big(\omega t - kr\big)\Big] \frac{2\cos\vartheta}{r^3}\, \mathbf{e}_r \\
&\quad + \frac{I_0\, \ell}{4\pi} \frac{1}{\omega \varepsilon_0} \Big[\big(1 - (kr)^2\big) \sin\big(\omega t - kr\big) + kr \cos\big(\omega t - kr\big)\Big] \frac{\sin\vartheta}{r^3}\, \mathbf{e}_\vartheta
\end{aligned}$$

Eine Integrationskonstante ist hierbei nicht von Belang, da der Zeitnullpunkt beliebig gewählt werden kann.

Die Feldstärken des HERTZ'schen Dipols bestehen jeweils aus zwei Anteilen, bei denen die höheren Potenzen von $1/r$ das **Nahfeld** bestimmen. Dagegen wird das **Fernfeld** von Gliedern mit der einfachen Ortsabhängigkeit $1/r$ erzeugt, die in größerer Entfernung allein überwiegen.

Die Leistungsdichte im Feld wird durch den POYNTING-Vektor gebildet, der folgende Komponenten hat.

$$\begin{aligned}
\boldsymbol{S} &= \boldsymbol{E} \times \boldsymbol{H} \\
&= \Big(\frac{I_0\, \ell}{4\pi}\Big)^2 \frac{1}{\omega \varepsilon_0} \bigg\{ \Big[\frac{1}{2} \big(1 - 2(kr)^2\big) \sin 2\big(\omega t - kr\big) + kr \cos 2\big(\omega t - kr\big) \\
&\qquad\qquad + (kr)^3 \sin^2\big(\omega t - kr\big) \Big] \frac{\sin^2\vartheta}{r^5}\, \mathbf{e}_r \\
&\quad - \Big[\frac{1}{2} \big(1 - (kr)^2\big) \sin 2\big(\omega t - kr\big) + kr \cos 2\big(\omega t - kr\big) \Big] \frac{\sin 2\vartheta}{r^5}\, \mathbf{e}_\vartheta \bigg\}
\end{aligned}$$

Beim zeitlichen Mittelwert des POYNTING-Vektors liefern die Glieder des Nahfeldes keinen Beitrag, ihr Leistungsanteil flutet als **Blindleistung** mit der doppelten Frquenz 2ω über Kugelflächen für $r =$ const. und Kegelflächen für $\vartheta =$ const. hin und her.

Nur das quadratische Glied führt wegen

$$\frac{1}{T}\int_{t=0}^{T} \sin^2\left(\omega t - kr\right) dt = \frac{1}{2}$$

zu einem Anteil, der im Fernfeld als **Wirkleistung** radial in den Raum abgestrahlt wird.

Im **Fernfeld** sind die Feldstärkekomponenten transversal zur radialen Ausstrahlungsrichtung, mit der sie proportional zu $1/r$ abnehmen.

$$\boxed{E_{\vartheta\,\mathrm{fern}}(t,r,\vartheta) = -\frac{I_0\,\ell}{4\pi}\,\frac{k^2}{\omega\varepsilon_0}\,\sin\left(\omega t - kr\right)\frac{\sin\vartheta}{r} \sim \frac{1}{r}}$$
$$\boxed{H_{\varphi\,\mathrm{fern}}(t,r,\vartheta) = -\frac{I_0\,\ell}{4\pi}\,k\,\sin\left(\omega t - kr\right)\frac{\sin\vartheta}{r} \sim \frac{1}{r}} \tag{5.116}$$

Die Fernfeldkomponenten sind in Phase und ihr Quotient entspricht dem Wellenwiderstand des Vakuums (5.79).

$$\frac{E_{\vartheta\,\mathrm{fern}}}{H_{\varphi\,\mathrm{fern}}} = \frac{k}{\omega\varepsilon_0} = \sqrt{\frac{\mu_0}{\varepsilon_0}} = Z_0$$

Im Fernfeld lautet die Leistungsdichte

$$\begin{aligned}\boldsymbol{S}_{\mathrm{fern}} &= \left(\boldsymbol{E}\times\boldsymbol{H}\right)_{\mathrm{fern}} = \left(E_\vartheta H_\varphi\right)_{\mathrm{fern}}\,\mathbf{e}_r = \frac{E^2_{\vartheta\,\mathrm{fern}}}{Z_0}\,\mathbf{e}_r = Z_0\,H^2_{\varphi\,\mathrm{fern}}\mathbf{e}_r \\ &= Z_0\left(\frac{I_0\,\ell}{4\pi}\right)^2 k^2\,\sin^2\left(\omega t - kr\right)\frac{\sin^2\vartheta}{r^2}\,\mathbf{e}_r\end{aligned}$$

mit dem zeitlicher Mittelwert

$$\langle\, S_{\mathrm{fern}}(r,\vartheta)\,\rangle = \frac{1}{2}\,Z_0\left(\frac{I_0\,\ell}{4\pi}\right)^2\frac{k^2}{r^2}\,\sin^2\vartheta$$

Die im zeitlichen Mittel im Fernfeld in den Raum abgestrahlte **Gesamtleistung** P ergibt sich aus der Integration über die volle Kugelfläche.

$$P = \oiint_a \langle \boldsymbol{S}_{\text{fern}} \rangle \cdot d\boldsymbol{a} = \int_0^{2\pi}\int_0^{\pi} \langle\, S_{\text{fern}}(r,\vartheta)\,\rangle\, r^2 \sin\vartheta \, d\vartheta \, d\varphi$$

$$= \frac{1}{2} Z_0 \left(\frac{I_0\,\ell}{4\pi}\right)^2 k^2 \int_0^{2\pi} d\varphi \underbrace{\int_0^{\pi} \sin^3\vartheta \, d\vartheta}_{=4/3}$$

$$P = \frac{4\pi}{3} Z_0 \left(\frac{I_0\,\ell}{4\pi}\right)^2 k^2$$

Zur Veranschaulichung des **Abstrahlverhaltens** werden Fernfeldstärken und POYNTING-Vektor bei festem Abstand r auf ihre Maxima bezogen und in **Polardiagrammen** dargestellt, [25, S. 14]. Die rotationssymmetrischen Richtcharakteristiken in *Abbildung 5.15* sind Tori mit Kreis- bzw. ovalem Querschnitt.

Feldcharakteristik $$\boxed{\frac{E_{\vartheta\,\text{fern}}}{E_{\max}} = \frac{H_{\varphi\,\text{fern}}}{H_{\max}} = \sin\vartheta}$$

Leistungscharakteristik $$\boxed{\frac{S_{\text{fern}}}{S_{\max}} = \sin^2\vartheta} \tag{5.117}$$

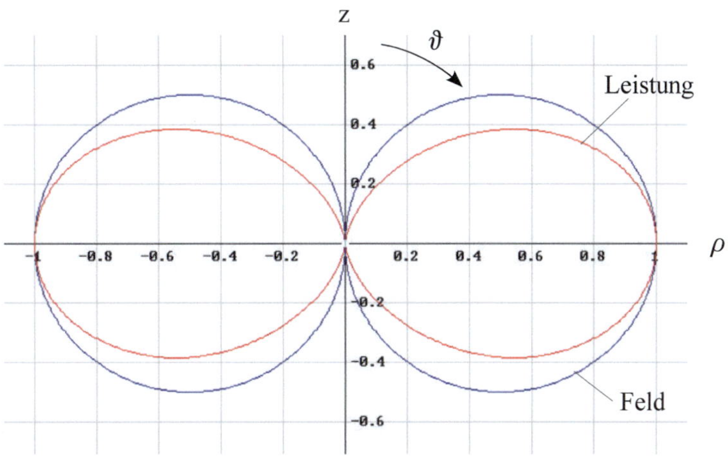

ABB. 5.15: Normierte Richtcharakteristiken des HERTZ'schen Dipols

5.8.6 Antennensysteme

Der HERTZ'sche Dipol ist ein wesentliches Ausgangselement für Antennenstrukturen, die in der Praxis auftreten.

Ordnet man auf einer vorgegebenen Strecke HERTZ'sche Dipole mit örtlich variierenden Stromwerten und Phasen kontinuierlich an, so kann man durch Integration der Elemente eine Vielzahl von **Linearantennen** verschiedener Länge wie $\lambda/2$-, λ-, $3\lambda/2$-Dipol etc. als **Einzelstrahler** mit unterschiedlichen Richtcharakteristiken entwickeln, [25, Kap. 6 & 16], [63, Kap. 19].

Gleichartige Einzelstrahler werden häufig in geometrisch regelmäßiger Form (linear, eben, kreisförmig) zu **Strahlergruppen** oder **Dipolfeldern** angeordnet, wobei man durch Speisung der Einzelantennen mit unterschiedlichen Amplituden und Phasen der Ströme die **Richtwirkung** steigern oder zur Unterdrückung von Nebenzipfeln modellieren kann. Die Realisierung einer **Richtcharakteristik** mit schlanker, selektiver Hauptstrahlungskeule bei gleichzeitiger Nebenkeulenunterdrückung ist nur als technischer Kompromiss oder durch höheren Aufwand mit mehr Einzelstrahlern zu erreichen.

Die rechnergesteuerte Variation der Phasen der einzelnen Elemente solcher Dipolfelder führt zu **Phased-Array-Antennen**, bei denen nicht das Antennensystem mechanisch sondern die Strahlungscharakteristik elektrisch gedreht oder beliebig im Raum bewegt werden kann, wobei die Geschwindigkeit der Bewegung von der Leistungsfähigkeit der Rechner bei der Ansteuerung einer Vielzahl von Einzelstrahlern begrenzt wird. Da der technische Aufwand bei größerer Anzahl von Einzelelementen erheblich ist, wurden solche Systeme aus Kostengründen anfänglich nur im militärischen Bereich eingesetzt. Für die Suche und Verfolgung im horizontalen Vollkreis werden in der Praxis drei oder vier Antennengruppen im Winkel von $120°$ bzw. $90°$ angeordnet. Mit solchen Antennensystemen lassen sich früher übliche, mechanisch bewegte Konstruktionen wie drehende **Radarantennen** auf Fahrzeugen, Schiffen und Flugplätzen ersetzen und Nachführsysteme und Radare zur Erfassung und Verfolgung von beweglichen Zielen wie feindlichen Flugkörpern, ballistischen Raketen oder auch Weltraumsatelliten entwickeln, [25, S. 591], [62, S. 741].

5.9 Wegbereiter von Elektrotechnik und Elektronik

Nachdem die Grundlagen der elektrischen und magnetischen Erscheinungen durch die im *Abschnitt 5.1.1* erwähnten Forscher erkannt und mathematisch beschrieben waren, traten andere Pioniere auf, die die Nutzung der elektrischen Energie im Blick hatten.

Am Anfang steht **Werner von Siemens** (1816-1892) mit den Erfindungen des Zeigertelegraphen (1846) für die elektrische Nachrichtenübermittlung und der ***Dynamomaschine*** (1866) zur Erzeugung elektrischer Energie. **Alexander Graham Bell** (1847-1922) erfand 1876 das erste praktikable ***Telefon***, mit dem ab 1878 öffentliche Telefonnetze aufgebaut wurden.

Der ideenreiche, kreative Erfinder **Thomas Alva Edison** (1847-1931) entwickelte neben vielen anderen Dingen und Neuerungen den Phonographen zur Schallaufzeichnung (1877) und die ***Glühlampe*** (1879), die er mit Gleichstrom betrieb. Sein Gegenspieler war **Nikola Tesla** (1856-1943), der Drehstrom zur elektrischen Stromerzeugung verwendete.

Die von Heinrich Hertz nachgewiesenen elektromagnetischen Wellen nutzte **Guglielmo Marconi** (1874-1937) zur Nachrichtenübertragung, mit denen ihm 1901 der erste transatlantische Funkkontakt gelang. Für seine Leistungen erhielt er 1909 den **Nobelpreis für Physik**.

Die Vakuum-Triode von **Lee de Forest** (1873-1961) und die Tetrode von **Walter Schottky** (1886-1976) bildeten ***Verstärkerröhren***, mit denen ab 1920 der ***Rundfunk*** möglich wurde.

Die Basis für die stürmische Entwicklung der Elektronik erfolgte durch die Erforschung von ***Halbleitern***. Als erstes Halbleiterbauelement wurde 1948 der ***Transistor*** durch **John Bardeen**, **Walter Brattain** und **William Shockley** entwickelt, die dafür 1956 den **Nobelpreis für Physik** erhielten.

Unabhängig voneinander entwickelten **Jack S. Kilby** und **Robert N. Noyce** 1958/59 den ersten ***integrierten Schaltkreis*** als Ausgangspunkt für die gesamte moderne Mikroelektronik. Der noch lebende Kilby erhielt dafür 2000 den **Nobelpreis für Physik**, [65].

Eine bahnbrechende Neuerung, die zur Miniaturisierung und Leistungssteigerung elektronischer Schaltungen sowie zur Entwicklung optoelektronischer

Bauelemente wie lichtemittierende Dioden (LED) und Halbleiterlaser beitrug, war die Entwicklung von sog. ***Halbleiter-Heterostrukturen*** in den 1960er Jahren. Hierbei besteht der Mikrochip nicht mehr aus einem einzigen, örtlich unterschiedlich dotierten Halbleitermaterial, sondern aus mehreren monokristallin durch Epitaxie aufeinander gewachsenen Kristallschichten verschiedener Halbleitermaterialien mit unterschiedlichen Dotierungen und Eigenschaften. Der Deutsche **Herbert Kroemer** und der Russe **Schores I. Alfjorow** erhielten für ihre voneinander unabhängigen Forschungen auf diesem Gebiet 2000 den **Nobelpreis für Physik**, [65].

Ein wichtiges Teilgebiet der Elektrotechnik stellt die ***Erzeugung von Licht*** dar. Die zu Beleuchtungszwecken früher fast ausschließlich eingesetzten Glüh- und Halogenlampen geben den größten Teil der aufgenommenen elektrischen Energie in Form von Wärmestrahlung ab und nur 5% oder weniger als Licht.

Die Halbleitertechnik hat auch den Bereich der Beleuchtungsmittel durch die Entwicklung von ***Leuchtdioden*** oder ***LED*** (light emitting diode) revolutioniert. Seit Anfang der 1990er Jahre wurde das Spektrum der bis dahin nur verfügbaren roten, gelben und grünen LED, die man für Signal- und Anzeigezwecke einsetzen konnte, durch die Entwicklung von ***blauen LED*** auf der Basis von Galliumnitrid (GaN) erweitert. Dadurch wurde es erstmals möglich, ***weißes Licht*** zu erzeugen, entweder durch additive Farbmischung von Rot, Grün und Blau oder durch Kombination einer blauen LED mit einem Konvertermaterial mit einem breitbandigen Lumineszenzfarbstoff.

Seit der Marktverfügbarkeit von leistungsfähigen, kostengünstigen und insbesondere stromsparenden weißen Leuchtdioden seit Anfang des Jahrhunderts ersetzen sie die bisherigen Lösungen bei Raum- und Straßenbeleuchtung, bei Fahrzeugscheinwerfern, Verkehrsampeln, Flutlichtanlagen und weiteren Geräten und Einrichtungen zur effizienten Lichterzeugung und Beleuchtung. Das wurde in der EU seit 2009 aus Energiespargründen entsprechend ordnungspolitisch begleitet durch ein schrittweises Verbot von Glühlampen sowie von Leuchtstoff- und Halogenlampen.

Für die Entwicklung der blauen Leuchtdiode erhielten die Forscher **Isamu Akasaki**, **Hiroshi Amano** und **Shuji Nakamura** 2014 den **Nobelpreis für Physik**, [69].

Ein besonderes Phänomen der heute unverzichtbaren Mikroelektronik besteht im ***Moore'schen Gesetz***, einer empirischen Faustformel, die der Ingenieur **Gordon Moore** (1929-2023) im Jahre 1965 auf der Grundlage nur geringer Anhaltspunkte bei der Entwicklung von Halbleitern und integrierten Schaltkreisen formulierte, [68].

Dieses sog. Gesetz, das prophezeit, dass sich durch Weiterentwicklung der verwendeten Verfahren etwa alle 18 bis 20 Monate wesentliche Parameter der Halbleiter- und Mikroprozessorrealisierung verdoppeln oder entsprechend vermindern, hat sich durch enorme technische, methodische und materialbasierte Fortschritte sowie innovative Prozessorarchitekturen seit nahezu sechs Jahrzehnten als gültig erwiesen. Das betrifft die Anzahl von Transistoren in integrierten Schaltkreisen, die Taktrate und damit die Prozessorleistung von Computern und die immer weitergehende Miniaturisierung in Generationen von Herstellungsprozessen beim Chipentwurf bis zu Strukturgrößen von wenigen Nanometern. Durch grundsätzliche physikalische Grenzen gelangt das MOORE'sche Gesetz heute allerdings langsam an sein Limit.

Eine weitergehende und detailliertere Darstellung der Entwicklung, die einerseits zu elektrischen Bahnen und Hochspannungsnetzen, andererseits zu Fernsehen, Computern und heutigen Smartphones führte, findet man auszugsweise in [46], [50]. Speziell die Entwicklung von elektronischen Rechenmaschinen, Computern und elektronischer Datenverarbeitung wird beschrieben in [8].

Literaturangaben

[1] **Abramowitz**, Milton / **Stegun**, Irene A.:
Handbook of Mathematical Functions
Dover Publications, Inc., New York (1965)

[2] **Batygin**, Wladimir W. / **Toptygin**, Igor N.:
Aufgabensammlung zur Elektrodynamik
VEB Deutscher Verlag der Wissenschaften, Berlin (1965)

[3] **Betz**, Albert:
Konforme Abbildung
Springer Verlag, Berlin, Göttigen, Heidelberg, 2. Aufl. (1964)

[4] **Bergmann**, Karl:
Lehrbuch der Fernmeldetechnik, I/II
Fachverlag Schiele & Schön, Berlin, 5. Aufl. (1986)

[5] **Bossert**, Martin / **Bossert**, Sebastian:
Mathematik der digitalen Medien
VDE Verlag GmbH, Berlin, Offenbach (2010)

[6] **Buchholz**, Herbert:
Elektrische und magnetische Potentialfelder
Springer-Verlag, Berlin, Göttingen, Heidelberg (1957)

[7] **Buchholz**, H. / **Costantin** P.:
Weitverkehrshohlleiter
Der Fernmelde-Ingenieur, Heft 2 (1965)
Verlag für Wissenschaft und Leben Georg Heidecker, Bad Windsheim

[8] **Ceruzzi**, Paul E.:
Eine kleine Geschichte der EDV
mitp-Verlag , Bonn (2003)

[9] **Collin**, Robert E.:
Field Theory of Guided Waves
McGraw-Hill , New York (1960)

[10] **Crowe**, Michael J.:
A History of Vectoranalysis
Dover Publications, New York (1994)

[11] **Durand**, Emile:
Electrostatique et Magnétostatique
Masson, France (1953)

[12] **Fichtenholz**, Grigori M.:
Differential- und Integralrechnung I/II/III
VEB Deutscher Verlag der Wissenschaften, Berlin, 5. Aufl. (1972)

[13] **Gierz**, U. et al.:
Geschichtliche Entwicklung der Fernsprech-Übertragungstechnik über Kabel und Richtfunk
Der Fernmelde-Ingenieur, Heft 11/12 (1990)
Verlag für Wissenschaft und Leben Georg Heidecker, Erlangen

[14] **Griffiths**, David J.:
Elektrodynamik
Pearson Studium, 3. Aufl. (2011)

[15] **Guillemin**, Ernst Adolph:
Mathematische Methoden des Ingenieurs
R. Oldenbourg Verlag, München, Wien (1966)

[16] **Harrington**, Roger F.:
Time-harmonic Electromagnetic Fields
McGraw-Hill Book Company (1961)

[17] **Heinrich Hertz:**
Festschrift anläßlich der Erforschung der elektromagnetischen Wellen vor 100 Jahren
Heinrich-Hertz-Institut Berlin (1988)

[18] **Jackson**, John David:
Klassische Elektrodynamik
Walter de Gruyter, Berlin/Boston, 5. Aufl. (2014)

[19] **Jahnke**, Eugen / **Emde**, Fritz / **Lösch**, Friedrich:
Tafeln höherer Funktionen
B. G. Teubner Verlagsgesellschaft, Stuttgart, 7. Aufl. (1966)

[20] **Kellogg**, Oliver Dimon: *Foundations of Potential Theory*
Springer Verlag, Berlin, Heidelberg, New York (1967)

[21] **Kneschke**, Alfred:
Differentialgleichungen und Randwertprobleme
Band 2, Partielle Differentialgleichungen
VEB Verlag Technik, Berlin (1960)

[22] **Kober**, Hermann:
Dictionary of conformal representations
Dover Publications Inc., New York (1952)

[23] **Koppenfels**, Werner / **Stallmann**, Friedemann:
Praxis der konformen Abbildung
Springer Verlag, Berlin, Göttigen, Heidelberg (1959)

[24] **Kraus**, John D.:
Electromagnetics
McGraw-Hill Inc., 4. Aufl. (1992)

[25] **Kraus**, John D. / **Marhefka**, Ronald J. / **Khan**, Ahmad S.:
Antennas and Wave Propagation
McGraw-Hill Inc., 5. Aufl. (2018)

[26] **Lawrentjew**, M. A. / **Schabat**, B. W.:
Methoden der komplexen Funktionentheorie
VEB Deutscher Verlag der Wissenschaften, Berlin (1967)

[27] **Lehner**, Günther:
Elektromagnetische Feldtheorie
Springer Verlag, Berlin, Heidelberg, 7. Aufl. (2010)

[28] **Lense**, Josef:
Reihenentwicklungen der mathematischen Physik
Walter de Gruyter & Co., Berlin, 2. Aufl. (1947)

[29] **Lense**, Josef:
Kugelfunktionen
Akademische Verlagsgesellschaft Geest & Portig, Leipzig (1950)

[30] **Lüders**, Christian:
Mobilfunksysteme
Vogel Verlag, Würzburg, (2001)

[31] **Magnus**, Wilhelm / **Oberhettinger**, Fritz / **Soni**, R. P.:
Formulas and Theorems for the Special Functions of Mathematical Physics
Springer-Verlag, New York, Berlin 3. Aufl. (1966)

[32] **Meinhold**, Peter / **Miltzlaff**, Gerhard:
Feld- und Potentialtheorie
Verlag Harri Deutsch, Thun und Frankfurt/Main (1978)

[33] **Meixner**, Josef / **Schäfke**, Friedrich Wilhelm:
Mathieusche Funktionen und Sphäroidfunktionen
Springer Verlag, Berlin, Göttingen, Heidelberg (1954)

[34] **Mierdel**, Georg / **Wagner**, Siegfried:
Aufgaben zur Theoretischen Elektrotechnik
VEB Verlag Technik, Berlin (1959)

[35] **Moon**, Parry / **Spencer**, Domina E.:
Field Theory Handbook
Springer Verlag, Berlin, Heidelberg, New York (1971)

[36] **Morse**, Philip M. / **Feshbach**, Herman:
Methods of Theoretical Physics, I/II
McGraw-Hill Book Company, (1953)

[37] **Nahin**, Paul J.:
Oliver Heaviside
The Johns Hopkins University Press, Baltimore and London (2002)

[38] **Needham**, Tristan:
Anschauliche Funktionentheorie
Oldenbourg Verlag München Wien (2001)

[39] **Norton**, Richard E.:
Complex Variables for Scientists and Engineers
Oxford University Press (2010)

[40] **Ollendorff**, Franz:
Potentialfelder der Elektrotechnik
Verlag von Julius Springer (1932)

[41] **Olver**, Frank W. J. et al.:
NIST Handbook of Mathematical Functions
Cambridge University Press, New York (2010)

[42] **Panofsky**, Wolfgang K. H., **Phillips**, Melba:
Classical Electricity and Magnetism
Addison-Wesley Publishing Company, 2. Aufl. (1988)

[43] **Ramaswami**, Rajiv / **Sivarajan**, Kumar N.:
Optical Networks
Morgan Kaufmann Publishers, San Francisco, 2. Aufl. (2002)

[44] **Robin**, Louis:
Fonctions sphériques de Legendre et fonctions sphéroidales, I/II/III
Gauthier-Villars, Paris (1957)

[45] **Saleh**, Bahaa E. A. / **Teich**, Malvin Carl:
Fundamentals of Photonics
John Wiley & Sons, Inc., Hoboken NJ, 2. Aufl. (2007)

[46] **Sattelberg**, Kurt:
Vom Elektron zur Elektronik
Elitera-Verlag, Berlin (1971)

[47] **Schildt**, Gerhard-Helge:
Grundlagen der Impulstechnik
B. G. Teubner, Stuttgart (1987)

[48] **Simonyi**, Károly:
Theoretische Elektrotechnik
VEB Deutscher Verlag der Wissenschaften, Berlin, 9. Aufl. (1989)

[49] **Simonyi**, Károly:
Kulturgeschichte der Physik
Verlag Harri Deutsch, Frankfurt am Main, 3. Aufl. (2004)

[50] **Sjobbema**, D. J. W.:
Die Geschichte der Elektronik
Elektor-Verlag, Aachen (1999)

[51] **Smirnow**, Wladimir I.:
Lehrgang der höheren Mathematik, I-IV
VEB Deutscher Verlag der Wissenschaften, Berlin, 6. Aufl. (1964/68)

[52] **Sneddon**, Ian N.:
Spezielle Funktionen der mathematischen Physik
Bibliographisches Institut, Mannheim (1963)

[53] **Sneddon**, Ian N.:
Mixed Boundary Value Problems in Potential Theory
John Wiley & Sons, Inc., New York (1966)

[54] **Sommerfeld**, Arnold:
Vorlesungen über theoretische Physik III,
Elektrodynamik
Akademische Verlagsgesellschaft Geest & Portig, 4. Aufl. (1964)

[55] **Sommerfeld**, Arnold:
Vorlesungen über theoretische Physik VI,
Partielle Differentialgleichungen der Physik
Akademische Verlagsgesellschaft Geest & Portig, 6. Aufl. (1965)

[56] **Spanier**, Jerome / **Oldham**, Keith B.:
An Atlas of Functions
Hemisphere Publishing Corporation (1987)

[57] **Stratton**, Julius Adams:
Electromagnetic Theory
McGraw-Hill Book Company (1941)

[58] **Szabó**, István:
Geschichte der mechanischen Prinzipien
Birkhäuser Verlag, Basel und Stuttgart (1977)

[59] **Weyl**, Hermann:
Raum, Zeit, Materie
Springer Verlag, Berlin, Heidelberg, New York, 8. Aufl. (1993)

[60] **Wladimirow**, W. S.:
Gleichungen der mathematischen Physik
VEB Deutscher Verlag der Wissenschaften, Berlin (1972)

[61] **Wunsch**, Gerhard:
Feldtheorie I/II
VEB Verlag Technik, Berlin (1973/75)

[62] **Zangwill**, Andrew:
Modern Electrodynamics
Cambridge University Press, Cambridge UK (2013)

[63] **Zuhrt**, Harry:
Elektromagnetische Strahlungsfelder
Springer Verlag, Berlin, Göttingen, Heidelberg (1953)

Spektrum der Wissenschaft

[64] **Desurvire**, Emmanuel:
Signalverstärkung in Lichtleitern
SdW **3**, 36 (1992)

[65] **Reichert**, Uwe:
Winzlinge verändern die Welt
Nobelpreis für Physik (Kilby/Kroemer/Alfjorow)
SdW **12**, 10 (2000)

[66] **Tobies**, Renate:
Emmy Noether
SdW **8**, 70 (2004)

[67] **Müller**, Bernd:
Die Digitalisierung des Lichts
Nobelpreis für Physik (Kao)
SdW **12**, 14 (2009)

[68] **Bode**, Arndt / **Cornelius**, Herbert:
Der Mikroprozessor als Alleskönner
SdW **11**, 86 (2013)

[69] **Bührke**, Thomas:
Es werde - blaues Licht!
SdW **11**, 86 (2013)

Kapitel 6

Anisotrope Kristalle, Ferrite und Kernspin

Zusammenfassung

Bei Kristallen und Ferriten werden die anisotropen Eigenschaften untersucht, bei denen der Zusammenhang der Vektorgrößen durch Tensoren vermittelt wird. Auf der Grundlage von Kristalleigenschaften und der Überlagerung von Wellen mit Interferenz und Polarisation werden Kristalloptik und Doppelbrechung behandelt.

Auf der Basis der magnetischen Eigenschaften und des Elektronenspins wird der Ferromagnetismus und die Wellenausbreitung in vormagnetisierten Ferriten erörtert, die zur FARADAY-Drehung und den nichtreziproken Eigenschaften dieser Bauelemente führen.

Der Spin von Atomkernen wird in äquivalenter, semiklassischer Form beschrieben wie der Elektronenspin. Als Anwendung werden Kernspin-Spektroskopie und Magnetresonanztomographie dargestellt.

W. Werner, *Vektoren und Tensoren als universelle Sprache in Physik und Technik 2*,
https://doi.org/10.1007/978-3-658-49785-9_6

6.1 Kristallographische Eigenschaften

6.1.1 Kristallgitter und Gitterebenen

Sehr viele Substanzen bilden im festen Zustand **Kristalle** aus, bei denen die Atome in einem räumlich periodischen **Gitter** angeordnet sind. Nur wenige Stoffe wie Gläser sind im festen Zustand nicht kristallin, sondern haben eine amorphe Struktur. Das Wort Kristall geht zurück auf das griechische Wort *krystallos*, Eis.

Die physikalischen Eigenschaften der Kristalle sind als Folge ihres Gitteraufbaus und der dadurch bedingten Fernordnung ihrer Atome bei den meisten Kristalltypen richtungsabhängig. Dieses Verhalten wird **Anisotropie** genannt und ist ein Wesensmerkmal der Kristalle.

Das Kristallgitter stellt eine **periodische Raumstruktur** von **Gitterpunkten** dar, die durch Atome oder Ionen der betrachteten Substanz besetzt sind.

Die beliebig ausgedehnte Gitterstruktur kann durch Translation einer **primitiven Elementarzelle**, einem Parallelepiped, in drei schiefwinklige, räumliche Richtungen erzeugt werden. Das Gitter wird durch die drei kovarianten Basisvektoren $\underline{\underline{\mathbf{g}}}_{\#}$ gekennzeichnet, deren Beträge oder Längen die **Gitterkonstanten** angeben. Verschiedene physikalische Eigenschaften der Kristalle wie Spaltbarkeit oder Beugung von Licht werden bestimmt durch **Gitterebenen**, die durch Gitterpunkte gelegt werden, *(Abbildung 6.1)*.

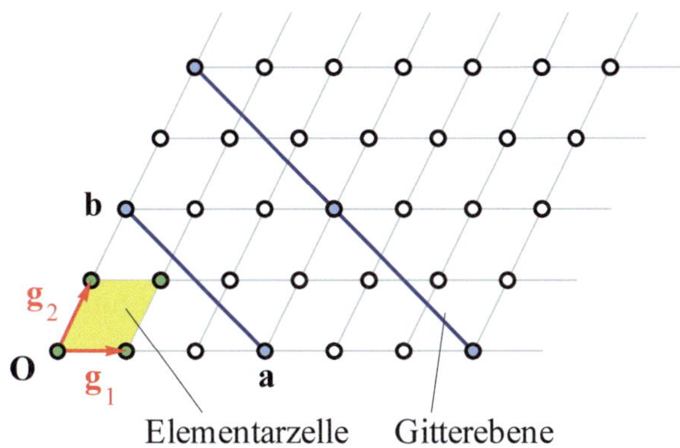

ABB. 6.1: Zweidimensionales Kristallgitter mit Elementarzelle und Gitterebenen

Bei Festlegung eines Koordinatennullpunktes kann man die Gitterebenen durch die Achsenabschnitte (a, b, c) charakterisieren, die in den drei kovarianten Koordinatenrichtungen auftreten. Die wegen der Translation parallel liegende Schar von Gitterebenen erhält man für folgende Abschnittstripel bei festen Werten (a, b, c).

$$k\{a|\mathbf{g}_1|, b|\mathbf{g}_2|, c|\mathbf{g}_3|\} \qquad \text{mit} \qquad k = 0, \pm 1, \pm 2, \ldots$$

Zur Kennzeichnung der Lage der Gitterebenen bezüglich des Koordinatensystems ist nur das Verhältnis der drei ganzzahligen Parameter erforderlich. Im dargestellten zweidimensionalen Kristallgitter gilt $a = 3$ und $b = 2$.

In der Kristallographie werden die Gitterebenen dagegen durch die Richtung $\boldsymbol{N}$ ihrer Normalen bezeichnet, die man nach den kontravarianten Richtungen zerlegt, [11, S. 18, 32].

$$\boldsymbol{N} = p\,\mathbf{g}^1 + q\,\mathbf{g}^2 + r\,\mathbf{g}^3$$

Die Koeffizienten ergeben sich aus den Skalarprodukten, z.B.

$$\boldsymbol{N} \cdot \mathbf{g}_1 = |\boldsymbol{N}||\mathbf{g}_1|\cos\alpha = p\underbrace{\mathbf{g}^1 \cdot \mathbf{g}_1}_{=1} + q\underbrace{\mathbf{g}^2 \cdot \mathbf{g}_2}_{=0} + r\underbrace{\mathbf{g}^3 \cdot \mathbf{g}_3}_{=0} = p$$

Aus den rechtwinkligen Dreiecken der *Abbildung 6.2* liest man ab

$$\cos\alpha = \frac{d}{\overline{OA}} = \frac{d}{a|\mathbf{g}_1|} = \frac{p}{|\boldsymbol{N}||\mathbf{g}_1|} \qquad \rightarrow \qquad p = \frac{|\boldsymbol{N}|d}{a}$$

$$\cos\beta = \frac{d}{\overline{OB}} = \frac{d}{b|\mathbf{g}_2|} = \frac{q}{|\boldsymbol{N}||\mathbf{g}_2|} \qquad \rightarrow \qquad q = \frac{|\boldsymbol{N}|d}{b}$$

und entsprechend für die dritte Richtung mit $\mathbf{g}_3, r, c$ und γ.

Um die Verhältnisse der Parameter der Achsenabschnitte und der Normalenzerlegung in ganze Zahlen zu überführen, wird die Proportion mit dem **k**leinsten **g**emeinsamen **V**ielfachen der Achsenabschnitte multipliziert.

$$\text{kgV}(a, b, c) = [a, b, c] \qquad \text{mit} \qquad \begin{cases} [a, b, \infty] = [a, b] \\ [a, \infty, \infty] = [a] \end{cases}$$

Die sich ergebenden ganzen Zahlen (h, k, l), die auf dem Verhältnis der reziproken Achsenabschnitte basieren, heißen **Millersche Indizes**.

$$p : q : r = \frac{1}{a} : \frac{1}{b} : \frac{1}{c} = \frac{[a,b,c]}{a} : \frac{[a,b,c]}{b} : \frac{[a,b,c]}{c} = h : k : l \qquad (6.1)$$

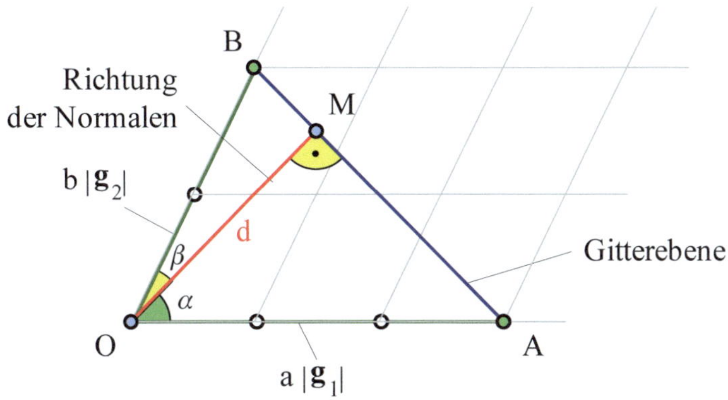

Abb. 6.2: Gitterebene und Normalenrichtung

Als **Symbol für die Gitterebene** werden die Indizes in runde Klammern eingeschlossen und mit $(\boldsymbol{hkl})$ bezeichnet.

Verläuft eine Gitterebene parallel zu einer Koordinatenachse, so dass kein Schnittpunkt mit dieser Achse existiert, der Achsenabschnitt also unendlich wird, dann hat der zugehörige Millersche Index den Wert Null. Damit gilt für die drei möglichen Flächen

$$(\boldsymbol{hkl}) \quad \rightarrow \quad (0kl)\,,\ (h0l)\,,\ (hk0)$$

Verläuft eine Gitterebene parallel zu einer Koordinatenfläche, dann werden zwei Achsenabschnitte unendlich und damit zwei Millersche Indizes Null, so dass die drei Flächen folgendermaßen charakterisiert werden.

$$(\boldsymbol{hkl}) \quad \rightarrow \quad (100)\,,\ (010)\,,\ (001)$$

Schneidet die Gitterebene eine Achse auf der negativen Seite, dann wird das negative Vorzeichen über den zugehörigen Millerschen Index gesetzt, z.B.

$$\frac{[a,b,c]}{a} : \frac{[a,b,c]}{(-b)} : \frac{[a,b,c]}{c} = h : (-k) : l \quad \rightarrow \quad (\boldsymbol{h\bar{k}l})$$

6.1.2 Tetraederflächen

Als Beispiel für Gitterebenen wird ein **regelmäßiges Tetraeder** betrachtet, das man nach *Abbildung 6.3* in einem Würfel der Kantenlänge a so anordnen kann, dass seine vier Ecken mit Würfelecken zusammenfallen.

Die Tetraederflächen bestehen aus gleichseitigen Dreiecken, die aus jeweils drei der vier Würfeleckpunkte A, B, C, D gebildet werden, deren Verbindungslinien als Kanten des Tetraeders die sechs Flächendiagonalen des Würfels darstellen. Jede Tetraederfläche hat Seiten der Länge $s = a\sqrt{2}$, Höhen $h = s\sqrt{3}/2 = a\sqrt{3/2}$ und damit einen Flächeninhalt $A = a^2\sqrt{3}/2$.

Die Ecken O und D des Tetraeders bilden die Endpunkte der Raumdiagonale des Würfels der Länge $D_W = \overline{OD} = a\sqrt{3}$, von der zwei Drittel auf die Höhe $h_T = 2a/\sqrt{3}$ des Tetraeders entfallen. Das Tetraedervolumen beträgt mit $V_T = a^3/3$ ein Drittel des Würfelvolumens.

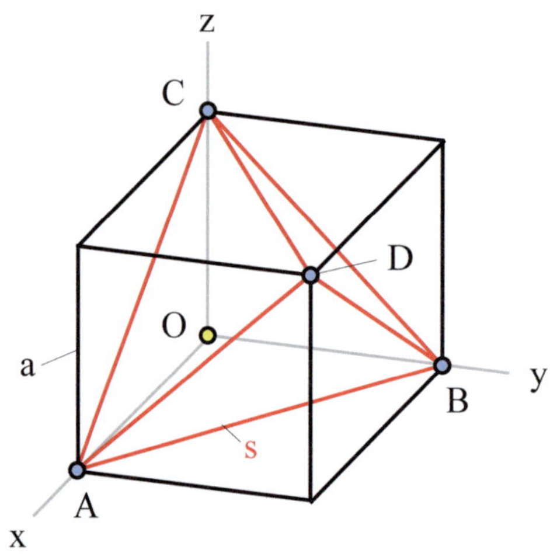

Abb. 6.3: Würfel mit Tetraeder

Bei der Tetraederfläche durch die Achsenpunkte A, B, C lautet das Skalarprodukt der Vektoren von A nach B bzw. C

$$\boldsymbol{r}_{AB} \cdot \boldsymbol{r}_{AC} = \left(a\mathbf{e}_y - a\mathbf{e}_x\right) \cdot \left(a\mathbf{e}_z - a\mathbf{e}_x\right) = a^2$$

und der Winkel zwischen den Vektoren und damit zwischen je zwei Kanten hat den Wert

$$\cos\delta = \frac{\boldsymbol{r}_{AB} \cdot \boldsymbol{r}_{AC}}{|\,\boldsymbol{r}_{AB}\,|\,|\,\boldsymbol{r}_{AC}\,|} = \left(\frac{a}{s}\right)^2 = \frac{a^2}{\left(a\sqrt{2}\right)^2} = \frac{1}{2} \qquad \rightarrow \qquad \delta = 60^\circ$$

Aus Symmetriegründen weist die Normale $\boldsymbol{N}$ der Tetraederfläche durch die Punkte A, B, C vom Ursprung O des Koordinatensystems zu ihrem in der Abbildung nicht markierten Mittelpunkt, dem **Lotpunkt** M. Sie hat die Richtung der Raumdiagonale D_W des umschriebenen Würfels.

$$\boldsymbol{N} = \mathbf{e}_x + \mathbf{e}_y + \mathbf{e}_z\,, \qquad |\,\boldsymbol{N}\,| = \sqrt{3}\,, \qquad D_W = a\,|\,\boldsymbol{N}\,| = a\,\sqrt{3}$$

Die Richtungscosinus des Normaleneinheitsvektors sind untereinander gleich.

$$\boldsymbol{n} = \frac{\boldsymbol{N}}{|\,\boldsymbol{N}\,|} = \frac{1}{\sqrt{3}}\left(\mathbf{e}_x + \mathbf{e}_y + \mathbf{e}_z\right) = \cos\alpha\left(\mathbf{e}_x + \mathbf{e}_y + \mathbf{e}_z\right)$$

Die drei gleichen Winkel der Normalen gegen die Koordinatenachsen sowie der Abstand $d = \overline{OM}$ der Tetraederfläche vom Ursprung lauten nach (5.25, Bd. I)

$$d = a\,\frac{\sqrt{3}}{3}$$

$$\cos\alpha = \frac{\sqrt{3}}{3} \qquad \rightarrow \qquad \alpha = 54.74^\circ$$

Die Tetraederhöhe, also der Abstand $h_T = \overline{MD}$, ergibt sich damit zu

$$h_T = D_W - d = a\sqrt{3} - a\,\frac{\sqrt{3}}{3} = a\,\frac{2\sqrt{3}}{3} = s\,\frac{\sqrt{6}}{3} = 2d$$

Aus der allgemeinen kartesischen Achsenabschnittsform (5.24, Bd. I) der Ebene erhält man bei gleich großen Abschnitten $a = b = c$

$$\frac{x}{a} + \frac{y}{b} + \frac{z}{c} = 1 \qquad \rightarrow \qquad x + y + z = a$$

leicht die Millerschen Indizes der vier Tetraederflächen, die durch die jeweils angegebenen drei Punkte gehen.

$$ABC\,/\,ABD\,/\,ACD\,/\,BCD \quad \rightarrow \quad (\boldsymbol{hkl}) = (111)\,/\,(11\bar{1})\,/\,(1\bar{1}1)\,/\,(\bar{1}11)$$

6.1.3 Kristallklassen

In einem Raumgitter ist die Wahl einer elementaren Zelle, mit der durch Translation alle Gitterpunkte erreicht werden, nicht eindeutig. Es liegt nahe, eine Elementarzelle so zu wählen, dass sie die kürzesten Translationen bietet. Trifft man dagegen eine andere Wahl, z.B. wegen der Orthogonalität von Basisvektoren, dann nimmt man in Kauf, dass nicht mehr alle Gitterpunkte erfasst werden.

Solche Elementarzellen erhalten dann eine **Zentrierung** durch einen Gitterpunkt, der nicht durch einen einzigen Basisvektor erfasst wird. Liegt ein solcher Gitterpunkt auf einer Zellenfläche, dann entsteht ein **flächenzentriertes Gitter**, liegt er innerhalb der Zelle, ein **raumzentriertes Gitter**, [10, S. 32].

Die systematische Untersuchung der Typen von Elementarzellen und Raumgittern führt auf **14 Bravais-Gitter**. Legt man passende Koordinatensysteme durch einen Gitterpunkt, bei denen die Achsen mit den Kanten der Elementarzellen zusammenfallen, dann erhält man **sieben Kristallsysteme**, die sich in ihren optischen Eigenschaften unterscheiden, [1, S. 231], [11, S. 20f., 268], [17, S. 133].

- **optisch isotrop** kubisch
- **optisch einachsig** rhomboedrisch, tetragonal, hexagonal
- **optisch zweiachsig** monoklin, orthorhombisch, triklin

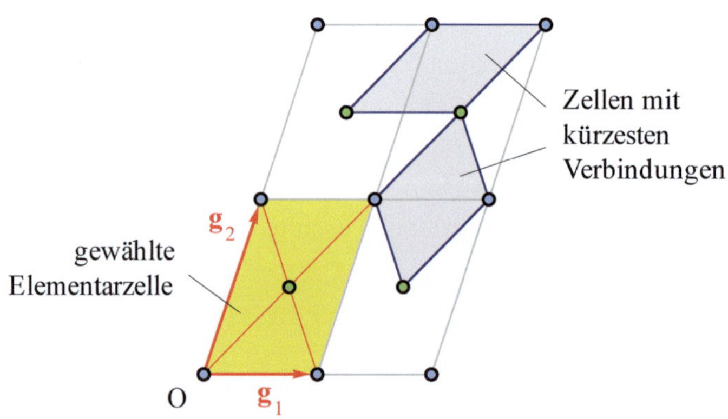

Abb. 6.4: Gitter mit flächenzentrierter Elementarzelle

6.2 Überlagerung elektromagnetischer Wellen

6.2.1 Vektorielle Überlagerung von Wellen

Die Feldstärken elektromagnetischer Wellen erfüllen lineare partielle Differentialgleichungen, entweder die vektoriellen Wellengleichungen (5.65) oder im harmonischen Fall die HELMHOLTZ-Gleichungen (5.67). Ein wesentliches **Kennzeichen der Linearität** besteht im **Superpositionsprinzip**, so dass man einzelne Lösungen der Differentialgleichungen zu neuen Lösungen überlagern und durch FOURIER-Synthese beliebige Amplitudenverläufe erzeugen kann.

In einem isotropen, nichtleitenden Medium, als Beispiel Vakuum, liegen bei ebenen Wellen die Vektoren der elektrischen und magnetischen Feldstärke in einer Wellenfront senkrecht zur Ausbreitungsrichtung $\boldsymbol{k} = k\,\boldsymbol{n} = \omega\sqrt{\mu_0\varepsilon_0}\,\boldsymbol{n}$, so dass sie gemäß (5.76) **Transversalwellen** genannt werden.

Die **Richtung des elektrischen Feldstärkevektors $\boldsymbol{E}$** einer Welle bezeichnet man als **Polarisation**.

Betrachtet werden zwei primäre ebene Wellen **gleicher Frequenz** und (zeitlicher) **Phase** aber mit **verschiedener Polarisation**, die zur Summenfeldstärke vektoriell überlagert werden. Zwischen den Polarisationsrichtungen der Wellen liegt der zeitlich feste **Polarisationswinkel** χ.

$$\boldsymbol{E}_1(\boldsymbol{r},t) = \boldsymbol{E}_{10}\cos\big(\omega t - \boldsymbol{k}_1\cdot\boldsymbol{r} - \delta_1\big) = \boldsymbol{E}_{10}\cos\big(\omega t - \alpha\big)$$
$$\boldsymbol{E}_2(\boldsymbol{r},t) = \boldsymbol{E}_{20}\cos\big(\omega t - \boldsymbol{k}_2\cdot\boldsymbol{r} - \delta_2\big) = \boldsymbol{E}_{20}\cos\big(\omega t - \beta\big)$$

$$\boldsymbol{E}(\boldsymbol{r},t) = \boldsymbol{E}_1(\boldsymbol{r},t) + \boldsymbol{E}_2(\boldsymbol{r},t)$$

Nach (5.78) ergibt sich die Leistungsdichte einer Welle aus dem Quadrat der elektrischen Feldstärke und dem Wellenwiderstand des Mediums.

$$\boldsymbol{S} = \frac{|\,\boldsymbol{E}\,|^2}{\omega\mu_0}\,\boldsymbol{k} = \sqrt{\frac{\varepsilon_0}{\mu_0}}\;|\,\boldsymbol{E}\,|^2\,\boldsymbol{n} = \frac{|\,\boldsymbol{E}\,|^2}{Z_0}\,\boldsymbol{n}$$

Das Quadrat der Summenfeldstärke

$$\boldsymbol{E}^2 = |\,\boldsymbol{E}\,|^2 = \big(\boldsymbol{E}_1 + \boldsymbol{E}_2\big)\cdot\big(\boldsymbol{E}_1 + \boldsymbol{E}_2\big)$$

$$\boxed{\boldsymbol{E}^2 = \boldsymbol{E}_1^2 + \boldsymbol{E}_2^2 + 2\,\boldsymbol{E}_1\cdot\boldsymbol{E}_2} \qquad (6.2)$$

besteht aus den Quadraten der Einzelfeldstärken und dem **Mischglied**, das wegen

$$\boldsymbol{E}_{10} \cdot \boldsymbol{E}_{20} = E_{10}\, E_{20} \cos\chi$$

nur bei Orthogonalität der Einzelfeldstärken verschwindet.

Auf Grund der Additionstheoreme

$$2\cos^2\big(\omega t - \alpha\big) = 1 + \cos 2\big(\omega t - \alpha\big)$$

$$2\cos\big(\omega t - \alpha\big)\cos\big(\omega t - \beta\big) = \cos\big(2\omega t - \alpha - \beta\big) + \cos\big(\beta - \alpha\big)$$

$$\text{mit} \qquad \delta = \beta - \alpha = \big(\boldsymbol{k}_2 - \boldsymbol{k}_1\big) \cdot \boldsymbol{r} + \big(\delta_2 - \delta_1\big)$$

variieren die Glieder der Summe (6.2) und damit die Leistungsdichte mit der doppelten Frequenz 2ω der Primärwellen.

Bei Frequenzen von Funkdiensten, die bis in den Gigahertzbereich gehen, sind direkte Messungen des zeitlichen Verlaufs der Leistung möglich, nicht jedoch im Gebiet der Optik, bei der im Folgenden das Licht betrachtet wird.

Der für das menschliche Auge **sichtbare Bereich** des elektromagnetischen Spektrums umfasst einen ungefähren Wellenlängenbereich von Dunkelrot bei 800 nm bis Violett bei 400 nm. Das entspricht einem Frequenzbereich von 375 bis 750 THz und bedeutet wegen der Frequenzverdopplung in Anlehnung an die Ausdrucksweise der Akustik eine **Frequenzoktave**. Diesen hohen optischen Frequenzen im Terahertz-Bereich, die sich bei der Leistung noch verdoppeln, können weder das Auge noch irgendein Messinstrument folgen.

Was man sieht oder misst ist die **Intensität des Lichtes** als zeitlicher Mittelwert der optischen Frequenzen des POYNTING-Vektors, der ein Maß für die Leistung der Lichtwelle ist. Die Intensität kann dabei selbst als Zeitfunktion variabel sein, allerdings treten dabei weitaus langsamere Helligkeitsänderungen auf, die man aus dem täglichen Leben kennt.

Mit den Zeitintegralen über eine Periode bei beliebigen Frequenzen

$$\int_{t=0}^{T} \cos 2\big(\omega t - \alpha\big)\, dt = 0$$

$$\frac{1}{T}\int_{t=0}^{T} \cos^2\big(\omega t - \alpha\big)\, dt = \frac{1}{2} \qquad (6.3)$$

$$\frac{1}{T}\int_{t=0}^{T} \cos\big(\omega t - \alpha\big)\cos\big(\omega t - \beta\big)\, dt = \frac{1}{2}\cos\big(\alpha - \beta\big) = \frac{1}{2}\cos\delta$$

erhält man das messbare zeitliche Mittel der Leistungsdichte oder die Intensität I der Summenwelle.

Die Gesamtintensität setzt sich folgendermaßen zusammen.

$$\begin{aligned} I = \langle\, |\, \boldsymbol{S}\, |\, \rangle &= \frac{1}{Z_0}\Big[\langle\, \boldsymbol{E}_1^2\, \rangle + \langle\, \boldsymbol{E}_2^2\, \rangle + 2\langle\, \boldsymbol{E}_1 \cdot \boldsymbol{E}_2\, \rangle\Big] \\ &= \frac{1}{2}\frac{E_{10}^2}{Z_0} + \frac{1}{2}\frac{E_{20}^2}{Z_0} + \frac{1}{Z_0}\, \boldsymbol{E}_{10} \cdot \boldsymbol{E}_{20}\, \cos\delta \\ &= I_1 + I_2 + \frac{1}{Z_0}\, E_{10}\, E_{20}\, \cos\chi\, \cos\delta \end{aligned}$$

Bei einer konkreten Überlagerungssituation kommt es durch den **Polarisationswinkel** χ und den **Phasenwinkel** $\delta = \beta - \alpha$ des Mischgliedes zur Abweichung von der reinen leistungsmäßigen Addition der beiden ersten Glieder und daher zu deren Verstärkung oder Schwächung, was man als **Interferenz** bezeichnet.

6.2.2 Skalare Überlagerung von Wellen, Interferenz

Bei der Überlagerung zweier ebener Wellen **gleicher Frequenz**, bei denen die Feldstärken parallel sind, also **gleiche Polarisationsrichtung** mit $\chi = 0$ aber verschiedene Amplituden und Phasen haben, setzt sich die Intensität der Gesamtwelle aus drei Anteilen zusammen, bei der der dritte Summand als **Interferenzglied** bezeichnet wird.

$$\boxed{I = I_1 + I_2 + I_{12} = I_1 + I_2 + 2\sqrt{I_1 I_2}\, \cos\delta} \tag{6.4}$$

Je nach Phasenwinkel δ liegt die Intensität zwischen minimalem und maximalem Wert.

$$I_{\min} = \big(\sqrt{I_1} - \sqrt{I_2}\,\big)^2 \leqslant I \leqslant \big(\sqrt{I_1} + \sqrt{I_2}\,\big)^2 = I_{\max}$$

Sind die Feldstärken bei gleichen Amplituden $E_{10} = E_{20} = E_0$ und Phasendifferenzen von $\delta = 0,\ \pm 2\pi,\ ...$ **in Phase**, dann erhält man mit

$$I = I_{\max} = 4\, I_0 = 2\,\frac{E_0^2}{Z_0}$$

die vierfache Einzelintensität, was als gleichphasige Überlagerung oder als **konstruktive Interferenz** bezeichnet wird.

Sind dagegen gleich große Einzelfeldstärken bei $\delta = \pm\pi$, $\pm 3\pi$, ... **in Gegenphase**, dann heben sie sich gegenseitig auf und die Gesamtintensität I ist Null. Dieser Fall der gegenphasigen Überlagerung bedeutet **Wellenauslöschung** und wird als **destruktive Interferenz** bezeichnet.

Auf Grund der Energieerhaltung kann die Gesamtintensität des Feldes weder vermehrt noch vermindert werden. Durch das Auftreten von Interferenz wird die Energie im Raum lediglich verschieden verteilt!

Im Alltag wird die Wellenauslöschung von **natürlichem Licht** so gut wie nie beobachtet, denn die Erzeugung von Licht geschieht durch unabhängige, inkohärente und kurzfristige Emissionsvorgänge in einer riesigen Anzahl von Atomen, wodurch die überlagerten Feldstärkeanteile beliebige Lagen von Polarisation und Phasen haben. Bei der Mittelung über die statistischen Phasenwinkel wird das Interferenzglied Null, so dass es nicht zu einer stationären Wellenauslöschung sondern nur zur leistungsmäßigen Addition von Einzelintensitäten kommt. Die Aussage *„Licht plus Licht gleich Dunkelheit"*, die bei destruktiver Interferenz eigentlich gelten müsste, ist keine Erfahrungstatsache des täglichen Lebens! Als man bei bestimmten Versuchen auf Grund der Welleneigenschaft des Lichtes Auslöschung als Interferenzerscheinung beobachtete, wurde das dagegen als sensationell empfunden, da es nicht dem bis dahin „normalen" Verhalten der Additivität entsprach. Eine Ausnahme bilden die Interferenzen an dünnen Blättchen wie die Farberscheinungen bei Ölfilmen und Seifenblasen.

Erst bei Versuchsanordnungen mit besonderen physikalischen Bedingungen, die man **Interferometer** nennt und bei denen auf verschiedene Weise ein Lichtstrahl ein- oder mehrfach geteilt wird, die Teilstrahlen unterschiedliche Wege und ggf. Materialien durchlaufen und schließlich wieder vereinigt werden, gelingt trotz des statistischen Charakters eine Überlagerung mit stationärer Auslöschung der Lichtwellen. Das gilt einerseits als Beweis für den Wellencharakter von Licht, da sich Wellenberge und -täler gegenseitig kompensieren, andererseits ermöglicht es extrem genaue Messungen bei Wegänderungen von winzigen Bruchteilen der Wellenlänge des verwendeten Lichts.

Interferometeranordnungen zum Nachweis der Auslöschung werden in grundsätzlichen physikalischen Versuchen wie beim **YOUNG'schen Doppelspaltversuch** sowie in einer Vielzahl von messtechnischen Aufgabenstellungen verwendet wie bei den Interferometern von MICHELSON, MACH-ZEHNDER und FABRY-PEROT, die in Lehrbüchern der Optik detailliert beschrieben werden. Weitere wichtige Anwendungen sind die interferometrischen Verfahren der Radioastronomie und der seit kurzem erfolgreichen Gravitationswellenforschung, die im *Kapitel 12* behandelt werden.

Einen entscheidenden Schritt zur Widerlegung der **Äthertheorie** und zur Entwicklung der Relativitätstheorie leistete der interferometrische **MICHELSON-MORLEY-Versuch**, der im nächsten Kapitel betrachtet wird.

Bei Erzeugung und Ausbreitung elektromagnetischer Wellen für Rundfunk, Fernsehen oder Mobilfunk erreicht man durch die Vorgabe von Antennenkonstruktionen und ihre Speisung feste horizontale oder vertikale Polarisationsrichtungen sowie Phasen der abgestrahlten Felder.

Interferenzen durch Reflexionen an Objekten und damit **Mehrwegeempfang** können zu unerwünschten Störungen wie schwankende Amplituden durch Fading, Geisterbilder oder komplette Auslöschung am Empfangsort führen, die man durch technische Maßnahmen weitgehend zu vermeiden sucht.

6.2.3 Orthogonale Überlagerung von Wellen, Polarisation

Mit **Polarisation** einer elektromagnetischen Welle bezeichnet man die **Richtung des Vektors $\boldsymbol{E}$** der elektrischen Feldstärke an einem festen Ort im Raum. Die Art der Polarisation wird charakterisiert durch die Spurkurve von $\boldsymbol{E}$ in einer festgehaltenen, zur Fortpflanzungsrichtung $\boldsymbol{k}$ senkrechten Transversalebene.

Für eine ebene, monochromatische Welle im Vakuum nach (5.68) weist der Vektor $\boldsymbol{E}$ stets in die gleiche Richtung, so dass bei harmonischer Erregung seine Spur in einer Transversalebene eine sinusförmig durchlaufene gerade Strecke ist. Eine einzelne ebene Welle hat daher eine **lineare Polarisation**, bei der $\boldsymbol{E}$-Vektor und Wellenvektor $\boldsymbol{k}$ der Ausbreitung in einer Ebene liegen, die **Polarisationsebene** heißt.

Überlagert man zwei ebene Wellen, deren **$\boldsymbol{E}$-Vektoren orthogonal** sind, dann ist eine Interferenz im Sinne der Auslöschung niemals möglich, da das Mischglied in (6.2) verschwindet und sich die Einzelintensitäten addieren, wie **Augustin FRESNEL** (1788-1827) feststellte, der bedeutende Arbeiten zum Wesen des Lichtes beitrug, [1, S. 3].

Die Überlagerung von zwei orthogonalen ebenen Wellen verschiedener Amplituden, bei der der Phasor der Welle $\boldsymbol{E}^{(y)}$ dem Phasor der Welle $\boldsymbol{E}^{(x)}$ um die **Phasenverschiebung** δ nacheilt,

$$\begin{aligned}
\boldsymbol{E}^{(x)} &= \mathbf{e}_x\, E_x = \mathbf{e}_x\, A\,\mathrm{Re}\left\{\mathrm{e}^{j(\omega t - k_z z)}\right\} = \mathrm{Re}\left\{\mathbf{e}_x\, A\,\mathrm{e}^{-jk_z z}\,\mathrm{e}^{j\omega t}\right\} \\
&= \mathbf{e}_x\, A\cos\left(\omega t - k_z z\right) \qquad (6.5) \\
\boldsymbol{E}^{(y)} &= \mathbf{e}_y\, E_y = \mathbf{e}_y\, B\,\mathrm{Re}\left\{\mathrm{e}^{j(\omega t - k_z z)}\mathrm{e}^{-j\delta}\right\} = \mathrm{Re}\left\{\mathbf{e}_y\, B\,\mathrm{e}^{-jk_z z}\,\mathrm{e}^{-j\delta}\,\mathrm{e}^{j\omega t}\right\} \\
&= \mathbf{e}_y\, B\cos\left(\omega t - k_z z - \delta\right) \\
&= \mathbf{e}_y\, B\left[\cos\left(\omega t - k_z z\right)\cos\delta + \sin\left(\omega t - k_z z\right)\sin\delta\right]
\end{aligned}$$

führt nach geeigneter Zusammenfassung auf folgende Beziehung, [1, S. 21], [9, S. 319], [12, S. 599].

$$\begin{aligned}
\left[\frac{E_y}{B} - \frac{E_x}{A}\cos\delta\right]^2 &= \left(\frac{E_x}{A}\right)^2\cos^2\delta - 2\,\frac{E_x}{A}\,\frac{E_y}{B}\cos\delta + \left(\frac{E_y}{B}\right)^2 \\
&= \sin^2\left(\omega t - k_z z\right)\sin^2\delta \\
&= \left[1 - \left(\frac{E_x}{A}\right)^2\right]\sin^2\delta
\end{aligned}$$

In den Transversalebenen mit festem z = const. erhält man die Gleichung einer Ellipse als Spurkurve des Summenvektors $\boldsymbol{E} = \boldsymbol{E}^{(x)} + \boldsymbol{E}^{(y)}$.

$$\boxed{\left(\frac{E_x}{A}\right)^2 - 2\,\frac{E_x}{A}\,\frac{E_y}{B}\cos\delta + \left(\frac{E_y}{B}\right)^2 = \sin^2\delta} \qquad (6.6)$$

Im allgemeinen Fall liegt damit **elliptische Polarisation** vor, die bei gegebenem Phasenwinkel δ einer festen Ellipse entspricht, aber für $\delta = 0, \pi$ den Sonderfall der linearen Polarisation aufweist.

Alle **Polarisationsellipsen** liegen nach *Abbildung 6.5* in einem Rechteck mit den Seiten $2A$ und $2B$. In einer Transversalebene z = const. werden bei fortschreitender Zeit die Ellipsen durch die Phasenverschiebung δ folgendermaßen durchlaufen.

- mathematisch positiv für $\quad 0 < \delta < \pi \;\rightarrow\; \boldsymbol{E}_x$ eilt $\boldsymbol{E}_y$ vor
- mathematisch negativ für $\; -\pi < \delta < 0 \;\rightarrow\; \boldsymbol{E}_x$ eilt $\boldsymbol{E}_y$ nach

(6.7)

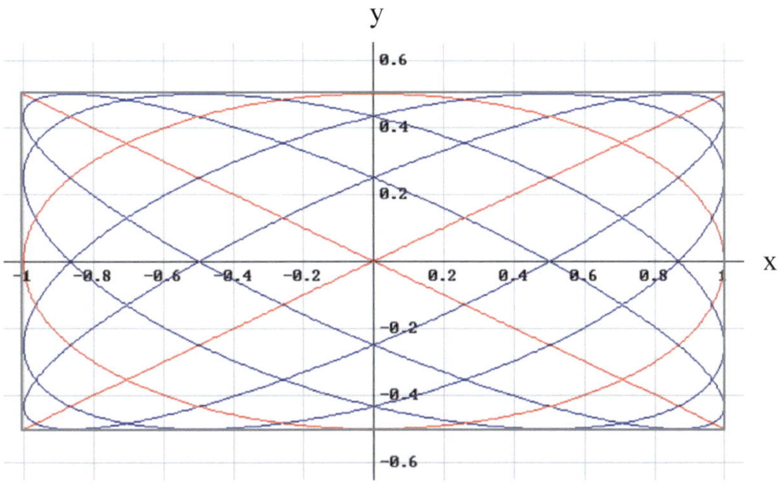

Abb. 6.5: Spurkurven bei elliptischer Polarisation im Rechteck mit $A = 2B$
in rot: $\delta = 0, \pm\pi/2, \pi$
in blau: $\delta = \pi/6, 2\pi/6, 4\pi/6, 5\pi/6$

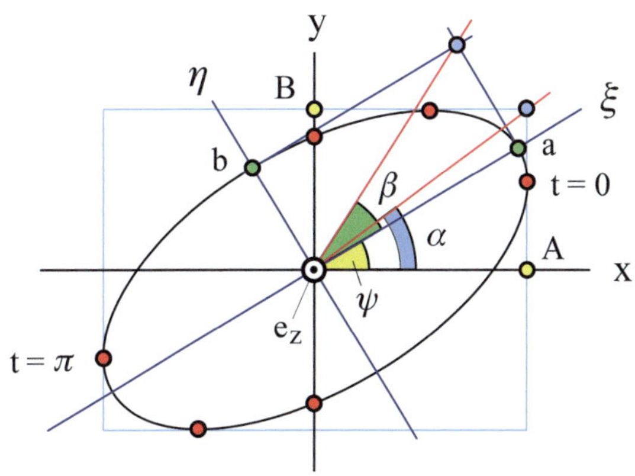

Abb. 6.6: Geometrie der Polarisationsellipse
Berührungspunkte in rot
sowie Positionen für $t = 0, \pm\pi/2, \pi$

Setzt man $E_x = \pm A$ bzw. $E_y = \pm B$, dann ergeben sich die zugehörigen Koordinaten der **Berührungspunkte** von Ellipse und Rechteck in *Abbildung 6.6* zu den Werten $E_y = \pm B\cos\delta$ und $E_x = \pm A\cos\delta$.

Zur Bestimmung der Ellipsen wird in der Transversalebene ein zu (x, y) um den **Winkel** ψ gedrehtes **Hauptachsensystem** (ξ, η) eingeführt, in dem die Parameterdarstellung der Ellipse bei beliebigem Phasenwinkel γ lautet

$$\left.\begin{aligned} E_\xi &= a\cos\big(\omega t-\gamma\big) \\ E_\eta &= b\sin\big(\omega t-\gamma\big) \end{aligned}\right\} \quad\rightarrow\quad b^2E_\xi^2 + a^2E_\eta^2 = a^2b^2$$

Für den Zusammenhang der Koordinatensysteme gilt

$$\begin{aligned} E_x &= E_\xi\cos\psi - E_\eta\sin\psi \\ E_y &= E_\xi\sin\psi + E_\eta\cos\psi \end{aligned}$$

und diese Beziehungen werden in (6.6) eingesetzt.

Ordnet man nach den neuen Feldstärkekomponenten, dann erhält man folgende Darstellung, die der Parameterform der Ellipse im Hauptachsensystem mit verschwindendem Koeffizienten C gleichen muss.

$$\begin{aligned} &\underbrace{\big[A^2\sin^2\psi + B^2\cos^2\psi - 2AB\sin\psi\cos\psi\cos\delta\big]}_{=b^2}\,E_\xi^2 \\ &+\underbrace{\big[A^2\cos^2\psi + B^2\sin^2\psi + 2AB\sin\psi\cos\psi\cos\delta\big]}_{=a^2}\,E_\eta^2 \\ &+\underbrace{\big[(A^2-B^2)2\sin\psi\cos\psi - 2AB\big(\cos^2\psi-\sin^2\psi\big)\cos\delta\big]}_{=C}\,E_\xi E_\eta \\ &= b^2E_\xi^2 + a^2E_\eta^2 + CE_\xi E_\eta \\ &= \underbrace{A^2B^2\sin^2\delta}_{=a^2b^2} \end{aligned}$$

Mit den Abkürzungen

$$\begin{aligned} \frac{B}{A} &= \tan\alpha \quad\rightarrow\quad \sin 2\alpha = \frac{2\tan\alpha}{1+\tan^2\alpha} = \frac{2AB}{A^2+B^2} \\ \frac{b}{a} &= \tan\beta \quad\rightarrow\quad \sin 2\beta = \frac{2\tan\beta}{1+\tan^2\beta} = \frac{2ab}{a^2+b^2} \end{aligned}$$

und der Forderung nach Wegfall des gemischten Gliedes

$$C = 0 = \left(A^2 - B^2\right)\sin 2\psi - 2AB\cos\delta\cos 2\psi$$

$$\tan 2\psi = \frac{2AB}{A^2 - B^2}\cos\delta = \frac{2\tan\alpha}{1-\tan^2\alpha}\cos\delta = \tan 2\alpha\cos\delta$$

folgen die Relationen der Amplituden aus dem Vergleich der beiden Ellipsendarstellungen.

$$ab = AB\sin\delta$$
$$a^2 + b^2 = A^2 + B^2$$

Aus ihrem Quotienten erhält man

$$\frac{2ab}{a^2+b^2} = \frac{2AB}{A^2+B^2}\sin\delta$$

sowie die bereits bekannten Relationen der Winkel.

$$\sin 2\alpha = \frac{2AB}{A^2+B^2}$$
$$\sin 2\beta = \sin 2\alpha\sin\delta$$
$$\tan 2\psi = \tan 2\alpha\cos\delta$$

Sind A, B und δ gegeben, dann berechnet man zunächst die Winkel α, β und ψ. Nach Lösung der quadratischen Gleichung für a^2, die sich aus den Amplitudenrelationen ergibt,

$$a^2\left[a^2 + b^2 - (A^2+B^2)\right] = 0$$
$$a^4 - (A^2+B^2)a^2 + (AB)^2\sin^2\delta = 0$$

erhält man die Halbachsen der Ellipse.

$$a^2 = \frac{A^2+B^2}{2}\left[1 \pm \sqrt{1-\sin^2 2\alpha\sin^2\delta}\,\right]$$
$$b^2 = \frac{A^2+B^2}{2}\left[1 \mp \sqrt{1-\sin^2 2\alpha\sin^2\delta}\,\right]$$

Für die Phasenverschiebung $\delta = 0, \pi$ liegt **lineare Polarisation** vor, bei der die Spurkurven die Diagonalen des Rechtecks bilden mit den Größen

$$a = \sqrt{A^2+B^2}\,\cos\alpha$$
$$b = \sqrt{A^2+B^2}\,\sin\alpha$$

Umgekehrt kann man daher auch jeden Fall von **linearer Polarisation als Zerlegung** in zwei ebene, orthogonale Wellen mit gleichen oder entgegengesetzten Phasen deuten!

Sind die Phasen der orthogonalen Wellen für $\delta = \pm\pi/2$ in **Quadratur**, haben also einen **Phasenunterschied von 90°**, dann fällt das Hauptachsensystem wegen $\psi = 0$ mit dem kartesischen zusammen, für die Halbachsen gilt $a = A$ und $b = B$ und die Polarisationsellipsen haben die kleinsten Exzentrizitäten $e = \sqrt{1-(B/A)^2}$.

Sind bei Quadratur beide Amplituden gleich, dann liegt **zirkulare Polarisation** vor, bei der die Spurkurve des Summenvektors $\boldsymbol{E} = \boldsymbol{E}^{(x)} + \boldsymbol{E}^{(y)}$ ein Kreis ist.

Im Fall der Quadratur gilt mit den in (6.5) eingeführten orthogonalen Feldstärken

$$\begin{aligned} \boldsymbol{E}^{(x)} &= A\cos\left(\omega t - k_z z\right)\mathbf{e}_x \\ \boldsymbol{E}^{(y)} &= A\cos\left(\omega t - k_z z - \delta\right)\mathbf{e}_y \end{aligned} \tag{6.8}$$

in einer festen Transversalebene bei fortschreitender Zeit folgende (historisch bedingte) Festlegung im Einklang mit (6.7), [1, S. 24], [9, S. 322], [21, S. 251].

$\delta = +\dfrac{\pi}{2}$	$\rightarrow$	$\boldsymbol{E}^{(x)}$ eilt $\boldsymbol{E}^{(y)}$ vor Summenvektor positiv um $\mathbf{e}_z$ drehend **links zirkular polarisierte Welle, (LZ)**
$\delta = -\dfrac{\pi}{2}$	$\rightarrow$	$\boldsymbol{E}^{(x)}$ eilt $\boldsymbol{E}^{(y)}$ nach Summenvektor negativ um $\mathbf{e}_z$ drehend **rechts zirkular polarisierte Welle, (RZ)**

(6.9)

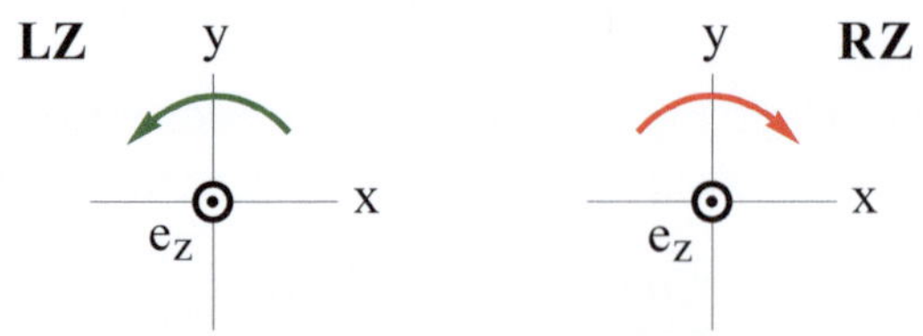

ABB. 6.7: Zuordnung der Drehrichtungen des *E*-Vektors bei Polarisation

Die Festlegung des Drehsinns ist auch für elliptische Polarisation bei beliebigen Amplituden und Phasenwinkeln δ gültig.

Wenn die Überlagerung von orthogonalen Wellen im **isotropen Medium** stattfindet, in dem beide Polarisationsrichtungen die gleiche Ausbreitungsgeschwindigkeit

$$v_{Ph} = \frac{\omega}{k_z} = \frac{c}{n}$$

besitzen, dann ist für jede Transversalebene $z = \text{const.}$ die Art der Polarisation gleich, so dass eine **feste Polarisationsellipse** entsteht.

Breiten sich die orthogonalen Wellen durch **Anisotropie** dagegen mit unterschiedlichen Geschwindigkeiten aus, dann existieren in festen Transversalebenen **wechselnde Polarisationszustände**.

6.2.4 Leistungsdichten von linear und zufällig polarisierten Wellen

Für eine **ebene Welle**, die in der (x, y)-Ebene **linear polarisiert** ist, lauten elektrische Feldstärke und POYNTING-Vektor nach (5.68) und (5.78)

$$\boldsymbol{E} = E_0 \cos\big(\omega t - k_z z\big)\,\mathbf{e}_\rho = \big(E_0 \cos\varphi\ \mathbf{e}_x + E_0 \sin\varphi\ \mathbf{e}_y\big) \cos\big(\omega t - k_z z\big)$$

$$\boldsymbol{S} = \frac{|\,\boldsymbol{E}\,|^2}{Z_0}\,\mathbf{e}_z = \frac{E_0^2}{Z_0} \cos^2\big(\omega t - k_z z\big)\,\mathbf{e}_z$$

Mit dem Zeitintegral (6.3) über eine Periode erhält man für die im zeitlichen Mittel in z-Richtung übertragene Leistungsdichte oder Intensität der linear polarisierten Welle (ℓp).

$$I_{\ell p} = \langle\, S_{\ell p} \,\rangle = I_{\ell p}^{(x)} + I_{\ell p}^{(y)} = \frac{1}{2}\frac{E_0^2}{Z_0}\cos^2\varphi + \frac{1}{2}\frac{E_0^2}{Z_0}\sin^2\varphi = \frac{1}{2}\frac{E_0^2}{Z_0}$$

Bei **natürlichem Licht** treten zufällig polarisierte (zp) bzw. unpolarisierte Wellen auf, deren elektrische Feldstärke gleich große, statistisch verteilte Anteile in jeder ρ-Richtung besitzen. Die Erzeugung von Licht durch inkohärente atomare Emissionsvorgänge führt zu beliebigen Polarisationsrichtungen in gleicher Stärke. Da die Phasen der einzelnen inkohärenten Feldstärkeanteile statistisch verteilt sind, werden nicht die Feldstärken summiert, was in der

Abbildung 6.8 Null ergäbe, sondern es erfolgt eine leistungsmäßige Addition der Feldstärkequadrate!

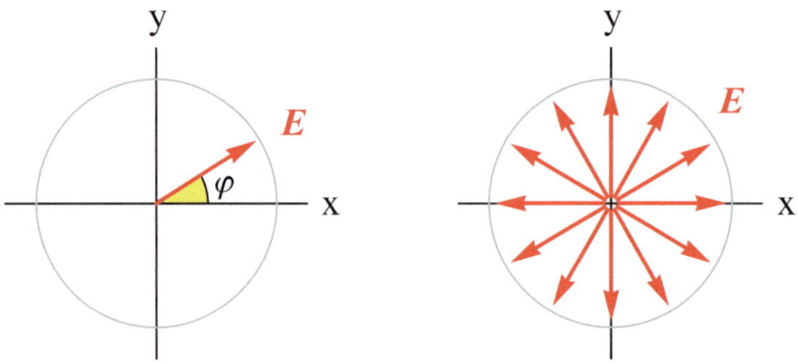

ABB. 6.8: Linear und zufällig polarisierte Wellen

In einer bestimmten Richtung, z.B. in x-Richtung, wird der Beitrag aller Feldstärkeanteile zur transportierten Leistungsdichte durch Mittelung über den Winkel φ bestimmt.

$$S_{zp}^{(x)} = \frac{1}{Z_0}\,\frac{1}{2\pi}\int\limits_{\varphi=0}^{2\pi} E_x^2\,d\varphi = \frac{E_0^2}{Z_0}\cos^2\left(\omega t - k_z z\right)\underbrace{\frac{1}{2\pi}\int\limits_{\varphi=0}^{2\pi}\cos^2\varphi\,d\varphi}_{=1/2}$$

Im zeitlichen Mittel ergibt sich wie oben ein Faktor 1/2 und man erhält die folgende in z-Richtung übertragene Leistungsdichte der zufällig polarisierten Wellen, die sich aus gleichen Anteilen für x- und y-Richtung zusammensetzt.

$$I_{zp} = \langle\, S_{zp}\,\rangle = I_{zp}^{(x)} + I_{zp}^{(y)} = \frac{1}{4}\,\frac{E_0^2}{Z_0} + \frac{1}{4}\,\frac{E_0^2}{Z_0} = \frac{1}{2}\,\frac{E_0^2}{Z_0}$$

Da die Phasenlage bei der Leistungsberechnung keinen Einfluss hat, transportieren linear und zufällig polarisierte Wellen bei gleicher Feldstärkeamplitude E_0 den gleichen Leistungsfluss in Ausbreitungsrichtung.

Trifft natürliches Licht auf ein anisotropes Medium wie einen Kristall, dann enthalten die Feldstärkeanteile für zwei orthogonale Richtungen jeweils gleich große Leistungen oder Intensitäten.

6.3 Kristalloptik

6.3.1 Kristalle mit Doppelbrechung

Die optische Erscheinung, dass ein **Lichtstrahl**, der einen Kristall durchdringt, in zwei Strahlen zerlegt wird und dadurch ein **Doppelbild** erzeugt, wurde vom dänischen Naturforscher Erasmus BARTHOLINUS 1669 am kurz zuvor entdeckten, sehr reinen isländischen Kalkspat oder Calcit ($CaCO_3$) entdeckt. Dabei gehorchte der eine Strahl dem seit 1621 bekannten, von Willebrord SNELL VAN ROYEN entdeckten **SNELLIUS'schen Brechungsgesetz** und wurde daher **ordentlicher Strahl** genannt, der andere, der diesem Gesetz nicht folgte, wurde als **außerordentlicher Strahl** bezeichnet.

Zur Erklärung der Doppelbrechung nahm **Christiaan HUYGENS** (1629-1695) an, dass sich die zu den beiden Strahlen gehörenden Wellen auf Grund der richtungsabhängigen Eigenschaften des Kristalls unterschiedlich schnell ausbreiten und zu zwei verschiedenen Wellenfronten führen.

Im weiteren Verlauf wurden Eigenschaften und Erscheinungen durch die MAXWELL'sche Theorie geklärt.

6.3.2 Dielektrizitätstensor und Hauptachsensystem

Die Kristalloptik untersucht die Ausbreitung elektromagnetischer Wellen in anisotropen, dielektrischen Kristallen, die nichtleitend ($\kappa = 0$) und magnetisch isotrop mit $\mu_r = 1$ sind, was bei transparenten optischen Medien der Fall ist, da magnetische Eigenschaften den hohen optischen Frequenzen nicht folgen können, [17, S. 114].

In einem Kristall, der dielektrisch anisotrop ist, hat der Vektor $\boldsymbol{D}$ der dielektrischen Verschiebung im allgemeinen nicht mehr die gleiche Richtung wie der Vektor $\boldsymbol{E}$ der elektrischen Feldstärke, so dass die einfache Proportionalität $\boldsymbol{D} = \varepsilon\boldsymbol{E}$ der Materialgleichung (5.7) mit skalarer Dielektrizitätskonstante ε im anisotropen Fall verallgemeinert werden muss.

Der einfachste Ansatz unterstellt eine **lineare Vektorfunktion**, bei der jede Komponente von $\boldsymbol{D}$ linear von allen drei Komponenten von $\boldsymbol{E}$ abhängt.

Im kartesischen System $(x, y, z) \hat{=} (1, 2, 3)$ gilt dann für die dielektrische Verschiebung

$$\begin{aligned} D_1 &= \varepsilon_{11}E_1 + \varepsilon_{12}E_2 + \varepsilon_{13}E_3 \\ D_2 &= \varepsilon_{21}E_1 + \varepsilon_{22}E_2 + \varepsilon_{23}E_3 \qquad (\text{mit } \varepsilon_{ik} = \varepsilon_{ki}) \\ D_3 &= \varepsilon_{31}E_1 + \varepsilon_{32}E_2 + \varepsilon_{33}E_3 \end{aligned}$$

Die Koeffizienten ε_{ik} sind Materialkonstanten und bestimmen die dielektrischen Eigenschaften des Mediums durch den **Dielektrizitätstensor** $\overset{\vee}{\boldsymbol{\varepsilon}}$ zweiter Stufe, der aus energetischen Gründen **symmetrisch** ist, [1, S. 220], [17, S. 111]. Der Tensor $\overset{\vee}{\boldsymbol{\varepsilon}}$ ordnet als linearer Operator jedem Vektor $\boldsymbol{E}$ einen Vektor $\boldsymbol{D}$ zu.

$$\boxed{\boldsymbol{D} = \overset{\vee}{\boldsymbol{\varepsilon}} \cdot \boldsymbol{E}} \qquad \text{mit} \qquad \boxed{\overset{\vee}{\boldsymbol{\varepsilon}} = \underline{\underline{\mathbf{e}}}^{\mathrm{T}} \underline{\varepsilon}\, \underline{\underline{\mathbf{e}}} = \underline{\underline{\mathbf{e}}}^{\mathrm{T}} \begin{pmatrix} \varepsilon_{11} & \varepsilon_{12} & \varepsilon_{13} \\ \varepsilon_{12} & \varepsilon_{22} & \varepsilon_{23} \\ \varepsilon_{13} & \varepsilon_{23} & \varepsilon_{33} \end{pmatrix} \underline{\underline{\mathbf{e}}}} \qquad (6.10)$$

Die **elektrische Energiedichte** (5.35) stellt als doppeltes Skalarprodukt nach *Abschnitt 12.5.1 (Bd. I)* für den symmetrischen Tensor $\overset{\vee}{\boldsymbol{\varepsilon}}$ eine positiv definite, quadratische Form dar,

$$2w_e = \boldsymbol{E} \cdot \boldsymbol{D} = \boldsymbol{E} \cdot \overset{\vee}{\boldsymbol{\varepsilon}} \cdot \boldsymbol{E} = \sum_i \sum_k \varepsilon_{ik} E_i E_k \geqslant 0 \qquad (6.11)$$

Durch **Hauptachsentransformation** kann man die Tensormatrix $\underline{\varepsilon}$ diagonalisieren und die quadratische Form auf eine Summe von Quadraten reduzieren. Dabei bestimmen die **orthogonalen Eigenvektoren** gemäß *Abschnitt 12.2.5 (Bd. I)* das **Hauptachsensystem** (ξ, η, ζ), das von hier ab verwendet wird, ohne die Größen in jedem Einzelfall mit „HA“ zu indizieren.

Die Hauptachsenmatrix des Dielektrizitätstensors $\underline{\varepsilon}_{\mathrm{HA}}$ enthält bei Anwendung der **MAXWELL'schen Relation** (5.71) zwischen Brechzahlen und dimensionslosen relativen Dielektrizitätskonstanten

$$\boxed{n_\ell = \sqrt{\varepsilon_{r_\ell}} \qquad \rightarrow \qquad n_\ell^2 = \frac{\varepsilon_\ell}{\varepsilon_0}} \qquad (\ell = \xi, \eta, \zeta) \qquad (6.12)$$

auf der Diagonalen die **Hauptdielektrizitätskonstanten** bzw. die Quadrate der **Hauptbrechzahlen**.

$$\underline{\underline{\boldsymbol{\varepsilon}}}_{\mathrm{HA}} = \begin{pmatrix} \varepsilon_\xi & 0 & 0 \\ 0 & \varepsilon_\eta & 0 \\ 0 & 0 & \varepsilon_\zeta \end{pmatrix} = \varepsilon_0 \begin{pmatrix} n_\xi^2 & 0 & 0 \\ 0 & n_\eta^2 & 0 \\ 0 & 0 & n_\zeta^2 \end{pmatrix} \tag{6.13}$$

Mit diesen Werten werden die **Hauptlichtgeschwindigkeiten** definiert, die später Verwendung finden.

$$\boxed{u_\ell = \frac{c}{n_\ell} = \frac{1}{\sqrt{\mu_0 \varepsilon_\ell}}} \qquad (\ell = \xi, \eta, \zeta) \tag{6.14}$$

Die drei Werte u_ℓ haben zwar die Dimension von Geschwindigkeiten, aber sie bilden nicht die Komponenten eines physikalisch deutbaren Geschwindigkeitsvektors!

Auf den **Hauptachsen** sind die **Vektoren** $\boldsymbol{D}$ und $\boldsymbol{E}$ wegen der Diagonalmatrix $\underline{\underline{\boldsymbol{\varepsilon}}}_{\mathrm{HA}}$ **parallel**. Zur Unterscheidung von der Matrix der Feldstärkekomponenten wird die Einheitsmatrix $\underline{\underline{\mathbf{E}}}_{\mathrm{E}}$ deshalb indiziert.

$$\begin{aligned} \boldsymbol{D} &= D_\xi\, \mathbf{e}_\xi + D_\eta\, \mathbf{e}_\eta + D_\zeta\, \mathbf{e}_\zeta \\ &= \overset{\vee}{\boldsymbol{\varepsilon}} \cdot \boldsymbol{E} = \underline{\mathbf{e}}_{\mathrm{HA}}^{\mathrm{T}} \underline{\underline{\boldsymbol{\varepsilon}}}_{\mathrm{HA}} \underbrace{\underline{\mathbf{e}}_{\mathrm{HA}} \cdot \underline{\mathbf{e}}_{\mathrm{HA}}^{\mathrm{T}}}_{=\underline{\underline{\mathbf{E}}}_{\mathrm{E}}} \underline{\mathbf{E}} = \varepsilon_\xi E_\xi\, \mathbf{e}_\xi + \varepsilon_\eta E_\eta\, \mathbf{e}_\eta + \varepsilon_\zeta E_\zeta\, \mathbf{e}_\zeta \end{aligned}$$

$$\boxed{D_\ell = \varepsilon_\ell E_\ell} \qquad (\ell = \xi, \eta, \zeta) \tag{6.15}$$

Im Hauptachsensystem wird zu (6.10) eine zweite Darstellung angegeben, die den **reziproken Tensor** $\overset{\vee}{\boldsymbol{\eta}}$ mit der inversen Tensormatrix definiert, mit der man die **elektrische Energiedichte** durch die Komponenten von $\boldsymbol{D}$ ausdrücken kann.

Nach der Aussage (12.27, Bd. I) besitzen die zueinander reziproken Tensoren das gleiche orthogonale Hauptachsensystem, in dem die diagonalen Tensormatrizen die reziproken Werte enthalten.

$$\boldsymbol{E} = \overset{\vee}{\boldsymbol{\varepsilon}}{}^{-1}_{\mathrm{HA}} \cdot \boldsymbol{D} = \overset{\vee}{\boldsymbol{\eta}}_{\mathrm{HA}} \cdot \boldsymbol{D} = E_\xi\, \mathbf{e}_\xi + E_\eta\, \mathbf{e}_\eta + E_\zeta\, \mathbf{e}_\zeta$$

$$2w_e = \boldsymbol{D} \cdot \boldsymbol{E} = \boldsymbol{D} \cdot \overset{\vee}{\boldsymbol{\eta}}_{\mathrm{HA}} \cdot \boldsymbol{D} = \eta_\xi D_\xi^2 + \eta_\eta D_\eta^2 + \eta_\zeta D_\zeta^2 \geqslant 0$$
$$= \frac{D_\xi^2}{\varepsilon_\xi} + \frac{D_\eta^2}{\varepsilon_\eta} + \frac{D_\zeta^2}{\varepsilon_\zeta} \tag{6.16}$$

$$\underline{\boldsymbol{\eta}}_{\mathrm{HA}} = \begin{pmatrix} \eta_\xi & 0 & 0 \\ 0 & \eta_\eta & 0 \\ 0 & 0 & \eta_\zeta \end{pmatrix} = \begin{pmatrix} \dfrac{1}{\varepsilon_\xi} & 0 & 0 \\ 0 & \dfrac{1}{\varepsilon_\eta} & 0 \\ 0 & 0 & \dfrac{1}{\varepsilon_\zeta} \end{pmatrix} = \frac{1}{\varepsilon_0} \begin{pmatrix} \dfrac{1}{n_\xi^2} & 0 & 0 \\ 0 & \dfrac{1}{n_\eta^2} & 0 \\ 0 & 0 & \dfrac{1}{n_\zeta^2} \end{pmatrix} \tag{6.17}$$

Durch die quadratischen Formen des doppelten Skalarprodukts werden gemäß *Abschnitt 12.5.1 (Bd. I)* **Tensorflächen** definiert, die wegen der positiven Hauptdielektrizitätskonstanten Ellipsoide darstellen.

Die quadratische Form von Feldstärke und Dielektrizitätstensor liefert als Tensorfläche das **FRESNEL'sche Ellipsoid**, dessen Halbachsen die reziproken Wurzelwerte der drei Hauptdielektrizitätskonstanten $1/\sqrt{\varepsilon_\ell}$ bzw. die reziproken Hauptbrechzahlen $1/n_\ell$ sind.

$$\widehat{Q} = \boldsymbol{E} \cdot \boldsymbol{D} = \boldsymbol{E} \cdot \overset{\vee}{\boldsymbol{\varepsilon}}_{\mathrm{HA}} \cdot \boldsymbol{E} = 2w_e$$
$$= \varepsilon_\xi\, E_\xi^2 + \varepsilon_\eta\, E_\eta^2 + \varepsilon_\zeta\, E_\zeta^2 = \varepsilon_0 \left[\frac{E_\xi^2}{1/n_\xi^2} + \frac{E_\eta^2}{1/n_\eta^2} + \frac{E_\zeta^2}{1/n_\zeta^2} \right] = \text{const.}$$

Die quadratische Form von dielektrischer Verschiebung und reziprokem Tensor liefert als Tensorfläche das FLETCHER'sche Ellipsoid, das aber meistens **Indexellipsoid** genannt wird, mit der Gleichung

$$Q = \boldsymbol{D} \cdot \boldsymbol{E} = \boldsymbol{D} \cdot \overset{\vee}{\boldsymbol{\eta}}_{\mathrm{HA}} \cdot \boldsymbol{D} = 2w_e \tag{6.18}$$
$$= \frac{D_\xi^2}{\varepsilon_\xi} + \frac{D_\eta^2}{\varepsilon_\eta} + \frac{D_\zeta^2}{\varepsilon_\zeta} = \frac{1}{\varepsilon_0} \left[\frac{D_\xi^2}{n_\xi^2} + \frac{D_\eta^2}{n_\eta^2} + \frac{D_\zeta^2}{n_\zeta^2} \right] = \text{const.}$$

Wenn es nur auf die Geometrie ankommt, kann man anstelle der physikalischen Vektoren den Ortsvektor und den Scharparameter Eins verwenden, wobei auch ε_0 weggelassen wird, so dass beim Indexellipsoid die **Hauptbrechzahlen n_ℓ als Halbachsen** auftreten.

$$\widetilde{Q} = \boldsymbol{r}\cdot \overset{\vee}{\boldsymbol{\eta}}_{\mathrm{HA}} \cdot\boldsymbol{r} = \sum_\ell \eta_\ell \,\ell^2 = \sum_\ell \frac{\ell^2}{\varepsilon_\ell} = 1$$

$$\boxed{\frac{\xi^2}{n_\xi^2} + \frac{\eta^2}{n_\eta^2} + \frac{\zeta^2}{n_\zeta^2} = 1} \tag{6.19}$$

Nach den Werten der Hauptdielektrizitätskonstanten $\varepsilon_\xi, \varepsilon_\eta, \varepsilon_\zeta$ unterscheidet man **drei Kristallarten**.

- ✶ $\varepsilon_\xi \neq \varepsilon_\eta \neq \varepsilon_\zeta$

  Wenn alle drei Konstanten unterschiedliche Werte haben, dann sind die Tensorflächen dreiachsige Ellipsoide und der Kristall ist **optisch zweiachsig**

- ✶ $\varepsilon_\xi = \varepsilon_\eta \neq \varepsilon_\zeta$

  Sind zwei Konstanten gleich, dann sind die Tensorflächen langgestreckte oder abgeplattete Rotationsellipsoide und der Kristall ist **optisch einachsig**

- ✶ $\varepsilon_\xi = \varepsilon_\eta = \varepsilon_\zeta$

  Im kubischen System sind alle Konstanten gleich, die Tensorflächen sind Kugeln und der Kristall ist **optisch isotrop,** in diesem Sonderfall liegt also gar keine Anisotropie vor!

6.3.3 Vektoren im anisotropen Medium

Nach den Beziehungen (5.77) für ebene, harmonische Wellen gilt im nichtleitenden, anisotropen Fall mit $\kappa = 0$ und $\mu_r = 1$

$$\boldsymbol{k} \times \boldsymbol{E} = \omega\mu_0 \boldsymbol{H}$$
$$\boldsymbol{k} \times \boldsymbol{H} = -\,\omega \boldsymbol{D}$$

$$\begin{aligned}\boldsymbol{k} \times \big(\boldsymbol{k} \times \boldsymbol{E}\big) &= \big(\boldsymbol{k}\cdot\boldsymbol{E}\big)\,\boldsymbol{k} - k^2\,\boldsymbol{E}\\ &= \omega\mu_0\,\boldsymbol{k} \times \boldsymbol{H} = -\,\omega^2\mu_0 \boldsymbol{D}\end{aligned}$$

Die Ausbreitung von Wellen muss die folgende Vektorgleichung erfüllen.

$$\boxed{\omega^2\mu_0\boldsymbol{D} = -\,\boldsymbol{k}\times\big(\boldsymbol{k}\times\boldsymbol{E}\big) = k^2\,\boldsymbol{E} - \big(\boldsymbol{k}\cdot\boldsymbol{E}\big)\,\boldsymbol{k}} \tag{6.20}$$

Der **Wellenvektor** $\boldsymbol{k}$ steht senkrecht auf den Wellen- oder Phasenfronten der ebenen Welle, die sich mit der **Phasengeschwindigkeit** v_{Ph} ausbreitet.

$$\boxed{\boldsymbol{k} = k\,\boldsymbol{n}} \qquad \boxed{k = \frac{\omega}{v_{Ph}} = \frac{\omega}{c}\,\frac{c}{v_{Ph}} = k_0\,n_W} \tag{6.21}$$

Dabei muss man den **Einheitsvektor** $\boldsymbol{n}$ der Wellennormalen und den für die Wellenausbreitung maßgebenden Brechungsindex n_W voneinander unterscheiden! Welchen Wert n_W dabei hat, wird in *Abschnitt 6.3.4* erörtert.

Der POYNTING-Vektor $\boldsymbol{S} = \boldsymbol{E}\times\boldsymbol{H}$ mit dem Einheitsvektor $\boldsymbol{s}$ gibt die **Richtung des Leistungsflusses** oder des **Energietransports** an.

Aus den Vektorbeziehungen resultieren die geometrischen Zuordnungen, die in *Abbildung 6.9* dargestellt sind.

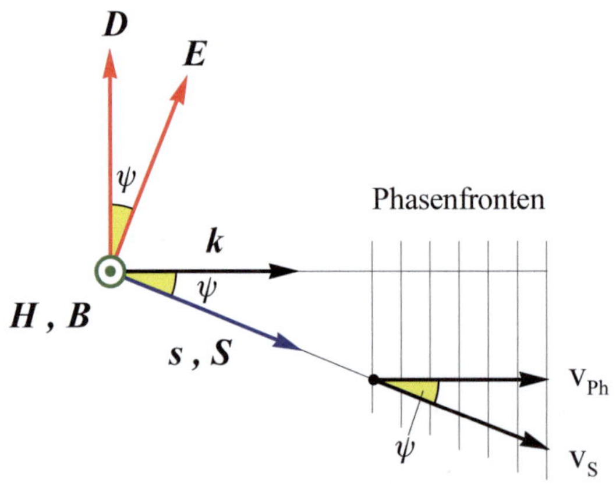

ABB. 6.9: Vektoren bei Wellenausbreitung im aniostropen Kristall

$\boldsymbol{H}$ steht senkrecht auf allen vier Vektoren $\boldsymbol{k}, \boldsymbol{E}, \boldsymbol{D}$ und $\boldsymbol{S}$, die in der **Polarisationsebene** liegen. $\boldsymbol{D}$ steht außerdem senkrecht auf $\boldsymbol{k}$, so dass die Vektoren $(\boldsymbol{D}, \boldsymbol{H}, \boldsymbol{k})$ ein orthogonales Rechtssystem bilden. Das zweite Rechtssystem bilden die Vektoren $(\boldsymbol{E}, \boldsymbol{H}, \boldsymbol{S})$, wodurch zwischen den Vektoren $\boldsymbol{D}$

und $\boldsymbol{E}$ sowie $\boldsymbol{k}$ und $\boldsymbol{S}$ der **Anisotropiewinkel** ψ liegt, der durch den Dielektrizitätstensor bestimmt wird.

In anisotropen Medien ist $\boldsymbol{D}$ der zu $\boldsymbol{k}$ senkrechte und damit der zur Wellenausbreitung **transversale Vektor** und nicht $\boldsymbol{E}$ wie im isotropen Fall oder im Vakuum!

Aus dem Betrag von (6.20)

$$\left|\boldsymbol{k}\times\left(\boldsymbol{k}\times\boldsymbol{E}\right)\right| = k^2\,|\,\boldsymbol{E}\,|\sin\left(\frac{\pi}{2}-\psi\right) = \omega^2\mu_0\,|\,\boldsymbol{D}\,|$$

erhält man die **Phasengeschwindigkeit** v_{Ph} der ebenen Welle.

$$\boxed{v_{Ph} = \frac{\omega}{k} = \sqrt{\frac{|\,\boldsymbol{E}\,|\cos\psi}{\mu_0\,|\,\boldsymbol{D}\,|}}} \tag{6.22}$$

Der Leistungsfluss hat die **Strahlrichtung** $\boldsymbol{s} = \boldsymbol{S}/S$ und die **Strahlgeschwindigkeit** v_S. Der Zusammenhang mit der Phasengeschwindigkeit, mit der sich die Phasenfronten der Welle ausbreiten, lautet,

$$v_{Ph} = \frac{\omega}{k} = \frac{\omega}{k_0}\,\frac{1}{n_W} = \frac{c}{n_W} = v_S\cos\psi \tag{6.23}$$

wobei $k_0 = \omega/c$ die Phasengeschwindigkeit des Vakuums bedeutet.

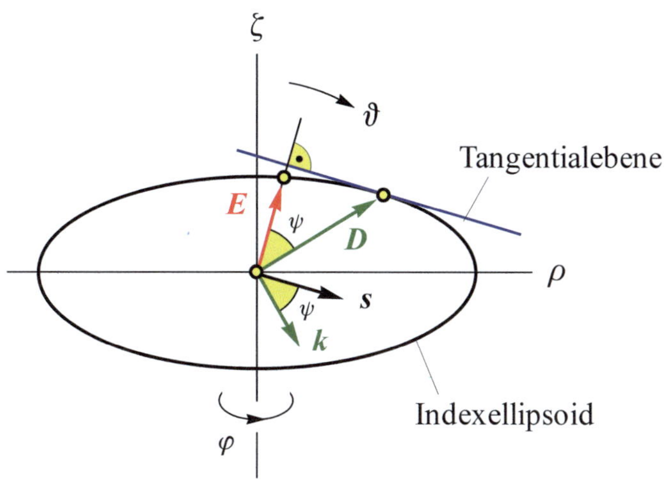

ABB. 6.10: Bestimmung von ψ mit der POINSOT'schen Konstruktion

Mit Hilfe der **POINSOT'schen Konstruktion** in *Abbildung 12.2 (Bd. I)* kann man im **Indexellipsoid**, das im weiteren Verlauf die wichtigere Rolle spielt, die Richtung der Feldstärke $\boldsymbol{E}$ bestimmen, wenn man den Verschiebungsvektor $\boldsymbol{D}$ vorgibt, was für den rotationssymmetrischen Fall von einachsigen Kristallen *(s. Abschnitt 6.3.9)* in *Abbildung 6.10* dargestellt ist. Wegen der unterschiedlichen Dimensionen der dargestellten Vektoren kann man aber nur Richtungen und keine Beträge vergleichen!

Algebraisch wird der Winkel ψ zwischen $\boldsymbol{D}$ und $\boldsymbol{E}$ bzw. $\boldsymbol{k}$ und $\boldsymbol{s}$ aus dem Skalarprodukt ermittelt, wobei die Vektoren im Hauptachsensystem (ξ, η, ζ) dargestellt werden.

$$\cos\psi = \frac{\boldsymbol{D}\cdot\boldsymbol{E}}{|\boldsymbol{D}|\,|\boldsymbol{E}|} = \frac{\boldsymbol{D}\cdot\check{\boldsymbol{\eta}}\cdot\boldsymbol{D}}{D\,E} = \frac{2w_e}{D\,E} = \frac{2w_e/D^2}{E/D} = \frac{2w_e/D^2}{\sqrt{E^2/D^2}}$$

Mit (6.15) und (6.16) folgt daraus

$$\cos\psi = \frac{\dfrac{1}{\varepsilon_\xi}\left(\dfrac{D_\xi}{D}\right)^2 + \dfrac{1}{\varepsilon_\eta}\left(\dfrac{D_\eta}{D}\right)^2 + \dfrac{1}{\varepsilon_\zeta}\left(\dfrac{D_\zeta}{D}\right)^2}{\sqrt{\dfrac{1}{\varepsilon_\xi^2}\left(\dfrac{D_\xi}{D}\right)^2 + \dfrac{1}{\varepsilon_\eta^2}\left(\dfrac{D_\eta}{D}\right)^2 + \dfrac{1}{\varepsilon_\zeta^2}\left(\dfrac{D_\zeta}{D}\right)^2}}$$

Die Komponenten von $\boldsymbol{D}$ werden durch die Richtungscosinus bezüglich der Hauptachsen bzw. wie bei Kugelkoordinaten durch Meridional- und Azimutwinkel ϑ_D und φ_D dieses Vektors ausgedrückt.

$$\begin{aligned} D_\xi &= D\cos\alpha_D = D\sin\vartheta_D\cos\varphi_D \\ D_\eta &= D\cos\beta_D = D\sin\vartheta_D\sin\varphi_D \\ D_\zeta &= D\cos\gamma_D = D\cos\vartheta_D \end{aligned}$$

$$\boxed{\cos\psi\,(\vartheta_D,\varphi_D) = \frac{\left(\dfrac{1}{\varepsilon_\xi}\cos^2\varphi_D + \dfrac{1}{\varepsilon_\eta}\sin^2\varphi_D\right)\sin^2\vartheta_D + \dfrac{1}{\varepsilon_\zeta}\cos^2\vartheta_D}{\sqrt{\left(\dfrac{1}{\varepsilon_\xi^2}\cos^2\varphi_D + \dfrac{1}{\varepsilon_\eta^2}\sin^2\varphi_D\right)\sin^2\vartheta_D + \dfrac{1}{\varepsilon_\zeta^2}\cos^2\vartheta_D}}} \tag{6.24}$$

Die allgemeine Beziehung für die Winkelfunktion vereinfacht sich im rotationssymmetrischen Fall **einachsiger Kristalle**, bei denen nur zwei unabhängige Dielektrizitätskonstanten auftreten.

Im einachsigen Fall erhält man folgende reduzierte Beziehung.

$$\left.\begin{aligned} \varepsilon_\xi = \varepsilon_\eta &= \varepsilon_\perp \\ \varepsilon_\zeta &= \varepsilon_{||} \end{aligned}\right\} \quad \text{mit} \quad \boxed{q = \frac{\varepsilon_{||}}{\varepsilon_\perp}} \tag{6.25}$$

$$\boxed{\cos\psi\,(\vartheta_D) = \frac{q\sin^2\vartheta_D + \cos^2\vartheta_D}{\sqrt{q^2\sin^2\vartheta_D + \cos^2\vartheta_D}}} \tag{6.26}$$

Für $\vartheta_D = 0, \pi/2, \pi$ sowie bei beliebigen Winkeln ϑ_D und $q = 1$ ist $\psi = 0$, so dass die Vektoren $\boldsymbol{D}$ und $\boldsymbol{E}$ parallel sind.

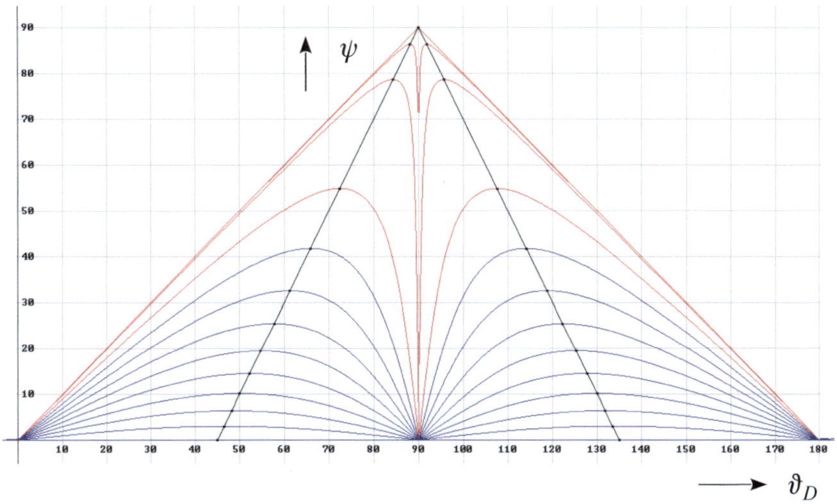

Abb. 6.11: Winkelfunktion $\psi = f(\vartheta_D)$ bei einachsigen Kristallen und Lage der Maxima
rot: $q = 0, 0.001, 0.01, 0.1$
blau: $q = 0.2\ (0.1)\ 1$

Nach Zwischenrechnung erhält man den Winkel des Maximums und den zugehörigen Funktionswert zu

$$\boxed{\tan\vartheta_{D_{max}} = \frac{1}{\sqrt{q}}} \qquad \boxed{\cos\psi_{max} = \frac{2\sqrt{q}}{1+q}} \tag{6.27}$$

6.3.4 Normalmoden

Betrachtet wird **als erster Fall** eine ebene, harmonische Welle, die sich in einem Kristall in Richtung einer Hauptachse ausbreitet und deren elektrische Feldstärke in einer dazu senkrechten Hauptachse linear polarisiert ist. Gewählt werden Ausbreitung in ζ-Richtung mit $\boldsymbol{k} = k_\zeta \mathbf{e}_\zeta$ und Feldstärke $\boldsymbol{E} = E_\xi \mathbf{e}_\xi$. Nach (6.15) sind dann die Vektoren $\boldsymbol{E}$ und $\boldsymbol{D} = \varepsilon_\xi \boldsymbol{E}$ parallel und der Winkel ψ zwischen ihnen ist Null.

In entsprechender Weise wie im *Abschnitt 5.5* führt die Aufstellung der Differentialgleichung bei harmonischer Zeitabhängigkeit im anisotropen, nichtleitenden Medium bei Erweiterung mit der Konstanten ε_ξ auf die HELMHOLTZ-Gleichung (5.67) für die Feldstärke, die sich im ebenen Fall wegen $\partial/\partial\xi = \partial/\partial\eta = 0$ zu einer skalaren Gleichung vereinfacht.

$$\operatorname{rot}\operatorname{rot}\boldsymbol{E} = -\,j\omega\mu_0 \operatorname{rot}\boldsymbol{H} = \omega^2\mu_0\boldsymbol{D} = \omega^2\mu_0\varepsilon_\xi\boldsymbol{E}$$

$$\operatorname{rot}\operatorname{rot}\boldsymbol{E} = \frac{1}{\varepsilon_\xi}\operatorname{rot}\operatorname{rot}\big(\varepsilon_\xi\boldsymbol{E}\big) = \frac{1}{\varepsilon_\xi}\operatorname{grad}\underbrace{\operatorname{div}\big(\varepsilon_\xi\boldsymbol{E}\big)}_{=\operatorname{div}\boldsymbol{D}=0} - \frac{1}{\varepsilon_\xi}\boldsymbol{\Delta}\big(\varepsilon_\xi\boldsymbol{E}\big) = -\,\boldsymbol{\Delta E}$$

$$\boldsymbol{\Delta E} = \mathbf{e}_\xi\,\Delta E_\xi = -\,\omega^2\mu_0\varepsilon_\xi\boldsymbol{E} = -\,\omega^2\mu_0\varepsilon_\xi\,E_\xi\,\mathbf{e}_\xi$$

$$\Delta E_\xi = \frac{\partial^2 E_\xi}{\partial\zeta^2} = -\,\omega^2\mu_0\varepsilon_\xi\,E_\xi = -\,k_\zeta^2\,E_\xi$$

$$\text{mit}\qquad k_\zeta = \omega\sqrt{\mu_0\varepsilon_\xi} = \frac{\omega}{v_{Ph}} = \frac{\omega}{c}\,n_W \qquad\qquad \text{nach (6.23)}$$

Die Lösung ist eine **harmonische Welle** mit der **Phasenfunktion** (5.70),

$$\boldsymbol{E}(\zeta,t) = \operatorname{Re}\big\{E_0\,\mathrm{e}^{-jk_\zeta\zeta}\,\mathrm{e}^{j\omega t}\,\mathbf{e}_\xi\big\} = E_0\cos\big(\omega t - k_\zeta\zeta\big)\,\mathbf{e}_\xi = E_0\cos\phi\;\mathbf{e}_\xi$$

deren Phasengeschwindigkeit in ζ-Richtung durch die Dielektrizitätskonstante der ξ-Richtung bestimmt wird!
Der Brechungsindex n_W der Welle aus (6.21) ist damit also n_ξ.
Die Phasengeschwindigkeit für die ζ-Richtung der ebenen Welle entspricht der Hauptlichtgeschwindigkeit des Feldstärkevektors $\boldsymbol{E} = E_\xi\,\mathbf{e}_\xi$.

$$v_\zeta = \frac{\omega}{k_\zeta} = \frac{1}{\sqrt{\mu_0\varepsilon_\xi}} = \frac{c}{n_\xi} = c\sqrt{\frac{\varepsilon_0}{\varepsilon_\xi}} = u_\xi$$

In entsprechender Weise gilt das für alle Fälle, bei denen die Vektoren $\boldsymbol{k}$ und $\boldsymbol{E}$ in Richtung verschiedener Hauptachsen weisen.

Man nennt ebene Wellen, bei denen Ausbreitung und Feldstärke in verschiedene Hauptachsenrichtungen zeigen, **Normalmoden**, deren Kennzeichen die **Parallelität von $\boldsymbol{E}$ und $\boldsymbol{D}$** sowie die **Erhaltung der linearen Polarisation** bei der Ausbreitung sind, [15, S. 218].

Die Hauptdielektrizitätskonstante der Feldstärkerichtung bestimmt den maßgebenden Brechungsindex und damit die Phasengeschwindigkeit der Normalmode im Kristall.

> Die Geschwindigkeit der ebenen Welle wird durch die Brechzahl der Polarisationsrichtung $\boldsymbol{E}$ und nicht von der Ausbreitungsrichtung $\boldsymbol{k}$ bestimmt! (6.28)

Als **zweiter Fall** wird eine einfallende Welle mit **linearer Polarisation** mit gleicher Ausbreitungsrichtung $\boldsymbol{k} = k_\zeta \mathbf{e}_\zeta$ wie vorher aber mit elektrischer Feldstärke $\boldsymbol{E} = E_\xi \mathbf{e}_\xi + E_\eta \mathbf{e}_\eta$ in beliebiger transversaler Richtung betrachtet. Dabei kann man diese Welle als Überlagerung zweier gleichphasiger Normalmoden mit linearen Polarisationen in ξ- und η-Richtung auffassen.

Innerhalb des Kristalls breiten sich beide Moden der Eingangswelle mit verschiedenen Phasengeschwindigkeiten in ζ-Richtung aus, die den Hauptlichtgeschwindigkeiten für die Feldstärkerichtungen entsprechen.

$$\boldsymbol{E}^{(\xi)} = E_\xi \cos\left(\omega t - k_\zeta^{(\xi)}\zeta\right) \mathbf{e}_\xi = E_\xi \cos\phi_\xi \, \mathbf{e}_\xi$$

$$\text{mit} \quad v_\zeta^{(\xi)} = \frac{1}{\sqrt{\mu_0 \varepsilon_\xi}} = \frac{c}{n_\xi} = u_\xi \quad \text{und} \quad k_\zeta^{(\xi)} = k_0 n_\xi$$

$$\boldsymbol{E}^{(\eta)} = E_\eta \cos\left(\omega t - k_\zeta^{(\eta)}\zeta\right) \mathbf{e}_\eta = E_\eta \cos\phi_\eta \, \mathbf{e}_\eta$$

$$\text{mit} \quad v_\zeta^{(\eta)} = \frac{1}{\sqrt{\mu_0 \varepsilon_\eta}} = \frac{c}{n_\eta} = u_\eta \quad \text{und} \quad k_\zeta^{(\eta)} = k_0 n_\eta$$

Die Überlagerung der beiden orthogonalen Feldstärken führt auf Grund der unterschiedlichen Phasengeschwindigkeiten mit den Wellenzahlen

$$k_\zeta^{(\eta)} = k_\zeta^{(\xi)} + \kappa \quad \rightarrow \quad \kappa = (n_\eta - n_\xi)\, k_0$$

in einer festen Transversalebene $\zeta = \widehat{\zeta}$ zu einer Phasenverschiebung

$$\delta\phi = \kappa\,\widehat{\zeta}$$

und damit wie bei (6.8) zu einer Polarisationsellipse.

Im anisotropen Fall mit $n_\xi \neq n_\eta$ ergeben sich in verschiedenen Transversalebenen $\zeta =$ const. unterschiedliche elliptische Polarisationen mit zugehörigen Polarisationsellipsen. Bei genügend langer Kristallstrecke kommen alle Polarisationszustände und Ellipsen der *Abbildung 6.5* ein- oder mehrfach vor. Die zusammengesetzte Welle ist daher keine Normalmode, da der Polarisationszustand nicht erhalten bleibt sondern mit der im Kristall durchlaufenen Strecke örtlich variiert.

Hat der Kristall die Dicke d, dann ist der Phasenunterschied der Einzelwellen bei Austritt,

$$\Delta\phi = \phi_\xi - \phi_\eta = \kappa\, d = \underbrace{(n_\eta - n_\xi)\, d}_{=\Lambda}\, k_0 = 2\pi\,\frac{\Lambda}{\lambda_0} = \Lambda\,\frac{\omega}{c}$$

der positiv oder negativ sein kann und dem Phasenwinkel δ bei der Polarisation (6.8) entspricht.

Bei Kenntnis von Brechzahlen und Frequenz bzw. der Wellenlängen kann man durch geeignete Wahl der Kristalldicke d den Phasenunterschied einstellen und durch sog. **Verzögerungsplatten** am Ausgang eine gewünschte **elliptische Polarisation** erzeugen.

Bauelemente, die einen **Gangunterschied** von $\Lambda = \lambda_0/2, 3\lambda_0/2, \ldots$ und damit einen Phasenunterschied von π oder 3π zur Folge haben, heißen **$\boldsymbol{\lambda}$/2-Platten**. Gemäß *Abbildung 6.5* tritt dann am Ausgang der Fall linearer Polarisation auf, wodurch das Element eine **Drehung der Polarisationsebene** um einen Winkel erzeugt, der von den Amplituden abhängt, bei gleichen Amplituden also eine **90°-Drehung**.

Bei einem Gangunterschied $\Lambda = \lambda_0/4, 3\lambda_0/4, \ldots$ ist der Phasenunterschied $\pi/2$ oder $3\pi/2$, so dass am Ausgang bei gleichen Amplituden rechts- bzw. links-drehende **zirkulare Polarisation** auftritt. Ein solches Bauelement wird **$\boldsymbol{\lambda}$/4-Platte** genannt.

Gleiche Amplituden der beiden Normalmoden ergeben sich sehr einfach dadurch, dass man eine linear polarisierte Welle auf die Verzögerungsplatten fallen läßt, deren elektrische Feldstärke in Richtung einer der Winkelhalbierenden von ξ- und η-Achse weist.

Bei den in der Praxis verwendeten Kristallen für Verzögerungsplatten, vor allem aus **Quarz**, **Kalkspat** oder **Glimmer**, sind Kristallstruktur und Lage der Hauptachsen bekannt und am Bauelement markiert, so dass eine entsprechende Einstrahlung mit Polarisation in Richtung der Winkelhalbierenden auf einfache Weise vorgenommen werden kann.

6.3.5 FRESNEL'sche Normalengleichung

Gesucht sind die Verhältnisse der Wellenausbreitung in einem gegebenen Kristall, bei dem die Hauptdielektrizitätskonstanten als Materialeigenschaften und damit auch die Hauptlichtgeschwindigkeiten (6.14) bekannt sind.

$$u_\ell = \frac{1}{\sqrt{\mu_0 \varepsilon_\ell}} = \frac{c}{\sqrt{\varepsilon_{r\ell}}} = \frac{c}{n_\ell} \qquad (\ell = \xi, \eta, \zeta)$$

Durch Vorgabe der Ausbreitungsrichtung der Welle im Kristall sind die Richtungscosinus p, q, r des **Wellenvektors** $\boldsymbol{k}$ gegen die orthogonalen Hauptachsen bekannt, die die Summeneigenschaft nach (7.4, Bd. I) besitzen. Als Ergänzung zu (6.21) gilt

$$\boxed{\frac{\boldsymbol{k}}{k} = \boldsymbol{n} = p\,\mathbf{e}_\xi + q\,\mathbf{e}_\eta + r\,\mathbf{e}_\zeta = \cos\alpha_\xi\,\mathbf{e}_\xi + \cos\alpha_\eta\,\mathbf{e}_\eta + \cos\alpha_\zeta\,\mathbf{e}_\zeta}$$
$$\boxed{\left(\frac{k_\xi}{k}\right)^2 + \left(\frac{k_\eta}{k}\right)^2 + \left(\frac{k_\zeta}{k}\right)^2 = p^2 + q^2 + r^2 = \sum\nolimits_{\ell=1}^{3} \cos^2\alpha_\ell = 1} \qquad (6.29)$$

Die Vektorgleichung (6.20) für die Wellenausbreitung

$$\omega^2 \mu_0\, \boldsymbol{D} - k^2\, \boldsymbol{E} = -\big(\boldsymbol{k}\cdot\boldsymbol{E}\big)\,\boldsymbol{k}$$

wird für die Hauptachsenrichtungen untersucht, da dann $\boldsymbol{D}$ und $\boldsymbol{E}$ parallel sind und (6.15) gilt. In ξ-Richtung erhält man nach Division, der Erweiterung mit den Dielektrizitätskonstanten und der Abkürzung S für die auftretende Summe eine Darstellung für die D_ξ-Komponente bzw. den zugehörigen Richtungscosinus gemäß (5.19, Bd. I)

$$\underbrace{\left(\frac{\omega}{k}\right)^2}_{=v_{Ph}^2} D_\xi - \underbrace{\frac{1}{\mu_0\varepsilon_\xi}}_{=u_\xi^2}\,\varepsilon_\xi E_\xi = -\left[\frac{k_\xi}{\mu_0\varepsilon_\xi}\,\varepsilon_\xi E_\xi + \frac{k_\eta}{\mu_0\varepsilon_\eta}\,\varepsilon_\eta E_\eta + \frac{k_\zeta}{\mu_0\varepsilon_\zeta}\,\varepsilon_\zeta E_\zeta\right]\frac{k_\xi}{k^2}$$

$$\begin{aligned}
\big(v_{Ph}^2 - u_\xi^2\big)\,D_\xi &= -\frac{k_\xi}{k^2}\left[k_\xi u_\xi^2\,D_\xi + k_\eta u_\eta^2\,D_\eta + k_\zeta u_\zeta^2\,D_\zeta\right] \\
&= -\frac{k_\xi}{k^2}\sum\nolimits_{\ell=1}^{3} k_\ell u_\ell^2\,D_\ell \\
&= -\frac{k_\xi}{k^2}\,S
\end{aligned}$$

$$\boxed{D_\xi = -\frac{k_\xi}{v_{Ph}^2 - u_\xi^2}\,\frac{S}{k^2} = |\,\boldsymbol{D}\,|\cos\beta_\xi} \tag{6.30}$$

sowie entsprechende Ergebnisse für η- und ζ-Richtung. Da $\boldsymbol{k}$ und $\boldsymbol{D}$ orthogonal sind, gilt

$$\boldsymbol{k}\cdot\boldsymbol{D} = k_\xi D_\xi + k_\eta D_\eta + k_\zeta D_\zeta = \sum_{\ell=1}^{3} k_\ell D_\ell = 0$$

Die Summe wird mit (6.30) umgewandelt,

$$-\sum_{\ell=1}^{3} k_\ell D_\ell = 0 = S\sum_{\ell=1}^{3}\left(\frac{k_\ell}{k}\right)^2 \frac{1}{v_{Ph}^2 - u_\ell^2} = \frac{S}{k^2}\sum_{\ell=1}^{3}\frac{k_\ell}{v_{Ph}^2 - u_\ell^2}$$

aus der die **Fresnel'sche Normalengleichung** entsteht.

$$\boxed{\sum_{\ell=1}^{3}\frac{k_\ell^2}{v_{Ph}^2 - u_\ell^2} = 0} \qquad \boxed{\frac{p^2}{v_{Ph}^2 - u_\xi^2} + \frac{q^2}{v_{Ph}^2 - u_\eta^2} + \frac{r^2}{v_{Ph}^2 - u_\zeta^2} = 0} \tag{6.31}$$

Durch Multiplikation mit den Nennern wird sie auf folgende Form gebracht.

$$\begin{aligned} &p^2\left(v_{Ph}^2 - u_\eta^2\right)\left(v_{Ph}^2 - u_\zeta^2\right) \\ &\quad + q^2\left(v_{Ph}^2 - u_\xi^2\right)\left(v_{Ph}^2 - u_\zeta^2\right) \\ &\qquad + r^2\left(v_{Ph}^2 - u_\xi^2\right)\left(v_{Ph}^2 - u_\eta^2\right) = 0 \end{aligned}$$

Auflösen der Klammern führt mit (6.29) auf eine biquadratische Gleichung für die Phasengeschwindigkeit.

$$\begin{aligned} &\left(p^2 + q^2 + r^2\right) v_{Ph}^4 - \underbrace{\left[p^2\left(u_\eta^2 + u_\zeta^2\right) + q^2\left(u_\xi^2 + u_\zeta^2\right) + r^2\left(u_\xi^2 + u_\eta^2\right)\right]}_{=A} v_{Ph}^2 \\ &\qquad + \underbrace{p^2\,u_\eta^2\,u_\zeta^2 + q^2\,u_\xi^2\,u_\zeta^2 + r^2\,u_\xi^2\,u_\eta^2}_{=B} = 0 \end{aligned}$$

$$v_{Ph}^4 - A\,v_{Ph}^2 + B = 0$$

$$v_{Ph}^2 = \frac{1}{2}A \pm \frac{1}{2}\sqrt{A^2 - 4B} \qquad \text{mit} \qquad K = A^2 - 4B \tag{6.32}$$

Als Lösung erhält man zu jedem Tripel (p, q, r) und damit zu jedem Wellenvektor $\boldsymbol{k}$ zwei positive Werte $v_{Ph} = v_1, v_2$ in Vorwärts- und zwei negative in Rückwärtsrichtung. Das bedeutet, dass sich in **$\boldsymbol{k}$-Richtung zwei ebene Wellen** im Kristall mit unterschiedlichen Phasengeschwindigkeiten ausbreiten können, deren Verschiebungsvektoren $\boldsymbol{D}_1$ und $\boldsymbol{D}_2$ in der zu $\boldsymbol{k}$ senkrechten Wellenfront liegen und deren Richtungen noch bestimmt werden. Jede dieser Lösungen muss mit den zusammengehörigen Feldvektoren $\boldsymbol{E}_1, \boldsymbol{E}_2$ die Gleichung (6.22) erfüllen.

Die zum Vektorbüschel des Wellenvektors $\boldsymbol{k}$ gehörigen beiden positiven Lösungen der Phasengeschwindigkeit v_1, v_2 bilden eine **zweischalige Fläche** im Raum, die **Normalenfläche** heißt und die auch zur Erklärung der Brechung am Kristall herangezogen wird.

Bildet man das Skalarprodukt der Vektoren $\boldsymbol{D}_1$ und $\boldsymbol{D}_2$, setzt für die Komponenten die Darstellung (6.30) ein und führt eine Partialbruchzerlegung durch, dann ergibt sich

$$\begin{aligned}
\boldsymbol{D}_1 \cdot \boldsymbol{D}_2 = \sum_{\ell=1}^{3} D_{1_\ell} D_{2_\ell} &= \frac{S_1 S_2}{k^4} \sum_{\ell=1}^{3} \frac{k_\ell^2}{(v_1^2 - u_\ell^2)(v_2^2 - u_\ell^2)} \\
&= \frac{S_1 S_2}{k^4} \frac{1}{v_2^2 - v_1^2} \left[\underbrace{\sum_{\ell=1}^{3} \frac{k_\ell^2}{v_1^2 - u_\ell^2}}_{=0} - \underbrace{\sum_{\ell=1}^{3} \frac{k_\ell^2}{v_2^2 - u_\ell^2}}_{=0} \right]
\end{aligned}$$

Da die Summen nach (6.31) verschwinden, sind die **Verschiebungsvektoren** der beiden ebenen Wellen **orthogonal**!

$$\boldsymbol{D}_1 \cdot \boldsymbol{D}_2 = 0$$

6.3.6 Eigenschaften der Schnittellipse

Mit dem **Indexellipsoid**, dessen Halbachsen durch die Hauptbrechzahlen gegeben sind, gewinnt man eine geometrische Anschauung. Dabei wird die folgende **Relation der Konstanten** angenommen.

$$\boxed{\varepsilon_\xi < \varepsilon_\eta < \varepsilon_\zeta} \quad \rightarrow \quad \boxed{n_\xi < n_\eta < n_\zeta} \quad \boxed{u_\xi > u_\eta > u_\zeta} \tag{6.33}$$

Die durch den Wellenvektor $\boldsymbol{k}$ definierte Wellenfront schneidet das dreiachsige Ellipsoid in einer **Schnittellipse**, *(Abbildung 6.12)*.

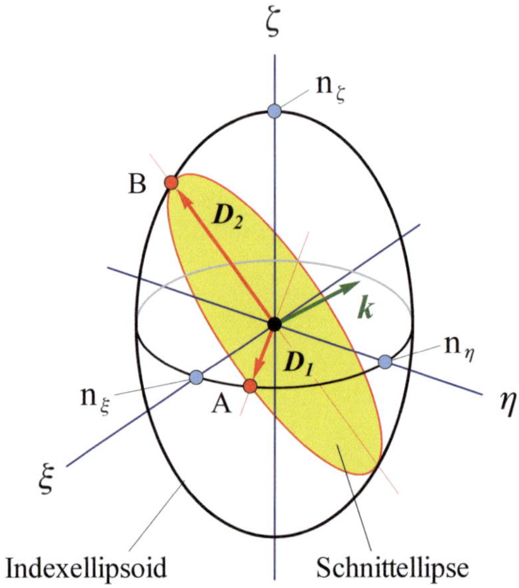

ABB. 6.12: Vektoren der orthogonalen Wellen im Indexellipsoid

Die Halbachsen a, b der Schnittellipse werden berechnet als **Extremwertproblem** des Längenquadrates $r^2 = \xi^2 + \eta^2 + \zeta^2$ unter den zu erfüllenden **Nebenbedingungen**, dass die Scheitelpunkte der Ellipse sowohl auf dem Indexellipsoid als auch in der Wellenfront liegen sollen, [1, S. 227], [17, S. 118].

Die Gleichung des Indexellipsoids (6.19) wird durch die Hauptlichtgeschwindigkeiten (6.14) ausgedrückt und die zweite Nebenbedingung beschreibt die Ebene der Wellenfront durch den Ursprung in der HESSE'schen Normalform nach (5.23, Bd. I), wobei deren Koeffizienten den Richtungscosinus von $\boldsymbol{k}$ nach (6.29) proportional sind.

Damit lauten die **Nebenbedingungen** mit einer beliebigen Konstanten C für ein Indexellipsoid aus der Schar der Tensorflächen

$$\begin{aligned} u_\xi^2\xi^2 + u_\eta^2\eta^2 + u_\zeta^2\zeta^2 &= \sum_{\ell=1}^{3} u_\ell^2\,\ell^2 = C^2 \\ k_\xi\,\xi + k_\eta\,\eta + k_\zeta\,\zeta &= \sum_{\ell=1}^{3} k_\ell\,\ell = 0 \end{aligned} \qquad (\ell = \xi, \eta, \zeta) \qquad (6.34)$$

Nach der **Methode der LAGRANGE'schen Multiplikatoren** soll die Funktion F mit den unbestimmten Faktoren λ_1, λ_2 zum **Extremum** werden, [7, I, S. 441],

$$F(\xi,\eta,\zeta) = \xi^2 + \eta^2 + \zeta^2 + \lambda_1 \left(u_\xi^2 \xi^2 + u_\eta^2 \eta^2 + u_\zeta^2 \zeta^2 - C^2\right) \\ + \lambda_2 \left(k_\xi\, \xi + k_\eta\, \eta + k_\zeta\, \zeta\right)$$

Das Verschwinden der partiellen Ableitungen führt auf drei Gleichungen,

$$\frac{\partial F}{\partial \ell} = 0 \qquad \rightarrow \qquad 2\ell \left(1 + \lambda_1 u_\ell^2\right) + \lambda_2 k_\ell = 0$$

die jeweils mit $\ell = \xi, \eta, \zeta$ multipliziert und addiert werden, so dass mit den Nebenbedingungen (6.34) folgt

$$2 \underbrace{\sum\nolimits_\ell \ell^2}_{=R^2} + 2\lambda_1 \underbrace{\sum\nolimits_\ell u_\ell^2\, \ell^2}_{=C^2} + \lambda_2 \underbrace{\sum\nolimits_\ell \ell\, k_\ell}_{=0} = 0 \qquad \rightarrow \qquad R^2 + \lambda_1 C^2 = 0$$

Die Extremwerte R^2 des Abstandes vom Ursprung bedeuten die Halbachsenquadrate a^2 oder b^2 der Schnittellipse, sind daher konstant und können dargestellt werden als

$$R^2 = -\,\lambda_1\, C^2 = \frac{C^2}{w^2} \qquad \text{mit} \qquad \lambda_1 = -\,\frac{1}{w^2}$$

Nach Einsetzen in das Ergebnis der partiellen Ableitungen folgt

$$2\ell \left(1 - \frac{u_\ell^2}{w^2}\right) = \frac{2\ell}{w^2} \left(w^2 - u_\ell^2\right) = -\lambda_2 k_\ell \qquad (*)$$

Nach Umformung, Multiplikation mit k_ℓ und Summation über ℓ erhält man

$$-\,\frac{2}{\lambda_2 w^2} \underbrace{\sum\nolimits_\ell \ell\, k_\ell}_{=0} = \sum\nolimits_\ell \frac{k_\ell^2}{w^2 - u_\ell^2}$$

Die linke Summe verschwindet wegen der Nebenbedingung und die rechte Summe ist genau dann Null, wenn man w mit den Lösungen $v_{Ph} = v_{1,2}$ gemäß der FRESNEL'schen Normalengleichung (6.31) identifiziert.

Damit sind die Halbachsen a, b der Schnittellipse die Extremwerte R dieser Fläche, die bis auf den unwesentlichen Scharparameter C den reziproken Werten der beiden Phasengeschwindigkeiten proportional sind.

$$a,\, b \,\hat{=}\, R = \sqrt{\sum\nolimits_{\ell=1}^{3} \ell^2}\,\Bigg|_{\max/\min} \sim \frac{1}{v_{1,2}}$$

Für $v_1 \sim \dfrac{1}{b}$ und $v_2 \sim \dfrac{1}{a}$ folgt $\dfrac{v_1}{v_2} = \dfrac{a}{b}$. Weiterhin ergibt die Beziehung (*) mit den Werten $w = v_{1,2}$,

$$-\frac{2}{\lambda_2 v_{1,2}^2}\,\ell = \frac{k_\ell}{v_{1,2}^2 - u_\ell^2}$$

woraus eine Verhältnisgleichung der Koordinaten der Scheitelpunkte S der Schnittellipse folgt, die nach (6.30) ebenso von den Komponenten der Verschiebungsvektoren erfüllt wird.

$$\xi_S : \eta_S : \zeta_S = \frac{k_\xi}{v_{1,2}^2 - u_\xi^2} : \frac{k_\eta}{v_{1,2}^2 - u_\eta^2} : \frac{k_\zeta}{v_{1,2}^2 - u_\zeta^2} = D_\xi : D_\eta : D_\zeta$$

Die **Vektoren $\boldsymbol{D}_1$ und $\boldsymbol{D}_2$** weisen daher in **Richtung der orthogonalen Halbachsen** a und b der Schnittellipse!

Da die Schnittellipsen bei beliebig liegenden Wellenvektoren $\boldsymbol{k}$ durch schräge Schnitte durch das Indexellipsoid entstehen, müssen die beiden zugehörigen Feldstärkevektoren $\boldsymbol{E}_1$ und $\boldsymbol{E}_2$ durch die POINSOT'sche Konstruktion bestimmt werden, wobei diese Vektoren normalerweise nicht zueinander orthogonal sind.

Aus *Abbildung 6.9* ergeben sich dagegen folgende **Orthogonalitäten**.

$$\boldsymbol{D}_1 \cdot \boldsymbol{D}_2 = 0 \quad \rightarrow \quad \begin{cases} \boldsymbol{D}_1 \cdot \boldsymbol{E}_2 = 0 \\ \boldsymbol{D}_2 \cdot \boldsymbol{E}_1 = 0 \end{cases}$$

$$\boldsymbol{k} \cdot \big(\boldsymbol{E}_1 \times \boldsymbol{H}_2\big) = \big(\boldsymbol{k} \times \boldsymbol{E}_1\big) \cdot \boldsymbol{H}_2 = 0$$
$$\boldsymbol{k} \cdot \big(\boldsymbol{E}_2 \times \boldsymbol{H}_1\big) = \big(\boldsymbol{k} \times \boldsymbol{E}_2\big) \cdot \boldsymbol{H}_1 = 0$$

Schnitte durch das dreiachsige Indexellipsoid, die senkrecht zu den Koordinatenrichtungen ξ, η, ζ verlaufen, heißen **Hauptachsenschnitte**, die die drei zugehörigen Schnittellipsen erzeugen, *(Abbildung 6.13)*.

Hat der Wellenvektor $\boldsymbol{k}$ speziell die Richtung einer Hauptachse, dann sind die dabei auftretenden ebenen Wellen Normalmoden mit parallelen Vektoren $\boldsymbol{E}$ und $\boldsymbol{D}$. Ihre Phasengeschwindigkeiten entsprechen nach (6.14) zwei Hauptlichtgeschwindigkeiten, so dass eine **schnelle und eine langsame Welle** existiert. Wegen der vorausgesetzten Brechzahlrelation (6.33) gelten folgende Geschwindigkeiten

$$v_1 = u_\xi = \frac{c}{n_\xi} > v_2 = u_\eta = \frac{c}{n_\eta} \qquad \text{für} \qquad \boldsymbol{k} = k\,\mathbf{e}_\zeta$$

mit entsprechenden Werten für die beiden anderen Fälle.

Bei Überlagerung beider Wellen durchläuft die Summenfeldstärke bei genügender Kristalldicke alle Polarisationszustände wie im *Abschnitt 6.3.4* bereits erörtert.

6.3.7 Kreisschnitte und optische Achsen

Der **Hauptschnitt** ist derjenige der drei Hauptachsenschnitte, in dem die **kleinste** und die **größte Brechzahl** liegen. Nach der Relation (6.33) befindet sich die Schnittellipse in der Ebene $\eta = 0$, (*Abbildung 6.13*).

Wenn der Wellenvektor $\boldsymbol{k}$ in der Ebene des Hauptschnitts liegt und einen Winkel χ mit der ζ-Achse bildet, dann schneiden die Wellenfronten das Indexellipsoid in zwei symmetrisch liegenden **Kreisschnitten**. Dieser Sonderfall stellt eine **Entartung** dar, weil dann die **beiden Phasengeschwindigkeiten** der möglichen Wellen **identisch** sind und, wie später gezeigt wird, der Hauptlichtgeschwindigkeit der η-Richtung entsprechen.

Die beiden Richtungen des Wellenvektors $\boldsymbol{k}$ bzw. der Normalen der Wellenfronten, die die Kreisschnitte erzeugen, heißen **optische Achsen** und einen solchen Kristall nennt man **zweiachsig** oder **biaxial**.

In den besonderen $\boldsymbol{k}$-Richtungen der optischen Achsen haben die beiden Schalen der Normalenfläche wegen der gleichen Geschwindigkeiten vier Berührungspunkte, die man auch **Nabelpunkte** nennt.

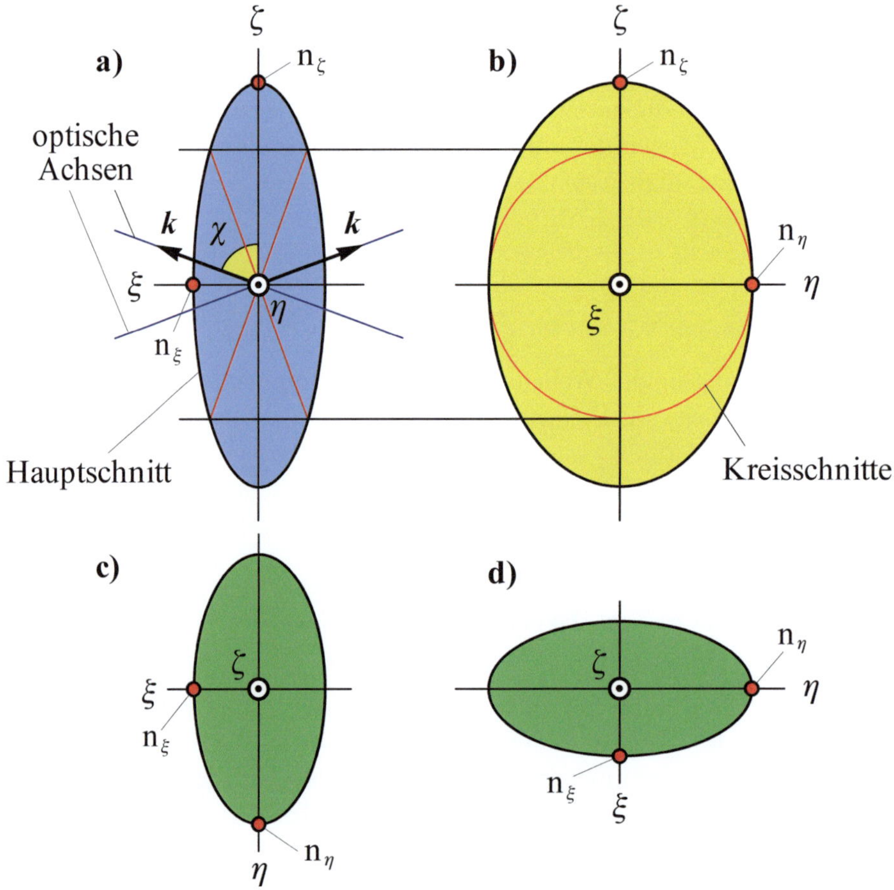

Abb. 6.13: Hauptachsenschnitte durch das Indexellipsoid für $n_\xi < n_\eta < n_\zeta$ Hauptschnitt in blau

Bei der biquadratischen Gleichung für die Phasengeschwindigkeit, die aus der Fresnel'schen Normalengleichung (6.31) hervorgeht, verschwindet im Falle der Entartung die Diskriminante K in (6.32), so dass die Gleichung eine **Doppelwurzel** hat.

Für die Untersuchung wird der zweite Summand mit dem Faktor (6.29), der Eins ist, multipliziert. Die Diskriminante lautet damit, [1, S. 234],

$$\begin{aligned} K = A^2 - 4B = \quad & \Big[p^2\big(u_\eta^2 + u_\zeta^2\big) + q^2\big(u_\xi^2 + u_\zeta^2\big) + r^2\big(u_\xi^2 + u_\eta^2\big)\Big]^2 \\ & - 4\Big[p^2\,u_\eta^2\,u_\zeta^2 + q^2\,u_\xi^2\,u_\zeta^2 + r^2\,u_\xi^2\,u_\eta^2\Big]\underbrace{\big(p^2 + q^2 + r^2\big)}_{=1} = 0 \end{aligned}$$

Mit den Abkürzungen, die die Vorzeichen der Relationen (6.33) berücksichtigen,

$$\begin{aligned} \rho &= p^2\left(u_\eta^2 - u_\zeta^2\right) \geqslant 0 \\ \sigma &= q^2\left(u_\zeta^2 - u_\xi^2\right) \leqslant 0 \\ \tau &= r^2\left(u_\xi^2 - u_\eta^2\right) \geqslant 0 \end{aligned}$$

erhält man für die Diskriminante nach Zwischenrechnung

$$K = \rho^2 + \sigma^2 + \tau^2 - 2\rho\sigma - 2\rho\tau - 2\sigma\tau = \underbrace{(\rho + \sigma - \tau)^2}_{>0} - \underbrace{4\rho\sigma}_{<0} = 0$$

Wegen der unterschiedlichen Vorzeichen muss jeder Summand

$$g = \rho + \sigma - \tau = 0 \qquad \text{und} \qquad h = \rho\sigma = 0$$

einzeln Null sein, damit die Diskriminante verschwindet.

Aus $h = 0$ folgt entweder $\rho = 0$. Das bedeutet für g wegen der verschiedenen Vorzeichen $\sigma = \tau = 0$. Da aber nicht alle drei Größen ρ, σ, τ bzw. Richtungscosinus p, q, r des Wellenvektors $\boldsymbol{k}$ nach (6.29) gleichzeitig verschwinden können, ist dieser Fall ausgeschlossen!

Aus $h = 0$ folgt deshalb $\sigma = 0$ und wegen (6.33) $q = 0$ und aus g als weitere Folge $\rho = \tau$ bzw.

$$p^2\left(u_\eta^2 - u_\zeta^2\right) = r^2\left(u_\xi^2 - u_\eta^2\right)$$

Mit dieser Beziehung kann man aus (6.31) die Phasengeschwindigkeit berechnen, die auf ein einfaches Ergebnis führt.

$$p^2\left(v_{Ph}^2-u_\zeta^2\right)+\underbrace{p^2\,\frac{u_\eta^2-u_\zeta^2}{u_\xi^2-u_\eta^2}}_{=r^2}\left(v_{Ph}^2-u_\xi^2\right)=0$$

$$\left(v_{Ph}^2-u_\zeta^2\right)\left(u_\xi^2-u_\eta^2\right)+\left(v_{Ph}^2-u_\xi^2\right)\left(u_\eta^2-u_\zeta^2\right)=0$$

$$v_{Ph}^2\left(u_\xi^2-u_\zeta^2\right)-u_\eta^2\left(u_\xi^2-u_\zeta^2\right)=0$$

$$v_{Ph}^2=u_\eta^2$$

Die Phasengeschwindigkeiten der Wellen beim Kreisschnitt entsprechen der Hauptlichtgeschwindigkeit in η-Richtung.

$$v_{Ph}=u_\eta=\frac{c}{n_\eta}$$

Die Wellenvektoren der Kreisschnitte liegen, wie anfangs plausibel gemacht, wegen $q=0$ tatsächlich in der (ξ-ζ)-Ebene.

$$\boldsymbol{k}=k\,(p\,\mathbf{e}_\xi+r\,\mathbf{e}_\zeta)$$

Für den Winkel χ gegen die ζ-Achse erhält man aus der FRESNEL'schen Normalengleichung (6.31) die Bziehung

$$\boxed{\tan\chi=\frac{p}{r}=\sqrt{\frac{u_\xi^2-u_\eta^2}{u_\eta^2-u_\zeta^2}}=\frac{n_\zeta}{n_\xi}\sqrt{\frac{n_\eta^2-n_\xi^2}{n_\zeta^2-n_\eta^2}}} \tag{6.35}$$

Hat der Wellenvektor $\boldsymbol{k}$ beim zweiachsigen Kristall die Richtung einer optischen Achse, dann existieren zwei ebene Wellen, bei denen einer der beiden orthogonalen $\boldsymbol{D}$-Vektoren in Richtung der Hauptachse η liegt.

6.3.8 Strahlklassifizierung

Beim Kreisschnitt in *Abbildung 6.14* hat $\boldsymbol{D}_1=\boldsymbol{D}_\eta$ Hauptachsenrichtung und ist daher parallel zu $\boldsymbol{E}_1=\boldsymbol{E}_\eta$. POYNTING-Vektor $\boldsymbol{S}_1$ und Wellenvektor $\boldsymbol{k}$ haben die gleiche Richtung und dadurch entsteht der **ordentliche Strahl**, den man durch den **Index *o*** für *ordinär* kennzeichnet.

Dagegen liegt $\boldsymbol{D}_2$ schräg im Indexellipsoid, so dass die zugehörige Feldstärke $\boldsymbol{E}_2$ durch POINSOT'sche Konstruktion bestimmt werden muss. Der Winkel ψ zwischen beiden Vektoren ergibt sich nach (6.24). $\boldsymbol{S}_2$ und $\boldsymbol{k}$ sind nicht parallel, wodurch der **außerordentliche Strahl** entsteht, den man durch den **Index** $\boldsymbol{e}$ für *extraordinär* kennzeichnet.

Wegen der gleichen Phasengeschwindigkeiten beim Kreisschnitt behält eine anfängliche Phasenverschiebung zwischen den orthogonalen Feldstärken $\boldsymbol{E}_1$ und $\boldsymbol{E}_2$ beim Durchgang durch den Kristall den gleichen Wert, so dass sich die Polarisation der Summenfeldstärke $\boldsymbol{E}_1 + \boldsymbol{E}_2$ nicht ändert.

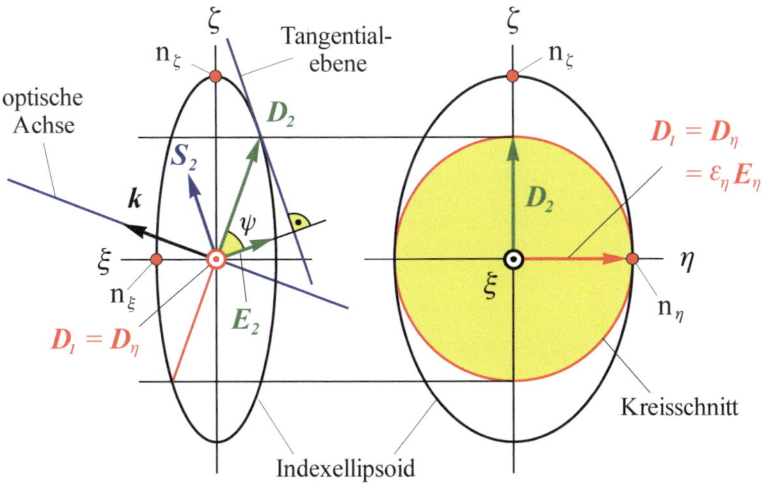

ABB. 6.14: Vektoren beim Kreisschnitt

Die **Klassifizierung der Strahlen beim Kristalldurchgang** führt auf drei Fälle, die je nach Lage der Schnittellipse in den *Abbildungen 6.12/6.14* möglich sind.

- ✶ $\boldsymbol{k}$ hat beliebige Richtung
  hierbei entstehen zwei außerordentliche Strahlen
  mit verschiedenen Phasengeschwindigkeiten
- ✶ $\boldsymbol{k}$ steht senkrecht auf einer Hauptachse des Ellipsoids
  hierbei entstehen ein ordentlicher und ein außerordentlicher Strahl
  und damit eine schnelle und eine langsame Welle,
  der Kreisschnitt mit Polarisationserhaltung stellt dabei einen
  Sonderfall dar
- ✶ $\boldsymbol{k}$ weist in Richtung einer Hauptachse (6.36)
  hierbei entstehen zwei ordentliche Strahlen
  mit verschiedenen Phasengeschwindigkeiten,
  es tritt keine Doppelbrechung auf, aber die Polarisation
  bleibt nicht erhalten

6.3.9 Einachsige Kristalle und ihre Klassifizierung

Wie bei Gleichung (6.26) bereits erwähnt, gibt es bei einachsigen Kristallen im Hauptachsensystem nur zwei verschiedene Dielektrizitätskonstanten, so dass die Tensorflächen **Rotationsellipsoide** sind. Der Sonderfall des Kreisschnitts kann nur auftreten, wenn der Wellenvektor $\boldsymbol{k}$ die Richtung der Rotations- oder ζ-Achse hat. Einachsige Kristalle haben daher nur **eine optische Achse**, die aus kristallographischer Sicht auch als **$\boldsymbol{c}$-Achse** bezeichnet wird, und jede dazu senkrechte Richtung ρ ist Hauptachsenrichtung.

Einachsige Kristalle werden nach dem Verhältnis ihrer Dielektrizitätskonstanten oder Hauptlichtgeschwindigkeiten bzw. der Differenz der Brechzahlen klassifiziert.

$$\boxed{\varepsilon_\xi = \varepsilon_\eta = \varepsilon_\perp = \varepsilon_o} \qquad \boxed{\varepsilon_\zeta = \varepsilon_{||} = \varepsilon_e} \tag{6.37}$$

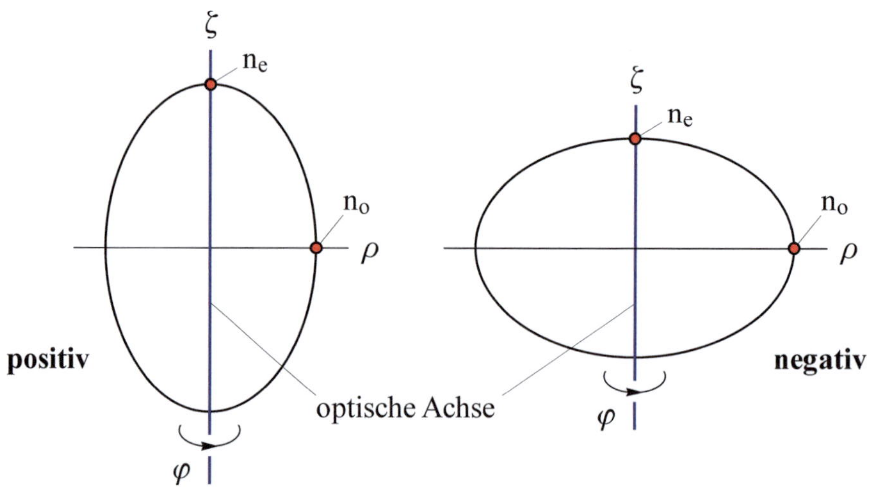

ABB. 6.15: Hauptschnitte einachsiger Indexellipsoide

Damit existieren positive und negative einachsige Kristalle, die sich in ihren Indexellipsoiden unterscheiden.

✶ **positiv einachsige Kristalle**

$$\left.\begin{array}{l}\varepsilon_o \;<\; \varepsilon_e \\ n_o \;<\; n_e\end{array}\right\} \quad \rightarrow \quad u_o > u_e\,, \qquad \Delta n = n_e - n_o > 0$$

das **Indexellipsoid ist langgestreckt** (prolate),
die Geschwindigkeit des ordentlichen Strahls ist größer
als die des außerordentlichen Strahls, (6.38)
wichtiges Beispiel ist **Quarz** (SiO_2)

✶ **negativ einachsige Kristalle**

$$\left.\begin{array}{l}\varepsilon_o \;>\; \varepsilon_e \\ n_o \;>\; n_e\end{array}\right\} \quad \rightarrow \quad u_o < u_e\,, \qquad \Delta n = n_e - n_o < 0$$

das **Indexellipsoid ist abgeplattet** (oblate),
die Geschwindigkeit des ordentlichen Strahls ist kleiner
als die des außerordentlichen Strahls,
wichtiges Beispiel ist **Kalkspat** ($CaCO_3$)

Wellenvektor $\boldsymbol{k}$ und optische Achse spannen in Rotationsellipsoiden eine Ebene auf, die einen **Hauptschnitt** darstellt. Von den beiden Achsen der zu $\boldsymbol{k}$ gehörigen Schnittellipse liegt eine immer im Hauptschnitt, die andere steht senkrecht auf ihm. Je nach der Richtung des Wellenvektors sind drei Fälle zu unterscheiden.

Hat der **Wellenvektor $\boldsymbol{k}$ beliebige Richtung**, dann hat die zum Hauptschnitt senkrechte Halbachse der Schnittellipse die Länge n_o, in die die parallelen Vektoren $\boldsymbol{D}_o$ und $\boldsymbol{E}_o$ zeigen. Sie bilden die Normalmode des **ordentlichen Strahls**, der senkrecht zum Hauptschnitt polarisiert ist und nach (6.28) die Phasengeschwindigkeit $v_{Ph} = u_o = c/n_o$ hat.

Die zweite Halbachse der Schnittellipse hat einen Brechungsindex n_m, der zwischen n_o und n_e liegt. Die Vektoren $\boldsymbol{D}_e$ und $\boldsymbol{E}_e$ sind nicht parallel und der Winkel ψ zwischen ihnen sowie zwischen $\boldsymbol{S}$ und $\boldsymbol{k}$ ergibt sich nach (6.26). Diese zweite Welle erzeugt den **außerordentlichen Strahl**, der parallel zum Hauptschnitt polarisiert ist und sich mit der Phasengeschwindigkeit $v_{Ph} = u_m = c/n_m$ ausbreitet.

Weist der Wellenvektor $\boldsymbol{k}$ **in ρ-Richtung** senkrecht zur optischen Achse, dann gibt es den ordentlichen Strahl wie im ersten Fall mit parallelen Vektoren $\boldsymbol{D}_o$ und $\boldsymbol{E}_o$ und zum Hauptschnitt senkrechter Polarisation. Die Vektoren $\boldsymbol{D}_e$ und $\boldsymbol{E}_e$ sind ebenfalls parallel und zeigen in Richtung der optischen Achse. Die zugehörige Welle ist Normalmode und bildet einen zweiten ordentlichen Strahl mit der extremalen Phasengeschwindigkeit $v_{Ph} = u_e = c/n_e$.

Weist der Wellenvektor $\boldsymbol{k}$ **in Richtung der optischen Achse**, dann entsteht beim Rotationsellipsoid der **Kreisschnitt**. Jede Richtung in der ρ-Ebene ist dann Hauptachsenrichtung, in der die Vektoren $\boldsymbol{D}_o$ und $\boldsymbol{E}_o$ parallel sind. Es gibt daher zwei ordentliche Strahlen, die senkrecht zur optischen Achse jeweils und in der Summe linear polarisiert sind. Der Kristall verhält sich in diesem Fall **optisch isotrop**!

Im Fall der einachsigen Kristalle vereinfacht sich wegen $u_\xi = u_\eta = u_o$ die FRESNEL'sche Normalengleichung (6.31).

$$\left[\,(p^2+q^2)\left(v_{Ph}^2-u_e^2\right)+r^2\left(v_{Ph}^2-u_o^2\right)\right]\left(v_{Ph}^2-u_o^2\right)=0$$

Die Richtungscosinus p, q, r des Wellenvektors $\boldsymbol{k}$ werden durch die Winkelfunktionen des Meridionalwinkels ϑ gegen die ζ-Achse ausgedrückt,

$$p^2+q^2=\sin^2\vartheta \qquad \text{und} \qquad r=\cos\vartheta$$

wodurch die Gleichung in zwei Faktoren zerfällt,

$$\begin{aligned}\left[\,\left(v_{Ph}^2-u_e^2\right)\sin^2\vartheta+\left(v_{Ph}^2-u_o^2\right)\cos^2\vartheta\,\right]\left(v_{Ph}^2-u_o^2\right)&\\=\left[\,v_{Ph}^2-\left(u_e^2\sin^2\vartheta+u_o^2\cos^2\vartheta\right)\right]\left(v_{Ph}^2-u_o^2\right)&=0\end{aligned}$$

so dass man die beiden Lösungen der Phasengeschwindigkeit v_{Ph} direkt angeben kann.

$$\begin{aligned}v_1^2&=u_o^2\\v_2^2&=u_e^2\sin^2\vartheta+u_o^2\cos^2\vartheta\end{aligned}$$

Die beiden Schalen der **Normalenfläche**, die die Geschwindigkeiten darstellen, werden gebildet von einer **Kugel** vom Radius u_o und einem **Ovaloid** als Fläche 4. Ordnung, die sich auf der Rotationsachse berühren. Das Ovaloid hat in der Äquatorebene den Wert $v_2(\vartheta=\pi/2)=u_e$.

Mit folgendem Quotienten und der bei (6.25) eingeführten Abkürzung q

$$\left(\frac{u_e}{u_o}\right)^2 = \frac{\varepsilon_o}{\varepsilon_e} = \frac{\varepsilon_\perp}{\varepsilon_{||}} = \left(\frac{n_o}{n_e}\right)^2 = \frac{1}{q}$$

erhält man für das Ovaloid die Gleichung

$$\frac{v_2}{u_o} = \sqrt{\frac{1}{q}\sin^2\vartheta + \cos^2\vartheta}$$

In *Abbildung 6.16* gehören zum Wellenvektor $\boldsymbol{k}$, der in eine radiale Richtung unter dem Winkel ϑ zeigt, die in dieser Richtung liegenden Phasengeschwindigkeiten $v_1 = u_o$ auf der Kugel und v_2 auf einem der Ovaloide. Das **Polardiagramm** zeigt die auf u_o normierten Geschwindigkeiten, wobei die in der Kugel liegenden Ovaloide für positive einachsige Kristalle ($q > 1$), die außen liegenden für negative ($q < 1$) gelten.

In der physikalischen Realität treten keine so stark von Eins abweichenden Werte für q wie in den *Abbildungen 6.11* und *6.16* auf, die daher mehr der Anschauung und dem prinzipiellen Verständnis dienen.

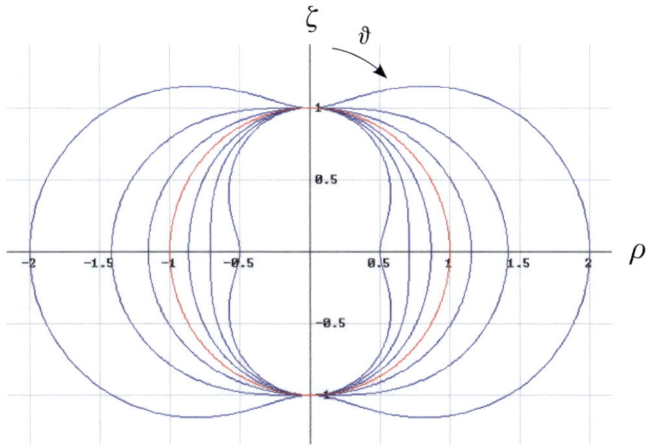

ABB. 6.16: Zweischalige normierte Normalenfläche bei einachsigen Kristallen

Kugel in rot für $q = 1$

Ovaloide in blau für

q = 0.25, 0.5, 0.75	**(negativ, innen)**
q = 1.333, 2, 4	**(positiv, außen)**

Aus den **Brechungsindizes**, die bei der D-Linie von Natrium bei 589 nm gemessen werden, ergeben sich für die einachsigen Kristalle **Quarz** (SiO_2), **Kalkspat** (Calzit, $CaCO_3$) und das in der Photonik verwendete **Lithium-Niobat** ($LiNbO_3$) folgende Werte für das Verhältnis $q = (n_e/n_o)^2$.

$$\begin{aligned} &\mathrm{SiO_2} && q = \left(\frac{1.5533}{1.5442}\right)^2 = 1.012 && \text{(positiv)} \\ &\mathrm{CaCO_3} && q = \left(\frac{1.4864}{1.6583}\right)^2 = 0.803 && \text{(negativ)} \\ &\mathrm{LiNbO_3} && q = \left(\frac{2.208}{2.300}\right)^2 = 0.922 && \text{(negativ)} \end{aligned} \tag{6.39}$$

Kalkspat hat mit $\Delta n = n_e - n_o = -0.172$ eine im Vergleich zu anderen Kristallen starke Doppelbrechung.

Weitere Kristallwerte zum Vergleich, [13, S. 387]:

NaCl	$n = 1.544$	(isotrop)
GaAs	$n = 3.5$ (bei $\lambda = 1000\,\text{nm}$)	(isotrop)
Feldspat	$n_\xi = 1.522,\ n_\eta = 1.526,\ n_\zeta = 1.530$	(dreiachsig)

6.3.10 Brechungsgesetze im anisotropen Medium

Die Brechung von Licht an der Grenzfläche zweier Medien wird häufig mit dem **Huygens'schen Prinzip** erklärt, bei dem die von der einfallenden Wellenfront nacheinander getroffenen Punkte der Grenzfläche als Ausgangspunkte von Elementarwellen im zweiten Medium betrachtet werden, deren gemeinsame Einhüllende wegen der abweichenden Materialeigenschaft eine andere Richtung für die gebrochene Wellenfront hat. Diese Konstruktion ist recht anschaulich und wird daher häufig im Physikunterricht der Schulen als Erklärung herangezogen.

Das Huygens'sche Prinzip ist **heuristisch** und wird der physikalischen Realität nur zum Teil gerecht, da es lediglich die Elementarwellen in Vorwärtsrichtung berücksichtigt und weder die Polarisation noch den Vektorcharakter und die Verhältnisse der Vektoramplituden betrachtet. Durch die Maxwell'sche Theorie und die Eigenschaften der Kristalle muss es ergänzt und an die experimentellen Befunde angepasst werden, [17, S. 128].

Trifft eine ebene Welle aus einem Medium vom Brechungsindex $n_0 = 1$, das kann Luft oder Vakuum sein, auf einen Kristall K, dann müssen die Phasenfunktionen der einfallenden und der gebrochenen Feldstärkekomponenten an der Grenzfläche übereinstimmen, um die Randbedingungen (5.13) zu erfüllen, [9, S. 110]. Wenn in *Abbildung 6.17* der Ursprung in der Grenzfläche mit der Normalen $\mathbf{e}_z$ liegt, dann muss für $z = 0$ in jedem Punkt $P(\boldsymbol{r})$ der Grenze zwischen Vakuum ($\boldsymbol{k}$) und Kristall ($\boldsymbol{k}_K$) für die Phasen gelten

$$\begin{aligned}\phi(z=0) = \quad & \omega t - \boldsymbol{k}\cdot\boldsymbol{r}_P = \omega\left(t - \frac{k_0}{\omega}\boldsymbol{n}\cdot\boldsymbol{r}_P\right) \\ = \; & \left(\omega t - \boldsymbol{k}_K\cdot\boldsymbol{r}_P\right) = \omega\left(t - \frac{k_K}{\omega}\boldsymbol{n}_K\cdot\boldsymbol{r}_P\right) \\ \boldsymbol{r}_P\cdot\left(\frac{k_0}{\omega}\boldsymbol{n} - \frac{k_K}{\omega}\boldsymbol{n}_K\right) = \boldsymbol{r}_P\cdot & \left(\frac{\boldsymbol{n}}{c} - \frac{\boldsymbol{n}_K}{v_K}\right) = \left(\boldsymbol{r}_P\cdot\boldsymbol{d}\right) = 0\end{aligned}$$

Bei gegebenem Vektor $\boldsymbol{k}/\omega = \boldsymbol{n}/c$ der einfallenden Welle muss der gesuchte Vektor $\boldsymbol{n}_K/v_K$ im Kristall so bestimmt werden, dass der Differenzvektor $\boldsymbol{d}$ orthogonal zu dem in der Grenzfläche liegenden Ortsvektor $\boldsymbol{r}_P$ ist.

Man findet diesen Vektor in der Abbildung auf folgende Weise. Zu jedem Vektor des Büschels $\boldsymbol{k}$ gehören zwei Lösungen der FRESNEL'schen Normalengleichung für die Phasengeschwindigkeit v_K. Trägt man die beiden Schalen der **inversen Normalenfläche** auf, dann findet man die Reziprokwerte $1/v_1$ und $1/v_2$. Eine einfallende Welle erzeugt daher im Kristall zwei gebrochene Wellen in Richtung der Wellenvektoren $\boldsymbol{k}_1 = k_1\boldsymbol{n}_1/v_1 \sim \boldsymbol{w}_1$ und $\boldsymbol{k}_2 = k_2\boldsymbol{n}_2/v_2 \sim \boldsymbol{w}_2$, die die obige Bedingung erfüllen. Gleichzeitig ergeben sich damit auch zwei Lichtstrahlen in den zugehörigen Strahlrichtungen $\boldsymbol{s}_1$ und $\boldsymbol{s}_2$, wodurch es zum Phänomen der **Doppelbrechung** kommt.

Aus der Randbedingung für $z = 0$ folgt mit (6.21) eine Beziehung, bei der man von den Richtungscosinus der Wellenvektoren und ihren Winkeln zu den Ergänzungswinkeln zu 90° und den Sinuswerten übergeht. Der **Einfallswinkel** φ und die beiden **Brechungswinkel** ψ_1 und ψ_2 treten im **Brechungsgesetz** traditionell mit Sinusfunktionen auf, das in dieser Form daher nur dann gültig ist, wenn die **Winkel gegen das Einfallslot**, hier also gegen die z-Achse, gemessen werden!

$$k\cos\alpha = \frac{\omega}{c}\sin\varphi = k_1\cos\alpha_1 = \frac{\omega}{v_1}\sin\psi_1 = k_2\cos\alpha_2 = \frac{\omega}{v_2}\sin\psi_2$$

Die Gleichung wird mit c/ω multipliziert, um die Brechungsindizes $n_k = c/v_k$ nach (5.71) einzuführen, die mit den Sinuswerten der zugehörigen Winkel die **numerische Apertur** NA definieren.

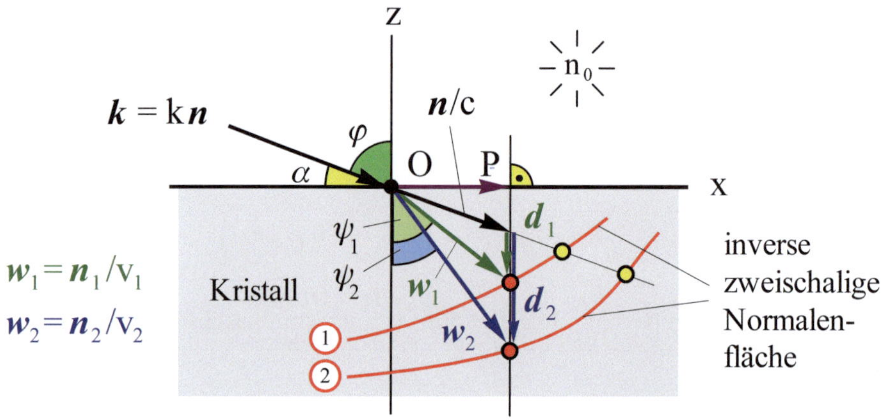

Abb. 6.17: Brechung an der Kristalloberfläche

Die Randbedingung an der Grenzfläche der Medien führt auf den **Erhaltungssatz der numerischen Apertur**, woraus die **Brechungsgesetze** in der bekannten Form hervorgehen.

$$NA = n_0 \sin\varphi = n_1 \sin\psi_1 = n_2 \sin\psi_2 = \text{const.}$$

$$\frac{\sin\varphi}{\sin\psi_1} = \frac{n_1}{n_0} = \frac{v_0}{v_1} \qquad \frac{\sin\varphi}{\sin\psi_2} = \frac{n_2}{n_0} = \frac{v_0}{v_2} \tag{6.40}$$

Die Gesetze entsprechen dem **Snellius'schen Brechungsgesetz**, aber im anisotropen Fall gibt es deutliche Unterschiede. Bei der Fresnel'schen Gleichung bezogen sich die Lösungswerte $v_{1,2}$ auf die gleiche Richtung von $\boldsymbol{k}$. Hier müssen für die beim Einfallswinkel φ von $\boldsymbol{k}$ nicht richtungsgleichen Wellenvektoren $\boldsymbol{k}_1$ und $\boldsymbol{k}_2$ die zugehörigen Geschwindigkeiten $v_{1,2}$ ermittelt werden, die andere Werte haben. In der Abbildung ist der Unterschied an den gelben und roten Punkten auf den inversen Normalenflächen zu erkennen.

6.3.11 Lichtdurchgang durch Kristalle

Die Vorstellung einer ebenen Welle, deren Wellenfront senkrecht zur Ausbreitungsrichtung als unendlich ausgedehnt betrachtet wird, ist ein einfach zu handhabendes mathematisches Modell, das der physikalischen Realität aber nicht entspricht, was schon im Zusammenhang mit der Ausstrahlungsbedingung (5.112) erörtert wurde. Bei optischen Experimenten mit sichtbarem Licht werden meist eng begrenzte **Lichtstrahlen** erzeugt, beeinflusst und beobachtet. Trotz des begrenzten Querschnitts des Lichtstrahls macht man dennoch erfolgreich von den Vektoreigenschaften der ebenen Welle Gebrauch.

Die **Energie der Lichtstrahlen** breitet sich in Richtung des POYNTING-Vektors $\boldsymbol{S}$ bzw. **in Strahlrichtung** $\boldsymbol{s}$ aus, die den Weg der Intensität des Lichtes markiert, das von einem Objekt ausgesandt wird. Im Gegensatz zum isotropen Fall stimmt die Strahlrichtung $\boldsymbol{s}$ in anisotropen Medien außer in Sonderfällen nicht mit der Richtung der Wellennormalen $\boldsymbol{k}$ überein, so dass die visuellen Erscheinungen bei Lichtstrahlen in Kristallen anders interpretiert werden müssen.

Sind im Kristall zwei verschiedene Richtungen möglich, dann existieren im beliebig polarisierten natürlichen Licht zwei Strahlen, die vom Auge in Verlängerung der Sichtlinien als ein Doppelbild wahrgenommen werden, weshalb man von **Doppelbrechung** spricht.

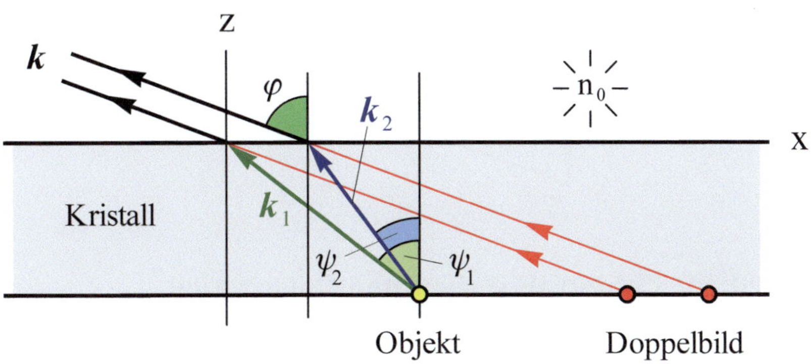

ABB. 6.18: Entstehung des Doppelbildes beim Blick auf einen Kristall

Kehrt man in *Abbildung 6.17* die Ausbreitungsrichtungen um, was bei Lichtstrahlen stets möglich ist, dann gibt *Abbildung 6.18* die Erklärung zur Doppelbildentstehung bei einem Objekt, das durch einen Kristall betrachtet wird. Im Diagramm müssten bei Lichtstrahlen an Stelle der Wellenvektoren $\boldsymbol{k}_{1,2}$ eigentlich die Strahlrichtungen $\boldsymbol{s}_{1,2}$ verwendet werden, wobei die Brechungswinkel $\psi_{1,2}$ etwas andere Werte haben, da die Vektoren $\boldsymbol{D}$ und $\boldsymbol{E}$ nur im Sonderfall parallel sind.

6.3.11.1 Beispiel Kalkspat

Im **Kristallschnitt** der *Abbildung 6.19* wird der Lichtdurchgang bei einen **negativ einachsigen Kalkspatkristall** untersucht, bei dem der Hauptschnitt durch das Calzit-Rhomboeder normal zu einem Paar paralleler Flächen verläuft und als **Schnittfläche** ein Parallelogramm mit den angegebenen Winkeln erzeugt, [9, S. 334].

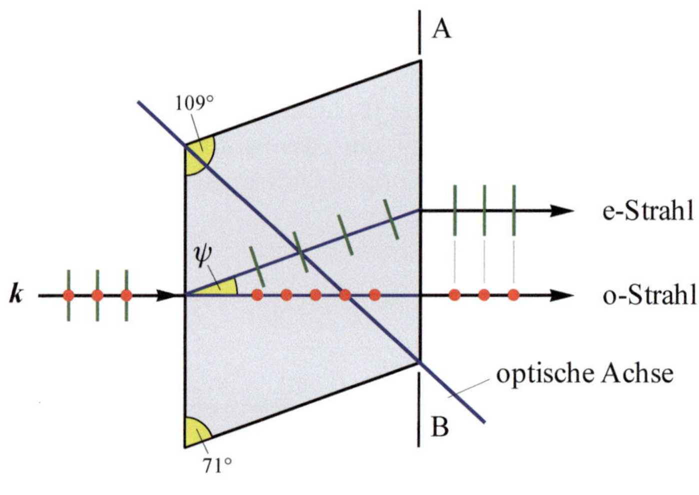

ABB. 6.19: Lichtstrahlverlauf und Polarisation im Hauptschnitt eines Kalkspatkristalls
Polarisation bezüglich der Zeichenebene senkrecht durch Punkte, parallel durch Striche

Legt man den Kristall mit der Fläche A-B auf ein Blatt Papier mit einem schwarzen Punkt, dann besteht das gesehene Bild nach *Abbildung 6.18* aus zwei grauen Punkten, da sich die Intensität auf beide Bilder verteilt. Dreht man den Kristall auf der Unterlage, dann bleibt ein Punkt am gleichen Ort, aber der andere bewegt sich kreisförmig um ihn herum. Der stationäre Punkt wird vom ordentlichen Strahl, der wandernde vom außerordentlichen Strahl gebildet.

Die Erklärung für die Brechung der Lichtstrahlen an der Eintrittsfläche sowie deren Strahlverlauf erfolgt mit Hilfe des bei Kalkspat abgeplatteten Indexellipsoids. Ordentlicher o-Strahl und außerordentlicher e-Strahl haben im Kristall unterschiedliche Strahlrichtungen $\boldsymbol{s}_o$ und $\boldsymbol{s}_e$ und beide sind orthogonal zueinander polarisiert.

Nach den Beziehungen (5.71) und (5.74) gilt in einem Medium,

$$v_{Ph} = \lambda f = \frac{c}{n}$$

woraus mit der Brechzahlrelation $n_o > n_m > n_e$ für die Phasengeschwindigkeiten der beiden ebenen Wellen im dargestellten Kalkspatkristall folgt

$$\frac{v_{Ph_o}}{v_{Ph_e}} = \frac{\lambda_o}{\lambda_m} = \frac{n_m}{n_o} < 1$$

Gleichphasige Wellenfronten haben nach *Abbildung 6.20* im o-Strahl den Abstand λ_o, im e-Strahl dagegen $\lambda_m = \lambda_o / \cos\psi$ mit dem Winkel ψ nach (6.26).

Die Strahlgeschwindigkeiten haben für den o-Strahl mit parallelen Vektoren $\boldsymbol{k}$ und $\boldsymbol{s}_o$ den Wert $v_{S_o} = v_{Ph_o} = c/n_o$ und für den e-Strahl mit verschieden gerichteten Vektoren $\boldsymbol{k}$ und $\boldsymbol{s}_e$ den Wert

$$v_{S_e} = \frac{v_{Ph_e}}{\cos\psi} = v_{Ph_o} \frac{n_o}{n_m} \frac{1}{\cos\psi} = \frac{c}{n_m \cos\psi} > v_{S_o}$$

Für die Parameter des e-Strahls ist also die von der $\boldsymbol{k}$-Richtung abhängige Brechzahl n_m und nicht das Minimum n_e maßgebend! Für negativ einachsige Kristalle wie Kalkspat stellt der e-Strahl die schnelle, der o-Strahl die langsame Welle dar.

Bei einer $\boldsymbol{k}$-Richtung senkrecht zur optischen Achse wird der e-Strahl zum zweiten ordentlichen Strahl. Beide Strahlen haben den größten Geschwindigkeitsunterschied, aber die Strahlaufspaltung ist Null, da der Winkel ψ zwischen $\boldsymbol{D}_e$ und $\boldsymbol{E}_e$ bzw. $\boldsymbol{k}$ und $\boldsymbol{s}_e$ verschwindet.

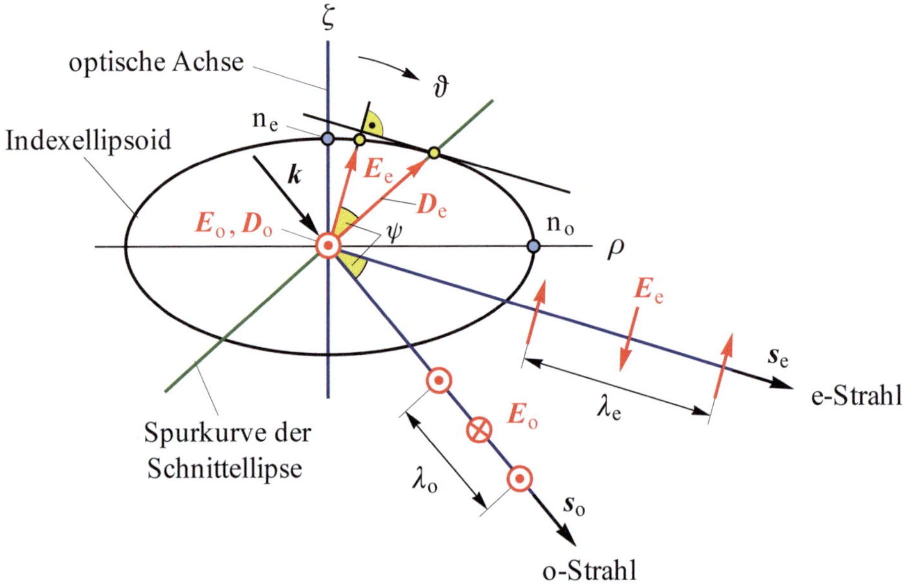

Abb. 6.20: Strahlrichtungen und Polarisationen im Kalkspatkristall

Die in *Abbildung 6.20* bei **Kalkspat** mit $q = 0.803$ nach (6.27) maximal auftretende Strahlaufspaltung von $\psi_{\max} = 6.27°$ wird erreicht für den Winkel $\vartheta_{D_{\max}} = 48.14°$ zwischen optischer Achse und Vektor $\boldsymbol{D}$ bzw. $\vartheta_{\max} = 41.86°$ zwischen optischer Achse und Wellenvektor $\boldsymbol{k}$. Dieses Maximum ist beim dargestellten Kristallschnitt des Spaltrhomboeders der *Abbildung 6.19* nahezu gegeben, wobei die Aufspaltung der Deutlichkeit halber übertrieben dargestellt wurde.

Bei **Quarz** mit $q = 1.012$ erreicht die maximale Strahlaufspaltung nur den geringen Wert von $\psi_{\max} = 0.34°$ bei $\vartheta_{\max} = 45.17°$ und kann deshalb nicht so einfach beobachtet werden.

6.4 Magnetische Eigenschaften der Materie

6.4.1 Elementarmagnete in Festkörpern

Innerhalb der Materie existieren **Elementarmagnete** auf Grund von Drehimpulsen, die jeweils magnetische Dipole erzeugen. Dabei handelt es sich um den **Kernspin** von Atomkernen, den **Elektronenspin** der Elektronen sowie den **Bahndrehimpuls** der umlaufenden Elektronen. Allerdings bedarf die klassische Vorstellung des Drehimpulses bei Kern- und Elektronenspin einer tiefer gehenden quantenmechanischen Erklärung, auf die hier nicht eingegangen werden kann.

Die auf das Volumen bezogene vektorielle Summe aller **magnetischen Dipolmomente** ergibt die **Dipoldichte** oder **Magnetisierung** $\boldsymbol{M}$ als Eigenschaft des Mediums, (6.54), bei der die klassische Betrachtungsweise wieder gültig ist. Durch ein äußeres homogenes Magnetfeld $\boldsymbol{H}_e$, das man deshalb auch als **magnetische Erregung** bezeichnet, können die weitgehend regellos verteilten Dipolmomente in eine Vorzugsrichtung gebracht werden.

Magnetisierungsvektor $\boldsymbol{M}$ und magnetische Erregung sind bei isotropen Stoffen durch die **Suszeptibilität** χ miteinander verbunden.

$$\boldsymbol{M} = \chi \boldsymbol{H}_e$$

Die im Vakuum oder im freien Raum von einer magnetischen Feldstärke $\boldsymbol{H}_e$ hervorgerufene Induktion $\boldsymbol{B}$ erfüllt nach (5.7) die folgende Beziehung

$$\boldsymbol{B} = \mu_0 \boldsymbol{H}_e$$

Die Magnetisierung des Mediums bewirkt eine Erhöhung der Induktion,

$$\boxed{\boldsymbol{B} = \mu_0 \left(\boldsymbol{H}_e + \boldsymbol{M}\right) = \mu_0 \left(1 + \chi\right) \boldsymbol{H}_e = \mu_0 \, \mu_r \, \boldsymbol{H}_e} \tag{6.41}$$

wobei die dimensionslose Suszeptibilität $\chi = \mu_r - 1$ den Einfluss der Materie berücksichtigt.

Bei Festkörpern wird der Zusammenhang zwischen Magnetisierung und Feldstärke als anisotrope Materialeigenschaft durch den **Suszeptibilitätstensor** 2. Stufe beschrieben.

$$\boxed{\boldsymbol{M} = \overset{\vee}{\boldsymbol{\chi}} \cdot \boldsymbol{H}_e} \tag{6.42}$$

6.4.2 Dipolmomente und Drehimpulse

Jede Masse m mit einer Ladung q und einem Drehimpuls $\boldsymbol{L}$ stellt einen **magnetischen Dipol** $\boldsymbol{m}$ dar, [20, S. 341].

$$\boldsymbol{m} = \gamma \boldsymbol{L} \quad \rightarrow \quad \gamma = \frac{|\,\boldsymbol{m}\,|}{|\,\boldsymbol{L}\,|} = \frac{q}{2m} \tag{6.43}$$

Dabei bezeichnet man den Quotienten aus den Beträgen von Dipolmoment und Drehimpuls als **gyromagnetisches Verhältnis** γ.

Bewegt sich die Masse m auf einer Kreisbahn vom Radius r mit der Geschwindigkeit v um die z-Achse, dann gilt für deren **Bahndrehimpuls** $\boldsymbol{L}$ nach (3.44) und (5.44, Bd. I)

$$\boldsymbol{L} = \Theta\,\omega\,\mathbf{e}_z = mr^2\omega\,\mathbf{e}_z = mvr\,\mathbf{e}_z \tag{6.44}$$

Bei der Untersuchung von Kanalstrahlen gelang **Joseph John Thomson** (1856-1940) im Jahre 1897 die **Entdeckung des Elektrons** und die Bestimmung der **spezifischen Ladung** als Quotient aus Elementarladung e und Masse des Elektrons m_e aber nicht der Einzelgrößen selbst, wofür er 1906 den **Nobelpreis für Physik** erhielt.

$$\boxed{\frac{e}{m_e} = 1.759 \cdot 10^{11}\,\frac{\text{As}}{\text{kg}}} \qquad \frac{\text{As}}{\text{kg}} = \frac{\text{m/s}^2}{\text{V/m}} = \frac{\text{Hz}}{\text{T}} \tag{6.45}$$

Auf Grund der Dimension entspricht dieses Verhältnis auch einer Beschleunigung, die von einer elektrischen Feldstärke hervorgerufen wird, oder einer Frequenz pro Induktionsstärke in Tesla.

Die klassische Sichtweise (6.44) wurde auf die Bewegung der Elektronen im Bohr'schen Atommodell angewendet. Der **Bahndrehimpuls** $\boldsymbol{L}_e$ eines **Elektrons**, das um die z-Achse auf einem Kreis vom Radius r mit der Winkelgeschwindigkeit ω umläuft, hat danach den Wert

$$\boldsymbol{L}_e = L_e\,\mathbf{e}_z = m_e r^2\,\omega\,\mathbf{e}_z = m_e v\,r\,\mathbf{e}_z$$

Im *Abschnitt 10.5* werden die Bahnradien des Elektrons abgeleitet. Aus dem Vergleich mit dem **Radius für den Grundzustand** des Atoms nach (10.25)

$$r = \frac{h}{2\pi\,m_e v} = \frac{\hbar}{m_e v}$$

gleicht der Betrag des Bahndrehimpulses des Elektrons dem **PLANCK'schen Wirkungsquantum** mit dem in (10.22) angegebenen Zahlenwert.

$$|\boldsymbol{L}_e| = L_e = m_e v\, r = \frac{h}{2\pi} = \hbar \tag{6.46}$$

Aus $v = \omega\, r = 2\pi r/T$ berechnet man den Kreisstrom I, den das bewegte Elektron mit negativer Elementarladung darstellt.

$$I = \frac{Q}{T} = -\, e\, \frac{v}{2\pi r}$$

Das **magnetische Dipolmoment** $\boldsymbol{m}$ nach (5.26) entspricht dem **Bahnmoment** $\boldsymbol{L}_e$ des umlaufenden Elektrons und lautet

$$\boldsymbol{m} = I A\, \mathbf{e}_z = -\, \frac{e\, v}{2\pi r}\, \pi r^2\, \mathbf{e}_z = -\, \frac{e}{2m_e}\, m_e v\, r\, \mathbf{e}_z = -\, \frac{e}{2m_e}\, \boldsymbol{L}_e$$

Wegen der negativen Ladung des Elektrons sind Dipol- oder Bahnmoment $\boldsymbol{m}$ und Bahndrehimpuls $\boldsymbol{L}_e$ entgegengesetzt gerichtet.

$$\boxed{\boldsymbol{m} = -\, \frac{e\hbar}{2m_e}\, \frac{\boldsymbol{L}_e}{\hbar}} \tag{6.47}$$

Der Betrag des Dipolmomentes wird **BOHR'sches Magneton** μ_B genannt, das die Basiseinheit des magnetischen Dipolmomentes elektronischen Ursprungs mit folgendem Zahlenwert darstellt.

$$\boxed{\mu_B = |\boldsymbol{m}| = \frac{e\hbar}{2m_e} = 9.274 \cdot 10^{-24}\, \mathrm{Am}^2} \qquad \mathrm{Am}^2 = \frac{\mathrm{Ws}}{\mathrm{T}} \tag{6.48}$$

Den Quotienten γ_e aus Bahnmoment und Drehimpuls bezeichnet man wie in (6.43) als **gyromagnetisches Verhältnis** mit der Dimension von Ladung zu Masse.

$$\boxed{\gamma_e = \frac{|\boldsymbol{m}|}{|\boldsymbol{L}_e|} = \frac{e}{2m_e} = \frac{\mu_B}{\hbar}} \qquad \frac{\mathrm{Am}^2}{\mathrm{Ws}^2} = \frac{\mathrm{Hz}}{\mathrm{T}} \tag{6.49}$$

Nach der Quantentheorie hat das Elektron einen **Eigendrehimpuls** oder **Elektronenspin** $\boldsymbol{S}_e$, der gequantelt ist und nur zwei diskrete Werte annehmen kann. Drehimpulse im atomaren Bereich sind stets halb- oder ganzzahlige Vielfache des Wirkungsquantums $\hbar$, wobei für den Elektronenspin gilt

$$\boldsymbol{S}_e = \pm\,\frac{1}{2}\,\hbar\,\mathbf{e}_s \qquad \rightarrow \qquad S_e = |\,\boldsymbol{S}_e\,| = \frac{1}{2}\,\hbar$$

Nach den klassischen Beziehungen (6.47) und (6.49) würde man als Dipolmoment

$$|\,\boldsymbol{m}_s\,|_{\,\text{klass}} = \frac{e}{2m_e}\,S_e = \mu_B\,\frac{S_e}{\hbar} = \frac{1}{2}\,\mu_B = \gamma_e\,S_e \tag{6.50}$$

erwarten. Tatsächlich ist das **Dipolmoment $\boldsymbol{m}_s$ des Elektrons** auf Grund von Messungen aber etwa *doppelt* so groß, was sich nur quantentheoretisch erklären läßt, [3, S. 37, 563], [20, S. 341].

Man berücksichtigt dieses Versuchsrgebnis durch den **LANDÉ-Faktor** g im Dipolmoment, der den Wert $g = 2.002\,319$ hat, wobei man auch das **gyromagnetische Verhältnis** γ_s für den **Spin des Elektrons** definiert.

$$\boxed{\boldsymbol{m}_s = -\,g\,\frac{e}{2m_e}\,\boldsymbol{S}_e = -\,\gamma_s\,\boldsymbol{S}_e = -\,g\,\mu_B\,\frac{\boldsymbol{S}_e}{\hbar}} \qquad \boxed{|\,\boldsymbol{m}_s\,| = \frac{g}{2}\,\frac{e\hbar}{2m_e} = \frac{g}{2}\,\mu_B} \tag{6.51}$$

Damit sind beim Elektron Bahn- und Spinmoment nahezu gleich groß und haben den Wert eines BOHR'schen Magnetons.

Der Spin von Atomkernen oder **Kernspin** wird durch die gleiche semiklassische Darstellung wie beim Elektron beschrieben und technische Anwendungen werden im *Abschnitt 6.4.12* erörtert.

Protonen, Neutronen und Elektronen als atomare Bausteine der normalen Materie besitzen den gleichen Eigendrehimpuls oder Spin der Größe $\hbar/2$. Elementarteilchen mit **halbzahligem Spin** heißen **Fermionen**, die einen Teil im Standardmodell der Elementarteilchenphysik in *Abbildung 10.5* darstellen.

Die **Bahnmomente bei Festkörpern** sind normalerweise an das Kristallgitter gekoppelt, so dass ein äußeres Feld bei ihnen keine Ausrichtung bewirken kann.

Da **Protonen** nach (10.18) eine 1836-fach größere Masse als Elektronen besitzen, ist das magnetische Dipolmoment des Kernspins oder **Kernmoment** entsprechend kleiner und trägt zur Magnetisierung bei Kristallen und Festkörpern praktisch nicht bei.

Das Verhalten von Medien bei der Magnetisierung nach (6.42) wird durch die **Spinmomente der Elektronen** bestimmt, deren Kopplung bei den Atomen im Festkörper sehr gering ist. Para- und Diamagnetismus sind daher ausgesprochene Eigenschaften der einzelnen Atome.

Der **Paramagnetismus** eines Mediums beruht auf unkompensierten magnetischen Momenten in der Elektronenhülle der Atome, die durch ein äußeres Magnetfeld ausgerichtet werden können. Die Vektoren von Magnetisierung $\boldsymbol{M}$ und Erregung $\boldsymbol{H}_e$ sind dabei gleichgerichtet und die **Suszeptibilität** χ ist **positiv**. Paramagnetische Stoffe bilden nur eine sehr geringe Magnetisierung aus und weisen eine Permeabilitätszahl μ_r wenig über Eins auf. Eine Erhöhung der Temperatur verstärkt die Wärmebewegung im Kristall und wirkt der Ausrichtung der Spinmomente durch ein äußeres Magnetfeld entgegen. Oberhalb einer bestimmten Temperatur, der **Curie-Temperatur**, sind zuvor ausgerichtete Spinmomente wieder statistisch verteilt und der Magnetisierungseffekt verschwindet.

Bei Atomen mit abgeschlossenen Elektronenschalen kompensieren sich die magnetischen Momente. Denn nach dem **Pauli-Prinzip** kann kein Elektronenzustand, der durch die verschiedenen **Quantenzahlen** bestimmt wird, doppelt besetzt werden, wodurch Konfigurationen mit gleichgerichteten Spins in einer abgeschlossenen Elektronenschale ausgeschlossen sind. In diesen Fällen sind Magnetisierung $\boldsymbol{M}$ und Erregung $\boldsymbol{H}_e$ entgegengerichtet und die **Suszeptibilität** χ ist **negativ** aber sehr klein. Dieses Materialverhalten wird als **Diamagnetismus** bezeichnet, [8, S. 108], [10, S. 229].

6.4.3 Eigenschaften ferromagnetischer Materialien

Übergangselemente der Nebengruppen des Periodensystems haben eine Besonderheit bei der Besetzung der Elektronenschalen, indem energetisch höher liegende Schalen eher als darunter liegende besetzt werden. Dadurch haben die Spinmomente der Elektronen in den unvollständig besetzten inneren Schalen durch quantenmechanische Wechselwirkung eine Tendenz zu **spontaner Magnetisierung** durch parallele Ausrichtung der Dipolmomente im Kristallgitter.

Bei ferromagnetischen Kristallen, zu denen Eisen, Kobalt und Nickel der achten Nebengruppe sowie besondere Legierungen gehören, entstehen dadurch räumlich durch **Bloch-Wände** begrenzte Bereiche, sog. **magnetische Domänen** oder **Weiss'sche Bezirke**, mit jeweils gleicher Orientierung der Dipolmomente, die eine räumliche Ausdehnung im Bereich von $1 \,..\, 100\,\mu$m haben. Der **Ferromagnetismus** ist dadurch eine Kristalleigenschaft, [8, S. 465].

Im unmagnetisierten Zustand kompensieren sich die Momente der Weiss'schen Bezirke, können aber durch ein angelegtes, äußeres Magnetfeld ausgerichtet werden. Die resultierende Magnetisierung des gesamten Materials wird viel stärker als beim Paramagnetismus und führt zu hohen Werten von $\mu_r = 10^3 \,..\, 10^5$ der relativen Permeabilität bzw. Suszeptibilität.

Ferromagnetische Materialien zeigen ein **nichtlineares, magnetisches Verhalten**, wodurch die Permeabilitätszahl μ_r von der Induktion $\boldsymbol{B}$ abhängt. Bei Verschwinden der magnetischen Erregung $\boldsymbol{H}_e$ gehen die Elementardipole nicht vollständig in ihre regellose Ausgangslage zurück, so dass eine materieeigene Magnetisierung in gewisser Stärke erhalten bleibt. Nach der Stärke dieses Eigenfeldes unterscheidet man zwischen **hart- und weichmagnetischer Materie**.

Die maximal mögliche **Sättigungsmagnetisierung** nimmt mit steigender Temperatur ab und oberhalb der **Curie-Temperatur**, die bei Eisen bei 1043 K oder 770° C liegt, wird der Kristall wieder unmagnetisch.

Messungen an ferromagnetischen Einkristallen haben ergeben, dass die magnetische Mindestfeldstärke zum Erreichen der Sättigungsmagnetisierung wegen der Anisotropie von der Richtung im Kristall abhängt. Ferromagnetische Festkörper besitzen jeweils unterschiedliche Kristallrichtungen **leichter und schwerer Magnetisierung**, bei denen die Sättigung bereits mit niedrigen bzw. erst mit hohen Feldstärken erreicht wird.

Das Verhalten ferromagnetischer Werkstoffe wird durch die nichtlineare und nichteindeutige **Magnetisierungskennlinie** $B = f(H)$ beschrieben, die in *Abbildung 6.21* dargestellt ist. Zunächst wird bei ursprünglich unmagnetisierten Festkörpern von $H = 0$ an die **Neukurve** bis zur **Sättigung** bei technisch relevanten Werten H_S und B_S durchlaufen, von wo ab nur noch eine sehr geringe Steigerung der Magnetisierung wie im freien Raum möglich ist. Vermindert man die Feldstärke wieder auf $H = 0$, bleibt eine remanente Induktion oder **Remanenz** B_r bestehen, die erst durch Umkehrung der

Erregung bis zur **Koerzitivfeldstärke** $H = -H_c$ zur Induktion $B = 0$ führt. Durch weitere Absenkung von H erreicht man die Sättigung in umgekehrter Richtung. Steigert man die Feldstärke wieder von $-H_S$ auf $+H_S$, wird ein punktsymmetrisch liegender Ast der Magnetisierungskennlinie oder **Hystereseschleife** durchlaufen.

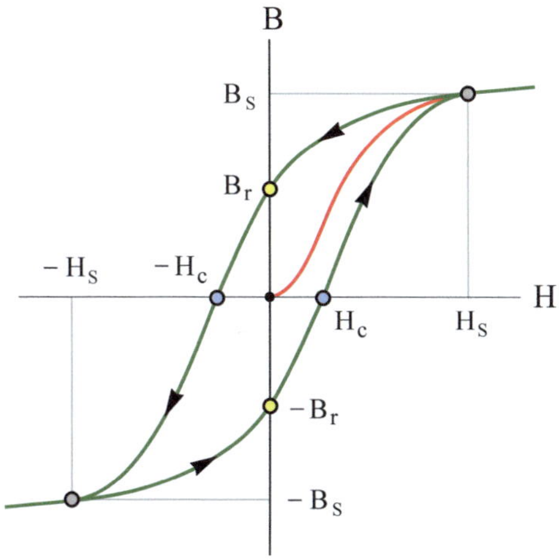

ABB. 6.21: Magnetisierungskennlinie, Neukurve in rot

Pendelt die magnetische Feldstärke bei Wechselstrom periodisch zwischen den extremalen Werten $+H_S$ und $-H_S$, dann wird die Hystereseschleife entsprechend oft auf dem oberen und unteren Kennlinienast durchlaufen.

Der Flächeninhalt eines vollständigen Umlaufs der Magnetisierungskennlinie M entspricht einer Energiedichte nach (5.35),

$$w_v = \oint_M B(H)\, dH$$

die den Verlust durch Ummagnetisierung darstellt und damit ein Maß für die **Hystereseverluste** im Material ist.

Materialien mit kleinen Werten von B_r und H_c werden als **weichmagnetisch** bezeichnet. Da ihre Hystereseschleifen schmal sind und nur geringe Hystereseverluste verursachen, werden sie bei Wechselstromanwendungen für Spulenkerne und Transformatorbleche im Niederfrequenzbereich eingesetzt.

Durch bestimmte Wärmebehandlungen und Walzbedingungen kann man bei weichmagnetischem Material eine Kornorientierung oder **Textur** erreichen, bei der die überwiegende Anzahl der Kristallkörner oder Kristallite eine Vorzugsorientierung in Richtung des bei der Anwendung wirkenden Magnetfeldes besitzt. Solche kornorientierten Bleche werden beim Aufbau von Transformatorkernen eingesetzt.

Da ferromagnetische Festkörper **metallisch** sind, besitzen sie eine **gute Leitfähigkeit**. Bei Wechselstromanwendungen entstehen dadurch in den aus solchen Materialien bestehenden Kernen von Spulen, Transformatoren oder elektrischen Maschinen, die einen hohen magnetischen Fluss Ψ_m führen, **Wirbelstromverluste**, die man durch technische Maßnahmen wie Aufbau aus gegeneinander isolierten Blechen, sog. **geblechten Kernen**, vermindert.

Die höchsten Werte der Permeabilitätszahl von $\mu_r = (1\,..\,3\,..) \cdot 10^5$ werden bei bestimmten **Nickel-Eisen-Legierungen** mit hohem Nickelanteil (75 .. 80 %), etwa 15 % Eisen und Zusätzen von Kupfer, Molybdän oder Kobalt erreicht **(Permalloy, Mu-Metall)**. Zu dünnen Blechen ausgerollt wird Mu-Metall als hochpermeabler Werkstoff eingesetzt, um elektronische Geräte vor magnetischen Streufeldern abzuschirmen.

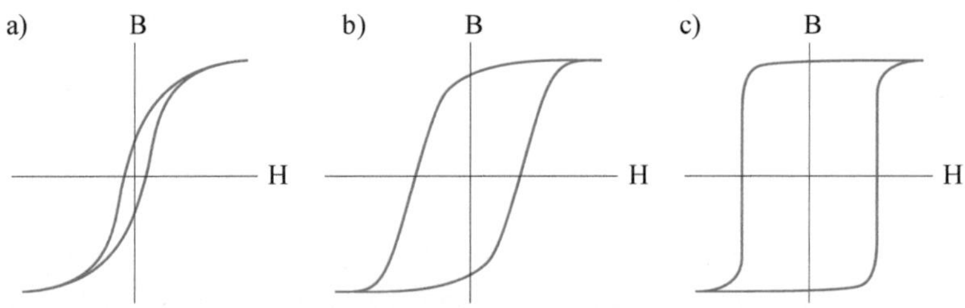

ABB. 6.22: Hystereseschleifen ferromagnetischer Werkstoffe
a) weichmagnetisch
b) hartmagnetisch
c) hartmagnetisch für Speicherzwecke

Materialien mit großen Werten für Remanenz und Koerzitivfeldstärke werden als **hartmagnetisch** bezeichnet, die wegen des großen Flächeninhaltes ihrer Hystereseschleifen zur **Informationsspeicherung** und für Permanentmagnete verwendet werden. Da keine periodischen Ummagnetisierungen sondern nur seltene Schreib- und Lesevorgänge erfolgen, entstehen keine Hystereseverluste. Bei Speichermedien bedeuten große Werte von B_r und H_c eine hohe Datensicherheit, da die gespeicherten Informationen nicht durch zufällige Streufelder umorientiert werden können.

Permanentmagnete mit relativ hohen Werten für Remanenz und Koerzitivfeldstärke wurden anfänglich aus Legierungen von Aluminium, Nickel und Kobalt **(AlNiCo)** hergestellt. Seit den 1980er Jahren werden Elemente aus der Gruppe der Seltenerdmetalle oder **Lanthanoide** verwendet, die entgegen ihrer Bezeichnung nicht so selten in der Erdkruste vorkommen. Die häufigsten und stets gesinterten **Seltenerdmagnete** bestehen aus **Samarium-Kobalt** oder **Neodym-Eisen-Bor** und weisen weitaus höhere Werte von B_r und H_c auf als alle bisherigen Permanentmagnete. Wegen der viel höheren resultierenden Energiedichten konnte man auch das erforderliche Magnetvolumen erheblich reduzieren.

Allgemeine Darstellungen der magnetischen Eigenschaften von Werkstoffen findet man z.B. in [10, Kap. 12], [16, Kap. 8].

6.4.4 Eigenschaften ferrimagnetischer Materialien

Ferrimagnetische Materialien zeigen ein ähnliches Verhalten wie ferromagnetische. Innerhalb von Domänen sind die Spinmomente aber teilweise antiparallel ausgerichtet mit einem insgesamt vorhandenen Nettoeffekt der spontanen Magnetisierung, der aber kleiner als bei ferromagnetischen Substanzen ist. Durch ein äußeres homogenes Magnetfeld kann man eine globale, einheitliche Orientierung der Nettomagnetisierung aller Domänen erreichen. Ferrimagnetische Materialien verfügen sowohl über ein Hystereseverhalten, das bei entsprechenden Materialien weich- oder hartmagnetisch ist, als auch über eine Curie-Temperatur, oberhalb der sie wieder unmagnetisch werden.

Ferrite sind fast ausnahmslos aus Metalloxiden gesinterte, keramische Materialien (Sinterkeramik), die in ihrer Zusammensetzung homogen sind aber durch die Spins ihrer Elektronen und durch äußere erregende Magnetfelder anisotrope Eigenschaften aufweisen.

Ein künstlich hergestellter ferrimagnetischer Kristall ist **Yttrium-Eisen-Granat** (YIG, Yttrium Iron Garnet), der als Mikrowellenferrit, Resonator oder als YIG-Filter in der Hochfrequenztechnik eingesetzt wird.

Alle anderen Ferrite bestehen aus dem ferrimagnetischen, **keramischen Material** Eisenoxid und weiteren **Oxiden der Metalle** (Me) Mn, Co, Ni, Zn u.a. mit der Zusammensetzung $MeO{\cdot}Fe_2O_3$ oder $MeO{\cdot}Fe_3O_4$. Die Herstellung dieser Ferrite erfolgt pulvermetallurgisch, wobei durch komplexe Press-, Sinter- und Temperaturvorgänge optimale Eigenschaften und Formen für den technischen Einsatz erreicht werden. Die relativen Dielektrizitätskonstanten ε_r haben Werte von 10 .. 15.

Hartmagnetische Ferrite wie **Barium-Ferrit** finden als kostengünstige Permanentmagnete Verwendung, aber sie haben kleinere Koerzitivfeldstärken und Remanenzen als metallische und erst recht Seltenerdpermanentmagnete, so dass sie eine deutlich geringere magnetische Energiedichte aufweisen.

Im Gegensatz zu den metallischen ferromagnetischen Materialien weisen keramische Ferrite **hohe spezifische Widerstände** von $10^3 \,..\, 10^8\,\Omega$m auf. Wegen ihrer sehr geringen Wirbelstromverluste werden **weichmagnetische Ferrite** als Kerne in Spulen, Schaltnetzteilen und vielen Bauelementen der Hochfrequenz- und Mikrowellentechnik bis in den Gigahertzbereich eingesetzt.

Der hohe spezifische Widerstand bzw. die geringe Leitfähigkeit κ des Ferritmaterials haben eine große **Eindringtiefe** δ zur Folge,

$$\delta = \sqrt{\frac{2}{\omega\,\kappa\,\mu}}$$

so dass erregende Magnetfelder selbst bei sehr hohen Frequenzen ω das gesamte Bauelement durchdringen und eine vollständige Magnetisierung des Volumens erzeugen.

6.4.5 Bewegungsgleichung und Magnetisierung

Ein konstantes Induktionsfeld $\boldsymbol{B}$ übt auf das durch den Elektronenspin $\boldsymbol{S}_e$ erzeugte Dipolmoment $\boldsymbol{m}_s$ nach (5.28) ein Drehmoment $\boldsymbol{M}_D$ aus, das nach dem Drallsatz (3.13) der zeitlichen Änderung des Eigendrehimpulses des Elektrons entspricht.

$$\boldsymbol{m}_s \times \boldsymbol{B} = \boldsymbol{M}_D = \frac{d\boldsymbol{S}_e}{dt}$$

Mit der zeitlichen Ableitung von (6.51) folgt daraus bei z-gerichteter Induktion $\boldsymbol{B} = B\,\mathbf{e}_z$

$$\frac{d\boldsymbol{m}_s}{dt} = -\gamma_s \frac{d\boldsymbol{S}_e}{dt} = -\gamma_s \boldsymbol{m}_s \times \boldsymbol{B} = g\frac{e}{2m_e}\boldsymbol{B} \times \boldsymbol{m}_s \approx \frac{eB}{m_e}\mathbf{e}_z \times \boldsymbol{m}_s \quad (6.52)$$

Bilden Dipolmoment und Induktion einen Winkel ϑ, dann führt das Elektron wie bei einem Kreisel eine **Präzession** um $\boldsymbol{B}$ mit dem Rotationsvektor $\vec{\boldsymbol{\omega}}_L$ aus, dessen Betrag **LARMOR-Frequenz des Elektrons** heißt. Die Bewegungsgleichung des präzessierenden Dipolmomentes entspricht der vektoriellen Differentialgleichung (5.45, Bd. I) und ihrer Lösung.

$$\boxed{\frac{d\boldsymbol{m}_s}{dt} = \vec{\boldsymbol{\omega}}_L \times \boldsymbol{m}_s} \qquad \boxed{\vec{\boldsymbol{\omega}}_L = g\frac{e}{2m_e}\boldsymbol{B}} \qquad \boxed{\omega_L \approx \frac{eB}{m_e}} \quad (6.53)$$

Bei konstanter Induktion bewegt sich das Dipolmoment des Elektrons im Sinne einer **Rechtsschraube** gleichmäßig auf einem Kegelmantel vom Öffnungswinkel ϑ um den Feldvektor $\boldsymbol{B}$ *(Abbildung 6.23)* und mit Umkehrung des Magnetfeldes kehrt sich auch der Drehsinn um.

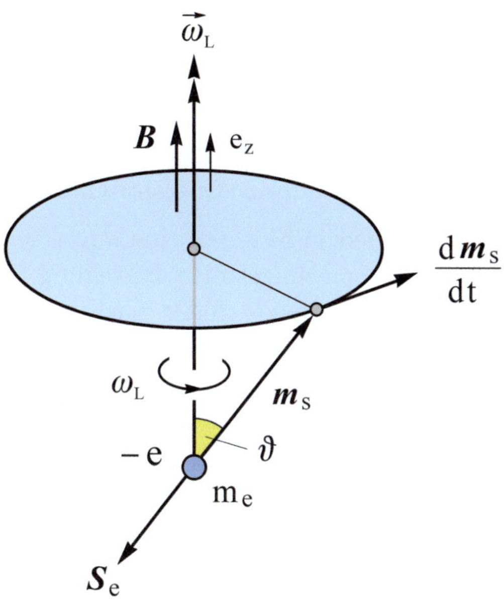

ABB. 6.23: Präzession des Dipolmomentes des Elektrons im Magnetfeld

Da die Summe der **Dipoldichte** $\boldsymbol{m}_s/v$ im Volumen dem **Magnetisierungsvektor** $\boldsymbol{M}$ entspricht, kann man schreiben

$$\frac{d}{dt}\left(\sum\frac{\boldsymbol{m}_s}{v}\right)=\frac{d\boldsymbol{M}}{dt}=-\gamma_s\left(\sum\frac{\boldsymbol{m}_s}{v}\right)\times\boldsymbol{B}=-\gamma_s\,\boldsymbol{M}\times\boldsymbol{B} \tag{6.54}$$

Mit Permeabilitätskonstante (5.8) und spezifischer Ladung (6.45) definiert man ein **modifiziertes gyromagnetische Verhältnis** beim Elektron.

$$\boxed{\Gamma=\gamma_s\,\mu_0=\mu_0\,\frac{e}{m_e}=0.221\,\text{MHz}\,\frac{\text{m}}{\text{A}}} \tag{6.55}$$

Ersetzt man $\boldsymbol{B}$ nach (6.41), dann erhält man den Zusammenhang zwischen Magnetisierung $\boldsymbol{M}$ und erregender Feldstärke $\boldsymbol{H}_e$.

$$\frac{d\boldsymbol{M}}{dt}=-\frac{e}{m_e}\,\boldsymbol{M}\times\boldsymbol{B}=-\mu_0\,\frac{e}{m_e}\,\boldsymbol{M}\times\big(\boldsymbol{H}_e+\boldsymbol{M}\big)$$

$$\boxed{\frac{d\boldsymbol{M}}{dt}=\frac{e}{m_e}\,\boldsymbol{B}\times\boldsymbol{M}=-\Gamma\,\boldsymbol{M}\times\boldsymbol{H}_e} \tag{6.56}$$

Bei einer **Gleichfelderregung** $\boldsymbol{H}_e$ beschreibt diese vektorielle Differentialgleichung die ungestörte und daher unaufhörliche **Präzessionsbewegung** der Elektronen im Ferritmaterial. Wirken neben dem Gleichfeld zusätzlich kleine magnetische Wechselfelder, so führt die Magnetisierung Zwangsbewegungen der Präzession aus, die auf den Suszeptibilitätstensor führen.

In der Realität existiert in jedem Material eine unvermeidliche **Dämpfung** durch Energieverluste, die eine ungestörte Bewegung verhindert. Die Berücksichtigung der Dämpfung erfolgte zuerst nach einem Ansatz von LANDAU und LIFSCHITZ (1935), die einen Term $\boldsymbol{R}$ mit einem **dimensionslosen Dämpfungskoeffizienten** α einführten, [18, S. 61], der durch Verkleinerung des Kegelwinkels ϑ den präzessierenden Vektor $\boldsymbol{M}$ in Richtung von $\boldsymbol{B}$ bzw. $\boldsymbol{H}_e$ dreht und damit das Drehmoment verringert.

$$\frac{d\boldsymbol{M}}{dt}=-\Gamma\,\boldsymbol{M}\times\boldsymbol{H}_e+\boldsymbol{R}=-\Gamma\,\boldsymbol{M}\times\boldsymbol{H}_e-\Gamma\,\frac{\alpha}{|\,\boldsymbol{M}\,|}\,\boldsymbol{M}\times\big(\boldsymbol{M}\times\boldsymbol{H}_e\big)$$

Eine anfängliche Präzession mit dem Startwinkel ϑ_0 würde nach einer von der Dämpfung bestimmten **Relaxationszeit** den Winkel $\vartheta=0$ erreichen und daher zum Erliegen kommen. Damit eine Präzession stattfinden kann, muss durch eine Störung oder Anregung also zunächst eine Auslenkung aus der Ruhelage $\vartheta = 0$ erfolgen.

Die folgende modifizierte Form der **Bewegungsgleichung der Magnetisierung** wurde von GILBERT vorgeschlagen, [5, S. 454], [18, S. 63].

$$\boxed{\frac{d\boldsymbol{M}}{dt} = -\,\Gamma\,\boldsymbol{M}\times\boldsymbol{H}_e + \frac{\alpha}{|\,\boldsymbol{M}\,|}\,\boldsymbol{M}\times\frac{d\boldsymbol{M}}{dt}} \tag{6.57}$$

Der Dämpfungskoeffizient der Ferrite ist klein und weist Werte im Bereich von $\alpha = 0.01\,..\,0.1$ auf.

Aus der Bewegungsgleichung folgt wegen der verschwindenden Spatprodukte, dass der **Magnetisierungsvektor** mit **konstantem Betrag** präzessiert.

$$2\boldsymbol{M}\cdot\frac{d\boldsymbol{M}}{dt} = \frac{d}{dt}\boldsymbol{M}^2 = 0 \qquad \to \qquad \boldsymbol{M}^2 = M^2 = \text{const.}$$

Das ist der Grund, warum in graphischen Darstellungen von Präzessionsbewegungen die Spur der Spitze des Magnetisierungsvektors auf einer Kugel liegt, obwohl das meist weder erwähnt noch begründet wird, [20, S. 381].

6.4.6 Permeabilitätstensor der Ferrite

Der Ferrit möge sich in einem erregenden Magnetfeld $\boldsymbol{H}_e$ befinden, dessen z-gerichteter Gleichanteil $\boldsymbol{H}_0$ die **Sättigungsmagnetisierung** $\boldsymbol{M}_0$ erzeugt und dem eine kleine harmonische Wechselkomponenten $\boldsymbol{H}_\sim$ der Zeitabhängigkeit $e^{j\omega t}$ überlagert ist. Für Feldstärke und Magnetisierung gelten dann die Beziehungen, [5, S. 450], [21, S. 228],

$$\begin{aligned} \boldsymbol{H}_e &= \boldsymbol{H}_0 + \boldsymbol{H}_\sim = H_0\,\mathbf{e}_z + \boldsymbol{H}_\sim \qquad && \text{mit} \quad |\,\boldsymbol{H}_\sim\,| \ll H_0 \\ \boldsymbol{M} &= \boldsymbol{M}_0 + \boldsymbol{M}_\sim = M_0\,\mathbf{e}_z + \boldsymbol{M}_\sim \qquad && \text{mit} \quad |\,\boldsymbol{M}_\sim\,| \ll M_0 \end{aligned} \tag{6.58}$$

Beim Einsetzen in (6.57) ist die Ableitung des Gleichanteils Null und das Produkt der Wechselanteile wird bei der **Kleinsignalbeschreibung** als unbedeutende Größe vernachlässigt. In komplexer Darstellung mit Phasoren nach (5.66) erhält man die Vektorform

$$j\omega\,\boldsymbol{M}_\sim = -\,\Gamma\left(\boldsymbol{M}_0+\boldsymbol{M}_\sim\right)\times\left(\boldsymbol{H}_0+\boldsymbol{H}_\sim\right)+j\omega\,\frac{\alpha}{|\,\boldsymbol{M}\,|}\left(\boldsymbol{M}_0+\boldsymbol{M}_\sim\right)\times\boldsymbol{M}_\sim$$
$$= -\,\Gamma\,\mathbf{e}_z\times\left(M_0\boldsymbol{H}_\sim - H_0\boldsymbol{M}_\sim\right)+j\alpha\omega\,\underbrace{\frac{M_0}{|\,\boldsymbol{M}\,|}}_{\approx 1}\,\mathbf{e}_z\times\boldsymbol{M}_\sim$$

Mit dem gyromagnetischen Verhältnis (6.55) und den Gleichgrößen von erregender Feldstärke und Sättigungsmagnetisierung werden folgende Kreisfrequenzen definiert.

$$\boxed{\omega_0 = \Gamma H_0} \qquad \boxed{\omega_M = \Gamma M_0} \tag{6.59}$$

Dabei entspricht ω_0 der LARMOR-Frequenz ω_L nach (6.53) des frei im Magnetfeld $B_0 = \mu_0 H_0$ präzessierenden Elektrons.

Aus der Vektorgleichung

$$j\omega\,\boldsymbol{M}_\sim = -\,\omega_M\,\mathbf{e}_z\times\boldsymbol{H}_\sim + \left(\omega_0+j\alpha\omega\right)\mathbf{e}_z\times\boldsymbol{M}_\sim$$

erhält man das Gleichungssystem für die Wechselkomponenten,

$$\begin{aligned} j\omega\,M_{x\sim} &= +\,\omega_M\,H_{y\sim} - \left(\omega_0+j\alpha\omega\right)M_{y\sim}\\ j\omega\,M_{y\sim} &= -\,\omega_M\,H_{x\sim} + \left(\omega_0+j\alpha\omega\right)M_{x\sim}\\ j\omega\,M_{z\sim} &= 0 \end{aligned}$$

dessen Matrixform für x- und y-Komponenten

$$\begin{pmatrix} j\omega & +\left(\omega_0+j\alpha\omega\right)\\ -\left(\omega_0+j\alpha\omega\right) & j\omega\end{pmatrix}\begin{pmatrix}M_{x\sim}\\ M_{y\sim}\end{pmatrix} = \begin{pmatrix}0 & +\,\omega_M\\ -\,\omega_M & 0\end{pmatrix}\begin{pmatrix}H_{x\sim}\\ H_{y\sim}\end{pmatrix}$$

unter Anwendung von (3.23, Bd. I) gelöst wird.

$$\begin{pmatrix}M_{x\sim}\\ M_{y\sim}\end{pmatrix} = \frac{1}{\left(\omega_0+j\alpha\omega\right)^2-\omega^2}\begin{pmatrix}\left(\omega_0+j\alpha\omega\right)\omega_M & +\,j\omega_M\,\omega\\ -\,j\omega_M\,\omega & \left(\omega_0+j\alpha\omega\right)\omega_M\end{pmatrix}\begin{pmatrix}H_{x\sim}\\ H_{y\sim}\end{pmatrix}$$

Damit erhält man die vollständige Lösung für alle drei Wechselkomponenten mit der Matrix des **schiefsymmetrischen Suszeptibilitätstensors** $\overset{\vee}{\chi}$, die der Beziehung (6.42) entspricht.

$$\underline{\mathbf{M}}_{\sim} = \begin{pmatrix} M_{x\sim} \\ M_{y\sim} \\ M_{z\sim} \end{pmatrix} = \underline{\chi} \begin{pmatrix} H_{x\sim} \\ H_{y\sim} \\ H_{z\sim} \end{pmatrix} = \underline{\chi}\, \underline{\mathbf{H}}_{\sim}$$

$$= \frac{1}{\big(\omega_0 + j\alpha\omega\big)^2 - \omega^2} \begin{pmatrix} \big(\omega_0 + j\alpha\omega\big)\,\omega_M & +j\omega_M\,\omega & 0 \\ -j\omega_M\,\omega & \big(\omega_0 + j\alpha\omega\big)\,\omega_M & 0 \\ 0 & 0 & 0 \end{pmatrix} \begin{pmatrix} H_{x\sim} \\ H_{y\sim} \\ H_{z\sim} \end{pmatrix}$$

Da die z-Komponente von $\boldsymbol{H}_{\sim}$ keinen Einfluss auf die Magnetisierung hat, wird das Wechselfeld normalerweise orthogonal zum Gleichfeld angeregt, also $\boldsymbol{H}_0 \cdot \boldsymbol{H}_{\sim} = 0$, bzw. $H_{z\sim} = 0$.

Diese Magnetisierung wird in (6.41) eingesetzt und der Spaltenvektor der Induktion lautet dann

$$\underline{\mathbf{B}} = \begin{pmatrix} B_{x\sim} \\ B_{y\sim} \\ B_{z=} \end{pmatrix} = \mu_0 \left[\underline{\mathbf{H}}_0 + \underline{\mathbf{M}}_0 + \underline{\mathbf{H}}_{\sim} + \underline{\mathbf{M}}_{\sim} \right]$$

$$= \mu_0 \left[\begin{pmatrix} 0 \\ 0 \\ H_0 \end{pmatrix} + \begin{pmatrix} 0 \\ 0 \\ M_0 \end{pmatrix} + \begin{pmatrix} H_{x\sim} \\ H_{y\sim} \\ 0 \end{pmatrix} + \underline{\chi} \begin{pmatrix} H_{x\sim} \\ H_{y\sim} \\ 0 \end{pmatrix} \right]$$

$$= \mu_0 \left[\begin{pmatrix} 0 \\ 0 \\ H_0 + M_0 \end{pmatrix} + \big(\underline{\mathbf{E}} + \underline{\chi}\big) \begin{pmatrix} H_{x\sim} \\ H_{y\sim} \\ 0 \end{pmatrix} \right]$$

Zur Abkürzung werden die **Permeabilitäten** eingeführt,

$$\boxed{\mu_1 = \mu_0 \left[1 + \frac{\big(\omega_0 + j\alpha\omega\big)\,\omega_M}{\big(\omega_0 + j\alpha\omega\big)^2 - \omega^2} \right]} \qquad \boxed{\mu_2 = \mu_0 \frac{\omega_M\,\omega}{\big(\omega_0 + j\omega\alpha\big)^2 - \omega^2}} \tag{6.60}$$

die in (6.67) mit reellem Nenner dargestellt sind.

Damit erhält man die Matrixgleichung zwischen Induktion und erregender Feldstärke aus Wechselkomponenten in x- und y-Richtung und Gleichkomponenten in z-Richtung.

$$\underline{\mathbf{B}} = \begin{pmatrix} B_{x\sim} \\ B_{y\sim} \\ B_{z=} \end{pmatrix} = \underline{\boldsymbol{\mu}} \begin{pmatrix} H_{x\sim} \\ H_{y\sim} \\ H_0 + M_0 \end{pmatrix} = \underline{\boldsymbol{\mu}}\, \underline{\mathbf{H}}_{\text{err}} \quad \rightarrow \quad \boldsymbol{B} = \check{\boldsymbol{\mu}} \cdot \boldsymbol{H}_{\text{err}}$$

Die Matrix $\underline{\boldsymbol{\mu}}$ bildet die Komponenten des **schiefsymmetrischen Permeabilitätstensors** $\check{\boldsymbol{\mu}}$, der bereits 1949 von Dirk POLDER angegeben wurde und daher auch als **POLDER-Tensor** bezeichnet wird.

$$\check{\boldsymbol{\mu}} = \underline{\underline{\mathbf{e}}}^{\mathrm{T}} \underline{\boldsymbol{\mu}}\, \underline{\underline{\mathbf{e}}} = \underline{\underline{\mathbf{e}}}^{\mathrm{T}} \begin{pmatrix} \mu_1 & +j\mu_2 & 0 \\ -j\mu_2 & \mu_1 & 0 \\ 0 & 0 & \mu_0 \end{pmatrix} \underline{\underline{\mathbf{e}}} \tag{6.61}$$

Wenn man in (6.58) das magnetische Gleichfeld umkehrt, dann ergibt sich die **inverse Vormagnetisierung** und man erhält bei äquivalenter Rechnung den gleichen Wert μ_1 aber einen negativen Wert μ_2!

$$\left.\begin{aligned} \boldsymbol{H}_0 &= -\,H_0\,\mathbf{e}_z \\ \boldsymbol{M}_0 &= -\,M_0\,\mathbf{e}_z \end{aligned}\right\} \quad \rightarrow \quad \left\{\begin{aligned} \mu_1^{(\mathrm{inv})} &= +\,\mu_1 \\ \mu_2^{(\mathrm{inv})} &= -\,\mu_2 \end{aligned}\right. \tag{6.62}$$

Im **dämpfungslosen Fall** mit $\alpha = 0$ haben die Permeabilitäten (6.60) im Resonanzfall, wenn die erregende Frequenz ω des Wechselfeldes mit der LARMOR-Frequenz ω_0 der Gleichfelderregung übereinstimmt, eine Polstelle oder **Singularität**, so dass mit μ_1 und μ_2 auch die Induktionskomponenten $B_{x\sim}$ und $B_{y\sim}$ unendlich groß würden. In der Realität können sie dagegen zwar große, aber nur endliche Werte erreichen, da unvermeidliche Dämpfungen und Nichtlinearitäten des Materials ein beliebiges Anwachsen verhindern.

6.4.7 Ebene Wellen im Ferrit

Die Untersuchung der ausbreitungsfähigen Wellen in einem Ferrit, der durch Gleich- und Wechselfeld magnetisiert ist und für den der Permeabilitätstensor $\check{\boldsymbol{\mu}}$ nach (6.61) gilt, geht aus von den quellenfreien MAXWELL'schen Gleichungen im nichtleitenden Medium für sinusförmige Zeitabhängigkeit der

Wechselgrößen.

$$\operatorname{rot}\operatorname{rot}\boldsymbol{H} = j\omega\varepsilon\operatorname{rot}\boldsymbol{E} = \omega^2\varepsilon\,\boldsymbol{B} = \omega^2\varepsilon\;\overset{\vee}{\boldsymbol{\mu}}\cdot\boldsymbol{H}$$

Ebene Wellen, die durch ein transversales Wechselfeld angeregt werden und sich in z-Richtung ausbreiten,

$$\boldsymbol{H} = H_x\,\mathbf{e}_x + H_y\,\mathbf{e}_y = \left(A\,\mathbf{e}_x + B\,\mathbf{e}_y\right)\mathrm{e}^{j(\omega t - k_z z)}$$

erfüllen folgende Bedingungen.

$$\frac{\partial}{\partial x} = \frac{\partial}{\partial y} = 0\,, \qquad \frac{\partial}{\partial z} = -\,jk_z \qquad \rightarrow \qquad \operatorname{div}\boldsymbol{H} = 0$$

Die vektorielle Differentialgleichung reduziert sich nach (18.47, Bd. I) auf,

$$\begin{aligned}\operatorname{rot}\operatorname{rot}\boldsymbol{H} &= -\,\frac{\partial^2 H_x}{\partial z^2}\,\mathbf{e}_x - \frac{\partial^2 H_y}{\partial z^2}\,\mathbf{e}_y = k_z^2\left(A\,\mathbf{e}_x + B\,\mathbf{e}_y\right)\mathrm{e}^{j(\omega t - k_z z)}\\ &= k_z^2\,\boldsymbol{H} = \omega^2\varepsilon\;\overset{\vee}{\boldsymbol{\mu}}\cdot\boldsymbol{H}\end{aligned}$$

woraus folgende Bedingungen für die Komponenten in x- und y-Richtung folgen.

$$\begin{aligned}k_z^2\,A &= \omega^2\mu_1\varepsilon\,A + j\omega^2\mu_2\varepsilon\,B\\ k_z^2\,B &= -\,j\omega^2\mu_2\varepsilon\,A + \omega^2\mu_1\varepsilon\,B\end{aligned}$$

Aus beiden Gleichungen wird der Quotient B/A gebildet,

$$\frac{B}{A} = \frac{k_z^2 - \omega^2\mu_1\varepsilon}{j\omega^2\mu_2\varepsilon} = \frac{-\,j\omega^2\mu_2\varepsilon}{k_z^2 - \omega^2\mu_1\varepsilon}$$

aus dem sich zwei Lösungen für k_z für die Ausbreitung in positiver z-Richtung ergeben, in die Summe und Differenz der Permeabilitäten eingehen.

$$\left.\begin{aligned}\left(k_z^2 - \omega^2\mu_1\varepsilon\right)^2 &= \left(\omega^2\mu_2\varepsilon\right)^2\\ k_z^2 - \omega^2\mu_1\varepsilon &= \pm\,\omega^2\mu_2\varepsilon\end{aligned}\right\} \quad\rightarrow\quad k_z^{\pm} = \omega\sqrt{(\mu_1 \pm \mu_2)\,\varepsilon} \tag{6.63}$$

Der Quotient wird mit diesem Ergebnis imaginär, die Beträge der Feldstärkekomponenten sind also gleich groß,

$$\frac{H_y}{H_x} = \frac{B}{A} = \frac{-\,j\omega^2\mu_2\varepsilon}{\pm\,\omega^2\mu_2\varepsilon} = \mp\,j \quad\rightarrow\quad |\,A\,| = |\,B\,| = \widehat{H} \tag{6.64}$$

so dass sich die folgenden magnetischen Feldstärken ergeben.

$$\boxed{\boldsymbol{H}^{(\pm)}(z,t) = \widehat{H}\,\left(\mathbf{e}_x \mp j\,\mathbf{e}_y\right)\,\mathrm{e}^{\,j(\omega t - k_z^{\pm} z)}} \tag{6.65}$$

Im vormagnetisierten Ferrit sind damit zwei ausbreitungsfähige Wellen $\boldsymbol{H}^{(+)}$ und $\boldsymbol{H}^{(-)}$ möglich, die jeweils aus der Überlagerung zweier orthogonaler ebener Wellen mit gleichen Amplituden aber Phasenverschiebungen von $\pi/2$ bestehen. Die beiden Teilwellen sind **räumlich** und **zeitlich in Quadratur** und bilden zwei gegenläufig **zirkular polarisierte Wellen**, die sich mit verschiedenen Ausbreitungskonstanten in z-Richtung fortpflanzen.

Die magnetischen Feldstärken der beiden Wellen haben die folgende komplexe bzw. reelle Darstellung.

$$\begin{aligned}
\boldsymbol{H}^{(+)}(z,t) &= \widehat{H}\,\mathrm{e}^{\,j(\omega t\,-\,k_z^{+} z)}\,\mathbf{e}_x + \widehat{H}\,\mathrm{e}^{\,j(\omega t\,-\,k_z^{+} z\,-\,\pi/2)}\,\mathbf{e}_y \\
\boldsymbol{H}^{(-)}(z,t) &= \widehat{H}\,\mathrm{e}^{\,j(\omega t\,-\,k_z^{-} z)}\,\mathbf{e}_x + \widehat{H}\,\mathrm{e}^{\,j(\omega t\,-\,k_z^{-} z\,+\,\pi/2)}\,\mathbf{e}_y
\end{aligned}$$

$$\begin{aligned}
\boldsymbol{H}^{(+)}(z,t) &= \widehat{H}\cos\left(\omega t - k_z^{+} z\right)\mathbf{e}_x + \widehat{H}\sin\left(\omega t - k_z^{+} z\right)\mathbf{e}_y \\
\boldsymbol{H}^{(-)}(z,t) &= \widehat{H}\cos\left(\omega t - k_z^{-} z\right)\mathbf{e}_x - \widehat{H}\sin\left(\omega t - k_z^{-} z\right)\mathbf{e}_y
\end{aligned}$$

In einer festen Transversalebene, am einfachsten für $z = 0$, stellt bei fortschreitender Zeit nach der Festlegung von (6.9)

$$\left.\begin{array}{lll}
\boldsymbol{H}^{(+)}(0,t) = \boldsymbol{H}_{LZ} & \text{eine links zirkular (mit } k_z^{+}) \\
\boldsymbol{H}^{(-)}(0,t) = \boldsymbol{H}_{RZ} & \text{eine rechts zirkular (mit } k_z^{-})
\end{array}\right\}\ \text{polarisierte Welle}$$

dar, die sich mit den angegebenen Wellenzahlen im Ferrit ausbreiten. Aus der MAXWELL'schen Gleichung

$$\operatorname{rot}\boldsymbol{H} = j\omega\varepsilon\boldsymbol{E} = -\,\frac{\partial H_y}{\partial z}\,\mathbf{e}_x + \frac{\partial H_x}{\partial z}\,\mathbf{e}_y = jk_z\big(H_y\,\mathbf{e}_x - H_x\,\mathbf{e}_y\big)$$

folgen die Komponenten der elektrischen Feldstärke.

$$E_x^{\pm} = +\,\frac{k_z^{\pm}}{\omega\varepsilon}\,H_y^{\pm} \qquad \text{und} \qquad E_y^{\pm} = -\,\frac{k_z^{\pm}}{\omega\varepsilon}\,H_x^{\pm}$$

Die Quotienten der Feldstärkekomponenten ergeben nach (6.63) sowohl die **Ausbreitungskonstanten** der zirkular polarisierten Wellen als auch nach

(5.79) die **Wellenwiderstände des Ferrits**.

$$\boxed{k_z^{\pm} = \omega\sqrt{(\mu_1 \pm \mu_2)\varepsilon}} \quad \rightarrow \quad \boxed{Z^{\pm} = \frac{k_z^{\pm}}{\omega\varepsilon} = \sqrt{\frac{\mu_1 \pm \mu_2}{\varepsilon}}} \tag{6.66}$$

Wegen der Proportionalität der elektrischen und magnetischen Komponenten sind die Polarisationseigenschaften von $\boldsymbol{E}$ und $\boldsymbol{H}$ gleich.

6.4.8 Permeabilitäten und Ausbreitungskonstanten

Die Zerlegung der komplexen Permeabilitäten (6.60) führt nach Zwischenrechnung auf folgende Darstellungen mit den dimensionslosen Größen für Real- und Imaginärteile χ_r, K_r und $\chi_i > 0$, $K_i > 0$.

$$\begin{aligned}
\frac{\mu_1}{\mu_0} &= 1 + \frac{\omega_M\,\omega_0\left[\omega_0^2 - (1-\alpha^2)\omega^2\right] - j\,\alpha\,\omega_M\,\omega\left[\omega_0^2 + (1+\alpha^2)\omega^2\right]}{\left[\omega_0^2 - (1+\alpha^2)\omega^2\right]^2 + \left(2\alpha\,\omega_0\,\omega\right)^2} \\
&= 1 + \chi_r - j\,\chi_i \\
\frac{\mu_2}{\mu_0} &= \omega_M\,\omega\,\frac{\left[\omega_0^2 - (1+\alpha^2)\omega^2\right] - j\,2\alpha\,\omega_0\,\omega}{\left[\omega_0^2 - (1+\alpha^2)\omega^2\right]^2 + \left(2\alpha\,\omega_0\,\omega\right)^2} \\
&= K_r - j\,K_i
\end{aligned} \tag{6.67}$$

Zur Bestimmung der Ausbreitungskonstanten $k_z^{\pm}$ werden die **effektiven Permeabilitäten** $\mu^{\pm}$ gebildet, die für die zirkularen Wellen und die Wellenwiderstände wirksam sind.

$$\begin{aligned}
\frac{\mu^{\pm}}{\mu_0} = \frac{\mu_1 \pm \mu_2}{\mu_0} &= \left(1 + \chi_r \pm K_r\right) - j\left(\chi_i \pm K_i\right) \\
&= 1 + \frac{\omega_M\left[\left(\omega_0^2 - \omega^2\right)\left(\omega_0 \pm \omega\right) + \alpha^2\omega^2\left(\omega_0 \mp \omega\right)\right]}{\left[\omega_0^2 - (1+\alpha^2)\omega^2\right]^2 + \left(2\alpha\,\omega_0\,\omega\right)^2} \\
&\quad - j\,\frac{\alpha\,\omega_M\,\omega\left[\left(\omega_0 \pm \omega\right)^2 + \alpha^2\omega^2\right]}{\left[\omega_0^2 - (1+\alpha^2)\omega^2\right]^2 + \left(2\alpha\,\omega_0\,\omega\right)^2}
\end{aligned} \tag{6.68}$$

Im **dämpfungslosen Fall** mit $\alpha = 0$ gehen die Permeabilitäten in reelle Beziehungen über.

$$\left.\begin{aligned} \frac{\mu_1}{\mu_0}\bigg|_{\alpha=0} &= 1 + \frac{\omega_M\,\omega_0}{\omega_0^2 - \omega^2} = 1 + \chi_0 \\ \frac{\mu_2}{\mu_0}\bigg|_{\alpha=0} &= \frac{\omega_M\,\omega}{\omega_0^2 - \omega^2} = K_0 \end{aligned}\right\} \quad \rightarrow \quad \frac{\mu^\pm}{\mu_0}\bigg|_{\alpha=0} = 1 + \frac{\omega_M}{\omega_0 \mp \omega}$$

Mit den effektiven Permeabilitäten werden die Ausbreitungskonstanten der ebenen Wellen für positive z-Richtung nach der im allgemeinen Fall gültigen Beziehung (6.66) bestimmt, wobei die Wurzel aus den komplexen Permeabilitäten in entwickelter Form angegeben wird.

$$\boxed{\frac{k_z^\pm}{\omega\sqrt{\mu_0\,\varepsilon}} = \sqrt{\frac{\mu^\pm}{\mu_0}} = \sqrt{\left(1 + \chi_r \pm K_r\right) - j\left(\chi_i \pm K_i\right)} = \xi^\pm + j\eta^\pm} \tag{6.69}$$

Für komplexe Wurzeln gelten folgende, allgemein gültigen Zusammenhänge,

$$w = \sqrt{u + jv} = \alpha + j\beta\,, \qquad w^2 = u + jv = \alpha^2 - \beta^2 + j\,2\alpha\beta$$

$$|\,w\,|^2 = \alpha^2 + \beta^2\,, \qquad |\,w^2\,| = |\,w\,|^2 = \sqrt{u^2 + v^2} = \alpha^2 + \beta^2$$

aus denen folgt

$$\begin{aligned} 2\left(u + \sqrt{u^2 + v^2}\,\right) = 2\left(\alpha^2 - \beta^2 + \alpha^2 + \beta^2\right) = 4\alpha^2 &= (2\alpha)^2 \\ 2\alpha &= \sqrt{2}\,\sqrt{u + \sqrt{u^2 + v^2}} \\ \beta &= \frac{v}{2\alpha} \end{aligned}$$

Damit erhält man für Real- und Imaginärteile der Ausbreitungskonstanten folgende Darstellungen.

$$\begin{aligned} \xi^\pm &= \frac{\sqrt{2}}{2}\sqrt{\left(1 + \chi_r \pm K_r\right) + \sqrt{\left(1 + \chi_r \pm K_r\right)^2 + \left(\chi_i \pm K_i\right)^2}} \\ \eta^\pm &= -\,\frac{\chi_i \pm K_i}{2\,\xi^\pm} \end{aligned}$$

Für das Verhältnis $\omega_M/\omega_0 = 2$ und mehrere Werte der Dämpfung α sind Real- und Imaginärteil von (6.69) in *Abbildung 6.24* dargestellt. Dabei gelten sehr kleine negative Werte für $\eta^- \approx 0$.

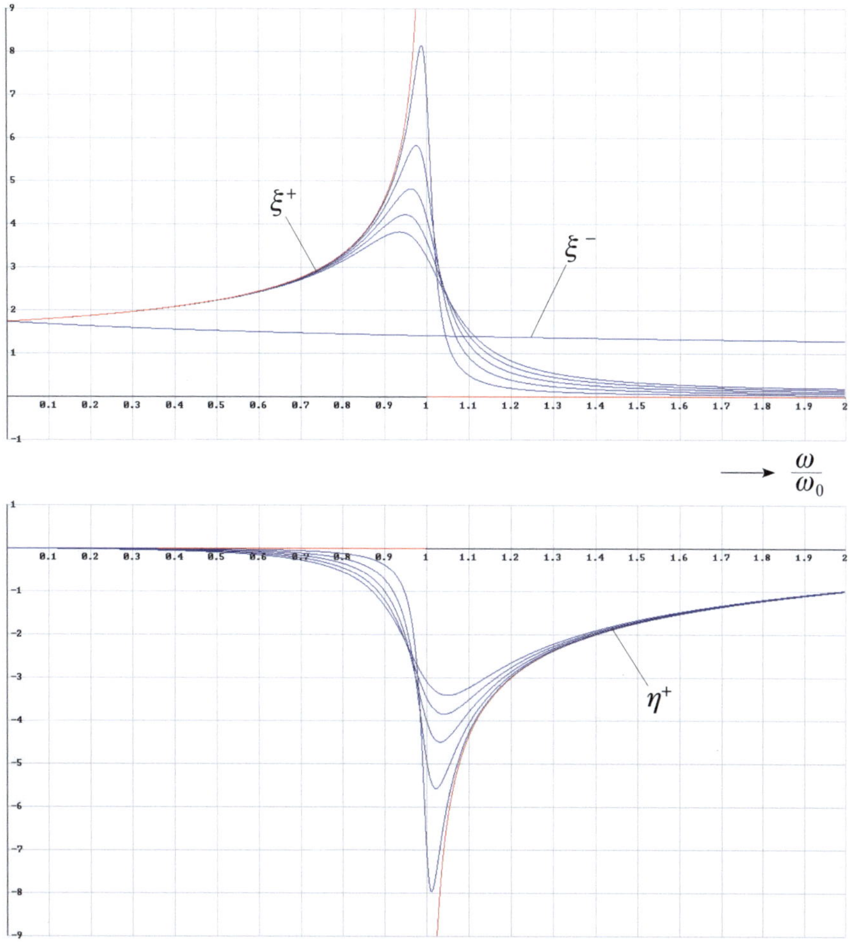

Abb. 6.24: Real- und Imaginärteil der normierten Ausbreitungskonstanten bei verschiedenen Dämpfungen α

in rot: $\alpha = 0$
in blau: $\alpha = 0.02\ (0.02)\ 0.1$

Im Ortsanteil der Exponentialfunktion der ebenen Wellen (6.65)

$$\exp\big(-j\,k_z^{\pm} z\big) = \exp\big(\omega\sqrt{\mu_0\varepsilon}\,\eta^{\pm} z\big)\cdot\exp\big(-j\,\omega\sqrt{\mu_0\varepsilon}\,\xi^{\pm} z\big)$$

führt der erste Faktor mit dem Imaginärteil $\eta^{\pm} < 0$ zu einer **Dämpfung**, der zweite Faktor mit dem Realteil $\xi^{\pm}$ zu einer **Phasendrehung**.

Am festen Ort $z = z_0$ umläuft der Feldstärkevektor

$$\boldsymbol{H}^{(+)}(z_0, t) = \hat{H}\cos\big(\omega t - k_z^{+} z_0\big)\,\mathbf{e}_x + \hat{H}\sin\big(\omega t - k_z^{+} z_0\big)\,\mathbf{e}_y$$

der links zirkular polarisierten Welle die z-Achse im Sinne einer Rechtsschraube und damit in der gleichen Richtung wie die durch die Vormagnetisierung präzessierenden Dipolmomente der Elektronen des Ferritmaterials.

Im Resonanzfall, wenn die erregende Frequenz ω des Wechselfeldes mit der LARMOR-Frequenz ω_0 der Gleichfelderregung übereinstimmt, erfährt die in **gleicher Richtung wie die Präzession umlaufende Welle $\boldsymbol{H}^{(+)}(z_0, t)$** wegen $\eta^{+} < 0$ eine Dämpfung gemäß dem Amplitudenfaktor,

$$a = \exp\big(\omega\sqrt{\mu_0\varepsilon}\,\eta^{+} z_0\big) < 1$$

die man **Resonanzabsorption** nennt und bei der die Welle Energie an das Ferritmaterial abgibt. Die gegenläufig zirkular polarisierte Welle $\boldsymbol{H}^{(-)}(z_0, t)$ wird wegen $\eta^{-} \approx 0$ dagegen kaum gedämpft.

6.4.9 FARADAY-Drehung

Ein Ferrit kann durch ein Gleichfeld vormagnetisiert werden, und zwar in gleicher oder entgegengesetzter Ausbreitungsrichtung wie eine einfallende Welle, d.h. mit **direkter** oder **inverser Vormagnetisierung**.

Eine linear polarisierte ebene Welle, die sich in z-Richtung ausbreitet und bei der der Vektor $\boldsymbol{H}$ in x-Richtung weist, läßt sich nach (6.65) in eine rechts und eine links zirkulare Welle zerlegen.

$$\begin{aligned} 2\boldsymbol{H}(z,t) &= 2\widehat{H}\,\mathrm{e}^{j(\omega t - k_z z)}\,\mathbf{e}_x \\ &= \underbrace{\widehat{H}\big(\mathbf{e}_x + j\,\mathbf{e}_y\big)\,\mathrm{e}^{j(\omega t - k_z z)}}_{=\boldsymbol{H}_{RZ}} + \underbrace{\widehat{H}\big(\mathbf{e}_x - j\,\mathbf{e}_y\big)\,\mathrm{e}^{j(\omega t - k_z z)}}_{=\boldsymbol{H}_{LZ}} \end{aligned}$$

Trifft diese linear polarisierte Welle bei $z = 0$ auf den direkt vormagnetisierten Ferrit, dann breiten sich die beiden transmittierten zirkularen Teilwellen im Ferritmaterial gemäß den voneinander abweichenden Ausbreitungskonstanten $k_z^{\pm}$ verschieden schnell aus.

$$2\boldsymbol{H}(z>0,t) = \widehat{H}\big(\mathbf{e}_x + j\,\mathbf{e}_y\big)\,\mathrm{e}^{j(\omega t - k_z^- z)} + \widehat{H}\big(\mathbf{e}_x - j\,\mathbf{e}_y\big)\,\mathrm{e}^{j(\omega t - k_z^+ z)}$$

$$= \widehat{H}\mathrm{e}^{j\,\omega t}\Big[\big(\mathrm{e}^{-j\,k_z^+ z} + \mathrm{e}^{-j\,k_z^- z}\big)\,\mathbf{e}_x - j\,\big(\mathrm{e}^{-j\,k_z^+ z} - \mathrm{e}^{-j\,k_z^- z}\big)\,\mathbf{e}_y\Big]$$

Mit der Darstellung der Exponentialfunktionen

$$\begin{aligned}
\mathrm{e}^{-j\,2\alpha} \pm \mathrm{e}^{-j\,2\beta} &= \mathrm{e}^{-j\,(\alpha+\beta+\alpha-\beta)} \pm \mathrm{e}^{-j\,(\alpha+\beta-\alpha+\beta)} \\
&= \mathrm{e}^{-j\,(\alpha+\beta)}\Big[\mathrm{e}^{-j\,(\alpha-\beta)} \pm \mathrm{e}^{+j\,(\alpha-\beta)}\Big] \\
&= \mathrm{e}^{-j\,(\alpha+\beta)}\begin{cases} 2\cos(\alpha-\beta) \\ -j\,2\sin(\alpha-\beta) \end{cases}
\end{aligned}$$

ergibt sich am Ausgang des Ferrits bei $z = d$ der Feldstärkevektor mit dem **Polarisationswinkel $\Delta\phi$**,

$$\boldsymbol{H}(d,t) = \widehat{H}\,\mathrm{e}^{j\,\omega t}\,\exp\Big(-j\,\frac{k_z^+ + k_z^-}{2}\,d\Big)\cdot$$

$$\cdot\Big[\cos\Big(\underbrace{\frac{k_z^+ - k_z^-}{2}\,d}_{=\Delta\phi}\Big)\,\mathbf{e}_x - \sin\Big(\underbrace{\frac{k_z^+ - k_z^-}{2}\,d}_{=\Delta\phi}\Big)\,\mathbf{e}_y\Big]$$

wodurch ebenfalls eine linear polarisierte Welle allerdings mit veränderten Parametern darstellt wird.

Das Argument der Exponentialfunktion vor der Klammer liefert gemäß (6.69)

$$-j\,\frac{k_z^+ + k_z^-}{2}\,d = -j\,\underbrace{\omega\sqrt{\mu_0\,\varepsilon}\,\frac{d}{2}}_{=\sigma}\,\Big[\underbrace{(\xi^+ + \xi^-)}_{>0} + j\,\underbrace{(\eta^+ + \eta^-)}_{<0}\Big]$$

einen **Amplitudenfaktor** $a < 1$ und einen **Phasenwinkel** $\Delta\varphi > 0$,

$$\exp\Big(-j\,\frac{k_z^+ + k_z^-}{2}\,d\Big) = \mathrm{e}^{-\sigma\,|\eta^+ + \eta^-|}\,\mathrm{e}^{-j\,\sigma\,(\xi^+ + \xi^-)} = a\,\mathrm{e}^{-j\,\Delta\varphi}$$

wonach bei direkter Magnetisierung gilt

$$\boldsymbol{H}(d,t)\Big|_{\text{direkt}} = a\widehat{H}\,\mathrm{e}^{j\,\omega t}\,\mathrm{e}^{-j\,\Delta\varphi}\,\big[\mathbf{e}_x\cos\Delta\phi - \mathbf{e}_y\sin\Delta\phi\big]$$

Mit den Ausbreitungskonstanten ist auch der Polarisationswinkel $\Delta\phi$ komplex,

$$\Delta\phi = \left(k_z^+ - k_z^-\right)\frac{d}{2} = \sigma\left[\left(\underbrace{\xi^+ - \xi^-}_{=\Delta\xi}\right) + j\left(\underbrace{\eta^+ - \eta^-}_{=\Delta\eta<0}\right)\right]$$

so dass die Winkelfunktionen mit Hyperbelfunktionen dargestellt werden.

$$\cos\Delta\phi = \cos(\sigma\Delta\xi)\cosh(\sigma\Delta\eta) - j\sin(\sigma\Delta\xi)\sinh(\sigma\Delta\eta)$$
$$\sin\Delta\phi = \sin(\sigma\Delta\xi)\cosh(\sigma\Delta\eta) + j\cos(\sigma\Delta\xi)\sinh(\sigma\Delta\eta)$$

Bei kleinen Dämpfungen α des Ferritmaterials kann man die Imaginärteile meistens vernachlässigen und $\Delta\phi$ wird dann reell.

Unterhalb der Resonanzfrequenz für $\omega \lessapprox \omega_0$ gilt in diesem Fall

$$\Delta\phi = \left(k_z^+ - k_z^-\right)\frac{d}{2} \approx \sigma\left(\xi^+ - \xi^-\right) > 0$$

Am Ausgang des vormagnetisierten Ferrits überlagern sich die zirkularen Wellen wieder zu einer linear polarisierten ebenen Welle, die aber gegenüber der Eingangswelle eine räumliche **Drehung der Polarisationsebene** um den Polarisationswinkel $\Delta\phi$ in mathematisch negativer Richtung um die z-Achse erfahren hat *(Abbildung 6.25)*, die **FARADAY-Drehung** heißt.

Durch die Auswahl von Ferriten mit geeigneten Materialeigenschaften und Längen d sowie durch die erregende Frequenz ω des Wechselfeldes als Abstimmungsgröße kann man jeden gesuchten Winkel $\Delta\phi$ der Polarisationsdrehung einstellen.

6.4.10 Nichtreziproke Eigenschaft der Ferrite

Wellen, die einen Ferrit durchlaufen, werden verschieden beeinflusst, je nachdem, ob sie sich in Richtung oder entgegen der Vormagnetisierung ausbreiten, ob sie also direkt oder invers gerichtet sind.

Bei entgegengesetzter Vormagnetisierung zeigte sich das bereits an den Permeabilitäten (6.62), die dann nach (6.66) zu den inversen Ausbreitungskonstanten führen.

$$k_z^{\pm}\Big|_{\text{invers}} = +\omega\sqrt{\left(\mu_1^{(\text{inv})} \pm \mu_2^{(\text{inv})}\right)\varepsilon} \quad\rightarrow\quad \boxed{k_z^{\pm}\Big|_{\text{invers}} = k_z^{\mp}\Big|_{\text{direkt}}} \tag{6.70}$$

Der Quotient der Feldstärkekomponenten (6.64) besitzt bei inverser Vormagnetisierung die gleichen Werte, aber die Ausbreitungskonstanten wechseln die Index-Zeichen, wenn man wieder die direkten Werte einsetzt!

$$\frac{H_y}{H_x} = \frac{-j\omega^2\mu_2^{(\mathrm{inv})}\varepsilon}{\pm\,\omega^2\mu_2^{(\mathrm{inv})}\varepsilon} = \mp j$$

$$\boldsymbol{H}^{(\pm)}(z,t) = \widehat{H}\left(\mathbf{e}_x \mp j\,\mathbf{e}_y\right)\mathrm{e}^{j(\omega t - k_z^{\mp} z)}$$

Die zirkularen Teilwellen der linear polarisierten Welle breiten sich im Ferrit bei inverser Magnetisierung mit den entgegengesetzten Ausbreitungskonstanten aus. Der Polarisationswinkel hat daher den negativen Wert.

$$\Delta\phi_{\,\mathrm{invers}} = \frac{k_z^- - k_z^+}{2}\,d = -\,\Delta\phi_{\,\mathrm{direkt}} = -\,\Delta\phi\; < \;0$$

Bei gleichen Werten für Amplitudenfaktor a und Phasenwinkel $\Delta\varphi$ unterscheiden sich die Feldstärken am Ausgang bei direkter und inverser Magnetisierung nur um das Vorzeichen in der eckigen Klammer, die die räumliche Lage der Feldstärken beschreibt.

$$\boldsymbol{H}(0,t) = \widehat{H}\,\mathrm{e}^{j\,\omega t}\,\mathbf{e}_x$$

$$\boldsymbol{H}(d,t)\Big|_{\mathrm{direkt}} = a\widehat{H}\,\mathrm{e}^{j\,\omega t}\,\mathrm{e}^{-j\,\Delta\varphi}\left[\mathbf{e}_x\cos\Delta\phi - \mathbf{e}_y\sin\Delta\phi\right]$$

$$\boldsymbol{H}(d,t)\Big|_{\mathrm{invers}} = a\widehat{H}\,\mathrm{e}^{j\,\omega t}\,\mathrm{e}^{-j\Delta\varphi}\left[\mathbf{e}_x\cos\Delta\phi + \mathbf{e}_y\sin\Delta\phi\right]$$

Gegenüber der linear polarisierten Welle am Eingang des Ferrits hat die linear polarisierte Welle am Ausgang bei direkter Vormagnetisierung eine um $-\Delta\phi$ und bei inverser eine um $+\Delta\phi$ räumlich gedrehte Vektorlage. Die Drehungen der Polarisationsebenen erfolgen also in **entgegengesetzten Richtungen**!

> Die **Drehrichtung** der **Polarisationsebene** wird durch die Richtung der Vormagnetisierung und nicht durch dieAusbreitungsrichtung bestimmt! (6.71)

Durchläuft eine am Eingang linear polarisierte Welle den Ferrit in Richtung der direkten Magnetisierung, wobei sie eine Drehung der Polarisationsebene um $\Delta\phi$ erfährt, und durchquert sie ihn nach Reflexion am Ausgang ein zweites Mal in rückwärtiger Richtung mit inverser Magnetisierung, dann weisen Eingangs- und rückkehrende Ausgangswelle bei $z = 0$ einen Unterschied ihrer Polarisationsebenen um den doppelten Winkel $2\Delta\phi$ auf.

Bauelemente, die bei Umkehrung der Durchlaufrichtung nicht das gleiche sondern ein unterschiedliches Verhalten zeigen, heißen aus übertragungstechnischer Sicht **nichtreziproke Elemente**.

Diese Nichtreziprozität und das entsprechende Verhalten von Bauelementen, die vormagnetisierte Ferrite enthalten, findet seinen mathematischen Grund in der **Schiefsymmetrie des Permeabilitätstensors**.

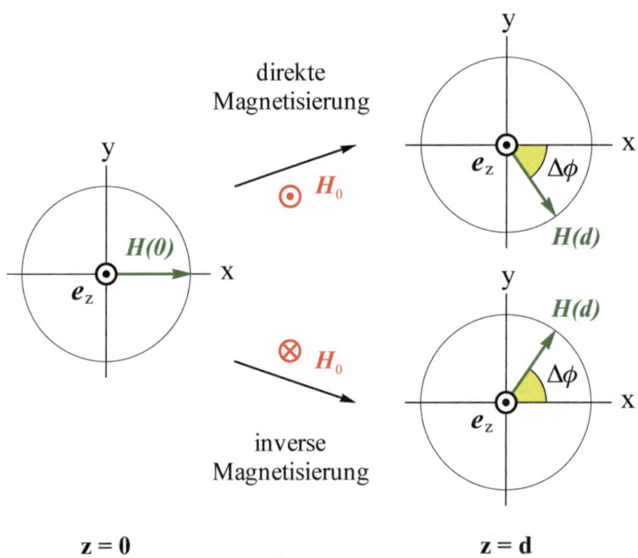

ABB. 6.25: Feldstärkenvektoren einer linear polarisierten Welle bei Ein- und Austritt des Ferrits

Die Anwendung von vormagnetisierten Ferriten im Bereich von Hochfrequenz- und Mikrowellentechnik zur Realisierung von übertragungsunsymmetrischen, nichtreziproken Eigenschaften führt zu Bauelementen wie **Gyrator** als nichtreziproker Phasenschieber, **Richtungsleitung** und **Zirkulator** mit drei oder vier Toren, [2, S. 158, 165, 170], [5, S. 464f.], [14, S. 210], [21, S. 233].

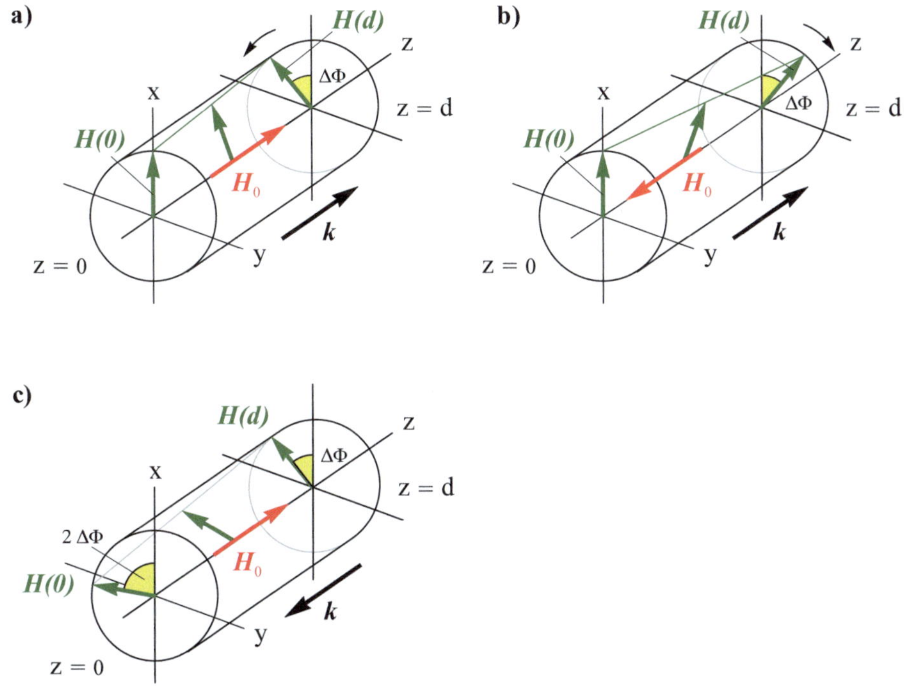

ABB. 6.26: FARADAY-Drehung

a), b):
Drehung der Polarisationsebene des Vektors $\boldsymbol{H}$ bei gleicher Ausbreitungsrichtung aber entgegengesetzter Vormagnetisierung durch $\boldsymbol{H}_0$

c):
Doppelter Drehwinkel nach Hinlauf gemäß a), Reflexion bei $z = d$ und Rücklauf der Welle durch den Ferrit

6.4.11 Kernspinresonanz-Verfahren

In den Jahren 1945/46 entdeckten die amerikanischen Physiker **Felix Bloch** (1905-1983) und **Edward M. Purcell** (1912-1997) unabhängig voneinander die **Kernspinresonanz** (Nuclear Magnetic Resonance, NMR). Hierbei sind die Atomkerne die Ursache der Phänomene, deren Nukleonen ebenfalls Drehimpulse oder **Kernspin** besitzen. Die magnetischen Dipolmomente $\boldsymbol{m}_K$ der Kerne geraten in einem Magnetfeld bei Anregung mit ihrer Larmor-Frequenz in Resonanzschwingung und geben ein entsprechendes Hochfrequenzsignal ab, das mit einer von den Dämpfungseigenschaften des Materials abhängigen Zeitkonstante abklingt. Physikalische Grundlage und theoretische Behandlung entsprechen denjenigen bei den *Ferriten*, so dass die Bewegungsgleichung (6.57) bis auf das Ladungsvorzeichen gleichermaßen gültig ist. Für ihre grundlegende Entdeckung erhielten Bloch und Purcell 1952 den **Nobelpreis für Physik**.

In der analytischen Chemie wurde die **Kernspin-Spektroskopie** seit den 1950er Jahren als wichtiges Verfahren zur Untersuchung der Struktur von Festkörpern und chemischen Verbindungen eingesetzt, da das Resonanzverhalten der einzelnen Kerne von der molekularen Umgebung sowie den Bindungen im Kristallgitter abhängt. Der Physikochemiker **Richard R. Ernst** aus der Schweiz entwickelte 1966 das Fourier-Transformations-Verfahren zur erheblichen Beschleunigung der Kernspin-Spektroskopie, wofür er 1991 den **Nobelpreis für Chemie** erhielt, [24].

Auf der Grundlage der Kernspinresonanz entwickelten Anfang der 1970er Jahre der Chemiker **Paul Chr. Lauterbur** (1929-2007) in den USA und der Physiker **PeterMansfield** (1933-2017) in Großbritannien die **Magnetresonanztomographie (MRT)**, die sich mit einer Fülle von Änderungen und Erweiterungen durch viele Forscher seit Mitte der 1980er Jahre und auch in jüngerer Zeit durch spektakuläre Fortschritte zu einem wichtigen bildgebenden Verfahren in der medizinischen Diagnostik entwickelt hat, das die Darstellung von Struktur und Funktion von Geweben und Organen im Körper ermöglicht. Für die grundlegenden Arbeiten zu dieser Methode erhielten Lauterbur und Mansfield 2003 den **Nobelpreis für Medizin**, [25].

Für das magnetische Dipolmoment des Protons als Kern des **Wasserstoffatoms** mit der nach (10.18) 1836-fachen Masse des Elektrons erhielte man analog zur Gleichung (6.51) folgenden Wert.

$$\boldsymbol{m}_{K_{theo}} = \frac{e}{m_p}\,\boldsymbol{S}_p = \frac{e}{m_e}\,\frac{m_e}{m_p}\,\boldsymbol{S}_p = \frac{1}{1836}\,\frac{e\hbar}{m_e}\,\frac{\boldsymbol{S}_p}{\hbar} = \frac{\mu_B}{1836}\,\mathbf{e}_s$$

Dieser theoretische Wert ist jedoch zu klein, denn nach den experimentellen Befunden hat das **magnetische Dipolmoment des Protons** einen fast dreimal größeren Wert.

$$|\,\boldsymbol{m}_K\,| = 2.7928\;|\,\boldsymbol{m}_{K_{theo}}\,| = 2.7928\,\frac{\mu_B}{1836} = 1.411\cdot 10^{-26}\,\mathrm{Am}^2 \tag{6.72}$$

Auch bei Atomen mit schwereren Kernen ist das magnetische Gesamtmoment nicht die Summe der einzelnen Kernmomente.

Mit der zu (6.51) analogen Beziehung für das Proton

$$\boldsymbol{m}_K = \gamma_p\,\boldsymbol{S}_p = 2.7928\,\frac{e}{m_p}\,\boldsymbol{S}_p$$

erhält man dessen Bewegungsgleichung in einem z-gerichteten konstanten Magnetfeld wie in (6.52), allerdings mit entgegengesetzter Drehrichtung.

$$\frac{d\boldsymbol{m}_K}{dt} = \gamma_p\,\frac{d\boldsymbol{S}_p}{dt} = \gamma_p\,\boldsymbol{m}_K\times\boldsymbol{B} = \vec{\boldsymbol{\omega}}_{L_p}\times\boldsymbol{m}_K = 2.7928\,\frac{eB}{m_p}\,\boldsymbol{m}_K\times\mathbf{e}_z$$

Die **gyromagnetischen Verhältnisse** von **Proton** γ_p und **Elektron** γ_s als Quotient aus magnetischem Dipolmoment und Drehimpuls bestimmen die von der Induktion abhängigen LARMOR-Frequenzen der Präzession, die beim **Kernspin** eine **Linksschraube** um den Feldvektor $\boldsymbol{B}$ ausführt.

$$\begin{aligned}\gamma_p &= \frac{|\,\boldsymbol{m}_K\,|}{|\,\boldsymbol{S}_p\,|} = \frac{|\,\vec{\boldsymbol{\omega}}_{L_p}\,|}{|\,\boldsymbol{B}\,|} = 2.7928\,\frac{e}{m_p} = \frac{2.7928}{1836}\,\frac{e}{m_e} = 267.6\,\frac{\mathrm{MHz}}{\mathrm{T}}\\ \gamma_s &= \frac{|\,\boldsymbol{m}_s\,|}{|\,\boldsymbol{S}_e\,|} = \frac{|\,\vec{\boldsymbol{\omega}}_{L_e}\,|}{|\,\boldsymbol{B}\,|} = \frac{e}{m_e} = 175.9\,\frac{\mathrm{GHz}}{\mathrm{T}}\end{aligned} \tag{6.73}$$

Auf die Stärke der Induktion in Tesla bezogen erhält man mit (6.45) folgende Werte für die **LARMOR-Frequenzen** der **Spinpräzession** von Elektron und Proton, die einen Unterschied von mehreren Zehnerpotenzen aufweisen.

$$\boxed{\frac{f_e}{B} = 27.99\,\frac{\mathrm{GHz}}{\mathrm{T}}} \qquad \boxed{\frac{f_p}{B} = 42.59\,\frac{\mathrm{MHz}}{\mathrm{T}}} \tag{6.74}$$

Nach einer Anregung präzessieren die Dipolmomente $\boldsymbol{m}_K$ der Protonen wie in *Abbildung 6.23* mit abnehmendem Kegelwinkel bis zur Ruhelage $\vartheta = 0$, die die longitudinale z-Richtung angibt. Die Zeitkonstante der exponentiellen Abnahme ist die **Relaxationszeit** T_1.

Dagegen verlieren in einem Spinsystem aus vielen Kernen eines Festkörpers die Transversalkomponenten der einzelnen Dipolmomente in der Gesamtmagnetisierung $\boldsymbol{M}$ durch thermische Bewegung und den statistischen Feldeinfluss benachbarter Kerne allmählich ihre Phasenkohärenz (Dephasierung), so dass für das Spinensemble eine schnellere exponentielle Abnahme mit kleinerer Relaxationszeit $T_2 < T_1$ resultiert.

In Bezug auf das ausrichtende longitudinale Feld $\boldsymbol{B}$ nennt man die beiden Zeitkonstanten **Längsrelaxationszeit** T_1 und **Querrelaxationszeit** T_2.

6.4.12 Magnetresonanztomographie

Die Resonanzfrequenzen von **Wasserstoff** $\left({}^1_1\mathrm{H}\right)$ und weiterer Atomkerne im menschlichen Körper $\left({}^{13}_{6}\mathrm{C}, {}^{19}_{9}\mathrm{F}, {}^{23}_{11}\mathrm{Na}, {}^{31}_{15}\mathrm{P}\right)$, die im klinischen Bereich von Interesse sind, liegen für organisches Gewebe im Gegensatz zur „harten" **Röntgenstrahlung** der Computertomographie (CT) alle im unschädlichen KW- und UKW-Radiofrequenzbereich zwischen 10 und 130 MHz und können bei **Resonanzabsorption** durch nachrichtentechnische Methoden voneinander getrennt und einzeln untersucht werden. Der Hauptanwendungsfall sind allerdings **Wasserstoffkerne**, die im lebenden Organismus die höchste Konzentration aufweisen. Weiterhin kann man aus dem hohen Wasserstoffanteil der Moleküle der verschiedenen Gewebearten mit voneinander abweichenden Relaxationszeiten Rückschlüsse auf deren Struktur sowie krankhafte Veränderungen ziehen, [6, S. 306].

Kernspins und zugehörige Dipolmomente werden durch ein starkes, homogenes magnetisches **Gleichfeld** $\boldsymbol{B}_0$ in longitudinaler z-Richtung der Körperlängsachse ausgerichtet, das mit supraleitenden, heliumgekühlten Magnetspulen erzeugt wird, die aus einem Draht einer Niob-Titan-Legierung bestehen, und das in der Humanmedizin bei 1 .. 3 Tesla liegt. Seit dem Jahr 2000 werden auch in mehreren Institutionen Gleichfelder mit 7 Tesla eingesetzt, da das Signal-Rausch-Verhältnis mit höherer Induktion zunimmt.

Für die Kernbausteine der Atome mit Spin 1/2 sind quantenmechanisch nur die Einstellungen parallel und antiparallel zur erregenden Feldrichtung erlaubt. Nur Atomkerne, die eine ungerade Anzahl von Protonen und Neutronen aufweisen wie die der oben angegebenen Elemente, besitzen einen **Nettospin**.

Beim Wasserstoff mit einem Proton sind beide Zustände nahezu gleich stark besetzt, so dass nach der BOLTZMANN-Statistik nur ein winziger Überschuss von 6.6 ppm an parallelen Spins existiert, der die resultierende Magnetisierung $\boldsymbol{M}$ hervorruft. Um die entsprechend schwachen MR-Hochfrequenzsignale sicher zu detektieren, sind Schirmung gegen Fremdfelder und Filterung bei den relevanten Frequenzen erforderlich. Das Gleichfeld $\boldsymbol{B}_0 = B_0\,\mathbf{e}_z$ bestimmt nach (6.74) die LARMOR-Frequenz der anzuregenden Wasserstoffkerne.

Transversal zum Gleichfeld $\boldsymbol{B}_0$ wird ein schwaches konstantes oder in der $(x\text{-}y)$-Ebene rotierendes, magnetisches **Wechselfeld** $\boldsymbol{B}_\sim(t) = B_\sim(t)\,\mathbf{e}_\rho$ impulsförmig überlagert, dessen **Anregungsfrequenz** $\omega_A = \omega_{L_p}$ mit der **LARMOR-Frequenz der Protonen** übereinstimmt. Die Impulsdauer liegt bei wenigen Millisekunden, die Wiederholrate im Sekundenbereich. Auf Grund der Übereinstimmung der Frequenzen erhielt dieses Verfahren den Namen **Kernspinresonanz**.

Der Anregungsimpuls des Wechselfeldes wirkt als Störung der zum homogenen Feld $\boldsymbol{B}_0$ parallel ausgerichteten Kernspins und der insgesamt wirksamen Magnetisierung $\boldsymbol{M}$, wodurch deren Präzession angeregt wird. Gemäß Stärke und Dauer der periodisch wiederholten Anregungsimpulse wird der betragsmäßig konstante Vektor $\boldsymbol{M}$ jeweils aus seiner Ruhelage $\vartheta = 0$ bis zu einem maximalen **Präzessions-** oder **Kippwinkel** ϑ_{max} ausgelenkt, der meist Werte von 90° (Sättigung) oder 180° (Inversion) aufweist, wobei man von entsprechenden $\boldsymbol{\vartheta_{max}}$**-Impulsen** spricht, *(Abbildung 6.27)*. Nach dem Ende des Anregungsimpulses erfolgt die Kernspinpräzession mit stetig abnehmendem Präzessionswinkel entsprechend der Relaxation des untersuchten Materials, [22].

Bei Wasserstoffkernen erfordert ein 90°-Impuls bei einer Impulsdauer von $t_{90} = 1\,\text{ms}$ folgende Induktion.

$$\omega_A\,t_{90} = \omega_{L_p}\,t_{90} = \frac{\pi}{2} \quad \rightarrow \quad B_\sim = \frac{\omega_{L_p}}{\gamma_p} = \frac{\pi}{2}\,\frac{1}{\gamma_p\,t_{90}} = 5.8\,\mu\text{T}$$

Im Vergleich dazu beträgt das **Erdmagnetfeld** in Mitteleuropa etwa $50\,\mu$T.

In den Pausen zwischen den Anregungsimpulsen klingt die Präzession bei konstanter LARMOR-Frequenz ω_{L_p} mit sinkendem Winkel $\vartheta(t)$ nach Exponentialfunktionen ab, bei denen die Zeitkonstanten T_1 und T_2 auftreten. Der Zeitverlauf des MR-Signals gemäß dieser **Relaxationszeiten** ist abhängig von Kombination und Zeitfolge der ausgeklügelten, in der Praxis für unterschiedliche Untersuchungen verwendeten **Standard-Impulssequenzen (MRT-Sequenzen)** aus 90°- und 180°-Impulsen, mit denen auch bestimmte **Echoimpulse** erzeugt werden, [23].

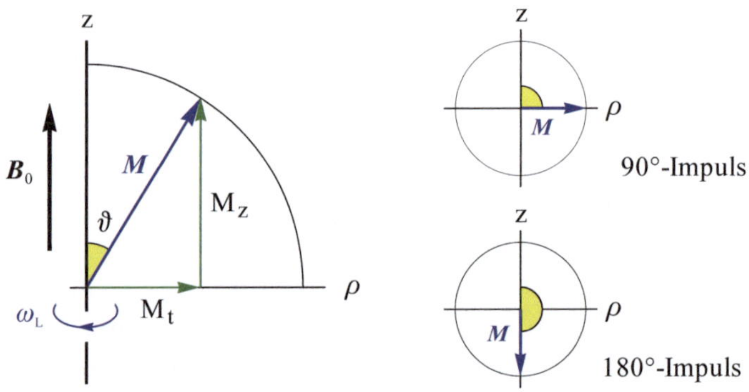

ABB. 6.27: Präzession des Magnetisierungsvektors M nach Anregung im homogenen Feld B_0

Die **Hochfrequenzsignale** aller mit ω_{L_p} rotierenden Kernspins induzieren in Empfangsspulen als Antennen, deren Normalenrichtungen senkrecht auf der z-Achse stehen, elektrische Summenspannungen $u(t)$, deren Amplituden proportional zur Transversalkomponente $M_t(t) = M \sin\vartheta(t)$ der Magnetisierung sind. Die ermittelten **Längs- und Querrelaxationszeiten** sind charakteristisch für die chemische Umgebung der Protonen des Wasserstoffs und damit verschieden für einzelne **Gewebearten**, aus denen Organstrukturen und deren krankhafte Veränderungen erkannt werden können und worauf die Bedeutung für die medizinischen Diagnostik beruht.

Typisch für organische Gewebe sind Werte von $T_1 = 500\,..\,1000$ ms und einer Relation der Zeitkonstanten von $T_1 = (10\,..\,20)\,T_2$, [6, S. 306].

Jedes einzelne Volumenelement oder **Voxel** eines untersuchten Körpers, in dem die Spins angeregt werden, liefert gemäß Raumpunkt, Gewebeart und Abklingverhalten der Spinpräzession einen Beitrag zur **Transversalmagnetisierung** $M_t(x, y, z, t)$, deren summarische Induktionsspannung $u(t)$ jedoch keinen Rückschluss auf den Entstehungsort $P(x, y, z)$ zulassen würde.

Um eine **Ortserkennung** zu erzielen, hatte LAUTERBUR 1973 die geniale Idee, dem homogenen Feld $\boldsymbol{B}_0$ **linear variierende Zusatzfelder** für eine **dreidimensionale Ortskodierung** zu überlagern, durch die die einzelnen Raumpunkte unterscheidbar werden, so dass beliebig liegende **Schnittbilder** oder **Tomogramme** errechnet werden können, [6, S. 323].

Der **Grundgedanke** beruht darauf, dass nach (6.73) die LARMOR-Frequenz der Induktion proportional ist.

$$\boxed{\omega_{L_p} = \gamma_p B \ \sim \ B} \tag{6.75}$$

Zur Selektion verwendet man daher in besonderen Spulen erzeugte **Gradientenfelder** mit linearem Anstieg, wodurch die ursprünglich konstante z-Komponente der Induktion $\boldsymbol{B}_0 = B_0\,\mathbf{e}_z$ ortsabhängig wird und die LARMOR-Frequenz linear mit den drei orthogonalen Raumrichtungen variiert.

In Längs- oder z-Richtung wird der homogenen Induktion $\boldsymbol{B}_0$ ein linearer Anteil, der durch die **Gradientenkonstante** g_z der Dimension 1/m bestimmt wird, überlagert, wodurch ein **Schichtselektionsgradient** entsteht, *(Abbildung 6.28)*. Induktion und LARMOR-Frequenz variieren dadurch linear mit der Ortskoordinate z.

$$\begin{aligned} \boldsymbol{B}(z) &= B_z(z)\,\mathbf{e}_z = B_0\,\big(1 + g_z z\big)\,\mathbf{e}_z \\ \omega_{L_p}(z) &= \underbrace{\gamma_p\,B_0}_{=\omega_0}\,\big(1 + g_z z\big) = \omega_0\,\big(1 + g_z z\big) \end{aligned}$$

Der kurze HF-Anregungsimpuls des transversalen Wechselfeldes ist zeitlich so geformt, dass sein Spektrum nur ein schmales Frequenzband in der Umgebung der Anregungsfrequenz ω_A belegt. Durch den Feldgradienten der z-Richtung können die Kernspins dann nur in einer Schicht der Dicke Δz bei $z = z^*$ in Resonanz geraten und präzessieren, in der die Anregungsfrequenz ω_A mit der LARMOR-Frequenz $\omega_{L_p}(z^*)$ übereinstimmt.

Dauer und Pulsform des Anregungsimpulses sowie die Größe des Gradienten $dB_z/dz = B_0\,g_z$, der im Bereich von einigen Millitesla pro Meter (mT/m) liegt, bestimmen mittlere Dicke und Schärfe der Resonanzschicht Δz und dadurch die Präzision der Ortsauflösung in z-Richtung. Schichtdicken von 1 .. 2 mm werden typischerweise erreicht. Durch Variation der Anregungsfrequenz ω_A kann ein Körper schichtweise untersucht werden.

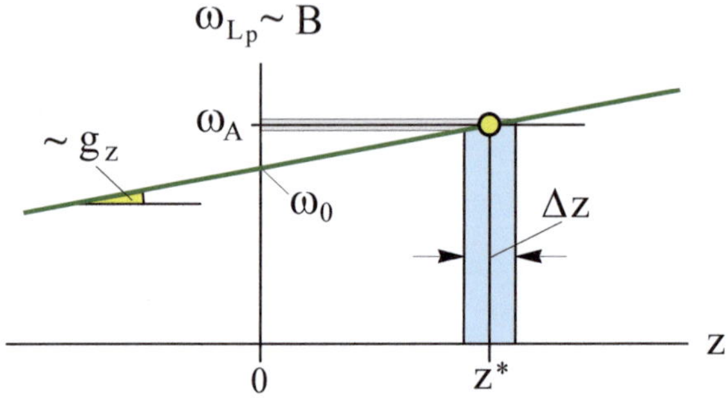

Abb. 6.28: z-abhängige Larmor-Frequenz durch Schichtselektionsgradient

In Transversalrichtung werden ebenfalls zeitabhängige Feldgradienten erzeugt, die gemäß der verwendeten MRT-Sequenzen geschaltet werden, wodurch die z-gerichtete Induktion folgende allgemeine Form aufweist.

$$\begin{aligned}\boldsymbol{B}_{\text{ges}}(x,y,z,t) &= \boldsymbol{B}_0 + \boldsymbol{B}(x,y,z,t) = B_z(x,y,z,t)\,\mathbf{e}_z \\ &= B_0\left[1 + g_x(t)x + g_y(t)y + g_z z\right]\mathbf{e}_z\end{aligned}$$

Neben dem Schichtselektionsgradienten sorgt der Feldgradient der x-Richtung, der **Frequenzkodiergradient** heißt, mit $g_x = \text{const.}$ in der Impulspause für ein linear variierendes Magnetfeld, wodurch bei $g_y = 0$ alle Spins der verschiedenen x-Koordinaten mit linear ansteigenden Frequenzen präzessieren. Ihre Hochfrequenzsignale bilden in der Empfangsspule eine Induktionsspannung $u^{(x)}(t)$, die aus diesem Frequenzgemisch zusammengesetzt ist, *(Abbildung 6.29 a)*. Die Beiträge der verschiedenen **Präzessionsfrequenzen** zur Signalamplitude kann man dadurch trennen, dass man die zeitabhängige Spannung einer **Fourier-Transformation** unterwirft. Da Ort und Larmor-Frequenz über den Feldgradienten linear verknüpft sind,

$$B_0\, g_x\, x \sim x \sim \omega_{L_p}(x)$$

spiegelt das Spektrum $U^{(x)}(\omega)$ dieser Spannung gleichzeitig die örtliche Struktur des Untersuchungsobjektes in x-Richtung wider.

$$u^{(x)}(t) \circ\!\!-\!\!\bullet\; U^{(x)}(\omega) = \int_{-\infty}^{\infty} u^{(x)}(t)\,\mathrm{e}^{-j\omega t}\,dt = U^{(x)}\big(\omega(x)\big) = U^{(x)}(x) \tag{6.76}$$

Da bei dieser Betrachtung in y keine Selektion vorliegt und die LARMOR-Frequenz für jeden y-Wert gleich ist, wird nur das summarische Signal aller Spins der y-Richtung empfangen. Man erhält in der Transversalebene lediglich eine eindimensionale Projektion der zweidimensionalen Präzessionsverteilung, so dass daher keine Ortsauflösung in y-Richtung existiert.

Auch wenn die x- und y-Feldgradienten in gleicher Form gemeinsam erregt werden wie in *Abbildung 6.29 b*, lassen sich die Voxel spektral nicht eindeutig lokalisieren, da die Frequenzen für beide Richtungen den gleichen Bereich überdecken und dadurch auf Diagonalen identisch sind.

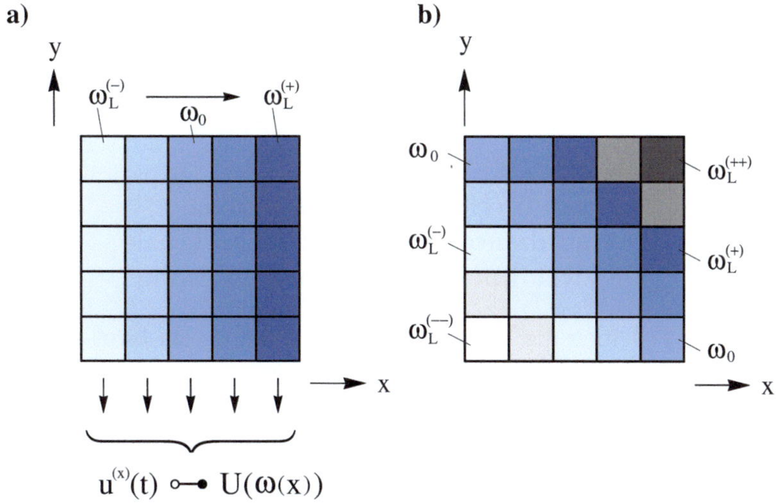

ABB. 6.29: Feldgradienten in x- und y-Richtung
Ortsauflösung mit FOURIER-Transformation nicht eindeutig möglich

Zur Lösung des Problems der zweidimensionalen Ortsauflösung geht man so vor, dass nach *Abbildung 6.30* bei festem x-Feldgradienten der y-Feldgradient, der dann **Phasenkodiergradient** heißt, bis zu $p = 256$ Mal nacheinander mit wachsender Gradientenkonstante $g_y(p)$ erregt wird, wobei jedesmal die induzierte Summenspannung $u(t, p)$ aufgenommen wird.

In der durch ω_A und den z-Feldgradienten ausgewählten Schicht erzeugen die beiden Feldgradienten der Transversalebene in jedem Punkt $P(x, y)$ eine Transversalmagnetisierung $\boldsymbol{M}_t(x,y,p)$, die mit der zugehörigen LARMOR-Frequenz $\omega_L(x,y,p)$ präzessiert und mit der ein zeitlich linear veränderlicher Winkel $\varphi(x,y,p,t)$ verbunden ist.

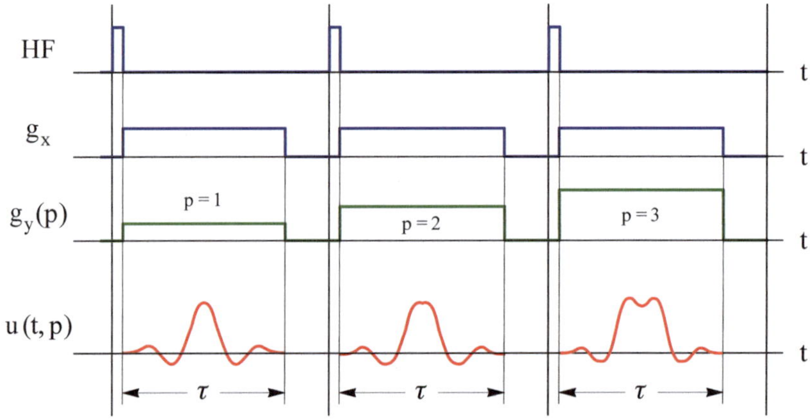

ABB. 6.30: Schema fürHF-Anregungssignal, Feldgradienten und Spannungssignale bei zweidimensionaler Ortsauflösung

In Wirklichkeit bleiben die Vektoren $\boldsymbol{M}_t$ nicht auf einem Kreis wie in *Abbildung 6.31*, sondern bewegen sich auf enger werdenden Spiralen auf Grund der Relaxation mit der Zeitkonstanten T_2 der Spinensemble.

Für LARMOR-Frequenz und Frequenzabweichung gegenüber dem Mittelpunkt der Transversalebene gilt in der Schicht $z = 0$ in einem Untersuchungsintervall bei festen Werten p

$$\omega_L(x,y,p)\big|_{z=0} = \omega_0\left[1 + g_x\,x + p\,g_y\,y\right] = \frac{d}{dt}\,\varphi(x,y,p)$$

$$\begin{aligned}\Delta\omega(x,y,p) &= \omega_L(x,y,p) - \omega_L(0,0,p) = \omega_L(x,y,p) - \omega_0 \\ &= g_x\,\omega_0\,x + p\,g_y\,\omega_0\,y\end{aligned} \tag{6.77}$$

Betrachtet man in der Transversalebene ein exemplarisches Feld mit nur 3×3 Bereichen, dann erhält man in der folgende Tabelle die Werte der Frequenzabweichung $\Delta\omega(x,y,p)$ bei p Messungen des y-Feldgradienten. Dabei werden gleiche Werte $g_x = g_y = g$ für die Gradientenkonstanten sowie gleiche Abweichungen $\Delta x = \Delta y = \delta$ von den örtlichen Mittellagen angenommen.

$$\Delta\omega(x,y,p) = g\,\omega_0\,(x + py)$$

$$\Delta\omega_0 = g\,\delta\,\omega_0$$

Frequenzabweichung $\Delta\omega(x, y, p)$ der Transversalvoxel

$y = +\delta$	$-\Delta\omega_0 (1-p)$	$+p\,\Delta\omega_0$	$+\Delta\omega_0 (1+p)$
$y = 0$	$-\Delta\omega_0$	0	$+\Delta\omega_0$
$y = -\delta$	$-\Delta\omega_0 (1+p)$	$-p\,\Delta\omega_0$	$+\Delta\omega_0 (1-p)$
	$x = -\delta$	$x = 0$	$x = +\delta$

In einem (ξ, η)-Koordinatensystem, das mit der Frequenz $\omega_L(0, 0, p)$ des Mittelpunktes der Transversalebene rotiert, weist der Magnetisierungsvektor $\boldsymbol{M}_t(x, y, p)$ relativ zu $\boldsymbol{M}_t(0, 0, p)$ einen **Transversalwinkel** $\alpha(x, y, p, t)$ auf, der im Zeitintervall τ mit (6.77) folgenden Wert erreicht und der wegen der Linksschraube negativ ist.

$$\begin{aligned} \alpha(x, y, p, \tau) = -\int_0^\tau \Delta\omega(x, y, p)\, dt &= -\Delta\omega(x, y, p)\, \tau \\ &= -\big(g_x \tau\big)\, \omega_0 x - \big(p g_y \tau\big)\, \omega_0 y \end{aligned}$$

Bei gleichbleibendem Produkt $g_x\tau$ aus Gradient und Zeitintervall bleibt der erste Anteil des Winkels α bei allen Einzelmessungen am festen Ort $P(x, y)$ gleich, dagegen wächst der zweite Anteil dem Betrage nach mit steigendem Wert p bzw. pg_y linear an (*Abbildung 6.31*).

Die (ξ, η)-Ebene kann man als komplexe Ebene interpretieren und den **Magnetisierungsvektor als komplexe Zahl** ansehen (*Abbildung 6.32*).

$$\begin{aligned} \widehat{M}_t(x, y, \tau, p) &= M_t^{(r)}(x, y, \tau, p) + j M_t^{(i)}(x, y, \tau, p) \\ &= M_t(x, y, \tau, p)\, \mathrm{e}^{j\alpha\,(x, y, \tau, p)} \end{aligned}$$

In der Empfangsspule ist der Spannungsbeitrag eines Voxels am Punkt $P(x, y)$ in der gewählten z-Schicht im Zeitintervall τ proportional zur Transversalkomponente der Magnetisierung, die bei der p-ten Messung auftritt.

$$du(x, y, \tau, p) \;\sim\; \widehat{M}_t(x, y, \tau, p)\, dx\, dy$$

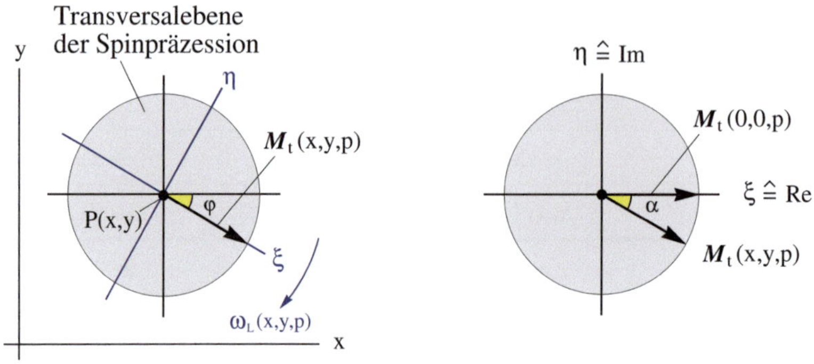

ABB. 6.31: Transversalmagnetisierung $M_t(x, y, p)$ im ortsfesten Koordinatensystem (x, y) und im rotierenden Koordinatensystem (ξ, η)

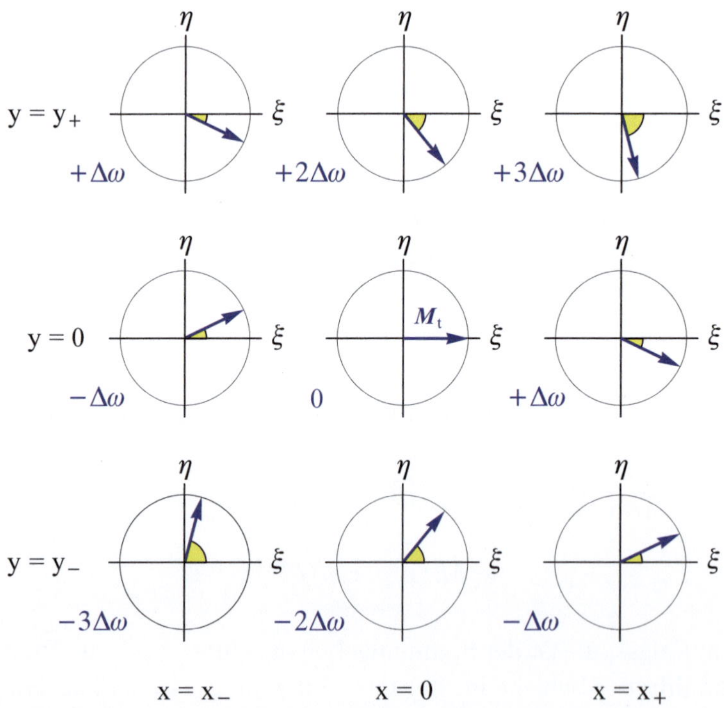

ABB. 6.32: Relativen Lagen der Transversalmagnetisierung bei Frequenzabweichung durch Feldgradienten ($p = 2,\ \Delta\omega \cdot \tau = 25°$)

Bei jeder Messung mit festem Wert p ergibt die Wirkung der gesamten Transversalfläche eine summarische Spannung, die bis auf einen *Proportionalitätsfaktor* κ als Signal $S(\tau, p)$ durch das folgende Doppelintegral dargestellt wird, wenn man p als kontinuierliche Variable auffasst. Das Integral kann über die unendliche (x, y)-Ebene erstreckt werden, da außerhalb des untersuchten Körperbereichs keine Beiträge entstehen.

$$\begin{aligned} S(\tau, p) &= \frac{1}{\kappa} \int\limits_{-\infty}^{\infty} \int\limits_{-\infty}^{\infty} du(x, y, \tau, p) \\ &= \int\limits_{-\infty}^{\infty} \int\limits_{-\infty}^{\infty} M_t(x, y, \tau, p)\, \mathrm{e}^{j\alpha(x,y,\tau,p)}\, dx\, dy \\ &= \int\limits_{-\infty}^{\infty} \int\limits_{-\infty}^{\infty} M_t(x, y, \tau, p)\, \mathrm{e}^{-j(g_x\tau)\,\omega_0 x}\, \mathrm{e}^{-j(g_y(p)\,\tau)\,\omega_0 y}\, dx\, dy \end{aligned}$$

Die Exponenten werden mit $\omega_0 = 2\pi/T_0$ folgendermaßen gedeutet,

$$\begin{aligned} \big(g_x\tau\big)\,\omega_0\, x &= 2\pi \left(\frac{g_x\tau}{T_0}\right) x = 2\pi\, k_x\, x = \frac{2\pi}{\lambda_x}\, x \\ \big(g_y(p)\tau\big)\,\omega_0\, y &= 2\pi \left(\frac{g_y(p)\tau}{T_0}\right) y = 2\pi\, k_y(p)\, y = \frac{2\pi}{\lambda_y(p)}\, y \end{aligned}$$

dass die Größen $k_x = 1/\lambda_x$ und $k_y = 1/\lambda_y$ **Ortsfrequenzen** bzw. reziproke Wellenlängen der Dimension 1/m darstellen. Bei kleinen Werten von $k_{x,y}$ ändern sich die Amplitudenwerte örtlich nur langsam, bei großen Werten ändern sie sich dagegen schnell und bestimmen die feineren örtlichen Details innerhalb der Transversalfläche, [9, S. 311, 515].

Mit den **örtlichen Kreisfrequenzen** $K_x = 2\pi k_x$ und $K_y = 2\pi k_y$ erhält man aus den Spannungen das Messergebnis

$$S(K_x, K_y) = S(k_x, k_y) = S(\tau, p) = \frac{1}{\kappa}\, u(\tau, p)$$

Diese Funktion ist das **Ortsspektrum** $S(K_x, K_y)$ der betrachteten Transversalfläche, das die Amplituden bei den Ortsfrequenzen (k_x, k_y) angibt und das eine **zweidimensionale Fourier-Transformation** darstellt.

$$S(K_x, K_y) = \int_{-\infty}^{\infty} \int_{-\infty}^{\infty} M_t(x, y)\, \mathrm{e}^{-j(K_x x + K_y y)}\, dx\, dy \tag{6.78}$$

Das gesuchte Schnittbild oder **Tomogramm** $M_t(x, y)$ im originalen Ortsbereich wird daraus durch **inverse Fourier-Transformation** ermittelt.

$$M_t(x, y) = \frac{1}{(2\pi)^2} \int_{-\infty}^{\infty} \int_{-\infty}^{\infty} S(K_x, K_y)\, \mathrm{e}^{+j(K_x x + K_y y)}\, dk_x\, dk_y \tag{6.79}$$

In der praktischen Ausführung der Bildberechnung, bei der die k_y-Richtung durch p bereits in diskreter Form vorliegt, wird auch die k_x-Richtung diskretisiert. Die Transformation wird als inverse diskrete Fourier-Transformation (IDFT) berechnet, bei der der Algorithmus der **Fast-Fourier-Transformation (FFT)** zur Anwendung kommt.

Die anspruchsvollen Details der Magnetresonanztomographie bei Entwurf und Bau der MR-Tomographen mit ausgeklügelter Konstruktion, Formgebung und Schaltströmen der verschiedenen Spulen für das starke homogene Feld, das Wechselfeld, die Feldgradienten, den speziellen Impulssequenzen zur Spinanregung und Echoerzeugung sowie den Schaltplänen für Impulsgenerator und Empfang und Auswertung der Hochfrequenzsignale bei solchen MR-Geräten, die in geschlossener Röhrenform und auch offener Zangenform für besondere Patientengruppen existieren, werden beschrieben in [4, Kap. 3, 4, 9], [6, Kap. 11], [19], [22].

Im Jahr 2023 hat Bundespräsident Steinmeier zwei Forscher der Erlanger Siemens Healthineers AG sowie einen Professor der Uniklinik Erlangen mit dem **Deutschen Zukunftspreis** ausgezeichnet.

Die Preisträger haben eine neuartige Plattform für die medizinische Anwendung der **Magnetresonanztomographie** entwickelt. Der Kern der Innovation besteht aus einer stark reduzierten Magnetfeldstärke von nur 0.55 Tesla, KI-basierten Algorithmen zur Auswertung der ermittelten Bilder und einem geschlossenen Kreislaufsystem, das mit nur 0.7 Litern flüssigem Helium als Kühlmittel anstelle der bisher bis zu 1.500 Litern auskommt.

Die neu entwickelten Geräte besitzen gegenüber konventionellen Systemen ein einfaches, kompaktes und gewichtsmäßig reduziertes Produktdesign, das einen erheblich geringeren elektrischen Energiebedarf hat und dadurch deutlich kostengünstiger und leichter transportabel ist. Das Design verfügt über einen bisher unerreichten, größeren Röhrendurchmesser von 80 cm, so dass auch Menschen mit Klaustrophobie oder Adipositas sowie Kinder leichter untersucht werden können.

Literaturangaben

[1] **Born**, Max:
Optik
Springer Verlag, Berlin Heidelberg New York, 3. Aufl. (1972)

[2] **Brand**, Hans:
Schaltungslehre linearer Mikrowellennetze
S. Hirzel Verlag, Berlin Stuttgart (1970)

[3] **Bransden**, Brian H. / **Joachain**, Charles J.:
Quantum Mechanics
Pearson Education Limited, 2. ed. (2000)

[4] **Buxton**, Richard B.:
Introduction to Functional Magnetic Resonance Imaging
Cambridge University Press, 2. Aufl. (2009)

[5] **Collin**, Robert E.:
Foundations for Microwave Engineering
McGraw-Hill Inc., 2. Aufl. (1992)

[6] **Dössel**, Olaf:
Bildgebende Verfahren in der Medizin
Springer Verlag, Berlin Heidelberg, 2. Aufl. (2016)

[7] **Fichtenholz**, Grigori M.:
Differential- und Integralrechnung I/II/III
VEB Deutscher Verlag der Wissenschaften, Berlin, 5. Aufl. (1972)

[8] **Finkelnburg**, Wolfgang:
Einführung in die Atomphysik
Springer Verlag, Berlin, Heidelberg, New York, 6. Aufl. (1967)

[9] **Hecht**, Eugene:
Optics
Addison-Wesley Longman Inc., 3. Aufl. (1998)

[10] **Hummel**, Rolf E.:
Understanding Materials Science
Springer Verlag, New York, 2. Aufl. (2004)

[11] **Kleber**, Will:
Einführung in die Kristallographie
VEB Verlag Technik, Berlin, 14. Aufl. (1979)

[12] **Kraus**, John D.:
Electromagnetics
McGraw-Hill Inc., 4. Aufl. (1992)

[13] **Lexikon der Optik**
Band A-L
Spektrum Akademischer Verlag, Heidelberg Berlin (1999)

[14] **Meyer**, Erwin / **Pottel**, Reinhard:
Physikalische Grundlagen der Hochfrequenztechnik
Friedr. Vieweg & Sohn, Braunschweig (1969)

[15] **Saleh**, Bahaa E. A. / **Teich**, Malvin Carl:
Fundamentals of Photonics
John Wiley & Sons, Inc., Hoboken NJ, 2. Aufl. (2007)

[16] **Schaumburg**, Hanno:
Einführung in die Werkstoffe der Elektrotechnik
B. G. Teubner, Stuttgart (1993)

[17] **Sommerfeld**, Arnold:
Vorlesungen über theoretische Physik IV, Optik
Akademische Verlagsgesellschaft Geest & Portig, 3. Aufl. (1964)

[18] **Soohoo**, Ronald F.:
Theory and Application of Ferrites
Prentice-Hall Inc., Englewood Cliffs, New Jersey (1960)

[19] **Vlaardingerbroek**, Marinus T. / **den Boer**, Jacques:
Magnetic Resonance Imaging
Springer Verlag, Berlin, Heidelberg (1996)

[20] **Zangwill**, Andrew:
Modern Electrodynamics
Cambridge University Press, Cambridge UK (2013)

[21] **Zinke**, Otto / **Brunswig**, Heinrich:
Lehrbuch der Hochfrequenztechnik I
Springer Verlag, Berlin, Heidelberg, New York, 2. Aufl. (1973)

Spektrum der Wissenschaft

[22] **Pykett**, Ian L.:
Kernspintomographie: Röntgenbilder ohne Röntgenstrahlen
SdW **7**, 40 (1982)

[23] **Brewer**, Richard G., **Hahn**, Erwin L.:
Phasengedächtnis atomarer Systeme
SdW **2**, 62 (1985)

[24] **Günther**, Harald:
Schneller und empfindlicher in vielen Dimensionen
Nobelpreis für Chemie (Richard R. Ernst)
SdW **12**, 24 (1991)

[25] **Katscher**, Ulrich:
Schonender Blick in den Körper
Nobelpreis für Medizin (Lauterbur/Mansfield)
SdW **12**, 16 (2003)

Kapitel 7

Spezielle Relativitätstheorie

Zusammenfassung

Der unvoreingenommenen Betrachtungsweise und Genialität von Albert EINSTEIN verdanken wir die Spezielle Relativitätstheorie, wodurch eine tiefgreifende Revision des Verständnisses von Raum und Zeit erfolgte. Seine kritische Beurteilung des Begriffs der Gleichzeitigkeit führte zur Aufgabe der von NEWTON eingeführten absoluten Zeit und zur Gültigkeit der physikalisch begründeten LORENTZ-Transformation beim Wechsel zwischen Inertialsystemen. Hermann MINKOWSKI führte die vierdimensionale Raumzeit und Vierervektoren ein. In MINKOWSKI-Diagrammen werden raumzeitliche Ereignisse auf Weltlinien veranschaulicht, anhand derer die Phänomene von Längenkontraktion und Zeitdilatation erörtert werden.

7.1 Inertialsysteme und ihre Bedeutung

7.1.1 GALILEI'sches Trägheitsgesetz und Inertialsysteme

Das 2. NEWTON'sche Gesetz, welches das eigentliche **Grundgesetz der Dynamik** darstellt, lautet nach Gleichung (3.2) für konstante Massen

$$\boxed{\boldsymbol{F} = \frac{d\boldsymbol{p}}{dt} = \frac{d}{dt}\left(m\,\boldsymbol{v}\right) = m\,\frac{d\boldsymbol{v}}{dt} = m\,\ddot{\boldsymbol{r}} = m\,\boldsymbol{a}} \tag{7.1}$$

W. Werner, *Vektoren und Tensoren als universelle Sprache in Physik und Technik 2*,
https://doi.org/10.1007/978-3-658-49785-9_7

Als besonderer Bewegungszustand ist darin das **Trägheitsgesetz** enthalten, das schon 1638 von **Galileo Galilei** (1564-1642) angegeben wurde und das **Isaac Newton** (1643-1727) in seinen *Principia* (1687) als das **erste Bewegungsgesetz** (*lex prima*) formulierte.

Ein Körper, auf den keine Kräfte einwirken, bewegt sich geradlinig und gleichförmig mit konstanter Geschwindigkeit (7.2)

Dieses Gesetz umfasst als Sonderfall auch ruhende Körper mit $\boldsymbol{v} = \mathbf{0}$ und damit die gesamte **Statik** als **Lehre vom Gleichgewicht**.

Jedes Bezugssystem, in dem das Newton'sche Grundgesetz und damit das Galilei'sche Trägheitsgesetz gelten, heißt **Inertialsystem**.

Eine anschauliche Darstellung seiner Gedankengänge zur **Entwicklung der Relativitätstheorie** bietet **Albert Einstein** (1879-1955) in seinem „gemeinverständlichen Büchlein", [3].

Innerhalb eines Inertialsystems ist es unmöglich festzustellen, ob dieses System ruht oder sich gleichförmig bewegt, da im Newton'schen Grundgesetz eine konstante Geschwindigkeit keine Beschleunigung und damit keine Kraft erzeugt, die messbar wäre.

Für die mathematische Beschreibung der Bewegung fallender Körper durch das Newton'sche Grundgesetz ist es völlig gleichartig, ob dieses Fallen in ruhenden oder gleichförmig bewegten Inertialsystemen wie Zügen oder Schiffen auftritt und gemessen wird. Eine etwa vorhandene Bewegung des körperfesten Inertialsystems von Zug oder Schiff ist von dort aus nur durch den Bezug auf ein anderes Inertialsystem erkennbar, das sich relativ zum ersten geradlinig und gleichförmig bewegt, im Beispiel der Bahndamm oder das feste Land. Im körperfesten System von Zug oder Schiff ist die Bahn eines senkrecht fallenden Körpers eine Gerade, während sie im relativ dazu bewegten erdfesten System dagegen eine Parabel ist. Dennoch befolgt der fallende Körper in beiden Systemen in gleicher Weise das Grundgesetz der Dynamik, (s. das Beispiel des Wurfs im *Abschnitt 11.2.2*).

Da also **nur Relativgeschwindigkeiten** verschiedener Inertialsysteme gegeneinander **feststellbar** sind, ist es auch weder möglich noch sinnvoll, eines von ihnen als ein besonderes oder absolutes System auszuzeichnen im Widerspruch zu Newtons erster Voraussetzung, worin er die **Definition des absoluten Raumes** als ein besonderes, herausgehobenes Bezugssystem an den Anfang seiner Darlegungen stellte.

Die Erfahrung lehrt dagegen, dass kein bevorzugtes System existieren kann, sondern dass es beliebig viele Bezugssysteme gibt, in denen die Gesetze der Physik in gleicher mathematischer Form gelten und die damit die Gruppe der gleichberechtigten Inertialsysteme bilden. Diese Erkenntnis wird auch als **Relativitätsprinzip der Mechanik** bezeichnet, wodurch die **Äquivalenz aller Inertialsysteme** für die Beschreibung der mechanischen Phänomene zum Ausdruck gebracht wird.

Der Übergang von einem dieser Systeme zu einem anderen wird durch bestimmte **Transformationsgesetze** beschrieben, bei denen einige Größen unverändert bleiben und daher als **Invarianten** bezeichnet werden. Im NEWTON'schen Grundgesetz ist z.B. die Beschleunigung eine solche Invariante. Das Auffinden solcher Invarianten ist eine wesentliche Aufgabe bei diesen Transformationen.

7.1.2 GALILEI-Transformation

In *Abbildung 7.1* werden zwei Inertialsysteme S und $\widehat{S}$ mit den Ursprüngen O und $\widehat{O}$ betrachtet, die sich relativ zueinander mit der konstanten Geschwindigkeit $\boldsymbol{v}$ bewegen. Dabei hat ein Punkt P die Ortsvektoren

$$\boldsymbol{r} = x\,\mathbf{e}_x + y\,\mathbf{e}_y + z\,\mathbf{e}_z \qquad \text{in } S$$

$$\hat{\boldsymbol{r}} = \boldsymbol{r} - \boldsymbol{v}\,t \qquad \text{in } \widehat{S}$$

Die zeitlichen Ableitungen in beiden Systemen lauten folgendermaßen, wobei der Punkt P auf seiner Bahnkurve die Geschwindigkeit $\boldsymbol{u}$ hat.

$$\frac{d\boldsymbol{r}}{dt} = \dot{\boldsymbol{r}} = \boldsymbol{u} \neq \boldsymbol{v} \qquad \text{und} \qquad \frac{d^2\boldsymbol{r}}{dt^2} = \ddot{\boldsymbol{r}} = \boldsymbol{a}$$

$$\frac{d\hat{\boldsymbol{r}}}{dt} = \dot{\hat{\boldsymbol{r}}} = \dot{\boldsymbol{r}} - \boldsymbol{v} \qquad \text{und} \qquad \frac{d^2\hat{\boldsymbol{r}}}{dt^2} = \ddot{\hat{\boldsymbol{r}}} = \hat{\boldsymbol{a}} = \ddot{\boldsymbol{r}} = \boldsymbol{a}$$

Das NEWTON'sche Grundgesetz ist daher in beiden Inertialsystemen in gleicher Form gültig, da die Beschleunigungen übereinstimmen und eine Invariante der Transformation bilden.

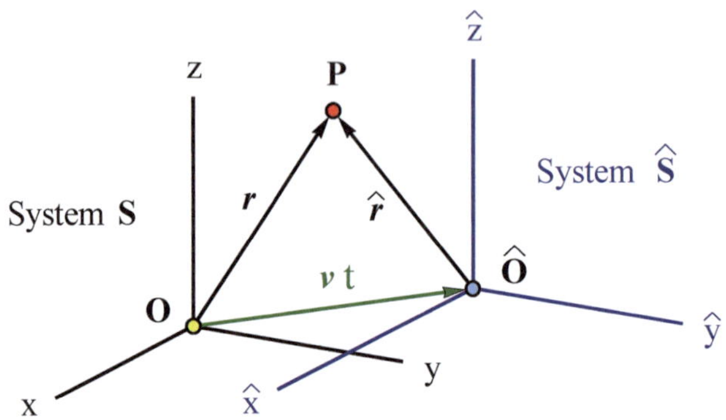

ABB. 7.1: Gegeneinander gleichförmig bewegte Inertialsysteme

Hierbei wurde die zweite NEWTON'sche Voraussetzung zu Grunde gelegt, die die **Definition der absoluten Zeit** durch $\hat{t} = t$ darstellt. Die Relation, die als **GALILEI-Transformation** bezeichnet wird, lautet bei konstanter Relativgeschwindigkeit $\boldsymbol{v}$ zwischen zwei Inertialsystemen

$$\boxed{\hat{t} = t\,, \quad \frac{d}{d\hat{t}} = \frac{d}{dt}} \qquad \boxed{\hat{\boldsymbol{r}} = \boldsymbol{r} - \boldsymbol{v}\,t} \tag{7.3}$$

Die Kraft im NEWTON'schen Grundgesetz erhält damit folgende invariante Darstellung in verschiedenen Bezugssystemen.

$$\boxed{\boldsymbol{F} = m\,\boldsymbol{a} = m\,\hat{\boldsymbol{a}} = \widehat{\boldsymbol{F}}} \tag{7.4}$$

7.1.3 Ausbreitung von Lichtwellen

Der Wert der **Lichtgeschwindigkeit** c war durch Versuche von RØMER (1676), BRADLEY (1728), FIZEAU (1849) und FOUCAULT (1850) schon seit langem recht genau bekannt. In neueren Versuchen von MICHELSON (1926) sowie modernen Laserexperimenten der BOULDER-Gruppe (1973) wurde der Wert von c immer präziser gemessen und 1983 durch die **Conférence Générale des Poids et Mesures (CGPM)** in Paris auf folgenden exakten Wert festgelegt, [1, S. 216], [6, S. 45].

$$\boxed{c = \mathbf{299\ 792\ 458\ m/s}} \tag{7.5}$$

Die anfängliche physikalische Auffassung, die mechanisch geprägt war, besagte, dass sich Licht wie Schall- oder Wasserwellen nur in einem Medium ausbreiten könne, dem sog. **Äther**, der in einem besonderen und damit absoluten Inertialsystem S ruht, in dem das Licht die Geschwindigkeit c hat. Eine Darstellung der historischen Entwicklung der **Äthertheorie** findet man beispielsweise in [8, S. 105], [11, S. 20].

Bei Gültigkeit der GALILEI-Transformation hätten die Wellenfronten von Lichtwellen einer in S ruhenden Quelle dann die Ausbreitungsgeschwindigkeit

$$\frac{d\boldsymbol{r}}{dt} = \dot{\boldsymbol{r}} = c\,\mathbf{e}_r \qquad \text{im Äthersystem } S,$$

was einer Kugelwelle um den Ursprung O entspricht und

$$\frac{d\hat{\boldsymbol{r}}}{dt} = \dot{\hat{\boldsymbol{r}}} = c\,\mathbf{e}_r - \boldsymbol{v} \qquad \text{im Inertialsystem } \widehat{S},$$

was wegen der gleichbleibenden Richtung des Vektors $\boldsymbol{v} = \text{const.}$ sicher keine Kugelwelle um $\widehat{O}$ darstellt, so dass in $\widehat{S}$ in verschiedenen Richtungen im Raum unterschiedliche Ausbreitungsgeschwindigkeiten des Lichtes auftreten müssten.

Einer der berühmtesten und folgenreichsten physikalischen Versuche war das 1881 von **Albert Abraham MICHELSON** (1852-1931) in Berlin durchgeführte und mit seinem Assistenten **Edward M. MORLEY** 1887 in den USA genauer wiederholte **MICHELSON-MORLEY-Experiment**, [9], [11, S. 22]. Dabei konnte beim interferometrischen Vergleich zweier orthogonaler Lichtstrahlen auf der Erde, die sich mit der **Bahngeschwindigkeit** $v_E \approx 30$ km/s im vermuteten Äthersystem bewegen sollte, keine solche Richtungsabhängigkeit der Lichtgeschwindigkeit gefunden werden. Dieses negative Versuchsergebnis wurde in vielen verschiedenen Ausführungen u.a. von JOOS (1930) später immer exakter bestätigt und bedeutete, dass die Lichtgeschwindigkeit in gegeneinander gleichförmig bewegten Inertialsystemen stets den gleichen Wert besitzt!

Für seine optischen Untersuchungen erhielt MICHELSON 1907 als erster Amerikaner den **Nobelpreis für Physik**.

Aus dem negativen Ausgang des Experimentes, das damit als **experimentum crucis** zu den Versuchen zählt, die den Gang der Physik entscheidend beeinflussten und veränderten, musste entgegen der bis dahin gültigen Vorstellung geschlossen werden, dass weder ein absolutes Inertialsystem noch ein Äther existieren. Die Ausbreitung von Licht sowie jegliche elektromagnetische Strahlung im Vakuum erfolgt in beliebigen Bezugssystemen dagegen stets als **Kugelwelle mit der konstanten Geschwindigkeit** c, unabhängig vom Bewegungszustand der aussendenden Lichtquelle und den Beobachtern in verschiedenen Inertialsystemen.

Das bedeutete dann entgegen der bisherigen Auffassung merkwürdigerweise, [4, S. 341], dass eine Lichtquelle, die sich mit v bewegt, Lichtwellen aussendet, die sich sowohl in Vorwärts- als auch in Rückwärtsrichtung gleich schnell ausbreiten! Die Geschwindigkeit von Lichtsignalen innerhalb eines fahrenden Zuges hat daher den gleichen Wert c wie gegenüber dem ruhenden Bahndamm!

Auf diesen erstaunlichen Sachverhalt wären Physiker sicher schon früher gestoßen, wenn die Lichtgeschwindigkeit einen kleineren Wert aufweisen würde, wodurch man Versuche mit geringerem experimentellen Aufwand hätte durchführen können.

Da gemäß obigem Experiment bei Licht keine Geschwindigkeitsüberlagerungen $c+v$ bzw. $c-v$ nachweisbar sind, wie das bei Wasser- oder Schallwellen der Fall ist, kann die **GALILEI-Transformation nicht allgemein gültig** sein und muss durch eine andere, umfassendere Transformation ersetzt werden, die bei der Lichtausbreitung in bewegten Inertialsystemen die Kugelform der Lichtwellen für jeden gleichförmig bewegten Beobachter gewährleistet.

Wegen der vielfachen Erfahrungen und überwältigenden Erfolge der NEWTON'schen Dynamik bei beliebigen Bewegungen im Alltag sowie in der Himmelsmechanik, muss die gesuchte Transformation allerdings so geartet sein, dass sie im NEWTON'schen Grenzfall kleiner Geschwindigkeiten $v \ll c$ alle bisherigen experimentell gesicherten Ergebnisse bestätigt.

7.1.4 EINSTEINs Postulate der Speziellen Relativitätstheorie

Albert EINSTEIN erkannte auf Grund der vorliegenden physikalischen Tatsachen, dass die Existenz der universellen, absoluten Zeit von NEWTON unhaltbar ist. Damit war auch für die **Gleichzeitigkeit von Ereignissen**, die an verschiedenen Orten stattfinden, eine Neudefinition erforderlich. Denn Messergebnisse von örtlich verschiedenen aber „gleichzeitig" stattfindenden Ereignissen in bewegten Systemen müssen ja für einen Wertevergleich mitgeteilt oder ausgetauscht werden, wofür jedoch nur Signale mit der Höchstgeschwindigkeit c zur Verfügung stehen, die eine entsprechende Laufzeit zur Überbrückung des Abstandes benötigen.

Die Konsequenzen seiner Erkenntnisse stellte EINSTEIN als Postulate an den Anfang seiner **Speziellen Relativitätstheorie (SRT, 1905)**. Damit begründete er eine völlig neue Dynamik in der Physik, die allerdings den bis dahin gültigen *Anschauungen des gesunden Menschenverstandes* von Längen und Zeitabläufen bzw. von Maßstäben und Uhren zuwiderläuft.

✶ Postulat I / Relativitätsprinzip

Alle Gesetze der Physik haben in verschiedenen Inertialsystemen die gleiche mathematische Form (7.6)

Die physikalischen Gesetze gelten damit unabhängig vom gleichförmig bewegten Bezugssystem und sind invariant gegenüber Transformationen zwischen verschiedenen Inertialsystemen. Vektor- und Tensorkomponenten werden deshalb in gleicher Weise oder **kovariant transformiert**.

✶ Postulat II / Konstanz der Lichtgeschwindigkeit

Die Lichtgeschwindigkeit im Vakuum hat unabhängig vom Bewegungszustand von Lichtquelle und Beobachter stets den konstanten Wert c (7.7)

Die maximal auftretenden Geschwindigkeiten von Signalen und Ursache-Wirkungs-Beziehungen erfüllen die Ungleichung $v \leqslant c < \infty$, so dass eine Reihe klassischer Naturgesetze Änderungen erfahren wird.

7.2 LORENTZ-Transformation

7.2.1 Wellenfronten des Lichtes und Raumzeit nach MINKOWSKI

Die Wellenfronten der Lichtausbreitung erscheinen gemäß dem MICHELSON-MORLEY-Experiment Beobachtern in zwei verschiedenen, gleichförmig gegeneinander bewegten Inertialsystemen stets als **Kugelwellen**, deren Phasenfronten bei der Ausbreitung folgendermaßen beschrieben werden.

$$\boldsymbol{r}\cdot\boldsymbol{r} = \boldsymbol{r}^2 = x^2 + y^2 + z^2 = (ct)^2 \qquad \text{Phasenfront im System } S$$

$$\hat{\boldsymbol{r}}\cdot\hat{\boldsymbol{r}} = \hat{\boldsymbol{r}}^2 = \hat{x}^2 + \hat{y}^2 + \hat{z}^2 = (c\hat{t}\,)^2 \qquad \text{Phasenfront im System } \widehat{S}$$

Die Besonderheit hierbei und damit der Schlüssel für die Transformation liegt darin, dass die Zeit $\hat{t}$, die im System $\widehat{S}$ gemessen wird, nicht mit der Zeit t in S identisch ist! Dadurch wird die **absolute Zeit aufgehoben**, die NEWTON für alle Systeme als gleichermaßen gültig definierte, so dass das **Kriterium der Gleichzeitigkeit relativiert** wird und die Zeit und ihre Messung auf jedes einzelne Inertialsystem beschränkt ist. Gleichzeitige Ereignisse in einem Bezugssystem sind dadurch in anderen Systemen nicht mehr gleichzeitig!

Da die Lichtausbreitung in allen Inertialsystemen als Kugelwelle erscheint, muss die gesuchte Transformation die folgende **Invarianz** erfüllen.

$$\boxed{\boldsymbol{r}^2 - (ct)^2 = x^2 + y^2 + z^2 - (ct)^2 \;=\; \hat{\boldsymbol{r}}^2 - (c\hat{t}\,)^2 = \hat{x}^2 + \hat{y}^2 + \hat{z}^2 - (c\hat{t}\,)^2} \tag{7.8}$$

Hermann MINKOWSKI (1864-1909) fasste nach dem Vorbild des Ortsvektors $\boldsymbol{r}$ im dreidimensionalen Raum (14.4, Bd. I) die drei räumlichen Koordinaten (x, y, z) und die **Zeit als imaginäre Koordinate** $x^0 = jct$ zum **Vierer-Ortsvektor**

$$\boxed{\mathsf{R} = jct\,\mathbf{e}_0 + \boldsymbol{r} = x^0\,\mathbf{e}_0 + x\,\mathbf{e}_x + y\,\mathbf{e}_y + z\,\mathbf{e}_z = \left(\underline{\mathsf{x}}^{\#}\right)^{\mathrm{T}}\underline{\underline{\mathsf{e}}}} \tag{7.9}$$

eines orthogonalen Koordinatensystems im **Kontinuum der pseudo-euklidischen, vierdimensionalen Raumzeit** zusammen.

Der Zusatz *„pseudo"* wird bei Gleichung (7.34) erläutert.

Diese Raumzeit wird auch als **MINKOWSKI-Raum** bezeichnet, der eine geometrische Interpretation der Koordinaten in MINKOWSKI-Diagrammen ermöglicht.

Durch die Hinzunahme der imaginären Zeitkoordinate $x^0 = jct$ sind viele Berechnungen in der Raumzeit komplex auszuführen, eine Methode, die im naturwissenschaftlichen Bereich mit komplexer Rechnung, konformer Abbildung und **Funktionentheorie** zum mathematischen Handwerkszeug gehört.

Die Koordinaten eines Punktes werden numerisch indiziert und der Spaltenvektor der **vier orthogonalen Basisvektoren der Raumzeit** wird zur Unterscheidung vom kartesischen System typographisch anders dargestellt und ggf. mit „M" für MINKOWSKI indiziert.

$$\underline{\underline{\mathsf{e}}} = \left(\mathbf{e}_x,\, \mathbf{e}_y,\, \mathbf{e}_z\right)^{\mathrm{T}} \qquad \underline{\underline{\mathsf{e}}} \equiv \underline{\underline{\mathsf{e}}}^{\mathrm{M}} = \left(\mathbf{e}_0,\, \mathbf{e}_1,\, \mathbf{e}_2,\, \mathbf{e}_3\right)^{\mathrm{T}} \qquad \mathbf{e}_i \cdot \mathbf{e}_k = \delta_{ik} \tag{7.10}$$

Ein Punkt $P(jct, x, y, z) = P(x^0, x^1, x^2, x^3)$ im MINKOWSKI-Raum, der einen bestimmten Ort zu einer bestimmten Zeit kennzeichnet, wird **Ereignis** oder **Weltpunkt** genannt und der Weg, den ein Weltpunkt bei variierenden Koordinaten durchläuft, wird als **Weltlinie** bezeichnet. Der Vierer-Ortsvektor erscheint deshalb auch als **Ereignisvektor**.

Nach dem experimentellen Ergebnis ist der **Vierer-Ortsvektor R invariant** und weist sowohl im System S als auch im System $\widehat{S}$ zum Punkt P in der Phasenfront einer Kugelwelle. Damit haben Ortsvektor und Komponenten im MINKOWSKI-Raum beider Systeme die folgende Darstellung, bei der die **Zeit** in die imaginäre Koordinate vom **Index Null** eingeht.

$$\mathsf{R} = \left(\underline{\mathsf{x}}^{\#}\right)^{\mathrm{T}} \underline{\underline{\mathsf{e}}} = \left(\underline{\hat{\mathsf{x}}}^{\#}\right)^{\mathrm{T}} \underline{\underline{\hat{\mathsf{e}}}}$$

$$\underline{\mathsf{x}}^{\#} = \begin{pmatrix} x^0 \\ x^1 \\ x^2 \\ x^3 \end{pmatrix} = \begin{pmatrix} jct \\ x \\ y \\ z \end{pmatrix} \qquad \underline{\hat{\mathsf{x}}}^{\#} = \begin{pmatrix} \hat{x}^0 \\ \hat{x}^1 \\ \hat{x}^2 \\ \hat{x}^3 \end{pmatrix} = \begin{pmatrix} jc\hat{t} \\ \hat{x} \\ \hat{y} \\ \hat{z} \end{pmatrix} \tag{7.11}$$

Die Forderung nach Kugelwellen in jedem denkbaren Bezugssystem hat die Gleichheit des Vierer-Ortsvektorquadrates für Ereignisse zur Folge, woraus sich die **Invarianz** des **Vierer-Abstandsquadrates** ergibt.

$$\mathsf{R}\cdot\mathsf{R} = \mathsf{R}^2 = R^2 = \boldsymbol{r}^2 - (ct)^2 = \hat{\boldsymbol{r}}^2 - (c\hat{t})^2 = \left(\underline{\mathsf{x}}^{\#}\right)^{\mathrm{T}}\underline{\mathsf{x}}^{\#} = \left(\hat{\underline{\mathsf{x}}}^{\#}\right)^{\mathrm{T}}\hat{\underline{\mathsf{x}}}^{\#} \tag{7.12}$$

Der Übergang zwischen den vierdimensionalen Inertialsystemen S und $\widehat{S}$ wird durch eine **Transformationsmatrix $\underline{\mathbf{L}}$** für Basisvektoren und Komponenten des Ortsvektors (7.11) wie in kartesischen Systemen nach Gleichung (8.2, Bd. I) vermittelt.

$$\hat{\underline{\underline{\mathsf{e}}}} = \underline{\mathbf{L}}\,\underline{\underline{\mathsf{e}}} \equiv \hat{\underline{\underline{\mathsf{e}}}}^{\mathrm{M}} = \underline{\mathbf{L}}\,\underline{\underline{\mathsf{e}}}^{\mathrm{M}} \qquad \hat{\underline{\mathsf{x}}}^{\#} = \underline{\mathbf{L}}\,\underline{\mathsf{x}}^{\#} \tag{7.13}$$

Die Transformation durch $\underline{\mathbf{L}}$ muss linear sein, denn der Blick von einem der beiden Bezugssysteme auf das andere ist gleichwertig, wodurch Hin- und Rücktransformation von gleichem Charakter sein müssen. Die **Linearität** bedeutet, dass weder ein Punkt noch eine Richtung vor anderen ausgezeichnet sind. Dadurch sind gleiche Beschaffenheit sowie Richtungsunabhängigkeit, also **Homogenität** und **Isotropie des Raumes** charakteristische Eigenschaften der Transformation.

Obwohl Vorarbeiten von **Woldemar Voigt** (1887) und **Henri Poincaré** (1904) geleistet wurden, wird die Transformation auf Vorschlag von Poincaré nach dem holländischen Physiker **Hendrik Antoon Lorentz** (1853-1928) als **Lorentz-Transformation** bezeichnet, der sie entwickelte, um die Äthertheorie zu stützen. **Albert Einstein** gelangte dagegen zu dieser Transformation durch tiefgründige physikalische Einsicht in Raum und Zeit.

Die Invarianz des Abstandsquadrates R^2 bedeutet, dass nach *Abschnitt 3.5.4 (Bd. I)* die **Lorentz-Matrix $\underline{\mathbf{L}}$ orthogonal** sein muss und eine **Drehung des vierdimensionalen Koordinatensystems** bewirkt.

Lorentz-Transformationen sind orthogonale Transformationen des Minkowski-Raumes (7.14)

Gemäß den Eigenschaften orthogonaler Matrizen nach (3.41, Bd. I) werden aufeinander folgende Transformationen als Produkt solcher Matrizen wieder durch eine orthogonale Gesamtmatrix beschrieben.

Die Gruppe der LORENTZ-Transformationen, die nach POINCARÉ auch als **LORENTZ-Gruppe** bezeichnet wird, umfasst als Sonderfälle bzw. Untergruppen alle räumlichen Drehungen von Inertialsystemen bei fester Zeit sowie alle gleichförmigen translatorischen Bewegungen von Systemen bei unveränderter Orientierung der räumlichen Achsen.

7.2.2 Berechnung der LORENTZ-Matrix

Um die LORENTZ-Transformation und ihre Matrix $\underline{\mathbf{L}}$ zu ermitteln, kann man zunächst den Vektor $\boldsymbol{v}$ der Translationsbewegung zwischen den Inertialsystemen S und $\widehat{S}$ in die Richtung der x- bzw. x^1-Achse legen, so dass die beiden dazu senkrechten Ortskoordinaten unverändert bleiben.

$$\hat{y} = \hat{x}^2 \equiv y = x^2 \qquad \text{und} \qquad \hat{z} = \hat{x}^3 \equiv z = x^3$$

Die orthogonale LORENTZ-Matrix dieser Transformation hat dann folgende einfache Gestalt, da sich die Drehung des vierdimensionalen Koordinatensystems nur auf x^0 und $\hat{x}^0$, die die Zeit enthalten, und x^1 und $\hat{x}^1$ erstreckt.

$$\underline{\hat{\mathbf{x}}}^{\#} = \begin{pmatrix} \hat{x}^0 \\ \hat{x}^1 \\ \hat{x}^2 \\ \hat{x}^3 \end{pmatrix} = \underline{\mathbf{L}}\,\underline{\mathbf{x}}^{\#} = \begin{pmatrix} \ell_{00} & \ell_{01} & 0 & 0 \\ \ell_{10} & \ell_{11} & 0 & 0 \\ 0 & 0 & 1 & 0 \\ 0 & 0 & 0 & 1 \end{pmatrix} \begin{pmatrix} x^0 \\ x^1 \\ x^2 \\ x^3 \end{pmatrix}$$

Die **Orthogonalbedingungen** für die Matrix lauten nach (3.35, Bd. I)

$$\ell_{00}^2 + \ell_{01}^2 = \ell_{00}^2 + \ell_{10}^2 = 1$$

$$\ell_{10}^2 + \ell_{11}^2 = \ell_{01}^2 + \ell_{11}^2 = 1$$

$$\ell_{00}\,\ell_{10} + \ell_{01}\,\ell_{11} = \ell_{00}\,\ell_{01} + \ell_{10}\,\ell_{11} = 0$$

Aus den ersten beiden Bedingungen folgt zunächst $\ell_{01}^2 = \ell_{10}^2$ und damit erhält man dann $\ell_{00}^2 = \ell_{11}^2$.

Mit der allgemein üblichen Abkürzung **Beta** für das **Geschwindigkeitsverhältnis** der Translation der beiden Systeme und Licht

$$\boxed{0 \leqslant \beta = \frac{v}{c} \leqslant 1} \tag{7.15}$$

gilt einerseits für den Ursprung von $\widehat{S}$ in S

$$x^1 = x = vt = \frac{v}{jc}\,jct = -\,j\beta\,jct = -\,j\beta x^0$$

Andererseits gilt im Ursprung von $\widehat{S}$ und gemäß der Transformation

$$\hat{x}^1 = \hat{x} = 0 = \ell_{10}\,x^0 + \ell_{11}\,x^1 = (\ell_{10} - j\beta\ell_{11})\,x^0 \quad \rightarrow \quad \ell_{10} = j\beta\ell_{11}$$

Zur Abkürzung definiert man den **Lorentz-Faktor Gamma**,

$$\boxed{\gamma = \frac{1}{\sqrt{1-\beta^2}} \geqslant 1} \qquad \boxed{\gamma^2 - 1 = (\gamma+1)(\gamma-1) = \big(\beta\,\gamma\big)^2 \geqslant 0} \tag{7.16}$$

bei dem die positive Wurzel gewählt werden muss, damit die Matrix $\underline{\mathbf{L}}$ für $\beta \rightarrow 0$ in die Einheitsmatrix der identischen Transformation übergeht.

Aus der zweiten Orthogonalbedingung

$$\ell_{11}^2 = 1 - \ell_{10}^2 = 1 + \beta^2\,\ell_{11}^2$$

ergeben sich die diagonalen Matrixelemente.

$$\ell_{00}^2 = \ell_{11}^2 = \gamma^2 \quad \rightarrow \quad \ell_{00} = \ell_{11} = +\,\gamma$$

Aus der dritten Orthogonalbedingung folgt mit den bisherigen Ergebnissen

$$\ell_{01} = -\,\frac{\ell_{00}}{\ell_{11}}\,\ell_{10} = -\,\ell_{10} = -\,j\beta\ell_{11} = -\,j\beta\gamma$$

Damit lautet die **orthogonale Lorentz-Matrix** für die Translation in x-Richtung mit konstanter Geschwindigkeit $\boldsymbol{v}$, die keine Indizierung erhält und die einer Drehung in der (t-x)-Ebene entspricht

$$\boxed{\underline{\mathbf{L}} = \begin{pmatrix} \gamma & -j\beta\gamma & 0 & 0 \\ j\beta\gamma & \gamma & 0 & 0 \\ 0 & 0 & 1 & 0 \\ 0 & 0 & 0 & 1 \end{pmatrix} = \begin{pmatrix} \underline{\mathbf{A}} & \vdots & \underline{\mathbf{0}} \\ \cdots & . & \cdots \\ \underline{\mathbf{0}} & \vdots & \underline{\mathbf{E}} \end{pmatrix} = \big(\underline{\mathbf{L}}^{\mathrm{T}}\big)^{-1}} \tag{7.17}$$

Aus (7.11)und (7.13) folgt die Transformation der Koordinaten und Basisvektoren.

$$\hat{x}^0 = j c\hat{t} = \gamma x^0 - j\beta\gamma x^1 = j\gamma\,(ct - \beta x)$$
$$\hat{x}^1 = \hat{x} = j\beta\gamma x^0 + \gamma x^1 = \gamma\,(x - \beta ct)$$

$$\boxed{\hat{\mathbf{e}}_0 = \gamma\,(\mathbf{e}_0 - j\beta\,\mathbf{e}_1)} \qquad \boxed{\hat{\mathbf{e}}_1 = \gamma\,(j\beta\mathbf{e}_0 + \mathbf{e}_1)} \tag{7.18}$$

Die orthogonale Matrix $\underline{\mathbf{L}}$ hat die Eigenschaft $\underline{\mathbf{L}}^{-1} = \underline{\mathbf{L}}^{\mathrm{T}}$, so dass die **Transformationsregeln** der LORENTZ-Transformation in Hin- und Rückrichtung folgendermaßen lauten.

$$\begin{array}{lll} \boxed{c\hat{t} = \gamma\,(ct - \beta x)} & \boxed{\hat{x} = \gamma\,(x - \beta ct)} & \boxed{\hat{y} = y} \\ \boxed{ct = \gamma\,(c\hat{t} + \beta\hat{x})} & \boxed{x = \gamma\,(\hat{x} + \beta c\hat{t})} & \boxed{\hat{z} = z} \end{array} \tag{7.19}$$

Im Grenzfall kleiner Relativgeschwindigkeiten $v \ll c$ der Inertialsysteme, d.h. für $\beta \to 0$ und $\gamma \to 1$ geht die LORENTZ-Transformation in die GALILEI-Transformation (7.3) über.

Damit erhält man die wichtige Kompatibilitätsaussage.

> **Bei nichtrelativistischen Geschwindigkeiten behält die gesamte NEWTON'sche Dynamik ihre Gültigkeit!** (7.20)

Im Vergleich mit der Matrix (6.38, Bd. I) stellt die Untermatrix

$$\underline{\mathbf{A}} = \begin{pmatrix} \gamma & -j\beta\gamma \\ j\beta\gamma & \gamma \end{pmatrix} = \gamma \begin{pmatrix} 1 & -j\beta \\ j\beta & 1 \end{pmatrix} \;\hat{=}\; \begin{pmatrix} \cos\varphi & -\sin\varphi \\ \sin\varphi & \cos\varphi \end{pmatrix}$$

von $\underline{\mathbf{L}}$ die **Drehung des Koordinatensystems** in der $(t\text{-}x)$-Ebene dar, wobei allerdings der **Drehwinkel imaginär** ist, so dass man mit $\varphi = j\chi$ erhält

$$1 \leqslant \gamma = \cos\varphi = \cos j\chi = \cosh\chi$$
$$j\beta\gamma = \sin\varphi = \sin j\chi = j\sinh\chi$$

Daraus ergeben sich folgende Darstellungen für die hyperbolischen Funktionen.

$$\cosh\chi = \gamma = \frac{1}{\sqrt{1-\beta^2}}, \qquad \sinh\chi = \beta\gamma = \frac{\beta}{\sqrt{1-\beta^2}}, \qquad \tanh\chi = \beta$$

Die Größe χ heißt **Rapidität** und lautet folgendermaßen.

$$\chi = \operatorname{Artanh}\beta = \frac{1}{2}\ln\frac{1+\beta}{1-\beta} = \ln\sqrt{\frac{1+\beta}{1-\beta}} > 0$$

Die Untermatrix $\underline{\mathbf{A}}$ von $\underline{\mathbf{L}}$ beschreibt damit eine **hyperbolische Rotation**.

$$\boxed{\underline{\mathbf{A}} = \begin{pmatrix} \gamma & -j\beta\gamma \\ j\beta\gamma & \gamma \end{pmatrix} = \begin{pmatrix} \cosh\chi & -j\sinh\chi \\ j\sinh\chi & \cosh\chi \end{pmatrix}} \tag{7.21}$$

7.2.3 Additionstheorem der Geschwindigkeiten

Es werden zwei LORENTZ-Transformationen mit gleichgerichteten Relativbewegungen nacheinander ausgeführt. Im ersten Schritt gelangt man vom Inertialsystem S zum Zwischensystem S^* mit der Relativgeschwindigkeit $v^* = v_0$ und im zweiten Schritt von S^* zu $\widehat{S}$ mit $\hat{v} = v_1$. Die Gesamttransformation von S zu $\widehat{S}$ mit der resultierenden Relativgeschwindigkeit v wird durch das Produkt der beiden einzelnen LORENTZ-Matrizen beschrieben. Bei Tausch der Transformationsreihenfolge von S über ein anderes Zwischensystem S^{**} zu $\widehat{S}$ erhält man das gleiche Ergebnis, so dass bei gleichgerichteten Relativbewegungen die Matrizen vertauschbar sind.

$$\left.\begin{matrix} \overset{*}{\underline{\mathsf{x}}}{}^{\#} = \underline{\mathbf{L}}_0\,\underline{\mathsf{x}}^{\#} & \& & \hat{\underline{\mathsf{x}}}^{\#} = \underline{\mathbf{L}}_1\,\overset{*}{\underline{\mathsf{x}}}{}^{\#} \\ \overset{**}{\underline{\mathsf{x}}}{}^{\#} = \underline{\mathbf{L}}_1\,\underline{\mathsf{x}}^{\#} & \& & \hat{\underline{\mathsf{x}}}^{\#} = \underline{\mathbf{L}}_0\,\overset{**}{\underline{\mathsf{x}}}{}^{\#} \end{matrix}\right\} \quad \hat{\underline{\mathsf{x}}}^{\#} = \underline{\mathbf{L}}_1\,\underline{\mathbf{L}}_0\,\underline{\mathsf{x}}^{\#} = \underline{\mathbf{L}}_0\,\underline{\mathbf{L}}_1\,\underline{\mathsf{x}}^{\#} = \underline{\mathbf{L}}\,\underline{\mathsf{x}}^{\#}$$

Nach Ausführung der Matrixmultiplikation

$$\underline{\mathbf{L}} = \underline{\mathbf{L}}_1\,\underline{\mathbf{L}}_0 = \begin{pmatrix} \underline{\mathbf{A}}_1 & \vdots & \underline{\mathbf{0}} \\ \cdots & . & \cdots \\ \underline{\mathbf{0}} & \vdots & \underline{\mathbf{E}} \end{pmatrix}\begin{pmatrix} \underline{\mathbf{A}}_0 & \vdots & \underline{\mathbf{0}} \\ \cdots & . & \cdots \\ \underline{\mathbf{0}} & \vdots & \underline{\mathbf{E}} \end{pmatrix} = \begin{pmatrix} \underline{\mathbf{A}}_1\,\underline{\mathbf{A}}_0 & \vdots & \underline{\mathbf{0}} \\ \cdots & . & \cdots \\ \underline{\mathbf{0}} & \vdots & \underline{\mathbf{E}} \end{pmatrix} = \underline{\mathbf{L}}_0\,\underline{\mathbf{L}}_1$$

erhält man mit (7.21) und den Additionstheoremen

$$\underline{\mathbf{A}}_1\,\underline{\mathbf{A}}_0 = \gamma_1 \begin{pmatrix} 1 & -j\beta_1 \\ j\beta_1 & 1 \end{pmatrix} \gamma_0 \begin{pmatrix} 1 & -j\beta_0 \\ j\beta_0 & 1 \end{pmatrix}$$

$$= \gamma_0\,\gamma_1 \begin{pmatrix} 1+\beta_0\,\beta_1 & -j\,(\beta_0+\beta_1) \\ j\,(\beta_0+\beta_1) & 1+\beta_0\,\beta_1 \end{pmatrix}$$

$$= \begin{pmatrix} \cosh(\chi_0+\chi_1) & -j\sinh(\chi_0+\chi_1) \\ j\sinh(\chi_0+\chi_1) & \cosh(\chi_0+\chi_1) \end{pmatrix} = \underline{\mathbf{A}}_0\,\underline{\mathbf{A}}_1$$

für die $\hat{x}$-Komponente aus dem Vergleich mit (7.19) das Ergebnis

$$\hat{x} = \gamma_0\,\gamma_1 \left[\,(1+\beta_0\,\beta_1)\,x - (\beta_0+\beta_1)\,ct\,\right] \;=\; \gamma\left(x - \beta ct\right)$$

Daraus folgt das **Additionstheorem der Geschwindigkeiten** beim Einsetzen von (7.15).

$$1+\beta_0\,\beta_1 = \frac{\gamma}{\gamma_0\,\gamma_1} = \frac{(\beta_0+\beta_1)}{\beta}$$

$$\boxed{\beta = \frac{\beta_0+\beta_1}{1+\beta_0\,\beta_1}} \qquad \boxed{v = \frac{v_0+v_1}{1+\dfrac{v_0}{c}\,\dfrac{v_1}{c}}} \tag{7.22}$$

Bei kleinen Relativgeschwindigkeiten gilt weiterhin die additive GALILEI'sche Überlagerungsformel.

$$v_0\,,\ v_1 \ll c \quad\rightarrow\quad v = v_0+v_1$$

Im Bereich relativistischer Geschwindigkeiten liefert das Additionstheorem dagegen die **Lichtgeschwindigkeit c als nicht überschreitbare Grenzgeschwindigkeit**.

$$\left.\begin{array}{r} v_0 < c\,,\ v_1 = c \\ v_0 = v_1 = c \end{array}\right\} \quad\rightarrow\quad v = c$$

Die Überlagerungsformel der Geschwindigkeiten (7.22) entspricht dem Additionstheorem der hyperbolischen Tangensfunktion.

$$\boxed{\beta = \frac{\beta_0+\beta_1}{1+\beta_0\,\beta_1} = \tanh\chi = \frac{\tanh\chi_0+\tanh\chi_1}{1+\tanh\chi_0\,\tanh\chi_1} = \tanh(\chi_0+\chi_1)} \tag{7.23}$$

Das Produkt der beiden LORENTZ-Transformationen stellt zwei nacheinander ausgeführte Drehungen im MINKOWSKI-Raum dar, bei denen sich die Winkel φ_0 und φ_1 bzw. χ_0 und χ_1 addieren.

Als Beispiel zur Veranschaulichung der Überlagerung von Relativgeschwindigkeiten wird ein mit v_Z fahrender Zug betrachtet, in dem in Fahrtrichtung eine Kugel mit der Geschwindigkeit v_K abgeschossen wird. Die Geschwindigkeit v_K^* der Kugel relativ zum ruhenden Bahndamm wird nach dem Additionstheorem (7.22) berechnet, was aber bei geringen Geschwindigkeiten von z.B.

$$v_Z = 200 \text{ km/s} = 55.55 \text{ m/s} \qquad \text{und} \qquad v_K = 1000 \text{ m/s}$$

$$v_K^* \approx v_Z + v_K$$

keinen Unterschied zur GALILEI'schen Überlagerungsformel bedeutet.

Erst bei relativistischen Geschwindigkeiten treten merkliche Abweichungen von der GALILEI'schen Überlagerung auf, z.B. für

$$v_Z = \frac{2}{3}c \qquad \text{und} \qquad v_K = \frac{3}{4}c$$

$$v_K^* = \frac{\frac{2}{3}c + \frac{3}{4}c}{1 + \frac{2}{3}\frac{3}{4}} = \frac{17}{18}c < c \quad \neq \quad v_Z + v_K = \frac{17}{12}c > c$$

oder wenn statt der Kugel ein Lichtsignal mit $v_K = c$ ausgesendet wird.

$$v_K^* = \frac{v_Z + c}{1 + \frac{v_Z\, c}{c^2}} = \frac{\frac{v_Z}{c} + 1}{1 + \frac{v_Z}{c}}\, c = c$$

7.2.4 Mehrdimensionale LORENTZ-Transformation

Die konstante Relativgeschwindigkeit $\boldsymbol{v}$ zwischen den Inertialsystemen S und $\widehat{S}$ kann im allgemeinen Fall Komponenten in allen drei Achsenrichtungen aufweisen, so dass man dann einen **Beta-Vektor** mit entsprechendem γ definiert.

$$\boldsymbol{v} = v_x\,\mathbf{e}_x + v_y\,\mathbf{e}_y + v_z\,\mathbf{e}_z = \frac{dx}{dt}\,\mathbf{e}_x + \frac{dy}{dt}\,\mathbf{e}_y + \frac{dz}{dt}\,\mathbf{e}_z = \underline{\mathbf{v}}^{\mathrm{T}}\underline{\underline{\mathbf{e}}}$$

$$\boxed{\vec{\boldsymbol{\beta}} = \frac{\boldsymbol{v}}{c} = \beta_x\,\mathbf{e}_x + \beta_y\,\mathbf{e}_y + \beta_z\,\mathbf{e}_z} \qquad \boxed{\left|\vec{\boldsymbol{\beta}}\right| = \beta = \sqrt{\beta_x^2 + \beta_y^2 + \beta_z^2} = \frac{v}{c}} \tag{7.24}$$

$$\gamma = \frac{1}{\sqrt{1 - \vec{\boldsymbol{\beta}}\cdot\vec{\boldsymbol{\beta}}}} = \frac{1}{\sqrt{1 - \dfrac{\boldsymbol{v}\cdot\boldsymbol{v}}{c^2}}} = \frac{1}{\sqrt{1 - \left(\dfrac{v}{c}\right)^2}} = \frac{1}{\sqrt{1-\beta^2}}$$

Die LORENTZ-Matrix für den mehrdimensionalen Fall läßt sich nach *Abbildung 7.2* auf folgende Weise bestimmen.

Man dreht das Koordinatensystem S räumlich so, dass seine x-Achse in Richtung des Vektors $\boldsymbol{v}$ weist, wendet die eindimensionale LORENTZ-Transformation nach (7.17) an und dreht anschließend das so entstandene Koordinatensystem in die ursprüngliche Achsenorientierung zurück, wobei das System $\widehat{S}$ entsteht.

Im zweidimensionalen Fall besitzt $\boldsymbol{v}$ nur die Komponenten v_x und v_y, so dass für die Kette der Systeme mit den entsprechenden Matrizen gilt

$$S \to (\underline{\mathbf{A}}_\varphi) \to S^* \to (\underline{\mathbf{L}}) \to S^{**} \to (\underline{\mathbf{A}}_\varphi^{-1} = \underline{\mathbf{A}}_\varphi^{\mathrm{T}}) \to \widehat{S}$$

Dabei hat die orthogonale Matrix der Drehung um die z-Achse mit dem Winkel φ folgende Gestalt, die eine Verallgemeinerung der Matrix (6.38, Bd. I) darstellt.

$$\underline{\mathbf{A}}_\varphi = \begin{pmatrix} 1 & 0 & 0 & 0 \\ 0 & \cos\varphi & \sin\varphi & 0 \\ 0 & -\sin\varphi & \cos\varphi & 0 \\ 0 & 0 & 0 & 1 \end{pmatrix}$$

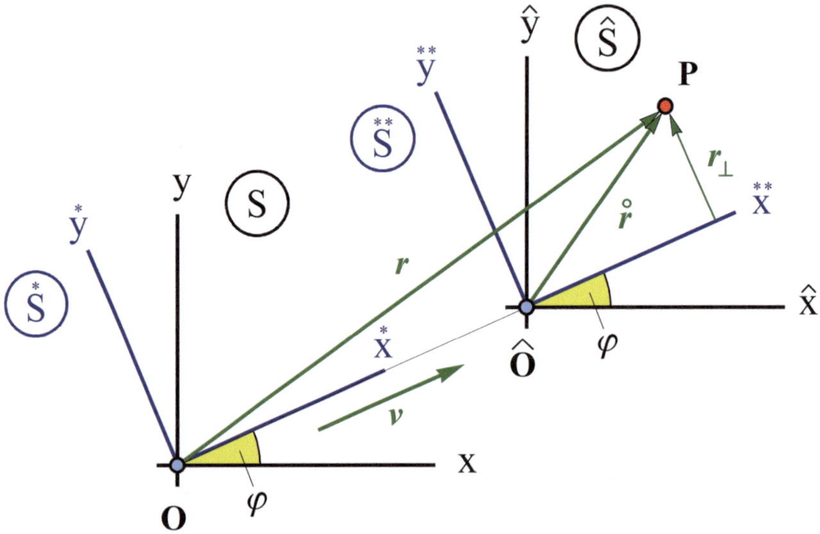

Abb. 7.2: Zweidimensionale Lorentz-Transformation

Die neuen Koordinaten erhält man durch folgende Matrixmultiplikation,

$$\underline{\hat{\mathbf{x}}}^{\#} = \underline{\mathbf{A}}_{\varphi}^{\mathrm{T}}\,\underline{\mathbf{L}}\,\underline{\mathbf{A}}_{\varphi}\,\underline{\mathbf{x}}^{\#} = \underline{\mathbf{L}}_2\,\underline{\mathbf{x}}^{\#} = \left(\underline{\mathbf{L}}_2^{\mathrm{T}}\right)^{-1}\underline{\mathbf{x}}^{\#}$$

woaus sich die **Lorentz-Matrix für den zweidimensionalen Fall** ergibt.

$$\underline{\mathbf{L}}_2 = \begin{pmatrix} \gamma & -j\gamma\beta_x & -j\gamma\beta_y & 0 \\ j\gamma\beta_x & 1+(\gamma-1)\left(\frac{\beta_x}{\beta}\right)^2 & (\gamma-1)\left(\frac{\beta_x\beta_y}{\beta}\right)^2 & 0 \\ j\gamma\beta_y & (\gamma-1)\left(\frac{\beta_x\beta_y}{\beta}\right)^2 & 1+(\gamma-1)\left(\frac{\beta_y}{\beta}\right)^2 & 0 \\ 0 & 0 & 0 & 1 \end{pmatrix}$$

Besitzt $\boldsymbol{v}$ alle drei Komponenten v_x, v_y und v_z mit positiven Werten und weist damit in den ersten räumlichen Oktanten von S, dann erfolgt die erste Drehung um z mit φ wie oben, die zweite Drehung aber um die neue Achse y^* mit $(-\psi)$.

Die orthogonale Matrix der zweiten Drehung lautet dann

$$\underline{\mathbf{A}}_{\psi} = \begin{pmatrix} 1 & 0 & 0 & 0 \\ 0 & \cos\psi & 0 & -\sin\psi \\ 0 & 0 & 1 & 0 \\ 0 & \sin\psi & 0 & \cos\psi \end{pmatrix}$$

Die neuen Koordinaten erhält man durch folgende Matrixmultiplikation.

$$\hat{\underline{\mathbf{x}}}^{\#} = \underline{\mathbf{A}}_{\varphi}^{\mathrm{T}}\,\underline{\mathbf{A}}_{\psi}^{\mathrm{T}}\,\underline{\mathbf{L}}\,\underline{\mathbf{A}}_{\psi}\,\underline{\mathbf{A}}_{\varphi}\,\underline{\mathbf{x}}^{\#} = \underline{\mathbf{L}}_3\,\underline{\mathbf{x}}^{\#} = (\underline{\mathbf{L}}_3^{\mathrm{T}})^{-1}\,\underline{\mathbf{x}}^{\#}$$

Mit den Komponenten des Beta-Vektors

$$\beta_x = \beta\,\cos\psi\,\cos\varphi\,, \qquad \beta_y = \beta\,\cos\psi\,\sin\varphi\,, \qquad \beta_z = -\,\beta\,\sin\psi$$

und der Darstellung

$$\ell_{00} = \gamma = 1 + (\gamma - 1)$$

für den Vergleich mit den anderen Hauptdiagonalelementen erhält man die **orthogonale LORENTZ-Matrix** im **dreidimensionalen Fall** mit einer rechts unten stehenden symmetrischen 3 × 3-Untermatrix.

$$\underline{\mathbf{L}}_3 = \begin{pmatrix} \gamma & \vdots & -j\gamma\beta_x & -j\gamma\beta_y & -j\gamma\beta_z \\ \cdots & \cdot & \cdots & \cdots & \cdots \\ j\gamma\beta_x & \vdots & 1+(\gamma-1)\dfrac{\beta_x^2}{\beta^2} & (\gamma-1)\dfrac{\beta_x\beta_y}{\beta^2} & (\gamma-1)\dfrac{\beta_x\beta_z}{\beta^2} \\ j\gamma\beta_y & \vdots & (\gamma-1)\dfrac{\beta_x\beta_y}{\beta^2} & 1+(\gamma-1)\dfrac{\beta_y^2}{\beta^2} & (\gamma-1)\dfrac{\beta_y\beta_z}{\beta^2} \\ j\gamma\beta_z & \vdots & (\gamma-1)\dfrac{\beta_x\beta_z}{\beta^2} & (\gamma-1)\dfrac{\beta_y\beta_z}{\beta^2} & 1+(\gamma-1)\dfrac{\beta_z^2}{\beta^2} \end{pmatrix} \tag{7.25}$$

Mit dem folgenden Skalarprodukt und dem allgemeinen LORENTZ-Faktor

$$\begin{aligned} \vec{\boldsymbol{\beta}}\cdot\boldsymbol{r} &= \beta_x\,x + \beta_y\,y + \beta_z\,z = \frac{v_x}{c}\,x + \frac{v_y}{c}\,y + \frac{v_z}{c}\,z = \frac{\boldsymbol{v}\cdot\boldsymbol{r}}{c} \\ \gamma &= \frac{1}{\sqrt{1-\beta^2}} \quad \rightarrow \quad \gamma^2 = \frac{1}{1-\beta^2} = \frac{\gamma^2-1}{\beta^2} \end{aligned} \tag{7.26}$$

erhält man die **Regeln für die Umrechnung** von Koordinaten und Basisvektoren der **allgemeinen LORENTZ-Transformation**, die entsprechend lauten für $\hat{y}, \hat{z}$ bzw. y, z und $\hat{\mathbf{e}}_y, \hat{\mathbf{e}}_z$.

$$\boxed{jc\hat{t} = jc\gamma\left(t - \frac{\boldsymbol{v}\cdot\boldsymbol{r}}{c^2}\right)} \qquad \boxed{\hat{x} = x + \beta_x\left(\frac{\gamma-1}{\beta^2}\frac{\boldsymbol{v}\cdot\boldsymbol{r}}{c} - \gamma\, ct\right)}$$

$$\boxed{jct = jc\gamma\left(\hat{t} + \frac{\boldsymbol{v}\cdot\hat{\boldsymbol{r}}}{c^2}\right)} \qquad \boxed{x = \hat{x} + \beta_x\left(\frac{\gamma-1}{\beta^2}\frac{\boldsymbol{v}\cdot\hat{\boldsymbol{r}}}{c} + \gamma\, c\hat{t}\right)} \tag{7.27}$$

$$\boxed{\hat{\mathbf{e}}_0 = \gamma\left(\mathbf{e}_0 - j\,\frac{\boldsymbol{v}}{c}\right)} \qquad \boxed{\hat{\mathbf{e}}_x = \mathbf{e}_x + \beta_x\left(\frac{\gamma-1}{\beta^2}\frac{\boldsymbol{v}}{c} + j\gamma\,\mathbf{e}_0\right)}$$

7.2.5 Ortsvektoren in verschiedenen Systemen

Es sind zwei unterschiedliche Arten der Betrachtung und Interpretation der vierdimensionalen Raumzeitsysteme möglich, bei denen neben dem invarianten Vierer-Ortsvektor R die folgenden dreidimensionalen Ortsvektoren auftreten. Dabei unterscheiden sich die transformierten Ortsvektoren in den Einheitsvektoren.

$$\boxed{\boldsymbol{r} = x\,\mathbf{e}_x + y\,\mathbf{e}_y + z\,\mathbf{e}_z} \;\rightarrow\; \begin{cases} \boxed{\hat{\boldsymbol{r}} = \hat{x}\,\hat{\mathbf{e}}_x + \hat{y}\,\hat{\mathbf{e}}_y + \hat{z}\,\hat{\mathbf{e}}_z} \\ \boxed{\mathring{\boldsymbol{r}} = \hat{x}\,\mathbf{e}_x + \hat{y}\,\mathbf{e}_y + \hat{z}\,\mathbf{e}_z} \end{cases} \tag{7.28}$$

Die eine Betrachtungsweise ist die **formale mathematische Methode** des pseudo-euklidischen MINKOWSKI-Raumes, in dem zwar die räumlichen Koordinaten reell aber die Basis-, Orts- und Vierervektoren komplex sind, so dass sie sich der Anschaulichkeit entziehen.

Hierbei erhält man aus (7.27) die Transformationsbeziehungen für die Zeit $\hat{t}$ und mit (7.26) nach einiger Zwischenrechnung den komplexen Ortsvektor $\hat{\boldsymbol{r}}$

des Bezugssystems $\widehat{S}$ im MINKOWSKI-Raum.

$$\boxed{\hat{t} = \gamma\left(t - \frac{\boldsymbol{v}\cdot\boldsymbol{r}}{c^2}\right)}$$
$$\boxed{\hat{\boldsymbol{r}} = \boldsymbol{r} + \gamma^2\left(\frac{\boldsymbol{v}\cdot\boldsymbol{r}}{c} - ct\right)\frac{\boldsymbol{v}}{c} + j\gamma^2\left(\frac{\boldsymbol{v}\cdot\boldsymbol{r}}{c} - \beta^2 ct\right)\mathbf{e}_0} \tag{7.29}$$

Mit diesen Größen läßt sich die **Invarianz des Vierer-Ortsvektors R** nachweisen, was mit der Darstellung (7.11) übereinstimmt.

$$\boxed{\mathsf{R}\left(jct, x, y, z\right) = jct\,\mathbf{e}_0 + \boldsymbol{r} \;\equiv\; \mathsf{R}\left(jc\hat{t}, \hat{x}, \hat{y}, \hat{z}\right) = jc\hat{t}\,\hat{\mathbf{e}}_0 + \hat{\boldsymbol{r}}} \tag{7.30}$$

Die andere Betrachtungsweise entspricht der **anschaulichen dreidimensionalen Darstellung** der beiden Bezugssysteme nach *Abbildung 7.2*, die sich gegeneinander gleichförmig mit konstanter Geschwindigkeit $\boldsymbol{v}$ bewegen. Die räumlichen Ortsvektoren $\boldsymbol{r}$ und $\mathring{\boldsymbol{r}}$ der beiden Systeme, die mit den für beide gleichermaßen gültigen kartesischen Basisvektoren gebildet werden, sind reell und anschaulich aber nicht LORENTZ-invariant!

Für die Ortsvektoren $\mathring{\boldsymbol{r}}$ und $\hat{\boldsymbol{r}}$ sowie ihren Zusammenhang gilt,

$$\boxed{\mathring{\boldsymbol{r}} = \boldsymbol{r} + \left(\frac{\gamma - 1}{\beta^2}\frac{\boldsymbol{v}\cdot\boldsymbol{r}}{c} - \gamma\, ct\right)\frac{\boldsymbol{v}}{c}}$$
$$\boxed{\hat{\boldsymbol{r}} = \mathring{\boldsymbol{r}} + \left(\frac{\gamma - 1}{\beta^2}\frac{\boldsymbol{v}}{c} + j\gamma\,\mathbf{e}_0\right)\frac{\boldsymbol{v}\cdot\mathring{\boldsymbol{r}}}{c}} \tag{7.31}$$

wobei $\mathring{\boldsymbol{r}}$ nicht dem reellen Anteil von $\hat{\boldsymbol{r}}$ entspricht!

Zerlegt man den Ortsvektor $\boldsymbol{r}$ in S bezüglich der Richtung $\mathbf{e}_v = \boldsymbol{v}/v$ von $\boldsymbol{v}$ in parallele und senkrechte Anteile, dann gilt nach dem Zerlegungssatz (5.20, Bd. I) und (7.24)

$$\boldsymbol{r} = \boldsymbol{r}_{||} + \boldsymbol{r}_{\perp} = \left(\frac{\boldsymbol{v}}{v}\cdot\boldsymbol{r}\right)\frac{\boldsymbol{v}}{v} - \frac{\boldsymbol{v}}{v}\times\left(\frac{\boldsymbol{v}}{v}\times\boldsymbol{r}\right) \qquad \text{mit} \qquad \boldsymbol{v}\cdot\boldsymbol{r}_{\perp} = 0$$

$$\frac{\boldsymbol{v}\cdot\boldsymbol{r}}{c} = \beta\,\frac{\boldsymbol{v}}{v}\cdot\boldsymbol{r} = \beta\, r_{||}$$

$$\gamma^2\left(\frac{\boldsymbol{v}\cdot\boldsymbol{r}}{c}\right)\frac{\boldsymbol{v}}{c} = (\beta\gamma)^2\, r_{||}\,\frac{\boldsymbol{v}}{v} = \left(\gamma^2 - 1\right)\boldsymbol{r}_{||}$$

Daraus ergeben sich die Beziehungen für die Zerlegung.

$$\boxed{\hat{x}^0 = jc\hat{t} = \gamma\left(jct - j\beta r_{||}\right) = \gamma\left(x^0 - j\beta r_{||}\right)}$$

$$\boxed{\mathring{\boldsymbol{r}} = \mathring{\boldsymbol{r}}_\perp + \mathring{\boldsymbol{r}}_{||} = \boldsymbol{r}_\perp + \gamma\left(\boldsymbol{r}_{||} - \boldsymbol{v}t\right)} \qquad (7.32)$$

$$\boxed{\hat{\boldsymbol{r}} = \hat{\boldsymbol{r}}_\perp + \hat{\boldsymbol{r}}_{||} = \boldsymbol{r}_\perp + \gamma^2\left(\boldsymbol{r}_{||} - \boldsymbol{v}t\right) + j\beta\gamma^2\left(r_{||} - vt\right)\mathbf{e}_0}$$

Die zur Relativgeschwindigkeit $\boldsymbol{v}$ **senkrechten Komponenten** von $\mathring{\boldsymbol{r}}$ und $\hat{\boldsymbol{r}}$ bleiben **ungeändert**, während die parallelen eine geschwindigkeitsabhängige Veränderung erfahren. Der imaginäre Anteil von $\hat{\boldsymbol{r}}$ hängt nur von den parallelen Größen ab.

Im Grenzfall nichtrelativistischer Geschwindigkeiten mit $v \ll c$, d.h. für $\beta \to 0$ und $\gamma \to 1$, gehen beide Beziehungen in die GALILEI-Transformation (7.3) über.

7.3 MINKOWSKI-Diagramme

7.3.1 Bedeutung und Eigenschaften

Der Zusammenhang zwischen Raum und Zeit, den MINKOWSKI in seinem berühmten Vortrag 1908 als eine *Art Union* bezeichnet hat, läßt sich durch die nach ihm benannten Diagramme einprägsam veranschaulichen. Dabei beschränkt man sich in der Darstellung zunächst auf den räumlich eindimensionalen Transformationsfall, an dem die wesentlichen Eigenschaften bereits erkennbar werden, [2, S. 205].

Die **Koordinatenachsen** bedeuten dabei die Größen $x = x^1$ und $ct = \left|x^0\right|$ mit der gleichen Dimension einer Länge und **gleicher Skalierung** in der traditionellen Weise, bei der x nach rechts und ct nach oben weisen.

Im Koordinatensystem $S(ct, x)$ der *Abbildung 7.3* stellt der Ursprung A das Ereignis des **Hier und Jetzt** dar.

In der zweidimensionalen Darstellung kennzeichnen Parallelen zur ct-Achse Weltlinien ruhender Orte $x = \text{const.}$ bei fortschreitender Zeit und Parallelen zur x-Achse Weltlinien gleichzeitiger Ereignisse $t = \text{const.}$ in diesem Inertialsystem.

Lichtsignale aus dem Ursprung verlaufen auf den grünen **Grenzgeraden**, die wegen der Gleichungen $x = \pm\, ct$ stets die **Winkelhalbierenden** eines (ct-x)-Koordinatensystems bilden und die den blauen Sektor- oder **Kegelbereich** begrenzen.

Nimmt man noch eine zweite Ortskoordinate, z.B. y senkrecht zu x und ct, hinzu, dann entspricht die Darstellung einer Rotationsfigur um die ct-Achse. Die Weltlinien mit der Lichtgeschwindigkeit c bilden dann den Mantel eines Doppelkegels, den **Lichtkegel**. Der Bereich mit Weltpunkten außerhalb des Lichtkegels, den man als **Anderswo** bezeichnet, ist von A aus unerreichbar, da dafür entgegen dem Postulat II eine Geschwindigkeit $v > c$ erforderlich wäre!

Der farbige Doppelkegelbereich vom Öffnungswinkel 90° umfasst alle Weltpunkte, die mit dem Ursprung A zeitlich verbunden sind. Im unteren Kegel befinden sich diejenigen Punkte, die zeitlich vor A liegen **(Vorkegel der Vergangenheit)**, im oberen Kegel diejenigen, die zeitlich nach A liegen **(Nachkegel der Zukunft)**.

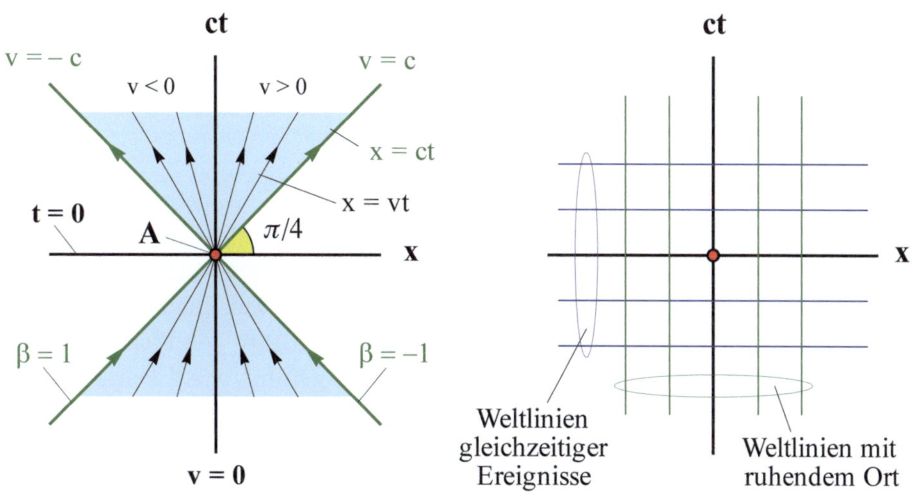

ABB. 7.3: **MINKOWSKI-Diagramm für ein Inertialsystem**

Im linken Teilbild sind gerade Weltlinien mit konstanten Geschwindigkeiten gezeichnet, deren Gleichungen $x = \pm\, vt$ lauten. Sie laufen in positive oder negative x-Richtung, wobei gekrümmte Weltlinien bei variierendem v entstehen. Im rechten Teilbild stellen die Parallelen zu den Koordinatenachsen Weltpunkte gleichzeitiger Ereignisse bzw. gleichen Ortes dar.

Kausalität ist nur **im Inneren des Lichtkegels** gegeben, wo frühere Ereignisse der Vergangenheit als Ursache für in der Zukunft liegende als Wirkung auftreten können. Innerhalb des Lichtkegels herrscht Erreichbarkeit nur zwischen solchen Weltpunkten, bei denen die Steigung der Verbindungskurve in jedem Punkt die Bedingung $v < c$ erfüllt.

Das **Wegelement** ist der vierdimensionale, **differentielle Abstand** $d\mathsf{R}$ zweier Weltpunkte in der Raumzeit *(s.a. Abschnitt 8.2.1)*, der aus dem Vierer-Ortsvektor (7.9) in entsprechender Weise gebildet wird wie das dreidimensionale Wegelement (14.8, Bd. I).

$$\begin{aligned} d\mathsf{R} &= \frac{\partial \mathsf{R}}{\partial x^0}\,dx^0 + \frac{\partial \mathsf{R}}{\partial x^1}\,dx^1 + \frac{\partial \mathsf{R}}{\partial x^2}\,dx^2 + \frac{\partial \mathsf{R}}{\partial x^3}\,dx^3 \\ &= jcdt\,\mathbf{e}_0 + dx\,\mathbf{e}_x + dy\,\mathbf{e}_y + dz\,\mathbf{e}_z \end{aligned} \tag{7.33}$$

Die **Metrik des Minkowski-Raumes** wird durch das Quadrat des Wegelementes, also das differentielle Abstandsquadrat, bestimmt, das positiv, negativ oder Null sein kann.

$$d\mathsf{R}^2 = ds^2 = (jcdt)^2 + dx^2 + dy^2 + dz^2 = dr^2 - c^2dt^2 \gtreqless 0 \tag{7.34}$$

Der Minkowski-Raum wird bezüglich der physikalischen Variablen (t, x, y, z) als **pseudo-euklidisch** bezeichnet, da der Abstand zwar nach dem Satz des Pythagoras als Wurzel aus der Summe der Quadrate gebildet wird, aber durch den Zeitanteil ein negatives Vorzeichen eingeführt wird! Darauf wurde bereits am Ende von *Abschnitt 2.2.1* hingewiesen.

Pseudo-euklidische Räume besitzen je nach dem Charakter ihrer Metrik eigentümliche Züge, die keine Analogien in der gewöhnlichen Geometrie haben und oft der normalen Anschauung widersprechen, [10, S. 143].

Die Längen von Vektoren können reell, imaginär oder auch Null sein, worin sich die Verschiedenheit von räumlichen und zeitlichen Abständen widerspiegelt.

Man legt folgende **Klassifizierung** der **Wegelemente** fest.

$$
\begin{aligned}
&\bullet\ d\mathsf{R}^2 = ds^2 > 0 \quad \hat{=} \quad dr^2 > c^2dt^2\\
&\quad \text{das Wegelement } d\mathsf{R} \text{ ist } \textbf{raumartig,}\\
&\quad \text{von A aus liegen Weltpunkte mit diesem Abstand}\\
&\quad \text{außerhalb des Lichtkegels } \textbf{im Anderswo}\\
&\quad \text{und sind mit } v \leqslant c \text{ unerreichbar}\\
&\bullet\ d\mathsf{R}^2 = ds^2 = 0 \quad \hat{=} \quad dr^2 = c^2dt^2\\
&\quad \text{das Wegelement } d\mathsf{R} \text{ ist } \textbf{lichtartig,}\\
&\quad \text{von A aus liegen Weltpunkte mit diesem Abstand}\\
&\quad \textbf{auf dem Mantel des Lichtkegels}\\
&\quad \text{und sind durch Lichtsignale erreichbar}\\
&\bullet\ d\mathsf{R}^2 = ds^2 < 0 \quad \hat{=} \quad dr^2 < c^2dt^2\\
&\quad \text{das Wegelement } d\mathsf{R} \text{ ist } \textbf{zeitartig,}\\
&\quad \text{von A aus liegen Weltpunkte mit diesem Abstand}\\
&\quad \text{innerhalb des Lichtkegels}\\
&\quad \textbf{in Vergangenheit oder Zukunft}\\
&\quad \text{und können mit } v < c \text{ kausal verbunden sein}
\end{aligned}
\tag{7.35}
$$

In der Literatur ist die Klassifizierung nicht einheitlich, da die Definition von x^0 und die Vorzeichenverteilung von $d\mathsf{R}^2$ von einzelnen Autoren unterschiedlich vorgenommen werden. Einige Hinweise zu diesen Unterschieden findet man im *Abschnitt 11.5.3.*

7.3.2 Lage und Skalierung von Minkowski-Diagrammen

Ein Objekt, das sich im Bezugssystem $S(ct, x)$ des Minkowski-Diagramms der *Abbildung 7.3* mit konstanter Geschwindigkeit v vom Punkt A in positiver x-Richtung fortbewegt, erscheint als gerade Weltlinie $x = vt$, die im Ruhesystem $\widehat{S}(c\hat{t}, \hat{x})$ des Objektes wegen $\hat{x} = 0$ die $c\hat{t}$-Achse bildet.

Bewegt sich ein Objekt in $\widehat{S}$ mit der Geschwindigkeit $\hat{v}$ in negative $\hat{x}$-Richtung, dann erscheint dessen Weltlinie wegen $\hat{x} = -\,\hat{v}\hat{t}$ als ct-Achse von S.

Da $\beta = v/c$ beliebige Werte zwischen Null und Eins annehmen kann, gibt es zu jedem System $S(ct, x)$ unendlich viele gleichberechtigte Inertialsysteme $\widehat{S}(c\hat{t}, \hat{x})$, so dass ein Koordinatensystem im Diagramm nur zufällig als rechtwinklig erscheint!

Die Zeitachsen $(ct, c\hat{t}\,)$ liegen immer innerhalb des Lichtkegels, der für alle Bezugssysteme identisch ist, und ihre Ortsachsen $(x, \hat{x}\,)$ zeigen ins Anderswo. Die Koordinatenachsen eines bestimmten Bezugssystems liegen wegen der Beziehung $x = \pm\, ct$ stets **symmetrisch zum Mantel des Lichtkegels**, der die **Winkelhalbierende** beider Achsen bildet.

Um beide Inertialsysteme in einem MINKOWSKI-Diagramm darzustellen, gibt man für ausgezeichnete Weltpunkte die auf eine Längeneinheit normierten Koordinaten in einem System vor und berechnet gemäß LORENTZ-Transformation (7.17) bzw. (7.19) die zugehörigen Koordinaten im anderen System.

Man erhält damit folgende **Zuordnungstabellen** der Koordinaten für besondere Weltpunkte, die **Parallelogramme** definieren.

ct	x	$c\hat{t}$	$\hat{x}$
1	0	γ	$-\beta\gamma$
0	1	$-\beta\gamma$	γ

$c\hat{t}$	$\hat{x}$	ct	x
1	0	γ	$\beta\gamma$
0	1	$\beta\gamma$	γ

Durch die Skalierung in einem System ist die Skalierung des anderen Systems durch die Tabellenwerte festgelegt.

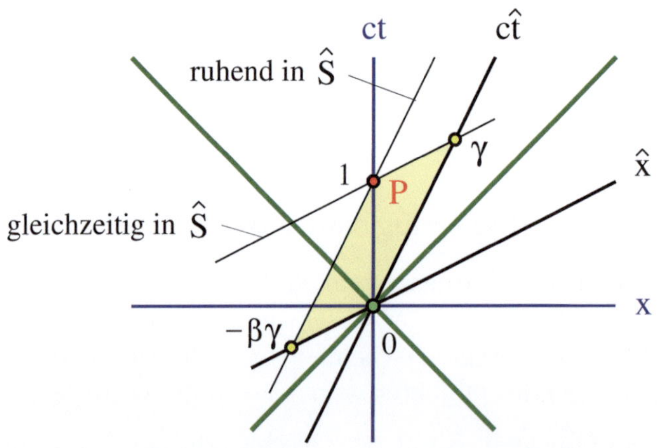

ABB. 7.4: Parallelogramm für den Weltpunkt P

Nach Wahl von v bzw. β liegen nach (7.16) und (7.36) auch die Werte γ und $\beta\gamma$ fest, die in *Abbildung 7.5* jeweils zwei Parallelogramme bestimmen, deren Diagonalen auf den Achsen des anderen Systems die Längeneinheit Eins festlegen. Die Lage des Wertes von β ergibt sich aus dem **Strahlensatz**.

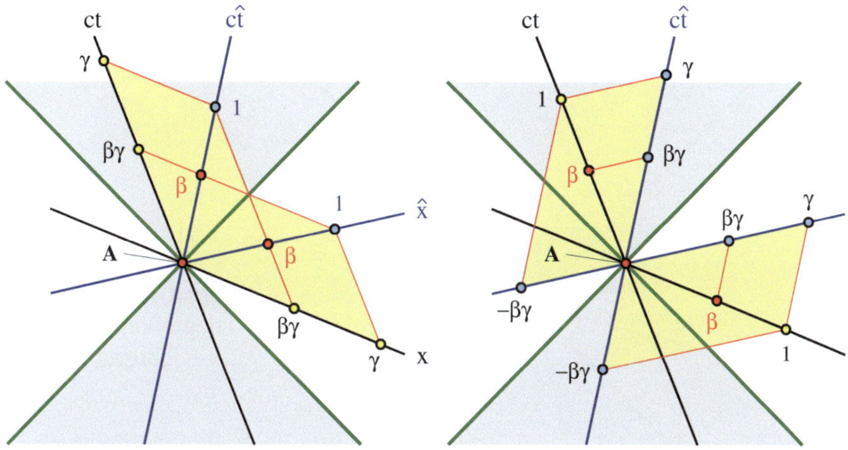

ABB. 7.5: MINKOWSKI-Diagramme für zwei Inertialsysteme

Im Grenzfall $\beta \to 0$ fallen die Achsen ct und $\hat{ct}$ sowie x und $\hat{x}$ zusammen, für $\beta \to 1$ nähern sich $\hat{ct}$ und $\hat{x}$ unbegrenzt dem Mantel des Lichtkegels.

Durchläuft β seinen Wertebereich, dann wandern die Ecken der Parallelogramme mit der Markierung Eins auf **Hyperbeln**, was weiter unten gezeigt wird.

Jedes Bezugssystem hat auf seinen eigenen Achsen die **gleiche Skalierung**, aber verschiedene Systeme haben **unterschiedliche Achsenskalierungen**, was zusammen mit der Hyperbelfrage noch näher untersucht wird. Da alle Skalierungen linear und damit einander ähnlich sind, gelten für entsprechende Achsenpunkte verschiedener Systeme die Strahlensätze.

In einem beliebigen schiefwinkligen Inertialsystem $S(ct, x)$ der *Abbildung 7.6* bilden die Parallelen zu den Koordinatenachsen für gleich große Werte von x und ct einen **Rhombus**, dessen Seiten ruhende Orte bzw. Gleichzeitigkeit bedeuten.

Der Lichtkegel ist ein schiefer Kegel und sein Mantel stellt Weltlinien von Lichtsignalen dar. Weltlinien mit konstanten Geschwindigkeiten $\pm v$ schneiden auf den Rhombusseiten innerhalb des Lichtkegels gleich große Strecken s ab.

Die anderen Aussagen zur *Abbildung 7.3* bleiben auch für das schiefwinklige System weiterhin gültig.

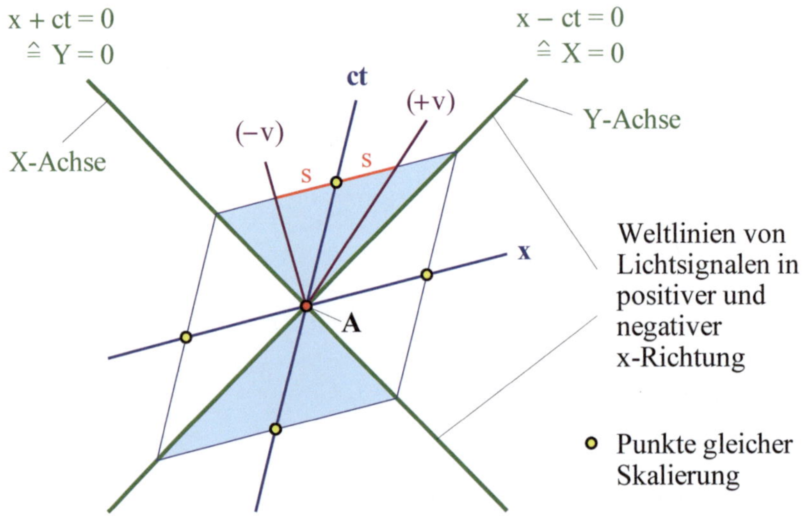

ABB. 7.6: Lichtkegel im schiefwinkligen System

Die Weltlinien der Lichtsignale auf dem Mantel des Lichtkegels, dessen Öffnungswinkel 90° beträgt, entsprechen den zueinander senkrechten Diagonalen der Rhomben und sind nach Postulat II (7.7) für alle Inertialsysteme gleich. Man kann sie als Achsen eines besonderen Koordinatensystems interpretieren, das **Lichtsystem** $(\boldsymbol{X}, \boldsymbol{Y})$ heißt, [2, S. 205].

Im Lichtsystem stellt die Y-Achse die Diagonale für die Lichtausbreitung in positiver x-Richtung dar, auf der $X = 0$ gilt, die andere Diagonale für die Ausbreitung in negativer x-Richtung ist die X-Achse auf der $Y = 0$ gilt.

Für die Koordinaten des Lichtsystems gilt damit die Identifizierung

$$X = x - ct$$
$$Y = x + ct$$

und ihr Produkt lautet,

$$YX = (x + ct)(x - ct) = x^2 - (ct)^2 = R^2$$

was in dieser zweidimensionalen Darstellung mit $y = z = 0$ dem invarianten Abstandsquadrat gemäß (7.8) bzw. (7.12) entspricht.

Im Lichtsystem der *Abbildung 7.7* sind die Kurven für konstante Werte $YX = C =$ const. und damit für die **Phasenfronten der Kugelwellen gleichseitige Hyperbeln**. Obwohl C die Dimension einer Fläche hat, werden dessen Werte und die der Koordinaten in normierter, dimensionsloser Form verwendet, da es nur auf die kinematischen Zusammenhänge ankommt. Die gleichseitigen Hyperbeln stellen für $C = \pm 1$ **Eichkurven** in den einzelnen Quadranten dar. Durch sie wird für alle Inertialsysteme der Maßstab für die **Skalierung der Achsen** festgelegt, die in den Punkten P, Q, R bzw. P', Q', R' der Abbildung jeweils betragsmäßig die **Längeneinheit Eins** angeben, wodurch verschiedene Systeme vergleichbar werden. Der dargestellte Rhombus berührt alle vier Hyperbeln in den normierten Punkten $(\hat{x} = \pm 1, c\hat{t} = 0)$ und $(\hat{x} = 0, c\hat{t} = \pm 1)$ des zugehörigen Koordinatensystems $\widehat{S}$.

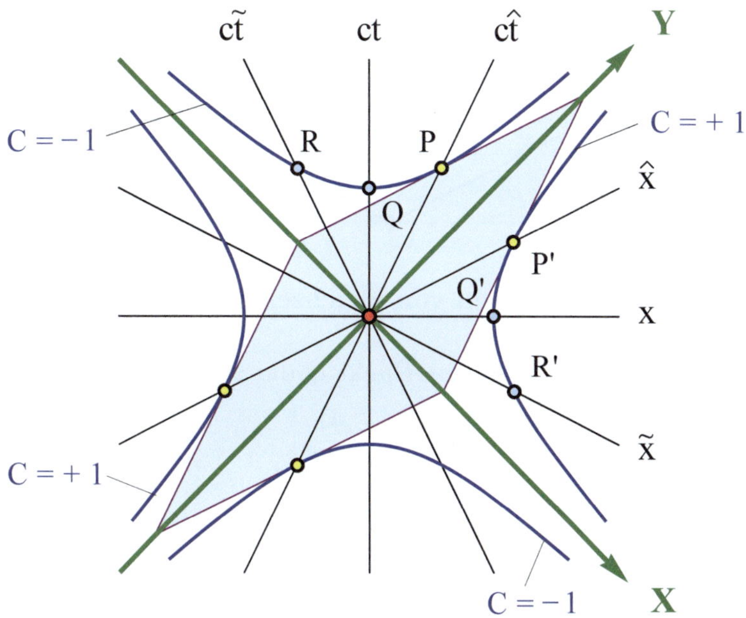

ABB. 7.7: Gleichseitige Hyperbeln als Eichkurven im Lichtsystem, Rhombus für das $\widehat{S}$-System

Liegen Achsenwerte verschiedener Bezugssysteme und damit Weltpunkte auf einer Hyperbel $YX = C$, dann sind sie wie bei Kugelwellen jeweils gleich weit vom Ursprung entfernt, [10, S. 160].

Für das Verständnis von MINKOWSKI-Diagrammen und die anschließenden physikalischen Betrachtungen werden einige analytisch-geometrische Eigenschaften von gleichseitigen Hyperbeln angegeben, die an der *Abbildung 7.8* erläutert werden.

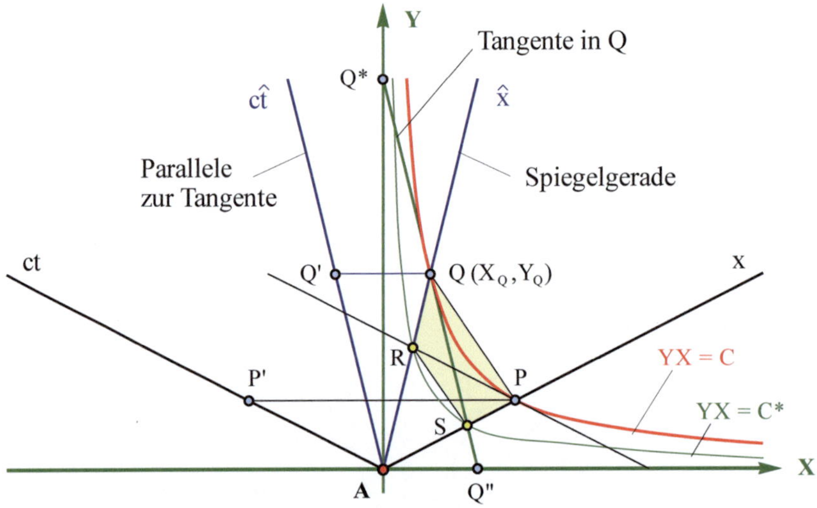

ABB. 7.8: Eigenschaften von gleichseitigen Hyperbeln

Die gleichseitige Hyperbel hat im Punkt Q die Steigung

$$YX = Y_Q X_Q = C \quad \rightarrow \quad \left.\frac{dY}{dX}\right|_Q = -\frac{C}{X_Q^2} = -\frac{Y_Q}{X_Q}$$

Die **Tangente** in Q schneidet die Achsen des $(X\text{-}Y)$-Systems in den Punkten Q'' und Q^*, die die doppelten Koordinatenwerte von Q besitzen.

$$Y_Q = -(Y_Q/X_Q)X_Q + n \quad \rightarrow \quad n = 2Y_Q$$

$$Q'' \text{ bei } X = 2X_Q \quad \text{und} \quad Q^* \text{ bei } Y = 2Y_Q$$

Die Strecken $\overline{QQ^*}$ und $\overline{QQ''}$ sind gleich lang und die Tangentengleichung lautet in Achsenabschnittsform

$$\frac{Y}{2Y_Q} + \frac{X}{2X_Q} = 1$$

Als **Parallele** zu dieser Tangente verläuft der Strahl von A durch Q', der bezüglich der Y-Achse als Symmetriebild die **Spiegelgerade** von A durch Q mit betragsmäßig gleichgroßer Steigung besitzt. Die beiden Dreiecke AQQ' und AQQ'' sind gleichschenklig und kongruent und bilden gemeinsam das Parallelogramm $AQ'QQ''$.

Da die Strahlen von A durch Q und Q' bzw. durch P und P' die Y-Achse als Winkelhalbierende besitzen, kann man sie als schiefwinklige Bezugssysteme $S(ct, x)$ und $\widehat{S}(\hat{ct}, \hat{x})$ in einem Minkowski-Diagramm interpretieren.

Zu jedem Strahl aus A, der im zweiten Quadranten liegt, gibt es genau eine Parallele, die die Hyperbel berührt, was in den Punkten P und Q mit den Parallelen zu den Achsen ct und $\hat{ct}$ dargestellt ist.

Die Tangenten der Hyperbel in P und Q schneiden die Strahlen aus A im ersten Quadranten, die die $\hat{x}$- und x-Achsen bilden, in den Punkten R und S.

Im Schnittpunkt R gilt sowohl der Strahlensatz auf $\hat{x}$ als auch die Achsenabschnittsform der Tangente in P.

$$\left.\begin{aligned} \frac{X_Q}{Y_Q} &= \frac{X_R}{Y_R} \\ \frac{Y_R}{2Y_P} + \frac{X_R}{2X_P} &= 1 \end{aligned}\right\} \quad \rightarrow \quad \begin{pmatrix} 1 & -\dfrac{Y_Q}{X_Q} \\ \dfrac{1}{2Y_P} & \dfrac{1}{2X_P} \end{pmatrix} \begin{pmatrix} Y_R \\ X_R \end{pmatrix} = \begin{pmatrix} 0 \\ 1 \end{pmatrix}$$

Die Lösung der Matrixgleichung, die für den Punkt S in entsprechender Weise durchgeführt werden kann, führt mit der Matrixauflösung (3.23, Bd. I) und der Hyperbelgleichung für P und Q auf

$$\begin{pmatrix} Y_R \\ X_R \end{pmatrix} = \frac{2\,Y_P X_P X_Q}{Y_P X_Q + Y_Q X_P} \begin{pmatrix} \dfrac{1}{2X_P} & \dfrac{Y_Q}{X_Q} \\ -\dfrac{1}{2Y_P} & 1 \end{pmatrix} \begin{pmatrix} 0 \\ 1 \end{pmatrix} = \frac{2\,C X_Q}{Y_P X_Q + Y_Q X_P} \begin{pmatrix} \dfrac{Y_Q}{X_Q} \\ 1 \end{pmatrix}$$

Das Produkt der beiden Lösungen ergibt für beide Punkte R und S

$$Y_R X_R = Y_S X_S = \frac{4\,C^2 (Y_Q X_Q)}{(Y_P X_Q + Y_Q X_P)^2} = \underbrace{\left[\frac{2\,X_P/X_Q}{1 + (X_P/X_Q)^2} \right]^2}_{\leqslant 1} C = C^* < C$$

Die Schnittpunkte R und S liegen daher ebenfalls auf einer gleichseitigen Hyperbel, die wegen der kleineren Konstante C^* dichter am Achsenkreuz verläuft.

Da die Punkte P und Q sowie R und S auf Hyperbeln liegen, die jeweils Eichkurven darstellen, sind die entsprechenden Skalenwerte der Achsen x und $\hat{x}$ und damit ihr Teilungsverhältnis gleich, so dass $\overline{PQ}$ und $\overline{RS}$ **parallele Strecken** bilden und das Viereck $PQRS$ ein **Trapez** ist.

Nach den Strahlensätzen für Strecken und Koordinaten der vier Punkte gilt daher,

$$\frac{\overline{AQ}}{\overline{AR}} = \frac{\overline{AP}}{\overline{AS}} \qquad \text{sowie} \qquad \frac{Y_Q}{Y_R} = \frac{X_Q}{X_R} \qquad \text{und} \qquad \frac{Y_P}{Y_S} = \frac{X_P}{X_S}$$

so dass die Tangenten beider Hyperbeln in den Punkten P und S bzw. Q und R jeweils gleiche Steigungen haben.

7.3.2.1 Schrittweiser Entwurf von MINKOWSKI-Diagrammen

Um das MINKOWSKI-Diagramm der *Abbildung 7.9* zu entwerfen, geht man in folgenden Schritten vor.

- Im rechtwinkligen Lichtsystem (X, Y) werden die Achsen des Bezugssystems $S(ct, x)$ symmetrisch zur Y-Achse in beliebiger Weise festgelegt.
- Durch die Wahl des Wertes $0 < \beta < 1$ liegen folgende Werte und Relationen fest,

$$\begin{aligned} &\text{entweder} \quad \beta < \beta\gamma < 1 < \gamma \quad \text{für} \quad \beta < \sqrt{2}/2 \\ &\text{oder} \quad \beta < 1 < \beta\gamma < \gamma \quad \text{für} \quad \beta > \sqrt{2}/2 \end{aligned} \tag{7.36}$$

  wodurch die gleiche Skalierung der beiden Achsen ct und x des Systems S bestimmt wird.
- Die Parallelogramme mit den Seitenlängen $\beta\gamma$ und γ legen gemäß *Abbildung 7.5* die Richtung der Achsen $\hat{ct}$ und $\hat{x}$ des Systems $\widehat{S}$ und gleichzeitig deren Skalierung fest.
- Mit Hilfe der Strahlensätze werden anschließend die noch fehlenden Punkte auf den Achsen beider Systeme bestimmt.
  Auf allen vier Achsen ist damit die Längeneinheit Eins bekannt!
- Durch gleiche Werte der einander entsprechenden Achsen von S und $\widehat{S}$ kann man Hyperbeln mit zugehörigen Konstanten C, C^*, ... legen, deren Tangenten in diesen Punkten zur jeweils anderen Achse des gleichen Systems parallel sind, (Teilbild b)).

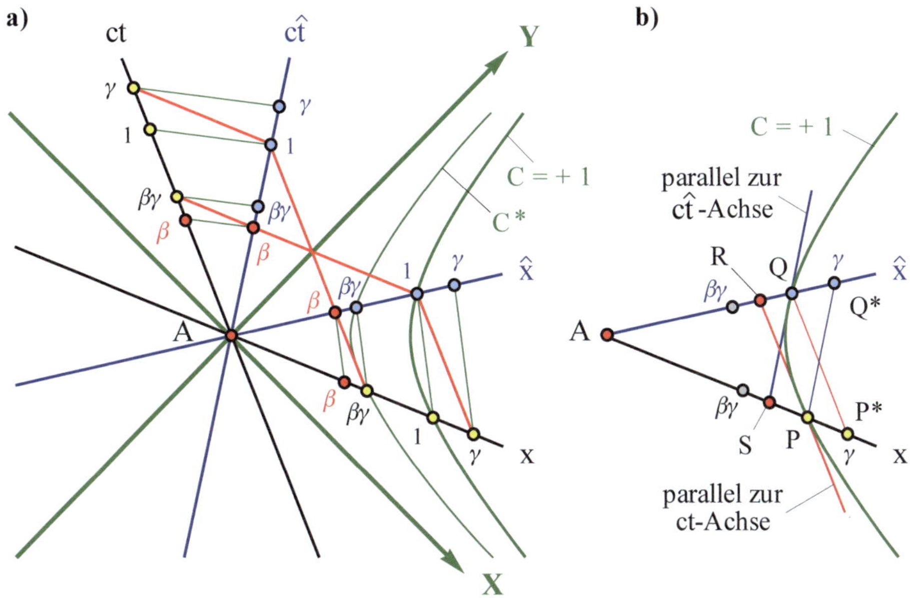

ABB. 7.9: **Entwurf von MINKOWSKI-Diagrammen**

7.4 Konsequenzen der EINSTEIN'schen Postulate

7.4.1 Relativierung der Gleichzeitigkeit

Klassische Mechanik und Elektrostatik arbeiten mit dem Begriff der **Fernwirkung**, die unmittelbar über beliebig große Entfernungen Einfluss ausübt und damit an verschiedenen Orten gleichzeitig in Erscheinung tritt.

Die Entscheidung, ob zwei Ereignisse gleichzeitig sind, könnte aber nur dann getroffen werden, wenn die Übermittlung von Signalen mit unendlich großer Geschwindigkeit erfolgte. Die Vorstellung, dass sich dabei physikalische Wirkungen unendlich schnell ausbreiten, die beliebige Entfernungen im Universum in der Zeit Null überwinden, erscheint unrealistisch und wird auch nicht durch Experimente gestützt. Es liegt daher nahe, entgegen der klassischen Auffassung eine nicht überschreitbare Obergrenze der Ausbreitung als **Grenzgeschwindigkeit** anzunehmen.

Die MAXWELL'sche Elektrodynamik trägt dieser Grenze durch die kontinuierlich übermittelten **FARADAY'schen Kraftwirkungen** des Feldes in endlicher Zeit und die **Retardierung** von Potentialen und Feldgrößen in *Abschnitt 5.8.1* Rechnung, und es wird sich im weiteren Verlauf zeigen, dass die elektromagnetische Theorie anders als die NEWTON'sche Dynamik keine Änderung erfahren muss. In Kenntnis der elektrodynamischen Gesetze postulierte EINSTEIN diese Grenzgeschwindigkeit in (7.7) als Ausgangspunkt in seiner Relativitätstheorie.

Für die gewohnten, an alltäglichen Erkenntnissen orientierten Vorstellungen des Menschen enthält die Spezielle Relativitätstheorie paradoxe Situationen, weil in gegeneinander bewegten Systemen unterschiedliche Zeiten t und $\hat{t}$ existieren, was nicht der „normalen" Erfahrung im täglichen Leben entspricht, wo man, wie auch NEWTON, Raum- und Zeitkoordinaten als andersartige, voneinander unabhängige Bezugsgrößen wahrnimmt.

Bei relativistischen Geschwindigkeiten, die nicht mehr klein gegen die Lichtgeschwindigkeit sind und die nicht unserer alltäglichen Erfahrung und Empfindung sondern nur einer erlebnisfernen, mathematisch abstrakten Erkenntnis entsprechen, müssen dagegen die folgenden Überlegungen angestellt werden, die zu unterschiedlichen physikalischen Interpretationen führen.

Im System $S(ct, x)$ der *Abbildung 7.10* sind die Ereignisse P und Q gleichzeitig, da sie auf einer Parallelen zur x-Achse liegen. Beobachtern im System $\widehat{S}(c\hat{t}, \hat{x})$ erscheinen diese Ereignisse dagegen nicht als gleichzeitig, denn sie liegen auf verschiedenen Parallelen zur $\hat{x}$-Achse.

Die in $S(ct, x)$ auf einer Parallele zur ct-Achse am festen Ort ruhenden Ereignisse R und S erscheinen in $\widehat{S}(c\hat{t}, \hat{x})$ jedoch weder gleichzeitig noch am festen Ort.

Daraus erhält man folgende grundsätzliche Erkenntnis.

Gleichzeitige bzw. ruhende Ereignisse in einem Bezugssystem sind in keinem anderen relativ dazu bewegten Bezugssystem ebenfalls gleichzeitig bzw. ruhend! (7.37)

Ist allerdings die Relativgeschwindigkeit mit $v \ll c$ klein gegen die Lichtgeschwindigkeit, dann liegen sowohl die Zeit- als auch die Ortsachsen beider Bezugssysteme jeweils ununterscheidbar nahe beieinander, so dass in allen praktischen Situationen des täglichen Lebens die Punkte P und Q bzw. R und S zusammenfallen und keine Abweichung von der Gleichzeitigkeit oder dem gleichen Ort wahrnehmbar ist!

In zwei Inertialsystemen $S(ct, x)$ und $\widehat{S}(c\hat{t}, \hat{x})$, die sich mit relativistischer Geschwindigkeit v gegeneinander gleichförmig bewegen, muss man dagegen Maßstäbe und Zeitspannen auf Uhren miteinander vergleichen, um ihre Unterschiede festzustellen.

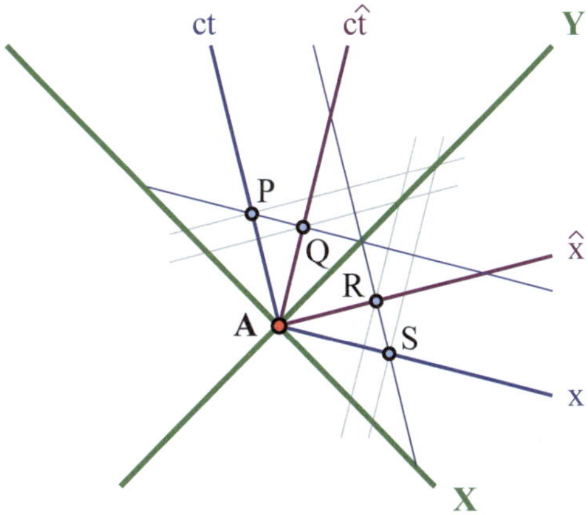

ABB. 7.10: Ereignisse in zwei Inertialsystemen

7.4.2 Längenkontraktion

Die **Länge eines Maßstabs**, der in einem Inertialsystem ruht, heißt **Eigenlänge**. Seine Stabenden haben einen **raumartigen Abstand**, da sich ein Ende bezüglich des anderen im Anderswo befindet.

In *Abbildung 7.11* liegen die Enden des im System S ruhenden Einheitsmaßstabs im Ursprung A und im Weltpunkt P auf der Eichkurve $C = 1$, so dass seine Eigenlänge ℓ_0 der Längeneinheit der x-Achse entspricht. A und P sind in S gleichzeitige Ereignisse und der ruhende Stab durchläuft im MINKOWSKI-Raum einen zur ct-Achse parallelen Streifen, der seine **Weltfläche** darstellt.

In $\widehat{S}$ muss die **Messung der Stabenden gleichzeitig** erfolgen, denn das entspricht der Definition einer Länge. Das sieht man auch am einleuchtenden Beispiel des schwimmenden Fisches, dessen Länge nicht dadurch bestimmt wird, dass man die Orte von Kopf und Schwanz zu unterschiedlichen Zeiten misst und dann deren Differenz angibt, [11, S. 12].

Von $\widehat{S}$ aus betrachtet erscheint der Maßstab bei gleichzeitiger Messung der Position der Stabenden in den beiden Weltpunkten A und $\widehat{R}$ auf die Länge $\hat{\ell}$ verkürzt, die kleiner ist als die Längeneinheit $\overline{A\widehat{Q}}$ der $\hat{x}$-Achse.

Durchläuft andererseits ein in $\widehat{S}$ ruhender Maßstab der Eigenlänge $\hat{\ell}_0$ einen zur $c\hat{t}$-Achse parallelen Streifen als seine Weltfläche, dann erscheint der Maßstab vom dazu relativ bewegten System S aus betrachtet ebenfalls verkürzt und zwar auf die Länge ℓ.

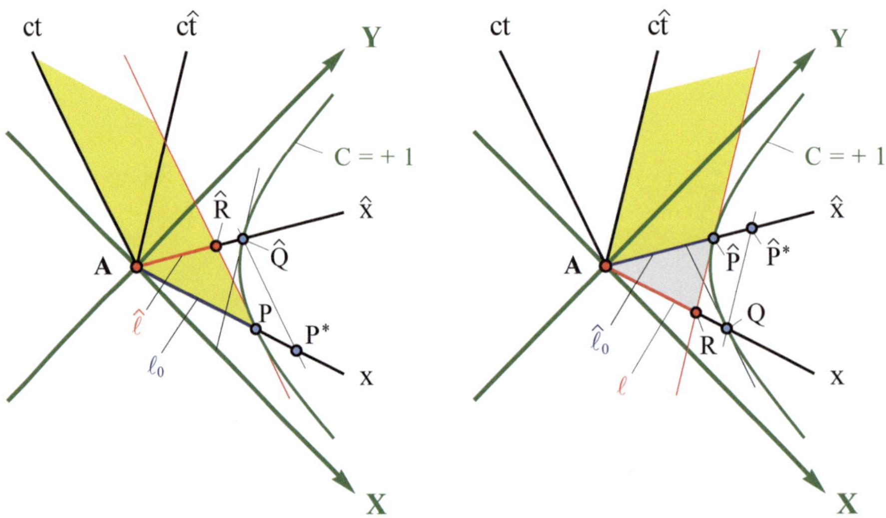

Abb. 7.11: Diagramme zur Längenkontraktion

In beiden Fällen misst der bewegte Beobachter eine kürzere Länge als die Eigenlänge des ruhenden Maßstabs, was häufig in umgekehrter Form knapp und etwas zugespitzt folgendermaßen formuliert wird.

$\star$ **Bewegte Maßstäbe sind kürzer als ruhende!** (7.38)

Gemäß dem Relativitätsprinzip für gleichberechtigte Inertialsysteme ist die **Verkürzung wechselseitig**.

Bewegte Maßstäbe erfahren damit eine **Längenänderung in Bewegungsrichtung** der beiden Inertialsysteme, die auch als **Lorentz-Kontraktion** bezeichnet wird und deren Größe man mit der Lorentz-Transformation nach (7.19) bestimmt.

Im ersten Fall lautet die Eigenlänge des Stabes in S

$$\ell_0 = x_e - x_a = \gamma\,(\hat{x}_e + v\hat{t}_e) - \gamma\,(\hat{x}_a + v\hat{t}_a) = \gamma\,(\hat{x}_e - \hat{x}_a) + \gamma v\,(\hat{t}_e - \hat{t}_a)$$

Da die Längenmessung in $\widehat{S}$ gleichzeitig durchgeführt wird, gilt $\hat{t}_e = \hat{t}_a$ und mit der Stablänge $\hat{\ell}$ im bewegten System folgt

$$\ell_0 = \gamma\,(\hat{x}_e - \hat{x}_a) = \gamma\,\hat{\ell}$$

Mit entsprechender Rechnung erhält man im zweiten Fall das Ergebnis mit vertauschten Rollen **(relativistische Vertauschung)** und die Längenkontraktionen lauten für beide Inertialsysteme damit

$$\boxed{\hat{\ell} = \frac{\ell_0}{\gamma} = \ell_0\sqrt{1-\beta^2} < \ell_0} \qquad \boxed{\ell = \frac{\hat{\ell}_0}{\gamma} = \hat{\ell}_0\sqrt{1-\beta^2} < \hat{\ell}_0} \tag{7.39}$$

Aus *Abbildung 7.11* und der Skalierung in *Abbildung 7.9* kann man diese Ergebnisse auch mit Hilfe des Strahlensatzes folgern, wobei ℓ_0 und $\hat{\ell}_0$ die Einheitslängen in den beiden Systemen darstellen.

$$\frac{\overline{AP}}{\overline{A\widehat{R}}} = \frac{\overline{AP^*}}{\overline{A\widehat{Q}}} = \frac{\ell_0}{\hat{\ell}} = \frac{\gamma}{1} \qquad \text{sowie} \qquad \frac{\overline{A\widehat{P}}}{\overline{AR}} = \frac{\overline{A\widehat{P}^*}}{\overline{AQ}} = \frac{\hat{\ell}_0}{\ell} = \frac{\gamma}{1}$$

Quer zur Bewegung findet **keine Längenänderung** statt, denn in diesen Richtungen sind Abmessungen in S und $\widehat{S}$ gleich groß und bleiben damit ungeändert!

Durch die Längenkontraktion ist die Vorstellung des *starren Körpers* der klassischen Mechanik bei relativistischen Geschwindigkeiten nicht mehr aufrechtzuerhalten und wird hinfällig.

7.4.3 Zeitdilatation

Das **Zeitintervall einer Uhr**, die in einem Inertialsystem am festen Ort ruht, wird als **Eigenzeit** τ bezeichnet. Die Endpunkte des Zeitintervalls haben einen **zeitartigen Abstand**.

Im Ursprung beider Koordinatensysteme S und $\widehat{S}$ der *Abbildung 7.12* befinden sich jeweils Uhren, deren **Weltlinien** mit den Achsen ct und $c\hat{t}$ zusammenfallen und mit denen **Zeitmessungen am festen Ort** im jeweiligen System vorgenommen werden.

Wenn die Uhr im System S zwischen den Weltpunkten A und P das Eigenzeitintervall ΔT_0 gemessen hat, dann ist für die Uhr im System $\widehat{S}$ bei Messung der Intervallenden am festen Ort $\hat{x} = 0$ aber bereits das längere

Zeitintervall $\Delta\widehat{T}$ vergangen, das dem Abstand zwischen den Weltpunkten A und $\widehat{R}$ entspricht und das größer ist als die Einheit $\overline{A\widehat{Q}}$ der $c\hat{t}$-Achse.

Bei der umgekehrten Betrachtung misst die Uhr im System S am Ort $x = 0$ ebenfalls ein längeres Zeitintervall ΔT zwischen A und R als das Eigenzeitintervall $\Delta\widehat{T}_0$, das von der im System $\widehat{S}$ ruhenden Uhr zwischen A und $\widehat{P}$ gemessen wird.

In beiden Fällen misst ein Beobachter auf seiner Uhr eine längere Zeit als die Eigenzeit der Uhr im dazu relativ bewegten anderen System.

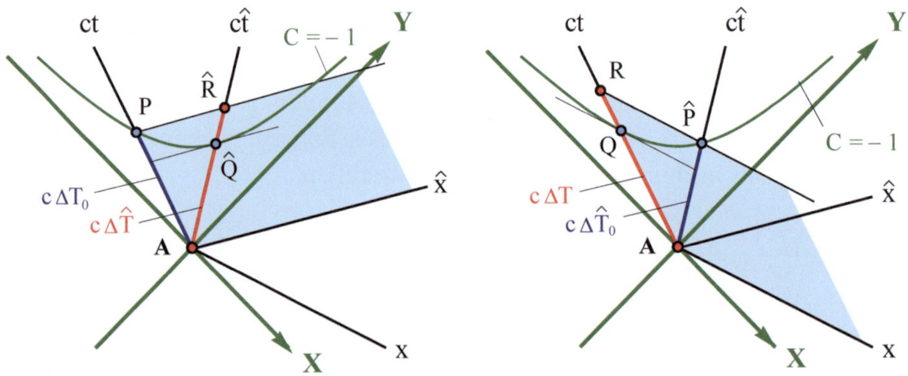

Abb. 7.12: Diagramme zur Zeitdilatation

Dieses Phänomen der gegenseitigen Verlängerung der Zeitintervalle wird als **Uhrenparadoxon** bezeichnet. Tatsächlich liegt jedoch kein Widerspruch vor, da die Messungen im System $\widehat{S}$ in $\widehat{R}$ bei $\hat{x} = 0$ bzw. im System S in R bei $x = 0$ erfolgen, die keine äquivalenten Weltpunkte darstellen.

Uhren messen im eigenen Ruhesystem ihre Eigenzeiten, die die kürzesten Zeitspannen darstellen im Vergleich mit dazu relativ bewegten Inertialsystemen. Das wird häufig auch etwas plakativ folgendermaßen ausgedrückt:

$\star$ **Bewegte Uhren gehen langsamer als ruhende!** (7.40)

Dieses messbare Verhalten wird **Zeitdilatation**, also Zeitdehnung, genannt, da den bewegten Beobachtern die Zeitintervalle ihrer eigenen Uhren im Vergleich mit der Uhr im Ruhesystem länger und damit gedehnt erscheinen.

Die Relation der Zeitspannen wird auch hier mit der LORENTZ-Transformation ermittelt.

Im ersten Fall misst die im System S am festen Ort $x_a = x_e = 0$ ruhende Uhr als Eigenzeit τ die Zeitspanne,

$$\tau = \Delta T_0 = t_e - t_a$$

während für die im bewegten System $\widehat{S}$ ruhende Uhr dabei die Zeit

$$\begin{aligned} \Delta\widehat{T} &= \hat{t}_e - \hat{t}_a \\ &= \gamma\left(t_e - \frac{\beta}{c}\,x_e\right) - \gamma\left(t_a - \frac{\beta}{c}\,x_a\right) \\ &= \gamma\,(t_e - t_a) = \gamma\,\Delta T_0 \end{aligned}$$

vergeht. Mit entsprechender Rechnung erhält man im zweiten Fall das Ergebnis durch relativistische Vertauschung. Die Zeitspannen der Uhren im bewegten System bzw. für die bewegten Beobachter lauten

$$\boxed{\Delta\widehat{T} = \gamma\,\Delta T_0 = \frac{\Delta T_0}{\sqrt{1-\beta^2}} > \Delta T_0 = \tau}$$
$$\boxed{\Delta T = \gamma\,\Delta\widehat{T}_0 = \frac{\Delta\widehat{T}_0}{\sqrt{1-\beta^2}} > \Delta\widehat{T}_0 = \hat{\tau}} \tag{7.41}$$

Aus *Abbildung 7.12* und der Skalierung in *Abbildung 7.9* kann man diese Ergebnisse auch direkt folgern.

$$\frac{\overline{A\widehat{R}}}{\overline{AP}} = \frac{c\,\Delta\widehat{T}}{c\,\Delta T_0} = \frac{\gamma}{1} \qquad \text{sowie} \qquad \frac{\overline{AR}}{\overline{A\widehat{P}}} = \frac{c\,\Delta T}{c\,\Delta\widehat{T}_0} = \frac{\gamma}{1}$$

Der Vergleich der Resultate (7.39) und (7.41) zeigt, dass **Längenkontraktion und Zeitdilatation in reziprokem Verhältnis** zueinander stehen.

Als Ergebnis des Vergleichs von Längen und Zeiten in verschiedenen Inertialsystemen kann man folgende Aussagen festhalten.

★ **Eigenlängen sind am größten!**
★ **Eigenzeiten sind am kürzesten!** (7.42)

Aus (7.41) folgt auch der Zusammenhang zwischen dem **Differential** $d\tau$ **der Eigenzeit** im ruhenden System S und dem Differential dt des bewegten Systems $\widehat{S}$.

$$\boxed{d\tau = \sqrt{1-\beta^2}\, dt = \frac{dt}{\gamma} < dt} \qquad \boxed{dt = \gamma\, d\tau} \tag{7.43}$$

Ein bekanntes Beispiel zur Bestätigung der Zeitdilatation bezieht sich auf die **Lebensdauer von Myonen**, [7, S. 70, 74], [13, S. 43].

Im **Zerfallsgesetz** für die Anzahl instabiler Teilchen,

$$N(t) = N_0\, \mathrm{e}^{-t/T_\mu}$$

die sich während der **Halbwertszeit**

$$t = T_\mu \ln 2$$

halbiert, beträgt die mittlere Lebensdauer von Myonen im Ruhesystem, die bei langsamer Bewegung in Beschleunigern gemessen wird, etwa $T_\mu = 2.2\,\mu$s.

Durch **kosmische Höhenstrahlung** in der oberen Atmosphäre erzeugte Myonen haben etwa Lichtgeschwindigkeit und würden in der Zeit T_μ nur $cT_\mu = 660$ m zurücklegen können. Mit sinkender Höhe h müsste sich ihre Anzahl also alle $cT_\mu \ln 2 = 457$ m halbieren. Nach Durchlaufen der Atmosphäre von ungefähr $h = 20$ km wäre dann nur noch ein verschwindender Bruchteil von $2^{-20\,000/457}\, N_0 \approx N_0\, \mathrm{e}^{-30}$ Myonen vorhanden. Tatsächlich nimmt ihre Anzahl aber viel langsamer ab, denn am Boden wird noch ein Anteil von etwa $N_0/100$ nachgewiesen.

Für einen Beobachter, der sich im Erdsystem relativ gegen sie bewegt, beträgt die Lebensdauer der Myonen nach (7.41)

$$T_E = \frac{T_\mu}{\sqrt{1-\beta^2}} = \frac{h}{v_\mu} = \frac{h/c}{\beta} \quad \rightarrow \quad \frac{\beta}{\sqrt{1-\beta^2}} = \frac{h}{cT_\mu} = \alpha = 30.3$$

Daraus ergeben sich folgende Werte

$$\beta = \frac{v_\mu}{c} = \frac{\alpha}{\sqrt{1+\alpha^2}} = 0.999456$$

$$T_E = \frac{h}{\beta c} = \sqrt{1+\alpha^2}\, T_\mu = 30.32\, T_\mu = 66.7\,\mu\text{s}$$

Dem Beobachter auf der Erde, der sich gegenüber dem Ruhesystem der Myonen mit hoher Geschwindigkeit bewegt, erscheint die Lebensdauer T_E der Myonen damit wesentlich länger als deren mittlere Lebensdauer T_μ, so dass sie aus seiner Sicht erheblich größere Entfernungen als 660 m zurücklegen können.

Bei allen **Beschleunigerexperimenten** in der Physik der Elementarteilchen treten wegen der großen Geschwindigkeiten relativistische Effekte der Zeitdilatation und Längenkontraktion auf, die bei Berechnungen und Interpretation der Ergebnisse berücksichtigt werden müssen, [12, S. 32]!

7.4.4 Vergleich von Abständen und Zeiten auf Weltlinien

In *Abbildung 7.13* werden innerhalb des Lichtkegels verschiedene Weltlinien und Abstände auf ihnen miteinander verglichen, wozu auch die Eichhyperbel dient.

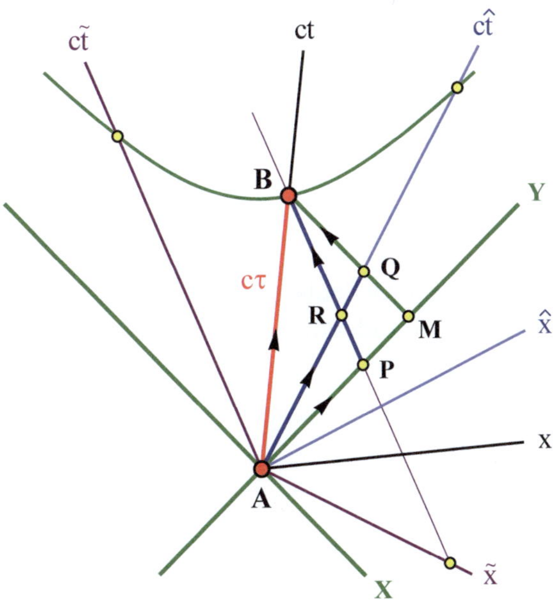

ABB. 7.13: Vergleich von Weltlinien in der Raumzeit

Im Inertialsystem $S(ct, x)$ befinden sich die Ereignisse A und B mit $x = 0$ am gleichen Ort und der **zeitartige Abstand** $c\tau$ auf der Weltlinie zwischen ihnen ist der **Eigenzeit** τ in diesem System proportional.

Der Viererevektor des Abstandes zwischen A und B ist nach (7.9) imaginär und sein Betrags- oder Normquadrat daher negativ,

$$\mathsf{R}_{AB} = jc\tau\,\mathbf{e}_0$$

$$\|\,\mathsf{R}_{AB}\,\|^2 = \mathsf{R}_{AB}\cdot\mathsf{R}_{AB} = -\,(c\tau)^2 \;<\; 0$$

worin sich die Eigenschaft des pseudo-euklidischen Raumes nach der Klassifizierung (7.35) äußert.

Sendet man in A ein Lichtsignal aus, das im Punkte M durch einen Spiegel zum Ausgangspunkt im System S und damit zum Ereignis oder Weltpunkt B zurückgeworfen wird, dann sind die Abstände auf den beiden Teilstücken $\overline{AM}$ und $\overline{MB}$ der Weltlinie für lichtartige Wegelemente jeweils Null,

$$\|\,\mathsf{R}_{AM}\,\| = \|\,\mathsf{R}_{MB}\,\| = 0$$

und damit größer als der Abstand auf dem direkten Weg mit der Ungleichung

$$\|\,\mathsf{R}_{AB}\,\| < \|\,\mathsf{R}_{AM}\,\| + \|\,\mathsf{R}_{MB}\,\| = 0$$

Bei der Beurteilung anderer Weltlinien zwischen A und B gilt für Zeitdifferentiale nach (7.43)

$$d\tau = \sqrt{1-\beta^2}\,dt \;<\; dt$$

Dabei bedeutet $d\tau$ das **Eigenzeitelement** im Ruhesystem $S(ct, x)$, von dem aus die Zeitelemente dt in anderen Systemen bewertet werden. Dieser Zusammenhang wird im *Abschnitt 8.2.3* noch näher betrachtet.

Die Eigenzeit auf der Weltlinie zwischen den Weltpunkten A und B im System S, auf der $\beta = 0$ gilt, lautet

$$\tau_{AB} = \int_A^B d\tau = t_B - t_A = T_{AB}$$

Die Integration auf den Weltlinien des Lichtsystems liefert wegen $|\,v\,| = c$ und damit $\beta = 1$ das Ergebnis,

$$T_{AM} = T_{MB} = T_{AP} = T_{QB} = 0$$

was mit den oben angegebenen verschwindenden lichtartigen Abständen in Übereinstimmung ist.

In *Abbildung 7.13* sind neben der direkten Weltlinie $\overline{AB}$ alternative Weltlinien über die Punkte P, Q, R dargestellt, wobei Teile dieser Wege ruhende Weltlinien für $\overline{AR}$ mit $\hat{x} = 0$ bzw. für $\overline{PB}$ mit $\tilde{x} = \text{const.}$ in den Systemen $\widehat{S}(c\hat{t}, \hat{x})$ und $\widetilde{S}(c\tilde{t}, \tilde{x})$ bilden, die sich mit den Geschwindigkeiten $\hat{v}$ bzw. $\tilde{v}$ von $S(ct, x)$ entfernen. Durch Integration der Zeitelemente erhält man die Zeiten auf den durchlaufenen Wegen, aus denen sich die folgenden Ungleichungen ergeben.

$$\tau_{APB} = T_{AP} + \int_P^B \sqrt{1 - \tilde{\beta}^2}\, dt \; < \int_P^B dt \; < \; t_B - t_P \; < \; T_{AB}$$

$$\tau_{AQB} = \int_A^Q \sqrt{1 - \hat{\beta}^2}\, dt \; + T_{QB} \; < \int_A^Q dt \; < \; t_Q - t_A \; < \; T_{AB}$$

Die Ungleichungen rechts ergeben sich aus den Abständen R_{PB} am festen Ort $\tilde{x} = \text{const.}$ und R_{AQ} am festen Ort $\hat{x} = 0$.

Bei der Weltlinie über den Punkt R, die keinen Lichtweganteil aufweist, erhält man

$$\tau_{ARB} = \int_A^R \sqrt{1 - \hat{\beta}^2}\, dt \; + \int_R^B \sqrt{1 - \tilde{\beta}^2}\, dt$$

$$< \; t_R - t_A + t_B - t_R = t_B - t_A = T_{AB}$$

Entgegen der „geometrischen Anschauung" stellt die **Eigenzeit** zwischen zwei Weltpunkten auf der Zeitachse ihres Bezugssystems und damit am festen Ort das **längste Zeitintervall** dar im Vergleich mit allen Alternativwegen zwischen den gleichen Weltpunkten, was bei differentieller Betrachtungsweise auch für gekrümmte Weltlinien gilt, [5, S. 185].

Ein länger erscheinender Weg im MINKOWSKI-Diagramm benötigt daher stets eine kürzere Zeit!

Diese Betrachtung wird im Zusammenhang mit dem Zwillingsparadoxon in [12, S. 37] näher ausgeführt.

Literaturangaben

[1] **Bergmann**, Ludwig / **Schaefer**, Clemens:
Lehrbuch der Experimentalphysik, Band III Optik
Walter de Gruyter, Berlin New York, 8. Aufl. (1987)

[2] **Born**, Max:
Die Relativitätstheorie Einsteins
Springer Verlag, Berlin, Heidelberg, New York, 5. Aufl. (1969)

[3] **Einstein**, Albert:
Über die spezielle und die allgemeine Relativitätstheorie
Friedr. Vieweg & Sohn GmbH Verlag, Braunschweig, 7. Aufl. (1920)

[4] **Falk**, Gottfried / **Ruppel**, Wolfgang:
Mechanik, Relativität, Gravitation
Springer Verlag, Berlin, Heidelberg, New York, 3. Aufl. (1983)

[5] **Freund**, Jürgen:
Spezielle Relativitätstheorie für Studienanfänger
vdf Hochschulverlag AG an der ETH Zürich (2007)

[6] **Hecht**, Eugene:
Optics
Addison-Wesley Longman Inc., 3. Aufl. (1998)

[7] **Kacser**, Claude:
Einführung in die Spezielle Relativitätstheorie
Berliner Union, Stuttgart (1970)

[8] **Melcher**, Horst:
Relativitätstheorie in elementarer Darstellung
VEB Deutscher Verlag der Wissenschaften, Berlin, 4. Aufl. (1974)

[9] **Michelson**, Albert Abraham:
Studies in Optics
Dover Publications, New York (1995)

[10] **Raschewski**, Petr K.:
Riemannsche Geometrie und Tensoranalysis
Verlag Harri Deutsch, Thun und Frankfurt/Main, 2. Aufl. (1995)

[11] **Resnick**, Robert:
Einführung in die spezielle Relativitätstheorie
Ernst Klett Verlag, Stuttgart (1976)

[12] **Schröder**, Ulrich E.:
Spezielle Relativitätstheorie
Verlag Europa Lehrmittel, 5. Aufl. (2014)

[13] **Sexl**, Roman / **Schmidt**, Herbert Kurt:
Raum - Zeit - Relativität
Rowohlt Taschenbuch Verlag, Reinbek bei Hamburg (1978)

Kapitel 8

Vierergrößen und relativistische Kinematik

Zusammenfassung

Nach allgemeinen Eigenschaften von Vierergrößen werden die Vierervektoren von Ortsvektor, Geschwindigkeit und Beschleunigung dargestellt und untersucht. Als wichtiges Anwendungsbeispiel speziell im astronomischen Bereich wird die Aberration behandelt.

8.1 Eigenschaften von Vierergrößen

8.1.1 Vierdimensionale Vektoren und Tensoren

Bis auf den Vierer-Ortsvektor (7.9) und sein Differential (7.35) wurden Vektoren und Tensoren als physikalische Größen bisher nur im dreidimensionalen euklidischen Raum betrachtet und mit ihren Verknüpfungen und Ableitungen untersucht.

Nach den Betrachtungen im *Abschnitt 2.4.2* bleiben alle dargestellten Beziehungen für Tensoren aber auch dann richtig, wenn die Zahl n der Dimensionen größer als drei ist, die Matrizen dadurch mehr Elemente aufweisen und Summationen bis zu dieser Zahl n laufen.

Im Hinblick auf die physikalischen Erfordernisse der Relativitätstheorie und ihre Beschreibung sind vier Dimensionen für das **MINKOWSKI'sche Raum-Zeit-Kontinuum** von besonderem Interesse und im vorigen Kapitel mit

W. Werner, *Vektoren und Tensoren als universelle Sprache in Physik und Technik 2*,
https://doi.org/10.1007/978-3-658-49785-9_8

Vierer-Ortsvektor und LORENTZ-Matrix bereits eingeführt und verwendet worden.

In diesem Kapitel werden zunächst die kinematischen Größen Vierergeschwindigkeit und Viererbeschleunigung als Ableitungen des Vierer-Ortsvektors untersucht und die Aberration als wichtige Anwendung behandelt.

8.1.2 Vierergrößen der Raumzeit

In allgemeiner Form werden die Koordinaten eines Punktes der Raumzeit, die gleichzeitig die Komponenten des Vierer-Ortsvektors darstellen, kontravariant mit oberen Indizes bezeichnet. Ableitungen nach den kontravarianten Koordinaten führen dabei auf kovariante Größen, was bei der abkürzenden Schreibweise (16.2, Bd. I) erläutert wurde.

Die Kennzeichnung von ko- und kontravarianten Größen ist in der Raumzeit der Speziellen Relativitätstheorie eigentlich nicht erforderlich, da diese Unterscheidung nach *Abschnitt 6.6.5 (Bd. I)* im Koordinatensystem des MINKOWSKI-Raumes mit orthogonalen Basisvektoren $\underline{\underline{\mathbf{e}}}$ bzw. $\underline{\underline{\hat{\mathbf{e}}}}$ aufgehoben ist. Aus Gründen der Konsistenz mit früheren Kapiteln wird diese Kennzeichnung aber beibehalten.

Der Zusammenhang zwischen den Koordinaten (7.11) der Inertialsysteme S und $\widehat{S}$, der nicht von allgemeiner funktionaler Form wie in (14.1, Bd. I) sondern linear ist, wird gemäß (7.13) durch die orthogonale Matrix $\underline{\mathbf{L}}$ der LORENTZ-Transformation oder deren Umkehrung dargestellt.

Für die **Transformation der Koordinaten** eines Punktes gilt dann,

$$\underline{\hat{\mathbf{x}}}^{\#} = \underline{\hat{\mathbf{x}}}^{\#}(\underline{\mathbf{x}}^{\#}) = \underline{\mathbf{L}}\,\underline{\mathbf{x}}^{\#} \qquad \rightarrow \qquad \hat{x}^k = \sum\nolimits_{p=0}^{3} \ell_{kp}\, x^p$$

$$\underline{\mathbf{x}}^{\#} = \underline{\mathbf{x}}^{\#}(\underline{\hat{\mathbf{x}}}^{\#}) = \underline{\mathbf{L}}^{\mathrm{T}}\underline{\hat{\mathbf{x}}}^{\#} \qquad \rightarrow \qquad x^k = \sum\nolimits_{p=0}^{3} \ell_{pk}\, \hat{x}^p$$

so dass man für die Ableitungen erhält

$$\boxed{\frac{\partial \hat{x}^k}{\partial x^p} = \ell_{kp}} \qquad \boxed{\frac{\partial x^k}{\partial \hat{x}^p} = \ell_{pk}} \tag{8.1}$$

Die **partiellen Ableitungen** einer **skalaren Ortsfunktion** $\psi\,(\underline{\mathbf{x}}^{\#})$ im System S nach den Koordinaten $\underline{\hat{\mathbf{x}}}^{\#}$ des Systems $\widehat{S}$ lauten nach der Kettenregel der Ableitung mittelbarer Funktionen, [2, I, S. 363]

$$\boxed{\frac{\partial \psi}{\partial \hat{x}^k} = \sum\nolimits_{\nu=0}^{3} \frac{\partial x^\nu}{\partial \hat{x}^k} \frac{\partial \psi}{\partial x^\nu} = \sum\nolimits_{\nu=0}^{3} \ell_{k\nu} \frac{\partial \psi}{\partial x^\nu}} \qquad (k = 0, 1, 2, 3) \qquad (8.2)$$

Eine **Vektorfunktion V** in der Raumzeit ist genau dann ein **Vierervektor**, wenn seine Komponenten bei Basiswechsel die LORENTZ-Transformation wie beim Vierer-Ortsvektor nach (7.13) erfüllen.

$$\boxed{\mathbf{V} = (\underline{\mathbf{V}}_{\#})^{\mathrm{T}} \underline{\underline{\mathbf{e}}} = (\underline{\hat{\mathbf{V}}}_{\#})^{\mathrm{T}} \underline{\underline{\hat{\mathbf{e}}}}} \qquad \boxed{\underline{\hat{\mathbf{V}}}_{\#} = \underline{\underline{\mathbf{L}}}\, \underline{\mathbf{V}}_{\#}} \qquad \boxed{\underline{\underline{\hat{\mathbf{e}}}} = \underline{\underline{\mathbf{L}}}\, \underline{\underline{\mathbf{e}}}} \qquad (8.3)$$

Das **Skalarprodukt zweier Vierervektoren** hat im orthogonalen System der Raumzeit die folgende Komponentendarstellung, die einen **LORENTZ-invarianten Skalar** darstellt.

$$\boxed{\mathbf{V} \cdot \mathbf{W} = (\underline{\mathbf{V}}_{\#})^{\mathrm{T}} \underline{\mathbf{W}}_{\#} = (\underline{\hat{\mathbf{V}}}_{\#})^{\mathrm{T}} \underline{\widehat{\mathbf{W}}}_{\#}} \qquad (8.4)$$

8.1.3 Vierer-Differentialoperatoren

8.1.3.1 Tessera-Operator

In Analogie zum dreidimensionalen Nabla-Operator der Gleichung (17.5, Bd. I) wird ein invarianter **vektorieller Viereroperator** definiert, der in Anlehnung an das griechische Wort für ‚vier' **Tessera-Operator** genannt und mit dem Symbol $\blacksquare$ (Tess) bezeichnet wird. Der Spaltenvektor seiner Komponenten $\underline{\Box}_{\#}$ besteht aus den Ableitungen nach den vier orthogonalen Koordinaten der MINKOWSKI'schen Raumzeit.
In symbolischer Schreibweise lautet der Tessera-Operator

$$\boxed{\blacksquare \langle..\rangle = \mathbf{e}_0 \frac{\partial \langle..\rangle}{\partial x^0} + \mathbf{e}_1 \frac{\partial \langle..\rangle}{\partial x^1} + \mathbf{e}_2 \frac{\partial \langle..\rangle}{\partial x^2} + \mathbf{e}_3 \frac{\partial \langle..\rangle}{\partial x^3} = \underline{\underline{\mathbf{e}}}^{\mathrm{T}} \underline{\Box}_{\#} \langle..\rangle} \qquad (8.5)$$

Die partiellen Ableitungen einer Raumzeitfunktion $\psi(t, x, y, z)$ werden zum Spaltenvektor zusammengefasst.

$$\underline{\Box}_{\#} \psi = \left(\frac{\partial}{\partial x^0}, \frac{\partial}{\partial x^1}, \frac{\partial}{\partial x^2}, \frac{\partial}{\partial x^3} \right)^{\mathrm{T}} \psi = \left(-\frac{j}{c} \frac{\partial \psi}{\partial t}, \frac{\partial \psi}{\partial x}, \frac{\partial \psi}{\partial y}, \frac{\partial \psi}{\partial z} \right)^{\mathrm{T}}$$

Mit dem Tessera-Operator kann man die Gleichungen (8.2) zur Transformationsbeziehung der partiellen Ableitungen in Matrixform angeben.

$$\boxed{\underline{\widehat{\Box}}_{\#}\psi = \underline{\mathbf{L}}\,\underline{\Box}_{\#}\psi} \tag{8.6}$$

8.1.3.2 Vierergradient

Die Anwendung des Tessera-Operators auf eine skalare Raumzeitfunktion $\psi(t, x, y, z)$ führt auf den Vierergradienten, der auf Grund der Transformation der partiellen Ableitungen und Basisvektoren ein **Lorentz-invarianter Vektor** ist.

$$\boxed{\mathbf{\Box}\psi = \underline{\underline{\mathbf{e}}}^{\mathrm{T}}\,\underline{\Box}_{\#}\psi = \underline{\underline{\hat{\mathbf{e}}}}^{\mathrm{T}}\,\underline{\widehat{\Box}}_{\#}\psi} \tag{8.7}$$

8.1.3.3 Viererdivergenz

Setzt man in (8.2) an Stelle der Funktion ψ die Komponenten $\widehat{V}_k$ eines Vierervektors ein, dann erhält man mit (8.3)

$$\frac{\partial \widehat{V}_k}{\partial \hat{x}^k} = \sum_{\nu=0}^{3} \ell_{k\nu}\,\frac{\partial \widehat{V}_k}{\partial x^\nu} = \sum_{\nu=0}^{3} \ell_{k\nu}\,\frac{\partial}{\partial x^\nu}\sum_{\lambda=0}^{3} \ell_{k\lambda}\,V_\lambda$$

Die Summe dieser Ableitungen über k läßt sich auf Grund der Eigenschaften der orthogonalen Matrix $\underline{\mathbf{L}}$ vereinfachen.

$$\begin{aligned}\sum_{k=0}^{3}\frac{\partial \widehat{V}_k}{\partial \hat{x}^k} &= \sum_{k=0}^{3}\sum_{\nu=0}^{3}\sum_{\lambda=0}^{3}\ell_{k\nu}\,\ell_{k\lambda}\,\frac{\partial V_\lambda}{\partial x^\nu}\\ &= \sum_{\nu=0}^{3}\sum_{\lambda=0}^{3}\frac{\partial V_\lambda}{\partial x^\nu}\underbrace{\sum_{k=0}^{3}\ell_{k\nu}\,\ell_{k\lambda}}_{=\,\delta_{\nu\lambda}\ \text{nach (3.35, Bd. I)}} = \sum_{\nu=0}^{3}\frac{\partial V_\nu}{\partial x^\nu}\end{aligned}$$

Der Summenausdruck entspricht der **Divergenz des Vierervektors V**, die man **Viererdivergenz** (Div) nennt und die man als Skalarprodukt aus Tessera-Operator und Vierervektor bildet. Im Sinne der Tensorrechnung bedeutet diese Operation eine Verjüngung.

Auf Grund der Transformationseigenschaften stellt die Viererdivergenz eine **LORENTZ-invariante Skalarfunktion** dar.

$$\operatorname{Div}\mathsf{V} = \blacksquare\cdot\mathsf{V} = \sum_{k=0}^{3}\frac{\partial V_k}{\partial x^k} = \sum_{k=0}^{3}\frac{\partial \widehat{V}_k}{\partial \widehat{x}^k} \tag{8.8}$$

8.1.3.4 Divergenz von Tensoren der Raumzeit

Das Skalarprodukt aus Tessera-Operator und Tensor ist wie in *Abschnitt 17.3.8 (Bd. I)* auf zwei Arten ausführbar, als gewöhnliche sowie als alternative Divergenz, wobei **Vierervektoren** entstehen.

$$\begin{aligned} \operatorname{div}\mathscr{T} &= \blacksquare\cdot\mathscr{T} = \underline{\square}_{\#}^{\mathrm{T}}\,\underline{\mathbf{T}}\,\underline{\underline{\mathsf{e}}} \\ \overset{*}{\operatorname{div}}\mathscr{T} &= \blacksquare\cdot\widetilde{\mathscr{T}} = \underline{\square}_{\#}^{\mathrm{T}}\,\underline{\mathbf{T}}^{\mathrm{T}}\,\underline{\underline{\mathsf{e}}} \end{aligned} \tag{8.9}$$

Als **Viererdivergenzen eines Tensors 2. Stufe der Raumzeit** erhält man die beiden kartesischen Darstellungen (18.51, Bd. I).

8.1.3.5 D'ALEMBERT-Operator

Die Bildung des Skalarproduktes zweier Tessera-Operatoren als vierdimensionale Verallgemeinerung des Laplace-Operators (17.72, Bd. I) führt auf den in (5.64) definierten D'ALEMBERT-Operator (Quad).

$$\square \equiv \blacksquare\cdot\blacksquare = \underline{\square}_{\#}^{\mathrm{T}}\,\underline{\square}_{\#} = \Delta - \frac{1}{c^2}\frac{\partial^2}{\partial t^2} \tag{8.10}$$

Nach (8.7) hat der D'ALEMBERT-Operator in S und $\widehat{S}$ die gleiche Form und ist damit ein **LORENTZ-invarianter skalarer Ableitungsoperator**.

$$\square = \Delta - \frac{1}{c^2}\frac{\partial^2}{\partial t^2} = \widehat{\Delta} - \frac{1}{c^2}\frac{\partial^2}{\partial \widehat{t}^2}$$

Wendet man den D'ALEMBERT-Operator auf eine skalare Raumzeitfunktion $\psi(t, x, y, z)$ an, dann erhält man entsprechend zu (5.85) im ladungsfreien

Vakuum die **Wellengleichung in kovarianter Form**,

$$\boxed{\Box\psi = \Delta\psi - \frac{1}{c^2}\frac{\partial^2\psi}{\partial t^2} = \sum\nolimits_{k=0}^{3} \frac{\partial^2\psi}{\partial\left(x^k\right)^2} = 0} \tag{8.11}$$

die gleichzeitig die Invarianz gegenüber der LORENTZ-Transformation ausdrückt.

8.2 Kinematische Vierervektoren

8.2.1 Vierer-Ortsvektor und Wegelement

Eine physikalische Größe ist genau dann ein **Vierervektor** oder auch **LORENTZ-Vektor** und damit eine **Invariante**, wenn seine Raumzeit-Komponenten beim Wechsel des Inertialsystems die LORENTZ-Transformation erfüllen, wie das beim Vierer-Ortsvektor nach (7.13) und damit bei den Koordinaten eines Weltpunktes oder Ereignisses der Fall ist.

Der **Vierer-Ortsvektor** der Raumzeit, der in (7.9) definiert wurde, beschreibt die Weltlinie des Punktes P im Inertialsystem S.

$$\mathsf{R} = \mathsf{R}(t, x, y, z) = jct\,\mathbf{e}_0 + x(t)\,\mathbf{e}_x + y(t)\,\mathbf{e}_y + z(t)\,\mathbf{e}_z = jct\,\mathbf{e}_0 + \boldsymbol{r}(t)$$

Die Darstellung von Vierervektoren, bei der die Komponente in $\mathbf{e}_0$-Richtung als **Zeitanteil** und die drei anderen Komponenten einen gewöhnlichen Vektor als **Raumanteil** bedeuten, wird im weiteren Verlauf beibehalten und allgemein verwendet und zwar in der invarianten Form gemäß (7.30).

Das **Wegelement** $d\mathsf{R}$ des Vierer-Ortsvektors wird als totales Differential wie in (7.33) gebildet.

$$d\mathsf{R} = \frac{\partial\mathsf{R}}{\partial t}\,dt + \frac{\partial\mathsf{R}}{\partial x}\,dx + \frac{\partial\mathsf{R}}{\partial y}\,dy + \frac{\partial\mathsf{R}}{\partial z}\,dz = jcdt\,\mathbf{e}_0 + dx\,\mathbf{e}_x + dy\,\mathbf{e}_y + dz\,\mathbf{e}_z$$

Mit den Basisvektoren (7.10) und den Differentialen der Ortskoordinaten (7.11) erhält man mit (8.5) die Darstellung

$$\boxed{d\mathsf{R} = \left(\underline{d\mathsf{x}^{\#}}\right)^{\mathrm{T}} \underline{\underline{\mathsf{e}}} = \underline{\underline{\mathsf{e}}}^{\mathrm{T}}\,\underline{\underline{\Box}}_{\#}\mathsf{R} = \boldsymbol{\Box}\mathsf{R}} \qquad \boxed{\frac{d\mathsf{R}}{dt} = jc\,\mathbf{e}_0 + \frac{d\boldsymbol{r}}{dt}} \tag{8.12}$$

Die Größe $d\mathbf{R}$ ist selbst ein Vierervektor und stellt nach *Abbildung 8.1* die **Tangente der Weltlinie** dar, auf dem sich der Punkt P bewegt und die wegen $v \leqslant c$ im MINKOWSKI-Diagramm steiler verläuft, als die Mantellinie des Lichtkegels.

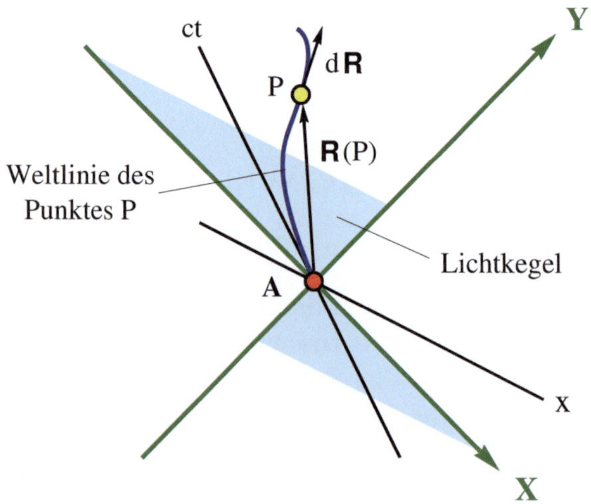

ABB. 8.1: Weltlinie mit Vierer-Ortsvektor und Tangente

Wegen des linearen Zusammenhanges (7.13) zwischen den Koordinaten $\underline{\hat{\mathbf{x}}}^{\#}$ und $\underline{\mathbf{x}}^{\#}$ entspricht die für vier Dimensionen gültige Funktionalmatrix (13.4, Bd. I) nach (13.7, Bd. I) der orthogonalen LORENTZ-Matrix.

$$\underline{d\hat{\mathbf{x}}}^{\#} = \underline{\mathbf{F}}\,(\underline{\hat{\mathbf{x}}}^{\#} / \underline{\mathbf{x}}^{\#})\,\underline{d\mathbf{x}}^{\#} = \underline{\mathbf{L}}\,\underline{d\mathbf{x}}^{\#}$$

Damit gilt nach (14.23, Bd. I) für die MINKOWSKI'sche Raumzeit

$$\underline{\mathbf{G}}_{\#} = \underline{\mathbf{F}}^{\mathrm{T}}(\underline{\hat{\mathbf{x}}}^{\#} / \underline{\mathbf{x}}^{\#})\,\underline{\mathbf{F}}\,(\underline{\hat{\mathbf{x}}}^{\#} / \underline{\mathbf{x}}^{\#}) = \underline{\mathbf{L}}^{\mathrm{T}}\underline{\mathbf{L}} = \underline{\mathbf{E}}$$

Bezüglich der formalen Koordinaten (x^0, x^1, x^2, x^3) ist der **MINKOWSKI-Raum euklidisch** und seine **Metrikmatrizen** sind mit der **Einheitsmatrix** identisch.

$$\boxed{\underline{\mathbf{G}}_{\#} = \underline{\mathbf{G}}^{\#} = \underline{\mathbf{L}}^{\mathrm{T}}\underline{\mathbf{L}} = \underline{\mathbf{L}}\,\underline{\mathbf{L}}^{\mathrm{T}} = \underline{\mathbf{E}}} \qquad (8.13)$$

Dagegen ist der MINKOWSKI-Raum bezüglich der physikalischen Variablen (t, x, y, z) **pseudo-euklidisch**, wodurch sich die Klassifizierung (7.35) ergibt.

8.2.2 Transformation der Volumenelemente

Im eindimensionalen Translationsfall gilt auf Grund von Zeitdilatation (7.41) und Längenkontraktion (7.39)

$$d\hat{t} = \gamma\, dt = \frac{dt}{\sqrt{1-\beta^2}}$$

$$d\hat{x} = \frac{dx}{\gamma} = \sqrt{1-\beta^2}\, dx\,, \qquad d\hat{y} = dx\,, \qquad d\hat{z} = dz$$

Für den in S ruhenden Beobachter ist das in $\widehat{S}$ bewegte kartesische Volumenelement durch die Kontraktion in x-Richtung verkleinert.

$$d\hat{v} = d\hat{x}\, d\hat{y}\, d\hat{z} = \frac{1}{\gamma}\, dx\, dy\, dz = \frac{1}{\gamma}\, dv$$

Für das Volumenelement der Raumzeit gilt dagegen in beiden Systemen

$$\begin{aligned} d\Omega &= dx^0\, dx^1\, dx^2\, dx^3 = jc\, dt\, dx\, dy\, dz = jc\, dt\, dv \\ d\widehat{\Omega} &= d\hat{x}^0\, d\hat{x}^1\, d\hat{x}^2\, d\hat{x}^3 = jc\, d\hat{t}\, d\hat{x}\, d\hat{y}\, d\hat{z} = jc\,\gamma\, dt\, \frac{1}{\gamma}\, dv = jc\, dt\, dv \end{aligned} \tag{8.14}$$

Beim kartesischen Volumenelement tritt ein Faktor γ auf, aber das Volumenelement im MINKOWSKI-Raum ist eine **LORENTZ-invariante, skalare Größe**.

$$\boxed{d\hat{v} = \frac{1}{\gamma}\, dv} \qquad \boxed{d\widehat{\Omega} = d\Omega} \tag{8.15}$$

8.2.3 Eigenzeitelement und Vierergeschwindigkeit

Zur Unterscheidung von der konstanten Relativgeschwindigkeit $\boldsymbol{v}$ zweier Inertialsysteme wird die Bewegung von Punkten P oder Objekten im dreidimensionalen Raum durch den **Geschwindigkeitsvektor $\boldsymbol{u}$** beschrieben. Die Ableitung des Ortsvektors $\boldsymbol{r}$ und damit die zeitlichen Änderungen der kartesischen Koordinaten von P führen zu $\boldsymbol{u}$ und seinen Komponenten auf der Bahnkurve, deren Richtungen zu $\mathbf{e}_0$ gemäß (7.10) orthogonal sind.

$$\boxed{\boldsymbol{u}(t) = \frac{d\boldsymbol{r}}{dt} = \frac{dx}{dt}\,\mathbf{e}_x + \frac{dy}{dt}\,\mathbf{e}_y + \frac{dz}{dt}\,\mathbf{e}_z = u_x\,\mathbf{e}_x + u_y\,\mathbf{e}_y + u_z\,\mathbf{e}_z = \underline{\mathbf{u}}^{\mathrm{T}}\,\underline{\underline{\mathbf{e}}}} \tag{8.16}$$

Gesucht wird der **Vierervektor U der Geschwindigkeit** des Punktes P, der sich im System S auf einer Weltlinie bewegt, wobei dessen räumlicher Anteil durch den Vektor $\boldsymbol{u}$ beschrieben wird.

Bei Bezug auf die Lichtgeschwindigkeit c werden die von $\boldsymbol{u}$ abhängigen **LORENTZ-Größen** von P mit $\overset{*}{\beta}$ und $\overset{*}{\gamma}$ bezeichnet, um sie von den konstanten Werten β und γ der Relativbewegung der Inertialsysteme S und $\widehat{S}$ zu unterscheiden. Im Gegensatz dazu sind $\overset{*}{\beta}$ und $\overset{*}{\gamma}$ **Zeitfunktionen**, die für beliebige, also auch beschleunigte Bewegungen von Weltpunkten gelten!

$$\boxed{\beta = \frac{v}{c}} \quad \boxed{\frac{1}{\gamma} = \sqrt{1-\beta^2}} \quad \boxed{\overset{*}{\beta} = \frac{u}{c}} \quad \boxed{\frac{1}{\overset{*}{\gamma}} = \sqrt{1-\overset{*}{\beta}{}^2}} \tag{8.17}$$

Aus (8.12) erhält man den **Betrag des Wegelementes der Raumzeit**.

$$d\mathsf{R} \cdot d\mathsf{R} = |\,d\mathsf{R}\,|^2 = dR^2 = \left(jc\,\mathbf{e}_0 + \boldsymbol{u}\right)^2 dt^2 = -\,c^2\left(1 - \frac{\boldsymbol{u}\cdot\boldsymbol{u}}{c^2}\right) dt^2$$

Mit dem **Beta-Vektor** für den variablen Punkt P

$$\boxed{\vec{\boldsymbol{\beta}}^* = \frac{\boldsymbol{u}}{c} = \frac{u_x}{c}\,\mathbf{e}_x + \frac{u_y}{c}\,\mathbf{e}_y + \frac{u_z}{c}\,\mathbf{e}_z = \overset{*}{\beta}_x\,\mathbf{e}_x + \overset{*}{\beta}_y\,\mathbf{e}_y + \overset{*}{\beta}_z\,\mathbf{e}_z = \underline{\overset{*}{\boldsymbol{\beta}}}^{\mathrm{T}}\,\underline{\underline{\mathbf{e}}}} \tag{8.18}$$

$$\vec{\boldsymbol{\beta}}^* \cdot \vec{\boldsymbol{\beta}}^* = \overset{*}{\beta}{}^2 = \frac{\boldsymbol{u}\cdot\boldsymbol{u}}{c^2} = \left(\frac{u}{c}\right)^2 = \overset{*}{\beta}{}_x^2 + \overset{*}{\beta}{}_y^2 + \overset{*}{\beta}{}_z^2$$

lautet das Wegelement

$$dR^2 = -\,c^2\left(1-\overset{*}{\beta}{}^2\right) dt^2 = -\,c^2\,\frac{1}{\overset{*}{\gamma}{}^2}\,dt^2$$

$$dR = jc\sqrt{1-\overset{*}{\beta}{}^2}\;dt = \frac{jc}{\overset{*}{\gamma}}\,dt$$

Minkowski führte das **invariante Element** $d\tau$ **der Eigenzeit** ein als Quotient aus den Invarianten dR und jc, mit dem der Zuwachs der Zeit im eigenen Inertialsystem oder Ruhesystem ausgedrückt wird und was der Zeitdilatationsbeziehung (7.41) bzw. (7.43) entspricht.

$$\boxed{d\tau = \frac{dR}{jc} = \frac{dt}{\overset{*}{\gamma}} = \sqrt{1-\overset{*}{\beta}{}^2}\; dt = \sqrt{1-\left(\frac{u}{c}\right)^2}\; dt} \tag{8.19}$$

Damit gilt für den **Lorentz-Faktor** auf der Weltlinie von P

$$\boxed{\frac{1}{\overset{*}{\gamma}(u)} = \frac{d\tau}{dt} = \sqrt{1-\overset{*}{\beta}{}^2} = \sqrt{1-\frac{\boldsymbol{u}\cdot\boldsymbol{u}}{c^2}}} \qquad \boxed{\overset{*}{\gamma}{}^2 - 1 = (\overset{*}{\beta}\overset{*}{\gamma})^2} \tag{8.20}$$

Dividiert man das vektorielle Wegelement des Vierer-Ortsvektors durch das Element der Eigenzeit, so erhält man den invarianten Differentialquotienten $d\mathsf{R}/d\tau$, der die Vierergeschwindigkeit U der Bewegung eines Punktes P auf seiner Weltlinie beschreibt. Mit (7.9) bzw. (7.30) folgt für den Vierervektor und seine Komponenten in den Bezugssystemen S und $\widehat{S}$

$$\begin{aligned}\mathsf{U} = \frac{d\mathsf{R}}{d\tau} &= \frac{dt}{d\tau}\frac{d\mathsf{R}}{dt} = \overset{*}{\gamma}\frac{d}{dt}\big(jct\,\mathbf{e}_0 + \boldsymbol{r}\big)\\ &= \frac{d\hat{t}}{d\tau}\frac{d\mathsf{R}}{d\hat{t}} = \widehat{\overset{*}{\gamma}}\frac{d}{d\hat{t}}\big(jc\hat{t}\,\hat{\mathbf{e}}_0 + \hat{\boldsymbol{r}}\big)\end{aligned}$$

Man gewinnt damit die Darstellung der **Vierergeschwindigkeit** und die Spaltenvektoren seiner Komponenten.

$$\boxed{\mathsf{U} = \frac{d\mathsf{R}}{d\tau} = \overset{*}{\gamma}\big(jc\,\mathbf{e}_0 + \boldsymbol{u}\big) = \widehat{\overset{*}{\gamma}}\big(jc\,\hat{\mathbf{e}}_0 + \hat{\boldsymbol{u}}\big) = \underline{\mathsf{U}}^{\mathrm{T}}\,\underline{\underline{\mathbf{e}}}^{\mathrm{M}} = \underline{\widehat{\mathsf{U}}}^{\mathrm{T}}\,\underline{\underline{\hat{\mathbf{e}}}}^{\mathrm{M}}} \tag{8.21a}$$

$$\boxed{\underline{\mathsf{U}} = \big(U_0, U_x, U_y, U_z\big)^{\mathrm{T}} = \overset{*}{\gamma}\big(jc,\, u_x,\, u_y,\, u_z\big)^{\mathrm{T}}}$$

$$\boxed{\underline{\widehat{\mathsf{U}}} = \big(\widehat{U}_0, \widehat{U}_x, \widehat{U}_y, \widehat{U}_z\big)^{\mathrm{T}} = \widehat{\overset{*}{\gamma}}\big(jc,\, \hat{u}_x,\, \hat{u}_y,\, \hat{u}_z\big)^{\mathrm{T}}} \tag{8.21b}$$

Im **Ruhesystem** S_R des Punktes P, in dem dessen Geschwindigkeit $\boldsymbol{u}_R = 0$ ist, gilt speziell

$$\left.\begin{aligned} \vec{\boldsymbol{\beta}}_R &= \mathbf{0} \\ \gamma_R &= 1 \end{aligned}\right\} \quad \rightarrow \quad \boxed{\underline{\mathsf{U}}_R = jc\,\mathbf{e}_0 = \big(jc, 0, 0, 0\big)^{\mathrm{T}}} \tag{8.22}$$

Der Vektor U kann nach (8.19) auch in folgender Form dargestellt werden,

$$\mathsf{U} = \frac{d\mathsf{R}}{d\tau} = jc\,\frac{d\mathsf{R}}{dR} = jc\,\mathbf{e}_R \tag{8.23}$$

an der man erkennt, dass die Vierergeschwindigkeit U dem ortsabhängigen Einheitsvektor $\mathbf{e}_R$ von Wegelement bzw. Tangente der Weltlinie proportional ist. Das Quadrat der Geschwindigkeit ist sowohl nach (8.21b) als auch nach (8.23) konstant und stellt damit einen **invarianten Skalar** dar.

$$\boxed{\mathsf{U} \cdot \mathsf{U} = |\,\mathsf{U}\,|^2 = \underline{\mathsf{U}}^{\mathrm{T}}\,\underline{\mathsf{U}} = -\,c^2} \tag{8.24}$$

Die Vierergeschwindigkeit U ist ein **Vierervektor**, der die Geschwindigkeit auf einer Weltlinie beschreibt, der niemals Null sein kann und nach der Klassifizierung (7.35) einen **zeitartigen Charakter** hat.

Für Vierervektoren gilt folgende allgemeine Regel.

> **Vierervektoren** entstehen nur dann, wenn man Ableitungen als $d/d\tau$ nach dem **LORENTZ-invarianten Element der Eigenzeit** und nicht als d/dt bildet, da dt keine invariante Bedeutung hat! (8.25)

Die Ableitung des Skalarproduktes (8.24) nach den Koordinaten ist Null.

$$\frac{d}{d\xi}\big(\mathsf{U} \cdot \mathsf{U}\big) = 2\,\mathsf{U} \cdot \frac{d\,\mathsf{U}}{d\xi} = -\,\frac{dc^2}{d\xi} = 0 \qquad (\,\xi = x^{\ell}\,)$$

Im RIEMANN'schen Raum, in dem man zwischen ko- und kontravarianten Komponenten unterscheiden muss, was im orthogonalen MINKOWSKI-Raum entfällt, erfüllen die Geschwindigkeitskomponenten wegen

$$\mathsf{U} \cdot \mathsf{U} = \big(\underline{\mathsf{U}}_{\#}\big)^{\mathrm{T}}\,\underline{\underline{\mathrm{g}}}^{\#} \cdot \big(\underline{\underline{\mathrm{g}}}_{\#}\big)^{\mathrm{T}}\,\underline{\mathsf{U}}^{\#} = \big(\underline{\mathsf{U}}_{\#}\big)^{\mathrm{T}}\,\underline{\mathsf{U}}^{\#}$$

die folgenden Beziehungen, wobei die Ableitungen nach einer der vier Größen $\xi = t, x, y, z$ erfolgen kann.

$$\boxed{(\underline{\mathbf{U}}_{\#})^{\mathrm{T}}\underline{\mathbf{U}}^{\#} = (\underline{\mathbf{U}}^{\#})^{\mathrm{T}}\underline{\mathbf{U}}_{\#} = \sum_{\nu=0}^{3} U_\nu U^\nu = -c^2} \tag{8.26}$$

$$\boxed{\frac{\partial(\underline{\mathbf{U}}_{\#})^{\mathrm{T}}}{\partial\xi}\underline{\mathbf{U}}^{\#} + (\underline{\mathbf{U}}_{\#})^{\mathrm{T}}\frac{\partial\underline{\mathbf{U}}^{\#}}{\partial\xi} = \sum_{\nu=0}^{3}\left[U_\nu\frac{\partial U^\nu}{\partial\xi} + U^\nu\frac{\partial U_\nu}{\partial\xi}\right] = 0}$$

8.2.4 Transformation der Vierergeschwindigkeit

Die Umrechnung der Viererkomponenten erfolgt wie beim Vierer-Ortsvektor mit der ein- oder dreidimensionalen, orthogonalen LORENTZ-Matrix (7.17) oder (7.25), die hier nur mit $\underline{\mathbf{L}}$ bezeichnet wird.

$$\boxed{\hat{\underline{\mathbf{U}}} = \underline{\mathbf{L}}\,\underline{\mathbf{U}}} \qquad \boxed{\underline{\mathbf{U}} = \underline{\mathbf{L}}^{\mathrm{T}}\,\hat{\underline{\mathbf{U}}}} \tag{8.27}$$

Im dreidimensionalen Fall erhält man mit (8.21b) und den Beta-Vektoren (7.24) und (8.18) nach Zwischenrechnung die Ergebnisse

$$\hat{U}_0 = \gamma\, U_0\left[1 - \frac{\boldsymbol{u}\cdot\boldsymbol{v}}{c^2}\right]$$

$$\hat{U}_k = U_k + j\,U_0\,\frac{v_k}{c}\left[\gamma - \frac{\gamma-1}{\beta^2}\,\frac{\boldsymbol{u}\cdot\boldsymbol{v}}{c^2}\right] \qquad (k = x, y, z)$$

Ersetzt man in der ersten Beziehung U_0 und $\hat{U}_0$ aus (8.21), dann erhält man die **Gamma-Relation**.

$$\boxed{\frac{\hat{\overset{*}{\gamma}}}{\overset{*}{\gamma}} = \gamma\left[1 - \frac{\boldsymbol{u}\cdot\boldsymbol{v}}{c^2}\right]} \tag{8.28}$$

Bei der inversen Darstellung mit den transponierten Matrizen ergeben sich folgende Beziehungen mit Vorzeichenumkehr beim Vektor $\boldsymbol{v}$ bzw. seinen

Komponenten.

$$U_0 = \gamma\,\widehat{U}_0 \left[1 + \frac{\hat{\boldsymbol{u}}\cdot\boldsymbol{v}}{c^2} \right]$$

$$U_k = \widehat{U}_k - j\,\widehat{U}_0\,\frac{v_k}{c}\left[\gamma + \frac{\gamma-1}{\beta^2}\,\frac{\hat{\boldsymbol{u}}\cdot\boldsymbol{v}}{c^2} \right] \qquad (k = x, y, z)$$

Aus (8.21) folgen die Beziehungen

$$\frac{U_x}{U_0} = \frac{u_x}{jc}$$

$$\hat{u}_x = jc\,\frac{\widehat{U}_x}{\widehat{U}_0} = jc\,\frac{U_0}{\widehat{U}_0}\,\frac{\widehat{U}_x}{U_0}$$

$$= \frac{jc}{\gamma\left[1 - \dfrac{\boldsymbol{u}\cdot\boldsymbol{v}}{c^2}\right]} \left\{ \frac{U_x}{U_0} + j\,\frac{v_x}{c}\left[\gamma - \frac{\gamma-1}{\beta^2}\,\frac{\hat{\boldsymbol{u}}\cdot\boldsymbol{v}}{c^2} \right] \right\}$$

Damit erhält man die Transformation der Geschwindigkeitskomponenten der Vektoren $\boldsymbol{u}(t)$ nach (8.16) und $\hat{\boldsymbol{u}}(t) = \boldsymbol{d}\hat{\boldsymbol{r}}/d\hat{t} = \hat{u}_x\,\hat{\mathbf{e}}_x + \hat{u}_y\,\hat{\mathbf{e}}_y + \hat{u}_z\,\hat{\mathbf{e}}_z$ in den beiden Inertialsystemen S und $\widehat{S}$, die sich durch Vorzeichenumkehr von $\boldsymbol{v}$ bzw. v_k ergeben.

$$\boxed{\hat{u}_k = \frac{u_k - v_k\left[\gamma - \dfrac{\gamma-1}{\beta^2}\cdot\dfrac{\boldsymbol{u}\cdot\boldsymbol{v}}{c^2}\right]}{\gamma\left[1 - \dfrac{\boldsymbol{u}\cdot\boldsymbol{v}}{c^2}\right]}}$$

$$\boxed{u_k = \frac{\hat{u}_k + v_k\left[\gamma + \dfrac{\gamma-1}{\beta^2}\cdot\dfrac{\hat{\boldsymbol{u}}\cdot\boldsymbol{v}}{c^2}\right]}{\gamma\left[1 + \dfrac{\hat{\boldsymbol{u}}\cdot\boldsymbol{v}}{c^2}\right]}} \qquad (8.29)$$

Im eindimensionalen Fall mit $\boldsymbol{v} = v\,\mathbf{e}_x$ gelten die folgenden reduzierten Transformationsbeziehungen für die Komponenten der Vierergeschwindigkeiten, die man direkt mit der einfachen LORENTZ-Matrix berechnet.

$$\widehat{U}_0 = \gamma\Big[U_0 - j\beta\,U_x\Big], \qquad \widehat{U}_x = \gamma\Big[U_x + j\beta\,U_0\Big], \qquad \widehat{U}_{y,z} = U_{y,z}$$

$$U_0 = \gamma\Big[\widehat{U}_0 + j\beta\,\widehat{U}_x\Big], \qquad U_x = \gamma\Big[\widehat{U}_x - j\beta\,\widehat{U}_0\Big], \qquad U_{y,z} = \widehat{U}_{y,z}$$

Die Transformation der Komponenten der dreidimensionalen Geschwindigkeitsvektoren $\hat{\boldsymbol{u}}$ und $\boldsymbol{u}$ ergeben sich daraus unter Anwendung der Gamma-Relation.

$$\boxed{\hat{u}_x = \frac{u_x - v}{1 - \dfrac{u_x\, v}{c^2}}\,, \qquad \hat{u}_{y,z} = \frac{u_{y,z}}{\gamma\left[1 - \dfrac{u_x\, v}{c^2}\right]}}$$
$$\boxed{u_x = \frac{\hat{u}_x + v}{1 + \dfrac{\hat{u}_x\, v}{c^2}}\,, \qquad u_{y,z} = \frac{\hat{u}_{y,z}}{\gamma\left[1 + \dfrac{\hat{u}_x\, v}{c^2}\right]}} \tag{8.30}$$

8.2.5 Viererbeschleunigung

Der **Vierervektor der Beschleunigung $\mathbf{A}$** wird berechnet durch Ableitung der Vierergeschwindigkeit nach der Eigenzeit.

$$\begin{aligned}\mathbf{A} &= \frac{d\mathbf{U}}{d\tau} = \frac{dt}{d\tau}\,\frac{d\mathbf{U}}{dt} = \overset{*}{\gamma}\,\frac{d\mathbf{U}}{dt} = \overset{*}{\gamma}\,\frac{d}{dt}\left[\overset{*}{\gamma}\,\big(jc\,\mathbf{e}_0 + \boldsymbol{u}\big)\right] \\ &= \big(A_0, A_x, A_y, A_z\big)^{\mathrm{T}}\,\underline{\underline{\mathbf{e}}}\end{aligned}$$

Der dreidimensionale **Beschleunigungsvektor $\boldsymbol{a}$** auf der Bahnkurve von P wird dabei als gewöhnliche Zeitableitung der Geschwindigkeit $\boldsymbol{u}$ berechnet,

$$\boxed{\boldsymbol{a}(t) = \frac{d\boldsymbol{u}}{dt} = \dot{\boldsymbol{u}} = \dot{u}_x\,\mathbf{e}_x + \dot{u}_y\,\mathbf{e}_y + \dot{u}_z\,\mathbf{e}_z = \underline{\mathbf{a}}^{\mathrm{T}}\,\underline{\underline{\mathbf{e}}}} \tag{8.31}$$

mit dem die Viererbeschleunigung lautet

$$\boxed{\mathbf{A} = \frac{d\mathbf{U}}{d\tau} = \overset{*}{\gamma}{}^2\,\boldsymbol{a} + \overset{*}{\gamma}\,\big(jc\,\mathbf{e}_0 + \boldsymbol{u}\big)\,\frac{d\overset{*}{\gamma}}{dt} = \overset{*}{\gamma}{}^2\,\boldsymbol{a} + \mathbf{U}\,\frac{d\overset{*}{\gamma}}{dt}} \tag{8.32}$$

Die Ableitung des LORENTZ-Faktors (8.20) führt dabei auf folgendes Ergebnis.

$$\frac{d\overset{*}{\gamma}}{dt} = \frac{d}{dt}\frac{1}{\sqrt{1-\overset{*}{\beta}{}^2}} = \frac{d}{dt}\left(1-\frac{\boldsymbol{u}\cdot\boldsymbol{u}}{c^2}\right)^{-1/2}$$

$$= -\frac{1}{2}\left(1-\frac{\boldsymbol{u}\cdot\boldsymbol{u}}{c^2}\right)^{-3/2}\left(-\frac{1}{c^2}\right)2\boldsymbol{u}\cdot\frac{d\boldsymbol{u}}{dt}$$

$$\frac{d\overset{*}{\gamma}}{dt} = \overset{*}{\gamma}{}^3\,\frac{\boldsymbol{u}\cdot\boldsymbol{a}}{c^2} \tag{8.33}$$

Die Viererbeschleunigung besitzt damit für $k = x, y, z$ folgende Komponenten in der Raumzeit.

$$\boxed{A_0 = jc\,\overset{*}{\gamma}{}^4\,\frac{\boldsymbol{u}\cdot\boldsymbol{a}}{c^2}} \qquad \boxed{A_k = \overset{*}{\gamma}{}^2\left[a_k + \overset{*}{\gamma}{}^2\,u_k\,\frac{\boldsymbol{u}\cdot\boldsymbol{a}}{c^2}\right]} \tag{8.34}$$

Durch das Skalarprodukt hängen alle vier Beschleunigungskomponenten sowohl von $\boldsymbol{u}$ als auch von $\boldsymbol{a}$ ab.

Für den Vektor U mit konstantem Betrag nach (8.24) gilt,

$$\frac{d}{d\tau}\left(\mathsf{U}\cdot\mathsf{U}\right) = 2\,\mathsf{U}\cdot\frac{d\mathsf{U}}{d\tau} = 2\,\mathsf{U}\cdot\mathsf{A} = -\frac{dc^2}{d\tau} = 0$$

so dass die **Vierervektoren von Geschwindigkeit und Beschleunigung** in der Raumzeit zueinander **orthogonal** sind.

$$\boxed{\mathsf{U}\cdot\mathsf{A} = 0} \tag{8.35}$$

In der Speziellen Relativitätstheorie können durchaus Beschleunigungen auftreten, allerdings nur bei der Bewegung von Objekten, da ja diese Theorie in allen Berechnungen nur voraussetzt, dass die **Bezugssysteme gegeneinander gleichförmige, also unbeschleunigte Relativbewegungen** ausführen.

Ein Objekt mit der konstanten Geschwindigkeit $\boldsymbol{u} = \boldsymbol{v}$ hat diese Geschwindigkeit im Ruhesystem S und ruht im bewegten Objektsystem $\widehat{S}$. In diesem Sonderfall gehen die Größen $\beta^* = \beta$ und $\gamma^* = \gamma$ ineinander über, wodurch sich die Geschwindigkeits- und Beschleunigungsbeziehungen vereinfachen.

8.3 Aberration

Als Beispiel für Geschwindigkeiten und ihre Addition wird ein bewegtes Objekt betrachtet, das man in *Abbildung 8.2* aus der Sicht zweier Inertialsysteme beschreibt, die sich relativ zueinander bewegen. Man kann die Achsen beider Systeme stets so orientieren, dass für die Relativgeschwindigkeit $\boldsymbol{v} = v\,\mathbf{e}_x$ gilt. Die auftretenden Objektgeschwindigkeiten werden aus den dreidimensionalen Ortsvektoren (7.28) bestimmt, die zur einfacheren Behandlung keine Komponenten in z-Richtung aufweisen.

Gesucht ist die Geschwindigkeit $\boldsymbol{u}$ des Objektes im Punkte P des ruhenden Systems S,

$$\boldsymbol{u} = \frac{d\boldsymbol{r}}{dt} = u_x\,\mathbf{e}_x + u_y\,\mathbf{e}_y = u\cos\alpha\,\mathbf{e}_x + u\sin\alpha\,\mathbf{e}_y = u\,\boldsymbol{n}$$

sowie die Geschwindigkeiten $\mathring{\boldsymbol{u}}$ und $\hat{\boldsymbol{u}}$ im bewegten System $\widehat{S}$ z.B. bei einer Billardkugel auf einem Tisch in einem fahrenden Zug.

$$\mathring{\boldsymbol{u}} = \frac{d\mathring{\boldsymbol{r}}}{dt} = \hat{u}_x\,\mathbf{e}_x + \hat{u}_y\,\mathbf{e}_y = \hat{u}\cos\hat{\alpha}\,\mathbf{e}_x + \hat{u}\sin\hat{\alpha}\,\mathbf{e}_y$$
$$\hat{\boldsymbol{u}} = \frac{d\hat{\boldsymbol{r}}}{d\hat{t}} = \hat{u}_x\,\hat{\mathbf{e}}_x + \hat{u}_y\,\hat{\mathbf{e}}_y = \hat{u}\cos\hat{\alpha}\,\hat{\mathbf{e}}_x + \hat{u}\sin\hat{\alpha}\,\hat{\mathbf{e}}_y$$

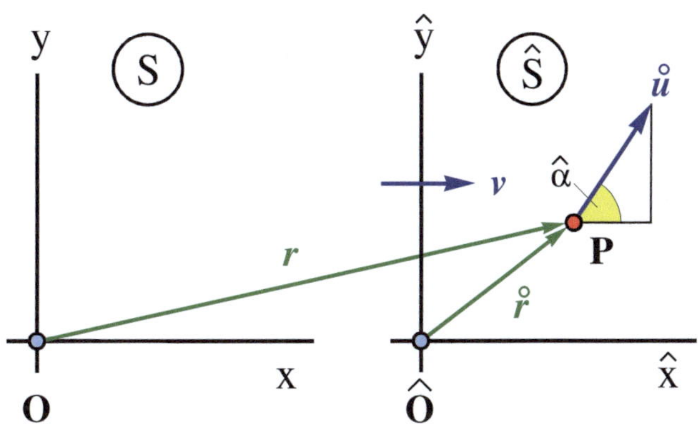

Abb. 8.2: Addition von Geschwindigkeiten

Im kartesischen Koordinatensystem der Abbildung kann man $\mathring{\boldsymbol{u}}$ darstellen,

$\hat{\boldsymbol{u}}$ wegen seiner Einheitsvektoren (7.27) dagegen nicht.

Mit der Geschwindigkeitstransformation (8.30) erhält man den Vektor $\boldsymbol{u}$ im Ruhesystem S,

$$\begin{aligned}\boldsymbol{u} &= u_x\,\mathbf{e}_x + u_y\,\mathbf{e}_y \\ &= u\cos\alpha\,\mathbf{e}_x + u\sin\alpha\,\mathbf{e}_y \\ &= \frac{v+\hat{u}\cos\hat{\alpha}}{1+\beta\,\dfrac{\hat{u}}{c}\,\cos\hat{\alpha}}\,\mathbf{e}_x + \frac{\hat{u}\sin\hat{\alpha}}{\gamma\left(1+\beta\,\dfrac{\hat{u}}{c}\,\cos\hat{\alpha}\right)}\,\mathbf{e}_y\end{aligned} \tag{8.36}$$

dessen Betragsquadrat mit $1/\gamma^2 = 1-\beta^2$ sowie der Ergänzung mit dem Ausdruck $\pm[1+\beta^2(\hat{u}/c)^2\cos^2\hat{\alpha}]$ nach Zwischenrechnung lautet

$$\begin{aligned}\left(\frac{\boldsymbol{u}}{c}\right)^2 = \left(\frac{u}{c}\right)^2 &= \frac{\gamma^2\left(\beta+\dfrac{\hat{u}}{c}\cos\hat{\alpha}\right)^2 + \left(\dfrac{\hat{u}}{c}\sin\hat{\alpha}\right)^2}{\gamma^2\left(1+\beta\,\dfrac{\hat{u}}{c}\,\cos\hat{\alpha}\right)^2} \\ &= \frac{\left(1+\beta\,\dfrac{\hat{u}}{c}\,\cos\hat{\alpha}\right)^2 - \left(1-\beta^2\right)\left[1-\left(\dfrac{\hat{u}}{c}\right)^2\right]}{\left(1+\beta\,\dfrac{\hat{u}}{c}\,\cos\hat{\alpha}\right)^2} \\ &= 1 - \left(1-\beta^2\right)\frac{1-\left(\dfrac{\hat{u}}{c}\right)^2}{\left(1+\beta\,\dfrac{\hat{u}}{c}\,\cos\hat{\alpha}\right)^2}\end{aligned}$$

Für den speziellen Fall $\hat{\alpha} = 0$ und damit $\hat{\boldsymbol{u}} = \hat{u}\,\mathbf{e}_x$ gilt,

$$\boldsymbol{u} = \frac{v+\hat{u}}{1+\beta\,\dfrac{\hat{u}}{c}}\,\mathbf{e}_x = \frac{v+\hat{u}}{1+\dfrac{v}{c}\,\dfrac{\hat{u}}{c}}\,\mathbf{e}_x$$

was dem **Additionstheorem der Geschwindigkeiten** (7.22) entspricht.

Die Winkel α und $\hat{\alpha}$ der Bahnkurven in *Abbildung 8.3*, die die Richtungen der Geschwindigkeiten in S und $\widehat{S}$ angeben, erfüllen die folgenden beiden Tangens-Darstellungen.

$$\begin{aligned}
\tan\alpha &= \frac{\sin\alpha}{\cos\alpha} = \frac{u_y}{u_x} = \sqrt{1-\beta^2}\;\frac{\dfrac{\hat{u}}{c}\sin\hat{\alpha}}{\beta+\dfrac{\hat{u}}{c}\cos\hat{\alpha}} \\
\tan\frac{\alpha}{2} &= \frac{\sin\alpha}{1+\cos\alpha} = \frac{\dfrac{u_y}{c}}{\dfrac{u}{c}+\dfrac{u_x}{c}} = \frac{\sqrt{1-\beta^2}\;\dfrac{\hat{u}}{c}\sin\hat{\alpha}}{\left(\beta+\dfrac{u}{c}\right)+\left(1+\beta\dfrac{u}{c}\right)\dfrac{\hat{u}}{c}\cos\hat{\alpha}}
\end{aligned} \tag{8.37}$$

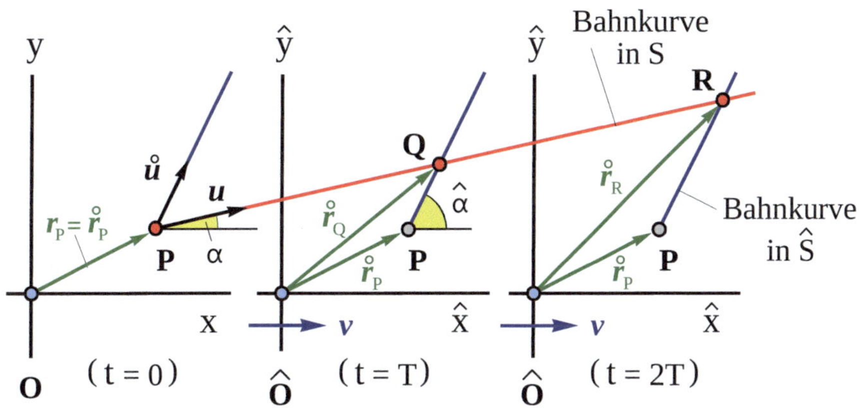

ABB. 8.3: Bahnkurven eines Objektes in beiden Bezugssystemen

8.3.1 Bedeutung in der Astronomie

Mit den Beziehungen des letzten Abschnitts kann man in der Astronomie die **Winkelabweichung** oder **Aberration** bei der Beobachtung von Sternpositionen erklären. Durch den Umlauf der Erde um die Sonne führen nahe Fixsterne eine scheinbare jährliche periodische Bewegung in Form einer kleinen Ellipse am Sternhimmel durch.

James Bradley (1693-1762) untersuchte 1727/28 die Winkelabweichung des Fixsterns γ Draconis im Sternbild Drache. Durch seine Messungen der kleinen **Aberrationskonstante** $\beta = v_E/c \ll 1$ konnte er mit der aus astronomischen Daten bereits bekannten **Bahngeschwindigkeit der Erde** in der Ebene der Ekliptik von $v_E \approx 30$ km/s die Lichtgeschwindigkeit c genauer als bis dahin bestimmen, [1, S. 79].

Von der tatsächlichen nahezu kreisförmigen Umlaufbahn der Erde wird hier zunächst abgesehen und nur die direkte Bewegung zwischen Erde und Stern an zwei Punkten der Ekliptik betrachtet.

Ein Beobachter, der im ekliptischen System S_E von Erde bzw. Sonne ruht, empfängt Licht von einem Stern im Punkt P in dessen Ruhesystem $\widehat{S}$, das sich gegenüber S_E mit $v = v_E$ bewegt.

Die Vektoren $\hat{\boldsymbol{u}}$ und $\boldsymbol{u}$ der Lichtsignale haben beide als Betrag die Lichtgeschwindigkeit.

$$|\,\hat{\boldsymbol{u}}\,| = \hat{u} = c \quad \rightarrow \quad |\,\boldsymbol{u}\,| = u = c$$

Der Geschwindigkeitsvektor des im System $\widehat{S}$ gesendeten Sternenlichts

$$\hat{\boldsymbol{u}} = c\cos\hat{\alpha}\,\hat{\mathbf{e}}_x + c\sin\hat{\alpha}\,\hat{\mathbf{e}}_y$$

führt nach (8.36) auf den Vektor $\boldsymbol{u}$ oder dessen Richtung $\boldsymbol{n}$ im System S_E.

$$\boxed{\begin{aligned} \boldsymbol{n} = \frac{\boldsymbol{u}}{c} &= \cos\alpha\,\mathbf{e}_x + \sin\alpha\,\mathbf{e}_y \\ &= \frac{\beta + \cos\hat{\alpha}}{1 + \beta\cos\hat{\alpha}}\,\mathbf{e}_x + \frac{\sqrt{1-\beta^2}\,\sin\hat{\alpha}}{1 + \beta\cos\hat{\alpha}}\,\mathbf{e}_y \end{aligned}} \tag{8.38}$$

Die Tangens-Darstellungen (8.37) liefern die **Aberrationsformeln** für die Relation der Winkel und lauten

$$\boxed{\tan\alpha = \sqrt{1-\beta^2}\,\frac{\sin\hat{\alpha}}{\beta + \cos\hat{\alpha}}}$$

$$\boxed{\tan\frac{\alpha}{2} = \frac{\sqrt{1-\beta^2}}{1+\beta}\,\frac{\sin\hat{\alpha}}{1+\cos\hat{\alpha}} = \sqrt{\frac{1-\beta}{1+\beta}}\,\tan\frac{\hat{\alpha}}{2}} \tag{8.39}$$

Der Differenzwinkel $\Delta\alpha = \hat{\alpha} - \alpha \ll 1$ ergibt sich nach Auflösung der x-Komponente von $\boldsymbol{u}$ nach $\hat{\alpha}$ in (8.38) für kleine Werte β der Sternbewegungen aus den folgenden beiden Darstellungen.

$$\begin{aligned}
\cos\hat{\alpha} &= \frac{\cos\alpha - \beta}{1 - \beta\cos\alpha} = \big(\cos\alpha - \beta\big)\big(1 + \beta\cos\alpha + ...\big) \\
&\approx \cos\alpha - \beta\sin^2\alpha \\
\cos\hat{\alpha} &= \cos\big[\big(\hat{\alpha} - \alpha\big) + \alpha\big] \\
&= \cos\big(\Delta\alpha + \alpha\big) = \cos\Delta\alpha\cos\alpha - \sin\Delta\alpha\sin\alpha \\
&\approx \cos\alpha - \Delta\alpha\sin\alpha
\end{aligned}$$

Der Vergleich beider Resultate führt auf den **Aberrationswinkel**,

$$\Delta\alpha = \hat{\alpha} - \alpha = \frac{\cos\alpha - \cos\hat{\alpha}}{\sin\alpha} \approx \beta\sin\alpha = \frac{v_E}{c}\sin\alpha$$

der in erster Näherung der Relativgeschwindigkeit v_E und dem Sinus des Einfallswinkels α proportional ist.

Durch die Beziehung (8.38) ist der Aberrationswinkel bestimmt.

$$\Delta\alpha = \beta\sin\alpha = \beta\,\frac{\sqrt{1-\beta^2}\,\sin\hat{\alpha}}{1 + \beta\cos\hat{\alpha}}$$

Steht der Stern wie bei BRADLEY senkrecht über dem Horizont im Zenit, dann gilt für den Abstrahlwinkel des Sterns $\hat{\alpha} = 270°$, so dass der Aberrationswinkel in diesem Fall lautet

$$\boxed{\Delta\alpha = \hat{\alpha} - \alpha = -\beta\sqrt{(1-\beta^2} = -\frac{\beta}{\gamma}} \qquad (8.40)$$

In *Abbildung 8.4* gilt im jährlichen Umlauf der Erde für die Bezugssysteme in den Orbitpositionen 1 und 3 Annäherung bzw. Entfernung zwischen Erde und Stern.

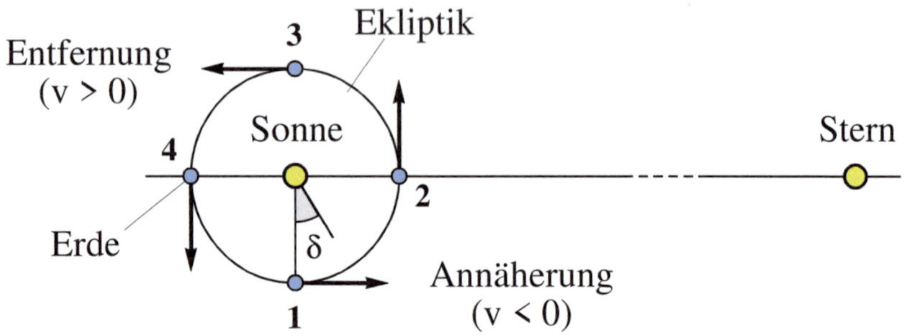

Abb. 8.4: Jährliche Umlaufbahn der Erde um die Sonne mit Orbitpositionen

Dagegen haben die Systeme bei 2 und 4 keine Relativgeschwindigkeit in ihrer Verbindungsrichtung, so dass dort der Aberrationswinkel Null ist.

Im Fall der Erde ist der Aberrationseffekt wegen $\beta = v_E/c \approx 10^{-4}$ gering und liegt im Bereich von **Bogensekunden** (arc second, as), für die folgende Werte gelten.

$$\begin{aligned}
1^\circ &= 17.453 \cdot 10^{-3}\,\text{rad} && \text{1 Grad} \\
1' &= 290.888 \cdot 10^{-6}\,\text{rad} && \text{1 Bogenminute} \\
1'' &= 4.848 \cdot 10^{-6}\,\text{rad} && \text{1 Bogensekunde} \\
1''/10^3 &= 1\,\text{mas} && \text{1 Millibogensekunde} \\
1''/10^6 &= 1\,\mu\text{as} && \text{1 Mikrobogensekunde}
\end{aligned} \tag{8.41}$$

Bei Annäherung zwischen Erde und Stern gilt $v = \beta c = -\,v_E < 0$ und bei Entfernung $v = \beta c = v_E > 0$. Damit erhält man für den Aberrationswinkel nach (8.40),

$$\Delta\alpha = \begin{cases} +\,20.63\,'' & \text{bei Annäherung} \\ -\,20.63\,'' & \text{bei Entfernung} \end{cases}$$

also insgesamt eine jährliche Winkelvariation von etwa 41 Bogensekunden, die im Jahresverlauf mit dem Umlaufwinkel δ der *Abbildung 8.4* gemäß $|\,\Delta\alpha\,| \cos\delta$ schwankt.

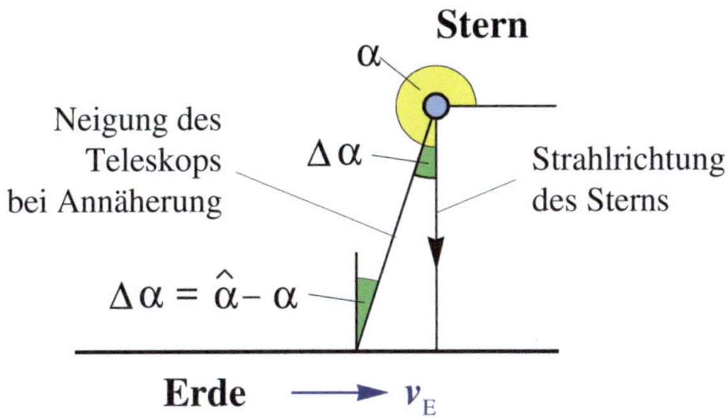

ABB. 8.5: Teleskopneigung durch Aberration

Literaturangaben

[1] **Born**, Max:
Die Relativitätstheorie Einsteins
Springer Verlag, Berlin, Heidelberg, New York, 5. Aufl. (1969)

[2] **Fichtenholz**, Grigori M.:
Differential- und Integralrechnung I/II/III
VEB Deutscher Verlag der Wissenschaften, Berlin, 5. Aufl. (1972)

Kapitel 9

Relativistische Elektrodynamik

Zusammenfassung

Die MAXWELL'schen Gleichungen können durch geeignete Zusammenfassung zu Vierervektoren und Tensoren in einer eleganten, vereinheitlichten Form ausgedrückt werden.

Unter dem Gesichtspunkt der Vierergrößen werden ebene Wellen dargestellt und als wichtige Anwendung wird der DOPPLER-Effekt im astronomischen Bereich behandelt.

Durch Darstellung von Quellengrößen, Potentialen und Feldgrößen als Vierervektoren erhält man beim Vergleich von gegeneinander gleichförmig bewegten Inertialsystemen tiefere Einblicke und größeres Verständnis für das Zusammenwirken von elektrischen und magnetischen Feldern sowie der gesamten elektromagnetischen Erscheinungen. Dabei zeigt sich, dass die MAXWELL'schen Gleichungen die LORENTZ-Transformation von sich aus erfüllen, wodurch sie eine kovariante Formulierung des elektromagnetischen Feldes darstellen.

Die vereinheitlichte Darstellung des elektromagnetischen Feldes ist dadurch möglich, dass man die Feldgrößen in einem Feldtensor zusammenfasst und die MAXWELL'schen Gleichungen in allgemeinerer Form durch Divergenzbeziehungen ausdrückt.

W. Werner, *Vektoren und Tensoren als universelle Sprache in Physik und Technik 2*,
https://doi.org/10.1007/978-3-658-49785-9_9

9.1 Verereigenschaften ebener Wellen

9.1.1 Vierer-Wellenvektor und Phasenfunktion

Die allgemeine ebene Welle, die im *Abschnitt 5.5.2* behandelt wurde, besitzt die elektrische Feldstärke

$$\boldsymbol{E}(\boldsymbol{r},t) = \boldsymbol{E}_0\,\mathrm{e}^{j(\omega t - \boldsymbol{k}\cdot\boldsymbol{r})} = \boldsymbol{E}_0\,\mathrm{e}^{j\phi}$$

Ihre Phasenfunktion $\phi = \omega t - \boldsymbol{k}\cdot\boldsymbol{r}$ erzeugt ebene Phasenfronten $\phi = \text{const.}$, die orthogonal zum Wellenvektor

$$\boldsymbol{k} = |\,\boldsymbol{k}\,|\;\boldsymbol{n} = k_0\,\boldsymbol{n}$$

verlaufen und die sich mit der **Phasengeschwindigkeit im Vakuum**, also mit **Lichtgeschwindigkeit** c, in $\boldsymbol{k}$-Richtung ausbreiten.

$$\boxed{c = \frac{1}{\sqrt{\mu_0\varepsilon_0}} = \frac{\omega}{k_0} = \frac{\lambda}{2\pi}\,\omega = \lambda f = \frac{\lambda}{T}} \tag{9.1}$$

Diese Beziehung verknüpft die **charakteristischen Wellengrößen** miteinander.

Im MINKOWSKI-Raum wird der **Vierer-Wellenvektor k** eingeführt, der in Raum- und Zeitanteil aus dem dreidimensionalen Wellenvektor und dessen Betrag zusammengesetzt ist.

$$\boxed{\mathsf{k} = jk_0\,\mathsf{e}_0 + \boldsymbol{k} = j\,\frac{\omega}{c}\,\mathsf{e}_0 + \boldsymbol{k} = \underline{\mathsf{k}}^{\mathrm{T}}\,\underline{\underline{\mathsf{e}}}^{\mathrm{M}}}$$
$$\boxed{\underline{\mathsf{k}} = \big(jk_0, k_x, k_y, k_z\big)^{\mathrm{T}} = \left(j\,\frac{2\pi}{\lambda_0}, \frac{2\pi}{\lambda_x}, \frac{2\pi}{\lambda_y}, \frac{2\pi}{\lambda_z}\right)^{\mathrm{T}}} \tag{9.2}$$

Das Quadrat des Vierer-Wellenvektors ist Null,

$$\mathsf{k}\cdot\mathsf{k} = \mathsf{k}^2 = -\,k_0^2 + \boldsymbol{k}\cdot\boldsymbol{k} = -\,k_0^2 + k_0^2 = 0$$

so dass k nach der Klassifikation des Wegelementes (7.35) einen **lichtartigen Charakter** hat.

Das Skalarprodukt aus Vierer-Wellenvektor und Vierer-Ortsvektor ist als Skalar in jedem Bezugssystem invariant,

$$\mathsf{k} \cdot \mathsf{R} = \big(jk_0\, \mathbf{e}_0 + \boldsymbol{k}\big) \cdot \big(jct\, \mathbf{e}_0 + \boldsymbol{r}\big) = -\,\omega t + \boldsymbol{k} \cdot \boldsymbol{r} = -\,\phi$$

woraus hervorgeht, dass die **Phasenfunktion** eine **Lorentz-Invariante** ist.

$$\boxed{\phi = -\,\mathsf{k} \cdot \mathsf{R} = \omega t - \boldsymbol{k} \cdot \boldsymbol{r} = \hat{\omega}\hat{t} - \hat{\boldsymbol{k}} \cdot \hat{\boldsymbol{r}}} \tag{9.3}$$

9.1.2 Doppler-Effekt in der Astronomie

Der durch den Österreicher **Christian Johann Doppler** (1803-1853) bei der Bahnbewegung von Doppelsternen 1842 untersuchte und aus der **Wellentheorie des Lichtes** abgeleitete und nach ihm benannte klassische **Doppler-Effekt** wird durch die Relativitätstheorie präzisiert und im astronomischen Bereich bei Bewegungen von Sternen und anderen Himmelsobjekten angewendet.

Die astronomische Anordnung der *Abbildung 9.1* ist die gleiche wie bei der Aberration im *Abschnitt 8.3*. Die Erde ruht im ekliptischen System S_E und der beobachtete Stern befindet sich im System $\widehat{S}$, das sich mit der **Relativgeschwindigkeit** v gegenüber dem Erdsystem bewegt. Beide Systeme sind so orientiert, dass ihre x-Achsen übereinstimmen, so dass man die eindimensionale Lorentz-Transformation mit der Matrix (7.17) verwenden kann.

Der Stern strahlt zwar eine Kugelwelle ab, die aber in dem winzigen Raumwinkelausschnitt, den die Erde im Fernfeld der Strahlung bildet, einer ebenen Welle entspricht, so dass generell die **Betrachtung mit ebenen Wellen** durchgeführt werden kann. In mathematisch exakter aber anspruchsvoller Weise können Kugelwellen auch aus ebenen Wellen überlagert werden, [13, S. 745], [17, S. 408].

Da die Phasenfunktion ϕ nach (9.3) eine Invariante ist, bleibt der Charakter der Strahlung erhalten, so dass man in beiden Systemen $\widehat{S}$ und S_E mit ebenen Wellen rechnen kann.

Die Kugelwelle des Sterns mit der **Senderfrequenz** $\hat{\omega}$ wird als ebene Welle mit dem Wellenvektor $\hat{\boldsymbol{k}}$ in Richtung $\hat{\boldsymbol{n}}$ abgestrahlt.

$$\hat{\boldsymbol{k}} = \hat{k}_0\, \hat{\boldsymbol{n}} = \frac{2\pi}{\hat{\lambda}}\, \hat{\boldsymbol{n}} = \frac{\hat{\omega}}{c}\, \hat{\boldsymbol{n}} = \hat{k}_0 \left(\cos\hat{\alpha}\, \mathbf{e}_x + \sin\hat{\alpha}\, \mathbf{e}_y\right) = \hat{k}_x\, \mathbf{e}_x + \hat{k}_y\, \mathbf{e}_y$$

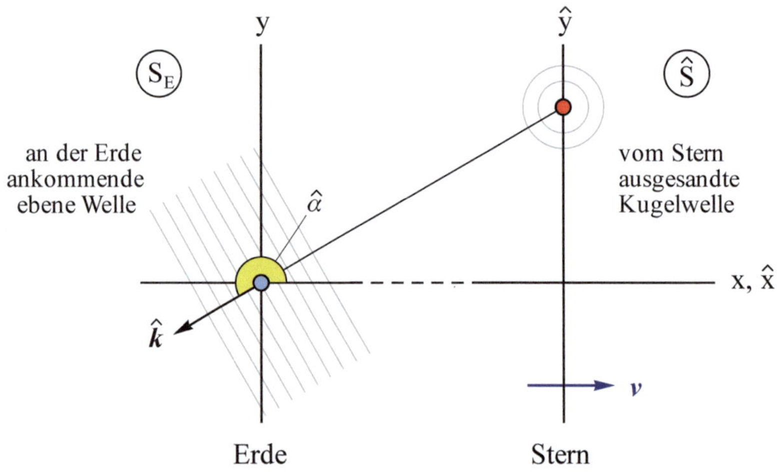

ABB. 9.1: Ebene Empfangswelle bei Abstrahlung einer Kugelwelle von einem Stern

Im Erdsystem S_E erhält man bei einer relativen Geschwindigkeit

$$\boldsymbol{v} = v\,\mathbf{e}_x = \beta c\,\mathbf{e}_x$$

beider Systeme die Komponenten des Vierer-Wellenvektors k durch LORENTZ-Transformation.

$$\underline{\mathsf{k}} = \underline{\mathbf{L}}^{\mathrm{T}}\,\hat{\underline{\mathsf{k}}}$$

Die Umrechnung ergibt die zeitlichen und räumlichen $\underline{\mathsf{k}}$-Anteile,

$$k_0 = \gamma\,\hat{k}_0 + \beta\gamma\,\hat{k}_x = \gamma\big(1 + \beta\cos\hat{\alpha}\big)\,\hat{k}_0$$

$$\boldsymbol{k} = k_x\,\mathbf{e}_x + k_y\,\mathbf{e}_y = \hat{k}_0\big[\,\gamma\,\big(\beta + \cos\hat{\alpha}\big)\,\mathbf{e}_x + \sin\hat{\alpha}\,\mathbf{e}_x\,\big]$$

so dass im Erdsystem S_E andere Werte für **Empfangsfrequenz** ω_E und Ausbreitungsrichtung $\boldsymbol{k} \sim \boldsymbol{n}$ der empfangenen ebenen Welle resultieren.

Im System S_E erhält man wie bei der Aberration nach (8.38) die Richtung $\boldsymbol{n}$ des Geschwindigkeitsvektors $\boldsymbol{u}$ sowie die Beziehung zum Wellenvektor $\boldsymbol{k}$.

$$\boxed{\boldsymbol{n} = \frac{\boldsymbol{k}}{k_0} = \frac{\boldsymbol{u}}{c} = \cos\alpha\,\mathbf{e}_x + \sin\alpha\,\mathbf{e}_y = \frac{\beta + \cos\hat{\alpha}}{1 + \beta\cos\hat{\alpha}}\,\mathbf{e}_x + \frac{\sqrt{1-\beta^2}\,\sin\hat{\alpha}}{1 + \beta\cos\hat{\alpha}}\,\mathbf{e}_y}$$

$$\boxed{\boldsymbol{k} = k_0\,\boldsymbol{n} = \frac{\omega_E}{c}\,\boldsymbol{n} = \frac{\omega_E}{c^2}\,\boldsymbol{u}} \qquad (9.4)$$

Aus der funktionalen Abhängigkeit der Wellenzahlen

$$k_0 = \frac{\omega_E}{c} = \frac{2\pi}{\lambda_E} \qquad \text{und} \qquad \hat{k}_0 = \frac{\hat{\omega}}{c} = \frac{2\pi}{\hat{\lambda}_E}$$

ergibt sich, dass die ebene Welle im Erdsystem S_E vom Sender abweichende Werte für Empfangsfrequenz bzw. -wellenlänge aufweist, was man als **Doppler-Verschiebung** bezeichnet.

$$\boxed{\omega_E = \frac{1 + \beta\cos\hat{\alpha}}{\sqrt{1-\beta^2}}\,\hat{\omega}} \qquad \boxed{\lambda_E = \frac{\sqrt{1-\beta^2}}{1 + \beta\cos\hat{\alpha}}\,\hat{\lambda}} \tag{9.5}$$

Bei kleinen Geschwindigkeiten ($\beta \to 0$) gilt folgende Näherung für die auf der Erde gemessene Frequenz.

$$\omega_E = \big(1 + \beta\cos\hat{\alpha}\big)\left(1 + \frac{1}{2}\,\beta^2 + ...\right)\hat{\omega} = \left(1 + \beta\cos\hat{\alpha} + \frac{1}{2}\,\beta^2 + ...\right)\hat{\omega}$$

$$\omega_E \approx \Big(1 + \beta\cos\hat{\alpha}\Big)\,\hat{\omega}$$

In erster Näherung ist die Frequenzänderung der Senderfrequenz proportional, was als **linearer Doppler-Effekt** bezeichnet wird.

$$\Delta\omega = \omega_E - \hat{\omega} \approx \big(\beta\cos\hat{\alpha}\big)\,\hat{\omega} \ \sim\ \hat{\omega}$$

9.1.2.1 Longitudinaler Doppler-Effekt

Die Abstrahlung des Sternenlichts in negative x-Richtung, also mit $\hat{\alpha} = \pi$, und damit in Beobachtungsrichtung heißt longitudinaler Doppler-Effekt, woraus Empfangsfrequenz und Wellenlänge im Erdsystem folgen.

$$\boxed{\omega_E = \frac{1-\beta}{\sqrt{1-\beta^2}}\,\hat{\omega} = \frac{\sqrt{1-\beta^2}}{1+\beta}\,\hat{\omega} = \sqrt{\frac{1-\beta}{1+\beta}}\,\hat{\omega} \approx \big(1-\beta\big)\,\hat{\omega}}$$

$$\boxed{\lambda_E = \sqrt{\frac{1+\beta}{1-\beta}}\,\hat{\lambda} \approx (1+\beta)\,\hat{\lambda}} \tag{9.6}$$

In erster Näherung erhält man für die Änderung von Frequenz und Wellenlänge der Relativgeschwindigkeit v des Himmelsobjekts proportionale Werte.

$$\Delta\omega = \omega_E - \hat{\omega} \approx -\beta\,\hat{\omega} = -\frac{\hat{\omega}}{c}v \;\sim\; -v$$

$$\Delta\lambda = \lambda_E - \hat{\lambda} \approx +\beta\,\hat{\lambda} = +\frac{\hat{\lambda}}{c}v \;\sim\; +v$$

Bei **zunehmendem Abstand** zwischen Erde und Stern mit $v = \beta c > 0$ wird die empfangene Frequenz ω_E kleiner bzw. die Wellenlänge λ_E größer, wodurch die wachsende Entfernung des Sterns als **Rotverschiebung** zu höheren Wellenlängen im Spektrum messbar ist.

Ein **sinkender Abstand** zwischen Erde und Himmelsobjekt führt beim Doppler-Effekt wegen $v = \beta c < 0$ zur Vorzeichenumkehr für β und bedeutet bei Annäherung des Objektes eine **Violett- oder Blauverschiebung** im Spektrum.

Vesto M. Slipher war der erste Astronom, der 1912/15 auf diese Weise Radialgeschwindigkeit und Rotation von Spiralnebeln gemessen hat.

Die Rotverschiebung wird als **relative Größe** z angegeben. Bei kleinen Werten der Rotverschiebung ist die Näherungsbeziehung

$$z = \frac{\Delta\lambda}{\hat{\lambda}} = \frac{\lambda_E - \hat{\lambda}}{\hat{\lambda}} = \frac{\lambda_E}{\hat{\lambda}} - 1 \approx \frac{v}{c} = \beta$$

ausreichend, bei größeren v-Werten und höheren Rotverschiebungen muss man die relativistische Formel verwenden. Die Empfangswellenlänge λ_E ergibt sich in diesem Fall zu

$$z = \frac{\Delta\lambda}{\hat{\lambda}} = \frac{\lambda_E}{\hat{\lambda}} - 1 = \sqrt{\frac{1+\beta}{1-\beta}} - 1 \quad\rightarrow\quad \lambda_E = (z+1)\,\hat{\lambda}$$

9.1.2.2 Transversaler Doppler-Effekt

Der besondere Fall der ebenen Welle, die senkrecht zur Bewegungsrichtung beobachtet wird, heißt transversaler Doppler-Effekt, der rein relativistisch ist, da es dafür kein äquivalentes klassisches Gegenstück gibt.

Da hierbei die Beobachtung im Erdsystem S_E unter dem Winkel $\alpha = \pi/2$ durchgeführt wird, muss man den Sendewinkel $\hat{\alpha}$ berechnen, der einen abweichenden Wert hat, und in die Frequenzformel einsetzen. Durch Auflösung der x-Komponente des Einheitsvektors $\boldsymbol{n}$ in (9.4)

$$\cos\alpha = \frac{\beta + \cos\hat{\alpha}}{1 + \beta\cos\hat{\alpha}} \quad \rightarrow \quad \cos\hat{\alpha} = \frac{\cos\alpha - \beta}{1 - \beta\cos\alpha}$$

$$\rightarrow \quad 1 + \beta\cos\hat{\alpha} = \frac{1 - \beta^2}{1 - \beta\cos\alpha}$$

erhält man aus (9.5) die Darstellung,

$$\omega_E = \frac{1 - \beta^2}{\sqrt{1 - \beta^2}\,\big(1 - \beta\cos\alpha\big)}\,\hat{\omega} = \frac{\sqrt{1 - \beta^2}}{\big(1 - \beta\cos\alpha\big)}\,\hat{\omega}$$

aus der für $\alpha = \pi/2$ die gesuchte Frequenzbeziehung folgt.

$$\boxed{\omega_E = \sqrt{1 - \beta^2}\,\hat{\omega} \approx \left(1 - \frac{1}{2}\beta^2\right)\hat{\omega}}$$
$$\boxed{\Delta\omega = \omega_E - \hat{\omega} \approx -\frac{1}{2}\beta^2\,\hat{\omega}} \tag{9.7}$$

Die Frequenzänderung hängt quadratisch von β ab, ist negativ, führt zu einer kleineren Frequenz und daher zu einer **Rotverschiebung** im Spektrum.

Der transversale DOPPLER-Effekt ist als **quadratischer Effekt** nicht leicht zu messen, da bei kleinen β-Werten schon geringste Winkelabweichungen von der Senkrechten zur Dominanz des longitudinalen DOPPLER-Effektes führen.

Das Phänomen der Zeitdilation (7.41) sagt aus, dass Zeitintervalle in bewegten Systemen länger sind als Eigenzeitintervalle in Ruhesystemen. Identifiziert man die Periodendauer $\widehat{T}$ des Sterns mit dem Zeitintervall des Ruhesystems, dann entsprechen die gemessenen Werte von Periodendauer T_E bzw. Wellenlänge λ_E auf der relativ dazu bewegten Erde einer Rotverschiebung im Spektrum des Sternenlichts.

$$T_E = \frac{\lambda_E}{c} = \frac{\widehat{T}}{\sqrt{1 - \beta^2}} > \widehat{T} = \frac{\hat{\lambda}}{c}$$

EINSTEIN sah in dieser Rotverschiebung der Spektrallinien das **experimentum crucis** der **Relativitätstheorie**, [16, S. 213]. Er schlug eine senkrechte Beobachtung der Strahlung von schnellen Atomen vor, um den transversalen DOPPLER-Effekt zu untersuchen, dessen Nachweis 1938 erfolgreich von IVES und STILWELL durchgeführt wurde und der ein Beispiel zur Bestätigung der Zeitdilation darstellt.

9.1.2.3 Longitudinaler DOPPLER-Effekt im MINKOWSKI-Diagramm

Der longitudinale DOPPLER-Effekt wird noch anhand eines Lichtsignals im MINKOWSKI-Diagramm der *Abbildung 9.2* abgeleitet.

Der Lichtimpuls wird vom Ursprung des bewegten Systems $\widehat{S}$ mit $\hat{x} = 0$ nach der Eigenzeit $\overline{AP} \sim \hat{\tau}$ im Weltpunkt P in negativer $\hat{x}$-Richtung zum Ursprung des ruhenden System S mit $x = 0$ gesendet. Das Lichtsignal, dessen Weltlinie parallel zum Mantel des Lichtkegels verläuft, erreicht den Ursprung von S im Weltpunkt Q zum Zeitpunkt τ bzw. $\hat{t}_Q$.

Aus dem Schnittpunkt von ct-Achse, auf der $\hat{x} = -\,v\hat{t}$ gilt, und der Weltlinie des Lichtsignals mit $\hat{x} = c\hat{\tau} - c\hat{t}$ werden die Koordinaten von Q in $\widehat{S}$ ermittelt.

$$\hat{x}_Q = -\,v\hat{t}_Q = c\hat{\tau} - c\hat{t}_Q \quad \rightarrow \quad \hat{t}_Q = \frac{1}{1-\beta}\,\hat{\tau}$$

$$\rightarrow \quad \hat{x}_Q = -\,\frac{\beta}{1-\beta}\,c\hat{\tau}$$

Die Koordinate t_Q in S ergibt sich durch LORENTZ-Transformation nach (7.19).

$$t_Q = \tau = \gamma\left(\hat{t}_Q + \beta\,\frac{\hat{x}_Q}{c}\right) = \gamma\left(\frac{1}{1-\beta} + \frac{\beta^2}{1-\beta}\right)\hat{\tau} = \gamma\,\frac{1+\beta^2}{1-\beta}\,\hat{\tau}$$

$$\tau = \gamma\,(1+\beta)\,\hat{\tau} = \sqrt{\frac{1+\beta}{1-\beta}}\,\hat{\tau}$$

Identifiziert man die Zeitintervalle $(\tau, \hat{\tau})$ mit den Periodendauern ebener Wellen $(T, \widehat{T})$ und beachtet die Verknüpfungen ihrer charakteristischen Größen $\lambda = cT$ und $\omega = 2\pi c/\lambda$, dann erhält man die Beziehung (9.6) des longitudinalen DOPPLER-Effektes mit P als Sender im bewegten System $\widehat{S}$ und Q als Empfänger im Ruhesystem S.

Damit gilt entsprechend der Zeitdilatation, dass jedes schwingende System **im eigenen Ruhesystem die höchste Frequenz** hat.

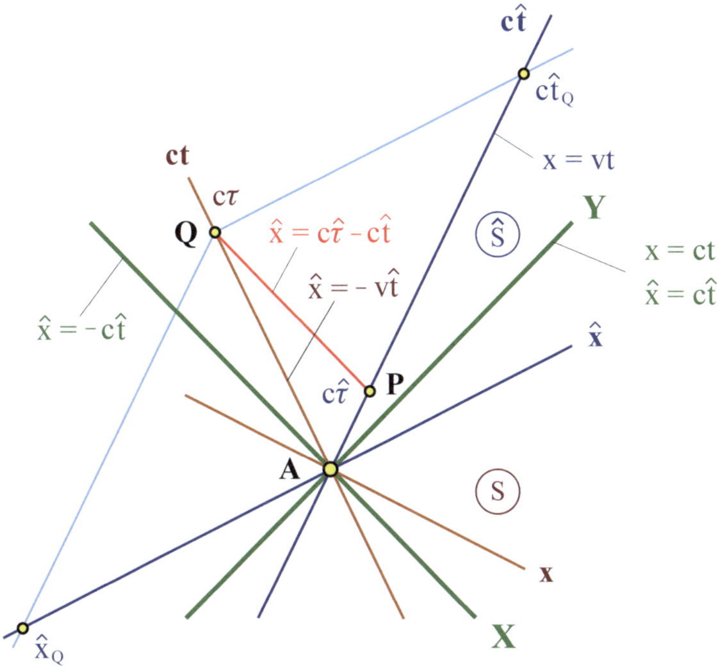

ABB. 9.2: MINKOWSKI-Diagramm für die Laufzeit eines Lichtsignals

9.2 Kovariante Formulierung der Elektrodynamik

EINSTEINs Relativitätsprinzip (7.6) fordert, dass alle physikalischen Gesetze unabhängig vom Bezugssystem in gleicher Form gelten müssen. Damit die mathematische Form der Beziehungen nicht von der speziellen Wahl des Inertialsystems abhängt, müssen physikalische Gleichungen die LORENTZ-Transformation erfüllen.

Diese Unabhängigkeit oder **Forminvarianz** wird als **LORENTZ-Kovarianz** oder einfach als **Kovarianz** bezeichnet und die Darstellung mit Vierervektoren, deren Eigenschaften im *Kapitel 8* behandelt wurden, wird **kovariante Formulierung** genannt.

Mit den Vierervektoren der Elektrodynamik, die durch Zusammenfassung von Quellengrößen und Potentialen definiert werden, zeigt sich dabei erneut die im *Abschnitt 5.1.4* angedeutete innere Verbundenheit der beiden Feldvektoren $\boldsymbol{E}$ und $\boldsymbol{B}$, für die im Folgenden eine Reihe wichtiger Beziehungen abgeleitet und eine Zusammenfassung zu einem **Feldtensor** durchgeführt wird.

9.2.1 Vierervektoren für Quellen und Potential

Die **Kontinuitätsgleichung** (5.4),

$$\operatorname{div}\boldsymbol{J} + \frac{\partial\rho}{\partial t} = \frac{\partial J_x}{\partial x} + \frac{\partial J_y}{\partial y} + \frac{\partial J_z}{\partial z} + \frac{\partial\,(jc\rho)}{\partial\,(jct)} = 0$$

die als Ladungsfluss in jedem Inertialsystem erfüllt sein muss, legt es nahe, die Quellengrößen zu einem Vierervektor, der **Viererstromdichte J**, zusammenzufassen, deren **Viererdivergenz** verschwindet.

$$\boxed{\mathsf{J} = jc\rho\,\mathbf{e}_0 + \boldsymbol{J} = \big(jc\rho, J_x, J_y, J_z\big)\,\underline{\underline{\mathsf{e}}} = \underline{\mathsf{J}}^{\mathrm{T}}\,\underline{\underline{\mathsf{e}}}} \qquad \boxed{\operatorname{Div}\mathsf{J} = \Box\cdot\mathsf{J} = 0} \tag{9.8}$$

Im Fall bewegter Ladungen mit der Konvektionsstromdichte $\boldsymbol{J} = \rho\boldsymbol{u}$ gilt mit der Vierergeschwindigkeit nach (8.21)

$$\mathsf{J} = \big(jc\rho\,\mathbf{e}_0 + \rho\boldsymbol{u}\big) = \rho\,\big(jc\,\mathbf{e}_0 + \boldsymbol{u}\big) = \frac{\rho}{\overset{*}{\gamma}}\,\mathsf{U} = \rho_0\,\mathsf{U} = \rho_0\,\frac{d\mathsf{R}}{d\tau}$$

Da J und U Vierervektoren sind, ist die Ladungsgröße ρ_0 eine **Invariante**.

$$\boxed{\rho_0 = \frac{\rho}{\overset{*}{\gamma}} = \rho\,\sqrt{1-\left(\frac{u}{c}\right)^2}} \qquad \boxed{\rho_0 = \frac{\hat{\rho}}{\widehat{\overset{*}{\gamma}}}} \tag{9.9}$$

Im Grenzfall $u \to 0$ gilt $\rho_0 = \rho$, so dass ρ_0 die **Eigenraumladungsdichte** im Ruhesystem darstellt.

Aus dem Vergleich mit der Vierergeschwindigkeit folgt die Relation,

$$\boxed{\frac{\mathsf{J}}{\rho} = \frac{\mathsf{J}}{\overset{*}{\gamma}\,\rho_0} = \frac{\mathsf{U}}{\overset{*}{\gamma}} = \frac{\rho_0}{\rho}\,\mathsf{U} = jc\,\mathbf{e}_0 + \boldsymbol{u}} \tag{9.10}$$

in der beim Übergang zum Bezugssystem $\widehat{S}$ nur die varianten Größen ein Dachzeichen erhalten.

$$\frac{\mathsf{J}}{\rho} = \frac{\mathsf{J}}{\overset{*}{\widehat{\gamma}}\,\rho_0} = \frac{\mathsf{U}}{\overset{*}{\widehat{\gamma}}} = \frac{\rho_0}{\hat{\rho}}\,\mathsf{U} = jc\,\hat{\mathbf{e}}_0 + \hat{\boldsymbol{u}}$$

Die Feldgrößen $\boldsymbol{E}$ und $\boldsymbol{B}$ wurden in der Beziehung (5.81) durch die elektrodynamischen Potentiale $\boldsymbol{A}$ und φ ausgedrückt. Dabei legt es die **Lorenz-Eichung** (5.84) nahe,

$$\operatorname{div}\boldsymbol{A} + \frac{1}{c^2}\frac{\partial\varphi}{\partial t} = \frac{\partial A_x}{\partial x} + \frac{\partial A_y}{\partial y} + \frac{\partial A_z}{\partial z} + \frac{\partial\,(j\varphi/c)}{\partial\,(jct)} = 0$$

beide Potentiale zu einem Vierervektor, dem **Viererpotential $\mathbf{\Phi}$**, zusammenzufassen, dessen Viererdivergenz ebenfalls verschwindet.

$$\boxed{\mathbf{\Phi} = j\frac{\varphi}{c}\,\mathbf{e}_0 + \boldsymbol{A} = \left(j\frac{\varphi}{c}, A_x, A_y, A_z\right)\underline{\underline{\mathbf{e}}} = \underline{\mathbf{\Phi}}^{\mathrm{T}}\,\underline{\underline{\mathbf{e}}}} \qquad \boxed{\operatorname{Div}\mathbf{\Phi} = \square\cdot\mathbf{\Phi} = 0} \tag{9.11}$$

Die Umrechnung von Komponenten und Basisvektoren erfolgt nach (8.3) mit der Lorentz-Matrix.

$$\boxed{\underline{\widehat{\mathsf{J}}} = \underline{\mathbf{L}}\,\underline{\mathsf{J}}} \qquad \boxed{\underline{\widehat{\mathbf{\Phi}}} = \underline{\mathbf{L}}\,\underline{\mathbf{\Phi}}} \qquad \boxed{\underline{\underline{\hat{\mathbf{e}}}} = \underline{\mathbf{L}}\,\underline{\underline{\mathbf{e}}}} \tag{9.12}$$

Als **Lorentz-Transformation** der Vierervektoren gelten im eindimensionalen Fall mit $\boldsymbol{v} = v\,\mathbf{e}_x$ die folgenden Transformationsbeziehungen für die Komponenten von **Viererstromdichte** und **Viererpotential** bei einem Systemwechsel von S zu $\widehat{S}$.

$$\begin{array}{lll} \boxed{\hat{\rho} = \gamma\left(\rho - \frac{v}{c^2}\,J_x\right)} & \boxed{\widehat{J}_x = \gamma\,(J_x - \rho v)} & \boxed{\widehat{J}_{y,z} = J_{y,z}} \\ \boxed{\hat{\varphi} = \gamma\,(\varphi - vA_x)} & \boxed{\widehat{A}_x = \gamma\left(A_x - \frac{v}{c^2}\,\varphi\right)} & \boxed{\widehat{A}_{y,z} = A_{y,z}} \end{array} \tag{9.13}$$

Im dreidimensionalen Fall muss die Transformation mit der Lorentz-Matrix $\underline{\mathbf{L}}_3$ nach (7.25) durchgeführt werden, aber auf die Angabe dieser Beziehungen wird hier verzichtet.

9.2.2 Ladungsinvarianz

Ein Ladungselement dQ wird im dreidimensionalen Raum durch das Produkt aus Raumladungsdichte und Volumenelement dargestellt.

$$dQ = \rho\, dv$$

Im System $\widehat{S}$ gilt für das Volumenelement mit (8.14) und (8.15)

$$dQ = \hat{\rho}\, d\hat{v} = \hat{\rho}\,\frac{d\widehat{\Omega}}{jc\, d\hat{t}} = \hat{\rho}\,\frac{d\Omega}{jc\, d\hat{t}}$$

Die Dach-Größen werden nach (7.19), (8.28) und (9.9) ersetzt, wodurch man das Ladungselement im Bezugssystem S erhält.

$$dQ = \rho_0\,\frac{\widehat{\overset{*}{\gamma}}}{\gamma}\,\frac{d\Omega}{jc\, dt\left(1 - \dfrac{v}{c^2}\dfrac{dx}{dt}\right)} = \rho_0\,\overset{*}{\gamma}\,\underbrace{\frac{1 - \dfrac{\boldsymbol{u}\cdot\boldsymbol{v}}{c^2}}{1 - \dfrac{v}{c^2}\dfrac{dx}{dt}}}_{=1}\,\frac{d\Omega}{jc\, dt} = \rho\,\frac{d\Omega}{jc\, dt}$$

woraus sich die **Invarianz der Ladung** ergibt.

$$\boxed{dQ = \rho\,\frac{d\Omega}{jc\, dt} = \rho\, dv = \hat{\rho}\,\frac{d\widehat{\Omega}}{jc\, d\hat{t}} = \hat{\rho}\, d\hat{v} = d\widehat{Q}} \qquad (9.14)$$

Das gleiche Ergebnis erhält man auch im Fall einer Konvektionsstromdichte,

$$\boldsymbol{J} = J_x\,\mathbf{e}_x + J_y\,\mathbf{e}_y + J_z\,\mathbf{e}_z = \rho\,\big(u_x\,\mathbf{e}_x + u_y\,\mathbf{e}_y + u_z\,\mathbf{e}_z\big)$$

die man in die Ladungsdichte nach (9.13) einsetzt

$$\hat{\rho} = \gamma\left(\rho - \frac{v}{c^2}\,J_x\right) = \gamma\,\rho\left(1 - \frac{u_x v}{c^2}\right)$$

und dQ wie oben berechnet.

Die Ladungsinvarianz wird auch experimentell dadurch gestützt, dass eine anfänglich vorhandene Ladungsneutralität von Atomen oder Materialien erhalten bleibt. Denn anderenfalls würde beim ursprünglich neutralen Atom bei Bewegung der Elektronen oder bei Metallen bei Erwärmung durch unterschiedliche Geschwindigkeiten von Leitungselektronen und Metallionen eine Änderung der Ladung und dadurch eine Störung der Neutralität auftreten, was bei entsprechenden Versuchen nicht beobachtet wird, [1, S. 252], [4, S. 26], [6, S. 640], [8, S. 116], [9, S. 123].

Die **Ladung des Elektrons** $Q_e = -\,e$ ist negativ und der Betrag

$$\boxed{e = 1.6022 \cdot 10^{-19}\,\mathrm{As}} \tag{9.15}$$

ist als **elektrische Elementarladung** eine universelle Konstante.

9.2.3 Vierer-Wellengleichung

Die Differentialgleichungen der elektrodynamischen Potentiale (5.85) werden zusammengefasst und durch die Vierervektoren von Potential und Stromdichte ausgedrückt.

$$\begin{aligned}\Box\,\boldsymbol{\Phi} &= \Box\left(j\frac{\varphi}{c}\,\mathbf{e}_0 + \boldsymbol{A}\right) = \frac{j}{c}\,\Box\,\varphi\,\mathbf{e}_0 + \Box\,\boldsymbol{A} \\ &= -\,\frac{j}{c}\,\frac{\rho}{\varepsilon_0}\,\mathbf{e}_0 - \mu_0\,\boldsymbol{J} = -\,\mu_0\left(jc\,\rho\,\mathbf{e}_0 + \boldsymbol{J}\right) = -\,\mu_0\,\mathsf{J}\end{aligned}$$

$$\boxed{\Box\,\boldsymbol{\Phi} = -\,\mu_0\,\mathsf{J}} \tag{9.16}$$

Die Vierer-Wellengleichung stellt als **inhomogene Differentialgleichung des Viererpotentials $\boldsymbol{\Phi}$** die Verallgemeinerung der beiden Differentialgleichungen (5.82) für φ und $\boldsymbol{A}$ dar.

Formal liegt hierbei ein Problem der vierdimensionalen Potentialtheorie vor, das mit einer erweiterten Form des GREEN'schen Satzes (19.16, Bd. I) gelöst werden kann, [16, S. 229], [17, S. 470], und wobei man die Eindeutigkeit auf entsprechende Art beweist. Der mathematische Aufwand ist allerdings beträchtlich durch Einführung von Volumen und Oberfläche der vierdimensionalen Kugel sowie die Anwendung von Integrationsmethoden der *Funktionentheorie.* Als Ergebnis dieser direkten Integration erhält man die **retardierten Potentiale** (5.111), womit die dort dargestellte heuristische Vorgehensweise eine weitere Bestätigung findet.

9.2.4 Felder von Ladungen und Strömen

Eine Raumladung ρ, die im System S ruht, erzeugt ein elektrisches COULOMB-Feld. Da sich die Raumladung nicht bewegt, existiert keine Stromdichte, so dass kein magnetisches Feld erzeugt wird.

Im System $\widehat{S}$, das sich mit der Geschwindigkeit v in x-Richtung von S fortbewegt, ergeben sich Ladungs- und Stromdichte durch LORENTZ-Transformation (9.13)

$$\hat{\rho} = \gamma\,\rho$$

$$\widehat{J}_x = -\,\gamma\,\rho v$$

Damit erhält man folgendes Ergebnis für die Felder:

im System S	$\boldsymbol{E} \neq \boldsymbol{0}$	$\boldsymbol{B} = \boldsymbol{0}$
im System $\widehat{S}$	$\widehat{\boldsymbol{E}} \neq \boldsymbol{0}$	$\widehat{\boldsymbol{B}} \neq \boldsymbol{0}$

Als zweites Beispiel wird ein gerader kreiszylindrischer, metallischer Leiter betrachtet, der in x-Richtung verläuft. Er ist elektrisch neutral, da er ebensoviele positive, ortsfeste Kristallionen wie negative, bewegliche Leitungselektronen besitzt, [1, S. 254], [9, S. 153]. Die Ladungsdichten bei N Ladungsträgern pro Volumeneinheit haben die Werte

$$\left.\begin{array}{ll} \text{Ionen} & \rho^+ = +Ne \\ \text{Elektronen} & \rho^- = -Ne \end{array}\right\} \quad \rho_{\text{ges}} = \rho^+ + \rho^- = 0$$

Wenn der Leiter einen konstanten Strom führt, dann bewegen sich die Elektronen mit einer Geschwindigkeit v, wobei für die Stromdichten gilt

$$\begin{array}{ll} \text{Ionen} & J_x^+ = 0 \\ \text{Elektronen} & J_x^- = \rho^-\,v = -\,Nev \end{array}$$

Im Ruhesystem S des Leiters existiert wegen der Ladungsneutralität kein elektrisches Feld, aber auf Grund des Stromes durch die bewegten Leitungselektronen entsteht ein magnetisches Feld.

Im System $\widehat{S}$, das sich in x-Richtung mit der Geschwindigkeit v mit den Leitungselektronen mitbewegt, gelten dagegen andere Werte. Nach der LO-

RENTZ-Transformation erhält man im bewegten System $\widehat{S}$ folgende Darstellungen für die Ladungsdichten

$$\hat{\rho}^{+} = \gamma\,\rho^{+} = -\gamma\,\rho^{-}$$

$$\hat{\rho}^{-} = \gamma\left(\rho^{-} - \frac{v}{c^2}\,J_x^{-}\right) = \gamma\,\rho^{-}\left(1-\beta^2\right) = \frac{\rho^{-}}{\gamma}$$

$$\hat{\rho}_{\text{ges}} = \hat{\rho}^{+} + \hat{\rho}^{-} = \rho^{-}\left(\frac{1}{\gamma} - \gamma\right) = \gamma\,\beta^2\rho^{-}$$

und für die Stromdichten

$$\widehat{J}_x^{+} = -\gamma\,\rho^{+}v = \gamma\,\rho^{-}\,v$$

$$\widehat{J}_x^{-} = \gamma\left(J_x^{-} - \rho^{-}v\right) = 0$$

$$\widehat{J}_{\text{ges}} = \widehat{J}_x^{+} + \widehat{J}_x^{-} = \gamma\,\rho^{-}\,v$$

Im System $\widehat{S}$ existiert wegen $\hat{\rho}_{\text{ges}} \neq 0$ ein elektrisches Feld und wegen $\widehat{J}_{\text{ges}} \neq 0$ auch ein magnetisches Feld.

Damit folgt als Ergebnis für die Felder:

im System S	$\boldsymbol{E} = \mathbf{0}$	$\boldsymbol{B} \neq \mathbf{0}$
im System $\widehat{S}$	$\widehat{\boldsymbol{E}} \neq \mathbf{0}$	$\widehat{\boldsymbol{B}} \neq \mathbf{0}$

Als generelle Erkenntnis dieser Beispiele muss man aus relativistischer Sicht die Vorstellung von eigenständigen elektrischen und magnetischen Teilfeldern zur Konzeption eines **elektromagnetischen Feldes** vereinigen, das stets die beiden Feldanteile $\boldsymbol{E}$ und $\boldsymbol{B}$ miteinander verknüpft. Die Einzelfelder haben keine eigenständige Bedeutung, da sie vom gewählten Bezugs- oder Inertialsystem abhängen. Wie die Beispiele zeigen, kann zwar mitunter ein Feldanteil Null sein, aber aus der Sicht eines anderen Bezugssystems ist er dennoch vorhanden, [1, S. 255], [8, S. 114], [11, S. 168].

> Geht man aus von elektrischen Ladungen als der alleinigen Quelle elektromagnetischer Phänomene, dann ist die **Existenz von Magnetfeldern** eine **relativistische Konsequenz der Bewegung von Ladungen!** (9.17)

9.2.5 Transformation der Feldgrößen beim Wechsel des Bezugssystems

Auf Grund der partiellen Ableitungen mittelbarer Funktionen nach (8.2)

$$\frac{\partial}{\partial \hat{x}^k} = \sum_\nu \ell_{k\nu} \frac{\partial}{\partial x^\nu}$$

erhält man für die eindimensionale **Lorentz-Transformation** (7.19) folgende Umrechnungen **der partiellen Differentiale**.

$$\boxed{\frac{\partial}{\partial \hat{t}} = \gamma \left(\frac{\partial}{\partial t} + v \frac{\partial}{\partial x} \right)} \qquad \boxed{\frac{\partial}{\partial \hat{y}} = \frac{\partial}{\partial y}}$$

$$\boxed{\frac{\partial}{\partial \hat{x}} = \gamma \left(\frac{v}{c^2} \frac{\partial}{\partial t} + \frac{\partial}{\partial x} \right)} \qquad \boxed{\frac{\partial}{\partial \hat{z}} = \frac{\partial}{\partial z}} \tag{9.18}$$

Die Ermittlung der Transformationsbeziehungen beider Feldgrößen $\boldsymbol{E}$ und $\boldsymbol{B}$ aus den Darstellungen durch die elektrodynamischen Potentiale (5.81) erfolgt in kartesischer Form, wobei für die x-Richtung im System $\hat{S}$ gilt

$$\widehat{E}_x = -\frac{\partial \hat{\varphi}}{\partial \hat{x}} - \frac{\partial \widehat{A}_x}{\partial \hat{t}} \qquad \text{und} \qquad \widehat{B}_x = \frac{\partial \widehat{A}_z}{\partial \hat{y}} - \frac{\partial \widehat{A}_y}{\partial \hat{z}}$$

Die Potentiale des Systems $\widehat{S}$ werden nach (9.13) ersetzt und mit den Ableitungen (9.18) erhält man die Transformationsgleichungen der Feldvektoren beim Wechsel des Bezugssystems von S zu $\widehat{S}$.

Für die x-Komponente der elektrischen Feldstärke gilt z.B.

$$\begin{aligned} \widehat{E}_x &= \gamma^2 \left(\frac{v}{c^2} \frac{\partial}{\partial t} + \frac{\partial}{\partial x} \right) (\varphi - vA_x) - \gamma^2 \left(\frac{\partial}{\partial t} + v \frac{\partial}{\partial x} \right) \left(A_x - \frac{v}{c^2} \varphi \right) \\ &= \underbrace{\gamma^2 (1 - \beta^2)}_{=1} \left(\frac{\partial \varphi}{\partial x} + \frac{\partial A_x}{\partial t} \right) = E_x \end{aligned}$$

und insgesamt erhält man folgende Transformationsformeln.

$$\boxed{\widehat{E}_x = E_x} \qquad \boxed{\widehat{E}_y = \gamma \left(E_y - v\, B_z \right)} \qquad \boxed{\widehat{E}_z = \gamma \left(E_z + v\, B_y \right)}$$

$$\boxed{\widehat{B}_x = B_x} \qquad \boxed{\widehat{B}_y = \gamma \left(B_y + \frac{v}{c^2} E_z \right)} \qquad \boxed{\widehat{B}_z = \gamma \left(B_z - \frac{v}{c^2} E_y \right)} \tag{9.19}$$

Aus diesen Darstellungen ergeben sich durch direkte Berechnung der Komponenten die beiden folgenden **LORENTZ-Invarianten des elektromagnetischen Feldes**.

$$\boxed{\hat{\boldsymbol{E}} \cdot \hat{\boldsymbol{B}} = \boldsymbol{E} \cdot \boldsymbol{B}} \qquad \boxed{\hat{\boldsymbol{E}}^2 - c^2 \hat{\boldsymbol{B}}^2 = \boldsymbol{E}^2 - c^2 \boldsymbol{B}^2} \tag{9.20}$$

Für die erste Invariante gilt mit dem POYNTING-Vektor,

$$\left. \begin{aligned} \boldsymbol{E} \cdot \boldsymbol{B} &= E\,B \cos(\boldsymbol{E}, \boldsymbol{B}) \\ \mu_0 \,|\,\boldsymbol{S}\,| = |\,\boldsymbol{E} \times \boldsymbol{B}\,| &= E\,B \sin(\boldsymbol{E}, \boldsymbol{B}) \end{aligned} \right\} \quad \rightarrow \quad \boldsymbol{E} \cdot \boldsymbol{B} = \mu_0 \,|\,\boldsymbol{S}\,| \cot(\boldsymbol{E}, \boldsymbol{B})$$

die damit ein Maß für die Strahlungsleistung darstellt.

Die zweite Invariante ist wegen $\boldsymbol{E}^2 - c^2\,\boldsymbol{B}^2 = 2\,(w_e - w_m)/\varepsilon_0$ nach (5.35) ein Maß für die Differenz der Energiedichten.

Spitze bzw. stumpfe Winkel zwischen den Feldgrößen $\boldsymbol{E}$ und $\boldsymbol{B}$ bleiben in allen Bezugssystemen erhalten und ebenso eine vorhandene Orthogonalität, wofür ebene Wellen nach (5.76) ein Beispiel sind.

Statische Felder in S werden durch Transformation in kombinierte Felder in $\hat{S}$ verwandelt, was der Erkenntnis aus *Abschnitt 9.2.4* entspricht,

$$\left. \begin{aligned} \boldsymbol{E} &\neq 0 \\ \boldsymbol{B} &= 0 \end{aligned} \right\} \quad \rightarrow \quad \left\{ \begin{aligned} \hat{\boldsymbol{E}} &= E_x\,\mathbf{e}_x + \gamma\left(E_y\,\mathbf{e}_y + E_z\,\mathbf{e}_z\right) \\ \hat{\boldsymbol{B}} &= \qquad \gamma\,\frac{v}{c^2}\left(E_z\,\mathbf{e}_y - E_y\,\mathbf{e}_z\right) \end{aligned} \right.$$

$$\left. \begin{aligned} \boldsymbol{E} &= 0 \\ \boldsymbol{B} &\neq 0 \end{aligned} \right\} \quad \rightarrow \quad \left\{ \begin{aligned} \hat{\boldsymbol{E}} &= \qquad -\gamma\,v\left(B_z\,\mathbf{e}_y - B_y\,\mathbf{e}_z\right) \\ \hat{\boldsymbol{B}} &= B_x\,\mathbf{e}_x + \gamma\left(B_y\,\mathbf{e}_y + B_z\,\mathbf{e}_z\right) \end{aligned} \right.$$

und gleichzeitig die erste Invariante (9.20) erfüllt.

Man kann ein reines $\boldsymbol{E}$-Feld in S nicht in ein reines $\boldsymbol{B}$-Feld in $\hat{S}$ transformieren, einerseits nach diesen Beziehungen und andererseits, weil das nach der zweiten Invariante einen Vorzeichenwechsel und damit eine imaginäre Feldgröße zur Folge hätte.

Dagegen kann man kein beliebiges zeitabhängiges Feld in S durch Transformation in ein reines $\hat{\boldsymbol{E}}$- oder $\hat{\boldsymbol{B}}$-Feld in $\hat{S}$ verwandeln, da die Komponenten gemäß der letzten Beziehungen nicht unabhängig vorgegeben werden können. Man kann also nicht durch Wahl eines geeigneten Koordinatensystems einen Vektor „wegtransformieren" ! Das würde auch das Prinzip der sich gegenseitig zeitlich bedingenden Feldvektoren $\boldsymbol{E}$ und $\boldsymbol{B}$ der MAXWELL'schen Gleichungen verletzen.

Zerlegt man die Feldvektoren bezüglich des Vektors $\boldsymbol{v} = v\,\mathbf{e}_x$ in die Anteile in $\boldsymbol{v}$-Richtung ($||$) und senkrecht ($\perp$) dazu, dann folgt mit

$$\begin{aligned} \boldsymbol{v} \times \boldsymbol{E} &= \boldsymbol{v} \times \boldsymbol{E}_\perp = -\,v\left(E_z\,\mathbf{e}_y - E_y\,\mathbf{e}_z\right) \\ \boldsymbol{v} \times \boldsymbol{B} &= \boldsymbol{v} \times \boldsymbol{B}_\perp = -\,v\left(B_z\,\mathbf{e}_y - B_y\,\mathbf{e}_z\right) \end{aligned}$$

für die elektrische Feldstärke

$$\begin{aligned} \widehat{\boldsymbol{E}} &= \widehat{E}_x\,\mathbf{e}_x + \left(\widehat{E}_y\,\mathbf{e}_y + \widehat{E}_z\,\mathbf{e}_z\right) \\ &= E_x\,\mathbf{e}_x + \gamma\left[\left(E_y\,\mathbf{e}_y + E_z\,\mathbf{e}_z\right) - v\left(B_z\,\mathbf{e}_y - B_y\,\mathbf{e}_z\right)\right] \end{aligned}$$

und entsprechend für die magnetische Induktion

$$\begin{aligned} \widehat{\boldsymbol{B}} &= \widehat{B}_x\,\mathbf{e}_x + \left(\widehat{B}_y\,\mathbf{e}_y + \widehat{B}_z\,\mathbf{e}_z\right) \\ &= B_x\,\mathbf{e}_x + \gamma\left[\left(B_y\,\mathbf{e}_y + B_z\,\mathbf{e}_z\right) + \frac{v}{c^2}\left(E_z\,\mathbf{e}_y - E_y\,\mathbf{e}_z\right)\right] \end{aligned}$$

Insgesamt erhält man folgende Zerlegung der Feldgrößen, die die Beziehungen (9.19) in allgemeingültige Vektorgleichungen zusammenfassen, [18, S. 843].

$$\boxed{\widehat{\boldsymbol{E}} = \widehat{\boldsymbol{E}}_{||} + \widehat{\boldsymbol{E}}_\perp = \boldsymbol{E}_{||} + \gamma\left(\boldsymbol{E}_\perp + \boldsymbol{v} \times \boldsymbol{B}_\perp\right)}$$
$$\boxed{\widehat{\boldsymbol{B}} = \widehat{\boldsymbol{B}}_{||} + \widehat{\boldsymbol{B}}_\perp = \boldsymbol{B}_{||} + \gamma\left(\boldsymbol{B}_\perp - \frac{1}{c^2}\,\boldsymbol{v} \times \boldsymbol{E}_\perp\right)} \tag{9.21}$$

Die zur Relativgeschwindigkeit $\boldsymbol{v}$ **parallelen Komponenten der Feldgrößen** bleiben **ungeändert**, während die senkrechten eine geschwindigkeitsabhängige Änderung erfahren. Sie verhalten sich damit gerade umgekehrt wie die Komponenten der Ortsvektoren in (7.32).

Im Grenzübergang nichtrelativistischer Geschwindigkeiten mit $v \ll c$ und $\gamma \to 1$ gehen beide Gleichungen in die Beziehungen (5.6) für langsam bewegte Medien über.

Diese Transformationsbeziehungen sagen aus, dass die Vorstellung eines rein elektrischen oder magnetischen Feldes nur in Bezug auf ein bestimmtes Inertialsystem einen Sinn hat.

Gilt im System S für die Feldgrößen $\boldsymbol{E} \neq 0$ und $\boldsymbol{B} = 0$, dann lauten sie im System $\widehat{S}$

$$\boldsymbol{E} = \boldsymbol{E}_{||} + \boldsymbol{E}_{\perp} \quad \rightarrow \quad \widehat{\boldsymbol{E}} = \boldsymbol{E}_{||} + \gamma\, \boldsymbol{E}_{\perp} \quad \text{und} \quad \widehat{\boldsymbol{B}} = -\frac{\gamma}{c^2}\, \boldsymbol{v} \times \boldsymbol{E}$$

Gilt dagegen $\boldsymbol{E} = 0$ und $\boldsymbol{B} \neq 0$ in S, dann folgt in $\widehat{S}$

$$\boldsymbol{B} = \boldsymbol{B}_{||} + \boldsymbol{B}_{\perp} \quad \rightarrow \quad \widehat{\boldsymbol{E}} = \gamma\, \boldsymbol{v} \times \boldsymbol{B} \quad \text{und} \quad \widehat{\boldsymbol{B}} = \boldsymbol{B}_{||} + \gamma\, \boldsymbol{B}_{\perp}$$

Die Relativbewegung eines Bezugssystems hat zur Folge, dass von ihm aus gesehen auch diejenige Feldgröße in Erscheinung tritt, die im ruhenden System nicht vorhanden ist! Insbesondere kann man, wie bereits gezeigt, auch nicht durch Wechsel des Bezugssystems von einem reinen $\boldsymbol{E}$-Feld zu einem reinen $\boldsymbol{B}$-Feld oder umgekehrt gelangen!

Mit anderen Worten bedeutet das, dass elektrische und magnetische Felder keine separaten Erscheinungen mit unabhängiger Existenz sind, sondern dass das Auftreten und die Werte der Feldvektoren vom Bewegungszustand des Bezugssystems abhängen, also gleichsam nur zwei Ansichten einer einzigen Größe darstellen. Es liegt daher nahe, sie in einer **Einheit höherer Ordnung**, dem **Feldtensor**, zusammenzufassen, der im *Abschnitt 9.4* behandelt wird.

9.2.6 LORENTZ-Invarianz der MAXWELL'schen Gleichungen

Das Erstaunliche an den MAXWELL'schen Gleichungen liegt darin, dass diese klassischen elektrodynamischen Gesetze bereits in kovarianter Form vorliegen, obwohl sie lange vor EINSTEINs Relativitätstheorie aufgestellt wurden. Sie erfüllen also von sich aus die LORENTZ-Transformation und sind bei beliebigen Geschwindigkeiten gültig, was ja für die NEWTON'sche Dynamik nicht gilt.

Den Nachweis dafür erbringt man dadurch, dass man in Induktions- und Durchflutungsgesetz die Ableitungen (9.18) auf die einzelnen Komponenten anwendet und die Feldvektoren gemäß (9.19) und (9.13) einsetzt.

Für die x-Richtung des Induktionsgesetzes gilt

$$\mathbf{e}_x \cdot \operatorname{rot} \widehat{\boldsymbol{E}} = \frac{\partial \widehat{E}_z}{\partial \hat{y}} - \frac{\partial \widehat{E}_y}{\partial \hat{z}} = -\frac{\partial \widehat{B}_x}{\partial \hat{t}}$$

$$\gamma \frac{\partial}{\partial y}\left(E_z + v\,B_y\right) - \gamma \frac{\partial}{\partial z}\left(E_y - v\,B_z\right) = -\gamma \frac{\partial B_x}{\partial t} - \gamma v \frac{\partial B_x}{\partial x}$$

$$\frac{\partial E_z}{\partial y} - \frac{\partial E_y}{\partial z} = \mathbf{e}_x \cdot \operatorname{rot} \boldsymbol{E} = -\frac{\partial B_x}{\partial t} - v \underbrace{\left(\frac{\partial B_x}{\partial x} + \frac{\partial B_y}{\partial y} + \frac{\partial B_z}{\partial z}\right)}_{=\operatorname{div} \boldsymbol{B} = 0}$$

und für die x-Richtung des Durchflutungsgesetzes erhält man

$$\mathbf{e}_x \cdot \operatorname{rot} \widehat{\boldsymbol{B}} = \frac{\partial \widehat{B}_z}{\partial \hat{y}} - \frac{\partial \widehat{B}_y}{\partial \hat{z}} = \mu \widehat{J}_x + \mu\varepsilon \frac{\partial \widehat{E}_x}{\partial \hat{t}}$$

$$\gamma \frac{\partial}{\partial y}\left(B_z - \frac{v}{c^2}\,E_y\right) - \gamma \frac{\partial}{\partial z}\left(B_y + \frac{v}{c^2}\,E_z\right)$$

$$= -\gamma\mu\left(\rho v - J_x\right) + \gamma \frac{1}{c^2}\left(\frac{\partial E_x}{\partial t} + v \frac{\partial E_x}{\partial x}\right)$$

$$\underbrace{\frac{\partial B_z}{\partial y} - \frac{\partial B_y}{\partial z}}_{=\mathbf{e}_x \cdot \operatorname{rot} \boldsymbol{B}} = \underbrace{\frac{v}{c^2} \underbrace{\left(\frac{\partial E_x}{\partial x} + \frac{\partial E_y}{\partial y} + \frac{\partial E_z}{\partial z}\right)}_{=\operatorname{div} \boldsymbol{E} = \rho/\varepsilon} - \mu\rho v}_{=0} + \mu J_x + \mu\varepsilon \frac{\partial E_x}{\partial t}$$

$$\mathbf{e}_x \cdot \operatorname{rot} \boldsymbol{B} = \mu J_x + \mu\varepsilon \frac{\partial E_x}{\partial t} \qquad (*)$$

Entsprechende Berechnungen gelten für die beiden anderen räumlichen Richtungen.

Die erste Divergenzbeziehung wird folgendermaßen transformiert

$$\varepsilon \operatorname{div} \widehat{\boldsymbol{E}} = \varepsilon \left(\frac{\partial \widehat{E}_x}{\partial \hat{x}} + \frac{\partial \widehat{E}_y}{\partial \hat{y}} + \frac{\partial \widehat{E}_z}{\partial \hat{z}} \right) = \hat{\rho}$$

$$\gamma \left[\frac{v}{c^2} \frac{\partial E_x}{\partial t} + \frac{\partial E_x}{\partial x} + \frac{\partial E_y}{\partial y} - v \frac{\partial B_z}{\partial y} + \frac{\partial E_z}{\partial z} + v \frac{\partial B_y}{\partial z} \right] = \gamma \left(\frac{\rho}{\varepsilon} - \frac{v}{c^2 \varepsilon} J_x \right)$$

$$\underbrace{\frac{\partial E_x}{\partial x} + \frac{\partial E_y}{\partial y} + \frac{\partial E_z}{\partial z}}_{= \operatorname{div} \boldsymbol{E}} = \frac{\rho}{\varepsilon} + v \underbrace{\left(\frac{\partial B_z}{\partial y} - \frac{\partial B_y}{\partial z} - \mu J_x - \mu\varepsilon \frac{\partial E_x}{\partial t} \right)}_{=0 \quad \text{nach } (*)}$$

und für die andere gilt mit der x-Komponente des Induktionsgesetzes

$$\begin{aligned} \operatorname{div} \widehat{\boldsymbol{B}} &= \frac{\partial \widehat{B}_x}{\partial \hat{x}} + \frac{\partial \widehat{B}_y}{\partial \hat{y}} + \frac{\partial \widehat{B}_z}{\partial \hat{z}} = 0 \\ &= \gamma \left[\frac{v}{c^2} \frac{\partial B_x}{\partial t} + \frac{\partial B_x}{\partial x} + \frac{\partial B_y}{\partial y} + \frac{v}{c^2} \frac{\partial E_z}{\partial y} + \frac{\partial B_z}{\partial z} - \frac{v}{c^2} \frac{\partial E_y}{\partial z} \right] \\ &= \gamma \underbrace{\left(\frac{\partial B_x}{\partial x} + \frac{\partial B_y}{\partial y} + \frac{\partial B_z}{\partial z} \right)}_{= \operatorname{div} \boldsymbol{B}} + \gamma \frac{v}{c^2} \underbrace{\left(\frac{\partial B_x}{\partial t} + \frac{\partial E_z}{\partial y} - \frac{\partial E_y}{\partial z} \right)}_{=0} \end{aligned}$$

Die Ergebnisse bestätigen, dass die **MAXWELL'schen Gleichungen** in beiden Bezugssystemen S und $\widehat{S}$ die gleiche mathematische Form aufweisen und damit **LORENTZ-kovariant** sind.

$$\boxed{\operatorname{rot} \widehat{\boldsymbol{E}} + \frac{\partial \widehat{\boldsymbol{B}}}{\partial \hat{t}} = \operatorname{rot} \boldsymbol{E} + \frac{\partial \boldsymbol{B}}{\partial t} = \boldsymbol{0}}$$

$$\boxed{\operatorname{rot} \widehat{\boldsymbol{H}} - \hat{\boldsymbol{J}} - \frac{\partial \widehat{\boldsymbol{D}}}{\partial \hat{t}} = \operatorname{rot} \boldsymbol{H} - \boldsymbol{J} - \frac{\partial \boldsymbol{D}}{\partial t} = \boldsymbol{0}} \tag{9.22}$$

$$\boxed{\operatorname{div} \widehat{\boldsymbol{D}} - \hat{\rho} = \operatorname{div} \boldsymbol{D} - \rho = 0} \qquad \boxed{\operatorname{div} \widehat{\boldsymbol{B}} = \operatorname{div} \boldsymbol{B} = 0}$$

Diese Invarianz wird auch als **Relativitätsprinzip der Elektrodynamik** bezeichnet.

9.3 Feld und Strahlung bewegter Ladungen

9.3.1 Bewegung im homogenen Magnetfeld

Die Bewegungsgleichung einer Masse m, die eine Ladung q trägt und sich mit der Geschwindigkeit $\boldsymbol{u}$ in einem homogenen Magnetfeld $\boldsymbol{B}$ bewegt, lautet gemäß dem Grundgesetz der Dynamik (3.2) und der LORENTZ-Kraft (5.18)

$$\frac{d\boldsymbol{p}}{dt} = \frac{d}{dt}\big(m\boldsymbol{u}\big) = \boldsymbol{u}\,\frac{dm}{dt} + m\,\frac{d\boldsymbol{u}}{dt} = \boldsymbol{F}_L = q\,\boldsymbol{u}\times\boldsymbol{B}$$

Der erste Summand kann nicht auftreten, weil die Vektoren $\boldsymbol{u}$ und $\boldsymbol{u}\times\boldsymbol{B}$ orthogonal sind, so dass sich die verbleibende vektorielle Differentialgleichung reduziert.

$$\boxed{\frac{d\boldsymbol{u}}{dt} = \frac{q}{m}\,\boldsymbol{u}\times\boldsymbol{B}} \tag{9.23}$$

Mit der **LARMOR-Frequenz** $\omega_0 = qB/m$ gilt bei z-gerichtetem Magnetfeld $\boldsymbol{B} = B\,\mathbf{e}_z$ für die Beschleunigung

$$\frac{d\boldsymbol{u}}{dt} = \dot{\boldsymbol{u}} = \dot{u}_x\,\mathbf{e}_x + \dot{u}_y\,\mathbf{e}_y = \omega_0\,\big(u_y\,\mathbf{e}_x - u_x\,\mathbf{e}_y\big)$$

Das gekoppelte Differentialgleichungssystem, das bereits bei den Problemstellungen (5.45, Bd. I) und (6.53) auftrat,

$$\left.\begin{aligned} \frac{du_x}{dt} - \omega_0\,u_y(t) &= 0 \\ \frac{du_y}{dt} + \omega_0\,u_x(t) &= 0 \end{aligned}\right\} \quad\to\quad \left\{\begin{aligned} \frac{d^2u_x}{dt^2} + \omega_0^2\,u_x(t) &= 0 \\ \frac{d^2u_y}{dt^2} + \omega_0^2\,u_y(t) &= 0 \end{aligned}\right.$$

führt auf harmonische Funktionen als Lösungen für $u_x(t)$ und $u_y(t)$.

Wegen des z-gerichteten Magnetfeldes wird die Geschwindigkeit der geladenen Masse in dazu senkrechte ($\perp$) und parallele ($||$) Anteile zerlegt. Bei der Anfangsbedingung $\boldsymbol{u}(0) = u_\perp\,\mathbf{e}_x + u_{||}\,\mathbf{e}_z$ erhält man die Lösung von (9.23),

$$\boldsymbol{u}(t) = \boldsymbol{u}_\perp(t) + \boldsymbol{u}_{||}(t) = u_\perp\big[\cos\omega_0 t\,\mathbf{e}_x - \sin\omega_0 t\,\mathbf{e}_y\big] + u_{||}\,\mathbf{e}_z$$

deren Bewegung in *Abbildung 9.3* dargestellt ist.

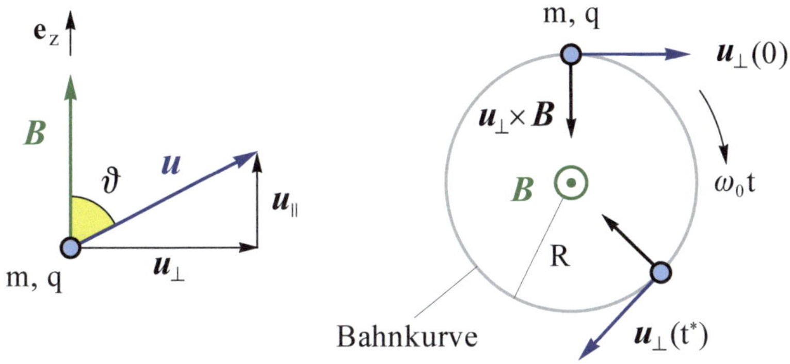

ABB. 9.3: Vektoren bei der Bewegung einer geladenen Masse m im homogenen Magnetfeld $\boldsymbol{B}$

Der Teilvektor $\boldsymbol{u}_\perp(t)$ mit konstantem Betrag bildet die Tangente des Spurkreises der **Linksschraube** um den Vektor $\boldsymbol{B}$.

Die ins Innere des Kreises gerichtete Zentripetalbeschleunigung der Masse m lautet

$$\boldsymbol{a}(t) = \frac{d\boldsymbol{u}}{dt} = \frac{q}{m}\,\boldsymbol{u} \times \boldsymbol{B} = -\,\omega_0\, u_\perp \left(\sin\omega_0 t\,\mathbf{e}_x + \cos\omega_0 t\,\mathbf{e}_y\right)$$

Die Frequenz der Drehung

$$\boxed{\omega_0 = \frac{qB}{m}} \tag{9.24}$$

heißt **Gyrationsfrequenz** oder auch **Zyklotronfrequenz**, die der LARMOR-Frequenz (6.53) bei Elektronen- und Kernspin entspricht.

Die Überlagerung von Kreisbewegung gemäß $u_\perp$ und Parallelbewegung $u_{||}$ führt insgesamt zu einer schraubenförmigen Bahnkurve oder **Helix** der ladungsbehafteten Masse m im homogenen Magnetfeld $\boldsymbol{B}$.

Der Radius des Kreises ergibt sich mit (5.44, Bd. I) aus der Gleichheit der Kräfte.

$$F = ma = m\,\omega_0\, u_\perp = m\,R\,\omega_0^2 \quad \rightarrow \quad \boxed{R = \frac{u_\perp}{\omega_0} = \frac{m\,u_\perp}{q\,B}} \tag{9.25}$$

Wenn die geladene Masse ein schnelles **Elektron** der Ruhmasse m_e und einer im nächsten Kapitel behandelten relativistischen Masse (10.8) mit dem LORENTZ-Faktor (8.20) ist, dann lautet die LORENTZ-Kraft

$$\boldsymbol{F}_L = \frac{d\boldsymbol{p}}{dt} = \frac{d}{dt}\big(\overset{*}{\gamma}\, m_e \boldsymbol{u}\big) = m_e\, \boldsymbol{u}\, \frac{d\overset{*}{\gamma}}{dt} + \gamma^* m_e\, \frac{d\boldsymbol{u}}{dt} = -\,e\, \boldsymbol{u} \times \boldsymbol{B}$$

Auch in diesem Fall muss wegen $\boldsymbol{u} \perp \boldsymbol{u} \times \boldsymbol{B}$ der erste Summand verschwinden.

$$\boldsymbol{u} \neq \boldsymbol{0} \quad \rightarrow \quad \frac{d\overset{*}{\gamma}}{dt} = 0 \quad \rightarrow \quad \overset{*}{\gamma} = \frac{1}{\sqrt{1 - \dfrac{u^2}{c^2}}} = \text{const.}$$

Die Berechnung der Bewegungsgrößen erfolgt ebenso wie oben und ergibt formal die gleichen Lösungen für Geschwindigkeit und Beschleunigung. Der Unterschied besteht darin, dass das Elektron wegen der negativen Ladung $q = -\,e$ das Magnetfeld $\boldsymbol{B}$ in einer **Rechtsschraube** umläuft, sowie in der abweichenden Frequenz.

$$\boxed{\omega_e = \frac{eB}{\overset{*}{\gamma}\, m_e} = \frac{eB}{m_e}\sqrt{1 - \left(\frac{u}{c}\right)^2}} \tag{9.26}$$

Speziell bei relativistischen Geschwindigkeiten mit $u \rightarrow c$ bezeichnet man sie als **Synchrotronfrequenz** und die entstehende Strahlung als **Synchrotronstrahlung**. In der Astronomie entsteht Synchrotronstrahlung, wenn relativistische Elektronen oder heiße Plasmen die Magnetfelder von Pulsaren, Quasaren oder Radiogalaxien durchlaufen *(s. Abschnitte 11.4 und 12.4.2)*.

9.3.2 LIÉNARD-WIECHERT-Potentiale

In der Anordnung der *Abbildung 9.4* bewegt sich eine Punktladung Q mit der Geschwindigkeit $\boldsymbol{u}(t)$ auf einer Bahnkurve. Gesucht ist das Potential im Aufpunkt P, der sich im Ruhesystem S am festen Ort befindet. Im momentanen, mit der Ladung Q mitbewegten System $\widehat{S}$ wird im Punkt A ein elektrostatisches Feld mit dem **COULOMB-Potential** (5.23) bzw. (5.94) erzeugt.

$$\hat{\varphi}(\hat{\boldsymbol{r}}, t_0) = \frac{Q}{4\pi\varepsilon_0}\, \frac{1}{|\,\hat{\boldsymbol{r}}_P - \hat{\boldsymbol{r}}_A\,|} = \frac{Q}{4\pi\varepsilon_0}\, \frac{1}{\hat{r}_0} \tag{9.27}$$

Wenn sich die Ladung Q zur Zeit t_0 im Punkt A befindet, kann ihre **Potentialwirkung** im Punkt P erst nach der Laufzeit t_ℓ auftreten, die zur Überbrückung des Abstandes r_0 zwischen A und P erforderlich ist. In dieser Zeit t_ℓ hat sich Q weiterbewegt und zur Zeit t_1 den Punkt B erreicht.

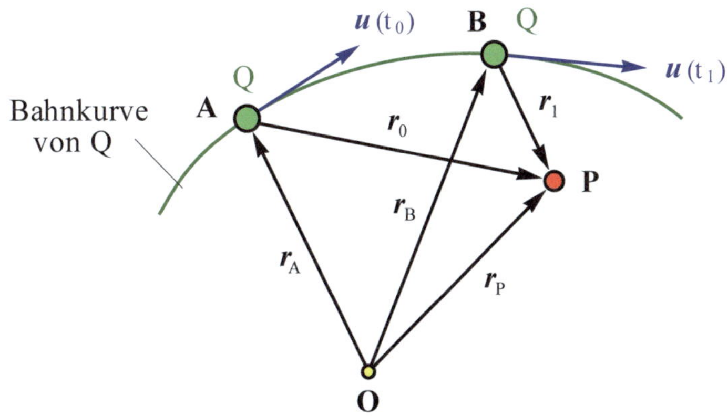

ABB. 9.4: Geometrie der Punktladung im System S

Für die Laufzeit oder Zeitdifferenz gilt dabei

$$t_\ell = \Delta t = t_1 - t_0 = \frac{|\,\boldsymbol{r}_A - \boldsymbol{r}_P\,|}{c} = \frac{r_0}{c}$$

Die aktuelle Zeit t ist die Summe aus **retardierter Zeit** t_{ret} und Laufzeit t_ℓ, so dass die retardierte Zeit gegenüber der Zeit im Ruhesystem S um die zugehörige Laufzeit zurückliegt, *(s.a. Abschnitt 5.8)*.

$$\boxed{t_{\text{ret}} = t - t_\ell = t - \frac{r}{c}} \tag{9.28}$$

Die Größe r ist der Abstand zwischen dem Punkt P und dem Ort, an dem sich die Ladung Q zum Zeitpunkt $t = t_{\text{ret}}$ befand.

Die Abstandsvektoren in *Abbildung 9.5* werden durch Differenzen von Ortsvektoren gebildet, die die Richtung vom Quellpunkt Q zum Aufpunkt P haben. Für sie gilt

$$\begin{aligned} \boldsymbol{r}_0 &= \boldsymbol{r}_P - \boldsymbol{r}_{Q_0} &&= \hat{\boldsymbol{r}}_{P_0} - \hat{\boldsymbol{r}}_{Q_0} = \hat{\boldsymbol{r}}_0 \\ \boldsymbol{r} &= \boldsymbol{r}_P - \boldsymbol{r}_Q &&= \hat{\boldsymbol{r}}_P - \hat{\boldsymbol{r}}_Q \;\; = \hat{\boldsymbol{r}} \end{aligned}$$

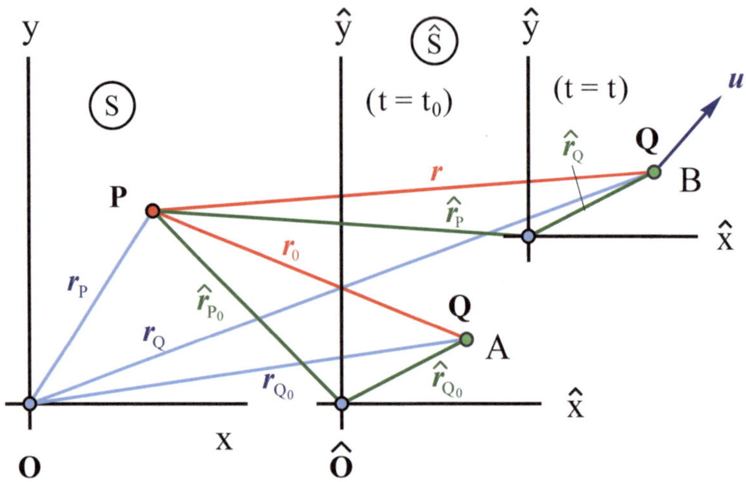

Abb. 9.5: Geometrie der Punktladung im System S

Zur Ermittlung des Potentials im Ruhesystem S des Punktes P wird der Abstand $\hat{r}$ gemäß Lorentz-Transformation (7.27) ausgedrückt, wobei die Geschwindigkeit $\boldsymbol{u}$ der Ladung die **momentane Relativgeschwindigkeit** der Bezugssysteme S und $\widehat{S}$ darstellt.

$$
\begin{aligned}
r &= c\left(t_P - t_Q\right) \\
\hat{r} &= c\left(\hat{t}_P - \hat{t}_Q\right) = \gamma c\left(t_P - \frac{\boldsymbol{u}\cdot\boldsymbol{r}_P}{c^2}\right) - \gamma c\left(t_Q - \frac{\boldsymbol{u}\cdot\boldsymbol{r}_Q}{c^2}\right) \\
&= \gamma c\left[\left(t_P - t_Q\right) - \frac{\boldsymbol{u}}{c}\cdot\frac{\boldsymbol{r}_P - \boldsymbol{r}_Q}{c}\right] \\
&= \gamma\, r\left(1 - \frac{\boldsymbol{r}}{r}\cdot\frac{\boldsymbol{u}}{c}\right)
\end{aligned}
$$

Die Größe in der letzten Klammer heißt **Liénard-Wiechert-Nenner**, [7, S. 344], der mit (8.17) folgende Abkürzung erhält.

$$
\boxed{\xi = 1 - \frac{\boldsymbol{r}}{r}\cdot\frac{\boldsymbol{u}}{c} = 1 - \frac{u}{c}\cos\left(\boldsymbol{r},\boldsymbol{u}\right) = 1 - \overset{*}{\beta}\cos\chi} \tag{9.29}
$$

Das **Viererpotential $\widehat{\boldsymbol{\Phi}}$** (9.11) wird im bewegten Bezugssystem $\widehat{S}$ der Ladung Q nur durch das Coulomb-Potential $\hat{\varphi}$, im Ruhesystem S dagegen durch Skalar- und Vektorpotential bestimmt.

$$\widehat{\mathbf{\Phi}} = \frac{j}{c}\,\hat{\varphi}(\hat{\boldsymbol{r}}_P, \hat{\boldsymbol{r}}_Q)\,\hat{\mathbf{e}}_0$$

$$\mathbf{\Phi} = \frac{j}{c}\,\varphi(\boldsymbol{r}_P, \boldsymbol{r}_Q)\,\mathbf{e}_0 + \boldsymbol{A}(\boldsymbol{r}_P, \boldsymbol{r}_Q) \tag{9.30}$$

Die Potentialkomponenten in S erhält man durch LORENTZ-Rücktransformation mit der Matrix (7.25).

$$\underline{\mathbf{\Phi}} = \underline{\mathbf{L}}_3^{\mathrm{T}}\,\underline{\widehat{\mathbf{\Phi}}}$$

$$\varphi(\boldsymbol{r}_P, \boldsymbol{r}_Q) = \gamma\,\hat{\varphi}(\hat{\boldsymbol{r}}_P, \hat{\boldsymbol{r}}_Q)$$

$$A_k(\boldsymbol{r}_P, \boldsymbol{r}_Q) = -\,j\beta_k\gamma\,\frac{j}{c}\,\hat{\varphi}(\hat{\boldsymbol{r}}_P, \hat{\boldsymbol{r}}_Q) = \gamma\,\frac{u_k}{c^2}\,\hat{\varphi}(\hat{\boldsymbol{r}}_P, \hat{\boldsymbol{r}}_Q) \qquad (k = x, y, z)$$

Setzt man das elektrostatische Potential $\hat{\varphi}$ und den rerardierten Abstand $\hat{r}$ ein und fasst die kartesischen Komponenten zum Vektorpotential $\boldsymbol{A}$ zusammen, dann erhält man mit $\mu_0\varepsilon_0 = 1/c^2$ die **LIÉNARD-WIECHERT-Potentiale** einer mit beliebiger Geschwindigkeit $\boldsymbol{u}$ bewegten Punktladung.

$$\boxed{\varphi(\boldsymbol{r}_P) = \frac{Q}{4\pi\varepsilon_0}\left[\frac{1}{r\left(1 - \dfrac{\boldsymbol{r}}{r}\cdot\dfrac{\boldsymbol{u}}{c}\right)}\right]_{\mathrm{ret}} = \frac{Q}{4\pi\varepsilon_0}\left[\frac{1}{r\,\xi}\right]_{\mathrm{ret}}}$$

$$\boxed{\boldsymbol{A}(\boldsymbol{r}_P) = \frac{\mu_0 Q}{4\pi}\left[\frac{\boldsymbol{u}}{r\left(1 - \dfrac{\boldsymbol{r}}{r}\cdot\dfrac{\boldsymbol{u}}{c}\right)}\right]_{\mathrm{ret}} = \frac{\mu_0 Q}{4\pi}\left[\frac{\boldsymbol{u}}{r\,\xi}\right]_{\mathrm{ret}}} \tag{9.31}$$

Für die Größen $\boldsymbol{r}$, r, $\boldsymbol{u}$ bzw. ξ sind dabei die retardierten Werte einzusetzen, die für die Punktladung Q zur der Zeit galten, die um die Laufzeit $t_\ell = r/c$ vor der aktuellen Zeit t_P liegen, [16, S. 234], [18, S. 872]. .

Für $\boldsymbol{u} \to 0$ geht das Viererpotential $\mathbf{\Phi}$ in das COULOMB-Potential bei verschwindendem Vektorpotential über.

Die Zusammenfassung der LIÉNARD-WIECHERT-Potentiale zum Viererpotential $\mathbf{\Phi}$ kann auch in einer weiteren Form erfolgen, indem man folgende Vierer-Ortsvektoren der *Abbildung 9.6* betrachtet, die man im System S ausdrückt.

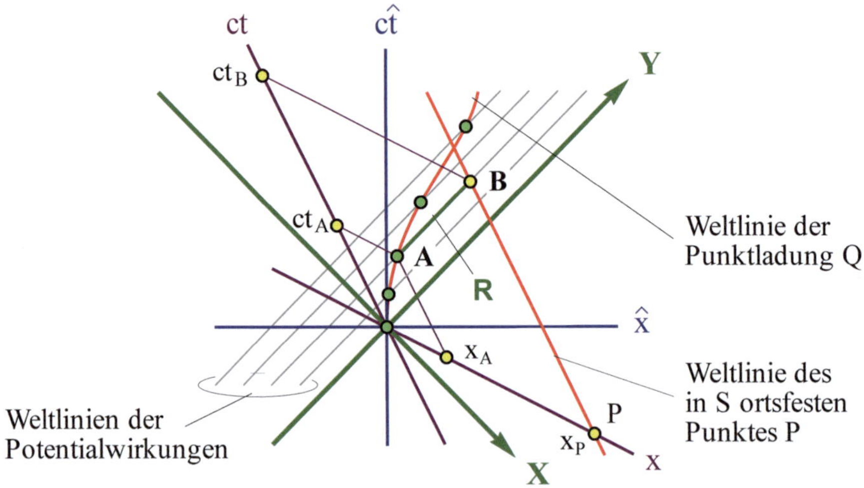

Abb. 9.6: Minkowski-Diagramm der bewegten Punktladung

Für die Ortsvektoren der Abbildung gilt

$$\text{Ereignis A} \qquad \mathbf{R}_A = jct_A\,\mathbf{e}_0 + \boldsymbol{r}_A$$

$$\text{Ereignis B} \qquad \mathbf{R}_B = jct_B\,\mathbf{e}_0 + \boldsymbol{r}_A$$

$$\begin{aligned}
\mathbf{R}^2 &= \left(\mathbf{R}_B - \mathbf{R}_A\right)^2 \\
&= \left[\,jc(t_B - t_A)\,\mathbf{e}_0 + (\boldsymbol{r}_B - \boldsymbol{r}_A)\,\right]^2 \\
&= \left(jr\,\mathbf{e}_0 + \boldsymbol{r}\right)^2 \\
&= -r^2 + \boldsymbol{r}^2 \\
&= 0
\end{aligned}$$

Der Vierer-Abstandsvektor $\mathbf{R}$ hat einen verschwindenden Betrag und daher nach (7.35) lichtartigen Charakter, da die Ausbreitung der Potentialwirkung mit der Lichtgeschwindigkeit c auf dem Mantel des Lichtkegels verläuft.

Für die Vierergeschwindigkeit $\mathbf{U}$ und die mit dem Abstandsvektor $\mathbf{R}$ zum Weltpunkt der Ladung Q gebildeten Größen erhält man folgende Darstellungen, da der Einheitsvektor $\mathbf{e}_0$ der Zeitkomponente zu den räumlichen

Richtungen orthogonal ist.

$$\mathsf{U} = \overset{*}{\gamma} \left(jc\,\mathbf{e}_0 + \boldsymbol{u}\right)$$

$$\mathsf{R}\cdot\mathsf{U} = \overset{*}{\gamma} \left(jr\,\mathbf{e}_0 + \boldsymbol{r}\right)\cdot\left(jc\,\mathbf{e}_0 + \boldsymbol{u}\right) = -\overset{*}{\gamma}\, cr\left(1 - \frac{\boldsymbol{r}}{r}\cdot\frac{\boldsymbol{u}}{c}\right) = -\overset{*}{\gamma}\, cr\xi$$

$$\frac{\mathsf{U}}{\mathsf{R}\cdot\mathsf{U}} = -\frac{j\,\mathbf{e}_0 + \dfrac{\boldsymbol{u}}{c}}{r\left(1 - \dfrac{\boldsymbol{r}}{r}\cdot\dfrac{\boldsymbol{u}}{c}\right)} = -\left(j\,\mathbf{e}_0 + \frac{\boldsymbol{u}}{c}\right)\frac{1}{r\,\xi}$$

Damit kann das **Liénard-Wiechert-Viererpotential** (9.30) in kompakter Form geschrieben werden.

$$\boxed{\boldsymbol{\Phi} = -\frac{Q}{4\pi\varepsilon_0}\,\frac{1}{c}\,\frac{\mathsf{U}}{\mathsf{R}\cdot\mathsf{U}}} \tag{9.32}$$

9.3.3 Feldgrößen

Die Berechnung der **Liénard-Wiechert-Feldgrößen** durch Differentiation der Potentiale (5.81) ist relativ aufwendig, so dass nur die Ergebnisse angegeben werden, [7, S. 356], [18, S. 875].

$$\begin{aligned}
\boldsymbol{E}(\boldsymbol{r_P},t) = {} & \frac{Q}{4\pi\varepsilon_0}\left[\left(1-\frac{u^2}{c^2}\right)\left(\frac{\boldsymbol{r}}{r}-\frac{\boldsymbol{u}}{c}\right)\frac{1}{r^2\,\xi^3}\right]_{\text{ret}} \\
& + \frac{Q}{4\pi\varepsilon_0}\left[\left\{\frac{\boldsymbol{r}}{r}\times\left[\left(\frac{\boldsymbol{r}}{r}-\frac{\boldsymbol{u}}{c}\right)\times\frac{\boldsymbol{a}}{c^2}\right]\right\}\frac{1}{r\,\xi^3}\right]_{\text{ret}} \\
\boldsymbol{B}(\boldsymbol{r_P},t) = {} & \frac{\mu_0 c Q}{4\pi}\left[\left(1-\frac{u^2}{c^2}\right)\left(\frac{\boldsymbol{u}}{c}\times\frac{\boldsymbol{r}}{r}\right)\frac{1}{r^2\,\xi^3}\right]_{\text{ret}} \\
& + \frac{\mu_0 c Q}{4\pi}\left[\left[\frac{\boldsymbol{r}}{r}\times\left\{\frac{\boldsymbol{r}}{r}\times\left[\left(\frac{\boldsymbol{r}}{r}-\frac{\boldsymbol{u}}{c}\right)\times\frac{\boldsymbol{a}}{c^2}\right]\right\}\right]\frac{1}{r\,\xi^3}\right]_{\text{ret}}
\end{aligned} \tag{9.33}$$

Mit dem **Fernfeldvektor** der Dimension 1/m,

$$\boxed{\boldsymbol{V} = \frac{\boldsymbol{r}}{r}\times\left[\left(\frac{\boldsymbol{r}}{r}-\frac{\boldsymbol{u}}{c}\right)\times\frac{\boldsymbol{a}}{c^2}\right]} \tag{9.34}$$

bei dem wegen der Eigenschaft (5.8, Bd. I) des Spatproduktes gilt,

$$\frac{\boldsymbol{r}}{r} \cdot \boldsymbol{V} = 0$$

$$\frac{\boldsymbol{r}}{r} \times \boldsymbol{V} = \frac{\boldsymbol{r}}{r}\left[\left(\frac{\boldsymbol{u}}{c} \times \frac{\boldsymbol{r}}{r}\right) \cdot \frac{\boldsymbol{a}}{c^2} - \left(\frac{\boldsymbol{r}}{r} - \frac{\boldsymbol{u}}{c}\right) \times \frac{\boldsymbol{a}}{c^2}\right.$$

überblickt man einfacher, wie die Feldgrößen zusammengesetzt sind.

Der jeweils erste Anteil stellt ein **Geschwindigkeitsfeld** $\left(\boldsymbol{E}_u, \boldsymbol{B}_u \sim 1/r^2\right)$ dar, das von der Beschleunigung unabhängig ist und das den Charakter eines stationären oder COULOMB-Feldes aufweist.
Die zweiten Anteile, die den Vektor $\boldsymbol{V}$ enthalten, stellen **Beschleunigungsfelder** $\left(\boldsymbol{E}_a, \boldsymbol{B}_a \sim 1/r\right)$ mit $\boldsymbol{a} = \dot{\boldsymbol{u}}$ dar, die den Charakter von **Strahlungsfeldern** wie beim HERTZ'schen Dipol (5.116) haben und im Fernfeld bei großen Abständen r von der Quelle dominieren.

Für die Feldgrößen gilt der allgemeine Zusammenhang,

$$c\,\boldsymbol{B}(\boldsymbol{r_P}, t) = \left(\frac{\boldsymbol{r}}{r}\right)_{\text{ret}} \times \boldsymbol{E}(\boldsymbol{r_P}, t) \qquad \text{mit} \qquad \boldsymbol{E} \cdot \boldsymbol{B} = 0$$

$$c\,|\,\boldsymbol{B}\,| = \left|\left(\frac{\boldsymbol{r}}{r}\right)_{\text{ret}} \times \boldsymbol{E}\right| = E \sin\left(\boldsymbol{r}_{\text{ret}}, \boldsymbol{E}\right) \leqq E$$

bei dem $\boldsymbol{B}$ auf den Vektoren $\boldsymbol{r}_{\text{ret}}$ und $\boldsymbol{E}$ senkrecht steht, die beide einen beliebigen Winkel einschließen können.

Im **Fernfeld** bilden Abstandsvektor und Beschleunigungsanteile wegen

$$\left(\frac{\boldsymbol{r}}{r}\right)_{\text{ret}} \cdot \boldsymbol{E}_a = 0\,, \qquad \left(\frac{\boldsymbol{r}}{r}\right)_{\text{ret}} \cdot \boldsymbol{B}_a = 0\,, \qquad \left(\frac{\boldsymbol{r}}{r}\right)_{\text{ret}} \times \boldsymbol{E}_a = c\boldsymbol{B}_a$$

ein orthogonales Rechtssystem $\left(\boldsymbol{r}_{\text{ret}}, \boldsymbol{E}_a, \boldsymbol{B}_a\right)$, aus dem man den POYNTING-Vektor im Strahlungsfeld bestimmt.

$$\mu_0\,\boldsymbol{S}(\boldsymbol{r_P}, t) = \boldsymbol{E}_a(\boldsymbol{r_P}, t) \times \boldsymbol{B}_a(\boldsymbol{r_P}, t) = \frac{E_a^2}{c}\left(\frac{\boldsymbol{r}}{r}\right)_{\text{ret}}$$

Weitere Betrachtungen und Beispiele zur Ausbildung der Feldlinien findet man in [5, S. 58], [8, Kap. 5], [18, Kap. 20, 23].

9.3.4 Strahlung im Fernfeld

9.3.4.1 Raumwinkel und Richtcharakteristik

In entsprechender Weise wie Bogenlänge und ebener Winkel im Kreis nach (5.41, Bd. I) wird im dreidimensionalen Raum der **Raumwinkel** Ω definiert, der den räumlichen Winkelausschnitt beschreibt, den der Kegel zu einer beliebig berandeten Kugelkappe auf der Kugel vom Radius R bildet. Die Strahlen vom Mittelpunkt der Kugel zur Peripherie der Kappe bilden den zugehörigen, unregelmäßigen Kegel.

Die Proportionalität zwischen den Flächenelementen da der Kugel und des Raumwinkels $d\Omega$ bzw. zwischen ihren Gesamtwerten führt auf folgende Gleichung,

$$\frac{da}{d\Omega} = \frac{4\pi R^2}{4\pi} = R^2$$

aus der man die Vektorbeziehung erhält.

$$\boxed{d\boldsymbol{a} = \boldsymbol{n}\, da = \boldsymbol{n}\, R^2 d\Omega} \tag{9.35}$$

Winkel haben zwar keine Dimension, aber zur Kennzeichnung bekommt der ebene Winkel die Benennung **Bogenmaß in Radian** [rad] oder **Grad** [°] und der Raumwinkel die Benennung **Steradiant** [sr].

Speziell in **Kugelkoordinaten** gilt für Raumwinkel und Flächenelement,

$$d\Omega = \sin\vartheta\, d\vartheta\, d\varphi\,, \qquad d\boldsymbol{a} = r^2 \sin\vartheta\, d\vartheta\, d\varphi\, \boldsymbol{e}_r$$

mit dem die Strahlungsleistung nach (5.38) lautet

$$dP_{\mathrm{Str}} = \boldsymbol{S} \cdot d\boldsymbol{a} = r^2 d\Omega\, \boldsymbol{n} \cdot \boldsymbol{S}$$

Mit dem in beiden Feldgrößen (9.33) auftretenden Fernfeldvektor (9.34) erhält man für die bewegte Punktladung nach (5.78) im System S die Leistung pro Raumwinkel, die man in Strahlungsphysik und Lichttechnik als **Strahlstärke** I in W/sr bezeichnet.

$$\begin{aligned} I = \frac{dP_{\mathrm{Str}}(t)}{d\Omega} &= r_{\mathrm{ret}}^2\, \boldsymbol{n}_{\mathrm{ret}} \cdot \boldsymbol{S}(t) = r_{\mathrm{ret}}^2\, \frac{E_a^2}{\mu_0 c}\, \underbrace{\boldsymbol{n}_{\mathrm{ret}} \cdot \left(\frac{\boldsymbol{r}}{r}\right)_{\mathrm{ret}}}_{=1} \\ &= \varepsilon_0 c \left(\frac{Q}{4\pi\varepsilon_0}\right)^2 \left[\boldsymbol{V}\, \frac{1}{\xi^3}\right]_{\mathrm{ret}}^2 \end{aligned}$$

Die Strahlstärke beschreibt die **Richtcharakteristik** von Strahlungsquellen im Raum.

Die Strahlungsleistung als Zeitableitung der Energie muss für die Zeiten t_{ret} und t gemäß (9.28) umgerechnet werden.

$$P_{\text{Str}}(t_{\text{ret}}) = \frac{dW}{dt_{\text{ret}}} = \frac{dt}{dt_{\text{ret}}} \frac{dW}{dt} = \frac{dt}{dt_{\text{ret}}} P_{\text{Str}}(t)$$

$$\begin{aligned} \frac{dt}{dt_{\text{ret}}} &= \frac{d}{dt_{\text{ret}}} \left(t_{\text{ret}} + \frac{r}{c} \right) = 1 + \frac{1}{c} \frac{d}{dt_{\text{ret}}} \sqrt{\boldsymbol{r} \cdot \boldsymbol{r}} \\ &= 1 + \frac{1}{c} \frac{\boldsymbol{r}}{r} \cdot \frac{d}{dt_{\text{ret}}} (\boldsymbol{r}_P - \boldsymbol{r}_Q) = 1 + \frac{1}{c} \frac{\boldsymbol{r}}{r} \cdot \Big(\underbrace{\frac{d\boldsymbol{r}_P}{dt_{\text{ret}}}}_{=0} - \underbrace{\frac{d\boldsymbol{r}_Q}{dt_{\text{ret}}}}_{=\boldsymbol{u}} \Big) \\ &= \left(1 - \frac{\boldsymbol{r}}{r} \cdot \frac{\boldsymbol{u}}{c} \right)_{\text{ret}} = \xi_{\text{ret}} \end{aligned}$$

Die Ableitung ergibt den **Liénard-Wiechert-Nenner** (9.29), mit dem man die Strahlungscharakteristik im System $\widehat{S}$ der bewegten Ladung angeben kann, bei dem $\boldsymbol{V}$ den Fernfeldvektor (9.34) bedeutet.

$$\boxed{\frac{dP_{\text{Str}}(t_{\text{ret}})}{d\Omega} = \xi_{\text{ret}} \frac{dP_{\text{Str}}(t)}{d\Omega} = \varepsilon_0 c \left(\frac{Q}{4\pi\varepsilon_0} \right)^2 \left[\boldsymbol{V}^2 \frac{1}{\xi^5} \right]_{\text{ret}}} \tag{9.36}$$

Zwei spezielle Fälle von Ladungsbewegungen sollen betrachtet werden, bei denen die Vektoren von Geschwindigkeit und Beschleunigung parallel bzw. senkrecht zueinander gerichtet sind.

9.3.4.2 Geschwindigkeit $\boldsymbol{u}$ und Beschleunigung $\boldsymbol{a}$ parallel, ($\boldsymbol{u} \times \boldsymbol{a} = 0$)

In diesem Fall gilt mit (9.29)

$$\cos(\boldsymbol{r}, \boldsymbol{u}) = \cos(\boldsymbol{r}, \boldsymbol{a}) = \cos\chi$$

Der Fernfeldvektor $\boldsymbol{V}$ (9.34) reduziert sich nach dem Entwicklungssatz (5.10, Bd. I) auf

$$\begin{aligned} \boldsymbol{V} &= \frac{\boldsymbol{r}}{r} \times \left(\frac{\boldsymbol{r}}{r} \times \frac{\boldsymbol{a}}{c^2} \right) = \frac{\boldsymbol{r}}{r} \left(\frac{\boldsymbol{r}}{r} \cdot \frac{\boldsymbol{a}}{c^2} \right) - \frac{\boldsymbol{a}}{c^2} \\ \boldsymbol{V} \cdot \boldsymbol{V} &= \left(\frac{\boldsymbol{r}}{r} \right)^2 \left(\frac{\boldsymbol{r}}{r} \cdot \frac{\boldsymbol{a}}{c^2} \right)^2 - 2 \left(\frac{\boldsymbol{r}}{r} \cdot \frac{\boldsymbol{a}}{c^2} \right)^2 + \left(\frac{\boldsymbol{a}}{c^2} \right)^2 \\ &= \left(\frac{a}{c^2} \right)^2 - \left(\frac{ra\cos\chi}{rc^2} \right)^2 = \left(\frac{a}{c^2} \right)^2 \sin^2\chi \end{aligned}$$

Dieses Ergebnis gilt, wenn $\boldsymbol{u}$ und $\boldsymbol{a}$ entweder in die gleiche Richtung weisen oder bei abgebremster Ladung antiparallel sind.

Teilt man (9.36) durch den Vorfaktor,

$$K = \varepsilon_0 c \left(\frac{Q}{4\pi\varepsilon_0}\right)^2 \frac{a^2}{c^4} = \frac{\mu_0}{c}\left(\frac{Q}{4\pi}\right)^2 a^2$$

dann ergibt sich mit ξ nach (9.29) die rotationssymmetrische Richtcharakteristik $R_{||}$ der Strahlungsleistung im parallelen Fall, die bei Verzögerung der Elektronen als **Bremsstrahlung** bezeichnet wird.

$$\frac{1}{K}\,\frac{dP_{\text{Str}}(t_{\text{ret}})}{d\Omega} = R_{||}(\chi) = \frac{\sin^2\chi}{\left(1-\overset{*}{\beta}\cos\chi\right)^5} \tag{9.37}$$

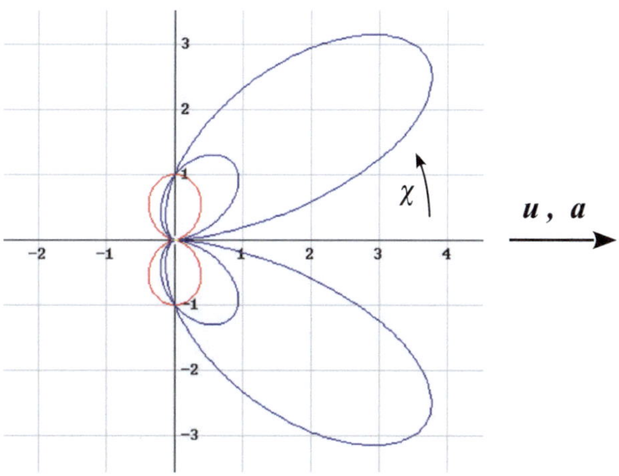

Abb. 9.7: Richtcharakteristik der Bremsstrahlung
in rot: $\overset{*}{\beta}= 0$
in blau: $\overset{*}{\beta}= 0.25, 0.5$

Weist der Geschwindigkeitsvektor $\boldsymbol{u}$ in z-Richtung, dann entspricht der Winkel χ dem Meridionalwinkel ϑ der Kugelkoordinaten.

Das Maximum der zweizipfeligen Strahlungsverteilung findet man aus

$$\frac{dR_{||}}{d\chi} = 0 \quad \rightarrow \quad 3\overset{*}{\beta}\cos^2\chi + 2\cos\chi - 5\overset{*}{\beta} = 0$$

$$\cos\chi_{\max} = \frac{1}{3\overset{*}{\beta}}\left(\sqrt{15\overset{*}{\beta}{}^2 + 1} - 1\right)$$

Bei nichtrelativistischen Geschwindigkeiten mit $\overset{*}{\beta} \rightarrow 0$ gilt für den Winkel $\chi_{\max} \rightarrow 90°$ und die Richtcharakteristik ist ein Torus wie beim HERTZ'schen Dipol (5.117), dessen Rotationsachse in Richtung der Geschwindigkeit $\boldsymbol{u}$ zeigt. Für $\overset{*}{\beta} \rightarrow 1$ nähern sich mit $\chi_{\max} \rightarrow 0°$ die Zipfel immer mehr an.

Die Bremsstrahlung ist die Ursache für die Erzeugung von **Röntgenstrahlung** bei Aufprall und plötzlicher Abbremsung von schnellen, freien Elektronen, wodurch aus der zeitlichen Sprungfunktion ein kontinuierliches Spektrum entsteht.

In der Radioastronomie tritt dieses Phänomen als **thermische Strahlung** auf, wenn freie Elektronen im elektrischen Feld eines heißen Plasmas beschleunigt werden.

9.3.4.3 Geschwindigkeit $\boldsymbol{u}$ und Beschleunigung $\boldsymbol{a}$ orthogonal, ($\boldsymbol{u} \cdot \boldsymbol{a} = 0$)

Mit dem Entwicklungssatz erhält man den Fernfeldvektor $\boldsymbol{V}$ und sein Quadrat.

$$\begin{aligned} \boldsymbol{V} &= \frac{\boldsymbol{r}}{r} \times \left[\left(\frac{\boldsymbol{r}}{r} - \frac{\boldsymbol{u}}{c}\right) \times \frac{\boldsymbol{a}}{c^2}\right] \\ &= \left(\frac{\boldsymbol{r}}{r} - \frac{\boldsymbol{u}}{c}\right)\left(\frac{\boldsymbol{r}}{r} \cdot \frac{\boldsymbol{a}}{c^2}\right) - \frac{\boldsymbol{a}}{c^2}\left(1 - \frac{\boldsymbol{r}}{r} \cdot \frac{\boldsymbol{u}}{c}\right) \end{aligned}$$

$$\begin{aligned} \boldsymbol{V} \cdot \boldsymbol{V} &= \left[1 - 2\frac{\boldsymbol{r}}{r} \cdot \frac{\boldsymbol{u}}{c} + \left(\frac{\boldsymbol{u}}{c}\right)^2\right]\left(\frac{\boldsymbol{r}}{r} \cdot \frac{\boldsymbol{a}}{c^2}\right)^2 + \left(\frac{\boldsymbol{a}}{c^2}\right)^2\left(1 - \frac{\boldsymbol{r}}{r} \cdot \frac{\boldsymbol{u}}{c}\right)^2 \\ &\quad - 2\left(\frac{\boldsymbol{r}}{r} - \frac{\boldsymbol{u}}{c}\right) \cdot \frac{\boldsymbol{a}}{c^2}\left(\frac{\boldsymbol{r}}{r} \cdot \frac{\boldsymbol{a}}{c^2}\right)\left(1 - \frac{\boldsymbol{r}}{r} \cdot \frac{\boldsymbol{u}}{c}\right) \\ &= \left(\frac{\boldsymbol{a}}{c^2}\right)^2\left(1 - \frac{\boldsymbol{r}}{r} \cdot \frac{\boldsymbol{u}}{c}\right)^2 - \left[1 - \left(\frac{\boldsymbol{u}}{c}\right)^2\right]\left(\frac{\boldsymbol{r}}{r} \cdot \frac{\boldsymbol{a}}{c^2}\right)^2 \end{aligned}$$

Der interessanteste Fall ist die **gleichförmige Kreisbewegung** einer Ladung Q im Kreis vom Radius R in *Abbildung 9.8*, was man wie im *Abschnitt 9.3.1* dargestellt durch ein homogenes Magnetfeld erreichen kann.

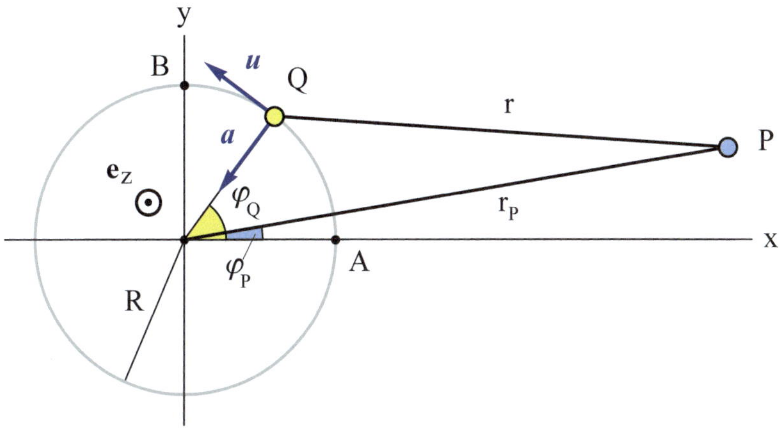

ABB. 9.8: Geometrie zur kreisenden Ladung, P liegt nicht notwendig in der $(\boldsymbol{x}, \boldsymbol{y})$-Ebene

Mit den Größen (5.44, Bd. I) für Geschwindigkeit und Beschleunigung der Ladung und den Abstandsvektor zwischen Quelle und Aufpunkt P

$$\frac{\boldsymbol{u}}{c} = \frac{u}{c}\,\mathbf{e}_{\varphi_Q} = \overset{*}{\beta}\,\mathbf{e}_{\varphi_Q} = \frac{R\omega_0}{c}\,\mathbf{e}_{\varphi_Q}$$

$$\frac{\boldsymbol{a}}{c^2} = -\,\frac{a}{c^2}\,\mathbf{e}_{\rho_Q} = -\,\frac{R\omega_0^2}{c^2}\,\mathbf{e}_{\rho_Q} = -\,\frac{\overset{*}{\beta}{}^2}{R}\,\mathbf{e}_{\rho_Q}$$

$$\frac{\boldsymbol{r}}{r} = \frac{\boldsymbol{r}_P - \boldsymbol{r}_Q}{r} = \frac{r_P}{r}\,\mathbf{e}_{r_P} - \frac{R}{r}\,\mathbf{e}_{\rho_Q}$$

erhält man die Skalarprodukte in Kugelkoordinaten.

$$\begin{aligned}\frac{\boldsymbol{r}}{r}\cdot\frac{\boldsymbol{u}}{c} &= \overset{*}{\beta}\,\frac{r_P}{r}\,\mathbf{e}_{r_P}\cdot\mathbf{e}_{\varphi_Q}\\ &= \overset{*}{\beta}\,\frac{r_P}{r}\,\sin\vartheta_P\,\sin(\varphi_P - \varphi_Q)\end{aligned}$$

$$\begin{aligned}\frac{\boldsymbol{r}}{r}\cdot\frac{\boldsymbol{a}}{c^2} &= -\,\frac{\overset{*}{\beta}{}^2}{R}\,\frac{r_P}{r}\,\mathbf{e}_{r_P}\cdot\mathbf{e}_{\rho_Q} + \frac{\overset{*}{\beta}{}^2}{R}\,\frac{R}{r}\\ &= \frac{\overset{*}{\beta}{}^2}{R}\left(\frac{R}{r} - \frac{r_P}{r}\,\sin\vartheta_P\,\cos(\varphi_P - \varphi_Q)\right)\end{aligned}$$

Das Quadrat des Fernfeldvektors lautet dann

$$\boldsymbol{V}^2 = \left(\frac{\overset{*}{\beta}{}^2}{R}\right)^2 \left\{ \left[1 - \overset{*}{\beta}\,\frac{r_P}{r}\,\sin\vartheta_P\,\sin(\varphi_P - \varphi_Q)\right]^2 \right.$$
$$\left. - \left(1 - \overset{*}{\beta}{}^2\right)\left[\frac{R}{r} - \frac{r_P}{r}\,\sin\vartheta_P\,\cos(\varphi_P - \varphi_Q)\right]^2 \right\}$$

Zur einfachen Berechnung der Richtcharakteristik wird Q in den Punkt A auf der x-Achse gelegt und der Aufpunkt P umläuft den Ursprung in der Ebene $\vartheta_P = \pi/2$. Im Fernfeld für $r_P \gg R$ kann man $r_P/r \approx 1$ und $R/r \approx 0$ setzen und bei Division durch den Vorfaktor

$$K^* = \varepsilon_0 c \left(\frac{Q}{4\pi\varepsilon_0}\right)^2 \frac{\overset{*}{\beta}{}^4}{R^2}$$

ergibt sich die Richtcharakteristik $R_\perp$ der Strahlungsleistung im orthogonalen Fall zu,

$$\frac{1}{K^*}\,\frac{dP_{\mathrm{Str}}(t_{\mathrm{ret}})}{d\Omega} = R_\perp(\varphi_P) = \frac{\left(1 - \overset{*}{\beta}\sin\varphi_P\right)^2 - \left(1 - \overset{*}{\beta}{}^2\right)\cos^2\varphi_P}{\left(1 - \overset{*}{\beta}\sin\varphi_P\right)^5} \tag{9.38}$$

deren Maxima in Richtung der momentanen Geschwindigkeit $\boldsymbol{u}$ liegen.

Die Richtcharakteristik in *Abbildung 9.9* ist bei langsamer Bewegung für $\overset{*}{\beta} \to 0$ wie bei der Bremsstrahlung ein Torus mit $\boldsymbol{a}$ als Rotationsachse, was der Strahlungscharakteristik des HERTZ'schen Dipols entspricht.

Bei Bewegung mit steigendem $\overset{*}{\beta} \to 1$ wird die Richtcharakteristik in Vorwärtsrichtung immer schlanker bei verkleinertem rückwärtigem Zipfel und nimmt eine Zeppelin- oder Zigarrenform an, [5, S. 60], [18, S. 883].

In kreisförmigen Beschleunigern oder Speicherringen laufen freie Elektronen oder andere geladene Teilchen mit nahezu Lichtgeschwindigkeit um, wobei tangential zur Kreisbahn stark gebündelte sog. **Synchrotronstrahlung** abgegeben wird.

An festen Messpunkten tritt die Strahlung einzelner Ladungsträger impulsförmig auf, wodurch ein breites Spektrum von Infrarot bis Röntgenstrahlung entsteht, die bei einer Vielzahl von Teilchen eine kontinuierlich zur Verfügung stehende Strahlung liefert, *(Abbildung 9.10)*.

Weltweit existieren viele Laboratorien zur Erzeugung von Synchrotronstrahlung, die in Physik, Materialwissenschaft, Molekularbiologie, Medizin und anderen Disziplinen in vielfältigen Experimenten und Untersuchungen zum Einsatz kommt.

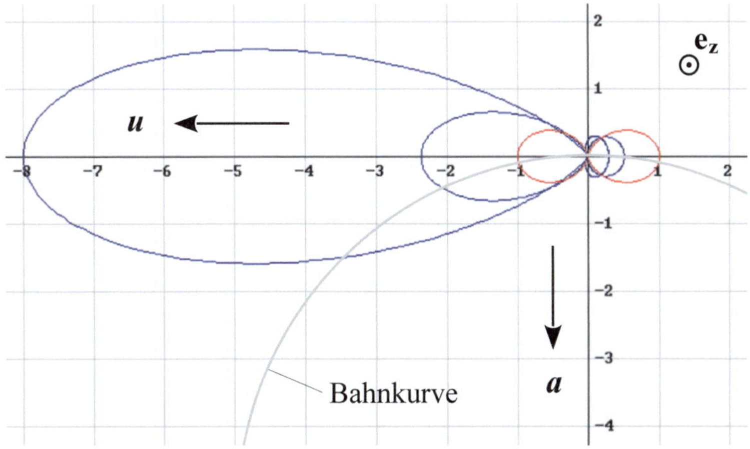

Abb. 9.9: Richtcharakteristik der kreisenden Ladung, Q im Punkt B bei umlaufendem P
in rot: $\overset{*}{\beta} = 0$
in blau: $\overset{*}{\beta} = 0.25, 0.5$

Große Beschleunigeranlagen mit starken Strahlungsquellen stellen eine wissenschaftliche Infrastruktur bereit, an der Forscher aus vielen Ländern ihre Experimente durchführen können. Das gilt in entsprechender Weise für sehr aufwendige und daher teure Mess- oder Beobachtungsgeräte wie optische, Radio- und Satellitenteleskope in der Astronomie.

Weitere Details zur Intensivierung und Frequenzkonzentration der Synchrotonstrahlung durch Undulatoren und Wiggler werden an folgender Stelle behandelt [6, Kap. 14.7].

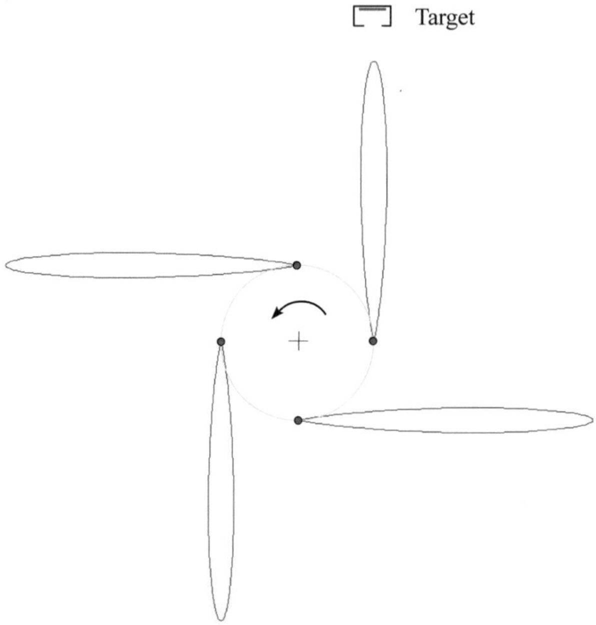

ABB. 9.10: Synchrotronstrahlung kreisender Ladungen bei hohem $\overset{*}{\boldsymbol{\beta}}$, Target am festen Messpunkt

9.4 Tensoren der Elektrodynamik

9.4.1 Elektromagnetischer Feldtensor

Die kartesischen Darstellungen der Feldvektoren $\boldsymbol{E}$ und $\boldsymbol{B}$ durch die elektrodynamischen Potentiale $\boldsymbol{A}$ und φ nach (5.81) führen auf folgende Beziehungen für die Komponenten, die eine Neuinterpretation mit erkennbarer Indizierung ermöglichen.

Für die magnetische Induktion erhält man die Komponentendarstellungen

$$B_x = \frac{\partial A_z}{\partial y} - \frac{\partial A_y}{\partial z} = \frac{\partial A_3}{\partial x^2} - \frac{\partial A_2}{\partial x^3} = F_{23} = \mathrm{Rot}_{23}\boldsymbol{\Phi}$$

$$B_y = \frac{\partial A_x}{\partial z} - \frac{\partial A_z}{\partial x} = \frac{\partial A_1}{\partial x^3} - \frac{\partial A_3}{\partial x^1} = F_{31} = \mathrm{Rot}_{31}\boldsymbol{\Phi}$$

$$B_z = \frac{\partial A_y}{\partial x} - \frac{\partial A_x}{\partial y} = \frac{\partial A_2}{\partial x^1} - \frac{\partial A_1}{\partial x^2} = F_{12} = \mathrm{Rot}_{12}\boldsymbol{\Phi}$$

und entsprechend für die elektrische Feldstärke mit $A_0 = j\varphi/c$.

$$-\frac{j}{c}E_x = \frac{j}{c}\frac{\partial \varphi}{\partial x} - \frac{1}{jc}\frac{\partial A_x}{\partial t} = \frac{\partial A_0}{\partial x^1} - \frac{\partial A_1}{\partial x^0} = F_{10} = \mathrm{Rot}_{10}\boldsymbol{\Phi}$$

$$-\frac{j}{c}E_y = \frac{j}{c}\frac{\partial \varphi}{\partial y} - \frac{1}{jc}\frac{\partial A_y}{\partial t} = \frac{\partial A_0}{\partial x^2} - \frac{\partial A_2}{\partial x^0} = F_{20} = \mathrm{Rot}_{20}\boldsymbol{\Phi}$$

$$-\frac{j}{c}E_z = \frac{j}{c}\frac{\partial \varphi}{\partial z} - \frac{1}{jc}\frac{\partial A_z}{\partial t} = \frac{\partial A_0}{\partial x^3} - \frac{\partial A_3}{\partial x^0} = F_{30} = \mathrm{Rot}_{30}\boldsymbol{\Phi}$$

Diese sechs Größen werden als unabhängige Komponenten eines **vierdimensionalen antisymmetrischen Tensors 2. Stufe** gedeutet, der **elektromagnetischer Feldtensor** $\mathscr{F}$ heißt und der als höhere Einheit beide Feldvektoren $\boldsymbol{E}$ und $\boldsymbol{B}$ nach der SOMMERFELD'schen **Paarbildung** im *Abschnitt 5.1.4* zusammenfasst.

Dieser Tensor stellt nach dem Aufbau seiner Komponenten als Differenz von über Kreuz indizierten partiellen Differentialen die **Vidererrotation des Viererpotentials** $\boldsymbol{\Phi}$ (9.11) dar und man findet der Anzahl seiner unabhängigen Größen wegen mitunter auch die Bezeichnung **Sechservektor**, [16, S. 199].

Der Feldtensor $\mathscr{F}$ und die zugehörige schiefsymmetrische Tensormatrix $\underline{\mathbf{F}}_{\#\#}$ lauten folgendermaßen, [10, S. 112], [16, S. 202].

$$\mathscr{F} = \operatorname{Rot}\boldsymbol{\Phi} = \underline{\underline{\mathbf{e}}}^{\mathrm{T}}\,\underline{\mathbf{F}}_{\#\#}\,\underline{\underline{\mathbf{e}}} \qquad F_{\mu\nu} = -\,F_{\nu\mu} = \operatorname{Rot}_{\mu\nu}\boldsymbol{\Phi} = \frac{\partial A_\nu}{\partial x^\mu} - \frac{\partial A_\mu}{\partial x^\nu}$$

$$\underline{\mathbf{F}}_{\#\#} = \begin{pmatrix} F_{00} & F_{01} & F_{02} & F_{03} \\ F_{10} & F_{11} & F_{12} & F_{13} \\ F_{20} & F_{21} & F_{22} & F_{23} \\ F_{30} & F_{31} & F_{32} & F_{33} \end{pmatrix} = \left(\begin{array}{c|ccc} 0 & \frac{j}{c}E_x & \frac{j}{c}E_y & \frac{j}{c}E_z \\ \hline -\frac{j}{c}E_x & 0 & B_z & -B_y \\ -\frac{j}{c}E_y & -B_z & 0 & B_x \\ -\frac{j}{c}E_z & B_y & -B_x & 0 \end{array}\right) \tag{9.39}$$

Der Feldtensor fasst die sechs Komponenten der Feldvektoren $\{\,(j/c)\,\boldsymbol{E}\,,\,\boldsymbol{B}\,\}$ zu einer vierdimensionalen Größe der Einheit Vs/m^2 zusammen. In der Matrix werden die Komponenten mit raumzeitlicher und räumlicher Herkunft durch Unterteilung verdeutlicht.

Bei einem **Wechsel des Inertialsystems** von S zu $\widehat{S}$ erfüllt der Feldtensor die LORENTZ-Transformation und ist damit ein **LORENTZ-Tensor**.

Die Umrechnung der Tensorkomponenten erfolgt nach *Tabelle 9.2 (Bd. I)* durch **Kongruenztransformation** mit der LORENTZ-Matrix $\underline{\mathbf{L}}$.

$$\widehat{\underline{\mathbf{F}}}_{\#\#} = \underline{\mathbf{L}}\,\underline{\mathbf{F}}_{\#\#}\,\underline{\mathbf{L}}^{\mathrm{T}} \tag{9.40}$$

Im eindimensionalen Fall erhält man die Transformationsbeziehungen (9.19). Als Beispiel wird die Komponente $\widehat{F}_{20}$ im neuen System durch Matrixmultiplikation (3.14, Bd. I) mit $\underline{\mathbf{L}}$ nach (7.17) bestimmt.

$$\begin{aligned} \widehat{F}_{20} &= -\frac{j}{c}\,\widehat{E}_y \\ &= \sum\nolimits_{\mu=0}^{3}\sum\nolimits_{\nu=0}^{3} F_{\mu\nu}\,\ell_{2\mu}\,\ell_{0\nu} = \sum\nolimits_{\nu=0}^{3} \ell_{0\nu}\underbrace{\sum\nolimits_{\mu=0}^{3}\ell_{2\mu}\,F_{\mu\nu}}_{=\,\ell_{22}\,F_{2\nu}\,=\,F_{2\nu}} \\ &= \gamma\,F_{20} - j\beta\gamma\,F_{21} = \gamma\left(-\frac{j}{c}\,E_y + j\beta\,B_z\right) \end{aligned}$$

Das Ergebnis lautet wie in (9.19)

$$\widehat{E}_y = \gamma \left(E_y - v\, B_z \right)$$

Im dreidimensionalen Fall wird jede Tensorkomponente im neuen Bezugssystem von allen Tensorelementen des alten Systems beeinflusst.

9.4.2 Dualer Tensor und Invarianten

Die Transformationsbeziehungen (9.21) sind invariant, wenn man die Feldvektoren gemäß der **Dualitätstransformation** $\left\{ -(j/c)\,\boldsymbol{E} \leftrightarrow \boldsymbol{B} \right\}$ vertauscht.

Dadurch kann man den **dualen Tensor** $\mathscr{G}$ definieren, der ebenfalls **antisymmetrisch** ist. Da der Metriktensor $\mathscr{G}$ nach (11.6 bzw. 11.8, Bd. I) hier nicht auftritt, ist eine Verwechslung mit dem dualen Tensor ausgeschlossen!

Die Kmponenten der **Matrix des dualen Tensors** lauten mit entsprechender Unterteilung

$$\underline{\mathbf{G}}_{\#\#} = \begin{pmatrix} G_{00} & G_{01} & G_{02} & G_{03} \\ G_{10} & G_{11} & G_{12} & G_{13} \\ G_{20} & G_{21} & G_{22} & G_{23} \\ G_{30} & G_{31} & G_{32} & G_{33} \end{pmatrix} = \begin{pmatrix} 0 & \vdots & -B_x & -B_y & -B_z \\ \cdots & \cdot & \cdots & \cdots & \cdots \\ B_x & \vdots & 0 & -\frac{j}{c}E_z & \frac{j}{c}E_y \\ B_y & \vdots & \frac{j}{c}E_z & 0 & -\frac{j}{c}E_x \\ B_z & \vdots & -\frac{j}{c}E_y & \frac{j}{c}E_x & 0 \end{pmatrix} \tag{9.41}$$

Die Skalarprodukte von $\mathscr{F}$ und $\mathscr{G}$ führen auf folgende Tensoren.

$$\mathscr{F} \cdot \mathscr{F} = \underline{\underline{\mathsf{e}}}^{\mathrm{T}}\, \underline{\mathbf{F}}^2_{\#\#}\, \underline{\underline{\mathsf{e}}}$$
$$\mathscr{G} \cdot \mathscr{G} = \underline{\underline{\mathsf{e}}}^{\mathrm{T}}\, \underline{\mathbf{G}}^2_{\#\#}\, \underline{\underline{\mathsf{e}}}$$

Mit den Quadraten der Feldgrößen

$$\boxed{\boldsymbol{E}^2 = -\,c^2\left(F_{01}^2 + F_{02}^2 + F_{03}^2\,\right) = -\,c^2\left(G_{12}^2 + G_{13}^2 + G_{23}^2\,\right)}$$
$$\boxed{\boldsymbol{B}^2 = G_{01}^2 + G_{02}^2 + G_{03}^2 = F_{12}^2 + F_{13}^2 + F_{23}^2} \tag{9.42}$$

werden die Spuren der Tensoren dargestellt.

$$\mathrm{sp}\,\underline{\underline{\mathbf{F}}}^2_{\#\#} = \mathrm{sp}\,\underline{\underline{\mathbf{G}}}^2_{\#\#} = \frac{2}{c^2}\left(\boldsymbol{E}^2 - c^2\boldsymbol{B}^2\right)$$

Weiterhin wird das Skalarprodukt von $\mathscr{F}$ und $\mathscr{G}$ gebildet, dessen Komponentenmatrix Diagonalform mit gleichen Elementen hat und damit einer Einheitsmatrix $\underline{\underline{\mathbf{E}}}$ proportional ist.

$$\mathscr{F}\cdot\mathscr{G} = \underline{\underline{\mathbf{e}}}^{\mathrm{T}}\,\underline{\underline{\mathbf{F}}}_{\#\#}\,\underline{\underline{\mathbf{G}}}_{\#\#}\,\underline{\underline{\mathbf{e}}}$$

$$\underline{\underline{\mathbf{F}}}_{\#\#}\,\underline{\underline{\mathbf{G}}}_{\#\#} = \frac{j}{c}\,\mathrm{Diag}\Big(\boldsymbol{E}\cdot\boldsymbol{B}\Big) = \Big(\frac{j}{c}\,\boldsymbol{E}\cdot\boldsymbol{B}\Big)\,\underline{\underline{\mathbf{E}}}$$

Spuren und Determinanten liefern Skalare und damit invariante Größen. Mit den Energiedichten (5.35) ergeben sich die folgenden **Lorentz-Invarianten**, die bereits in (9.20) auftraten.

$$\boxed{\mathrm{sp}\,\underline{\underline{\mathbf{F}}}^2_{\#\#} = \mathrm{sp}\,\underline{\underline{\mathbf{G}}}^2_{\#\#} = \frac{2}{c^2}\left(\,\boldsymbol{E}^2 - c^2\boldsymbol{B}^2\,\right) = 4\mu_0\left(\,w_e - w_m\,\right)}$$
$$\boxed{\mathrm{sp}\left(\,\underline{\underline{\mathbf{F}}}_{\#\#}\,\underline{\underline{\mathbf{G}}}_{\#\#}\,\right) = 4\,\frac{j}{c}\,\boldsymbol{E}\cdot\boldsymbol{B}} \tag{9.43}$$
$$\boxed{\det\underline{\underline{\mathbf{F}}}_{\#\#} = \det\underline{\underline{\mathbf{G}}}_{\#\#} = -\,\frac{1}{c^2}\left(\,\boldsymbol{E}\cdot\boldsymbol{B}\,\right)^2 = \left[\,\frac{1}{4}\,\mathrm{sp}\left(\,\underline{\underline{\mathbf{F}}}_{\#\#}\,\underline{\underline{\mathbf{G}}}_{\#\#}\,\right)\right]^2}$$

9.4.3 Tensordarstellung der MAXWELL'schen Gleichungen

Die beiden **inhomogenen MAXWELL'schen Gleichungen** (5.2) und (5.3), die die Quellen enthalten, ergeben mit den Komponenten der Viererstromdichte **J** nach (9.8) die Darstellungen,

$$\frac{j}{c}\operatorname{div}\boldsymbol{E} = \frac{jc}{c^2}\frac{\rho}{\varepsilon_0} = \mu_0\, jc\rho = \mu_0\, J_0$$

$$\operatorname{rot}\boldsymbol{B} - \frac{1}{c^2}\frac{\partial \boldsymbol{E}}{\partial t} = \mu_0\,\boldsymbol{J}$$

die durch die Komponenten des elektromagnetischen Feldtensors $\mathscr{F}$ ausgedrückt werden.

$$\frac{j}{c}\left[\frac{\partial E_x}{\partial x} + \frac{\partial E_y}{\partial y} + \frac{\partial E_z}{\partial z}\right] = \frac{\partial F_{01}}{\partial x^1} + \frac{\partial F_{02}}{\partial x^2} + \frac{\partial F_{03}}{\partial x^3} = \mu_0\, jc\rho = \mu_0\, J_0$$

$$\frac{\partial B_z}{\partial y} - \frac{\partial B_y}{\partial z} - \frac{1}{c^2}\frac{\partial E_x}{\partial t} = \frac{\partial F_{12}}{\partial x^2} + \frac{\partial F_{13}}{\partial x^3} + \frac{\partial F_{10}}{\partial x^0} = \mu_0\, J_x = \mu_0\, J_1$$

$$\frac{\partial B_x}{\partial z} - \frac{\partial B_z}{\partial x} - \frac{1}{c^2}\frac{\partial E_y}{\partial t} = \frac{\partial F_{23}}{\partial x^3} + \frac{\partial F_{21}}{\partial x^1} + \frac{\partial F_{20}}{\partial x^0} = \mu_0\, J_y = \mu_0\, J_2$$

$$\frac{\partial B_y}{\partial x} - \frac{\partial B_x}{\partial y} - \frac{1}{c^2}\frac{\partial E_z}{\partial t} = \frac{\partial F_{31}}{\partial x^1} + \frac{\partial F_{32}}{\partial x^2} + \frac{\partial F_{30}}{\partial x^0} = \mu_0\, J_z = \mu_0\, J_3$$

Diese vier Beziehungen kann man wegen $F_{kk} = 0$ zu folgenden Komponentengleichungen für $k = 0, 1, 2, 3$ zusammenfassen oder nach vektorieller Addition durch die vierdimensionale, alternative Divergenz des Feldtensors gemäß (18.51, Bd. I) als **Vierervektorgleichung** darstellen.

$$\boxed{\sum\nolimits_{\nu=0}^{3} \frac{\partial F_{k\nu}}{\partial x^\nu} = \mu_0\, J_k} \qquad \boxed{\overset{*}{\operatorname{div}}\,\mathscr{F} = \mu_0\,\mathbf{J}} \tag{9.44}$$

Die beiden **homogenen MAXWELL'schen Gleichungen**

$$\operatorname{rot}\boldsymbol{E} + \frac{\partial \boldsymbol{B}}{\partial t} = 0$$

$$\operatorname{div}\boldsymbol{B} = 0$$

werden durch die Komponenten des dualen Tensors ausgedrückt.

$$-\frac{j}{c}\left[\frac{\partial E_z}{\partial y}-\frac{\partial E_y}{\partial z}\right]+\frac{\partial B_x}{\partial(jct)}=\frac{\partial G_{12}}{\partial x^2}+\frac{\partial G_{13}}{\partial x^3}+\frac{\partial G_{10}}{\partial x^0}=0$$

$$-\frac{j}{c}\left[\frac{\partial E_x}{\partial z}-\frac{\partial E_z}{\partial x}\right]+\frac{\partial B_y}{\partial(jct)}=\frac{\partial G_{23}}{\partial x^3}+\frac{\partial G_{21}}{\partial x^1}+\frac{\partial G_{20}}{\partial x^0}=0$$

$$-\frac{j}{c}\left[\frac{\partial E_y}{\partial x}-\frac{\partial E_x}{\partial y}\right]+\frac{\partial B_z}{\partial(jct)}=\frac{\partial G_{31}}{\partial x^1}+\frac{\partial G_{32}}{\partial x^2}+\frac{\partial G_{30}}{\partial x^0}=0$$

$$-\left[\frac{\partial B_x}{\partial x}+\frac{\partial B_y}{\partial y}+\frac{\partial B_z}{\partial z}\right]=\frac{\partial G_{01}}{\partial x^1}+\frac{\partial G_{02}}{\partial x^2}+\frac{\partial G_{03}}{\partial x^3}=0$$

Alle vier Beziehungen werden wegen $G_{kk}=0$ durch die folgenden Komponentengleichungen oder durch die **homogene Vierervektorgleichung** als Divergenzbeziehung erfüllt.

$$\boxed{\sum_{\nu=0}^{3}\frac{\partial G_{k\nu}}{\partial x^\nu}=0} \qquad \boxed{\overset{*}{\mathrm{div}}\,\mathscr{G}=0} \qquad (9.45)$$

Man kann beide Paare der MAXWELL'schen Gleichungen auch mit den jeweils anderen Tensorkomponenten darstellen, allerdings ergeben sich dann bezüglich der auftretenden Indizes weniger übersichtliche Beziehungen. Die homogenen Gleichungen lauten mit den Komponenten des Feldtensors dann,

$$\frac{\partial F_{\mu\nu}}{\partial x^\lambda}+\frac{\partial F_{\nu\lambda}}{\partial x^\mu}+\frac{\partial F_{\lambda\mu}}{\partial x^\nu}=0$$

wobei die Indizes μ, ν, λ ein Tripel unterschiedlicher Zahlen aus (0,1,2,3) sein müssen, so dass dafür keine elegante Zusammenfassung existiert.

Das **Tensorsystem der MAXWELL'schen Gleichungen in LORENTZ-kovarianter Form** wird durch vier Divergenz-Beziehungen dargestellt.

Dabei werden die Komponenten der Feldtensoren $\mathscr{F}$ und $\mathscr{G}$ von den Feldgrößen $\boldsymbol{E}$ und $\boldsymbol{B}$ gebildet, die divergenzfreie Viererstromdichte $\mathbf{J}$ nach (9.8) enthält die Quellen ρ und $\boldsymbol{J}$ des Feldes und im divergenzfreien Viererpotential $\boldsymbol{\Phi}$ nach (9.11) treten die elektrodynamischen Potentiale φ und $\boldsymbol{A}$ auf.

$$\boxed{\overset{*}{\mathrm{div}}\,\mathscr{F}=\mu_0\,\mathbf{J}} \qquad \boxed{\overset{*}{\mathrm{div}}\,\mathscr{G}=0} \qquad \boxed{\mathrm{Div}\,\mathbf{J}=\mathrm{Div}\,\boldsymbol{\Phi}=0} \qquad (9.46)$$

Vom mathematischen Standpunkt hat man mit dieser Tensordarstellung eine elegante, kompakte und kovariante Beschreibung der **Elektrodynamik des Vakuums in vierdimensionaler Raumzeit** gewonnen, die das elektromagnetische Feld in umfassender Weise beschreibt, wie das am Ende von *Abschnitt 9.2.5* als Zielrichtung ausgesprochen wurde.

Allerdings tritt bei dieser Darstellungsweise mit Feldtensoren und Vierervektoren die Anschaulichkeit in den Hintergrund, die zum gewohnten Verständnis von Physikern und Elektrotechnikern gehört. Die vertraute räumliche Vorstellung der Feldentstehung aus Ladungen und Strömen, die Quellen darstellen und Wirbel verursachen, das Zusammenwirken der elektrischen und magnetischen Feldstärkevektoren im System der MAXWELL'schen Gleichungen, die Felddarstellung durch Feldlinien und Flussröhren sowie die Rechtsschraubenregel zum Verständnis der Richtung von Kraftwirkungen geht bei dieser formalen Beschreibung verloren.

Literaturangaben

[1] **Born**, Max:
Die Relativitätstheorie Einsteins
Springer Verlag, Berlin, Heidelberg, New York, 5. Aufl. (1969)

[2] **Fichtenholz**, Grigori M.:
Differential- und Integralrechnung I/II/III
VEB Deutscher Verlag der Wissenschaften, Berlin, 5. Aufl. (1972)

[3] **Frebel**, Anna:
Auf der Suche nach den ältesten Sternen
S. Fischer Verlag, Frankfurt am Main (2012)

[4] **Freund**, Jürgen:
Spezielle Relativitätstheorie für Studienanfänger
vdf Hochschulverlag AG an der ETH Zürich (2007)

[5] **Hecht**, Eugene:
Optics
Addison-Wesley Longman Inc., 3. Aufl. (1998)

[6] **Jackson**, John David:
Klassische Elektrodynamik
Walter de Gruyter, Berlin/Boston, 5. Aufl. (2014)

[7] **Panofsky**, Wolfgang K. H., **Phillips**, Melba:
Classical Electricity and Magnetism
Addison-Wesley Publishing Company, 2. Aufl. (1988)

[8] **Purcell**, Edward M.:
Berkeley Physik Kurs II, Elektrizität und Magnetismus
Vieweg Verlag, Braunschweig, 4. Aufl. (1989)

[9] **Resnick**, Robert:
Einführung in die spezielle Relativitätstheorie
Ernst Klett Verlag, Stuttgart (1976)

[10] **Schröder**, Ulrich E.:
Spezielle Relativitätstheorie
Verlag Europa Lehrmittel, 5. Aufl. (2014)

[11] **Sexl**, Roman / **Schmidt**, Herbert Kurt:
Raum - Zeit - Relativität
Rowohlt Taschenbuch Verlag, Reinbek bei Hamburg (1978)

[12] **Sharov**, Alexander S. / **Novikov**, Igor D.:
Edwin Hubble
Birkhäuser Verlag, Basel, Boston, Berlin (1994)

[13] **Simonyi**, Károly:
Theoretische Elektrotechnik
VEB Deutscher Verlag der Wissenschaften, Berlin, 9. Aufl. (1989)

[14] **Singh**, Simon:
Big Bang
Carl Hanser Verlag, München (2005)

[15] **Sobel**, Dava:
Das Glas-Universum
Berlin Verlag, München (2017)

[16] **Sommerfeld**, Arnold:
Vorlesungen über theoretische Physik III, Elektrodynamik
Akademische Verlagsgesellschaft Geest & Portig, 4. Aufl. (1964)

[17] **Stratton**, Julius Adams:
Electromagnetic Theory
McGraw-Hill Book Company (1941)

[18] **Zangwill**, Andrew:
Modern Electrodynamics
Cambridge University Press, Cambridge UK (2013)

Kapitel 10

Relativistische Dynamik

Zusammenfassung

Die fundamentalen physikalischen Begriffe von Kraftdichte, Impuls, Energie, Masse und Kraft werden zu Vierergrößen der Raumzeit verallgemeinert und der Energie-Impuls-Tensor wird zur Darstellung der Kraftwirkungen im elektromagnetischen Feld eingeführt.

Aus den Verknüpfungen der Vierergrößen resultiert eine Reihe grundlegender Beziehungen und Erkenntnisse der modernen Physik wie die von EINSTEIN gefundene Äquivalenz von Masse und Energie, das Gesetz der Energiequantisierung, der Welle-Teilchen-Dualismus und die Materiewellen. Mit Hilfe der Energiebeziehung und dem Energie-Impuls-Diagramm lassen sich wichtige atomare Wechselwirkungen veranschaulichen. Die MINKOWSKI-Kraft als Vierervektor der Kraft kann mit dem elektromagnetischen Feldtensor verknüpft werden.

10.1 Vierervektor der Kraftdichte

Als Ausgangspunkt für die Viererdarstellung greift man auf die Beziehung der **LORENTZ-Kraftdichte** (5.46) zurück, die folgendermaßen lautet.

$$\boldsymbol{f}_L = \rho\,\boldsymbol{E} + \boldsymbol{J} \times \boldsymbol{B} = \operatorname{div} \mathscr{T}_{\mathrm{M}} - \mu\varepsilon\,\frac{\partial \boldsymbol{S}}{\partial t}$$

W. Werner, *Vektoren und Tensoren als universelle Sprache in Physik und Technik 2*,
https://doi.org/10.1007/978-3-658-49785-9_10

Für die x-Richtung und entsprechend für y und z erhält man mit Viererstromdichte (9.8) und Feldtensor (9.39),

$$\begin{aligned} f_{L_x} &= jc\rho\left(-\frac{j}{c}E_x\right) + J_y\,B_z - J_z\,B_y \\ &= J_0\,F_{10} + \underbrace{J_1\,F_{11}}_{=0} + J_2\,F_{12} + J_3\,F_{13} \end{aligned}$$

so dass man die räumlichen Komponenten folgendermaßen darstellen kann.

$$f_{L_k} = \sum\nolimits_{\nu=0}^{3} F_{k\nu}\,J_\nu \qquad (\,k = 1,2,3 \;\text{ bzw. }\; x,y,z\,)$$

Setzt man formal auch $k = 0$ ein, dann liefert die Summe die Verlustleistungsdichte (5.34).

$$\begin{aligned} f_0 &= \underbrace{F_{00}\,J_0}_{=0} + F_{01}\,J_1 + F_{02}\,J_2 + F_{03}\,J_3 \\ &= \frac{j}{c}\,(\,E_x\,J_x + E_y\,J_y + E_z\,J_z\,) = \frac{j}{c}\,\boldsymbol{E}\cdot\boldsymbol{J} = \frac{j}{c}\,\mathring{p}_V \end{aligned}$$

Die Zusammenfassung der vier Komponenten ergeben dann die **Viererkraftdichte f** als Skalarprodukt aus alternierendem Feldtensor $\mathscr{F}$ und Viererstromdichte **J**, deren Zeit- und Raumanteil dabei durch **Verlustleistungsdichte** und **Lorentz-Kraftdichte** gebildet werden.

$$\boxed{\begin{aligned} \mathsf{f} &= \mathscr{F}\cdot\mathsf{J} = \underline{\underline{\mathbf{e}}}^{\mathrm{T}}\,\underline{\underline{\mathbf{F}}}_{\#\#}\,\underline{\mathbf{J}} = \underline{\underline{\mathbf{e}}}^{\mathrm{T}}\,\underline{\mathbf{f}} = \left(\frac{j}{c}\mathring{p}_V, f_{L_x}, f_{L_y}, f_{L_z}\right)\underline{\underline{\mathbf{e}}} \\ &= f_0\,\mathbf{e}_0 + \boldsymbol{f}_L = \frac{j}{c}\,\mathring{p}_V\,\mathbf{e}_0 + \boldsymbol{f}_L \end{aligned}} \tag{10.1}$$

In der Raumzeit gilt mit der Relation (9.10) folgendes Skalarprodukt, das als quadratische Form mit schiefsymmetrischer innerer Matrix $\underline{\underline{\mathbf{F}}}_{\#\#}$ nach (12.31, Bd. I) verschwindet.

$$\mathsf{U}\cdot\mathsf{f} = \frac{\overset{*}{\gamma}}{\rho}\,\mathsf{J}\cdot\mathsf{f} = \frac{\overset{*}{\gamma}}{\rho}\,\mathsf{J}\cdot\mathscr{F}\cdot\mathsf{J} = \frac{\overset{*}{\gamma}}{\rho}\,\underline{\mathbf{J}}^{\mathrm{T}}\,\underline{\underline{\mathbf{F}}}_{\#\#}\,\underline{\mathbf{J}} = 0$$

Damit gilt **Orthogonalität** von Viererkraftdichte und den Vierervektoren von Geschwindigkeit und Stromdichte.

$$\boxed{\mathsf{U}\cdot\mathsf{f} = \mathsf{J}\cdot\mathsf{f} = 0} \tag{10.2}$$

10.2 Energie-Impuls-Tensor bzw. Spannungs-Energie-Tensor

Die Darstellung der **Kraftwirkungen** im elektromagnetischen Feld des Vakuums erreicht man durch die **relativistische Verallgemeinerung** des **MAXWELL'schen Spannungstensors** $\mathscr{T}^{\,\mathrm{M}}$ aus *Abschnitt 5.3.*

Dazu drückt man die Komponenten von $\mathscr{T}^{\,\mathrm{M}}$ durch diejenigen des Feldtensors $\mathscr{F}$ nach (9.39) aus. Mit der Indizierung $x, y, z \mathrel{\hat{=}} 1, 2, 3$ und auf Grund des alternierenden Charakters von $\mathscr{F}$ erhält man folgende Bestandteile sowie entsprechende Werte für die anderen Feldgrößenprodukte.

$$\mu_0\varepsilon_0\, E_x^2 = \mu_0\varepsilon_0 c^2 \Big(-\frac{j}{c}\,E_x\Big)\Big(+\frac{j}{c}\,E_x\Big) = F_{10}\,F_{01} = -\,F_{10}^2$$

$$\mu_0\varepsilon_0\, E_x\,E_y = \mu_0\varepsilon_0 c^2 \Big(-\frac{j}{c}\,E_x\Big)\Big(+\frac{j}{c}\,E_y\Big) = F_{10}\,F_{02} = -\,F_{10}\,F_{20}$$

$$B_x^2 = F_{23}^2$$

$$B_x\,B_y = F_{23}\,F_{31} = -\,F_{13}\,F_{23}$$

Mit den Feldgrößenquadraten (9.42) sowie den durch Unterstreichung gekennzeichneten und weiteren Ergänzungen der Tensorkomponenten

$$\begin{aligned}
\mu_0\,T_{xx}^{\mathrm{M}} &= \mu_0\varepsilon_0\Big(E_x^2 - \frac{E^2}{2}\Big) + \Big(B_x^2 - \frac{B^2}{2}\Big)\\
&= -\,\big(F_{10}^2 + \underbrace{F_{11}^2}_{=0} + \underline{F_{12}^2 + F_{13}^2}\big) + \frac{1}{2}\,\big(\underbrace{F_{01}^2 + F_{02}^2 + F_{03}^2}_{=-\,\mu_0\varepsilon_0\,E^2}\big)\\
&\quad + \big(\underline{F_{12}^2 + F_{13}^2} + F_{23}^2\big) - \frac{1}{2}\,\big(\underbrace{F_{12}^2 + F_{13}^2 + F_{23}^2}_{=B^2}\big)\\
&= -\,\big(F_{10}^2 + F_{11}^2 + F_{12}^2 + F_{13}^2\big)\\
&\quad + \frac{1}{2}\,\big(F_{01}^2 + F_{02}^2 + F_{03}^2 + F_{12}^2 + F_{13}^2 + F_{23}^2\big)
\end{aligned}$$

$$\begin{aligned}
\mu_0\,T_{xy}^{\mathrm{M}} &= \mu_0\varepsilon_0\,E_x\,E_y + B_x\,B_y\\
&= -\,\big(F_{10}\,F_{20} + \underbrace{F_{11}\,F_{21}}_{=0} + \underbrace{F_{12}\,F_{22}}_{=0} + F_{13}\,F_{23}\big)
\end{aligned}$$

erhält man mit der Spur von $\mathscr{F}$ nach (9.43) die folgenden Darstellungen für $i, k = 1, 2, 3$ bzw. x, y, z.

$$\boxed{T_{kk}^{\mathrm{M}} = -\frac{1}{4\mu_0}\,\mathrm{sp}\,\underline{\mathbf{F}}^2_{\#\#} - \frac{1}{\mu_0}\sum\nolimits_{\nu=0}^{3} F_{k\nu}^2}$$

$$\boxed{T_{ik}^{\mathrm{M}} = T_{ki}^{\mathrm{M}} = -\frac{1}{\mu_0}\sum\nolimits_{\nu=0}^{3} F_{i\nu}\,F_{k\nu}} \qquad (i \neq k) \tag{10.3}$$

Bildet man diese Ausdrücke formal auch für den Index Null, dann erhält man folgende Komponenten, die zusätzlich zum MAXWELL'schen Spannungstensor auftreten.

$$\begin{aligned} 2\mu_0\,T_{00}^{\mathrm{M}} &= \underbrace{F_{01}^2 + F_{02}^2 + F_{03}^2}_{=-\mu_0\varepsilon_0\,E^2} + \underbrace{F_{12}^2 + F_{13}^2 + F_{23}^2}_{=B^2} \\ &\quad - 2\,\big(\underbrace{F_{00}^2}_{=0} + \underbrace{F_{01}^2 + F_{02}^2 + F_{03}^2}_{=-\mu_0\varepsilon_0\,E^2}\big) \\ &= \mu_0\varepsilon_0\,\boldsymbol{E}^2 + \boldsymbol{B}^2 \end{aligned}$$

$$\begin{aligned} \mu_0\,T_{01}^{\mathrm{M}} &= -\big(\underbrace{F_{00}\,F_{10} + F_{01}\,F_{11}}_{=0} + F_{02}\,F_{12} + F_{03}\,F_{13}\big) \\ &= -\frac{j}{c}\,\big(\underbrace{E_y\,B_z - E_z\,B_y}_{=\mu_0\,S_x}\big) \end{aligned}$$

$$\boxed{T_{00}^{\mathrm{M}} = \frac{1}{2}\,\varepsilon_0\,\boldsymbol{E}^2 + \frac{1}{2\mu_0}\,\boldsymbol{B}^2 = w_e + w_m = w}$$

$$\boxed{T_{0k}^{\mathrm{M}} = T_{k0}^{\mathrm{M}} = -\frac{j}{c}\,S_k} \qquad (k \neq 0) \tag{10.4}$$

Fasst man alle Komponenten zusammen, dann erhält man den Spannungs-Energie-Tensor, der in der Literatur meist **Energie-Impuls-Tensor des elektromagnetischen Feldes** genannt wird.

$$\boxed{\mathscr{T}^{\,\mathrm{EM}} = \underline{\underline{\mathbf{e}}}^{\mathrm{T}}\,\underline{\mathbf{T}}^{\,\mathrm{EM}}\,\underline{\underline{\mathbf{e}}}} \tag{10.5}$$

$$\boxed{\underline{\mathbf{T}}^{\,\mathrm{EM}} = \begin{pmatrix} w & \vdots & -j\underline{\mathbf{s}}^{\mathrm{T}} \\ \cdots\cdot & . & \cdots\cdot\cdot \\ -j\underline{\mathbf{s}} & \vdots & \underline{\mathbf{T}}^{\,\mathrm{M}} \end{pmatrix} = \begin{pmatrix} w & \vdots & -\frac{j}{c}S_x & -\frac{j}{c}S_y & -\frac{j}{c}S_z \\ \cdots\cdots & . & \cdots\cdots & \cdots\cdots & \cdots\cdots \\ -\frac{j}{c}S_x & \vdots & T^{\mathrm{M}}_{11} & T^{\mathrm{M}}_{12} & T^{\mathrm{M}}_{13} \\ -\frac{j}{c}S_y & \vdots & T^{\mathrm{M}}_{12} & T^{\mathrm{M}}_{22} & T^{\mathrm{M}}_{23} \\ -\frac{j}{c}S_z & \vdots & T^{\mathrm{M}}_{13} & T^{\mathrm{M}}_{23} & T^{\mathrm{M}}_{33} \end{pmatrix}}$$

Dieser vierdimensionale Tensor $\mathscr{T}^{\,\mathrm{EM}}$ ist **symmetrisch**. Er umfasst den dreidimensionalen MAXWELL'schen Spannungstensor $\mathscr{T}^{\,\mathrm{M}}$ und enthält in den Randbereichen seiner Matrix die Gesamtenergiedichte w sowie die Komponenten des POYNTING-Vektors $\boldsymbol{S}$ in Form einer mechanischen Spannung $\boldsymbol{s} = \boldsymbol{S}/c$.

Alle Komponenten haben die gleiche Dimension, die man für die einzelnen Anteile unterschiedlich interpretieren kann, worauf die doppelte Namensgebung des Tensors zurückzuführen ist.

w	Energiedichte	$\left[\frac{\mathrm{Ws}}{\mathrm{m}^3}\right]$
$\underline{\mathbf{s}}$	Impulsdichte mal Geschwindigkeit	$\left[\frac{\mathrm{Ns}}{\mathrm{m}^3}\cdot\frac{\mathrm{m}}{\mathrm{s}}\right]$
$\underline{\mathbf{T}}^{\mathrm{M}}$	mechanische Spannung oder Druck	$\left[\frac{\mathrm{N}}{\mathrm{m}^2}\right]$

Die Spur des Tensors ist gemäß (5.45) Null,

$$\mathrm{sp}\,\underline{\mathbf{T}}^{\,\mathrm{EM}} = w + \mathrm{sp}\,\underline{\mathbf{T}}^{\,\mathrm{M}} = w - (w_e + w_m) = 0$$

wodurch sich der symmetrische Energie-Impuls-Tensor als **Deviator** nach (12.28, Bd. I) mit nur neun unabhängigen Elementen erweist.

Die Divergenz des Tensors wird im vierdimensionalen Fall mit dem Tessera-Operator nach (8.9) und (18.51, Bd. I) gebildet, wodurch ein Vektor entsteht.

$$\operatorname{div} \mathscr{T}^{\,\mathrm{EM}} = \square \cdot \mathscr{T}^{\,\mathrm{EM}}$$

$$= \mathbf{e}_0 \cdot \frac{\partial \mathscr{T}^{\,\mathrm{EM}}}{\partial x^0} + \mathbf{e}_1 \cdot \frac{\partial \mathscr{T}^{\,\mathrm{EM}}}{\partial x^1} + \mathbf{e}_2 \cdot \frac{\partial \mathscr{T}^{\,\mathrm{EM}}}{\partial x^2} + \mathbf{e}_3 \cdot \frac{\partial \mathscr{T}^{\,\mathrm{EM}}}{\partial x^3}$$

Die $\mathbf{e}_0$-Komponente des Vektors ist nach (5.34) und dem POYNTING'schen Satz (5.37) der Verlustleistungsdichte $\mathring{p}_V$ proportional, die dem Zeitanteil der Kraftdichte f nach (10.1) entspricht.

$$\begin{aligned}
\mathbf{e}_0 \cdot \operatorname{div} \mathscr{T}^{\,\mathrm{EM}} &= T^{\mathrm{EM}}_{00\,,0} + T^{\mathrm{EM}}_{10\,,1} + T^{\mathrm{EM}}_{20\,,2} + T^{\mathrm{EM}}_{30\,,3} \\
&= -\frac{j}{c}\frac{\partial w}{\partial t} - \frac{j}{c}\left(\frac{\partial S_x}{\partial x} + \frac{\partial S_y}{\partial y} + \frac{\partial S_z}{\partial z}\right) \\
&= -\frac{j}{c}\left[\frac{\partial w}{\partial t} + \operatorname{div} \boldsymbol{S}\right] \\
&= \frac{j}{c}\mathring{p}_V = \frac{j}{c}\boldsymbol{E} \cdot \boldsymbol{J} = f_0
\end{aligned}$$

Der räumliche Anteil des Vektors entspricht der Kraftdichte (5.46).

$$\begin{aligned}
&\big(\mathbf{e}_x \cdot \operatorname{div} \mathscr{T}^{\,\mathrm{EM}}\big)\mathbf{e}_x + \big(\mathbf{e}_y \cdot \operatorname{div} \mathscr{T}^{\,\mathrm{EM}}\big)\mathbf{e}_y + \big(\mathbf{e}_z \cdot \operatorname{div} \mathscr{T}^{\,\mathrm{EM}}\big)\mathbf{e}_z \\
&= \left[-\frac{1}{c^2}\frac{\partial S_x}{\partial t} + \left(\frac{\partial T^{\mathrm{M}}_{11}}{\partial x} + \frac{\partial T^{\mathrm{M}}_{21}}{\partial y} + \frac{\partial T^{\mathrm{M}}_{31}}{\partial z}\right)\right]\mathbf{e}_x \\
&+ \left[-\frac{1}{c^2}\frac{\partial S_y}{\partial t} + \left(\frac{\partial T^{\mathrm{M}}_{12}}{\partial x} + \frac{\partial T^{\mathrm{M}}_{22}}{\partial y} + \frac{\partial T^{\mathrm{M}}_{32}}{\partial z}\right)\right]\mathbf{e}_y \\
&+ \left[-\frac{1}{c^2}\frac{\partial S_z}{\partial t} + \left(\frac{\partial T^{\mathrm{M}}_{13}}{\partial x} + \frac{\partial T^{\mathrm{M}}_{23}}{\partial y} + \frac{\partial T^{\mathrm{M}}_{33}}{\partial z}\right)\right]\mathbf{e}_z \\
&= -\frac{1}{c^2}\frac{\partial \boldsymbol{S}}{\partial t} + \operatorname{div} \mathscr{T}^{\,\mathrm{M}} = \boldsymbol{f}_L
\end{aligned}$$

In Ergänzung zu (5.46) und (10.1) kann man die **Viererkraftdichte** auch als **Divergenz des Energie-Impuls-Tensors** $\mathscr{T}^{\,\mathrm{EM}}$ darstellen.

$$\boxed{\mathsf{f} = \mathscr{F} \cdot \mathsf{J} = f_0\,\mathbf{e}_0 + \boldsymbol{f}_L = \frac{j}{c}\mathring{p}_V\,\mathbf{e}_0 + \operatorname{div} \mathscr{T}^{\,\mathrm{M}} - \frac{1}{c^2}\frac{\partial \boldsymbol{S}}{\partial t} = \operatorname{div} \mathscr{T}^{\,\mathrm{EM}}} \tag{10.6}$$

10.3 Viererimpuls, Masse und Energie

Ein Körper oder ein Teilchen der Masse m_0 und der Geschwindigkeit $\boldsymbol{u}$ besitzt im System S einen relativistischen Impuls, seinen **Viererimpuls p**, der aus Masse und Vierergeschwindigkeit (8.21) in Erweiterung der klassischen Form gebildet wird. Da p und U Vierervektoren sind, ist die Masse m_0 eine **Lorentz-Invariante**.

$$\boxed{\mathsf{p} = m_0\,\mathsf{U} = m_0\,\frac{d\mathsf{R}}{d\tau} = m_0\,\overset{*}{\gamma}\,\big(jc\,\mathbf{e}_0 + \boldsymbol{u}\big) = p_0\,\mathbf{e}_0 + \boldsymbol{p} = \underline{\mathsf{p}}^{\mathrm{T}}\,\underline{\underline{\mathsf{e}}}} \tag{10.7}$$

Der räumliche Impulsanteil und sein Betrag lauten nach dieser Darstellung,

$$\boldsymbol{p} = \overset{*}{\gamma}\,m_0\,\boldsymbol{u} = \frac{m_0}{\sqrt{1-\left(\dfrac{u}{c}\right)^2}}\,\boldsymbol{u} = m(u)\,\boldsymbol{u}$$

$$|\,\boldsymbol{p}\,| = p = \overset{*}{\gamma}\,m_0\,|\,\boldsymbol{u}\,| = \overset{*}{\gamma}\,m_0\,\overset{*}{\beta}c = m(u)\,u$$

der für nichtrelativistische Geschwindigkeiten $u \ll c$ in den Newton'schen Impuls $\boldsymbol{p} = m_0\boldsymbol{u}$ nach (3.1) übergeht. Der Körper oder das Teilchen besitzt die **Ruhmasse** m_0 und für einen Beobachter in S gilt die geschwindigkeitsabhängige **relativistische Masse**, die man auch als **Impulsmasse** oder **träge Masse** $m(u)$ bezeichnet.

$$\boxed{m(u) = \overset{*}{\gamma}\,m_0 = \frac{m_0}{\sqrt{1-\left(\dfrac{u}{c}\right)^2}} = \frac{|\,\boldsymbol{p}\,|}{|\,\boldsymbol{u}\,|} = \frac{p}{u}} \tag{10.8}$$

Der Zeitanteil des Viererimpulses und damit die Impulsmasse

$$p_0 = m_0\,U_0 = jc\,\overset{*}{\gamma}\,m_0 = jc\,m(u)$$

werden in eine Taylorreihe entwickelt, so dass man die einzelnen Glieder nach Multiplikation mit c^2 als Energien interpretieren kann.

$$-\frac{j}{c}\,p_0 = \overset{*}{\gamma}\,m_0 = \frac{m_0}{\sqrt{1-\left(\dfrac{u}{c}\right)^2}} = m_0\left[1+\frac{1}{2}\left(\frac{u}{c}\right)^2+\frac{3}{8}\left(\frac{u}{c}\right)^4+\ldots\right] = m(u)$$

$$\begin{aligned} -jc\,p_0 &= \overset{*}{\gamma}\,m_0c^2 = m_0c^2+\frac{1}{2}m_0u^2+\ldots \\ &= W_0 + \underbrace{E_{\text{kin}_0}+\ldots}_{=E_{\text{kin}}} = W_{\text{ges}} = m(u)\,c^2 \\ p_0 &= \frac{j}{c}\,W_{\text{ges}} \end{aligned}$$

Die konstante **Ruheenergie** W_0, die **klassische kinetische Energie** E_{kin_0} der Masse m_0 bei der Geschwindigkeit u sowie die **relativistische kinetische Energie** E_{kin}, die den geschwindigkeitsabhängigen Anteil darstellt, werden durch die folgenden Ausdrücke definiert.

$$\boxed{W_0 = m_0c^2} \qquad \boxed{E_{\text{kin}_0} = \frac{1}{2}m_0u^2}$$
$$\boxed{E_{\text{kin}} = W_{\text{ges}} - W_0 = \left(\overset{*}{\gamma}-1\right)W_0} \tag{10.9}$$

In den Energiedarstellungen

$$\boxed{W_{\text{ges}} = m(u)\,c^2 = \frac{pc^2}{u} = \overset{*}{\gamma}\,m_0c^2 = \overset{*}{\gamma}\,W_0 = W_0 + E_{\text{kin}}}$$
$$\boxed{\Delta W = W_{\text{ges}} - W_0 = E_{\text{kin}} = \big(m(u)-m_0\big)\,c^2 = \Delta m\,c^2} \tag{10.10}$$

entspricht der trägen Masse $m(u)$ eine **Gesamtenergie** W_{ges} bzw. jedem Massenzuwachs Δm ein Energiezuwachs ΔW, wobei die Massen mit dem Quadrat der Lichtgeschwindigkeit bewertet werden.

Die Erkenntnis der **Äquivalenz von Masse und Energie** hat EINSTEIN als das wichtigste Ergebnis seiner Speziellen Relativitätstheorie bezeichnet, [3, S. 221], [4, S. 62], [5, S. 130], [7, S. 248].

Das Ergebnis war **EINSTEINs berühmte und populäre Formel**,

$$\boldsymbol{E} = \boldsymbol{m}\,\boldsymbol{c}^{\mathbf{2}} \tag{10.11}$$

die weltweit bekannt und im öffentlichen Leben und den Medien häufig anzutreffen ist und mit der EINSTEIN ständig identifiziert wird.

In Ergänzung zur Definition (10.7) gilt auch die folgende Impulsdarstellung mit der Gesamtenergie,

$$\boxed{\mathsf{p} = p_0\,\mathbf{e}_0 + \boldsymbol{p} = j\,\frac{W_{\text{ges}}}{c}\,\mathbf{e}_0 + \boldsymbol{p} = \big(jc\,\mathbf{e}_0 + \boldsymbol{u}\big)\frac{W_{\text{ges}}}{c^2}} \tag{10.12}$$

wonach der Viererimpuls auch **Energie-Impuls-Vektor** genannt wird.

Das Quadrat des Viererimpulses wird aus den Impulsdefinitionen (10.7) und (10.12) sowie dem Quadrat der Vierergeschwindigkeit gebildet,

$$\begin{aligned}\mathsf{p}\cdot\mathsf{p} &= m_0^2\,\mathsf{U}\cdot\mathsf{U} = \big(m_0\,\overset{*}{\gamma}\,\big)^2\big(-c^2+u^2\big) = -\,(m_0c)^2 = -\,m_0\,W_0\\ &= \boldsymbol{p}\cdot\boldsymbol{p} + p_0^2 = p^2 + \Big(\frac{j}{c}\,W_{\text{ges}}\Big)^2 = p^2 - \Big(\frac{W_{\text{ges}}}{c}\Big)^2\end{aligned}$$

woraus die Darstellung der **Gesamtenergie** hervorgeht.

$$\boxed{W_{\text{ges}} = m(u)\,c^2 = \overset{*}{\gamma}\,W_0 = \sqrt{(pc)^2 + W_0^2}} \tag{10.13}$$

Aus dem räumlichen Anteil von (10.12) ergibt sich folgende Beziehung, die die relativistische Verallgemeinerung des gewöhnlichen Impulses darstellt.

$$\boxed{\boldsymbol{p} = m(u)\,\boldsymbol{u} = \frac{W_{\text{ges}}}{c^2}\,\boldsymbol{u}} \tag{10.14}$$

Im linken Teil der *Abbildung 10.1* werden die Energiegrößen durch die Seiten der rechtwinkligen Dreiecke ABD und ADC anschaulich dargestellt.

Das Dreieck ABD zeigt die Zusammensetzung der Gesamtenergie und im Dreieck ACD gilt für den Winkel χ

$$\tan\chi = \frac{pc}{W_{\text{ges}}} = \frac{u}{c} = \overset{*}{\beta}$$

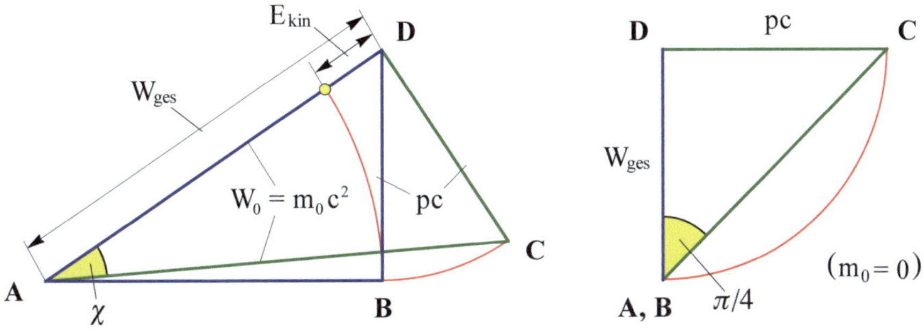

Abb. 10.1: Energiedarstellung für normale und masselose Partikel

Das rechte Bild zeigt den masselosen Fall mit gleichschenkligem Dreieck ACD.

Für **Partikel der Ruhmasse Null** folgt aus der Gesamtenergie (10.13),

$$W_{\text{ges}}\Big|_{m_0 \to 0} = pc \qquad \to \qquad p_0\Big|_{m_0 \to 0} = j\,\frac{W_{\text{ges}}}{c} = jp$$

Das ist auch mit (10.8) kompatibel, da der Grenzübergang

$$\lim_{\substack{m_0 \to 0 \\ u \to c}} m(u) = \frac{0}{0}$$

einen unbestimmten Ausdruck liefert, der bei $m_0 = 0$ nicht zu verschwindender Gesamtenergie $W_{\text{ges}} = 0$ führt!

Aus folgender Beziehung erhält man einen Einheitsvektor.

$$\boldsymbol{u}\,W_{\text{ges}}\Big|_{m_0 \to 0} = pc\,\boldsymbol{u} = \boldsymbol{p}\,c^2$$

$$\frac{\boldsymbol{u}}{c} = \frac{\boldsymbol{p}}{p} = \mathbf{e}_p \qquad \to \qquad \overset{*}{\beta} = \left|\frac{\boldsymbol{u}}{c}\right| = \left|\frac{\boldsymbol{p}}{p}\right| = 1$$

Masselose Partikel wie **Photonen** oder **Lichtquanten** bewegen sich daher **stets mit Lichtgeschwindigkeit** c und besitzen die folgenden Werte für kinetische Energie und Impuls, wenn man ihre Energie noch durch das PLANCK'sche Wirkungsquantum h, auf das im nächsten Abschnitt eingegangen wird, und die Frequenz f bzw. die Wellenlänge λ_0 im Vakuum ausdrückt.

$$\boxed{W_{\text{ges}}\Big|_{m_0 \to 0} = E_{\text{kin}} = pc = hf = \frac{hc}{\lambda_0}}$$
$$\boxed{\mathsf{p}\Big|_{m_0 \to 0} = jp\,\mathbf{e}_0 + \boldsymbol{p} = \left(j\,\mathbf{e}_0 + \mathbf{e}_p\right)\frac{hf}{c} = \left(j\,\mathbf{e}_0 + \mathbf{e}_p\right)\frac{h}{\lambda_0}} \tag{10.15}$$

In der Elementarteilchenphysik wird die Äquivalenzbeziehung zwischen Masse und Energie angewendet, um Teilchenmassen durch Energiewerte auszudrücken, die dadurch in einen günstigeren Zahlenbereich fallen, der mit den Buchstaben für Vielfache (k, M, G, T) angeben werden kann. Als übliche Nicht-SI-Einheit der Energie verwendet man dabei das **Elektronenvolt**, das diejenige Energie angibt, die ein Elektron beim Durchlaufen der Potentialdifferenz von 1 Volt aufnimmt.

$$\boxed{1\,\text{eV} = 1.602 \cdot 10^{-19}\,\text{As} \cdot 1\,\text{V} = 1.602 \cdot 10^{-19}\,\text{Ws}} \tag{10.16}$$

Die **Ruhmassen von Elektron, Proton und Neutron** haben folgende Werte.

$$\boxed{\begin{aligned} m_e &= 9.1094 \cdot 10^{-31}\,\text{kg} = 511\,\text{keV}/c^2 \\ m_p &= 1.6726 \cdot 10^{-27}\,\text{kg} = 938.3\,\text{MeV}/c^2 \\ m_n &= 1.6749 \cdot 10^{-27}\,\text{kg} = 939.6\,\text{MeV}/c^2 \end{aligned}} \tag{10.17}$$

Das Verhältnis der Ruhmassen von Proton und Elektron hat den Wert

$$\frac{m_p}{m_e} \approx 1836 \tag{10.18}$$

Bei der Angabe von Teilchenmassen wird häufig nur die Energie in Elektronenvolt angegeben und auf den Nenner in nichtkorrekter Weise c^2 verzichtet.

10.4 Transformation von Viererimpuls und Masse, Energie-Frequenz-Beziehung

Die Umrechnung des Viererimpulses zwischen zwei Bezugssystemen erfolgt wie bei jedem Vierervektor durch LORENTZ-Transformation.

$$\underline{\hat{\mathsf{p}}} = \underline{\underline{\mathbf{L}}}\,\underline{\mathsf{p}}$$

Für Zeit- und Raumanteil erhält man nach (10.12) im eindimensionalen Fall daraus die Beziehungen für die **LORENTZ-Transformation von Gesamtenergie und Impulskomponenten**.

$$\boxed{\widehat{W}_{\text{ges}} = \gamma\left(W_{\text{ges}} - v\,p_x\right)} \qquad \boxed{\hat{p}_x = \gamma\left(p_x - v\,\frac{W_{\text{ges}}}{c^2}\right)} \qquad \boxed{\hat{p}_{y,z} = p_{y,z}} \tag{10.19}$$

Aus Gesamtenergie und x-Komponente des Impulses ergibt sich die **Transformation der Impulsmasse**, die bei konstanter Bewegung $u_x = v$ in den einfachen Fall übergeht.

$$\widehat{W}_{\text{ges}} = \hat{m}(u)\,c^2 = \gamma\left(W_{\text{ges}} - v\,p_x\right) = \gamma\left[m(u)c^2 - v\,m(u)\,u_x\right]$$

$$\boxed{\hat{m}(u) = \left(1 - \frac{u_x v}{c^2}\right)\gamma\,m(u)} \qquad \boxed{\hat{m}(v) = \frac{1}{\gamma}\,m(v)} \tag{10.20}$$

Ein **Photon** werde im Inertialsystem $\widehat{S}$ der Anordnung beim DOPPLER-Effekt gemäß *Abbildung 9.1* mit dem Impuls $\hat{p}_x = -\widehat{W}_{\text{ges}}/c$ in negative $\hat{x}$-Richtung emittiert. Die Energie lautet nach LORENTZ-Rücktransformation im System S

$$W_{\text{ges}} = \gamma\left(\widehat{W}_{\text{ges}} + v\,\hat{p}_x\right) = \frac{1-\beta}{\sqrt{1-\beta^2}}\,\widehat{W}_{\text{ges}} = \sqrt{\frac{1-\beta}{1+\beta}}\,\widehat{W}_{\text{ges}}$$

Dividiert man dieses Ergebnis durch die Frequenz (9.6) des longitudinalen DOPPLER-Effektes, dann erhält man den folgenden Quotienten, der für beliebige Inertialsysteme gleich ausfällt und damit lorentz-invariant ist.

$$\frac{W_{\text{ges}}}{\omega} = \frac{\hat{W}_{\text{ges}}}{\hat{\omega}} = \text{const.}$$

Als wichtiges Ergebnis folgt hieraus die **Äquivalenz von Energie und Frequenz** mit einer Konstanten h.

$$\boxed{W_{\text{ges}} = hf = \frac{h}{2\pi}\,\omega = \hbar\,\omega} \tag{10.21}$$

Dieser lineare Zusammenhang oder das **Gesetz der Energiequantisierung** wurde 1900 von **Max Planck** aus mathematischen Erwägungen eingeführt, mit der er die Energieverteilung des Schwarzen Körpers *(s. Abschnitt 12.6)* erfolgreich beschreiben konnte.

Albert Einstein gab im Jahre 1905 auf Grund der Experimente von Philipp Lenard mit seiner **Lichtquantenhypothese** die Erklärung, dass die Emission von Elektronen beim **photoelektrischen Effekt** nicht durch Lichtwellen sondern durch Lichtquanten mit der von Planck angegebenen Energie $W = hf$ erfolgt. Für diese physikalische Begründung der Energiequantisierung, die den Dualismus von Welle und Teilchen begründete, erhielt **Albert Einstein** 1921 den **Nobelpreis für Physik**, der ihm aber erst Ende 1922 verliehen wurde.

Die experimentell zu bestimmende Konstante h stellt das bereits in (6.46) erwähnte **Planck'sche Wirkungsquantum** dar, dessen reduzierte Form $\hbar$ früher auch als **Dirac'sche Konstante** bezeichnet wurde.

$$\boxed{h = 6.626 \cdot 10^{-34}\ \text{Ws}^2} \qquad \boxed{\hbar = \frac{h}{2\pi} = 1.054 \cdot 10^{-34}\ \text{Ws}^2} \tag{10.22}$$

Bei Basiswechsel ändert sich mit der Energie auch die Frequenz und muss gemäß der Transformation (10.19) umgerechnet werden.

10.5 Welle-Teilchen-Dualismus und Materiewellen

Die Vierer-Verallgemeinerung von (10.21) erhält man dadurch, dass man die beim Doppler-Effekt gefundene Relation (9.4) mit der Impulsbeziehung (10.14) verknüpft.

$$\left.\begin{aligned} \omega\,\boldsymbol{u} &= c^2\,\boldsymbol{k} \\ W_{\text{ges}}\,\boldsymbol{u} &= c^2\,\boldsymbol{p} \end{aligned}\right\} \quad \rightarrow \quad \boldsymbol{p} = \frac{W_{\text{ges}}}{\omega}\,\boldsymbol{k} = \hbar\,\boldsymbol{k} \tag{10.23}$$

Fasst man den räumlichen Impulsanteil $\boldsymbol{p}$ und die zeitliche Komponente p_0 aus (10.12)

$$p_0 = j\,\frac{W_{\text{ges}}}{c} = j\,\frac{\hbar\,\omega}{c} = j\,\hbar\,k_0$$

zusammen, dann folgt die **Äquivalenz von Viererimpuls und Vierer-Wellenvektor** (9.2) als **Fundamentalgleichung**.

$$\boxed{\mathsf{p} = p_0\,\mathbf{e}_0 + \boldsymbol{p} = \hbar\left(jk_0\,\mathbf{e}_0 + \boldsymbol{k}\right) = \hbar\,\mathsf{k}} \tag{10.24}$$

Zwischen Energie W_{ges} und Impuls $\boldsymbol{p}$ als **Teilchengrößen** und Frequenz ω und Wellenvektor $\boldsymbol{k}$ als **Wellengrößen** besteht bei Licht und generell elektromagnetischer Strahlung damit folgende Proportionalität als denkbar einfachste lineare Verknüpfung mit der gleichen Proportionalitätskonstante $\hbar$.

$$\left.\begin{aligned} W_{\text{ges}} &\sim \omega \\ \boldsymbol{p} &\sim \boldsymbol{k} \end{aligned}\right\} \quad \rightarrow \quad \mathsf{p} = \hbar\,\mathsf{k}$$

Da Teilchen- und Welleneigenschaften miteinander verknüpft sind, ist keine anschauliche Deutung möglich, die alle Aspekte der physikalischen Realität umfasst!

Der französische Physiker **Louis de BROGLIE** (1892-1987) übertrug 1924 die für Lichtquanten bereits bekannten Beziehungen (10.21) und (10.23)

$$W_{\text{ges}} = hf \qquad \text{und} \qquad |\,\boldsymbol{p}\,| = p = \hbar\,|\,\boldsymbol{k}\,| = \frac{h}{\lambda}$$

auch auf Materie und ordnete den Größen m_0 und p von Teilchen der Geschwindigkeit u ebenfalls Wellengrößen zu. Aus (10.8) und (10.10) folgen Wellenlänge und Frequenz, die ein einfaches Produkt bilden.

$$\left.\begin{aligned} \lambda &= \frac{h}{p} = h\,\frac{\sqrt{1-\left(\frac{u}{c}\right)^2}}{m_0\,u} \\ f &= \frac{W_{\text{ges}}}{h} = \frac{1}{h}\,\frac{m_0\,c^2}{\sqrt{1-\left(\frac{u}{c}\right)^2}} \end{aligned}\right\} \quad \rightarrow \quad \lambda f = c^2/u$$

De BROGLIE führte damit Wellen für die Materie ein, bei der die Größe λ als **Materiewellenlänge** oder **De BROGLIE-Wellenlänge** bezeichnet wird.

EINSTEIN und später De BROGLIE begründeten den **Dualismus von Welle und Korpuskel**, der besagt, dass weder Wellen- noch Teilchenmodell allein die Natur von Licht und Materie vollständig erfassen können. Die Modellvorstellung hängt immer davon ab, welches Experiment durchgeführt wird und wie man die Beobachtungen und Ergebnisse auf adäquate Weise interpretieren kann.

Alle **Modellvorstellungen der Physik** entspringen dem Bedürfnis, anschauliche und verständliche Bilder von der Natur und ihren Phänomenen zu erstellen. Beim Licht und im Bereich der Atome und Elektronen trat zum ersten Mal das Problem auf, dass Modelle nur einzelne Aspekte und nicht die Wirklichkeit in ihrer gesamten Vielfalt abbilden, so dass keine einfache und umfassende Erklärung des „wahren Wesens“ der Erscheinungen möglich ist. Nur mit Hilfe der mathematischen Beschreibung kann eine vollständige aber mitunter unanschauliche Gesamtdarstellung gegeben werden.

Der dänische Physiker **Niels BOHR** (1885-1962) erkannte, dass die unvereinbaren Versuchsergebnisse zu Erfahrungen führen, die er als komplementär bezeichnete. Seine Vorstellung der **Komplementarität**, die er 1927 zusammen mit **Werner HEISENBERG** (1901-1976) erläuterte, wird als **Kopenhagener Deutung** bezeichnet. Das klassische Kausalitätsprinzips mit einer raumzeitlichen Darstellung der Phänomene muss in Bereichen, in denen die Wirkung in der Größenordnung des PLANCK'schen Wirkungsquantums h liegt, ergänzt werden durch eine gleichberechtigte Beschreibung der Wirklichkeit, die dem Quantencharakter Rechnung trägt, die aber mit der klassischen Sicht unvereinbar ist und ihr widerspricht. Die Durchführung eines Experiments bringt ein subjektives Element des Experimentators ins Spiel, wodurch das Ergebnis durch die Art seiner Fragestellung beinflusst wird. Die Kopenhagener Deutung stellt eine Interpretation der Quantenmechanik dar, die Ausdruck des indeterministischen Charakters von Naturvorgängen in atomaren und subatomaren Bereichen ist.

Die Begriffe Dualismus und Materiewellen sind charakteristische Merkmale der **Mikrophysik**, also der Physik der Atome, ihrer Bestandteile und weiterer Elementarteilchen. Makroskopische Körper sind dagegen dadurch gekennzeichnet, dass ihre Materiewellenlängen $\lambda = h/p = h/(m_0 u)$ wegen des extrem kleinen Wertes von h unter jeder messbaren Grenze liegen.

Mit der Vorstellung der Materiewellen gelang es De BROGLIE, die 1913 von BOHR postulierten kreisförmigen Elektronenbahnen im **BOHR'schen Atommodell** als **erlaubte Energiezustände** auf folgende Weise zu erklären.

Im Wellenbild des Elektrons gehört zu dessen Impuls $p = m_e u = m_e r\omega$ die Wellenlänge $\lambda_e = h/p = h/(m_e u)$. Damit die Elektronenwelle im Orbit des Atoms nicht durch destruktive Interferenz ausgelöscht wird, muss der Bahnumfang in dieser semiklassischen Beschreibung eine ganze Zahl von Wellenlängen aufnehmen und damit einer stehenden Welle entsprechen. Das BOHR'sche Postulat der erlaubten Elektronenbahnen wird dann für Bahnradien r_n mit der **Hauptquantenzahl** n vom Grundzustand $n = 1$ an durch folgende Bedingung erfüllt.

$$\boxed{2\pi r_n = n\lambda_e = n\,\frac{h}{m_e u} = n\,\frac{h}{m_e r_n \omega}} \qquad (n = 1, 2, \ldots) \tag{10.25}$$

Mit diesem Ergebnis erhält man beim einfachsten Element, dem Wasserstoffatom im Grundzustand, [10], den **Bahnradius des Elektrons** im Feld des Protons im Kern aus der Gleichheit von Zentripetalkraft und Anziehung durch COULOMB-Kraft.

$$m_e r_1 \omega^2 = \frac{1}{4\pi\varepsilon_0}\,\frac{e^2}{r_1^2}$$

$$\left(m_e r_1 \omega\right)^2 = \frac{h^2}{4\pi^2 r_1^2} = \frac{m_e r_1}{4\pi\varepsilon_0}\,\frac{e^2}{r_1^2}$$

$$r_1 = \frac{\varepsilon_0 h^2}{\pi m_e e^2} = 52.9 \text{ pm} \tag{10.26}$$

Dieser klassisch abgeleitete Wert liefert eine Vorstellung von der Größe des Bahnradius und damit der **Größenordnung von Atomen**.

Niels BOHR erhielt 1922 für seine Arbeiten zum Atombau, **Louis de BROGLIE** 1929 für die Wellennatur des Elektrons den **Nobelpreis für Physik**.

10.6 Erhaltung und Invarianz

Erhaltung bedeutet, dass eine Größe vor und nach einem Prozess den gleichen Wert aufweist, sich also bei einer Wechselwirkung nicht ändert.
Invarianz bedeutet, dass eine Größe in allen Inertialsystemen den gleichen Wert aufweist, [3, S. 117].

In der folgenden Tabelle sind wesentliche physikalische Größen entsprechend dieser Klassifizierung aufgeführt.

Eine wesentliche Erkenntnis bei allen Vorgängen stellen in der klassischen Physik die Sätze über die **Erhaltung von Energie und Impuls** dar, die besagen, dass in einem abgeschlossenen System ohne äußere Kräfte sowohl die Gesamtenergie $W_{\text{ges}} \sim m(u)$ als auch der Impuls $\boldsymbol{p}$ vor und nach einer **Wechselwirkung** keine Änderung erfahren.

In der relativistischen Formulierung mit Vierervektoren verschmelzen die beiden getrennten Sätze zu einer einzigen Aussage als **Erhaltungssatz für den Viererimpuls p** der beteiligten Teilchen in abgeschlossenen Systemen.

$$\boxed{\sum\nolimits_k \mathsf{p}_k = \frac{j}{c}\,\mathbf{e}_0 \sum\nolimits_k W_{\text{ges}_k} + \sum\nolimits_k \boldsymbol{p}_k = \text{const.}} \tag{10.27}$$

Größe	**Erhaltung**	**Invarianz**	**Bemerkung**
Lichtgeschwindigkeit c		✶	Skalar
Ladung Q	✶	✶	Skalar
Eigenraumladungsdichte ρ_0		✶	Skalar
Ruhmasse m_0		✶	Skalar
Ruheenergie W_0		✶	Skalar
Impulsmasse $m(u)$	✶		Skalar
Energie W_{ges}	✶		Zeitanteil von p
Impuls $\boldsymbol{p}$	✶		Raumanteil von p
Vierervektoren	(✶)	✶	

Die Ruhmasse ist keine Erhaltungsgröße, da z.B. bei inelastischen Kollisionen von Einzelmassen, die anschließend eine zusammenhängende Gesamtmasse bilden, wie beim Schuss einer Kugel auf einen Holzblock, kinetische Energie in Ruheenergie $W_0 \sim m_0$ umgewandelt wird, [2, S. 634], [6, S. 180].

Man kann drei **Invarianzbeziehungen** angeben, bei denen auf der rechten Seite jeweils invariante Größen stehen, [5, S. 152].

Die erste Beziehung für Raum- und Zeitkoordinaten resultiert aus den Gleichungen (7.12) und (8.19), bei der man die zweite mit verschwindender Integrationskonstante integriert, die ohnehin nicht den Invarianzcharakter beeinflusst.

$$\int dR = jc \int \frac{dt}{\overset{*}{\gamma}} = jc \int d\tau \qquad \rightarrow \qquad R = \sqrt{\boldsymbol{r} - (ct)^2} = jc\tau$$

Die zweite Beziehung für Raumladungs- und Stromdichte ergibt sich aus der Gleichung (9.9) mit der Konvektionsstromdichte

$$(c\rho_0)^2 = \left(\frac{c\rho}{\overset{*}{\gamma}}\right)^2 = (c\rho)^2 \left[1 - \left(\frac{u}{c}\right)^2\right] = (c\rho)^2 - (\rho u)^2$$

und die dritte für Energie und Impuls aus (10.13). Man erhält damit die Beziehungen

$$\boxed{(ct)^2 - \boldsymbol{r}^2 = (c\tau)^2}$$

$$\boxed{(c\rho)^2 - \boldsymbol{J}^2 = (c\rho_0)^2} \tag{10.28}$$

$$\boxed{(cm)^2 - \boldsymbol{p}^2 = (cm_0)^2}$$

10.7 Energie-Impuls-Diagramm

In der relativistischen Dynamik ist die Energie-Impuls-Beziehung (10.13) eine Relation zwischen Gesamtenergie, Ruheenergie und Impuls, deren funktionale Abhängigkeit

$$W_{\text{ges}} = f(pc\,; W_0) = \sqrt{(pc)^2 + W_0^2}$$

in einem Energie-Impuls-Diagramm mit dem Parameter W_0 dargestellt werden kann, dessen Achsen W_{ges} und pc Erhaltungsgrößen bedeuten.

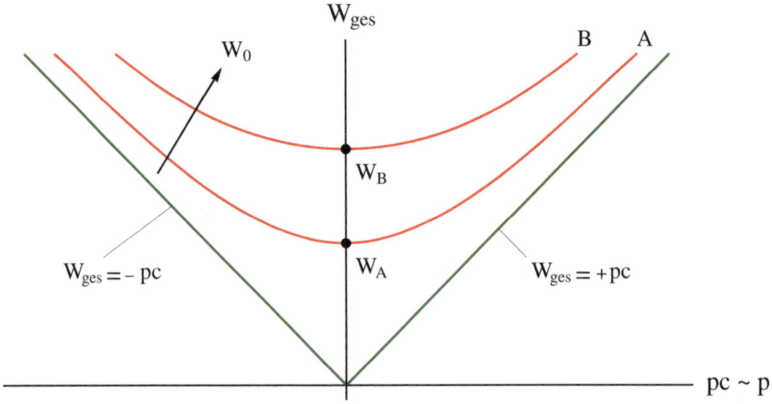

ABB. 10.2: Energie-Impuls-Diagramm

Die Energiebeziehung stellt für konstante Werte W_0 **Hyperbeln** dar, deren Asymptoten für $W_0 = 0$ den Öffnungswinkel 90° haben, [1, S. 168].

$$W_{\text{ges}} = \sqrt{(pc)^2 + W_0^2} \quad \rightarrow \quad W_{\text{ges}}^2 - (pc)^2 = W_0^2 = \text{const.}$$

Auf der W-Achse ist der Impuls Null und ein Teilchen besitzt dort nur seine Ruheenergie W_0.

Auf den Hyperbelästen A, B, ... können sich Teilchen verschiedener Massen bzw. Ruheenergien W_A, W_B, ... und auf den Grenzgeraden mit $W_{\text{ges}} = \pm\, pc$ masselose Photonen befinden.

Vor und nach der Wechselwirkung zweier Teilchen gilt nach dem Erhaltungssatz des Viererdimpulses Gleichheit für Gesamtenergie und Impuls,

$$\begin{aligned} W_{\text{ges}_1} + W_{\text{ges}_2} &= W_{\text{ges}_3} + W_{\text{ges}_4} &&= W_{\text{ges}} \\ p_1c + p_2c &= p_3c + p_4c &&= pc \end{aligned}$$

was in den Diagrammen der **vektoriellen Addition** der zugehörigen Teilchenzeiger entspricht.

In den Energie-Impuls-Diagrammen werden die Wechselwirkungen zwischen Elektronen und Photonen durch Parallelogramme dargestellt, deren eine Seite auf einer Asymptote bzw. Grenzgeraden liegt.

Bei der Wechselwirkung in *Abbildung 10.3* stößt ein masseloses Photon im Punkt B mit einem Elektron in A zusammen. Hierbei findet ein **elastischer Stoß** statt, da die Ruhmasse des Elektrons als Gesamtmasse vor und nach der Kollision identisch ist. Die Summenwirkung des Zustandes S ergibt sich aus dem Parallelogramm der beiden Zeiger A und B. Nach der Kollision wird der Zustand S durch das zweite mögliche Parallelogramm beschrieben, das durch die Zeiger C und D gebildet wird. Denn wegen der identischen Ruhmasse muss sich das Elektron auf der gleichen Hyperbel W_A befinden und das Photon kann nur auf der anderen Grenzgeraden in D liegen. Die Wechselwirkung beschreibt den **COMPTON-Effekt**, bei dem ein Photon an einem Elektron gestreut wird und bei dem alle vier Energien und Impulse verschieden sind.

Wenn das Elektron vor dem Stoß ruhte, sich also bei verschwindendem Impuls auf der W-Achse im Minimum der Hyperbel befand, dann hat das Photon danach eine niedrigere Energie bzw. Frequenz, was man im Energie-Impuls-Diagramm einfach ablesen kann.

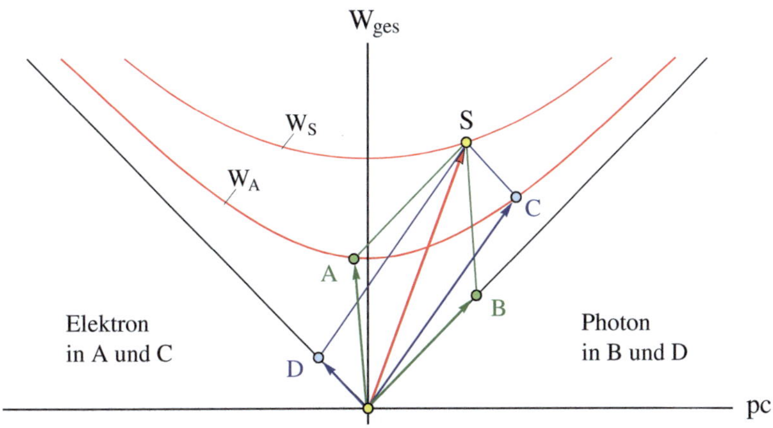

ABB. 10.3: COMPTON-Prozess

Als weitere Beispiele für die Anwendung des Energie-Impuls-Diagramms werden in *Abbildung 10.4* die Prozesse von **Absorption** und **Emission** eines Photons durch ein Atom betrachtet.

Bei der **Absorption** kann vom Atom nur ein solches Photon aufgenommen werden, das die genau passende Energie besitzt, um das Atom in einen der zulässigen angeregten Energiezustände zu bringen, bei dem ein Elektron im klassischen Bild in einer höheren Bahn umläuft. Bei einfallendem weißen Licht, das Photonen in einem Kontinuum von Energien bzw. Frequenzen enthält, fehlen nach der Wechselwirkung mit gleichartigen Atomen diejenigen Photonen, die die zur Atomanregung passenden Energien besaßen, wodurch im weiterlaufenden Licht dunkle **Absorptionslinien** im Spektrum auftreten.

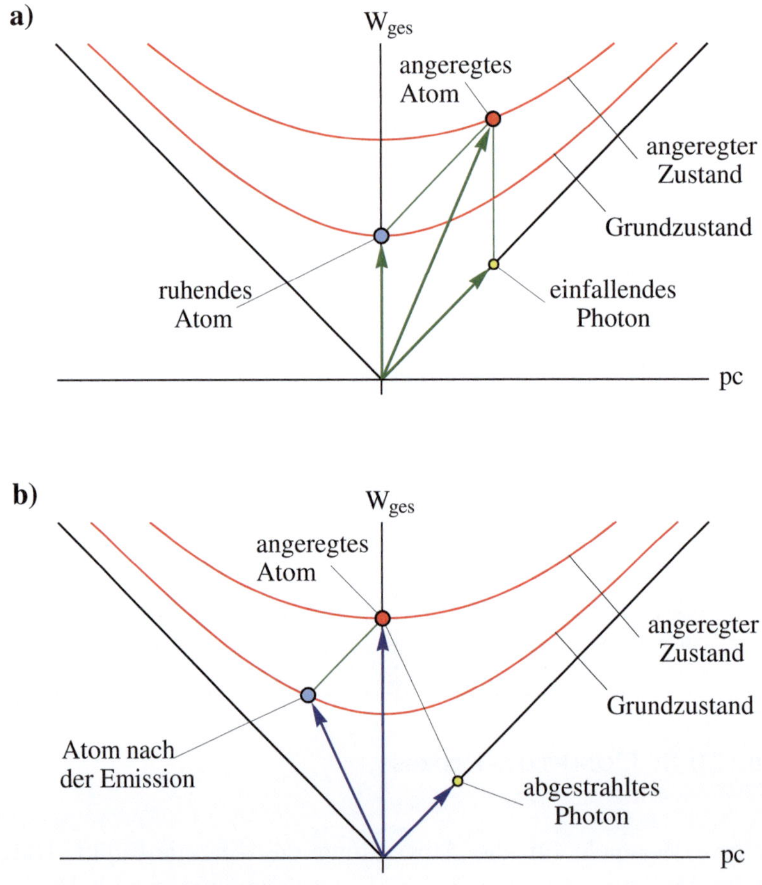

ABB. 10.4: Wechselwirkungsprozesse
a) Absorption
b) Emission

Bei der **Emission** können nur solche Photonen abgestrahlt werden, bei denen das Atom von einem höheren in einen seiner erlaubten, niedrigeren Energiezustände mit der zugehörigen Hyperbel übergeht. Diese Photonen besitzen dann die Differenzenergien der Atomzustände, wodurch die zugehörigen **Emissionslinien** im Spektrum erscheinen.

Nach dem BOHR'schen Atommodell besitzt ein Atom neben seinem energetischen Grundzustand viele weitere **diskrete anregbare Energiezustände**, die alle durch unterschiedliche Hyperbeln wiedergegeben werden.

Die bei Absorption und Emission auftretenden Übergänge zwischen beliebigen erlaubten Energiezuständen werden in Spektroskopie und Atomphysik in **Termschemata** zu **Serien** zusammengefasst. Im einfachsten Spektrum des Wasserstoffatoms heißen sie nach den Entdeckern LYMAN-Serie, BALMER-Serie, PASCHEN-Serie etc., [9, Kap. 30], [10].

10.8 Standardmodell der Elementarteilchenphysik

Eine große Zahl verschiedener Wechselwirkungsprozesse wird in [1, Kap. 29], [6, Kap. 2.4] im einzelnen untersucht. Dabei sind nur solche Prozesse physikalisch möglich, bei denen Energie, (Dreh-) Impuls und Ladung erhalten bleiben. Die Forderung nach **strikter Gültigkeit der Erhaltungssätze** (3.15), die immer wieder bestätigt wurden, führte zur Entdeckung einer Vielzahl von Elementarteilchen und der Entwicklung eines Modells ihrer Zusammenhänge, das heute als Standardmodell der Elementarteilchenphysik bezeichnet wird und in *Abbildung 10.5* dargestellt ist.

Ein berühmtes Beispiel ist die Vorhersage des **Neutrinos** 1930 beim Beta-Zerfall durch **Wolfgang PAULI** (1900-1958) mit theoretischer Behandlung und Namensgebung 1933 durch **Enrico FERMI** (1901-1954). Beide Wissenschaftler erhielten für ihre quantentheoretischen Arbeiten den **Nobelpreis für Physik** (FERMI 1938, PAULI 1945).

Da Neutrinos ausschließlich auf die schwache Wechselwirkung reagieren, konnten sie erst 1956 von COWAN und REINES im inversen Betazerfall nachgewiesen werden. Für den experimentellen Nachweis erhielt der noch lebende **Frederick REINES** erst 1995 den **Nobelpreis für Physik**, [11].

Entgegen der ursprünglichen Annahme, nach der Neutrinos masselos sind, legen langjährige **Nachweisexperimente** in Japan (Super-Kamiokande, seit

1996) und Kanada (Sudbury Neutrino Observatory, 1999-2006) nahe, dass Neutrinos doch eine Masse besitzen, die allerdings nur sehr gering sein kann, und dass sie in drei Arten oder Flavours vorkommen, die ineinander umwandelbar sind, was man **Neutrino-Oszillation** nennt, [12], [19], [22]. Für ihre Forschungen an Neutrinos erhielten **Raymond Davis Jr.** und **Masatoshi Koshiba** 2002 sowie **Takaaki Kajita** und **Arthur B. McDonald** 2015 den **Nobelpreis für Physik**, [13], [20].

Derzeit sind mehrere Großexperimente zu Nachweis und Untersuchung von Neutrinos in Betrieb wie beim Super-Kamiokande-Detektor, der 2018 verbessert wurde und zu einem fünfmal größeren Hyper-Kamiokande erweitert werden soll, [23], sowie im Gran Sasso Massiv seit 2006 in Italien. Neben der Erzeugung von Neutrinos in Beschleuniger-Experimenten interessiert Teilchenphysiker und Astronomen vor allem die Herkunft von Neutrinos aus fernen kosmischen Ereignissen wie **Supernovae** und **Gammastrahlungsausbrüchen** (GRB). Da die ladungslosen Neutrinos nicht von Magnetfeldern abgelenkt werden, will man durch Rückverfolgung ihrer Spuren und der genauen Flugrichtung Erkenntnisse über Ursprung und Herkunft in Milchstraße und fernen Galaxien gewinnen.

Das Projekt **IceCube** ist seit 2010 in der Antarktis in Betrieb. Es verfügt in einem Volumen von einem Kubikkilometer über 86 im Eis eingeschlossene Kabelstränge mit insgesamt 5160 kugelförmigen Sensormodulen, die die Tscherenkow-Leuchtspuren der von Neutrinos ausgelösten Elementarteilchen aufzeichnen. Erste Neutrinonachweise sind bereits gelungen, [17], [21]. Seit Ende 2015 ist das Projekt **KM3NeT** im Mittelmeer an drei Standorten vor Frankreich, Italien und Griechenland im Aufbau, das in einem Volumen von etwa fünf Kubikkilometern an 600 Kabelsträngen etwa 12 000 Sensormodule enthalten wird.

Der jüngste Erfolg in der Elementarteilchenphysik ist das Auffinden des **Higgs-Bosons**, das bereits 1964 von Brout, Englert und Higgs im sog. BEH-Mechanismus postuliert wurde aber erst 2012 mit dem Large Hadron Collider (LHC) des **CERN**, der Europäischen Organisation für Kernforschung bei Genf, nachgewiesen werden konnte. Für ihre theoretischen Arbeiten erhielten **Peter Higgs** und **François Englert** 2013 den **Nobelpreis für Physik**, [14], [15], [16], [18].

Das Higgs-Boson ist der letzte Baustein des in den 1960er und 1970er Jahren entwickelten **Standardmodells der Elementarteilchenphysik**, [8, S. 32], das als **relativistische Quantenfeldtheorie** bis auf die Gravitation die drei Grundkräfte der Natur beschreibt. Die Quanten der Felder treten als Teilchen in Erscheinung, wobei die **Fermionen** mit halbzahligem Spin die Materie bilden und die **Bosonen** mit ganzzahligem Spin die Überträger der Naturkräfte sind. Weitere Überlegungen zum Standardmodell werden in *Abschnitt 11.1.1* angestellt.

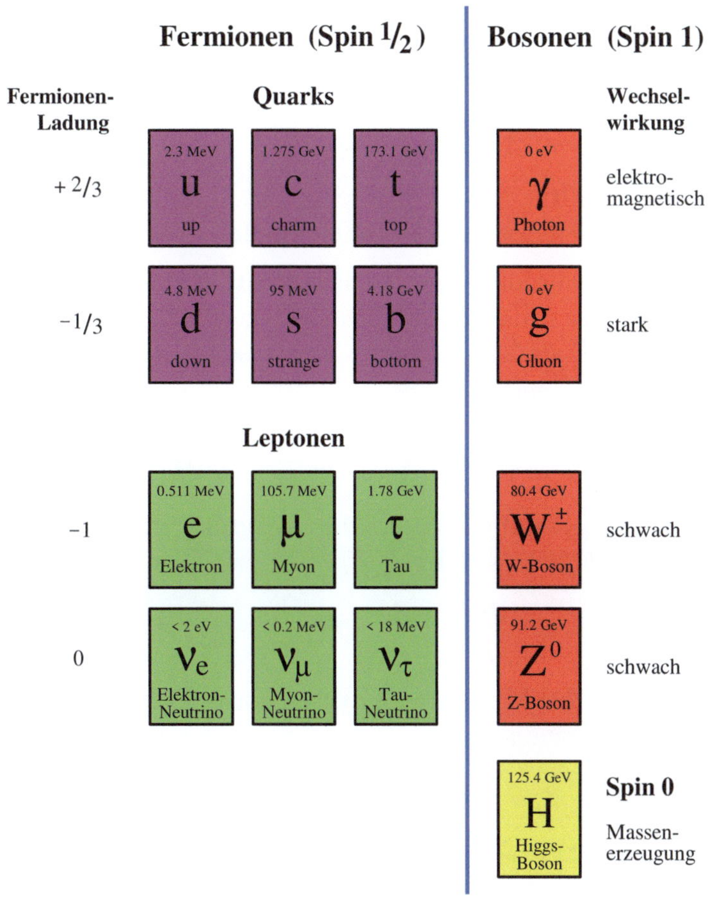

Abb. 10.5: Standardmodell der Elementarteilchenphysik

In der Darstellung des Standardmodells gelten folgende Aussagen:

- die Massen der Teilchen erhält man aus den in Elektronenvolt angegebenen Energien nach Division durch c^2 wie bei (10.17)
- die Spins der Teilchen ergeben sich durch Multiplikation der angegebenen Spinzahlen mit $\hbar$,
als Besonderheit hat das HIGGS-Boson den Spin Null
- die Ladungszahlen sind die Faktoren der Elementarladung e,
Bosonen haben die Ladung Null
bis auf die $\mathrm{W}^{\pm}$-Bosonen mit der Ladung $\pm e$

10.9 Vierervektor der Kraft

10.9.1 Grundgesetz der MINKOWSKI-Kraft

Das NEWTON'sche Grundgesetz der Bewegung (3.2), bei dem die Kraft die Ableitung des Impulses ist, bleibt formal erhalten.

In der kovarianten Formulierung der Raumzeit ist die Ableitung des Viererimpulses (10.7) bzw. der Vierergeschwindigkeit (8.21) nach der Eigenzeit ein Vierervektor, der als **MINKOWSKI-Kraft** bezeichnet wird und der nach Zeit- und Raumanteil zerlegt wird.

$$\mathsf{F}_{\mathrm{M}} = \frac{d\mathsf{p}}{d\tau} = \frac{d}{d\tau}\left(p_0\,\mathbf{e}_0 + \boldsymbol{p}\right) = m_0\,\frac{d\mathsf{U}}{d\tau} = F_0\,\mathbf{e}_0 + \boldsymbol{F}_{\mathrm{M}} \tag{10.29}$$

Der Raumanteil $\boldsymbol{F}_{\mathrm{M}}$ ergibt sich aus der Ableitung des dreidimensionalen Impulses $\boldsymbol{p}$ und der LORENTZ-Kraft $\boldsymbol{F}_L$ (5.18) auf eine Ladung Q.

$$\boldsymbol{F}_{\mathrm{M}} = \frac{d\boldsymbol{p}}{d\tau} = \frac{dt}{d\tau}\,\frac{d\boldsymbol{p}}{dt} = \overset{*}{\gamma}\,\frac{d\boldsymbol{p}}{dt} = \overset{*}{\gamma}\,\boldsymbol{F}_L = \overset{*}{\gamma}\,Q\,\big(\boldsymbol{E} + \boldsymbol{u}\times\boldsymbol{B}\big)$$

Die x-Komponente der MINKOWSKI-Kraft kann man durch die Komponenten von Vierergeschwindigkeit U und Feldtensor $\mathscr{F}$ nach (9.39) ausdrücken.

$$\begin{aligned}
F_{\mathrm{M}_x} &= \overset{*}{\gamma}\,F_{L_x} \\
&= \overset{*}{\gamma}\,Q\,\big(E_x + u_y B_z - u_z B_y\big) \\
&= Q\,\big[\,jc\,\overset{*}{\gamma}\,\big(-\frac{j}{c}\,E_x\big) + 0 + \overset{*}{\gamma}\,u_y B_z - \overset{*}{\gamma}\,u_z B_y\,\big] \\
&= Q\,\big[\,U_0 F_{10} + U_1 F_{11} + U_2 F_{12} + U_3 F_{13}\,\big]
\end{aligned}$$

Eine Verwechslung von Feldtensor $\mathscr{F}$ und MINKOWSKI-Kraft F_M kann weder bei Matrix noch Komponenten auftreten, da alle Größen unterschiedlich indiziert sind!

Die anderen Komponenten lassen sich entsprechend darstellen und damit gilt allgemein

$$F_{\mathrm{M}_k} = Q \sum\nolimits_{\ell=0}^{3} F_{k\ell} U_\ell \qquad (k = x, y, z)$$

Setzt man hier formal $k = 0$, dann folgt mit $F_{00} = 0$ einerseits

$$\begin{aligned} F_{\mathrm{M}_0} &= Q \left[U_0 F_{00} + U_1 F_{01} + U_2 F_{02} + U_3 F_{03} \right] = Q \sum\nolimits_{\ell=0}^{3} F_{0\ell} U_\ell \\ &= \frac{j}{c} \overset{*}{\gamma} Q \left(u_x E_x + u_y E_y + u_z E_z \right) \\ &= \frac{j}{c} \overset{*}{\gamma} Q \left[\boldsymbol{u} \cdot \boldsymbol{E} + \underbrace{\boldsymbol{u} \cdot (\boldsymbol{u} \times \boldsymbol{B})}_{=0} \right] \\ &= \frac{j}{c} \overset{*}{\gamma} \boldsymbol{u} \cdot \boldsymbol{F}_L \end{aligned}$$

und für den Zeitanteil der MINKOWSKI-Kraft mit (10.12) andererseits

$$F_0 = \frac{dp_0}{d\tau} = \frac{dt}{d\tau} \frac{dp_0}{dt} = \overset{*}{\gamma} \frac{dp_0}{dt} = \frac{j}{c} \overset{*}{\gamma} \frac{dW_\mathrm{ges}}{dt} = \frac{j}{c} \overset{*}{\gamma} \frac{d}{dt} \left(W_0 + E_\mathrm{kin} \right)$$

Da beide Kraftanteile F_{M_0} und F_0 übereinstimmen müssen, ergibt sich eine Darstellung für die Zeitableitung der Energie,

$$F_{\mathrm{M}_0} = F_0 \qquad \rightarrow \qquad \frac{dE_\mathrm{kin}}{dt} = Q \, \boldsymbol{u} \cdot \boldsymbol{E} = \boldsymbol{u} \cdot \boldsymbol{F}_L$$

die den beiden Beziehungen (5.20/5.21) im elektromagnetischen Feld mit $W_\mathrm{ges} = W_e + W_m$ entspricht.

Wenn man die Energiebeziehung (10.13) ableitet und die Beziehungen aus *Abschnitt 10.3* einsetzt,

$$\frac{dW_\mathrm{ges}}{dt} = \frac{d}{dt} \sqrt{c^2 \, \boldsymbol{p} \cdot \boldsymbol{p} + W_0^2} = \underbrace{\frac{c^2}{W_\mathrm{ges}} \boldsymbol{p}}_{=\boldsymbol{u}} \cdot \underbrace{\frac{d\boldsymbol{p}}{dt}}_{=\boldsymbol{F}_L}$$

dann erhält man folgendes Ergebnis.

$$\boxed{\frac{dW_\mathrm{ges}}{dt} = \frac{dE_\mathrm{kin}}{dt} = \boldsymbol{u} \cdot \frac{d\boldsymbol{p}}{dt} = \boldsymbol{u} \cdot \boldsymbol{F}_L = Q \, \boldsymbol{u} \cdot \boldsymbol{E}} \tag{10.30}$$

Für $\boldsymbol{F}_L \mathrel{\hat{=}} \boldsymbol{F}_{\text{mech}}$ und $\boldsymbol{u} = d\boldsymbol{r}/dt$ entspricht das der Zeitableitung des Arbeitssatzes der klassischen Mechanik im *Abschnitt 3.1.2.*

Als Resultat kann die MINKOWSKI-Kraft als Skalarprodukt aus Feldtensor $\mathscr{F}$ und Vierergeschwindigkeit U ausgedrückt werden.

$$\boxed{\mathsf{F}_{\text{M}} = \frac{d\mathsf{p}}{d\tau} = F_0\,\mathbf{e}_0 + \boldsymbol{F}_{\text{M}} = F_0\,\mathbf{e}_0 + \overset{*}{\gamma}\,\boldsymbol{F}_L = Q\,\mathscr{F}\cdot\mathsf{U}}$$

$$\boxed{\begin{aligned}\mathsf{F}_{\text{M}} &= \overset{*}{\gamma}\left[\,\frac{j}{c}\left(\boldsymbol{u}\cdot\boldsymbol{F}_L\right)\mathbf{e}_0 + \boldsymbol{F}_L\right]\\ &= \overset{*}{\gamma}\,Q\left[\,\frac{j}{c}\left(\boldsymbol{u}\cdot\boldsymbol{E}\right)\mathbf{e}_0 + \Big(\boldsymbol{E} + \boldsymbol{u}\times\boldsymbol{B}\Big)\right]\end{aligned}} \tag{10.31}$$

Die kovariante Form des Bewegungsgesetzes ist die **relativistische Verallgemeinerung des NEWTON'schen Grundgesetzes** $\boldsymbol{F} = m\,\boldsymbol{a}$, das in der mathematischen Form mit Vierervektoren erhalten bleibt.

$$\boxed{\mathsf{F}_{\text{M}} = \frac{d\mathsf{p}}{d\tau} = m_0\,\frac{d\mathsf{U}}{d\tau} = m_0\,\mathsf{A}} \tag{10.32}$$

Dagegen existiert in der Raumzeit keine Proportionalität zwischen mechanischer Kraft $\boldsymbol{F}_{\text{mech}}$ und gewöhnlicher Beschleunigung $\boldsymbol{a}$ wie in der klassischen Dynamik, was man entweder an den Komponenten der Viererbeschleunigung (8.34) oder an folgender Betrachtung erkennt.

$$\boldsymbol{F}_{\text{mech}} = \frac{d\boldsymbol{p}}{dt} = \frac{d}{dt}\Big[m(u)\,\boldsymbol{u}\Big] = m(u)\,\boldsymbol{a} + \frac{dm(u)}{dt}\,\boldsymbol{u} \quad \not\propto \quad \boldsymbol{a}$$

Bildet man mit der Ableitung (8.33) sowie (10.10) und (10.30) die Ableitung der relativistischen Masse,

$$\begin{aligned}\frac{dm(u)}{dt} &= m_0\,\frac{d\overset{*}{\gamma}}{dt} = m_0\,\overset{*}{\gamma}{}^3\,\frac{\boldsymbol{u}\cdot\boldsymbol{a}}{c^2}\\ &= \frac{1}{c^2}\,\frac{dW_{\text{ges}}}{dt} = \frac{1}{c^2}\,\frac{dE_{\text{kin}}}{dt} = \frac{1}{c^2}\,\boldsymbol{u}\cdot\boldsymbol{F}_{\text{mech}}\end{aligned}$$

dann erhält man für beliebige Geschwindigkeiten $\boldsymbol{u}$

$$\boldsymbol{u}\cdot\boldsymbol{F}_{\text{mech}} = m_0\,\overset{*}{\gamma}{}^3\,\boldsymbol{u}\cdot\boldsymbol{a}$$

Die dreidimensionale Kraft setzt sich aus der Beschleunigung $\boldsymbol{a}$ und einem Zusatzanteil in $\boldsymbol{u}$-Richtung zusammen und bildet die **relativistische Bewegungsgleichung**.

$$\boxed{\boldsymbol{F}_{\text{mech}} = m_0 \overset{*}{\gamma} \left[\boldsymbol{a} + \frac{1}{c^2} \left(\frac{\overset{*}{\gamma}}{c} \right)^2 \left(\boldsymbol{u} \cdot \boldsymbol{a} \right) \boldsymbol{u} \right]} \tag{10.33}$$

Kraft und Beschleunigung sind nur in zwei Fällen proportional und damit zueinander parallel,

- entweder für $\boldsymbol{F}_{\text{mech}} \parallel \boldsymbol{u} \quad \rightarrow \quad \boldsymbol{F}_{\text{mech}} = m_0 \overset{*}{\gamma}{}^3 \boldsymbol{a}$
- oder für $\boldsymbol{F}_{\text{mech}} \perp \boldsymbol{u} \quad \rightarrow \quad \boldsymbol{F}_{\text{mech}} = m_0 \overset{*}{\gamma} \boldsymbol{a}$

Mitunter findet man in der Literatur folgende Bezeichnungen:

- „longitudinale Masse“ für $m_0 \overset{*}{\gamma}{}^3$ im Parallelfall
- „transversale Masse“ für $m_0 \overset{*}{\gamma}$ im Orthogonalfall

In der Elektrodynamik mit $\boldsymbol{F}_{\text{mech}} = \boldsymbol{F}_L$ tritt der erste Fall im homogenen elektrischen Feld bei ursprünglich ruhender Ladung auf und der zweite Fall bei einer Ladung, die sich wie in *Abschnitt 9.3.1* mit konstanter Geschwindigkeit $\boldsymbol{u}$ im homogenen Magnetfeld bewegt, bei dem als Bahnkurven Kreise entstehen, [5, S. 120].

Die Ableitung des Quadrats des Viererimpulses verschwindet wegen (8.24),

$$\begin{aligned} \frac{d}{d\tau} \left(\mathbf{p} \cdot \mathbf{p} \right) &= \frac{d}{d\tau} \left(m_0^2 \, \mathbf{U} \cdot \mathbf{U} \right) = - \frac{d}{d\tau} \left(m_0 c \right)^2 = 0 \\ &= 2 \, \mathbf{p} \cdot \frac{d\mathbf{p}}{d\tau} = 2 \, \mathbf{p} \cdot \mathbf{F}_{\text{M}} = 2 \, m_0 \, \mathbf{U} \cdot \mathbf{F}_{\text{M}} \end{aligned}$$

so dass sich in der Raumzeit damit in Ergänzung zu (8.35) und (10.32) die **Orthogonalität von Vierervektoren** ergibt.

$$\boxed{\mathbf{F}_{\text{M}} \cdot \mathbf{p} = \mathbf{F}_{\text{M}} \cdot \mathbf{U} = 0} \qquad \boxed{\mathbf{p} \cdot \mathbf{A} = \mathbf{U} \cdot \mathbf{A} = 0} \tag{10.34}$$

10.9.2 LORENTZ-Transformation der MINKOWSKI-Kraft

Die Transformation der MINKOWSKI-Kraft zwischen zwei Bezugssystemen lautet für die Komponenten

$$\underline{\widehat{\mathbf{F}}}_{\mathrm{M}} = \underline{\underline{\mathbf{L}}}\,\underline{\mathbf{F}}_{\mathrm{M}}$$

Im eindimensionalen Fall für $\boldsymbol{v} = v\,\mathbf{e}_x$ zwischen den Systemen S und $\widehat{S}$ und damit $\boldsymbol{u}\cdot\boldsymbol{v} = u_x v$ erhält man daraus mit $\boldsymbol{F}_{\mathrm{M}} = \overset{*}{\gamma}\boldsymbol{F}_L$ und (10.31) folgende Beziehungen mit unveränderten Komponenten in y- und z-Richtung.

$$\widehat{F}_0 = \gamma\left(F_0 - j\beta\,F_{\mathrm{M}_x}\right) = \frac{j}{c}\,\gamma\overset{*}{\gamma}\left[\boldsymbol{u}\cdot\boldsymbol{F}_L - v\,F_{L_x}\right]$$

$$\widehat{F}_{\mathrm{M}_x} = \gamma\left(j\beta\,F_0 + F_{\mathrm{M}_x}\right) = \gamma\overset{*}{\gamma}\left[-\frac{v}{c}\frac{\boldsymbol{u}}{c}\cdot\boldsymbol{F}_L + F_{L_x}\right] = \widehat{\overset{*}{\gamma}}\,\widehat{F}_{L_x}$$

$$\widehat{F}_{\mathrm{M}_{y,z}} = \widehat{\overset{*}{\gamma}}\,\widehat{F}_{L_{y,z}} = F_{\mathrm{M}_{y,z}} = \overset{*}{\gamma}\,F_{L_{y,z}}$$

Für den Zeitanteil und mit der Gamma-Relation (8.28) für die drei räumlichen Komponenten der **LORENTZ-Kraft** ergeben sich folgende Transformationsbeziehungen.

$$\boxed{\widehat{F}_0 = \frac{j}{c}\,\frac{\boldsymbol{u}\cdot\boldsymbol{F}_L - v\,F_{L_x}}{\sqrt{\left[1-\left(\frac{v}{c}^2\right)\right]\left[1-\left(\frac{u}{c}^2\right)\right]}}}$$

$$\boxed{\widehat{F}_{L_x} = \frac{F_{L_x} - \dfrac{v}{c^2}\,\boldsymbol{u}\cdot\boldsymbol{F}_L}{1-\dfrac{u_x v}{c^2}}} \qquad \boxed{\widehat{F}_{L_{y,z}} = \frac{\sqrt{1-\left(\dfrac{v}{c}\right)^2}}{1-\dfrac{u_x v}{c^2}}\,F_{L_{y,z}}} \tag{10.35}$$

Literaturangaben

[1] **Freund**, Jürgen:
Spezielle Relativitätstheorie für Studienanfänger
vdf Hochschulverlag AG an der ETH Zürich (2007)

[2] **Griffiths**, David J.:
Elektrodynamik
Pearson Studium, 3. Aufl. (2011)

[3] **Kittel**, Charles et al.:
Berkeley Physik Kurs I, Mechanik
Vieweg Verlag, Braunschweig, 5. Aufl. (1991)

[4] **Melcher**, Horst:
Relativitätstheorie in elementarer Darstellung
VEB Deutscher Verlag der Wissenschaften, Berlin, 4. Aufl. (1974)

[5] **Resnick**, Robert:
Einführung in die spezielle Relativitätstheorie
Ernst Klett Verlag, Stuttgart (1976)

[6] **Skinner**, Ray:
Relativity for Scientists and Engineers
Dover Publications, Mineola, New York (2014)

[7] **Sommerfeld**, Arnold:
Vorlesungen über theoretische Physik III, Elektrodynamik
Akademische Verlagsgesellschaft Geest & Portig, 4. Aufl. (1964)

[8] **Vaas**, Rüdiger:
Vom Gottesteilchen zur Weltformel
Franckh-Kosmos Verlags-GmbH, Stuttgart (2013)

[9] **Werner**, Wolfgang:
Hamiltonsche Mechanik und Quantenmechanik
Springer Vieweg, Wiesbaden (2023)

Spektrum der Wissenschaft

[10] **Hänsch**, Theodor W. / **Schawlow**, Arthur L. / **Series**, George W.:
Das Spektrum des atomaren Wasserstoffs
SdW **5**, 58 (1979)

[11] **Reichert**, Uwe:
Erfolgreiche Suche nach neuen Leptonen
Nobelpreis für Physik (Frederick Reines)
SdW **12**, 21 (1995)

[12] **Wolschin**, Georg:
Neutrinomasse - und es gibt sie doch!
SdW **10**, 12 (2001)

[13] **Krome**, Thorsten:
Neue Fenster für den Blick ins All
Nobelpreis für Physik (Davis Jr./Koshiba/Giacconi)
SdW **12**, 12 (2002)

[14] **Der LHC nach Higgs:**
Die Suche bleibt spannend
Interview mit Siegfried Bethke
SdW **10**, 60 (2012)

[15] **Tonelli**, Guido / **Wu**, Sau Lan / **Riordan**, Michael:
Der lange Weg zum Higgs
SdW **11**, 54 (2012)

[16] **Lüst**, Dieter:
Vom Higgs-Teilchen zur Weltformel
SdW **4**, 54 (2013)

[17] **Göger-Neff**, Marianne / **Oberauer**, Lothar / **Schönert**, Stefan:
Große Geheimnisse um kleine Teilchen
SdW **7**, 46 (2013)

[18] **Wolschin**, Georg:
Krönender Abschluss des Standardmodells
Nobelpreis für Physik (Englert/Higgs)
SdW **12**, 19 (2013)

[19] **Hirsch**, Martin / **Päs**, Heinrich / **Porod**, Werner:
Neue Physik mit Neutrinos
SdW **5**, 50 (2014)

[20] **Hummel**, Philipp:
Teilchen, wechsle dich
Nobelpreis für Physik (Kajita/McDonald)
SdW **12**, 13 (2015)

[21] **Halzen**, Francis:
Neutrinojagd am Ende der Welt
SdW **5**, 34 (2016)

[22] **Moskowitz**, Clara:
Den Neutrinos auf der Spur
SdW **4**, 62 (2018)

[23] **Castelvecchi**, Davide:
Warten auf das galaktische Feuerwerk
SdW **7**, 52 (2022)

Kapitel 11

Gravitation und Allgemeine Relativitätstheorie

Zusammenfassung

Ausgehend von NEWTONs Gravitationsgesetz und der profunden Kenntnis der MAXWELL'schen Theorie gelangte EINSTEIN nach grundsätzlichen Überlegungen zum Massenbegriff und zu Schwerkraft und Beschleunigung zu einem neuen Verständnis und einer umfassenden Konzeption von Raum und Zeit. Dazu entwickelte er eine Theorie der Gravitation auf der Grundlage seines Äquivalenzprinzips.

Vor der Entwicklung der Feldgleichungen, zu deren mathematischer Beschreibung Differentialgeometrie und Tensorrechnung unverzichtbar sind, werden zunächst die klassischen sowie die modernen Tests, Experimente und Forschungen zur Bestätigung der Theorie erörtert, die zu einem großen Teil durch Erkenntnisse der Astronomie geliefert wurden.

EINSTEIN musste bei seinen Berechnungen anstelle der euklidischen die RIEMANN'sche Geometrie verwenden, um die tensoriellen Feldgleichungen der Relativitätstheorie zu formulieren. Eine frühe, kugelsymmetrische Lösung dieser Gleichungen wurde von Karl SCHWARZSCHILD angegeben, mit der die bis dahin unerklärbare Abweichung bei der Periheldrehung der Merkurbahn berechnet werden konnte.

W. Werner, *Vektoren und Tensoren als universelle Sprache in Physik und Technik 2*,
https://doi.org/10.1007/978-3-658-49785-9_11

11.1 Gravitation

Die kritische Infragestellung der NEWTON'schen Definition von absolutem Raum und absoluter Zeit führte zu EINSTEINs **Spezieller Relativitätstheorie**, deren Kennzeichen die Invarianz bzw. **Kovarianz der Naturgesetze** gegenüber dem Wechsel von Inertialsystemen gemäß LORENTZ-Transformation in einem Kontinuum der vierdimensionalen Raumzeit ist.

Die dabei betrachteten Inertialsysteme, die sich nur gleichförmig und damit unbeschleunigt gegeneinander bewegen, wurden behandelt, ohne den Einfluss der Gravitation als wesentliche Eigenschaft jeglicher Materie zu berücksichtigen, wodurch das Attribut *speziell* für diese Theorie begründet ist.

Es ist EINSTEINs Genialität zu verdanken, dass die Einbeziehung der Gravitation und beliebig beschleunigter Bezugssysteme eine **allgemeine Gravitationstheorie** begründete, die durch seine **Allgemeine Relativitätstheorie** zu einer erweiterten Sicht und damit zu einem völlig neuen und umfassenderen Verständnis der Natur geführt hat.

Auf der Grundlage früherer Arbeiten legte EINSTEIN im November 1915 der Preußischen Akademie der Wissenschaften eine kurze Darstellung seiner Feldgleichungen vor, die er 1916 in ausführlicher Form veröffentlichte, [73].

Der Weg von der prinzipiellen Erkenntnis einer erweiterten Theorie zu ihrer formelmäßigen Darstellung ist mathematisch anspruchsvoll. Der Ausgangspunkt ist das NEWTON'sche Gravitationsgesetz, das als reine Fernwirkung trotz seiner großen Erfolge bei Verständnis und Beschreibung der Dynamik von Körpern und terrestrischen Massen sowie der Himmelsmechanik im Sonnensystem keinen universellen Bestand haben kann, da jede Wirkung die Obergrenze c der Ausbreitungsgeschwindigkeit hat. Dieser Weg führt auf Grund des Äquivalenzprinzips zu EINSTEINs tensoriellen Feldgleichungen, die Masse, Raum und Geometrie in einen ursächlichen Zusammenhang bringen und verknüpfen.

11.1.1 NEWTON'sches Gravitationsgesetz

Die von **Johannes KEPLER** (1571-1630) aufgestellten drei **KEPLER'schen Gesetze** (1609/1619) über elliptische Planetenbahnen, Flächensatz und Umlaufrelation der Planeten *(Abschnitt 3.1.7)*, die auf den umfangreichen und bis dahin präzisesten, noch ohne Fernrohr erhobenen Beobachtungsdaten von **Tycho BRAHE** (1546-1601) aufbauten, wurden von **Isaac NEWTON**

(1643 -1727) in genialer Weise physikalisch begründet und zu einem für alle Massen gültigen **Gravitationsgesetz** zusammengefasst, [38, S. 263], [56].

NEWTONs erste Überlegungen zur Gravitation gehen auf das Jahr 1666 zurück, die dann später zu seinen *Principia* führten, [14, S. 62, 64], [34, S. 257]. Das Gravitationsgesetz beschreibt in symmetrischer Form die gegenseitige **Anziehungskraft** zweier punktförmiger Massen, die quadratisch mit ihrem Abstand abnimmt. Die Kraft, die eine Masse M im Punkt Q auf eine Probemasse m im Punkt P ausübt, lautet mit dem Abstandsvektor $\boldsymbol{r} = \boldsymbol{r}_m - \boldsymbol{r}_M = \boldsymbol{r}_P - \boldsymbol{r}_Q$

$$\boxed{\boldsymbol{F} = -G\,\frac{m\,M}{r^2}\,\frac{\boldsymbol{r}}{r}} \tag{11.1}$$

Die Masse M erzeugt wegen $\boldsymbol{F} \sim \boldsymbol{r}$ ein **Zentralfeld** und stellt damit ein **konservatives, wirbelfreies Feld** dar, bei dem das Wegintegral der Kraft nur von den Endpunkten aber nicht vom durchlaufenen Weg abhängig ist *(s. Abschnitte 19.2.3, (Bd. I) und 3.1.3)*.

Das Gravitationsgesetz entspricht dem Grundgesetz der Dynamik (3.2) als Ausgangspunkt für ein Gravitationsfeld, das im *Abschnitt 11.1.2* behandelt wird.

Das **COULOMB'sche Gesetz** (5.16) und (5.23) ist mathematisch von gleicher Form wie das Gravitationsgesetz, wurde aber erst über hundert Jahre später aufgestellt (1785). Im Gegensatz zum elektrischen Feld, in dem je nach den Ladungsvorzeichen sowohl anziehende als auch abstoßende Kräfte auftreten, gibt es im Gravitationsfeld nur Anziehung, da Massen stets positiv sind.

Nach dem Gravitationsgesetz wirkt die **Gravitation** oder **Schwerkraft** überall unmittelbar in die Ferne und wegen fehlender negativer Massen ist **keine Abschirmung** wie im elektrostatischen Feld möglich. Der Charakter des Zentralfeldes hat zur Folge, dass in globalem Maßstab **kein homogenes Gravitationsfeld** existiert, das aus einer denkbaren Massenverteilung resultieren könnte. Lediglich in begrenzten, lokalen Bereichen, die klein gegenüber den Abmessungen der felderzeugenden Massen oder von diesen weit entfernt sind, kann man ein Gravitationsfeld näherungsweise als homogen ansehen, in dem die Gravitationskraft $\boldsymbol{F}$ auf kurze Distanz konstant ist.

Die **NEWTON'sche Gravitationskonstante** G wurde mit bekannten Massen in klassischen Laborexperimenten mit Gravitationsdrehwaagen 1798 von **Henry CAVENDISH** (1731-1810), [12, S. 378], und hundert Jahre später genauer von **Loránd EÖTVÖS** (1848-1919) bestimmt mit dem Ergebnis,

$$\boxed{G = 6.673 \cdot 10^{-11} \, \frac{\mathrm{N\,m^2}}{\mathrm{kg^2}}} \tag{11.2}$$

wobei für die Dimension die Umrechnung gilt: $\dfrac{\mathrm{N\,m^2}}{\mathrm{kg^2}} = \dfrac{\mathrm{m^3}}{\mathrm{kg\,s^2}} = \dfrac{1}{\mathrm{N}} \cdot \left(\dfrac{\mathrm{m}}{\mathrm{s}}\right)^4$

CAVENDISHs Experiment wurde als das **Wiegen der Erde** bezeichnet, da man durch Gleichsetzen der Kraft im Bewegungsgesetz (3.2) und im Gravitationsgesetz

$$|\boldsymbol{F}| = mg = \frac{G\,m}{R_E^2}\, M_E$$

bei beliebiger Probemasse m und bekannten Werten von G, Erdradius R_E nach (11.5) und Erdbeschleunigung g nach (5.40, Bd. I) die bis dahin unbekannte **Erdmasse** M_E bestimmen konnte.

$$M_E = \frac{g}{G}\, R_E^2 = \frac{9.81 \cdot (6378 \cdot 10^3)^2}{6.67 \cdot 10^{-11}}\ \mathrm{kg} = 5.98 \cdot 10^{24}\ \mathrm{kg}$$

Die *Abschnitt 11.1.2.4* durchgeführte Betrachtung zeigt, dass man zur Berechnung der Anziehungskraft auf einen Körper die Masse der Erde in ihrem Mittelpunkt konzentrieren kann, wodurch der Körper stets senkrecht in Richtung des Erdzentrums nach unten fällt.

11.1.1.1 Größenordnung der Grundkräfte, vereinheitlichende Theorien

Der Unterschied zwischen COULOMB-Kraft und Gravitation wird am Beispiel des **Wasserstoffatoms** mit einem positiv geladenen Proton im Kern und einem negativ geladenen Elektron in der Hülle berechnet. Für elektrostatische und Massenanziehung gilt,

$$|\boldsymbol{F}_e| = \frac{e^2}{4\pi\varepsilon_0}\,\frac{1}{r^2} \qquad \text{und} \qquad |\boldsymbol{F}_g| = G\,\frac{m_p\, m_e}{r^2}$$

woraus sich mit den bekannten Werten (9.15) und (10.17) füe e, m_p und m_e das vom Abstand r unabhängige Verhältnis der beiden Kräfte ergibt.

$$\chi = \frac{|\boldsymbol{F}_e|}{|\boldsymbol{F}_g|} = \frac{e^2}{4\pi\varepsilon_0 \, G \, m_p \, m_e} = 0.227 \cdot 10^{40}$$

Trotz des enormen Unterschieds beider Kräfte von fast 40 Zehnerpotenzen ist die Gravitation im Weltall die dominierende Größe! Da nur positive, sich anziehende Massen existieren, kann abhängig von den in kosmischen Regionen vorhandenen Massen von Galaxien und interstellarem Gas eine gewaltige Anziehungskraft resultieren. Dagegen herrscht im globalen Maßstab wegen positiver und negativer Ladungen **Ladungsneutralität**, wodurch sich die viel größeren elektrostatischen Kräfte kompensieren!

Bisher ist die Physik nicht in der Lage zu erklären, warum die Gravitation so viel schwächer als die drei anderen Kräfte ist, nämlich die elektromagnetische, die schwache und die starke Wechselwirkung. Obwohl das **Standardmodell der Elementarteilchenphysik** *(Abbildung 10.5)* nahezu alle bisherigen teilchenphysikalischen Beobachtungen deuten kann, entspricht dieses Modell noch keineswegs der vollständigen Beschreibung der Natur, die eine Theorie der Vereinigung aller vier Grundkräfte bieten müsste.

Ein erster Schritt zur Vereinheitlichung wurde 1968 von den Wissenschaftlern **Steven Weinberg**, **Abdus Salam** und **Sheldon Glashow** erreicht, indem sie die elektromagnetische und die schwache Kernkraft als **elektroschwache Kraft** zusammenführen konnten, wofür die drei Wissenschaftler 1979 den **Nobelpreis für Physik** erhielten, [55].

Die Vereinigung der drei Grundkräfte ohne Gravitation in einer **großen vereinheitlichten Theorie** (Grand Unified Theory, GUT) bzw. aller vier Grundkräfte in einer allumfassenden Theorie als **Quantengravitation** oder **Weltformel** (Theory of Everything, TOE) ist das Ziel von theoretischer Physik sowie experimenteller Forschung an großen Teilchenbeschleunigern wie dem Large Hadron Collider (LHC) am CERN in Genf. Die von den Theoretikern als vielversprechendste Modelle verfolgten Ideen sind **Stringtheorie** sowie **Supersymmetrie** (SUSY), bei der Bosonen und Fermionen ineinander umgewandelt werden, [13, Kap. 12], [21, S. 342, 346].

11.1.1.2 Bedeutung des Gravitationsgesetzes

Seit seiner Aufstellung hat das Gravitationsgesetz seine Gültigkeit erfolgreich bewiesen und die **Erfolge der NEWTON'schen Dynamik** waren bei Bewegungsabläufen auf der Erde und in der **Himmelsmechanik** überwältigend, die schon frühzeitig erzielt wurden.

In der Himmelsmechanik wurden die Bahnen der Himmelskörper im Sonnensystem durch die NEWTON'schen Gesetze zuverlässig beschrieben. Da im Sonnensystem mehrere Planeten und eine Vielzahl von Asteroiden existieren, sind die Planetenbahnen durch die gegenseitigen Gravitationseinflüsse recht verwickelt und die KEPLER-Gesetze gelten nur näherungsweise, so dass man sie mit der Präzision heutiger Messmethoden zur damaligen Zeit viel schwerer hätte auffinden können.

Anfängliche Abweichungen zwischen Theorie und Beobachtung konnten in allen Fällen dadurch geklärt werden, dass die Beobachtungen nicht genau genug waren oder bis dahin unbekannte Störgrößen gefunden wurden. Lediglich bei der Bahn des Planeten **Merkur** konnte ein kleiner Anteil seiner Periheldrehung nicht auf Störeinflüsse im Sonnensystem zurückgeführt werden und dieser Restwert wurde erst durch die Relativitätstheorie erklärt *(s. Abschnitt 11.5.11)*.

Als frühe Erfolge der Himmelsmechanik gelten die Untersuchungen von Friedrich Wilhelm HERSCHEL, [59], der 1781 den Planeten **Uranus** entdeckte und zusammen mit seiner Schwester Caroline Lucretia durch die Beobachtung einer Vielzahl von **Doppelsternen** nachwies, dass deren Bewegung durch das Gravitationsgesetz beschrieben wird.

Durch Berechnung der Bahnkoordinaten mit Ausgleichs- und Störungsverfahren konnte Carl Friedrich GAUSS 1801 aus wenigen beobachteten Bahndaten des Asteroiden **Ceres** zwischen Mars- und Jupiterbahn dessen astronomischen Ort bestimmen, an dem er dann wiederentdeckt wurde, [16, S. 34]. Mit seinen neuen Methoden der **Störungstheorie** konnte GAUSS in den Jahren 1802/1807 die Bahnbestimmungen der neu entdeckten Asteroiden **Pallas**, **Juno** und **Vesta** durchführen, [46, S. 37, 39].

Auf ähnliche Weise konnten Urbain LEVERRIER und John ADAMS 1846 aus Störungen der Uranusbahn den Ort des bis dahin unbekannten Planeten **Neptun** berechnen, der dann durch Johann Gottfried GALLE aufgefunden werden konnte, [16]. Diese mathematische Vorhersage eines bisher unbekannten Planeten war eine großartige Bestätigung von NEWTONs Gravitationstheorie.

Friedrich Wilhelm BESSEL (1784-1846) schloss 1844 aus den veränderlichen Eigenbewegungen der Fixsterne **Sirius** und **Prokyon** auf die Existenz unsichtbarer Begleitsterne, die dann später tatsächlich als schwachleuchtende **Weiße Zwerge** entdeckt wurden.

Nach Vorarbeiten von Percival LOWELL am Anfang des 20. Jahrhunderts konnte aus Unregelmäßigkeiten von Uranus- und Neptunbahn nach etwa einjähriger, akribischer Suche von Clyde TOMBAUGH am Blinkkomparator 1930 der Planet **Pluto** ermittelt und gefunden werden, dessen Name mit den Initialen von LOWELL beginnt, [35, S. 256]. Heute wird das Auffinden allerdings eher als Zufall auf Grund von Messfehlern angesehen, da Pluto recht massearm ist und man im torusförmigen **Kuiper-Gürtel** jenseits der Neptunbahn in einem Abstand zwischen 30 und 50 astronomischen Einheiten eine Vielzahl größerer Himmelskörper fand, die man als **transneptunische Objekte** (TNO) bezeichnet.

Daraufhin beschloss die **Internationale Astronomische Union (IAU)** eine **Neudefinition des Begriffs Planet**, wodurch Pluto 2006 herabgestuft und zusammen mit der 2005 entdeckten etwa gleich großen **Eris** und anderen Asteroiden als **Zwergplanet** bezeichnet wurde, [35, S. 225].

Damit existieren nur noch acht **Planeten im Sonnensystem**, vier kleine terrestrische innere **Felsplaneten** (Merkur, Venus, Erde, Mars), zwei große äußere **Gasplaneten** (Jupiter, Saturn) und zwei **Eisplaneten** (Uranus, Neptun) aus gefrorenem Gas.

11.1.1.3 Bahnkurven von Körpern in Gravitationsfeldern

Die KEPLER'schen Gesetze beziehen sich nur auf zwei Körper, die Sonne und einen sie umlaufenden Planeten. Das NEWTON'sche Gravitationsgesetz (11.1) stellt dagegen eine Verallgemeinerung dar, weil es als vektorielles Gesetz durch die Angabe von Stärke und Richtung der Kraft Überlagerungen ermöglicht, die dann für beliebige Systeme von Körpern gültig sind.

Im Gegensatz zu elektro- und magnetostatischen Feldern, in denen Bewegungen von Punkt- oder verteilten Ladungen außer bei Teilchenbahnen in elektrooptischen Abbildungssystemen oder Speicherringen selten untersucht werden, sind im Gravitationsfeld der Sonne und ihrer Planeten gerade die

Bewegungen von Körpern unter dem gegenseitigen und durch die Bewegungsabläufe zeitlich veränderlichen Gravitationseinfluss der verschiedenen Massen Gegenstand des Interesses.

Das NEWTON'sche Gravitationsgesetz bestimmt in der **Himmelsmechanik** die Bahnen von Planeten, Kometen und einer Vielzahl von künstlichen Satelliten und Raumsonden.

Zusätzlich existierten laut ESA 2023 bereits mehr als 36 000 Bruchstücke und **Weltraummüll** von mehr als 10 cm Größe, die durch leistungsfähige Teleskope und Radaranlagen (Space Surveillance System) beobachtet werden. Daneben existieren noch Dutzende von Millionen Objekte in der Größe von (0.1 ... 10) cm hauptsächlich in erdnahen Umlaufbahnen (Low Earth Orbit, LEO), die unterhalb von 400 km im Laufe weniger Jahre in der Atmophäre verglühen, [83], [86].

Insbesondere wird seit Ende der 1990er Jahre und seit 2014 in gezielten Himmelsdurchmusterungen eine große Anzahl von Asteroiden beobachtet und gesucht, die die Erdbahn kreuzen und als **erdnahe Objekte** (Near Erth Objects, NEO) zu einer Kollision mit verheerenden Zerstörungen führen können, wenn ihr Durchmesser einige hundert Meter oder mehr beträgt, [72], [76].

Für ein System aus n punktförmigen Massen lautet die NEWTON'sche Bewegungsleichung (3.2) für die k-te Masse unter dem Einfluss der restlichen $n-1$ Massen, mit der man ihre Bahn berechnet, überwacht und verfolgt

$$\boldsymbol{F}_k = m_k \frac{d^2\boldsymbol{r}_k}{dt^2} = -m_k G \sum_{\substack{\ell=1 \\ (\ell \neq k)}}^{n} m_\ell \frac{\boldsymbol{r}_k - \boldsymbol{r}_\ell}{|\boldsymbol{r}_k - \boldsymbol{r}_\ell|^3} \qquad (k = 1, .., n) \tag{11.3}$$

Dieses **n-Körper-Problem** aus n gekoppelten vektoriellen Differentialgleichungen 2. Ordnung ist bei beliebigen Anfangsbedingungen nur für $n = 2$ exakt und für $n \geqslant 3$ in bestimmten Sonderfällen analytisch lösbar. Für das **Drei-Körper-Problem** mit gleichen Massen hat ein bulgarisches Mathematikerteam mehr als 12 000 periodische und kollisionsfreie Lösungen auf einem Supercomputer numerisch berechnet, [84].

Für Planung, Durchführung und Bahnkorrektur von heutzutage durchgeführten **Satellitenmissionen** sind aufwendige numerische Verfahren erforderlich, die den an Bord der Satelliten befindlichen Stellgliedern (Aktuatoren) zur Beeinflussung und Änderung der Bewegung die benötigten Signale berechnen und übermitteln.

Die analytischen Lösungsverfahren waren im Sonnensystem deshalb erfolgreich, weil die Masse der Sonne dominiert und andere Himmelskörper auf Grund ihrer großen Entfernungen und kleinen Massen nur geringen Einfluss ausüben. Historische Beispiele sind das bereits geschilderte Wiederauffinden von Ceres durch GAUSS und die Bahnberechnung von Neptun durch LEVERRIER und ADAMS.

Leonhard EULER und besonders Joseph Louis LAGRANGE untersuchten ein **reduziertes Drei-Körper-Problem**, bei dem die Gravitationswirkung der dritten Masse wegen $m_3 \approx 0$ neben den beiden anderen Massen vernachlässigt werden kann. In diesem System existieren fünf in einer Ebene liegende **LAGRANGE-Punkte** L_k, in denen die Gravitationskräfte der Massen M_1 und m_2, z.B. Sonne und Erde, auf die dritte Masse eines Satelliten verschwinden. Der kleine Körper m_3 als Satellit befindet sich in den Punkten L_1, L_2, L_3 im labilen, in den Punkten L_4, L_5 im dynamisch stabilen Gleichgewicht, wobei die Positionen M_1, m_2 und $L_{4,5}$ gleichseitige Dreiecke bilden. Die LAGRANGE-Punkte rotieren gemeinsam mit der Erde stationär auf solaren Umlaufbahnen, [8, I, S. 154], [15, S. 127], [37, S. 126], [51].

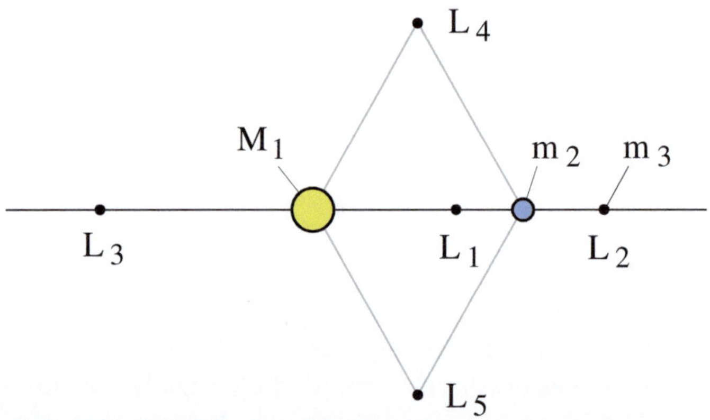

ABB. 11.1: LAGRANGE-Punkte bei verschwindender Masse m_3

In praktisch relevanten Mehr-Körper-Fällen war man früher auf Methoden der **Störungstheorie** angewiesen, um die gekrümmten und ungleichförmig durchlaufenen Bahnen der einzelnen Massen näherungsweise zu bestimmen, [4], [8, I, Kap. IV, V], [9, S. 143].

Satelliten umkreisen die Erde als unbemannte Raumflugkörper, die in großer Zahl im zivilen Bereich zur Messung einer Fülle verschiedener Erd- und Wetterdaten, als geostationäre Relaisstationen mit Transpondersystemen für Nachrichten- und Fernsehsendungen, oder umlaufend für Telefonverkehr oder den Internetzugang, zum Senden von Bahndaten und Zeitsignalen für Navigationssysteme wie GPS oder Galileo sowie zu militärischen Zwecken der Aufklärung und Überwachung in den Orbit gebracht werden.

Neuerdings werden Weltraumteleskope bevorzugt im sonnenabgewandten **Lagrange-Punkt** L_2 stationiert, der sich etwa 1.5 Mio. km außerhalb der Erdbahn befindet, wie die Teleskope HERSCHEL, Gaia, WMAP, PLANCK, JWST und EUCLID, die in verschiedenen Abschnitten beschrieben werden.

Raumsonden werden für wissenschaftliche Untersuchungen von Planeten und anderen Objekten im Sonnensystem auf ihre oft langjährigen Reisen geschickt, die verwickelte Routen durchlaufen, wobei die **Optimierung der Bahnkurven** von der Aufgabe abhängig ist.

Bei bemannten Missionen muss die Zeit und damit die Länge der Bahnkurve minimiert werden, so dass man einen direkten Weg einschlägt.

Bei den weitaus meisten unbemannten Raumsonden stellt dagegen der Treibstoff den begrenzenden Faktor dar. Die Reisezeit der interplanetarischen Sonden kann daher länger sein, um auf komplizierten Bahnen, die auch mehrere Umrundungen der Sonne beinhalten können, die Schwerkraftwirkung von Planeten beim nahen Vorbeiflug zur gezielten, treibstoffsparenden Bahnbeeinflussung auszunutzen. Alle Bahnkurven werden numerisch nach der Beziehung (11.3) auf Großrechenanlagen berechnet, wobei sich die Konstellation der gravitierenden Massen kontinuierlich ändert, und unter Berücksichtigung der z.T. recht langen Signallaufzeiten zwischen Erde und Raumsonde einer sehr genauen Kursbeeinflussung und Kurskorrektur durch kurzfristige Triebwerksschübe unterzogen.

11.1.2 NEWTON'sches Gravitationsfeld

11.1.2.1 Feldstärke und Gravitationspotential

Die Masse M kann man als Quelle eines Gravitationsfeldes auffassen, in dem eine Probemasse m eine anziehende Kraft erfährt. Nach dem NEWTON'schen Bewegungsgesetz (3.2) entspricht die **Schwerebeschleunigung $\boldsymbol{g}$** als Quotient aus angreifender Kraft und Probemasse der **Feldstärke des Gravitationsfeldes**, die man nach (17.89, Bd. I) als negativen Gradienten einer Potentialfunktion ϕ, die **Gravitationspotential** heißt, ausdrücken kann, [23, S. 124].

$$\boxed{\boldsymbol{g}(\boldsymbol{r}) = \frac{\boldsymbol{F}}{m} = -\frac{GM}{r^2}\,\frac{\boldsymbol{r}}{r} = -\operatorname{grad}\phi(r)} \qquad \boxed{\phi(r) = -\frac{GM}{r}} \tag{11.4}$$

Die **Erde** als anziehende Masse stellt durch ihren inneren Aufbau aus Kern, Mantel und Kruste keinen homogenen Körper dar und ist wegen der Rotation an den Polen abgeplattet. Mit **Erdmasse** und **äquatorialem Erdradius** weist der Betrag der **Erdbeschleunigung** g_E an der Oberfläche den folgenden mittleren Wert auf, der bereits früh aus Messungen (5.40, Bd. I) bekannt war.

$$\left.\begin{aligned} M_E &= 5.98\cdot 10^{24}\,\text{kg} \\ R_E &= 6378\,\text{km} \end{aligned}\right\} \rightarrow \left\{\begin{aligned} |\,\phi_E\,| &= 6.25\cdot 10^{7}\ \text{m}^2/\text{s}^2 \\ g_E &= \frac{GM_E}{R_E^2} = 9.81\ \text{m/s}^2 \end{aligned}\right. \tag{11.5}$$

Das Gravitationspotential hat die Dimension eines Geschwindigkeitsquadrates. Für normale Himmelsobjekte wie Planeten, Sonne oder massereichere Sterne ist das Gravitationspotential selbst an deren Oberflächen klein gegen das Quadrat der Lichtgeschwindigkeit.

$$|\,\phi\,| \ll c^2 = 9\cdot 10^{16}\ \frac{\text{m}^2}{\text{s}^2}$$

Für die **Sonne** mit den Werten für Masse und Radius gilt an der Oberfläche

$$\left.\begin{aligned} M_\odot &= 1.989\cdot 10^{30}\,\text{kg} \\ R_\odot &= 6.96\cdot 10^{8}\,\text{m} \end{aligned}\right\} \rightarrow \left\{\begin{aligned} |\,\phi_\odot\,| &= 1.91\cdot 10^{11}\ \text{m}^2/\text{s}^2 \\ g_\odot &= 273.27\ \text{m/s}^2 \end{aligned}\right. \tag{11.6}$$

11.1.2.2 Arbeit und potentielle Energie in Zentralfeldern

In Zentralfeldern nach (3.11) ist die Feldkraft der Richtung des Abstandsvektors proportional, $\boldsymbol{F} \sim \pm\, \boldsymbol{r}$, und zwar bei Anziehung nach innen und bei Abstoßung nach außen weisend. Der **Energienullpunkt** der aus der potentiellen Energie ableitbaren Kraft wird in beiden Fällen mit $W_{\text{pot}}(\infty) = 0$ in den Punkt Unendlich gelegt.

Zur Ermittlung der potentiellen Energie berechnet man die Arbeit, die die Kraft nach (3.8) im Zentralfeld an einem Probekörper verrichtet, bei Anziehung auf dem Weg $\infty \to P$, bei Abstoßung auf dem Weg $P \to \infty$.

Im **Gravitationsfeld** der Masse M wird bei Anziehung der Probemasse m aus dem Unendlichen zum Punkt $P(r)$ die folgende **positive Arbeit der Feldkräfte** verrichtet, woraus sich nach (3.9) die potentielle Energie ergibt.

$$
\begin{aligned}
W_{\text{Feld}}(r) &= \int_{\infty}^{P} \boldsymbol{F} \cdot d\boldsymbol{r} = W_{\text{Pot}}(\infty) - W_{\text{Pot}}(P) = -\, W_{\text{Pot}}(r) \\
&= m \int_{\infty}^{P} \boldsymbol{g} \cdot d\boldsymbol{r} = -\, m \int_{\infty}^{P} \operatorname{grad} \phi \cdot d\boldsymbol{r} = -\, m \int_{\infty}^{P} d\phi \\
&= -\, m\, \phi(r) = +\, m\, \frac{GM}{r} = \Delta W \; > \; 0
\end{aligned}
$$

Umgekehrt muss man eine **negativ gezählte Arbeit** W_{mech} **gegen die anziehenden Feldkräfte** von außen aufwenden, um die Probemasse m von $P(r)$ in eine größere Entfernung oder nach Unendlich zu bringen.

$$
W_{\text{mech}}(r) = \int_{P}^{\infty} \boldsymbol{F} \cdot d\boldsymbol{r} = W_{\text{Pot}}(r)
$$

Diese mechanische Arbeit entspricht dem Potential $\phi(r)$ der Masse m im Aufpunkt P und damit deren **potentieller Energie als Arbeitsvermögen**.

$$
\boxed{W_{\text{pot}}(r) = m\, \phi(r) = -\, m\, \frac{GM}{r} \; < \; 0} \tag{11.7}
$$

Beim Fall einer Masse im Gravitationsfeld wird potentielle Energie als kinetische Energie zurückgewonnen.

Im **elektrostatischen Feld** erhält man nach dem COULOMB'schen Gesetz (5.23) Arbeit und potentielle Energie in äquivalenter Weise, wenn eine Probeladung $+\,q$ im Feld der Ladung $-\,Q$ angezogen oder im Feld der Ladung $+\,Q$ abgestoßen wird.

Im Fall der **Anziehung**, die der Situation im Gravitationsfeld entspricht, erhält man die positive Arbeit, die das Feld auf dem Weg von ∞ nach P verrichtet, sowie die aufzuwendende mechanische Arbeit als potentielle Energie der Probeladung $+\,q$ im Feld des Potentials $V_{(-)}(r)$ der Ladung $-\,Q$.

$$W_{\text{Feld}}(r) = q \int_{\infty}^{P} \boldsymbol{E}_{(-)} \cdot d\boldsymbol{r} = -\,q\,V_{(-)}(r) = -\,W_{\text{pot}}(r) \;>\; 0$$

$$W_{\text{pot}}(r) = q\,V_{(-)}(r) = q\,\frac{(-\,Q)}{4\pi\varepsilon_0\, r} = W_{\text{mech}}(r) \;<\; 0$$

Bei **Abstoßung** der Ladungen $+\,q$ und $+\,Q$ erhält man äquivalente Werte für Arbeit des Feldes und potentielle Energie auf dem Weg von P nach ∞.

$$W_{\text{Feld}}(r) = q \int_{P}^{\infty} \boldsymbol{E}_{(+)} \cdot d\boldsymbol{r} = +\,q\,V_{(+)}(r) = +\,W_{\text{pot}}(r) \;>\; 0$$

$$W_{\text{pot}}(r) = q\,V_{(+)}(r) = q\,\frac{Q}{4\pi\varepsilon_0\, r} = -\,W_{\text{mech}}(r) \;>\; 0$$

Die Potentialfunktionen für die Situationen in beiden Feldern sind in *Abbildung 11.2* dargestellt, [44, S. 34].

Sowohl bei Anziehung der Probemasse m bzw. der Probeladung $+\,q$ in den Feldern der Masse M bzw. der Ladung $-\,Q$ als auch bei Abstoßung von $+\,q$ im Feld von $+\,Q$ ist die **Arbeit des Feldes positiv** und die **mechanische Arbeit**, die man am Probekörper von außen aufbringen muss, um den umgekehrten Weg **gegen die Feldkräfte** zu überwinden, **negativ**.

Dagegen hat die potentielle Energie oder das Potential in beiden Situationen unterschiedliche Bedeutung. Bei Anziehung in den Senkenfeldern von M bzw. $-\,Q$ ist W_{pot} der mechanischen Energie gleich und damit negativ, bei Abstoßung im Quellenfeld von $+\,Q$ stimmt W_{pot} mit der Feldarbeit überein und ist positiv.

Entscheidend für einen Probekörper ist aber nicht der punktuelle Wert $W_{\text{pot}}(r)$, sondern der Differenzwert ΔW_{pot} zwischen Anfangs- und Endwert eines durchlaufenen Weges. Dabei bedeutet die Positionsänderung für den Probekörper durch Feldarbeit einen **Verlust**, diejenige durch aufgewendete mechanische Arbeit einen **Gewinn an potentieller Energie**.

Die Potentialfunktionen entsprechen dem **Prinzip der Annahme d. Energieminimums**, nach dem physikalische Systeme sich stets so verhalten, dass sie beim Fehlen äußerer Kräfte den Zustand der niedrigsten potentiellen Energie annehmen, was im COULOMB-Feld bei Abstoßung gleichnamiger Ladungen den größtmöglichen, im Gravitationsfeld bei Anziehung den kleinstmöglichen Abstand bedeutet.

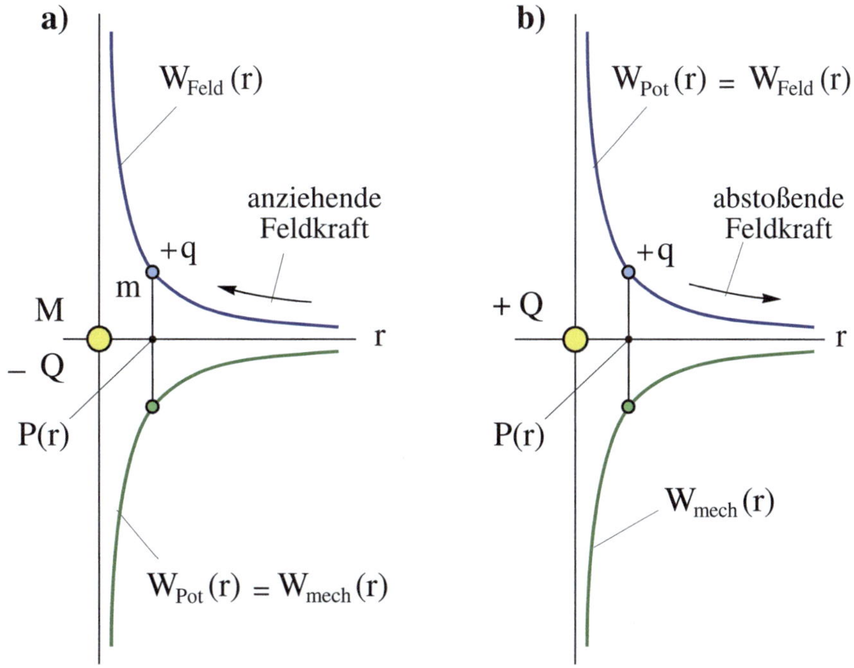

ABB. 11.2: Funktionen von Energie und Arbeit der Abhängigkeit $\pm 1/r$

a) Gravitationsfeld der Masse M
COULOMB-Feld der Ladung $-Q$

b) COULOMB-Feld der Ladung $+Q$

11.1.2.3 Feldgleichungen des Gravitationsfeldes

Der **Vektorfluss** des Schwerefeldes einer Punktmasse M durch die Oberfläche einer konzentrischen Kugel vom Radius a und dem Volumen v lautet,

$$\oiint_a \boldsymbol{g}(r)\Big|_a \cdot d\boldsymbol{a} = -\frac{GM}{a^2}\oiint_a da = -\frac{GM}{a^2}\,4\pi a^2 = -\,4\pi\,GM$$

und da der Wert negativ ist, stellt M eine **Senke des Feldes** dar.

Aus dem GAUSS'schen Satz (19.3, Bd. I) erhält man im Grenzübergang eines schrumpfenden Volumens die **Divergenzdefinition**, in die man das erhaltene Ergebnis einsetzt.

$$\operatorname{div}\boldsymbol{g} = \lim_{v\to 0}\frac{1}{v}\oiint_a \boldsymbol{g}\cdot d\boldsymbol{a} = -\lim_{\substack{v\to 0\\ M\to 0}} 4\pi\,G\,\frac{M}{v} = -\,4\pi\,G\,\mu$$

Dabei wird die **Massendichte** $\mu = M/v$ mit einer eigenen Bezeichnung definiert, um die in *Kapitel 3* mit ρ bezeichnete Dichte speziell von der Raumladung ρ sowie von der zylindrischen Koordinate ρ zu unterscheiden.

Für die Schwerebeschleunigung $\boldsymbol{g} = -\operatorname{grad}\phi$ nach (11.4) erhält man die **Feldgleichungen des Gravitationsfeldes** in der klassischen NEWTON'schen Form sowie die **POISSON-Gleichung** für das Gravitationspotential, [12, S. 368], [23, S. 125].

$$\boxed{\operatorname{div}\boldsymbol{g} = -\,4\pi\,G\mu} \qquad \boxed{\operatorname{rot}\boldsymbol{g} = \boldsymbol{0}} \qquad \boxed{\Delta\phi = 4\pi\,G\mu} \tag{11.8}$$

Die Lösung der POISSON-Gleichung erfolgt nach der Methode von *Abschnitt 5.7.1* und führt entsprechend den Gleichungen (5.89) und (5.93) auf die Darstellung des Gravitationspotentials. Damit kann man für beliebige im Endlichen gelegene Massenverteilungen das Potential durch Integration berechnen, wobei die dort erörterten mathematischen Schwierigkeiten auftreten können.

$$\boxed{\phi(\boldsymbol{r}_P) = -\,G\iiint_{v_Q}\frac{\mu(\boldsymbol{r}_Q)}{r}\,dv_Q} \tag{11.9}$$

11.1.2.4 Homogene Massekugel

Im speziellen Fall einer homogenen kugelförmigen Masse vom Radius a und der Dichte μ_0 verhält sich das Gravitationsfeld im Außenraum wie die **im Zentrum konzentrierte Gesamtmasse**!

Zur einfacheren Integration über das Kugelvolumen legt man den Aufpunkt $P(z)$ auf die Rotationsachse, dessen Abstand r' zum Volumenelement in Kugelkoordinaten $dv_Q = dR \cdot R\,d\vartheta \cdot R\sin\vartheta\,d\varphi$ durch den Kosinussatz ausgedrückt wird.

Im Außenraum $z \geqslant a$ der Kugel können die drei Integrationen einzeln ausgeführt werden, da der Wert des letzten Integrals dort nicht vom Mittelpunktsabstand R abhängt! Mit Substitution, [7, S. 1092, Nr. 124] und Fallunterscheidung erhält man

$$\phi(z) = -G\mu_0 \underbrace{\int_0^{2\pi} d\varphi}_{=2\pi} \underbrace{\int_0^a R^2\,dR}_{=a^3/3} \underbrace{\int_0^\pi \frac{\sin\vartheta\,d\vartheta}{\sqrt{R^2+z^2-2Rz\cos\vartheta}}}_{=\begin{cases} 2/z & (z>R) \\ 2/R & (z<R) \end{cases}}$$

Ersetzt man die Koordinate z wegen der Kugelsymmetrie anschließend durch den Abstand r vom Kugelmittelpunkt, dann lautet das **Potential im Außenraum** wie in (11.4) und damit so, als wäre die gesamte Masse im Zentrum der Kugel konzentriert.

$$\phi_a(r) = -\frac{G}{r}\,\frac{4\pi}{3}\,a^3\mu_0 = -\frac{G}{r}\,M_{\text{Kugel}} = -\frac{G}{2a}\,M_{\text{Kugel}}\,\frac{2a}{r} \qquad (r \geqslant a)$$

Mit diesem Ergebnis kann man das Gravitationsfeld außerhalb beliebig vieler kugelförmiger Massen durch skalare bzw. vektorielle Überlagerung der Gravitationspotentiale oder der daraus ermittelten Beschleunigungen berechnen.

Im Innenbereich der Kugel mit$z < a$ muss das obige Ergebnis über R integriert werden, wofür das zweite Integral unter Berücksichtigung des dritten Integrals gemäß der Lage von z aufgeteilt wird. Wenn man die Variable z anschließend wieder durch den Abstand r vom Mittelpunkt ersetzt, erhält man das **Potential im Innenraum**.

$$\phi_i(z) = -\,G\mu_0\,2\pi\left\{\underbrace{\frac{2}{z}\int_0^z R^2\,dR}_{(z>R)} + \underbrace{2\int_z^a R\,dR}_{(z<R)}\right\}$$

$$\phi_i(r) = -\,\frac{G}{2a}\,M_{\text{Kugel}}\left[3-\left(\frac{r}{a}\right)^2\right] \qquad (r \leqslant a)$$

Die **Beschleunigung** lautet nach (11.4) mit (17.88, Bd. I) für Innen- und Außenraum

$$\boldsymbol{g}_i(r) = -\,\frac{GM_{\text{Kugel}}}{a^2}\,\frac{r}{a}\,\frac{\boldsymbol{r}}{r} \qquad \rightarrow \qquad |\,\boldsymbol{g}_i(r)\,| \sim r \qquad (r \leqslant a)$$

$$\boldsymbol{g}_a(r) = -\,\frac{GM_{\text{Kugel}}}{a^2}\left(\frac{a}{r}\right)^2\frac{\boldsymbol{r}}{r} \qquad \rightarrow \qquad |\,\boldsymbol{g}_a(r)\,| \sim \frac{1}{r^2} \qquad (r \geqslant a)$$

Potential und Beschleunigung sind für $r = a$ stetig mit einem Knick für den Betrag der Beschleunigung.

11.1.3 Inhomogene Gravitationsfelder

In der astronomischen Realität liegen in großem Maßstab stets inhomogene Gravitationsfelder vor, die durch Überlagerung der Felder verschiedener Massen erzeugt werden. Ein homogenes Gravitationsfeld, bei dem der Beschleunigungsvektor in jedem Raumpunkt gleiche Werte nach Betrag und Richtung aufweist, stellt immer eine Idealisierung dar, die nur eng begrenzte lokale aber nie globale Gültigkeit besitzt!

Bereits beim Zentralfeld einer einzelnen Masse wie in *Abbildung 11.3* ist die Gravitationskraft nur bei kleinen radialen und azimutalen Abmessungen des Beobachtungsraumes näherungsweise konstant, in dem auftretende Unterschiede vernachlässigbar sind, auf größerer Skala besteht dagegen stets eine Abhängigkeit sowohl vom Abstand als auch vom Winkel. Die Frage, ob man ein Gravitationsfeld als homogen ansehen kann, hängt damit von der Größe des Beobachtungsraumes und der tolerierbaren Feldänderung ab.

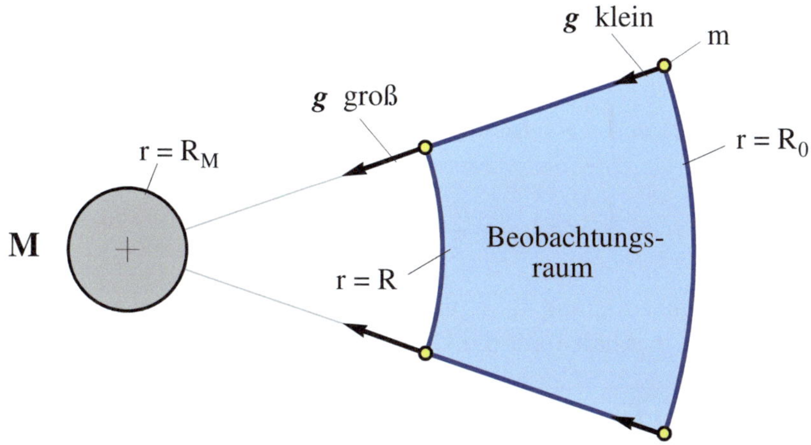

ABB. 11.3: Erzeugung von Gezeitenkräften im inhomogenen Gravitationsfeld einer Masse

Einzelne Massenelemente von ausgedehnten Körpern erfahren daher in starken Gravitationsfeldern unterschiedlich große Beschleunigungen und dadurch sog. **Gezeitenkräfte**, die ähnliche Kraftunterschiede bewirken wie jene, die bei der Anziehung des Mondes in den Weltmeeren zu Ebbe und Flut führen. Gezeitenkräfte erzeugen Spannungen im Körperinneren von Massen und führen zu Deformationen oder bei Überschreiten der Bindungskräfte des Materials zur Zerstörung. Ein loser Verbund einzelner Probemassen im Gravitationsfeld einer großen Masse würde allmählich in radialer Richtung zerstreut und in azimutaler Richtung zusammengeführt.

Dieses Phänomen trat 1994 beim **Kometen Shoemaker-Levy 9** auf, als er sich auf seinem Kollisionskurs dem massereichen Planeten **Jupiter** näherte und durch die Gezeitenkräfte dabei in 21 sich voneinander entfernende Einzelstücke zerbrach, die an mehreren Tagen nacheinander in die Atmosphäre des Planeten eintauchten und unter Detonationen verschwanden, [63], [64], [65].

11.1.3.1 Gezeiteneffekt im Gravitationsfeld

Als Beispiel wird die **Flugzeit** einer Masse m **im Gravitationsfeld** der Masse M vom Radius R_M bei radialer Annäherung von R_0 nach R berechnet *(Abbildung 11.3)*.

Die Arbeit, die das Feld verrichtet, wird verglichen mit der kinetischen Energie gemäß dem Arbeitssatz aus *Abschnitt 3.1.2.*

$$W_{\text{Feld}}(R_0, R) = \int_{R_0}^{R} \boldsymbol{F} \cdot d\boldsymbol{r} = -\, m\, GM \int_{R_0}^{R} \frac{dr}{r^2} = m\, GM \left(\frac{1}{R} - \frac{1}{R_0} \right)$$

$$= \int_{R_0}^{R} dE_{\text{kin}} = \frac{m}{2}\, v^2(R) - \frac{m}{2}\, v^2(R_0)$$

Bei der Anfangsbedingung $v_0 = v(R_0) = 0$ und Ersetzen von R durch die radiale Variable r erhält man die Geschwindigkeit der Masse m.

$$v(r) = \sqrt{2\, GM \left(\frac{1}{r} - \frac{1}{R_0} \right)} = \sqrt{2\, \frac{GM}{R_0}}\, \sqrt{\frac{R_0 - r}{r}} \qquad (R_0 \geqslant r \geqslant R_M)$$

Die Flugzeit berechnet man durch Integration der radialen Geschwindigkeit $v(r) = dr/dt$ nach Trennung der Variablen.

Damit sich bei sinkenden r-Werten positive Flugzeiten ergeben, wird die Integrationsrichtung umgekehrt. Man erhält mit [26, S. 76]

$$t(R_0, R) = \sqrt{\frac{R_0}{2\, GM}} \int_{R}^{R_0} \sqrt{\frac{r}{R_0 - r}}\, dr$$

$$= \sqrt{\frac{R_0}{2\, GM}} \left[-\sqrt{r\,(R_0 - r)} + R_0 \arcsin \sqrt{\frac{r}{R_0}}\, \right]_{R}^{R_0}$$

$$= \sqrt{\frac{R_0^3}{2\, GM}} \left[\sqrt{\frac{R}{R_0} \left(1 - \frac{R}{R_0} \right)} + \arccos \sqrt{\frac{R}{R_0}}\, \right]$$

Als numerisches Beispiel mit den Werten der *Abbildung 11.4* und den Erdwerten (11.5) wird eine Masse m betrachtet, die im Schwerefeld der Erde mit der Masse M_E von der geostationären Bahn (11.13) im Abstand R_0 vom Erdmittelpunkt frei fällt. Beim freien Fall bis zur Erdoberfläche bei R_E hat die Masse m folgende Werte für **Flugzeit** und End- oder **Auftreffgeschwindigkeit**, wenn man den Einfluss der Erdatmosphäre durch Reibung und Abbremsung auf den letzten etwa 30 km vernachlässigt.

$$t(R_0, R_E) = 14\,940 \text{ s} = 249 \text{ min} = 4\,\text{h}\;9\,\text{min}$$

$$v(R_E)\Big|_{R_0} = 10.310 \text{ km/s} = 37\,116 \text{ km/h}$$

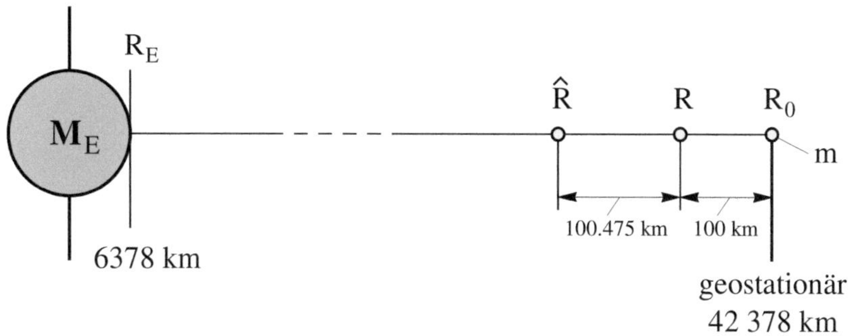

Abb. 11.4: Positionen der Massen beim Gezeiteneffekt im Gravitationsfeld der Erde

Die Auftreffgeschwindigkeit ist nur wenig kleiner als der Maximalwert der **Fluchtgeschwindigkeit** nach (3.32).

$$v(R_E)\Big|_{R_0=\infty} = v_{\mathrm{krit}_E} = \sqrt{2\,\frac{GM_E}{R_E}} = 11.18 \text{ km/s}$$

Für den kurzen Fallweg von $R_0 - R = 100$ km benötigt die Masse die Fallzeit

$$\Delta t = t(R_0, R) = 948.36 \text{ s} = 15\,\text{min}\ 48\,\text{s}$$

Zur Veranschaulichung des **Gezeiteneffektes** startet eine zweite Masse m gleichzeitig mit der ersten bei R und erreicht den Abstand $\widehat{R}$ nach dem gleichen Zeitintervall

$$\begin{aligned}\Delta t &= t(R_0, R)\\ &= t(R, \widehat{R}) = \sqrt{\frac{R^3}{2GM}}\ \left[\sqrt{\frac{\widehat{R}}{R}\left(1-\frac{\widehat{R}}{R}\right)} + \arccos\sqrt{\frac{\widehat{R}}{R}}\ \right]\end{aligned}$$

Die Zeitintervalle beider Massen sind dann gleich, wenn der Abstand den folgenden Wert hat.

$$\widehat{R} = 42\,177.526\,\text{km} \qquad \rightarrow \qquad R - \widehat{R} = 100\,474\,\text{m}$$

Durch den größeren Wert der Beschleunigung im Intervall $(R, \widehat{R})$ legt die zweite Masse einen längeren Weg zurück, so dass sich der Abstand beider Massen durch den Gezeiteneffekt in der Zeit Δt um 474 m vergrößert hat.

11.2 Äquivalenzprinzip

11.2.1 Träge und schwere Masse

Die **Trägheit** oder das **Beharrungsvermögen** eines Körpers, ausgedrückt im Trägheitsgesetz (7.2), kennzeichnet dessen Eigenschaft, jeder Änderung seiner Geschwindigkeit einen Widerstand entgegenzusetzen. Diese Eigenschaft wird durch die **träge Masse** m_{tr} als physikalische Größe erfasst, die im NEWTON'schen Grundgesetz der Dynamik (3.2) auftritt.

$$\boldsymbol{F} = m_{\mathrm{tr}} \frac{d\boldsymbol{v}}{dt} = m_{\mathrm{tr}}\, \boldsymbol{a} \qquad \rightarrow \qquad m_{\mathrm{tr}} = \frac{|\,\boldsymbol{F}\,|}{|\,\boldsymbol{a}\,|}$$

Diese Eigenschaft ist unabhängig von der Gravitation, da sie z.B. bei reibungsfrei auf einem Tisch rollenden Kugeln untersucht werden kann.

Die **Schwere** eines Körpers, die zur Zeit von NEWTON immer als **Gewicht** verstanden wurde, kennzeichnet dessen Eigenschaft, von einem anderen Körper, speziell der Erde, angezogen zu werden. Diese Eigenschaft wird durch die **schwere Masse** m_{g} als physikalische Größe erfasst, die im NEWTON'schen Gravitationsgesetz (11.1) auftritt.

$$\boldsymbol{F} = m_{\mathrm{g}}\, \boldsymbol{g} = -\, m_{\mathrm{g}} \left(\frac{GM}{r^2} \frac{\boldsymbol{r}}{r} \right) \qquad \rightarrow \qquad m_{\mathrm{g}} = \frac{|\,\boldsymbol{F}\,|}{|\,\boldsymbol{g}\,|}$$

Beide Massenarten sind vom Prinzip her unabhängige Körpereigenschaften. Bei gleicher Kraft $\boldsymbol{F} = m_{\mathrm{tr}}\, \boldsymbol{a} = m_{\mathrm{g}}\, \boldsymbol{g}$ im Schwerefeld $\boldsymbol{g}$ der Erde lauten die Beschleunigungen für zwei verschiedene Körper der Massen m und M am gleichen Ort

$$\boldsymbol{a} = \frac{m_{\mathrm{g}}}{m_{\mathrm{tr}}}\, \boldsymbol{g} \qquad \text{bzw.} \qquad \widetilde{\boldsymbol{a}} = \frac{M_{\mathrm{g}}}{M_{\mathrm{tr}}}\, \boldsymbol{g}$$

Auf Grund der experimentellen Erfahrung besitzen alle Körper unabhängig von ihrer Masse, inneren Struktur, stofflichen Zusammensetzung und ihrem atomaren Aufbau die gleiche Beschleunigung $\boldsymbol{a} = \widetilde{\boldsymbol{a}}$, da sie bei Ausschluss von störenden Einflüssen wie Luftwiderstand und Reibung immer gleich schnell fallen oder auf schiefen Ebenen gleiten oder rollen. Als logische Konsequenz muss der Quotient der Massen daher eine universielle Konstante sein.

$$\boldsymbol{a} \equiv \widetilde{\boldsymbol{a}} \qquad \rightarrow \qquad \frac{m_{\mathrm{g}}}{m_{\mathrm{tr}}} = \frac{M_{\mathrm{g}}}{M_{\mathrm{tr}}} = \text{const.}$$

Bei geeigneter Wahl der Maßeinheiten hat die Konstante den Wert Eins, so dass beide Massenarten identisch sind.

Die Untersuchungen von Loránd Eötvös in den Jahren 1889 bis 1909, die man als **Eötvös-Experimente** bezeichnet, und die von Robert Dicke et al. (1961/64) mit immer höherer Genauigkeit durchgeführten Messungen bestätigten die **Gleichheit von träger und schwerer Masse**, [22, S. 40, 243].

$$\boxed{m \equiv m_{\text{tr}} \equiv m_{\text{g}}} \tag{11.10}$$

Für eine Masse m besteht daher bei gleicher Beschleunigung $\boldsymbol{a} = \boldsymbol{g}$ kein Unterschied, ob eine sich einstellende Bewegung durch ein Gravitationsfeld oder eine beschleunigende Kraft erzeugt wird.

Die Gleichheit von träger und schwerer Masse war bereits Huygens und Newton bekannt, was sie mit **Pendelversuchen** überprüften. Allerdings blieb diese Erkenntnis in der Newton'schen Mechanik zufällig und bis zu Einstein ohne physikalische Begründung.

11.2.2 Trägheitskräfte

Wenn sich eine Masse m durch den Einfluss von Kräften in den Bezugssystemen S und $\widehat{S}$ bewegt, dann lauten die entsprechenden Bewegungsgesetze

$$\boldsymbol{F} = m\,\boldsymbol{a} \quad \text{in } S \qquad \text{bzw.} \qquad \widehat{\boldsymbol{F}} = m\,\hat{\boldsymbol{a}} \quad \text{in } \widehat{S}$$

Hat das System $\widehat{S}$ die variable Relativgeschwindigkeit $\boldsymbol{v}_r(t)$ gegenüber dem System S, dann kann man über die Beschleunigung $\boldsymbol{a}_r = \dot{\boldsymbol{v}}_r$ beide Gesetze durch vektorielle Überlagerung verknüpfen.

$$\boldsymbol{F} = m\,\boldsymbol{a} = m\,(\hat{\boldsymbol{a}} + \boldsymbol{a}_r) = \widehat{\boldsymbol{F}} + m\,\boldsymbol{a}_r$$

$$\widehat{\boldsymbol{F}} = \boldsymbol{F} - m\,\boldsymbol{a}_r = m\,(\boldsymbol{a} - \boldsymbol{a}_r)$$

Bei fehlender Kraft $\boldsymbol{F} = \boldsymbol{0}$ unterliegt die Masse m in S wegen $\boldsymbol{a} = 0$ nur dem Trägheitsgesetz mit $\boldsymbol{v} = \boldsymbol{0}$ oder $\boldsymbol{v} = \text{const}$. Dagegen greift im beschleunigten Bezugssystem $\widehat{S}$ an der Masse die Kraft

$$\widehat{\boldsymbol{F}} = \widehat{\boldsymbol{F}}_{tr} = -\,m\,\boldsymbol{a}_r$$

an, die als **Trägheitskraft** bezeichnet wird und die die entgegengesetzte Richtung wie die Beschleunigung von $\widehat{S}$ hat, [20, S. 86].

Ein Beispiel dafür ist ein Wagen, der im ruhenden Bezugssystem S eine geradlinige, horizontale Bewegung mit der Geschwindigkeit $\boldsymbol{v}_r(t)$ und der Beschleunigung $\boldsymbol{a}_r(t) = \dot{\boldsymbol{v}}_r$ ausführt. Auf dem Wagen liege reibungslos eine Kugel der Masse m. In S wirkt auf die Kugel die Kraft $\boldsymbol{F} = \boldsymbol{0}$, so dass sie in diesem System am gleichen Ort verbleibt. Ein im Bezugssystem $\widehat{S}$ des Wagens mitbewegter Beobachter stellt dagegen eine Beschleunigung der Kugel fest, die er auf eine entsprechend wirkende Kraft $\widehat{\boldsymbol{F}}_{tr} = -m\,\boldsymbol{a}_r$, die Trägheitskraft, zurückführt.

Trägheitskräfte treten nur in beschleunigten Bezugssystemen auf und sind den jeweiligen Massen proportional. Das NEWTON'sche Gegenwirkungsprinzip gilt dabei nicht, so dass diese Kräfte nicht paarweise vorkommen. Da Trägheitskräfte ihre Ursache in der Beschleunigung eines Bezugssystems haben, nennt man sie auch **Scheinkräfte**, da sie sich mit dem Wechsel des Bezugssystems ändern oder sogar verschwinden. Sie sind jedoch vorhanden und messbar und können z.B. für die Insassen von stark negativ beschleunigten, also gebremsten oder durch Hindernisse verzögerten Fahrzeugen durchaus katastrophale Auswirkungen bei Unfällen haben!

In Inertialsystemen treten keine Trägheitskräfte auf, da sich Körper nur gemäß dem Trägheitsgesetz gleichförmig geradlinig bewegen, so dass keine Beschleunigungen und daher auch keine Kräfte auftreten. Bewegt sich der Wagen im obigen Beispiel unbeschleunigt mit einer konstanten Geschwindigkeit $\boldsymbol{v}_r$, so verbleibt die Kugel bezüglich $\widehat{S}$ zwar auch nicht am gleichen Ort. Da sich die Kugel aber mit der Geschwindigkeit $\hat{\boldsymbol{u}} = -\boldsymbol{v}_r = \text{const.}$ gleichförmig bewegt, wirkt in $\widehat{S}$ wegen $\widehat{\boldsymbol{F}} = m\,\dot{\hat{\boldsymbol{u}}} = \boldsymbol{0}$ keine Trägheitskraft auf sie ein.

Wird die Kraft $\boldsymbol{F}$ im Bezugssystem S durch Gravitationskräfte verschiedener Massen M_k hervorgerufen, die auf die Masse m mit der Gesamtbeschleunigung $\boldsymbol{g}$ einwirken,

$$\boldsymbol{F} = \boldsymbol{F}_g = m\left(-G\sum\nolimits_k \frac{M_k}{r_k^2}\frac{\boldsymbol{r}_k}{r_k}\right) = m\sum\nolimits_k \boldsymbol{g}_k = m\,\boldsymbol{g}$$

dann folgt für die Kraft im beschleunigten Bezugssystem $\widehat{S}$

$$\boxed{\widehat{\boldsymbol{F}} = \boldsymbol{F}_g - m\,\boldsymbol{a}_r = m\left(\boldsymbol{g} - \boldsymbol{a}_r\right)} \tag{11.11}$$

Durch geeignete Wahl des Systems $\widehat{S}$ und damit der Beschleunigung $\boldsymbol{a}_r$ kann man der Kraft $\widehat{\boldsymbol{F}}$ punktweise beliebige Werte erteilen oder sie insbesondere in einem homogenen Gravitationsfeld $\boldsymbol{g}$ durch die Wahl $\boldsymbol{a}_r = \boldsymbol{g}$ auch zu Null machen. Im Normalfall inhomogener Gravitationsfelder kann das Verschwinden aber nur durch von Punkt zu Punkt verschieden erteilte Werte von $\boldsymbol{a}_r$ aber nie insgesamt erreicht werden.

Innerhalb eines eng begrenzten Raumgebietes, in dem man die Gravitation als homogen ansehen kann, läßt sich durch ein geradlinig beschleunigtes Bezugssystem die Wirkung des vorhandenen Schwerefeldes abschwächen, aufheben oder umkehren und damit verstärken, [5, S. 272]. Dieses Ergebnis ist die Grundlage für den berühmten EINSTEIN'schen **Gedankenversuch des beschleunigten Kastens**, der im *Abschnitt 11.2.3* behandelt wird.

11.2.2.1 Wurfparabel

Im einem ersten Beispiel erhält man mit der Masse m nach (11.10) die Bahnkurve für den **Wurf eines Körpers** im Schwerefeld der Erde wie in *Abbildung 11.5a*, das im lokalen Bereich als homogen angesehen werden kann. Bei horizontaler x-Richtung und senkrecht nach unten zeigender z-Koordinate erhält man aus dem Bewegungsgesetz

$$\boldsymbol{F} = m\,\boldsymbol{a} = m\left(\frac{d^2x}{dt^2}\,\mathbf{e}_x + \frac{d^2z}{dt^2}\,\mathbf{e}_z\right) = m\,\boldsymbol{g} = mg\,\mathbf{e}_z$$

die Zeitfunktionen beider Koordinaten durch zweimalige Integration. Bei der Anfangslage $x(0) = z(0) = 0$ und bei konstanten Anfangsgeschwindigkeiten $\dot{x}(0) = v_{||}$ und $\dot{z}(0) = v_{\perp} < 0$ beschreibt die nichtlineare Wegfunktion $z(x)$ als Flugbahn eine **Wurfparabel**.

$$\left.\begin{aligned} x(t) &= v_{||}\,t \\ z(t) &= \frac{1}{2}\,g\,t^2 + v_{\perp}\,t \end{aligned}\right\} \quad\rightarrow\quad z(x) = \frac{1}{2}\,\frac{g}{v_{||}^2}\,x^2 + \frac{v_{\perp}}{v_{||}}\,x$$

Die Ursache für die gekrümmte Flugbahn der Wurfparabel im Schwerefeld $\boldsymbol{g}$ ist der Bezug auf das mit dem Erdboden als fester Unterlage verbundene System S, das den natürlichen Zustand der Trägheitsbewegung verhindert.

In einem Bezugssystem $\widehat{S}$ im Bild b), das sich mit konstanter Beschleunigung $\boldsymbol{a}_0 = a_0\,\mathbf{e}_z$ von S entfernt, gelten die Beziehungen

$$\left.\begin{aligned} \dot{z} &= \dot{\hat{z}} + a_0 t \\ \ddot{z} &= \ddot{\hat{z}} + a_0 \end{aligned}\right\} \quad \rightarrow \quad z(t) = \hat{z}(t) + \frac{1}{2}\,a_0 t^2$$

und damit für die Koordinaten in $\widehat{S}$

$$\left.\begin{aligned} \hat{x}(t) &= v_{||}\,t \\ \hat{z}(t) &= z(t) - \tfrac{1}{2}\,a_0 t^2 \\ &= \tfrac{1}{2}\,(g - a_0)\,t^2 + v_\perp t \end{aligned}\right\} \quad \rightarrow \quad \hat{z}(\hat{x}) = \frac{1}{2}\,\frac{g - a_0}{v_{||}^2}\,\hat{x}^2 + \frac{v_\perp}{v_{||}}\,\hat{x}$$

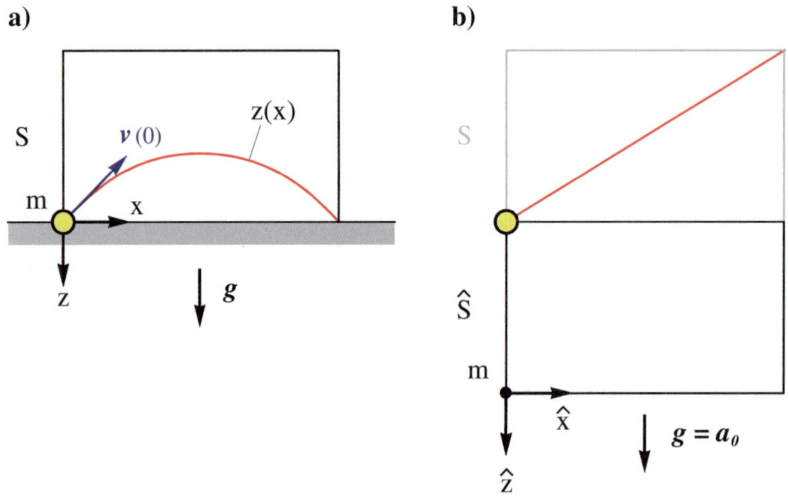

ABB. 11.5: Flugbahn einer Masse im Gravitationsfeld
a) im festen Bezugssystem S
b) im beschleunigten Bezugssystem $\hat{S}$

Wählt man im frei fallenden System $\widehat{S}$ eine mit dem Schwerefeld übereinstimmende Beschleunigung $\boldsymbol{a}_0 = \boldsymbol{g}$, dann durchläuft die Masse m in $\widehat{S}$ keine gekrümmte sondern eine geradlinige Flugbahn,

$$\hat{z}(\hat{x}) = \frac{v_\perp}{v_{||}}\,\hat{x} \qquad \text{mit} \qquad \ddot{\hat{x}}(t) = \ddot{\hat{z}}(t) = 0$$

die dem Trägheitsgesetz entspricht.

11.2.2.2 Gleichmäßige Kreisbewegung

Als zweites Beispiel für das Auftreten von Trägheitskräften wird die gleichförmige Bewegung einer Masse m untersucht, die im Abstand R mit der konstanten Winkelgeschwindigkeit $\omega_0 = \dot{\varphi} = \text{const.}$ um die Rotationsachse z kreist und deren Bewegung von verschiedenen Bezugssystemen aus beurteilt wird.

Im ruhenden System S besitzt die kreisende Masse m nach (5.44, Bd. I) die auf die Achse weisende **Zentripetalbeschleunigung**, die die Masse durch die **Zentripetalkraft** $\boldsymbol{F}_\rho$ z.B. als Seilkraft auf der Kreisbahn hält.

$$\boldsymbol{a} = -R\,\omega_0^2\,\mathbf{e}_\rho \qquad \rightarrow \qquad \boldsymbol{F} = \boldsymbol{F}_\rho = m\,\boldsymbol{a}$$

Im Bezugssystem $\widehat{S}$, das mit der Masse rotiert und daher beschleunigt ist, bleibt m am festen Ort und ist mit $\widehat{\boldsymbol{F}} = \mathbf{0}$ kräftefrei.

Verglichen mit dem Beispiel des Wagens am Anfang des Abschnitts sind die Rollen der Systeme S und $\widehat{S}$ vertauscht, da im vorliegenden Fall $\widehat{\boldsymbol{F}} = \mathbf{0}$ und $\boldsymbol{F} \neq \mathbf{0}$ gilt.

Für einen Beobachter im System $\widehat{S}$ wirkt auf die Masse eine Trägheitskraft ein, die der Beschleunigung entgegengesetzt ist und die er als eine nach außen gerichtete **Zentrifugalkraft** oder **Fliehkraft** wahrnimmt.

$$\widehat{\boldsymbol{F}}_{tr} = -\boldsymbol{F}_\rho = +m\,\boldsymbol{a} = +m\,R\,\omega_0^2\,\mathbf{e}_\rho$$

In der Summe kompensieren sich beide Kräfte, so dass im beschleunigten System $\widehat{S}$ tatsächlich Kräftefreiheit herrscht.

$$\widehat{\boldsymbol{F}} = \boldsymbol{F}_\rho + \widehat{\boldsymbol{F}}_{tr} = 0$$

Bewegen sich zwei Massen M und m im Gravitationsfeld der Erde mit der Masse M_E mit der Winkelgeschwindigkeit ω_0 auf einer konzentrischen Kreisbahn vom Radius R, dann lauten die Zentripetalkräfte

$$|\,\boldsymbol{F}_M\,| = M\,\frac{GM_E}{R^2} = MR\,\omega_0^2 \quad \text{und} \quad |\,\boldsymbol{F}_m\,| = m\,\frac{GM_E}{R^2} = mR\,\omega_0^2 \qquad (11.12)$$

Da Kraft und Masse proportional sind, ist mit dem folgenden Quotienten der Betrag der Beschleunigung für beide Massen gleich.

$$|\,\boldsymbol{g}\,| = \frac{|\,\boldsymbol{F}_M\,|}{M} = \frac{|\,\boldsymbol{F}_m\,|}{m} = \frac{GM_E}{R^2} = R\,\omega_0^2$$

Dadurch ist im mitbewegten Koordinatensystem $\widehat{S}$ eines die Erde umkreisenden Raumschiffs der Masse M ein darin befindlicher Körper m ortsfest und damit schwerelos.

Bei **geostationären Satelliten**, die in einem Punkt auf der Kreisbahn über dem Äquator stillzustehen scheinen, da sie die gleiche **Rotationsfrequenz**

$$\omega_E = \frac{2\pi}{T} = \frac{2\pi}{24\,\text{h}} = \frac{2\pi}{86400\,\text{s}} = 2\pi \cdot 11.57\,\mu\text{Hz}$$

wie die Erde haben, heben sich bei den Werten (11.5) für Erdmasse M_E und Erdradius R_E Anziehungskraft und Fliehkraft gerade dann auf,

$$m_{\text{Sat}} \frac{G M_E}{\left(R_E + h\right)^2} = m_{\text{Sat}} \left(R_E + h\right) \omega_E^2$$

wenn der Satellit den **geostationären Abstand** h über der Erdoberfläche hat.

$$\boxed{h = -\,R_E + \sqrt[3]{\frac{G M_E}{\omega_E^2}}} \quad \rightarrow \quad h = 35\,872\,\text{km} \approx 36\,000\,\text{km} \qquad (11.13)$$

Funksignale, die zwischen unterschiedlichen Orten auf der Erde über die Transponder geostationärer Satelliten übertragen werden, benötigen für den einfachen Signalweg zwischen Sender und Empfänger eine **Laufzeit** von etwa 240 ms. Die Verzögerungen von 480 ms für Hin- und Rückweg sind bei Rundfunk- und Fernsehübertragungen unproblematisch, erfüllen aber bei weitem nicht die hohen Qualitätsanforderungen für Sprache bei Gegensprechverkehr von weniger als 150 ms! Diese Dienste werden daher stets über terrestrische oder Seekabelstrecken geführt, die heute weitgehend mit Glasfasern ausgerüstet sind.

11.2.2.3 Rollende Kugel auf drehender Scheibe

Das dritte Beispiel behandelt eine gleichmäßig rollende Kugel. Im festen Inertialsystem S bewegt sie sich kräftefrei mit konstanter Geschwindigkeit v_0 in radialer Richtung auf einer Scheibe, die sich in mathematisch positiver Richtung gleichmäßig mit konstanter Winkelgeschwindigkeit ω_0 dreht. Gesucht ist die Bewegung der Kugel im rotierenden Bezugssystem $\widehat{S}$ der Scheibe.

Für Darstellung und Umrechnung der nach (18.1) mit **c** bezeichneten zylindrischen Einheitsvektoren der *Abbildung 11.6* sowie der Transformationsmatrizen gilt nach (18.60, Bd. I)

$$\left.\begin{aligned} \underline{\underline{\mathbf{c}}}_P &= \underline{\mathbf{A}}_\varphi \underline{\underline{\mathbf{e}}} \\ \underline{\underline{\mathbf{c}}}_Q &= \underline{\mathbf{A}}_\psi \underline{\underline{\mathbf{e}}} \end{aligned}\right\} \quad \rightarrow \quad \underline{\underline{\mathbf{c}}}_P = \underline{\mathbf{A}}_\varphi \underline{\mathbf{A}}_\psi^{\mathrm{T}} \underline{\underline{\mathbf{c}}}_Q = \underline{\mathbf{A}}_\varphi \underline{\mathbf{A}}_\psi^{\mathrm{T}} \underline{\underline{\hat{\mathbf{e}}}}$$

$$\underline{\mathbf{A}}_\varphi \underline{\mathbf{A}}_\psi^{\mathrm{T}} = \begin{pmatrix} \cos(\varphi-\psi) & \sin(\varphi-\psi) & 0 \\ -\sin(\varphi-\psi) & \cos(\varphi-\psi) & 0 \\ 0 & 0 & 1 \end{pmatrix}$$

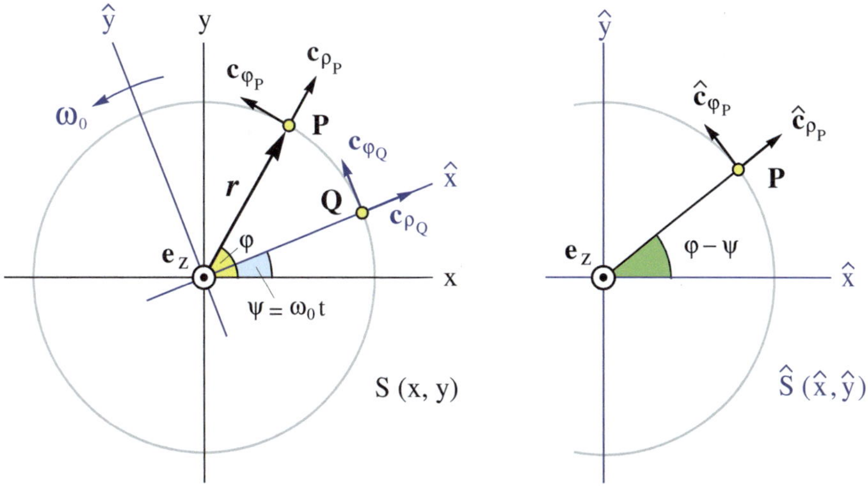

ABB. 11.6: Darstellung der zylindrischen Koordinatensysteme mit ihren Einheitsvektoren

Beschreibt man die Einheitsvektoren $\mathbf{c}_{\rho_P}$, $\mathbf{c}_{\varphi_P}$ im System $\widehat{S}$, dann kann man $\underline{\underline{\mathbf{c}}}_Q$ mit $\underline{\underline{\hat{\mathbf{c}}}}$ identifizieren und erhält mit $\varphi = \text{const.}$ und $\psi = \omega_0 t$

$$\begin{aligned} \hat{\mathbf{c}}_{\rho_P} &= +\cos(\varphi-\psi)\,\hat{\mathbf{e}}_x + \sin(\varphi-\psi)\,\hat{\mathbf{e}}_y \quad &\rightarrow \quad \dot{\hat{\mathbf{c}}}_{\rho_P} &= -\,\omega_0\,\hat{\mathbf{c}}_{\varphi_P} \\ \hat{\mathbf{c}}_{\varphi_P} &= -\sin(\varphi-\psi)\,\hat{\mathbf{e}}_x + \cos(\varphi-\psi)\,\hat{\mathbf{e}}_y \quad &\rightarrow \quad \dot{\hat{\mathbf{c}}}_{\varphi_P} &= +\,\omega_0\,\hat{\mathbf{c}}_{\rho_P} \end{aligned}$$

Der Weg der Kugel wird durch den Radiusvektor beschrieben. Bei festem Winkel φ, gleichmäßig vergrößertem Abstand $\rho = v_0 t$ von der Achse und konstanter Winkelgeschwindigkeit ω_0 der rotierenden Scheibe gilt in den Systemen S und $\widehat{S}$

$$\begin{aligned} \boldsymbol{r}_P(t) &= \rho(t)\,\mathbf{c}_{\rho_P} = v_0 t \left[\cos\varphi\,\mathbf{e}_x + \sin\varphi\,\mathbf{e}_y\right] \\ &= \rho(t)\,\hat{\mathbf{c}}_{\rho_P} = v_0 t \left[\cos(\varphi-\omega_0 t)\,\hat{\mathbf{e}}_x + \sin(\varphi-\omega_0 t)\,\hat{\mathbf{e}}_y\right] \end{aligned}$$

Im System S rollt die Kugel kräftefrei und hat damit einen geradlinigen Verlauf gemäß Trägheitsgesetz.

Im System $\widehat{S}$ der Scheibe durchläuft die Kugel mit den Koordinaten

$$\begin{aligned} \hat{x}(t) &= +\,v_0 t\,\cos(\omega_0 t - \varphi) \\ \hat{y}(t) &= -\,v_0 t\,\sin(\omega_0 t - \varphi) \end{aligned}$$

eine **archimedische Spirale** in mathematisch negativer Richtung mit dem Achsabstand

$$\rho(t) = \hat{\rho}(t) = v_0 t = \frac{v_0}{\omega_0}\,\psi(t) \sim \psi(t)$$

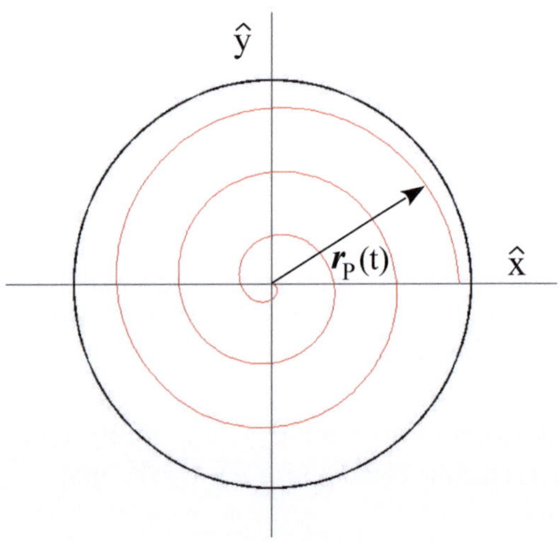

Abb. 11.7: Archimedische Spirale
Bahnkurve der rollenden Kugel im System $\widehat{S}$ der rotierenden Scheibe

Mit den zylindrischen Einheitsvektoren und ihren Ableitungen im System $\widehat{S}$ erhält man Weg, Geschwindigkeit und Beschleunigung der Kugel auf der Scheibe.

$$\begin{aligned}
\hat{\boldsymbol{r}}_P(t) &= v_0 t\,\hat{\mathbf{c}}_\rho \\
\hat{\boldsymbol{v}}_P(t) &= v_0\left(\hat{\mathbf{c}}_\rho - \omega_0 t\,\hat{\mathbf{c}}_\varphi\right) \\
&= v_0\left\{\left[\cos(\omega_0 t-\varphi) - \omega_0 t\sin(\omega_0 t-\varphi)\right]\hat{\mathbf{e}}_x\right. \\
&\qquad \left. -\left[\sin(\omega_0 t-\varphi) + \omega_0 t\cos(\omega_0 t-\varphi)\right]\hat{\mathbf{e}}_y\right\} \\
\hat{\boldsymbol{a}}_P(t) &= -\,v_0\,\omega_0\left(\omega_0 t\,\hat{\mathbf{c}}_\rho + 2\,\hat{\mathbf{c}}_\varphi\right) \\
&= -\,v_0\,\omega_0\left\{\left[\omega_0 t\cos(\omega_0 t-\varphi) + 2\sin(\omega_0 t-\varphi)\right]\hat{\mathbf{e}}_x\right. \\
&\qquad \left. -\left[\omega_0 t\sin(\omega_0 t-\varphi) - 2\cos(\omega_0 t-\varphi)\right]\hat{\mathbf{e}}_y\right\}
\end{aligned}$$

Im Scheibensystem $\widehat{S}$ rollt die Kugel auf der gekrümmten Bahnkurve der archimedischen Spirale, deren Bahnbeschleunigung vom mitrotierenden Beobachter auf einwirkende Trägheitskräfte zurückgeführt wird.

$$\widehat{\boldsymbol{F}} = m\,\ddot{\hat{\boldsymbol{r}}} = -\,m\,v_0\,\omega_0\left(\omega_0 t\,\hat{\mathbf{c}}_\rho - 2\,\hat{\mathbf{c}}_\varphi\right)$$

Diese Trägheits- oder Scheinkräfte im beschleunigten System $\widehat{S}$ setzen sich aus Zentrifugal- und CORIOLIS-Kraft zusammen und sorgen dafür, dass die Kugel im Inertialsystem S auf einer Geraden bleibt.

11.2.3 EINSTEINs Kasten-Experiment und das Äquivalenzprinzip

In seiner gemeinverständlichen Darstellung der Relativitätstheorie, [10, S. 45], führt EINSTEIN einen berühmten **Gedankenversuch** durch, um die Wesensgleichheit von Trägheit und Schwere darzulegen. Dazu verwendet er einen geschlossenen Kasten nach *Abbildung 11.8*, der sich in einem ruhenden Bezugssystem S befindet. Der Kasten hat das **körperfeste Bezugssystem** $\widehat{S}$ und wird zwei Experimenten unterworfen.

Im ersten Fall wird der Kasten bei Abwesenheit jeglicher Gravitation mit konstanter Kraft und damit konstanter Beschleunigung $\boldsymbol{a}$ nach oben gezogen, wobei die in ihm enthaltenen Massen von S aus gesehen dem Trägheitsgesetz folgen. Ein Beobachter der Masse M im Inneren verspürt die Trägheitskraft $\widehat{\boldsymbol{F}} = -\,M\boldsymbol{a}$, die ihn im Kasten nach unten drückt und ihm die Empfindung der Schwere wie in einem Gravitationsfeld vermittelt. Auf Körper verschiedener Masse, die in gleicher Höhe losgelassen werden, wirken keine Kräfte ein. Da der Kastenboden sie bei seiner Bewegung zur gleichen Zeit erreicht, scheinen sie für den Beobachter im Kasten bei Vernachlässigung des Luftwiderstandes gleich schnell beschleunigt nach unten zu fallen oder folgen bei horizontaler Anfangsgeschwindigkeit dem Weg einer Wurfparabel.

Im zweiten Fall befindet sich der Kasten auf fester Unterlage in einem homogenen Gravitationsfeld mit nach unten gerichteter Schwerebeschleunigung $\boldsymbol{g}$, die auf alle im Kasten enthaltenen Massen wirkt. Eine Masse m erfährt die Schwerkraft $\widehat{\boldsymbol{F}} = m\boldsymbol{g}$ und der Beobachter im Kasten macht die gleichen Erfahrungen bezüglich seines eigenen Gewichts und der Flugbahnen von bewegten Körpern.

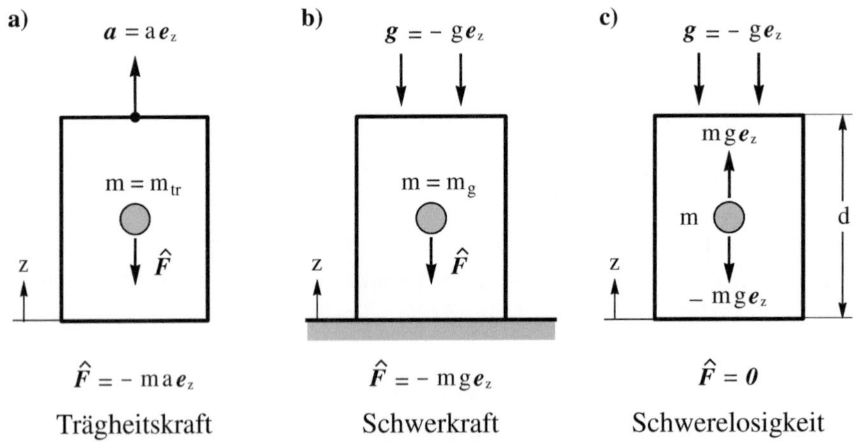

ABB. 11.8: EINSTEIN'sches Kastenexperiment
Kräfte auf Masse im System $\widehat{S}$ des Kastens
a) bei Kastenbeschleunigung $\boldsymbol{a}$
b) im Schwerefeld $\boldsymbol{g}$ bei fester Unterlage
c) im freien Fall

Ein an der Decke des Kastens an einem Seil aufgehängter Körper erfährt über die Seilspannung eine Kraft, deren Größe im ersten Fall bestimmt wird durch seine träge Masse, die der Beschleunigung durch den Kasten Widerstand leistet, im zweiten durch seine schwere Masse, die der Gravitation zu folgen versucht. Da aber für den Beobachter die Beurteilung beider Situationen für $|\boldsymbol{a}| = |\boldsymbol{g}|$ völlig gleichartig ausfällt, folgt daraus die **Gleichheit von träger und schwerer Masse als notwendiges Ergebnis**, das daher nicht zufällig wie in der klassischen Mechanik sondern physikalisch begründet ist!

Die notwendige Gleichheit von träger und schwerer Masse führte EINSTEIN erstmals 1907 zur Formulierung des **Äquivalenzprinzips**, das er an den Anfang seiner Gravitationstheorie stellte.

> **Es besteht keine Möglichkeit der Unterscheidung zwischen den Wirkungen**
> - **in einem lokal homogenen Schwerefeld und**
> - **einer gleichmäßigen Beschleunigung**
>
> (11.14)

Das bedeutet, dass ein Beobachter innerhalb des Kastens ohne Kenntnis der Außenwelt keine Entscheidung darüber treffen kann, ob mechanische Erscheinungen in einem gravitationsfreien, aber beschleunigten System oder in einem unbeschleunigten System in einem homogenen Gravitationsfeld stattfinden.

Dem Äquivalenzprinzip zufolge kann die Schwerkraft eines lokal homogenen Gravitationsfeldes durch eine entsprechende gegenläufige, gleichmäßige Beschleunigung ersetzt werden, da beide in gleichartiger Weise auf Massen einwirken und die gleichen Bewegungen zur Folge haben. In lokalem Sinne oder mathematisch exakter punktweise läßt sich ein Gravitationsfeld durch Übergang zu einem geeigneten beschleunigten Bezugssystem gewissermaßen „wegtransformieren". Im globalen Maßstab kann eine allgemeine Transformation mit Hilfe eines Beschleunigungsfeldes nicht aufgefunden werden, da reale Gravitationsfelder stets inhomogen und damit örtlich nicht konstant sind. Insbesondere läßt sich das Schwerefeld der Erde nicht in Gänze durch ein Beschleunigungsfeld ersetzen.

Da man bei der Bewegung einer Masse nicht zwischen Trägheit und Schwerkraft unterscheiden kann, gilt nach EINSTEIN eine **Verallgemeinerung des Trägheitsgesetzes** von GALILEI und NEWTON.

> Körper, die nur unter dem Einfluss gravitierender Massen stehen und auf die keine weiteren Kräfte elektromagnetischer oder sonstiger Herkunft wirken und die sich daher „selbst überlassen sind", führen **Trägheitsbewegungen auf gekrümmten Bahnen** aus, die ungleichförmig und damit beschleunigt durchlaufen werden
>
> (11.15)

Nur im Sonderfall der Inertialsysteme, in denen definitionsgemäß keine Gravitationsfelder existieren, erfolgen kräftefreie Bewegungen geradlinig und gleichförmig nach dem einfachen Trägheitsgesetz (7.2).

Wenn der Kasten nach Bild c) im Gravitationsfeld frei fällt, dann führen er selbst und sein gesamter Inhalt eine beschleunigte Bewegung gemäß der Schwerebeschleunigung $\boldsymbol{g}$ aus. Da bei frei fallenden Massen die Gravitationskraft durch die Trägheitskraft aufgehoben wird, nimmt der mitfallende Beobachter dies als **freies Schweben** oder als **kräftefreien Zustand der Schwerelosigkeit** innerhalb des Kastens wahr, bei dem alle Körper im Bezugssystem $\widehat{S}$ des Kastens beim Fehlen weiterer Kräfte Trägheitsbewegungen ausführen.

Frei fallende Bezugssysteme in einem homogenen Gravitationsfeld stellen damit **Inertialsysteme** dar, bei denen die Wirkung der Gravitation durch eine gleichförmig beschleunigte Fallbewegung aufgehoben wird und in denen dann die Gesetze der Speziellen Relativitätstheorie gelten. Im freien Fall wird ein homogenes Schwerefeld nach dem Äquivalenzprinzip exakt wegtransformiert.

Nach EINSTEIN, [10, S. 42, 50, 65], wird das spezielle Relativitätsprinzip (7.6) auf Grund des Äquivalenzprinzips erweitert zum **allgemeinen Relativitätsprinzip**.

Alle Bezugssysteme sind für die Naturbeschreibung gleichwertig, unabhängig von ihrem jeweiligen Bewegungszustand! (11.16)

Wegen des Äquivalenzprinzips ist es möglich, Eigenschaften des Gravitationsfeldes dadurch abzuleiten, dass man sie in einem geeigneten, beschleunigten Bezugssystem untersucht Damit sind dann nicht nur die mechanischen sondern wegen der Äquivalenz von Masse und Energie (10.10) alle physikalischen Vorgänge erfassbar, insbesondere elektromagnetische und optische, bei denen besondere Effekte auftreten.

11.3 Klassische Bestätigungen der Theorie

Jede **Theorie** muss sich durch Überprüfung an experimentellen Befunden und Beobachtungen beweisen und sie verläßt nur dann das Stadium einer **Hypothese** und wird wissenschaftlich akzeptiert, wenn bisher unerklärliche Phänomene gedeutet oder neue vorhergesagt werden können, [5, S. 299]. Dennoch ist die vollkommene Bestätigung einer Theorie unmöglich, da selbst bei einer großen Anzahl von durchgeführten Experimenten immer nur ein beschränkter Anteil aller möglichen Phänomene überprüft werden kann. Auch wenn eine Theorie über lange Zeit und in vielen Fällen erfolgreich bestätigt wurde, kann sie sich wie bei der NEWTON'schen Mechanik als nur eingeschränkt gültiger Grenzfall erweisen.

Bei der EINSTEIN'schen Relativitätstheorie sind neben direkt prüfbaren Voraussagen solche Beobachtungen oder Experimente umso willkommener, auf die man zufällig stößt oder die erst nach jahrelangen Anstrengungen oder neuen Methoden zum Ziel führen, um die Theorie weiter zu bestätigen und damit zu erhärten.

EINSTEIN schlug 1916 selbst drei später als **klassisch bezeichnete Tests** von Effekten der Allgemeinen Relativitätstheorie vor. Die Schwierigkeiten des Nachweises liegen einerseits in der Geringfügigkeit der theoretisch zu erwartenden Messwerte und andererseits in der Überlagerung der relativistischen durch nichtrelativistische Effekte, [23, S. 204].

11.3.1 Periheldrehung des Merkur

Der erste Effekt betrifft die Periheldrehung des Merkur, bei der der Vergleich zwischen Beobachtung und Theorie sofort vorgenommen werden konnte. Die zu erwartende Abweichung von der klassischen Mechanik muss beim innersten Planeten am größten sein, da hier das Gravitationsfeld der Sonne stärker wirkt als bei allen weiter entfernten Planeten und die Merkurbahn eine ausgeprägtere Exzentrizität im Vergleich mit den anderen Planeten aufweist.

Seit den Berechnungen des Astronomen Urbain LEVERRIER (1859) war bekannt, dass der Planet Merkur keine elliptische sondern eine rosettenförmige Bahn mit langsam drehender **Apsidenlinie** seiner Bahnellipse beschreibt, da zwar das Gravitationsfeld der Sonne dominiert, die übrigen Planeten aber Störungen der KEPLER-Ellipse hervorrufen. Weitere Störungen treten dadurch auf, dass alle Himmelskörper keine exakt kugelsymmetrischen Massenverteilungen aufweisen, sondern inhomogene und auf Grund ihrer Eigenrotation abgeplatte Körper darstellen. Beim Merkur betragen nach der NEWTON'schen Dynamik die rechnerischen Störeinflüsse aller Planeten zusammen 531 Bogensekunden pro Jahrhundert, beobachtet wurden dagegen 574". Der bis dahin unerklärbare Rest von 43 Bogensekunden pro Jahrhundert für die Periheldrehung des Merkur wurde von EINSTEIN aus den Feldgleichungen der Allgemeinen Relativitätstheorie vorhergesagt und wird im *Abschnitt 11.5.11* detailliert behandelt. Dieser Erfolg galt als erste große Bestätigung und war von beträchtlichem Gewicht für EINSTEIN selbst wie für die Akzeptanz seiner Theorie.

11.3.2 Lichtablenkung im Gravitationsfeld

Der zweite Effekt betrifft die Ablenkung des Lichts im Gravitationsfeld eines massiven Körpers. Als Grundlage dafür betrachtet man in *Abbildung 11.8a* einen Lichtstrahl, der von der Seite senkrecht zur Bewegung des Kastens eintritt. Aus der Sicht des körperfesten Bezugssystems $\widehat{S}$ folgt der Strahl einer gekrümmten, parabolischen Bahn wie bei der Wurfparabel. Da die Beschleunigung nach dem Äquivalenzprinzip aber der Wirkung einer entgegengesetzten Gravitationskraft entspricht, muss der Lichtstrahl im Schwerefeld von Bild 11.8b ebenfalls abgelenkt werden und sich krummlinig fortpflanzen.

Die Krümmung des Lichtstrahls ist sehr gering und nach der Theorie beträgt die Ablenkung sogar im Schwerefeld der Sonne an ihrem Rand nur 1.75 Bogensekunden, so dass ein erheblicher messtechnischer Aufwand für einen Nachweis getrieben werden muss. Die Berechnung der Lichtablenkung wird im *Abschnitt 11.5.12* detailliert behandelt.

Ein erster Versuch zur Bestätigung der Ablenkung bei der im Herbst 1914 in Russland sichtbaren Sonnenfinsternis wurde durch den Ausbruch des ersten Weltkrieges vereitelt, weil der deutsche Astronom Erwin FREUNDLICH, der auf Betreiben von EINSTEIN die Beobachtung durchführen wollte, als Kriegsgegner verhaftet und erst einige Wochen später gegen russische Kriegsgefangene ausgetauscht wurde.

Die erste Überprüfung des Ablenkungseffektes erfolgte auf Initiative der englischen Astronomen Frank DYSON und Arthur EDDINGTON bei der **totalen Sonnenfinsternis am 29. Mai 1919** bei zwei Expeditionen zur Insel Principe im Golf von Guinea vor Afrika unter der Leitung von EDDINGTON und zum Dorf Sobral im Nordosten von Brasilien unter Andrew CROMMELIN, bei denen das dicht am Sonnenrand vorbeistreifende Licht des offenen Sternhaufens der **Hyaden** im Sternbild Stier aufgenommen werden konnte. Die anschließende Auswertung durch Vergleich der Sternpositionen mit Aufnahmen der Hyaden im halbjährlichen Abstand bestätigte im Rahmen der Messgenauigkeit die EINSTEIN'sche Vorhersage. Die Darstellung der Ergebnisse und ihre Erläuterung auf der historisch gewordenen Tagung der Astronomischen Gesellschaft im November 1919 in London führte zu Triumph und Anerkennung von EINSTEINs Theorie und seiner beispiellosen Popularität durch die Berichterstattung in großen überregionalen Tageszeitungen im In- und Ausland.

Aus der Lichtablenkung folgt als Konsequenz, dass sich in der Allgemeinen Relativitätstheorie, die gerade den Einfluss der Gravitation als wesentlich berücksichtigt, die **Konstanz der Lichtgeschwindigkeit** nur auf den Betrag bezieht, aber keine universelle Gültigkeit beanspruchen kann, da eine Krümmung der Lichtstrahlen nur dann eintritt, wenn sich der Vektor $\boldsymbol{c}$ der Lichtgeschwindigkeit mit dem Ort ändert, [10, S. 51].

11.3.3 Rotverschiebung im Gravitationsfeld

Der dritte Effekt betrifft die Rotverschiebung von Licht in Gravitationsfeldern.

In *Abbildung 11.8a* wird zum Zeitpunkt $t = 0$ vom Kastenboden $z = 0$ ein Lichtimpuls zur Kastendecke gesendet, für den $z_L(t) = ct$ gilt. Da der Kasten in z-Richtung beschleunigt wird, erhält man für die Position der Kastendecke z_D wegen $v_K(0) = 0$ und $z_D(0) = d$

$$\frac{d^2 z_D}{dt^2} = a \quad \rightarrow \quad z_D(t) = \frac{1}{2}\,at^2 + d$$

Der Lichtimpuls erreicht die Kastendecke zum Zeitpunkt t_S. Physikalisch ist nur die kürzere Zeit als kleinere Lösung der quadratischen Gleichung sinnvoll. Wegen der Relation $v_K = at \ll c$ von Kasten- und Lichtgeschwindigkeit erhält man folgende Lösung und Näherung des Zeitpunktes t_S und der momentanen Geschwindigkeit der Kastendecke.

$$t_S = \frac{c}{a}\left[1 - \sqrt{1 - 2\,\frac{ad}{c^2}}\;\right] \approx \frac{c}{a}\left[1 - \left(1 - \frac{ad}{c^2}\right)\right] = \frac{d}{c}$$

$$\dot{z}_D(t_S) = v_K = at_S \approx \frac{ad}{c}$$

Durch den DOPPLER-Effekt erfährt das Licht nach (9.6) eine **Erniedrigung der Empfangsfrequenz** ω_E gegenüber der Senderfrequenz ω_S bzw. eine relative Frequenzänderung, die einer **Rotverschiebung** im Wellenlängenspektrum entspricht.

$$\omega_E \approx \left(1 - \frac{v_K}{c}\right)\omega_S = \left(1 - \frac{ad}{c^2}\right)\omega_S \; < \; \omega_S$$

$$\frac{\Delta\omega}{\omega_S} = \frac{\omega_S - \omega_E}{\omega_S} \approx \frac{ad}{c^2}$$

Nach dem Äquivalenzprinzip muss Licht, das in Bild 11.8b der Richtung der Gravitation entgegen läuft, eine entsprechende Frequenzerniedrigung oder Rotverschiebung erfahren.

Im Teilchenmodell des Lichts kann man ruhmasselosen **Photonen** wegen ihrer kinetischen Energie nach Gleichung (10.15) eine **Impulsmasse** zuordnen.

$$m_{\text{Ph}} = \frac{W_{\text{ges}}}{c^2} = \frac{E_{\text{kin}}}{c^2} = \frac{p}{c} = \frac{\hbar\omega}{c^2}$$

Im homogenen Gravitationsfeld $\boldsymbol{g} = -\,\boldsymbol{a}$ des Kastens lauten Beschleunigung und Potential

$$\boldsymbol{g} = -\,g\,\mathbf{e}_z = -\,\text{grad}\,\phi = -\,\frac{d\phi}{dz}\,\mathbf{e}_z \qquad \rightarrow \qquad \phi = g\,z + C = a\,z + C$$

Nach *Abschnitt 11.1.2* verrichtet ein Photon auf seinem Weg vom Boden B als Sendeort S bis zur Decke D des Kastens eine mechanische Arbeit gegen die Feldkräfte der Gravitation.

$$\begin{aligned} W_{\text{mech}}(z) &= m_{\text{Ph}} \int_B^D \boldsymbol{g} \cdot d\boldsymbol{r} = -\,m_{\text{Ph}} \int_B^D d\phi \\ &= m_{\text{Ph}}\,(\phi_B - \phi_D) = m_{\text{Ph}}\,a\,(z_B - z_D) = -\,m_{\text{Ph}}\,ad \; < \; 0 \end{aligned}$$

Dadurch entsteht ein Gewinn an potentieller Energie, der nach dem Erhaltungssatz der mechanischen Energie (3.10) durch einen Verlust an kinetischer Energie des Photons gedeckt werden muss.

$$\Delta W_{\text{pot}}\Big|_{\text{Gewinn}} = \Delta E_{\text{kin}}\Big|_{\text{Verlust}} = m_{\text{Ph}}\,ad = \hbar\,\omega_S\,\frac{ad}{c^2} = \hbar\,\Delta\omega$$

Dieser Energieverlust entspricht einer Erniedrigung der Empfangsfrequenz.

$$\frac{\Delta\omega}{\omega_S} = \frac{\omega_S - \omega_E}{\omega_S} = \frac{ad}{c^2} > 0 \quad \rightarrow \quad \omega_E < \omega_S$$

Bei Ausbreitung von Licht entgegen der Gravitationskraft erfolgt eine Rotverschiebung, bei Ausbreitung in ihrer Richtung eine Blauverschiebung.

Bei Zeitmessungen ergibt sich daraus der Effekt, dass **an Orten mit höherer Gravitation Uhren langsamer gehen**. Eine Uhr auf einem Berg geht daher schneller als eine Uhr im Tal, [33, S. 48]!

Zur Untersuchung der **Gravitationsrotverschiebung** von Spektrallinien im Schwerefeld der Sonne wurde in Potsdam auf dem Telegrafenberg Anfang der 1920er Jahre als Sonnenobservatorium das zur damaligen Zeit avangardistische Bauwerk **EINSTEIN-Turm** des Architekten Erich MENDELSOHN errichtet.

Der Effekt der Gravitationsrotverschiebung ist allerdings sehr klein. Bei einer Höhe von $h = 10\,\mathrm{m}$ ergeben sich an den Oberflächen von Erde und Sonne lediglich die folgenden minimalen relativen Frequenzänderungen.

$$\frac{\Delta\omega}{\omega_S} = \frac{\Delta f}{f_S} = \begin{cases} 1.09 \cdot 10^{-15} & \text{für} \quad a = g_E = 9.81\,\mathrm{m/s^2} \\ 3.03 \cdot 10^{-14} & \text{für} \quad a = g_\odot = 273\,\mathrm{m/s^2} \end{cases}$$

Bei einer Höhendifferenz von $20\,\mathrm{m}$ an der Oberfläche der Erde weicht die Frequenz $f = 500\,\mathrm{THz}$ von gelbem Licht der Wellenlänge $\lambda = 600\,\mathrm{nm}$ lediglich um $1\,\mathrm{Hz}$ ab!

Mit Hilfe des MÖSSBAUER-Effekts konnten POUND und REBKA (1960) die Rotverschiebung im Schwerefeld der Erde bei einer Höhendifferenz von nur $h = 22.5\,\mathrm{m}$ sicher nachweisen, [23, S. 208] [25, S. 205].

11.4 Moderne Bestätigungen der Theorie

Nach einer etwa 40-jährigen Zeitspanne, in der die Relativitätstheorie keine große Rolle in der physikalischen Forschung spielte, weil Quantenmechanik und weltkriegsbedingt Kernphysik, Radar- und Mikrowellentechnik und später Festkörperphysik, Halbleitertechnik und Physik der Elementarteilchen im Vordergrund von Forschung, Entwicklung und Förderung standen, erwachte in den 1960er Jahren wieder das Interesse an EINSTEINs Theorie auf Grund von **neuen Bestätigungen durch die Astronomie**, die bis dahin unbekannte Objekte entdeckte, [13, S. 132, 135].

11.4.1 Quasare

Im Jahre 1963 entdeckten Cyril HAZARD und Maarten SCHMIDT den ersten **Quasar** (3C273) im Sternbild Jungfrau als starke Radioquelle mit hoher Rotverschiebung und daher in sehr großer Entfernung von 2.4 Mrd. Lichtjahren.

Quasare sind ungewöhnlich leuchtkräftige Objekte, die als **aktive galaktische Kerne** interpretiert werden und deren Energieausstoß größer sein kann als Dutzende bis Hunderte Exemplare der gesamten Milchstraße. Ihre extrem hohen Strahlungsleistungen in großen Frequenzbereichen von **Radiowellen** bis **Gammastrahlung** sind die Folge des gravitationsbedingten Einfangs von umgebender Materie (**Akkretion**) durch ein **Schwarzes Loch** im Zentrum einer Galaxie, [61], [67].

Durch Messung der **Ablenkung der Radiostrahlung von Quasaren** im Schwerefeld der Sonne konnte man ab Ende der 1960er Jahre die schwierigen Bedingungen der seltenen totalen, nicht überall und wetterabhängig sichtbaren Sonnenfinsternisse überwinden.

Die beiden Quasare 3C273 und 3C279 im Winkelabstand von etwa 4° befinden sich im Oktober in der Nähe der Sonne, so dass man Abstand und Ablenkung der Radiosignale bei Sonnendurchgang bzw. -vorbeigang sehr genau messen kann. Mit Hilfe **interferometrischer Verfahren** mit mehreren **Radioteleskopen**, der sog. **Langbasisinterferometrie** (Very Long Baseline Interferometry, VLBI), [58], [60], deren Basislinien sogar den Durchmesser der Erde erreichen, ließ sich die Winkelauflösung der Lichtablenkung um mehrere Größenordnungen steigern, wodurch man EINSTEINs Theorie immer genauer bestätigen konnte.

11.4.2 Pulsare

Bei der Suche nach Radioquellen entdeckten Jocelyn Bell und ihr Doktorvater Anthony Hewish an der Cambridge University, England, 1967 den ersten **Pulsar** (PSR B1919+21), der sich in einer Entfernung von etwa 2000 Lichtjahren befindet.

Pulsare sind sehr schnell rotierende **Neutronensterne**, die in einem enormen Frequenzbereich von Gammastrahlung bis Radiowellen im Meterbereich Energie abstrahlen. Sie entstehen aus Sternen mit anderthalber bis dreifacher Sonnenmasse ($1.5\,..\,3\,M_{\odot}$), wenn deren Kernbrennstoffe nach mehreren, aufeinanderfolgenden Kernfusionsphasen verbraucht sind, bei denen aus Wasserstoff nacheinander Elemente von Helium (He) bis Eisen (Fe) entstehen. Mit dem Erlöschen des Strahlungsdrucks der Kernfusion erfährt ein solcher Stern am Ende einen **Gravitationskollaps** innerhalb von Millisekunden, bei dem die Elektronen in den Atomkern gepresst werden, wodurch aus Protonen Neutronen entstehen. Der Stern explodiert in einer **Supernova** vom **Typ II**, die für kurze Zeit von mehreren Wochen ein extrem leuchtkräftiges Objekt am Himmel darstellt. Innerhalb von heißen, nach außen abgestoßenen, ionisierten Gasnebeln bleibt dann im Kern ein **Neutronenstern** als kompakte Kugel von etwa 20 km Durchmesser zurück, dessen extrem hohe Dichte von etwa $10^{17}\,\mathrm{kg/m^3}$ oder $10^{14}\,\mathrm{g/cm^3}$ derjenigen von Atomkernen entspricht und dessen innerer Aufbau Gegenstand der Forschung ist, [81]. Der Pulsar hat wegen der Drehimpulserhaltung bei stark verringertem Massenträgheitsmoment eine hohe Rotationsgeschwindigkeit, die aber an der Sternoberfläche nicht die Lichtgeschwindigkeit überschreiten darf, was eine Einschränkung des Sternradius bedingt, [42, S. 272], [98].

Entlang der Symmetrieachse seines extrem starken Magnetfeldes von typischerweise 10^8 Tesla sendet ein Pulsar **Synchrotronstrahlung** in zwei als **Jet** bezeichnete engen Bündeln in entgegengesetzter Richtung aus, die von beschleunigten geladenen Teilchen erzeugt wird. Weicht die Strahlungsrichtung von der Rotationsachse des Pulsars ab und liegt die Erde im Strahlungskegel, dann werden wie bei einem Leuchtturm regelmäßig wiederkehrende, sehr **frequenzkonstante Impulse** im zeitlichen Abstand von Millisekunden bis wenigen Sekunden empfangen.

Für Radiointerferometrie und die Entdeckung der Pulsare erhielen **Martin Ryle** und **Anthony Hewish** 1974 den **Nobelpreis für Physik**, der damit zum ersten Mal an Astronomen vergeben wurde. [62], [68]. Die Preisvergabe war stark umstritten und wurde vor allem von Fred Hoyle kritisiert, da Jocelyn Bell nicht berücksichtigt wurde.

11.4.3 Gravitationslinsen

Eine Folge der Ablenkung von Licht durch große Massen ist der in Analogie zur optischen Abbildung so genannte **Gravitationslinseneffekt**, den EINSTEIN bereits in seinem erst 1997 aufgefundenen Berliner Notizbuch von 1912 erwähnte, aber erst 1936 als kleine Berechnung veröffentlichte, [1, S. 56].

Bei diesem Effekt wird das Licht eines Hintergrundsterns oder einer Galaxie durch ein davor liegendes massereiches Objekt, die **Gravitationslinse**, abgelenkt, wodurch das Bild der Quelle verstärkt, verzerrt oder sogar vervielfacht werden kann. Liegen Quelle und Linse direkt hintereinander, dann entsteht ein ringförmiges Bild des Hintergrundobjektes, das man **EINSTEIN-Ring** nennt, dessen Radius in genau berechenbarer Weise von der Masse der Linse abhängt, [2, S. 21]. EINSTEIN betrachtete nur Sterne als Ablenkungsursache, bei denen er den Effekt als viel zu klein für jegliche Messung ansah. Der vielseitige Astronom **Fritz ZWICKY** (1898-1974) berechnete 1937 dagegen die Auswirkung von Galaxien als Gravitationslinsen, die wegen ihrer milliardenfach größeren Masse zu messbaren Ablenkungswinkeln führen sollten.

Seit seiner ersten Entdeckung 1979 hat sich der Gravitationslinseneffekt, bei dem als Linsen normalerweise extrem starke Gravitationsfelder von Galaxien, Galaxienhaufen oder Schwarzen Löchern erforderlich sind, zu einem wichtigen Werkzeug von Astronomie und Astrophysik entwickelt. Auf Grund der Ablenkung des Lichts können bei Kenntnis der Entfernungen die Massen von Vordergrundobjekten bestimmt werden. Bei Galaxien als ablenkenden Objekten konnte man feststellen, dass deren Gesamtmasse neben der sichtbaren Masse einen viel größeren Anteil an sog. **Dunkler Materie** enthalten muss *(s. Abschnitt 12.5)*.

11.4.4 Gravitationswellen

Im Jahre 1974 entdeckten Russell HULSE und Joseph TAYLOR mit dem Radioteleskop in Arecibo auf Puerto Rico ein **Doppelsternsystem** im Sternbild Adler aus zwei einander umkreisenden Neutronensternen, von denen einer ein Pulsar ist (**HULSE-TAYLOR-Pulsar**, PSR 1913+16).

Dieses Binärsystem ist ungefähr 21 000 Lichtjahre von der Erde entfernt. Je nach der Position des Pulsars bezüglich seines Begleiters variiert die **Impulsfrequenz** seiner Radiosignale auf Grund des DOPPLER-Effekts bei Annäherung und Entfernung, woraus man den Bahnverlauf genau bestimmen kann. Ähnlich wie beim Merkur existiert eine Drehung der Apsidenlinie oder **Periastron-Drehung**, die jedoch wesentlich größere Werte von 4.2 Grad pro Jahr aufweist, also um einen Faktor von etwa 35 000 größer ist.

Nach der Allgemeinen Relativitätstheorie strahlen beschleunigte Massen Gravitationswellen ab, wenn ihre Massenverteilung nach dem Theorem von BIRKHOFF am Ende von *Abschnitt 11.5.10* keine exakte Kugelsymmetrie aufweist.

Solche einander umkreisenden Neutronen-Doppelsternsysteme verlieren auf Grund der abgestrahlten Gravitationswellen durch die starken Massenbeschleunigungen ständig Energie und bewegen sich spiralförmig aufeinander zu, was sich in messbaren Verkürzungen ihrer Bahnperioden bemerkbar macht. Für die jahrelangen Untersuchungen der **Pulsar-Bahnkurven** von PSR 1913+16 und den **indirekten Nachweis von Gravitationswellen** in enger Übereinstimmung mit EINSTEINs Theorie erhielten **Russell HULSE** und **Joseph TAYLOR** 1993 den **Nobelpreis für Physik**, [57], [62], [66].

Im Jahre 2003 wurde bei einer Pulsar-Durchmusterung der bisher einzige Fall eines **Doppelpulsars** (PSR J0737-3039) entdeckt, der sich in der geringen Entfernung von weniger als 2000 Lichtjahren befindet und Pulse im Abstand von 23 ms bzw. 2.8 s aussendet. Die Bahnebene des Systems liegt in der Sichtlinie der Erde, so dass der Orbit fast von der Kante her sichtbar ist und die beiden Pulsare regelmäßig voreinander vorüberziehen. Die Periastron-Drehung beträgt bei diesem Binärsystem sogar 17 Grad pro Jahr. Die Einzigartigkeit dieses Doppelpulsars liegt in Anzahl und Stärke der Effekte sowie der Genauigkeit, mit der man sie auf Grund der geringen Entfernung messen kann, wodurch sich die Voraussagen der Allgemeinen Relativitätstheorie in präziser Weise überprüfen lassen, [70], [71].

Für den **direkten Nachweis von Gravitationswellen** wurden nach vorherigen, mehr als zehnjährigen Forschungsarbeiten seit Ende der 1980er Jahre mehrere **Interferometer-Experimente** aufgebaut, die als Lichtquellen intensive Laserstrahlen in zueinander senkrecht angeordneten, bis zu 4 km langen evakuierten Rohrsystemen verwenden.

Parallel zum praktischen Aufbau der Interferometer-Systeme und der Durchführung von Erprobungsexperimenten versuchten andere Forscher seit den 1970er Jahren, die Feldgleichungen von EINSTEIN *(s. Abschnitt 11.5.9)* mit Hilfe von Programmen auf Großrechnern numerisch zu lösen, um die Signalverläufe der Gravitationswellen, die bei der Kollision von Doppelsystemen wie Schwarzen Löchern auftreten zu berechnen, um sie in späteren realen Empfangssignalen zu identifizieren, *(s. Abschnitt 11.5.12)*

Die internationale Zusammenarbeit in der Gravitationswellenforschung umfasst die folgenden **Interferometer-Systeme** mit unterschiedlichen Detektor-Armlängen, [17, S. 61f.], [82].

- **GEO600** bei Hannover,
  erster Gravitationswellendetektor (seit 2002),
  600 m Armlänge,
  Testplattform mit Pionierfunktion für diverse Höchstleistungstechnologien

- **LIGO** (Laser Interferometer Gravitational-Wave Observatory) in den US-Bundesstaaten Louisiana und Washington,
  4 km Armlänge,
  (2002 -2011, als **Advanced LIGO** verbessert seit 2015)

- **Virgo** bei Pisa in Italien,
  3 km Armlänge,
  (seit 2007, als **Advanced Virgo** verbessert seit 2017)

- **KAGRA** (Kamioka Gravitational Wave Detector) in Japan,
  3 km Armlänge,
  mit Kryotechnik arbeitender, unterirdischer Gravitationswellendetektor, auf 20 K gekühlte Saphir-Spiegel,
  beobachtbare Gravitationswellen im Frequenzbereich von 10 bis 1000 Hz

Zwei weitere Detektorsysteme sollen in Zukunft in Betrieb gehen.

Nach den erfolgreichen Ergebnissen der ESA-Vorläufermission **LISA Pathfinder** (2015 -2017) zur Erprobung technologischer Komponenten und Verfahren soll Mitte der 2030er Jahre für Suche und Nachweis von Gravitationswellen das ESA-Weltraum-Laborsystem **LISA** (Laser Interferometer Space Antenna) aus drei Satellitenstationen errichtet werden, bei dem die Seiten des gleichseitigen Dreiecks eine Länge von 2.5 Millionen Kilometern aufweisen, [74], [77]. Durch seine viel größere Kantenlänge wird LISA die messbaren Frequenzen der Gravitationswellen in den Bereich von 0,1 mHz bis 1 Hz erweitern. Da die Frequenz etwa umgekehrt proportional zu den beteiligten

Massen ist, kann man daher die Verschmelzung viel massereicherer Schwarzer Löcher im überschaubaren Kosmos verfolgen, [54].

Das Konzept für einen zukünftigen terrestrischen Gravitationswellendetektor der dritten Generation ist das **Einstein-Teleskop**. Dieses System mit einer Armlänge von 10 km soll unterirdisch in einer Tiefe von 250 ... 300 m vermutlich in der Grenzregion der Niederlande, Belgiens und Deutschlands gebaut werden. Ähnlich wie bei LISA bilden die Arme ein Dreieck, wobei jeweils zwei Arme zusammen für zwei Interferometer genutzt werden, so dass sich insgesamt sechs Detektoren ergeben, von denen drei auf die Messung niedriger Frequenzen (2 ... 40 Hertz) und drei auf höhere Frequenzen optimiert werden. Durch die Kühlung der optischen Interferometer-Elemente auf 10 K und eine höhere Laserleistung als die bisherigen Systeme sowie viele neue Technologien wird das Instrument viel empfindlicher sein als bestehende Gravitationswellendetektoren der ersten und zweiten Generation. Die Inbetriebnahme wird wohl erst in der zweiten Hälfte der 2030er Jahre erfolgen.

Der Nachweis von Gravitationswellen ist deshalb mit sehr hohem Aufwand verbunden, da die **Raumzeit** eine extrem **hohe Steifheit** besitzt, deren Elastizitätsmodul im Vergleich zu Stahl um mehr als 20 Zehnerpotenzen größer ist! Daher können nur extreme Massenbewegungen wie die Verschmelzung von Schwarzen Löchern oder Neutronensternen solche Gravitationswellen auslösen, die mit terrestrischen Interferometern nachweisbar sind. Die erzeugten Transversalwellen, die sich mit Lichtgeschwindigkeit ausbreiten, dehnen und stauchen die Raumzeit quer zur Ausbreitungsrichtung nur äußerst geringfügig, so dass eine Streckenlänge, die dem Abstand von einer Astronomischen Einheit (1 AE) zwischen Erde und Sonne entspricht, lediglich um die Größe eines Atomkerns variiert, [43, S. 37].

Die Messtechnik reagiert empfindlich auf diverse **Störquellen**, die ein Gravitationswellensignal verdecken können. Das sind einerseits äußere Einflüsse wie Luftdruck- und Temperaturschwankungen sowie Bodenerschütterungen mit unterschiedlichen Ursachen wie Erdbeben, Meereswellen an Stränden oder Straßenverkehr, andererseits interne Einflüsse wie thermische Bewegungen der Atome in den Spiegeln oder Lichtstreuung in den Interferometerröhren.

Mit einer Vielzahl moderner Verfahren und Technologien wie Laserstabilisierung, absorptionsarmen Optiken, Regelungstechnik und Schwingungsdämpfung werden diese Störquellen minimiert. Eine wegweisende Entwicklung war die Aufhängung der Spiegel an Glasfasern und die aktive Schwingungsdämpfung von seismischen Störungen durch mehrstufige Pendelaufhängung, [17, S. 74], [43, S. 63].

Durch die raffinierte Kombination von Bauelementen und Methoden in den Interferometer-Systemen ist die **Genauigkeit** der LIGO-Observatorien so gesteigert worden, dass ein relativer Unterschied der beiden Armlängen von 10^{-22} gemessen werden kann, was etwa einem Tausendstel des Protonenradius entspricht!

Die Herausforderung an die **Datenanalyse** besteht darin, aus den empfangenen Signalen die Störeffekte herauszufiltern, um die charakteristischen Verläufe der verschiedenen Gravitationswellensignale zu erkennen, (*s. dazu Abschnitt 11.5.13*).

Im Februar 2016 veröffentlichten Gravitationsforscher als **erstes direkt gemessenes Gravitationswellenereignis** die sensationellen Ergebnisse der Datenaufzeichnungen der LIGO-Detektoren an den beiden Standorten in den Bundesstaaten Louisiana und Washington der USA vom 14. September 2015 mit der Datumsbezeichnung **GW150914**. Die Messdaten dieses Ereignisses werden nach aufwendiger Datenanalyse so gedeutet, dass in einer 1.3 Milliarden Lichtjahre entfernten, aber nicht genau lokalisierbaren Galaxie bei der **Kollision von zwei Schwarzen Löchern** von 29 und 36 Sonnenmassen nach immer schnellerer Rotation umeinander innerhalb weniger Millisekunden ein Schwarzes Loch von 62 Sonnenmassen entstand. Die fehlenden drei Sonnenmassen wurden bei diesem Ereignis in Gravitationswellenenergie verwandelt, die dem 50-fachen Betrag aller sichtbar leuchtenden Sterne im Universum entspricht, [43, S. 70], [47], [52], [75].

Dieses Ereignis fand genau zum symbolträchtigen Zeitpunkt des 100-jährigen Jubiläums der Allgemeinen Relativitätstheorie statt!

Nach insgesamt fünf sicher erkannten Kollisionen zweier Schwarzer Löcher zwischen September 2015 und August 2017 empfingen die Detektoren LIGO und Virgo im August 2017 als neuen Signaltyp die Gravitationswellen von der **Verschmelzung zweier Neutronensterne**. Dieses Gravitationswellenereignis **GW170817** stellt einen besonderen Erfolg dar, weil die Erschütterung der Raumzeit wegen der viel geringeren Masse von Neutronensternen deutlich schwächer als bei Schwarzen Löchern ausfällt. Es ist das bisher nächstgelegene Verschmelzungsobjekt in der geringen Entfernung von 130 Millionen Lichtjahren oder 40 Mpc. Die beim Zusammenstoß gezündete gewaltige Explosion erzeugte einen **Gammastrahlungsausbruch** (Gamma Ray Burst, GRB), dessen Strahlung der abgestoßenen, extrem heißen Gaswolke und dem typischen Leuchtkraftverlauf einer **Kilonova** entspricht, die nicht an die Leistung einer Supernova heranreicht. Aus den Empfangssignalen der drei Detektoren LIGO und Virgo und weiterer Teleskope ließ sich der Ursprungsort der Strahlung recht genau in der Galaxie NGC 4993 im Sternbild Wasserschlange am Südhimmel lokalisieren, so dass von weltweit etwa 70 Observatorien Beobachtungen bei verschiedenen Wellenlängen vom Radio- bis Röntgenbereich als **Multi-Messenger-Astronomie** durchgeführt werden konnten, [3], [48], [49], [78], [80].

Durch spektroskopische Beobachtung der in den umgebenden Raum geschleuderten Materie konnte erstmals belegt werden, dass **schwere Elemente** wie Platin, Gold, Blei und Uran auch bei der Verschmelzung von Neutronensternen und nicht nur bei Supernova-Explosionen erzeugt werden, [17, S. 109].

Für die Entwicklung der Gravitationswellen-Astronomie mit wissenschaftlicher Grundlage, Projektleitung und Aufbau des LIGO-Observatoriums erhielten die drei Forscher **Barry C. Barish**, **Kip S. Thorne** und **Rainer Weiss** 2017 den **Nobelpreis für Physik**, [79].

Obwohl am LIGO-Projekt, dessen Planung bereits Mitte der 1980er Jahre begann, sowie weiteren wissenschaftlichen Großprojekten mehrere tausend Wissenschaftler und Mitarbeiter beteiligt waren, erlauben es die Nobelkomitee-Statuten nicht, mehr als drei Forscher auszuzeichnen, so dass an Institute, Universitäten oder Forschungszentren bisher **kein Nobelpreis** verliehen wurde.

Im November 2018 wurde vom LIGO-Virgo-Team ein Katalog der bisher elf mit statistischer Signifikanz sicher erkannten Gravitationswellenereignisse vom zweiten Beobachtungslauf O2 (Observational Run) von LIGO zwischen November 2016 und August 2017 veröffentlicht, der bis auf das Neutronensternereignis GW170817 nur die Verschmelzung Schwarzer Löcher aufführt. Der nächste Lauf O3 begann im Frühjahr 2019 und die beteiligten Astronomen erwarten nach Empfindlichkeitssteigerungen von LIGO und Virgo viele weitere Entdeckungen, [50], [53].

Eine weitere Möglichkeit zur Detektion von Gravitationswellen beruht auf der Beobachtung von rotationsstabilen Millisekunden-Pulsaren, die sich fast alle in der Milchstraße befinden. Da die Raumzeit-Verzerrung nur eine sehr geringfügige Änderung der Entfernung zwischen Erde und Pulsar bewirkt, erfordert der Nachweis von Pulsveränderungen Langzeitbeobachtungen und die Analyse vieler solcher Pulsar-Systeme, was als **Pulsar Timing** bezeichnet wird, [17, S. 120], [43, S. 33]. Diese Methode ist sehr empfindlich und kann auch niederfrequente Gravitationswellen bis in den nHz-Bereich nachweisen, die damit die Detektoren für höhere Frequenzen wie LIGO von 10 Hz bis 10 kHz nach unten zu niedrigen Frequenzen ergänzt.

Die Zusammenschlüsse europäischer Institute zum **European Pulsar Timing Array** (EPTA) und der bedeutendsten Radioteleskope Europas zum **Large European Array for Pulsars** (LEAP) sowie das bald in Betrieb gehende **Square Kilometer Array** *(s. Abschnitt 12.4.2)* sind innovative Projekte, bei denen die frequenz- und phasengleiche Kombination der Empfangssignale die Präzision der Pulsmessungen und die Empfindlichkeit des **Pulsar Timing Array** (PTA) für Gravitationswellen erheblich steigern wird.

Die stetige Modernisierung und Erhöhung der Empfindlichkeit der Gravitationswellendetektoren werden zukünftig häufiger zur Entdeckung von Raumzeit-Fluktuationen führen. Nach Abschätzungen könnten das bis zu zwei Ereignissen pro Monat sein.

Die Erkenntnisse und Erfahrungen, die man bei diesen Ereignissen gewinnt, eröffnen mit der **Gravitationswellenastronomie** ein völlig neuartiges Fenster ins Weltall über die bisherigen optischen und rein elektromagnetischen Beobachtungsmöglichkeiten von Radio- bis Gammastrahlung hinaus.

Damit wird eine **neue Ära der astrophysikalischen Beobachtung** und Forschung begründet, die sich für ein umfassenderes Verständnis des Universums als ebenso bedeutsam erweisen könnte wie der Beginn der optischen Astronomie durch die Erfindung des Fernrohrs und seinen virtuosen Einsatz durch Galileo Galilei bis hin zu den leistungsfähigen terrestrischen und sogar satellitengestützten Teleskopen der Neuzeit sowie der Beginn der Astrophysik mit der Spektroskopie der Fixsterne durch Angelo Secchi.

11.4.5 Satellitennavigation

Eine weitere Bestätigung der Relativitätstheorie stellt auch die Funktionsfähigkeit des satellitengestützten **Navigationssystems GPS** (Global Positioning System) dar, das bereits in *Abschnitt 5.5.6.2* in Aufbau und Zielsetzung beschrieben wurde. Die Satelliten des Systems tragen präzise gehende

Atomuhren und senden ständig Zeitsignale und ihre Bahnparameter. Terrestrische GPS-Empfänger können aus den Bahndaten und Laufzeitdifferenzen von mindestens vier Satelliten die eigene Position berechnen.

Zwei Effekte der Relativitätstheorie beeinflussen die Genauigkeit der GPS-Ortung.

Nach der Zeitdilatation der **Speziellen Relativitätstheorie** gehen die Satellitenuhren gegenüber dem GPS-Empfänger langsamer, da sie sich schneller bewegen. Wie beim geostationären Orbit bei Gleichung (11.12) erhält man die Kraft auf den Satelliten, aus der man die Geschwindigkeit bestimmt.

$$|\,\boldsymbol{F}_{\text{Sat}}\,| = m_{\text{Sat}} \frac{GM_E}{(R_E+h)^2} = m_{\text{Sat}} \frac{v^2}{(R_E+h)}$$

Die Zeitspanne des Satelliten nach (7.41), wobei der SCHWARZSCHILD-Radius $R_S = 2\,GM/c^2$ nach (11.25) verwendet wird,

$$\begin{aligned} \Delta t_{\text{Sat}} &= \frac{\Delta t_E}{\sqrt{1-\left(\frac{v}{c}\right)^2}} \approx \left[1+\frac{1}{2}\left(\frac{v}{c}\right)^2\right]\Delta t_E \\ &\approx \left(1+\frac{1}{2}\frac{GM_E}{c^2}\frac{1}{R_E+h}\right)\Delta t_E = \left(1+\frac{1}{4}\frac{R_{S_E}}{R_E+h}\right)\Delta t_E \end{aligned}$$

ist gegenüber einer terrestischen Sekunde erhöht.

$$\begin{aligned} \Delta t_{\text{Sat}} - \Delta t_E &= \frac{1}{4}\frac{R_{S_E}}{R_E+h}\Delta t_E \\ \Delta t_{\text{Sat}} - 1\,\text{s} &= 83.33\,\text{ps} \;\hat{=}\; 7.2\,\mu\text{s in } 24\,\text{h} \end{aligned}$$

Nach der **Allgemeinen Relativitätstheorie** gehen die Satellitenuhren gegenüber dem GPS-Empfänger schneller, da sie sich an Orten mit geringerer Gravitation befinden.

Der SCHWARZSCHILD-Abstand (11.48) zweier Ereignisse P und Q, der dem Wegelement der Raumzeit entspricht, lautet am festen Ort mit $d\boldsymbol{r} = 0$ aber zu unterschiedlichen Zeiten unter Verwendung der Eigenzeit (8.19)

$$ds^2 = \left(d\mathbf{R}_P - d\mathbf{R}_Q\right)^2 = -\left(1-\frac{R_S}{r}\right)c^2dt^2 = dR^2 = -\,c^2d\tau^2$$

Für Erde und Satellit folgt daraus

$$d\tau = \sqrt{1 - \frac{R_{S_E}}{R_E}}\; dt_E = \sqrt{1 - \frac{R_{S_E}}{R_E + h}}\; dt_{\text{Sat}}$$

$$\frac{dt_{\text{Sat}}}{dt_E} = \sqrt{\frac{1 - \dfrac{R_{S_E}}{R_E}}{1 - \dfrac{R_{S_E}}{R_E + h}}} \approx \Big(1 - \frac{1}{2}\,\frac{R_{S_E}}{R_E}\Big)\Big(1 + \frac{1}{2}\,\frac{R_{S_E}}{R_E + h}\Big)$$

In erster Näherung erhält man für den Satelliten eine erniedrigte Zeitspanne.

$$\Delta t_{\text{Sat}} - \Delta t_E = -\,\frac{2h}{R_E}\cdot\frac{1}{4}\,\frac{R_{S_E}}{R_E + h}\,\Delta t_E$$

$$\Delta t_{\text{Sat}} - 1\,\text{s} = -\,6.33 \cdot 83.33\,\text{ps} = -\,0.527\,\text{ns} \;\hat{=}\; -\,45.6\,\mu\text{s in } 24\,\text{h}$$

Die gesamte Zeitdifferenz zwischen den Uhren im Satelliten und auf der Erdoberfläche ist damit

$$|\,\Delta t_{\text{gesamt}}\,| = 38.4\,\mu\text{s in } 24\,\text{h}$$

Das bedeutet eine kumulierte Ortsabweichung von

$$\Delta x\,/\,\text{Tag} = c\,|\,\Delta t_{\text{gesamt}}\,|\,/\,\text{Tag} \;\hat{=}\; 11.5\,\text{km}\,/\,24\,\text{h} = 480\,\text{m}\,/\,\text{h} = 8\,\text{m}\,/\,\text{min}$$

und entspricht nach drei Tagen dem Abstand zwischen den Zentren von Berlin und Potsdam!

Ohne Berücksichtigung und Korrektur dieser Relativitätseffekte wäre eine GPS-Navigation, bei der eine gleichbleibende Genauigkeit im Meterbereich liegen muss, wertlos und damit ausgeschlossen.

11.5 Feldgleichungen der Gravitation

Die Größen Raum und Zeit, die seit alters her vom Menschen als getrennte Kategorien empfunden und von NEWTON auch in dieser Weise als absolute Größen definiert wurden, erfuhren in der Speziellen Relativitätstheorie eine Zusammenfassung zur **vierdimensionalen Raumzeit**, allerdings ohne Berücksichtigung der Gravitation.

In der Allgemeinen Relativitätstheorie führte EINSTEIN eine Erweiterung zur **Einheit von Raum, Zeit und Masse** unter Verwendung der RIEMANN'schen Geometrie durch.

11.5.1 Das Geometrieproblem

EINSTEIN zeigte am Beispiel des rotierenden Bezugssystems, dass in der Allgemeinen Relativitätstheorie die Möglichkeit verloren geht, Raum und Zeit auf euklidische Weise auszumessen, [10, S. 53], [11, S. 246].

Betrachtet werden dazu das feste Inertialsystem S und das um die gemeinsame z-Achse mit konstanter Winkelgeschwindigkeit ω rotierende Bezugssystem $\widehat{S}$, wie bereits in *Abbildung 11.6* dargestellt. Beschleunigungskräfte auf Körper, die relativ zu $\widehat{S}$ ruhen, können nach dem Äquivalenzprinzip lokal auf die Wirkung eines Gravitationsfeldes zurückgeführt werden.

In beiden Systemen werden konzentrische Kreise um den gemeinsamen Mittelpunkt mit einem Maßstab ausgemessen, um ihre Umfänge und Radien zu vergleichen.

Im festen System S hat der Quotient aus Umfang U und Radius R für alle Kreise stets den **euklidischen Wert** $U/R = 2\pi$.

Im rotierenden System $\widehat{S}$ führt das Anlegen des Maßstabs in Punkten der Kreisperipherie in radialer, zur Bewegung senkrechten Richtung zum gleichen Wert $\widehat{R} = R$ für den Radius. In Umfangsrichtung erscheint der Maßstab vom Inertialsystem S aus betrachtet wegen der Längenkontraktion (7.39) verkürzt und muss in $\widehat{S}$ zur Erfassung und Messung der gesamten Peripherie daher öfter als in S angelegt werden, wodurch sich für den Umfang $\widehat{U}$ ein größerer Wert ergibt. Damit hat der Quotient aus Umfang und Radius im rotierenden System $\widehat{S}$ einen **nichteuklidischen Wert**!

$$\frac{\widehat{U}}{\widehat{R}} = \frac{\widehat{U}}{R} > \frac{U}{R} = 2\pi$$

Bei wachsendem Radius der untersuchten Kreise erhöht sich nach (5.44, Bd. I) die Umfangsgeschwindigkeit v, so dass sich der Maßstab immer weiter verkürzt

$$\hat{\ell} = \ell \sqrt{1 - \left(\frac{v}{c}\right)^2} = \ell \sqrt{1 - \left(\frac{\omega R}{c}\right)^2}$$

und der Quotient $\widehat{U}/\widehat{R}$ mit dem Abstand vom Mittelpunkt immer mehr zunimmt.

Uhren, die im System $\widehat{S}$ ruhen, gehen von S aus betrachtet auf Grund der Zeitdilatation mit wachsendem Abstand von der Achse und daher steigender Geschwindigkeit immer langsamer und sind daher untereinander nicht synchronisierbar. Damit ist eine vernünftige Definition der Zeit in rotierenden Systemen unmöglich. Lediglich in örtlich begrenzten, lokalen Bereichen, streng genommen nur punktweise, sind Inertialsysteme verwendbar, in denen man mit festen Maßstäben und synchronisierbaren Uhren Messungen durchführen und die Ergebnisse der Speziellen Relativitätstheorie anwenden kann.

Verallgemeinernd gilt, dass in beliebig beschleunigten Systemen, in denen nach dem Äquivalenzprinzip inhomogene Gravitatsionsfelder wirken, sowohl bei zeitlichen als auch bei räumlichen Messungen die **euklidische Geometrie versagt**, [5, S. 273]. In beschleunigten Systemen ändert sich die Geschwindigkeit fortwährend mit dem Ort, so dass von Punkt zu Punkt Momentangeschwindigkeiten wirksam sind, die nur für ein differentielles Zeitintervall gleichförmige Translationsbewegungen zulassen.

Eine zweite Überlegung macht dieses Ergebnis ebenfalls plausibel.
Da Lichtstrahlen in Gravitationsfeldern nach dem Äquivalenzprinzip auf gekrümmten Wegen verlaufen, wie bei der Periheldrehung des Merkur im *Abschnitt 11.3.1* erläutert, Lichtwege andererseits nach dem **FERMAT'schen Prinzip** aber in der kürzesten Zeit durchlaufen werden, [18, S. 105], kann der Raum in der Umgebung gravitierender Massen nicht euklidisch sein, denn im euklidischen Fall sind die kürzesten Wege gerade Linien und weisen keine Krümmung auf.

Die EINSTEIN'sche Schlussfolgerung lautet daher, dass die **Anwesenheit von Massen den Raum krümmt**, der dann durch die RIEMANN'sche Geometrie beschrieben werden muss.

11.5.2 RIEMANN'sche Geometrie und Tensorkalkül

Auf Grund vorhandener, durch beliebige Massen hervorgerufene inhomogene Gravitationsfelder sind in globalem Maßstab keine geradlinig-gleichförmigen, sondern nur krummlinige, beschleunigte Bewegungen möglich. Die **Raumzeit besitzt keine euklidische Struktur** und muss daher durch die allgemeinere RIEMANN'sche Geometrie ausgedrückt werden, die die Krümmung des Raumes durch den Krümmungstensor beschreibt.

In dieser Geometrie sind beliebige Koordinatensysteme zugelassen, in denen die **Raumzeit durch vier Scharen von GAUSS'schen Koordinaten** beschrieben wird, mit denen alle Weltpunkte oder Ereignisse in eindeutiger Weise gekennzeichnet werden. Dabei ist es nicht notwendig, diese Koordinaten durch physikalische Größen wie Raum oder Zeit zu identifizieren, so dass man auch beliebige mathematische Parameter verwenden kann, [23, S. 155].

Da verschiedene Koordinatensysteme untereinander gleichberechtigt sind, ist es wünschenswert und sinnvoll, die physikalischen Gesetze in eine solche mathmatische Form zu bringen, dass sie in allen Systemen gleich lauten, was die **allgemeine Kovarianz der Gleichungen** bedeutet.

Die Begriffsbildungen der Vektoranalysis für Vektoren im euklidischen Raum wie Gradient, Divergenz und Rotation werden in der vierdimensionalen Mannigfaltigkeit des RIEMANN'schen Raumes durch die entsprechenden Verallgemeinerungen des **Tensorkalküls** ersetzt.

Auf Grund des **Äquivalenzprinzips** sind Gravitations- und Trägheitskräfte auf lokaler Basis einander entsprechende Größen. Alle Körper führen Trägheitsbewegungen im nichteuklidischen Kontinuum der Raumzeit aus, bei denen ihre Bahnkurven in der Nähe gravitierender Massen beschleunigt durchlaufen werden. Die vorhandenen **Massen erteilen dem Raum eine Krümmung**, wodurch bewegte Körper und auch Lichtstrahlen auf **geodätischen Linien** dieser Krümmung folgen und keine geradlinigen Wege wie im euklidischen Fall des flachen Raumes durchlaufen.

Durch diese neuartige Interpretation wird auch die rätselhafte **Fernwirkung** beseitigt, die in der NEWTON'schen Mechanik unendlich schnell über beliebige Entfernungen wirksam war. Was nach NEWTON Gravitation und entsprechende Kraft war, ist nach EINSTEIN die Krümmung der Raumzeit, nach der sich alle Massen bewegen. Das Problem der Schwerkraft wurde durch ihre Aufhebung gelöst!

In dieser neuen und ungewohnten Sichtweise stellen die ellipsenförmigen **Orbits der Planeten** gekrümmte Raumkurven dar, die im freien Fall als kürzeste Wege in der Raumzeit durchlaufen werden.

Die Wirkung von Massen, die wir im NEWTON'schen Sinne als Ursache von anziehenden Kräften in Gravitationsfeldern erfahren und interpretieren, wird nach EINSTEIN auf die Krümmung der Raumzeit und damit auf eine Eigenschaft der Geometrie zurückgeführt. Da die geometrischen Eigenschaften durch die metrischen Koeffizienten definiert werden, beschreiben diese dann auch das Gravitationsfeld, so dass man die EINSTEIN'sche Theorie als eine **Verschmelzung von Gavitation und Metrik** begreifen kann, [5, S. 292], [8, II, S. 203].

Da man sich einen gekrümmten dreidimensionalen Raum nicht recht vorstellen sondern nur mathematisch angemessen beschreiben kann, erzielt man durch Reduzierung der Dimensionsanzahl eine häufig anzutreffende, modellmäßige Veranschaulichung von Bewegungen in einer gekrümmten Raumzeit. Als zweidimensionales Analogon betrachtet man dazu ein leicht schräg gespanntes Gummituch als schiefe Ebene. Kleine Kugeln rollen auf ihm als Probekörper auf geraden Wegen hinab. Wird das Tuch dagegen an verschiedenen Stellen durch mehrere unterschiedlich schwere Kugeln eingedrückt, die als die Raumzeit krümmende, gravitierende Massen gleichsam eine Anziehung vortäuschen, dann rollen die kleinen Kugeln auf komplizierten, mehr oder weniger gekrümmten Bahnen abwärts, je nachdem wie dicht sie an den einzelnen Dellen im Gummituch vorbeikommen. Die rollenden Kugeln nehmen jeweils den kürzesten Weg, und zwar im glatten oder euklidischen Fall auf Geraden, im eingedellten und damit gekrümmten zweidimensionalen Fall auf geodätischen Linien. Die Kugeln auf dem Gummituch sowie die Massen in der Realität ziehen sich nicht auf Grund von Kräften an, sondern weil sich die Struktur des Raumes verändert hat.

Die enge Verbindung zwischen **Krümmung und Beschleunigung** kann man dadurch plausibel machen, dass man bei einer Kurve in der (x, u)-

Ebene die Krümmung gemäß der Definition (5.42, Bd. I) betrachtet.

$$\kappa = \frac{d\varphi}{ds} = \frac{d\left(\arctan \dfrac{dx}{du}\right)}{\sqrt{dx^2 + du^2}}$$

$$= \frac{1}{\sqrt{1 + \left(\dfrac{dx}{du}\right)^2}} \frac{d}{du}\left(\arctan \frac{dx}{du}\right)$$

$$= \frac{1}{\sqrt{1 + \left(\dfrac{dx}{du}\right)^2}^{\,3}} \frac{d^2x}{du^2}$$

Ersetzt man die Koordinate u durch die imaginäre Zeitkoordinate jct, dann folgt mit Geschwindigkeit, Beschleunigung und LORENTZ-Faktor γ die Proportionalität zwischen Krümmung und Beschleunigung, die eine punktweise variierende Ortsfunktion darstellt.

$$v = \frac{dx}{dt} = jc\,\frac{dx}{du}\,, \qquad a = \frac{d^2x}{dt^2} = -\,c^2\frac{d^2x}{du^2}$$

$$\kappa = -\,\frac{a}{c^2}\,\frac{1}{\sqrt{1 - \left(\dfrac{v}{c}\right)^2}^{\,3}} = -\,\frac{\gamma^3}{c^2}\,a$$

$$\kappa \sim -a$$

In der vierdimensionalen Mannigfaltigkeit des RIEMANN'schen Raumes manifestiert sich die gekrümmte Raumzeit dadurch, dass in einem System aus gegebenen Massen die Bewegungen von Probemassen oder Lichtstrahlen auf geodätischen Linien verlaufen, die nach *Abschnitt 2.3.5* die kürzesten Verbindungen zwischen zwei Punkten darstellen. Eine erste Bestätigung für den gekrümmten Weg von Licht wurde bereits bei der Sonnenfinsternis 1919 durch die Lichtablenkung im Feld der Sonne experimentell gefunden.

Die Konstellation vorhandener Massen und damit die Krümmung der Raumzeit unterliegt während der vollführten Bewegungen durch die gegenseitige Beeinflussung aller Massen einer ständigen Veränderung, so dass alle Körper in ähnlicher Weise wie bei der NEWTON'schen Bewegungsleichung (11.3) komplizierte Bahnkurven durchlaufen.

John Archibald Wheeler (1911-2008), einer der großen Gravitationstheoretiker, drückte diese gegenseitige Abhängigkeit treffend in folgender Form aus, die in der prägnanten englischen Originalversion durch das Wort *geometry* an Stelle des genaueren Begriffs *Raumzeit* (*space-time*) etwas weniger präzise ist, [23, S. 133], [27, S. 130], [41, S. 431].

> **Geometry tells matter how to move,**
> **and matter tells geometry how to curve**
>
> **Die Raumzeit beherrscht die Masse,**
> **indem sie ihr sagt, wie sie sich bewegen soll** (11.17)
>
> **Die Masse beherrscht die Raumzeit,**
> **indem sie ihr sagt, wie sie sich krümmen soll**

Astronomische Untersuchungen haben ergeben, dass die Raumzeit nur in sehr naher Umgebung großer Massen eine nennenswerte Krümmung aufweist, die man bei der Lichtablenkung im oben beschriebenen Gravitationslinseneffekt ausnutzt. Im großräumigen Universum zwischen Sternen und besonders Galaxien ist der **Raum** dagegen weitgehend **euklidisch** und damit **flach**.

11.5.3 Vergleich der Metriken

Am Anfang von *Abschnitt 2.2* wurden bereits euklidische und Riemann'sche Räume gegenübergestellt. Mehrfach wurde auch die Metrik als Abstandsdefinition angegeben, mit der man in einem Raum Berechnungen über die relative Lage von Punkten durchführen kann. Hier sollen die wesentlichen Metriken im Hinblick auf die Feldgleichungen der Relativitätstheorie dargestellt und miteinander verglichen werden.

Das **Quadrat des Wegelementes** wurde in (14.12, Bd. I) und (2.27)) als positiv definite quadratische Form als Doppelsumme angegeben, bei der die metrischen Koeffizienten $g_{\mu\nu}$ die Elemente des symmetrischen Metriktensors bilden, der die geometrischen Eigenschaften des betrachteten Raumes definiert. Dabei sind die Summationen über alle Werte eines n**-dimensionalen Raumes** zu erstrecken.

$$\boxed{ds^2 = (\underline{d\mathbf{u}}^{\#})^{\mathrm{T}}\, \underline{\mathbf{G}}_{\#}\, \underline{d\mathbf{u}}^{\#} = \sum_\mu \sum_\nu g_{\mu\nu}\, du^\mu\, du^\nu > 0} \qquad (11.18)$$

Wie bereits im *Abschnitt 2.4.2* erwähnt, werden in der Literatur wegen der Summationskonvention unterschiedliche Indizes verwendet. Dabei durchlaufen **lateinische Indizes** die Werte $1, 2, 3$ der räumlichen Koordinaten und **griechische Indizes** die Werte $0, 1, 2, 3$ der Raumzeit. Diese Indexkonvention wird auch hier weitgehend befolgt.

Der invariante Skalar des **differentiellen Abstandsquadrates** kann in der Raumzeit als doppeltes Skalarprodukt mit dem metrischen Tensor $\mathscr{G}$ aus *Abschnitt 11.2 (Bd. I)* dargestellt werden, der für die verschiedenen Metriken unterschiedliche Komponenten besitzt.

$$\boxed{ds^2 = d\mathsf{R} \cdot \mathscr{G} \cdot d\mathsf{R}} \tag{11.19}$$

11.5.3.1 Euklidische Metrik

Im dreidimensionalen Raum wird durch Skalarprodukt und Satz des PYTHAGORAS das **Quadrat des Wegelementes** (14.8, Bd. I) kartesisch bestimmt.

$$ds^2 = d\boldsymbol{r} \cdot d\boldsymbol{r} = dx^2 + dy^2 + dz^2 = (dx^1)^2 + (dx^2)^2 + (dx^3)^2$$

Die metrischen Koeffizienten entsprechen dem KRONECKER-Delta und die zugehörige Matrix der Einheitsmatrix.

$$(x^1, x^2, x^3) \quad \rightarrow \quad \underline{\mathbf{G}}_{\#} = \underline{\mathbf{E}} = \mathrm{Diag}\,(\,\delta_{kk}\,) = \mathrm{Diag}\,(\,1, 1, 1\,)$$

Der Raum bleibt euklidisch, auch wenn man andere Koordinatensysteme zur Beschreibung wählt (Zylinder, Kugel, schiefwinklige, etc.), denen man die euklidische Eigenschaft nicht immer sofort ansehen kann. Die Matrix $\underline{\mathbf{G}}_{\#}$ ist dabei im orthogonalen Fall diagonal und sonst symmetrisch mit sechs unabhängigen Elementen. Man kann stets eine Transformation finden, die die Tensormatrix solcher Koordinatensysteme in die Einheitsmatrix überführt und damit auf den kartesischen Fall abbildet.

11.5.3.2 Metrik der MINKOWSKI'schen Raumzeit

Zur Beschreibung der Raumzeit wurden von MINKOWSKI kartesische Raumkoordinaten mit imaginärer Zeitkoordinate $x^0 = jct$ gemäß (7.9) eingeführt, mit denen Koordinatendifferentiale und Wegelement wie in (7.34) lauten.

$$\underline{d\mathsf{x}}^{\#} = \left(dx^0, dx^1, dx^2, dx^3\right)^{\mathrm{T}} = \left(jc\,dt, dx, dy, dz\right)^{\mathrm{T}}$$

$$d\mathsf{R}^2 = \left(\underline{d\mathsf{x}}^{\#}\right)^{\mathrm{T}} \underline{d\mathsf{x}}^{\#} = \left(dx^0\right)^2 + \left(dx^1\right)^2 + \left(dx^2\right)^2 + \left(dx^2\right)^2 = \left(jc\,dt\right)^2 + dx^2 + dy^2 + dz^2$$

$$\boxed{d\mathsf{R}^2 = ds^2 = -\,c^2dt^2 + dx^2 + dy^2 + dz^2} \tag{11.20}$$

Nach (11.19) kann man das Quadrat des Wegelementes auch als doppeltes Skalarprodukt mit dem Metriktensor ausdrücken.

$$d\mathsf{R}^2 = d\mathsf{R} \cdot \mathscr{G} \cdot d\mathsf{R} = \left(\underline{d\mathsf{x}}^{\#}\right)^{\mathrm{T}} \underline{\underline{\mathsf{e}}} \cdot \underline{\underline{\mathsf{e}}}^{\mathrm{T}}\, \underline{\mathbf{G}}_{\#}\, \underline{\underline{\mathsf{e}}} \cdot \underline{\underline{\mathsf{e}}}^{\mathrm{T}} \underline{d\mathsf{x}}^{\#} = \left(\underline{d\mathsf{x}}^{\#}\right)^{\mathrm{T}} \underline{\mathbf{G}}_{\#}\, \underline{d\mathsf{x}}^{\#}$$

Je nach der Koordinatendarstellung, die man für $\underline{\mathsf{x}}^{\#}$ einsetzt, ergibt sich die zugehörige Tensormatrix $\underline{\mathbf{G}}_{\#}$.

$$\left.\begin{matrix}(x^0, x^1, x^2, x^3)\\ (jct, x, y, z)\end{matrix}\right\} \quad \rightarrow \quad \underline{\mathbf{G}}_{\#} = \underline{\mathbf{E}} = \mathrm{Diag}\left(\,\delta_{\mu\mu}\,\right) = \mathrm{Diag}\left(\,1, 1, 1, 1\,\right)$$

$$(t, x, y, z) \quad \rightarrow \quad \underline{\mathbf{G}}_{\#} = \mathrm{Diag}\left(\,d_{\mu\mu}\,\right) = \mathrm{Diag}\left(\,-\,c^2, 1, 1, 1\,\right)$$

Verschiedene Autoren verwenden die reelle Zeitkoordinate $\breve{x}^0 = ct$ mit folgenden Differentialen, obigem Wegelement und zugehöriger Tensormatrix.

$$\underline{d\breve{\mathsf{x}}}^{\#} = \left(\,d\breve{x}^0, dx^1, dx^2, dx^3\,\right)^{\mathrm{T}} = \left(\,c\,dt, dx, dy, dz\,\right)^{\mathrm{T}}$$

$$\underline{\mathbf{G}}_{\#} = \mathrm{Diag}\left(\,\eta_{\mu\mu}\,\right) = \mathrm{Diag}\left(\,-\,1, 1, 1, 1\,\right)$$

Die **Signatur der Metrik** gibt die Verteilung der Vorzeichen an mit der Struktur $(-, +, +, +)$ in den beiden letzten Fällen, aus der sich der **pseudo-euklidische Charakter der Raumzeit** mit der Klassifizierung (7.35) ergibt.

Andere Autoren verwenden ebenfalls $\breve{x}^0 = ct$ aber mit vertauschten Vorzeichen bei Wegelement und zugehöriger Tensormatrix,

$$d\mathsf{R}^2 = c^2dt^2 - dx^2 - dy^2 - dz^2$$

$$\underline{\mathbf{G}}_{\#} = \mathrm{Diag}\left(\,\eta^*_{\mu\mu}\,\right) = \mathrm{Diag}\left(\,1, -1, -1, -1\,\right)$$

so dass die Signatur der Metrik dann $(+,-,-,-)$ lautet und sich die Ungleichheitszeichen bei der Klassifizierung (7.35) umkehren!

In der vorliegenden Darstellung wird weiterhin die MINKOWSKI-Metrik verwendet trotz „Abschied" bzw. *Farewell* in [27, S. 51] oder dem Übergang von $\underline{d\mathbf{x}}^{\#}$ zu $\underline{d\breve{\mathbf{x}}}^{\#}$ in [29, S. 18, 60, 65] und wegen der uneinheitlichen Vorzeichenwahl der einzelnen Autoren, [19, S. 193], [27, Vorsatzblatt]!

Als Beispiel für ein nichtkartesisches System wird die **Metrik der Raumzeit** in **Kugelkoordinaten** angegeben, bei der die Tensormatrix die für diesen Fall gültige Diagonale aufweist.

$$\begin{aligned}\underline{\mathbf{x}}^{\#} &= \left(x^0, x^1, x^2, x^3\right)^{\mathrm{T}} = \left(jct, r, \vartheta, \varphi\right)^{\mathrm{T}} \\ d\mathsf{R}^2 &= ds^2 = -c^2dt^2 + dr^2 + r^2d\vartheta^2 + r^2\sin^2\vartheta\, d\varphi^2 \\ \underline{\mathbf{G}}_{\#} &= \mathrm{Diag}\left(k_{\mu\mu}\right) = \mathrm{Diag}\left(1, 1, r^2, r^2\sin^2\vartheta\right)\end{aligned} \tag{11.21}$$

11.5.3.3 RIEMANN'sche Metrik

In RIEMANN'schen Räumen lautet das Wegelement des Ortsvektors in Verallgemeinerung der Gleichungen (14.8/17.6, Bd. I) mit GAUSS'schen Koordinaten $\underline{\mathbf{u}}^{\#}$ nach (8.12)

$$d\mathsf{R} = \left(\underline{d\mathbf{u}}^{\#}\right)^{\mathrm{T}} \underline{\underline{\mathbf{g}}}_{\#} = \left(\underline{d\mathbf{u}}^{\#}\right)^{\mathrm{T}} \underline{\Box}_{\#}\mathsf{R}$$

Nach den zu (14.12) bzw. (2.28) äquivalenten Beziehungen erhält man das **differentielle Abstandsquadrat**,

$$d\mathsf{R}^2 = ds^2 = \left(\underline{d\mathbf{u}}^{\#}\right)^{\mathrm{T}} \underline{\Box}_{\#}\mathsf{R} \cdot \left(\underline{\Box}_{\#}\mathsf{R}\right)^{\mathrm{T}} \underline{d\mathbf{u}}^{\#} = \left(\underline{d\mathbf{u}}^{\#}\right)^{\mathrm{T}} \underline{\mathbf{G}}_{\#}\, \underline{d\mathbf{u}}^{\#}$$

das wegen der symmetrischen Koeffizienten

$$g_{\mu\nu} = \frac{\partial \mathsf{R}}{\partial u^{\mu}} \cdot \frac{\partial \mathsf{R}}{\partial u^{\nu}} = g_{\nu\mu}$$

im vierdimensionalen Raum eine symmetrische Tensormatrix mit nur zehn unabhängigen Elementen besitzt, so dass ds^2 aus zehn Summanden besteht.

$$\boxed{\underline{\mathbf{G}}_{\#} = \begin{pmatrix} g_{00} & g_{01} & g_{02} & g_{03} \\ g_{01} & g_{11} & g_{12} & g_{13} \\ g_{02} & g_{12} & g_{22} & g_{23} \\ g_{03} & g_{13} & g_{23} & g_{33} \end{pmatrix} = \underline{\mathbf{G}}_{\#}^{\mathrm{T}}} \tag{11.22}$$

Da wie im euklidischen Fall mit vielen verschiedenen Koordinatensystemen auch in der RIEMANN'schen Raumzeit die vier GAUSS'schen Koordinaten beliebig wählbar sind, kann man entsprechend viele zugehörige Tensormatrizen finden. Diese Wahlfreiheit eröffnet die Möglichkeit, die komplizierten Feldgleichungen in besonderen Fällen zu lösen.

11.5.3.4 Geltungsbereich der Metriken

Die **Metriken von EUKLID, MINKOWSKI und RIEMANN** werden durch die gleiche quadratische Form (11.18) des Wegelementes beschrieben, sofern man die jeweiligen Metrikkoeffizienten $\delta_{\mu\mu}$, $d_{\mu\mu}$, $\eta_{\mu\mu}$, $\eta^*_{\mu\mu}$, $k_{\mu\mu}$ bzw. $g_{\mu\nu}$ einsetzt.

In MINKOWSKI'scher Raumzeit sind die Koeffizienten der Tensormatrizen ggf. nach geeigneter Koordinatentransformation (z.B. Kugel → kartesisch) konstant. Dagegen sind die Koeffizienten $g_{\mu\nu}$ der RIEMANN'schen Metrik gemäß (14.11, Bd. I) Funktionen der Koordinaten.

Um zwischen den Metriken von MINKOWSKI und RIEMANN zu unterscheiden, werden Tensoren und Matrizen folgendermaßen bezeichnet.

MINKOWSKI $\mathscr{E} = \underline{\underline{\mathbf{e}}}^{\mathrm{T}}\, \underline{\mathbf{G}}_{\#}^{\mathrm{M}}\, \underline{\underline{\mathbf{e}}}$ mit $\underline{\mathbf{G}}_{\#}^{\mathrm{M}} = \underline{\mathbf{E}} = \mathrm{Diag}\left(\delta_{\mu\mu}\right)$

RIEMANN $\mathscr{G} = \left(\underline{\underline{\mathbf{g}}}^{\#}\right)^{\mathrm{T}} \underline{\mathbf{G}}_{\#}^{\mathrm{R}}\, \underline{\underline{\mathbf{g}}}^{\#}$ mit $\underline{\mathbf{G}}_{\#}^{\mathrm{R}} = \underline{\mathbf{G}}_{\#}$ nach (11.22)

In der RIEMANN'schen Raumzeit muss zwischen ko- und kontravarianten Komponenten unterschieden werden, worauf man in der kartesischen Raumzeit von MINKOWSKI gemäß *Abschnitt 6.6.5 (Bd. I)* verzichten kann.

In einem Gravitationsfeld, dessen inhomogene Struktur durch die vorhandene Massenverteilung bestimmt wird, existieren in einem festen Weltpunkt P wählbare, gleichberechtigte Inertialsysteme, in denen die Metrik der MINKOWSKI'schen Raumzeit gilt. Diese Systeme sind die **euklidischen Tangentialräume** der RIEMANN'schen Raumzeit in P, die man durch lineare LORENTZ-Transformation ineinander oder auch in ein kartesisches System mit der Tensormatrix $\underline{\mathbf{E}}$ überführen kann.

Dagegen sind Inertialsysteme in verschiedenen Weltpunkten auf Grund der Feldinhomogenität gegeneinander beschleunigt und eine Transformation, die diese Systeme ineinander überführt, muss nichtlinear sein. Für Wegelemente in den Punkten P und Q gelten die Betrachtungen des *Abschnitts 14.4.3*

(Bd. I) und die Nichtlinearität drückt sich in der Darstellung der metrischen Faktoren $g_{\mu\nu}$ gemäß (14.11, Bd. I) aus. Dadurch kann der Metriktensor $\mathscr{G}$ des RIEMANN'schen Raumes mit der Matrix $\underline{\mathbf{G}}^{\mathrm{R}}_{\#}$ nur punktweise aber nicht global in den Tensor $\mathscr{E}$ der MINKOWSKI'schen Raumzeit mit der Matrix $\underline{\mathbf{G}}^{\mathrm{M}}_{\#}$ transformiert werden, [31, S. 22f., 73f.]. Die Güte der Näherung $\underline{\mathbf{G}}^{\mathrm{R}}_{\#} \approx \underline{\mathbf{E}}$ in der Umgebung eines Punktes P ist abhängig von der dortigen Raumkrümmung und dem tolerierbaren Abstand $|\, d\mathbf{R}\,|$ von P.

11.5.4 Entwicklungsweg der Feldgleichungen

Am Anfang dieses Kapitels wurde bereits bemerkt, dass das NEWTON'sche Gravitationsgesetz als reines Fernwirkungsgesetz keine universelle Gültigkeit beanspruchen kann. Die von EINSTEIN gesuchte Verallgemeinerung muss in Feldgleichungen einer **Nahwirkungstheorie des Gravitationsfeldes** resultieren, die im nichtrelativistischen, also klassischen Grenzfall in das NEWTON'sche Gesetz übergeht, das sich in vielfältigster Weise im terrestrischen Alltag sowie in der Himmelsmechanik bewährt hat und immer wieder bestätigt wird.

Einen deutlichen Unterschied zwischen elektrischen und gravitativen Erscheinungen erkennt man bereits im statischen Fall an den felderzeugenden Größen von Ladung und Masse in COULOMB- und Gravitationsgesetz und den POISSON-Gleichungen der zugehörigen Potentiale, die als äquivalent erscheinen, es aber nicht sein können. Die Ladung ist nach (9.14) LORENTZ-invariant, die Masse dagegen nicht, denn sie hängt nach (10.8) von der Geschwindigkeit ab, [24, S. 663].

Als Vorbild für die Verallgemeinerung der POISSON-Gleichung des Gravitationsfeldes (11.8) dienen dennoch die MAXWELL'schen Gleichungen zur Beschreibung des elektromagnetischen Feldes, bei dem die Fernwirkung der Elektrostatik überführt wird in die Nahwirkung der Elektrodynamik, die als relativistische Theorie von sich aus die LORENTZ-Transformation erfüllt, wie im *Abschnitt 9.2.6* gezeigt wurde.

Im elektrodynamischen Fall wird der LAPLACE-Operator durch den raumzeitlichen D'ALEMBERT-Operator ersetzt, wodurch die POISSON-Gleichungen (5.87) bzw. (5.85) für skalares und Vektorpotential übergehen in die relativistische Wellengleichung (9.16) als kovariante Beziehung zwischen Vierervektoren.

$$\left.\begin{aligned} \Delta\varphi &= -\frac{\rho}{\varepsilon_0} \\ \boldsymbol{\Delta A} &= -\mu_0\,\boldsymbol{J} \end{aligned}\right\} \quad\Rightarrow\quad \left.\begin{aligned} \Box\varphi &= -\frac{\rho}{\varepsilon_0} \\ \Box\boldsymbol{A} &= -\mu_0\,\boldsymbol{J} \end{aligned}\right\} \quad\Rightarrow\quad \Box\boldsymbol{\Phi} = -\mu_0\,\mathbf{J}$$

Die elektrische Ladungsdichte ρ ist nach (9.8) die Zeitkomponente der Viererstromdichte $\mathbf{J}$ und im statischen Fall geht die rechte Gleichung in die beiden linken über.

Ein paralleles Vorgehen, das die POISSON-Gleichung des skalaren Gravitationspotentials ϕ in eine relativistische Vektorgleichung überführt, würde zwar die Ausbreitung von Gravitationsänderungen mit Lichtgeschwindigkeit berücksichtigen aber nicht den unterschiedlichen Charakter der auftretenden Größen.

Wegen der Äquivalenz von Masse und Energie entspricht die Massendichte μ einer Energiedichte w, die die 00-Komponente des Energie-Impuls-Tensors $\mathscr{T}^{\,\mathrm{EM}}$ (10.5) darstellt, so dass die Feldgleichung daher **Tensorgrößen** erfordert! An die Stelle des Gravitationspotentials ϕ treten die Komponenten $g_{\mu\nu}$ des metrischen Tensors $\mathscr{G}$, was durch den NEWTON'schen Grenzfall im nächsten Abschnitt plausibel wird. Die Massendichte μ wird durch den Energie-Impuls-Tensor des Gravitationsfeldes $\mathscr{T}$ mit den Komponenten $T_{\mu\nu}$ verallgemeinert, der später bestimmt wird.

$$\Delta\phi = 4\pi G\mu \qquad\Rightarrow\qquad \Box g_{\mu\nu} \sim T_{\mu\nu} \tag{*}$$

Zwischen Gravitationstheorie und MAXWELL'schen Gleichungen der Elektrodynamik besteht allerdings ein grundlegender Unterschied.

Bei der **Gravitationstheorie** besitzt das von einer Massenverteilung erzeugte Gravitationsfeld eine Energiedichte, die wegen der Masse-Energie-Äquivalenz $w = \mu c^2$ einer Massendichte entspricht, die wiederum eine Quelle von Gravitation und damit von Raumkrümmung darstellt. Diese **Rückwirkung** führt zur **Nichtlinearität der EINSTEIN'schen Feldgleichungen** der relativistischen Gravitationstheorie, so dass der zunächst als möglich angesehene lineare Ansatz (*) noch nicht die endgültigen Gleichungen darstellen kann!

Im Gegensatz dazu hat das von Quellen erzeugte elektromagnetische Feld zwar auch eine Energiedichte w, der aber keine äquivalente Ladungsdichte $\rho \not\sim w$ als erneute Feldursache entspricht, so dass hier keine Rückwirkung auftritt und die **MAXWELL'schen Gleichungen** ein **lineares System** von Differentialgleichungen bilden.

Die Nichtlinearität der EINSTEIN'schen Feldgleichungen hat zur Folge, dass das **Superpositionsprinzip nicht gilt**, so dass weder die Multiplikation einer Lösung mit einem skalaren Faktor noch die Summe zweier Lösungen eine weitere Lösung darstellt. Dadurch existiert auch kein System von Elementarlösungen, aus denen man mit geeigneten Koeffizienten beliebige Lösungen aufbauen könnte, wie das mit vollständigen orthogonalen Funktionensystemen in einer verallgemeinerten FOURIER-Synthese bei der Lösung von Randwertproblemen möglich ist.

Da für nichtlineare Gleichungen kein allgemeines Standardverfahren existiert, wird das Auffinden von Lösungen erheblich erschwert. Man versucht daher Lösungen zu finden unter vereinfachten Annahmen wie Symmetriebedingungen, durch Linearisierung oder Potenzreihenentwicklung.

11.5.5 NEWTON'scher Grenzfall

Vor der Darstellung der vollständigen Feldgleichungen wird zunächst eine Näherungsbetrachtung durchgeführt, die den Zusammenhang zwischen Gravitation und Metrik deutlich macht.

Da EINSTEINs Theorie die relativistische Verallgemeinerung der bis dahin gültigen NEWTON'schen Gravitationstheorie darstellt, muss diese als Grenzfall enthalten sein, [23, S. 138], [28, S. 570], [31, S. 97].

Betrachtet wird dazu ein schwaches Gravitationsfeld, von dem man durch Beobachtung weiß, das es näherungsweise euklidisch ist. Die Metrikmatrix weicht daher nur wenig von der Einheitsmatrix ab und die metrischen Koeffizienten liegen nahe bei deren Diagonalwerten mit reziproken Werten für die kontravariante Matrix.

$$\left.\begin{aligned} \underline{\mathbf{G}}_{\#} &= \operatorname{Diag}\left(g_{\mu\mu}\right) = \operatorname{Diag}\left(1+\varepsilon_{\mu\mu}\right) \\ \underline{\mathbf{G}}^{\#} &= \operatorname{Diag}\left(g^{\mu\mu}\right) \approx \operatorname{Diag}\left(1-\varepsilon_{\mu\mu}\right) \end{aligned}\right\} \qquad \begin{aligned} &\text{mit} \quad \left|\varepsilon_{\mu\mu}\right| \ll 1 \\ &\text{und} \quad \varepsilon_{\mu\mu}^2 \approx 0 \end{aligned}$$

Im nichtrelativistischen Grenzfall gilt $\tau \approx t$ und damit folgen die Näherungen

$$\frac{dx^0}{d\tau} \approx \frac{dx^0}{dt} = \frac{d(jct)}{dt} = jc$$

$$\frac{dx^k}{d\tau} \approx \frac{dx^k}{dt} = v^k \ll c = \left|\frac{dx^0}{dt}\right| \quad \rightarrow \quad \left\{ \begin{aligned} \left(dx^k\right)^2 &= \left(v^k\right)^2 dt^2 \\ dr^2 &= v^2\,dt^2 \end{aligned} \right. \qquad (k \neq 0)$$

sowie das Quadrat des Wegelements gemäß (7.43).

$$ds^2 = dr^2 - c^2 dt^2 = -\left(1 - \frac{v^2}{c^2}\right) c^2 dt^2 = -\frac{c^2}{\gamma^2}\, dt^2 = -c^2 d\tau^2 \approx -c^2 dt^2$$

Massen bewegen sich auf geodätischen Linien, deren Bahnkurven durch die Gleichung (2.73) beschrieben werden. Mit dem Bahnparameter t an Stelle von s sowie der Vernachlässigung der Geschwindigkeitskomponenten v_k gemäß den Näherungen reduziert sich die Doppelsumme auf ein einziges Glied.

$$\frac{d^2x^k}{dt^2} = -\sum_{\mu=0}^{3}\sum_{\nu=0}^{3} \Gamma_{\mu\nu}^{\;k} \frac{dx^\mu}{dt}\frac{dx^\nu}{dt} = -\Gamma_{00}^{\;k}\left(\frac{dx^0}{dt}\right)^2 = -\Gamma_{00}^{\;k}\,(jc)^2 = c^2\,\Gamma_{00}^{\;k}$$

Die Berechnung des CHRISTOFFEL-Symbols erfolgt nach (16.25, Bd. I). Für ein statisches Gravitationsfeld und wegen der Diagonalform mit $g^{kp} \approx 0$ für $k \neq p$ erhält man

$$\Gamma_{00}^{\;k} = \frac{1}{2}\, g^{kk}\left(2\, g_{0k\,,0} - g_{00\,,k}\right) = \frac{1}{2}\, g^{kk}\Bigg(2\underbrace{\frac{\partial g_{0k}}{\partial(jct)}}_{=0} - \frac{\partial g_{00}}{\partial x^k}\Bigg)$$

$$= -\frac{1}{2}\,\big(\underbrace{1-\varepsilon_{kk}}_{\approx 1}\big)\,\frac{\partial\big(1+\varepsilon_{00}\big)}{\partial x^k} \approx -\frac{1}{2}\frac{\partial \varepsilon_{00}}{\partial x^k} \tag{11.23}$$

$$\frac{d^2x^k}{dt^2} = c^2\,\Gamma_{00}^{\;k} = -\frac{c^2}{2}\frac{\partial\varepsilon_{00}}{\partial x^k} = -\frac{\partial}{\partial x^k}\left(\frac{c^2}{2}\,\varepsilon_{00}\right)$$

Der Vergleich mit dem NEWTON'schen Grundgesetz für eine Masse m

$$m\,\frac{d^2\boldsymbol{r}}{dt^2} = m\sum_{k=1}^{3}\frac{d^2x^k}{dt^2}\,\mathbf{e}_k = m\,\boldsymbol{g} = -\,m\,\mathrm{grad}\,\phi = -\,m\sum_{k=1}^{3}\frac{\partial\phi}{\partial x^k}\,\mathbf{e}_k$$

zeigt, dass der metrische Koeffizient g_{00} durch das Gravitationspotential ϕ bestimmt wird, das die einzige skalare Funktion der NEWTON'schen Theorie darstellt.

$$\phi = \frac{c^2}{2}\,\varepsilon_{00} \qquad\rightarrow\qquad g_{00} = 1 + \varepsilon_{00} = 1 + \frac{2\,\phi}{c^2}$$

Als Verallgemeinerung werden daher alle metrischen Koeffizienten $g_{\mu\nu}$ als gewisse **Gravitationspotentiale** gedeutet. Ihre Werte sind bei der Näherung des NEWTON'schen Grenzfalls klein gegen g_{00} und nehmen erst dann größere Werte an, wenn die Gravitation stärker wird oder die auftretenden Geschwindigkeiten nicht mehr gegen c zu vernachlässigen sind.

Der metrische Koeffizient g_{00} lautet mit dem NEWTON'schen Gravitationspotential $\phi(r) = -GM/r$ im Außenraum einer homogenen, kugelförmigen Masse M und unter Einführung der Abkürzung R_S

$$\boxed{g_{00}(r) = 1 + \frac{2\,\phi(r)}{c^2} = 1 - \frac{2\,GM}{c^2}\,\frac{1}{r} = 1 - \frac{R_S}{r}} \tag{11.24}$$

Da sich der Koeffizient mit wachsendem Abstand r immer mehr dem Wert 1 nähert, sind daher die Gravitation sowie der nichteuklidische Einfluss am Rand einer Masse am größten, wie man bei der Lichtablenkung bei streifendem oder nahem Vorbeigang im Schwerefeld der Sonne deutlich nachweisen konnte.

Die Größe R_S bezeichnet man als **SCHWARZSCHILD-Radius** der Masse M, der sich ergibt, wenn man in (3.31) als kritische Geschwindigkeit die Lichtgeschwindigkeit c einsetzt.

$$\boxed{R_S = 2\,\frac{GM}{c^2}} \tag{11.25}$$

Die SCHWARZSCHILD-Radien sind bei Sternen und Planeten wesentlich kleiner als die geometrischen Radien dieser Himmelskörper. Das gilt sogar für sehr massereiche Neutronensterne und erst bei Schwarzen Löchern bildet der SCHWARZSCHILD-Radius den sog. **Ereignishorizont**, bei dem die Fluchtgeschwindigkeit größer als die Lichtgeschwindigkeit sein müßte, so dass ein Entweichen von Strahlung oder Materie aus dem Inneren unmöglich wird. Der SCHWARZSCHILD-Radius stellt daher die Grenze des beobachtbaren Universums dar, hinter der die **Singularität** keine Aussage über physikalische Gesetze mehr zuläßt.

Für **Erde** und **Sonne** haben geometrische und SCHWARZSCHILD-Radien folgende Werte.

$$\begin{aligned} R_E &= 6.38 \cdot 10^{6}\,\mathrm{m}\,, \qquad & R_{S_E} &= 8.86 \cdot 10^{-3}\,\mathrm{m} \;\approx 9\,\mathrm{mm} \\ R_\odot &= 6.96 \cdot 10^{8}\,\mathrm{m}\,, \qquad & R_{S_\odot} &= 2.95 \cdot 10^{+3}\,\mathrm{m} \;\approx 3\,\mathrm{km} \end{aligned} \tag{11.26}$$

11.5.6 Dichten von Ladung und Masse

Die Überlegungen von *Abschnitt 11.5.4* werden mit der Untersuchung der Dichten fortgeführt. Dazu werden ein Ladungselement $d\widehat{Q}$ und ein Ruhmassenelement $d\widehat{m}_0$ betrachtet, die beide im System $\widehat{S}$ ruhen, das sich vom System S in x-Richtung mit der Geschwindigkeit v entfernt.

Dem in S ruhenden Beobachter B erscheint ein Volumenelement $d\hat{v}$ in $\widehat{S}$ wegen der Längenkontraktion in x-Richtung gemäß (8.15) verkleinert.

$$d\hat{v} = \hat{dx}\,\hat{dy}\,\hat{dz} = \frac{1}{\gamma}\,dx\,dy\,dz = \frac{1}{\gamma}\,dv \;<\; dv$$

Auf Grund der Ladungsinvarianz (9.14) ist die Ladung dQ eines Teilchens unabhängig von seinem Bewegungszustand. Der Beobachter B nimmt dagegen die **Ladungsdichte** $\hat{\rho}$ der bewegten Ladung vergrößert wahr.

$$\hat{\rho} = \frac{d\widehat{Q}}{d\hat{v}} = \gamma\,\frac{dQ}{dv} \qquad \rightarrow \qquad \boxed{\hat{\rho} = \gamma\rho = \frac{\rho}{\sqrt{1-\beta^2}}} \tag{11.27}$$

Die Ladungsdichte entspricht nach (9.8) im Wesentlichen der Komponente $J_0 = jc\rho$ des Vierervektors $\mathbf{J}$, der die Quellgröße des elektromagnetischen Feldes bildet.

Dagegen ist für die Masse der Bewegungszustand ausschlaggebend. Dem Beobachter B in S erscheint die bewegte Masse vergrößert und wegen der Kontraktion des Volumenelementes tritt bei der **Massendichte** $\hat{\mu}$ ein zweiter Faktor γ gegenüber der Ruhmassendichte μ_0 in S hinzu, [28, S. 275].

$$\left.\begin{aligned} d\widehat{m}(v) &= \gamma\, d\widehat{m}_0 \\ \hat{\mu} &= \frac{d\widehat{m}(v)}{d\hat{v}} = \gamma^2\,\frac{dm_0}{dv} \end{aligned}\right\} \qquad \rightarrow \qquad \boxed{\hat{\mu} = \gamma^2 \mu_0} \tag{11.28}$$

Wie bereits im *Abschnitt 11.5.4* erläutert, bildet die Ruhmassendichte μ_0 in Form der Energiedichte $w = \mu_0 c^2$ die 00-Komponente des Vierertensors (10.5), der in entsprechender Weise die Quellgröße des Gravitationsfeldes darstellt. Diese Interpretation ist auch in Übereinstimmung mit der Transformation der Gesamtenergie (10.19), wonach bei der Energiedichte ebenfalls der Faktor γ^2 auftritt.

$$\hat{w} = \frac{\widehat{W}_{\text{ges}}}{\hat{v}} = \gamma\left(\frac{\widehat{W}_{\text{ges}}}{\hat{v}} - \frac{v\,p_x}{\hat{v}}\right) = \gamma^2\left(w - p_x\right)$$

11.5.7 Gleichungen der Hydrodynamik

Zur Vorbereitung der Feldgleichungen und als Ausgangspunkt für die Beschreibung der Materie als Quelle im Gravitationsfeld wird der Strömungszustand von Flüssigkeiten, Gasen oder Partikeln betrachtet, die als **Fluide** zusammengefasst werden.

Das einfachste physikalische Modell der Hydrodynamik stellt die **ideale Flüssigkeit** nach *Abschnitt 4.2.5* dar, [9, S. 422], die inkompressibel ist und als Medium ohne innere Reibung nur Druck- aber keine Schubspannungen übertragen kann und damit keine Zähigkeit oder **Viskosität** besitzt. Sie wird durch die von Zeit und Ort abhängigen Funktionen der Massendichte μ, der Geschwindigkeit $\boldsymbol{u}$ des Strömungsfeldes und des **isotropen Drucks** $\breve{p}$ charakterisiert, der hier zum Unterschied vom Impuls als **Ornament** ein **Häkchen** ($\breve{\ }$) trägt. Die Gleichungen lassen sich mit Erweiterungen auf Gase und reale Flüssigkeiten ausdehnen.

Das NEWTON'sche Grundgesetz beschreibt die Beschleunigung auf Grund von Kräften auf ein Volumenelement dv sowie Spannungskräfte auf dessen Oberfläche, die bei der idealen Flüssigkeit durch den isotropen Druck $\breve{p}$ ausgeübt werden.

$$dm\,\boldsymbol{a} = \mu\,dv\,\boldsymbol{a} = \frac{d\boldsymbol{F}_{\text{ges}}}{dv}\,dv \qquad \rightarrow \qquad \boldsymbol{a} = \frac{1}{\mu}\,\frac{d\boldsymbol{F}_{\text{ges}}}{dv} = \frac{1}{\mu}\left(\boldsymbol{f} - \operatorname{grad}\breve{p}\right)$$

Mit der totalen Differentiationsregel (19.24, Bd. I) erhält man die Beschleunigung der idealen Flüssigkeit, die **EULER'sche Bewegungsgleichung der Hydrodynamik** heißt, [9, S. 443], [38, S. 398], [39, S. 430].

$$\boxed{\boldsymbol{a} = \frac{d\boldsymbol{u}}{dt} = \frac{\partial \boldsymbol{u}}{\partial t} + \boldsymbol{u}\cdot\operatorname{Grad}\boldsymbol{u} = \frac{1}{\mu}\left(\boldsymbol{f} - \operatorname{grad}\breve{p}\right)} \tag{11.29}$$

Die **Beschleunigung** und damit die rechte Seite ist genau dann **Null**, wenn

- sowohl in abgeschlossenen Systemen mit der Kraftdichte $\boldsymbol{f} = \boldsymbol{0}$ keine äußeren Kräfte herrschen, was im folgendem angenommen wird,
- als auch die Materiepartikel keine Wechselwirkungen aufeinander ausüben wie bei **druckfreien Flüssigkeiten** mit $\breve{p} = 0$ oder **relativistischem Staub**

(11.30)

Im Gegensatz zu den meisten partiellen Differentialgleichungen der Physik ist dieses gekoppelte System durch das Glied (s. 18.54, Bd.I)

$$\boldsymbol{u} \cdot \mathrm{Grad}\, \boldsymbol{u} = \big(\boldsymbol{u} \cdot \mathrm{grad}\big)\, \boldsymbol{u}$$

nichtlinear, wodurch dessen Lösung erheblich erschwert wird und nur in einfachen Fällen in geschlosser Form angegeben werden kann.

Zur Beschreibung des Strömungszustandes und der Bestimmung der fünf Größen ($u_x, u_y, u_z;\ \mu,\ \breve{p}$) sind neben den drei Komponenten der EULER'schen Gleichung noch zwei weitere Gleichungen erforderlich.

Die **Zustandsgleichung** beschreibt den Zusammenhang $F(\mu, \breve{p}, T) = 0$ zwischen Dichte μ, Druck $\breve{p}$ und Temperatur T und wird als Beziehung von der **Thermodynamik** bereitgestellt. Beispiele für Zustandsgleichungen sind

- inkompressible Flüssigkeit $\mu =$ const. (PASCAL)
- ideales Gas, isothermisch $\breve{p} = \mu R T \sim \mu$ (BOYLE-MARIOTTE)
- ideales Gas, adiabatisch $\breve{p} \sim \mu^{\kappa}$ (POISSON)

mit der Gaskonstante R und dem Adiabatenexponenten κ sowie der hier nicht angegebenen VAN DER WAALS-Gleichung für reale Gase.

Die fünfte Gleichung ist die aus dem Prinzip der Erhaltung der Energie folgende **Kontinuitätsgleichung für die Massendichte** bzw. wegen der Äquivalenzbeziehung (10.10) für die Energiedichte $w = \mu c^2$, die als Quelleneigenschaft derjenigen für die Ladungsdichte ρ (5.11) im elektromagnetischen Feld entspricht.

$$\boxed{\frac{\partial \mu}{\partial t} + \mathrm{div}\,\big(\mu \boldsymbol{u}\big) = 0} \tag{11.31}$$

Zur vollständigen Lösung konkreter Strömungsprobleme durch Integration des Differentialgleichungssystems, auch wenn das wegen der Nichtlinearitäten nur numerisch durchführbar sein sollte, sind noch Anfangs- und Randbedingungen zur Bestimmung der Integrationskonstanten vorzugeben.

Liegt bei der Flüssigkeit **innere Reibung** vor, die man als Zähigkeit oder **Viskosität** bezeichnet, dann werden die Materialeigenschaften durch einen Reibungstensor und der Strömungszustand durch die **Bewegungsgleichungen nach NAVIER-STOKES** beschrieben, deren Lösung aber nur in sehr einfachen Fällen geschlossen angegeben werden kann, [9, S. 515], [39, S. 458], [40, S. 272]. Bei den in der Realität auftretenden komplizierten Anwendungsfällen wie Wasser, Luft und Ölen in Röhren und Fahrzeugen sowie Blut und Lymphe in Adern und Gefäßen, bei denen stets auch **Turbulenz** auftreten kann, sind die Lösungen nur näherungsweise numerisch zu ermitteln.

11.5.8 Energie-Impuls-Tensor der Gravitation

Als **Quelle der Gravitation** ist der Tensor gesucht, der Verteilung und Eigenschaften der Materie beschreibt, wobei man vom einzelnen Materieteilchen zum Kontinuum von Partikeln übergeht. Die makroskopische und damit phänomenologische Betrachtung führt zu einer Darstellung mit partiellen Differentialgleichungen.

Im MINKOWSKI-Raum werden zunächst Teilchen betrachtet, die nicht durch Stöße miteinander wechselwirken, was in der Literatur als **Staub** oder **inkohärente Materie** bezeichnet wird, [23, S. 128], und anschließend erfolgt die Erweiterung zur **idealen Flüssigkeit** durch Berücksichtigung von innerem Druck.

Bei der Entwicklung läßt man sich leiten vom Energie-Impuls-Tensor (10.5) des elektromagnetischen Feldes.

Um die gleiche **Dimension einer Energiedichte** zu erhalten, wird im Beobachtersystem S der Viererimpuls $\mathbf{p}$ einer Teilchenmenge mit der Ruhmasse m_0 auf das Volumen v im Ruhesystem bezogen, so dass eine Viererimpulsdichte $\mathbf{q}$ entsteht, die mit der Vierergeschwindigkeit tensoriell multipliziert wird.

$$\mathbf{p} = m_0\,\mathbf{U} = m_0\,\frac{d\mathbf{R}}{d\tau}$$

$$\frac{\mathbf{p}}{v}\,\mathbf{U} = \mathbf{q}\,\mathbf{U} = \frac{m_0}{v}\,\mathbf{U}\,\mathbf{U} = \mu_0\,\mathbf{U}\,\mathbf{U}$$

11.5.8.1 Energie-Impuls-Tensor für Staub

Der Energie-Impuls-Tensor des Gravitationsfeldes für Staub wird im System S durch die Dyade der Vierergeschwindigkeit $\mathbf{U}$ gebildet.

$$\boxed{\mathscr{T}_{\text{Staub}} = \mu_0\,\mathbf{U}\,\mathbf{U} = \underline{\underline{\mathbf{e}}}^{\mathrm{T}}\mu_0\,\underline{\mathbf{U}}\,\underline{\mathbf{U}}^{\mathrm{T}}\,\underline{\underline{\mathbf{e}}} = \underline{\underline{\mathbf{e}}}^{\mathrm{T}}\,\underline{\mathbf{T}}_{\text{Staub}}\,\underline{\underline{\mathbf{e}}}} \tag{11.32}$$

Mit $\underline{\mathbf{U}} = \overset{*}{\gamma}\,(jc\,,\,u_x\,,\,u_y\,,\,u_z\,)^{\mathrm{T}}$ nach (8.21) und der **Massendichte** $\mu = \mu_0 \overset{*}{\gamma}{}^2$ gemäß (11.28), wobei μ_0 orts- und zeitabhängig sein kann, entsteht damit die folgende symmetrische Tensormatrix aus dem dyadischen Produkt des Spaltenvektors $\underline{\mathbf{U}}$.

$$\underline{\mathbf{T}}_{\text{Staub}} = \mu_0\,\underline{\mathbf{U}}\,\underline{\mathbf{U}}^{\mathrm{T}} = \mu_0\,\overset{*}{\gamma}{}^2 \begin{pmatrix} -c^2 & \vdots & jc\,u_x & jc\,u_y & jc\,u_z \\ \cdots\cdots & \cdot & \cdots\cdots & \cdots\cdots & \cdots\cdots \\ jc\,u_x & \vdots & u_x^2 & u_x\,u_y & u_x\,u_z \\ jc\,u_y & \vdots & u_x\,u_y & u_y^2 & u_y\,u_z \\ jc\,u_z & \vdots & u_x\,u_z & u_y\,u_z & u_z^2 \end{pmatrix} \tag{11.33}$$

Im Ruhesystem S_R des Staubes mit $\boldsymbol{u} = 0$ gilt nach (8.22) $\underline{\mathbf{U}}_R^{\mathrm{T}} = (jc, 0, 0, 0)$, so dass die Tensormatrix $\underline{\mathbf{U}}_R\,\underline{\mathbf{U}}_R^{\mathrm{T}}$ einfache Diagonalgestalt hat. Durch LORENTZ-Rücktransformation in das System S mit den dafür geltenden momentanen Geschwindigkeitskomponenten $u_{x,y,z}$ erhält man gleichfalls die Matrix des Energie-Impuls-Tensors (11.33).

$$\underline{\mathbf{T}}_{\text{Staub}} = \mu_0\,\underline{\mathbf{L}}_3^{\mathrm{T}}\,\underline{\mathbf{U}}_R\,\underline{\mathbf{U}}_R^{\mathrm{T}}\,\underline{\mathbf{L}}_3 = \underline{\mathbf{L}}_3^{\mathrm{T}}\,\mathrm{Diag}\big(-\mu_0 c^2, 0, 0, 0\big)\,\underline{\mathbf{L}}_3$$

Jede Tensorkomponente setzt sich zusammen aus der Massendichte und dem Produkt zweier Geschwindigkeiten, wobei man die Dimension des Tensors neben Energiedichte und Druck noch verschieden darstellen und die einzelnen Matrixelemente physikalisch auf entsprechende Weise deuten kann.

$$\frac{\mathrm{kg}}{\mathrm{m}^3}\cdot\frac{\mathrm{m}^2}{\mathrm{s}^2} = \frac{\mathrm{kg\,m}}{\mathrm{s}^2}\cdot\frac{1}{\mathrm{m}^2} = \frac{\mathrm{N}}{\mathrm{m}^2} = \mathrm{Pa} = \frac{\mathrm{Ns}}{\mathrm{m}^3}\cdot\frac{\mathrm{m}}{\mathrm{s}} = \frac{\mathrm{Ws}}{\mathrm{m}^3} = \frac{\mathrm{W/m}^2}{\mathrm{m/s}}$$

Energie und Impuls, die pro Zeit durch eine Fläche treten, stellen einen Energie- bzw. Impulsstrom dar. Zusammen mit dem Vektor der Impulsdichte $\mu\boldsymbol{u}$ gilt folgende Interpretation für die Komponenten der einzelnen Blöcke.

T_{00}	Energiedichte	$\left[\dfrac{\mathrm{Ws}}{\mathrm{m}^3}\right]$
$T_{0k} = T_{k0}$	k-te Vektorkomponente der Impulsdichte mal Lichtgeschwindigkeit	$\left[\dfrac{\mathrm{Ns}}{\mathrm{m}^3} \cdot \dfrac{\mathrm{m}}{\mathrm{s}}\right]$
$T_{0k} = T_{k0}$	Energiestrom in k-Richtung durch Lichtgeschwindigkeit	$\left[\dfrac{\mathrm{W/m}^2}{\mathrm{m/s}}\right]$
T_{ik}	i-te Vektorkomponente der Impulsdichte mal Teilchengeschwindigkeit in k-Richtung	$\left[\dfrac{\mathrm{Ns}}{\mathrm{m}^3} \cdot \dfrac{\mathrm{m}}{\mathrm{s}}\right]$

Wie beim Energie-Impuls-Tensor des elektromagnetischen Feldes (10.5) wird auch hier die **Divergenz des Tensors** gebildet, die unter den Bedingungen (11.30) verschwindet.

Im MINKOWSKI-Raum erhält man nach (18.51, Bd. I) für die $\mathbf{e}_0$-Komponente des entstehenden Vektors den folgenden Ausdruck, der die **Kontinuitätsgleichung der Massendichte** (11.31) darstellt, die Null ist.

$$\begin{aligned}
\mathbf{e}_0 \cdot \operatorname{div} \mathscr{T}_{\text{Staub}} &= T_{00\,,0} + T_{10\,,1} + T_{20\,,2} + T_{30\,,3} \\
&= \frac{\partial\big(-\mu c^2\big)}{jc\,\partial t} + jc\,\frac{\partial\big(\mu u_x\big)}{\partial x} + jc\,\frac{\partial\big(\mu u_y\big)}{\partial y} + jc\,\frac{\partial\big(\mu u_z\big)}{\partial z} \\
&= jc\left[\frac{\partial \mu}{\partial t} + \operatorname{div}\big(\mu \boldsymbol{u}\big)\right] \\
&= 0
\end{aligned}$$

Bei der $\mathbf{e}_x$-Komponente entfällt mit diesem Ergebnis die erste eckige Klammer und die zweite stellt ein Skalarprodukt dar.

$$\begin{aligned}
\mathbf{e}_x \cdot \operatorname{div} \mathscr{T}_{\text{Staub}} &= T_{01\,,0} + T_{11\,,1} + T_{21\,,2} + T_{31\,,3} \\
&= \frac{\partial\big(\mu u_x\big)}{\partial t} + \frac{\partial\big(u_x \mu u_x\big)}{\partial x} + \frac{\partial\big(u_x \mu u_y\big)}{\partial y} + \frac{\partial\big(u_x \mu u_z\big)}{\partial z} \\
&= u_x\left[\frac{\partial \mu}{\partial t} + \frac{\partial\big(\mu u_x\big)}{\partial x} + \frac{\partial\big(\mu u_y\big)}{\partial y} + \frac{\partial\big(\mu u_z\big)}{\partial z}\right] \\
&\quad + \mu\left[\frac{\partial u_x}{\partial t} + u_x\,\frac{\partial u_x}{\partial x} + u_y\,\frac{\partial u_x}{\partial y} + u_z\,\frac{\partial u_x}{\partial z}\right] \\
&= u_x \underbrace{\left[\frac{\partial \mu}{\partial t} + \operatorname{div}\big(\mu \boldsymbol{u}\big)\right]}_{=0} + \mu\left[\frac{\partial u_x}{\partial t} + \boldsymbol{u} \cdot \operatorname{grad} u_x\right]
\end{aligned}$$

Nach Zusammenfassen der Vektorkomponenten erhält man mit (18.54, Bd. I) die Divergenz des Tensors $\mathscr{T}_{\text{Staub}}$.

$$\begin{aligned}\operatorname{div}\mathscr{T}_{\text{Staub}} &= \sum_{\lambda=0}^{3}\big(\mathbf{e}_\lambda\cdot\operatorname{div}\mathscr{T}_{\text{Staub}}\big)\,\mathbf{e}_\lambda \\ &= jc\left[\frac{\partial\mu}{\partial t}+\operatorname{div}\big(\mu\boldsymbol{u}\big)\right]\mathbf{e}_0+\mu\sum_{p=1}^{3}\left[\frac{\partial u_p}{\partial t}+\boldsymbol{u}\cdot\operatorname{grad}u_p\right]\mathbf{e}_p \\ &= \mu\left[\frac{\partial\boldsymbol{u}}{\partial t}+\big(\boldsymbol{u}\cdot\operatorname{grad}\big)\,\boldsymbol{u}\right]=\left[\frac{\partial\boldsymbol{u}}{\partial t}+\boldsymbol{u}\cdot\operatorname{Grad}\boldsymbol{u}\right]=\mathbf{0}\end{aligned}$$

Nach den Bedingungen (11.30) hat der Energie-Impuls-Tensor für Staub in abgeschlossenen Systemen, in denen mit $\boldsymbol{f}=\mathbf{0}$ keine äußeren Kräfte herrschen, die **Divergenz Null**, die daher den **Nullvektor** liefert, und aus der die **EULER'sche Bewegungsgleichung** (11.29) für nicht wechselwirkende Teilchen, relativistischen Staub oder druckfreie Flüssigkeiten folgt.

$$\operatorname{div}\mathscr{T}_{\text{Staub}} = jc\left[\frac{\partial\mu}{\partial t}+\operatorname{div}\big(\mu\boldsymbol{u}\big)\right]\mathbf{e}_0+\mu\left[\frac{\partial\boldsymbol{u}}{\partial t}+\boldsymbol{u}\cdot\operatorname{Grad}\boldsymbol{u}\right]=\mathbf{0}$$

$$\boxed{\operatorname{div}\mathscr{T}_{\text{Staub}}=\operatorname{div}\big(\mu_0\,\mathbf{U}\,\mathbf{U}\big)=\mathbf{0}} \tag{11.34}$$

Für abgeschlossene Systeme bedeutet die Kontinuitätsgleichung (11.31) die Erhaltung von Masse oder Energie. In der vierdimensionalen Raumzeit des MINKOWSKI-Raumes bildet die **Divergenzfreiheit des Energie-Impuls-Tensors** den **Erhaltungssatz für Energie und Impuls**.

11.5.8.2 Energie-Impuls-Tensor der idealen Flüssigkeit

Zur Beschreibung der idealen Flüssigkeit muss der Energie-Impuls-Tensor den im Inneren herrschenden Druck berücksichtigen.

In ihrem Ruhesystem S_R besitzt die Flüssigkeit die gleiche Energiedichte wie der Staub, aber auf ein Element wirkt zusätzlich der isotrope Druck $\breve{p}_0$, so dass der Energie-Impuls-Tensor dort die folgende diagonale Matrix aufweist.

$$\underline{\mathbf{T}}_{\text{idFl}}\Big|_{\text{S}_\text{R}} = \operatorname{Diag}\big(-\mu_0c^2,\breve{p}_0,\breve{p}_0,\breve{p}_0\big)$$

Die LORENTZ-Rücktransformation in das System S mit den momentanen Geschwindigkeitskomponenten $u_{x,y,z}$ ergibt die symmetrische Matrix des

Flüssigkeitstensors.

$$\underline{\mathbf{T}}_{\text{idFl}} = \underline{\mathbf{L}}_3^{\text{T}}\ \text{Diag}\left(-\mu_0 c^2, \breve{p}_0, \breve{p}_0, \breve{p}_0\right) \underline{\mathbf{L}}_3$$

Dabei werden folgende Größen verwendet

$$\begin{aligned}
(\overset{*}{\beta}\overset{*}{\gamma})^2 &= \overset{*}{\gamma}^2 - 1 \\
A &= \left(\breve{p}_0 + \mu_0 c^2\right) \overset{*}{\gamma}^2 \\
T_{00} &= -\left[\breve{p}_0\, \overset{*}{\beta}^2 + \mu_0 c^2\right] \overset{*}{\gamma}^2 \\
&= \breve{p}_0 \left[1 - \overset{*}{\beta}^2\right] \overset{*}{\gamma}^2 - \left(\breve{p}_0 + \mu_0 c^2\right) \overset{*}{\gamma}^2 \\
&= \breve{p}_0 - A
\end{aligned}$$

Nach einiger Zwischenrechnung erhält man folgende Matrix,

$$\underline{\mathbf{T}}_{\text{idFl}} = \left(\begin{array}{c|ccc}
\breve{p}_0 - A & j\beta_x^* A & j\beta_y^* A & j\beta_z^* A \\
\hline
j\beta_x^* A & \breve{p}_0 + \left(\beta_x^*\right)^2 A & \beta_x^*\beta_y^* A & \beta_x^*\beta_z^* A \\
j\beta_y^* A & \beta_x^*\beta_y^* A & \breve{p}_0 + \left(\beta_y^*\right)^2 A & \beta_y^*\beta_z^* A \\
j\beta_z^* A & \beta_x^*\beta_z^* A & \beta_y^*\beta_z^* A & \breve{p}_0 + \left(\beta_z^*\right)^2 A
\end{array}\right)$$

die noch umgeformt wird.

$$\begin{aligned}
\underline{\mathbf{T}}_{\text{idFl}} &= \breve{p}_0\, \underline{\mathbf{E}} + \frac{A}{c^2} \left(\begin{array}{c|ccc}
-c^2 & jc\,u_x & jc\,u_y & jc\,u_z \\
\hline
jc\,u_x & u_x^2 & u_x\,u_y & u_x\,u_z \\
jc\,u_y & u_x\,u_y & u_y^2 & u_y\,u_z \\
jc\,u_z & u_x\,u_z & u_y\,u_z & u_z^2
\end{array}\right) \\
&= \breve{p}_0\, \underline{\mathbf{E}} + \left(\mu_0 + \frac{\breve{p}_0}{c^2}\right) \underline{\mathbf{U}}\,\underline{\mathbf{U}}^{\text{T}} \\
&= \breve{p}_0 \left(\underline{\mathbf{E}} + \frac{1}{c^2}\, \underline{\mathbf{U}}\,\underline{\mathbf{U}}^{\text{T}}\right) + \underline{\mathbf{T}}_{\text{Staub}}
\end{aligned}$$

Der **Energie-Impuls-Tensor** des Gravitationsfeldes für die **ideale Flüssigkeit**, der einen Drucktensor darstellt, lautet daher im lokalen Koordinatensystem des MINKOWSKI-Raumes

$$\mathscr{T}_{\mathrm{idFl}} = \breve{p}_0 \left(\mathscr{E} + \frac{1}{c^2} \mathsf{UU} \right) + \mathscr{T}_{Staub} = \underline{\underline{\mathbf{e}}}^{\mathrm{T}} \, \underline{\mathbf{T}}_{\mathrm{idFl}} \, \underline{\underline{\mathbf{e}}} \tag{11.35}$$

Wie beim Staub erwartet man auch hier, dass die Divergenz des Tensors den Nullvektor $\boldsymbol{N} = \mathbf{0}$ ergibt,

$$\boldsymbol{N} = \operatorname{div} \mathscr{T}_{\mathrm{idFl}} = \operatorname{div} \left(\breve{p}_0 \, \mathscr{E} \right) + \operatorname{div} \left[\left(\mu_0 + \frac{\breve{p}_0}{c^2} \right) \mathsf{UU} \right] = \sum_{\lambda=0}^{3} N_\lambda \, \mathbf{e}_\lambda = \mathbf{0}$$

dessen einzelne Komponenten N_λ verschwinden müssen. Mit (18.51, Bd. I) erhält man

$$\begin{aligned} N_\lambda = \sum_\nu \frac{\partial T_{\nu\lambda}}{\partial x^\nu} &= \frac{\partial \breve{p}_0}{\partial x^\lambda} + \sum_\nu \frac{\partial}{\partial x^\nu} \left[\left(\mu_0 + \frac{\breve{p}_0}{c^2} \right) U_\lambda \, U_\nu \right] \\ &= \frac{\partial \breve{p}_0}{\partial x^\lambda} + U_\lambda \sum_\nu \frac{\partial}{\partial x^\nu} \left[\left(\mu_0 + \frac{\breve{p}_0}{c^2} \right) U_\nu \right] \\ &\quad + \left(\mu_0 + \frac{\breve{p}_0}{c^2} \right) \sum_\nu U_\nu \, \frac{\partial U_\lambda}{\partial x^\nu} \; = \; 0 \end{aligned} \tag{11.36}$$

Nach Multiplikation der Komponente N_λ mit U_λ summiert man über λ und verwendet die Beziehungen (8.26) für orthogonale Systeme, in denen der Unterschied zwischen Ko- und Kontravarianz entfällt.

$$\begin{aligned} 0 &= \sum_\lambda U_\lambda N_\lambda \\ &= \sum_\lambda U_\lambda \, \frac{\partial \breve{p}_0}{\partial x^\lambda} + \underbrace{\sum_\lambda U_\lambda^2}_{= -\, c^2} \sum_\nu \frac{\partial}{\partial x^\nu} \left[\left(\mu_0 + \frac{\breve{p}_0}{c^2} \right) U_\nu \right] \\ &\quad + \left(\mu_0 + \frac{\breve{p}_0}{c^2} \right) \sum_\nu U_\nu \underbrace{\sum_\lambda U_\lambda \, \frac{\partial U_\lambda}{\partial x^\nu}}_{= 0} \end{aligned}$$

Nach Division durch c^2 und Umbenennung der Laufvariablen folgt

$$\underline{\textstyle\sum_\lambda U_\lambda \frac{\partial}{\partial x^\lambda}\left(\frac{\breve{p}_0}{c^2}\right)} = \sum_\nu \frac{\partial}{\partial x^\nu}\left[\left(\mu_0 + \frac{\breve{p}_0}{c^2}\right) U_\nu\right]$$
$$= \sum_\lambda U_\lambda \frac{\partial \mu_0}{\partial x^\lambda} + \underline{\textstyle\sum_\lambda U_\lambda \frac{\partial}{\partial x^\lambda}\left(\frac{\breve{p}_0}{c^2}\right)} + \left(\mu_0 + \frac{\breve{p}_0}{c^2}\right) \sum_\lambda \frac{\partial U_\lambda}{\partial x^\lambda}$$

Die unterstrichenen Summen heben sich auf und auf der rechten Seite kann man zwei Glieder zusammenfassen, so dass sich für die Divergenzfreiheit folgende Bedingung ergibt, die die **Kontinuitätsgleichung der idealen Flüssigkeit** darstellt.

$$\boxed{\operatorname{div} \mathscr{T}_{\text{idFl}} = \mathbf{0}} \quad \rightarrow \quad \boxed{\sum_{\nu=0}^{3} \left[\frac{\partial}{\partial x^\nu}(\mu_0 U_\nu) + \frac{\breve{p}_0}{c^2}\frac{\partial U_\nu}{\partial x^\nu}\right] = 0} \tag{11.37}$$

Für die Komponenten des Nullvektors nach (11.36) gewinnt man mit diesem Ergebnis folgende Darstellung.

$$N_\lambda = \frac{\partial \breve{p}_0}{\partial x^\lambda} + U_\lambda \sum_\nu \frac{\partial}{\partial x^\nu}\left[\left(\mu_0 + \frac{\breve{p}_0}{c^2}\right) U_\nu\right] + \left(\mu_0 + \frac{\breve{p}_0}{c^2}\right) \sum_\nu U_\nu \frac{\partial U_\lambda}{\partial x^\nu}$$
$$= \frac{\partial \breve{p}_0}{\partial x^\lambda} + \underbrace{U_\lambda \sum_\nu \frac{\partial}{\partial x^\nu}(\mu_0 U_\nu) + U_\lambda \sum_\nu \frac{\breve{p}_0}{c^2}\frac{\partial U_\nu}{\partial x^\nu}}_{=0 \text{ nach } (11.37)} + U_\lambda \sum_\nu U_\nu \frac{\partial}{\partial x^\nu}\left(\frac{\breve{p}_0}{c^2}\right)$$
$$+ \left(\mu_0 + \frac{\breve{p}_0}{c^2}\right) \sum_\nu U_\nu \frac{\partial U_\lambda}{\partial x^\nu}$$
$$= \left(\mu_0 + \frac{\breve{p}_0}{c^2}\right) \sum_\nu U_\nu \frac{\partial U_\lambda}{\partial x^\nu} + \frac{\partial \breve{p}_0}{\partial x^\lambda} + \sum_\nu \frac{U_\nu U_\lambda}{c^2}\frac{\partial \breve{p}_0}{\partial x^\nu}$$
$$= 0$$

$$\boxed{\left(\mu_0 + \frac{\breve{p}_0}{c^2}\right) \sum_{\nu=0}^{3} U_\nu \frac{\partial U_\lambda}{\partial x^\nu} + \sum_{\nu=0}^{3}\left[\delta_{\nu\lambda} + \frac{U_\nu U_\lambda}{c^2}\right]\frac{\partial \breve{p}_0}{\partial x^\nu} = 0} \tag{11.38}$$

Diese zweite Beziehung, die aus der Divergenzfreiheit des Energie-Impuls-Tensors folgt, stellt die **relativistischen Bewegungsgleichungen** für die Geschwindigkeitskomponenten der idealen Flüssigkeit dar.

Im Falle langsam fließender Flüsigkeiten und kleiner Drücke kann man zeigen, dass (11.37) und (11.38) in die klassischen Gleichungen der Hydrodynamik aus *Abschnitt 11.5.7* übergehen, [19, S. 180], [32, S. 140].

Für einen Raumbereich, der ein **elektromagnetisches Feld** aber keine Materie enthält, kann ebenfalls ein Energie-Impuls-Tensor angegeben werden, der diese Quelle der Gravitation beschreibt. Da seine Berechnung aufwendiger ist, wird auf die Angabe verzichtet und auf [23, S. 130], [28, S. 293], [31, S. 82] verwiesen.

Die bisherige Betrachtung bezog sich auf einen Raum mit MINKOWSKI-Metrik. Ist ein **Gravitationsfeld** vorhanden, dann ist diese Metrik nur noch in einem lokalen Koordinatensystem und damit punktweise gültig. Im Raum mit RIEMANN'scher Metri k muss der Metriktensor $\mathscr{E}$ durch $\mathscr{G}$ ersetzt werden, so dass die **kovariante Darstellung** für den **Energie-Impuls-Tensor der idealen Flüssigkeit** entsteht, [19, S. 179], [23, S. 129], [31, S. 83].

Im **RIEMANN'schen Raum** muss man zwischen ko- und kontravarianten Komponenten unterscheiden. Als Beispiel für die Darstellung werden kontravariante Komponenten des symmetrischen Tensors gewählt.

$$\mathscr{T}_{\text{idFl}} = \check{p}_0 \mathscr{G} + \left(\mu_0 + \frac{\check{p}_0}{c^2}\right) \mathbf{UU} = \left(\underline{\underline{\mathbf{g}}}_{\#}\right)^{\mathrm{T}} \underline{\mathbf{T}}^{\#\#}_{\text{idFl}} \, \underline{\underline{\mathbf{g}}}_{\#} \tag{11.39}$$

Im gekrümmten RIEMANN'schen Raum wird die Divergenz gemäß der Beziehung (17.55, Bd. I) berechnet. Manche Autoren nennen das kovariante Divergenz, was allerdings unnötig ist, da ja die Divergenz eines Tensors stets aus den kovarianten Ableitungen der Tensorkomponenten zu bilden ist und sich nur im Fall von euklidischen Räumen durch das Verschwinden der CHRISTOFFEL-Symbole zu den partiellen Ableitungen vereinfacht. Die Komponenten des Nullvektors der verschwindenden Divergenz lauten im gekrümmten Raum daher

$$\operatorname{div} \mathscr{T}_{\text{idFl}} = \mathbf{0} \qquad N_\lambda = \mathbf{g}^\lambda \cdot \operatorname{div} \mathscr{T}_{\text{idFl}} = \sum_{\nu=0}^{3} T^{\nu\lambda}_{\text{idFl}}\Big|_\nu = 0 \tag{11.40}$$

Da im Gravitationsfeld Kräfte auf die Flüssigkeit einwirken, ist das System nicht mehr abgeschlossen, so dass die Divergenzfreiheit des Energie-Impuls-Tensors dann keinen Erhaltungssatz für Energie und Impuls mehr darstellt, [23, S. 131], [31, S. 83].

11.5.9 Feldgleichungen von Einstein

Da die Feldgleichungen Verallgemeinerungen von Laplace- und Poisson-Gleichung sind, in die sie im nichtrelativistischen Grenzfall übergehen, müssen sie **partielle Differentialgleichungen zweiter Ordnung** für die Potentialfunktionen $g_{\mu\nu}$ darstellen, [23, S. 132], [30, S. 485], [31, S. 91].

Der Krümmungstensor $\mathscr{R}$ nach (2.52) sowie der symmetrische Ricci-Tensor $\overset{\vee}{\mathscr{R}}$ nach (2.64) als seine Verjüngung werden über die Christoffel-Symbole (16.25, Bd. I) durch die Koeffizienten $g_{\mu\nu}$ des Metriktensors $\mathscr{G}$ und deren erste und zweite Ableitungen bestimmt. Die symmetrischen Tensoren $\mathscr{G}$ und $\overset{\vee}{\mathscr{R}}$ enthalten in der Raumzeit jeweils zehn unabhängige Komponenten.

Ausgehend von diesen Überlegungen konnte Einstein durch Intuition und physikalische Einsicht nach mehrjähriger Arbeit seine Feldgleichungen formulieren. Mit dem nach ihm benannten **Einstein-Tensor** $\overset{\vee}{\mathscr{E}}$ (2.66), der Ricci-Tensor, Krümmungsskalar $\overset{\circ}{R}$ und Metriktensor zusammenfasst, und der noch zu bestimmenden Konstante κ lautet die **divergenzfreie Einstein'sche Tensorgleichung für das Gravitationsfeld**

$$\boxed{\overset{\vee}{\mathscr{E}} = \overset{\vee}{\mathscr{R}} - \frac{1}{2}\overset{\circ}{R}\,\mathscr{G} = -\kappa\,\mathscr{T}} \qquad \boxed{\operatorname{div}\overset{\vee}{\mathscr{E}} = -\kappa\operatorname{div}\mathscr{T} = \mathbf{0}} \qquad (11.41)$$

Hierbei repräsentieren

- der Einstein-Tensor $\overset{\vee}{\mathscr{E}}$ das Gravitationsfeld
- der Energie-Impuls-Tensor $\mathscr{T}$ die Quellen dieses Feldes
- die Konstante κ die Stärke der gravitativen Kopplung

Die Verjüngung der Tensorgleichung führt mit (2.68) auf die Skalare

$$\begin{aligned}
\overset{\circ}{E} &= \overset{\circ}{R} - \frac{1}{2}\overset{\circ}{R}\underbrace{\operatorname{sp}\underline{\mathbf{E}}}_{=4} = -\overset{\circ}{R} = -\kappa\overset{\circ}{T} = -\kappa\sum_{\mu}\sum_{\nu} g^{\mu\nu}\,T_{\mu\nu} \\
\overset{\circ}{R} &= \kappa\overset{\circ}{T} = \kappa\sum_{\mu} T^{\mu}{}_{\mu} = \kappa\operatorname{sp}\underline{\mathbf{T}}^{\#}_{\cdot\#}
\end{aligned}$$

Damit erhält man die Feldgleichungen in **kovarianter Komponentenform**, die man auch kontravariant schreiben kann.

$$\boxed{\overset{\vee}{E}_{\mu\nu} = \overset{\vee}{R}_{\mu\nu} - \frac{1}{2}\overset{\circ}{R}\, g_{\mu\nu} = -\,\kappa\, T_{\mu\nu}} \qquad \boxed{\overset{\vee}{R}_{\mu\nu} = -\,\kappa\left[T_{\mu\nu} - \frac{1}{2}\overset{\circ}{T}\, g_{\mu\nu}\right]} \tag{11.42}$$

11.5.9.1 Bestimmung der Konstante

Die Gravitationskonstante κ wird aus dem Vergleich der POISSON-Gleichung (11.8) und den Näherungen (11.24) des NEWTON'schen Grenzfalles bestimmt.

$$\Delta\phi = 4\pi G\mu = \frac{c^2}{2}\,\Delta(g_{00} - 1) = \frac{c^2}{2}\,\Delta g_{00}$$

Die **Energiedichte** $T_{00} = -\mu c^2$ als Komponente des Energie-Impuls-Tensors (11.33) entspricht bis auf das Vorzeichen der statischen Theorie der Gravitation nach NEWTON, die die Quelle des Gravitationsfeldes bildet. Alle anderen Tensorkomponenten kann man dagegen vernachlässigen, so dass auch für die Verjüngung $\overset{\circ}{T} = T_{00}$ gilt. Mit $g_{00} \approx 1$ folgt aus (11.42) die Näherung der 00-Komponente des RICCI-Tensors.

$$\overset{\vee}{R}_{00} = -\,\kappa\, T_{00}\left[1 - \frac{1}{2}\, g_{00}\right] \approx \kappa\,\frac{1}{2}\,\mu c^2$$

Als zweite Möglichkeit wird diese Komponente auch aus dem Krümmungstensor (2.61) und seiner Verjüngung (2.63) berechnet.

$$\begin{aligned}\overset{\vee}{R}_{00} &= \sum_{\mu=0}^{3} R^{\mu}{}_{k\,\ell\,\mu} \\ &= \sum_{\mu=0}^{3}\left[\frac{\partial\Gamma_{0\,\mu}^{\,\mu}}{\partial x^0} - \frac{\partial\Gamma_{0\,0}^{\,\mu}}{\partial x^\mu}\right] + \sum_{\mu=0}^{3}\sum_{\nu=0}^{3}\left[\Gamma_{0\,\mu}^{\,\nu}\,\Gamma_{0\,\nu}^{\,\mu} - \Gamma_{0\,0}^{\,\nu}\,\Gamma_{\nu\,\mu}^{\,\mu}\right]\end{aligned}$$

In der MINKOWSKI-Raumzeit verschwindet die Doppelsumme, denn alle CHRISTOFFEL-Symbole sind in orthogonalen Systemen Null. Im statischen Fall sind auch die Zeitableitungen Null und man erhält mit $\Gamma_{0\,0}^{\,p}$ aus dem

NEWTON'schen Grenzfall (11.23)

$$\overset{\vee}{R}_{00} = \sum_{\mu=0}^{3} \underbrace{\frac{\partial \Gamma_{0\mu}^{\mu}}{\partial (jct)}}_{=0} - \underbrace{\frac{\partial \Gamma_{00}^{0}}{\partial (jct)}}_{=0} - \sum_{p=1}^{3} \frac{\partial}{\partial x^p} \underbrace{\Gamma_{00}^{p}}_{\approx -0.5\, \partial g_{00}/\partial x^k}$$

$$\approx +\frac{1}{2} \sum_{p=1}^{3} \frac{\partial^2 g_{00}}{\partial (x^p)^2}$$

$$\approx \frac{1}{2} \Delta g_{00} = \frac{1}{2} \Delta \Big(1 + \frac{2\,\phi(r)}{c^2}\Big)$$

Der Vergleich der Näherungen von $\overset{\vee}{R}_{00}$ liefert die **EINSTEIN'sche Gravitationskonstante** κ, die einen sehr kleinen Wert besitzt.

$$\Delta g_{00} = \Delta\Big(1 + \frac{2\phi}{c^2}\Big) = \frac{2}{c^2} \Delta\phi = \frac{2}{c^2} 4\pi\, G\mu = \kappa\, \mu c^2$$

$$\boxed{\kappa = \frac{8\pi G}{c^4}} \qquad \rightarrow \qquad \kappa = 2.069 \cdot 10^{-43}\, \frac{1}{\mathrm{N}} \tag{11.43}$$

Damit kann man die **Komponenten der vollständigen Feldgleichungen** angeben.

$$\boxed{\overset{\vee}{R}_{\mu\nu} - \frac{1}{2} \overset{\circ}{R}\, g_{\mu\nu} = -\frac{8\pi G}{c^4} T_{\mu\nu}} \tag{11.44}$$

Die Tensorgleichung (11.41) ist wegen der symmetrischen Tensoren einem skalaren System aus zehn gekoppelten Differentialgleichungen zweiter Ordnung äquivalent.

11.5.9.2 Darstellung der Feldgleichungen und Lösungen

Um die **Komplexität** der Feldgleichungen aufzuzeigen, wird die rechts stehende Version von (11.42)

$$\overset{\vee}{R}_{\mu\nu} = -\kappa \Big[T_{\mu\nu} - \frac{1}{2} \overset{\circ}{T} g_{\mu\nu} \Big]$$

entwickelt und in den Metrikkoeffizienten als Basisgrößen dargestellt.

Die Komponenten des RICCI-Tensors auf der linken Seite lauten mit dem Krümmungstensor (2.61) und seiner Verjüngung (2.63)

$$\begin{aligned}\overset{\vee}{R}_{\mu\nu} &= \sum_{i=0}^{3} R^{i}{}_{\mu\nu i} \\ &= \sum_{i=0}^{3} \left[\left(\Gamma^{\,i}_{\mu i}\right)_{,\nu} - \left(\Gamma^{\,i}_{\mu\nu}\right)_{,i} \right] + \sum_{i=0}^{3} \sum_{p=0}^{3} \left[\Gamma^{\,p}_{\mu i}\,\Gamma^{\,i}_{p\nu} - \Gamma^{\,p}_{\mu\nu}\,\Gamma^{\,i}_{pi} \right]\end{aligned}$$

Setzt man die für den allgemeinen Fall geltenden CHRISTOFFEL-Symbole (16.25, Bd. I) ein,

$$\Gamma^{\,c}_{ab} = \frac{1}{2} \sum\nolimits_q g^{cq} \left(g_{aq\,,\,b} + g_{bq\,,\,a} - g_{ab\,,\,q} \right)$$

dann erhält man einen umfangreichen Ausdruck, bei dem sich die unterstrichenen Summanden aufheben.

$$\begin{aligned}\overset{\vee}{R}_{\mu\nu} = \frac{1}{2} \sum\nolimits_i \sum\nolimits_q \Big[& g^{iq}{}_{,\nu} \left(g_{\mu q\,,\,i} + g_{iq\,,\,\mu} - g_{\mu i\,,\,q} \right) \\ & + g^{iq} \left(\underline{g_{\mu q\,,\,i\,,\,\nu}} + g_{iq\,,\,\mu\,,\,\nu} - g_{\mu i\,,\,q\,,\,\nu} \right) \Big] \\ - \frac{1}{2} \sum\nolimits_i \sum\nolimits_q \Big[& g^{iq}{}_{,i} \left(g_{\mu q\,,\,\nu} + g_{\nu q\,,\,\mu} - g_{\mu\nu\,,\,q} \right) \\ & + g^{iq} \left(\underline{g_{\mu q\,,\,\nu\,,\,i}} + g_{\nu q\,,\,\mu\,,\,i} - g_{\mu\nu\,,\,q\,,\,i} \right) \Big] \\ + \frac{1}{4} \sum\nolimits_i \sum\nolimits_p \Big[& \sum\nolimits_q \sum\nolimits_r g^{pq} g^{ir} \left(g_{\mu q\,,\,i} + g_{iq\,,\,\mu} - g_{\mu i\,,\,q} \right) \times \\ & \times \left(g_{pr\,,\,\nu} + g_{\nu r\,,\,p} - g_{p\nu\,,\,r} \right) \\ & - \sum\nolimits_q \sum\nolimits_r g^{pq} g^{ir} \left(g_{\mu q\,,\,\nu} + g_{\nu q\,,\,\mu} - g_{\mu\nu\,,\,q} \right) \times \\ & \times \left(g_{pr\,,\,i} + g_{ir\,,\,p} - g_{pi\,,\,r} \right) \Big]\end{aligned}$$

Für die rechte Seite der Feldgleichung (11.42) ergibt sich mit dem Tensor der idealen Flüssigkeit (11.35) bei RIEMANN'scher Metrik

$$
\begin{aligned}
\overset{\vee}{R}_{\mu\nu} &= -\kappa \Big[T_{\mu\nu} - \frac{1}{2} \overset{\circ}{T} g_{\mu\nu} \Big] \\
&= -\kappa \Big[\breve{p}_0 \, g_{\mu\nu} + \Big(\mu_0 + \frac{\breve{p}_0}{c^2} \Big) U_\mu U_\nu \\
&\qquad - \frac{1}{2} g_{\mu\nu} \sum_\sigma \sum_\tau g^{\sigma\tau} \Big(\breve{p}_0 \, g_{\sigma\tau} + \Big(\mu_0 + \frac{\breve{p}_0}{c^2} \Big) U_\sigma U_\tau \Big) \Big] \\
&= -\kappa \Big[\breve{p}_0 \, g_{\mu\nu} + \Big(\mu_0 + \frac{\breve{p}_0}{c^2} \Big) U_\mu U_\nu - \frac{1}{2} \breve{p}_0 \, g_{\mu\nu} \underbrace{\sum_\sigma \sum_\tau g^{\sigma\tau} g_{\sigma\tau}}_{= \mathrm{sp}\,(\underline{\mathbf{G}}^{\#} \underline{\mathbf{G}}_{\#}) = \mathrm{sp}\, \underline{\mathbf{E}} = 4} \\
&\qquad - \frac{1}{2} g_{\mu\nu} \Big(\mu_0 + \frac{\breve{p}_0}{c^2} \Big) \sum_\sigma \sum_\tau g^{\sigma\tau} U_\sigma U_\tau \Big] \\
&= \kappa \Big[\breve{p}_0 \, g_{\mu\nu} - \Big(\mu_0 + \frac{\breve{p}_0}{c^2} \Big) \Big[U_\mu U_\nu - \frac{1}{2} g_{\mu\nu} \sum_\sigma \sum_\tau g^{\sigma\tau} U_\sigma U_\tau \Big] \Big]
\end{aligned}
$$

Das **Auffinden von geschlossenen Lösungen** für dieses System aus zehn gekoppelten, nichtlinearen Differentialgleichungen zweiter Ordnung für die Koeffizienten $g_{\mu\nu}$ variiert von **schwierig bis unmöglich**, [23, S. 135], je nach den Symmetrievorgaben und weiteren Bedingungen. Durch Vorgabe von Energie-Impuls-Tensor $\mathscr{T}$ oder Metriktensor $\mathscr{G}$ versucht man, den anderen Tensor zu berechnen oder man verfolgt eine Kombination aus beiden Vorgehensweisen. Im Fall schwacher Gravitationsfelder und geringer Geschwindigkeiten kann man die Gleichungen linearisieren und Näherungslösungen bestimmen. Von den bisher gefundenen exakten Lösungen der Feldgleichungen sind nur wenige für die physikalische Realität von Bedeutung, [31, S. 93].

Neben den Forschungen zu geschlossenen Lösungen versuchten andere Wissenschaftler seit den 1970er Jahren, die Feldgleichungen numerisch zu lösen, um Erkenntnisse über die Signale zu gewinnen, die bei Gravitationswellenereignissen auftreten. Diese Bemühungen waren der Anlass für das Forschungsgebiet der **numerischen Relativität**, das erst 2005 zum Erfolg führte und im *Abschnitt 11.5.13* behandelt wird.

Wenn es gelingt, aus der Verteilung von Energie und Impuls in der Raumzeit die Metrikkoeffizienten $g_{\mu\nu}$ und damit das Wegelement ds^2 und alle anderen geometrischen Eigenschaften zu bestimmen, dann kann man die geodätischen Weltlinien von massebehafteten Probekörpern sowie von masselosen Partikeln wie Photonen berechnen.

Wenn der Energie-Impuls-Tensor $\mathscr{T}$ Null ist, dann folgt auf Grund von $T_{\mu\nu} = \overset{\circ}{T} = 0$ aus der zweiten Gleichung (11.42), dass auch der RICCI-Tensor $\overset{\vee}{\mathscr{R}}$ verschwindet. Daraus kann man jedoch nicht schließen, dass der Krümmungstensor $\mathscr{R}$ ebenfalls verschwindet und der Raum euklidisch und damit flach wäre. Denn wenn die zehn Komponenten $T_{\mu\nu}$ Null sind, folgt daraus normalerweise nicht das Verschwinden der 20 Komponenten von $\mathscr{R}$!

$$\mathscr{T} = 0 \quad \rightarrow \quad \overset{\vee}{\mathscr{R}} = 0 \quad \not\Rightarrow \quad \mathscr{R} = 0$$

$\mathscr{R} = 0$ zieht $\overset{\vee}{\mathscr{R}} = 0$ nach sich aber nicht umgekehrt!

Das Verschwinden von $\mathscr{T}$ in einem bestimmten Raumbereich bedeutet Quellenfreiheit, so dass dort weder Materie noch Strahlung existieren. Die Beziehungen

$$\boxed{\overset{\vee}{\mathscr{R}} = 0 \quad \rightarrow \quad \overset{\vee}{R}_{\mu\nu} = 0} \quad \text{oder} \quad \boxed{\overset{\vee}{\mathscr{E}} = 0 \quad \rightarrow \quad \overset{\vee}{E}_{\mu\nu} = 0} \qquad (11.45)$$

stellen daher die **Feldgleichungen des Vakuums** dar.

Das ist vergleichbar mit der Elektrodynamik, bei der im Raum mit Quellen die POISSON-Gleichung und im quellenfreien Raum die LAPLACE-Gleichung gültig ist.

11.5.10 SCHWARZSCHILD-Lösung

Bereits kurz nach Veröffentlichung der Allgemeinen Relativitätstheorie im Jahre 1916 ist es dem Astronomen **Karl SCHWARZSCHILD** (1873-1916) trotz der Komplexität und dem offensichtlichen Schwierigkeitsgrad gelungen, eine **exakte Lösung der Feldgleichungen** anzugeben. Seine Berechnungen machte er im ersten Weltkrieg als Artillerieoffizier im Schützengraben an der Ostfront, die er an EINSTEIN schickte, den dessen einfache Lösung überraschte und der sie der Königlich- Preußischen Akademie vortrug. SCHWARZSCHILD starb bald darauf an einer seltenen Autoimmunkrankheit, [13, S. 66].

11.5.10.1 Kugelsymmetrische Vakuumgleichung

SCHWARZSCHILD behandelte den für die Astronomie wichtigen Fall eines kugelsymmetrischen Himmelskörpers mit Masse M und Radius R, der sich allein im materiefreien Raum befindet, und er gab damit im Außenraum $r > R$ die Lösung der **Vakuumgleichung** (11.45) an.

In **stationärer Raumzeit** sind alle Metrikkoeffizienten $g_{\mu\nu}$ unabhängig von der Zeit t. Ändert sich das Wegelement bei Zeitumkehr $t \to -t$ nicht, wodurch Rotationen ausgeschlossen werden, dann liegt eine **statische Raumzeit** vor. In großem Abstand der Masse M muss die **Raumzeit asymptotisch flach** sein und in die MINKOWSKI-Metrik (11.20) übergehen.

Der Symmetrie des Problems angepasst ist ein zentralsymmetrisches, orthogonales Koordinatensystem mit **räumlichen Kugelkoordinaten** nach (11.21), bei dem die Matrix des Metriktensors Diagonalform hat.

$$\underline{\mathbf{x}}^{\#} = \left(x^0, x^1, x^2, x^3\right)^{\mathrm{T}} = \left(jct, r, \vartheta, \varphi\right)^{\mathrm{T}}$$

Das zugehörige Quadrat des Wegelementes ds^2, das diese Bedingungen erfüllt, [8, II, S. 232], [19, S. 196], lautet

$$\begin{aligned} ds^2 &= g_{00}\left(x^0\right)^2 + g_{11}\left(x^1\right)^2 + g_{22}\left(x^2\right)^2 + g_{33}\left(x^1\right)^3 \\ &= \mathrm{e}^{2A(r)}\left(jc\,dt\right)^2 + \mathrm{e}^{2B(r)}\,dr^2 + r^2 d\vartheta^2 + r^2\sin^2\vartheta\,d\varphi^2 \end{aligned}$$

Die beiden ersten, nur von r abhängigen Koeffizienten werden als Exponentialfunktionen der zu bestimmenden Größen $A(r)$ und $B(r)$ angesetzt, wodurch sich positive Elemente der **metrischen Diagonalmatrizen** ergeben.

$$\begin{aligned} \underline{\mathbf{G}}_{\#} &= \mathrm{Diag}\left(g_{\mu\mu}\right) = \mathrm{Diag}\left(\mathrm{e}^{2A(r)},\, \mathrm{e}^{2B(r)},\, r^2,\, r^2\sin^2\vartheta\right) \\ \underline{\mathbf{G}}^{\#} &= \mathrm{Diag}\left(g^{\mu\mu}\right) = \mathrm{Diag}\left(1/g_{\mu\mu}\right) \end{aligned}$$

Mit der Abkürzung $\partial/\partial r = (..)'$ lauten die Ableitungen der Metrikkoeffizienten,

$$\begin{aligned} g_{00\,,1} &= g_{00\,,r} = 2A'\,\mathrm{e}^{2A} \\ g_{11\,,1} &= g_{11\,,r} = 2B'\,\mathrm{e}^{2B} \\ g_{22\,,1} &= g_{22\,,r} = 2r \\ g_{33\,,1} &= g_{33\,,r} = 2r\sin^2\vartheta \qquad\qquad g_{33\,,2} = g_{33\,,\vartheta} = 2r^2\sin\vartheta\cos\vartheta \end{aligned}$$

mit denen die CHRISTOFFEL-Symbole nach (16.30, Bd. I) berechnet werden.

$$\Gamma^{\,\lambda}_{\mu\,\nu} = \frac{1}{2}\, g^{\lambda\lambda} \left(g_{\mu\lambda\,,\,\nu} + g_{\nu\lambda\,,\,\mu} - g_{\mu\nu\,,\,\lambda} \right)$$

Im orthogonalen Koordinatensystem der Raumzeit gelten die gleichen Symmetriebeziehungen wie im *Abschnitt 16.5.3 (Bd. I)*.

Gemäß den folgenden Indexkombinationen

$$\mu \neq \nu \neq \lambda \qquad \Gamma^{\,\lambda}_{\mu\,\nu} \qquad (12)$$

$$\mu \neq \nu = \lambda \qquad \Gamma^{\,\nu}_{\mu\,\nu} = \frac{1}{2}\, g^{\nu\nu}\, g_{\nu\nu\,,\,\mu} \qquad (12)$$

$$\mu = \nu \neq \lambda \qquad \Gamma^{\,\lambda}_{\mu\,\mu} = -\,\frac{1}{2}\, g^{\lambda\lambda}\, g_{\mu\mu\,,\,\lambda} \qquad (12)$$

$$\mu = \nu = \lambda \qquad \Gamma^{\,\mu}_{\mu\,\mu} = \frac{1}{2}\, g^{\mu\mu}\, g_{\mu\mu\,,\,\mu} \qquad (4)$$

sind von den 40 CHRISTOFFEL-Symbolen tatsächlich nur neun unabhängige vorhanden und die restlichen Null.

$$\begin{aligned}
&\Gamma^{\,1}_{0\,0} = -\,A'\,\mathrm{e}^{2(A-B)} && \Gamma^{\,0}_{0\,1} = \Gamma^{\,0}_{1\,0} = A' \\
&\Gamma^{\,1}_{1\,1} = B' && \Gamma^{\,2}_{1\,2} = \Gamma^{\,2}_{2\,1} = \frac{1}{r} \\
&\Gamma^{\,1}_{2\,2} = -\,r\,\mathrm{e}^{-2B} && \Gamma^{\,3}_{1\,3} = \Gamma^{\,3}_{3\,1} = \frac{1}{r} \\
&\Gamma^{\,1}_{3\,3} = -\,r\,\mathrm{e}^{-2B}\sin^2\vartheta && \Gamma^{\,3}_{2\,3} = \Gamma^{\,3}_{3\,2} = \cot\vartheta \\
&\Gamma^{\,2}_{3\,3} = -\,\sin\vartheta\cos\vartheta
\end{aligned} \qquad (11.46)$$

11.5.10.2 Berechnung der Tensorelemente

Mit den CHRISTOFFEL-Symbolen werden die Elemente des Krümmungstensors gemäß (2.61) berechnet und nach einiger Zwischenrechnung ergeben sich die folgenden nichtverschwindenden, zehn wesentlichen Komponenten.

$$R^{0}{}_{1\,10} = A'' + A'^2 - A'B'$$

$$R^{0}{}_{2\,20} = A'\,r\,\mathrm{e}^{-2B}$$

$$R^{0}{}_{3\,30} = A'\,r\,\mathrm{e}^{-2B}\sin^2\vartheta$$

$$R^{1}{}_{0\,01} = \left(A'' + A'^2 - A'B'\right)\mathrm{e}^{2(A-B)}$$

$$R^{1}{}_{2\,21} = -B'\,r\,\mathrm{e}^{-2B}$$

$$R^{1}{}_{3\,31} = -B'\,r\,\mathrm{e}^{-2B}\sin^2\vartheta$$

$$R^{2}{}_{0\,02} = \frac{A'}{r}\,\mathrm{e}^{2(A-B)}$$

$$R^{2}{}_{1\,12} = -\frac{B'}{r}$$

$$R^{2}{}_{3\,32} = -\left(1-\mathrm{e}^{-2B}\right)\sin^2\vartheta$$

$$R^{3}{}_{0\,03} = \frac{A'}{r}\,\mathrm{e}^{2(A-B)}$$

$$R^{3}{}_{1\,13} = -\frac{B'}{r}$$

$$R^{3}{}_{2\,23} = -\left(1-\mathrm{e}^{-2B}\right)$$

Die Verteilung der gemischten Tensorkomponenten in der Blockmatrix hat das folgende Muster.

Die beiden vorderen #-Indizes identifizieren den Block innerhalb der Blockmatrix, die beiden hinteren #-Indizes das einzelne Element innerhalb eines Blocks, jeweils nach Zeile und Spalte.

In jedem Block tritt sowohl der berechnete Wert (★) als auch der Wert mit entgegengesetztem Vorzeichen (✡) auf, z. B. bei $R^{0}{}_{1\,01} = -R^{0}{}_{1\,10}$, wobei sich die einzelnen Blöcke natürlich unterscheiden.

$$\underline{\mathbf{R}}^{\#}{}_{\cdot\#\,\#\#} =$$

$$\left\| \begin{matrix}
\begin{pmatrix} 0&0&0&0\\0&0&0&0\\0&0&0&0\\0&0&0&0 \end{pmatrix} &
\begin{pmatrix} 0&(\text{✡})&0&0\\ \bigstar&0&0&0\\0&0&0&0\\0&0&0&0 \end{pmatrix} &
\begin{pmatrix} 0&0&(\text{✡})&0\\0&0&0&0\\ \bigstar&0&0&0\\0&0&0&0 \end{pmatrix} &
\begin{pmatrix} 0&0&0&(\text{✡})\\0&0&0&0\\0&0&0&0\\ \bigstar&0&0&0 \end{pmatrix} \\
\begin{pmatrix} 0&\bigstar&0&0\\(\text{✡})&0&0&0\\0&0&0&0\\0&0&0&0 \end{pmatrix} &
\begin{pmatrix} 0&0&0&0\\0&0&0&0\\0&0&0&0\\0&0&0&0 \end{pmatrix} &
\begin{pmatrix} 0&0&0&0\\0&0&(\text{✡})&0\\0&\bigstar&0&0\\0&0&0&0 \end{pmatrix} &
\begin{pmatrix} 0&0&0&0\\0&0&0&(\text{✡})\\0&0&0&0\\0&\bigstar&0&0 \end{pmatrix} \\
\begin{pmatrix} 0&0&\bigstar&0\\0&0&0&0\\(\text{✡})&0&0&0\\0&0&0&0 \end{pmatrix} &
\begin{pmatrix} 0&0&0&0\\0&0&\bigstar&0\\0&(\text{✡})&0&0\\0&0&0&0 \end{pmatrix} &
\begin{pmatrix} 0&0&0&0\\0&0&0&0\\0&0&0&0\\0&0&0&0 \end{pmatrix} &
\begin{pmatrix} 0&0&0&0\\0&0&0&0\\0&0&0&(\text{✡})\\0&0&\bigstar&0 \end{pmatrix} \\
\begin{pmatrix} 0&0&0&\bigstar\\0&0&0&0\\0&0&0&0\\(\text{✡})&0&0&0 \end{pmatrix} &
\begin{pmatrix} 0&0&0&0\\0&0&0&\bigstar\\0&0&0&0\\0&(\text{✡})&0&0 \end{pmatrix} &
\begin{pmatrix} 0&0&0&0\\0&0&0&0\\0&0&0&\bigstar\\0&0&(\text{✡})&0 \end{pmatrix} &
\begin{pmatrix} 0&0&0&0\\0&0&0&0\\0&0&0&0\\0&0&0&0 \end{pmatrix}
\end{matrix} \right\|$$

Die rein kovarianten Elemente des Krümmungstensors bilden das gleiche Muster, da wegen $g_{\mu\nu} = 0$ für $\mu \neq \nu$ bei der Überschiebung nur ein Glied der Summe einen Beitrag liefert.

$$R_{ik\,\ell m} = \sum\nolimits_{p=0}^{3} g_{ip}\, R^{p}{}_{k\,\ell m} = g_{ii}\, R^{i}{}_{k\,\ell m}$$

Da keine Elemente $R^{i}{}_{k\,\ell i}$ für $k \neq \ell$ existieren, besitzt die Matrix des Ricci-Tensors (2.63) gemäß $\check{R}_{kl} = \sum_i R^{i}{}_{k\,\ell i}$ nur Elemente auf der Hauptdiagonale.

$$\begin{aligned}
\check{R}_{00} &= \left[A'' + A'^2 - A'B' + \frac{2A'}{r}\right] \mathrm{e}^{2(A-B)} \\
\check{R}_{11} &= A'' + A'^2 - A'B' + \frac{2B'}{r} \\
\check{R}_{22} &= r\left(A' - B'\right)\mathrm{e}^{-2B} - \left(1 - \mathrm{e}^{-2B}\right) \\
\check{R}_{33} &= \left[\, r\left(A' - B'\right)\mathrm{e}^{-2B} - \left(1 - \mathrm{e}^{-2B}\right)\right] \sin^2\vartheta
\end{aligned}$$

Die Matrizen des RICCI-Tensors haben daher Diagonalform.

$$\underline{\overset{\vee}{\mathbf{R}}}_{\#\#} = \operatorname{Diag}\left(\overset{\vee}{R}_{\mu\mu}\right)$$
$$\underline{\overset{\vee}{\mathbf{R}}}{}^{\#}_{\#} = \underline{\mathbf{G}}^{\#}\,\underline{\overset{\vee}{\mathbf{R}}}_{\#\#} = \operatorname{Diag}\left(g^{\mu\mu}\right)\operatorname{Diag}\left(\overset{\vee}{R}_{\mu\mu}\right) = \operatorname{Diag}\left(g^{\mu\mu}\,\overset{\vee}{R}_{\mu\mu}\right)$$

Damit kann schließlich der Krümmungsskalar berechnet werden.

$$\begin{aligned}\overset{\circ}{R} &= \operatorname{sp}\underline{\overset{\vee}{\mathbf{R}}}{}^{\#}_{\#} = \sum\nolimits_{\mu=0}^{3} g^{\mu\mu}\,\overset{\vee}{R}_{\mu\mu} \\ &= 2\left[A'' + A'^2 - A'B' + \frac{2}{r}\left(A' - B'\right)\right]\mathrm{e}^{-2B} - \frac{2}{r^2}\left(1 - \mathrm{e}^{-2B}\right)\end{aligned}$$

Nach der Vakuumgleichung (11.45)

$$\overset{\vee}{E}_{\mu\mu} = \overset{\vee}{R}_{\mu\mu} - \frac{1}{2}\,\overset{\circ}{R}\,g_{\mu\mu} = 0$$

erhält man die Elemente des EINSTEIN-Tensors.

$$\begin{aligned}\overset{\vee}{E}_{00} &= \left(\frac{2B'}{r} - \frac{1}{r^2}\right)\mathrm{e}^{2(A-B)} + \frac{1}{r^2}\,\mathrm{e}^{2A} = 0 \\ \overset{\vee}{E}_{11} &= \frac{1}{r^2}\,\mathrm{e}^{2B} - \frac{2A'}{r} - \frac{1}{r^2} = 0 \\ \overset{\vee}{E}_{22} &= -\,r^2\left[A'' + A'^2 - A'B' - \frac{A' - B'}{r}\right]\mathrm{e}^{-2B} = 0 \\ \overset{\vee}{E}_{33} &= -\,r^2\sin^2\vartheta\left[A'' + A'^2 - A'B' - \frac{A' - B'}{r}\right]\mathrm{e}^{-2B} = 0\end{aligned}$$

11.5.10.3 SCHWARZSCHILD-Metrik und Alternativen

Um die Metrik zu berechnen, benötigt man nur die beiden ersten Elemente des EINSTEIN-Tensors, aus denen folgt,

$$\mathrm{e}^{2B} = 1 - 2rB' = 1 + 2rA' \quad \rightarrow \quad 2r\left(A' + B'\right) = 0$$

was man sofort integrieren kann.

$$\frac{d}{dr}\left(A + B\right) = 0 \quad \rightarrow \quad A + B = 0$$

Dabei wird die Integrationskonstante Null gesetzt, da man eine beliebige Neuskalierung der r-Achse durchführen kann.

Aus $\check{E}_{00}$ folgt eine Darstellung, die man ebenfalls integrieren kann.

$$1 - \mathrm{e}^{-2B} + 2rB'\,\mathrm{e}^{-2B} = \frac{d}{dr}\left[r\left(1 - \mathrm{e}^{-2B}\right)\right] = 0$$

$$1 - \mathrm{e}^{-2B} = 1 - \mathrm{e}^{2A} = 1 - g_{00} = \frac{C}{r}$$

Die Integrationskonstante C, die aus dem Vergleich mit dem NEWTON'schen Grenzfall (11.24) bestimmt wird, stellt sich als **SCHWARZSCHILD-Radius** R_S heraus, der bereits in (11.25) angegeben und in seiner Bedeutung erläutert wurde.

$$\boxed{g_{00} = \mathrm{e}^{2A(r)} = \mathrm{e}^{-2B(r)} = 1 - \frac{R_S}{r}} \quad \rightarrow \quad \boxed{R_S = 2\,\frac{GM}{c^2}} \tag{11.47}$$

Mit dieser Lösung ist das Wegelement bestimmt, das die **SCHWARZSCHILD-Metrik** definiert.

$$\boxed{ds^2 = -\left(1 - \frac{R_S}{r}\right)c^2dt^2 + \frac{dr^2}{\left(1 - \frac{R_S}{r}\right)} + r^2 d\vartheta^2 + r^2 \sin^2\vartheta\, d\varphi^2} \tag{11.48}$$

Die Metrik ist sowohl **stationär** als auch **statisch**, da die metrischen Faktoren $g_{\mu\mu}$ keine Funktionen der Zeit t sind. Für große Entfernungen $r \rightarrow \infty$ von der gravitierenden Masse M geht die SCHWARZSCHILD-Metrik in die flache Raumzeit der MINKOWSKI-Metrik (11.20) bzw. (11.21) über, so dass die oben geforderte **asymptotische Flachheit** erfüllt wird.

Damit stellte die SCHWARZSCHILD-Lösung von 1916 nach genau 250 Jahren mit den ersten NEWTON'schen Überlegungen zur Gravitation (1666) die **Verallgemeinerung der NEWTON'schen Gravitationstheorie** für einen einzelnen homogenen, massiven Kugelkörper dar!

Der SCHWARZSCHILD-Radius R_S bestimmt die Abweichung vom flachen, euklidischen Raum und damit die relativistischen Effekte. Mit den Werten (11.26) für Erde und Sonne gilt,

$$\frac{R_{S_E}}{R_E} = 1.39 \cdot 10^{-9} \ll \frac{R_{S_\odot}}{R_\odot} = 4.24 \cdot 10^{-6} \ll 1 \tag{11.49}$$

wonach wegen $g_{00} \approx 1$ nur eine sehr geringe Abweichung von der MINKOWSKI-Metrik resultiert.

Für $r = R_S$ tritt in (11.48) eine **Singularität** auf. Mit dem SCHWARZSCHILD-Radius der Sonne gilt,

$$\frac{2G}{c^2} = \frac{R_S}{M} = \frac{R_{S\odot}}{M_\odot} \quad \rightarrow \quad R_S = \frac{M}{M_\odot} R_{S\odot} \approx \frac{M}{M_\odot} \times 3\,\mathrm{km}$$

so dass selbst bei Sternen mit mehreren Sonnenmassen deren SCHWARZSCHILD-Radien weit im Inneren der Sternkörper liegt.

Damit bleibt die SCHWARZSCHILD-Lösung im Außenraum von Sternen mit $r > R \gg R_S$ gültig und die Singularität hat keine Auswirkung.

Bei dieser Lösung handelt es sich jedoch um eine **hebbare Singularität des Raumes**, die durch die Wahl der Koordinaten auftritt und keine physikalische, gravitationsbedingte Eigenschaft darstellt. Das entspricht den Punkten von Nord- und Südpol bei Kugelkoordinaten, die nur eine Besonderheit der Koordinaten aber nicht des Raumes darstellen, da man die Pole durch Drehung des Koordinatensystems an andere Raumpunkte verlegen kann.

Durch eine geeignete Transformation der radialen Koordnate r kann man das Wegelement ds^2 in eine Form bringen, die keine Singularität mehr aufweist. Führt man als Beispiel die neue radiale Koordinate r^* durch folgende Definition ein, [31, S. 110],

$$r = \Big(1 + \underbrace{\frac{R_S}{4r^*}}_{=q}\Big)^2 r^* = (1+q)^2 r^* \quad \rightarrow \quad R_S = 4qr^*$$

$$1 - \frac{R_S}{r} = 1 - \frac{R_S}{(1+q)^2 r^*} = 1 - \frac{4q}{(1+q)^2} = \left(\frac{1-q}{1+q}\right)^2$$

$$\frac{dr}{dr^*} = (1+q)^2 - 2(1+q)q = (1-q)(1+q)$$

dann lautet das Wegelement

$$ds^2 = -\left(\frac{1-q}{1+q}\right)^2 c^2 dt^2 + (1+q)^4 \left[dr^{*2} + r^{*2} d\vartheta^2 + r^{*2} \sin^2\vartheta\, d\varphi^2\right]$$

Für $r = R_S$ gilt

$$R_S = \left(1+q\right)^2 r^* = \left(1+q\right)^2 \frac{R_S}{4q}$$

$$\left(1+q\right)^2 - 4q = \left(1-q\right)^2 = 0$$

und damit $q = 1$, so dass ds^2 endlich bleibt.

Für $r^* \gg R_S$ bzw. $q \ll 1$ lautet die Darstellung des Wegelementes,

$$ds^2 \approx -\left(1-4q\right)c^2 dt^2 + \left(1+4q\right)\left[dr^{*2} + r^{*2} d\vartheta^2 + r^{*2}\sin^2\vartheta\, d\varphi^2\right]$$

aus der man in Ergänzung zu (11.24) beim NEWTON'schen Grenzfall die Abweichungen von der flachen Raumzeit der MINKOWSKI'schen Metrik in Kugelkoordinaten ablesen kann.

Im Jahre 1923 bewies der amerikanische Mathematiker George BIRKHOFF eine Verallgemeinerung der SCHWARZSCHILD-Lösung. Er konnte zeigen, dass selbst bei nichtstatischer kugelsymmetrischer Gravitationsquelle, die sich isotrop in jeder radialen Richtung ändert, die Lösung im Außenraum der Masse durch die SCHWARZSCHILD-Metrik gegeben ist.

Dieses **Theorem von BIRKHOFF** bedeutet, dass eine sich isotrop ändernde Masse (radial ausdehnend, schrumpfend oder pulsierend) kein zeitlich variierendes Feld in den Außenraum abgibt und damit auch keine Gravitationswellen abstrahlen kann. Jede kugelsymmetrische Lösung der Vakuumgleichung ist damit statisch, [23, S. 154].

11.5.10.4 Bahnkurven unter SCHWARZSCHILD-Metrik

Erste Lösung

Die Bahnkurven, die Objekte im RIEMANN'schen Raum durchlaufen, werden durch das System (2.73) von gekoppelten Differentialgleichungen beschrieben, die geodätische Linien im Raum darstellen.

$$\frac{d^2x^k}{ds^2} + \sum_{\mu=0}^{3}\sum_{\nu=0}^{3} \Gamma_{\mu\nu}^{\,k}\,\frac{dx^\mu}{ds}\,\frac{dx^\nu}{ds} = 0$$

Für die SCHWARZSCHILD-Metrik lauten diese Gleichungen für die vier Variablen $(jct, r, \vartheta, \varphi)$ mit den CHRISTOFFEL-Symbolen nach (11.46)

$$(0)\quad \frac{d^2 t}{ds^2} + 2\,\Gamma^{\,0}_{0\,1}\,\frac{dt}{ds}\,\frac{dr}{ds} = 0$$

$$(1)\quad \frac{d^2 r}{ds^2} - c^2\,\Gamma^{\,1}_{0\,0}\left(\frac{dt}{ds}\right)^2 + \Gamma^{\,1}_{1\,1}\left(\frac{dr}{ds}\right)^2 + \Gamma^{\,1}_{2\,2}\left(\frac{d\vartheta}{ds}\right)^2 + \Gamma^{\,1}_{3\,3}\left(\frac{d\varphi}{ds}\right)^2 = 0$$

$$(2)\quad \frac{d^2 \vartheta}{ds^2} + 2\,\Gamma^{\,2}_{1\,2}\,\frac{dr}{ds}\,\frac{d\vartheta}{ds} + \Gamma^{\,2}_{3\,3}\left(\frac{d\varphi}{ds}\right)^2 = 0$$

$$(3)\quad \frac{d^2 \varphi}{ds^2} + 2\,\Gamma^{\,3}_{1\,3}\,\frac{dr}{ds}\,\frac{d\varphi}{ds} + 2\,\Gamma^{\,3}_{2\,3}\,\frac{d\vartheta}{ds}\,\frac{d\varphi}{ds} = 0$$

Die Gleichung (2) wird wegen $\Gamma^{\,2}_{3\,3} = -\,\sin\vartheta\cos\vartheta$ durch den folgenden festen Wert von ϑ identisch erfüllt.

$$\vartheta = \frac{\pi}{2} \qquad \rightarrow \qquad \frac{d^2\vartheta}{ds^2} = \frac{d\vartheta}{ds} = 0$$

Dadurch ist die gesamte Bahnkurve eben und liegt in der Äquatorialebene. Aus (3) folgt dann mit $\Gamma^{\,3}_{2\,3} = \cot\vartheta = \cot(\pi/2) = 0$

$$\frac{d^2\varphi}{ds^2} + \frac{2}{r}\,\frac{dr}{ds}\,\frac{d\varphi}{ds} = \frac{1}{r^2}\,\frac{d}{ds}\left[r^2\,\frac{d\varphi}{ds}\right] = 0$$

mit dem Integral

$$r^2\,\frac{d\varphi}{ds} = \text{const.} = C_\varphi \qquad \rightarrow \qquad \frac{d\varphi}{ds} = \frac{C_\varphi}{r^2}$$

Aus (0) folgt

$$\frac{d^2 t}{ds^2} + 2\,\frac{dA}{dr}\,\frac{dr}{ds}\,\frac{dt}{ds} = \frac{d^2 t}{ds^2} + 2\,\frac{dA}{ds}\,\frac{dt}{ds} = \mathrm{e}^{-2A}\,\frac{d}{ds}\left[\mathrm{e}^{2A}\,\frac{dt}{ds}\right] = 0$$

mit dem Integral und (11.47)

$$\mathrm{e}^{2A}\,\frac{dt}{ds} = \text{const.} = C_t \qquad \rightarrow \qquad \frac{dt}{ds} = C_t\,\mathrm{e}^{-2A} = \frac{C_t}{\left(1 - \dfrac{R_S}{r}\right)}$$

Schließlich erhält man aus (1) eine Beziehung, in die man $B = -A$ sowie die bisherigen Ergebnisse einsetzt. Anschließend wird mit $2\,\mathrm{e}^{-2A}\,dr/ds$ multipliziert, um die Gleichung als Differential darzustellen, die man dann direkt integrieren kann.

$$\frac{d^2r}{ds^2} + c^2\,\frac{dA}{dr}\;\underbrace{\mathrm{e}^{4A}\left(\frac{dt}{ds}\right)^2}_{=C_t^2} - \frac{dA}{dr}\left(\frac{dr}{ds}\right)^2 - r\,\mathrm{e}^{2A}\underbrace{\left(\frac{d\varphi}{ds}\right)^2}_{=C_\varphi^2/r^4} = 0$$

$$\frac{d^2r}{ds^2} - \frac{dA}{dr}\left(\frac{dr}{ds}\right)^2 + c^2C_t^2\,\frac{dA}{dr} - \frac{C_\varphi^2}{r^3}\,\mathrm{e}^{2A} = 0$$

$$2\left[\frac{dr}{ds}\,\frac{d^2r}{ds^2} - \frac{dA}{dr}\,\frac{dr}{ds}\left(\frac{dr}{ds}\right)^2 + c^2C_t^2\,\frac{dA}{dr}\,\frac{dr}{ds}\right]\mathrm{e}^{-2A} - \frac{2C_\varphi^2}{r^3}\,\frac{dr}{ds} = 0$$

$$\frac{d}{ds}\left[\left(\frac{dr}{ds}\right)^2\mathrm{e}^{-2A} - c^2C_t^2\,\mathrm{e}^{-2A} + \frac{C_\varphi^2}{r^2}\right] = 0$$

$$\rightarrow\qquad \left(\frac{dr}{ds}\right)^2\mathrm{e}^{-2A} - c^2C_t^2\,\mathrm{e}^{-2A} + \frac{C_\varphi^2}{r^2} = \text{const.} = C_r$$

$$\left(\frac{dr}{ds}\right)^2 - c^2C_t^2 + \left(\frac{C_\varphi^2}{r^2} - C_r\right)\mathrm{e}^{2A} = 0$$

In diese Differentialgleichung führt man C_φ und zur Bahnbestimmung wie bei (3.30) die Koordinate des **reziproken Abstands** $\zeta = 1/r$ ein.

$$\left.\begin{aligned} \frac{1}{ds} &= \frac{C_\varphi}{r^2}\,\frac{1}{d\varphi} \\ d\zeta &= -\frac{1}{r^2}\,dr \end{aligned}\right\}\qquad\rightarrow\qquad \left(\frac{dr}{ds}\right)^2 = \left(\frac{C_\varphi}{r^2}\right)^2\left(\frac{dr}{d\varphi}\right)^2 = C_\varphi^2\left(\frac{d\zeta}{d\varphi}\right)^2$$

Mit $\mathrm{e}^{2A} = 1 - R_S\,\zeta$ nach (11.47) wird die entstehende Gleichung

$$C_\varphi^2\left(\frac{d\zeta}{d\varphi}\right)^2 - c^2C_t^2 + \left(C_\varphi^2\zeta^2 - C_r\right)\left(1 - R_S\,\zeta\right) = 0$$

durch C_φ^2 dividiert und nach φ differenziert,

$$2\,\frac{d\zeta}{d\varphi}\,\frac{d^2\zeta}{d\varphi^2} + 2\,\zeta\,\frac{d\zeta}{d\varphi}(1 - R_S\,\zeta) - \left(\zeta^2 - \frac{C_r}{C_\varphi^2}\right)R_S\,\frac{d\zeta}{d\varphi} = 0$$

woraus man nach Division durch $2\,d\zeta/d\varphi$ schließlich folgendes Ergebnis erhält.

$$\frac{d^2\zeta}{d\varphi^2} + \zeta = -\frac{1}{2}\,R_S\,\frac{C_r}{C_\varphi^2} + \frac{3}{2}\,R_S\,\zeta^2$$

Der Vergleich des konstanten Gliedes auf der rechten Seite mit der Lösung des KEPLER-Problems (3.30) und der dortigen Abkürzung p nach (3.22) liefert folgende Äquivalenz, da die Konstanten C_r und C_φ noch unbestimmt sind.

$$-\frac{1}{2}\,R_S\,\frac{C_r}{C_\varphi^2} = \underbrace{\left(-\frac{C_r}{C_\varphi^2}\,\frac{1}{c^2}\right)}_{=1/C^2} GM = \frac{GM}{C^2} = \frac{1}{p}$$

Die **Bahnkurve** eines materiellen Körpers im RIEMANN'schen Raum erfüllt eine **nichtlineare Differentialgleichung**, die sich von der linearen Gleichung (3.30) der NEWTON'schen Dynamik um das in ζ quadratische Glied auf der rechten Seite unterscheidet.

$$\boxed{\frac{d^2\zeta}{d\varphi^2} + \zeta = \frac{1}{p} + \frac{3}{2}\,R_S\,\zeta^2} \tag{11.50}$$

Zweite Lösung (nach [36, S. 296])

Jede Bewegung mechanischer Systeme verläuft auf Bahnkurven, bei denen nach dem **HAMILTON'schen Prinzip der stationären Wirkung** das Wirkungsintegral

$$S = \int L\big(q_i, \dot{q}_i, t\big)\,dt \qquad \rightarrow \qquad \delta S = 0 \tag{11.51}$$

einen **Extremwert** annimmt. Vergleichbare Betrachtungen wurden im *Abschnitt 2.3.5* im Zusammenhang mit geodätischen Linien angestellt.

Dabei bedeutet L die **LAGRANGE-Funktion**

$$L = E_{\text{kin}} - W_{\text{pot}}$$

und die Größen q_i heißen generalisierte Koordinaten, [45, Gln. (7.9/12.2)].

Die Weltlinie eines Körpers im RIEMANN'schen Raum ist nach *Abschnitt 2.3.5* eine geodätische Linie, die das Funktional (2.74) erfüllen muss,

$$\delta \int ds = \delta \int \frac{ds}{d\varphi}\, d\varphi = 0$$

so dass man bei $q_i \mathrel{\hat{=}} t, r, \vartheta, \varphi$ den Integranden als LAGRANGE-Funktion deuten kann.

Für **zeitartige Bahnkurven** ist wegen $ds^2 < 0$ nach (7.35) das **Wegelement** ds **imaginär**. Für den Integranden gilt gemäß der SCHWARZSCHILD-Gleichung (11.48), wenn man sie mit

$$L \mathrel{\hat{=}} \sigma = \frac{ds}{d\varphi}, \qquad t' = \frac{dt}{d\varphi}, \qquad r' = \frac{dr}{d\varphi}, \qquad \vartheta' = \frac{d\vartheta}{d\varphi},$$

umschreibt, die folgende Beziehung.

$$\begin{aligned}\sigma^2 = \left(\frac{ds}{d\varphi}\right)^2 = -\left(1 - \frac{R_S}{r}\right) c^2 \left(\frac{dt}{d\varphi}\right)^2 &+ \frac{1}{\left(1 - \frac{R_S}{r}\right)} \left(\frac{dr}{d\varphi}\right)^2 \\ &+ r^2 \left(\frac{d\vartheta}{d\varphi}\right)^2 + r^2 \sin^2 \vartheta \end{aligned} \tag{11.52}$$

Die Extremwertbestimmung für das Wirkungsintegral (11.51) führt auf die **EULER-LAGRANGE-Gleichungen**, [45, Gln. (7.10/12.3)], bei denen an Stelle der meist auftretenden Variablen t für die äußere Ableitung hier wegen der Bahnbeschreibung die Variable φ verwendet wird. Die Variable q_i durchläuft dann die drei restlichen Koordinaten.

$$\frac{d}{d\varphi}\left(\frac{\partial \sigma}{\partial q_i'}\right) - \frac{\partial \sigma}{\partial q_i} = 0 \qquad (q_i = t, r, \vartheta)$$

In geeigneter Reihenfolge ϑ, t, r der Ableitungen erhält man folgende Beziehungen.

$$q_i = \vartheta \quad \rightarrow \quad \frac{d}{d\varphi}\left(\frac{\partial \sigma}{\partial \vartheta'}\right) - \frac{\partial \sigma}{\partial \vartheta} = \frac{d}{d\varphi}\left(\frac{r^2 \vartheta'}{\sigma}\right) - \frac{r^2 \sin\vartheta \cos\vartheta}{\sigma} = 0$$

Die Gleichung wird in zwei Fällen identisch erfüllt, wobei nur der erste für eine periodische Bahnbeschreibung in Frage kommt.

$\vartheta = \frac{\pi}{2} \quad \rightarrow \quad$ Planetenbahn in der Äquatorialebene

$\vartheta = 0 \quad \rightarrow \quad$ Meteorbahn auf der Rotationsachse

$$q_i = t \quad \rightarrow \quad \frac{d}{d\varphi}\left(\frac{\partial\sigma}{\partial t'}\right) - \frac{\partial\sigma}{\partial t} = \frac{d}{d\varphi}\left\{ -\frac{1}{\sigma} \underbrace{c^2\left(1 - \frac{R_S}{r}\right)t'}_{\text{reell}} \right\} = 0$$

Damit folgt bei imaginärem $\sigma \sim ds$ eine imaginäre Integrationskonstante.

$$\frac{1}{\sigma}\left(1 - \frac{R_S}{r}\right)t' = \text{const.} = j\kappa \tag{11.53}$$

Bei der dritten Variablen $q_i = r$ wird eine Beziehung der HAMILTON'schen Mechanik verwendet. Mit den generalisierten Geschwindigkeiten oder Impulsen, [45, Gl. (9.1)],

$$p_i = \frac{\partial L}{\partial \dot{q}_i} \mathrel{\hat{=}} \frac{\partial\sigma}{\partial \dot{q}_i}$$

lautet die **HAMILTON-Funktion**, [45, Gl. (10.1)].

$$H\big(q_i, p_i, t\big) = \sum_k p_k \dot{q}_k - L\big(q_i, \dot{q}_i, t\big) = E_{\text{kin}} + W_{\text{pot}} = W_{\text{ges}} \tag{11.54}$$

Wenn die Funktion H nicht explizit von der Zeit t abhängt, dann gilt die Erhaltung der Gesamtenergie,

$$\frac{dH}{dt} = 0 \quad \rightarrow \quad H\big(q_i, p_i\big) = W_{\text{ges}} = \text{const.}$$

wie im vorliegenden Fall, bei der die Konstante ebenfalls imaginär angesetzt wird. Nach (11.54) folgt dann

$$H\big(r, \vartheta, t', r', \vartheta'\big) = \frac{\partial\sigma}{\partial t'}t' + \frac{\partial\sigma}{\partial r'}r' + \frac{\partial\sigma}{\partial\vartheta'}\vartheta' - \sigma\big(r, \vartheta, t', r', \vartheta'\big) = j\xi$$

Nach Multiplikation mit σ und Bildung der Differenz auf der linken Seite ergibt sich, weil sich die meisten Glieder aufheben

$$\begin{aligned} \frac{1}{2}\left(\frac{\partial\sigma^2}{\partial t'}t' + \frac{\partial\sigma^2}{\partial r'}r' + \frac{\partial\sigma^2}{\partial\vartheta'}\vartheta'\right) - \sigma^2\big(r, \vartheta, t', r', \vartheta'\big) &= j\xi\,\sigma \\ -r^2\sin^2\vartheta &= j\xi\,\sigma \end{aligned}$$

Mit $\vartheta = \pi/2$ erhält man

$$\sigma = -\frac{r^2}{j\xi} \tag{11.55}$$

und aus (11.52) mit (11.53) folgt

$$-\frac{r^4}{\xi^2} = -\left(\frac{\kappa}{\xi}\right)^2 \frac{c^2}{1-\dfrac{R_S}{r}}\, r^4 + r^2 + \frac{r'^2}{1-\dfrac{R_S}{r}}$$

Führt man den reziproken Abstand ein,

$$\zeta = \frac{1}{r} \quad \rightarrow \quad \frac{d\zeta}{d\varphi} = \zeta' = -\frac{1}{r^2}\frac{dr}{d\varphi} = -\frac{r'}{r^2} = -\zeta^2 r'$$

und multipliziert mit $(1 - R_S\zeta)\zeta^4$, dann ergibt sich die Beziehung

$$(1 - R_S\zeta)\,\frac{1}{\xi^2} - \left(\frac{c\kappa}{\xi}\right)^2 + (1 - R_S\zeta)\zeta^2 + \left(\zeta'\right)^2 = 0$$

Wenn man sie nach φ differenziert und die innere Ableitung ζ' kürzt, dann entsteht nach Umordnung die Differentialgleichung (11.50), bei der lediglich das konstante Glied auf der rechten Seite in anderer Gestalt erscheint.

$$\boxed{\frac{d^2\zeta}{d\varphi^2} + \zeta = \frac{R_S}{3\,\xi^2} + \frac{3}{2}\, R_S\, \zeta^2} \qquad (11.56)$$

11.5.11 Periheldrehung des Merkur

Die Bahnkurven der Planeten im Sonnensystem sind nach dem 1. KEPLER'schen Gesetz, *(s. Abschnitt 3.1.7)*, in guter Näherung Ellipsen mit der Sonne in einem der beiden Brennpunkte. Der minimale Brennpunktabstand heißt **Perihel**, der maximale **Aphel** und beide sind verbunden durch die **Apsidenlinie**.

Eine **Ellipse** hat die definierende Eigenschaft, dass die Summe der Strecken von den Brennpunkten F und F^*, die den Brennpunktsabstand $2f$ voneinander haben, zum beliebigen Punkt R der Peripherie die feste Länge $2a$ der großen Achse hat, *(Abbildung 11.9)*.

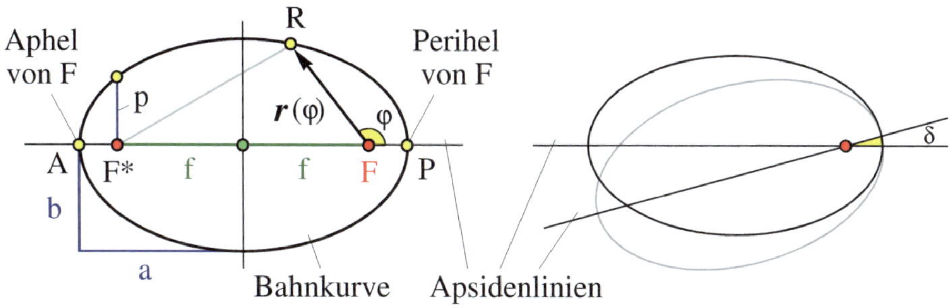

Abb. 11.9: Elliptische Bahnkurve und Periheldrehung

Aus dieser Definition können folgende Beziehungen abgeleitet werden.

- numerische Exzentrizität $\varepsilon = \frac{f}{a} = \frac{1}{a}\sqrt{a^2 - b^2} < 1$
- senkrechter Brennpunktsabstand $p = r\left(\frac{\pi}{2}\right) = a\,(1 - \varepsilon^2) = \frac{b^2}{a}$
- Periheldistanz $r(0) = r_{min} = a - f = \frac{p}{1+\varepsilon}$
- Apheldistanz $r(\pi) = r_{max} = a + f = \frac{p}{1-\varepsilon}$

Die elliptischen Bahnkurven der **Planeten** haben folgende **Differentialgleichungen** für den reziproken Abstand $\zeta(\varphi)$ zwischen einem Brennpunkt und einem Punkt des Orbits.

Kepler, Newton
$$\frac{d^2\zeta_K}{d\varphi^2} + \zeta_K = \frac{1}{p} \tag{3.30}$$

Schwarzschild
$$\frac{d^2\zeta_S}{d\varphi^2} + \zeta_S = \frac{1}{p} + \frac{3}{2}\,R_S\,\zeta_S^2 \tag{11.50}$$

Das quadratische Zusatzglied im relativistischen Fall ist klein und hat wenig Einfluss auf die Bahnkurve, wirkt aber als Störgröße auf die Lage des Perihels.

Legt man $\varphi = 0$ in Richtung des Perihels, bei dem ζ_{max} bzw. r_{min} gelten, dann stellt der reziproke Abstand eine gerade Funktionen von φ dar. Da die Kepler-Newton'sche Lösung $\zeta_K(\varphi)$ nach (3.30) bekannt ist, macht man für die Schwarzschild-Lösung einen entsprechenden Störansatz als Reihe nach cos-Funktionen von $\alpha\varphi$ für den zu bestimmenden, nahe bei Eins liegenden Parameter α, bei dem die höheren Glieder nur sehr kleine Beiträge liefern, [36, S. 298].

$$\zeta_K(\varphi) = \frac{1}{p}\left(1 + \varepsilon\cos\varphi\right)$$

$$\zeta_S(\varphi) = A + B\cos\alpha\varphi + C\cos 2\alpha\varphi + \ldots$$

Für Perihel und Aphel gelten folgende Darstellungen, die man addiert.

$$\left.\begin{aligned} \zeta_{S_{max}}(\alpha\varphi = 0) &= A + B + \ldots &= \frac{1}{r_{min}} = \frac{1+\varepsilon}{p} \\ \zeta_{S_{min}}(\alpha\varphi = \pi) &= A - B + \ldots &= \frac{1}{r_{max}} = \frac{1-\varepsilon}{p} \end{aligned}\right\} \quad \rightarrow \quad A \approx \frac{1}{p}$$

Setzt man ζ_S in die Differentialgleichung ein, so folgt mit $A = 1/p$ und $q = 3R_S/2$

$$\begin{aligned} &\frac{1}{p} + B(1-\alpha^2)\cos\alpha\varphi + C(1-4\alpha^2)\cos 2\alpha\varphi + \ldots \\ &\qquad = \frac{1}{p} + q\left(\frac{1}{p^2} + \frac{B^2}{2} + \frac{C^2}{2}\right) + qB\left(\frac{2}{p} + C\right)\cos\alpha\varphi \\ &\qquad\qquad + q\left(\frac{B^2}{2} + \frac{2C}{p}\right)\cos 2\alpha\varphi + \ldots \end{aligned}$$

Der Vergleich des Koeffizienten von $\cos\alpha\varphi$ liefert eine Bestimmungsgleichung für den Zusammenhang zwischen A und α, da B entfällt und C vernachlässigt werden kann.

$$B(1-\alpha^2) \approx B\,\frac{2q}{p}$$

$$\alpha = \sqrt{1 - 2\,\frac{q}{p}} \approx 1 - \frac{q}{p} \quad \rightarrow \quad 1 - \alpha \approx \frac{q}{p} = \frac{3R_S}{2p}$$

Die Periheldrehung ergibt sich daraus, dass sich die Apsidenlinie in *Abbildung 11.9*, die Perihel und Aphel verbindet, während eines Umlaufs um den Winkel δ dreht. Für einen vollen Planetenumlauf von Perihel zu Perihel durchläuft φ daher einen größeren Winkelbereich, so dass wegen $\alpha \approx 1$ gilt

$$\psi = 2\pi = \alpha\varphi = \alpha\left(2\pi + \delta\right)$$

$$\delta = 2\pi\,\frac{1-\alpha}{\alpha} \approx 2\pi\,(1-\alpha) \approx 2\pi\,\frac{3R_S}{2p}$$

Mit den Größen $M_\odot$ und $R_{S_\odot}$ der Sonne und der Größe $p = a(1-\varepsilon^2)$ der Ellipsenbahn erhält man folgenden Ausdruck für den **Winkel der Periheldrehung** pro Umlauf eines Planeten im Sonnensystem.

$$\boxed{\delta = \frac{3\pi}{a\,(1-\varepsilon^2)}\, R_{S_\odot} = \frac{6\pi}{a\,(1-\varepsilon^2)}\,\frac{GM_\odot}{c^2}} \tag{11.57}$$

Größere Werte für δ ergeben sich bei Planeten mit kleiner Halbachse a und großer Exzentrizität ε. Da **Merkur** als innerster Planet des Sonnensystems gleichzeitig die größte Exzentrizität aufweist, konnte man seine Periheldrehung am besten mit der theoretischen Voraussage vergleichen.
Für die **Merkurbahn** gelten folgende Werte, [23, S. 205, 300].

große Halbachse	$a = 5.791 \cdot 10^{10}\,\mathrm{m}$
Umlauf in Tagen	$d = 87.969$
Exzentrizität	$\varepsilon = 0.2067$

Pro Jahrhundert gibt es unter Berücksichtigung der Schaltjahre 36 525 Tage und damit 415.2 Umläufe des Merkur. Der Winkel δ wird von Bogenmaß mit dem Faktor $3600 \cdot 180/\pi$ in Bogensekunden umgerechnet. Mit dem SCHWARZSCHILD-Radius der Sonne (11.26) erhält man den Wert

$$\begin{aligned} \delta &= 5.015 \cdot 10^{-7}\,\mathrm{rad} \\ \delta^* &= \delta \cdot 415.2 \cdot 3600 \cdot \frac{180}{\pi} \\ &= 42.95\text{''}\ \text{pro Jahrhundert,} \end{aligned}$$

der den gemessenen und nach der NEWTON'schen Dynamik unerklärbaren Restwert der Periheldrehung ergibt und damit eine glänzende Bestätigung der Relativitätstheorie darstellt!

11.5.12 Lichtablenkung am Sonnenrand

Die Bahnkurven von Licht sind geodätische Linien, für deren lichtartige Wegelemente gemäß (2.28) und (7.35) gilt

$$ds^2 = \sum_{i=0}^{3} \sum_{k=0}^{3} g_{ik}\, du^i\, du^k = 0$$

Nach (11.52) und (11.55) folgt dann

$$ds \sim \sigma = 0 \quad \rightarrow \quad \xi \rightarrow \infty$$

Damit entsteht aus (11.56) die Differentialgleichung der **Bahnkurven von Licht** aus masselosen Photonen, die kein konstantes Glied aufweist.

$$\boxed{\frac{d^2\zeta}{d\varphi^2} + \zeta = \frac{3}{2}\,R_S\,\zeta^2} \tag{11.58}$$

Die homogene Differentialgleichung wird gelöst durch die Funktion

$$\frac{d^2\zeta_{\text{hom}}}{d\varphi^2} + \zeta_{\text{hom}} = 0 \quad \rightarrow \quad \zeta_{\text{hom}} = \frac{1}{d}\,\sin\varphi \quad \rightarrow \quad r_{\text{hom}}(\varphi) = \frac{d}{\sin\varphi}$$

die in der Ebene $z = 0$ eine Parallele zur x-Achse im Abstand d darstellt, [31, S. 117],

$$y = d = r\sin\varphi$$

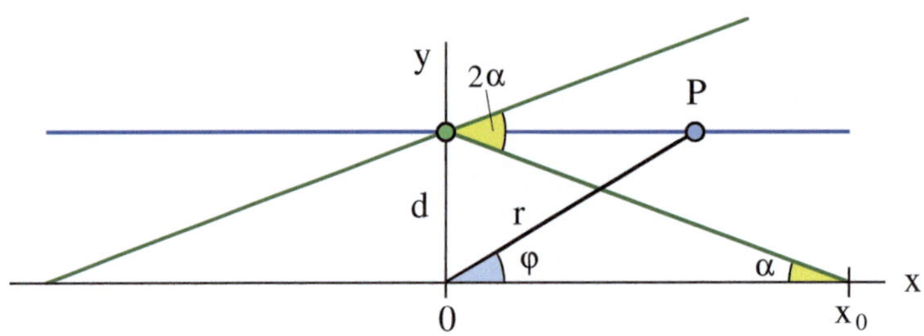

Abb. 11.10: Geometrie zur Lichtablenkung

Da die Lichtablenkung nur sehr gering ist, setzt man für die partikuläre Lösung der Differentialgleichung als Näherung die homogene Lösung in die rechte Seite ein.

$$\frac{d^2\zeta_{\text{part}}}{d\varphi^2} + \zeta_{\text{part}} \approx 3\,\underbrace{\frac{R_S}{2\,d^2}}_{=k}\,\sin^2\varphi = 3\,k\sin^2\varphi$$

Durch Ableiten überzeugt man sich von der Lösung

$$\zeta_{\text{part}} = k\left(1 + \cos^2\varphi\right) = k\left(2\cos^2\varphi + \sin^2\varphi\right)$$

Die Gesamtlösung der Differentialgleichung (11.58) besteht aus der Überlagerung von homogener und partikulärer Lösung.

$$\begin{aligned}\zeta &= \frac{1}{r} = \zeta_{\text{hom}} + \zeta_{\text{part}} \\ &= \frac{1}{d}\left[\sin\varphi + \frac{R_S}{2\,d}\left(2\cos^2\varphi + \sin^2\varphi\right)\right]\end{aligned}$$

$$\begin{aligned}d &= r\sin\varphi + \frac{R_S}{2\,d\,r}\left(2\,r^2\cos^2\varphi + r^2\sin^2\varphi\right) \\ &= y + \frac{R_S}{2\,d}\,\frac{2x^2+y^2}{\sqrt{x^2+y^2}}\end{aligned}$$

$$y = d - \frac{R_S}{2\,d}\,\frac{2x^2+y^2}{\sqrt{x^2+y^2}}$$

Der zweite Summand stellt die Abweichung von der Geraden $y = d$ dar und für große x-Werte gilt

$$y = d - \frac{R_S}{d}\,x \qquad \rightarrow \qquad x_0 = \frac{d^2}{R_S}$$

Der geringe Winkel gegen die x-Achse wird bestimmt durch

$$\tan\alpha = \frac{d}{x_0} = \frac{R_S}{d} \approx \alpha$$

Die gesamte Ablenkung, die doppelt so groß ist, hat mit dem SCHWARZSCHILD-Radius (11.25) bzw. (11.47) den Wert

$$2\alpha = 2\,\frac{R_S}{d} = \frac{2}{d}\,\frac{2\,GM}{c^2}$$

Bei streifendem Weg des Lichts am Sonnenrand, das von einem Stern kommt aber nur bei einer Sonnenfinsternis beobachtet werden kann, ergibt sich der Gesamtwinkel der Lichtablenkung mit den Werten aus (11.26) bzw. (11.49), der auch bei der Expedition bei der Sonnenfinsternis 1919 gemessen wurde.

$$\begin{aligned}2\alpha &= 2\,\frac{R_{S\odot}}{R_\odot} = 2\,\frac{2.95\cdot 10^3}{6.96\cdot 10^8} = 0.486\cdot 10^{-3}\text{ rad} \\ &= 0.486\cdot 10^{-3}\cdot 3600\,\frac{180}{\pi} = 1.75''\end{aligned}$$

11.5.13 Numerische Lösungen der Feldgleichungen

Seit den 1970er Jahren versuchte der Physiker Bryce DeWitt, in Computersimulationen numerische Lösungen der Einstein'schen Feldgleichungen für die Kollision zweier Schwarzer Löchern zu finden, [13, S. 197]. Viele Forscherteams bemühten sich in den folgenden drei Jahrzehnten um solche Lösungen, die bis auf gewisse Fortschritte weitgehend erfolglos blieben, was unter anderem auch an den immensen Kosten für die Supercomputer lag. Das Problem der Kollision Schwarzer Löcher entwickelte sich zu einer großen Herausforderung für die rechnergestützte Physik und gab Anlass für das spezielle Forschungsgebiet der **numerischen Relativität**.

Die numerische Lösung der gekoppelten nichtlinearen Einstein'schen Feldgleichungen gestaltete sich außerordentlich schwierig und konnte erst 2005 von Frans Pretorius durch neue Programmierungsideen erfolgreich abgeschlossen werden. Wegen dieses Durchbruchs wurde das Jahr 2005 als *„annus mirabilis"* der numerischen Relativität bezeichnet, genau 100 Jahre nach dem *„annus mirabilis"* von Einsteins spezieller Relativitätstheorie von 1905, [13, S. 203], [17, S. 82].

Die Simulationsergebnisse, die weitere Forscher mit anderen Methoden bestätigen konnten, lieferten den Astronomen endlich Form und Verlauf der zu erwartenden Gravitationswellensignale bei Annäherung, Vereinigung und Abklingen von binären Systemen aus Schwarzen Löchern und/oder Neutronensternen, anhand derer die **Datenanalyse** von empfangenen Signalen durchgeführt werden konnte.

Inzwischen gibt es Kataloge mit einer riesigen Anzahl von berechneten Wellenformen, die man als **Templates** bezeichnet, für solche Binärsysteme in einem großen Bereich von Sonnenmassen. Man ist daher in der Lage, in den komplexen Mess-Signalen der Interferometer-Systeme durch aufwendige Analyseverfahren Gravitationswellenereignisse aufzufinden und die Objekte zu bestimmen, die sie erzeugt haben. Durch rasche Information und Zusammenarbeit der verschiedenen Interferometer-Systeme sowie weltweiter Teleskopstandorte ist es möglich, eine Fülle von Daten zu sammeln, so dass man auch den Herkunftort der Kollision im Universum lokalisieren kann.

Literaturangaben

[1] **Aczel**, Amir D.:
Die göttliche Formel
Rowohlt Taschenbuch Verlag, Hamburg (2002)

[2] **Anderl**, Sibylle:
Dunkle Materie
Verlag C.H.Beck, München (2022)

[3] **Beckman**, John Etienne:
Multimessenger Astronomie
Springer Nature Switzerland AG, (2024)

[4] **Bellman**, Richard:
Methoden der Störungsrechnung in Mathematik, Physik und Technik
Oldenbourg Verlag München Wien (1967)

[5] **Born**, Max:
Die Relativitätstheorie Einsteins
Springer Verlag, Berlin, Heidelberg, New York, 5. Aufl. (1969)

[6] **Bossert**, Martin / **Bossert**, Sebastian:
Mathematik der digitalen Medien
VDE Verlag GmbH, Berlin, Offenbach (2010)

[7] **Bronstein** et al.:
Taschenbuch der Mathematik
Verlag Europa-Lehrmittel, 11. Aufl. (2020)

[8] **Bucerius**, Hans:
Himmelsmechanik I/II
Bibliographisches Institut, Mannheim (1966)

[9] **Budó**, Agoston:
Theoretische Mechanik
VEB Deutscher Verlag der Wissenschaften, Berlin, 6. Aufl. (1971)

[10] **Einstein**, Albert:
Über die spezielle und die allgemeine Relativitätstheorie
Friedr. Vieweg & Sohn GmbH Verlag, Braunschweig, 7. Aufl. (1920)

[11] **Einstein**, Albert / **Infeld**, Leopold:
Die Evolution der Physik
Anaconda Verlag GmbH, Köln (2014)

[12] **Falk**, Gottfried / **Ruppel**, Wolfgang:
Mechanik, Relativität, Gravitation
Springer Verlag, Berlin, Heidelberg, New York, 3. Aufl. (1983)

[13] **Ferreira**, Pedro G.:
Die perfekte Theorie
Verlag C.H.Beck, München (2014)

[14] **Gleick**, James:
Isaac Newton - Die Geburt des modernen Denkens
Artemis & Winkler Verlag, Düsseldorf und Zürich (2004)

[15] **Goldstein**, Herbert / **Poole**, Charles P. / **Safko**, John L.:
Klassische Mechanik
Wiley-VCH Verlag, Weinheim, 3. Aufl. (2006)

[16] **Grosser**, Morton:
Entdeckung des Planeten Neptun
Suhrkamp Verlag, Frankfurt am Main (1970)

[17] **Grote**, Hartmut:
Gravitationswellen
Verlag C.H.Beck, München (2018)

[18] **Hecht**, Eugene:
Optics
Addison-Wesley Longman Inc., 3. Aufl. (1998)

[19] **Hobson**, Michael P. / **Efstathiou**, George P. / **Lasenby**, Anthony N.:
General Relativity
Cambridge University Press, Cambridge (2006)

[20] **Höfling**, Oskar:
Physik
Ferd. Dümmlers Verlag, 15. Aufl. (1990)

[21] **Jaeger**, Lars:
Die Naturwissenschaften: Eine Biographie
Springer-Verlag, Berlin Heidelberg (2015)

[22] **Kittel**, Charles et al.:
Berkeley Physik Kurs I, Mechanik
Vieweg Verlag, Braunschweig, 5. Aufl. (1991)

[23] **Lambourne**, Robert J. A.:
Relativity, Gravitation and Cosmology
Cambridge University Press, Cambridge (2010)

[24] **Lehner**, Günther:
Elektromagnetische Feldtheorie
Springer Verlag, Berlin, Heidelberg, 7. Aufl. (2010)

[25] **Melcher**, Horst:
Relativitätstheorie in elementarer Darstellung
VEB Deutscher Verlag der Wissenschaften, Berlin, 4. Aufl. (1974)

[26] **Meyer zur Capellen**, Walther:
Integraltafeln
Springer Verlag, Berlin, Göttingen, Heidelberg (1950)

[27] **Misner**, Charles W. / **Thorne**, Kip S. / **Wheeler**, John Archibald:
Gravitation
W. H. Freeman and Company, San Francisco (1973)

[28] **Raschewski**, Petr K.:
Riemannsche Geometrie und Tensoranalysis
Verlag Harri Deutsch, Thun und Frankfurt/Main, 2. Aufl. (1995)

[29] **Rebhan**, Eckhard:
Theoretische Physik: Relativitätstheorie und Kosmologie
Spektrum Akademischer Verlag, Berlin, Heidelberg (2012)

[30] **Ruhrländer**, Michael:
Aufstieg zu den Einsteingleichungen
Pro Business GmbH, Berlin (2014)

[31] **Schröder**, Ulrich E.:
Gravitation, Einführung in die Allgemeine Relativitätstheorie
Verlag Harri Deutsch, 5. Aufl. (2011)

[32] **Schröder**, Ulrich E.:
Spezielle Relativitätstheorie
Verlag Europa Lehrmittel, 5. Aufl. (2014)

[33] **Sexl**, Roman / **Schmidt**, Herbert Kurt:
Raum - Zeit - Relativität
Rowohlt Taschenbuch Verlag, Reinbek bei Hamburg (1978)

[34] **Simonyi**, Károly:
Kulturgeschichte der Physik
Verlag Harri Deutsch, Frankfurt am Main, 3. Aufl. (2004)

[35] **Sobel**, Dava:
Die Planeten
Berliner Taschenbuch Verlag, Berlin (2007)

[36] **Sommerfeld**, Arnold:
Vorlesungen über theoretische Physik III, Elektrodynamik
Akademische Verlagsgesellschaft Geest & Portig, 4. Aufl. (1964)

[37] **Stewart**, Ian:
Die Berechnung des Kosmos
Rowohlt Taschenbuch Verlag, Reinbek bei Hamburg (2018)

[38] **Szabó**, István:
Einführung in die Technische Mechanik
Springer Verlag, Berlin, Göttingen, Heidelberg, 6. Aufl. (1963)

[39] **Szabó**, István:
Höhere Technische Mechanik
Springer Verlag, Berlin, Heidelberg, New York, 5. Aufl. (1977)

[40] **Szabó**, István:
Geschichte der mechanischen Prinzipien
Birkhäuser Verlag, Basel und Stuttgart (1977)

[41] **Taylor**, Edwin F. / **Wheeler**, John Archibald:
Physik der Raumzeit
Spektrum Akademischer Verlag, Heidelberg, Berlin, Oxford (1994)

[42] **Unsöld**, Albrecht / **Baschek**, Bodo:
Der neue Kosmos
Springer-Verlag, Berlin Heidelberg, New York, 7. Aufl. (2002)

[43] **Vaas**, Rüdiger:
Signale der Schwerkraft
Franckh-Kosmos Verlags-GmbH, Stuttgart (2017)

[44] **Volz**, Helmut:
Einführung in die Theoretische Mechanik, I
Akademische Verlagsgesellschaft, Frankfurt am Main (1971)

[45] **Werner**, Wolfgang:
Hamiltonsche Mechanik und Quantenmechanik
Springer Vieweg, Wiesbaden (2023)

[46] **Wussing**, Hans:
Carl Friedrich Gauss
BSB B.G.Teubner Verlagsgesellschaft, Leipzig (1974)

[47] **Der Spiegel**, 13.2.2016, 104

Bild der Wissenschaft

[48] **Vaas**, Rüdiger:
Die neue Ära der Astrophysik
BdW **2**, 11 (2018)

[49] **Vaas**, Rüdiger:
Crash der Sternruinen
BdW **2**, 14 (2018)

[50] **Vaas**, Rüdiger:
Rekorde im Reich der Gravitationswellen
BdW **2**, 26 (2019)

Sterne und Weltraum

[51] **Hechler**, M.:
Die Bahnen der Weltraumteleskope HERSCHEL *und* PLANCK
SuW **1**, 48 (2008)

[52] **Reichert**, U.:
Eine neue Ära der Astrophysik
SuW **4**, 24 (2016)

[53] **Müller**, A.:
Neue Gravitationswelle bricht alle Rekorde
SuW **2**, 38 (2019)

[54] **Grothues**, H.-G., Reiche, J.:
LISA: Das größte Observatorium der Welt
SuW **4**, 26 (2019)

Spektrum der Wissenschaft

[55] **Nobelpreis für Physik** (Weinberg/Salam/Glashow)
SdW **12**, 84 (1979)

[56] **Cohen**, I. Bernhard:
Newtons Gravitationsgesetz - aus Formeln wird eine Idee
SdW **5**, 100 (1981)

[57] **Weisberg**, Joel M., **Taylor**, Joseph H., **Fowler**, Lee A.:
Pulsar PSR1913+16 sendet Gravitationswellen
SdW **12**, 52 (1981)

[58] **Readhead**, Anthony C. S.:
Radioteleskope im weltweiten Verbund
SdW **8**, 24 (1982)

[59] **Hoskin**, Michael:
William Herschel als Wegbereiter der modernen Astronomie
SdW **5**, 108 (1986)

[60] **Kellermann**, Kenneth I., **Thompson**, A. Richard:
Radiointerferometrie mit großen Basislängen
SdW **3**, 58 (1988)

[61] **Courvoisier**, Thierry J.-L., **Robson**, E. Ian:
Der Quasar 3C273
SdW **8**, 94 (1991)

[62] **Reichert**, Uwe:
Indirekter Nachweis von Gravitationswellen
Nobelpreis für Physik (Hulse/Taylor)
SdW **12**, 21 (1993)

[63] **Reichert**, Uwe:
Absturz auf Jupiter
SdW **9**, 18 (1993)

[64] **Reichert**, Uwe:
Der große Kometen-Crash
SdW **9**, 18 (1994)

[65] **Levy**, David H., **Shoemaker**, Eugene M., **Shoemaker**, Carolyn S.:
Wie Shoemaker-Levy 9 auf Jupiter einschlug
SdW **10**, 62 (1995)

[66] **Piran**, Tsvi:
Neutronendoppelsterne
SdW **6**, 52 (1996)

[67] **Disney**, Michael:
Quasare - die kosmischen Mahlströme
SdW **8**, 40 (1998)

[68] **Wolschin**, Georg:
Jagd auf Gravitationswellen
SdW **12**, 48 (2000)

[69] **Novak**, Jérôme:
Neutronensterne: ultradichte Exoten
SdW **3**, 34 (2004)

[70] **Wolschin**, Georg:
Tödlicher Tango
SdW **5**, 16 (2004)

[71] **Kramer**, Michael, **Wex**, Norbert:
Mit Pulsaren auf der Jagd nach Gravitationswellen
SdW **7**, 48 (2011)

[72] **Mokler**, Felicitas:
Asteroiden im Visier
SdW **8**, 50 (2015)

[73] **Janssen**, Michel, **Renn**, Jürgen:
Einsteins Weg zur allgemeinen Relativitätstheorie
SdW **10**, 48 (2015)

[74] **Mokler**, Felicitas:
Warten auf die Welle
SdW **12**, 46 (2015)

[75] **Mokler**, Felicitas:
Gravitationswellen nachgewiesen
SdW **4**, 12 (2016)

[76] **Koschny**, Detlef:
Felsbrocken im All
SdW **5**, 66 (2017)

[77] **Bald wird es erst richtig spannend**
Interview Karsten Danzmann
SdW **10**, 20 (2017)

[78] **Das Echo der Neutronensterne**
SdW **12**, 8 (2017)

[79] **Gast**, Robert:
Auf Einsteins Fährte
Nobelpreis für Physik (Barish/Thorne/Weiss)
SdW **12**, 24 (2017)

[80] **Gast**, Robert:
Das Raumzeitbeben von NGC4993
SdW **1**, 58 (2018)

[81] **Sokol**, Joshua:
Im Inneren eines Neutronensterns
SdW **1**, 66 (2018)

[82] **Castelvecchi**, Davide:
Am Puls der Raumzeit
SdW **10**, 60 (2018)

[83] **Witze**, Alexandra:
Aufräumen im All
SdW **1**, 58 (2019)

[84] **Spektrogramm**:
Mehr als 12 000 neue Lösungen des Dreikörperproblems
SdW **12**, 8 (2023)

[85] **Krag**, Holger:
Um die Erde wird es eng
SdW **8**, 66 (2025)

[86] **Siebel**, Thomas:
Aufräumen im All
SdW **10**, 32 (2025)

Kapitel 12

Astronomie und Kosmologie

Zusammenfassung

Da die NEWTON'sche Himmelsmechanik sowie Aberration und DOPPLER-Effekt und besonders die Allgemeine Relativitätstheorie seit den Tagen ihrer Veröffentlichung die Bereiche von Astronomie und Astrophysik berühren und wesentliche Aussagen darüber machen, werden in einem Überblick astronomische und kosmologische Erkenntnisse im historischen Ablauf dargestellt. Dabei werden wichtige Fragestellungen über Entstehung und Entwicklung des Universums erörtert, die Gegenstand von historischer sowie aktueller Forschung und intensiver wissenschaftlicher Diskussion sind.

Eine Vielzahl von terrestrischen und Weltraumprojekten hat erst in jüngerer Zeit der letzten drei Jahrzehnte überraschende oder sogar spektakuläre, aber bisher auch unverstandene Ergebnisse erbracht. Obwohl viele wichtige und interessante Fragen beantwortet wurden, haben sich auch neue Rätsel bei Ausdehnung und Entwicklung des Weltalls ergeben, wobei Dunkle Materie und Dunkle Energie noch unbekannte Phänomene darstellen, die einer erhofften, künftigen Erklärung harren.

W. Werner, *Vektoren und Tensoren als universelle Sprache in Physik und Technik 2*,
https://doi.org/10.1007/978-3-658-49785-9_12

12.1 Entwicklungsweg der Astronomie

12.1.1 Weltbilder

Seit es Menschen gibt, fasziniert sie der Blick in den nächtlich funkelnden Sternenhimmel, auf den Mythen und Legenden projiziert wurden, um den Willen der Götter zu erkunden und damit das Schicksal der Menschen günstig zu beeinflussen. Die Astronomie als Mutter aller Naturwissenschaften wurde zuerst von den Babyloniern schriftlich fixiert und der Tierkreis, viele Sternbilder und Sternnamen sowie die Sieben-Tage-Woche nach dem Mondkalender sind sumerisch-babylonisches Kulturerbe, das von Griechen und Römern in das abendländische Gedankengut übernommen und integriert wurde.

Neben Sonne und Mond bildeten die fünf bekannten Planeten Merkur, Venus, Mars, Jupiter und Saturn als Wandelsterne eine besondere Kategorie von Himmelsobjekten, die um die **unbewegte Erde als Mitelpunkt des Kosmos** auf eigenen Kristallschalen oder Sphären vor der entfernten Himmelskugel kreisten, an der die unveränderlichen Fixsterne befestigt waren.

Diese antike Vorstellung von ANAXIMANDER (≈ 610 - 546 v.Chr.), PLATON (427 - 347 v.Chr.) und ARISTOTELES (384 - 322 v.Chr.) bildete den Ausgangspunkt des bis in die Neuzeit gültigen **geozentrischen Weltbildes** von **HIPPARCHOS von Nikäa** (≈ 190 -125 v.Chr.) sowie **Claudius PTOLEMÄUS** (≈ 100 -160), das dieser in seinem berühmten Buch *Mathematike Syntaxis, (Mathematische Zusammenstellung)* beschrieb, das arabische Gelehrte um 800 übersetzten und das unter dem lateinischen Titel *Almagest* das gesamte Mittelalter als Abschluss der antiken Astronomie die Grundlage für die Beschreibung der Himmelskörper (Sonne, Mond und Wandelsterne) bildete. Um den Weg der Planeten, die sich nach ARISTOTELES auf idealen Kreisbahnen bewegten, im Einklang mit den Beobachtungen zu beschreiben, entwickelte PTOLEMÄUS eine komplizierte **Epizykeltheorie**, [67], die auf den dreihundert Jahre zurückliegenden Untersuchungen des APOLLONIUS von Perge aufbaute.

Das bereits früher von **ARISTARCH von Samos** (≈ 310 - 230 v.Chr.) postulierte **heliozentrische Weltbild** mit der unbewegten Sonne im Mittelpunkt der sie umkreisenden Erde und der Planeten konnte sich nicht durchsetzen, da die geozentrische Vorstellung besser der Weltanschauung von biblischem Schöpfungsbericht und antikem Denken entsprach, bei der der Mensch das

Maß aller Dinge sei, und die daher der Erde den bevorzugten Platz in der Mitte des Kosmos einräumte.

In praktischer Hinsicht gehen wichtige Beiträge auf den vielseitigen griechischen Gelehrten **Eratosthenes von Kyrene** (≈ 276 - 194 v.Chr.) zurück, der etwa ein halbes Jahrhundert lang die bedeutendste Bibliothek der Antike in Alexandria leitete. Die Kugelgestalt der Erde wurde schon von den Pythagoräern gelehrt, aber im Zusammenhang mit einer Karte der *Oikumene*, der gesamten bewohnten Welt der Antike, wurde die **Bestimmung des Erdumfanges** von Eratosthenes durchgeführt. Er entwickelte die Methode der **Gradmessung**, bei der man durch geodätische Messung die Länge des Meridianbogens zwischen Alexandria und Syene, dem heutigen Assuan, die beide auf etwa gleichem Längengrad liegen, bestimmt, während durch astronomische Beobachtung der Zentriwinkel dieses Bogens aus Schattenlängen zum Zeitpunkt der Sommersonnenwende in beiden Städten ermittelt wurde. Die von Eratosthenes berechneten 252 000 Stadien für den Erdumfang wichen je nach moderner Interpretation der Stadion-Länge bis auf wenige Prozent von dem heute gültigen **Äquatorumfang** von 40 074 km ab. Diese Berechnung stellt die berühmteste Leistung von Eratosthenes dar, der auch die Schiefe der Ekliptik bestimmte und Längen- und Breitenkreise auf der Erdoberfläche einführte.

Die jahrhundertelange Periode des naturwissenschaftlichen Stillstands im abendländischen Raum zwischen Hellenismus und der Wiederentdeckung der durch die Kalifate von Bagdad und Cordoba durch Übersetzungen vermittelten antiken griechischen Kultur in der Renaissance stellt eine Zeitspanne dar, die geprägt war vom autoritätsgläubigen, mittelalterlichen Denken christlicher Kirchenlehrer wie Augustinus (354 - 430) und dem Scholastiker Thomas von Aquin (1225 - 1274). Abgesehen von einigen frühen Naturforschern wie Albertus Magnus (≈1200 - 1280) und Roger Bacon (1214 - 1292), der das Konzept der experimentellen Erfahrung vertrat, begann die moderne Naturwissenschaft erst vor nahezu fünfhundert Jahren nach Überwindung der kanonischen, geozentrischen Vorstellung mit dem **heliozentrischen Weltbild** des **Nikolaus Kopernikus** (1473 - 1543), dessen Buch *De revolutionibus orbium coelestium* über den Bauplan der Welt mit der Sonne im Zentrum erst in seinem Todesjahr 1543 erschien, [37, S. 17].

Obwohl Kopernikus bei den Planeten noch an den idealen Kreisbahnen des Aristoteles festhielt, wurde damit das jahrhundertelang bestehende aristotelisch-ptolemäische Weltbild abgelöst. Der Übergang vom antiken zum neuzeitlichen Bild von Weltall und Kosmos stellte einen tiefgreifenden Wandel im naturwissenschaftlichen Denken dar und wird als **kopernikanische Wende** bezeichnet.

Das Aufkommen naturwissenschaftlicher und mathematischer Methoden begann mit **Galileo GALILEI** (1564-1642), der um 1590 die Gesetze der Pendelbewegung und des freien Falls entdeckte und damit die **Mechanik** begründete, die er erst zum Lebensende beschrieb und in seinem Hauptwerk *Discorsi* 1638 in Leiden veröffentlichen ließ, [30, S. 79, 85].

Im Gegensatz zur antiken Denkweise verstand er als großer Naturforscher das **Experiment** als **Frage an die Natur**, bei der die Realität in der Weise beeinflusst werden muss, dass störende Faktoren wie Reibung oder Luftwiderstand weitgehend oder gedanklich ausgeschlossen werden, so dass die Gesetze in abstrakter Form entdeckt werden können, wie sie sich in der alltäglichen Erfahrung, z.B. beim Trägheitsgesetz, nicht unmittelbar und in reiner Form zeigen.

Ab 1609 entwickelte GALILEI das in Holland erfundene **Fernrohr** durch selbstgeschliffene Linsen weiter und setzte es zur systematischen Himmelsbeobachtung ein. In seinem Buch *Sidereus Nuncius* (1610), *(der Sternenbote)*, beschreibt er die Mondoberfläche mit ihren Kratern, die ersten vier Jupitermonde, die ein direktes Indiz für das Versagen des geozentrischen Weltbildes bildeten, da hier die Erde nicht mehr im Mittelpunkt der Bewegung stand, die Venusphasen und den Aufbau der Milchstraße aus Einzelsternen.

Als Vertreter des heliozentrischen Weltbildes kam GALILEI in Konflikt mit der totalitär-dogmatischen Macht der Kirche in Rom, die den fast Siebzigjährigen 1633 in einem Prozess unter Androhung der Folter zum Widerruf zwang und als Gefangenen der Inquisition bis zu seinem Lebensende unter Hausarrest stellte. Mehr als 350 Jahre lang verweigerte der Vatikan hartnäckig die Rehabilitierung von GALILEI, die formell erst 1992 erfolgte!

Auf der Basis der noch mit bloßem Auge durchgeführten Beobachtungen und den sehr genauen Sternpositionen von Tycho BRAHE, die wesentlich genauer als die ptolemäischen waren, entwickelte **Johannes KEPLER** (1571-1630) die Gesetze der Planetenbahnen. In seinem ersten Buch *Mysterium cosmographicum* (1596) beschrieb er noch ein Weltsystem von Ordnung und Harmonie, das Zahl und Anordnung der Planeten aus einem System von ineinander geschachtelten, platonischen Körpern ableitete. In seinem zweiten Buch *Astronomia Nova* (1609) werden die aus Beobachtungen des Mars gewonnenen beiden Gesetze der elliptischen Planetenbahnen und des Flächensatzes formuliert. Im Buch der Weltharmonik, *Harmonice mundi*, von 1619 erläutert er das dritte Gesetz über die Beziehung zwischen Umlaufzeiten und großen Halbachsen der Planeten.

Die Bewegungsgesetze und die Anziehung von Körpern durch Gravitation hatte **Isaac Newton** (1643-1727) bereits als 22-Jähriger in den Jahren 1665/66 erkannt, [11, S. 62, 64], die er wegen der Pestepidemie in London auf dem Lande verbrachte. Die axiomatische Beschreibung dieser Gesetze in seinen *Principia* von 1687, die auch die empirisch gefundenen Gesetze von Kepler mathematisch begründeten, bedeutete die Vollendung der Mechanik in einem abgeschlossenen Theoriensystem, das die Physik für mehr als zwei Jahrhunderte prägte. Damit begründete er auch die **Himmelsmechanik**, deren Voraussagen man durch Beobachtung von Position und Bewegung des Mondes und der Planeten vor dem Hintergrund des Fixsternhimmels erfolgreich überprüfte.

In der Folge trugen berühmte Gelehrte zum Ausbau der Theorie durch Systeme von Differentialgleichungen bei, die nur in wenigen Fällen exakt und sonst durch Näherungen, in Sonderfällen und mit Methoden der **Störungstheorie** gelöst wurden. Darunter waren berühmte Naturforscher wie Leonhard Euler, Alexis Claude Clairaut, Jean le Rond D'Alembert, Joseph Louis Lagrange und besonders **Pierre Simon Laplace** (1749-1827), der mit seinem fünfbändigen Werk *Mecanique céleste* (1799-1825) ein wichtiges Werk der Naturwissenschaften veröffentlichte, [30, S. 272].

Die Untersuchung des Sonnenspektrums durch Joseph von Fraunhofer (1814) mit den darin befindlichen dunklen, nach ihm benannten Fraunhofer'schen Absorptionslinien, [42, S. 71], und die Begründung der **Spektralanalyse** durch Gustav Robert Kirchhoff und Robert Wilhelm Bunsen (1859) waren Meilensteine für die Physik allgemein aber auch speziell für die Astronomie, [26, S. 86]. Die spektroskopischen Beobachtungen und Klassifizierungen von etwa 4000 Sternen durch den Direktor der Sternwarte des Vatikans Angelo Secchi in den 1860er Jahren erbrachten den Nachweis, dass die Elemente auf der Erde mit denen der Sterne übereinstimmten, dass also das gesamte Weltall aus den gleichen Stoffen aufgebaut ist, [42, S. 245]. Die Spektralanalyse des Sternenlichts eröffnete neben der bis dahin geltenden **Positionsastronomie** die völlig neuen Gebiete der **Stellarspektroskopie** und **Astrophysik**.

Die systematische Untersuchung der Spektren von Sternen und Galaxien erweiterte im 20. Jahrhundert die astronomischen Kenntnisse über Abstände sowie Geburt, Entwicklung und Tod von Sternen in enormem Ausmaß und führte durch die Entdeckungen von **Edwin Hubble** zu einem evolutionär-dynamischen **kosmischen Weltbild**, das einen ähnlich fundamentalen Wandel bedeutete wie die kopernikanische Wende am Ausgang des Mittelalters.

Blickt man im Sonnensystem aus größerer Entfernung auf die Erde, was durch Bilder von Raumsonden seit mehreren Jahrzehnten möglich ist, dann schrumpft die Erde als unser Heimatplanet zu einer kleinen verletzlichen blauen Kugel im nachtschwarzen Weltall. Von weiter entfernten Sternen z.B. in der Andromedagalaxie aus würde sogar die Milchstraße zu einer unbedeutenden unter den unzähligen Galaxien in den Weiten des Alls absinken und von der Erde und der sie bewohnenden Menschheit wäre kein Zeichen der Existenz mehr vorhanden. Diese Vorstellung und auch der nächtliche Blick auf Ausmaß, Weite und Schönheit von Sternenzelt und Universum führen zu Demut und Einsicht unserer geringen Bedeutung im Kosmos.

Sicher haben Menschen früherer Epochen ähnlich empfunden und aus Unkenntnis, Ängsten und auf Grund natürlicher Bedrohungen durch Naturgewalten, Krankheiten und Hungersnöte mit phantasievoller Vorstellungskraft Ursprungsmythen, Fabelwesen und Götterwelten ersonnen oder auch nur eine einzige, fast immer männliche Gottheit erschaffen, die mit allmächtigen Eigenschaften ausgestattet wurden. Aber alle diese Bilder brachten der Menschheit trotz unzähliger Opfergaben und der Verfolgung und Beseitigung der als Häretiker bezeichneten Abweichler von den *reinen Lehren* keine belastbaren oder schlüssigen Antworten auf die Fragen nach Herkunft und Stellung im Kosmos, da man sich auf unbeweisbare, göttliche Visionen in als heilig erklärten Schriften stützte, wodurch über lange Zeiten hinweg unorthodoxe, kritische Fragestellungen nicht zugelassen und als Häresie oft gewaltsam unterdrückt wurden.

Eingeleitet durch das **Zeitalter der Aufklärung** im Abendland und der Kant'schen Forderung nach dem *Ausgang aus der selbst verschuldeten Unmündigkeit* mit dem Wahlspruch *Sapere aude! (Wage zu wissen!)*, um sich seines eigenen Verstandes zu bedienen, wurde ein neuer Weg beschritten. Der Ballast religiöser Tabus wurde abgeworfen und die jahrhundertelange dogmatische Bevormundung durch religiöse und weltliche Herrschaftssysteme mit Anmaßung und Durchsetzung der Denk- und Deutungshoheit, die in Teilen der Welt noch immer anhält, musste seither einer religions- und ideologiefreien Wissenschaftspraxis weichen, die experimentell nachprüfbare Theorien entwickelt und rational und vorurteilsfrei jede denkbare Fragestellung untersuchen kann. Zweifellos muss die wissenschaftliche Neugier und Erkenntnis durch ethische Richtlinien kanalisiert werden, damit die Menschheit bei Entwicklung oder Anwendungen wie Atomkraft und -waffen, Klimawandel oder Eingriff in die Keimbahn vor negativen Folgen geschützt wird.

Damit ist die heutige Sicht bei weiten Teilen der Menschheit geprägt durch ein **naturwissenschaftliches Weltbild**, das sich in nahezu allen Bereichen auch jenseits der technisch-physikalischen Naturwissenschaften in Biologie, Medizin, Wirtschaft oder Politik auf mathematisch gestützte Untersuchungen, Gutachten und statistische Analysen beruft, um daraus Erkenntnisse zu erlangen und sachdienliche Handlungsanweisungen zu entwickeln.

Trotz aller Fortschritte und rechtlichen Rahmenbedingungen, zu denen sich heutzutage der größte Teil der Staaten und damit der Menschheit in verschiedenen internationalen Organisationen verpflichtet hat, zeigt die Geschichte, dass es immer wieder Einzelne gibt, die sich zu Tyrannen, Diktatoren oder (An-)Führern aufschwingen, und in jüngerer Zeit durch Propaganda, Unwahrheiten *(Fake News)*, Besetzung von Schlüsselstellen mit ihren Anhängern und Unterdrückung der Meinungs- und Pressefreiheit die Bevölkerung ihrer Staaten beeinflussen und hinter sich bringen, um ihre egoistischen und imperialen Zielvorstellungen mit unterschiedlichen Begründungen zu verfolgen und durchzusetzen. Dabei nehmen solche Herrscherfiguren bei kriegerischen Auseinandersetzungen beliebige Verluste an Menschenleben in ihren Armeen und bei Zivilpersonen sowie enorme und z.T. absichtliche Zerstörungen von Infrastruktur und kulturellen Gütern in Kauf, was sich von der Antike bis in die Jetztzeit in Tausenden Kriegen immer wieder ereignet hat.

12.1.2 Sternkataloge, Navigation und Klassifizierung

Die Beweggründe für die Beobachtung der Sterne und die Stellung der Planeten waren seit alters her neben der Verehrung der Götter die praktischen Fragen von Zeitrechnung und Kalenderwesen sowie die Bedeutung für Landbestellung und Seefahrt. Der antike **Sternkatalog des Hipparchos** umfasste etwa 1000 Sterne und wurde von Ptolemäus in sein Lehrbuch *Almagest* übernommen.

Neben den periodischen Erscheinungen von Sonnenwende (**Solstitium**) und Tagundnachtgleiche (**Äquinoktium**) sowie den unregelmäßig auftretenden Finsternissen von Sonne und Mond (**Eklipse**) erlangten seit dem Mittelalter für die weiträumige und später weltumspannende Seefahrt und Navigation die täglichen Angaben der Planetenpositionen (**Ephemeriden**) besondere Bedeutung. Dafür wurden mehrere Planetentafelwerke berechnet wie die Alfonsinischen Tafeln für Alfons X. von Kastilien um 1260, die Preußischen Tafeln von 1551, gefördert von Herzog Albrecht von Preußen, sowie die Rudolfinischen Tafeln von KEPLER 1627, für Kaiser Rudolf II. von Habsburg, auf die sich auch NEWTON bei der Formulierung seines Gravitationsgesetzes stützte, [9, S. 240].

Seit dem Beginn des Zeitalters der Entdeckungen durch Christoph KOLUMBUS (1492) trat das **Navigationsproblem** bei Fahrten auf offener See zur genauen Positionsbestimmung von Schiffen immer stärker in den Vordergrund. Die **geographische Breite** war einfach bestimmbar, entweder aus der Stellung der Sterne oder aus der **Schiefe der Ekliptik** mit 23.5° und dem Winkel, den die Richtung zur Sonne beim täglichen Höchststand mit dem Horizont bildet. Jahrhundertelang stützten sich Seefahrer auf die **Breitennavigation**, bei der beim Segeln eine feste geographische Breite eingehalten wurde, die bei diesem Kurs aber nicht den kürzesten Seeweg bedeutete.

Winkelmessungen wurden zunächst mit dem auf NEWTON zurückgehenden Spiegelquadranten durchgeführt, der von John HADLEY verbessert wurde und der seit 1731 als **HADLEY-Quadrant** genaue Höhenmessungen von Himmelskörpern auf See ermöglichte. Die Weiterentwicklung bildete der noch genauere **Sextant**, der bis zur Neuzeit verwendet wurde, bevor er durch Verfahren der **Funkortung** mit Hyperbelnavigation wie DECCA und LORAN (**Lo**ng **Ra**nge **N**avigation) und heute durch das satellitengestützte **Navigationssystem GPS** abgelöst wurde, [3, Kap. 3].

Das größere Problem, die **Bestimmung des Längengrades** auf hoher See, beschäftigte jahrhundertelang die seefahrenden Nationen. Für eine praktisch brauchbare Lösung des Längengradproblems lobte das englische Parlament 1714 nach mehreren großen Schiffsverlusten ein hohes Preisgeld aus und setzte zur Beurteilung der eingehenden Vorschläge eine Längenkommission ein, der die bedeutendsten Astronomen und Mathematiker Englands angehörten.

Das Längengradproblem kann durch eine **Zeitmessung** gelöst werden, indem man die Ortszeit des Heimathafens auf einer mitgeführten, genau gehenden Uhr mit der aktuellen Ortszeit bei Sonnenhöchststand vergleicht und gemäß der Erdrotation in eine Distanz auf der Erdoberfläche umrechnet. Solche präzisen **Längenuhren**, die unempfindlich waren gegen alle widrigen Umstände auf rauer See wie Schiffsschwankungen, Temperatur- und Feuchtigkeitsänderungen und die man später **Schiffs-Chronometer** nannte, wurden zuerst vom schottischen Tischler und Uhrmacher **John Harrison** (1693-1776) in jahrzehntelangem Erfindungsreichtum entwickelt, [36, S. 18]. Seine Uhren liefen präzise und erfüllten auch auf Schiffsfahrten bis nach Jamaika [36, S. 155, 161] die von der Längenkommission verlangten Genauigkeitsanforderungen. Allerdings wurden Harrison vom Hofastronomen Nevil Maskelyne und der Kommission viele Hindernisse in den Weg gelegt, so dass er erst 1773 zum Ende seines Lebens durch Fürsprache seines Sohnes William und der Entscheidung von König Georg III. das Preisgeld bekam [36, S. 194f.]. Durch diese Widerstände wurde die Entwicklung der modernen Navigation um ein halbes Jahrhundert verzögert.

Die konkurrierende und von den Astronomen bevorzugte Möglichkeit zur Längengradbestimmung war die **Gestirnsnavigation** nach der **Monddistanzmethode**, da man seit Newtons Gesetzen die Bewegungen des Mondes vorausberechnen konnte und den Winkelabstand zur Sonne oder zu einigen ausgewählten Fixsternen genauer bestimmen konnte. Auch hierbei wurde der Längengrad aus der Abweichung der astronomischen Örter am Heimatort und der aktuellen Position ermittelt. Da diese Methode von der Sichtbarkeit des Mondes abhing, war Harrisons Schiffschronometer die praktikablere und stets verfügbare Lösung.

John Flamsteed (1646-1719), auf dessen Anregung die Sternwarte in Greenwich bei London 1675/76 errichtet wurde und dessen erster Direktor als *Astronomer Royal* er bis zu seinem Tode war, stellte in über 40 Jahren einen ersten fernrohrgestützten, exzellenten **Sternkatalog** von rund 2800 über England sichtbaren Sternen zusammen, die er mit selbst gebauten Instrumenten beobachtete. Da er seine Sternsammlung unter Verschluss hielt, verschafften sich Newton und Halley Zugang zu seinen Unterlagen und gaben sie 1712 als Raubdruck heraus. Flamsteed kaufte einen Großteil der Bände auf und verbrannte sie. Sein offizieller Sternkatalog erschien erst 1725 posthum, [36, S. 46, 82].

FLAMSTEED führte eine systematische Benennung der Sterne mit den nach ihm benannten **FLAMSTEED-Bezeichnungen** ein. Dabei werden die Sterne von Sternbildern in der Reihenfolge ihrer scheinbaren Helligkeiten mit griechischen Buchstaben benannt, gefolgt vom Genitiv des lateinischen Namens des Sternbildes oder seiner Abkürzung. Der hellste Stern am Nachthimmel, **Sirius**, hat daher die Bezeichnung α Canis Majoris oder α CMa.

Vom Kap der guten Hoffnung aus beobachtete **Nicolas Louis de LACAILLE** (1713 - 1762) in den 1750er Jahren den Südhimmel, führte 14 neue Sternbilder mit modernen Namen ein (Horologium, Mensa, Microscopium, Telescopium, etc.) und erstellte einen **Sternkatalog**, der etwa 10 000 Sterne umfasste.

Der Nürnberger **Tobias MAYER** (1723 - 1762) berechnete auf der Grundlage von Leonhard EULERs Theorie der Mondbewegungen genauere **Mondephemeriden** als alle bisherigen, die erst posthum 1767 und 1770 publiziert wurden.

Nevil MASKELYNE (1732 - 1811) gab als Direktor der Sternwarte Greenwich und *5. Astronomer Royal* ab 1767 bis zu seinem Tode den jährlich erscheinenden *Nautical Almanac* heraus. Der Almanach, der auch heute noch geführt wird, ist ein astronomisches oder nautisches Jahrbuch für die rasche Astronavigation auf See zur Bestimmung der geographischen Länge des eigenen Standortes, der stündliche Ephemeriden für Sonne, Mond, Planeten und mehrere Dutzend Navigations-Sterne für den Greenwich-Meridian enthält. Durch Dichte und Genauigkeit der Tabellenwerte wurden die bis dahin aufwendigen Berechnungen und Interpolationen, die bis zu mehreren Stunden in Anspruch nehmen konnten, für die Schiffsnavigatoren sehr erleichtert und verkürzt.

Mit den Sternkatalogen von FLAMSTEED und LACAILLE, den Mondtabellen von MAYER und dem Sextanten als Winkelmessgerät, besonders aber durch den Nautical Almanac von MASKELYNE wurde das **Längengradproblem** speziell auf hoher See für die Schiffsnavigation mit astronomischen Methoden mit ausreichender Genauigkeit in der zweiten Hälfte des 18. Jahrhunderts gelöst.

Im Jahre 1781 hatte der Franzose Charles MESSIER (1730 - 1817) in dem von ihm herausgegebenen **MESSIER-Katalog (M)** 103 Nebel und Sternhaufen aufgeführt, der später auf 110 Objekte erweitert wurde. Der aus Hannover stammende und nach England ausgewanderte Friedrich Wilhelm (William) HERSCHEL (1738 - 1822) vergrößerte bis 1802 die Anzahl in mehreren Verzeichnissen auf etwa 2500 astronomische Objekte, die mit ausführlicher

Beschreibung versehen wurden. Auf dieser Grundlage veröffentlichte der dänische Astronom Johan L. E. DREYER 1888 den **New General Catalogue (NGC)** mit knapp 8000 Nebeln und Sternhaufen, den er in den Jahren 1895 und 1908 durch den ursprünglich zweiteiligen **Index-Katalog (IC)** mit etwa 5400 neu entdeckten Objekten ergänzte. Auch heute noch wird die Nummerierung der Objekte dieser Kataloge von Astronomen und Sternfreunden verwendet wie z.B. beim **Andromedanebel**, der im MESSIER-Katalog als M 31 und im New General Catalogue als NGC 224 verzeichnet ist.

Am Harvard College-Observatorium, heute Teil des **Center for Astrophysics** (CfA) der Harvard University in Cambridge (MA, USA), erforschte der amerikanische Astronom **Edward Charles PICKERING** (1846-1919), der von 1877 bis zu seinem Tode dessen Direktor war, das Universum mit der neuen Methode der **Astrophotographie**. Hiermit war es zum ersten Mal möglich, objektive und immer wieder vergleichbare Sternaufnahmen herzustellen, die durch die lichtsammelnde Eigenschaft der Photoplatten bei längerfristigen Belichtungen auch sehr lichtschwache Sterne abbilden konnte. PICKERINGs Ziel war es, die Sternspektren des Italieners Angelo SECCHI (1818-1878) und des früh verstorbenen Amerikaners Henry DRAPER (1837-1882) detaillierter zu klassifizieren, [38, S. 21f.], wofür er mit der langjährigen finanziellen Unterstützung von DRAPERs Witwe Instrumente kaufen und eine größere weibliche Arbeitsgruppe einstellen konnte, die die verschiedensten Berechnungen, Messungen und Auswertungen der Himmelsbeobachtungen auf photographischen Glasplatten durchführte. Heute enthält das Archiv insgesamt eine halbe Million belichteter Platten aus über hundert Jahren Photometrie, die seit 2005 in einem umfangreichen Projekt digitalisiert werden, [38, S. 387].

Zur Arbeitsgruppe des Observatoriums gehörten drei berühmt gewordene Frauen, die jeweils ein Studium der Astronomie absolviert hatten.

Die Erste war die bereits im *Abschnitt 9.1.2* erwähnte **Henrietta Swan LEAVITT** (1868-1921), die zunächst als Assistentin und später als Leiterin der Photometrie besonders veränderliche Sterne untersuchte. Anhand der **Cepheiden** als **Veränderliche** in den Magellanschen Wolken entdeckte sie 1912 die wichtige **Periode-Leuchtkraft-Beziehung** als Maßstab zur Entfernungsmessung im Universum.

Die Zweite war **Annie Jump CANNON** (1863-1941), die ein Klassifikationssystem entwickelte, das die Spektren der Sterne nach ihrer Temperatur einteilte. Die Grundlage bildete die Stärke der Wasserstoff-Linien als wichtigstes Merkmal der stellaren Absorptionsspektren. Aus CANNONs Arbeiten ging in den Jahren 1918/24 der neunbändige **Henry-DRAPER-Katalog** hervor, der eine große Sammlung von etwa 225 000 Sternspektren darstellte. Er wurde von ihr in Ergänzungsbänden bis 1940 fortgeführt und ist bis heute in regelmäßigem Gebrauch. CANNONs Einteilung der Sterntypen, die auf Vorarbeiten von Williamina FLEMING und Antonia MAURY aufbaute und später als **Harvard-Klassifikationsschema** bezeichnet wurde, sortierte die Sterne von heißen blauen zu kühleren roten, bei denen die Klassen die merkwürdigen Buchstabenbezeichnungen O-B-A-F-G-K-M erhielten, deren Reihenfolge man leicht mit den Anfangsbuchstaben des vermutlich aus Princeton stammenden Merkverses *„Oh, be a fine girl/guy, kiss me“* behalten kann, [38, S. 140, 254].

Die Dritte war die erheblich jüngere **Cecilia Helena PAYNE-GAPOSCHKIN** (1900-1979). Wie CANNON untersuchte sie Sternspektren, aber sie wandte bei ihren Analysen die neuen Theorien der Atomphysik und Quantenmechanik an, die sie persönlich bei Niels BOHR kennengelernt hatte. Ihre Berechnungen der **relativen Häufigkeiten der Elemente** in den Sternen, die sie in ihrer Dissertation von 1925 veröffentlichte, ergaben, dass Wasserstoff am häufigsten gefolgt von Helium vorkam, und alle anderen Elemente nur in winzigen Spuren enthalten waren. Ihre Erkenntnis des überwiegenden Anteils von Wasserstoff in den Sternen stieß unter den Astronomen zunächst auf Unglauben und Ablehnung, da man die gleiche Häufigkeitsverteilung der Elemente wie auf der Erde annahm, die aber 1929 in einem umfangreichen Artikel des amerikanischen Astronomen **Henry Norris RUSSELL** (1877-1957) bestätigt und als Tatsache akzeptiert wurde, [38, S. 311, 331], [76].

Bereits um 1905 erkannte der Däne **Ejnar HERTZSPRUNG** (1873-1967), dass es entsprechend der Sternmasse Riesen- und Zwergsterne gibt, und er fand 1908/10 eine Beziehung zwischen absoluter Helligkeit oder Leuchtkraft und der Spektralklasse und damit der Temperatur bzw. Farbe von Sternen, die über die lineare Spektralklassifikation von Annie CANNON hinausging. Henry N. RUSSELL stellte 1913 den Zusammenhang im sog. **HERTZSPRUNG-RUSSELL-Diagramm** graphisch dar mit der Leuchtkraft als Ordinate und der Spektralklasse von O nach M bzw. sinkender Temperatur als Abszisse. Dieses Diagramm, in dem die meisten Sterne auf der **Hauptreihe** von rechts unten mit kühlen, dunklen Sternen nach links oben mit heißen, hellen Sternen liegen, stellt ein wichtiges Hilfsmittel der Astronomie dar, dem man Entwicklung und Werdegang von Sternen mit unterschiedlicher Masse verfolgen kann, [10, S. 103], [15, S. 183], [25, S. 137], [44, S. 184].

12.1.3 Größen und Entfernungen

12.1.3.1 Antike Größen- und Entfernungsbestimmungen

Mit scharfsinnigen Überlegungen und Beobachtungen war es den antiken Naturforschern möglich, einige wichtige astronomische Größen und Entfernungen zu ermitteln, die der Größenordnung nach recht gut mit den heutigen Werten übereinstimmen.

Aristarch von Samos erkannte eine Möglichkeit, den **Abstand der Sonne** zu ermitteln. Bei Halbmond bilden Erde, Mond und Sonne ein rechtwinkliges Dreieck, bei dem der Abstand zwischen Erde und Sonne die Hypotenuse bildet. Den Dreieckswinkel ε bei der Erde schätzte Aristarch auf $87°$, wonach die Sonne etwa 19-mal weiter von der Erde entfernt ist als der Mond. Tatsächlich liegt der Winkel mit $89.85°$ viel dichter bei $90°$, so dass die Sonne etwa 382 Mal so weit von der Erde entfernt ist wie der Mond.

Auf Grund von Beobachtungen der Schiffe auf dem Meer, die zunächst mit ihren Mastspitzen auftauchten, war die Krümmung der Erdoberfläche offensichtlich und damit lag die Vermutung einer Kugelgestalt der Erde als Idealform nahe.

Wie bereits beschrieben, konnte Eratosthenes den Erdumfang auf geniale Weise bestimmen, wodurch der erste Ankerpunkt astronomischer Entfernungen mit dem **Erddurchmesser** von etwa $\varnothing_E = 12\,720$ km gesetzt wurde.

Damit konnte Eratosthenes den Durchmesser des Mondes bei einer bei Vollmond auftretenden totalen Mondfinsternis bestimmen, [35, S. 24]. Aus den Zeiten für die Schattenbedeckung der Mondscheibe und ihrem Durchlauf durch den Erdschatten, die sich etwa wie 1:4 verhalten, konnte der **Monddurchmesser** auf ein Viertel des Erddurchmessers mit $\varnothing_M = 3180$ km bestimmt werden, was nur wenig vom tatsächlichen Wert von $\varnothing_M = 3474$ km abweicht.

Aus dem Winkel von ungefähr $\delta = 0.5°$, unter dem der Vollmond erscheint, und dessen Durchmesser ergab sich der Abstand des Mondes von der Erde zu $d_M \approx \varnothing_M/\delta = 364\,400$ km. Auch dieser Wert liegt recht nahe beim heutigen **Mondabstand** von $d_M = 384\,400$ km, was etwa 30 Erddurchmessern entspricht.

Mit dem Mondabstand kann der **Abstand der Sonne** nach ARISTARCH in antiker sowie moderner Weise berechnet werden.

$$D_\odot = \frac{d_M}{\cos\varepsilon} \quad \rightarrow \quad \begin{cases} D_{\odot\text{ant}} = \dfrac{364\,400}{\cos 87^\circ} & = \quad 6.9\,\text{Mio. km} \\ D_{\odot\text{mod}} = \dfrac{384\,400}{\cos 89.85^\circ} & = 146.8\,\text{Mio. km} \end{cases}$$

Da die Durchmesser von Mond und Sonne etwa gleich sind, was sich bei Sonnenfinsternissen zeigt, kann man bei Kenntnis der Sonnenentfernung nach dem Strahlensatz den **Durchmesser der Sonne** ermitteln.

$$\varnothing_\odot = \frac{\varnothing_M}{d_M} D_\odot \quad \rightarrow \quad \begin{cases} \varnothing_{\odot\text{ant}} = \dfrac{3180}{364\,400}\, 6.9\,10^6\ \text{km} & = \quad 60\,214\ \text{km} \\ \varnothing_{\odot\text{mod}} = \dfrac{3474}{384\,400}\, 146.8\,10^6\ \text{km} & = 1\,326\,700\ \text{km} \end{cases}$$

Obwohl die antiken astronomischen Werte nur näherungsweise mit den heutigen, sehr präzise vermessenen Größen und Entfernungen übereinstimmen, verdienen die griechischen Naturforscher den Ruhm, durch Beobachtung, Logik und Mathematik Erkenntnisse über die Größenordnung des sie umgebenden Weltalls gewonnen zu haben, [35, S. 27].

12.1.3.2 Triangulation und Parallaxe

Nachdem sich das heliozentrische Weltbild durchgesetzt hatte, entstand für die Astronomen als nächstes die Frage nach den **astronomischen Entfernungen**, also zunächst den tatsächlichen Abständen zwischen Erde und Sonne und den anderen Planeten.

Die ersten Abstände wurden durch Messung der **trigonometrischen Parallaxe** bestimmt, bei der die Bogensekunde (8.41) die Grundlage für die Definition astronomischer Entfernungen ist. Die Parallaxe ist dabei der kleine Winkel, unter dem eine Basislinie von einem entfernten Punkt erscheint. Von einem senkrecht über der Erdbahnebene, der **Ekliptik**, stehenden Punkt P aus erscheint der mittlere **Erdbahnradius** a_E, die **astronomische Einheit** (AE), unter einem Winkel p, der **jährliche Parallaxe** heißt und mit dem man die Entfernung von P durch **Triangulation** berechnen kann. Bei einem Winkel von $p = 1'' = 1\,\text{as}$ beträgt die Entfernung d zwischen P und der Erdbahnebene **1 Parsec** (pc), gebildet aus dem Wort Parallaxensekunde, (s. 12.2). Man erhält damit die Distanz zu $d = 1\,\text{AE}/\tan p$. Befindet sich in P ein Stern, dann heißt der Winkel **Sternparallaxe**. Auf Grund der Revolution der Erde um die Sonne durchläuft die Position eines nahen Sterns im Vergleich zu weit entfernten Hintergrundsternen in einer jährlichen Bewegung die Form einer kleinen, nahezu kreisförmigen Ellipse.

Die astronomische Einheit war ein fundamentaler Parameter und ihre Bestimmung war für die Astronomie von enormem Interesse, da man wegen des 3. KEPLER'schen Gesetzes damit alle Entfernungen im Sonnensystem berechnen kann. Der ursprünglich aus Italien stammende Direktor der Pariser Sternwarte **Jean-Dominique CASSINI** (1625 - 1712) und sein Mitarbeiter Jean RICHER bestimmten 1672 bei Oppositionsstellung den Abstand zwischen Erde und Mars durch Parallaxenmessung mit der Basislinie Paris - Cayenne in Guayana, [44, S. 22]. Mit dem 3. KEPLER'schen Gesetz (3.25) berechneten sie daraus den Abstand Erde - Sonne zu einem bis dahin unvermutet großen Wert von sensationellen 140 Millionen Kilometern, der ein völlig neues Verständnis der Größe des Sonnensystems bedeutete. Da die Messgenauigkeit noch nicht ausreichend war, wurde CASSINIs Ergebnis insbesondere von **Edmond HALLEY** (1656 - 1742), dem *2. Astronomer Royal*, nicht akzeptiert, deshalb nicht beachtet und geriet in Vergessenheit.

Auf Vorschlag und durch Berechnungen von HALLEY sollte die astronomische Einheit zur Verbesserung von CASSINIs Wert aus der **Sonnenparallaxe** ermittelt werden, deren Größe der Winkel ist, unter dem der **Erdradius** vom Mittelpunkt der Sonne aus erscheint und deren heutiger Wert $p_{\odot} = 8.79''$ beträgt. Da die Sonnenparallaxe zur damaligen Zeit für die direkte Messung zu klein war, beruhte HALLEYs Verfahren auf Berechnungen und durchzuführenden Messungen bei einem selten auftretenden **Venusdurchgang** oder **Transit**, dem Vorbeiziehen der Venus als kleiner schwarzer Punkt vor der Sonnenscheibe bei unterer Konjunktion, was zuletzt 2004 und 2012 zu beobachten war und dann erst wieder 2117 und 2125 stattfinden wird, [100]. Dem Verfahren lag der Gedanke zugrunde, den Transit, den HALLEY selbst nicht mehr erleben konnte, von verschiedenen Punkten der Erde aus zu beobachten und aus dem Unterschied der Durchgangszeiten die Parallaxe der Venus und daraus die der Sonne zu berechnen.

HALLEY legte 1716 daher der Gemeinschaft der Astronomen in einem längeren Fachaufsatz die Wichtigkeit der Resultate dieser Ereignisse dar und rief sie zu weltweiten Expeditionsanstrengungen auf. Seine Bemühungen waren erfolgreich und führten zum ersten globalen wissenschaftlichen Projekt, an dem viele berühmte Astronomen aus Europa und Amerika teilnahmen, [49, Prolog].

Die Beobachtung der vier Venusdurchgänge im 18. und 19. Jahrhundert (1761/69 und 1874/82) war bereits 1761 der Anlass für eine Vielzahl astronomischer Expeditionen in diverse Länder zu möglichst weit voneinander entfernten Orten der Erde wie Sibirien, Nordamerika und Südafrika.

Die Beobachtung des zweiten Venustransits 1769 erfolgte ebenfalls von vielen Erdpunkten aus, u.a. von der Insel Tahiti, die das erste Ziel von Kapitän **James Cook** auf seiner ersten Seereise in die Südsee (1768/71) war, auf der er von einer Reihe von Wissenschaftlern begleitet wurde. Als wichtigster befand sich darunter der Astronom **Charles Green** sowie der Botaniker Joseph Banks, da die Royal Society die Zielsetzung der Expedition zu einer umfassenden wissenschaftlichen Erkundung erweitert hatte, [49, S. 195f.]. Nach dem Venustransit bei günstigen Wetterbedingungen mit klarem Himmel, [49, S. 260], kartographierte die Expedition anschließend zahlreiche Inseln im Südpazifik, Neuseeland und die Ostküste von Australien und kehrte mit einer Fülle wissenschaftlicher Daten über Geographie, Flora und Fauna nach England zurück. Bei seiner Reise stellte Cook auch fest, dass der seit der Antike vermutete, legendäre Südkontinent *Terra australis incognita* als erforderliches Gegengewicht zu den Landmassen im Norden nicht existierte.

Cooks Reise war auch ein Meilenstein für die Gesundheit der Seeleute, da er zur Vermeidung von Skorbut, der Geißel langer Schiffsreisen, die oft bis zur Hälfte der Schiffsbesatzung dahinraffte, seiner Mannschaft regelmäßig mitgeführtes Sauerkraut verabreichte, wodurch der Mangel an Vitamin C vermieden wurde. Die zweite Folge seiner Reise war geopolitischer Art, da er die entdeckten Gebiete für die englische Krone in Besitz nahm, die den Grundstein für das britische Weltreich legten, [16, S. 337].

Viele Beobachtungen der verschiedenen Venusdurchgänge litten unter Ungenauigkeiten der Messungen und widersprüchlichen Ergebnissen oder einfach unter schlechter Sicht bei bewölktem Himmel, so dass man die astronomische Einheit nicht mit der erhofften Präzision ermitteln konnte. Die Transit-Expeditionen der 1760er Jahre offenbarten jedoch die Bedeutung internationaler Kommunikation und wurden damit zum Vorbild für eine organisierte wissenschaftliche Zusammenarbeit zukünftiger Generationen.

Erst in jüngerer Zeit wurden aus der Laufzeit von Radarsignalen und mit Hilfe von Raumsonden Planetenabstände und die Länge der großen Halbachse der Erdbahnellipse zu $1\,\mathrm{AE} = 149.6$ Mio. Kilometer (3.29) mit enger Toleranz bestimmt.

Die bei der Beobachtung von Sternen auftretenden Winkel oder Parallaxen sind zwar sehr klein, aber 1838 gelang **Friedrich Wilhelm Bessel** (1784-1846) am Stern 61 Cygni im Sternbild Schwan die Messung der Sternparallaxe von 0.293 Bogensekunden und mit dem bereits relativ gut bekannten Wert des Erdbahnradius die Bestimmung der Entfernung von 11.1 Lichtjahren. Spätere Messungen mit photographischen Methoden erhöhten um 1900 die Präzision bis auf erstaunliche $0.01'' = 10\,\text{mas}$, aber eine solche Entfernungsbestimmung blieb auf nahe gelegene Sterne bis etwa 100 pc oder 325 Lichtjahre beschränkt, [44, S. 166].

Zum Vergleich belegt der Durchmesser des **Vollmondes** einen mittleren Winkelbereich von $1860'' = 31'$ oder etwa 0.52° und seine Fläche etwa 0.2 Quadratgrad. In einer Stunde wandert der Mond auf seiner Bahn um die Erde um etwa 33 Winkelminuten, also etwas mehr als eine Vollmondscheibe, gegenüber dem Fixsternhimmel nach Osten. Dagegen wandert der Mond für den irdischen Beobachter wegen der Erdrotation in einer Stunde am Himmel um $360^\circ/24 = 15^\circ$ weiter, wenn man die Eigenbewegung des Mondes vernachläsigt.

12.1.3.3 Cepheiden als Standardkerzen

Die Bestimmung größerer Sternentfernungen, bei denen Triangulation und Parallaxenmessung nicht mehr angewandt werden konnten, wurde erst ab 1912 von **Henrietta Swan Leavitt** ermöglicht. Sie entdeckte eine der wichtigen **Entfernungsbestimmungen** von Objekten im Weltraum anhand veränderlicher Sterne, den **Cepheiden** in der Kleinen Magellanschen Wolke am Südhimmel.

Bei diesen **Veränderlichen** handelt es sich um Sterne, deren Kernreaktionen einen periodisch fluktuierenden Energieausstoß erzeugen und Delta Cephei war der erste entdeckte Stern dieser Art. Bei der periodischen Helligkeitsänderung stehen Leuchtkraft und Pulsationsdauer in direktem Zusammenhang, je leuchtkräftiger ein solcher Stern ist, umso größer ist seine Pulsationsperiode.

Die von Leavitt entwickelte **Periode-Leuchtkraft-Beziehung** war deshalb bahnbrechend, weil damit zwei Cepheiden an beliebigen Positionen am Himmel, die die gleichen Leuchtkraftperioden aufwiesen, auch gleiche absolute Helligkeiten haben mussten, so dass man auf Grund der scheinbaren Helligkeiten das Verhältnis ihrer Abstände bestimmen konnte. [10, S. 39], [35, S. 217, 222], [38, S. 196, 225].

Die Bestimmung der absoluten Entfernungen wurden von **Ejnar HERTZSPRUNG**, **Harlow SHAPLEY** und anderen Astronomen in einer Kombination von Verfahren, darunter die Parallaxenmessung von Cepheiden der Milchstrasse, geeicht. Mit den Cepheiden und LEAVITTs Beziehung hatte man von da an sog. **Standardkerzen als Entfernungsindikatoren** mit bekannter absoluter Helligkeit oder **Leuchtkraft** auf Grund ihrer Periodendauern zur Verfügung, so dass man aus dem Vergleich mit der scheinbaren Helligkeit ihre Entfernung berechnen konnte.

Selbst am Anfang des 20. Jahrhunderts war die Vorstellung von der Welt als Ganzem noch wenig entwickelt und beschränkte sich auf das sichtbare Band der Milchstraße, in dem neben den Sternen noch eine große Anzahl von Nebeln existierte, deren Natur weitgehend unklar war. Die Frage, ob die bis dahin bekannten Spiralnebel Objekte in unserer Milchstraße oder sehr viel weiter entfernte eigene Galaxien seien, wurde längere Zeit intensiv und kontrovers diskutiert und ging schließlich im April 1920 als **„Große Debatte“** in die Astronomiegeschichte ein, bei der die amerikanischen Astronomen Harlow SHAPLEY und Heber CURTIS ihre unterschiedlichen Auffassungen vortrugen. Nach SHAPLEYs Meinung stellte die Milchstraße das ganze Universum dar und die Nebel seien lediglich Teile davon, dagegen vertrat CURTIS die Ansicht, dass die Spiralnebel eigenständige, ferne Sternsysteme seien. Da beide Astronomen keine konkreten Entfernungsmessungen vorlegen konnten, blieb die Debatte unentschieden.

In den Jahren ab 1919 konnte der amerikanische Astronom **Edwin Powell HUBBLE** (1889-1953), [84], am 1917 eingeweihten und damals größten Spiegelteleskop der Welt (HOOKER-Reflektor) mit einem Durchmesser von $2.5\,\mathrm{m}^{\varnothing}$ auf dem Mount Wilson in Kalifornien seine Beobachtungen machen und Photoplatten belichten.

Im **Andromedanebel** konnte er einzelne Sterne auflösen und im Oktober 1923 anhand eines Cepheiden die Entfernung auf rund eine Million Lichtjahre abschätzen, die später auf den heute gültigen Abstand von etwa 2.5 Millionen Lichtjahren oder 770 kpc (S. 639) korrigiert wurde. Mit weiteren Aufnahmen stützte er sein sensationelles Ergebnis der ungeheuren Entfernung von Andromeda, teilte die Erkenntnisse im Februar 1924 SHAPLEY mit und trat erst im Januar 1925 nach mehr als einjähriger Verzögerung vor Astronomen und anderen Wissenschaftlern auf einer Fachtagung an die Öffentlichkeit. Durch die Erkenntnis einer eigenständigen Nachbargalaxie wurde die Große Debatte von 1920 entschieden, wobei SHAPLEY seine Vermutung als Irrtum eingestehen musste, [34, S. 51, 53 60].

Damit entdeckte die Astronomie erst vor hundert Jahren, dass unsere Heimatgalaxie, die **Milchstraße**, nur eine durchschnittliche von unzähligen Galaxien oder „Weltinseln“ in den Weiten des Alls ist. Das führte zu einem neuen Verständnis der Natur der Spiralnebel als unabhängige, weit entfernte astronomische Objekte, die unserer Milchstraße entsprechen, sowie der daraus folgenden Erkenntnis der enormen Größe des Weltalls. Damit begannen die Fragen nach Ursprung, Form und Entwicklung des Universums, die die **Kosmologie** begründeten.

Bis heute ist die genaue Entfernungsbestimmung von Himmelsobjekten, die **Astrometrie**, ein zentrales Problem der Astronomie geblieben, [5, S. 903], [90], auf das noch näher eingegangen wird.

12.1.3.4 HUBBLE-Gesetz und HUBBLE-Konstante

HUBBLE konnte 1929 zusammen mit seinem Mitarbeiter Milton HUMASON aus den gemessenen Rotverschiebungen einer erstaunlich kleinen Stichprobe von nur 46 benachbarten Nebeln und Galaxien mit kleinen z-Werten, bei denen die Entfernungen bei 24 Objekten anhand der enthaltenen Cepheiden berechnet und bei den 22 restlichen über ihre Helligkeit geschätzt wurden, das nach ihm benannte **HUBBLE'sche Gesetz** angeben, [34, S. 92, 106], [35, S. 261], nach dem die **Fluchtgeschwindigkeit** v von Himmelsobjekten linear mit ihrer Entfernung oder Distanz D zunimmt.

$$\boxed{\Delta\lambda \sim D \sim v = H_0\, D = c\, z} \tag{12.1}$$

Dieser lineare Zusammenhang wurde von anderen Astronomen mit deutlich steigenden Anzahlen von Galaxien in größeren Entfernungen bestätigt, woraus man auf die **Expansion des Universums** und durch Rückrechnung auf einen Anfangszeitpunkt schloss, der später **Urknall** genannt wurde.

HUBBLE erhielt aus seinen Messungen für die **HUBBLE-Konstante** den Wert $H_0 = 500$ km/(s·Mpc), der allerdings viel zu groß war.

Dabei gilt für die in der Astronomie üblichen Nicht-SI-Einheiten **Lichtjahr** (Lj) und **Parsec** (pc) für Entfernungen

$$\begin{aligned} 1\,\text{Lichtjahr} = 1\,\text{Lj} &= 9.46 \cdot 10^{15}\,\text{m} = 0.308\,\text{pc} \\ 1\,\text{Megaparsec} = 1\,\text{Mpc} &= 3.09 \cdot 10^{22}\,\text{m} = 3.26 \cdot 10^{6}\,\text{Lj} \end{aligned} \tag{12.2}$$

Dabei ist 1 Parsec (Parallaxensekunde) die Entfernung, aus der der mittlere **Erdbahnradius**, die astronomische Einheit $a_E = 1\,\text{AE}$ (3.29), unter dem Winkel von einer Bogensekunde ($1'' = 1\,as$) erscheint.

Nach genaueren astronomischen Messungen der Cepheiden, von denen es zwei Helligkeitsklassen gibt, konnte **Walter Baade** (1893-1960) die Hubble-Konstante 1952 neu berechnen und deutlich korrigieren und auf die Hälfte des bis dahin geltenden Wertes senken, [35, S. 384f.].

In späteren Jahren existierten zwei konkurrierende Lager, die mit unterschiedlichen Methoden die Hubble-Konstante auf $H_0 = 50\,\text{km/(s·Mpc)}$ (Sandage, Tammann et al.) bzw. auf $H_0 = 100\,\text{km/(s·Mpc)}$ (de Vaucouleurs et al.) festlegten.

Auf Grund der 1965 von **Arno Penzias** und **Robert Wilson** entdeckten **kosmischen Mikrowellen-Hintergrundstrahlung** und ihrer immer detaillierteren Vermessung durch die Satellitenprojekte COBE, WMAP und Planck in den Jahren 1990 bis 2013 *(s. Abschnitt 12.7)*, die endgültig die **Theorien von Urknall** und **primordialem inflationären Universum** bestätigten, hat die **Hubble-Konstante** den folgenden Wert, [119], [136].

$$H_0 = 72\,\frac{\text{km}}{\text{s} \cdot \text{Mpc}} \tag{12.3}$$

Bis auf einen nahe bei Eins liegenden Korrekturfaktor κ stellt der Reziprokwert die Hubble-Zeit oder das **Weltalter** dar.

$$T_W = \kappa\,\frac{1}{H_0} = 13.8\,\text{Mrd. Jahre} \tag{12.4}$$

Die Diskussion über den genauen Wert der Hubble-Konstante ist noch nicht abgeschlossen und Gegenstand intensiver Forschung, da verschiedene Forschergruppen mit ganz unterschiedlichen und systematische Fehler ausschließenden Messmethoden abweichende Werte ermittelt haben.

Das Team von Adam Riess, der 2011 für den Nachweis der beschleunigten Expansion des Weltalls den Nobelpreis für Physik erhielt, *(Abschnitt*

12.8.4), berechnete einen Wert von 74 km/(s·Mpc), das Team des ESA-Satelliten PLANCK einen Wert von 67.4 km/(s·Mpc) und die Astronomin Wendy FREEDMAN mit einer dritten Methode an Roten Riesen einen Wert von 69.8 km/(s·Mpc), [1, S. 94], [139], [152].

Allerdings haben alle Verfahren Unsicherheiten und Schwachpunkte, die in den Annahmen über Entfernungen und Standardkerzen liegen, ohne die keine der verschiedenen Methoden auskommt. Eine Lösung der offenen Frage über den Wert der HUBBLE-Konstante erhofft man sich aus weiteren Messdaten mit den Interferometer-Experimenten LIGO und Virgo zum Nachweis von Gravitationswellen *(s. Abschnitt 11.4.4)* sowie mit dem Spiegelteleskop ELT in Chile, dem Radioteleskop-Netzwerk SKA in Südafrika und Australien *(s. Abschnitte 12.4.1 und 12.4.2)* und dem ESA-Weltraumteleskop Euclid *(s. Abschnitt 12.4.3)*. Vielleicht ist auch das Standardmodell der Kosmologie noch nicht vollständig und muss ggf. erweitert werden, [136].

12.1.4 Entwicklung des Universums

Als EINSTEIN 1916 seine Relativitätstheorie und ihre Feldgleichung (11.41) veröffentlichte, war die Diskussion über die Struktur des Weltalls in vollem Gange und noch längst nicht entschieden. Entsprechend der allgemeinen, kosmologischen Vorstellung der Astronomen zu jener Zeit war EINSTEIN von einem **statischen Universum** überzeugt, das sich weder ausdehnen noch zusammenziehen konnte. Damit es unter seiner eigenen Schwerkraft nicht kollabierte, war eine genau passende, kompensierende Gegenkraft erforderlich. Um die Theorie dieser Vorstellung anzupassen, führte EINSTEIN 1917 deshalb ein zusätzliches, kosmologisches Glied in die Feldgleichung ein, das wegen (11.41) die Divergenzfreiheit nicht verletzte und als neue Größe die **kosmologische Konstante** Λ enthielt, die bei geeignetem Wert den erforderlichen, kompensierenden Abstoßungseffekt herbeiführen sollte.

$$\boxed{\overset{\vee}{R}_{\mu\nu} - \frac{1}{2}\,\overset{\circ}{R}\,g_{\mu\nu} + \Lambda\,g_{\mu\nu} = -\,\kappa\,T_{\mu\nu}} \tag{12.5}$$

Bringt man das zusätzliche Glied auf die rechte Seite, dann kann man es als einen neuen Anteil des Energie-Impuls-Tensors $\mathscr{T}$ deuten.

$$\overset{\vee}{R}_{\mu\nu} - \frac{1}{2}\,\overset{\circ}{R}\,g_{\mu\nu} = -\,\kappa\left[T_{\mu\nu} + \frac{\Lambda}{\kappa}\,g_{\mu\nu}\right] = -\,\kappa\left[T_{\mu\nu} + \bar{T}_{\mu\nu}\right]$$

Diesen neuen Anteil kann man ebenfalls als ideale Flüssigkeit mit Dichte μ_Λ und Druck $\breve{p}_\Lambda$ interpretieren.

$$\bar{T}_{\mu\nu} = \breve{p}_\Lambda g_{\mu\nu} + \left(\mu_\Lambda + \frac{\breve{p}_\Lambda}{c^2}\right) U_\mu U_\nu = \frac{\Lambda}{\kappa} g_{\mu\nu}$$

Fordert man die Gleichheit der Koeffizienten von $g_{\mu\nu}$, dann muss die Klammer verschwinden und man erhält eine positive Energiedichte, die einem negativen Druck entspricht.

$$\mu_\Lambda c^2 = -\breve{p}_\Lambda = -\frac{\Lambda}{\kappa} > 0 \quad \rightarrow \quad \breve{p}_\Lambda = \frac{\Lambda}{\kappa} < 0$$

Da ein negativer Druck $\breve{p}_\Lambda < 0$ eine Expansion bedeutet, wirkt er der Gravitation entgegen und ermöglicht bei passender Konstante Λ ein statisches Universum.

Zwei Wissenschaftler, der russische Mathematiker **Alexander Friedmann** (1888-1925) und der belgische Priester und Kosmologe **Georges Lemaître** (1894-1966), wiesen unabhängig voneinander 1922 bzw. 1927 nach, dass ein gleichmäßig mit Materie erfülltes, homogenes Universum in keinem Fall statisch sein kann sondern expandiert!

Lemaître entwickelte eine Theorie der Schöpfung zur Entstehung des Kosmos aus einem **Uratom** und schuf damit ein später so genanntes **Urknallmodell des Universums**. Beide Arbeiten blieben längere Zeit unbeachtet, einerseits wegen der Ablehnung von Einstein, der auf seinem statischen Weltmodell beharrte, andererseits, weil die Astronomen noch keine überzeugenden Beobachtungsdaten liefern konnten, die zwischen den konkurrierenden Modellen des Weltalls hätten entscheiden können.

Das änderte sich durch den Einsatz stärkerer Teleskope sowie neue Beobachtungen von **Edwin P. Hubble** am größten Spiegelteleskop auf dem Mount Wilson in Kalifornien, der 1929 eine allgemeine, linear mit der Entfernung zunehmende Fluchtbewegung von Galaxien auf Grund der Rotverschiebung in ihren Spektren entdeckte. Durch das nach ihm benannte **Hubble'sche Gesetz**, das im *Abschnitt 12.1.3.4* behandelt wurde, erhielt die **Expansion des Universums** und die **Urknalltheorie** eine auf experimentellen Daten basierende Überzeugungskraft.

Hubble gilt als größter Astronom seiner Generation, der 1923 die Große Debatte durch den Nachweis von Galaxien jenseits der Milchstraße entschieden hatte und 1929 die Expansion des Universums entdeckte. Trotz seiner großen und bahnbrechenden Erfolge wurde HUBBLE nicht für den Nobelpreis ausgewählt, da bis zu seinem Tode 1953 die Astronomie vom Nobelpreiskomitee nicht als Teil der Physik betrachtet wurde und man erst danach die Regeln änderte, [35, S. 389].

Während eines Forschungsaufenthaltes von EINSTEIN 1931 in den USA konnten ihm HUBBLE und HUMASON ihre Messungen von Rotverschiebungen und die daraus folgende Expansion erläutern. EINSTEIN widerrief daraufhin seine statische Kosmologie, billigte die expansive Urknalltheorie und kehrte zu seiner ursprünglichen Feldgleichung mit $\Lambda = 0$ zurück, indem er die kosmologische Konstante verwarf, deren Einführung er später GAMOW gegenüber sogar als *seine größte Eselei* bezeichnete, [35, S. 283].

Trotz der festgestellten Expansion wirkt die Gravitation zwischen allen Galaxien der Ausdehnung des Universums entgegen und führt zu einer Abbremsung. Von den Kosmologen wurde deshalb ein **Dichteparameter der Materie** eingeführt,

$$\boxed{\Omega = \frac{\mu}{\mu_{\text{krit}}} > 0} \tag{12.6}$$

dessen Wert über die **Entwicklung des Universums** und seinen Charakter entscheidet.

Bei großer Materiedichte μ wird die Expansion verlangsamt und kehrt sich irgendwann zur Kontraktion um (**geschlossenes Universum**, $\Omega > 1$), bei geringer Dichte überwiegt die Expansion mit entsprechend fortschreitender Ausdehnung und Abkühlung (**offenes Universum**, $\Omega < 1$). Bei der kritischen Dichte μ_{krit} kommt die Expansion nach beliebig langer Zeit schließlich zum Stillstand (**flaches Universum**, $\Omega = 1$), weil die kinetische Energie der Expansion gerade die Anziehungskraft der Materie langfristig ausgleicht.

Eine wichtige Aufgabe von Astronomie und Kosmologie besteht deshalb darin, den Wert des Parameters Ω zu bestimmen.

Die **kritische Materiedichte**, die die Grenze zwischen Expansion und Kontraktion kennzeichnet, liegt bei homogener Massenverteilung nach unterschiedlichen Berechnungen bei dem geringen Wert von,

$$\boxed{\mu_{\text{krit}} = 10^{-29}\,\text{g/cm}^3 = 10^{-26}\,\text{kg/m}^3} \tag{12.7}$$

was etwa sechs Wasserstoffatomen pro Kubikmeter entspricht. Die Abschätzung der Materie in den Galaxien ergab dagegen einen Wert, der weit unterhalb dieser kritischen Dichte liegt, so dass für den Dichteparameter $\Omega \ll 1$ gelten müsste, der ein offenes Universum mit einer für immer weitergehenden Expansion bedeuten würde, [5, S. 980].

Da aber astronomische Beobachtungen zeigten, dass das Universum bis auf lokale Inhomogenitäten in der Nähe großer Massen flach ist (s. bei 11.17), stellt sich die Frage, wie die **„fehlende Masse“** zu erklären sei, die das offene zum flachen Universum mit $\Omega = 1$ macht.

Die Antwort auf diese Frage wird von den Astronomen durch **Dunkle Materie** und **Dunkle Energie** gegeben, die das kosmologische Modell wesentlich bestimmen und noch in eigenen Abschnitten behandelt werden. Zwar haben die beteiligten Forscher eine Reihe von Vermutungen und theoretischen Modellen über beide Anteile entwickelt, die aber noch keine schlüssigen, experimentell gestützten Erklärungen über den tatsächlichen Charakter der beiden *dunklen Phänomene* bieten und die daher nur Platzhalter für eine bisher **unbekannte Physik** sind. Ein Teil der Forschergemeinde vermutet, dass sich eine befriedigende Lösung erst dann ergeben wird, wenn in einer umfassenden Theorie Gravitation und Quantentheorie als **Quantengravitation** vereinigt werden.

12.2 Standardmodell der Kosmologie

Die heutige Kosmologie geht als Grundannahme vom **kopernikanischen Prinzip** aus, wonach der Ort der Erde im Weltall keine besondere Stellung einnimmt. Das darüber hinaus gehende, von Edward A. MILNE 1933 so bezeichnete **kosmologische Prinzip** besagt, dass das Universum durch Homogenität und Isotropie geprägt ist.

Das Prinzip der **Homogenität** bedeutet, dass die Eigenschaften des Universums für Beobachter an beliebigen Orten im Mittel gleich sind. Das ist auf lokaler Ebene offensichtlich nicht gegeben, da Sterne, Galaxien, Galaxienhaufen und zwischen ihnen liegende Leerräume, die man auch **Voids** nennt, inhomogene Bereiche darstellen. Erst auf kosmischer Skala mit einer Ausdehnung von mehreren Hundert Megaparsec kann die Materieverteilung als im Mittel gleich und damit als homogen angesehen werden.

Isotropie bedeutet, dass die Eigenschaften des Universums für einen Beobachter in jeder Richtung im großräumigen Mittel gleich sind.

Dabei zieht die Isotropie die Homogenität nach sich aber nicht umgekehrt! Als Beispiel dafür kann man ein homogenes Magnetfeld anführen, das jedoch nicht isotrop ist.

Die **FRIEDMANN-LEMAÎTRE-Lösungen** der EINSTEIN'schen Feldgleichungen, [21, S. 21], gehen aus von einer homogenen und isotropen Struktur und führen dadurch zu nur noch zwei Gleichungen, die mit späteren Ergänzungen bezüglich der Metrik (ROBERTSON-WALKER-Metrik, 1935), [18, S. 242], [21, S. 133], das **Standardmodell der Kosmologie** als Beschreibung der Welt als Ganzes darstellen, das durch die folgenden wesentlichen Aussagen bestimmt wird.

Das Universum entstand im **Urknall** aus einer **Anfangssingularität** mit unendlicher Dichte von Energie und Materie und damit Raumkrümmung. Der Urknall wurde von Fred HOYLE, der selbst das konkurrierende Steady-State-Modell favorisierte, 1950 in einer BBC-Rundfunksendung leicht spöttisch als **Big Bang** bezeichnet. Dieser Ausdruck war so prägnant, dass er zur gängigen Bezeichnung für den Anfang der Welt im englischen Sprachraum geworden ist.

Max PLANCK (1858-1947) entdeckte um 1900 auf Grund seiner Untersuchungen zur Theorie der **Strahlung Schwarzer Körper** *(Abschnitt 12.6)* das nach ihm benannte Wirkungsquantum h (10.22). Aus den fundamentalen Naturkonstanten G, c und h bzw. $\hbar = h/2\pi$ entwickelte er ein **System natürlicher Einheiten**, die später durch Hinzunahme von Permittivität ε_0 und BOLTZMANN-Konstante k_B noch weiter ergänzt wurden und heute als **PLANCK-Einheiten** bezeichnet werden.

- **PLANCK-Masse** $\quad m_{\mathrm{Pl}} = \sqrt{\dfrac{\hbar c}{G}} = 21.778\ \mu\mathrm{g}$
- **PLANCK-Energie** $\quad W_{\mathrm{Pl}} = m_{\mathrm{Pl}} c^2 = \sqrt{\dfrac{\hbar c^5}{G}} = 1.221 \cdot 10^{19}\ \mathrm{GeV}$ (12.8)
- **PLANCK-Zeit** $\quad t_{\mathrm{Pl}} = \dfrac{\hbar}{W_{\mathrm{Pl}}} = \sqrt{\dfrac{\hbar G}{c^5}} = 5.391 \cdot 10^{-44}\ \mathrm{s}$
- **PLANCK-Länge** $\quad \ell_{\mathrm{Pl}} = c t_{\mathrm{Pl}} = \sqrt{\dfrac{\hbar G}{c^3}} = 1.616 \cdot 10^{-35}\ \mathrm{m}$

Das PLANCK'sche Einheitensystem hatte zunächst keine Bedeutung, sondern wurde erst Ende der 1950er Jahre wiederentdeckt.

Der Zeitraum vor der PLANCK-Zeit, den man als **PLANCK-Ära** bezeichnet, stellt die Anfangssingularität dar. Bei kürzeren Zeiten als die PLANCK-Zeit von etwa 10^{-43} s besitzen die relativistischen Gesetze der Physik keine Gültigkeit mehr, sondern müssen wegen der Abstände, die kleiner als die PLANCK-Länge sind, mit Hilfe einer noch zu entwickelnden **Quantentheorie der Gravitation** beschrieben werden. Die PLANCK-Zeit legt daher den frühesten Zeitpunkt nach dem Urknall bzw. der Anfangssingularität fest, der noch mit der Allgemeinen Relativitätstheorie und der Temperaturentwicklung im Rahmen der **klassischen Thermodynamik** beschrieben werden kann. Zur PLANCK-Zeit mit der PLANCK-Energie herrschte im Universum nach (12.11) eine Temperatur von

$$T = \frac{W_{\text{Pl}}}{k_B} = \frac{1.221 \cdot 10^{19}\ \text{GeV}}{1.381 \cdot 10^{-23}\ \text{Ws/K}} = 1.416 \cdot 10^{32}\ \text{K}$$

Nach der PLANCK-Zeit fand in den ersten Sekundenbruchteilen eine gewaltige **Inflation** statt, die das anfänglich noch winzige, homogene Universum um viele Zehnerpotenzen aufblähte, wobei die ursprüngliche Homogenität der Materie bis auf äußerst geringe Abweichungen erhalten blieb. Das **Inflationsmodell** für die Frühphase des Universums wurde 1980 von Alan GUTH vorgestellt, wodurch zwei wichtige und bis dahin strittige Fragestellungen, das **Flachheitsproblem** und das **Horizontproblem**, erklärt werden konnten, *(Abschnitt 12.9)*, [66]. Nach dem Ende der Inflation seit etwa 13.8 Milliarden Jahren setzte eine ruhige **Expansion des Universums** gemäß dem **HUBBLE-Gesetz** (12.1) ein.

Das **kosmologische Standardmodell** der Entwicklung des Universums vom Urknall über die Phasen von Inflation, Nukleosynthese und Galaxienentstehung mit gleichzeitiger Expansion bis zur Gegenwart wird häufig mit der schematischen *Abbildung 12.1* veranschaulicht.

Das Standardmodell erklärt mit der nur wenige Minuten andauernden **primordialen Nukleosynthese** die Häufigkeit der vier allein erzeugten, leichtesten Elemente Wasserstoff (H), Deuterium (D), Helium (He) und Lithium (Li) und sagt nach Bildung elektrisch neutraler Atome die **kosmische Hintergrundstrahlung** voraus, *(Abschnitt 12.7)*.

Dieses Echo des Urknalls und die winzigen Inhomogenitäten der Frühphase sind noch heute im thermischen Spektrum des Mikrowellenhintergrundes zu erkennen. Unter dem Einfluss der Massenanziehung mit starker Unterstützung der **Dunklen Materie** *(Abschnitt 12.5)* entstanden aus den anfänglich minimalen Dichtefluktuationen im Laufe der Zeit die heute nachweisbaren Sterne, Galaxien, Galaxienhaufen und Filamente. Die **Dunkle Energie**, die auch als **kosmologische Konstante** Λ bezeichnet wird, hat die Wirkung einer Anti-Gravitation, wodurch das Universum seit einigen Milliarden Jahren beschleunigt expandiert.

Die erwähnten Begriffe Schwarzer Körper, Inflationsmodell, Nukleosynthese und Hintergrundstrahlung werden in den kommenden Abschnitten ausführlich betrachtet.

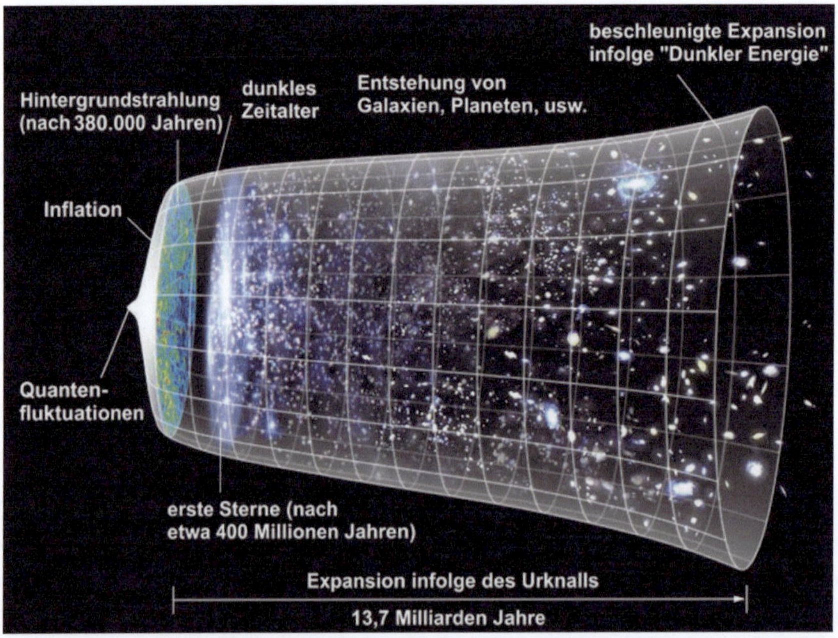

Abb. 12.1: Expansion des Universums

12.3 Baryonische Materie

12.3.1 Nukleosynthese

Die Materie der Atomkerne besteht aus **Protonen**, die die positive Elementarladung e tragen, und elektrisch neutralen **Neutronen**, die zusammen auch als **Nukleonen** bezeichnet werden. Beide sind nach dem von Steven WEINBERG 1974 so bezeichneten **Standardmodell der Elementarteilchenphysik** *(Abschnitt 10.8)*, [45, S. 32, 59], aus jeweils drei elementaren Bestandteilen, den **Quarks**, zusammengesetzt, die der starken Wechselwirkung unterliegen. Alle Teilchen, die aus drei Quarks bestehen, heißen **Baryonen**.

Hinzu treten negativ geladene **Elektronen** in den Atomhüllen, die zusammen mit den drei Neutrinoarten zu den **Leptonen** gehören und nicht aus Quarks bestehen. Elektronen sind in gleicher Anzahl wie Protonen vorhanden, so dass das Universum als grundlegende Eigenschaft eine **Ladungsneutralität** aufweist.

Die normale Materie besteht damit aus Baryonen und Leptonen, die als Sterne, Galaxien, Staub und Gas sichtbar oder elektromagnetisch nachweisbar sind. Im Universum bewegen sich Baryonen und Leptonen im Normalfall nichtrelativistisch, so dass ihre Ruheenergie die kinetische Energie bei weitem übersteigt.

Im Urknall entstanden durch **primordiale Nukleosynthese** nur Wasserstoff, Helium und Spuren von Deuterium und Lithium, so dass die aus diesem Gas kondensierten ersten und damit ältesten Sterne nur diese Elemente enthielten. Die dazu um 1950 entstandenen Arbeiten von GAMOW und seinen Mitarbeitern werden im *Abschnitt 12.7.1* noch näher erläutert.

Da in der Astronomie alle Elemente jenseits von Wasserstoff und Helium abweichend von der Chemie als **Metalle** bezeichnet werden, sind die Sterne dieser ersten Generation oder Population **metallarm** oder von geringer **Metallizität**, [10, S. 76].

Die Erzeugung von Energie in den Sternen durch die **Kernfusion von Wasserstoff zu Helium** wurde Ende der 1930er Jahre von **Hans BETHE** (1906 - 2005) und **Carl-Friedrich von WEIZSÄCKER** (1912 - 2007) durch die Aufdeckung von zwei kernphysikalischen Prozessen erklärt, die als Proton-Proton- oder pp-Kette sowie als CNO-Zyklus bezeichnet werden, wobei der zweite Prozess auch **Bethe-Weizsäcker-Zyklus** genannt wird. Für seine Beiträge zur **stellaren Nukleosynthese**, die das Feld der **nuklearen Astrophysik** eröffnete, erhielt **Hans Bethe** 1967 den **Nobelpreis für Physik**, [10, S. 52, 86], Weizsäcker dagegen nicht.

Bei spektroskopischen Messungen von Wasserstoff und Helium kann der relative Anteil der beiden Elemente aus dem Vergleich der Intensitäten der Emissionslinien von Galaxien und der Absorptionslinien von interstellarem Gas ermittelt werden.

Nach diesen Messungen stehen im Weltall die **relativen Häufigkeiten von Wasserstoff und Helium** im Verhältnis von knapp 91 % zu 9 % der **Atome** bzw. von etwa 71 % zu 27 % der **Masse**, wobei alle höheren Elemente zusammen nur den geringen Anteil von 0.1 % der Atome bzw. 2 % der Gesamtmasse im Universum ausmachen. Wegen des heute messbaren sehr kleinen Anteils aller höheren Elemente, die nur in Sternen entstehen konnten, ist auch der durch Kernfusion enstandene, stellare Heliumanteil gering, so dass die weit überwiegende Anzahl der Heliumatome bereits in der Urknall-Nukleosynthese entstanden sein muss, [27, S. 61], [35, S. 294], [44, S. 222, 432].

Die Urknalltheorie erklärt das **Verhältnis von Wasserstoff und Helium** aus dem Verhalten von Protonen und Neutronen. Im extrem heißen Plasma der Anfangsphase erfolgten im thermischen Gleichgewicht ständig Umwandlungen von Protonen in Neutronen und umgekehrt. Da Neutronen nach (10.17) eine etwas höhere Masse als Protonen besitzen, musste der äquivalente Energieanteil bei der Neutronenerzeugung von der umgebenden Strahlung aufgebracht werden, der bei der expansionsbedingten Abkühlung im Laufe der Zeit immer seltener zur Verfügung stand. Freie, nicht im Atomkern gebundene Neutronen sind instabil und haben eine Halbwertzeit von knapp 15 Minuten, [127], so dass sich die Relation der Nukleonen mit der Abkühlung allmählich zugunsten der Protonen verschob.

Aus Berechnungen und Experimenten an Teilchenbeschleunigern in Kernforschungslabors geht hervor, dass das Verhältnis von Protonen zu Neutronen schließlich etwa $7p : 1n$ bzw. $14p : 2n$ betrug. Ab einem Alter des Universums von etwa 100 Sekunden bildeten sich Heliumionen, die nahezu alle verfügbaren Neutronen banden. Dadurch stellte sich ein Verhältnis von 12 Protonen oder Wasserstoffionen zu einem Heliumion aus zwei Protonen und zwei Neutronen ein, also $14p : 2n \to 12p : (2p + 2n)$. Das entspricht einem Massenverhältnis von Wasserstoff zu Helium von 12:4 oder 75 % zu 25 %, was bis auf den geringen stellar erzeugten Heliumanteil sehr gut mit den Beobachtungen übereinstimmt. Erst nach weiterer Abkühlung entstanden aus den Ionen im Laufe von wenigen hunderttausend Jahren durch Bindung von Elektronen stabile Atome von Wasserstoff und Helium, [5, S. 1011], [27, S. 56].

Auch bei den Häufigkeiten von **Deuterium** und **Lithium** mit etwa einem Atom von 300 000 bzw. fünf Milliarden stimmen Berechnungen und Messungen sehr gut überein.

Die Erzeugung von **Kohlenstoff** und weiterer schwerer Elemente wie Stickstoff, Sauerstoff und Phosphor als wesentliche Grundlage organischer Moleküle und allen Lebens auf der Erde kann nur innerhalb der Sterne bei genügend hohen Temperaturen erfolgen. Der Ablauf blieb zunächst unklar, denn Atomkerne mit fünf Nukleonen jenseits von Helium $^4_2$He, das auch als **α-Teilchen** bezeichnet wird, sind instabil, so dass der *„Sprung über das Fünf-Nukleonen-Tal“* nicht erklärt werden konnte und unüberwindlich schien, [35, S. 333, 335].

1951/52 postulierten Ernst ÖPIK und unabhängig Edwin SALPETER den sog. **3α-Prozess**, der 1954 von **Fred HOYLE** (1915 - 2001) genauer kernphysikalisch beschrieben und von William FOWLER experimentell nachgewiesen wurde. Dabei wird aus zwei Heliumkernen $^4_2$He ein mit acht Nukleonen ebenfalls sehr kurzlebiger, instabiler **Berylliumkern** $^8_4$Be gebildet, der in einem zweiten Fusionschritt mit einem dritten Heliumkern verschmelzen muss, so dass schließlich **Kohlenstoff** $^{12}_6$C entsteht. Dieser zweite Prozess wird durch eine besondere Eigenschaft des Kohlenstoffatoms ermöglicht, das in einem angeregten Zustand genau diejenige Energie aufweist, die den Verschmelzungsmassen von Helium und Beryllium entspricht. Diese sog. **Resonanzreaktion** beschleunigt den Fusionsprozess erheblich, wodurch sich stabile Kohlenstoffkerne eher bilden können, bevor das Beryllium wieder zerfällt, [10, S. 64], [35, S. 399f.]. Dieser 3α-Prozess und damit die Erzeugung von Kohlenstoffatomen ist nur bei den hohen Temperaturen innerhalb von Sternen möglich, da nach dem Urknall die Temperatur bei der Bildung von Helium schon zu weit abgesunken war, so dass sich kein Beryllium mehr bilden konnte.

1957 veröffentlichten die Physiker Margaret und Geoffrey BURBIDGE, William FOWLER und Fred HOYLE einen berühmten, mehr als hundertseitigen Fachaufsatz, der nach den Anfangsbuchstaben nur noch als **B^{2}FH-Papier** zitiert wird. In diesem Artikel wird die **Entstehung von Elementen in Sternen und Supernovae** entwickelt, wonach aus den im Urknall entstandenen leichten Elementen Wasserstoff, Deuterium, Helium und Lithium bei der **stellaren Nukleosynthese** alle schweren Elemente von Beryllium bis Uran gebildet werden.

Die leichteren Elemente von Helium über Kohlenstoff und Sauerstoff bis zum Eisen werden in aufeinanderfolgenden, stufenweisen thermonuklearen Kernbrennphasen unter **Energieabgabe** in solchen Sternen erzeugt, die eine genügend hohe Anfangsmasse von mindestens acht Sonnenmassen besitzen. Die aufeinanderfolgende Kette von immer kürzer andauernden **Kernfusionsprozessen** oder **Brennphasen**, die man als H-, He-, C-, Ne-, O- und Si-Brennen bezeichnet, zündet bei immer höheren Temperaturen, wobei das Element **Eisen** ($^{56}_{26}\mathrm{Fe}$) schließlich das Endprodukt mit der höchsten Bindungsenergie pro Nukleon darstellt, [35, S. 398]. Eine detaillierte Darstellung der verwickelten Fusionsprozesse, bei denen noch eine Reihe von Unklarheiten besteht, findet man in [56].

Alle schwereren Elemente jenseits von Eisen benötigen dagegen zu ihrer Bildung zusätzliche Energie von außen, also eine **Energiezufuhr**, die nur beim Kollabieren von massereichen Sternen in **Supernova-Explosionen** durch **Neutroneneinfang-Prozesse** auftreten kann, [57]. Alle Elemente, die dabei in den interstellaren Raum hinausgeschleudert werden, stehen bei der Kondensation von interstellarem Gas zu Sternen der nächsten Generation zur Verfügung, die dann bereits einen etwas höheren Anteil von schweren Elementen oder *Metallen* besitzen. Auf diese Weise haben sich im Laufe der Entwicklung des Universums in den aufeinander folgenden **Sternpopulationen** Häufigkeit und Verteilung der Elemente verändert und das Universum erfuhr eine **chemische Entwicklung** auf Grund der verschiedenen **Kernprozesse**, [10, S. 65], [112].

William FOWLER erhielt zusammen mit **Subrahmanyan CHANDRASEKHAR** für ihre astrophysikalischen Arbeiten 1983 den **Nobelpreis für Physik**, [35, S. 409], [65]. Fred HOYLE wurde als Kritiker des Nobelpreiskomitees *(Abschnitt 11.4.2)* dabei übergangen, was als große Ungerechtigkeit betrachtet wurde, denn seine großen wissenschaftlichen Erfolge waren weltweit anerkannt und unbestritten.

Anfang der 1980er Jahre führte der Astrophysiker David SCHRAMM und seine Mitarbeiter an der Universität von Chicago eine Abschätzung des Anteils an **baryonischer Materie** durch. Im Urknall wurden bestimmte Mengen der beiden Isotope Deuterium ${}^2_1$D und Helium ${}^3_2$He gebildet, von denen in Sternen Deuterium nur zerstört aber nicht erzeugt, das Helium-Isotop dagegen nur erzeugt aber nicht zerstört werden kann. Die heute messbare, geringe Menge von Deuterium muss daher bereits in der Frühphase als Ergebnis des Urknalls vorhanden gewesen sein und jene von Helium-3 kann im interstellaren Medium nur die Höchstmenge des ursprünglichen Isotops ausmachen, denn je dichter das Universum zur Zeit der Nukleosynthese gewesen wäre, umso weniger hätte von beiden Isotopen überleben können, da dann mehr normales Helium ${}^4_2$He gebildet worden wäre. Mit den heutigen, für beide Isotope festgestellten Häufigkeiten von etwa 20 Teilen auf eine Million (20 ppm) konnten aus dem Helium-Isotop eine untere und aus Deuterium eine obere Grenze der ursprünglichen Materiedichte im Universum abgeschätzt werden, die bei $2..5 \cdot 10^{-28}\,\mathrm{kg/m^3}$ liegen. Aus diesem engen Dichtebereich konten Schramm und andere Forscher durch unmittelbare Extrapolation folgern, dass die durchschnittliche Materiedichte im gegenwärtigen Universum nicht mehr als zehn Prozent und einen heute korrigierten Wert von nur 5 % der kritischen Dichte (12.7) beträgt. Damit erhält man einen **Dichteparameter der Materie** von $\Omega = 0.05$, der ein offenes aber kein flaches Universum bedeuten würde, [24, S. 243], [27, S. 63], [44, S. 498].

Diese Zahlenangaben betreffen allerdings nur die normale, sichtbare oder baryonische Materie ohne Berücksichtigung der in ihrer Natur noch unbekannten Dunklen Materie, wodurch der Dichteparameter einen größeren Wert annähme und in der Nähe von $\Omega = 1$ liegen könnte, wie es die experimentellen Befunde nahelegen!

12.3.2 Weißer Zwerg, Neutronenstern und Schwarzes Loch

Werdegang und Endzustand eines Sterns werden bestimmt durch seine anfänglich vorhandene Masse und den Weg, den er in seiner Entwicklung von der zugehörigen Position in der Hauptreihe im **Hertzsprung-Russell-Diagramm** (S. 637) nimmt.

Dabei bestehen zwei Entwicklungswege für massearme und massereiche Sterne mit einer Schranke bei **acht Sonnenmassen**. Das Schicksal eines Sterns hängt dann ab von der Endmasse, die er nach dem Wasserstoffbrennen, seinen individuellen weiteren Brennphasen und den Massen- und Energieverlusten durch Sternwinde, Abstoßen von Hüllen und Emission von Neutrinos erreicht.

Ein Stern, dessen Endmasse unterhalb der **CHANDRASEKHAR-Grenze** von etwa 1.44 Sonnenmassen liegt, [44, S. 312], beendet seine Entwicklung nach dem Erlöschen der Kernfusion von H- und He-Brennen als **Weißer Zwerg**. Seine stabile Endkonfiguration besteht aus langsam auskühlendem Kohlenstoff und Sauerstoff hoher Dichte, bei der der Druck des entarteten Elektronengases der Gravitation die Waage hält.

Sterne, deren Endmassen zwischen der CHANDRASEKHAR-Grenze und 3 Sonnenmassen liegen, werden nach der Erschöpfung ihrer Kernbrennstoffe in mehreren Kernfusionsphasen nach einem Gravitationskollaps und der **Explosion** in einer **Supernova** zu **Neutronensternen**, bei denen der Druck des entarteten Neutronengases im verbleibenden Kern der Gravitation die Waage hält, (s. Pulsare im *Abschnitt 11.4.2*).

Bei normaler Materie gehorchen alle Teilchen den Gasgesetzen, bei denen Druck, Volumen und Temperatur eine Zustandsgleichung wie in *Abschnitt 11.5.7* erfüllen. Bei steigender Dichte des Sterngases durch den Druck der Gravitation wird das PAULI-Prinzip als quantenmechanisches Gesetz wirksam, das verbietet, dass zwei **Fermionen** (Elektronen, Protonen, Neutronen) einen identischen Quantenzustand annehmen können. Dadurch wird das Gas zur **entarteten Materie**, da sich die Fermionen durch den **Entartungsdruck** oder **FERMI-Druck** einer weiteren Kompression widersetzen, um keine höheren Energiezustände zu besetzen. Das Gas verhält sich dann wie eine Flüssigkeit, bei der die Dichte nicht mehr von der Temperatur abhängt. Gravitation und FERMI-Druck halten sich die Waage, wobei in Weißen Zwergen die Elektronen und in Neutronensternen die Neutronen entartet sind, [15, S. 192], [98].

Entartete Materie existiert auch schon unter Normalbedingungen in gewöhnlichen Metallen, in denen die Leitungselektronen ein **Elektronengas** bilden.

Magnetare sind Neutronensterne mit extrem intensiven Magnetfeldern von bis zu 10^{12} Tesla und damit etwa tausendmal stärker als sonst üblich. Nach Schätzung der Astronomen sind 10% aller Neutronensterne Magnetare, [17, S. 181].

Bei massereichen Sternen, deren Endmasse größer als drei Sonnenmassen ist, kann auch der Entartungsdruck der erzeugten Neutronen der Gravitation nicht mehr standhalten, so dass die Kontraktion unaufhaltsam wird und schließlich ein **Schwarzes Loch** bzw. eine **Singularität** entsteht, bei der Raum und Zeit ihren Sinn verlieren.

Dieser Begriff wurde von **John Archibald Wheeler** eingeführt, dem bei einem Vortrag 1967 auf die Frage nach einer prägnanteren Bezeichnung für das sperrige *gravitativ vollständig kollabierte Objekt* jemand aus dem Publikum die Antwort *Black Hole / Schwarzes Loch* zurief, die Wheeler fortan verwendete.

Für theoretische Arbeiten zu Schwarzen Löchern erhielt **Roger Penrose** 2020 eine Hälfte des **Nobelpreises für Physik**. Die andere Hälfte wurde den Forschern **Andrea Ghez** und **Reinhard Genzel** für ihre langjährigen Beobachtungen des Schwarzen Lochs Sagittarius A* im Zentrum der Milchstrasse unter Einsatz von adaptiver Optik zugesprochen.

12.4 Materieverteilung im Universum

12.4.1 Durchmusterungen und Teleskopentwicklung

Zur großräumigen Feststellung der Verteilung der Materie im Weltall führte man seit den Katalogen von Messier, Herschel und Dreyer zweidimensionale photometrische oder Helligkeits-Durchmusterungen der **Sterne** durch, von denen man anfangs noch nicht wusste, dass sie sich alle **in der Milchstrasse** befanden.

Als eine der bekanntesten, die noch visuell ausgeführt wurde, erfasste die **Bonner Durchmusterung (BD)** von Friedrich Wilhelm Argelander in den Jahren 1852 bis 1862 etwa 325 000 Sterne des nördlichen Himmels, die 1875/81 von Eduard Schönfeld um knapp 134 000 Sterne ergänzt wurde. In den Jahren 1892 bis 1914 wurde sie in der **Córdoba-Durchmusterung (CD)**, Argentinien, um 578 000 Sterne des Südhimmels erweitert. Damit existierte ein systematischer Katalog mit mehr als einer Million Sternen bis etwa zur 10. Größenklasse, *(Abschnitt 12.8.3)*.

Am Anfang des 20. Jahrhunderts war **George Ellery Hale** (1868-1938) der führende amerikanische Astronom, der wesentlich zur Sonnenastronomie beitrug und beträchtliche finanzielle Mittel für den Bau von Großteleskopen (Yerkes, Wilson, Palomar) einwerben konnte. Dabei ist das 1897 eingeweihte **Yerkes-Linsenfernrohr** bei Chicago mit 1 m$^{\varnothing}$ der beiden aus Kron- und Flintglas bestehenden, 230 kg schweren Objektivlinsen das größte aber auch eins der letzten **Refraktor-Teleskope**, das wegen der zunehmenden Luft- und Lichtverschmutzung heute weniger für Forschung sondern vornehmlich für Ausbildungszwecke und für die Öffentlichkeitsarbeit eingesetzt wird.

Refraktoren erfüllen nicht die heutigen, gesteigerten Ansprüche der Astronomen an hohe Auflösung und Farbfehlerfreiheit. Einerseits lässt sich der Durchmesser der Linsen, die nur am Außenrand gehalten werden können, nicht beliebig vergrößern, da die Verformung durch das Gewicht ein Maximum nicht überschreiten darf und die Absorption von Licht in dicken Glaskörpern unzulässige Werte erreicht. Andererseits erfolgt die optische Abbildung durch Lichtbrechung an den gekrümmten Glasoberflächen, die durch den Brechungsindex $n(\lambda)$ von Glas für jede Wellenlänge oder Farbe durch **Dispersion** anders ausfällt, was bereits von NEWTON bei der Zerlegung des Sonnenlichts in seine Spektralfarben durch ein Prisma eindrucksvoll gezeigt wurde. Die dadurch entstehenden **Farbfehler** der sog. chromatischen Aberration können nur bis zu einem gewissen Maße durch Linsenkombinationen aus verschiedenen Glassorten wie Flint- und Kronglas kompensiert werden.

Als Alternative entwickelte Isaac NEWTON 1672 nach Entwürfen verschiedener Bauformen von James GREGORY und Laurent CASSEGRAIN das erste **Spiegelteleskop**. Auch Friedrich Wilhelm HERSCHEL verwendete Spiegelteleskope, die er selbst gebaut hatte.

Die Ära der großen Spiegelteleskope in größeren Höhenlagen begann mit den berühmten kalifornischen Instrumenten, dem **HOOKER-Teleskop** auf dem Mount Wilson mit 2,5 m$^{\varnothing}$ und dem **HALE-Teleskop** auf dem Mount Palomar mit 5 m$^{\varnothing}$ Spiegeldurchmesser, die über lange Zeit von 1917 bis 1949 bzw. von 1949 bis 1975 die größten ihrer Art waren.

Gegenüber Linsenfernrohren haben Spiegelteleskope einerseits den Vorteil, dass sie bei parabolischem Schliff ein korrektes Bild ohne Farbfehler erzeugen, bei dem alle Wellenlängen in einem Brennpunkt gesammelt werden. Da die Rückseite des Hauptspiegels frei ist, kann man das Durchbiegen durch die Schwerkraft auch bei großen Durchmessern durch Stütz- oder Wabenkonstruktionen weitgehend verhindern, durch aktive Optik (s.u.) kompensieren oder bei sehr großen Durchmessern segmentierte Spiegel verwenden.

Eine der wichtigsten photographischen Durchmusterungen des nördlichen Sternhimmels war der **Palomar Observatory Sky Survey** (POSS) in den Jahren 1948/58, der alle Sterne und Galaxien bis etwa zur 21. Größenklasse enthält. Der Katalog besteht aus knapp 2000 Photoplatten, bei denen jeder Himmelsbereich mit einer blau- und einer rotempfindlichen Platte aufgenommen wurde.

Seit den 1980er Jahren wurden mehrere dreidimensionale Durchmusterungen von **Galaxien** in bestimmten Himmelsregionen (Streifen oder Sektoren) durchgeführt, bei denen man die dritte Koordinate für die Entfernungsbestimmung aus zeitaufwendigen Spektralanalysen und den daraus ermittelten Rotverschiebungen berechnete, die daher auch **Rotverschiebungs-Surveys** genannt werden. Bei den folgenden Beispielen wurde die Tiefe der Untersuchungen immer weiter gesteigert, [31, S. 40, 392], [101].

In den 1980er Jahren wurden beim **CfA-Survey** des Center for Astrophysics der Harvard University etwa 18 000 Galaxien gemessen, wobei man neben Galaxienfilamenten und Leerräumen oder Voids eine riesige Galaxienanhäufung entdeckte, die man **Große Mauer** (Great Wall) nannte. Beim **Las Campanas Redshift Survey** (LCRS) zwischen 1988 und 1994 in Chile fand man etwa 26 000 Galaxien.

Die Leistungsfähigkeit astronomischer Teleskope wurde in der zweiten Hälfte des 20. Jahrhunderts durch eine Reihe **technologischer Fortschritte** wesentlich gesteigert.

Seit Mitte der 1960er Jahre konnte der Einfluss von Temperaturschwankungen durch Spiegel aus **Glaskeramik** wie **Zerodur** von Schott in Mainz beseitigt werden, da dieses Material in weiten Temperaturbereichen keine nennenswerte Wärmeausdehnung besitzt. Weitere Vorteile bestehen darin, dass sich die Glaskeramik wie normales optisches Glas mit den üblichen Methoden fräsen, bohren, schleifen und bis auf eine Oberflächenrauheit von wenigen zehntel Nanometern polieren läßt. Die Glasoberfläche wird mit einer im Vakuum aufgedampften dünnen Aluminiumschicht verspiegelt, die in gewissen Zeitabständen erneuert werden muss, was ohne Beeinträchtigung der Spiegeleigenschaften mehr als hundertmal durchgeführt werden kann. Durch seine günstigen Temperatur- und Poliereigenschaften eignet sich Zerodur für normale Teleskopspiegel mit großen Verhältnissen von Durchmesser zu Dicke und daher geringerem Gewicht als früher sowie auch speziell für den Einsatz bei Röntgen- und Sonnenteleskopen, [59], [72].

Einen großen Fortschritt bedeutete seit Anfang der 1980er Jahre der Einsatz der **CCD-Aufnahmetechnik** (Charge-Coupled Device) mit Halbleiterdetektoren, bei denen die Bilder pixelweise aufgenommen, bitweise ausgelesen und in digitaler Form gespeichert werden. Diese Bauelemente wurden 1969 von **Willard Boyle** und **George Elwood Smith** entwickelt, die dafür 2009 den **Nobelpreis für Physik** erhielten, [113].

Die CCD-Technik löste die Aufnahmen mit photographischen Platten in der Astronomie schrittweise ab, [5, S. 251], [24, S. 117], [71], und im weiteren Verlauf auch nahezu alle Filme in Fotoapparaten und Magnetbänder in Videokameras. Die Vorteile der CCD-Bauelemente, die bei Teleskopen mit flüssigem Stickstoff gekühlt werden, liegen im Gegensatz zu Photoemulsionen in der linearen Arbeitsweise, der hohen Quantenausbeute von mehr als 90 % bei der Umwandlung von Photonen in Elektronen und durch die höhere Lichtempfindlichkeit in der wesentlich kürzeren Belichtungszeit. Um Farbbilder zu erzeugen, müssen mehrere nach Farbauszügen gefilterte Aufnahmen überlagert werden. Mit neuartigen Bildsensoren (Quanta Image Sensor) könnten demnächst noch empfindlichere Detektoren verfügbar werden, die sogar einzelne Photonen nachzuweisen gestatten, [60].

Den größten Fortschritt boten **Digitalisierung** und **Computereinsatz**, die es ermöglichten, die aufgenommenen Bilder in vielfältigster Weise zu bearbeiten, auszuwerten und darzustellen oder mit anderen Aufnahmen zu kombinieren oder zu vergleichen. Die Methoden der digitalen Bildbearbeitung sind z.B. beschrieben in [12].

Ein weiterer Vorteil des Rechnereinsatzes bestand in der Steuerung einer Vielzahl von piezoelektrischen Stellgliedern, sog. **Aktuatoren**, mit denen unter der Bezeichnung **aktive Optik** Spiegelverformungen durch thermische und bewegungsbedingte mechanische Einflüsse kompensiert werden konnten, [74]. Dabei wird das Bild etwa einmal pro Sekunde in einem Bildanalysator auf Fehler untersucht und mit speziellen Algorithmen Stellkräfte für Haupt- oder Fangspiegel berechnet, mit denen die optische Qualität ständig aufrecht erhalten werden kann.

Die Technik der aktiven Optik wurde zum ersten Mal eingesetzt in dem seit 1989 betriebenen **New Technology Telescope** (NTT) der Europäischen Südsternwarte (ESO) in La Silla, Chile, bei dem die Namensgebung programmatisch war für viele der eingeführten und teils völlig neuartigen Eigenschaften und Methoden, [74]. Weitere Besonderheiten dieses Teleskops sind die geringe Dicke des Hauptspiegels aus Zerodur von 24 cm gegenüber seinem Durchmesser von 360 cm, was den Einsatz der aktiven Optik erst ermöglichte, [72], sowie eine optimale, turbulenzarme Luftströmung am Hauptspiegel durch ein Klappensystem in der Teleskopkammer. Auch die kompakte **azimutale Montierung** des Tubusgestells mit gleichmäßiger Achsenbelastung war neu, bei der die exakte Teleskopnachführung des beobachteten Sternbereichs am sich bewegenden Sternhimmel mit abgestimmter Bewegung um zwei orthogonale Achsen (vertikal und horizontal), durch rechnersteuerte Antriebe erreicht wird. Dieses Montierungskonzept, das die bis dahin gebräuchliche aber viel schwerere äquatoriale oder parallaktische Montierung mit Rotation um nur eine Achse ablöste, wurde bei allen später gebauten Großteleskopen übernommen.

In zwei jüngeren Durchmusterungen wurden erheblich größere Volumina des Universums untersucht, um die Statistik der Galaxienverteilung zu verbessern. Beim **2 Degree Field Galaxy Redshift Survey** (2dF GRS) wurden von 1997 bis 2001 mit dem 3.9 Meter Teleskop des Australian Astronomical Observatory (AAT) etwa 250 000 Galaxien vermessen. Dabei wurden mit einem eigens dafür gebauten Spektrographen bis zu 400 Sternspektren von Galaxien gleichzeitig aufgenommen, die durch zugeordnete Lochscheiben und Lichtleitung mittels Glasfasern durch ein Beugungsgitter erzeugt wurden. Dieses Prinzip wird beim folgenden Survey näher erläutert.

Der seit 2000 laufende **Sloan Digital Sky Survey** (SDSS) in New Mexico, USA, ist ein Teleskop mit 2.5 m Hauptspiegeldurchmesser, das die Verteilung von Galaxien und Quasaren und die Spektren ausgewählter Objekte mit mehreren Spektrographen misst. Während der bisherigen Betriebszeit wurden eine Reihe von Veränderungen und technischer Verbesserungen vorgenommen.

Die zur damaligen Zeit größte Kamera des Teleskops für astronomische Zwecke, die nur bis 2009 eingesetzt wurde, war ausgestattet mit 30 großen CCD-Detektoren mit jeweils 2048×2048 Pixeln, um etwa ein Drittel des Himmels in fünf durch Filter getrennte Wellenlängenbändern im Bereich von 300 .. 1000 nm aufzunehmen, [19, S. 125]. Dabei wurde etwa eine Milliarde Himmelsobjekte photometrisch vermessen.

In einem speziellen Supernova Projekt konnte man mehr als 500 Supernovae vom Typ Ia finden.

Die spektroskopischen Aufnahmen wurden weiter geführt und lieferten bisher Spektren von mehr als vier Millionen Objekte. Die ermittelten Entfernungen, die über die Rotverschiebung in den Spektren bestimmt werden, ließen auf ein Alter von bis zu 11 Milliarden Jahren schließen und die räumliche Verteilung zeigte, dass Galaxien Strukturen wie Haufen, Filamente und Leerräume (Voids) bilden. Durch diese Kartierung wurde ein **dreidimensionaler galaktischer Atlas** aufgebaut, der die bis dahin große zeitliche Lücke in der Entwicklung des Kosmos schloss.

Die effektivste Methode, um die Spektren der interessierenden Lichtquellen aufzunehmen, die in der Fokalebene des Teleskops erscheinen, besteht darin, dass man jeden dieser Lichtpunkte über eine winzige Linse in eine Glasfaser einspeist. Die Ausgangsseite des Glasfaserbündels, das Integralfeldeinheit (Integral Field Unit, IFU) heißt, ist in einer Linie angeordnet, deren Licht durch ein Beugungsgitter in einzelne übereinanderliegende Spektren zerlegt wird, [19, S. 140]. Die gesamte Anordnung wird als Integral Field Spectrograph (IFS) bezeichnet. Bis Anfang der 2020er Jahre wurden gemäß der photometrischen Bilder die Orte der Galaxien in Aluminiumplatten gebohrt, um die einzelnen Glasfasern zu positionieren. Seither wird ein Fokalebenensystem (Focal Plane System, FPS) verwendet, das 500 Glasfasern bei einem Spektrographen automatisch und kameraüberwacht exakt an den Galaxiepositionen in Stellung bringt, wodurch eine erhebliche Beschleunigung der Arbeitsweise resultiert.

Alle Ergebnisse werden in Abständen in sog. **Data Releases** der Öffentlichkeit zugänglich gemacht (DR19 als jüngste Ausgabe), die Bilder, optische und Infrarotspektren sowie gemessene Parameter wie Größenklassen und Rotverschiebungen enthalten. [145]

Zur Zeit gibt es etwa ein Dutzend **Großteleskope** für den optischen Bereich mit Spiegeldurchmessern von mehr als 8 m, *(Abbildung 12.2)*. Bei den beiden **Keck-Teleskopen** in 4200 m Höhe auf dem Mauna Kea auf Hawaii, die 1993/96 als erste in Betrieb gingen, wurde eine neue Technologie eingesetzt. Jeder der beiden Spiegel mit $10\,\text{m}^{\varnothing}$ ist aus 36 sechseckigen **Spiegelsegmenten** zusammengesetzt, die einzeln mit höchster Präzision auf exakte Gesamtform gesteuert werden.

Das **Very Large Telescope** (VLT) der Europäischen Südsternwarte (ESO) befindet sich in 2600 m Höhe auf dem Berg Cerro Paranal in der Atacamawüste im Norden Chiles und nahm 1999 seinen wissenschaftlichen Betrieb auf, [80], [88], [91]. Dieses astronomische Observatorium besteht aus vier ortsfesten Einzelteleskopen, deren meniskusförmige Spiegel mit $8.2\,\text{m}^{\varnothing}$ jeweils aus einem monolithischen Stück Zerodur-Glaskeramik mit einer Dicke von nur 18 cm gefertigt wurden.

Die Einsatzarten sind entweder eine getrennte Nutzung der vier Einzelspiegel oder ihre inkohärente Zusammenschaltung zu einem $16\,\text{m}^{\varnothing}$ Teleskop. Als dritte Betriebsart kann man zum ersten Mal bei einem optischen Großteleskop durch kohärente Überlagerung, also unter Berücksichtigung der Phasenbeziehungen der vier Lichtsignale, **interferometrische Beobachtungen** durchführen (VLTI). Dazu müssen die Strahlengänge der Lichtsignale über Spiegelsysteme und optische Verzögerungsleitungen durch Tunnel geführt werden, um sie mit einer Präzision der Weglängen im Mikrometerbereich in einer Kamera zu überlagern. Wegen der Nachführung der Teleskopspiegel während der Beobachtungszeit astronomischer Objekte muss zur Einhaltung gleicher Weglängen eine ständige Korrektur durchgeführt werden. Mit vier beweglichen Hilfsteleskopen von jeweils 1.80 m$^{\varnothing}$, die auf einem Schienensystem an insgesamt 30 Positionen bis zu einem Abstand von 200 m fixiert werden können, läßt sich die interferometrische Leistungsfähigkeit bis zu einer Winkelauflösung von unter einer Millibogensekunde steigern.

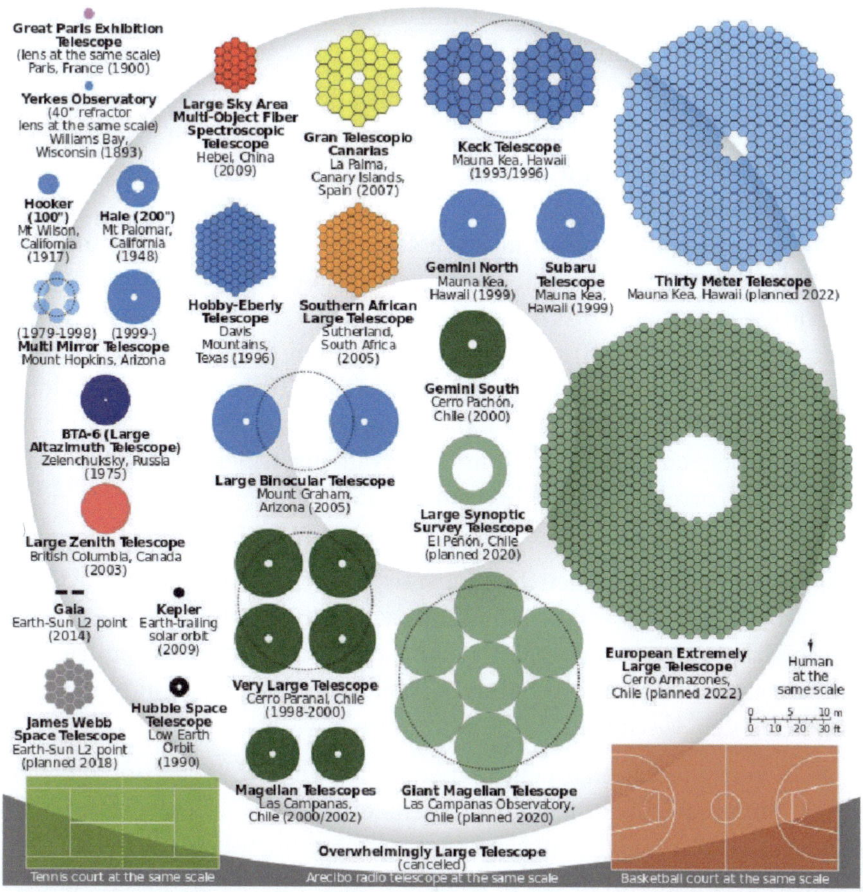

Abb. 12.2: Flächenvergleich optischer Großteleskope

Seit den 1990er Jahren wird die Methode der **adaptiven Optik** in der terrestrischen Astronomie angewendet, um durch Phasenkorrektur der Wellenfront die Störungen durch Luftturbulenzen in der Atmosphäre, das sog. **Seeing**, zu kompensieren, [19, S. 46, 48] [44, S. 134], [58], [85]. Dabei misst ein **Wellenfrontsensor**, der aus einer Maske mit regelmäßig angeordneten Mikrolinsen und Detektoren besteht (HARTMANN-SHACK-Sensor), aus den Abweichungen vom doppeltperiodischen Bildraster die optischen Störungen, aus denen ein Computer in Echtzeit Korrektursignale berechnet. Mit Hilfe dieser Signale werden über piezoelektrische Aktuatoren die Oberflächen von flexiblen Zusatzspiegeln geringfügig verformt, so dass eine korrigierte Wellenfront entsteht, bei der die Verzerrungen durch die Atmosphäre beseitigt sind und die Bildgüte nur noch beugungsbegrenzt ist. Dieser Regelungsprozess muss wegen der schnell variierenden Turbulenzen der Atmosphäre mehrere hundert Male pro Sekunde durchlaufen werden.

Bei den meisten astronomischen Beobachtungen ist als Referenzquelle für die Phasenkorrektur kein dicht benachbarter natürlicher Stern im Beobachtungsbereich für das Bildraster des Wellenfrontsensors verfügbar, der die gleichen lokalen Turbulenzen wie das Beobachtungsobjekt erfährt und für das Mess- und Steuerungsverfahren hell genug ist, so dass ein **künstlicher Laserleitstern** benötigt wird. Man erzeugt ihn durch Laserstrahlen parallel zur Sichtlinie des Teleskops, indem man oberhalb der turbulenten Schichten in der Atmosphäre in 10 .. 20 km Höhe anfänglich **RAYLEIGH-Streuung** an Luftmolekülen oder heute **Fluoreszenzstrahlung** in einer Schicht in 90 km Höhe mit natürlich vorkommendem, höherem Natriumgehalt anregt. Aus der Rückstreuung werden dann die Wellenfrontdeformation und die erforderlichen Korrektursignale berechnet, [124].

Seit dem ersten Einsatz der adaptiven Optik im VLT werden alle großen Teleskope für den optischen Bereich mit dieser Technik ausgestattet, z.T. für mehrere Laserleitsterne. Dadurch lassen sich erdgebundene Beobachtungen in gleicher oder sogar besserer Auflösung durchführen, wozu früher sehr aufwendige und viel teurere Satelliten-Teleskope wie das Hubble Space Telescope (HST) *(Abschnitt 12.4.3)* erforderlich waren.

Am VLT wurde auch eine neue Arbeitsweise für Großteleskope eingeführt, der sog. **Service-Mode**, nach der bereits etwa die Hälfte aller Beobachtungen erfolgt. Dabei werden die von Astronomen aus aller Welt eingehenden Beobachtungspläne durch ein beratendes Gremium nach wissenschaftlicher

Qualität, Relevanz und Dringlichkeit bewertet und nach ihrer Bewilligung von lokalen Astronomen und Operateuren in der Weise zeitlich gestaffelt bearbeitet, dass die speziellen Bedingungen vor Ort wie Wetter, verfügbare Instrumente und Komponenten oder Konstellation von Himmelsobjekten am besten zu den angemeldeten Beobachtungen passen und möglichst lohnende Datensätze entstehen. Die antragstellenden Astronomen erhalten ihre Ergebnisse auf elektronischem Wege und können dadurch den Aufwand langer und zeitraubender Fernreisen sowie das beschwerliche und durch Unterbrechungen gekennzeichnete Arbeiten in Höhenlagen von 3000 m und mehr vermeiden, [31, S. 33].

Mit moderner Computersoftware werden an speziellen Teleskopen komplette Beobachtungspläne, Überwachungen und Durchmusterungen automatisch durchgeführt und ausgewertet, um durch Vergleich von Bildern übereinstimmender Himmelsbereiche, die in verschiedenen zeitlichen Abständen aufgenommen wurden, auch kleinste Veränderungen wie Asteroiden, Helligkeitsschwankungen bei Transits, Veränderliche oder Supernova-Ausbrüche zu entdecken.

Für die systematische Durchmusterung des gesamten Südhimmels wird gegen Ende 2025 das **Vera C. Rubin Observatory** in Betrieb gehen, dessen ursprünglicher Name **Large Synoptic Survey Telescope** (LSST) 2019 zu Ehren von **Vera Rubin** (1928-2016) und ihren Forschungen zu Rotationen von Galaxien und Dunkler Materie umbenannt wurde, *(Abschnitt 12.5)*. Der Standort des Rubin Observatory ist der 2680 Meter hohe Gipfel des Cerro Pachón im nördlichen Chile. Im Juni 2025 wurden der Öffentlichkeit die Ergebnisse und Bilder des *Ersten Lichts* präsentiert.

Das Spiegelteleskop des Rubin Observatory unterscheidet sich von anderen Teleskopen dieser Art durch seinen großen Sichtbereich mit einem Durchmesser von 3.5°, was dem siebenfachen Durchmesser des Vollmondes entspricht, wodurch der Himmel vollständig in drei Nächten fotografiert werden kann.

Um den weiten Bildwinkel zu erreichen, besteht das Teleskop aus einem Primärspiegel von $8{,}4\,\mathrm{m}^{\varnothing}$, der den Tertiärspiegel mit $5{,}0\,\mathrm{m}^{\varnothing}$ ringförmig umgibt. Darüber befindet sich der Sekundärspiegel mit einem Durchmesser von $3{,}4\,\mathrm{m}^{\varnothing}$. Durch die gefaltete Lichtführung entsteht ein sehr kompakter Aufbau, [19, S. 74].

Das Teleskop ist mit der **größten Digitalkamera** der Welt ausgestattet, deren Detektorfläche einen Durchmesser von 64 cm hat. In Anlehnung an den ursprünglichen Namen des Teleskops wurde sie *Legacy Survey of Space and Time (LSST)* genannt. Das Sensorfeld der Kamera besteht aus 201 CCD-Sensoren mit je 16 Megapixeln und damit insgesamt 3.2 Gigapixeln, wodurch eine Auflösung von 0.2 Bogensekunden resultiert. Das Bildfeld erfasst etwa 10 Quadratgrad und entspricht damit der 50-fachen Vollmondfläche. Die Kamera, in die verschiedene Farbfilter eingesetzt werden können, um Spektren in unterschiedlicher Weise zu untersuchen, arbeitet bei Wellenlängen im Bereich von 300 bis 1000 Nanometern.

Über zehn Jahre soll der zugängliche Himmel alle drei Nächte fotografiert werden, wobei pro Nacht bis zu 800 Bilder mit 30 Terabyte aufgenommen werden können. Die Daten werden allen Forschern zur Verfügung stehen, um neben kurzzeitigen Ereignissen wie Supernovae auch Aufschluss über Dunkle Materie und Dunkle Energie zu gewinnen.

Die **Datenanalyse** der riesigen Informationsmengen stellen ein besonderes Softwareproblem dar, da deren Auswertung gewöhnliche Computerprogramme überfordert. Eine zentrale Rolle spielen deshalb automatische Datenverarbeitung, fortschrittliche Algorithmen und Künstliche Intelligenz bei der Suche nach auffälligen Mustern oder Veränderungen in den Daten.

In der näheren Zukunft werden noch größere Instrumente in Betrieb gehen, [31, S. 31, 573f.], [108]

Die dabei auftretenden Probleme durch jahrzehntelange Rivalitäten der Betreiberinstitutionen bei der Projektierung sowie der Finanzierung von Bau und Betrieb der folgenden Großteleskope werden in [130] erörtert.

- **Giant Magellan Telescope** (GMT, Chile), Carnegie Institution und andere
  Das Teleskop wird aus sieben, im Sechseck angeordneten 8.4 m$^{\varnothing}$ Spiegeln, insgesamt etwa 25 m$^{\varnothing}$, bestehen und in den frühen 2030er Jahren auf dem Gelände des Las Campanas Observatory in Chile in Betrieb gehen.

- **Thirty Meter Telescope** (TMT), Caltech und kanadische Universitäten
  Der Hauptspiegel wird aus 492 hexagonalen Segmenten mit 1.4 m$^{\varnothing}$ bestehen.
  Da der Standort auf Hawaii durch juristische Einsprüche der Ureinwohner gestoppt wurde, wird das Teleskop wahrscheinlich auf Einladung Spaniens auf der kanarischen Insel La Palma gebaut.
  Der Zeitpunkt der Inbetriebnahme ist daher noch unklar.

- **Extremely Large Telescope** (ELT, Chile), Europäische Südsternwarte (ESO)
  Der Standort befindet sich auf dem Berg Cerro Amazones (Höhe 3060 m) in der Atacamawüste in 20 km Entfernung vom Very Large Telescope (VLT).
  Der Hauptspiegel des ELT mit einem Durchmesser von 39 m$^{\varnothing}$ besteht aus 798 sechseckigen Spiegelsegmenten mit 1.4 m$^{\varnothing}$. Die adaptive Optik verfügt über acht Laser zur Erzeugung von Laserleitsternen für die Korrektur der atmophärischen Turbulenzen.
  Der Beginn des Betriebs wird für Ende 2030 erwartet. [144].

12.4.2 Radioastronomie

Große Bedeutung neben den optischen Beobachtungen hat die Radioastronomie, die die früheste Untersuchungsmethode bei nichtoptischen Frequenzen darstellt, die den Bereich im elektromagnetischen Spektrum um mehrere Größenordnungen erweiterte. Sie konnte deshalb früh entwickelt werden, weil Radiosignale im Bereich von 10 MHz bis etwa 800 GHz, also von Kurzwellen bis in den Submillimeterbereich, die Atmosphäre durchdringen und auf der Erdoberfläche, ggf. nur in größerer Höhe auf Bergen mit geringem Anteil an absorbierendem Wasserdampf, empfangen werden können, [4, S. 51], [31, S. 20], [35, S. 412f.], [75].

Bedeutende Vorteile der Radioastronomie bestehen darin, dass einerseits Radiowellen nicht von interstellarem Staub absorbiert werden, der für die Astronomie im optischen Bereich ein großes Hindernis darstellt, und dass andererseits Radioteleskope Tag und Nacht arbeiten können, wenn sich die untersuchten Objekte nicht zu nahe an der Sonne befinden.

Nach der zufälligen Entdeckung und den anschließenden systematischen Messungen von Radiosignalen extraterrestrischen Ursprungs durch die Amerikaner **Karl Jansky** und **Grote Reber** in den Jahren 1929/33 bzw. 1935/44 sowie der Sonne als starke Radioquelle durch **Stanley Hey** (1942) wurden nach dem zweiten Weltkrieg mit den nicht mehr benötigten Mikrowellen- und Radargeräten in mehreren Ländern radioastronomische Messungen begonnen.

Martin Ryle machte ab 1946 Cambridge, England, durch seine Forschungen zu **Interferometrie** und **Apertursynthese** zu einem radioastronomischen Zentrum, dessen wichtigstes Ergebnis nach den beiden ersten (1C, 1950,

2C, 1955) die Erstellung des **Third Cambridge Catalogue** (3C, 1959) von Radioquellen war. Die Kataloge wurden fortgeführt mit Messungen bei unterschiedlichen Wellenlängen bis zum aktuellen Tenth Cambridge Survey of Radio Sources (10C, 2011).

Bei den ersten entdeckten, starken Radioquellen stellte man fest, dass es sich nicht um einzelne „Radiosterne“ sondern um **Radiogalaxien** handelte. Sie befanden sich in den Sternbildern Cassiopeia, Centaurus, Schwan und Schütze (Cas A, Cen A, Cyg A, Sgr A), wobei die letzte Quelle das **Zentrum der Milchstraße** bildet. Auch der **Krebsnebel** (M1) im Sternbild Stier ist als Überrest der Supernova des Jahres 1054 eine starke Radioquelle (Tau A). Für seine bahnbrechenden radioastronomischen Arbeiten, die auch zur Entdeckung des ersten Quasars (3C273) führten, erhielt RYLE, wie bereits im *Abschnitt 11.4.2* erwähnt, 1974 den **Nobelpreis für Physik**.

Schon kurz nach dem 2. Weltkrieg erkannten die holländischen Astronomen **Jan Hendrik OORT** und **Hendrik van de HULST** die Möglichkeit, die charakteristische **Radiostrahlung** des neutralen, atomaren Wasserstoffs, die auch **21-cm-Linie** genannt wird, zu messen und damit dessen Verteilung im Universum zu bestimmen. Die **H I -Emissionslinie** (Ionisationsstufe H Eins) des neutralen Wasserstoffatoms entsteht durch den Übergang von der parallelen zur antiparallelen Spin-Orientierung des Elektrons relativ zum Spin des Protons (Spinumkehr, Spin-Flip), bei der die Energiedifferenz von etwa $5.9 \cdot 10^{-6}$ eV einer Radiofrequenz von 1420.4 MHz bzw. einer Wellenlänge von etwa 21 cm entspricht. Eine erste Karte der Wasserstoffstrahlung der Milchstrasse wurde 1958 von Oort und anderen veröffentlicht, die bessere Einblicke als im sichtbaren Licht ergab. Daraus konnte man auch Geschwindigkeiten und Rotationskurven der Galaxie ableiten, [4, S. 56].

Für die Radioastronomie spielt die H I -Linie deshalb eine wichtige Rolle, weil ihre Verteilung Auskunft über den Aufbau von Galaxien sowie Dichteverteilung, Geschwindigkeit und Temperatur des Wasserstoffs im Universum gibt, der etwa 70 % der Masse des interstellaren Gases ausmacht. In solchen Gaswolken werden neue Sterne geboren.

Eine H I -Durchmusterung erfolgte im **Leiden-Argentina-Bonn-Survey** (LAB-Survey) in den Jahren 1997 - 2005, der die Verteilung des neutralen Wasserstoffs auf der gesamten Himmelskugel aufzeichnete, [46, S. 73f.].

Zur Untersuchung von Radioquellen existieren eine Reihe von großen, frei beweglichen **Radioteleskopen** mit **Parabolantennen** wie das zum Weltkulturerbe erklärte **Jodrell-Bank-Radioobservatorium** mit dem **Lovell-Teleskop** in England (1957, 76 m$^{\varnothing}$) sowie das **Radioteleskop Effelsberg** in der Eifel (1972, 100 m$^{\varnothing}$). In West Virginia, USA, befindet sich das seit 2000 in Betrieb befindliche **Robert Byrd Green Bank Telescope** (GBT) mit 100 m$^{\varnothing}$, das in der Nähe des 1962 gebauten, aber 1988 eingestürzten ersten Green Bank Teleskops errichtet wurde, [46, S. 226].

Das in einem Talkessel gebaute Radioteleskop **Arecibo** auf Puerto Rico (1963, 305 m$^{\varnothing}$), dessen an Stahlseilen aufgehängte 900 Tonnen schwere Empfangseinheit beweglich war, wurde 2020 durch Riss der Seile zerstört und nicht wieder aufgebaut, [143].

Seit Beginn der 2000er Jahre ist **China** auf dem Gebiet der Radioastronomie ebenfalls aktiv. Dort wurden verschiedene Großprojekte geplant, die bereits arbeiten oder demnächst in Betrieb gehen werden und deren Instrumente und Ausrüstungen existierende Teleskope z.T. in Ausdehnung oder Leistungsfähigkeit übertreffen, [46, S. 203f.]. Das weltweit größte, in einem Talkessel gebaute Einzel-Radioteleskop **FAST** (500 Meter Aperture Spherical Telescope) ging 2016 in Südwestchina in Betrieb und konnte bereits im ersten Jahr des Probebetriebs sechs Pulsare in der Milchstraße identifizieren.

Die **Winkelauflösung** ergibt sich aus dem Quotienten von Wellenlänge λ und Teleskopdurchmesser D, die bei Radioteleskopen wesentlich kleiner als bei optischen Teleskopen ist, [4, S. 61]. Um die **Auflösung** zu steigern, werden heute mehr und mehr **Interferometeranordnungen** aus einer Vielzahl von kleineren Einzelteleskopen eingesetzt, die bei kohärenter Signalüberlagerung wie ein großes Teleskop wirken, (Very Long Baseline Interferometry, VLBI), [63], [73]. Die größte Basislänge kann mit D als Erddurchmesser erreicht werden und die kleinsten Wellenlängen liegen im Submillimeterbereich bei Frequenzen von bis zu 1000 GHz.

Beim **Interferometerprinzip mit Apertursynthese** werden die Empfangssignale von örtlich z.T. weit entfernten Einzelteleskopen zusammengeführt und anhand der Zeitstempel von Atomuhren synchronisiert und so überlagert, dass die Phasenbeziehungen der kohärent eintreffenden Wellen erhalten bleiben. Unvermeidliche Phasenverschiebungen durch Turbulenzen der Atmosphäre im Empfangssignal einzelner Teleskope lassen sich durch Addition der Phasen aller Teleskope kompensieren, so dass man mit diesem als **Hybridkartierung** bezeichneten Verfahren, [63], zuverlässige Ergebnisse bei VLBI-Beobachtungen gewinnt. Dieses Prinzip ist nicht auf Radiosignale beschränkt, sondern kann bei allen Wellenarten, die zu messbaren Interferenzmustern führen, angewandt werden und ist bei verschiedenen optischen Teleskopen (Keck, VLT) ebenfalls realisiert.

Das erste mit VLBI und Hybridkartierung erfolgreich untersuchte Objekt war der 1964 entdeckte **Quasar** (3C147) in einer Entfernung von sieben Milliarden Lichtjahren, dessen Radiostrahlung ein unsymmetrisches Bild lieferte, das auf einen stark gebündelten Strahl relativistischer Teilchen oder Plasma **(Jet)** schließen ließ.

Ein bedeutendes Beispiel für VLBI-Interferometersysteme ist das **Very Large Array** (VLA, 1980), seit 2012 Karl G. Jansky VLA, in New Mexico mit 27 Parabolantennen von 25 m$^{\varnothing}$ für Frequenzen im Bereich von 75 MHz bis 43 GHz. Das Teleskop bildet eine riesige Y-förmige Struktur, bei der die Antennen auf den 21 km langen Schienen der drei Arme positioniert werden können, so dass die Winkelauflösung bei der größten Ausdehnung 50 Millibogensekunden beträgt.

Das **Very Long Baseline Array** (VLBA, 1993) besteht aus 10 Parabolantennen von 25 m$^{\varnothing}$ in Nordamerika, auf Hawaii und in der Karibik und arbeitet bei Frequenzen im Bereich von 300 MHz bis 86 GHz. Durch die enormen Entfernungen zwischen den Standorten erreicht das VLBA eine Winkelauflösung von einer Millibogensekunde.

Das größte Radioteleskop der Welt ist das **Atacama Large Millimeter Array** (ALMA, 2013) in den nordchilenischen Anden in einer Höhe von über 5000 m. Es besteht aus 66 Parabolantennen, davon 54 mit 12 m$^{\varnothing}$ und 12 mit 7 m$^{\varnothing}$, und arbeitet bei Frequenzen im Bereich von 30 bis 1000 GHz. Die beweglichen Antennen können in Abständen von 150 m bis 16 km positioniert werden und erreichen eine Auflösung von 10 Millibogensekunden.

Ein europäisches Gemeinschaftsprojekt mit dem Ausgangspunkt in den Niederlanden ist das **Low Frequency Array** (LOFAR, 2010), [51], [53], [111]. Dieses astronomische Instrument ist ein digitales **Langbasis-Radiointerferometer** mit einer Basislänge von mehr als 2000 Kilometern (VLBI), das aus etwa 20 Stationen in acht Ländern Europas gebildet wird. LOFAR arbeitet in zwei Frequenzbereichen mit jeweils eigenen Antennentypen, und zwar bei 10 - 80 MHz und 110 - 240 MHz unter Aussparung des UKW-Bandes von 87 - 108 MHz, in dem in Europa wegen des hohen Störpegels der terrestrischen Rundfunksender keine radioastronomischen Messungen möglich sind.

LOFAR ist das erste **digitale und phasengesteuerte Radioteleskop**, das keine beweglichen Teile besitzt, sondern aus einer großen Zahl von **Dipolantennen** besteht, die in Form der Kanten einer Pyramide fest am Boden montiert und in Antennenfeldern, sog. Stationen, angeordnet sind. Blickrichtung und Größe des Gesichtsfeldes werden elektronisch gesteuert, indem durch softwaremäßige Phasenverzögerungen bei der Speisung der passiven Dipole die Wirkung von **Phased-Array-Antennen** gebildet wird, so dass erst bei der Auswertung und Verarbeitung der Antennendaten die digital erzeugte Richtwirkung entsteht. Nach Zusammenfassung der Daten der einzelnen Stationen übernimmt ein zentraler Supercomputer die digitalen Signale und kombiniert sie zu einem Bild, dessen Auflösung durch den Abstand der äußersten Stationen bestimmt wird und im günstigsten Fall bei 0.3 Bogensekunden liegt. Da jeder einzelne schräg stehende Dipol wegen seiner Rundcharakteristik einen großen Teil des Nordhimmels detektiert, kann LOFAR je nach Rechnerleistung mehrere Himmelsrichtungen gleichzeitig untersuchen, indem die Einzelsignale mit verschiedenen Phasenverzögerungen zum Summensignal überlagert werden.

Die wissenschaftlichen Ziele von LOFAR umfassen die Messung der langwelligen Radiostrahlung von neutralem Wasserstoffgas aus der Frühzeit des Universums, die durch die Expansion des Kosmos von ursprünglich 21 cm auf etwa zehnfache Wellenlänge gedehnt wurde, sowie die Synchrotronstrahlung von schnellen Elektronen, die sich in Magnetfeldern spiralförmig bewegen. Weiterhin soll die Radiodurchmusterung des Nordhimmels einen Katalog von Radioquellen mit hundert Millionen Objekten erbringen, der alle bisherigen Durchmusterungen um den Faktor 10 übertrifft.

Das **Square Kilometer Array** (SKA), für das LOFAR bezüglich Phasensteuerung, Datenübertragung und Auswertung ein Vorläuferprojekt darstellt, ist das größte terrestrische, astronomische Instrument mit einer äquivalenten Empfangsfläche von einem Quadratkilometer, das ab 2014 in abgelegenen, wüstenartigen und kaum von irdischer Störstrahlung betroffenen Gebieten von Südafrika und Australien mit guter Sicht auf das galaktische Zentrum gebaut wird und mit der Fertigstellung im Jahr 2029 betriebsbereit sein soll, [46, S. 187f.], [52].

Das SKA wird aus drei verschiedenen Antennentypen (Dipol- und Parabolantennen) für den Frequenzbereich von 70 MHz bis 10 GHz mit späterer Erweiterung auf 30 GHz errichtet. Als hochempfindliches und flexibles Instrument soll das SKA eine Fülle von Fragen der Grundlagen-, Teilchen- und Astrophysik sowie Kosmologie beantworten. Der Umfang der täglich anfallenden Datenmenge wird dem Zehnfachen des aktuellen Internetverkehrs entsprechen. In Zusammenarbeit mit dem Superrechnerhersteller IBM müssen für die Auswertung neue und anspruchsvolle Techniken der Datenverarbeitung (Data-Mining) entwickelt werden.

Mitte 2018 wurde das SKA-Vorläufer-Teleskop **MeerKAT** in der südafrikanischen Karoo-Halbwüste eingeweiht, das aus 64 Parabolantennen mit 13.5 $m^{\varnothing}$ besteht und das später einen Teil des SKA-Radioteleskops für den mittleren Frequenzbereich von 350 MHz bis 14 GHz bilden wird.

Das internationale Projekt **Event Horizon Telescope** (EHT), [126], [134]. wurde 2012 gegründet und ist nach gewissen Anfangsschwierigkeiten beim Zusammenschluss, [138], eine Kooperation von etwa einem Dutzend Observatorien mit den größten Radioteleskopen auf allen Kontinenten, um den Ereignishorizont Schwarzer Löcher zu erkunden. Der Verbund der Teleskope zur Langbasisinterferometrie (VLBI) mit einer Basislänge, die den Erddurchmesser erreichen kann, soll abhängig von der verwendeten Wellenlänge eine Auflösung von etwa 10 Mikrobogensekunden erreichen, was weniger als dem Sehwinkel eines Golfballs auf dem Mond entspricht.

Das EHT hat zum Ziel, zunächst die Radioquelle Sagittarius A* (Sgr A*), die das Schwarze Loch im Zentrum der Milchstrasse mit vier Millionen Sonnenmassen bildet, im Radiobereich bei 1.3 mm Wellenlänge oder 230 GHz zu untersuchen und auf dessen Grenzregion direkt am Ereignishorizont zu blicken. Die Materie, die vom Schwarzen Loch angezogen und durch die Gravitation extrem zusammengedrückt wird, wobei Temperaturen von Milliarden Kelvin entstehen, soll auf ihrem Weg zum Ereignishorizont verfolgt werden, um zu prüfen, ob die Bewegung im Einklang mit den Aussagen der Allgemeinen Relativitätstheorie steht. In der kommenden Dekade soll die Zahl der beteiligten Radioteleskope erhöht und die Empfangsfrequenz auf 450 GHz erweitert werden, um noch detailliertere Daten zu gewinnen.

Die ersten sensationellen Ergebnisse wurden nach mehrtägigen Beobachtungen des Schwarzen Lochs von Sgr A* in der Milchstrasse und dem viel massereicheren in der Galaxie M87 im Sternbild Virgo im April 2017 und zweijährigen Datenauswertungen und Vergleichen mit Computersimulationen erzielt. Im April 2019 wurde das **erste Bild des Schwarzen Lochs** von M87 veröffentlicht, bei dem der dunkle Fleck in der Mitte umgeben ist von leuchtenden Flächen, was als Schatten des Schwarzen Lochs bezeichnet wird. Ein entsprechendes Bild des Schwarzen Lochs von Sgr A* wurde der Öffentlichkeit im Mai 2022 vorgestellt, [146], [148].

Quasare und Pulsare, die ebenfalls Radioquellen darstellen, wurden bereits im *Abschnitt 11.4* erörtert und die kosmische Mikrowellen-Hintergrundstrahlung wird im *Abschnitt 12.7* behandelt.

Bei allen erwähnten Durchmusterungen in optischen, radioastronomischen oder anderen Wellenlängenbereichen wird allerdings nur die baryonische, jedoch nicht die Dunkle Materie erfasst!

12.4.3 Satelliten-Projekte

Nach ersten Erkundungen in größeren Höhen mit Ballonaufstiegen wurde seit Ende der 1950er Jahre eine große Zahl von künstlichen Satelliten zunächst in die Erdumlaufbahn und später zum Mond und den inneren Planeten sowie Asteroiden und Kometen geschickt, da einerseits die Frequenzbereiche des Infraroten sowie von Ultraviolett bis Gammastrahlung von der Atmosphäre teilweise oder gänzlich blockiert werden, und um andererseits eine Fülle von Bildern und Daten aus der Nähe der Himmelsobjekte zu erhalten. Die technische Entwicklung der Raumfahrtprojekte lieferte völlig neue Erfahrungen auf vielen Gebieten wie der Raketentechnik, die neben den wissenschaftlichen Erkenntnissen anfänglich stark durch die Konkurrenz zwischen den USA und der Sowjetunion im Kalten Krieg geprägt war.

Der erste künstliche Satellit im Weltraum war der sowjetische **Sputnik**, der am 4. Oktober 1957 seinen Orbit erreichte, drei Wochen lang Kurzwellensignale sendete und nach etwa drei Monaten in dichteren Schichten der Erdatmosphäre verglühte. Dieser Start versetzte die USA in einen Schockzustand, den sie 1958 mit der Gründung der **NASA** (National Aeronautics and Space Administration) beantwortete, wodurch der Raumfahrtwettlauf im Weltall begann. Die erste Raumfahrtmission der NASA war der Satellit **Explorer I**, der bereits wissenschaftliche Experimente ausführte und damit Sputnik übertraf, [50].

Seither erkundete eine Vielzahl von z.T. bemannten Raumsonden die Erde. Auch hierbei konnte die Sowjetunion im Februar 1961 mit dem Raumschiff Wostok I den Kosmonauten **Juri Gagarin** als ersten Menschen in den Weltraum schicken. Erst einige Wochen später konnte die NASA mit dem Astronauten **Alan Shepard** nachziehen.

Im amerikanischen **Apollo-Projekt** landeten am 20. Juli 1969 mit **Neil Armstrong** und **Buzz Aldrin** die ersten Menschen auf dem Mond. Sechs Stunden später verließ Armstrong die Mondfähre und setzte als erster Mensch seinen Fuß auf den Mondboden. Bis 1972 wurden weitere sechs Apollo-Mondlandungen durchgeführt, bei denen insgesamt zwölf Menschen den Mond betraten und Mondproben zur Erde brachten.

Besonders erfolgreich waren die Raumsondenmissionen der NASA ins äußere Sonnensystem. Die beiden Sonden **Voyager 1 & 2** (Start 1977) flogen auf Grund einer sehr seltenen Planetenkonstellation an allen vier großen Planeten vorbei, indem sie deren Gravitationsschwung (Swing-by) ausnutzen konnten. Nach erheblichen Verlängerungen der ursprünglich nur für vier Jahre geplanten Mission senden beide Raumsonden nach fast 50 Flugjahren mit einer aus heutiger Sicht rudimentären technischen Ausrüstung immer noch Informationen aus einer Entfernung von mehr als 160 astronomischen Einheiten, bei denen die Signale über 20 Stunden bis zur Erde unterwegs sind. Da die Energieversorgung aus Plutoniumzerfall der begrenzende Faktor ist, wurden mehr und mehr Instrumente abgeschaltet, so dass noch mit einer Informationsübertragung bis 2030 gerechnet wird, [147], [158].

Die Mission **Cassini-Huygens** (1997-2017) hatte den Planeten Saturn zum Hauptziel mit Landung der Sonde Huygens 2005 auf seinem größten Mond Titan. Die Mission der Raumsonde **New Horizons** (Start 2006) zu Jupiter und Pluto wurde zur Untersuchung von Objekten im Kuipergürtel bis 2021 verlängert, [50, S. 141].

Neben den großen Missionen werden von der NASA auch viele kleine durchgeführt, die nur bestimmte, mitunter sehr spezielle Aufgaben wie die Suche nach **Exoplaneten** mit den Weltraumteleskopen **Kepler** (2009-2013, modifiziert bis 2018), und **Tess** (ab 2018) erfüllen sollen, von denen schon mehrere tausend Planeten entdeckt wurden.

Die europäischen Wissenschaftler erkannten schon früh, dass nationale Projekte nicht mit den USA und der Sowjetunion konkurrieren können, woraufhin aus Vorläuferinstitutionen 1975 die **ESA**, die **Europäische Weltraumorganisation** (European Space Agency) gegründet wurde.

Fast alle Satelliten-Projekte und Weltraumteleskope sind teure Großprojekte mit jahrelanger Planung und internationalen Konsortien für wissenschaftliche Zusammenarbeit und Finanzierung. Zur Erhöhung der wissenschaftlichen Erkenntnis werden solche Projekte meist mit mehreren Messinstrumenten für unterschiedliche Zielsetzungen ausgestattet, die bei störungsfreiem Betrieb über viele Jahre eine Fülle von Daten und Bildern liefern sollen.

Die **Vorteile** der Satelliten-Projekte bestehen darin, dass der gesamte Frequenzbereich von Infrarot bis Gammastrahlung lückenlos ohne Absorption und Turbulenzen der Atmosphäre empfangen werden kann und dass keine Beeinträchtigung durch das vom Menschen erzeugte, störende Fremdlicht auftritt, das die Astronomen in dieser Hinsicht als **Lichtverschmutzung** bezeichnen, [19, S. 49]

Den Vorteilen stehen als **Herausforderungen** hohe Kosten gegenüber, insbesondere bei großen und daher auch schweren Satelliten, für die Treibstoff zur Kurskorrektur und weitere Verbrauchsstoffe wie flüssiges Helium zur Kühlung mitgeführt werden müssen und deren Erschöpfung die Lebensdauer der Missionen begrenzen. Aus Gewichtsgründen sind Teleskopspiegel kleiner als bei terrestrischen Instrumenten. Alle Komponenten müssen höhere Anforderungen bezüglich Zuverlässigkeit, hoher Strahlenbelastung und großer Temperaturunterschiede erfüllen und wichtige Teile werden redundant, also mehrfach, ausgelegt. Als weiteres Problem tritt **Weltraumschrott** mit einer bereits enormen Anzahl von Bruchstücken im All auf, die mitunter Ausweichmanöver erforderlich machen, um Kollisionen mit Beschädigung oder Zerstörung von Satelliten zu verhindern, [137], [159], [160].

Bei niedrigen Satellitenorbits ist die Datenübertragung, die grundsätzlich digital erfolgt, durch die Sichtbarkeit über dem Horizont begrenzt. Bei interplanetaren Satelliten-Missionen sind die Signallaufzeiten hoch und die Übertragungsraten bei begrenzter Bandbreite niedrig.

Für eine fehlerlose Datenübertragung, die ohne zeitraubende Wiederholungen auskommen muss, wurden für Magnetspeichermedien und Satelliten-Projekte für die **Vorwärts-Fehlerkorrektur** (Forward Error Correction, FEC) sehr effektive **fehlerkorrigierende Codes** entwickelt, bei denen die im Datenstrom auftretenden Bitfehler am Empfangsort mit hoher Wahrscheinlichkeit erkannt und korrigiert werden können. Solche Codes werden heute standardmäßig bei allen Datenübertragungen eingesetzt wie beim Abspielen von CDs oder DVDs, beim Mobilfunk sowie bei jedem Kopiervorgang von Dateien auf Rechnern oder im Internet. Weitergehende Information zur Codierung findet man in folgenden Büchern [7], [8], [14], [22].

12.4.3.1 Optischer Bereich

Zu den umfangreichsten Satelliten-Unternehmen, die im optischen Bereich liegen, zählen die von der europäischen Raumfahrtbehörde ESA von 1989 bis 1993 durchgeführte **Hipparcos-Mission** und die Ende 2013 als Nachfolger gestartete und im Lagrange-Punkt L2 stationierte **Gaia-Mission**, die nach mehreren Verlängerungen im März 2025 beendet wurde.

Die Aufgabe dieser **Astrometriesatelliten** ist die Bestimmung der Positionen von Sternen der Milchstraße und deren Entfernungen durch sehr genaue Parallaxenmessungen. Bei Hipparcos wurden die Parallaxen von 120 000 Sternen mit einer Genauigkeit von einer Millibogensekunde (1 mas) gemessen. Bei Gaia sind Aufwand und Präzision der Messinstrumente auf Grund des Fortschritts der technischen Entwicklung eines Vierteljahrhunderts entsprechend größer. Dabei ist es das Ziel, die Positionen, Helligkeiten, Eigenbewegungen und trigonometrischen Parallaxen von mehr als einer Milliarde der etwa 200 Milliarden Sterne der Milchstraße mit bisher unerreichter Genauigkeit bis zur 21. Größenklasse zu vermessen und bei den hellsten 100 bis 200 Millionen Sternen zusätzlich gut aufgelöste Spektren zu liefern, aus denen Radialgeschwindigkeit, Temperatur und chemische Zusammensetzung bestimmt werden können. Die Genauigkeit der Parallaxenmessung wird dabei 50 mal höher sein als bei Hipparcos bis herunter zu 25 Mikrobogensekunden (25 μas), um damit ein klareres Bild der dreidimensionalen Struktur unserer Heimatgalaxie zu erstellen. Die ersten Daten wurden 2016 als *Gaia Data Release 1* (DR1) veröffentlicht und durch Vergleich mit Hipparcos-Daten konnten erste Ergebnisse erzielt werden. Erst 2030 sollen mit dem **Gaia-Katalog** DR5 die letzten Daten publiziert werden, [54], [55], [89], [90], [133].

Das **Hubble-Weltraumteleskop** (Hubble Space Telescope, HST) wurde von NASA und ESA gemeinsam in einer etwa 20-jährigen Planungs- und Entwicklungszeit realisiert und 1990 in eine anfänglich 600 km hohe und 96 Minuten dauernde Umlaufbahn gebracht.

Dieses Teleskop leitete ein neues Zeitalter der Astronomie ein, indem es die optischen Beobachtungen in den Weltraum außerhalb der Erdatmosphäre verlegte, um die Einschränkungen durch deren Absorption und Turbulenz zu umgehen, die das Auflösungsvermögen von terrestrischen Teleskopen zur damaligen Zeit vor Einführung der adaptiven Optik begrenzten und verschiedene Spektralbereiche blockierten. Der messbare Wellenlängenbereich des Teleskops erstreckt sich vom Infrarot über den sichtbaren Bereich bis zum Ultraviolett.

Mit einer bis dahin unerreichten Auflösung wurden breit gefächerte Missionsziele geplant, die alle wesentlichen Objekte und Phänomene des Universums umfassten wie Planeten im Sonnensystem und Exoplaneten, Sterne und Nebel aller Art, Galaxien in beliebiger Entfernung, Schwarze Löcher sowie Dunkle Materie und Dunkle Energie.

Nach Inbetriebnahme des Teleskops stellte sich bei den ersten Aufnahmen jedoch heraus, dass der $2.4\,\mathrm{m}^{\varnothing}$ Hauptspiegel durch falschen Schliff starke sphärische Aberration aufwies, was zu unscharfen und unbrauchbaren Bildern führte. Durch softwaremäßige Nachbehandlung konnte man die Bildfehler teilweise kompensieren.

Da von Anfang an Wartungen im Orbit des Teleskops durch Space-Shuttle-Missionen für Reparaturen, Austausch von Komponenten und Aufrüstung vorgesehen waren, konnte in der ersten Mission Ende 1993 der Spiegelfehler durch Einbau einer Korrekturoptik behoben werden. Seither ist das Weltraumteleskop voll funktionsfähig und wurde in insgesamt fünf Wartungsmissionen durch den Einbau von immer leistungsfähigeren Komponenten zu einem der erfolgreichsten und bekanntesten wissenschaftlichen Messinstrument, [31, S. 28], [83]. Die Messungen des HST haben das Weltbild der Astronomen neu gestaltet, z.T. sogar revolutioniert, und seine Aufnahmen von reizvollen Himmelsobjekten lieferten auch für Laien besonders ansprechende Bilder aus dem Kosmos, [109].

Einige der wichtigsten Beiträge zur astronomischen Erkenntnis stellen die als **Hubble Deep Field** bezeichneten Ergebnisse dar. Dabei wurde 1995 zehn Tage lang ein bis dahin als dunkel bekannter, kleiner Bereich im Großen Bären von etwa 5×5 Quadratbogenminuten ohne Vordergrundsterne und bekannte Galaxien beobachtet, dessen wichtiger Datensatz den Namen Hubble Deep Field North (HDFN) erhielt und der 1998 durch ein südliches Gegenstück Hubble Deep Field South (HDFS) ergänzt wurde. Mit einer 2002 installierten, verbesserten Kamera wurde das Hubble Ultra Deep Field (HUDF) aufgenommen und mit weiteren Surveys konnte der Blick immer tiefer und damit früher ins Universum geworfen werden. Die HDF-Bilder enthüllen mehrere Tausend sehr lichtschwache Galaxien von großer Formen-, Farben- und Größenvielfalt, die Informationen über den frühen Zustand und die Entwicklung des Universums liefern, [31, S. 28, 31, 470], [86]. Neben dem

HDF gibt es inzwischen auch eine Reihe von terrestrischen Deep Field Projekten, [107].

Nach der letzten Wartung 2009 wird das HUBBLE-Weltraumteleskop mit seiner aktuellen, den Stand der Technik darstellenden Ausrüstung weiterbetrieben. Seine Lebensdauer ist durch den stetig sinkenden Orbit begrenzt, was bei niedrig umlaufenden Satelliten unterhalb von 1000 km durch den Luftwiderstand der Restatmosphäre hervorgerufen wird. Dadurch würde das Teleskop etwa im Jahr 2030 in die dichtere Erdatmosphäre eintreten, gebremst werden und später verglühen.

Allerdings gab die NASA 2022 bekannt, ggf. durch eine weitere Reparaturmission Bahnkorrekturen vorzunehmen und beschädigte Komponenten zu ersetzen, um den wissenschaftlichen Betrieb parallel zum James-Webb-Teleskop um mehrere Jahre zu verlängern.

12.4.3.2 Infrarot-Astronomie

Da Infrarotstrahlung vom Wasserdampf der Erdatmosphäre stark absorbiert wird, kann der Bereich vom nahen (NIR) bis fernen Infrarot (FIR) mit Wellenlängen zwischen $1\,\mu$m und $300\,\mu$m mit erdgebundenen Teleskopen nur in kleinen Fenstern und in großen, trockenen Höhenlagen wie beim Mauna-Kea-Observatorium, Hawaii, untersucht werden. Für den größten Teil dieses Wellenlängenbereichs sind daher Satellitenmissionen zur Beobachtung erforderlich.

Nach ersten Ballon-, Raketen- und Flugzeugexperimenten seit den 1960er Jahren erfolgten Fortschritte der Infrarotastronomie mit den ersten Satellitenmissionen **IRAS** (Infrared Astronomical Satellite, 1983) und **ISO** (Infrared Space Observatory, 1995 - 98). Auch das HUBBLE-Weltraumteleskop wurde 1997 mit einem Infrarotinstrument ausgerüstet.

Eine Besonderheit liegt darin, dass die Infrarotinstrumente mit flüssigem Helium gekühlt werden müssen, da sonst die eigene thermische Strahlung des Satelliten die Mess-Signale überlagert. Der mitgeführte Heliumvorrat begrenzt daher die Zeit, in der die Satellitenmission optimal arbeiten kann.

Das Weltraumteleskop **SPITZER** mit Kamera, Photometer und Spektrograph war 2003 - 2009 mit Heliumkühlung in Betrieb, seither können nur noch die beiden kurzwelligen Kanäle der Infrarotkamera genutzt werden, [114].

Seit 2009 arbeitete das Weltraumteleskop **Herschel**, das mit 3.5 m$^{\varnothing}$ den größten Spiegel besaß, der bisher für eine Satellitenmission gefertigt wurde. Nach der Erschöpfung des Heliumvorrates von 2300 Litern wurde die Mission 2013 beendet und der Satellit in eine Friedhofsbahn um die Sonne gelenkt.

Als Nachfolger der Teleskope Spitzer und Hubble wurde das **James-Webb-Weltraumteleskop** als gemeinsames Projekt der Weltraumagenturen NASA (USA), ESA (Europa) und CSA (Kanada) entwickelt, das das bisher größte und teuerste Satellitenteleskop ist. Das Teleskop erreichte Anfang 2022 seine solare Umlaufbahn am sonnenabgewandten **Lagrange-Punkt** L_2 des Erde-Sonne-Systems (s. *Abschnitt 11.1.1.3*), der von der Erde etwa vierfache Mondentfernung hat.

Beobachtungen des Instrumentes finden im nahen und mittleren Infrarotbereich (0.6 .. 28 μm) statt, der durch Wasserdampf- und Sauerstoffanteile der Atmosphäre für erdgebundene Teleskope blockiert ist. Der Hauptspiegel mit einem Durchmesser von 6.5 m besteht aus 18 sechseckigen Segmenten aus goldbeschichtetem Beryllium. Die verschiedenen Infrarotmessgeräte haben Winkelauflösungen im Bereich von 30 bis 190 Millibogensekunden.

Die Hauptaufgaben des JWST sind die Suche nach frühen leuchtenden Objekten, die nach dem dunklen Zeitalter vor mehr als 13 Milliarden Jahren entstanden sind, die Untersuchung der Entwicklung von Galaxien und Schwarzen Löchern sowie die Suche nach Exoplaneten und Inspektion ihrer Atmosphären auf Biomarker wie Sauerstoff und Wasser mit möglicher Eignung für Leben.

Durch die präzise Flugbahn der Sonde zum Zielgebiet wurde erheblich Treibstoff gespart, der daher für Kurskorrekturen zur Verfügung steht, wodurch sich die Funktionsdauer des Teleskops auf voraussichtlich 20 Jahre erhöht.

Bereits im ersten Betriebsjahr erhielt man spektakuläre Bilder, [149]. Ein besonders überraschendes Ergebnis stellt die Galaxie JADES-GS-z14-0 mit sehr hoher Rotverschiebung dar, die sich bereits 300 Millionen Jahre nach dem Urknall und damit viel früher, als man bisher annahm, gebildet hatte. Da man in der Galaxie auch erhebliche Mengen von Sauerstoff fand, muss sie in diesem frühen Zustand des Weltalls bereits einen vollen Sternzyklus mit Supernova-Explosionen durchlaufen haben, was überaus ungewöhnlich ist, [155], [157]. Möglicherweise müssen aufgrund solcher Erkenntnisse bisherige Modellvorstellungen über die Entwicklung des Weltalls modifiziert werden. [150].

Das Weltraumteleskop **Euclid** der ESA ist seit Mitte 2023 am Lagrange-Punkt L_2 im Einsatz, um eine genaue Vermessung der Expansion des Universums und Erkenntnisse zu Dunkler Materie und Dunkler Energie zu liefern. Der Primärspiegel hat einen Durchmesser von 1250 mm und ein dichroitischer Spiegel teilt das Licht in zwei Spektralbereiche auf für die beiden Aufnahmeinstrumente mit CCD-Chips für sichtbares Licht (VIS) zwischen 550 und 900 nm mit insgesamt 609 Megapixeln und Infrarotstrahlung (NIR) zwischen 900 und 2020 nm Wellenlänge mit insgesamt 64 Megapixeln. Euclid wird etwa ein Drittel des Himmels beobachten. Die ersten Fotos wurden bereits nach vier Wochen veröffentlicht und hochaufgelöste Durchmusterungsdaten wurden 2025 vorgestellt mit einer Vorschau auf drei Deep Fields, bei denen man einen Eindruck gewinnt, wie umfangreich die Daten von Euclid sein werden, [151].

12.4.3.3 Röntgen-Astronomie

Die Durchmusterung der Himmelskugel im Bereich der **Röntgenstrahlung** kann wegen der Absorption in der Lufthülle nur mit Satellitenmissionen außerhalb der Erdatmosphäre durchgeführt werden, [2].

Auf Betreiben des italienischstämmigen amerikanischen Astrophysikers **Riccardo Giacconi** (1931-2018) entdeckte eine Höhenforschungsrakete in 80 km Höhe die erste Röntgenquelle Scorpius X-1 im Sternbild Skorpion im Jahre 1962.

Sein zweites Projekt war der erste Röntgensatellit **Uhuru** (Swahili für Freiheit), der nur eine für die damalige Zeit aktuelle Version eines Geigerzählers mit beschränkter Richtungsauflösung enthielt, aber damit erstmals eine komplette Himmelsdurchmusterung im Röntgenbereich durchführte. In seiner Betriebszeit von 1970 bis 1973 entdeckte er ungefähr 300 Röntgenobjekte, darunter das aus allen Richtungen einfallende diffuse Röntgenleuchten von Galaxien **(Röntgenhintergrund)**, das wie man heute weiß durch in Schwarze Löcher stürzende Materie erzeugt wird, und erstmals Röntgendoppelsterne.

Da Röntgenstrahlung, anders als sichtbares Licht, weder durch Linsen gebrochen noch durch gewöhnliche Spiegel bei senkrechtem oder großem Einfallswinkel reflektiert wird, musste man ein Teleskop nach anderen Prinzipien entwickeln, [62].

Die für Röntgensatelliten eingesetzte Optik, die auch als **WOLTER-Teleskop** bezeichnet wird, die 1951 von Hans WOLTER entwickelt wurde, verwendet eine Spiegelanordnung, bei der die Röntgenstrahlung nur bei streifendem Einfall unter ein bis zwei Grad auf Oberflächen mit einer Mikrorauhigkeit von weniger als einem Nanometer eine Reflexion erfährt. Die Röntgenstrahlen werden zunächst an einer Paraboloid- und dann an einer Hyperboloidfläche unter sehr flachem Winkel streifend reflektiert und bilden in der Fokalebene ein Röntgenbild. Die Spiegelsysteme sind zur Erhöhung der Intensität vier- oder mehrfach röhrenförmig ineinander geschachtelt.

Größere Satellitenmissionen waren das **EINSTEIN-Observatorium** (1978-1981) und das **ROSAT-Projekt** in den Jahren 1990-1999, [79], bei dessen Himmelsdurchmusterung etwa 150 000 Röntgenquellen entdeckt wurden.

Seit 1999 arbeiten der Röntgensatellit **Chandra** der NASA und das Weltraumobservatorium **XMM-NEWTON** der ESA, deren wissenschaftliche Ziele die Untersuchung von Supernova-Überresten, die Beobachtung von Schwarzen Löchern und von heißen Gaswolken in Galaxien und Galaxienhaufen umfassen, [141]. Beide sind nach Verlängerungen noch erfolgreich im Einsatz.

Bei vielen Galaxien ist die im Röntgenlicht gemessene Masse des bis zu 100 Millionen Grad heißen Plasmas des intergalaktischen Gases bis zu fünfmal größer als die sichtbare Masse der Galaxien, *(Abbildung 12.3)*.

Für die Entdeckung der ersten Röntgenquelle Scorpius X-1 und seine Leistungen in der Röntgenastronomie (Uhuru, EINSTEIN-Observatorium) erhielt **Riccardo GIACCONI** im Jahr 2002 den **Nobelpreis für Physik**, [94].

12.5 Dunkle Materie

Der erste Astronom, der neben der beobachtbaren Sternenmasse der Milchstrasse eine zusätzliche nicht sichtbare und daher „Dunkle Materie" vermutete, war der Niederländer **Jan Hendrik OORT**.

Spiralgalxien wie die Milchstrasse müssen Rotationsbewegungen ausführen, um auf Grund der Fliehkräfte eine Balance zur Gravitation zu bilden, damit sich ein stabiles System ergibt. Aus den Bewegungen der Sterne, die OORT früher ermittelt hatte, konnte er die wirksame Gravitation und damit die kinematisch basierte Massenverteilung bestimmen. Die Leuchtkraft von Sternen hängt über gravitativen Druck und Temperatur, die die Kernfusion bewirken, von deren Masse ab. Unter Berücksichtigung der verschiedenen Sterntypen stellte OORT 1932 aus dem Vergleich beider Berechnungen fest, dass die kinematisch bestimmte Masse deutlich größer war als die leuchtende. Seine Werte enthalten allerdings Fehler, da er den heute bekannten Scheibenaufbau der Milchstrasse noch nicht berücksichtigte, [1, S. 12, 17].

Im Jahre 1933 hatte **Fritz ZWICKY** Galaxien im Coma-Haufen untersucht und eklatante Unterschiede ihrer Massen entdeckt, die er einerseits aus dem Erscheinungsbild ihrer Leuchtkraft erwartete und die er andererseits aus ihren Relativgeschwindigkeiten ableitete, die das gleiche Balanceargument wie oben erfüllen müssen. Unter Anwendung des Virialsatzes *(Abschnitt 3.1.6)* schloss er daraus, dass die Masse um ein Vielfaches größer sein müsste, als die Leuchtkraft vermuten ließ, und diese nicht sichtbare *fehlende Masse* nannte er **eine Art dunkle Materie**, [1, S. 17], [24, S. 66].

Bereits 1950 noch als Studentin verglich **Vera C. RUBIN** in ihrer Magisterarbeit Flucht- und Eigenbewegungen von Galaxien. In den 1960er Jahren bestimmte sie zusammen mit Kent FORD mit dessen neuem empfindlichen Spektrographen die **Rotationsgeschwindigkeiten von Galaxien** auf Grund der Rot- und Blauverschiebungen in den Spiralarmen. Da sich die Bahngeschwindigkeiten der einzelnen Sterne vom Zentrum nach außen aber **nicht auf KEPLER-Kurven** (3.28) befanden, sondern nach anfänglichem Anstieg nahezu konstant mit dem Abstand blieben und damit auf **flachen Rotationskurven** lagen, folgerten sie, dass eine zusätzliche, aber nicht sichtbare Masse existieren musste, [64], [69].

Mitte der 1970er Jahre führten **James PEEBLES** und **Jeremiah OSTRIKER** N-Körper-Computer-Simulationen der Milchstraße als Einzelgalaxie und von Galaxienhaufen gemäß Gleichung (11.3) durch. Sie stellten fest, dass die Gravitationsbewegung der Milchstraße bzw. der Einzelgalaxien in Haufen nur dann nicht ins Taumeln geriet und sich stabilisieren ließ, wenn sie jeweils enorme Massen in einem kugelförmigen Bereich, einem **Halo**, der größer als die Galaxie selbst ist, hinzufügten, wodurch Milchstraße bzw. Galaxien gravitativ zusammengehalten wurden. Nach ihren Untersuchungen könnte die Masse der Galaxien sogar bis zu einem Faktor 10 unterschätzt worden sein! Durch die Analyse einer Vielzahl vorhandener astronomischer Beobachtungen stützten sie die Ergebnisse ihrer Simulationen mit konkreten Untersuchungsdaten und Messwerten ab, [24, S. 64, 67].

Vielfältige Untersuchungen haben inzwischen ergeben, dass für die meisten Spiralgalaxien und Galaxienhaufen die Rotationskurven, die die Bahngeschwindigkeiten über der Entfernung vom Zentrum darstellen, bis zur Messgrenze flach sind. Das bedeutet, dass sich ein großer Teil der Masse in einem **sphärischen Halo** oder in einer massereichen Hülle befinden muss, die bis weit außerhalb der sichtbaren oder elektromagnetisch messbaren Galaxien reicht. Nach den Messergebnissen besteht die gesamte Materie des Universums nur zu etwa 15 % aus strahlender, **baryonischer Materie** in Form von Sternen, Staub und interstellarem Gas, der überwiegende restliche Anteil von 85 % dagegen aus bisher nicht nachweisbarer **Dunkler Materie**! Auf Grund der Entdeckung dieser speziellen, noch unbekannten Materieform wurde der **Dichteparameter der Materie** neu bezeichnet und aus baryonischen und dunklen Anteilen zusammengesetzt, $\Omega_{\text{mat}} = \Omega_b + \Omega_d$, mit einem Verhältnis von $\Omega_b / \Omega_d \approx 0.18$.

Eine wichtige Beobachtung stellt der sog. **Bullet Cluster** in *Abbildung 12.3* in einer Entfernung von 3.9 Milliarden Lichtjahren dar, dessen Besonderheit 2006 bekannt wurde. In ihm durchdringen sich zwei Galaxienhaufen, wobei sich die Galaxien und ebenso die enthaltenen Sterne ihrer großen Entfernungen wegen kollisionsfrei aneinander vorbeibewegen. Das diffuse Gas im Raum zwischen den Galaxien, das wesentlich mehr Masse als die Sterne enthält, trifft dagegen aufeinander und erzeugt Stoßwellen mit Aufheizung des Materials und Aussendung von **Röntgenstrahlung**.

Das von der NASA veröffentlichte Bild des Bullet-Clusters ist eine Kombination mehrerer Teleskopaufnahmen, bei dem die durch den Gravitationslinseneffekt nachgewiesene Gesamtmasse blau und das durch Röntgenstrahlung identifizierbare heiße Gas, das nur die baryonische Komponente enthält, in rosa dargestellt sind. Aus der Differenz kann man auf den Anteil der Dunklen Materie schließen, was die NASA als direkten Beweis für diese Form der Materie wertete, [31, S. 305, 324, 327], [120].

ABB. 12.3: Montagebild des Bullet-Clusters
Hintergrund vom Hubble-Weltraumteleskop
Röntgenstrahlung in rosa, Massenverteilung gemäß Gravitationslinseneffekt in blau

Da die Gesamtmasse im Universum nach verschiedenen Berechnungen und Schätzungen nur auf ein $\Omega_{\text{mat}} \approx 0.3$ führt, muss man für den mehr als doppelt so großen fehlenden Anteil noch eine Erklärung finden, damit der Gesamtparameter für das flache Universum $\Omega = 1$ erreicht!

Zur Zeit ist es noch ungewiss und Gegenstand von Forschung und diversen Experimenten, woraus die Dunkle Materie besteht. Nach den bisherigen Erkenntnissen hat dieses Problem höchstwahrscheinlich keine astronomische Lösung, sondern eine Antwort, die von der **Teilchenphysik** geliefert werden wird. Da die Dunkle Materie elektromagnetische Strahlung weder aussendet noch absorbiert, können Baryonen keinen Hauptbestandteil bilden. Dagegen macht sich die Dunkle Materie durch die erhöhte Schwerkraft in den Galaxien bemerkbar, die man durch den Gravitationslinseneffekt nachweisen kann, so dass man als Hauptanteil besondere, **massereiche Teilchen** vermutet. Sie unterliegen nur der Gravitation und der schwachen Wechselwirkung und wurden 1985 von **Michael Turner** als **WIMPs** (Weakly Interacting Massive Particles) bezeichnet. Trotz einer Vielzahl von terrestrischen und Satellitenexperimenten konnten diese vermuteten Teilchen bisher aber nicht identifiziert werden, [1, S. 61]. Da sich WIMPs relativ langsam bewegen sollen, also wenig Energie besäßen und daher „kalt" wären, werden sie als **kalte Dunkle Materie** (Cold Dark Matter, CDM) bezeichnet, woraufhin diese Vorstellung der Kosmologen als **CDM-Modell** bezeichnet wird, [122], [125].

Die kalte Dunkle Materie steht auch im Einklang mit der Erkenntnis der Astronomen, dass eine **zunehmende Komplexität und Inhomogenität im Universum** festzustellen ist, je näher man der Gegenwart kommt. Dabei kondensierten aus geringsten Dichtefluktuationen der Frühphase erste Sterne, aus denen durch Gravitation Galaxien entstanden, die im weiteren Verlauf Galaxienhaufen, Superhaufen und Filamente mit großen, dazwischen liegenden Leerräumen oder Voids bildeten.

12.6 Schwarzer Körper und Hohlraumstrahlung

Der Schwarze Körper ist eine Idealisierung, bei der ein Körper die auf ihn fallende elektromagnetische Strahlung bei allen Frequenzen vollständig absorbiert. Einen Schwarzen Körper kann man mit beliebiger Genauigkeit durch eine kleine Öffnung in einem meist kugelförmigen Hohlraum realisieren, die dadurch absolut schwarz wirkt, dass einfallende Strahlung nach vielfacher innerer Reflexion an den absorbierenden Wänden des Innenraumes, in den man noch Blenden und Hindernisse einbringen kann, vollkommen absorbiert wird. Wenn man den Hohlraum erwärmt, tritt aus der Öffnung die temperatur- und frequenzabhängige **Hohlraum-** oder **Schwarzkörperstrahlung** aus, wodurch der Schwarze Körper einen **idealen Temperaturstrahler** darstellt.

Nach Vorarbeiten durch andere Forscher, vor allem Gustav Robert Kirchhoff und Wilhelm Wien, gelang **Max Planck** (1858-1947) im Jahre 1900 die theoretische Beschreibung der **spektralen Energieverteilung der Hohlraumstrahlung**. Planck erkannte, dass das einfache, bis dahin verwendete Oszillatormodell die gemessene Hohlraumstrahlung nicht beschreibt. Nach seiner eigenen Aussage machte er in einem *Akt der Verzweiflung* die Ad-hoc-Annahme des linearen Zusammenhanges $W = hf$ nach (10.21) zwischen Energie und Frequenz, wobei er das **Wirkungsquantum** h als kleine Hilfsgröße einführte. Mit der Quantenhypothese, nach der die abgestrahlte Energie nicht in beliebig teilbarer Menge sondern nur in sog. **Quanten** als kleinsten elementaren Teilbeträgen abgegeben wird, konnte PLANCK die Strahlungsformel ableiten, die das Frequenzspektrum der Hohlraumstrahlung exakt beschrieb, [43, Kap. 2].

Das **PLANCK'sche Strahlungsgesetz** des Schwarzen Körpers, das in *Abbildung 12.4* dargestellt ist, lautet

$$\boxed{\chi(f,T) = \frac{8\pi h}{c^3}\,\frac{f^3}{\mathrm{e}^{hf/k_BT} - 1}} \tag{12.9}$$

Diese Beziehung gibt die Energiedichte χ pro Hz Bandbreite in $\mathrm{Ws/m^3 \cdot 1/Hz}$ als Funktion von Frequenz f und Temperatur T an, [29, S. 520], [47, S. 574].

Die darin auftretende **BOLTZMANN-Konstante** hat den Wert,

$$\boxed{k_B = 1.381 \cdot 10^{-23}\ \mathrm{Ws/K}} \tag{12.10}$$

mit der man die Energie (10.21) auch durch eine äquivalente Temperatur ausdrücken kann.

$$\boxed{W = hf = k_BT} \tag{12.11}$$

Sehr genaue Messungen der **Isothermen der Hohlraumstrahlung** wurden von Otto LUMMER und Ernst PRINGSHEIM durchgeführt, die das Gesetz bestätigten.

PLANCKs Gesetz interpoliert zwischen den bis dahin bereits bekannten Näherungen, [32, S. 102]. Für kleine Frequenzen gilt das **RAYLEIGH-JEANS-Gesetz**,

$$\chi(f,T) = \frac{8\pi k_BT}{c^3}\,f^2 \qquad \text{für} \quad hf \ll k_BT$$

das mit wachsender Frequenz aber zu unendlicher Energiedichte führt, die als **Ultraviolett-Katastrophe** bezeichnet wurde. Für große Frequenzen gilt das **WIEN'sche Strahlungsgesetz**, das zwar ein Maximum beschreibt aber für niedrige Frequenzen falsche Ergebnisse liefert.

$$\chi(f,T) = \frac{8\pi h}{c^3}\, f^3\, \mathrm{e}^{-hf/k_BT} \qquad \text{für} \quad hf \gg k_BT$$

Die Frequenz des Strahlungsmaximums von (12.9), die man durch Nullsetzen der Ableitung $\partial\chi(f,T)/\partial f$ und numerische Berechnung erhält, liegt bei

$$f_{\mathrm{max}} = 2.821\, \frac{k_B}{h}\, T = 58.8\, \frac{\mathrm{GHz}}{\mathrm{K}} \cdot T = 10^{10.77}\, \frac{\mathrm{GHz}}{\mathrm{K}} \cdot T \sim T$$

und das **Strahlungsmaximum** selbst lautet mit $q = \dfrac{hf_{\mathrm{max}}}{k_BT} = 2.821$

$$\chi(f_{\mathrm{max}},T) = \frac{8\pi h}{c^3} \left(\frac{k_B}{h}\right)^3 \frac{q^3}{\mathrm{e}^q - 1}\, T^3 = \alpha\, T^3$$

$$\alpha = 7.953 \cdot 10^{-27}\, \frac{\mathrm{Ws}^2}{\mathrm{K}^3}\, \frac{\mathrm{s}^3}{\mathrm{m}^3} = 10^{-26.1}\, \frac{\mathrm{Ws}^2}{\mathrm{K}^3}\, \frac{\mathrm{s}^3}{\mathrm{m}^3}$$

Der lineare Zusammenhang zwischen Frequenz f_{max} und Temperatur T bzw. der multiplikative zwischen Wellenlänge λ_{max} und T

$$\lambda_{\mathrm{max}}\, T = \mathrm{const.}$$

stellt das **WIEN'sche Verschiebungsgesetz** dar.

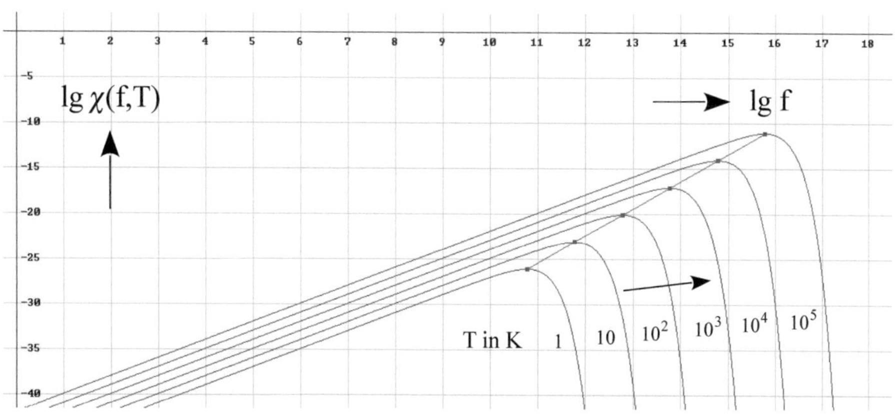

ABB. 12.4: PLANCK'sches Strahlungsgesetz in doppelt-logarithmischer Darstellung, χ in Ws/(m³·Hz), f in Hz

Obwohl erst Albert EINSTEIN 1905 in seiner Arbeit über den **photoelektrischen Effekt** die physikalische Erklärung der Lichtquanten lieferte *(Abschnitt 10.4)*, erhielt **Max PLANCK** 1918 für die Entwicklung der Quantentheorie den **Nobelpreis für Physik**.

12.7 Kosmische Mikrowellen-Hintergrundstrahlung

12.7.1 Frühe Untersuchungen

Die **Urknalltheorie** war durch LEMAÎTRE theoretisch und durch HUBBLE experimentell wahrscheinlich geworden.

In den Jahren 1945 bis 1953 wurde in Arbeiten des aus Russland stammenden, amerikanischen Physikers **George GAMOW** (1904-1968), der vor dem Tod von Alexander FRIEDMANN dessen Doktorand war, und seines Doktoranden **Ralph ALPHER** die nach dem Urknall einsetzende **primordiale Nukleosynthese** entwickelt, [35, S. 325f.]. Das Ergebnis resultierte 1948 in einem der bedeutendsten Artikel in der Geschichte der Kosmologie. Obwohl **Hans BETHE** nicht beteiligt war, setzte GAMOW ihn wegen des Namenseffekts gegen ALPHERs Willen als Autor mit ein. Dieser Aufsatz, dessen Autoren ähnlich klingen wie die Anfangsbuchstaben des griechischen Alphabets wird daher heute in Anlehnung an die von Ernest RUTHERFORD bezeichneten Alpha-, Beta- und Gammastrahlen als **$\alpha\beta\gamma$-Artikel** bezeichnet.

Nach den Berechnungen von GAMOW und ALPHER, zu denen noch **Robert HERMAN** stieß, entstanden aus dem ursprünglichen, extrem heißen **Plasma der Frühphase** während der Expansion und entsprechender Abkühlung des Universums in einem bestimmten Zeit- und Temperaturfenster durch Kernfusion gemäß den Wirkungsquerschnitten der Elementarteilchen die leichtesten Atome. Nach etwa 380 000 Jahren war die Temperatur auf ca. 3000 K gesunken und zu diesem Zeitpunkt setzte die **Rekombination** ein, womit man die Vereinigung freier Protonen und Elektronen in gebundenen Atomzuständen bezeichnet.

Am Ende der Urknall-Nukleosynthese hatte sich das heiße ionisierte Plasma in ein **elektrisch neutrales Gas** verwandelt, in dem stabile Atome mit einem auch heute noch messbaren Verhältnis von etwa einem Heliumatom auf zehn Wasserstoffatome existierten. Da Photonen wegen der sinkenden Temperatur und damit abnehmender Energie kaum noch über die Ionisierungsenergie verfügten, um bereits entstandene Atome anzuregen oder in ihre Kernbausteine zu zerlegen, existierte von da an eine **Entkopplung** von Strahlung und Materie. Die Atome gingen in ihren Grundzustand über, wodurch das Weltall transparent wurde, da sich nun Photonen weitgehend ungehindert ausbreiten konnten, die eine kosmische, den Raum gleichmäßig erfüllende Strahlung erzeugten.

Die nach den Berechnungen von ALPHER und HERMAN prognostizierte Strahlung sollte der **Hohlraumstrahlung** eines **Schwarzen Körpers** nach dem **PLANCK'schen Strahlungsgesetz** entsprechen, die zu diesem Zeitpunkt bei der Temperatur von 3000 K mit einer Maximum-Wellenlänge von etwa 1 μm im nahen Infrarot vorhanden wäre. Als **Echo des Urknalls** sollte sie auch heute noch aus jeder Richtung in gleicher Intensität messbar sein. Durch die seither vergangene Zeit und die dabei erfolgte Expansion des Weltalls müsste die Wellenlänge aber auf etwa 1 mm gedehnt worden sein, was einer Frequenz von 300 GHz entspräche. Wegen der Abkühlung würde die Schwarzkörperstrahlung heute eine Temperatur aufweisen, die die GAMOW-Gruppe zu etwa 5 K berechnete. Der Nachweis dieser vorausgesagten **Mikrowellen-Strahlung**, die am Ende der Plasmaphase freigesetzt wurde, wäre ein überzeugender Beweis für das Urknallmodell gewesen!

Die drei Wissenschaftler gaben ihr Projekt schließlich auf und wandten sich anderen Aufgaben zu, denn ihre Arbeiten wurden von den Astronomen vollkommen ignoriert und in der Folgezeit auch vergessen, da sie einerseits von „Außenseitern“ aus dem Bereich der theoretischen Kernphysik stammten und man andererseits auch noch keine ausreichenden, technischen Möglichkeiten für eine experimentelle, radioastronomische Prüfung besaß.

12.7.2 Theorie und Entdeckung der Hintergrundstrahlung

An der Princeton University, New Jersey, lehrte der theoretisch wie experimentell arbeitende Physiker **Robert H. DICKE** (1916-1997), der über die Fachkompetenz auf den Gebieten von Astronomie, Kernphysik und Mikrowellentechnik verfügte. Während des 2. Weltkrieges war er in der Radar- und Mikrowellenforschung tätig, [23], erfand den Lock-in-Verstärker und schlug auch eine alternative, inzwischen widerlegte Gravitations-Feldgleichung (DICKE-BRANS-Theorie) vor. Nach den im Jahre 1964 von ihm und seinem Postdoktoranden **James PEEBLES** durchgeführten Berechnungen sollte eine kosmische Mikrowellen-Hintergrundstrahlung existieren, die als Radiosignal mit einer Maximum-Wellenlänge von 1 mm messbar wäre. Die Mitarbeiter Peter ROLL und David WILKINSON entwickelten eine Antenne für die radioastronomische Messung der Strahlung und der daraus abzuleitenden Temperatur, um das Urknallmodell des Universums zu bestätigen, [24, S. 25f.].

Unabhängig davon war das Ziel der Radioastronomen **Arno PENZIAS** und **Robert WILSON** in den Bell Labs in Crawford Hill, New Jersey, ab 1963 mit einer **6-Meter-Hornantenne** den Himmel nach Radioquellen zu durchmustern. Bei der Untersuchung des Rauschens ihres Radioteleskops entdeckten sie eine nicht zu beseitigende Rauschquelle, die in konstanter Weise aus allen Himmelsrichtungen zu kommen schien und einer Hohlraumstrahlung von ungefähr 3 K entsprach, [35, S. 434f.], [48, S. 58].

Nach Kontaktaufnahme veröffentlichte jede Arbeitsgruppe 1965 in der gleichen Fachzeitschrift einen Artikel. PENZIAS und WILSON berichteten über Messung und Entdeckung der isotropen Strahlung bei 4.08 GHz oder 7.35 cm und die DICKE-Gruppe lieferte die Theorie und interpretierte die Beobachtungen und Messergebnisse als **Beweis für die kosmische Mikrowellen-Hintergrundstrahlung** (Cosmic Microwave Background Radiation, CMBR) und den Urknall.

1978 erhielten **PENZIAS** und **WILSON** für die Entdeckung der Mikrowellen-Hintergrundstrahlung den **Nobelpreis für Physik**, bei der PENZIAS in seiner Dankrede den Beitrag von GAMOW, ALPHER und HERMAN in lobender Weise würdigte, um die fehlende Anerkennung für deren ursprüngliche Arbeiten zu betonen, [35, S. 445], [61].

Mit der Entdeckung von Radiogalaxien, Quasaren und der Mikrowellenstrahlung war auch die Theorie eines zwar expandierenden, aber durch Neubildung von Materie zwischen den Galaxien weitgehend unveränderlichen Universums, das sog. **Steady-State-Modell**, widerlegt, das speziell von Fred HOYLE, Hermann BONDI und Thomas GOLD favorisiert wurde.

Alle Messungen der Mikrowellen-Hintergrundstrahlung, die im weiteren Verlauf bei vielen Frequenzen durchgeführt wurden, haben inzwischen bewiesen, dass das Spektrum in perfekter Weise der **Hohlraumstrahlung eines Schwarzen Körpers** entspricht. Daraus schlossen die Forscher, dass sich das Universum zur Zeit der Entstehung der Strahlung im **thermischen**

Gleichgewicht befand. Das bedeutet einerseits, dass Umwandlungsprozesse zwischen Teilchen und Strahlung in Hin- und Rückrichtung gleich häufig waren und andererseits, dass an jedem Ort die gleiche Temperatur herrschte. Dieser Zustand liegt heute offensichtlich nicht mehr vor, da die Temperaturunterschiede zwischen dem interstellaren Raum und dem Inneren von Sternen von extremer Größe sind.

Trotz der großen **Erfolge der Urknalltheorie** mit der Vorhersage des Verhältnisses von Wasserstoff und Helium, der Nukleosynthese und der Mikrowellenstrahlung blieb für die Kosmologen dennoch die Frage unbeantwortet, wie sich in einem aus dem Urknall entstandenen Universum, das in der Frühphase zunächst als homogen und isotrop angesehen wurde, Galaxien bilden konnten, die in lokaler Hinsicht offenbar keine Homogenität mehr aufweisen. Die heute vorhandene **Inhomogenität des Universums** durch Materieansammlungen in lokalem Maßstab musste ihren Ursprung daher bereits am Anfang in winzigsten Dichteunterschieden der Materieverteilung gehabt haben, die die Keime bildeten, aus denen sich im Laufe der Zeit durch die Wirkung der Gravitation Sterne, Galaxien und Galaxienhaufen entwickeltn konnten.

12.7.3 Projekte zur Messung der Hintergrundstrahlung

Es lag nahe, bei der kosmischen Mikrowellen-Hintergrundstrahlung als dem ältesten Überrest des frühen Universums anzusetzen, um einen experimentellen Nachweis als Bestätigung für die Urknalltheorie zu gewinnen. Auf Grund der vermuteten Dichte- und entsprechenden Gravitationsunterschiede sollte die Strahlung in verschiedenen Himmelsrichtungen geringfügige Unterschiede aufweisen. Um den Nachweis einer nicht völlig isotropen Strahlung zu führen, beschloss die NASA nach nicht ausreichenden Ergebnissen bei Ballon- und Flugzeugmessungen, ein umfassendes Satellitenprojekt durchzuführen, das gleichzeitig den störenden Einfluss der Atmosphäre ausschloss, deren Feuchtigkeit ständig schwache Mikrowellenstrahlung aussendet. 1976 wurde das **COBE-Projekt** (Cosmic Background Explorer) mit drei verschiedenen Detektoren definiert, das sich wegen der Explosion des Space Shuttle Challenger 1986 verzögerte, so dass der Satellit erst Ende 1989 gestartet werden konnte, [35, S. 461f.]. Die ersten COBE-Messungen für die Dichteschwankungen waren 1991 abgeschlossen, weitere Messungen erfolgten bis zum Missionsende 1993, [78].

Die Messdaten, die den gesamten Himmel in einem breiten Wellenlängenbereich erfassten, wurden einer gründlichen Analyse zur Harmonisierung der Detektorsignale und zur Bereinigung der Einflüsse der Bewegung von Erde und Sonnensystem im Raum sowie von Staub und der Strahlung von Vordergrundsternen und Galaxien unterzogen. 1992 wurden die Ergebnisse der Öffentlichkeit unterbreitet, wonach die Mikrowellen-Hintergrundstrahlung perfekt der Hohlraumstrahlung eines Schwarzen Körpers von 2.725 K entspricht. Die geringen Schwankungen von maximal 17 μK, die die vermuteten Dichtefluktuationen belegten, bestätigten damit die Erwartungen der Astronomen für Standardmodell und Urknalltheorie, [82].

Für die Leitung und Durchführung des langjährigen Satelliten-Projektes COBE, das das Verständnis des Universums deutlich verbesserte und festigte, erhielten **John Mather** und **George Smoot** 2006 den **Nobelpreis für Physik**, [110].

Obwohl **James Peebles** wesentliche Beiträge zur Strukturuntersuchung des Universums geliefert hatte, wurde er vom Nobelkomitee nicht berücksichtigt. Erst 2019 wurde ihm der **Nobelpreis für Physik** für seine zahlreichen Beiträge als einem der zentralen Architekten des „kosmologischen Standardmodells“ verliehen, [140].

Beim COBE-Projekt betrug die Winkelauflösung nur etwa 7° und war damit zu grob für eine genauere Analyse der Dichteschwankungen in der Frühphase des Universums, *(s. Abbildung 12.5)*.

Zur detaillierteren Untersuchung wurden zwei **Ballon-Experimente**, [92], in Höhen von mehr als 40 km durchgeführt, deren Messungen zwar nur kleine Himmelsausschnitte betrafen, die aber eine hohe Winkelauflösung hatten. Beim **Maxima-Experiment** fanden 1998/99 zwei Ballonflüge über Texas statt und beim **Boomerang-Experiment** umrundeten zwei Ballons 1998 und 2003 den Südpol. Die Ergebnisse der beiden Experimente bestätigten die bisherigen Messungen und damit das kosmologische Standardmodell eines flachen Universums mit anfänglicher Inflationsphase und stützten die Evidenz der Dunklen Energie, auf die im nächsten Abschnitt näher eingegangen wird.

Im Jahre 2001 startete die NASA den Satelliten **WMAP** (Wilkinson Microwave Anisotropy Probe), dessen Mission 2010 abgeschlossen wurde. Das Ziel der Mission bestand darin, eine präzisere Untersuchung der Hintergrundstrahlung des gesamten Himmels in fünf Frequenzbändern von 23 bis 94 GHz durchzuführen und auch die **Polarisation der Strahlung** zu bestimmen. Die Temperaturschwankungen geben Aufschluss darüber, wo sich die Materie in der Frühphase des Universums befand, die Polarisation darüber wie sie sich bewegte, [24, S. 277]. Die Messung der **Temperaturverteilung** $\Theta(\vartheta, \varphi)$ **auf der Himmelskugel** war 35 mal detaillierter als beim COBE-Projekt, wodurch viel weitreichendere Schlüsse gezogen werden konnten, die das Standardmodell der Kosmologie bestätigten, [95], [106].

Die dritte Satellitenmission, die von der europäischen Weltraumorganisation ESA in den Jahren 2009 bis 2013 durchgeführt wurde, war das **Weltraumteleskop Planck**, dessen Mikrowellenkartierung dreimal genauer gegenüber der WMAP-Mission war und darüber hinaus weitere Verbesserungen aufwies, [119].

Die Auswertung der Ballon-, WMAP- und Planck-Messdaten bestätigte und präzisierte die bisherigen mit COBE gemessenen Parameter der kosmologischen Entwicklung *(Abbildung 12.5)*. Damit liegt die Rekombinationszeit bei 380 000 Jahren und das Weltalter bei 13.8 Milliarden Jahren. Die Position des Hauptmaximums der Multipolentwicklung im nächsten Abschnitt und in *Abbildung 12.6* passt nach den Berechnungen der Astronomen gut zu den Voraussagen für ein flaches Universum.

Aus den Temperaturschwankungen der kosmologischen Hintergrundstrahlung und anderen astronomischen Beobachtungen konnte man die Energiedichteparameter sehr genau bestimmen, wobei sich folgende Werte für die Prozentzahlen der verschiedenen **Materieanteile** ergaben.

$$\begin{aligned} 4.9\,\% &\quad \text{für } \textbf{baryonische Materie} \\ 26.8\,\% &\quad \text{für } \textbf{Dunkle Materie} \\ 68.3\,\% &\quad \text{für } \textbf{Dunkle Energie} \end{aligned} \tag{12.12}$$

Damit betrafen alle bisherigen astronomischen Beobachtungen lediglich den sichtbaren bzw. elektromagnetisch nachweisbaren, baryonischen Anteil von weniger als 5 % aller Materie und Energie, was einen erschreckenden Grad an Unkenntnis und Ahnungslosigkeit der Astronomie über den größten Teil des Universums offenbarte!

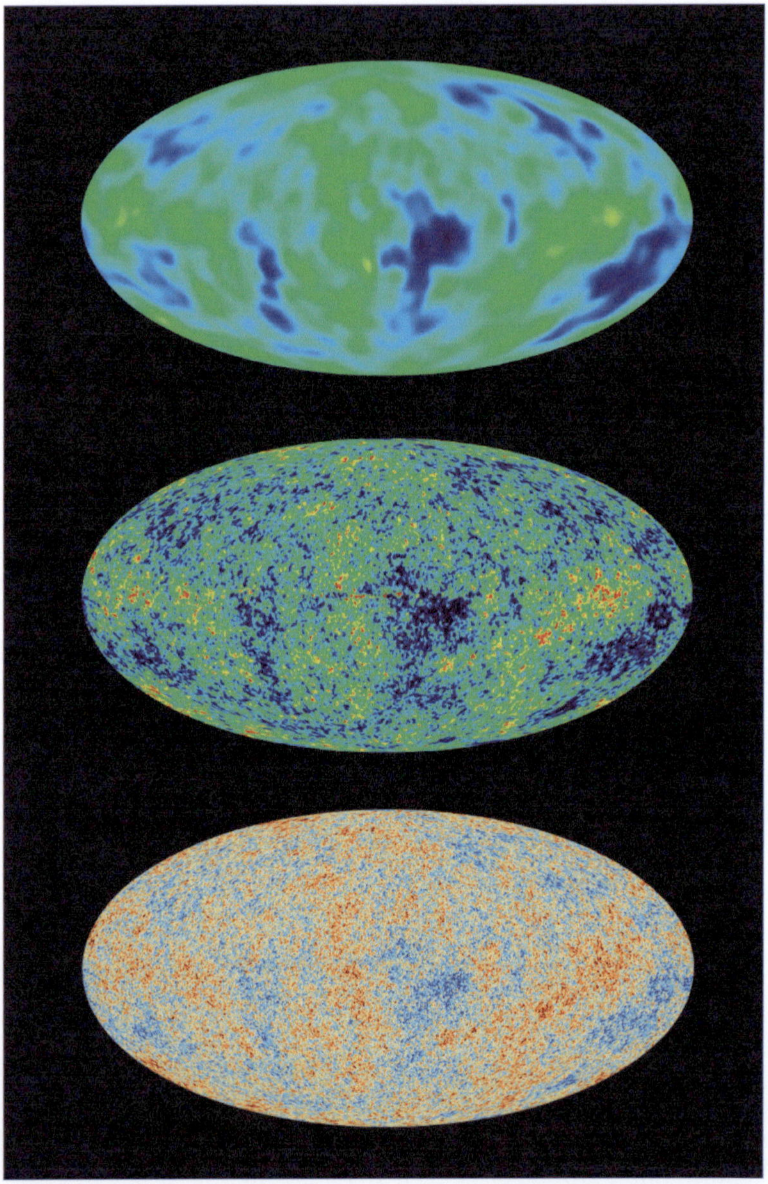

Abb. 12.5: Temperaturverteilung der verschiedenen Satellitenmissionen auf der Himmelskugel

COBE (oben), WMAP (Mitte) und Planck (unten)

12.7.4 Auswertung der Messdaten

Aus unterschiedlichen physikalischen Gründen sind zunächst umfangreiche Datenbereinigungen, Datenanalysen und statistische Bewertungen der Rohdaten durchzuführen.

Eine der wichtigsten Messdatenauswertungen der Satellitenmissionen zur Hintergrundstrahlung war die Untersuchung der **Temperaturschwankungen** auf der Himmelskugel, die ein Abbild der **Dichtefluktuationen** in der Frühphase des Universums darstellen.

Ähnlich wie man bei der FOURIER-Analyse periodischer Funktionen die spektralen Anteile der enthaltenen harmonischen Funktionen oder Frequenzen ermittelt, wird bei der gemessenen Temperaturverteilung $\Theta(\vartheta, \varphi)$ auf der Himmelskugel eine entsprechende zweidimensionale Analyse dieser Funktion durchgeführt, [20, S. 12, 72], [33, S. 67].

Dem Problem angepasst ist die Entwicklung nach **Kugelflächenfunktionen** (5.98), die als Produkt aus harmonischen Funktionen von φ und zugeordneten LEGENDRE-Polynomen $\mathrm{P}_n^m(\cos\vartheta)$ ein vollständiges System orthogonaler Funktionen für die Kugeloberfläche bilden.

Mit diesen Funktionen macht man nach (5.100) folgenden Ansatz als **Orthogonalentwicklung der Temperaturverteilung** auf der Himmelskugel, wobei die Funktionen $\mathrm{Q}_n^m(\cos\vartheta)$ wegen der eingeschlossenen Rotationsachse nicht auftreten können.

$$\begin{aligned}\Theta(\vartheta, \varphi) = \sum_{n=0}^{\infty} Y_n(\vartheta, \varphi) &= \sum_{n=0}^{\infty} \sum_{m=0}^{n} \left[A_{nm} Y_{nm}^c(\vartheta, \phi) + B_{nm} Y_{nm}^s(\vartheta, \phi) \right] \\ &= \sum_{n=0}^{\infty} \sum_{m=0}^{n} \left[A_{nm} \cos m\varphi + B_{nm} \sin m\varphi \right] \mathrm{P}_n^m(\cos\vartheta)\end{aligned}$$

Zur Berechnung der Konstanten A_{nm} und B_{nm} wird der Ansatz mit veränderten Funktionen $\cos m^*\varphi$ bzw. $\sin m^*\varphi$ sowie $\mathrm{P}_{n*}^m(\cos\vartheta)$ multipliziert und über die gesamte Kugeloberfläche mit dem Raumwinkelelement $\sin\vartheta\, d\vartheta\, d\varphi$ integriert.

Im cos-Fall erhält man

$$\sum_{n=0}^{\infty}\sum_{m=0}^{n}\left[A_{nm}\int_0^{2\pi}\cos m\varphi\,\cos m^*\varphi\,d\varphi + B_{nm}\int_0^{2\pi}\sin m\varphi\,\cos m^*\varphi\,d\varphi\right]\times$$

$$\times\int_0^{\pi}\mathrm{P}_n^m(\cos\vartheta)\,\mathrm{P}_{n^*}^m(\cos\vartheta)\,\sin\vartheta\,d\vartheta$$

$$=\int_0^{2\pi}\int_0^{\pi}\Theta(\vartheta,\varphi)\,\cos m^*\varphi\,\mathrm{P}_{n^*}^m(\cos\vartheta)\,\sin\vartheta\,d\vartheta\,d\varphi$$

und eine entsprechende Darstellung im sin-Fall.

Die **Orthogonalitätseigenschaften** der harmonischen Funktionen und der zugeordneten Kugelfunktionen lauten für positive ganze Zahlen m, m^* und n, n^* folgendermaßen. [13, S. 108], [20, S. 31], [28, I, S. 103, 105],

$$\int_0^{2\pi}\cos m\varphi\,\cos m^*\varphi\,d\varphi = \begin{cases} 0 & m \neq m^* \\ \pi & m = m^* \neq 0 \\ 2\pi & m = m^* = 0 \end{cases}$$

$$\int_0^{2\pi}\sin m\varphi\,\sin m^*\varphi\,d\varphi = \begin{cases} 0 & m \neq m^* \\ \pi & m = m^* \neq 0 \end{cases}$$

$$\int_0^{2\pi}\sin m\varphi\,\cos m^*\varphi\,d\varphi = 0$$

$$\int_0^{\pi}\mathrm{P}_n^m(\cos\vartheta)\,\mathrm{P}_{n^*}^m(\cos\vartheta)\,\sin\vartheta\,d\vartheta = \begin{cases} 0 & n \neq n^* \\ \dfrac{2}{2n+1}\,\dfrac{(n+m)!}{(n-m)!} & n = n^* \end{cases} \tag{12.13}$$

Damit reduzieren sich die Doppelsummen jeweils auf ein einziges Glied, so dass man die Temperaturkoeffizienten der Entwicklung für $n \geqslant m \geqslant 0$ nach

[20, S. 85], [40, S. 403] angeben kann, wenn $m = 0$ bzw. $m > 0$ gilt.

$$A_{n0} = \frac{2n+1}{4\pi} \int_0^{2\pi}\int_0^{\pi} \Theta(\vartheta,\varphi)\,\mathrm{P}_n(\cos\vartheta)\,\sin\vartheta\,d\vartheta\,d\varphi$$

$$\left.\begin{matrix} A_{nm} \\ B_{nm} \end{matrix}\right\} = \frac{2n+1}{2\pi}\,\frac{(n-m)!}{(n+m)!} \int_0^{2\pi}\int_0^{\pi} \Theta(\vartheta,\varphi) \left\{\begin{matrix} \cos m\varphi \\ \sin m\varphi \end{matrix}\right\} \mathrm{P}_n^m(\cos\vartheta)\,\sin\vartheta\,d\vartheta\,d\varphi$$

Die Berechnung der Doppelintegrale erfolgt durch **numerische Quadratur** auf der Basis der in diskreter Form vorliegenden Messwerte $\Theta_{ik} = \Theta(\vartheta_i, \varphi_k)$, wonach man alle interessierenden Koeffizienten ermitteln kann.

In der Entwicklung der Temperaturverteilung fasst die Funktion $Y_n(\vartheta,\varphi)$ für ein festes n alle Summenglieder mit $0 \leqslant m \leqslant n$ zusammen, die den n-ten **Multipol** bilden.

$$Y_n(\vartheta,\varphi) = \sum_{m=0}^{n} \left[A_{nm}\cos m\varphi + B_{nm}\sin m\varphi\right] \mathrm{P}_n^m(\cos\vartheta)$$

Der **Monopol** für $n = 0$ liefert mit $Y_0 = A_{00} = \bar{\Theta}$ den Mittelwert der Temperatur auf der Himmelskugel.

Beim **Dipol** für $n = 1$ existieren drei Moden, bei denen in den drei räumlichen Richtungen jeweils eine Hemispäre eine höhere Temperatur als die andere hat.

x-Richtung	$(m = 1)$	$A_{11}\,\sin\vartheta\,\cos\varphi$
y-Richtung	$(m = 1)$	$B_{11}\,\sin\vartheta\,\sin\varphi$
z-Richtung	$(m = 0)$	$A_{10}\,\cos\vartheta$

Beim **Quadrupol** ($n = 2$) existieren fünf und beim **Oktopol** ($n = 3$) sieben Moden usw., deren Temperaturmuster auf der Kugeloberfläche einen immer größeren Detailreichtum aufweisen.

Neben den Temperaturverteilungen sind die Leistungsanteile der einzelnen Multipole von Interesse. Als **Maß für die Leistung**, die eine periodische Funktion enthält, dient der **Effektivwert**. Bei einer periodischen Funktion $f(\varphi)$ der Periodenlänge Φ definiert man diesen Kennwert durch die Höhe des flächengleichen Rechtecks $f_{\mathrm{eff}}^2 \cdot \Phi$, das dem Integral der quadrierten Funktion $f^2(\varphi)$ im Intervall Φ entspricht.

$$f_{\mathrm{eff}} = \sqrt{\langle f^2(\varphi) \rangle} = \sqrt{\frac{1}{\Phi} \int_0^{\Phi} f^2(\varphi)\, d\varphi}$$

Bei Summen harmonischer Funktionen wie bei FOURIER-Reihen setzt sich das Quadrat des Gesamteffektivwertes und damit die enthaltene Gesamtleistung additiv aus den Quadraten der Einzeleffektivwerte zusammen, da die Mischglieder, die bei der Quadrierung auftreten, wegen der Orthogonaleigenschaften (12.13) keinen Beitrag liefern. Man bezeichnet die Summation deshalb als **leistungsmäßige Addition**.

In entsprechender Weise definiert man den Effektivwert der Funktion $Y_n(\vartheta, \varphi)$ mit zwei Variablen als Höhe des Quaders, der das gleiche Volumen wie die quadrierte Funktion im Grundbereich $0 \,..\, \pi$ für ϑ und $0 \,..\, 2\pi$ für φ besitzt.

Im vorliegenden Fall gilt für das Quadrat des Effektivwertes, bei dem die Integrale, die keinen Beitrag liefern, bereits weggelassen wurden.

$$\begin{aligned}
Y_{n_{\mathrm{eff}}}^2 &= \frac{1}{2\pi^2} \int_0^{2\pi}\!\!\int_0^{\pi} \left[\sum_{m=0}^{n} \Big(A_{nm} \cos m\varphi + B_{nm} \sin m\varphi \Big) \, \mathrm{P}_n^m(\cos\vartheta) \right]^2 d\vartheta \, d\varphi \\
&= \frac{1}{2\pi^2} \sum_{m=0}^{n} \sum_{p=0}^{n} \left\{ A_{nm} A_{np} \int_0^{2\pi} \cos m\varphi \, \cos p\varphi \, d\varphi \right. \\
&\qquad \left. + B_{nm} B_{np} \int_0^{2\pi} \sin m\varphi \, \sin p\varphi \, d\varphi \right\} \times \\
&\qquad \times \int_0^{\pi} \mathrm{P}_n^m(\cos\vartheta) \, \mathrm{P}_n^p(\cos\vartheta) \, d\vartheta
\end{aligned}$$

Auf Grund der Orthogonalitätsbeziehungen der harmonischen Funktionen entfällt eine Summe, so dass man als **Leistung des n-ten Multipols** das folgende Quadrat des Effektivwertes erhält.

$$
\begin{aligned}
Y_{n_{\text{eff}}}^2 = {} & \frac{1}{\pi}\, A_{n0}^2 \int_0^{\pi} \left[\,\mathrm{P}_n(\cos\vartheta)\,\right]^2 d\vartheta \\
& + \frac{1}{2\pi} \sum_{m=1}^{n} \left(A_{nm}^2 + B_{nm}^2\right) \int_0^{\pi} \left[\,\mathrm{P}_n^m(\cos\vartheta)\,\right]^2 d\vartheta
\end{aligned}
$$

Die **zugeordneten Kugelfunktionen** haben nach [28, I, S.74] bis auf den Faktor $(-1)^m$ die Darstellung,

$$
\mathrm{P}_n^m(\cos\vartheta) = \sin^m\vartheta \sum_{p=0}^{n-m} (-1)^p\, \frac{\left[2(n-p)\right]!}{2^n\,(n-p)!}\, \frac{\cos^{n-m-2p}\vartheta}{p!\,\left(n-m-2p\right)!}
$$

mit der sich die in der Liste (5.99) aufgeführten Funktionen berechnen lassen. Damit werden die Integrale der Kugelfunktionsquadrate berechnet, die für die niedrigsten Werte von Grad n und Ordnung m folgende Werte haben.

	$m=0$	$m=1$	$m=2$	$m=3$
$n=0$	π			
$n=1$	$\frac{\pi}{2}$	$\frac{\pi}{2}$		
$n=2$	$\frac{11}{32}\,\pi$	$\frac{9}{8}\,\pi$	$\frac{27}{8}\,\pi$	
$n=3$	$\frac{17}{64}\,\pi$	$\frac{117}{64}\,\pi$	$\frac{225}{16}\,\pi$	$\frac{1125}{16}\,\pi$

Die Quadrate der Effektivwerte oder die Leistungsanteile für Monopol, Dipol und Quadrupol lauten daher folgendermaßen.

$$
\begin{aligned}
Y_{0_{\text{eff}}}^2 &= A_{00}^2 \\
Y_{1_{\text{eff}}}^2 &= \frac{1}{2}\, A_{10}^2 + \frac{1}{4}\left(A_{11}^2 + B_{11}^2\right) \\
Y_{2_{\text{eff}}}^2 &= \frac{11}{32}\, A_{20}^2 + \frac{9}{16}\left(A_{21}^2 + B_{21}^2\right) + \frac{27}{16}\left(A_{22}^2 + B_{22}^2\right)
\end{aligned}
$$

Das **Leistungsspektrum** der Temperaturfluktuationen, das die Anisotropie der kosmischen Mikrowellen-Hintergrundstrahlung widerspiegelt, erhält man durch die Darstellung der Leistung $Y^2_{n\,\mathrm{eff}}$ als Funktion der Multipolvariablen n. An Stelle von n wird in der Literatur meist der Index ℓ verwendet. In den veröffentlichten Diagrammen wie in *Abbildung 12.6* wird die Ordinate des Leistungsspektrums üblicherweise normiert, allerdings nicht immer einheitlich.

Aus den Leistungswerten der **Multipolentwicklung** können die Astronomen Winkelabstände von Temperaturunterschieden berechnen, aus deren Maxima nach Lage und Größe die Werte von kosmologischen Parametern ermittelt werden. Bei $n = 0$ liegt der Monopol, der als Gleichanteil die mittlere Temperatur der Hintergrundstrahlung mit 2.725 K bestimmt. Bei $n = 1, 2, 3, ..$ befinden sich Dipol, Quadrupol, Oktopol, etc. Echte Informationen über die Fluktuationen erhält man erst ab $n = 2$, da der Dipolanteil durch die Dopplerverschiebung in Richtung der Bewegung des Sonnensystems relativ zur Hintergrundstrahlung geringfügig wärmer ist, [105].

Das erste und größte Maximum der Temperaturunterschiede liegt beim Multipol mit $n = 220$, das einem Winkelabstand von $0.9°$ und damit knapp der doppelten Vollmondscheibe entspricht. Aus diesem Maximum kann auch die **Hubble-Konstante** und damit das Alter des Universums bestimmt werden, [119]. Das zweite, kleinere Maximum tritt bei $n = 540$ und einem Winkelabstand von $0.3°$ auf. Zur Abschätzung kann man nach [33, S. 68] die Näherung $n \approx 180°/\vartheta$ verwenden.

Nach den kosmologischen Berechnungen auf der Basis der Werte der Satellitenmissionen ist die Position des Hauptmaximums im Einklang mit der Voraussage für ein **flaches Universum**, dessen **Dichteparameter der Materie** den **kritischen Wert** $\Omega = 1$ hat. Damit verlangsamt sich die Expansion des Weltalls stetig und strebt einem Grenzwert zu, kann sich aber nicht zur Kontraktion umkehren.

Die Unklarheit über den tatsächlichen Wert des Dichteparameters Ω, der einerseits nach früheren Schätzungen klein gegen Eins sein sollte, andererseits nach den Satellitenmessungen gleich Eins ist, wurde durch Einführung der Dunklen Energie behoben, deren Eigenschaften aber noch weitgehend unbekannt sind.

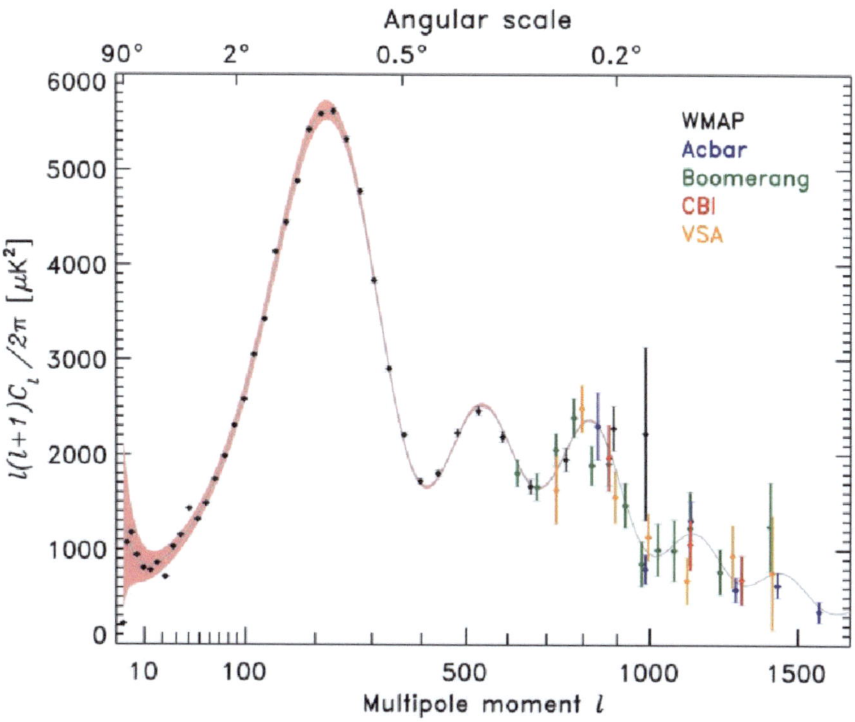

ABB. 12.6: Leistungsspektrum der Temperaturschwankungen der kosmischen Mikrowellen-Hintergrundstrahlung aus verschiedenen Messprojekten

Mit der mathematischen Methode der Entwicklung nach Kugelflächenfunktionen kann man ebenso die **Topographie der Erdoberfläche** als Multipolentwicklung darstellen, bei der in der einfachsten Version die Kontinente in schwarz und die Ozeane in weiß erscheinen. Dabei beschreiben niedrige Multipole die großskaligen Strukturen und höhere Multipole die feineren Details dieser Schwarz-Weiß-Verteilung auf der Kugeloberfläche.

12.8 Beschleunigte Expansion und Dunkle Energie

12.8.1 Supernovae

In historischer Zeit gab es mehrere Ereignisse *neu auftauchender Sterne*, die ursprünglich von Tycho BRAHE als (Stella) Nova und 1933 auf Vorschlag von Fritz ZWICKY als Supernova bezeichnet wurden. Heute werden sie mit dem Kürzel SN, dem Entdeckungsjahr und einem alphabetischen Zusatz gekennzeichnet.

Die bisher hellste Supernova konnte im Jahre 1006 im Sternbild Lupus (Wolf) am Südhimmel mehrere Wochen lang mit bloßem Auge beobachtet werden, worüber Berichte aus mehreren Ländern überliefert sind. 1054 ereignete sich eine Supernova im Sternbild Taurus (Stier), wodurch der Krebsnebel entstand, der auch eine starke Radioquelle mit der Bezeichnung Tau A darstellt. Diese Erscheinung wurde von chinesischen Astronomen als *Gaststern* bezeichnet. Tycho BRAHE beschrieb die Supernova von 1572 im Sternbild Cassiopeia als neuen Fixstern in seiner Schrift *De nova stella* und Johannes KEPLER jene von 1604 in Ophiuchus (Schlangenträger). Im Andromedanebel ereignete sich 1885 die berühmte Supernova S Andromeda, wonach dieses Himmelsobjekt einer detaillierteren Untersuchung unterzogen wurde, bei der man Spiralarme und sogar einzelne Sterne identifizieren konnte, [10, S. 129], [34, S. 50], [44, S. 269].

Einen besonderen Glücksfall stellte die im Februar 1987 explodierte Supernova SN1987A in der nur etwa 160 000 Lichtjahre entfernten Großen Magellanschen Wolke am südlichen Sternhimmel dar, die ausführlich astronomisch untersucht wurde, [70], [77].

Bereits im Jahre 1934 stellten **Fritz ZWICKY** und **Walter BAADE** Berechnungen an, die zeigten, dass **massereiche Sterne** am Ende von mehreren aufeinanderfolgenden Kernfusionsphasen einen Eisen-Nickel-Kern besitzen. Wenn die Masse dieses Kerns eine kritische Größe besitzt, kommt es zum **Gravitationskollaps**, wobei durch die Implosion im Inneren ein kompakter Kern aus Neutronen entsteht, eine Vorstellung, die 30 Jahre später durch die Entdeckung der **Pulsare** und ihre Deutung als **Neutronensterne** bestätigt wurde, *(Abschnitt 11.4.2)*. Dabei stößt der in weniger als einer Sekunde kollabierende Stern durch eine enorme Stoßwelle in einer ungeheuren Explosion seine äußeren Schichten ab. Der schnell zu einem Maximum ansteigende und danach langsam abfallende Strahlungsverlauf, die **Lichtkurve**, kann nur Wochen oder wenige Monate beobachtet werden. Dabei bilden Licht und andere elektromagnetische Strahlung vom Radio- bis zum Röntgen- und Gammabereich sowie die kinetische Energie der ausgestoßenen Materie nur einen Bruchteil der freigesetzten Energie, die zum größten Teil in **Neutrinoenergie** abgestrahlt wird, [44, S. 270]. Ein solches Ereignis, das stärker als eine gesamte Galaxie strahlen kann, wird als **Typ-II-Supernova** bezeichnet, [10, S. 125], [68]. Die beiden Supernova-Hauptklassen werden nach ihren Spektren unterschieden, bei denen entweder keine Wasserstofflinien auftreten (**Typ I**) oder der Wasserstoff dominiert (**Typ II**), wodurch auch die Lichtkurven in charakteristischer Weise voneinander abweichen, [103].

Für die **astronomische Entfernungsmessung** sind Cepheiden *(Abschnitt 12.1.3.3)* nur in nahen Galaxien bis zu einer Entfernung von etwa 100 Millionen Lichtjahren (30 Mpc) nutzbar, in denen man noch einzelne Sterne auflösen kann. Für größere Entfernungen sah BAADE daher Supernovae als mögliche Standardkerzen an, die allerdings selten sind und nach neueren Durchmusterungen wie beim 2 Degree Field Galaxy Redshift Survey (2dF GRS) oder Sloan Digital Sky Survey (SDSS) in einer Galaxie höchstens ein bis zwei Mal pro Jahrhundert auftreten. Mit Hilfe neuer Teleskope, die große Himmelsareale systematisch absuchen, und hochauflösenden Digitalkameras sowie Software zur automatischen Bildverarbeitung und Mustererkennung werden heute pro Woche so viele Supernovae entdeckt wie im gesamten 20. Jahrhundert, [131].

Heute verwendet man **Supernovae des Typs Ia** als **Standardkerzen**, deren Entfernung man durch Vergleich mit Cepheiden in einer nahen Galaxie geeicht hat. Nach der gängigen Vorstellung entstehen Typ Ia Supernovae aus einem **Weißen Zwerg**, der aus einem Kohlenstoff-Sauerstoff-Kern und einem ihn umgebenden leuchtenden Gasnebel besteht. Wenn ein solcher Weißer Zwerg in einem Doppelsternsystem solange Masse von seinem nahen Begleitstern, der meist ein Roter Riese ist, akkumuliert, bis er die **CHANDRASEKHAR-Grenze** von etwa 1.44 Sonnenmassen erreicht, dann kollabiert er nach einer Kette von Kernfusionsreaktionen und explodiert. Da die Masse bei Ausbruch solcher Supernovae immer gleich ist und eine natürliche Normierung darstellt, kann die **absolute Helligkeit**, die **Leuchtkraft**, aus dem Verlauf der scheinbaren Helligkeit, der **Lichtkurve**, ermittelt werden. Aus dem Vergleich von absoluter und scheinbarer Helligkeit kann man die Entfernung der Supernova berechnen, [10, S. 123].

12.8.2 Supernova-Such-Projekte

Mitte der 1980er Jahre bildete sich am **Lawrence Berkeley National Laboratory** (LBNL) eine **Forschungsgruppe von Teilchenphysikern**, die später als **Supernova Cosmology Project** (SCP) bezeichnet und von **Saul Perlmutter** geleitet wurde, um anhand von Entfernungsmessungen an kalibrierten Supernovae vom Typ Ia zu untersuchen, wie sich die Expansion des Universums entwickelt. Nach den Messungen von Vera C. Rubin existiert neben der sichtbaren Masse eine Dunkle Materie und man erwartete, dass beide gemeinsam durch ihre gravitative Wirkung die Expansion abbremsen und entweder zum Stillstand oder zur Kontraktion bringen.

1994 bildeten die **Astronomen Brian Schmidt** vom **Center for Astrophysics** (CfA) der Harvard University und **Nicholas Suntzeff** vom Cerro Tololo Observatory in Chile eine Forschungsgruppe zur Suche nach Supernovae. Sie traten damit in Konkurrenz zum SCP-Project, das bereits einen mehrjährigen Vorsprung hatte. Schmidt arbeite später in Canberra, Australien, und leitete von dort aus die Gruppe, die dann wegen der großen Rotverschiebungen der untersuchten Galaxien den Namen **High-z Supernova Search Team** bekam. In dieser Gruppe waren an der Harvard University auch der Supernova-Experte **Robert Kirshner** und sein Doktorand **Adam Riess** in führender Stellung tätig. Riess entwickelte eine besondere Filtertechnik zur Berücksichtigung des interstellaren Staubes bei der Entfernungsbestimmung.

Mit Hilfe der Computertechnik wurde die Suche nach Supernovae durch die **automatische Steuerung der Teleskope** modernisiert, wodurch die selbsttätige Durchmusterung großer Bereiche mit Hunderten von Galaxien pro Aufnahme möglich wurde. Die in zeitlichem Abstand mehrfach aufgenommenen digitalen CCD-Bilder gleicher Himmelsausschnitte wurden dann durch eine **Komparatortechnik** per Software voneinander subtrahiert, um im **Differenzmuster** neu auftauchende Objekte zu entdecken.

Hatte man solche Objekte in den Aufnahmen gefunden, mussten sich zwei zeitaufwendige Untersuchungen anschließen, die mehr Beobachtungszeit verlangten als die einfache Helligkeitsaufnahme der Quellen. Einerseits waren **Nachfolgebeobachtungen** durchzuführen, um anhand der Lichtkurven zu entscheiden, ob das variable Objekt tatsächlich eine Supernova und kein anderes, sich bewegendes oder in der Helligkeit variierendes Himmelsobjekt war und welcher Supernova-Typ gemäß dem mehrwöchigen Helligkeitsverlauf der

Lichtkurve vorlag. Dabei war es wichtig, eine Supernova möglichst frühzeitig zu entdecken, um auch Helligkeitsanstieg und -maximum aufzunehmen, die zur Kalibrierung der Leuchtkraft und zur Entfernungsbestimmung benötigt werden. Andererseits waren längerdauernde spektroskopische Analysen erforderlich, um auf Grund der daraus ermittelten Rotverschiebung die Entfernung zu bestimmen. Gerade dieser zweite Punkt war problematisch, da solche **Spektralanalysen** nur an lichtstarken Großteleskopen vorgenommen werden konnten, bei denen keine Beobachtungszeiten kurzfristig verfügbar waren, so dass die Forschergruppen auf die Bereitschaft und das Wohlwollen der dort arbeitenden Astronomen angewiesen waren, die ihnen neben ihrer eigenen Arbeit die Spektralaufnahmen lieferten, [24, S. 100], [87].

Auf Konferenzen und Tagungen zeigte sich, dass zunächst große Konkurrenzen zwischen Astronomen, Teilchenphysikern und Kosmologen bestanden, die erst im Laufe der Zeit der Einsicht wichen, dass sich ihre Disziplinen durch Zusammenarbeit bei der Erklärung der Struktur des Universums und in der Kosmologie gut ergänzten.

Beide Forschungsgruppen (SCP und High-z) traten 1998 in Tagungen und Fachartikeln mit ihren Ergebnissen an die Öffentlichkeit, die auf Messungen und Beobachtungen von einigen nahen und wenigen weit entfernten Typ Ia Supernovae basierten, die z.T. auch mit dem Hubble Space Telescope aufgenommen worden waren.

Die Schlussfolgerung aus den Beobachtungen bot für Astronomen und Kosmologen eine völlig unerwartete Überraschung! Denn entgegen der bis dahin geltenden Überzeugung der gebremsten Ausdehnung des Universums auf Grund der Gravitation der darin enthaltenen Masse entdeckte man eine **Beschleunigung der kosmischen Expansion**, wodurch das bisherige kosmologische Modell eine gravierende Änderung erfahren musste!

12.8.3 Größenklassen

Das Ergebnis der Supernova-Such-Projekte wird veranschaulicht in einem Diagramm, das die Größenklasse über der Entfernung in *Abbildung 12.7* darstellt.

Seit dem Altertum wird die Helligkeit der auf der Nordhalbkugel unter günstigen Umständen maximal etwa 3000 mit bloßem Auge **sichtbaren Sterne** in Größenklassen nach dem **Magnitudensystem** von Hipparchos und Ptolemäus eingeteilt, wobei die hellsten Sterne zur 1. und die gerade noch sichtbaren Sterne zur 6. Größenklasse gehören.

Um die Subjektivität der Beobachtungen auszuschließen, führte **Norman Pogson** 1854 eine Helligkeitsskala ein, die mit dem alten System kompatibel war und auf dem allgemein gültigen **Weber-Fechner'schen Gesetz** (1834) beruhte, nach dem zwischen Reiz (Sternhelligkeit oder Intensität I) und Empfindung (Größenklasse bzw. Magnitude m) ein logarithmischer Zusammenhang besteht.

Dabei wird für das Verhältnis der **scheinbaren Helligkeiten** I_0 und I zweier Sterne der 1. und 6. Größenklasse und ihrer Magnituden m_0 und m folgendes festgelegt.

$$\frac{I_0}{I} = \frac{100}{1} \quad \hat{=} \quad m_0 - m = 1 - 6 = -5$$

$$\frac{I_0}{I} = 100 = \left[\sqrt[5]{10^2}\,\right]^5 = \left[10^{2/5}\right]^5 = \left[10^{2/5}\right]^{-(m_0 - m)} = 10^{-0.4\,(m_0 - m)}$$

Nach Logarithmierung erhält man,

$$\lg \frac{I_0}{I} = -(m_0 - m)\lg 10^{2/5} = -\frac{2}{5}(m_0 - m)$$

woraus allgemein die Beziehung für den Vergleich zweier Sterne folgt, bei der die dimensionslose **Größenklasse** m, die **Magnitude**, durch die Bezeichnung „mag" nach dem lateinischen Wort *magnitudo*, Größe, gekennzeichnet wird, [44, S. 178].

$$\boxed{m_0 - m = -2.5 \lg \frac{I_0}{I} \quad [\text{mag}]} \tag{12.14}$$

Bei Zunahme um eine Größenklasse verringert sich die Helligkeit um den Faktor $\sqrt[5]{100} = 2.512$. Die Eichung der Skala und damit die Festlegung des Nullpunktes erfolgte früher mit dem leicht in der Helligkeit schwankenden **Polarstern**, heute mit der fein abgestuften Helligkeitsskala einer Reihe von 96 konstant leuchtenden Standardsternen in seiner Umgebung, der sog. **Polsequenz**.

Sehr helle Objekte haben negative Magnituden wie **Sonne** (−26.7 mag), **Vollmond** (−12.7 mag), Halbmond (−10.3 mag), **Sirius** (−1.46 mag) als hellster Stern und **Alpha Centauri** in der Nähe des Nullpunktes (−0.01 mag).

Große terrestrische oder Weltraumteleskope können Objekte unter günstigen Bedingungen bis zu Magnituden von 25 .. 30 mag bei längerer Beobachtung aufnehmen.

12.8.4 Beschleunigte Expansion

Ziel der Suche der beiden Forschungsgruppen (SCP und High-z) waren Supernovae vom Typ Ia, deren absolute Helligkeiten und damit ihre Leuchtkräfte wegen der CHANDRASEKHAR-Grenze immer gleich sind.

Aus den Messdaten der Supernovae wurden deren Entfernungen D aus den Rotverschiebungen z ihrer Heimatgalaxien bestimmt und aus den scheinbaren Helligkeitsverläufen sowie den daraus kalibrierten Leuchtkurven berechnete man ihre Größenklassen.

In der doppelt-logarithmischen Darstellung der *Abbildung 12.7* von Größenklasse Δm über der Entfernung $\lg D$ sinkt die Helligkeit nach oben hin. Der lineare Verlauf H stellt die gleichmäßige Expansion nach dem HUBBLE-Gesetz dar, bei dem die Intensität als Strahlung pro Fläche quadratisch mit dem Abstand abnimmt. Die erwartete, schwächer ansteigende Kurve A sollte sich durch die Gravitationsabbremsung der Gesamtmaterie ergeben, da gleichartige Supernovae in gleicher Entfernung dadurch heller erscheinen.

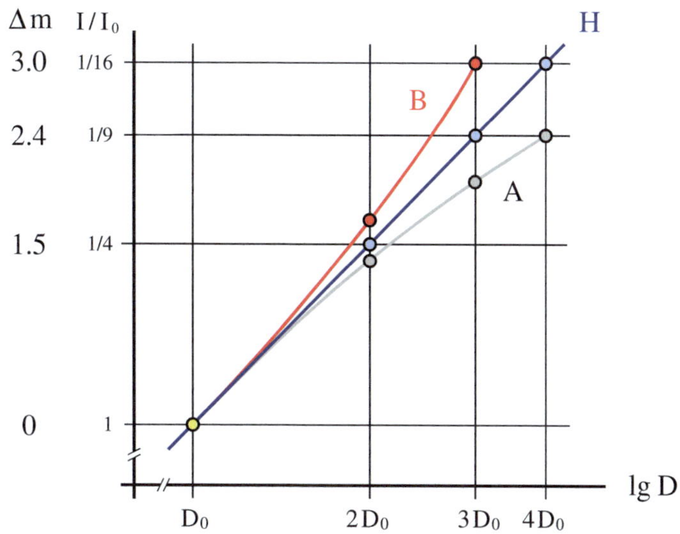

ABB. 12.7: Schematische Darstellung der Expansion des Universums

Dagegen zeigten die Messdaten beider Forschungsgruppen eine stärker ansteigende Kurve B auf der „*falschen Seite*" von H, wodurch die Supernovae lichtschwächer erschienen und damit weiter entfernt waren, als nach der HUBBLE-Geraden bei gegebenen Entfernungen zu erwarten war. Daraus musste man den als revolutionär betrachteten Schluss ziehen, dass das **Universum eine beschleunigte Expansion** ausführt!

In den folgenden Jahren wurde dieses Ergebnis durch Messungen an einer Vielzahl von Supernovae bestätigt und die Erkenntnis über die Entwicklung des Universums gefestigt. Durch die Untersuchung von mehreren sehr weit entfernten Supernovae, die aus einer Zeit vor mehr als sieben Milliarden Jahren stammten, konnte RIESS 2002 nachweisen, dass die Expansion nicht immer die gleiche Stärke hatte, sondern in einer früheren Epoche gebremst war und erst vor etwa fünf Milliarden Jahren in einen Zustand der beschleunigten Expansion überging, [102].

Für ihre Forschungen erhielten **Saul PERLMUTTER**, **Brian P. SCHMIDT** und **Adam G. RIESS** 2011 den **Nobelpreis für Physik**, [117].

12.8.5 Dunkle Energie

Der Grund der beschleunigten Expansion ist bis heute nicht verstanden. Die Expansion muss durch eine der anziehenden Gravitation entgegen wirkende, abstoßende Kraft oder einen negativen Druck erzeugt werden. Da man bisher keine bessere Erklärung finden konnte, schrieb man diese Kraft einer **Dunklen Energie** zu, ein Begriff, der vom Astrophysiker **Michael TURNER** geprägt wurde.

Die Dunklen Energie entspricht in den Feldgleichungen der Relativitätstheorie bzw. dem FRIEDMANN-LEMAÎTRE-Modell der **kosmologischen Konstante** $\Lambda \neq 0$ oder dem Dichteanteil Ω_Λ. Dadurch kehrt man zu EINSTEINs anfänglicher Modifikation der Gleichungen zurück, die heute allerdings durch belastbare, astronomische Messergebnisse begründet ist und keine Ad-Hoc-Anpassung der Theorie darstellt! Durch die Entdeckung der Dunklen Energie wurde das ursprüngliche CDM-Standardmodell zum **ΛCDM-Modell der Kosmologie** erweitert.

Eine mögliche Erklärung für die Dunkle Energie besteht darin, dass das Vakuum selbst Träger von Energie ist, also eine **Vakuumenergie** besitzt. Gemäß der **Quantenmechanik** können nach der **HEISENBERG'schen Unschärferelation** bei kanonisch konjugierten Variablen wie Ort und Impuls oder Energie und Zeit die Einzelgrößen nie gleichzeitig exakt gemessen werden, so dass eine Energie Null zu keinem Zeitpunkt möglich ist.

Das Vakuum ist daher nicht einfach leer sondern ein komplexer, von Energiefeldern erfüllter Raum, in dem durch **Quantenfluktuationen** permanent und spontan **virtuelle Teilchen** als Paare sowohl aus Photonen als auch aus Teilchen-Antiteilchen entstehen, die nach sehr kurzer Zeit durch Zerstrahlung wieder verschwinden. Solche Teilchen enthalten Energie, deren äquivalente Masse die Gravitation beeinflusst. Allerdings hat diese wie auch eine Reihe anderer Theorien noch Schwächen und führt auf erhebliche Widersprüche, die den viel zu hohen Zahlenwert der Energiedichte des Vakuums betreffen, so dass noch keine befriedigende Lösung des Problems existiert.

Als weitere Möglichkeit könnte die Dunkle Energie durch ein Kraft- oder Energiefeld, dass man **Quintessenz** nennt, hervorgerufen werden. Der Name nimmt Bezug auf die antike Naturphilosophie, in der neben den vier Elementen Feuer, Wasser, Luft und Erde des EMPEDOKLES als fünftes Element, *quinta essentia*, nach ARISTOTELES der den Kosmos erfüllende Äther existierte. Man betont damit eine fünfte Kraft neben den bekannten vier Wechselwirkungen von Gravitation, elektromagnetischer, schwacher und starker Kraft. Dieses Energiefeld könnte das gesamte Universum durchdringen und den Raum mit einer Eigenschaft versehen, die der anziehenden Gravitation entgegenwirkt und eine beschleunigte Expansion hervorruft, [123], [128].

Die Vermutungen und theoretischen Modelle zur Dunklen Energie sind unter Astronomen, Teichenphysikern und Kosmologen Gegenstand der aktuellen Forschung und verbunden mit theoretischen Konzepten wie **Stringtheorie**, **Supersymmetrie** und **Quantengravitation** und es wird sogar diskutiert, ob Schwarze Löcher aus Dunkler Energie bestehen, [154].

Zu Klärung und besserem Verständnis der Natur der Dunklen Energie und zu Bestätigung oder Ausschluss von theoretischen Modellen wurde 2013 das Projekt **Dark Energy Survey** (DES) gegründet, das am Standort Cerro Tololo in Chile die Dark Energy Camera (DECam) betreibt. Diese Kamera ist mit 74 großen CCD-Detektoren mit insgesamt 570 Megapixeln ausgestattet, die im Bereich von 340 .. 1040 nm mit fünf Filtern wie beim SDSS Aufnahmen machen kann. Dabei wird bei jedem Bild ein Himmelsausschnitt aufgenommen, der der 20-fachen Vollmondscheibe entspricht. Der Survey endete 2019 bei dem eine hochaufgelöste Karte von einem Achtel des Himmels mit 300 Millionen Galaxien erstellt wurde. Zur Untersuchung von Struktur und Dynamik des Universums wurden als Forschungsziele Typ Ia Supernovae, baryonische, akustische Oszillationen, der schwache Gravitationslinseneffekt und Galaxienhaufen untersucht, [129].

Im August 2017 wurde die Datenanalyse des ersten DES-Betriebsjahres über die Beobachtung von 26 Millionen Galaxien veröffentlicht, deren Ergebnis mit 21 % Dunkler Materie und 74 % Dunkler Energie von den ermittelten Werten (12.12) der PLANCK-Messung nur wenig abweicht und daher das Standardmodell der Astronomen im Grundsatz bestätigt. Die Experten gehen davon aus, dass die Resultate von DES deshalb überzeugender sind, da sie das gesamte dreidimendionale Volumen des Weltalls in einer Jahrmilliarden andauernden Entwicklung berücksichtigen, während die vom PLANCK-Teleskop gemessene kosmische Mikrowellen-Hintergrundstrahlung dagegen nur einen zweidimensionalen Schnappschuss des frühen Universums abbildet, [135].

Am Kitt Peak National Observatory in Arizona wird seit 2021 für eine fünfjährige Laufzeit das **Dark Energy Spectroscopic Instrument** (DESI) zur Durchführung von spektrographischen Aufnahmen von Dutzenden Millionen von Galaxien betrieben, um aus diesen Spektren baryonische akustische Oszillationten (BAO) abzuleiten, die einen Aufschluss über die Natur der Dunklen Energie und die kosmische Entwicklung der frühesten Epoche des Universums geben können.

Als wesentlicher Bestandteil werden in der Fokalebene des Instruments 5000 Glasfasern automatisch positioniert, die mehrere Spektrographen speisen. Erste Ergebnisse wurden 2023 in einem Early Data Release (EDR) veröffentlicht, der etwa zwei Millionen Galaxien, Quasare und frühe Sterne mit geringer Metallizität enthält, [153], [156].

12.9 Kosmische Inflation

Das von Alan GUTH 1980 vorgestellte **Inflationsmodell** der extremen Expansion in der Frühphase des Universums, [66], das bereits im *Abschnitt 12.2* als Teil des Standardmodells erwähnt wurde, beantwortet einige der bisher offenen kosmologischen Fragen, [5, S. 1013f.], [27, S. 113f.], [41, S. 152f.], [81].

Das heute sichtbare Universum weist auf Grund der verschiedenen Satellitenbeobachtungen der kosmischen Hintergrundstrahlung keine messbare Raumkrümmung auf, so dass es im großräumigen Maßstab flach ist und einen Gesamtdichteparameter $\Omega = 1$ besitzt.

Wenn der **Dichteparameter** zu irgendeinem Zeitpunkt $\Omega > 1$ gewesen wäre, dann würde er durch die anziehende Kraft der Gravitation für immer weiter wachsen, da bei sinkendem Volumen die tatsächliche Dichte im Zähler gegenüber der kritischen Dichte im Nenner zunähme, wobei der Grenzwert $\Omega \to \infty$ den finalen Kollaps **(Big Crunch)** bedeutet. Gälte dagegen jemals $\Omega < 1$, dann würde Ω durch die Expansion bei nicht ausreichender Gravitation immer weiter sinken, denn der Zähler fiele bei wachsendem Volumen gegenüber dem Nenner, mit dem Ergebnis $\Omega \to 0$ eines sich immer weiter ausdehnenden Universums **(Big Chill)**.

Wenn der Dichteparameter aus Sicht der Standard-Expansion $\Omega = 1$ sein soll, dann wäre unmittelbar nach dem Urknall eine nicht erklärbare, zufällig exakte Übereinstimmung von Materiedichte und kritischer Dichte erforderlich.

Im Fall der Inflation muss Ω dagegen notwendigerweise exakt gleich Eins sein, um nicht Null oder Unendlich zu werden, und dieser Wert bliebe im weiteren Verlauf auch erhalten! Denn bei der am Anfang inflationären und anschließend normalen Expansion des Universums vom Zeitpunkt der **Planck-Zeit** von 10^{-43} s an bis zum heutigen **Weltalter** des Kosmos von 13.8 Milliarden Jahren oder $4.35 \cdot 10^{17}$ s waren etwa 10^{60} Planck-Zeiten erforderlich, wodurch ein anfänglicher Parameter $\Omega \neq 1$ längst einen der beiden Grenzwerte $(0, \infty)$ erreicht hätte, was durch die Beobachtungsdaten in keiner Weise gestützt wird.

Die **Inflationstheorie** stellt eine Erweiterung des Urknallmodells dar, indem sie in den frühesten Momenten des Universums eine Phase ungeheurer Expansion postuliert. Typische Modelle besagen, dass die Inflationsphase zwischen 10^{-35} s und 10^{-32} s stattfand und die Größe des Universums sich alle $5 \cdot 10^{-35}$ s verdoppelte. Das sind 200 Verdoppelungen, die folgenden enormen Vergrößerungsfaktor für das Universum darstellen, [25, S. 210], [35, S. 485], [121].

$$2^{200} \approx 10^{60}$$

Nach der Inflationsphase setzte die Standard-Expansion mit einer zunächst langsamen, aber seit etwa fünf Milliarden Jahren beschleunigten räumlichen Ausdehnung des Universums ein, die eine stetige Zunahme der Entfernung von Objekten im Raum bedeutet, *(Abbildung 12.8)*.

Die Expansionsgeschwindigkeit wird allerdings weiterhin durch die Gravitation gebremst und kann sich nach der Vorstellung der Dunklen Energie asymptotisch einem konstanten Endwert nähern.

Die durch die Standard-Expansion nicht erklärbare Flachheit des Raumes mit $\Omega = 1$, das sog. **Flachheitsproblem**, ist im Rahmen des Inflationsmodells eine Folge der ungeheuren Ausdehnung und das heute sichtbare Universum stellt nur einen winzigen Ausschnitt ohne erkennbare Krümmung dar.

Die große Homogenität und Isotropie des frühen Universums, die nur winzigste Temperaturvariationen in der kosmischen Hintergrundstrahlung aufweist, ist im Rahmen der Standard-Expansion nicht erklärbar und wird als **Horizontproblem** bezeichnet. Weit voneinander entfernte Gebiete, die z.B. an entgegengesetzten Punkten am Beobachtungshorizont liegen, mussten eine voneinander unabhängige Entwicklung durchführen. Denn bei endlicher Lichtgeschwindigkeit konnten sie in der bisher abgelaufenen Zeit des Weltalters überhaupt noch nicht in Wechselwirkung treten und sich daher auch nicht im thermischen Gleichgewicht mit einheitlicher Strahlung nach dem PLANCK'schen Strahlungsgesetz befinden. Und dass alle diese Raumpunkte aus purem Zufall die gleiche Temperatur hätten haben sollen, ist extrem unwahrscheinlich. Bei Annahme einer inflationären Expansion wären dagegen vor der Inflationsphase alle Bereiche des heute sichtbaren Universums noch auf kleinstem Raum in unmittelbarem Kontakt gewesen und hätten ein thermisches Gleichgewicht mit homogenen physikalischen Parametern aufweisen können.

Die heutigen **Inhomogenitäten des Universums** in lokalem Maßstab werden im Inflationsmodell dadurch erklärt, dass **Quantenfluktuationen** des Vakuums im sehr frühen Anfangsstadium durch die extreme Expansion auf makroskopische Größe ausgedehnt wurden, die im Laufe der kosmologischen Entwicklung durch den Einfluss der Gravitation zu Galaxien und Galaxienhaufen führten.

Das Inflationsmodell, das von vielen Astronomen anerkannt wird, sagt aus, dass das Universum im großräumigen Maßstab flach und der Gesamtdichteparameter $\Omega = 1$ ist. Nach den Ergebnissen der Satellitenmissionen zur kosmischen Hintergrundstrahlung machen baryonische und Dunkle Materie nur rund ein Drittel seines Wertes aus und der überwiegende Rest von etwa 70 % wird durch die Dunkle Energie bzw. die kosmologische Konstante Λ aufgebracht.

Gemäß den drei Anteilen von baryonischer Materie (Ω_b) und Dunkler Materie (Ω_d) (S. 685) sowie der Dunklen Energie (Ω_Λ), die nach EINSTEIN einer Materieform äquivalent sein muss, setzt sich der Dichteparameter Ω folgendermaßen zusammen.

$$\Omega = \Omega_{\text{mat}} + \Omega_\Lambda = \Omega_b + \Omega_d + \Omega_\Lambda = 1 \tag{12.15}$$

Mit den numerischen Werten (12.12) der aktuellen Satellitenmessungen gilt dann

$$\Omega = 0.317 + 0.683 = 0.049 + 0.268 + 0.683 = 1$$

Allerdings üben auch führende Kosmologen Kritik am Inflationsmodell wegen theoretischer Mängel oder fehlender direkter Beweise. Ein widerspruchsfreies kosmologisches Modell, das durch experimentell gestützte Daten abgesichert ist, muss von den Theoretikern in der Zukunft erst noch entwickelt werden, [93], [116], [132].

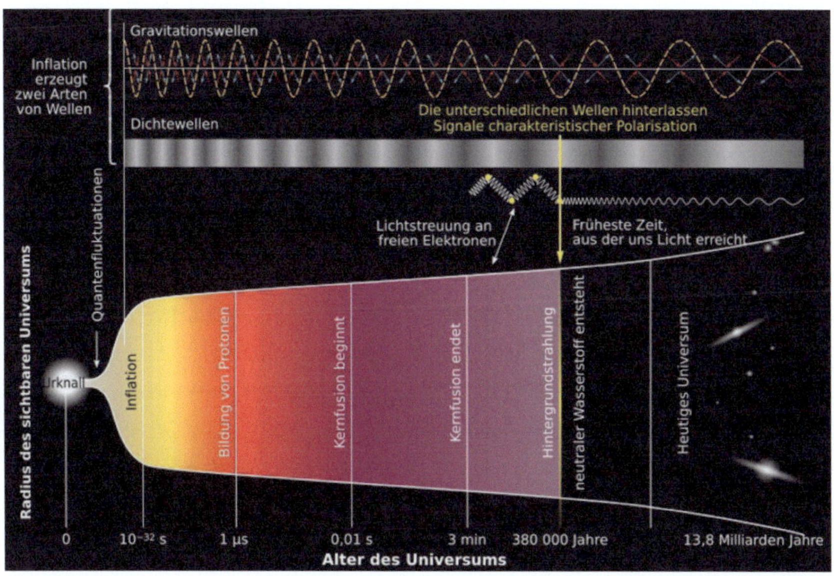

Abb. 12.8: Ausdehnung des Universums mit anfänglicher Inflationsphase

Zur Prüfung der Inflationstheorie wurden am Südpol mit fünf Generationen von Instrumenten unter dem Namen **BICEP** (Background Imaging of Cosmic Extragalactic Polarization) ab 2006 in mehreren Messphasen Experimente durchgeführt, um bei verschiedenen Frequenzen, zunächst bei 100 und 150 GHz und später auch bei 30/40, 95 und 220/270 GHz, die Polarisation der kosmischen Mikrowellen-Hintergrundstrahlung zu messen. Gemäß dem aktuellen Modell entstanden kurz nach dem Urknall in der Inflationsphase primordiale Gravitationswellen, die der kosmischen Hintergrundstrahlung ein charakteristisches **Polarisationsmuster** aufprägten, und das Ziel der BICEP-Messungen besteht im Auffinden solcher Muster, [121]. Bisher konnte man allerdings noch keine überzeugenden Nachweise solcher Signale entdecken.

Weitergehende Fragen zu Kosmologie und Natur des Universums können hier nicht behandelt werden, da sie einerseits zu sehr vom eigentlichen Anliegen des Buches wegführen und andererseits auch ein Forschungsgebiet betreffen, das sich in einer stürmischen Entwicklung befindet, in dem jederzeit durch neue Projekte, Beobachtungsgeräte und Messmethoden überraschende Entdeckungen und Erkenntnisse auftreten können.

Überblicke und Darstellungen des bisherigen Kenntnisstandes zu kosmologischen Themen findet man z.B. in diesen Artikeln [96], [97], [99] und der folgenden Literatur [6], [21], [25], [31], [33], [41].

12.10 Numerische Berechnungen und Computersimulationen

In der Astronomie bilden neben der **Beobachtung** von Himmelsobjekten in einer Vielzahl von Frequenzbereichen und der **theoretischen Berechnung** von Zuständen und Entwicklungen als drittes wichtiges Verfahren **Computersimulationen** die Möglichkeit, Erkenntnisse zu gewinnen. Mit solchen Simulationen können in gewisser Weise sonst nicht mögliche **kosmologische Experimente** wie zeitliche Entwicklungen oder Einzelereignisse wie Supernova-Explosionen durchgespielt werden.

Ausgangspunkt sind mathematische Modelle, die die klassischen physikalischen Gesetze von Gravitation, Strahlung, Magnetfeldern und Hydrodynamik abbilden. Die daraus entstehenden Systeme von partiellen Differentialgleichungen werden mit bestimmten, vorgegebenen Anfangsbedingungen numerisch integriert, so dass man die Zeitfunktionen der divesen Variablen erhält, aus denen man ein Bild des Universums oder des untersuchten Objekts entwickeln kann.

Solche Softwarelösungen werden zu verläßlichen Werkzeugen, wenn man beim Vergleich der Rechenergebnisse nach entsprechendem kosmologischen

Zeitablauf nicht auf Widersprüche mit den aus Beobachtungen bekannten Tatsachen stößt und wenn Fachkollegen bei unabhängigen Vergleichsrechnungen äquivalente Ergebnisse erhalten. Zusätzlich kann man den Programmcode der Softwarepakete offenlegen und zur Überprüfung und ggf. Weiterentwicklung durch andere Forschergruppen freigeben.

Als Beispiel für ein astrophysikalisches Ereignis wird in [103] die Simulation der Explosion von Supernovae vom Typ II beschrieben. Der kollabierende Stern wird nach Kugelkoordinaten in möglichst viele Zellen zerlegt und für jede Zelle werden in diskreten Zeitschritten physikalische Größen wie Dichte und Temperatur aus hydrodynamischen Gleichungen berechnet. Da die Explosionsvorgänge mit Turbulenz erfolgen, kann man keine vereinfachenden räumlichen Symmetrieannahmen machen. Zu den vier Dimensionen für Raum und Zeit der Materieströmung kommen bei der zusätzlichen Modellierung der Neutrinoströmung drei weitere Dimensionen für deren Energie und zwei Winkel für die Richtung hinzu. Die sich daraus ergebenden Anforderungen an Rechengeschwindigkeit und Speicherplatzbedarf führen für detaillierte Simulationen selbst die schnellsten Parallelrechner an ihre Grenzen oder übersteigen sie sogar erheblich, so dass man weitere Fortschritte bei Rechnerarchitektur und Algorithmenentwicklung abwarten muss, um genauere Ergebnisse zu erhalten.

Bei der kosmologischen Entwicklung des Weltalls beruht der Grundgedanke der verschiedenen Computerberechnungen darauf, dass aus Kapazitätsgründen der verfügbaren Rechner nur ein repräsentativer würfelförmiger Ausschnitt des Weltalls modelliert wird, der eine große Zahl von *„Pseudoteilchen"* enthält, die jeweils die Materie von mehreren Millionen Sonnenmassen zusammenfassen. Dabei weisen diese Teilmassen anfänglich eine zufällige, aber nicht vollkommen homogene Verteilung auf, die man aus den Dichtefluktuationen der WMAP- und PLANCK-Daten kennt. Bei jedem Zeitschritt werden die Kräfte auf jedes Pseudoteilchen und daraus die sich einstellenden Bewegungen und Veränderungen berechnet.

Seit den 2000er Jahren wurden mehrere große Computerprojekte durchgeführt, um das ΛCDM-Modell als Beschreibung des beobachtbaren Universums unter Einbeziehung der Dunklen Materie zu prüfen und ggf. zu bestätigen. Dabei handelt es sich um verschiedene **Millennium-Simulationen** (MS, MS-II, MXXL), die Bolshoi-Simulation und das Illustris-Projekt. Mit der enormen Steigerung von Rechen- und Speicherfähigkeit der verfügbaren

Supercomputer und der Verbesserung der numerischen Algorithmen konnten im Laufe eines Jahrzehnts Volumen und räumliche Auflösung der Simulationen immer weiter erhöht werden und inzwischen neben der Dunklen Materie, die allerdings den Großteil von rund 85 % der Masse ausmacht, auch der baryonische Anteil miteinbezogen werden.

Zwischen Beobachtungsdaten und Computerergebnissen sind zwar keine genauen Übereinstimmungen zu erwarten, aber die **statistischen Eigenschaften** von Weltall und Simulationsrechnung stimmen für Materiedichte und räumliche Größenverteilung von Galaxien sowie auch für die frühe Entstehung von Quasaren im Zentrum von Galaxien recht gut überein, was für die Realitätsnähe des **ΛCDM-Modells** spricht und das Vertrauen der Astronomen in seine Richtigkeit begründet.

Die bisher aufwendigste Simulation war Millennium XXL im Jahre 2010, bei der die Kantenlänge des Würfels 12 Milliarden Lichtjahre und die Anzahl der Pseudoteilchen etwa 300 Milliarden mit jeweils 7 Milliarden Sonnenmassen betrug. MXXL wurde auf einem Supercomputer mit mehr als 12 000 Prozessoren in Parallelrechnung in weniger als 10 Tagen ausgeführt. Nach ungefähr 11 000 Zeitschritten von jeweils einer Million Jahren, die den Zeitablauf von der Frühphase des Universums bis heute nachbilden, wurde eine dreidimensionale Struktur errechnet, die dem realen Weltall im großskaligen Maßstab mit Galaxien, Galaxienhaufen, Filamenten, Wänden und Leerräumen überraschend gut entspricht, [31, S. 361f., 553], [104], [115], [118].

Zum Vergleich dienen die beiden *Abbildungen 12.8* und *12.9* der gemessenen Verteilung der Galaxien, die im 2dF Galaxy Redshift Survey (2dF GRS) 2003 veröffentlich wurden, sowie die Ergebnisse der Millennium Simulation von 2005.

Als Ergebnis der Millennium Simulation zeigen die oberen Bilder die Galaxienverteilung, links auf großer Skala und rechts einen Galaxienhaufen, bei dem die einzelnen Galaxien identifizierbar sind. Die unteren Bilder geben zum Vergleich die entsprechenden Verteilungen der Dunklen Materie.

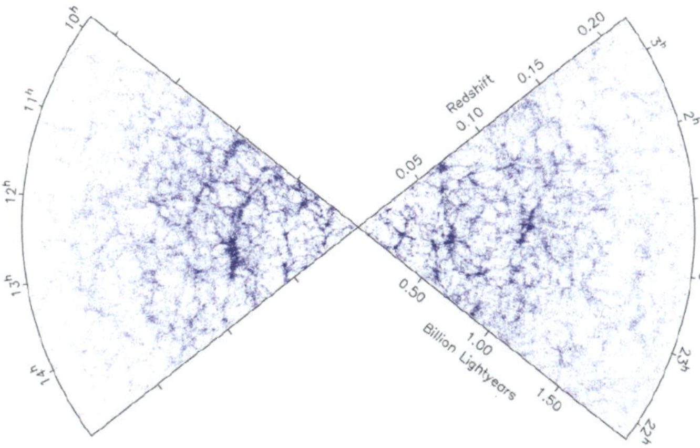

Abb. 12.9: Gemessene Galaxienverteilung des 2dF Galaxy Redshift Survey

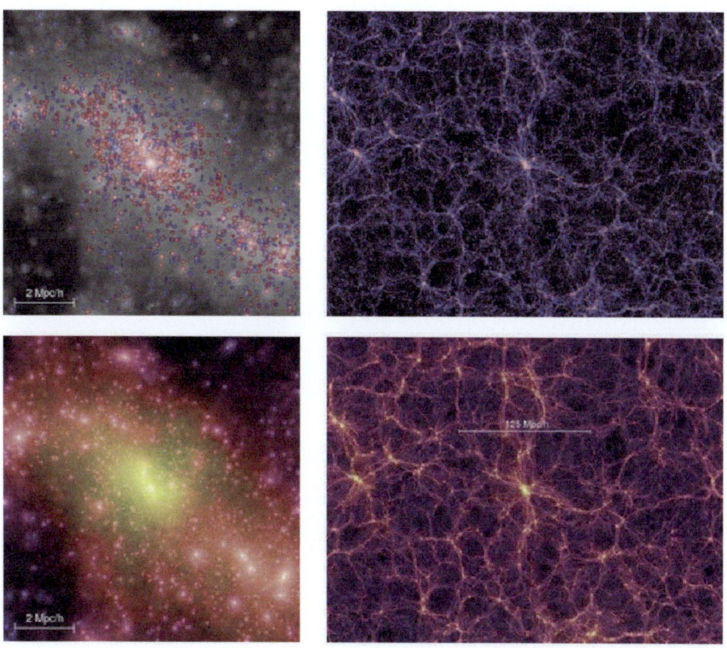

Abb. 12.10: Verteilung von Galaxien (oben) und Dunkler Materie (unten) in der Millennium Simulation von 2005

Literaturangaben

[1] **Anderl**, Sibylle:
Dunkle Materie
Verlag C.H.Beck, München (2022)

[2] **Aschenbach**, Bernd / **Hahn**, Hermann-Michael / **Trümper**, Joachim:
The Invisible Sky, ROSAT and the Age of X-Ray Astronomy
Copernicus Springer-Verlag, New York (1998)

[3] **Barrie**, David:
Sextant - Die Vermessung der Meere
Malik National Geographic (2017)

[4] **Beckman**, John Etienne:
Multimessenger Astronomie
Springer Nature Switzerland AG, (2024)

[5] **Bennett**, Jeffrey / **Donahue**, Megan / **Schneider**, Nicholas / **Voit**, Mark:
Astronomie
Pearson Studium (2010)

[6] **Bojowald**, Martin:
Zurück vor den Urknall
S. Fischer Verlag, Frankfurt am Main, 3. Aufl. (2009)

[7] **Bossert**, Martin:
Kanalcodierung
B. G. Teubner, Stuttgart, 2. Aufl. (1998)

[8] **Bossert**, Martin / **Bossert**, Sebastian:
Mathematik der digitalen Medien
VDE Verlag GmbH, Berlin, Offenbach (2010)

[9] **Fingernagel**, Andreas, (Hg.):
Juden, Christen und Muslime
Im Dialog der Wissenschaften 500-1500
Verlag Kremayr & Scheriau KG, Wien (2010 + 2018)

[10] **Frebel**, Anna:
Auf der Suche nach den ältesten Sternen
S. Fischer Verlag, Frankfurt am Main (2012)

[11] **Gleick**, James:
Isaac Newton - Die Geburt des modernen Denkens
Artemis & Winkler Verlag, Düsseldorf und Zürich (2004)

[12] **Gonzalez**, Rafael C. / **Woods**, Richard E.:
Digital Image Processing
Addison-Wesley Publishing Company (1993)

[13] **Gröbner**, Wolfgang / **Hofreiter**, Nikolaus:
Integraltafel, Bestimmte Integrale
Springer Verlag, Wien, 3. Aufl. (1966)

[14] **Hamming**, Richard W.:
Information und Codierung
VCH Verlagsgesellschaft, Weinheim (1987)

[15] **Hanslmeier**, Arnold:
Faszination Astronomie
Springer Verlag, Berlin, Heidelberg, 2. Aufl. (2016)

[16] **Harari**, Yuval Noah:
Eine kurze Geschichte der Menschheit
Deutsche Verlags-Anstalt, München (2013)

[17] **Kusserow**, Ulrich von:
Magnetischer Kosmos
Springer Spektrum, Berlin, Heidelberg (2013)

[18] **Lambourne**, Robert J. A.:
Relativity, Gravitation and Cosmology
Cambridge University Press, Cambridge (2010)

[19] **Lawrence**, Andy:
Astronomical Measurement
Springer Verlag, Berlin, Heidelberg (2014)

[20] **Lense**, Josef:
Kugelfunktionen
Akademische Verlagsgesellschaft Geest & Portig, Leipzig (1950)

[21] **Liddle**, Andrew:
Einführung in die moderne Kosmologie
Wiley-VCH Verlag, Weinheim (2009)

[22] **Lin**, Shu / **Costello**, Daniel J.:
Error Control Coding: Fundamentals and Applications
Pearson-Prentice Hall, Upper Saddle River, NJ, 2. Aufl. (2004)

[23] **Montgomery**, Carol G. / **Dicke**, Robert Henry / **Purcell**, Edward M.:
Principles of Microwave Circuits
McGraw-Hill, New York, Toronto, London (1948)

[24] **Panek**, Richard:
Das 4% Universum
Carl Hanser Verlag, München (2011)

[25] **Pauldrach**, Adalbert W. A.:
Das dunkle Universum
Springer Verlag, Berlin, Heidelberg (2015)

[26] **Ramsauer**, Carl:
Grundversuche der Physik in historischer Darstellung
Springer-Verlag, Berlin, Göttingen, Heidelberg (1953)

[27] **Riordan**, Michael / **Schramm**, David N.:
Die Schatten der Schöpfung
Spektrum Akademischer Verlag, Heidelberg, Berlin, New York (1991)

[28] **Robin**, Louis:
Fonctions sphériques de Legendre et fonctions sphéroidales, I/II/III
Gauthier-Villars, Paris (1957)

[29] **Saleh**, Bahaa E. A. / **Teich**, Malvin Carl:
Fundamentals of Photonics
John Wiley & Sons, Inc., Hoboken NJ, 2. Aufl. (2007)

[30] **Samueli**, Jean-Jacques / **Boudenot**, Jean-Claude:
Trente livres de mathématiques qui ont changé le monde
Ellipses Edition Marketing S.A. Paris (2006)

[31] **Schneider**, Peter:
Extragalactic Astronomy and Cosmology
Springer-Verlag, Berlin Heidelberg, 2. Aufl. (2015)

[32] **Schöpf**, Hans-Georg:
Von Kirchhoff bis Planck
Vieweg Verlag, Braunschweig (1978)

[33] **Serjeant**, Stephen:
Observational Cosmology
Cambridge University Press, Cambridge (2010)

[34] **Sharov**, Alexander S. / **Novikov**, Igor D.:
Edwin Hubble
Birkhäuser Verlag, Basel, Boston, Berlin (1994)

[35] **Singh**, Simon:
Big Bang
Carl Hanser Verlag, München (2005)

[36] **Sobel**, Dava:
Längengrad
Berliner Taschenbuch Verlag, Berlin (2003)

[37] **Sobel**, Dava:
Und die Sonne stand still
Berlin Verlag, Berlin (2012)

[38] **Sobel**, Dava:
Das Glas-Universum
Berlin Verlag, München (2017)

[39] **Stewart**, Ian:
Die Berechnung des Kosmos
Rowohlt Taschenbuch Verlag, Reinbek bei Hamburg (2018)

[40] **Stratton**, Julius Adams:
Electromagnetic Theory
McGraw-Hill Book Company (1941)

[41] **Tegmark**, Max:
Unser mathematisches Universum
Ullstein Verlag, Berlin (2015)

[42] **Teichmann**, Jürgen:
Der Geheimcode der Sterne
Franck-Kosmos Verlags-GmbH, Stuttgart (2021)

[43] **Trigg**, George L.:
Experimente der modernen Physik
Friedr. Vieweg & Sohn, Braunschweig/Wiesbaden (1984)

[44] **Unsöld**, Albrecht / **Baschek**, Bodo:
Der neue Kosmos
Springer-Verlag, Berlin Heidelberg, New York, 7. Aufl. (2002)

[45] **Vaas**, Rüdiger:
Vom Gottesteilchen zur Weltformel
Franckh-Kosmos Verlags-GmbH, Stuttgart (2013)

[46] **Verschuur**, Gerrit:
The Invisible Universe
Springer International Publishing Switzerland, 3. Aufl. (2015)

[47] **Vogel**, Helmut:
Gerthsen Physik
Springer Verlag, Berlin, Heidelberg, New York, 19. Aufl. (1997)

[48] **Weinberg**, Steven:
Die ersten drei Minuten
Deutscher Taschenbuch Verlag, München, (1980)

[49] **Wulf**, Andrea:
Die Vermessung des Himmels
Penguin Verlag, 2. Aufl. (2017)

[50] **Die Geschichte der NASA**
Space Spezial
eMedia Verlag, Hannover, (1/2019)

Sterne und Weltraum

[51] **Beck**, R., **Reich**, W.:
LOFAR: Startschuss für deutsche Stationen
SuW **9**, 19 (2006)

[52] **Beck**, R.:
Das Square Kilometre Array
SuW **9**, 22 (2006)

[53] **Hoeft**, M., **Beck**, R.:
LOFAR läuft!
SuW **6**, 20 (2010)

[54] **Bastian**, U.:
Projekt Gaia: Die sechsdimensionale Milchstraße
Teil 1: Warum und wozu Gaia gebaut wird
SuW **5**, 36 (2013)

[55] **Bastian**, U.:
Projekt Gaia: Die sechsdimensionale Milchstraße
Teil 2: Wo, wann und wie Gaia arbeiten soll
SuW **6**, 48 (2013)

[56] **Laganke**, K., **Wiescher**, M.:
Der Ursprung der Elemente
Teil 1: Vom Wasserstoff zum Eisen
SuW **11**, 26 (2018)

[57] **Käppeler**, F., **Martinez-Pinedo**, G., **Thielemann**, F-K.:
Der Ursprung der Elemente
Teil 2: Durch Neutroneneinfang zu den schwersten Atomkernen
SuW **12**, 36 (2018)

[58] **Hippler**, S.:
Ausgefunkelt, Grundlagen der adaptiven Optik
SuW **2**, 28 (2019)

[59] **Witt**, V.:
Der Stoff aus dem die Spiegel sind: Zerodur
SuW **3**, 42 (2019)

[60] **Hippler**, S.:
Auf dem Weg zum perfekten Bildsensor
SuW **4**, 20 (2019)

Spektrum der Wissenschaft

[61] **Strahlung vom „Urknall"**
Nobelpreis für Physik (Penzias/Wilson)
SdW **12**, 47 (1978)

[62] **Giacconi**, Riccardo:
Das Einstein-Röntgen-Observatorium
SdW **4**, 20 (1980)

[63] **Readhead**, Anthony C. S.:
Radioteleskope im weltweiten Verbund
SdW **8**, 24 (1982)

[64] **Rubin**, Vera C.:
Dunkle Materie in Spiralgalaxien
SdW **8**, 68 (1983)

[65] **Nobelpreis für Physik (Chandrasekhar/Fowler)**
SdW **12**, 14 (1983)

[66] **Guth**, Alan H., **Steinhardt**, Paul J.:
Das inflationäre Universum
SdW **7**, 80 (1984)

[67] **Gingerich**, Owen:
Die islamische Periode der Astronomie
SdW **4**, 100 (1986)

[68] **Bethe**, Hans A., **Brown**, Gerald:
Wie eine Supernova explodiert
SdW **7**, 54 (1985)

[69] **Krauss**, Lawrence M.:
Dunkle Materie im Universum
SdW **2**, 104 (1987)

[70] **Wolschin**, Georg:
1987A - die helle Supernova in unserer Nachbargalaxis
SdW **5**, 14 (1987)

[71] **Fried**, Josef:
Was ist ein CCD?
SdW **9**, 20 (1987)

[72] **Morian**, Hans F.:
Leichte Spiegelträger für astronomische Teleskope
SdW **2**, 16 (1988)

[73] **Kellermann**, Kenneth I., **Thompson**, A. Richard:
Radiointerferometrie mit großen Basislängen
SdW **3**, 58 (1988)

[74] **Wilson**, Raymond:
Die aktive Optik des New Technology Telescope der ESO
SdW **11**, 14 (1988)

[75] **Mezger**, Peter G.:
Das deutsch-amerikanische Submillimeter-Radioteleskop
SdW **4**, 14 (1989)

[76] **DeVorkin**, David H.:
Henry Norris Russell
SdW **7**, 102 (1989)

[77] **Woosley**, Stan, **Weaver**, Tom:
Die große Supernova von 1987
SdW **10**, 86 (1989)

[78] **Gulkis**, Samuel et al.:
Satellit COBE und das frühe Universum
SdW **3**, 78 (1990)

[79] **Springer**, Michael:
ROSAT: ein neuer Sternenhimmel tut sich auf
SdW **9**, 22 (1990)

[80] **Wolschin**, Georg:
Fortschritte auf dem Weg zum Großteleskop VLT der europäischen Südsternwarte ESO
SdW **4**, 44 (1991)

[81] **Halliwell**, Jonathan J.:
Quantenkosmologie und die Entstehung des Universums
SdW **2**, 50 (1992)

[82] **Reichert**, Uwe:
Strukturen im frühen Universum entdeckt
SdW **6**, 18 (1992)

[83] **Chaisson**, Eric J.:
Erste Entdeckungen mit dem Hubble-Weltraumteleskop
SdW **8**, 52 (1992)

[84] **Osterbrock**, Donald E., **Gwinn**, Joel A., **Brashear**, Ronald S.:
Edwin Hubble und die Expansion des Universums
SdW **9**, 78 (1993)

[85] **Hardy**, John W.:
Adaptive Optik
SdW **8**, 48 (1994)

[86] **Macchetto**, F. Duccio, **Dickinson**, Mark:
Galaxien im frühen Universum
SdW **7**, 42 (1997)

[87] **Hogan**, Craig J., **Kirshner**, Robert P., **Suntzeff**, Nicholas B.:
Die Vermessung der Raumzeit mit Supernovae
SdW **3**, 40 (1999)

[88] **Reichert**, Uwe:
Das Very Large Telescope - Europas neue Sternwarte
SdW **3**, 104 (1999)

[89] **Bastian**, Ulrich:
Der vermessene Sternenhimmel
Ergebnisse der Hipparcos-Mission
SdW **2**, 42 (2000)

[90] **Bastian**, Ulrich:
Die Eroberung der dritten Dimension
Eine kleine Geschichte der Astrometrie
SdW **2**, 50 (2000)

[91] **Wolschin**, Georg:
Quartett komplett:
das europäische Super-Teleskop vor dem Vollbetrieb
SdW **7**, 14 (2000)

[92] **Wolschin**, Georg:
Boomerang erforscht Big Bang
SdW **8**, 13 (2000)

[93] **Peebles**, James E.:
Kosmologie - ein Zustandsbericht
SdW **3**, 40 (2001)

[94] **Krome**, Thorsten:
Neue Fenster für den Blick ins All
Nobelpreis für Physik (Davis Jr./Koshiba/Giacconi)
SdW **12**, 12 (2002)

[95] **Wolschin**, Georg:
Einzigartiger Einblick in die Urzeit des Universums
SdW **5**, 8 (2003)

[96] **Freedman**, Wendy:
Das expandierende Universum
SdW **6**, 46 (2003)

[97] **Börner**, Gerhard:
Ein Universum voll dunkler Rätsel
SdW **12**, 28 (2003)

[98] **Novak**, Jérôme:
Neutronensterne: ultradichte Exoten
SdW **3**, 34 (2004)

[99] **Hu**, Wayne, **White**, Martin:
Neue Schlüssel zum Universum
Die Symphonie der Schöpfung
SdW **5**, 46 (2004)

[100] **Dick**, Steven J.:
Venus vor der Sonne
SdW **6**, 24 (2004)

[101] **Strauss**, Michael A.:
Galaktische Wände und Blasen
SdW **6**, 60 (2004)

[102] **Riess**, Adam G., **Turner**, Michael S.:
Das Tempo der Expansion
SdW **7**, 42 (2004)

[103] **Hillebrandt**, Wolfgang, **Janka**, Hans-Thomas, **Müller**, Ewald:
Rätselhafte Supernova-Explosionen
SdW **7**, 36 (2005)

[104] **Pössel**, Markus:
Der Kosmos im Computer
SdW **11**, 12 (2005)

[105] **Starkman**, Glenn D., **Schwarz**, Dominik J.:
Missklänge im Universum
SdW **12**, 30 (2005)

[106] **Pössel**, Markus:
Neues von der Urzeit des Universums
SdW **7**, 14 (2006)

[107] **Hoeppe**, Götz:
Entdeckungen in den tiefen Feldern
SdW **7**, 52 (2006)

[108] **Gilmozzi**, Roberto:
Riesenteleskope der Zukunft
SdW **8**, 28 (2006)

[109] **Livio**, Mario:
Hubbles „Top 10"
SdW **9**, 36 (2006)

[110] **Hoeppe**, Götz:
Erste Karte vom Nachhall des Urknalls
Nobelpreis für Physik (Mather/Smoot)
SdW **12**, 16 (2006)

[111] **Falcke**, Heino, **Beck**, Rainer:
Per Software zu den Sternen
SdW **7**, 26 (2008)

[112] **Frebel**, Anna:
Auf der Spur der Sterngreise
SdW **9**, 24 (2008)

[113] **Müller**, Bernd:
Die Digitalisierung des Lichts
Nobelpreis für Physik (Boyle/Smith)
SdW **12**, 14 (2009)

[114] **Werner**, Michael:
Spitzers durchdringenderBlick ins All
SdW **6**, 24 (2010)

[115] **Breuer**, Reinhard:
Porträt: Volker Springel
Vielleicht laufen wir einem Phantom nach
SdW **11**, 34 (2010)

[116] **Steinhardt**, Paul J.:
Kosmische Inflation auf dem Prüfstand
SdW **8**, 40 (2011)

[117] **Bührke**, Thomas:
Das Universum startet durch
Nobelpreis für Physik (Perlmutter/Schmidt/Riess)
SdW **12**, 12 (2011)

[118] **Springel**, Volker:
Der Kosmos im Computer
SdW **12**, Extra 10 (2011)

[119] **Wolschin**, Georg:
Neues vom Urknall: Plancks Himmelskarte
SdW **7**, 19 (2013)

[120] **Springel**, Volker:
Der Dunkle Kosmos
SdW **9**, 60 (2013)

[121] **Wolschin**, Georg:
Daten vom Anfang der Welt
SdW **5**, 14 (2014)

[122] **Livio**, Mario, **Silk**, Joe:
Woraus besteht die Dunkle Materie?
SdW **7**, 64 (2014)

[123] **Sellentin**, Elena, **Bartelmann**, Matthias:
Was das Universum auseinandertreibt
SdW **8**, 38 (2014)

[124] **Finkbeiner**, Ann:
Klare Sicht für Astronomen
SdW **8**, 42 (2015)

[125] **Dobrescu**, Bogdan A., **Lincoln**, Don:
Der verborgene Kosmos
SdW **11**, 42 (2015)

[126] **Psaltis**, Von Dimitrios, **Doeleman**, Sheperd S.:
Wie vermisst man ein Schwarzes Loch?
SdW **2**, 40 (2016)

[127] **Greene**, Geoffrey L., **Geltenbort**, Peter:
Das Neutronenrätsel
SdW **7**, 36 (2016)

[128] **Riess**, Adam G., **Livio**, Mario:
Brisante Dunkle Energie
SdW **9**, 12 (2016)

[129] **Frieman**, Joshua:
Das dunkelste Geheimnis
SdW **9**, 18 (2016)

[130] **Worth**, Katie:
Krieg der Teleskope
SdW **1**, 56 (2017)

[131] **Kasen**, Daniel:
Ein Feuerwerk explodierender Sterne
SdW **4**, 54 (2017)

[132] **Ijjas**, Anna, **Steinhardt**, Paul J., **Loeb**, Abraham:
Inflationsmodell in der Kritik
SdW **6**, 12 (2017)

[133] **Jordan**, Stefan:
Gaias erster Sternkatalog
SdW **6**, 20 (2017)

[134] **Mokler**, Felicitas:
Der Schattenwurf des Schwarzen Lochs
Interview mit Michael Kramer
SdW **7**, 20 (2017)

[135] **Wolchover**, Natalie:
Inventur des dunklen Alls
SdW **11**, 32 (2017)

[136] **Schwarz**, Dominik J.:
Streit um Hubbles Erbe
SdW **7**, 12 (2018)

[137] **Witze**, Alexandra:
Weltraumschrott - Aufräumen im All
SdW **1**, 58 (2019)

[138] **Gast**, Robert:
Ins Herz der Finsternis
SdW **7**, 42 (2019)

[139] **Castelvecchi**, Davide:
Hubble-Debatte wird noch rätselhafter
SdW **10**, 26 (2019)

[140] **Gast**, Robert:
Architekten unseres Weltbilds
Nobelpreis für Physik
SdW **12**, 20 (2019)

[141] **Hattenbach**, Jan:
Röntgenteleskope
Das All in neuem Licht
SdW **7**, 52 (2020)

[142] **Gast**, Robert:
Am Ende der Zeit
Nobelpreis für Physik
SdW **12**, 26 (2020)

[143] **NSF**:
Einsturz einer Legendre
SdW **2**, 8 (2021)

[144] **Barcons**, Xavier / **Gonzáles**, Carlos / **Lavega**, Augustin Sánchez:
Das größte Auge der Welt
SdW **8**, 56 (2021)

[145] **Dawson**, Kyle / **Percival**, Will:
Die Kartierung des Alls
SdW **10**, 12 (2021)

[146] **Pressemitteilung**:
Das Massemonster inmitten der Milchstrasse
SdW **7**, 8 (2022)

[147] **Folger**, Tim:
Grenzgänger des Sonnensystems
SdW **11**, 12 (2022)

[148] **Fletcher**, Seth:
Der dunkle Kern der Milchstrasse
SdW **2**, 64 (2023)

[149] **Zeitz**, Mike:
Neuer Ausblick in den Kosmos
SdW **3**, 52 (2023)

[150] **Boyle**, Rebecca:
Wie standhaft ist das Standardmodell?
SdW **7**, 66 (2023)

[151] **Althaus**, Tilmann:
Weltraumteleskop Euclid öffnet seine Augen
SdW **10**, 28 (2023)

[152] **Freistetter**, Florian:
Wenn der Kosmos die Kosmologie trollt
SdW **2**, 73 (2024)

[153] **Panek**, Richard:
Was das Weltall auseinander treibt
SdW **3**, 12 (2024)

[154] **Michaels**, Johanna:
Kann hier jemand mal Licht machen?
SdW **3**, 22 (2024)

[155] **Astronomie**
Die älteste Galaxie
SdW **8**, 11 (2024)

[156] **Wood**, Charlie:
Wird die Dunkle Energie schwächer?
SdW **11**, 62 (2024)

[157] **Kosmologie**
Erste Sterne und Galaxien früher als gedacht?
SdW **6**, 9 (2025)

[158] **NASA**:
Voyager 1 funkt wieder auf alter Welle
SdW **1**, 11 (2025)

[159] **Krag**, Holger:
Um die Erde wird es eng
SdW **8**, 66 (2025)

[160] **Siebel**, Thomas:
Aufräumen im All
SdW **10**, 32 (2025)

Epilog

Zum Abschluss dieses zweibändigen Fachbuchs über Tensorrechnung und ihre physikalischen Anwendungen sollen noch einige allgemeine und übergreifende Bemerkungen und Gedanken angestellt werden.

Sicher gibt es viele Zeitgenossen, die literatur-, kunst- oder musikbeflissen sind und sich in diesen Kulturbereichen bestens auskennen, die man gemeinhin neben Geschichte und Politik als Geistes- oder Humanwissenschaften bezeichnet. Häufig ist das jedoch gepaart mit einer unzureichenden Kenntnis grundlegender Sachverhalte und Zusammenhänge auf dem Gebiet der Naturwissenschaften.

Der häufig geäußerte Satz, dass man „in Mathe nie gut war und kaum etwas verstanden habe", was oft auch den Bereich von Physik und Chemie mit einschließt, wird von vielen in übereinstimmender Weise akzeptiert. Dabei fallen Erwerb und Beherrschung selbst einfacher Kulturwerte wie Schleifen binden und Schreiben, erst recht aber bei anspruchsvolleren wie Spracherwerb mit vielen Vokabeln und grammatischen Regeln oder Bruchrechnung und Algebra keinem mühelos in den Schoß sondern erfordern Fleiß, Anstrengung und lange Übung. Für das normale Leben werden jedoch Mängel, Schwächen oder Lücken naturwissenschaftlich-technischer Art häufig als nicht bedeutsam angesehen. Das gilt heutzutage umso mehr, da man durch sofortigen Zugriff auf internetbasierte Quellen wie Wikipedia u.a. nahezu jede beliebige Frage oder Wissenslücke augenblicklich und meist auch umfassend beantworten oder schließen kann. Und welchen Einfluss die Künstliche Intelligenz nehmen wird, ist noch weithin unklar.

Im umgekehrten Fall, bei dem jemand durchblicken läßt oder sich dazu bekennt, dass er beispielsweise von Homer, Cäsar, Leonardo da Vinci, Michelangelo oder Mozart nichts wisse oder von Shakespeare, Schiller oder Thomas

W. Werner, *Vektoren und Tensoren als universelle Sprache in Physik und Technik 2*,
https://doi.org/10.1007/978-3-658-49785-9

Mann nichts gelesen habe, würde der sicher als ungebildet, als Banause oder als kulturgeschichtlicher Analphabet angesehen und mitleidig belächelt werden.

Das Buch *Bildung, Alles was man wissen muss* von Dietrich SCHWANITZ (1999), [4], stellt die zweifellos wichtige humanistische Bildung ausführlich dar, wobei aber der naturwissenschaftliche Bereich ausgesprochen stiefmütterlich behandelt und nur kurz gestreift wird, den der gebildete Mensch getrost auslassen kann, da naturwissenschaftliche Kenntnisse für diesen Autor nicht zur Bildung gehören, [4, b), S. 664] !

Als ein gewisses Gegengewicht, um die notwendige Orientierung zu geben und die naturwissenschaftliche Bildungslücke zu schließen, veröffentlichte der Wissenschaftshistoriker Ernst Peter FISCHER 2001 seinen Gegenentwurf *Die andere Bildung, Was man von den Naturwissenschaften wissen sollte*, [1]. Auf den ersten Seiten rechnet er mit dem Literaturprofessor SCHWANITZ ab, indem er dessen Hochmut, seine Anmaßung und Einäugigkeit gegenüber den Naturwissenschaften offenlegt und brandmarkt. In seinen Eingangskapiteln erörtert er dann kenntnisreich das Spannungsfeld, das die beiden wissenschaftlichen Kulturen bilden.

Ein ähnliches Schulerlebnis, das FISCHER in seinem Buch eingangs bei Überreichung seines Abiturzeugnisses durch den Direktor schildert, dass trotz guter Noten in den naturwissenschaftlichen Fächern die Reife des ins Leben tretenden Schülers erst an der Deutschnote zu erkennen sei, erfuhr auch ich in der Oberstufe von meinem Deutsch- und Geschichtslehrer. Bei einer nicht beantwortbaren Frage erfolgte sein Verdikt, ich säße ja hier nur als totaler Schmarotzer! Daraufhin war ich eher sprachlos als betroffen oder verstört. Dieser Vorfall zeugt von einer fundamentalen pädagogischen Entgleisung, bei dem sich ein solcher Lehrer als fehl am Platze entlarvt, da ja jeder Schüler, ob in einem Fach gut oder schlecht, dasitzt, um Sachverhalte und Erkenntnisse des Kulturerbes geboten zu bekommen, sie durch Führung und Leitung zu erlernen und sich durch Fleiß und Übung zu eigen zu machen, um daraus eigene Beurteilungen und Schlussfolgerungen zu entwickeln und zu kritischem Denken zu gelangen.

Es wäre wünschenswert, wenn der Gegensatz zwischen geistes- und naturwissenschaftlicher Kultur aufgehoben und durch wechselseitige Wertschätzung versöhnt würde, um dann in einer solchen Synthese nicht mehr zu existieren. Für einen umfassend gebildeten Menschen ist beides wichtig, denn in der heutigen Zeit lassen sich viele Dinge ohne naturwissenschaftlich-technische Kenntnis der Zusammenhänge zwar handhaben aber kaum mehr sinnvoll begreifen und einordnen angesichts der unglaublichen Geschwindigkeit, mit der sich der wissenschaftliche Horizont in nahezu allen Fachgebieten erweitert und sich damit die Bedingungen von Gesellschaft und Arbeitswelt rasant verändern. Damit der moderne Mensch einigermaßen den Überblick bewahren kann, ist ein lebenslanges Lernen und Schritthalten notwendig und für ein befriedigendes und erfülltes (Arbeits-)Leben auch erforderlich.

Welchen Einfluss auf alle Aspekte unserer Gesellschaft dabei die seit Kurzem verfügbare und ständig weiterentwickelte Künstliche Intelligenz (KI) nehmen wird und welche Bedeutung ihr für den Fortgang der Menschheit zukommt, ist vermutlich nur in Ansätzen zu prognostizieren. Sicher werden die Gesellschaften einen ähnlich großen Wandel erleben wie durch Buchdruck, Dampfmaschine, Elektrifizierung, Rund- und Fernsehfunk sowie Mobilfunk und Internet. Die früher, gemessen an der Lebensspanne des Einzelnen eher gemächlich ablaufenden Veränderungen haben sich inzwischen enorm beschleunigt. Diese Geschwindigkeit wird fortbestehen oder sogar noch zunehmen, wenn man sich vor Augen führt, wie groß die Anzahl von naturwissenschaftlich ausgebildeten Menschen allein in den aufstrebenden, bevölkerungsreichen Ländern China und Indien ist.

Vielen Lesern des vorliegenden Buches ist sicher das Spannungsfeld zwischen den beiden wissenschaftlichen Kulturen bewusst und als naturwissenschaftlich-technisch ausgebildete und arbeitende Mitglieder unserer Gesellschaft wünscht man gelegentlich eine entsprechende Wertschätzung des Beitrages, der von diesen Berufszweigen in Forschung und Entwicklung und im tagtäglichen Einsatz geleistet wird, sowie auch eine verständige Berücksichtigung wissenschaftlicher Erkenntnisse als Handlungsanweisung bei den politischen Vertretern im eigenen wie auch anderen Ländern.

Bedeutung und Stellenwert für unser modernes gesellschaftliches Leben erkennt man besonders dann, wenn Störungen von technischen Systemen oder Ausfälle infolge katastrophaler Naturphänomene oder kriegsbedingter Angriffe auftreten. In hochtechnisierten Ländern betrifft das vor allem die

Versorgung mit elektrischer Energie, deren längerfristiger und weiträumiger Ausfall einen weitgehenden Zusammenbruch der heutigen Lebensart bedeuten würde, da ohne sie weder Kommunikation, Transportwesen und Lagerhaltung noch Wasseraufbereitung, Heizung und Kühlung möglich sind und daneben die Herstellung von Produkten zur Nahrungs- und Heilmittelversorgung sowie der gesamte medizinische Bereich mit Diagnosegeräten, Operationen und Behandlungen nach ziemlich kurzer Zeit zum Erliegen kämen.

Neben der allgemeinen Wertschätzung und Hervorhebung der Bildung der nachwachsenden Generationen als Grundlage eines modernen Staatswesens und als einzige Ressource eines kleinen, rohstoffarmen Landes ist die Bereitstellung von ausreichendem Lehrpersonal und funktionierenden Ausbildungsstätten eine unverzichtbare Hauptaufgabe jeder politischen Führung, die leider seit Längerem sträflich vernachlässigt wurde, was sich dann in entsprechenden Studien sowie im Vergleich mit anderen Ländern zeigt.

Für ein umfassendes Verständnis der Bedeutung und Abhängigkeit der modernen Gesellschaften von technischen Errungenschaften sind daher die Förderung von MINT-Fächern in Schule und Ausbildung zu verstärken sowie entsprechende Beiträge in Print-Medien und Fersehen zu begrüßen, obwohl die Anteile der kulturellen gegenüber den naturwissenschaftlich-technischen Themen deutlich überwiegen.

Das soll natürlich keineswegs heißen, dass die mathematischen und physikalischen Inhalte von jedem umfassend und tiefgründig gelernt und beherrscht werden müssten wie es in diesem Buch dargelegt wurde. Denn ein solcher jahre- oder jahrzehntelanger Prozess bleibt zweifellos Fachleuten und Experten vorbehalten, da er in dieser Tiefe natürlich nicht die vielfältigen Interessen der Mehrheit der Menschen trifft, die keine Naturwissenschaften studiert haben und daher über kein tieferes Wissen ihrer Begriffsbildungen und Gesetze verfügen. Ähnlich verhält es sich auch mit berühmten Pianisten, Virtuosen, Sportlern und anderen Experten, die ihre Fähigkeiten erst dann zu überragender Perfektion entwickeln, wenn sie tausende Stunden von Übungen und Beschäftigung mit ihrem Gegenstand hinter sich gebracht haben.

Einen guten Überblick über den naturwissenschaftlichen Bereich und seine historische Entwicklung geben FISCHERs Buch, [1], das Buch von SIMONYI, *Kulturgeschichte der Physik*, [5], oder die Darstellung von JAEGER, *Die Naturwissenschaften: Eine Biographie*, [3], sowie viele weitere Sachbücher zu den verschiedensten Themen, worüber die kenntnisreiche Darstellung in einem anderen Buch des Autors FISCHER, [2], eine gute Übersicht gibt. Daneben gibt es auch in Fernsehen und Internet eine Vielzahl von Beiträgen mit naturwissenschaftlichen Inhalten, die selbst komplexe Zusammenhänge in interessanter und verständlicher Form dem unausgebildeten Zuschauer nahebringen.

Je mehr Menschen einen Einblick in fundamentale, naturwissenschaftliche Zusammenhänge erwerben oder besitzen, um so eher wird die Sensibilisierung für wichtige und elementare Bedingungen des Lebens auf unserem Planeten erreicht. Und dieses Verständnis ist umso notwendiger angesichts der immer drängenderen Probleme und Bedrohungen durch Bevölkerungszunahme, Nahrungs- und Wassermangel, Klimawandel, Umweltverschmutzung von Land und Meer, Artenschwund und Ressourcenübernutzung, da ja Naturgesetze und Rückkopplungsmechanismen keinerlei Rücksicht auf die notwendigen Bedingungen der menschlichen Art nehmen.

Die Geschichte lehrt, dass uns in den letzten zwei bis drei Jahrhunderten Wissenschaft und Technologie durch die große Neugier unserer Spezies großartige Fortschritte beschert haben, die das Leben der meisten Menschen verbesserten. Andererseits hat die heutige Lebensart durch den stetig steigenden weltweiten Energieverbrauch und die Verbrennung riesiger Mengen fossiler Brennstoffe einen bisher ungebremsten Ausstoß des Klimagases CO_2 verursacht, das einen zunehmend beängstigenden Einfluss auf das Weltklima hat.

Ein optimistischer Weg aus der zu erwartenden schwierigen Lage des Planeten mit langfristig weiterhin akzeptablen Lebensverhältnissen für die Menschheit in der globalisierten Welt ist sicher nur durch Hinwendung zu einer nachhaltigen und einer die Erde schonenden Lebensweise denkbar, die auf naturwissenschaftlich-technischen sowie bio- und gentechnologischen Methoden beruht. Die Erreichbarkeit hängt ab von einem baldigen Bewusstseinwandel und entsprechender Handlungsweisen der auf humanistischen Werten basierenden politischen und wirtschaftlichen Kultur, die größere oder weltumspannende Konflikte vermeiden oder entschärfen muss.

Literaturangaben

[1] **Fischer**, Ernst Peter:
Die andere Bildung
Was man von den Naturwissenschaften wissen sollte
Econ Ullstein List Verlag, München (2001)

[2] **Fischer**, Ernst Peter:
Einstein, Hawking, Singh & Co.
Bücher, die man kennen muss,
Piper Verlag, München (2004)

[3] **Jaeger**, Lars:
Die Naturwissenschaften: Eine Biographie
Springer-Verlag, Berlin Heidelberg (2015)

[4] **Schwanitz**, Dietrich:
Bildung
Alles was man wissen muss
a) Eichborn AG, Frankfurt am Main (1999),
b) dito, bebilderte Sonderausgabe (2002)

[5] **Simonyi**, Károly:
Kulturgeschichte der Physik
Verlag Harri Deutsch, Frankfurt am Main, 3. Aufl. (2004)

Anhang

W. Werner, *Vektoren und Tensoren als universelle Sprache in Physik und Technik 2*,
https://doi.org/10.1007/978-3-658-49785-9

Abbildungsverzeichnis

W. Werner, *Vektoren und Tensoren als universelle Sprache in Physik und Technik 2*,
https://doi.org/10.1007/978-3-658-49785-9

Bildnachweise

Abb. 12.1: **Expansion des Universums**

`https://de.wikipedia.org/wiki/Datei:Expansion_des_Universums.png`

Urheber: NASA/WMAP Science Team

Abb. 12.2: **Flächenvergleich optischer Großteleskope**

`https://de.wikipedia.org/wiki/Datei:Comparison_optical_telescope_primary_mirrors.svg`

Urheber: Cmglee

Abb. 12.3: **Montagebild des Bullet-Clusters**

`https://de.wikipedia.org/wiki/Datei:1e0657_scale.jpg`

Urheber: NASA/CXC/M. Weiss

Abb. 12.5: **Temperaturverteilung der verschiedenen Satellitenmissionen**

`http://wmap.gsfc.nasa.gov/media/030653/030653_1_1280.png`

`http://wmap.gsfc.nasa.gov/media/030653/030653_2_1280.png`

Urheber: NASA/WMAP Science Team

`http://www.esa.int/spaceinimages/Images/2018/07/Planck_s_view_of_the_cosmic_microwave_background`

W. Werner, *Vektoren und Tensoren als universelle Sprache in Physik und Technik 2*,
https://doi.org/10.1007/978-3-658-49785-9

Urheber: Copyright © ESA/Planck Collaboration

Abb. 12.6: Leistungsspektrum der Temperaturschwankungen

https://commons.wikimedia.org/wiki
/File:PowerSpectrumExt.svg

Urheber: NASA/WMAP Science Team

Abb. 12.8: Ausdehnung des Universums mit anfänglicher Inflationsphase

https://de.wikipedia.org/wiki/Inflation_(Kosmologie)
/File:History of the Universe
(multilingual).svg

Abb. 12.9: Gemessene Galaxienverteilung des 2dF Galaxy Redshift Survey

http://www.2dfgrs.net

http://magnum.anu.edu.au
/~TDFgg/Public/Pics/2dFzcone_big.gif

Urheber: 2dF Galaxy Redshift Survey team
Colless et al., 2001, MNRAS, 328, 1039-1063

Abb. 12.10: Galaxienverteilung in der Millennium Simulation

https://wwwmpa.mpa-garching.mpg.de
/galform/virgo/millennium/

Copyright © Virgo Consortium, Springel et al. (2005)

Personenverzeichnis

W. Werner, *Vektoren und Tensoren als universelle Sprache in Physik und Technik 2*,
https://doi.org/10.1007/978-3-658-49785-9

Personenbezogene Begriffe

W. Werner, *Vektoren und Tensoren als universelle Sprache in Physik und Technik 2*,
https://doi.org/10.1007/978-3-658-49785-9

Nobelpreisträger

W. Werner, *Vektoren und Tensoren als universelle Sprache in Physik und Technik 2*,
https://doi.org/10.1007/978-3-658-49785-9

Gesamtverzeichnis der Bücher

Mathematik

Abramowitz, Milton / **Stegun**, Irene A.:
Handbook of Mathematical Functions
Dover Publications, Inc., New York (1965)

Apelblat, Alexander:
Tables of Integrals and Series
Verlag Harri Deutsch, Thun und Frankfurt am Main (1996)

Bellman, Richard:
Methoden der Störungsrechnung in Mathematik, Physik und Technik
Oldenbourg Verlag München Wien (1967)

Betz, Albert:
Konforme Abbildung
Springer Verlag, Berlin, Göttigen, Heidelberg, 2. Aufl. (1964)

Bossert, Martin:
Kanalcodierung
B. G. Teubner, Stuttgart, 2. Aufl. (1998)

Bossert, Martin / **Bossert**, Sebastian:
Mathematik der digitalen Medien
VDE Verlag GmbH, Berlin, Offenbach (2010)

Bronstein et al.:
Taschenbuch der Mathematik
Verlag Europa-Lehrmittel, 11. Aufl. (2020)

Byrd, Paul F. / **Friedman**, Morris D.:
Handbook of Elliptic Integrals for Engineers and Physicists
Springer-Verlag, Berlin Göttingen Heidelberg (1954)

W. Werner, *Vektoren und Tensoren als universelle Sprache in Physik und Technik 2*,
https://doi.org/10.1007/978-3-658-49785-9

Fichtenholz, Grigori M.:
Differential- und Integralrechnung I/II/III
VEB Deutscher Verlag der Wissenschaften, Berlin, 5. Aufl. (1972)

Flammer, Carson:
Spheroidal Wave Functions
Stanford University Press (1957)

Goldberg, Jack L. / **Schwartz**, Arthur J.:
Systems of Ordinary Differential Equations
Harper & Row, Publishers, New York etc. (1972)

Gonzalez, Rafael C. / **Woods**, Richard E.:
Digital Image Processing
Addison-Wesley Publishing Company (1993)

Gradshteyn, I. S. / **Ryzhik**, I. M.:
Table of Integrals, Series, and Products
Academic Press, New York (1980)

Gröbner, Wolfgang / **Hofreiter**, Nikolaus:
Integraltafel, Bestimmte Integrale
Springer Verlag, Wien, 3. Aufl. (1966)

Gröbner, Wolfgang / **Hofreiter**, Nikolaus:
Integraltafel, Unbestimmte Integrale
Springer Verlag, Wien New York, 5. Aufl. (1975)

Guillemin, Ernst Adolph:
Mathematische Methoden des Ingenieurs
R. Oldenbourg Verlag, München, Wien (1966)

Hamming, Richard W.:
Information und Codierung
VCH Verlagsgesellschaft, Weinheim (1987)

Jahnke, Eugen / **Emde**, Fritz / **Lösch**, Friedrich:
Tafeln höherer Funktionen
B. G. Teubner Verlagsgesellschaft, Stuttgart, 7. Aufl. (1966)

Kamke, Erich:
Differentialgleichungen reeller Funktionen
Akademische Verlagsgesellschaft Geest & Portig, Leipzig, 2. Aufl. (1950)

Klein, Felix:
Vorlesungen über die Entwicklung der Mathematik im 19. Jahrhundert
Springer Verlag, New York, Berlin, Heidelberg, Reprint (1979)

Kneschke, Alfred:
Differentialgleichungen und Randwertprobleme
Band 2, Partielle Differentialgleichungen
VEB Verlag Technik, Berlin (1960)

Kober, Hermann:
Dictionary of conformal representations
Dover Publications Inc., New York (1952)

Koppenfels, Werner / **Stallmann**, Friedemann:
Praxis der konformen Abbildung
Springer Verlag, Berlin, Göttigen, Heidelberg (1959)

Lawrentjew, M. A. / **Schabat**, B. W.:
Methoden der komplexen Funktionentheorie
VEB Deutscher Verlag der Wissenschaften, Berlin (1967)

Lense, Josef:
Reihenentwicklungen der mathematischen Physik
Walter de Gruyter & Co., Berlin, 2. Aufl. (1947)

Lense, Josef:
Kugelfunktionen
Akademische Verlagsgesellschaft Geest & Portig, Leipzig (1950)

Lin, Shu / **Costello**, Daniel J.:
Error Control Coding: Fundamentals and Applications
Pearson-Prentice Hall, Upper Saddle River, NJ, 2. Aufl. (2004)

Magnus, Wilhelm / **Oberhettinger**, Fritz / **Soni**, R. P.:
Formulas and Theorems for the Special Functions of Mathematical Physics
Springer-Verlag, New York, Berlin 3. Aufl. (1966)

Meixner, Josef / **Schäfke**, Friedrich Wilhelm:
Mathieusche Funktionen und Sphäroidfunktionen
Springer Verlag, Berlin, Göttingen, Heidelberg (1954)

Meyer zur Capellen, Walther:
Integraltafeln
Springer Verlag, Berlin, Göttingen, Heidelberg (1950)

Moon, Parry / **Spencer**, Domina E.:
Field Theory Handbook
Springer Verlag, Berlin, Heidelberg, New York (1971)

Nahin, Paul J.:
Inside Interesting Integrals
Springer Science+Business Media New York (2015)

Needham, Tristan:
Anschauliche Funktionentheorie
Oldenbourg Verlag München Wien (2001)

Olver, Frank W. J. et al.:
NIST Handbook of Mathematical Functions
Cambridge University Press, New York (2010)

Norton, Richard E.:
Complex Variables for Scientists and Engineers
Oxford University Press (2010)

Robin, Louis:
Fonctions sphériques de Legendre et fonctions sphéroidales, I/II/III
Gauthier-Villars, Paris (1957)

Samueli, Jean-Jacques / **Boudenot**, Jean-Claude:
Trente livres de mathématiques qui ont changé le monde
Ellipses Edition Marketing S.A., Paris (2006)

Smirnow, Wladimir I.:
Lehrgang der höheren Mathematik, I-IV
VEB Deutscher Verlag der Wissenschaften, Berlin, 6. Aufl. (1964/68)

Sneddon, Ian N.:
Spezielle Funktionen der mathematischen Physik
Bibliographisches Institut, Mannheim (1963)

Sommerfeld, Arnold:
Vorlesungen über theoretische Physik VI,
Partielle Differentialgleichungen der Physik
Akademische Verlagsgesellschaft Geest & Portig, 6. Aufl. (1965)

Spanier, Jerome / **Oldham**, Keith B.:
An Atlas of Functions
Hemisphere Publishing Corporation (1987)

Wladimirow, W. S.:
Gleichungen der mathematischen Physik
VEB Deutscher Verlag der Wissenschaften, Berlin (1972)

Wussing, Hans:
Carl Friedrich Gauss
BSB B.G.Teubner Verlagsgesellschaft, Leipzig (1974)

Matrizen

Gantmacher, F. R.:
Matrizenrechnung, Teil I
VEB Deutscher Verlag der Wissenschaften, Berlin (1958)

Kowalewski, Gerhard:
Einführung in die Determinantentheorie
Walter de Gruyter, Berlin, 3. Aufl. (1942)

Promberger, Miroslav:
Anwendung von Matrizen und Tensoren
in der theoretischen Elektrotechnik Akademie-Verlag, Berlin (1960)

Schmeidler, Werner:
Vorträge über Determinanten und Matrizen
Akademie-Verlag, Berlin (1949)

Schwarz, H. R. / **Rutishauser**, H. / **Stiefel**, E.:
Numerik symmetrischer Matrizen
B. G. Teubner, Stuttgart (1972)

Tropper, A. Mary:
Matrizenrechnung in der Elektrotechnik
Bibliographisches Institut, Mannheim (1962)

Voigt, Christian / **Adamy**, Jürgen:
Formelsammlung der Matrizenrechnung
Oldenbourg Verlag, München, Wien (2007)

Zurmühl, Rudolf:
Matrizen
Springer Verlag, Berlin, Göttingen, Heidelberg, 4. Aufl. (1964)

Zurmühl, Rudolf / **Falk**, Sigurd:
Matrizen und ihre Anwendungen, Grundlagen
Springer Verlag, Berlin, Heidelberg, New York, Tokyo, 5. Aufl. (1984)

Vektoren und Tensoren

Crowe, Michael J.:
A History of Vectoranalysis
Dover Publications, New York (1994)

Kästner, Siegfried:
Vektoren, Tensoren, Spinoren
Akademie-Verlag, Berlin (1960)

Kay, David C.:
Tensor Calculus
Schaum's Outline Series, McGraw-Hill Book Company (2011)

Klingbeil, Eberhard:
Tensorrechnung für Ingenieure
Bibliographisches Institut, Mannheim (1966)

Lagally, Max / **Franz**, Walter:
Vorlesungen über Vektorrechnung
Akademische Verlagsgesellschaft Geest & Portig, Leipzig (1959)

Päsler, Max:
Grundzüge der Vektor- und Tensorrechnung
Walter de Gruyter, Berlin, New York (1977)

Raschewski, Petr K.:
Riemannsche Geometrie und Tensoranalysis
Verlag Harri Deutsch, Thun und Frankfurt/Main, 2. Aufl. (1995)

Schultz-Piszachich, Wolfgang:
Tensoralgebra und -analysis
Verlag Harri Deutsch, Thun und Frankfurt/Main (1979)

Simmonds, James. G.:
A Brief on Tensor Analysis
Springer Verlag, New York, Berlin, Heidelberg, 2. Aufl. (1994)

Synge, J. L. / **Schild**, A.:
Tensor Calculus
Dover Publications, New York (1978)

Teichmann, Horst:
Physikalische Anwendungen der Vektor- und Tensorrechnung
Bibliographisches Institut, Mannheim (1973)

Wrede, Robert. C.:
Introduction to Vector- and Tensor Analysis
Dover Publications, New York (1972)

Differentialgeometrie

Barrie, David:
Sextant - Die Vermessung der Meere
Malik National Geographic (2017)

Baule, Bernhard:
Differentialgeometrie
Verlag S.Hirzel, Leipzig (1945)

Blaschke, Wilhelm:
Vorlesungen über Differentialgeometrie
Elementare Differentialgeometrie
Springer Verlag, Berlin, 5. Aufl. (1973)

Duschek, Adalbert / **Mayer**, Walther:
Lehrbuch der Differentialgeometrie
Kurven und Flächen im euklidischen Raum
B.G. Teubner Verlag, Leipzig und Berlin (1930)

Duschek, Adalbert / **Mayer**, Walther:
Lehrbuch der Differentialgeometrie
Riemannsche Geometrie
B.G. Teubner Verlag, Leipzig und Berlin (1930)

Kreyszig, Erwin:
Differentialgeometrie
Akademische Verlagsgesellschaft Geest & Portig, Leipzig (1957)

Laugwitz, Detlef:
Differentialgeometrie
B.G. Teubner Verlagsgesellschaft, Stuttgart (1960)

Norden, A. P.:
Differentialgeometrie, Teil I/II
VEB Deutscher Verlag der Wissenschaften, Berlin (1956/57)

Rowińska, Paulina:
Mapmatics
Aufbau Verlage (2024)

Seidel, Wolfgang:
Sternstunden der Kartografie
Malik National Geographic (2017)

Struik, Dirk J.:
Lectures on Classical Differential Geometry
Addison-Wesley Publishing Company, 2. Aufl. (1961)

Torge, Wolfgang:
Geschichte der Geodäsie in Deutschland
Walter de Gruyter, Berlin New York, 2. Aufl. (2009)

Physik

Bergmann, Ludwig, **Schaefer**, Clemens:
Lehrbuch der Experimentalphysik, Band III Optik
Walter de Gruyter, Berlin New York, 8. Aufl. (1987)

Born, Max:
Optik
Springer Verlag, Berlin Heidelberg New York, 3. Aufl. (1972)

Budó, Agoston:
Theoretische Mechanik
VEB Deutscher Verlag der Wissenschaften, Berlin, 6. Aufl. (1971)

Buxton, Richard B.:
Introduction to Functional Magnetic Resonance Imaging
Cambridge University Press, 2. Aufl. (2009)

Dössel, Olaf:
Bildgebende Verfahren in der Medizin
Springer Verlag, Berlin Heidelberg, 2. Aufl. (2016)

Finkelnburg, Wolfgang:
Einführung in die Atomphysik
Springer Verlag, Berlin, Heidelberg, New York, 6. Aufl. (1967)

Fischer, Ernst Peter:
Die andere Bildung
Was man von den Naturwissenschaften wissen sollte
Econ Ullstein List Verlag, München (2001)

Fischer, Ernst Peter:
Einstein, Hawking, Singh & Co., Bücher die man kennen muss
Piper Verlag, München (2004)

Gleick, James:
Isaac Newton - Die Geburt des modernen Denkens
Artemis & Winkler Verlag, Düsseldorf und Zürich (2004)

Goldstein, Herbert:
Klassische Mechanik
Akademische Verlagsgesellschaft, Wiesbaden, 5. Aufl. (1978)

Goldstein, Herbert / **Poole**, Charles P. / **Safko**, John L.:
Klassische Mechanik
Wiley-VCH Verlag, Weinheim, 3. Aufl. (2006)

Hecht, Eugene:
Optics
Addison-Wesley Longman Inc., 3. Aufl. (1998)

Höfling, Oskar:
Physik
Ferd. Dümmlers Verlag, 15. Aufl. (1990)

Hummel, Rolf E.:
Understanding Materials Science
Springer Verlag, New York, 2. Aufl. (2004)

Jaeger, Lars:
Die Naturwissenschaften: Eine Biographie
Springer-Verlag, Berlin Heidelberg (2015)

Jammer, Max:
Der Begriff der Masse in der Physik
Wissenschaftliche Buchgesellschaft, Darmstadt (1964)

Kessel, Siegfried, **Fröhling**, Dirk:
Technische Mechanik - Engineering Mechanics
Springer Vieweg, Wiesbaden, 2. Aufl. (2012)

Kittel, Charles et al.:
Berkeley Physik Kurs I, Mechanik
Vieweg Verlag, Braunschweig, 5. Aufl. (1991)

Kleber, Will:
Einführung in die Kristallographie
VEB Verlag Technik, Berlin, 14. Aufl. (1979)

Koks, Don:
Explorations in Mathematical Physics
Springer Science+Business Media LLC (2006)

Levi-Civita, Tullio:
Fragen der klassischen und relativistischen Mechanik
Springer-Verlag Technik, Berlin Heidelberg New York (1973)

Lüders, Klaus / **Pohl**, Robert Otto:
Pohls Einführung in die Physik,
Mechanik, Akustik und Wärmelehre
Springer-Verlag, Berlin Heidelberg, 19. Aufl. (2004)

Michelson, Albert Abraham:
Studies in Optics
Dover Publications, New York (1995)

Morse, Philip M. / **Feshbach**, Herman:
Methods of Theoretical Physics, I/II
McGraw-Hill Book Company, (1953)

Ramsauer, Carl:
Grundversuche der Physik in historischer Darstellung
Springer-Verlag, Berlin, Göttingen, Heidelberg (1953)

Schöpf, Hans-Georg:
Von Kirchhoff bis Planck
Vieweg Verlag, Braunschweig (1978)

Simonyi, Károly:
Kulturgeschichte der Physik
Verlag Harri Deutsch, Frankfurt am Main, 3. Aufl. (2004)

Sommerfeld, Arnold:
Vorlesungen über theoretische Physik I, Mechanik
Verlag Harri Deutsch, Thun, Frankfurt/M. 8. Aufl. (1977)

Sommerfeld, Arnold:
Vorlesungen über theoretische Physik IV, Optik
Akademische Verlagsgesellschaft Geest & Portig, 3. Aufl. (1964)

Stephani, Hans / **Kluge**, Gerhard:
Grundlagen der theoretischen Mechanik
VEB Deutscher Verlag der Wissenschaften, Berlin (1980)

Szabó, István:
Einführung in die Technische Mechanik
Springer Verlag, Berlin, Göttingen, Heidelberg, 6. Aufl. (1963)

Szabó, István:
Höhere Technische Mechanik
Springer Verlag, Berlin, Heidelberg, New York, 5. Aufl. (1977)

Szabó, István:
Geschichte der mechanischen Prinzipien
Birkhäuser Verlag, Basel und Stuttgart (1977)

Trigg, George L.:
Experimente der modernen Physik
Friedr. Vieweg & Sohn, Braunschweig/Wiesbaden (1984)

Vlaardingerbroek, Marinus T. / **den Boer**, Jacques:
Magnetic Resonance Imaging
Springer Verlag, Berlin, Heidelberg (1996)

Vogel, Helmut:
Gerthsen Physik
Springer Verlag, Berlin, Heidelberg, New York, 19. Aufl. (1997)

Volz, Helmut:
Einführung in die Theoretische Mechanik, I/II
Akademische Verlagsgesellschaft, Frankfurt am Main (1971/72)

Werner, Wolfgang:
Hamiltonsche Mechanik und Quantenmechanik
Springer Vieweg, Wiesbaden (2023)

Elektrodynamik

Batygin, Wladimir W. / **Toptygin**, Igor N.:
Aufgabensammlung zur Elektrodynamik
VEB Deutscher Verlag der Wissenschaften, Berlin (1965)

Bergmann, Karl:
Lehrbuch der Fernmeldetechnik, I/II
Fachverlag Schiele & Schön, Berlin, 5. Aufl. (1986)

Brand, Hans:
Schaltungslehre linearer Mikrowellennetze
S. Hirzel Verlag, Berlin Stuttgart (1970)

Buchholz, Herbert:
Elektrische und magnetische Potentialfelder
Springer-Verlag, Berlin, Göttingen, Heidelberg (1957)

Ceruzzi, Paul E.:
Eine kleine Geschichte der EDV
mitp-Verlag , Bonn (2003)

Collin, Robert E.:
Field Theory of Guided Waves
McGraw-Hill , New York (1960)

Collin, Robert E.:
Foundations for Microwave Engineering
McGraw-Hill Inc., 2. Aufl. (1992)

Durand, Emile:
Electrostatique et Magnétostatique
Masson, France (1953)

Griffiths, David J.:
Elektrodynamik
Pearson Studium, 3. Aufl. (2011)

Harrington, Roger F.:
Time-harmonic Electromagnetic Fields
McGraw-Hill Book Company (1961)

Heinrich Hertz:
Festschrift anläßlich der Erforschung der elektromagnetischen Wellen vor 100 Jahren
Heinrich-Hertz-Institut Berlin (1988)

Jackson, John David:
Klassische Elektrodynamik
Walter de Gruyter, Berlin/Boston, 5. Aufl. (2014)

Kellogg, Oliver Dimon:
Foundations of Potential Theory
Springer Verlag, Berlin, Heidelberg, New York (1967)

Kraus, John D.:
Electromagnetics
McGraw-Hill Inc., 4. Aufl. (1992)

Kraus, John D. / **Marhefka**, Ronald J. / **Khan**, Ahmad S.:
Antennas and Wave Propagation
McGraw-Hill Inc., 5. Aufl. (2018)

Lehner, Günther:
Elektromagnetische Feldtheorie
Springer Verlag, Berlin, Heidelberg, 7. Aufl. (2010)

Lüders, Christian:
Mobilfunksysteme
Vogel Verlag, Würzburg, (2001)

Meinhold, Peter / **Miltzlaff**, Gerhard:
Feld- und Potentialtheorie
Verlag Harri Deutsch, Thun und Frankfurt/Main (1978)

Meyer, Erwin / **Pottel**, Reinhard:
Physikalische Grundlagen der Hochfrequenztechnik
Friedr. Vieweg & Sohn, Braunschweig (1969)

Mierdel, Georg / **Wagner**, Siegfried:
Aufgaben zur Theoretischen Elektrotechnik
VEB Verlag Technik, Berlin (1959)

Montgomery, Carol G. / **Dicke**, Robert Henry / **Purcell**, Edward M.:
Principles of Microwave Circuits
McGraw-Hill, New York, Toronto, London (1948)

Moon, Parry / **Spencer**, Domina E.:
Foundations of Electrodynamics
Dover Publications Inc., Mineola, New York (2013)

Nahin, Paul J.:
Oliver Heaviside
The Johns Hopkins University Press, Baltimore and London (2002)

Ollendorff, Franz:
Potentialfelder der Elektrotechnik
Verlag von Julius Springer (1932)

Panofsky, Wolfgang K. H., **Phillips**, Melba:
Classical Electricity and Magnetism
Addison-Wesley Publishing Company, 2. Aufl. (1988)

Purcell, Edward M.:
Berkeley Physik Kurs II, Elektrizität und Magnetismus
Vieweg Verlag, Braunschweig, 4. Aufl. (1989)

Ramaswami, Rajiv / **Sivarajan**, Kumar N.:
Optical Networks
Morgan Kaufmann Publishers, San Francisco, 2. Aufl. (2002)

Rothwell, Edward J. / **Cloud**, Michael J.:
Electromagnetics
CRC Press, Taylor & Francis Group, 3rd ed. (2018)

Saleh, Bahaa E. A. / **Teich**, Malvin Carl:
Fundamentals of Photonics
John Wiley & Sons, Inc., Hoboken NJ, 2. Aufl. (2007)

Sattelberg, Kurt:
Vom Elektron zur Elektronik
Elitera-Verlag, Berlin (1971)

Schaumburg, Hanno:
Einführung in die Werkstoffe der Elektrotechnik
B. G. Teubner, Stuttgart (1993)

Schildt, Gerhard-Helge:
Grundlagen der Impulstechnik
B. G. Teubner, Stuttgart (1987)

Schwab, Adolf J.:
Begriffswelt der Feldtheorie
Springer Vieweg, 7. Aufl. (2013)

Simonyi, Károly:
Theoretische Elektrotechnik
VEB Deutscher Verlag der Wissenschaften, Berlin, 9. Aufl. (1989)

Sjobbema, D. J. W.:
Die Geschichte der Elektronik
Elektor-Verlag, Aachen (1999)

Sneddon, Ian N.:
Mixed Boundary Value Problems in Potential Theory
John Wiley & Sons, Inc., New York (1966)

Sommerfeld, Arnold:
Vorlesungen über theoretische Physik III, Elektrodynamik
Akademische Verlagsgesellschaft Geest & Portig, 4. Aufl. (1964)

Soohoo, Ronald F.:
Theory and Application of Ferrites
Prentice-Hall Inc., Englewood Cliffs, New Jersey (1960)

Stratton, Julius Adams:
Electromagnetic Theory
McGraw-Hill Book Company (1941)

Werner, Wolfgang:
Rotationsellipsoid als elektromagnetischer Hohlraumresonator
Diss. TU Berlin (1977)

Wunsch, Gerhard:
Feldtheorie I/II
VEB Verlag Technik, Berlin (1973/75)

Zangwill, Andrew:
Modern Electrodynamics
Cambridge University Press, Cambridge UK (2013)

Zinke, Otto / **Brunswig**, Heinrich:
Lehrbuch der Hochfrequenztechnik I
Springer Verlag, Berlin, Heidelberg, New York, 2. Aufl. (1973)

Zuhrt, Harry:
Elektromagnetische Strahlungsfelder
Springer Verlag, Berlin, Göttingen, Heidelberg (1953)

Relativitätstheorie

Aczel, Amir D.:
Die göttliche Formel
Rowohlt Taschenbuch Verlag, Hamburg (2002)

Born, Max:
Die Relativitätstheorie Einsteins
Springer Verlag, Berlin, Heidelberg, New York, 5. Aufl. (1969)

Bührke, Thomas:
Einsteins Jahrhundertwerk
Deutscher Taschenbuch Verlag, München (2015)

Einstein, Albert:
Über die spezielle und die allgemeine Relativitätstheorie
Friedr. Vieweg & Sohn GmbH Verlag, Braunschweig, 7. Aufl. (1920)

Einstein, Albert / **Infeld**, Leopold:
Die Evolution der Physik
Anaconda Verlag GmbH, Köln (2014)

Falk, Gottfried / **Ruppel**, Wolfgang:
Mechanik, Relativität, Gravitation
Springer Verlag, Berlin, Heidelberg, New York, 3. Aufl. (1983)

Ferreira, Pedro G.:
Die perfekte Theorie
Verlag C.H.Beck, München (2014)

French, A. P.:
Die spezielle Relativitätstheorie, M.I.T. Einführungskurs Physik
Friedr. Vieweg & Sohn GmbH Verlag, Braunschweig (1971)

Freund, Jürgen:
Spezielle Relativitätstheorie für Studienanfänger
vdf Hochschulverlag AG an der ETH Zürich (2007)

Hobson, Michael P. / **Efstathiou**, George P. / **Lasenby**, Anthony N.:
General Relativity
Cambridge University Press, Cambridge (2006)

Kacser, Claude:
Einführung in die Spezielle Relativitätstheorie
Berliner Union, Stuttgart (1970)

Lambourne, Robert J. A.:
Relativity, Gravitation and Cosmology
Cambridge University Press, Cambridge (2010)

Lawden, D. F.:
Introduction to Tensor Calculus, Relativity and Cosmology
Dover Publications, New York, 3. Aufl. (2002)

Melcher, Horst:
Relativitätstheorie in elementarer Darstellung
VEB Deutscher Verlag der Wissenschaften, Berlin, 4. Aufl. (1974)

Misner, Charles W. / **Thorne**, Kip S. / **Wheeler**, John Archibald:
Gravitation
W. H. Freeman and Company, San Francisco (1973)

Rebhan, Eckhard:
Theoretische Physik: Relativitätstheorie und Kosmologie
Spektrum Akademischer Verlag, Berlin, Heidelberg (2012)

Resnick, Robert:
Einführung in die spezielle Relativitätstheorie
Ernst Klett Verlag, Stuttgart (1976)

Ruhrländer, Michael:
Aufstieg zu den Einsteingleichungen
Pro Business GmbH, Berlin (2014)

Schröder, Ulrich E.:
Gravitation, Einführung in die Allgemeine Relativitätstheorie
Verlag Harri Deutsch, 5. Aufl. (2011)

Schröder, Ulrich E.:
Spezielle Relativitätstheorie
Verlag Europa Lehrmittel, 5. Aufl. (2014)

Sexl, Roman / **Schmidt**, Herbert Kurt:
Raum - Zeit - Relativität
Rowohlt Taschenbuch Verlag, Reinbek bei Hamburg (1978)

Sexl, Roman / **Sexl**, Hannelore:
Weiße Zwerge - schwarze Löcher
Rowohlt Taschenbuch Verlag, Reinbek bei Hamburg (1975)

Sexl, Roman / **Urbantke**, Helmuth:
Gravitation und Kosmologie
Bibliographisches Institut, Zürich (1975)

Skinner, Ray:
Relativity for Scientists and Engineers
Dover Publications, Mineola, New York (2014)

Taylor, Edwin F. / **Wheeler**, John Archibald:
Physik der Raumzeit
Spektrum Akademischer Verlag, Heidelberg, Berlin, Oxford (1994)

Weyl, Hermann:
Raum, Zeit, Materie
Springer Verlag, Berlin, Heidelberg, New York, 8. Aufl. (1993)

Astronomie

Anderl, Sibylle:
Dunkle Materie
Verlag C.H.Beck, München (2022)

Aschenbach, Bernd / **Hahn**, Hermann-Michael /
Trümper, Joachim:
The Invisible Sky, ROSAT and the Age of X-Ray Astronomy
Copernicus Springer-Verlag, New York (1998)

Becker, Friedrich:
Geschichte der Astronomie
Bibliographisches Institut, Mannheim (1968)

Beckman, John Etienne:
Multimessenger Astronomie
Springer Nature Switzerland AG, (2024)

Bennett, Jeffrey / **Donahue**, Megan / **Schneider**, Nicholas / **Voit**, Mark:
Astronomie
Pearson Studium (2010)

Bojowald, Martin:
Zurück vor den Urknall
S. Fischer Verlag, Frankfurt am Main, 3. Aufl. (2009)

Bucerius, Hans:
Himmelsmechanik I/II
Bibliographisches Institut, Mannheim (1966)

Comins, Neil F.:
Astronomie
Spektrum Akademischer Verlag, Heidelberg (2011)

Frebel, Anna:
Auf der Suche nach den ältesten Sternen
S. Fischer Verlag, Frankfurt am Main (2012)

Grosser, Morton:
Entdeckung des Planeten Neptun
Suhrkamp Verlag, Frankfurt am Main (1970)

Grote, Hartmut:
Gravitationswellen
Verlag C.H.Beck, München (2018)

Hanslmeier, Arnold:
Faszination Astronomie
Springer Verlag, Berlin, Heidelberg, 2. Aufl. (2016)

Kusserow, Ulrich von:
Magnetischer Kosmos
Springer Spektrum, Berlin, Heidelberg (2013)

Lawrence, Andy:
Astronomical Measurement
Springer Verlag, Berlin, Heidelberg (2014)

Liddle, Andrew:
Einführung in die moderne Kosmologie
Wiley-VCH Verlag, Weinheim (2009)

Panek, Richard:
Das 4% Universum
Carl Hanser Verlag, München (2011)

Pauldrach, Adalbert W. A.:
Das dunkle Universum
Springer Verlag, Berlin, Heidelberg (2015)

Riordan, Michael / **Schramm**, David N.:
Die Schatten der Schöpfung
Spektrum Akademischer Verlag, Heidelberg, Berlin, New York (1991)

Schneider, Peter:
Extragalactic Astronomy and Cosmology
Springer-Verlag, Berlin Heidelberg, 2. Aufl. (2015)

Serjeant, Stephen:
Observational Cosmology
Cambridge University Press, Cambridge (2010)

Sharov, Alexander S. / **Novikov**, Igor D.:
Edwin Hubble
Birkhäuser Verlag, Basel, Boston, Berlin (1994)

Singh, Simon:
Big Bang
Carl Hanser Verlag, München (2005)

Sobel, Dava:
Längengrad
Berliner Taschenbuch Verlag, Berlin (2003)

Sobel, Dava:
Die Planeten
Berliner Taschenbuch Verlag, Berlin (2007)

Sobel, Dava:
Und die Sonne stand still
Berlin Verlag, Berlin (2012)

Sobel, Dava:
Das Glas-Universum
Berlin Verlag, München (2017)

Stewart, Ian:
Die Berechnung des Kosmos
Rowohlt Taschenbuch Verlag, Reinbek bei Hamburg (2018)

Tegmark, Max:
Unser mathematisches Universum
Ullstein Verlag, Berlin (2015)

Unsöld, Albrecht / **Baschek**, Bodo:
Der neue Kosmos
Springer-Verlag, Berlin Heidelberg, New York, 7. Aufl. (2002)

Vaas, Rüdiger:
Vom Gottesteilchen zur Weltformel
Franckh-Kosmos Verlags-GmbH, Stuttgart (2013)

Vaas, Rüdiger:
Signale der Schwerkraft
Franckh-Kosmos Verlags-GmbH, Stuttgart (2017)

Verschuur, Gerrit:
The Invisible Universe
Springer International Publishing Switzerland, 3. Aufl. (2015)

Weinberg, Steven:
Die ersten drei Minuten
Deutscher Taschenbuch Verlag, München, (1980)

Wulf, Andrea:
Die Jagd auf die Venus
Bertelsmann, München, (2012)

Sachverzeichnis

W. Werner, *Vektoren und Tensoren als universelle Sprache in Physik und Technik 2*,
https://doi.org/10.1007/978-3-658-49785-9

E

F

L

N

O

P

W

MIX
Papier aus verantwortungsvollen Quellen
Paper from responsible sources
FSC® C105338

If you have any concerns about our products,
you can contact us on
ProductSafety@springernature.com

In case Publisher is established outside the EU,
the EU authorized representative is:
Springer Nature Customer Service Center GmbH
Europaplatz 3, 69115 Heidelberg, Germany

Printed by Libri Plureos GmbH
in Hamburg, Germany